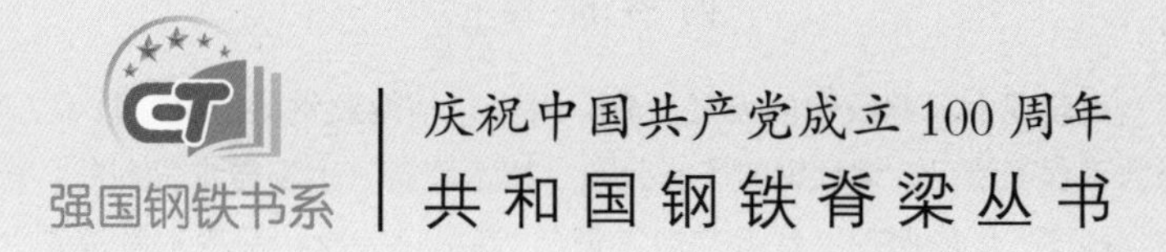

庆祝中国共产党成立100周年

共和国钢铁脊梁丛书

中国螺纹钢

ZHONGGUO LUOWENGANG

◎ 杨海峰　主编

北　京

冶　金　工　业　出　版　社

2021

内 容 提 要

本书全面展现中国螺纹钢的发展历程，内容包括螺纹钢的产能、技术、装备、标准、重大工程等情况，螺纹钢的产能分布、技术装备、市场需求等现状，产业布局、许可证制度、产能调控、打击“地条钢”、进出口关税调整等对螺纹钢产业高质量发展的引领，以及螺纹钢未来发展方向等。

本书可供相关钢铁上、下游企业、院所、机构的科技工作者、科研人员、管理人员阅读，也可供相关领域高等院校师生参考。

图书在版编目(CIP)数据

中国螺纹钢/杨海峰主编 .—北京：冶金工业出版社，2021. 12
（共和国钢铁脊梁丛书）
ISBN 978-7-5024-8994-6

Ⅰ. ①中…　Ⅱ. ①杨…　Ⅲ. ①螺纹钢—科技发展—中国—文集
Ⅳ. ①TG335. 6-53

中国版本图书馆 CIP 数据核字(2021)第 243816 号

中国螺纹钢

出版发行　冶金工业出版社　　**电　　话**　(010)64027926
地　　址　北京市东城区嵩祝院北巷 39 号　　**邮　　编**　100009
网　　址　www. mip1953. com　　**电子信箱**　service@ mip1953. com

责任编辑　卢　敏　美术编辑　彭子赫　版式设计　孙跃红　郑小利
责任校对　王永欣　责任印制　禹　蕊
北京捷迅佳彩印刷有限公司印刷
2021 年 12 月第 1 版，2021 年 12 月第 1 次印刷
787mm×1092mm　1/16；40. 75 印张；934 千字；625 页
定价 298. 00 元

投稿电话　(010)64027932　投稿信箱　tougao@cnmip. com. cn
营销中心电话　(010)64044283
冶金工业出版社天猫旗舰店　yjgycbs. tmall. com
（本书如有印装质量问题，本社营销中心负责退换）

丛书编委会

《中国螺纹钢》编委会

螺纹钢重点企业工艺技术装备篇
编辑委员会

参编人员　（按姓氏笔画顺序）

刁承民　于　锦　于同仁　马　博　马俊超
马靳江　王　建　王小燕　王凤海　王青恒
王明娣　王翔宇　石冬梅　卢素景　田　路
冯跃平　同武鹏　朱海涛　向艳霞　刘卫国
刘玉伟　牟立君　李　微　李小勇　李松波
李素华　杨文兵　杨红来　杨来团　杨　磊
肖立军　吴建中　邱卫锋　辛　力　张　华
张　佩　张　锐　张　瑜　张陆奎　张朝瑞
张颖刚　陆恒昌　陈丕锦　陈君明　范亚军
林　贵　周玉丽　郑品院　赵璟珠　侯心愿
姚林龙　袁　国　徐华瀚　徐兵伟　高　丹
郭　念　郭宏达　黄东城　寇劲松　董红卫
韩树春　程　磊　曾上林　谭巨辉

丛 书 总 序

中国共产党的成立，是开天辟地的大事变，深刻改变了近代以后中华民族发展的方向和进程，深刻改变了中国人民和中华民族的前途和命运，深刻改变了世界发展的趋势和格局。中国共产党人具有钢铁般的意志，带领全国人民无惧风雨，凝心聚力，不断把中国革命、建设、改革事业推向前进，中华民族伟大复兴展现出前所未有的光明前景。

新中国钢铁工业与党和国家同呼吸、共命运，秉持钢铁报国、钢铁强国的初心和使命，从战争的废墟上艰难起步，伴随着国民经济的发展而不断发展壮大，取得了举世瞩目的辉煌成就。炽热的钢铁映透着红色的基因，红色的岁月熔铸了中国钢铁的风骨和精神。

1949 年，鞍钢炼出了新中国第一炉钢水；1952 年，太钢成功冶炼出新中国第一炉不锈钢；1953 年，新中国第一根无缝管在鞍钢无缝钢管厂顺利下线；1956 年，新中国第一炉高温合金在抚钢试制成功；1959 年，包钢试炼出第一炉稀土硅铁合金；1975 年，第一批 140 毫米石油套管在包钢正式下线；1978 年，第一块宽厚钢板在舞钢呱呱坠地；1978 年，第一卷冷轧取向硅钢在武钢诞生……1996 年，中国钢产量位居世界第一！2020 年中国钢产量 10.65 亿吨，占世界钢产量的 56.7%。伴随着中国经济的发展壮大，中国钢铁悄然崛起，钢产量从不足世界千分之一到如今占据半壁江山，中国已成为名副其实的世界钢铁大国。

在走向钢铁大国的同时，中国也在不断向钢铁强国迈进。在粗钢产量迅速增长的同时，整体技术水平不断提升，形成了世界上最完整的现代化钢铁工业体系，在钢铁工程建设、装备制造、工艺技术、生产组织、产品研发等方面已处于世界领先水平。钢材品种质量不断改善，实物质量不断提升，为“中国制造”奠定了坚实的原材料基础，为中国经济的持续、快速发展提供了重要支撑。在工业强基工程中，服务于十大领域的 80 种关键基础材料中很多是钢铁材料，如海洋工程及高技术船舶用高性能海工钢和双相不锈钢、轨道交通用高性能齿轮渗碳钢、节能和新能源领域用高强钢等。坚持绿色发展，不断提高排放标准，在节能降耗、资源综合利用和改善环境方面取得明显进步。到 2025 年年底前，重点区域钢铁企业基本完成、全国 80% 以上产能将完成国内外现行标准的最严水平超低排放改造。2006年以来，在满足国内消费需求的同时，中国钢铁工业为国际市场提供了大量有竞争力的钢铁产品和服务；展望未来，中国钢铁将有可能率先在绿色低碳和智能制造方面实现突破，继续为世界钢铁工业的进步、为全球经济发展做出应有的贡献。

今年是中国共产党成立100周年，是“十四五”规划的开局之年，也是顺利实现第一个百年目标、向第二个百年目标砥砺奋进的第一年。为了记录和展现我国钢铁工业改革与发展日新月异的面貌、对经济社会发展的支撑作用、从钢铁大国走向钢铁强国的轨迹，在中国钢铁工业协会的支持下，冶金工业出版社联合陕钢集团、中信泰富特钢集团、太钢集团、中国特钢企业协会、中国特钢企业协会不锈钢分会、中国废钢铁应用协会等单位共同策划了“强国钢铁书系”之“共和国钢铁脊梁丛书”，包括《中国螺纹钢》《中国特殊钢》《中国不锈钢》和《中国废钢铁》，以庆祝中国共产党成立100周年。

写书是为了传播，正视听、展形象。进一步改善钢铁行业形象，应坚持三个面向。一是面向行业、企业内部的宣传工作，提升员工的自豪感、荣誉感，树立为了钢铁事业奉献的决心和信心；二是面向社会公众，努力争取各级政府和老百姓的理解和支持；三是面向全球，充分展示中国钢铁对推进世界钢铁业和世界经济健康发展做出的努力和贡献。如何向钢铁人讲述自己的故事，如何向全社会和全世界讲述中国钢铁故事，是关乎钢铁行业和钢铁企业生存发展的大事，也是我们作为中国钢铁工业大发展的亲历者、参与者、奋斗者义不容辞的时代责任！

希望这套丛书能成为反映我国钢铁行业波澜壮阔的发展历程和举世瞩目的辉煌成就，指明钢铁行业未来发展方向，具有权威性、科学性、先进性、史料性、前瞻性的时代之作，为行业留史存志，激励今人、教育后人，推动中国钢铁工业高质量发展，向中国共产党成立100周年献礼。

中国钢铁工业协会党委书记、执行会长

2021年10月于北京

序

在开启“十四五”、奋进新征程的历史交汇点上，《中国螺纹钢》应运而生，首次呈现了中国螺纹钢发展的历史轨迹，展望了中国螺纹钢的未来，对于中国螺纹钢产业的发展具有特殊重要的意义。

全书共分五篇，分别是中国螺纹钢发展概述、中国螺纹钢的现状、产业政策与中国螺纹钢产业的发展、螺纹钢未来发展方向、螺纹钢重点企业工艺技术装备。全书以螺纹钢行业发展取得的巨大成绩为主线，各篇内容相对独立而又有机贯穿，读来感觉耳目一新、受益匪浅。

考虑到中国缺少现行的中国钢铁史，分品种、分专业领域的史传类图书以及总结性资料也极其匮乏，本书首次以断代史的体例记述了螺纹钢在中国的源起和发展历程，以及螺纹钢产量和进出口、品种质量、工艺技术装备及标准和规范的变化、演进和提高，填补了该领域出版空白；以涵盖70%中国螺纹钢产量（世界的50%产量）的企业提供的一手资料，首次系统全面展示了中国螺纹钢产业的概貌、产能、产量分布和技术装备情况、市场需求情况和分企业市场份额等，内容全面、翔实，有重要的参考价值；分析产业政策反映国家对螺纹钢产业的导向；对18个螺纹钢品种发展方向中部分重点方向从概况、机理、技术、实践、未来发展五个方面进行了系统的概括；对70多家重点螺纹钢生产及相关企业的展示，系统而全面，难能可贵。

这是一本面向从事螺纹钢相关工作的各方面潜在读者的“百科全书”。该书兼顾各类读者需求，既真实记述螺纹钢行业发展历程和现状，供行业参考，又突出反映了螺纹钢产业发展壮大、自立自强的历史功绩，以增强钢铁行业从业人员的自豪感和社会公众对钢铁工业的理解和支持。本书针对不同读者群体的需求，兼顾了资料性和可读性，每一篇都完整独立，不同的读者可以各取所需。

这是一本对中国螺纹钢发展有重要指导意义的好书。总结过去是为了更好地走向未来。本书第四篇基于钢铁行业发展的大趋势和中国的国情，分析了影响行业发展的主要因素，从强度、韧性、性能稳定性、应用功能化、用户化等五个方面提出了螺纹钢产品未来发展方向，有创意，高度综合，对螺纹钢企业谋划“十四五”甚至更长远的发展具有重要的指导意义。

当然，如果说到不足之处也是有的。由于本书的编写时间限制，书的内容上还有可以商榷和提高的地方，如本书中“螺纹钢”的定义应该是“产业”而不是“产品”，因此有些章节内容需要厘清、补充；如螺纹钢产业和整个钢铁产业的关系有的地方没有交代，存在以整体代表部分的情况；如下游用户行业内容及深加工资料偏少等。但这些不足之处瑕不掩瑜，可在将来再版时补充完善。

《中国螺纹钢》编纂工作历时一年多，汇集了主要螺纹钢生产企业及相关企业的智慧，饱含着广大编纂人员的心血和汗水。图书即将出版，但为中国螺纹钢总结经验、谋划未来的工作没有结束，图书编纂过程中体现出的自强自立、默默奉献、扎实苦干的精神要继续发扬光大。希望借着图书编纂组织起来的主要螺纹钢生产企业及相关企业，进一步加强协同与融合，为中国螺纹钢产业的长期、健康、可持续发展做出更大努力、取得更大历史业绩！

中国工程院院士

2021年10月

前　言

螺纹钢是热轧带肋钢筋的俗称，是我国钢材消费量占比最大的品种，主要用作钢筋混凝土建筑构件的骨架，广泛用于高速公路、铁路、桥梁、涵洞、隧道、防洪、水坝、房屋等基础民生及重大工程建设。百年来，中国螺纹钢生产实现了从无到有、从小到大、从弱到强的历史性跨越，有力地支撑了国家的基本建设及快速发展，为我国经济社会发展做出了重要贡献。

国家工业化发展历史离不开钢铁工业的坚强支撑。1890 年，张之洞在武汉成立了汉阳铁厂，它是中国近代最早的官办钢铁企业，从此，中国钢铁工业蹒跚起步，被西方视为中国觉醒的标志。1949 年新中国成立之初，我国钢铁企业仅有 19 家，在社会主义建设时期，中国螺纹钢为我国建立完整的工业体系和国民经济体系奠定了基础。十一届三中全会以来，中国钢铁工业获得了巨大发展，生产规模迅速扩大，钢产量高速增长，从 1978 年的 3178 万吨增加到 2020 年的 10.65 亿吨，连续 25 年居世界首位，使中国成为世界钢铁大国。党的十八大以来，在以习近平同志为核心的党中央的坚强领导下，在“创新、协调、绿色、开放、共享”发展理念的引领下，钢铁工业产业结构不断优化、品种质量显著改善、节能环保措施和成效大步前进、科技成果不断涌现、整体水平明显提高，螺纹钢也迈上了高质量发展之路，步入新时代的中国正在由钢铁大国向钢铁强国阔步迈进。

中国螺纹钢，奋斗百年路，启航新征程。为庆祝中国共产党成立 100 周年，在中国钢铁工业协会的领导下，由执行主编单位陕西钢铁集团有限公司和冶金工业出版社共同组织，70 余家重点钢企自愿参与并提供资料，联合各钢铁研发、生产、应用等单位共同编写了《中国螺纹钢》，既集结科技资料，又分析现状、总结得失、展望未来，从而推动中国螺纹钢未来高质量发展。

《中国螺纹钢》分为五篇，全书约 100 万字。第一篇通过产能、技术、装备、工艺标准、工程应用等方面概述了螺纹钢的发展历史；第二篇从区域产能、产量分布、技术装备、市场需求等多维度分析了螺纹钢的现状；第三篇通过产业布局、许可证制度推行、产能调控、打击“地条钢”、进出口关税、高质量发展等政策来反映国家对螺纹钢产业的导向；第四篇从螺纹钢产品当前存在的问题、解决问题的理论、工艺技术、装备支撑、生产举例等方面展望螺纹钢的未来；第五篇通过重点企业的工艺、技术、装备，充分体现了钢铁企业与螺纹钢的同步发展。

陕钢集团延续了陕西钢铁的火种，此次能够担以重任，组织主编《中国螺纹钢》，我们深知，这是为中国钢铁工业立传、为百年螺纹钢立传、为数代怀有钢铁强国梦想的钢铁人立传的史志工程，是陕钢集团的无上荣耀。本书的编写完成并顺利出版，离不开中国钢铁工业协会何文波书记的关心和关注，离不开原冶金工业部副部长吴溪淳的指导和指点，离不开陈新良、陈其安、赵峰等多位专家提供的宝贵资料、意见和建议；离不开冶金工业出版社陈玉千、苏长永两任社长的高度重视和亲自指导；离不开窦力威、郗九生、许宏安同志的高效组织；离不开全体参编单位、编委和编写人员的辛勤努力。本书第一篇由张京萍、刘小燕、刘宝石、高雪岩主笔，第二篇由尚巍巍、李奕文、唐杰主笔，第三篇由王鹏、陈昊东、刘冬、李楠楠主笔，第四篇由何伟、张萨如拉、许宏安、王鹏、陈昊东主笔，第五篇由杨少文及各参与单位相关人员负责编写。在此，对中国钢铁工业协会各位领导、各位专家，以及所有编委单位、所有参编人员致以崇高的致意！对所有支持钢铁企业、下游用钢行业与企业、研究院所、高等院校等单位表示衷心感谢！

作为螺纹钢的“百科全书”，《中国螺纹钢》记录了螺纹钢在我国发展的历史轨迹，将为我国钢铁业留史存志、传承中国钢铁技术和文化发挥重要作用，也可为钢铁企业资料查证、技术研发等提供借鉴。它的出版，也将借助更高的平台、更为丰富的资源，为中国螺纹钢行业及产业链共同发展作贡献。

由于时间过于紧迫及水平有限，书中内容今后还要进一步更新完善，不妥之处敬请批评指正，以利再版。

陕钢集团党委书记、董事长、总经理

杨海峰

2021 年 8 月 17 日

目　　录

第一篇　中国螺纹钢发展概述

第二篇 中国螺纹钢的现状

第三篇 产业政策与中国螺纹钢产业的发展

第四篇 螺纹钢未来发展方向

第五篇 螺纹钢重点企业工艺技术装备

第一篇
中国螺纹钢发展概述

中国螺纹钢的发展根植于中国钢铁工业的发展，同时伴随中国经济社会的发展而成长，特别是新中国成立以后，在中国共产党的坚强领导下，迅速发展壮大，成为中国钢材消费占比最大的品种，为遍布中国大江南北各类建设工程发挥了“钢筋铁骨”的重要作用，为中国经济社会发展做出了值得载入史册的恢弘业绩。

第一章　中国螺纹钢的发展历程

纵观中国钢铁工业，在中国共产党的坚强领导下，一路筚路蓝缕取得了令世人瞩目的辉煌成就，中国钢铁为中国人民站起来、富起来、强起来，提供了坚如磐石般的钢铁基础，做出了自己历史性的贡献。中国螺纹钢作为中国钢材消费占比最大的品种，为中国基础设施建设和城镇化起到了重要的支撑和历史推动作用。

回顾中国螺纹钢的发展历程，洋务运动和民国时期中国近代工业起步，催发了中国螺纹钢的萌芽；新中国成立，中国共产党领导中国钢铁人砥砺前行，推动了中国螺纹钢生产的起步；党的十一届三中全会胜利召开，改革开放经济转轨，促进中国螺纹钢快速发展；进入21世纪，党的十六大确定了全面建设小康社会的伟大目标，开创了中国特色社会主义事业新局面，国民经济进入快速发展时期，中国螺纹钢得到飞速发展；党的十八大以来，中国特色社会主义进入新时代，在习近平新时代中国特色社会主义思想和“创新、协调、绿色、开放、共享”发展理念的引领下，通过供给侧结构性改革的实施，中国螺纹钢逐步走向高质量发展。

第一节　晚清和民国时期螺纹钢的出现

本节主要介绍洋务运动和民国时期我国钢铁工业的萌芽和发展，一方面根据设备推断当时我国可以生产方钢、圆钢、扁钢等螺纹钢的“前身”产品；另一方面，由于这一阶段社会动荡，统计数据缺乏，对生产的钢材品种的统计数据少之又少，中国螺纹钢的生产量更是无从查起。但是随着混凝土技术的出现，螺纹钢在中国的应用则体现在诸多近代建筑上，为我们书写中国螺纹钢的发展历史提供了另一个视角。

一、钢铁工业发展概况

从1840年鸦片战争到1949年新中国成立，中国的冶金技术从传统的冶铁转变为近代钢铁生产技术。在这一阶段，由于中国社会发展的变革，钢铁工业处于从萌芽到兴起的阶段，而且发展过程一波三折，钢产量很少。从1907年到1948年，中国累计钢产量只有686.6万吨（如图1-1所示），而世界钢产量累计达到约40亿吨。

（一）1870~1937年近代钢铁工业萌芽和兴起

第一次鸦片战争的爆发打开了清政府闭关锁国的大门。西方列强对中国的侵略给处于传统农业文明体系下的中国带来巨大冲击，也使清朝政府认识到西方坚船利炮的威力。为解除内忧外患，实现富国强兵，在19世纪60年代到90年代中国一部分人开始了向西方

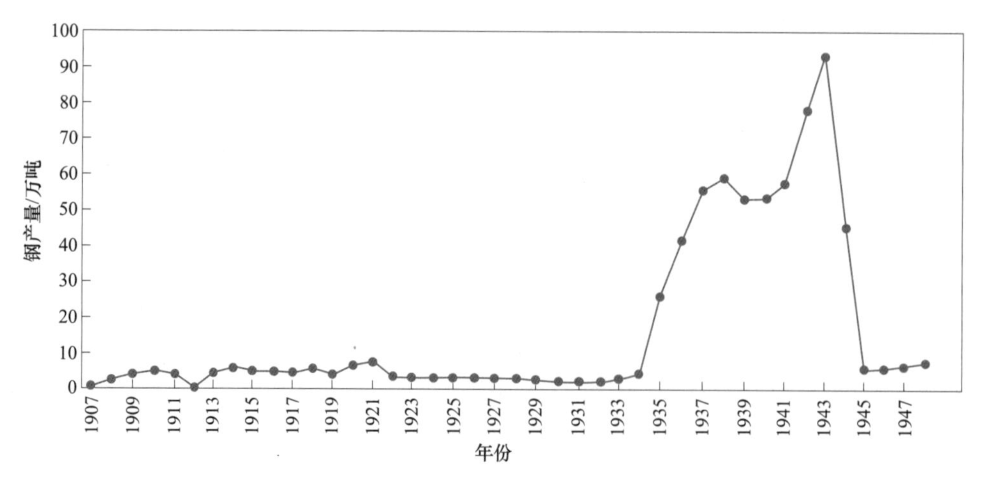

图 1-1　1907~1948 年中国钢产量

（1935~1945 年中国钢产量大幅增长，而且在 1943 年达到 92.3 万吨的峰值，主要是因为日本在我国东北掠夺资源，建立大批采矿厂和钢铁厂所致）

学习文化及先进技术的自救运动，史称洋务运动。洋务运动期间，中国以“自强”为旗号，引进西方先进生产技术，创办新式军事工业，其中规模最大的近代军工企业是在上海创办的江南制造总局，除此以外，还有福州船政局、天津机械制造厂等一系列军用工业生产厂；以“求富”为旗号，兴办轮船、铁路、电报、邮政、采矿、纺织等各种新式民用工业，例如汉阳铁厂，推动了近代中华民族工业的发展。

虽然清政府创办了铁厂，但是由于国内不能生产制造枪炮、建造战舰等军事装备所需要的钢铁，因此依然从西方国家进口了大量钢铁。1867 年、1885 年、1891 年进口钢分别达到 8250t、90000t、130000t，进口钢逐步占据了国内市场，使我国铁厂生存举步维艰。到 19 世纪 80 年代，我国的官办工业由军事工业扩展到民用工业，如纺纱织布、轮船运输、煤矿开采等，钢铁消费量不断增加，这拓展了国内钢铁市场，为近代中国钢铁业的兴起奠定了基石。

1871 年，福州船政局所属铁厂，首先采用新的钢铁加工技术，如建立拉铁（轧钢）厂，轧制 15mm 以下的造船钢板，以及 6~120mm 圆钢、方铁。这也说明，圆钢作为螺纹钢的“前身”，我国在 1871 年的时候就具备一定的生产能力了。

1886 年，贵州青溪铁厂从英国订购熟铁炉 18 座、1t 贝塞麦炉两座、轧板机一架、轧条机 13 架。1888 年安装完毕，后因种种原因而停办。

1890 年，上海江南制造总局增设炼钢厂，先建成 3t 炼钢平炉，后又建成 15t 平炉一座，日产钢 3t。这是我国最早的新式钢铁厂和第一次采用平炉炼钢，标志着近代钢铁工业已在中国萌芽；同年，湖广总督张之洞主持兴建汉阳铁厂，随后兴建大冶铁矿和萍乡煤矿，建立我国第一个近代钢铁联合企业，标志着我国近代钢铁工业的兴起。

在兴建汉阳铁厂的同时，张之洞还从德国采购采矿设备，建设大冶铁矿，先后建成了石灰窑、铁矿场，铺设了 30 多千米的轻轨铁路，成为中国第一个用近代技术开采的露天铁矿。该矿于 1891 年开始生产铁矿石，初期年产矿约 4 万吨（1896~1934 年共产铁矿石 1200 万吨，汉阳铁厂用矿约 340 万吨）。1894 年汉阳铁厂建成投产，全厂有大小十个分厂，其中包括炼铁高炉两座、酸性炼钢转炉两座、平炉一座，还有钢轨厂、铁货厂、熟铁厂、机器厂、打铁厂、鱼尾板道钉厂、自备电厂和轮船、码头等。1898年又投资建设萍乡煤矿，设“萍乡煤矿局”，用机器采煤，设备比较齐全，生产能力约年产90万吨煤，大部分煤炼成焦炭供汉阳铁厂使用（1908年产煤40万吨、焦炭18万吨）。1908年，汉阳铁厂、大冶铁矿、萍乡煤矿联合组成“汉冶萍煤铁厂矿有限公司”，并在汉阳铁厂新建150t混铁炉一座。1910年，汉阳铁厂新建的477m³高炉投产出铁，1911年建成30t平炉4座。其后，铁厂又建成477m³高炉和30t平炉各一座，1913年在大冶铁矿筹建大冶铁厂，1921年建设两座日产量450t的冶铁高炉，号称当时“亚洲第一高炉”，还扩大了萍乡煤矿和大冶铁矿的生产。1895~1922年期间，全国最高钢年产量为1921年的7.7万吨，最高铁年产量为1920年的43万吨。这期间“汉冶萍”累计钢产量占全国同期累计钢产量的75%以上。

张之洞创办了中国历史上第一个比较正规的汉阳铁厂，并逐步扩展为“汉冶萍”钢铁有限公司，成为中国近代钢铁工业的先驱者被载入史册。然而，尽管在第一次世界大战期间钢铁市场趋旺，“汉冶萍”曾一度兴盛，但在战后市场疲软、价格暴跌的情况下，靠大量举债维持的“汉冶萍”日趋衰落，于1925年倒闭，累计共产钢50余万吨。

事实上，对于汉阳铁厂及后来的大冶铁厂，建设初衷都是“造轨制械”，因此产品主要是钢轨。据研究，汉阳铁厂实际最高钢产量为1917年的6万多吨，最终产品（各类钢材）以1916年的45000t为最高年产量，其中钢轨为最大份额。据估算，1907~1922年，汉阳铁厂生产钢轨及配件约296667t，其制造的钢轨占国内市场份额的三分之一，是当时中国铁路建设的主要钢轨供应者之一。

那么汉阳铁厂是否具备生产螺纹钢的能力呢？这要从汉阳铁厂二期建设之后的主要设备情况进行推断。

根据表1-1中的设备情况可以看出，汉阳铁厂具备生产方钢和圆钢的能力（螺纹钢的

表1-1　汉阳铁厂二期建设之后的主要设备

部门	设　备	数量	备　注
炼铁	100t高炉	2	来自英国，各有热风炉3座
	250t高炉	2	来自德国，各有热风炉4座
炼钢	西门子-马丁炼钢平炉	7	容积30t，来自英国
	混铁炉	1	容积150t，来自美国
	打钢样气锤	2	
轧钢	二重式轧机（辊径500mm）	2	轻轨、鱼尾板等
	二重式轧机（辊径380mm）	4	轻轨夹板、方钢、圆钢、扁钢
	二重式轧机（辊径380mm）	1	
	二重式轧机（辊径320mm）	1	
	二重往返可逆式开坯轧机（辊径1016mm）	1	钢板扁坯
	二重可逆式钢板轧机（辊径770mm）	2	
	二重可逆式轧机（辊径800mm）	3	重轨
	二重可逆式轧机（辊径800mm）	2	

（来源：中国近代钢轨：技术史与文物，冶金工业出版社，2020.7）

“前身”)。虽然没有发现方钢和圆钢的生产统计数据，但是发现了建造大冶铁厂“450t 化铁炉”的混凝土基础中采用的美国产“螺纹”型钢筋，可以看出这是将方钢进行扭转形成的钢筋（如图 1-2 所示）。

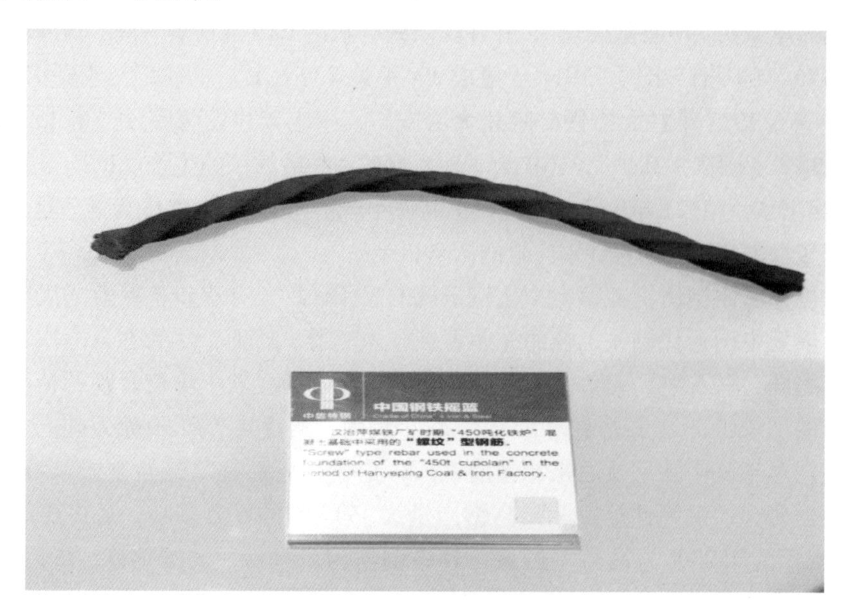

图 1-2　“450t 化铁炉”混凝土基础中采用的“螺纹”型钢筋

（图片来源：中信特钢展厅）

1894 年，“甲午战争”爆发后，日本入侵我国东北，于 1906 年 6 月成立了掠夺我国东北资源的“大本营南满洲铁道株式会社”，在本溪、鞍山等地建立了钢铁厂。

1905 年，日本人开始建设“本溪湖煤铁公司”，1910 年中日合办“本溪湖中日商办煤矿有限公司”，并于 1911 年开始开发庙儿沟铁矿，1915 年开工生产，到 1917 年有 300m^{3}高炉两座，后又增建小高炉两座，冶炼优质生铁。1916 年，中日在鞍山合办“振兴铁矿有限公司”，1918 年正式开办“鞍山制铁所”，建 515m^{3}高炉两座，后又建 693m^{3}高炉一座，炼焦炉 4 座。

1917 年，山西商办阳泉保晋铁厂，建有小高炉一座，日产生铁 15～20t，所产铸造生铁主要被阎锡山购得。1918 年上海商人集资所办“和兴化铁所”（今上钢三厂前身），先后建 15t、35t 化铁炉（小高炉）两座、10t 平炉两座、轧钢机一套，年产钢约 3 万吨。同年，扬子机器公司在武汉谌家矶建日产铁约 100t 的高炉一座。1919 年，龙烟铁矿开始筹建石景山铁厂，1920 年动工建设高炉，日产铁 250t 左右。1923 年东北兵工厂建电弧炉一座，这是中国早期的电弧炉炼钢之一。这些钢铁企业的建成投产，使 1920 年全国铁产量达到 43 万吨，钢产量达 6. 8 万吨。

历经 1931 年的“九一八”事变、1937 年的“七七”事变之后，日本先后占领我国的东北、华北、华东、华中等地区，投资经营钢铁企业。1931 年日本开始经营庙儿沟铁厂，建 200t、180t 高炉各一座，年产生铁能力约 13 万吨。1933 年，日本在鞍山成立“昭和制铁所”，到 1935 年第一炼钢厂的 4 座 100t 平炉开始出钢，同年又扩建 150t 平炉两座。同时，第二选矿厂、第一轧钢厂、大型轧钢厂、小型轧钢厂、薄板厂和 4 座高炉也陆续投产。1937年昭和制铁所产生铁70万吨、钢50万吨、钢材28.5万吨。此外，日本还控制了鞍山地区的中型轧钢厂、无缝钢管厂、铸管厂、钢丝厂、镀锌厂、中板厂、耐火材料厂、机械厂等。1937年前后，日本以及中国的官僚、买办和商人还在北京、天津、唐山、阳泉、太原、上海等地新建和扩建了一些钢铁厂。如1932年阎锡山筹建的西北钢厂（太原钢铁厂前身）由德国承建，建设焦炉两座、120~250t炼铁炉各一座、30t平炉两座、轧钢机两套，1937年建成后尚未生产即落入日本之手。天津商人开办天兴制铁所，上海资本家创办了一批轧钢厂等。旧中国钢的最高年产量为1943年的92.3万吨，最高生铁年产量为1942年的178万吨，但1943年全国96%的生铁和99%的钢均被日本所垄断。

总体来看，从1890年（建设汉阳铁厂）到1937年，我国虽然建设了多个钢铁厂，但是产量甚微。正如《抗战后方冶金工业史料》一书所描述的，“综合各新式铁厂炼制生铁之能力每年虽在100万吨以上，但实际产量在民国20年不过47万余吨，其中34万吨为日本控制的本溪湖与鞍山铁厂生产，12万余吨为土法炼铁所产。国人自办的新式铁厂出品则只有汉口的扬子铁厂（即六河沟铁厂）与山西阳泉的保晋铁厂两家，共产9000余吨。所以抗战前中国政府手中的铁产量即跌至每年15万吨左右，而且所产的生铁还大都不能自己炼钢。”

（二）1938~1949年后方冶金工业的建设

这一时期，我国经历了抗日战争和解放战争。全面抗战爆发后，1938年国民政府迁往重庆，一些钢铁厂被转移到四川，集中在重庆地区。面对抗战军需与众多工厂重新建设的需要，钢铁业成为各方重视的焦点，后方冶金工业进入了建设高潮。这个时期建立的钢铁工厂按其隶属关系及经营方式，可分为以兵工署主办或独办的军工厂、资源委员会主办的企业、官商合办和独资经营的民族工业企业及民营小铁厂四类。

后方冶金工业的建立，虽有许多先天不足的社会因素，特别是由于国民党政府政治、经济上的腐败，很快地衰退了，但它在我国近代工业发展史上，却有着重要的历史地位。这一时期，无论是在对四川矿产的调查勘测，如攀枝花磁铁矿的勘测，还是在钢铁冶炼、轧制，有色金属冶炼，耐火材料的研制代用等方面均有明显成果。这些成果都出于国人之手，大多数为国内首创。如我国工程技术人员设计建造的新式小型炼铁炉、炼钢平炉，中、小型轧钢机，贝塞麦炉低温氧化去磷法，废热式炼焦炉，坩埚炼制合金钢，纯铁冶炼及电解铜、锌生产技术，均属这一时期的重要技术成果。虽然这一时期的钢铁主要用于生产武器装备等，但是从其中的中小型轧钢机来推断，应可以生产方钢、圆钢、扁钢等这些螺纹钢的“前身”产品。

二、螺纹钢在建筑领域崭露头角

（一）钢筋混凝土技术的发展

螺纹钢主要与砂石、水泥形成混凝土构件，应用于建筑领域。钢筋混凝土技术的发展有效推动了螺纹钢的应用。

钢筋混凝土技术的发展历史是逐渐取代木、土、石等天然材料用于建筑的历史。混凝土结构与砌体结构、钢结构、木结构相比使用历史不长，是在19世纪中叶开始使用的，属于现代建筑的主要建筑材料，它的出现也代表了现代建筑的发展。单纯从混凝土来看，其抗压强度为35MPa/m^2，但是抗拉强度很低，仅有其抗压强度的二十分之一。钢筋与水泥有相近的线膨胀系数，不会因为环境不同（热胀冷缩）产生较大的应力。同时，钢筋与混凝土具有良好黏结力，特别是钢筋被加工成有间隔的肋条时，具有更好的机械咬合效果。此外，混凝土中氢氧化钙提供了碱性环境，可使钢筋表面形成一层钝化保护膜，钢筋不易被腐蚀。钢筋混凝土的出现，对建筑行业的发展具有划时代的意义。

建筑用混凝土的发展可以追溯到古希腊、罗马时代，甚至可能在更早的古代文明中已经使用了混凝土及其胶结材料。直到1824年波特兰水泥的发明才为混凝土的大量使用开创了新纪元。钢筋混凝土的发展大致经历了以下四个不同的阶段。

第一阶段为钢筋混凝土小构件的应用，设计计算依据弹性理论方法。1801年考格涅特发表了有关建筑原理的论著，指出了混凝土这种材料抗拉性能较差，到1850年法国的兰博特首先建造了一艘小型水泥船，并于1855年在巴黎博览会上展出；接着法国的花匠莫尼尔在1867年制作了以金属骨架作配筋的混凝土花盆并以此获得专利；后来康纳于1886年发表了第一篇关于混凝土结构的理论与设计手稿；1872年美国人沃德建造了第一幢钢筋混凝土构件的房屋；1906年特纳研制了第一个无梁平板，从此钢筋混凝土小构件进入工程实用阶段。

第二阶段为钢筋混凝土结构与预应力混凝土结构的大量应用，设计计算依据材料的破损阶段方法。1922年英国人狄森提出了受弯构件按破损阶段的计算方法；1928年法国工程师弗来西金发明了预应力混凝土。其后钢筋混凝土与预应力混凝土在分析、设计与施工等方面的工艺与科研迅速发展，出现了许多独特的建筑物，如美国波士顿市的Kresge大会堂、英国的1951节日穹顶、美国芝加哥市的Marina摩天大楼等建筑物。1950年苏联根据极限平衡理论制定了“塑性内力重分布计算规程”。1955年颁布了极限状态设计法，从而结束了按破损阶段的设计计算方法。

第三阶段为工业化生产构件与施工，结构体系应用范围扩大，设计计算按极限状态方法。由于第二次世界大战后许多大城市百废待兴，重建任务繁重，工程中大量应用预制构件和机械化施工以加快建造速度。继苏联提出的极限状态设计法之后，1970年，英国、联邦德国、加拿大、波兰相继采用此方法。欧洲混凝土委员会与国际预应力混凝土协会（CEB-FIP）在第六届国际会议上，提出了混凝土结构设计与施工建议，形成了设计思想上的国际化统一准则。

第四阶段，由于近代钢筋混凝土力学这一新学科的科学分支逐渐形成，以统计数学为基础的结构可靠性理论已逐渐进入工程实用阶段。电算的迅速发展使复杂的数学运算成为可能，设计计算依据概率极限状态设计法。概括为计算理论趋于完善，材料强度不断提高，施工机械化程度越来越高，建筑物向大跨高层发展。

（二）螺纹钢的早期应用

混凝土中配置钢筋组成钢筋混凝土材料来砌筑建筑物是从1861年前后开始的，首先建造的是水坝、管道和楼板。1875 年，法国的一位园艺师豪耶（1828~1906 年）设计建造了世界上第一座钢筋混凝土桥。这座人行拱式体系桥长 16m、宽 4m，由于当时没有掌握钢筋在混凝土中的作用和钢筋混凝土受力后的力学性能，因此桥梁的钢筋配置全是按照体型构造进行，在拱式构件的截面和轴上也配置了钢筋。

1903 年，位于美国俄亥俄州辛辛那提市 16 层高的英格尔大厦建成，这是世界历史上第一幢钢筋混凝土高层建筑。

那么钢筋混凝土建筑在中国的应用情况如何呢？根据广州大学的研究，始建于 1905 年位于中山大学的三层高的马丁堂被认为是中国最早的一座钢筋混凝土结构建筑。同年，广州的沙面岛上，四层高的瑞记洋行新大楼开始建设。《商埠志》也将它称为“华南地区第一栋真正意义上的钢筋混凝土结构建筑”。

广州大学的研究指出：马丁堂和瑞记洋行谁是中国近代第一幢钢筋混凝土结构建筑也许并不重要，但它们传递出一个重要信息：在 20 世纪初，岭南乃至中国在由砖石钢骨混凝土向钢筋混凝土结构过渡的交汇点上，与世界先进国家是基本同步的。在这个过程中，美国土木工程师伯捷与澳大利亚建筑师帕内在广州所办的治平洋行为中国近代钢筋混凝土结构技术的引入做出了极大贡献。所以，广州是钢筋混凝土建筑传入中国的第一站。

广州大学的研究表明，马丁堂采用的是“康”式钢筋混凝土结构技术。该结构的技术核心是美国人康（Julius Kahn）发明的“康式绑扎型钢筋”。1905 年以后，钢筋混凝土结构技术在包括岭南大学、真光、培正、培道等一大批教会学校建筑中广泛运用，一些新的公共建筑包括租界洋行以及长堤海关大楼、邮政局等也更多地选用了钢筋混凝土结构，并主要表现为钢筋混凝土框架结构和钢筋混凝土砖混结构两种方式。但同时，砖石钢骨混凝土和砖木钢骨混合结构仍在继续使用，这是技术过渡时期的特点。

广州大学的研究推断，钢筋混凝土结构在岭南的推广与骑楼建设有着直接的联系。1912 年，广东军政府工务部颁布《广东省城警察厅现行取缔建筑章程及施行细则》，明确规定商业建筑必须以骑楼形式出现。骑楼在结构体系上改变了连续砖墙的承重方式，使得一些为了摊薄高额地价而寻求向高度发展的商业建筑，不得不采用一方面可以将底层商业空间从承重墙中解放出来，另一方面又可以谋求更多楼层的钢筋混凝土框架结构。大新公司在 1918 年建成位于广州长堤的九层百货大楼便是这类建筑的代表，也是中国近代第一幢高层钢筋混凝土框架结构建筑。

民国时期，在众多建筑中钢筋混凝土建筑占有很大的比例。以南京为例，在《中国近代建筑总览：南京篇》收录的 190 处民国建筑中，钢筋混凝土结构共计 122 处，占总数的 64.2%。

那么当时所用的建筑材料，尤其是钢筋与现代建筑有哪些不同呢？据有关研究，民国时期建筑所用的主要材料，明显区别于现代建筑。首先，民国时一般采用方钢（又称为竹节钢），形状明显不同于现代的螺纹钢和圆钢，而且两者的强度质量也有一些差异。中南大学比照 GB 1499.2—2007《钢筋混凝土用钢　第 2 部分：热轧带肋钢筋》，对民国时期混凝土建筑中钢筋的表面形状特征、力学性能、化学成分和微观组织进行了分析，得出如下结论：

民国建筑中钢筋横截面和纵截面晶粒均大体呈等轴状，属于热轧钢筋类型。其断口有明显的宏观塑性变形特征，断口的源区、扩展区和最终断裂区呈现不同形态的韧窝花样。因此，断口整体呈现韧性断裂特征。民国建筑中方钢的横肋高度能满足标准要求，但横肋间距、横肋之间的间隙总和以及相对肋面积均不能满足要求。民国建筑中方钢和圆钢均属于碳素钢材质，且属低碳钢。民国方钢中 C、Si、Mn 的质量分数均能满足标准要求，但 P 和 S 的质量分数均高于标准要求。民国圆钢中 C、Mn、P 的质量分数均能满足标准要求，但 Si 和 S 的质量分数略高于标准要求。且民国建筑中钢筋与现代钢筋混凝土结构用钢筋的物理力学性能有显著差别；民国建筑中方钢的屈服强度平均值为 278.60MPa，极限抗拉强度平均值为 375.86MPa，强屈比为 1.35，断后伸长率平均值为 32.25%；而民国建筑中圆钢的屈服强度平均值为 350.65MPa，极限抗拉强度平均值为 464.37MPa，强屈比平均值为 1.32，断后伸长率平均值为 25.08%。

其次，民国的混凝土强度也较低。按照 GB 50010—2010《混凝土结构设计规范》规定，普通混凝土划分为 14 个等级，即：C15、C20、C25、C30、C35、C40、C45、C50、C55、C60、C65、C70、C75、C80。根据中南大学淳庆老师的研究，大部分民国建筑所使用的混凝土强度仅在 C15～C25 之间。

此外，我国建筑检测领域有关专家在对历史建筑进行研究的过程中，对从建筑物中取出的钢筋进行了保存和分析，为我们了解当时的钢筋形态和性能提供了宝贵的实物来源。具体案例描述如下：

（1）图 1-3 为厦门某工程（1907 年建造）检测过程中取出的钢筋。

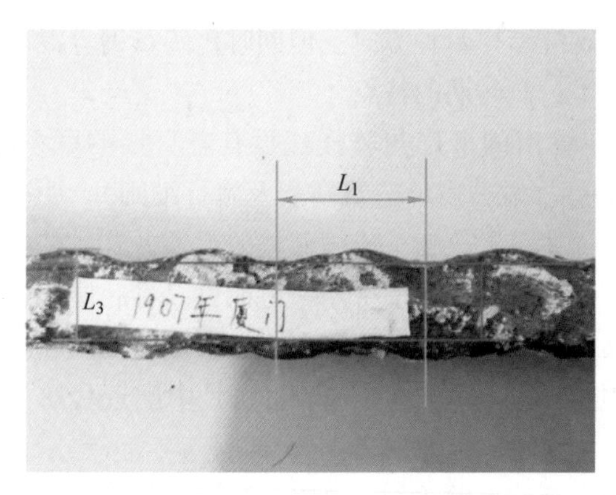

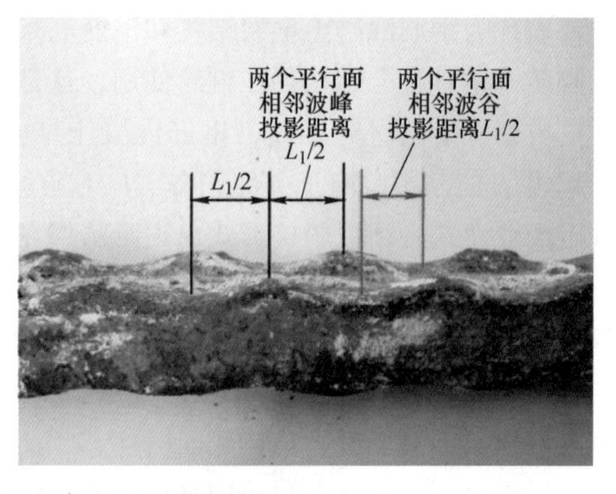

图 1-3　厦门某工程（1907 年建造）使用的钢筋

（图片来源：中冶建筑研究总院有限公司，林志伸、陈洁、李晓滨）

形态描述：有两面为平行面，另外两面为错位波浪面。

图示尺寸：L_1 = 294.00mm/9 = 32.67mm；L_2 = 16.44mm；L_3 = 20.50mm。

两个平行面距离 = 20mm。

（2）图 1-4 为北京大学某教学楼（1922 年建造）拆除过程中取出的钢筋，对此钢筋进行依次滚动拍照。

形态描述：基体为正方形，棱为过渡圆弧，月牙肋。

图示尺寸：$L_1 = 14.80 \sim 15.20$mm；$L_2 = 133.8$mm$/5 = 26.76$mm；$L_3 = 3.80 \sim 5.20$mm；$L_4 = 10.50$mm。

月牙肋高：$1.15 \sim 1.20$mm。

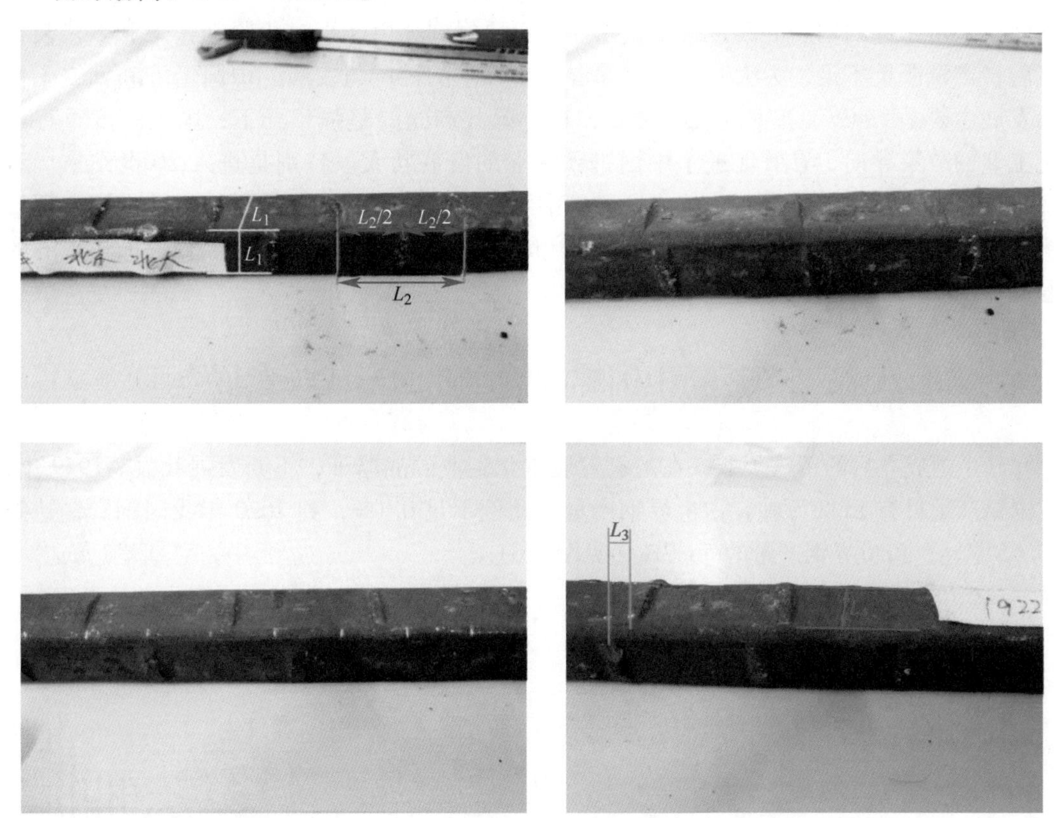

图 1-4　北京大学某教学楼（1922 年建造）使用的钢筋

（图片来源：中冶建筑研究总院有限公司，林志伸、陈洁、李晓滨）

（3）图 1-5 为抚顺钢厂第一炼钢厂（1939 年建造）工程检测过程中取出的钢筋。

图 1-5　抚顺钢厂第一炼钢厂（1939 年建造）使用的钢筋

（图片来源：中冶建筑研究总院有限公司，林志伸、陈洁、李晓滨）

第一组测量：直径交叉测量（12.70mm、13.00mm），不圆度 0.30mm；

第二组测量：直径交叉测量（12.80mm、12.60mm），不圆度 0.20mm。

总体来看，民国时期螺纹钢在我国的应用比较多，当时的政府、军阀在建筑房屋时倾向于采用先进的钢筋混凝土技术。然而我们要看到，由于当时我国钢铁工业工艺装备落后，产量严重不足，大大制约了钢筋混凝土技术的推广与发展。中国经济和钢铁工业的发展主要是 1949 年新中国成立之后，在中国共产党的坚强领导下，国家高度重视重化工业的政策导向，有效促进了中国钢铁工业的发展壮大。特别是进入 20 世纪末、21 世纪初，中国钢铁工业得到跨越式发展，中国成为钢铁生产大国和钢铁消费大国，螺纹钢的供给和消费能力显著提升，极大地满足了国民经济的建设需求，促进了经济的发展。

第二节　新中国螺纹钢产业的形成与发展

新中国成立后的钢铁工业，在国家发展重化工业的战略下，不断发展壮大。1949 年，我国钢产量只有 15.8 万吨，占世界钢产量的比例不足 0.1%，到 2020 年我国钢产量达到 10.65 亿吨，占世界钢产量的 56.7%（见图 1-6）。

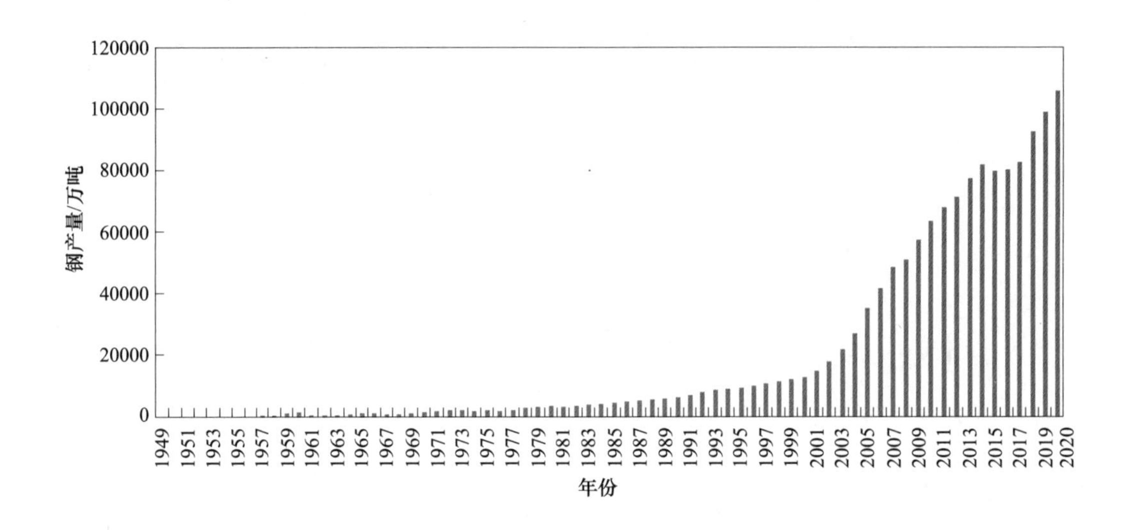

图 1-6　1949~2020 年中国钢产量

中国经济的发展、基础设施的建设、房地产业的兴起等有效拉动了以螺纹钢为主的建筑钢材的巨大需求，而钢铁工业自身在装备、技术、品种、质量方面的提升也为满足国民经济建设的需要提供了供给保障。特别是 2001 年以后，我国房地产业的高速发展拉动螺纹钢产量高速增长（见图 1-7）。2001 年我国钢筋产量达到 3735 万吨，2020 年达到 2.66 亿吨，是 2001 年的 7 倍多。

然而，回顾新中国成立后钢铁工业所取得的巨大成就，我们深刻感受到中国钢铁工业

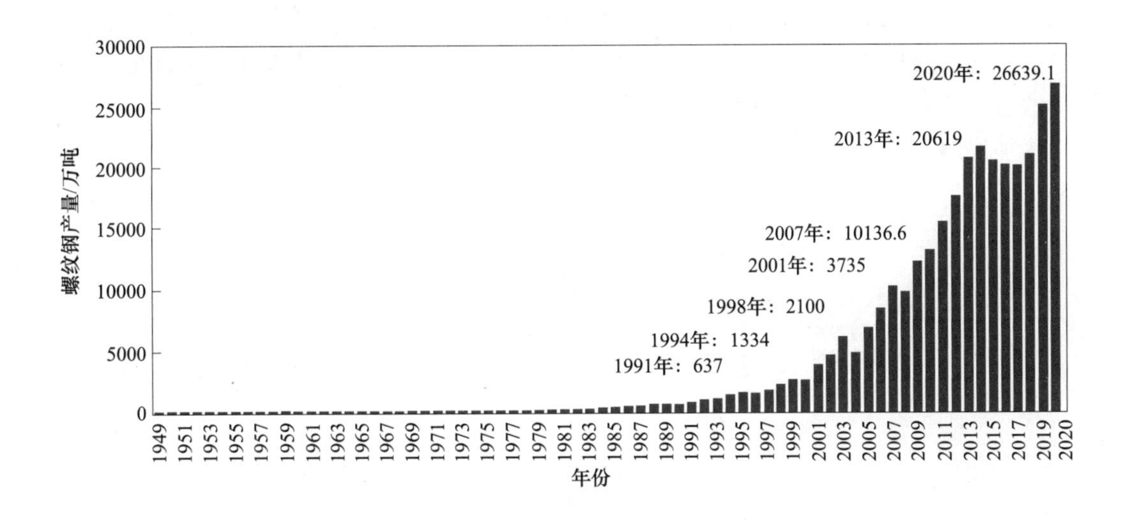

图 1-7　1949~2020 年中国螺纹钢产量

的发展并非一帆风顺，在光辉成就的背后，是一个一波三折、不断攻坚克难并取得辉煌成就的波澜壮阔的艰苦奋斗历程。

一、改革开放前

1949 年到 1978 年的 30 年，我国实行的是高度集中的计划经济体制，这一时期是中国现代钢铁工业崛起的奠基时期。这 30 年，对于中国现代钢铁工业来说，是不平凡的 30 年，是一段坎坷曲折的历程。这 30 年取得的主要成就，为中国现代钢铁工业的崛起打下了坚实的基础。

在新中国成立前夕，相关地方人民政府、解放军代表、军管会等先后接管了国民政府时期的冶金厂矿。1949 年，以鞍钢为代表的社会主义性质的国营钢铁企业成为新中国钢铁工业的骨干力量，国营钢铁企业钢产量占全国钢产量的 97%、生铁产量占 92%。

（一）发展历程

新中国成立前，钢铁工业技术落后、装备数量少、生产规模小，1949 年全国钢材产量仅为 14 万吨，品种规格不到 200 个。为了适应新中国恢复和发展国民经济对钢铁产品的急迫需要，首先对原有的钢铁生产工艺装备进行了恢复、改造、扩建。1949~1952 年，全国共恢复、扩建了高炉 34 座、平炉 26 座，恢复了鞍钢 1100mm 初轧机、580mm 中型轧机、302mm 小型轧机、2300mm 中板轧机、900mm 叠轧薄板轧机，以及焊管、钢丝绳等设备。还恢复了重钢的 2300mm 蒸汽驱动中板轧机、800mm 大型轧机，以及上海、天津、重庆、唐山等地的小型轧机。1952 年，全年产生铁 192. 9 万吨，比新中国成立前产量最高年（1943 年）产量高 7. 1%，产钢 134. 9 万吨，比历史最高年（1943 年）产量高 91. 2%；产钢材 112. 9 万吨，也超过了历史最高年产量。

1953 年，大冶、重庆、太原等钢厂的电弧炉恢复生产；1955~1956 年，鞍钢第二炼钢厂的 10 座旧平炉经改造后投产；1956~1957 年，上钢一厂、大冶钢厂扩建了三座 20t 酸性转炉，唐钢的侧吹碱性转炉也投入了生产。到 1957 年前后，原有的钢铁生产装备，经修理、改造后，基本都恢复了生产。

为加快发展钢铁工业，国家开始进行以新建钢铁厂为主的大规模钢铁基本建设。1950~1978 年我国钢铁工业固定资产投资情况（如图 1-8 所示）。

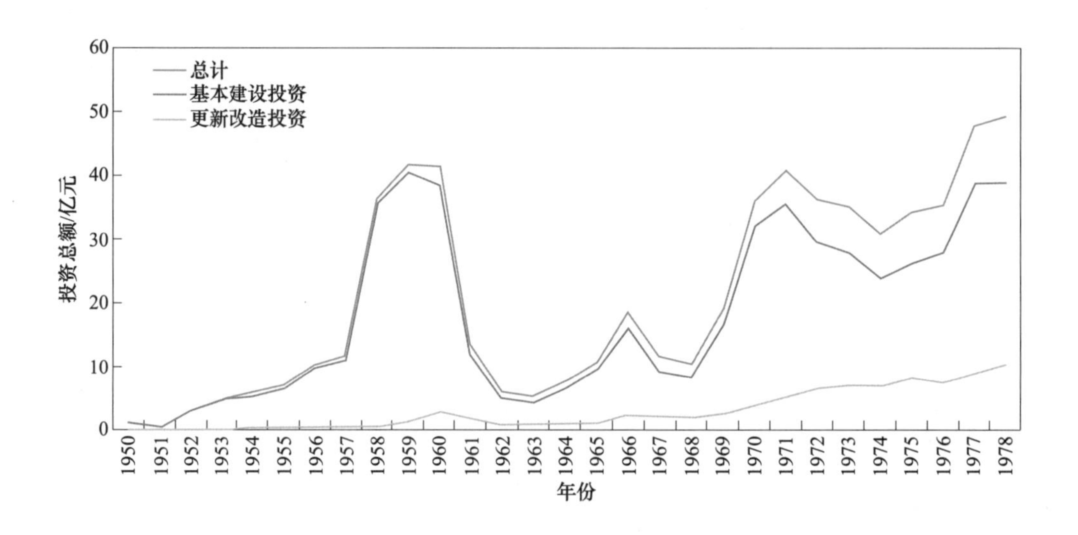

图 1-8　1950~1978 年我国钢铁工业固定资产投资总额

（来源：中国钢铁工业五十年数字汇编）

1953~1978 年，我国钢铁工业经历了三次大规模的基本建设高潮，钢铁工业固定资产投资总额总体呈波动上升趋势。第一次是 1953~1957 年的第一个五年计划时期，开展了苏联援建 156 项中的八大钢铁项目建设；第二次是 1956 年规划并开始建设的“三大、五中、十八小”工程；第三次是从 1964 年开始掀起的“三线”建设高潮。这一时期所建新的钢铁厂，采用的工艺装备多数是小型焦炉、小型烧结机、1000m^3 以下炼铁高炉、平炉炼钢炉、侧吹转炉、模铸、初轧开坯机、2300mm 三辊劳特式中板轧机、76mm 无缝钢管轧机、叠轧薄板轧机、横列式小型型钢轧机等。

经过三次基本建设高潮，我国各省、自治区、直辖市建成了大量大中小规模的钢铁厂，极大地提升了钢材的供给能力，而这些钢铁厂的建设也需要大量的钢材，其中螺纹钢筋是必不可少的钢材品种。那么，当时使用的螺纹钢是什么样的呢？建筑检测领域有关专家在对历史建筑进行研究的过程中，保留了 1956 年湘潭钢铁厂建设过程中用到的钢筋，为我们了解螺纹钢在当时的应用情况提供了宝贵的资料（见图 1-9）。

第一组测量：直径交叉测量（18. 30mm、18. 50mm），不圆度 0. 20mm。

第二组测量：直径交叉测量（18. 10mm、17. 82mm），不圆度 0. 28mm。

从图 1-9 中的照片可以看出，1956 年湘潭钢铁厂在建设过程中采用的钢筋为圆钢，与我们现在的热轧带肋钢筋有明显的差别。

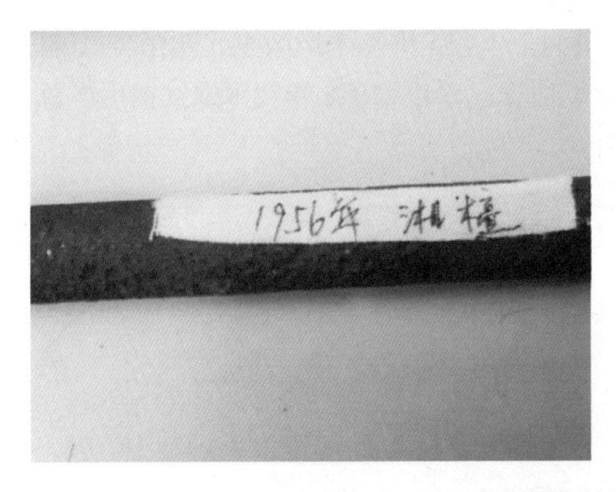

图 1-9　1956 年湘潭钢铁厂建设过程中用到的钢筋
（图片来源：中冶建筑研究总院有限公司，林志伸、陈洁、李晓滨）

（二）螺纹钢的生产情况

从 1949 年开始，经过恢复、改造原有的钢铁生产工艺装备和以建新厂为主的三次基本建设高潮，到 1978 年我国钢铁工业拥有各类轧钢机 784 套，其中初轧机 15 套、开坯机 104 套、大型型钢轧机 5 套、小型型钢轧机 313 套、线材轧机 75 套、中厚板轧机 20 套、热轧薄钢板轧机 57 套、冷轧薄钢板轧机 14 套、热轧带钢轧机 33 套、无缝管轧机 52 套、焊管轧机 94 套（见图 1-10）。

螺纹钢的生产主要依靠小型轧机，我国在三次基本建设高潮中，新建了大量小型轧机，是所有轧机类型中套数最多的轧机，为螺纹钢的生产提供了装备基础。对于这一时期螺纹钢的生产情况，当时我国没有螺纹钢统计类别，螺纹钢的生产统计归为型材类别，主要是小型型材，而小型型材的统计范围包括圆钢、螺纹钢、角钢、方钢、矿用刮板钢、汽车用挡圈。根据 1991 年的细分品种数据，螺纹钢产量在小型材中的占比为 46.20%，占全国钢产量的 8.97%。新中国成立时，我国小型材中圆钢产量占比较大，随着低合金钢的开发和应用，螺纹钢产量的占比逐步上升。根据冶金档案馆资料，1957 年，冶金工业部布置生产螺纹钢筋 17 万吨。GB 1499—1979《钢筋混凝土结构用钢筋》中提到，1971 年，我国低合金钢筋产量近 30 万吨。根据冶金档案馆资料，冶金工业部 1979 年 1 月 22 日的《关于安排生产基本建设用的螺纹钢、钢窗料的报告》中提到，1978 年我国螺纹钢产量为 42 万吨。当时为适应国民经济发展，加快基本建设速度，国家建委

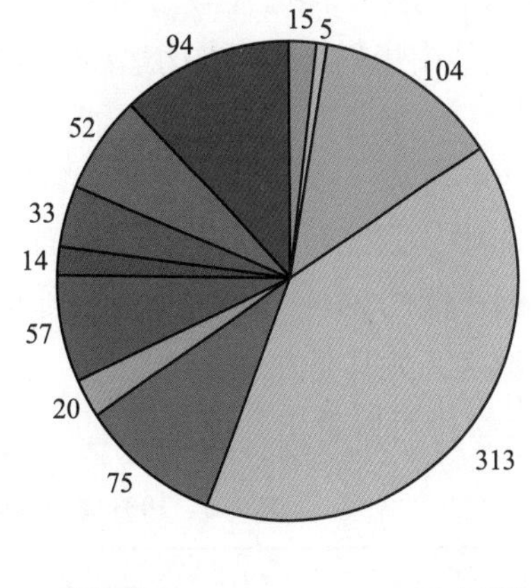

图 1-10　1978 年我国轧钢机分类（单位：套）
（小型轧机部分用来生产螺纹钢）

要求冶金工业部1979年提供螺纹钢70万吨。根据相关资料及零散数据，本节对1949~1978年我国计划经济时期螺纹钢产量数据进行了估算，1949~1978年我国螺纹钢生产总量在550万吨左右（见图1-11）。

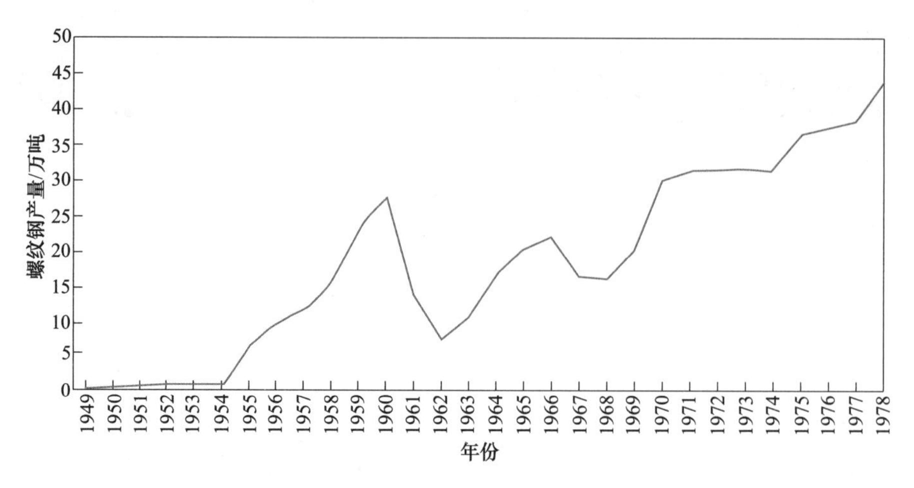

图1-11 1949~1978年中国螺纹钢产量

（三）螺纹钢的产能情况

对于新中国成立初期我国螺纹钢的产能情况，可以从冶金档案馆馆藏的《1951年和1957年我国钢材生产能力比较》表中进行估算。该资料显示，1951年，我国钢材产能为38.6万吨，其中棒钢（包括中小型钢）产能合计为26.1万吨，占钢材产能的67.6%；因为螺纹钢属于中小型钢，因此其产能应该包括在棒钢产能中；到1957年年底，我国钢材产能达到400万吨，棒钢产能达到132.8万吨，增长4倍，占比为33.3%。在这132.8万吨棒钢产能中，东北地区产能为85万吨，占棒钢产能的64%，关内地区产能为47.8万吨，占棒钢产能的34%。由此看来，到1957年年底，我国棒材（包括螺纹钢）的生产主要在东北地区，尤其是在鞍钢。

从表1-2中可以看出，棒钢产量占比虽似稍高，因其中包括一部分型钢不易分开，但

表1-2 1951年和1957年我国钢材生产能力比较

品种	1951年	1957年年底钢材产量			
	钢材产量/t	东北/t	关内/t	总计/t	占比/%
棒钢（包括中小型钢）	261000	850000	478000	1328000	33.3
型钢		200000	314000	514000	12.8
线材	22000	210000	180000	390000	9.8
轨条及附属品	100000	200000	150000	350000	8.7
其他	3000	860000	558000	1418000	35.45
总计	386000	2320000	1680000	4000000	100

注：其他钢材品种包括厚板、薄板（包括镀锌、镀锡板）、钢管（有缝及无缝）、锻钢品。

（来源：根据冶金档案馆《1951年和1957年我国钢材生产能力比较》表整理）

型钢与棒钢总和占46.1%，与拟定生产率43.0%很接近。由此可以看出，这一时期，我国棒材的产能利用率为43.0%，明显低于现在正常的产能利用率，这也说明，当时生产螺纹钢的小型轧机生产率在43.0%左右。

（四）螺纹钢生产企业情况

新中国成立后，我国钢铁工业经历了恢复期、大规模建设期等，形成了很多大、中、小规模的钢铁企业，有效支撑了新中国的经济建设。

那么，我国国民经济建设所需要的螺纹钢主要是由哪些企业生产呢？螺纹钢属于小型材，从冶金档案馆提供的《1953~1954年我国钢铁企业产品产量计划表》可以看出，1953年，我国小型材生产区域/企业包括鞍钢、太原、天津、唐山、本溪、上钢二厂、上钢三厂、新沪、大冶、一〇一厂、一〇四厂和一〇五厂。小型材的装备和生产技术门槛相对低，因此生产小型材的企业最多。1954年我国中小型材的产量计划见表1-3。

表1-3 1954年我国中小型材产品产量计划 (t)

项　目	1953年预计完成总计	1954年计划草案全年	1954年企业自用量	1954年计划商品量
中型材合计	207784	209321	26643	182618
鞍钢	180960	163400	357	162043
太原	6532	15371	66	15305
天津	—	3000	—	3000
上钢二厂	17844	25000	25000	—
大冶	725	750	750	—
一〇一厂	1723	1600	470	1130
一〇五厂	—	200	—	200
小型材合计	346641	298102	15069	283033
鞍钢	114361	80000	6035	73965
太原	54062	55363	342	55021
天津	48444	38646	5	38641
唐山	55415	55201	120	55081
本溪	5901	4000	217	3783
上钢二厂	1392	1000	1000	—
上钢三厂	244	3000	3000	—
新沪	8639	12585	2	12583
大冶	37830	36610	414	36196
一〇一厂	9451	8000	3910	4090
一〇四厂	429	2500	—	2500

续表 1-3

项　目	1953 年预计完成总计	1954 年计划草案全年	1954 年企业自用量	1954 年计划商品量
一〇五厂	—	1197	24	1173
其中：小三角钢（鞍钢）	7674	10000	33	9967
线材合计	78673	118575	93250	25325
鞍钢	8028	6000	6000	—
天津	25688	48600	26490	22110
大连	13016	14971	12006	2965
上钢二厂	31941	48754	48754	—
一〇五厂	—	250	—	250

因为螺纹钢主要统计在小型材中，因此推断表 1-3 中鞍钢、太原地区钢厂等生产小型材的企业也就是螺纹钢的主要生产企业。

随着我国钢铁厂的建设，到第一个五年计划末的 1957 年，我国普通小型材产量为 107.2 万吨，其中 26 家中型钢铁厂小型材产量为 68.768 万吨，占小型材产量的 64%。1957 年我国 26 个中型钢铁企业普通小型材的生产情况见表 1-4。

表 1-4　1957 年我国 26 家中型钢铁企业普通小型材产量　(t)

序　号	企业名称	普通小型材产量
1	达县钢铁厂	6135
2	略阳钢铁厂	477
3	兰州钢厂	16005
4	石嘴山钢铁厂	28530
5	八一钢铁厂	500
6	安阳钢铁厂	48691
7	鄂城钢铁厂	52698
8	涟源钢铁厂	26366
9	柳州钢铁厂	40504
10	韶关钢铁厂	13061
11	广州钢铁厂	69389
12	无锡钢铁厂	42652
13	杭州钢铁厂	63952
14	合肥钢铁厂	10390
15	三明钢铁厂	31757
16	南昌钢铁厂	42968
17	江西钢铁厂	6183
18	青岛钢铁厂	79498
19	济南二钢厂	8314

续表 1-4

序　　号	企业名称	普通小型材产量
20	邯郸钢铁厂	2328
21	承德钢铁厂	20393
22	石家庄钢铁厂	26395
23	长治钢铁厂	32447
24	呼和浩特钢铁厂	9878
25	新抚钢厂	5655
26	通化钢铁厂	2514
合计		687680

（数据来源：冶金档案馆）

但是对于螺纹钢，当时我国的生产规模还满足不了国内经济建设的需要，尤其到 70 年代末，改革开放以后，供需矛盾更显突出。这可以从冶金工业部 1979 年 1 月 22 日的《关于安排生产基本建设用的螺纹钢、钢窗料的报告》（以下简称《报告》）中看出。

1978 年我国螺纹钢产量为 42 万吨。当时为适应国民经济发展，加快基本建设速度，国家建委要求冶金工业部 1979 年提供螺纹钢 70 万吨，以保证基本建设任务需要。为此，冶金工业部提出通过挖潜增产 56 万吨，再将普通小圆钢的产能改产螺纹钢提供 14 万吨，完成国家计划安排（见表 1-5）。

表 1-5　1979 年螺纹钢生产计划安排　　（万吨）

企业名称	1978 年产量	1979 年计划产量	增产安排		
			合计	挖潜	调剂
鞍钢	11	17	6	2	4
唐钢	3	8	5	3	2
天津	3. 8	10	6. 2	3. 2	3
上海	19	23	4	1. 5	2. 5
北京		2	2	1	1
首钢	4. 5	8	3. 5	2	1. 5
马钢	0. 7	2	1. 3	1. 3	
总计	42	70	28	14	14

该《报告》除安排生产螺纹钢 70 万吨的任务外，还提出扩大螺纹钢生产能力的措施。《报告》指出了当时我国建筑用钢材的产量，与加快基本建设、发展旅游事业、增加民用建筑的需要很不适应，原因主要是重点企业生产能力小，一些地方企业轧机不配套。因此考虑采取扩建、改造等相应的措施，争取在一两年达到 100 万吨以上生产能力，其中，螺纹钢 80 万吨、钢窗料 10 万吨、小口径焊管 10 余万吨。采取的主要措施如下：

（1）首钢 300mm 小型轧机改造。这套轧机是我国第一台小型材连轧机，于 1961 年 5 月 1 日试生产，设计能力 30 万吨，1978 年实际产量为 34. 7 万吨。由于精轧部分能力小，限制了粗、中轧机能力的发挥，拟引进高速无扭转连轧机组，把精轧部分分成两条作业线，增产20万吨小型材。该生产线最初以生产圆钢为主，为适应国家建设的需要，1966年开始生产ϕ12mm、ϕ14mm、ϕ16mm、ϕ20mm 4种螺纹钢，1967年又试轧了ϕ10mm和ϕ22mm两种螺纹钢，使螺纹钢形成从ϕ10mm到ϕ32mm共10种规格系列化。

（2）鞍钢灵山线材厂加速建设。该厂加快建设产能30万吨的小型钢材产线，主要装备粗轧、中轧机共15架，配套电控设备及冷床。

（3）鞍钢二小型改造。1978年针对鞍钢二小型进行改造，在1979年10月1日正式生产，1980年全年增产了近20万吨。

（4）马钢采用加大钢坯尺寸提高产量，同时在850mm初轧机后增加了6架连轧机，增加了小型钢材的产量。

总体来看，我国钢铁工业经过三次基本建设高潮，生产布局、工艺装备已经取得很大进步，为之后中国钢铁工业的崛起、壮大打下了重要的产业基础。例如，第一个五年计划期间，我国钢铁品种有很大增长。1952年我国能冶炼的钢种为170种，1957年已扩大为372种。钢材规格由1952年的300~400种，增长到1957年的4000种左右，虽然与发达国家相比仍有差距（苏联1955年已能冶炼的钢种为700多种，钢材规格为10000多种），但是在如此落后的条件下短时期内快速取得这样的成绩实属不易。钢铁企业规模的变化见表1-6。

表1-6 钢铁企业规模的变化

年份	1949	1952	1978	1989	2000
年产钢50万~99万吨企业数量		1	4	9	12
年产钢100万~299万吨企业数量			4	8	31
年产钢300万~499万吨企业数量				3	7
年产钢500万~799万吨企业数量			1	1	1
年产钢800万~999万吨企业数量					2
年产钢1000万吨以上企业数量					1

（数据来源：冶金档案馆）

在这期间，我国钢铁工业装备水平还停留在苏联20世纪五六十年代的水平，与欧美和日本的水平相差很远。同时，大多数企业规模在50万吨以下，钢铁生产还满足不了国内需求，还需要进口钢材来补充。其中螺纹钢生产同样如此。

二、改革开放至世纪之交

1978年改革开放到1992年社会主义市场经济体制初步确立之前，我国经济处于由计划经济向市场经济转轨时期。在这个时期，国家对资源配置逐步由计划管理走向市场调节，计划配置资源的范围和比重逐渐缩小，市场配置资源的范围和比重逐步扩大，市场主体由大一统的公有制经济向多种所有制经济发展。

在这一阶段，我国钢铁工业的所有制形式以公有制占绝对主体，企业经营自主权逐步扩大，利益主体地位逐步确立，企业初步感受到了市场经济的魅力和市场竞争的压力。

(一) 企业生产经营自主权的扩大

在我国经济转轨时期，改革的主要内容是扩大企业生产经营自主权，政府对国营企业放权让利，逐步减少指令性计划，扩大市场调节范围，营造市场竞争主体，企业内部开始实行厂长（经理）负责制。在投资体制方面，由改革开放前完全依赖国家拨款转变为主要依靠企业自筹、贷款和利用外资，同时企业可以自主决策进行技术改造。经营自主权的扩大让企业更有动力提高产量改进效率，提高职工收入等。由于自主决策权不断增大，企业可以自行决定生产计划，进行计划外生产，接受市场力量的支配，从而产生了计划与市场一同协调企业生产的双轨制。

在这一时期，我国钢铁行业逐步推进了扩大企业经营自主权、利润递增包干、承包经营责任制的试点。首钢作为第一批大型国有企业“扩大企业自主权”试点单位，于 1981 年率先实行了“上交利润包干，超额分成”的经营承包制，极大地调动了企业和职工发展生产的积极性，也拥有了自我发展的资金，钢铁产量和经济效益快速提高。此后，承包制在全行业逐步推广。截至 1992 年末，在 110 家重点和地方骨干钢铁企业中有 103 家实现了类似的经营承包制。

(二) 钢铁企业对钢材“自销”权力不断扩大，钢材逐步成为商品

在计划经济体制下，物资分配以行政区域为界，以行政指令为手段，通过层层申请、层层分配，并在此基础上有组织有限制地订货，价格完全由国家控制，结果是企业被管死，产品“多年一贯制”，物资和资金周转缓慢，各种浪费严重。1979 年，国家允许钢铁企业在完成计划分配任务的前提下，进行“运用市场调节，自找多余钢材产品的销路”的尝试；同时国家扩大了地方对钢材的支配权，如规定鞍钢、武钢等 22 个重点钢厂按钢产量 3%折成钢材，留给所在省、自治区、直辖市使用，地方钢铁厂用自产钢所生产的钢材自行分配。同年，全国各钢厂自销钢材 87 万吨。

从 1981 年开始，国家允许钢铁企业在完成计划的前提下自销部分产品，其价格由市场决定。这样企业在钢材销售中就存在着两种定价体制：一是国家指令性计划的产品按国家规定价格进行统一调拨，二是企业自行销售的产品根据市场定价，此种现象被称为价格双轨制。价格双轨制是我国经济体制由计划经济向市场经济过渡过程中存在的一种特殊的价格管理制度，将市场机制逐步引入到企业的生产与交换中，开辟了在供应紧张的经济环境里进行生产资料价格改革的道路，促进了主要工业生产资料生产的迅速发展。

1984 年 5 月，国务院颁发了《关于进一步扩大国营工业企业自主权的暂行规定》，其中规定钢铁企业除可以销售超计划生产的钢材外，对计划内的钢材可以自销 2%。在价格双轨制的刺激下，钢铁企业自销钢材的数量和比重日益增加。1985 年全国钢铁企业自销钢材 530 万吨，占同年钢材产量的 14.3%；1991 年全国钢铁企业自销钢材达到 2488 万吨，占同年钢材产量的 46%；1992 年全国钢铁企业自销钢材则达到 3487 万吨，占同年钢材产量的 57%。1992 年 8 月在南昌召开的全国钢材调拨会议上，实行了几十年的钢材计划内指标被取消。从此以后，钢材的配置主要通过市场交易的方式来实现。

(三)民营钢铁企业出现、第一次大规模技术改造完成

在1978~1992年我国经济转轨时期，我国钢铁工业涌现出了一大批乡镇企业，之后完成了民营化进程。民营钢铁企业的出现，改变了钢铁企业之间的竞争格局。同时老企业大力推进技术改造，扩大生产规模，进一步解决了我国钢铁产品长期短缺并大量依赖进口的矛盾，从而使我国钢铁工业步入了持续稳定发展的轨道。

在这一时期，我国钢铁行业完成了第一次大规模的技术改造。在新建钢厂以及老企业的技术改造方面，我国开始较大规模地利用国外资源和资金，引进国外经济型适用技术，包括引进二手设备。在1978~1992年的14年中，我国钢铁工业从国外引进了700多项先进技术，利用外资60多亿美元。我国钢铁工业的技术装备水平明显提升，与世界先进水平的差距缩小。

1978~1992年，钢铁工业固定资产投资共计1465.43亿元，其中基本建设投资759.72亿元，占51.8%，更新改造投资705.71亿元，占48.2%。1992年当年完成投资总额达到21.5亿元，大大高于80年代的投资水平。

在钢材交易市场建立方面，1986年1月29日，国务院召开了国家计委、经委、体改委、冶金部和物资局等部委负责人会议，专题研究计划外的钢材专营和设立钢材交易市场问题，并形成了《研究对计划外钢材实行专营和设立钢材交易市场问题的会议纪要》。截至1990年，全国共有260个大中城市先后建立294个钢材市场，成交钢材4047万吨。

改革开放后，中国钢铁行业深刻意识到：在新中国成立以来的近30年时间内，钢铁工业的生产技术基本停留在平炉、模铸、初轧等国际第一代钢铁生产技术的水平上，错过了20世纪50年代到70年代中期国际上以氧气转炉、连续铸钢、高速连续轧制为代表的第二代钢铁生产技术的创新期，同国际钢铁生产先进技术水平的差距越来越大，必须大力推进钢铁工业的科学技术进步，尽快赶上世界先进水平。

从1978年到1992年这14年内，钢铁行业推进冶金科学技术进步的整体思路是：切实贯彻“经济建设必须依靠科技进步，科技进步必须面向经济建设”的总方针，以现有钢铁企业挖潜、改造、配套、扩建的内涵扩大再生产为依托，以不断解决钢铁产品的数量、品种、质量不适应国民经济发展和国防军工的需要为重点，在有计划、有重点地引进国外先进、适用工艺装备技术的同时，组织科技力量协同攻关，进行新工艺、新设备、新材料和高新技术的消化、吸收和再创新，解决生产、建设中的技术难题，努力推进全行业的科技进步。

这一时期，钢铁工业的科技进步实现了两个转变，具有三大特点。两个转变：一是在推进科技进步的思想观念上，由单纯强调自力更生的“关门”发展观念转变为引进、消化、吸收、再创新的开放发展观念；二是在钢铁生产、建设的技术路线上，由单一沿袭苏联的技术路线转变为全方位学习、借鉴西欧、美国、日本等先进技术的多元化技术路线。三大特点：一是坚持冶金科技进步要为国民经济发展服务，为钢铁生产、建设服务，为老企业技术改造服务的方向；二是强调以广泛采用氧气顶吹转炉、连铸、连轧为代表的钢铁生产技术作为推进钢铁科技进步的主要内容；三是强调从国外引进的先进、适用工艺装备进行消化、吸收、再创新，作为推进钢铁科技进步的主要途径。这一时期，在全行业各级科技工作者的共同努力下，钢铁工业的科技水平有了较大提高。

1978年，我国钢铁企业主要生产设备中，几乎没有达到国际水平的，达到国内先进水平的按台（套）计算也只占4.8%。在1985年第二次全国工业普查资料统计中，重点钢铁企业536台（套）主要生产设备，具有国际水平和国内先进水平的也只占13%。经过1978~1992年的大规模技术改造，通过引进国外先进技术设备，我国钢铁工业的工艺、装备技术水平明显提高。宝钢、武钢等企业已采用铁水预处理-顶底复合吹炼转炉-炉外精炼炉-连铸-铸坯热送热装的先进工艺流程。到1991年全国已拥有高炉1128座，最大高炉容积达到4063m^3；焦炉471座，最高炉门达到6m；烧结机222台，最大烧结机为450m^2。转炉217座，最大氧气顶吹转炉为300t；电炉1567座，最大超高功率电炉为150t；连铸机114台，有效支撑了国民经济建设对钢铁产品的需求。

（四）螺纹钢的时期特点

对于螺纹钢，随着我国钢铁生产规模、工艺装备的技术进步，以及民营钢铁企业的兴起，我国螺纹钢的生产能力明显提升。螺纹钢产量大幅增加，市场供大于求，螺纹钢大量出口，是这一时期的特点。

生产方面，1978年，我国螺纹钢产量估计在44万吨；改革开放后，我国经济发展速度加快，对螺纹钢的需求增加，由于我国钢铁工业工艺技术装备的进步，螺纹钢的供给能力明显提升；到1992年，我国螺纹钢的产量达到897.41万吨，14年增长了20倍。1978~1992年中国螺纹钢产量如图1-12所示。

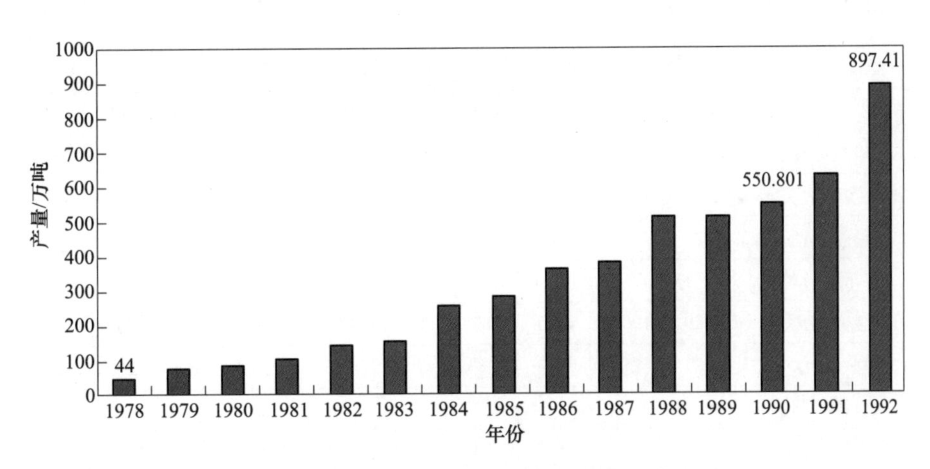

图1-12 1978~1992年中国螺纹钢产量

进出口方面，20世纪80年代，螺纹钢是我国钢材中出口量、出口金额占比较大的品种。1982年，我国出口钢材110.11万吨，其中普通型材的出口量为77.13万吨，而普通型材中的螺纹钢出口量为34.25万吨，占普通型材的44.4%，占钢材出口量的31.1%。同年，钢材出口金额为24906万美元，其中普通型材的出口金额为17479.1万美元，螺纹钢的出口金额为7753万美元，占普通型材的44.4%，占钢材的31.1%。同年，钢材的出口价格为226美元/吨，普通型材的出口价格为227美元/吨，螺纹钢的出口价格为226美元/吨。1982~1992年螺纹钢出口量占比和出口金额占比如图1-13所示。

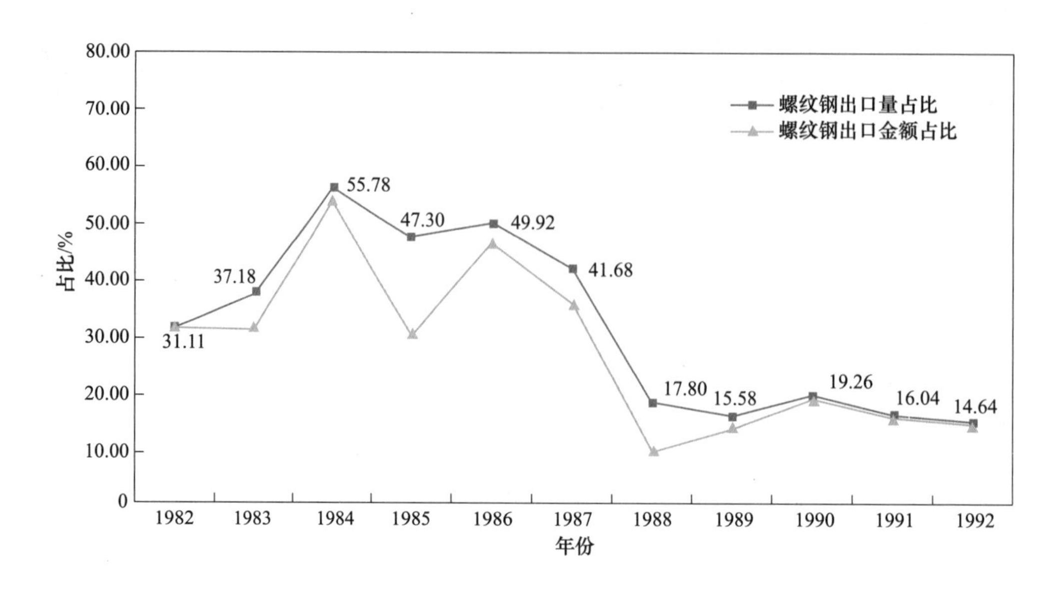

图 1-13 1982~1992 年螺纹钢出口量和出口金额占比

1984 年，螺纹钢的出口量占钢材出口量的比重达到 55.78%，是近十年中出口占比最高的年份。到 1987 年，螺纹钢出口量占比一直保持在 40%以上。之后占比逐年下降，到 1992 年下降到 14.64%，见表 1-7。

表 1-7 1982~1992 年我国螺纹钢出口情况

年份		1982	1983	1984	1985	1986	1987	1988	1989	1990	1991	1992
钢材	出口量/万吨	110.11	67.64	20.33	18.12	19.75	27.33	64.95	78.07	208.98	329.33	326.61
	出口金额/万美元	24906	16641	4977	6521	4654	6481	22848	27112	61969	98560	99160
	出口价格/美元·吨$^{-1}$	226	246	246	360	236	237	352	347	297	299	304
普通型材	出口量/万吨	77.13	47.52	17.86	12.13	17.18	22.16	25.16	31.56	121.04	193.74	178.24
	出口金额/万美元	17479.1	10072	4241	2824	3831	4710	6890	9144	32552	51804	47086
	出口价格/美元·吨$^{-1}$	227	212	237	233	223	213	274	289	269	267	264
螺纹钢	出口量/万吨	34.25	25.15	11.34	8.57	9.86	11.39	11.56	12.16	40.25	52.84	47.83
	出口金额/万美元	7753	5143	2670	1944	2146	2287	2101	3686	11527	15054	14060
	出口价格/美元·吨$^{-1}$	226	204	235	227	218	200	182	303	280	285	294

1992 年后，伴随经济体制改革的不断推进，现代企业制度逐步建立；加之，市场主体的不断多元，以及下游需求的拉动，螺纹钢产业得到较快发展，产量迅速增加到了 2000 年的 2507 万吨。

三、新世纪以来

进入新世纪后，我国经济高速发展。2001 年，我国成功加入世界贸易组织（WTO），标志着我国市场经济法规与制度体系逐步与国际贸易规则接轨。2002 年，党的十六大提出建成完善的社会主义市场经济体制，并确定了全面建设小康社会的伟大目标，开创了中国特色社会主义事业新局面。伴随国民经济高速发展，下游基建、房地产等行业迎来快速发展，固定资产投资从 2001 年的 27827 亿元，迅速增加到了 2007 年的 117414 亿元，翻了 4.2 倍；建筑业总产值从 2001 年的 15361.6 亿元，迅速增加到了 2007 年的 51043.7 亿元，翻了 3.3 倍；房地产行业新开工施工面积从 2001 年的 35946 万平方米，迅速增加到了 2007 年的 94590 万平方米，翻了近 3 倍。

在下游行业发展的强力带动下，中国螺纹钢产业出现突飞猛进的发展，产量快速增加，从 2001 年的 3735 万吨，短短 6 年时间便突破 1 亿吨大关，2007 年达到了 1.01 亿吨，较 2001 年翻了 2.7 倍。2008 年金融危机爆发，经济形势低迷，钢铁行业发展受到一定影响，螺纹钢产量由 2007 年的 1.01 亿吨，降低到了 9709 万吨。为了刺激经济发展，国家实施了“四万亿”投资，基础设施建设、房地产行业等迅速复苏。受其拉动，螺纹钢产业再度高速发展，产量从 2008 年的 9708 万吨，迅速增加到 2012 年的 1.6 亿吨，近乎翻了 2 倍。

在此基础上，为了规范、指导行业整体发展秩序，国家综合运用法律法规和产业政策等符合市场经济规则的手段，通过设立、发布和执行产业准入标准、产业结构调整指导目录等方式，不断促进行业淘汰落后、调整结构、转型升级。为此，中国螺纹钢产业逐步开始转变发展方式，不再单纯地追求产能产量的增加，而是从粗放式发展逐步向着精细化管理方向转型，在工艺技术革新、产能装备升级改造、产品质量优化、清洁环保建设等方面进行投入，向着更好、更可持续方向发展。

党的十八大以来，中国特色社会主义进入新时代，经济发展进入新常态，党中央提出“四个全面”战略布局、“五位一体”总体布局和“五大发展理念”等一系列治国理政新理念、新思想、新战略，钢铁行业不断深化改革和创新，强化绿色发展理念，进一步加快转型升级步伐。但由于过去长期以来行业的粗放式发展，钢铁产能过剩的矛盾逐步显现，至 2015 年全行业出现亏损，螺纹钢产业也受到影响，产量从 2012 年的 1.6 亿吨增加到 2014 年的 2.15 亿吨后，2015 年便降低到了 2.04 亿吨，同比下降了 5.10%。

为了解决行业全面亏损的问题，推动钢铁工业实现脱困发展，2015 年年底，国家决定在钢铁行业推进供给侧结构性改革，明确“去产能、去库存、去杠杆、降成本、补短板”五项任务。2016 年，国家再次明确用五年时间压缩粗钢产能 1 亿~1.5 亿吨，开启了全面淘汰落后产能工作，“地条钢”作为钢铁行业特别是螺纹钢产业落后产能，于 2017 年年初开始逐步被取缔。经过各方面持续“高压”推动，1.4 亿吨“地条钢”产能全面彻底出清，净化了产业发展环境，螺纹钢产业随即进入了健康、可持续、高质量发展阶段，产业集中度不断提升，竞争力不断增强。至 2020 年中国螺纹钢产量达到了 2.66 亿吨，创历史新高。

总体来看，新中国成立以来，我国螺纹钢产业经过 70 多年的发展，逐步实现从弱到强、由小到大的转变，不仅产量得到了快速增加，成为我国钢材消费占比最大的产品，而且工艺技术装备水平、产品结构也在不断优化升级，很好地满足了下游用钢行业对螺纹钢产品的需求，切实为国民经济发展发挥了“稳定器”和“压舱石”的作用。

第三节　新中国螺纹钢产业的发展成就

一、螺纹钢生产情况

新中国成立后，我国加强了工业产品的统计工作，将钢材分为普通中型材、普通小型材、优质型材、线材、中厚钢板、薄钢板、钢带、焊接钢管等。其中螺纹钢主要为小型型材。小型型材包括圆钢、螺纹钢、角钢、方钢、矿用刮板钢、汽车用挡圈。1949~2020 年中国螺纹钢产量如图 1-14 所示。

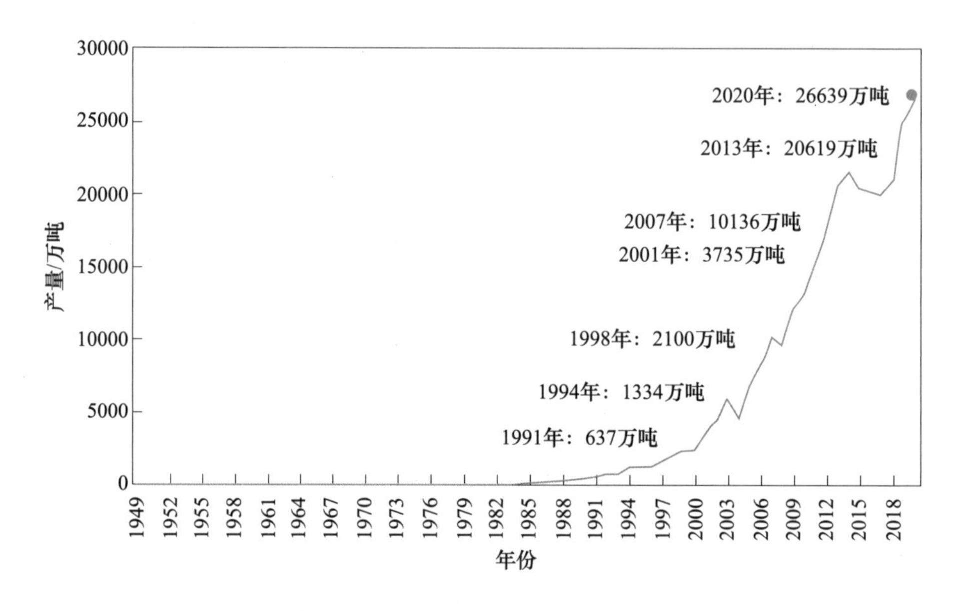

图 1-14　1949~2020 年中国螺纹钢产量

图中的我国钢铁统计数据，没有连续的螺纹钢统计数据。本书所提螺纹钢是指热轧带肋钢筋。由于中国钢铁工业生产统计指标的变化，在 1949~1989 年只有中小型钢的统计数据，1991~2003 年中小型材中有螺纹钢的统计数据。根据 1991 年我国螺纹钢产量占小型钢产量的 46. 20%这一占比和其他零散数据，本书对 1949~1989 年的中型型钢中螺纹钢占比与小型型钢中的螺纹钢占比进行估算，从而得出螺纹钢产量数据；1991~2003 年的数据为中型型钢中的螺纹钢与小型型钢中的螺纹钢产量之和；2004 年之后统计指标由螺纹钢改为钢筋，因此螺纹钢产量数据采用钢筋数据。而 2004 年采用的统计指标中对钢筋的解释是：钢筋是指钢筋混凝土用和预应力钢筋混凝土用钢材，例如按照 GB 1499、GB 4463、GB 13013、GB 13014、GB 13788 等标准组织生产的钢材。其横截面为圆形，有时为带有圆角的方形，包括光圆钢筋、带肋钢筋、扭转钢筋，通常以直条交货，不包括线材轧机生产的钢材。

图 1-14 中，1991~2003 年有可查的螺纹钢统计数据，分为中型型钢中的螺纹钢与小

型型钢中的螺纹钢。这十多年间，我国螺纹钢产量增速加快，其中 1991 年产量为 637 万吨；1994 年达到 1334 万吨；1998 年达到 2100 万吨；2000 年螺纹钢产量为 2507 万吨，约为 1991 年的 4 倍。这十多年螺纹钢产量合计为 1.55 亿吨。

2001 年后，我国房地产业的高速发展促进了螺纹钢产量的快速增长，2001 年产量达到 3735 万吨；2007 年达到 1.01 亿吨。2008 年受金融危机影响，产量略有下降，到 2009 年达到 1.2 亿吨，2013 年达到 2.06 亿吨，2020 年达到 2.66 亿吨，是 2001 年的 7 倍多。

1949~2020 年，我国螺纹钢累计产量达到 30.68 亿吨，其中 2001~2020 年的 20 年间累计生产 28.73 亿吨，约占新中国成立以来螺纹钢累计产量的 94%。

二、螺纹钢进出口情况

新中国成立时，我国钢产量只有 15.8 万吨。很长一段时期钢材产量不能满足国内经济建设需要，只有通过进口来满足。20 世纪 80 年代开始，我国钢铁产能逐步增加，除满足国内市场外，还进行出口创汇。2003 年进口钢材 3717 万吨，达历史最高水平。2006 年，随着钢材产量的快速增长以及产品质量的提高，转变为钢材净出口国家。2007 年，钢材出口 6263 万吨，达到国内产量的 11.1%，此后出口占比开始下跌，至 2013 年，占比降至 5.8%。2014~2015 年是我国钢材出口的“新纪元”，2014 年出口总量达 9378 万吨，2015 年直接超过 1 亿吨大关。2016 年后，因国内价格大幅反弹净出口略有回落，2017 年降幅扩大，同比下降 30%，此后延续前期下滑的趋势。1949~2020 年我国钢材进出口情况如图 1-15 所示。

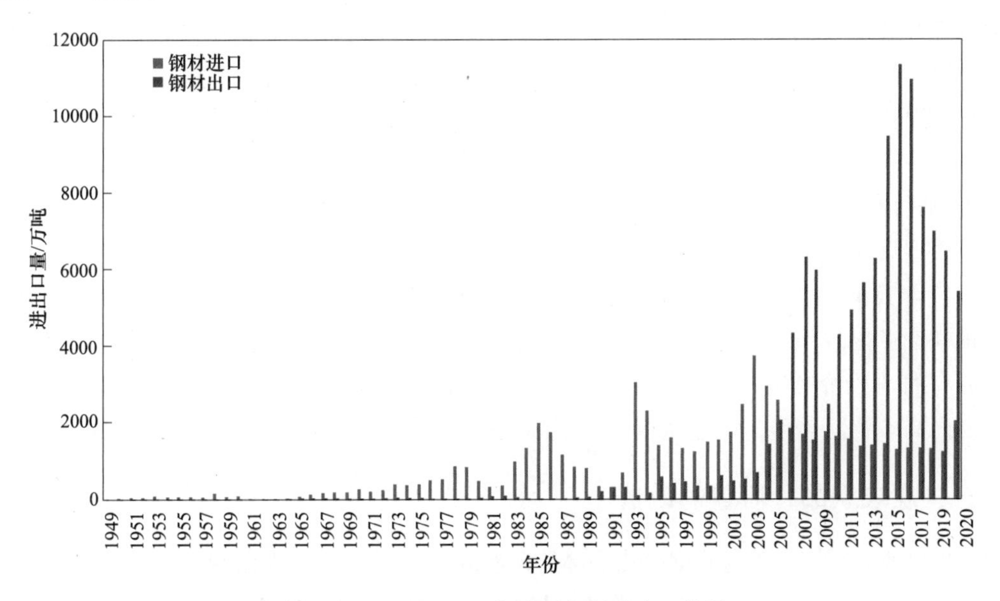

图 1-15　1949~2020 年我国钢材进出口情况

1949~2020 年我国螺纹钢进出口情况如图 1-16 所示。2004 年以前的进出口数据基本是普通小型材的进出口数据，螺纹钢只是包含其中，因此不能准确表示螺纹钢的进出口情况。但可以推断的是，除个别年份外，螺纹钢进口量很小，占钢材进口总量的比重很低，尤其是在我国生产装备升级换代和技术研发水平提高后，我国生产的螺纹钢基本能满足国内需求。

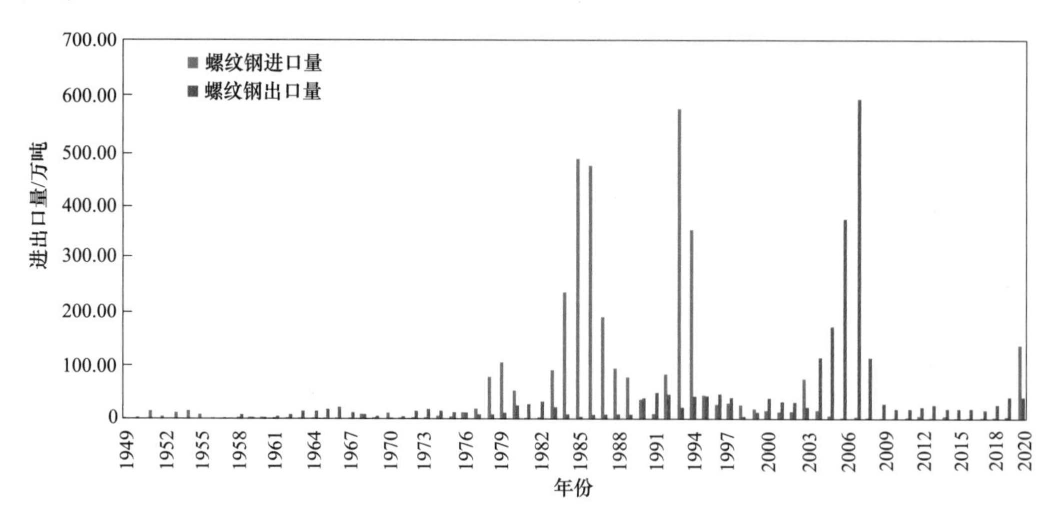

图 1-16 1949~2020 年我国螺纹钢进出口情况
（1949~2003 年螺纹钢进出口量为普通小型材进出口量（含螺纹钢），
1982~1994 年出口量为螺纹钢出口量，2004 年以后为钢筋进出口量）

1995 年以前，螺纹钢出口量占钢材出口总量的比重较高，1995 年以后所占比重锐减，降至 10%以下。具体来看，我国螺纹钢出口在 2007 年达到高点，当年出口量为 590 万吨，占国内螺纹钢产量的 5.8%。2008 年，受我国加征出口关税影响，螺纹钢出口竞争力减弱，出口明显减少。2009 年以后，年出口量降至 50 万吨以下，占比不足 0.2%。不过依据我国出口退税政策，目前仍有部分螺纹钢以含铬合金钢棒材之名出口。

近年来，随着国际钢铁市场竞争的加剧，我国钢材长期以来的“以价换量”方式，使得国内钢材出口面临越来越大的反倾销和反补贴调查压力。据不完全统计，2015 年中国钢铁行业遭遇反倾销贸易摩擦事件 37 起，2016 年各国对中国钢铁行业发起新的贸易案件 43 起，2017 年反倾销调查事件 21 起。我国钢材大量出口至国际市场后，许多国家意识到自己的钢铁产业出现不同程度的危机，“双反”调查成为阻挠我国钢材出口的“战术”工具，原有的“以价换量”已非长久之计。在我国钢铁去产能、供给侧改革的进程中，从低端钢材向高端钢材转型，才能从根本上提高我国钢铁产品的竞争力，走出新道路。

三、螺纹钢品种质量的改进

新中国成立初期，国内的钢筋几乎都是碳素钢（Q235）Ⅰ级光面钢筋。20 世纪 70 年代初，冶金工业部开始大规模研制、生产和推广低合金钢产品，期间出现了Ⅱ级钢筋 16Mn，Ⅲ级钢筋 25MnSi，Ⅳ级钢筋 40Si2V、45MnSiV、45Si2Ti，Ⅴ级钢筋 44Mn2Si、45MnSiV 等产品（1969 标准）。Ⅱ级钢筋 16Mn 的广泛使用，改变了 Q235 光圆钢筋一统天下的局面。然而，在 16Mn 钢筋使用过程中，实际强度总比标准低 20MPa 左右，为满足性能要求，70 年代中后期成功研制出 20MnSi 钢筋取代 16Mn 钢筋。20MnSi（强度 300MPa）是苏联的钢号，后来将强度级别提高到400MPa，但由于性能不稳定、焊接性能差等原因，没有得到市场认可。“六五”计划期间，国家低合金钢科技攻关，采用微合金化、轧后余热处理等工艺手段研制成功400MPa级Ⅱ级钢筋，将中国混凝土用钢筋向前推进一步。紧接着，“七五”计划又将可焊400MPa级钢筋应用技术研究纳入低合金钢国家科技攻关，从材料、焊接、各种配筋性能等方面进行了全面系统的试验研究。到“八五”计划期间，400MPa级钢筋纳入GB 1499—1991国家标准。再后来，相关部门进入了完善钢筋性能和全面推广应用的时期。这一时期漫长而艰巨，多年里400MPa级钢筋的应用范围和用量一直在10%~20%徘徊，没有实质性的突破，直到2008年之后才逐步扭转格局，HRB400螺纹钢成为了主流。我国热轧钢筋的发展历程见表1-8。

表1-8 我国热轧钢筋的发展历程

20世纪50年代	20世纪60年代	20世纪70年代	20世纪80~90年代	21世纪初	21世纪20年代后
3号光圆钢筋，5号光圆钢筋	3号光圆钢筋，16Mn螺纹钢筋	3号光圆钢筋，18MnSi、25MnSi、44Mn2Si、45MnSiV、40Si2MnV、45Si2MnTi螺纹钢筋	Q235热轧光圆钢筋，HRB335、HRB400、HRB500普通热轧带肋钢筋，RRB400余热处理钢筋	HPB300热轧光圆钢筋，HRB335、HRB400、HRB500普通热轧带肋钢筋，HRBF335、HRBF400、HRBF500细晶粒热轧钢筋	HPB300热轧光圆钢筋，HRB400、HRB500、HRB600普通热轧带肋钢筋，RRB400、RRB500余热处理钢筋，HRBF400、HRBF500细晶粒热轧钢筋

（一）16Mn/20MnSi钢筋的质量情况

根据上海第三钢铁厂（以下简称上钢三厂）于1980年4月所做的“20MnSi（即16Mn）螺纹钢筋质量工作总结”中可以看出，上钢三厂从20世纪60年代初，就开始生产16Mn热轧螺纹钢筋ϕ20~32mm各种不同规格的产品。20世纪六七十年代，上钢三厂的16Mn螺纹钢筋的质量提升工作一度停滞不前，直到1978年通过开展“质量月”活动，厂内组织一条龙质量攻关，16Mn螺纹钢筋的质量取得了很大进步，并稳定在较高的水平，赢得了用户的好评。

1979~1980年，上钢三厂16Mn螺纹钢筋的产量较高，1978年为11万吨，1979年为10万吨，1980年第一季度为2.8万吨，合格率及金属料消耗均超额完成国家计划要求指标（见表1-9）。

表1-9 1979~1980年一季度上钢三厂20MnSi（即16Mn）螺纹钢生产情况

时间		1979年度	1980年第一季度
20MnSi（即16Mn）产量/t		102736.380	28578.830
合格率/%	计划	99.6	99.6
	完成	99.93	99.95
金属料消耗/kg·t^{-1}	计划	1028	1028
	完成	1025.72	1021.28
性能合格率/%		100	100

以上钢三厂的 16Mn 螺纹钢筋生产工艺为例，介绍那个时期的螺纹钢生产工艺特点（见图 1-17）。

上钢三厂生产的 20MnSi（即 16Mn）方锭连铸坯、方坯和热轧螺纹钢筋，直径规格 ϕ20～32mm。根据 1979～1980 年第一季度的生产情况，16Mn 螺纹钢筋具有以下特点：

（1）化学成分稳定、均匀。氧含量特别强调控制在最佳范围，锰、硅含量控制相当稳定、集中。锰含量不大于 1.55%，炉数占 95%以上，硅含量不大于 0.65%，炉数占 99%，(O+Mn)/6 含量不大于 0.50%，磷、硫含量较低，远小于标准规定，说明炼钢工人具有较高的熟练程度和技术水平。

（2）钢的纯净度较好。从 1977 年恢复产品划类升级制度以来，每月统计抽查，16Mn 钢中氮含量小于 0.007%，一般在 0.0035%～0.0055%，钢中电解夹杂总含量不大于 0.02%，炉数占 90%以上，同时钢中含有一定的残余铝，一般大于 0.01%，有利于细化结晶。

（3）机械性能可靠稳定，性能合格率达 100%。

（4）包装整齐，外形美观，标志清晰。钢筋长度定尺准确，打包整齐，紧扎，普通外形钢筋两端注明炉号、钢号、规格钢印的金属标记牌；纵横肋不相交螺纹钢筋，在钢筋螺距间印有“上三、规格、级别”的标志（刻在成品轧辊上）。

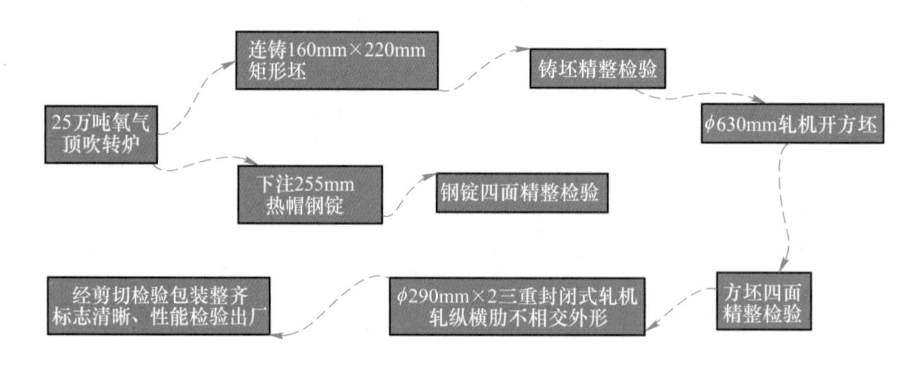

图 1-17 上钢三厂 16Mn 螺纹钢筋的生产工艺流程图

（二）螺纹钢用低合金钢的发展

1956 年，我国钢产量为 667 万吨，其中普通钢 389.5 万吨，普通钢中的低合金钢产量 3000t，占钢产量的 0.1%。据统计，1966 年我国普通钢产量从 1965 年的 842.8 万吨升至 1084.1 万吨，而其中的低合金钢产量从 1965 年的 9.9 万吨跃升至 141.3 万吨，占比也从 0.8%升至 9.2%，之后产量逐年上升（其中有产量增加、统计口径的原因）。1982 年前我国低合金钢产量占比基本在 10%以下，维持在 8%～9%的水平。80～90 年代我国低合金钢产量占比逐年提高，2000 年以来维持在 25%～35%的水平。1949～2013 年我国低合金钢产量占比如图 1-18 所示。

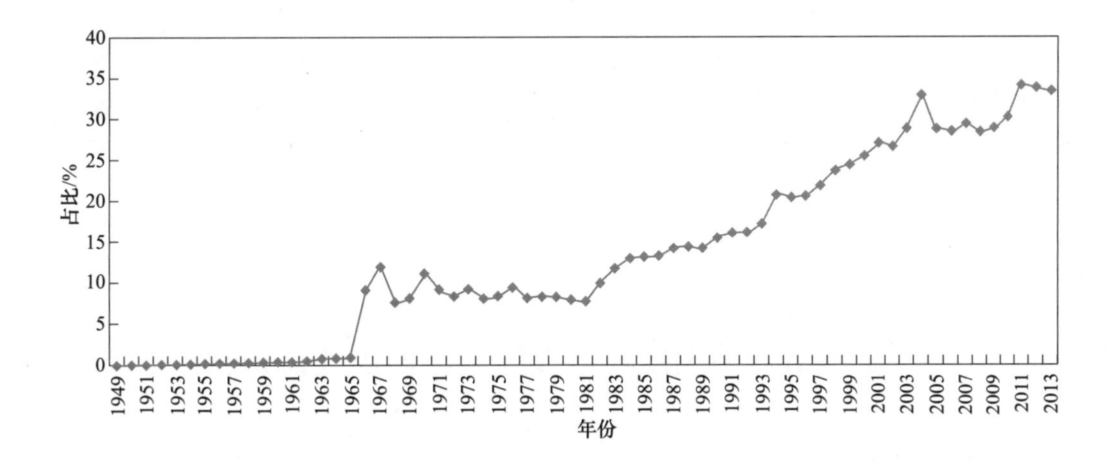

图 1-18　1949~2013 年我国低合金钢产量占比

2004 年，全国钢筋产量为 5855 万吨，其中低合金钢产量为 5263 万吨，占比约 90%；中国钢铁工业协会会员企业钢筋产量为 5267 万吨，其中低合金钢为 5135 万吨，占比达到 97. 5%。2008 年以后，我国在生产了合金钢钢筋的基础上还生产了少量的低合金钢钢筋。2004~2019 年中国钢铁工业协会会员企业钢筋分品种产量如图 1-19 所示。

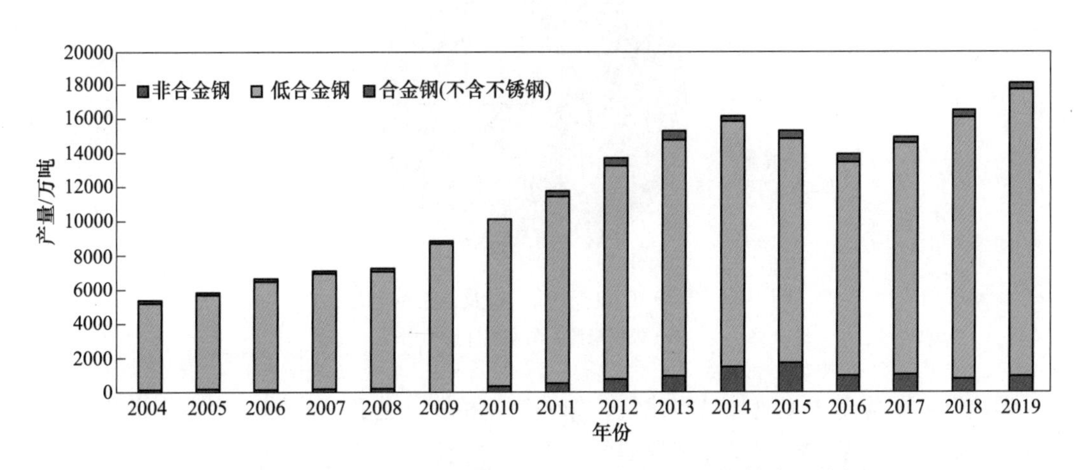

图 1-19　2004~2019 年中国钢铁工业协会会员企业钢筋分品种产量

低合金钢的优越性能和产量的大幅提高，为低合金钢生产的螺纹钢筋扩大产能，改善质量创造了条件。

（三）高强钢筋的发展

进入 21 世纪以来，我国大力推进节能减排，积极推进高强钢筋在建筑业的应用。据测算，如果用 400MPa 级及以上强度钢筋替代普通钢筋，可节约钢材 10%~16%。因此，在建筑过程中应用高强钢筋是实现减量化的重要措施，对全社会的减量化效果非常巨大，对建设资源节约型社会意义重大。

国外采用高强钢筋较为普遍。欧、美、日等国家基本淘汰300MPa级以下低强度的钢筋，主要使用强度较高的400MPa级、500MPa级钢筋，新建建筑主受力钢筋基本为500MPa级及以上强度钢筋。其中，欧洲、澳大利亚、新西兰、巴西、俄罗斯等国家主力钢筋均采用了500MPa级钢筋。高强钢筋在我国推广应用的过程并非一帆风顺，政府的鼓励政策、相关建筑和冶金标准修订以及地条钢的清退都在推广中发挥了重要作用，这将在后面的章节详细介绍。

第四节　中国螺纹钢在国家建设中的应用

一、螺纹钢的应用概述

2020年，我国粗钢产量为10.65亿吨，钢筋产量达到2.66亿吨（我国钢筋的统计包括光圆钢筋、带肋钢筋、扭转钢筋，通常以直条交货；产量不包括线材轧机生产的钢材），占我国粗钢产量的25%，是产量最大的钢材品种（见图1-20）。

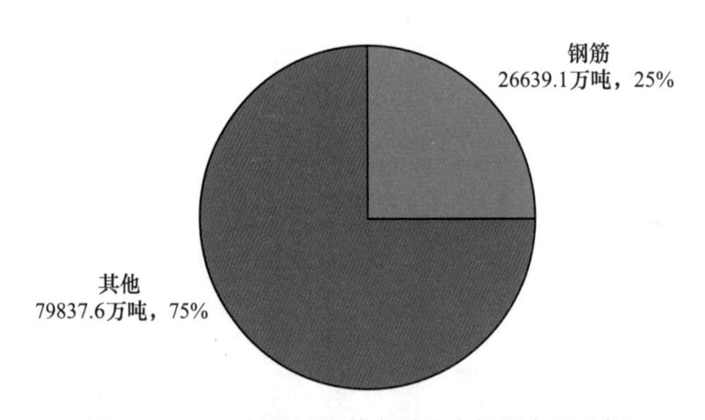

图1-20　2020年我国钢筋产量及占粗钢产量比例
（数据来源：国家统计局）

螺纹钢主要应用于工业与民用建筑，如铁道、桥梁、公路、房屋、水电、港口等重要基础设施的建设，是支撑国民经济发展的重要的“钢筋铁骨”（图1-21）。螺纹钢的广泛应用也拉动了螺纹钢产业本身的发展。

建筑

电站

图 1-21　部分重点工程项目

建筑业是我国钢材，尤其是螺纹钢消费量最大的行业。改革开放以来，随着我国工业化和城镇化的快速推进，建筑工程建设投资，尤其是房地产投资逐年增加，建筑业成为我国国民经济发展的支柱产业之一，对螺纹钢的发展起到了非常重要的拉动作用。

2020 年，我国建筑业总产值为 26.39 万亿元，同比增长 6.24%，占国内生产总值（GDP）101.6 万亿元的 26%，相比 2001 年时我国建筑业总产值 1.54 万亿元，20 年增长了 17 倍（见图 1-22）。2020 年，我国建筑业房屋施工面积为 149 亿平方米，是 2000 年（16 亿平方米）的 9 倍，是 1985 年（3.55 亿平方米）的 42 倍（见图 1-23）。根据中国钢铁工业协会估算，2019 年中国建筑业消费的钢材约为 4.8 亿吨，占全部钢材消费量的 56%，2020 年相对更高，未来一段时间仍将处于相对较高的水平。

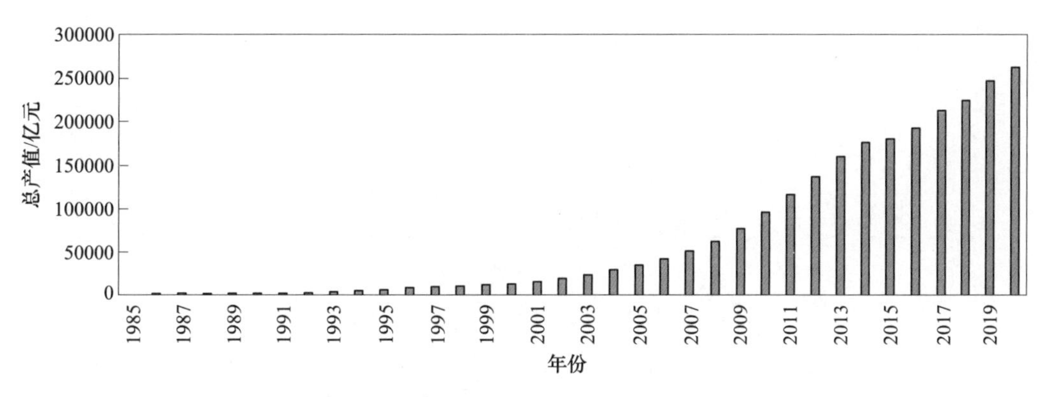

图 1-22　1985~2020 年我国建筑业总产值
（数据来源：国家统计局）

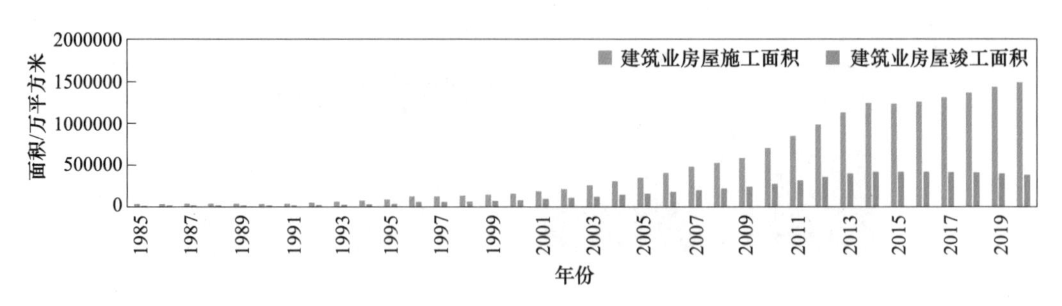

图 1-23 1985~2020 年我国建筑业房屋施工、竣工面积

（数据来源：国家统计局）

（一）铁路建设

铁路在国家经济发展中具有非常重要的作用，在中国共产党的坚强领导下，我国铁路建设实现了飞速发展。当今，中国的高铁技术已经达到了世界领先水平，在中国铁路发展史上实现了历史性突破。螺纹钢作为铁路建设的基础材料，为满足铁路建设需要、促进铁路建设发展提供了重要支撑。

从我国铁路建设里程来看，新中国成立后铁路建设进入了全面恢复和建设期，1952 年底营业里程为 2. 29 万千米。随着“五年”计划的实施，我国进入大规模建设时期，铁路发展也进入一个新的时期，至 2000 年年末，全国铁路总营业里程达到 6. 9 万千米。进入 21 世纪以来，铁路建设速度进一步加快，“十五”时期末，全国铁路营运里程已经达到 7. 54 万千米；“十一五”“十二五”期间，铁路建设发展更加迅速，得益高速铁路建设的发展，2015 年全国铁路营运里程已经达到 12. 1 万千米；“十三五”时期，我国铁路建设继续快速增加，至 2020 年全国铁路营运里程已经达到 14. 6 万千米（见图 1-24），其中高铁 3. 8 万千米。

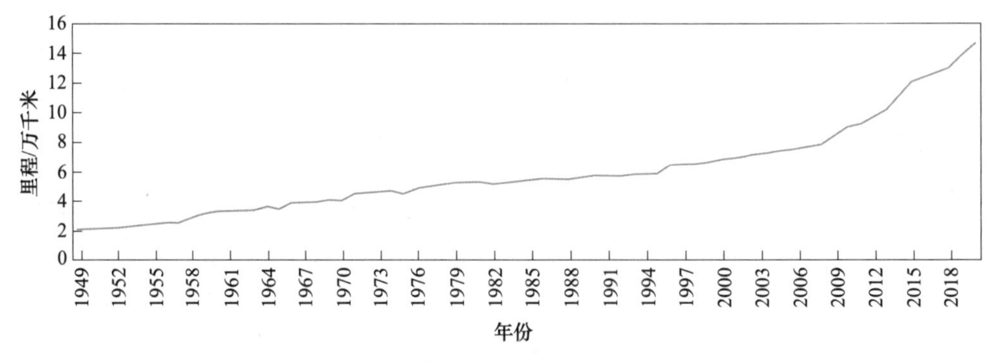

图 1-24 1949~2020 年全国铁路营业里程情况

（数据来源：国家统计局）

据测算，按铁路建设平均每千米耗钢量 1500 吨、高速铁路每千米耗钢量 3734 吨估算，以 2020 年全国营业里程 10. 88 万千米、高速铁路营业里程 3. 8 万千米计算，则普通

铁路建设耗钢量 1.63 亿吨（未计算老旧铁路改建及复线铁路用钢量），螺纹钢用量占用钢量的 40%左右，则消耗螺纹钢产量约 6528 万吨；高速铁路耗钢量约 1.43 亿吨（3734 吨×3.8 万千米≈1.43 亿吨），螺纹钢用量占用钢总量的 40%，则消耗螺纹钢 5700 万吨。近几年，我国每年铁路投资规模在 8000 亿元左右，铁路年用钢量总计约为 4000 万吨左右，其中钢筋用量在 1200 万~1300 万吨规模，占年总用钢量的 30%以上。

（二）公路建设

公路建设是基础设施建设的重要组成部分，在桥梁基础、涵洞支撑和护栏、隔离带等方面需要螺纹钢作为基础材料。新中国成立后，我国公路建设发展十分迅速，螺纹钢在支撑公路建设方面起到了重要作用。新中国成立时，由于各种历史原因，当时的可通车里程仅为 7.5 万千米。新中国成立初期，为满足战备国防需要，增加到了 89 万千米。改革开放后，公路建设速度不断加快，至“七五”末期，公路通车里程达到 102.8 万千米。“八五”时期，国家加快了高速公路的建设步伐，至 1998 年全国公路通车里程达到 127.85 万千米，其中高速公路 8700 千米。随着国民经济的快速发展，我国公路建设速度更加迅速，至 2020 年达到 519.8 万千米（见图 1-25），其中高速公路 16.1 万千米（见图 1-26）、一级公路 12.25 万千米、二级公路 41.57 万千米、等外公路 27.25 万千米。

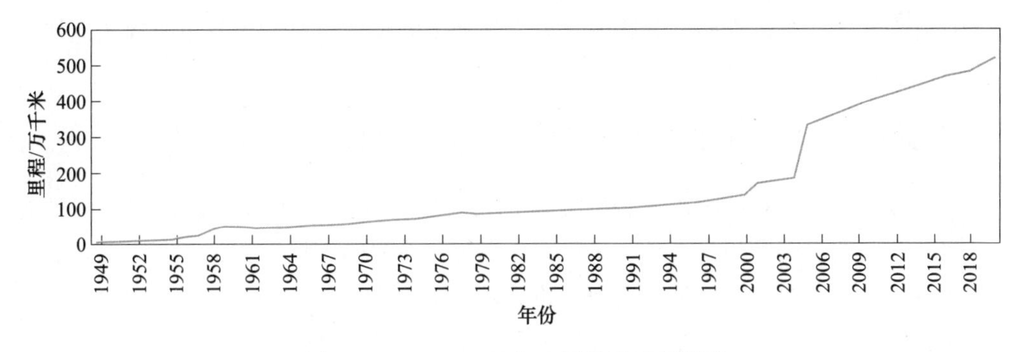

图 1-25　1949~2020 年全国公路里程情况

（数据来源：国家统计局）

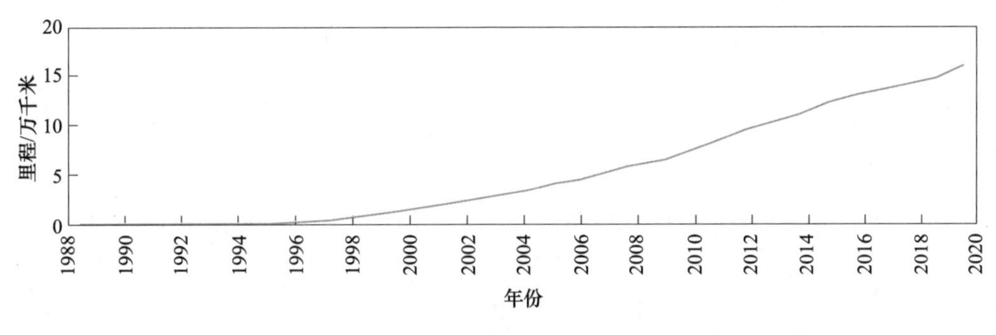

图 1-26　1988~2020 年全国高速公路里程情况

（数据来源：国家统计局）

据估算，高速公路每千米用钢量约为400～500吨，2020年我国高速公路里程达到16.1万千米，按照450吨/千米计算则耗钢量为7245万吨，螺纹钢产量占钢材消耗总量的40%，则螺纹钢用量为2898万吨。一般来讲，高速公路耗钢量是一般等级公路耗钢量的2倍，除去高速公路里程16.1万千米，我国一般公路里程2020年较1949年增加了495.64万千米，累计耗钢量为11.15亿吨，螺纹钢产量占钢材总消耗量的40%，则螺纹钢用量累计为4.46亿吨。可以看出，新中国成立以来我国公路建设累计使用螺纹钢约4.75亿吨，占螺纹钢总量（30.68亿吨）的15.48%。

（三）房地产建设

改革开放以来，随着1992年房改政策实施后，我国房地产行业迎来了快速发展，住房制度改革和居民收入水平的提高，住房成为新的消费热点。特别是进入21世纪后，房地产价格持续上扬，房地产投资不断增加，房地产行业发展异常迅猛。螺纹钢作为房屋建筑的基础原材料，为房屋建设提供了重要的材料支撑，为推动我国城镇化建设和提升人民群众房屋居住面积、改善居住环境，以及提高生活水平做出了巨大贡献。以2019年房地产开发企业竣工面积为例，房地产行业全年约需螺纹钢8000万吨，而2019年我国螺纹钢产量为2.49亿吨，房地产行业用量占螺纹钢总量的32.13%。由此可以看出，我国螺纹钢产量不仅有力支撑了国内铁路、公路等基础设施建设的发展需要，而且也支撑了我国房地产行业发展的需要。

二、标志性工程、国家重大建筑工程中的中国螺纹钢应用

新中国成立以后，在技术水平相对受限的历史背景下，国家成功建设了青藏铁路一期、武汉长江大桥、南京长江大桥、人民大会堂等一系列标志性工程；改革开放后，建设了三峡工程、龙羊峡水电站、沪嘉高速公路、东方明珠广播电视塔等一系列重大项目；进入新世纪特别是党的十八大以来，又高标准建设了沪苏通铁路、港珠澳大桥、北京大兴国际机场、白鹤滩水电站等一大批具有中国特色的重大建筑工程，促进了经济社会发展。随着钢筋混凝土技术的推广应用，中国螺纹钢作为基础材料，在国家一系列标志性工程和重大建筑工程中发挥了不可替代的“骨架”支撑作用。

（一）交通基础设施

1. 沪嘉高速公路

上海市嘉定高速公路，简称沪嘉高速公路（见图1-27）。该公路于1984年12月12日开始建造，1988年10月31日通车，是第一条建成通车的高速公路，标志着国内高速公路的零突破，开启了新中国高速公路建设的大幕。沪嘉高速公路的建成大大缩短了时空距离，降低了综合运输成本，尤其是时间成本，使上海市区与嘉定及江苏省的联系更加紧密，改善了投资环境，促进了地区经济和旅游事业的发展，取得了良好的经济效益和社会效益。

图 1-27　沪嘉高速公路工程

沪嘉高速公路的起点位于上海市区祁连山路，终点位于上海嘉定南门，全长 15.9km，车道宽度 55m，设计时速每小时 120km，总投资 2.3 亿元。经过近四年的紧张施工，沪嘉高速公路全路共完成土方 136 万立方米，填筑砾石砂垫层 15.5 万吨，共用水泥 6 万吨，钢材 1.2 万吨，木材 1.5 万立方米，三渣 32.6 万吨，沥青混凝土 14 万吨。

螺纹钢在沪嘉高速公路的施工中主要应用在桥梁涵洞的建造，总长 3318.45km，占全线里程的 20.87%。人行穿越孔采用钢筋混凝土框架结构，其他为桩基础和预应力混凝土简支梁结构。桥梁跨径为 10~20m 的采用板梁，25m 的采用组合槽形梁，仅蕰藻浜大桥主跨 40m 梁为预应力混凝土梁。

沪嘉高速公路路程虽短，但意义非凡，作为一条试验性高速公路，它承担了钢筋混凝土、软土地基处理、国产沥青使用、路面防滑等众多的科研项目，同时对高速公路的施工组织、质量控制等进行了探索，是钢筋混凝土技术第一次在我国高速公路建设中的应用。

2. 京沪高速铁路

京沪高速铁路（以下简称京沪高铁，见图 1-28），是一条连接北京市与上海市的高速铁路，于 2008 年 4 月 18 日正式开工，2011 年 6 月 30 日全线正式通车，是 2016 年修订的《中长期铁路网规划》中“八纵八横”高速铁路主通道之一。京沪高铁由北京南站至上海虹桥站，全长 1318km，设 24 个车站，设计最高速度为 380km/h。

京沪高铁的建成通车有着非常重要的社会和经济价值。一方面，京沪高铁贯穿北京、天津、河北、山东、安徽、江苏、上海 7 省市，连接了环渤海和长江三角洲两大经济区。沿线区域占国土面积的 6.5%，人口占全国的四分之一，GDP 占全国的 40%，是我国经济发展最活跃和最具潜力的地区，客货运输需求旺盛。京沪高铁的开通，增加了该区域的经济交流便捷度，促进了该区域经济发展、文化交流的深度融合。另一方面，京沪高铁采用世界先进技术，构建了中国高铁标准体系与技术体系，成为国内高铁建设的样板工程，推动了中国高速铁路的快速发展。

图 1-28 京沪高铁

京沪高铁在钢材使用量上有一定的代表性，总用钢量 500 万吨，相当于 120 多个“鸟巢”的用钢量，平均用钢量达 3794t/km，总投资 2809 亿元。京沪高铁用钢量巨大，其中螺纹钢占总用钢量的 80%左右，一个重要原因就是建桥多，桥梁长度达 1059km，占整个线路长度的 80.4%，最长的南京大胜关长江大桥用钢材达 16.3 万吨（含钢梁 8.27 万吨，钢筋 8.06 万吨）。

该工程各类钢材使用情况：（1）钢轨 31.8 万吨，主要由包钢集团、攀钢集团供应；（2）螺、线、圆钢约 400 万吨，主要由河钢集团、沙钢集团、山钢集团、石横特钢、安阳钢铁、南钢集团、凌钢集团等供应；（3）转向架用钢，主要由鞍钢集团供应；（4）薄规格取向硅钢，主要由首钢集团供应；（5）车轴、车轮钢，主要由马钢集团、太重集团、晋西车轴等供应；（6）H 型钢支柱，主要由山钢集团、马钢集团供应；（7）车厢内板、面板等，由河钢集团、宝钢集团、首钢集团、太钢集团等供应。

3. 沪通铁路

沪通铁路（见图 1-29），是一条连接上海市与江苏省南通市的高速铁路，于 2014 年 3

图 1-29 沪通铁路

月 1 日开工建设，2020 年 7 月一期工程开通运营。沪通铁路由赵甸站至安亭西站，全长 143km，设 9 个车站，设计的最高速度为 200km/h，是 2016 年修订的《中长期铁路网规划》中“八纵八横”高速铁路主通道之一。

沪通铁路是以承担上海、江苏城际旅客交流为主，兼顾货物运输和中长途旅客交流的铁路通道。沪通铁路与宁启铁路、盐通铁路、连盐铁路、青连铁路、青烟威铁路形成无缝对接，成为烟台至上海的快速铁路通道。对于拓展上海市经济发展空间，促进长三角地区产业布局调整，实现区域资源共享具有积极意义。

在沪通铁路建设中，永钢集团供应了 HRB400 和 HRB400E 螺纹钢共 10 万余吨，其中 3 万余吨被应用于沪通长江大桥的桥墩、主塔、预制梁的建设当中，为大桥安全、优质、高效建设做出了重要贡献。

沪通铁路长江大桥是沪通铁路全线的控制性工程，全长 11.072km，是世界上首座跨度超千米的公铁两用桥梁，整座桥梁对钢结构设计、钢板强度、疲劳强度、冲击韧性、板面质量等要求都较高。沪通铁路长江大桥工程用钢量达 48 万吨，相当于 12 个“鸟巢”用钢量；混凝土 230 万立方米，相当于 8 个国家大剧院用钢量。大桥建成后，可抵御 13 级台风和 10 万吨级船舶的撞击。沪通铁路长江大桥主塔达到了 330m，相当于 110 层楼的高度，也是国内主塔最高的公铁两用斜拉桥，整个混凝土浇筑量高达 7.3 万立方米，使用钢筋 1.1 万吨，采用世界最大的桥梁钢沉井为底座。

4. 北京大兴国际机场航站楼

北京大兴国际机场航站楼（简称“航站楼”，见图 1-30）建筑面积 78 万平方米，于 2016 年 3 月开始建设，2019 年 6 月建成。航站楼采用五指廊的放射状构型，指廊末端到

图 1-30 北京大兴国际机场航站楼

主楼中心点的距离均为600m，为“五纵两横”综合交通交汇网中心，地下有5条轨道线穿过，16个站台，总宽度275m，是全球首个集航空、高铁、城铁、地铁、高速公路等交通方式为一体的单体建筑。

航站楼核心区工程建筑面积约60万平方米，地下2层，地上局部5层，主体结构为现浇钢筋混凝土框架结构，局部为型钢混凝土结构，屋面及其支撑系统为钢结构，屋面为金属屋面，外立面为玻璃幕墙。

航站楼工程量庞大，整个项目捆扎钢筋21万吨，浇筑混凝土近100万立方米。混凝土结构施工期间，10个月所绑扎的钢筋量差不多可以建造两艘辽宁舰。航站楼核心区混凝土结构东西向513m，南北向411m，平面超长超宽，材料的水平及垂直运输困难极大。航站楼屋面由不规则自由曲面的空间网络钢结构组成，屋面投影面积达到18万平方米，仅这个巨型穹顶的用钢总量约2万吨。

在航站楼工程建设中，河钢集团为其提供近15万吨高强抗震钢筋，敬业集团也为其提供了抗震钢筋，共同为机场建设“强筋壮骨”。

5. 万万高速公路

万万高速公路（见图1-31）由南向北贯穿老挝北部地区，经万象省、琅勃拉邦省、乌多姆赛省和琅南塔省，止于中老边境磨憨-磨丁国际口岸，全线设计里程约440km。按照云南建投集团和老挝政府的商定，先行实施万象至万荣段，即万万高速。2018年12月30日开工建设，2020年12月20日万象至万荣段建成通车。该路线全长109.1km，双向四车道高速公路，设计时速80~100km/h。项目的建成，将结束老挝境内没有高速公路的历史，老挝首都万象到万荣的车程将由4h缩短至1.5h。

图1-31 万万高速公路

作为老挝国内首条高速公路，万象至万荣高速公路是规划建设的老挝首都万象至磨憨口岸高速公路的第一段。万磨高速的合作建设与中老铁路、塞色塔综合开发区等一道均为中老两国重点推进的基础设施开发项目，是两国在“一带一路”框架下深化合作的重要见证。

在万万高速公路的建设中，敬业集团为老挝万万高速公路项目累计供应包括螺纹钢在内的优质钢材 1.8 万吨，产品质量、保供能力均得到国际工程的认可。

（二）水利工程

1. 龙羊峡水电站

龙羊峡水电站（见图 1-32）距黄河发源地 1684km，下至黄河入海口 3376km，是黄河上游第一座大型梯级电站，人称黄河“龙头”电站。龙羊峡位于青海省共和县与贵德县之间的黄河干流上，长约 37km，宽不足 100m。

图 1-32　龙羊峡水利枢纽

龙羊峡水电站工程由混凝土重力拱坝、左右岸重力墩、左右岸混凝土重力式副坝、右岸溢洪道、坝后厂房等组成，始建于 1976 年，1989 年竣工。龙羊峡水电站不仅有效解决了西部主要工业城市用电问题，更好地支援了中国西部的现代化建设，同时还具有防洪、防凌、灌溉、养殖等综合效益。

龙羊峡水电站代表着 20 世纪 80 年代国内水电工程建设的水平。当时不仅以大坝最高（178m）、水库库容最大（247 亿立方米）、发电机组单机容量最大（320MW）享誉海内外，而且以显著的社会效益、经济效益及治理黄河的“龙头”地位和开发黄河上游水电资源母体电站的独特优势令世人瞩目。

龙羊峡水电站自 1986 年下闸蓄水运行至今已三十多年，经历了三次较高水位、三次 3 级左右的水库诱发地震活动期和两次里氏 4.0 级以上的构造地震影响，总的来说，近坝库岸、大坝和两岸坝肩岩体、引水系统和发电厂房等工作状况正常。龙羊峡水利枢纽包括主体、泄水建筑物及坝后式厂房等，共计开挖石方 346 万立方米，浇筑混凝土 316 万立方米，使用钢筋、钢材及金属结构约 1.62 万吨。

2. 长江三峡水利枢纽工程

长江三峡水利枢纽工程（简称“三峡工程”，见图 1-33）是中国长江中上游段建设的大型水利工程项目。该工程包括主体建筑物及导流工程两部分，全长约 3035m，坝顶高程 185m，工程总投资为 954.6 亿元人民币，于 1994 年 12 月 14 日正式动工修建，2006 年 5 月 20 日建成投运。三峡水电站 2018 年发电量突破 1000 亿千瓦时，创单座电站年发电量世界新纪录。

图 1-33 三峡枢纽工程

三峡工程由大坝、电站、船闸和升船机组成，大坝为混凝土重力坝，电站为坝后式厂房。主体工程混凝土总量约 2800 万立方米，金属结构 25.65 万吨，钢筋 46.23 万吨。混凝土量约为巴西伊泰普水电站（1300 万立方米）的两倍多，为葛洲坝水利枢纽工程（设计量 1042 万立方米）的 2.5 倍多。

三峡工程钢筋工程量大，钢筋粗而密集，体形多变，设计标准、施工质量要求高，许多部位用的是 ϕ25mm 以上的粗钢筋。如永久船闸地下输水隧洞工程，设计混凝土量约 50 万立方米，钢筋用量达约 5 万吨，其中 ϕ28~36mm 的钢筋约占 70%，约 3.5 万吨。厂坝段部分区域使用 ϕ40mm 的Ⅲ级高强钢筋。

三峡工程中永久船闸地下输水系统是三峡大坝中唯一的地下工程，水力学条件十分复杂、体形多变，因而必须采用粗大、密集钢筋；而且因其工作面狭窄、处于长江水面以下，地下水多，致使钢筋接头连接的难度更为突出。地下输水系统共有竖井 36 个，高度大部分在 90m 左右，受力钢筋大部分是 ϕ36mm 的Ⅱ级螺纹钢筋，部分竖井混凝土施工采用滑模或滑框翻模。

在三峡工程的建设中，河钢集团承钢公司、陕钢集团、济源钢铁等钢企提供了大量螺纹钢，助力三峡工程项目建设顺利实施。

3. 金沙江白鹤滩水电站

白鹤滩水电站（见图 1-34）位于四川省宁南县和云南省巧家县交界的金沙江河道上，

是金沙江下游干流河段梯级开发的第二个梯级电站，具有以发电为主，兼有防洪、拦沙、改善下游航运条件和发展库区通航等综合效益。

图 1-34　白鹤滩水电站

白鹤滩水电站由中国三峡集团开发建设，拦河坝为混凝土双曲拱坝，高 289m，坝顶高程 834m，顶宽 13m，最大底宽 72m。该工程总投资 2200 亿元，总装机 1600 万千瓦，水库正常蓄水位 825m，相应库容 206 亿立方米地下厂房，共安装 16 台我国自主研制的全球单机容量最大功率百万千瓦水轮发电机组。电站主体工程 2017 年 7 月全面开工建设，2021 年 6 月 28 日首批机组安全准点投产发电，全部机组将于 2022 年 7 月投产发电。电站全部建成投产后，将成为仅次于三峡工程的世界第二大水电站。据测算，金沙江白鹤滩水电站每年可节约标煤约 1968 万吨，减少排放二氧化碳 5160 万吨、二氧化硫 17 万吨、氮氧化物约 15 万吨，节能减排效益显著。

白鹤滩水电站是当今世界在建规模最大、技术难度最高的水电工程，是我国实施“西电东送”、构建清洁低碳安全高效能源体系的国家重大工程，是新时代推进西部大开发形成新格局、全面建成小康社会的标志性工程。2021 年 5 月，白鹤滩水电站入选世界前十二大水电站。是全球单机容量最大功率百万千瓦水轮发电机组，实现了我国高端装备制造的重大突破。

白鹤滩水电站大坝，整个工程共使用钢筋超过 65 万吨，大坝浇筑钢筋混凝土近 800 万立方米。

（三）桥梁工程

1. 武汉长江大桥

武汉长江大桥（见图 1-35）于 1955 年 9 月 1 日动工兴建，1957 年 7 月 1 日完成主桥合龙工程，1957 年 10 月 15 日通车运营。该大桥是中国湖北省武汉市境内连接汉阳区与武昌区的过江通道，位于长江水道之上，是中华人民共和国成立后修建的第一座公铁两用的长江大桥，也是武汉市重要的历史标志性建筑之一，素有“万里长江第一桥”的美誉。

图 1-35　武汉长江大桥

武汉长江大桥西起楚琴立交，上跨长江水道，东至中山路；线路全长 1670m，主桥全长 1156m；上层桥面为双向四车道城市主干道，设计速度 100km/h，下层为双线铁轨，设计速度 160km/h；总投资额为 1.38 亿元人民币。

武汉长江大桥工程量巨大，在建设过程中耗用混凝土和钢筋混凝土将近 13 万立方米，各种钢筋将近 2.4 万吨，安装钢梁 24372t；打入钢筋混凝土管桩 3000 根，总长 62.5km；直径 1.55m 的钢筋混凝土管柱 224 根，总长 3752m。

桥头堡为钢筋混凝土框架结构，其他部分结构为多层钢筋混凝土构架，构架中砌砖或设混凝土隔墙。桥头堡内根据三种不同高度设有过道、大厅及各种办公室。

从建设之初至今，多次监测结果表明，武汉长江大桥没有发生下沉现象，桥墩依然可以承受 6 万多吨的重量，而且可以抵御 8 级以上的强震。

2. 港珠澳大桥

2009 年 12 月 15 日，港珠澳大桥（见图 1-36）主体建造工程开工建设，2017 年 7 月 7 日，大桥实现了主体工程全线贯通；2018 年 10 月大桥开通运营。港珠澳大桥是连接香港、珠海、澳门的超大型跨海通道，全长 55km，桥面宽 33.1m，其中主体工程长 35.578km，海底隧道长约 6.75km，桥面为双向六车道高速公路，设计速度 100km/h；工程项目总投资额 1269 亿元。

港珠澳大桥是世界上最长的跨海大桥。港珠澳大桥沉管隧道是全球最长的公路沉管隧道和全球唯一的深埋沉管隧道。港珠澳大桥工程包括三项内容：一是海中桥隧工程；二是香港、珠海和澳门三地口岸；三是香港、珠海、澳门三地连接线。

港珠澳大桥是目前国内建设标准最高的桥梁，设计使用寿命120年，抗台风16级，桥墩共计224个，浅水区桥墩间距85m，深水区桥墩间距110m。海上主体工程长29.6km，桥梁段采用钢箱梁结构，作为国内首个大规模使用钢箱梁的外海桥梁工程，世界最长的钢箱梁制造段，港珠澳大桥的总用钢量达42万吨。该桥用钢量可用来修建近60座埃菲尔铁塔。

在工程建设中，宝武集团广东韶关钢铁有限公司，为港珠澳大桥供应了70%的螺纹钢。为了达到港珠澳大桥的要求，必须减少成品孔型的使用定额，正常情况下，每个孔能生产1000t螺纹钢，但在生产港珠澳大桥的钢材时，每生产300t就必须更换轧槽以保证钢材的质量；河钢集团承钢公司共计供货港珠澳大桥14.68万吨螺纹钢筋，其中HRB500E钢筋约5000t，HRB400E直径40mm大规格钢筋5000多吨，非标定尺HRB400E螺纹钢筋约1万吨，全部用于长约6.75km海底隧道工程；武钢集团热轧总厂承接了11.6万吨的管桩钢及5.4万吨“U肋”钢供料任务；鞍钢集团作为港珠澳大桥中标量最大的钢材供应商，为其制造了16.2万吨优质桥梁钢；太钢集团生产的双相不锈钢钢筋被应用于大桥的承台、塔座及墩身等多个部位，其用量超过了8200t。

图1-36　港珠澳大桥

3. 平塘特大桥

平塘特大桥（见图1-37）于2016年4月动土兴建，2019年9月全线贯通，2019年12月通车运营，是中国贵州省黔南布依族苗族自治州境内的高速通道，位于槽渡河大峡谷之上，是余庆—安龙高速公路（黔高速S62）重要组成部分之一。

图1-37 平塘特大桥

平塘特大桥位于贵州省平塘县牙舟镇与通州镇之间，横跨槽渡河峡谷，是贵州南部平罗高速的重点控制性工程。大桥设计全长2135m、宽30.2m，设计时速80km/h，总投资约15亿元，采用三塔双索面斜拉桥设计，其主塔高度为328m，接近110层楼高。大桥建成通车后成为平塘、罗甸两地之间的快速通道，有力推动了沿线地区社会经济的加速发展。

平塘特大桥主塔使用钢筋达8000t、混凝土4万多立方米，光底部的桥塔承台就浇筑混凝土达10080立方米。该桥施工技术非常复杂，施工难度大，是贵州地标性建筑。

平塘特大桥建设过程中，河钢集团承钢公司、鞍钢集团等国内钢铁企业为大桥建设提供了基础支撑。其中，河钢承钢为该工程直供大规格抗震螺纹钢筋达1.2万吨，为挺起这座世界级桥梁作出大量贡献；鞍钢集团独家为塔高328m的平塘特大桥提供了2.4万余吨桥梁钢，用“鞍钢制造”撑起“亚洲新高度”。

（四）重大建筑

1. 人民大会堂

人民大会堂（见图1-38）位于北京天安门广场西侧，是党和国家领导人和人民群众举行政治、外交、文化活动的重要场所。人民大会堂坐西朝东，南北长336m，东西宽206m，高46.5m，占地面积15万平方米。人民大会堂于1958年10月开始建设，1959年9月建成。建筑面积17.18万平方米，体积约160万立方米，土方工程量43万立方米，主体结构使用钢筋11000多吨，型钢约4000t，混凝土约12.8万立方米。

人民大会堂工程钢结构部分的特点是“高、大、重”。“高”即是安装高度高，如观

图 1-38 人民大会堂

众厅屋架支座标高为 45m。“大”则是指结构跨度大，如屋架跨度为 61m，挑梁悬臂长度为 16m。“重”是荷载重，如屋盖荷载为 800kg/m^2，挑台荷载为 850kg/m^2（皆未包括钢架自重）；还有构件重，如宴会厅屋架自重为 141t。钢结构部分和整个大会堂工程一样是在“边设计、边修改、边制造、边吊装”的情况下进行工作的，全部钢结构用量为 3915t，钢结构设计工作是在党的“多、快、好、省”的总路线指导下进行的，全部钢材采用国产 3 号沸腾钢。

按照工程性质，人民大会堂的钢结构应当采用优质钢材，如 Hx-2 低合金钢或 SЛ-52 高强钢。通常对待这样重要和大跨度的结构也要采用平炉 3 号镇静钢。可是因为工程速度很快，优质钢材的供应在当时来不及赶上施工要求，因此经过慎重研究决定全部用平炉 3 号沸腾钢。作为共和国的长子，鞍钢集团为该工程建设提供了重要基础材料支撑，为了保证供应的钢材质量合格，特为该工程冶炼“国庆钢 3”。

钢筋在此工程中的应用，主要是基础、挑梁支座等支承结构中。基础工程中，根据不同地质条件，采用了带有钢筋混凝土刚性墙的带形基础和带有钢筋混凝土刚性墙的满堂基础。刚性墙基础由于刚度大，加强了立柱间的连结，使荷重较均匀地传递到地基上，而且能将荷重越过局部松软的地区传递到临近土质较好的部分去。

在人民大会堂建设的 20 世纪 50 年代，钢结构工程在国内民用建筑方面还是很少的。当时在党的领导下，全体设计人员和工人同志共同努力，终于如期完成这一宏伟建筑。

2. 东方明珠广播电视塔

东方明珠广播电视塔（见图 1-39）是上海的标志性文化景观之一，位于浦东新区陆家嘴，塔高约 468m。该建筑于 1991 年 7 月兴建，1995 年 5 月投入使用，承担着上海 6 套无线电视发射业务，地区信号覆盖半径 80km。东方明珠广播电视塔是国家首批 AAAAA 级旅游景区，塔内有太空舱、旋转餐厅、上海城市历史发展陈列馆等景观和设施，1995 年被列入上海十大新景观之一。2020 年 1 月 6 日，入选 2019 上海新十大地标建筑。

东方明珠广播电视塔是多筒结构，以风力作用作为控制主体结构的主要因素。主塔建筑造型独特，主体为巨型钢筋混凝土预应力空间框架结构：主干是 3 根直径 9m、高 287m 的空心擎天大柱，大柱间有 6m 高的横梁连结；在 93m 标高处，由 3 根直径 7m 的斜柱支撑着，斜柱与地面呈 60°交角。该建筑有 425 根基桩入地 12m，上千吨的 3 个钢结构圆球

图 1-39　东方明珠广播电视塔

分别悬挂在塔身 112m、295m 和 350m 的高空，钢筋混凝土的建筑加 3 根近百米高的斜撑。电视塔的塔身具有较强的稳定性，其设计抗震标准为“7 级不动，8 级不裂，9 级不倒”。此外，该建筑还有着良好的抗风性能。

东方明珠广播电视塔圆筒体直径为 9m，内置 6 部高速运行的电梯及管线，由钢筋混凝土筑成。主体有 11 个球体，底层为混凝土基座，观光层、客房、餐厅、展览馆、广播电视发射设备分布于球体和基座内。该工程结构施工垂直精度达到 1/10000，C60 混凝土一次泵送高度 350m，表面质量达到清水泥凝土标准。

3. 国家体育场

国家体育场（俗称“鸟巢”，见图 1-40）于 2003 年 12 月 24 日开工建设，2008 年 3 月完工，总造价 22.67 亿元。国家体育场位于北京奥林匹克公园中心区南部，为 2008 年北京奥运会的主体育场，占地 20.4 公顷，建筑面积 25.8 万平方米，可容纳观众 9.1 万人。国家体育场南北长为 333m，长轴方向外立面最高点为 41m，呈上弦状；东西宽 298m，宽轴外立面最高点为 68m，呈下弦状；内圆长为 182m，宽为 124m。2008 年成功举办奥运会后，成为北京市民参与体育活动及享受体育娱乐的大型专业场所，并成为地标性的体育建筑和奥运遗产。

图 1-40　国家体育场

作为国家标志性建筑，2008年奥运会主体育场，国家体育场结构特点十分显著。体育场为特级体育建筑，大型体育场馆。主体结构设计使用年限100年，耐火等级为一级，抗震设防烈度8度，地下工程防水等级一级。

工程主体建筑呈空间马鞍椭圆形，主体钢结构形成整体的巨型空间马鞍形钢桁架编织式“鸟巢”结构，外部钢结构为4.2万吨，主结构用钢量约为2.3万吨，钢筋绑扎约5.2万吨，整个体育场总用钢量约为11万吨。混凝土看台分为上、中、下三层，看台混凝土结构为地下1层，地上7层的钢筋混凝土框架-剪力墙结构体系。混凝土浇筑约18万立方米，土方挖运约28万立方米。钢结构与混凝土看台上部完全脱开，互不相连，形式上呈相互围合，基础则坐在一个相连的基础底板上。国家体育场屋顶钢结构上覆盖了双层膜结构，即固定于钢结构上弦之间的透明的上层ETFE膜和固定于钢结构下弦之下及内环侧壁的半透明的下层PTFE声学吊顶。

4. 中央电视台总部大楼

中央电视台总部大楼（见图1-41）于2005年4月开始建设，2007年12月建成。该大楼由两座塔楼、裙房及基座组成，设三层地下室；地上总建筑面积40万平方米；两座塔楼呈倾斜状，分别为51层、44层，顶部通过14层高的悬臂结构连为一体，最大高度234m；裙房为9层，与塔楼连为一体。建安工程和设备投资约50亿元人民币。

图1-41　中央电视台总部大楼

中央电视台总部大楼钢结构总用钢量14万吨，钢构件为5.4万件，使用高强螺栓95万套，完成钢结构深化设计图纸42028张。其主楼超厚大体积承台基础筏板混凝土方量为12万立方米、使用直径为50mm的粗大直径三级钢筋达18090t，为国内首次批量使用。

中央电视台总部大楼主楼钢结构选用的钢材规格品种多，用量大。钢结构用钢量达12.18万吨，构件共4.15万件。在中央电视台总部大楼建设中，较为关键的地基底板所用的高强度钢筋，采用了由河钢集团承钢公司在2005年7月研制的ϕ50mm热轧带肋钢筋。

5. 上海中心大厦

上海中心大厦（见图1-42）是上海市的一座巨型高层地标式摩天大楼，于2008年11月开工，2014年12月竣工，是一幢集商务、办公、酒店、商业、娱乐、观光等功能为一体的超高层建筑。上海中心大厦项目面积433954m^2，建筑主体为119层，总高为632m，结构高度为580m，上海中心大厦是目前已建成项目中中国第一、世界第二高楼。

图1-42　上海中心大厦

上海中心大厦为钢筋混凝土核心筒-外框架结构，用钢量约10万吨，建筑造价148亿元。主楼上部结构为钢筋混凝土和钢结构的混合结构体系，主要包括钢筋混凝土核心筒巨型柱外围钢框架、径向楼面桁架、环形带状桁架及伸臂桁架，屋顶皇冠楼层系统塔楼沿高度分9个区，每个分区的顶部两层为设备/避难层。竖向结构包括核心筒和巨型柱，水平结构包括楼层钢梁、楼面桁架、带状桁架、伸臂桁架以及组合楼板。

核心筒钢筋工程：（1）核心筒剪力墙钢筋采用品种规格比较多，结构竖向主筋主要有ϕ32mm、ϕ28mm、ϕ25mm、ϕ22mm、ϕ18mm等多种规格；横向分布钢筋主要有ϕ22mm、ϕ20mm、ϕ16mm、ϕ14mm等多种规格。压型钢板组合楼板钢筋有ϕ12mm、ϕ10mm、ϕ8mm等多种规格。（2）钢筋直径规格大于等于20mm时，采用镦粗直螺纹机械接头连接，其余采用绑扎搭接方式连接。

混凝土工程：混凝土均为商品混凝土，核心筒剪力墙混凝土强度等级为C60，压型钢板组合楼板混凝土强度等级为C35；每框混凝土方量在1000m^{3}左右；混凝土浇捣采用固定泵接2台28m布料机浇捣。

上海中心大厦主楼深基坑是全球少见的超深、超大、无横梁支撑的单体建筑基坑，其大底板是一块直径121m、厚6m的圆形钢筋混凝土平台，11200m^{2}的面积相当于1.6个标准足球场大小，厚度则达到两层楼高，是世界民用建筑底板体积之最。其施工难度之大，对混凝土的供应和浇筑工艺都是极大的挑战。作为632m高的摩天大楼的底板，它将和其下方的955根主楼桩基一起承载上海中心大厦121层主楼的负载，被施工人员形象地称为“定海神座”。

第二章　工艺技术和装备发展

中国螺纹钢工艺技术和装备的发展经历了引进消化吸收、自主设计、创新性等发展阶段。不论是工艺技术上的进步，还是设备的迭代，都对中国螺纹钢产品的升级换代和我国钢铁工业的快速、高质量发展产生了巨大的推动作用。在一代代钢铁人的不懈努力与孜孜追求下，我国螺纹钢产业在工艺技术和装备水平上已实现质的飞跃。中国螺纹钢工艺技术和装备的进步展现了中国钢铁工业从无到有、从小到大、从大到强、成为世界钢铁强国的辉煌历程。

第一节　工艺技术发展

记载新中国成立之前螺纹钢生产工艺的资料较少。从现有资料中了解到，在抗日战争期间，建立了以重庆为中心的后方冶金工业生产基地，在一定程度上支持了抗日战争时期后方军工生产和工业建设的需要。当时将螺纹钢归为型钢种类，轧机的孔型设计简单，工艺改进也几乎没有进展。新中国成立后，中苏建交，苏联螺纹钢生产工艺在中国的应用，为中国工业体系的建立打下了基础。后来，苏联专家撤离，但苏联在 20 世纪 50 年代末至 60 年代中期研究的螺纹钢微合金化、轧后余热处理等工艺仍然成为我国冶金工业部在螺纹钢生产方面的研发重点。

20 世纪 50 年代中期冶金工业部成立后，积极推动我国螺纹钢生产工艺的发展，先后进行了镇静钢螺纹钢筋工艺、横纵肋不相交热轧钢筋工艺、微合金化钢筋生产工艺、控制轧制及轧后余热处理工艺、半镇静钢筋生产工艺、线材穿水冷却工艺、16Mn 螺纹钢筋生产工艺、调质钢筋生产工艺、横列式轧制工艺、冷轧螺纹钢筋生产工艺等的研究和发展。在计划经济时代背景下，政府的顶层规划、企业间的合力执行、研发人员的孜孜努力，极大地促进了螺纹钢生产工艺的进步，进而推动螺纹钢产能、产量和产品质量的提升，为满足国内经济建设需求做出了贡献。

复二重式轧制工艺的诞生，意味着中国螺纹钢的生产进入成熟期，复二重式轧机的建设在 20 世纪六七十年代至八十年代初期获得较快发展。但随着科技的进步和业界对高生产效率的追求，半连续式和连续式轧制工艺开始进入历史舞台，代替以往的横列式和复二重式轧机的传统工艺，使轧钢水平进一步提高。

实际上，早在 1961 年首都钢铁公司就建成了我国第一台全连续棒材轧机，全套设备由苏联引进。但由于随后苏联专家撤离，而国内技术人员对连轧的生产工艺、设备维护和备品准备缺乏经验，开工以后，生产操作和设备运转的故障频繁。之后的 40 多年一直处于技术改造过程中，直至 2000 年初才实现了适宜的生产工艺。

从20世纪90年代起，我国开始引进和合作制造当时最先进的全连续棒材轧机。1994~1996年，陕钢集团西安钢铁有限责任公司建成投产了全国第一条国产化全连轧棒材生产线。1995年，福建省三明钢铁厂建成投产全国第一条以国产设备为主的现代化全连轧棒材生产线。

我国从20世纪90年代开始探讨将连铸钢坯直接轧制成材的新技术。2012年，由陕西钢铁集团有限公司和湖北立晋钢铁集团有限公司合作完成的“高强度抗震钢筋直接轧制技术研究及产业化应用项目”，在国际上率先实现长材生产领域无加热直接轧制技术产业化应用。

继直接轧制技术后，20世纪90年代中期，意大利达涅利的EWR技术、日本NKK公司的EBROS技术无头轧制新技术，引起了轧钢技术革命。2001年，唐山钢铁公司棒材厂从意大利达涅利公司引进了第一代焊接型无头轧制技术（EWR技术），建成我国第一家、亚洲第三家棒材无头轧制的生产厂。

实际上，伴随着每一代的技术进步，追求高效率和高成材率是始终不变的理念。因此，螺纹钢切分轧制的研究在早期就应运而生。我国开发应用切分轧制技术始于20世纪50年代，步入80年代之后，我国的切分轧制技术有了迅猛发展。切分工艺也从最初的两线切分不断发展为三线切分、四线切分、五线切分、六线切分。

为了提高钢材的产量、质量和成材率，无孔型轧制在螺纹钢生产工艺中也是一项重大技术突破。自20世纪80年代以来，中国在无孔型轧制技术的理论研究和实际应用方面取得了进展。当前，无孔型轧制正在我国棒线材生产中推广，成为我国新一轮低成本技术的发展趋势。

为了改进产品性能，始于板材生产的控轧控冷技术也逐渐应用到螺纹钢生产领域，并在钢筋微合金化技术的研发过程中得到发展。

高棒和双高棒工艺的诞生，再一次使得棒线材生产效率大幅提升。2012年，国内首条主线设备全国产化的高速棒材生产线在福建三安钢铁有限公司热试投产。2020年8月，湖南华菱涟源钢铁公司双高棒项目成功热试，成为首条国内成功投产的国产双高棒项目。

总之，我国螺纹钢生产工艺的发展，既有其时代背景，更是社会发展的需要。螺纹钢作为我国最大产量的单个钢材品种，其生产工艺的发展对推动我国国民经济增长和满足人民生活需求发挥了重要作用，是我国钢铁发展史上一个闪耀的光环。

一、中国早期螺纹钢生产的工艺特点

中国早期的型钢（早期将螺纹钢归为型钢）轧机孔型设计较为简单。1943年投产的资渝钢铁厂三机架ϕ450mm的型钢轧机的孔型设计如图1-43所示。

抗日战争期间，螺纹钢生产工艺改进较为缓慢。1941~1948年所记载的有关钢筋的生产技术改进仅仅通过将钢坯缩孔一端剪下，轧制建筑用钢时损耗从之前的14%减少至5.5%。

二、苏联螺纹钢工艺的学习和应用

新中国成立后，苏联模式的社会主义工业化道路具有特定的时代意义，为中国工业体

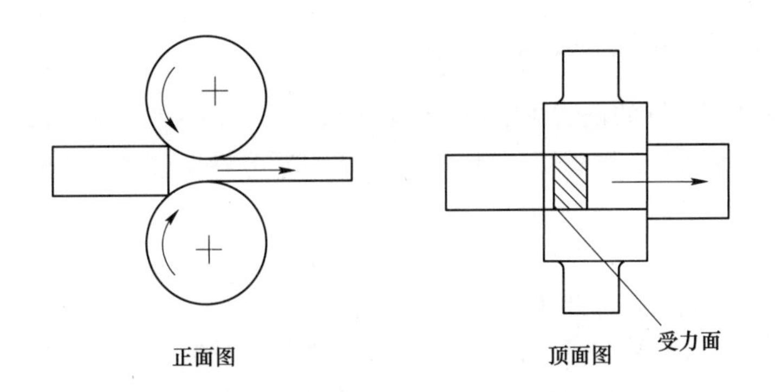

图 1-43　ϕ450mm 轧机孔型设计图

系的建立打下了牢固基础。

（一）微合金化钢筋

从 20 世纪 50 年代末期起，美、苏、英等国报道了在低碳锰钢中添加微量钒、钛、铌等元素，通过这些微合金元素的碳、氮化物的沉淀析出，达到细化晶粒强化和沉淀析出强化的目的。在不增加甚至降低碳当量的情况下，可以较大幅度地提高钢的综合性能。这种微合金化低合金钢的问世，使低合金钢的发展进入了一个新阶段。

（二）轧后余热处理钢筋

从 20 世纪 60 年代中期开始，苏联就开展了钢筋轧后余热处理的研究，并投入工业应用。轧后余热处理是指在轧制作业线上利用轧制钢材的余热直接进行热处理的工艺。它有机地将轧钢和热处理工序结合在一起，通过工艺参数的控制，有效地改善钢材的综合性能，可以在较大幅度地提高钢材强度的同时，保持较好的塑性和韧性，具有减少工序、节约能源、节约合金元素和降低成本等一系列的优点。

采用轧后余热处理工艺后，由于热强化钢筋性能的提高，用于预应力混凝土构件中可以节约钢材 30%~50%，降低成本 45%，获得了很大的经济效益。

三、冶金工业部时期曾推广的小型工艺及布局

1956 年，中华人民共和国冶金工业部成立，并于 1998 年撤销，在此期间，极大地推动了我国螺纹钢生产工艺的发展，对螺纹钢的钢种、外形、性能、热处理工艺进行了改进，推广了横列式轧机工艺和设备等。

（一）镇静钢螺纹钢筋工艺

根据冶金档案馆的文件记录，1957 年，冶金工业部布置生产螺纹钢筋 17 万吨，其中 25Г. О 低合金螺纹钢筋 7 万吨。为完成这个产量，采取了如下措施：

（1）钢铁局继续组织利用转炉试炼镇静钢。

（2）向国外订购三台螺纹钢筋铣床。

（二）横纵肋不相交热轧钢筋工艺

1975年底在柳州召开的钢筋新品种转产鉴定会议上，钢厂与使用部门提出现用的螺纹钢筋外形存在螺纹密而高、降低了钢材强度，冷弯和反弯性能欠佳，磨损快，不能从外形上区别钢筋的强度级别等一系列问题，要求开展试验研究，改进钢筋外形。

鉴于上述原因，冶金工业部于1977年把研究改进热轧螺纹钢筋外形列入了课题，指定由首钢、唐钢和冶金工业部建筑研究院等共同承担。

在收集、汇总和分析各国螺纹钢筋外形的几何参数及试验研究资料的基础上，最后选定纵横肋不相交外形作为试验研究方向。这种外形的横肋呈月牙形，消除了纵肋与横肋之间的接点，因而也消除了纵肋与横肋接点的应力集中，提高了钢筋的抗拉强度和疲劳强度，这种外形的结构均匀，钢筋各断面的力学性能不变，因此抗弯性能良好。

为了探讨外形的几何尺寸对钢筋的屈服强度、抗拉强度、弹性模量、抗弯性能、疲劳强度和黏结强度的影响，1977年7月下旬，首钢轧制了16Mn ϕ12mm钢筋，唐钢轧制了16Mn ϕ25mm钢筋。最后得出的结论是，横纵肋不相交外形钢筋除了满足各种使用性能外，采用此种外形后可提高钢材强度3%~5%，降低一半轧辊消耗，铣辊较容易，轧制不易脱槽，废品少。

在此基础上，1979年7月，上钢三厂在首钢、唐钢轧制的基础上进一步调整改进纵横肋不相交外形的几何参数，加大了横肋节距，进一步提高横纵肋不相交外形钢筋与混凝土的黏结强度。

（三）微合金化钢筋生产工艺

20世纪50年代，钢筋的生产采用热轧工艺，主要采取固溶强化的方式，即提高钢筋的含碳量，同时添加锰、硅等合金元素。这样虽然提高了强度，却使韧、塑性下降。特别是钢筋碳当量的提高，使焊接性能恶化。因此，在保证综合性能的前提下，这类钢筋的强度只能限制在400~570MPa的水平。

60年代，根据我国的资源情况，试制和生产的微合金化钢筋，添加钒、钛、铌等微量合金元素，如上海第三钢铁厂的Si-V系、首都钢铁公司的Mn-Si-V系、上海新沪钢厂的Si-Ti系、天津钢厂的Si-Nb系、唐山钢铁公司的Mn-Si-Nb系。这些元素的加入虽然提高了强度，获得了良好的力学性能，其强度可达到540~835MPa Ⅳ级水平，但是，焊接性能较差，焊接工艺复杂。采用热轧工艺要生产更高强度的钢筋，用增加合金元素的方法，很难同时得到高强度和较好的塑性。

70年代以后，进行过用65Si2MnV钢试制强度为700~1100MPa，用15Mn3SiB钢试制强度为930~1100MPa的热轧高强度钢筋，但其成分控制范围窄，性能不够稳定，生产难度大，未能正式投入生产。

（四）控制轧制及轧后余热处理工艺生产新Ⅱ级钢筋

1978~1980年，在“高强度预应力钢筋科研计划”下，实施了“控制轧制及轧后余热处理等工艺提高钢筋性能的试验研究”项目。该项目的研制内容包括：

（1）进行碳素钢和普通低合金钢25MnSi~35MnSi螺纹钢筋试验，提出达到75~95kg/mm^{2}的工艺及参数。

（2）进行小轧机控轧试验。

（3）进行工业性试验。

（4）钢筋的强度韧性及常规性能研究，包括钢筋负温性能和海洋大气腐蚀性能研究等。

（5）工程试用。

当时负责该项目的单位是沈阳线材厂、首都钢铁公司和冶金工业部建筑研究院；参与研制的单位包括首都钢铁公司、北京钢铁学院（现北京科技大学）、冶金工业部建筑研究院、沈阳线材厂、大连轧钢厂、东北工学院（现东北大学）、西安冶金学院（现西安建筑科技大学）。

在“高强度预应力钢筋科研计划”下，还应用轧后余热处理工艺，在上海第三钢铁厂试生产了45Si2V钢、在上海新沪钢厂试生产了65Si2Ti钢筋、在首都钢铁公司试生产了热轧45Si2Mn（Ⅳ级）钢筋。其中，热轧45Si2Mn（Ⅳ级）钢筋，是以1975年第五批冶炼轧制工艺为依据，进一步调整成分进行试验，并进行晶粒细化的研究。铁道部物资管理局1982年的文件显示，当时采用预应力钢筋混凝土轨枕用45Si2Mn取代了45Mn2Si，避免了脆断。

“六五”期间（1981~1985年），国家低合金钢科技攻关，采用微合金化、轧后余热处理等工艺手段研制成功400MPa新Ⅱ级钢筋，将中国混凝土用钢筋向前推进了一步。用20MnSi连铸坯采用轧后余热处理工艺代替原热轧25MnSi锭坯试制出口钢筋，将20MnSi钢的强度由Ⅰ级提高到了Ⅲ级，完全达到英国标准中屈服强度425MPa级的要求。经过技术鉴定，轧后余热处理工艺，不仅能够提高钢筋的强度，而且使钢筋具有较好的塑性，有比热轧钢筋更为良好的抗弯曲、抗脆断能力。弹性模量、疲劳极限和可焊性与热轧钢筋相当，其综合性能良好。

由于轧后余热处理工艺的优越性，在国内迅速推广使用，上海新沪钢厂、鞍山钢铁公司等开展了以普碳钢Q235采用轧后余热处理工艺代替20MnSi钢生产Ⅱ级非预应力钢筋，也取得了较好的效果。

（五）半镇静钢钢筋生产工艺

半镇静钢钢筋的机械性能与相同钢号的镇静钢相近，且成材率高，铁合金消耗少，生产成本低。铸锭可采用上小下大沸腾钢钢锭模，不需要保温帽，简化了操作，提高了铸锭生产能力。因此，国外半镇静钢得到很大的发展，我国鞍钢、武钢、包钢、上钢等企业单位也曾少量生产过半镇静钢。

为了发展半镇静钢，1978年冶金工业部下达了“冶钢冶字”169号文件，要求唐山钢铁公司、冶金工业部建筑研究总院共同研制半镇静钢钢筋。考虑到当时新钢种发展中高度注意微量元素的应用，结合我国资源特点，充分利用包头铁矿中的铌，设计试制的钢号为20MnNb半镇静钢。

试验从 1978 年 12 月开始，分两个阶段进行。1978 年 12 月由唐山钢铁公司第二炼钢厂按成分上、下限用 30t 顶吹转炉试炼两炉 20MnNb 半镇静钢。于 1979 年 8 月进行调整成分、改造工艺，开始第二阶段扩大试验和试用范围的试制研究工作。试制的钢锭综合成材率为 87.14%~94.44%，平均为 91.56%，与镇静钢相比提高了 5.66%（1980 年 1~5 月唐钢镇静钢平均成材率为 85.9%）。

通过冶金工业部建筑研究总院、黑龙江省低温建筑科学研究所对 20MnNb 半镇静钢钢筋常、负温各项性能试验及北京第一构件厂、黑龙江省低温建筑科学研究所、电力部龙羊峡电站等单位的现场使用初步看到：20MnNb 半镇静钢钢筋的性能良好，已经达到当时国家Ⅱ级钢筋的标准，且其焊接性能优于 16Mn 及 20MnSi 钢筋。不过，该项目在 1980 年的总结报告也指出，为了充分发挥铌的作用，应研究控制轧制，以获得强度高、韧性好的钢筋。

（六）线材穿水冷却工艺

随着高速线材轧机的出现，线材控制冷却技术在国内外得到了迅速发展。经控制冷却的线材，实际上已经作为一种新产品供应市场而受到用户的普遍欢迎。

线材轧后穿水冷却是控制冷却技术的重要组成部分，对我国大多数轧制速度比较低、盘重比较小的复二重式线材轧机的改造而言，寻求高效率的冷却装置，选择合理的水冷却系统，确定最佳的冷却工艺，对于改善线材质量、节约金属、减少拔丝生产能耗和降低拔丝加工成本等具有重要的意义。1980 年，沈阳线材厂、钢铁研究总院、北京钢铁设计院和北京钢铁学院联合进行了线材穿水冷却工业试验，采用旋流式穿水冷却工艺。1980 年沈阳线材厂线材轧后穿水冷却工艺平面图如图 1-44 所示。

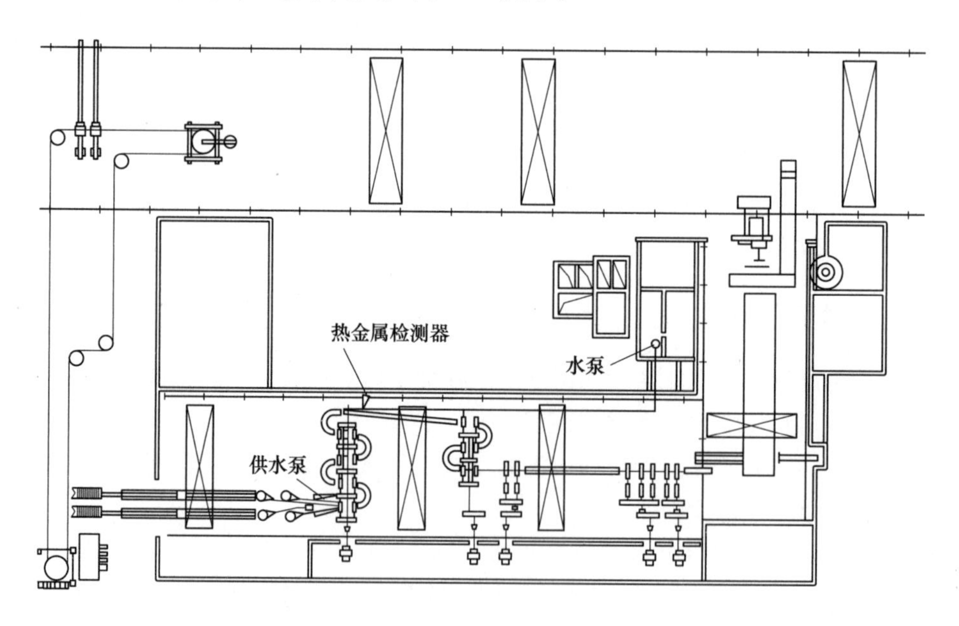

图 1-44 1980 年沈阳线材厂线材轧后穿水冷却工艺平面图

（七）20MnSi（16Mn）螺纹钢筋生产工艺

上钢三厂从20世纪60年代初期，就开始生产16Mn热轧螺纹钢筋ϕ20～32mm各种不同规格的产品。1976年后，上钢三厂开始对16Mn螺纹钢筋进行产量和质量提升。1978年上钢三厂16Mn螺纹钢筋的产量为11万吨，1979年为10万吨。

上钢三厂对16Mn螺纹钢筋的生产采用并积极推广行之有效的新工艺、新技术：

（1）氧气顶吹转炉全面推广使用钢包吹氩新技术。

（2）连续铸锭采用伸入式水口保护渣浇铸新工艺。

（3）开坯采用新轧制工艺，改进孔型为箱形-菱-菱-方混合系统，轧制方坯，提高质量，产量提高，油耗降低。

（4）全面推广纵横肋不相交新外形。上钢三厂参照了比利时等国纵横肋不相交外形尺寸，在冶金工业部建筑研究院协助下，吸取首钢、唐钢的经验，设计出纵横肋不相交螺纹钢筋新外形，新外形确实显示了优良的冷弯性能和反弯性能。

（5）采用控制轧制，从1978年开始在成品出口安装水冷装置，进行快速冷却。然后在冷床上自身回火，强度有所提高，组织有明显改善，基本消除了魏氏组织。

（八）调质钢筋生产工艺

1. 20世纪60～80年代

调质钢筋是将热轧钢筋再进行淬火、回火处理，以得到高强度钢筋。但这种方法要建造热处理设备，投资大，并且消耗能源。因此只有有特殊要求的高强钢筋，而用其他生产方法达不到要求时才采用。这类钢筋在我国的产量不大，20世纪60年代开始试制，至20世纪80年代中、后期，年产量为2万吨左右，也未大量推广。用这种工艺可生产强度为1325～1470MPa的预应力高强度钢筋。

对钢筋的调质处理，我国主要采用电阻加热淬火、铅浴回火的方法。20世纪80年代中期曾进行过利用中频感应炉加热回火的研究，并取得了一定成效。但是技术较为复杂，投资费用也较高。

淬火是调质钢筋热处理的关键工序之一，最主要的是选择合适的淬火温度范围及淬火介质。不同的钢种有不同的淬火温度范围，它应保证钢筋既得到较高的硬度而同时又保持钢的细晶粒组织。

调质钢筋一般属于亚共析低合金钢，其淬火温度原则上高于奥氏体化温度100～350℃。

2. 20世纪90年代

20世纪90年代初，调质钢筋的冷却方法开始采用马氏体直接淬火法，即用冷却介质把钢筋直接从高温冷到室温或稍高于所采用的冷却介质的温度。

冷却介质最常用的是水或油。国外在用感应加热后，直接喷水冷却。我国调质钢筋由于其淬透性较大，为避免钢筋淬后开裂，选用油淬。80 年代末至 90 年代初我国试验过合成淬火剂，它不仅能保证钢筋的力学性能，而且能提高断裂韧性，成本也低于油，不易燃烧，不污染空气。但在连续生产的条件下，保证合成淬火剂稳定不老化并维持其合理浓度极为重要。

回火对钢筋的性能影响很大。淬火后冷却到 507℃就应当进行回火，如果在回火前冷却到室温，就会引起开裂。回火温度的波动对钢筋性能影响非常明显，应严格控制，同时注意回火温度与回火时间的配合。

（九）横列式生产工艺

最早的棒线材轧机都是横列式轧机。新中国成立前，我国线材生产只有几套陈旧、落后的横列式轧机。20 世纪 50 年代至 80 年代，我国小型轧机大部分为横列式轧机。横列式线材轧机一般不超过 15 架，有单列排布和多列排布之分。单列排布轧机是最传统的轧制工艺，单列排布轧机由一台电机驱动，轧制速度不能随轧件直径的减小而增加，这种轧制工艺速度低、线材盘重小、尺寸精度差、产量低。为了克服单列排布轧机速度不能调整的缺点，出现了多列排布轧机，各列的若干架轧机分别由一台电机驱动，使精轧机列的轧制速度有所提高，盘重和产量相应增大，列数越多情况越好。横列式线材轧机投资少、见效快，而且生产品种也较灵活。但横列式小型轧机也有自身的缺点。

四、复二重式轧机生产工艺

轧件在双机架二辊式轧机中保持连轧关系的一组轧机称为复二重式轧机。复二重轧机是我国特殊条件下存在的一种轧机形式，是半连续式轧机的一种。与老式横列式布置的轧机相比，复二重式轧机是一个进步，与现代化高速精轧机组相比，它又是落后的。在中国，复二重轧机主要来自对旧有横列式小型轧机的改造。

中国最早的唯一一套复二重式轧机是当时上海钢铁公司的 ϕ255mm 线材轧机。从 1942 年投入使用到新中国成立前的 7 年中一共生产线材不到 3 万吨。新中国成立后由上钢二厂接管，通过多年逐步改造、革新，其年设计产能达到 25 万吨，轧制速度达到 16m/s。1980 年实际年产量达到 37.6 万吨，创造了我国复二重式线材轧机最高年产记录。从 60 年代至 80 年代初期开始我国复二重线材轧机取得了较大的发展。大部分复二重线材轧机是在 20 世纪 80 年代建立起来的，少部分是在 90 年代建立起来的。

复二重线材轧机采用多线（2～5 线）轧制，轧制速度为 10～16m/s，初期盘重 80～150kg，后期盘重可达 250kg。从世界线材轧机发展史看，此水平仅相当于线材轧机 20 世纪三四十年代的技术水平。20 世纪 30 年代，多阶横列式轧机占主导地位。复二重轧机的工艺特点带有浓重的“多阶”特点，只是用连轧代替了中轧、精轧机组的反围盘，成对地连轧，间隔地介入于多阶的“阶层”之间，其轧制速度高于横列式轧机。

复二重线材轧机虽为 20 世纪三四十年代的技术，但其产量达到了轧制速度为 25m/s 连续式轧机的水平，显示出复二重轧机投资少、设备轻、易上马的优点。也正由于此，才使复二重线材轧机在我国得以迅速地推广和发展。至 2000 年，全国复二重轧机生产的线材产量占全国线材产量的 70%以上。

五、连轧工艺

（一）半连轧、全连轧生产工艺的推进

随着科技的发展，棒线材轧钢工艺已逐步发展至半连轧、全连轧化，代替以往的横列式和复二重式轧机的传统工艺，使轧钢水平又提高了一个层次。

1. 经济型半连续式轧机

1978 年，鞍钢小型厂第二小型车间改造为半连续棒材车间的初步设计获得冶金工业部的批复。当时，鞍钢小型厂第二小型车间是新中国成立前的旧厂房，设备是拼凑的，产量低，质量差，劳动强度大，成材率低。因此根据当时的条件采取了半连续轧制，工艺布置是比较合理的，同时为支撑国家急需的棒材需求做出贡献。

此后，不少企业陆续将横列式小型轧机改为经济型半连续式轧机。该种机型适用于小型企业横列式小型轧机利用旧厂房就地改造，或用于占地面积小、车间长度短的条件下棒材轧机的建设。采用中、精轧连轧机、飞剪机、齿条步进式冷床等关键工艺设备，实现半连续式轧制，轧机“横拉直”，轧机技术装备水平和技术经济指标都可上升到一个新的水平。经济型半连续式棒材轧机对提高全国小型材“连轧比”可以起到一定的促进作用。

2. 安阳钢铁小型厂的 260mm 机组

安阳钢铁小型厂的 260mm 机组是国内较早建立的，较为成功的半连续式小型生产线。当时本着既尽量节省外汇，又最大可能地采用新技术和新工艺的原则，从达涅利引进了技术先进的部分关键设备，建成了 ϕ260mm 半连续式小型棒材轧机，于 1985 年投产。

由于该轧机是在改造 ϕ400mm/ϕ250mm 横列式小型棒材轧机的前提下建起来的，所以设计的产品方案最初只有 ϕ12~25mm 的圆钢和螺纹钢。原料由原来的 60~90mm 轧制方坯改为 120mm 连铸坯。

该生产线的产品小时产量和轧制速度见表 1-10。

表 1-10　安阳钢铁 260mm 半连轧机组不同产品规格的轧制速度表

螺纹钢直径/mm	轧制速度/$m \cdot s^{-1}$	平均产量/$t \cdot h^{-1}$
12	17	42.6
14	15	50.9
16	12	52.9
18	10	55.7
20	8	55.1
25	6	63.8

安阳 260mm 棒材生产线早期的工艺流程为：钢坯由天车吊至上料台架，4~5 根

120mm×120mm×6000mm 连铸坯由炉前辊道成排送至推钢式加热炉尾部，由一台推钢机推入加热炉内进行加热。当钢坯加热到 1100℃时，由出钢机推出，然后由出炉辊道送至粗轧机组轧制，粗轧机组由 3 机架 450mm 轧机组成，由一台交流电机集中传动。钢坯被连续轧制三道次后，在机后由移钢机移至轧机操作侧的旁通辊道上，再返回至第一架轧机前，再次进入连轧机组轧制三道次，完成粗轧六道次轧制。中间坯由 1 号飞剪切头，由辊道送至中轧机组，中轧机组由 350mm×4+300mm×2 六架轧机组成，轧件出中轧机组后由 2 号飞剪切头，然后进入精轧机组，精轧机组由 300mm×2+260mm×4 六架轧机组成。轧件出精轧机组后为棒材成品，经过 3 号飞剪倍尺分段，然后经过加速辊道及裙板上步进式冷床进行冷却。棒材最大轧制速度为 19m/s。棒材在冷床上冷却至 200℃以下时下冷床，由 650t 冷剪进行定尺剪切。剪切后的棒材经过成品台架进行计数、收集、打捆、称重，最后由天车吊至成品库堆放。一部分短尺棒材在成品台架上剔除。

260mm 半连轧机组的工艺特点如下：

（1）采用了对炼钢—轧钢有最佳综合经济效益的连铸坯一火成材工艺。

（2）在轧制工艺上采取了粗轧机返回轧制，这种半连续的轧制方式在国内是第一次采用，优点有：1）与全连续式比较，可减少设备投资与质量；2）与单机架往复轧制比较，可自动操作、手动操作，操作简单，事故少；3）调整方便。

（二）全连续棒材轧制工艺的发展

随着技术进步以及在提高生产率的要求下，半连续棒材轧制逐步被全连续轧制所取代。

1. 我国第一台全连续棒材轧机

我国第一台全连续棒材轧机是 1961 年在首都钢铁公司建成的 ϕ300mm 小型轧机，全套设备由苏联引进，原设计年产能力为 30 万吨；后经多次技术改造和改进操作，实际年产能力达到 82 万吨。

改革开放以后，在 80 年代大多引进国外二手全连续棒材轧机，如 1988 年原上钢一厂引进了德国全连续棒材轧机；此后，原沙钢、涟源钢厂、承德钢厂、大连钢厂、无锡钢厂、陕西钢厂等厂均引进了国外二手全连续棒材轧机。

1986 年 5 月，国家发布《十二个领域的技术政策要点》文件，其中第六项“提高装备水平”中提到，“钢铁工业设备逐步向大型化、连续化和自动化方向发展”。“发展连续化高速化自动化新型轧机、多辊轧机、精密异型轧机，发展新型热处理设备和精整、检测设备，改造或淘汰耗能高、效率低、产品质量差、成本高的陈旧轧机”。

2. 引进和合作制造先进的全连续棒材轧机

从 20 世纪 90 年代开始，我国开始引进和合作制造当时最先进的全连续棒材轧机。这有两类情况：一类是全线引进国外设备，如 1996 年唐山钢铁公司从意大利达涅利公司全线引进的轧机，投产最大终轧速度达 18m/s，设计年产能力为 60 万吨，共设 18 台机架。

随后韶关钢铁公司、淮阴钢铁公司、广州钢铁公司等也引进了达涅利或 POMINI 公司的全连续棒材轧机。另一类是合作制造，由国内公司技术总负责，部分引进国外设备。到 90 年代后期国内设计制造的全连续棒材轧机（少量引进）也陆续建成投产。

3. 全国第一条国产化全连轧棒材生产线

1994 年 5 月至 1996 年 5 月，陕钢集团西安钢铁有限责任公司建成投产了全国第一条国产化全连轧棒材生产线，当时的产线名称为“西安钢铁厂全连轧棒材生产线”，设计单位是冶金工业部包头钢铁设计研究院，承建施工单位是冶金工业部第九冶金建设公司。该生产线的主要设备制造厂家包括：包头第二机械制造厂、哈尔滨飞机制造厂、南京高速齿轮厂、北京冶金设备厂、上海电机厂。

当时，该生产线被冶金工业部树立为“全连轧棒材生产线设备国产化的示范（样板）工程”，生产线除成品分段飞剪及其控制系统从意大利达涅利公司进口外，其余所有设备及其控制系统全部为国内制造，开启了全连轧棒材生产线国产化的先河。

西安钢铁厂全连轧棒材生产线为全连续布置，精轧机组采用平—立交替布置；设计产能为 20 万吨/年，产品包括圆钢、螺纹钢，钢种包括 Q235、20MnSi，规格为 ϕ12~32mm。该生产线采用了先进的新工艺和新设备，同时还采用了自动化控制系统。

（三）现代化连轧生产工艺特点

1. 第一条以国产设备为主的现代化全连轧棒材生产线

1995 年 12 月 9 日，我国第一条以国产设备为主的现代化全连轧棒材生产线在福建省三明钢铁厂成功投产。该生产线由马鞍山钢铁设计院承担工厂设计和设备设计，由洛阳矿山机器厂进行设备制造，是我国设计研究棒材轧钢设备国产化方面取得的突破性成就。该生产线于 1993 年 12 月动工兴建，设计年产量 24 万吨，产品为 ϕ12~40mm 的圆钢和螺纹钢。

2. 现代化的连轧生产工艺特点

现代化高产量的全连续式生产线采用连铸坯热送热装技术，无头轧制、低温轧制、控轧控冷、全线连续平立交替无扭轧制、切分轧制、高精度轧制等先进工艺技术，代表了小型连轧机技术进步的方向。

（1）全连续轧制技术。整个轧线采用全连续、全无扭轧制，粗、中轧机组采用微张力轧制，精轧机组采用无张力轧制，从而生产出高精度的产品。

（2）低温轧制技术。低温轧制是将钢坯加热到低于常规开轧温度进行轧制。目前棒材常规开轧温度为 1050~1150℃，而低温轧制可将开轧温度设定在 950℃左右。为此，虽然增加了轧制电耗，但由于加热炉能耗大大降低，综合计算是节能的，低温轧制可综合节能 20%左右。

（3）切分轧制技术。切分轧制可减少轧制道次及轧辊消耗，节约能源，扩大生产规格，提高小规格产品产量，经济效益十分显著。

（4）表面淬火—热芯回火工艺。表面淬火—热芯回火工艺是轧件从精轧机组出来后，利用自身余热，通过水冷装置进行表面淬火，再利用心部余热进行回火的热处理工艺。该工艺通过细化晶粒来提高钢材的强度和韧性，与微合金强化工艺相比，其工艺成本更低。该工艺在生产中有很好的灵活性，即同一成分的钢可通过调节水冷装置改变冷却强度，来获得不同性能的产品。

六、直接轧制工艺

我国从20世纪90年代开始探讨将连铸钢坯直接轧制成材的新技术。真正的棒线材直接轧制应是将从连铸机送来的连铸坯不经任何其他加热或补热直接轧制成最终产品。然而，多年来大部分的生产工艺研究和试验证明，要生产高质量的产品，在轧制前连铸坯需要经过再加热或者补热。直接轧制一般分为连铸坯无加热或补热直接轧制（简称CC-FDR）、连铸坯直接轧制（简称CC-DR）、连铸坯补热直接轧制（简称CC-HDR）、连铸坯直接热装轧制（CC-DHCR）四类。

2012年，由陕西钢铁集团有限公司和湖北立晋钢铁集团有限公司合作完成了“高强度抗震钢筋直接轧制技术研究及产业化应用项目”。该项目突破了“直接轧制必须有加热或补热装置”“连铸坯横断面温差不能大于50℃”的传统工艺，在高强度抗震钢筋生产领域，提出了“细化铸坯心部晶粒”新思路，形成了“全倍尺生产”新概念，建立和完善了“利用连铸坯大温差细化晶粒”“升温轧制”理论。项目研发了连铸—轧钢300m远距离无加热弱降温输送系统和连铸坯头尾调温系统，首创高-低温五循环轧制新工艺。

2013年1月2日，高强度抗震钢筋直接轧制技术在湖北立晋钢铁集团有限公司实现了产业化应用，也是国际上首次长材生产无加热直接轧制。截至2014年年底，生产高强度抗震钢筋151.1万吨，直轧率95.8%，产品合格率99.87%，做到了“七个零、一提高、一降低”，成材率提高1.35%，钢材性能提高30MPa，吨材成本降低147.5元。该产品经中铁七局武汉工程公司、中建三局在武汉轨道六号线、湖北省武咸公路改造等工程。

“高强度抗震钢筋直接轧制技术研究及产业化应用项目”在国际上率先实现长材生产领域无加热直接轧制技术产业化应用，主要经济技术指标领先，在棒材连铸—轧钢工艺一体化方面取得重大突破，做到了系列装置和软件工程化；形成了固化的工艺流程、操作规程、工艺和设备参数，对国内外棒材生产起到示范作用，总体水平达到国际领先。

七、无头轧制工艺

20世纪90年代中期，意大利达涅利的EWR技术、日本NKK公司的EBROS无头轧制技术的出现，促进了轧钢技术的发展。2005年之后，随着拉速大于6m/min的高速连铸机的出现，使得棒线材铸轧成为可能，也就是铸轧型无头轧制。早期出现的这项技术主要是达涅利的MIDA技术。无头轧制解决了间断轧制存在的问题，超越了间断轧制的工艺限制，具有重大的推广应用意义。

棒线材无头轧制有两种形式，一是焊接型无头轧制，二是铸轧型无头轧制。

（一）我国第一家焊接型无头轧制棒材生产厂

唐山钢铁公司棒材厂从意大利达涅利公司引进了第一代焊接型无头轧制技术——EWR技术，建成中国第一家、亚洲第三家棒材无头轧制的生产厂，于2001年初进入调试和试生产阶段。之后，新疆八一钢铁公司和湖南涟源钢铁公司也采用了该项技术。

（二）铸轧型无头轧制在我国的应用

桂林平钢钢铁公司（2018年）及山西建邦钢铁公司（2019年）签订了达涅利双MIDA项目，将连铸机设计成一机二流连接双线轧制生产线，年产140万吨棒材。

目前，大多数连续铸轧棒线材生产线都是采用电炉炼钢的短流程工艺，从原料废钢到棒线材成品全流程控制相对容易一些。在中国，长流程的转炉炼钢企业占大多数，要实施连续铸轧难度更大一些。山西建邦钢铁项目就是一个突破，采用高炉炼铁、转炉炼钢，后接连续铸轧双棒材生产线。中国的两个连续铸轧棒线材项目不同于国外项目的特点是生产ϕ10~20mm小规格棒材时采用了DRB直接打捆系统，克服了常规精整区容易发生乱钢事故；生产ϕ22~40mm大规格棒材时采用常规的裙板冷床加冷剪定尺剪切收集系统，这是因为中国钢筋标准不接受强穿水冷却的产品，大规格产品在精整区乱钢现象又很少出现，因此采用了常规的大冷床让棒材继续冷却。

八、切分轧制的历史进程

我国开发应用切分轧制技术始于20世纪50年代，鞍钢曾采用切分轧制技术将废钢轨沿纵向切分成头、腰、底，用于生产型材和棒材。60年代，鞍钢和上海等地曾进行试验研究，采用切轧技术生产角钢和球扁钢，获得了一定经验。70年代末，我国首钢引进加拿大孔型预切分—导轮切分法的技术专利，对我国开发应用切分轧制技术具有很大的促进作用。80年代，首钢和昆钢还在中轧前试用过此项技术，并获得初步成功。1983年，郑州孝义钢厂研制的孔型切分法首获成功，其后在推广应用的过程中逐步形成具有我国特色的三步式（粗切分、预切分、切分）孔型切分新技术。之后，南京、无锡等地还在连轧机上采用了此种新技术。

总之，步入80年代之后，我国的切分轧制技术有了迅猛发展，不少单位都在积极地研究切轧新技术并成功地应用于生产实践。1983年首钢率先从加拿大引进了螺纹钢双线切分轧制技术，成为国内采用切分轧制技术生产螺纹钢的第一家中国钢企。此后，国内有多家棒材生产厂消化引进技术开发了自己的切分轧制工艺。例如，1986年，“连铸—连续切分方、圆、六角坯的方法及其异型结晶器”在我国申请了专利；1989年，“热轧钢锭或大钢坯的摩擦切分孔型和轧辊”申请了专利；1993年，鞍钢的一项辊切新技术申请了专利。1996年，武汉钢铁集团公司在1150可逆式初轧机上开发应用环形楔刀切分法获得成功并投入大生产，于1998年获得专利。

（一）钢筋的两线切分轧制

两线切分轧制是国内应用最广泛的一种切分轧制生产方式。根据轧钢设备条件不同，为了提高孔型系统的共用性，中轧机系统基本都是椭圆—圆孔型系统，但是，精轧机孔型系统有两种形式：

（1）菱形孔—弧边方孔—哑铃孔—切分孔—椭圆—成品孔（见图 1-45（a））。

（2）平轧孔—立轧孔—哑铃孔—切分孔—椭圆—成品孔（见图 1-45（b））。

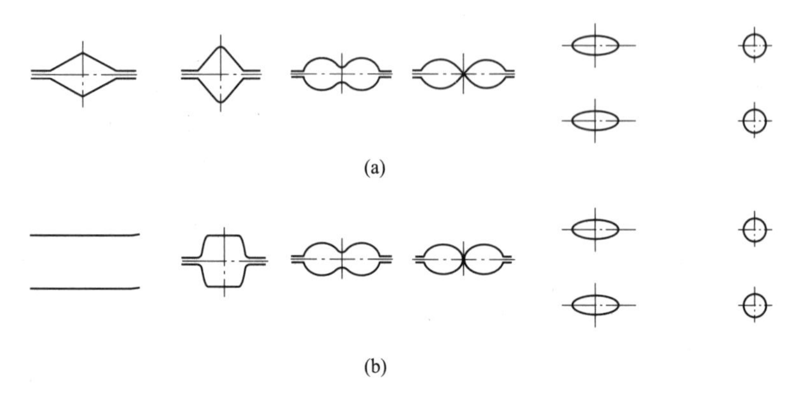

图 1-45 双线切分轧制精轧孔型系统

图 1-45（a）的孔型系统主要适用于精轧机组水平布置的连轧棒材生产线；图 1-45（b）的孔型系统主要适用于精轧机组带立辊（或者平立可转换）的连轧线，这种孔型系统最大特点是可以实现无扭轧制。

（二）钢筋的三线切分轧制

三线切分轧制在 20 世纪 90 年代唐钢棒材厂首先实现 ϕ12mm 螺、ϕ14mm 螺正常生产，其精轧机孔型系统为平轧孔—立轧孔—预切分—切分—椭圆孔—成品孔（见图 1-46），当时这种孔型系统主要适用于精轧机组带平立转化（或者 K4 为立辊）轧机。

棒材的三线切分轧制技术自问世以来，替代两线切分轧制技术应用于 ϕ10mm、ϕ12mm、ϕ14mm 等小规格产品，并迅速地发展成为这类产品的主流轧制技术。

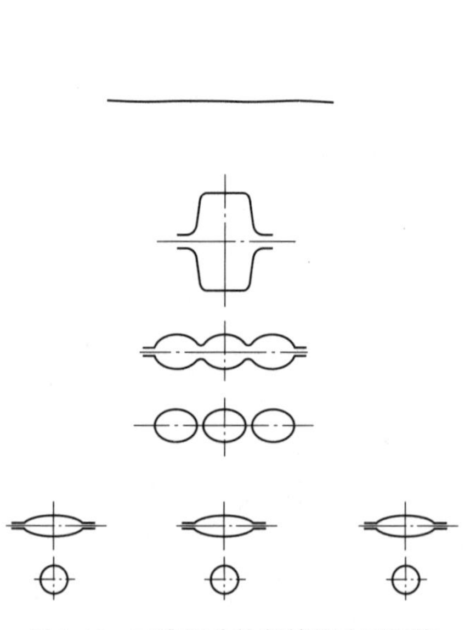

图 1-46 三线切分轧制精轧孔型系统

（三）钢筋的四线切分轧制

国内最早是广州钢铁公司于 2000 年从德国巴登公司引进四线切分轧制技术，用于 ϕ12mm 螺纹钢四切线分轧制。因技术难度大，调试了相当长一段时间后日产量稳定在 2000t 左右，未达到开发目的。2003 年唐山钢铁公司也从德国巴登公司引进四线切分轧制技术，同样用于 ϕ12mm 螺纹钢四切分轧制，取得了一些突破，最高日产达到 3000t 以上。

2007 年，萍钢公司一轧厂自主创新首次成功以四线切分轧制技术轧制 ϕ12mm 和 ϕ10mm 螺纹钢筋。

四线切分轧制技术的核心是先完成并联轧件的三切分，再完成并联轧件的两线切分，进而实现四线切分，四线切分轧制孔型系统如图 1-47 所示。

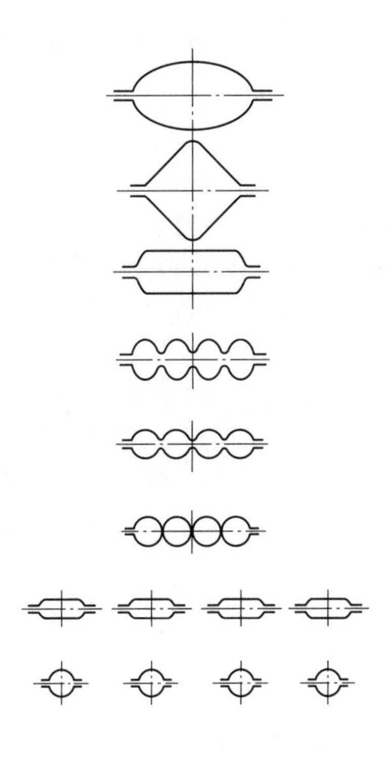

图 1-47　四线切分轧制孔型系统

（四）钢筋的五线切分轧制

五线切分就是三线切分与三线切分的组合。五线切分轧制正常生产后由于其切分轧制的特点能大幅度增加产量，降低成本费用，降低能耗，极其显著地提高了产品的市场竞争力，该技术在萍钢和沙钢率先得到应用。

2007 年初，沙钢荣盛棒材车间螺纹钢五线切分轧制技术一次性调试成功，日产量可达 3000t。

2007 年 8 月，萍乡钢铁有限责任公司（萍钢）第二轧钢厂棒材车间自主研发成功 ϕ10mm 螺纹钢筋的五线切分轧制技术，其生产技术指标处于国内领先水平，ϕ10mm 小规格螺纹钢筋通过五线切分轧制要比四线切分轧制的日产量提高 400~500t，进一步降低了生产成本。萍钢五线切分的精轧孔型如图 1-48 所示。

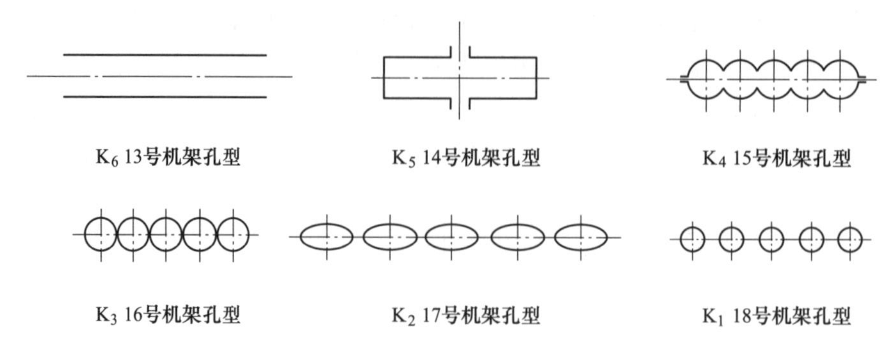

图 1-48　萍钢五线切分精轧孔型示意图

（五）钢筋的六线切分轧制

2012 年年底，新疆八钢公司开始进行 ϕ12mm 螺纹钢六线切分轧制技术研发。2013 年，该技术在新疆八钢公司轧钢厂棒线生产线试生产成功。

该生产线布置有 16 个机架，道次较常规切分技术少，孔型设计采用无槽轧制技术，仅预切分前的立槽、预切分、切分、K2、K1 孔采用孔型（见图 1-49）。

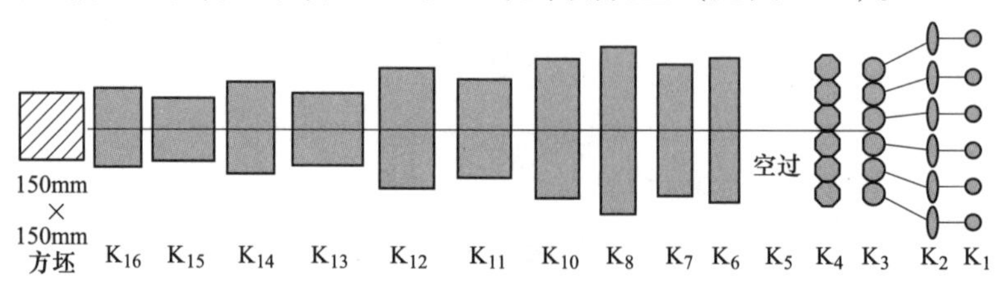

图 1-49　六线切分轧制示意图

九、无孔型轧制技术

常规的轧制方法是通过各种孔型对轧件的各个方向进行加工的，在轧制过程中存在着严重的不均匀变形；无孔型轧制又称为平辊轧制，是将有轧槽的轧辊改为平辊，轧件不与孔型侧壁接触，具有轧制负荷小、通用性强、轧辊车削简易等优点。无孔型轧制示意图见图 1-50。

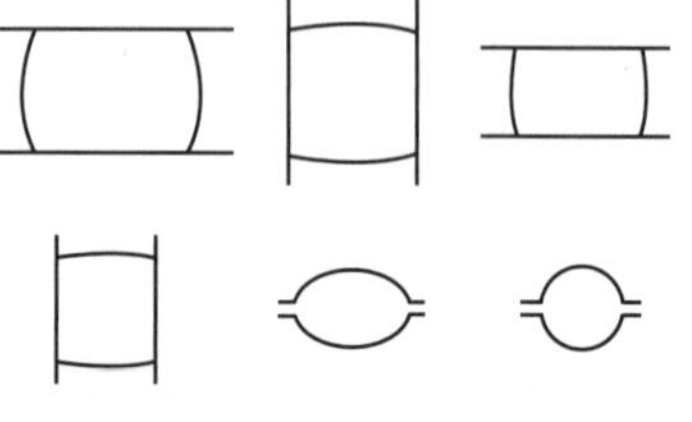

图 1-50　无孔型轧制示意图

无孔型轧制技术最初应用于开坯机组或半连轧机组的粗轧机架，通过机前翻钢装置实现轧件道次间的翻转。在水平布置的全连轧机组，由于矩形轧件在机架间扭转翻钢困难，无孔型轧制技术仅在少数企业进行了研究和试验，未见投入大规模生产应用。随着平立交替布置连轧机组及无扭转轧制技术的出现和普及，无孔型轧制技术得到了快速的发展。

自 20 世纪 80 年代以来，中国在无孔型轧制技术的理论研究和实际应用方面取得了进展。

1983 年 6 月，首钢小型连轧厂为扩大钢坯断面进行了粗轧两机架的无孔型轧制工业性试验。

20 世纪 90 年代后期，东北大学在实验室 300mm 二辊不可逆轧机上进行了铅条试样无孔型轧制试验，并测出了轧制参数。

1989 年，唐钢高线厂试车成功了由美国布兹波罗公司设计的 C. C. C（Close Center Cartridge）紧凑式粗轧机，是继美国摩根公司之后又一种新型的大压下量轧机。

1998 年 9 月，马钢棒材厂投产了一条由意大利 POMINI 公司引进的棒材连轧生产线，粗轧机组由 6 架轧机平、立交替布置，其中前 4 架轧机采用无孔型轧制。

1999 年 4 月，新疆八钢在第一棒材生产线上试验了前两架轧机的无孔型轧制，于 2005 年 11 月实现了螺纹钢除成品孔型外的全连续无孔型轧制。随后，八钢又对高线轧制生产线进行无孔型轧制试验，于 2008 年 5 月实现了预精轧 16 号、精轧 19 号、精轧 21 号轧机辊环的无孔型轧制。在开发无孔型轧制的生产工艺过程中获得了《大间距无孔型轧机》和《无槽轧钢工艺》两项专利。

2003 年 9 月，宝钢利用有限元软件 ANSYS 对无孔型轧制圆钢的 4 机架连轧过程进行了三维有限元全尺寸模拟分析，首次在 VH 连轧机上进行了无孔型轧制工艺试验。

国内其他钢厂也很快跟上，如三明钢厂、新抚钢、北台钢厂等棒线材生产线均进行了无孔型轧制工艺试验。

十、控制轧制和控制冷却技术

控制轧制和控制冷却技术（简称控轧控冷技术）是控制轧制和控制冷却相结合，能将热轧钢材的两种强化效果相加，进一步提高钢材的强韧性和获得合理的综合力学性能的技术。

（一）我国控轧控冷技术的发展和应用

尽管我国自“六五”（1981~1985 年）以来，控制轧制和控制冷却技术取得了较大的进展，但主要应用于板材的控轧控冷研究。钢筋的控制轧制和控制冷却技术的发展始于对钢筋微合金化技术的研究。

自 1975 年 10 月在美国举行的国际微合金化会议上首次提出微合金化概念，从此引发了业界对微合金化的关注和研究。但我国从“六五”至“九五”期间，主要聚焦于钢筋的钒微合金化，在此期间并未将控轧控冷技术引入到钒微合金化钢筋的生产中。从 2000 年开始，科技部正式将超细晶钢和铌微合金化控轧控冷研究作为“973”计划项目立项。而在该领域，最早将控轧控冷技术应用于生产的是添加铌的 20MnSi 钢 HRB400 热轧带肋钢筋的工业化生产。

（二）控轧控冷工艺特点

与普通热轧工艺相比，控制轧制和控制冷却的工艺参数控制具有如下特点：

（1）控制钢坯加热温度。根据对钢材性能的要求来确定钢坯的加热温度，对于要求强度高而韧性可以稍差的微合金钢，加热温度可以高于 1200℃。对以韧性为主要性能指标的钢材，则必须控制其加热温度在 1150℃以下。

（2）控制最后几个轧制道次的轧制温度。一般要求终轧道次的轧制温度接近 A_{r3} 温度，有时也将终轧温度控制在（$\gamma+\alpha$）两相区内。

（3）要求在奥氏体未再结晶区内给予足够的变形量。对微合金钢要求在900~950℃下的总变形量大于50%，对于普碳钢通过多道次变形累计达到奥氏体发生再结晶。

（4）要求控制轧后的钢材冷却速度、开始快冷温度、快冷终了温度，以便保证获得必要的显微组织。通常要求轧后的第一冷却阶段冷速要大，第二阶段冷速根据钢材性能要求不同而不同。

十一、高速棒材工艺和特点

小规格棒材高速轧制工艺的核心是以单线的形式高速轧制小规格直条棒材，采用高速精轧机及高速上冷床系统，使棒材在高速轧制的情况下能够准确快速实现上冷床的功能。这种工艺既可避免传统切分轧制所引起的产品质量不高、事故偏多、成材率偏低等缺陷，又能保证小规格棒材的高产量，保证了最终产品具有高的尺寸精度、良好的表面质量、优异的机械性能和较低的能耗。

（一）首条主线设备全国产化的高速棒材生产线

2012年，国内首条主线设备全国产化的高速棒材生产线——福建三安钢铁有限公司60万吨高速棒材生产线热试投产。该生产线使用的坯料为160mm×160mm×12000mm连铸方坯，产品规格以ϕ10~16mm带肋钢筋为主，生产的钢种为HRB335~HRB500。产品以直条形式成捆交货，定尺长度为6~12m，捆径为ϕ150~350mm，捆重为2~3t。最高轧制速度为40m/s，比普通传统棒材生产工艺提高1倍以上。

该生产线的工艺流程为：冷坯上料→加热炉加热→粗轧→1号飞剪切头/尾→中轧→2号飞剪切头/尾→预精轧→预水冷→3号飞剪切头/尾→精轧→穿水冷却→高速飞剪切倍尺→夹尾制动→转鼓卸料→冷床冷却→冷剪切定尺→横移→打捆→称重→收集。

该生产线工艺的核心是以单线的形式高速轧制小规格直条棒材。单线轧制小规格棒材可通过增加轧制道次来实现，由于采用连轧工艺，轧制道次的增加将会导致轧制速度的显著提高，由此也会带来倍尺剪切轧件上冷床等一系列问题。因此，合理的设备选型及配置是高速轧制工艺实现的必要前提。

（二）首条国产双高棒生产线

双高速棒材生产线具备超过普通切分棒材产能的能力，更适应新国标。其热机轧制效果好，生产小规格螺纹钢具有速度高、产量大、负偏差控制好、表面质量好等优势，最近几年双高速棒材生产线成为国内新建棒材生产线的主流。

2020年8月，湖南华菱涟源钢铁公司双高棒项目成功热试，成为首条国内成功投产的国产双高棒项目。该项目由中钢设备公司设计和供货，运用了多项自主研发成果，包括：连铸坯直接轧制技术、切分双高棒轧制技术、控轧控冷柔性轧制和柔性冷却技术、超重型265顶交模块轧机、全国产高速上钢设备和电控系统等。该项目达到国内先进水平，技术优势突出。

涟钢双高棒项目的工艺流程如图 1-51 所示。

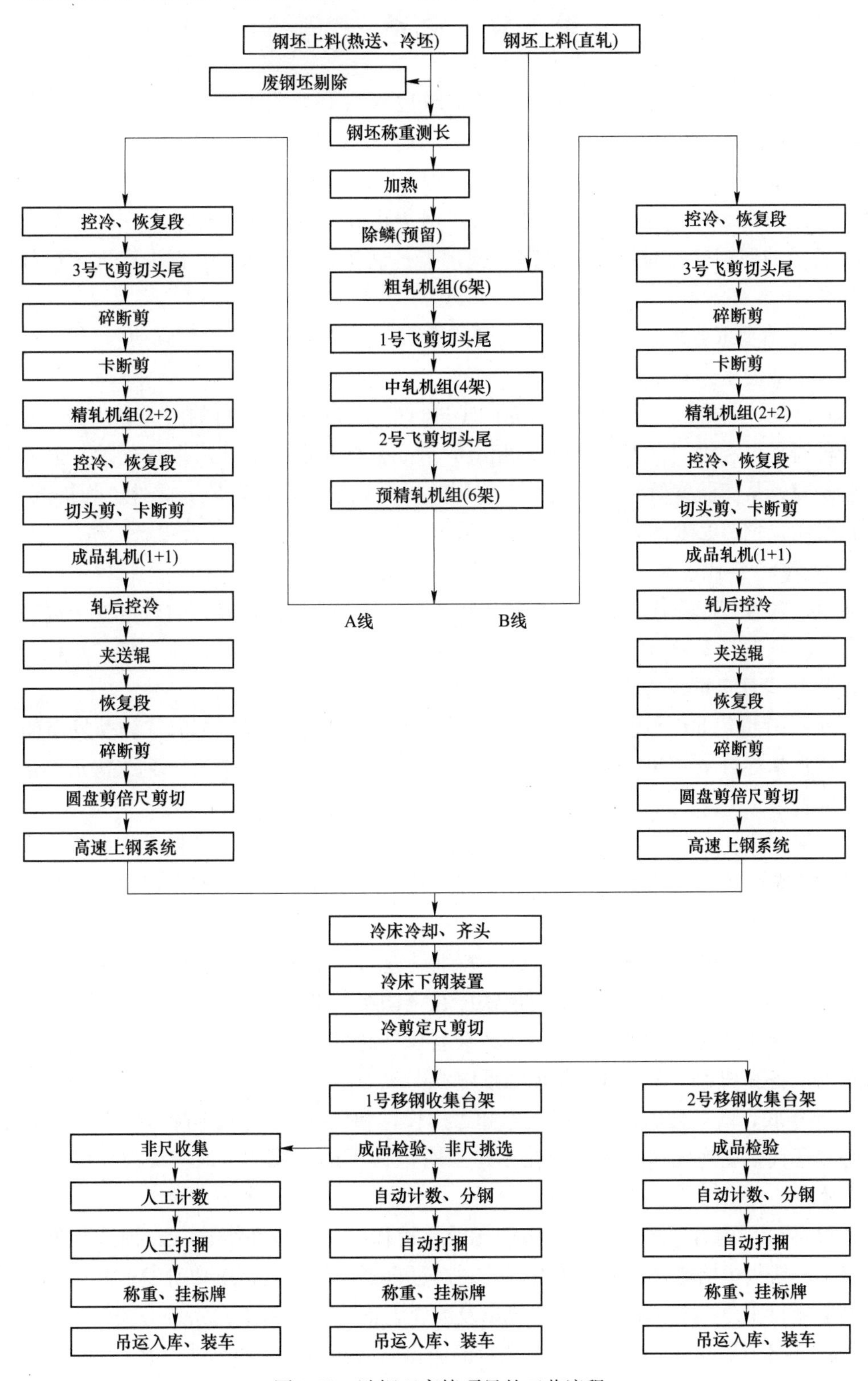

图 1-51 涟钢双高棒项目的工艺流程

第二节 装备发展

螺纹钢生产设备的发展，本书从资料记载追溯到1938年成立的“钢迁会”。“钢迁会”第四制造所的业务之一是建设钢条厂，钢条厂机器为拆自汉阳钢铁厂，条钢可以理解为最初的螺纹钢。抗日战争时期后方主要钢铁厂中，大渡口钢铁厂、二十四厂、中国兴业公司、渝鑫钢铁厂、中国制钢公司均有联式钢条轧机。1943年，资渝钢铁厂一套三机架450mm直径的型钢（当时将螺纹钢归为型钢类）轧机投产，此后一直生产直至抗战胜利后才停产。

1956年冶金工业部成立后推广的横列式轧机，在20世纪50年代到80年代，曾经是我国钢铁工业的主力军。

在此期间，与螺纹钢生产工艺研究同步进行的还包括相应设备的制造和改进。我国有关院校科研单位和钢厂自1972年开始相继开展了热轧带肋钢筋轧后余热处理工艺和装备的试验研究，从实验室研究阶段到生产应用阶段再到推广应用阶段。此外，为提高16Mn螺纹钢筋质量创造必要的条件，上钢三厂从1978年开始不断改进生产设备。

20世纪80年代，复二重式轧机逐步取代横列式轧机成为螺纹钢和线材生产的主流装备。然而，随着节能降耗、提高生产效率和产品质量等要求的出现，时代呼唤更高新的生产设备。国家发改委发布的《产业结构调整指导目录（2005年本）》中，将“冷横列式线材轧机”和“复二重线材轧机”列入淘汰类落后生产工艺装备。

此外，20世纪80年代末还出现了冷轧螺纹钢生产设备。但在国家发改委发布的《产业结构调整指导目录（2011年本）》中，将“冷轧带肋钢筋生产装备”列入淘汰类落后生产工艺装备。

尽管横列式轧机、复二重轧机、冷轧螺纹钢设备最终退出了螺纹钢生产的舞台，但在当时的时代背景和政治环境下，这些设备都是技术人员呕心沥血的研发成果，对我国螺纹钢的生产起到了极大的推动作用。

随着自动化水平的提升，半连续式，特别是连续式轧制设备成为螺纹钢生产历史中浓墨重彩的一笔。1994~1996年，西安钢铁厂在全国第一条国产化全连轧棒材生产线建成，被冶金工业部树立为“全连轧棒材生产线设备国产化的示范（样板）工程”，采用了当时最先进的设备和技术，以及自动化控制系统。

1995年底，由马鞍山钢铁设计院承担工厂设计和设备设计、洛阳矿山机器厂制造的我国第一套现代化全连轧棒材生产线在福建三明钢铁厂试产成功，该产线设备国产化率达98%以上。

2012年，国内首条主线设备全国产化的高速棒材生产线在福建三安钢铁有限公司投产。该生产线由中冶京诚工程技术有限公司通过自主设计制造，成功研发了高速棒材精轧机、高速棒材水冷系统、高速冷床系统以及高速上钢（部分引进）系统等关键工艺装备。

2020年8月，由中钢设备设计、供货的涟钢双高棒项目成功热试，成为国内首条投产的国产化双高棒生产线，填补了行业空白，实现了核心设备的国产化。

生产设备是产品制造的灵魂，没有设备产品就没有载体。螺纹钢生产设备的发展和创新为我国螺纹钢的生产提供了强大的装备支撑，主设备的全国产化也验证了我国科技进步的实力。

一、早期中国螺纹钢装备技术特点

（一）抗战时期后方钢条轧制设备

1938年3月，成立了国民政府军政部兵工署、经济部资源委员会钢铁厂迁建委员会，简称“钢迁会”。该会成立后，拆迁汉阳和大冶两钢铁厂部分设备及六河沟铁厂百吨炼铁炉，在重庆大渡口新建，并于1939年冬与兵工署第三工厂合并，成为抗战时期规模最大的钢铁联合企业。1943年3月，更名为兵工署第二十九工厂，现为重庆钢铁公司。

“钢迁会”第四制造所的业务之一是建设钢条厂。钢条厂机器为拆自汉阳钢铁厂。机件是光绪二年由张之洞从英国购买，使用多年，拆迁时已机件四散。本厂厂基1927年秋开始平土石方，1929年春建造厂房未全部完工，但已遭敌机轰炸，厂房损失甚大。幸机件散堆各处，损失轻微。1930年夏，厂房完工，开始安装机件，同时赶配大飞轮一座。当时，内地厂商能翻铸如此重量的铸件仅第二十四兵工厂可以代铸，因此，由第二十四厂协助翻铸，由“钢迁会”配装完成，1930年年底全部安装完成。1931年5月起开工，全年钢条产量仅950t。

根据《抗战后方冶金工业史料》记载，抗日战争时期，后方主要钢铁厂生产设备中与钢筋相关的内容有如下几个部分（注：重庆出版社《抗战后方冶金工业史料》中“吋”“层”“联”，本书分别理解为英寸、轧机辊数、串联的机架数）。

1. 大渡口钢铁厂的轧钢设备

（1）18英寸2层3联式钢条及轻钢轨轧机（450mm）。
（2）14英寸3层2联式钢条轧机（350mm）。
（3）12英寸3层2联式钢条轧机（300mm）。
（4）10英寸3层2联式钢条轧机（250mm）。
（5）17英寸3层3联式钢条及轻钢轨轧机（425mm）。

2. 第二十四厂

12英寸3层5联式钢条轧机（250mm）。

3. 中国兴业公司

（1）10英寸3层5联式钢条轧机（450mm）。
（2）18英寸3层4联式钢条及轻钢轨轧机（450mm）。

4. 渝鑫钢铁厂

（1）10英寸3层2联式钢条轧机（250mm）。

（2）12 英寸 3 层 4 联式钢条轧机（300mm）。

（3）17 英寸 3 层 3 联式钢条及轻钢轨轧机（425mm）。

5. 中国制钢公司

12 英寸 3 层 3 联式钢条轧机（300mm）。

（二）抗战时期三机架 450mm 型钢轧机

1941 年 9 月，国内技术人员对一套三机架 450mm 直径的型钢（当时将螺纹钢归为型钢类）轧机进行设计和制造，并安装在资渝钢铁厂，该厂于 1943 年全面投产，此后一直生产直至抗战胜利后才停产保管。这套轧机抗战胜利后即搬迁至湖北大冶钢厂继续生产。该轧机的孔型是针对较硬的侧吹转炉钢而设计的，因此 20 世纪 50 年代被苏联专家要去，20 世纪 60 年代初期冶金工业部定为特殊钢的标准孔型。

资渝钢铁厂的轧钢专用设备有：钢锭再热炉，三辊式轧钢机 3 座，热锯机、热切机、矫直机各 1 座，附属轧辊车床 3 座，另有 5t 吊车 1 座，钢锭起重机 2 座，冷却池、冷床热水井各一。

二、冶金工业部成立后的装备进展

（一）横列式轧机

从 20 世纪 50 年代到 80 年代，横列式小型轧机曾经是我国钢铁工业的主力军，在我国国民经济发展过程中起着重要的作用。横列式小型生产线一般包括一座推钢式连续加热炉，轧线由一架或两架三辊式 400mm 轧机和一列 5 架 250mm 轧机组成，在轧后仅有简易的冷床、冷剪和简易的收集台架。

横列式是最古老的形式，有单列排布式或多列排布式布置形式，形式简图如图 1-52 所示。轧机架数一般不超过 15 架，轧制速度小于 9m/s，盘重低于 100kg，年产 10 万吨以下。

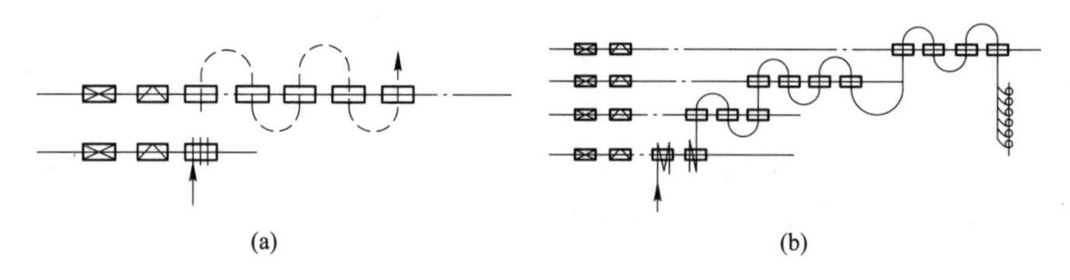

图 1-52 横列式线材轧机

（a）二列式；（b）多列式

横列式线材轧机的特点是：

（1）以穿梭和活套方式轧制。

（2）同一个主机列轧机由同一台电机驱动，速度相同，轧件越轧越长，各道的纯轧时间是依次增加的。

（3）速度低、盘重较小、产量低。因为速度低，所以轧件越长，轧件散热量越大，造成轧件头、中、尾段温降差异越大，必须限制盘重以满足设备能力与产品质量的要求。

（4）人工或围盘喂钢劳动强度大，产品质量低。但投资少，灵活性大，适合于多品种小批量生产。

由于横列式轧机的轧制为有扭转轧制，它的终轧速度不超过 8m/s，超过这一速度事故较多，轧制速度提高受到限制，其他的一切改进较为有限。逐渐地，横列式线材轧机由于人工操作繁重、工艺事故多、产品质量差、速度低、盘重小，已不能满足现代化生产需要。国家发改委发布的《产业结构调整指导目录（2005 年本）》中，“（五）钢铁”第 18 项“冷横列式线材轧机”被列入淘汰类落后生产工艺装备。

（二）轧后余热处理设备

我国对余热处理设备的研究起步较晚，自 1972 年才开始研究该项工艺。有关院校科研单位和钢厂相继开展了热轧带肋钢筋轧后余热处理工艺和装备的试验研究，其过程可分为三个阶段：

（1）实验室研究阶段。自 1972 年至 1980 年主要开展冷却装置结构形式的实验室试验研究，取得了不同程度的进展，但由于冷却装置的冷却能力差、冷却不均匀、条形差、提高钢筋强度仅 20~30MPa，满足不了轧后余热处理工艺的要求。直到 1978 年，上海第三钢铁厂、鞍山钢铁公司等进行了进一步的研究，取得了一定的进展。

（2）生产应用阶段。从 1980 年底到 1984 年，上海钢研所研制成功了 805-Ⅰ型轴向湍流式快速水冷装置和整套轧后余热处理工艺，1981 年初将该冷却设备在上海第三钢铁厂生产轧制线上进行工业试验，初步取得了成功。随后将该技术成功地应用于上钢五厂、宜昌八一钢厂、天津二轧等企业，并取得良好的经济效益。这是国内第一套成功用于工业生产的余热处理设备，该工艺设备冷却能力大，最大降温可达 650℃，冷却均匀，条形好，调节灵活，提高钢筋强度幅度大，能适应生产多种强度等级钢筋性能的需要，符合大生产要求，取得了工艺设备上的技术性突破。上海钢研所研制的整套冷却设备包括冷却装置、夹送辊、水泵与管路系统、检测系统。热轧钢筋通过冷却装置时，表面层达到剧冷，在离开冷却装置后，自回火到规定温度。冷却装置如图 1-53 所示。

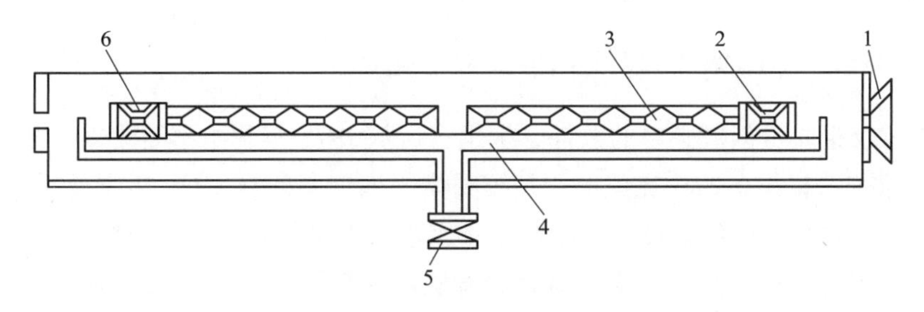

图 1-53　由顺流区与逆流区组成的冷却段装置

1—进口导向；2—顺流喷嘴；3—湍流冷却管；4—容槽；5—放水阀与管道；6—逆流喷嘴

冷却设备中，每一条冷却段均由顺流冷却器与逆流冷却器组成，而冷却器由喷嘴和若干节湍流管组合，湍流管采用收扩型结构，湍流管形式如图 1-54 所示。夹送辊调节钢筋出轧机后运行速度，与轧制速度基本同步，要求获得条形平直、表面光滑、冷却均匀的钢筋。水泵与管路系统采用并联高压泵组，通过管路和阀门系统，连接每个喷嘴，实现水量的供应与调节。检测系统可将主要的工艺参数，如水流量、水压力、钢筋终轧温度、自回火温度、进出口水温等精确地指示和记录。

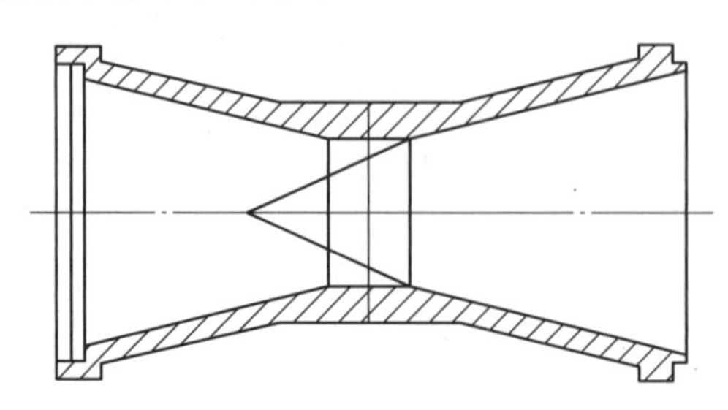

图 1-54　湍流管形式

1981 年底，首钢实验成功了圆环喷射式冷却器和一套钢筋轧后余热处理技术（见图 1-54），并应用于工业生产中。首钢研制的圆环喷射式冷却装置由 5 节 4m 长的水箱组成，1 号、2 号、4 号为冷却水箱，3 号、5 号为反水箱。在每节冷却水箱的头部和反水箱的尾部分别装有冷却器和反水器，冷却器和反水器靠调节环缝尺寸控制进水量。进入冷却器中的水经环形喷嘴以高速沿钢筋前进方向定向喷射。此种冷却器定向流动水流速度大，排水及时，大大提高了冷却效果；由于水流方向和钢筋前进方向相同，减少了钢筋前进的阻力。反水器是一个反向喷水的水冷器，其与冷却器配合使用，用反向喷水把来水截住，以免钢筋出冷却器后带水上辊道侵害机电设备。

（3）推广应用轧后余热处理新工艺阶段。1984 年 6 月，冶金工业部在上海召开了“全国钢筋轧后余热处理工艺经验交流会”。在此以后，上海钢铁研究所、首钢、北京科技大学、北京钢铁设计研究总院等单位先后研制了不同类型的轧后余热处理装备和工艺，并推广到许多生产厂家。这些快速冷却装置是以一定的工艺介质控制轧件均匀而快速的冷却，以使钢材得到优良的金相组织和力学性能。碳钢和低合金钢轧后一般提高强度极限 10%左右，断面收缩率还可提高 5%以上；同时缩短热轧钢材的冷却时间，从而减少钢材表面氧化铁皮和防止钢材扭曲变形。

（三）20MnSi（16Mn）螺纹钢筋生产设备改进

为提高螺纹钢质量创造必要的条件，上钢三厂从 1978 年开始不断改进工艺设备。

（1）改进连铸机设备，攻克棱形、裂纹废品。炼钢车间在 1979 年主要采取了五大措施：增设小过滤器，供应质量良好的冷却水；用水环喷头代替结晶器下口小水箱；改革冷却水喷头；采用密辊花兰架；采用不锈钢冷却管。使棱形、裂纹废品率从 0. 129%下降到 0. 043%，下降率为 66%。为此，上海市冶金局授予二等奖。

（2）改造加热炉，提高钢锭、铸坯、钢坯加热的稳定性、均匀性。开坯车间，为强化对流传热效果，提高钢锭铸坯加热的稳定均匀性，降低加热炉炉顶高度 200mm，并且 1 号、3 号炉由二段式改为三段式。

成品车间为提高钢坯的加热质量，着手改进加热炉。为有利于加热温度提高，将横水管改为“凸形支撑”，为改善加热炉水管黑印，将纵水管改为“喇叭形”；同时，对炉型结构加以改造，将两点供热改为三点供热，并预热空气到250~300℃。

（3）保证定尺长度，加定尺挡板，接长冷床。安装定尺挡板后，控制了剪切长度的准确性。为保证钢材定尺满足用户要求，接长冷床长度，同时勤量勤调整挡板位置，做到长度正确。在1980年3月上海冶金局组织的定尺抽查中，上钢三厂10m定尺波动在10.010~10.031m范围，得到抽查组的一致好评。

（4）剪刀机上装压板，解决头部弯曲。由于上钢三厂生产的螺纹钢筋规格大、产量高，而冷床面积小，剪切时头部易弯曲，自剪刀机上装压板后，头部弯曲基本解决。

（5）自造土打包机。

（四）线材穿水冷却系统

1980年，沈阳线材厂、北京钢铁研究总院、北京钢铁设计院和北京钢铁学院联合进行了线材穿水冷却工业试验，采用旋流式穿水冷却工艺。整个穿水冷却系统由稳压调节供水系统、头尾断水电控系统和旋流冷却器三个部分组成，如图1-55所示。

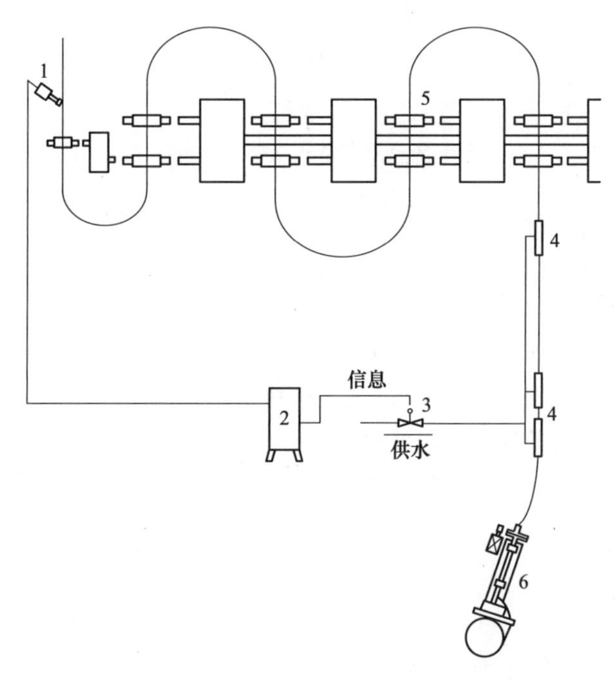

图1-55　线材穿水冷却系统示意图

1—热金属检测器；2—电控柜；3—电磁阀；4—水冷器；5—轧机；6—卧式吐丝机

稳压供水调节系统采用电动压力调节阀、稳压阀、双电磁阀稳压系统进行供水压力的调节和水压的稳定控制。为了解水压及流量的变化情况，系统中装有电控点压力表、稳压阀压力变送器、压力表及涡轮流量计等检测仪表，用来进行压力和流量显示。

头尾断水电控系统由金属检测器、控制回路、电磁阀组成，该装置旨在减少线材头、中、尾温差，以保证线材全长组织性能的均匀性和减少卧式吐丝机卷取阻力。

三、复二重式轧机

我国第一代复二重式轧机于20世纪50年代诞生，到20世纪80年代成为线材生产的主流装备。复二重轧机是由横列式向连续纵列式的过渡机型，既有二机架的连轧，又有围盘的轧件扭转，轧辊结构简单、可视度好，轧件的在线可观察透明度高，对研究轧件的实际轧制状态和动作有很大的参考价值。另外，复二重轧机的调整是极其复杂和变化多端的。

复二重式线材轧机也称为复二辊式线材轧机，一般多在中轧和精轧采用，粗轧采用横列式或连续式。复二重式线材轧机布置如图1-56所示。

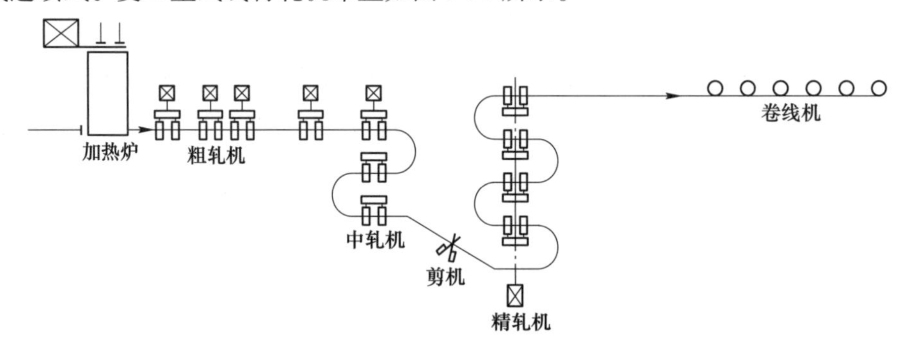

图1-56 复二重式线材轧机布置

复二重式线材轧机的特点是：

（1）同一主机列机座分若干对，通过机械变速箱变速，每对轧机实现连轧，相邻机座采用套轧。

（2）每对连轧机间距近，去除了反围盘，通过导卫扭转喂钢，减少事故。

（3）克服横列式线材轧机活套越轧越长的缺点，减少温降。但与连续式线材轧机相比，其产量、质量、劳动条件差距仍然很大。

国家发改委发布的《产业结构调整指导目录（2005年本）》开始将复二重式线材轧机列入淘汰类落后生产工艺装备。

四、连轧装备

（一）半连轧、连轧生产线装备的推进

安钢小型厂的260机组为国内较早建立的，较为成功的半连续式小型生产线。该生产线的设备布置如图1-57所示。

安钢260机组大胆采用了国内外小型棒材生产的最新、最先进的技术设备，如二段三点供热推钢式加热炉、ZD3系列直流主电机、立活套、切头剪、成品倍尺飞剪及高速超短齿条步进式冷床等。

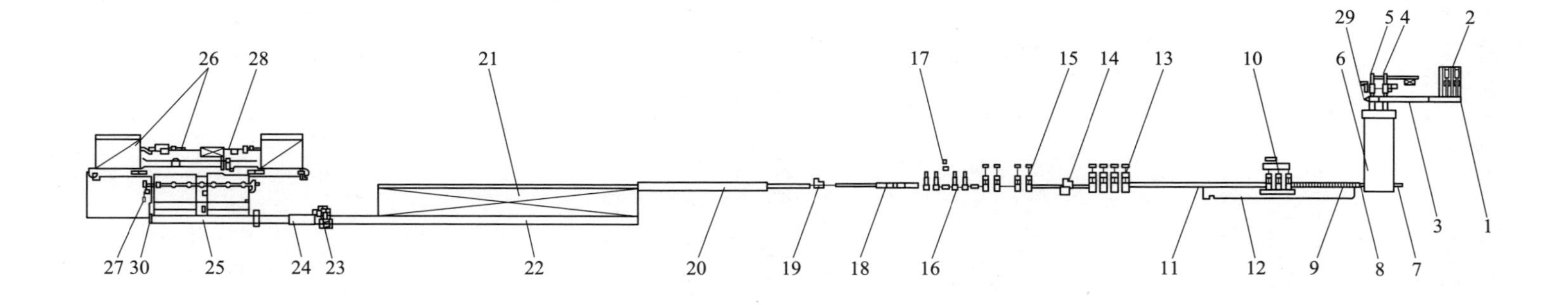

图 1-57　安钢小型厂的 260 机组平面布置图

1—固定挡板；2—阶梯型上料台架；3—装钢辊道；4，5—推钢机；6—加热炉；7—出料机；8—出炉辊道；9—粗轧机前辊道；10—粗轧机组（ϕ450mm×3）；11—粗轧机后辊道；12—粗轧机后拔钢机；13，15—ϕ350mm×4 中轧机组；14—CV50FR4. 1 切头飞剪；16—ϕ260mm×4 精轧机组；17—润滑站；18—过桥（控冷段）；19—CV30FR4. 2 倍尺飞剪；20—副冷床；21—冷床（包括上卸钢装置对齐辊道）；22—冷床输出辊道（或剪前辊道）；23—300t 冷剪；24—定尺机；25—剪后辊道及活动升降挡板；26，28—大打包机及大捆运输过跨装置；27—小打包机及检查台；29—炉尾固定挡板；30—剪后辊道固定挡板

（二）第一套小型连轧机组

1961年5月1日建成的首钢300小型连轧机组是新中国成立后为发展钢铁工业最早筹建的重点建设工程。这套轧机是苏联为我国设计的第一套小型连轧机组，有些部件是新设计的试验设备，未曾经受实践的检验。首钢对连轧的生产工艺、设备维护和备品准备缺乏经验，开工以后，生产操作和设备运转的故障频繁。面对困难，只能对发生的问题进行观察、分析、研究，采取措施，不断改进。后经40多年探索、挖潜，终于在2000年前后找到了适合300小型连轧机组的生产工艺和螺纹钢产品系列。

（三）第一条国产全连轧棒材生产线

1994年5月至1996年5月，全国第一条国产化全连轧棒材生产线——西安钢铁厂全连轧棒材生产线建成，该生产线被冶金工业部树立为“全连轧棒材生产线设备国产化的示范（样板）工程”。

西安钢铁厂全连轧棒材生产线的轧机机组中，粗轧为ϕ550mm×3+ϕ450mm×4，中轧为ϕ350mm×4，精轧为ϕ300mm×6；加热炉为三段连续步进梁式加热炉。

西安钢铁厂全连轧棒材生产线的先进设备和技术包括以下几个方面。

1. 新工艺、新设备

（1）粗中轧机采用全水平辊轧机，机架间轧件采用微张力控制轧制，提高产品头、中、尾尺寸精度，轧件在机架间采用辊式出口扭转导卫和辊式入口导卫翻钢。

（2）精轧机组采用平—立交替式布置，机架间设垂直活套，实现无扭无张力轧制，提高产品尺寸精度。精轧机选用短应力线轧机结构，刚度大，体积小，不仅可提高产品尺寸精度，同时可减少工程投资。

（3）粗中轧机采用了国际上先进的轧机结构，轧机牌坊用厚钢板切割而成。轧辊压下装置在牌坊上横梁和轴承座之间，保持了牌坊的整体性和高刚度，机架可横移，采用液压换辊小车换辊。

（4）采用了步进齿条式冷床，轧件冷却均匀，对轧件有矫直作用。冷床上设有对齐辊道，可使轧件对齐到冷床一侧。

2. 自动化控制

轧线设备采用一级计算机（即设备控制机）控制，可实现步进加热炉顺序控制，粗、中轧机机架间微张力控制，精轧机机架间活套控制，切头飞剪控制，成品分段飞剪及其优化剪切控制，冷床区设备程序控制，轧机速度级联控制，轧机速度设定及其他辅助设备控制等，并可进行人机对话、程序编制和修改以及程序存储等。

五、现代化的连轧生产装备

（一）现代化棒材全连续生产线设备特点

现代化棒材全连续生产线主要设备有：加热炉、轧机、剪机、冷床、冷剪、打捆机等。

（1）加热炉。我国投产的多套全连续棒材生产线所用加热炉绝大多数为步进式炉，包括步进底式、梁底复合式、步进梁式三种。与早期传统的推钢式加热炉相比，步进式加热炉有显著优点。

（2）轧机。全连续棒材生产线轧机组包括粗、中、精轧机组，粗、中、预精、精轧机组。可供选择的机型有：闭口式、预应力式和短应力线式。此外，轧机的形式还可分为平辊式、立辊式和平-立转换式等。

（3）控冷设备。全连续棒材生产线控制冷却工艺的冷却形式主要是水冷方式。水冷设备是冷却过程的核心，其结构在不同的轧机生产线上是有所差别的，但总体思想就是加大轧件冷却强度，降低轧件温度。

（二）我国第一套现代化全连轧棒材生产线设备

1995 年底，由马鞍山钢铁设计院承担工厂设计和设备设计、洛阳矿山机器厂制造的我国第一套现代化全连轧棒材生产线在福建三明钢铁厂试产成功，该产线的安装施工是由原冶金工业部第一冶金建筑公司完成的。

三明全连轧棒材生产线装备水平的起点是瞄准国内已经引进的先进技术，在实现现代化的目标上落实到国产化。整条轧制线非标设备约 1500t，除引进少数单机和部件（计有成品飞剪、活套检测器，棒材自动计数装置和打捆装置，冷床传动用离合器以及轧线自动控制等电控设备）约 30t 外，均为国产设备，设备国产化率达 98%以上。

当时该生产线的装备不仅达到了 20 世纪 80 年代后期国际中小型企业轧钢生产的先进水平，而且形成了先进而适用的独有的特色。例如，粗中轧机在设备结构和机型选择上，并没有按照国内引进意大利达涅利技术的悬臂式轧机和无牌坊轧机，也没有平立交替布置；而是采用连续式的水平轧机，机型是普通型闭口轧机。因为在粗中轧制过程中，这种机型可以基本满足轧制工艺的要求，而且制造方便，造价低廉。为了弥补这种普通型闭口式轧机连续式水平布置存在轧件有扭转的不足，采用了先进的滚动导卫技术，而且设计得很稳固，故轧件仍然顺利通过了轧机，保证了轧制质量。

六、无头轧制装备

（一）焊接型棒材无头轧制

唐山钢铁公司棒材厂从意大利达涅利公司引进了无头轧制技术，建成中国第一家、亚洲第三家棒材无头轧制的生产厂，于 2001 年初进入调试和试生产阶段。唐山钢铁公司棒材厂采用的是钢坯焊接无头轧制技术。

钢坯焊接无头轧轧系统包括：加热炉出口侧夹送辊、旋转除鳞机、带行走轮的方坯焊机、摆动辊道、事故收集床、毛刺清除机等，焊机布置如图 1-58 所示。

钢坯焊接无头轧制工艺允许轧机进行精确调整，从而提高轧制参数的稳定性，达到无故障轧制或将事故降低到最小；停机时间减少，轧槽、导位寿命延长。

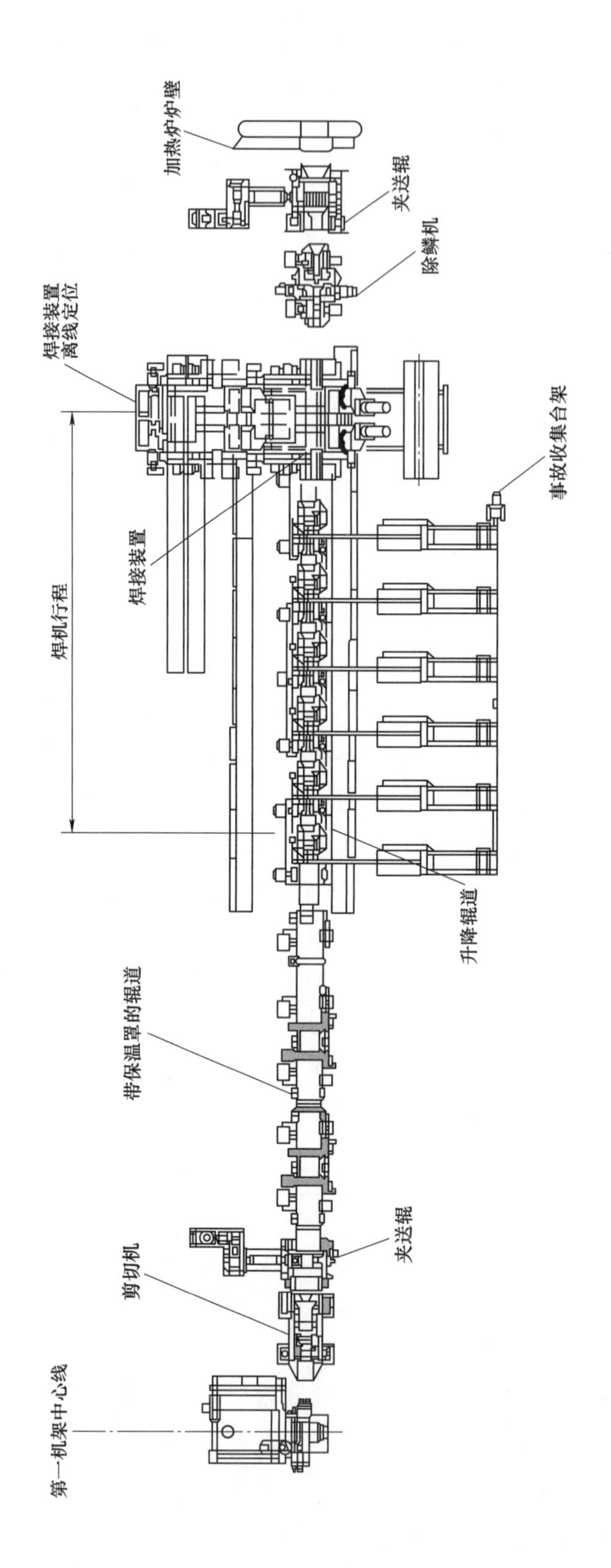

图 1-58 无头轧制焊机布置图

（二）连续铸轧型棒线材无头轧制

连续铸轧的出现打破了传统棒线材连轧第一架轧机咬入速度不能低于 0.16m/s 的概念，也不同于常规的连轧调速模式（逆向调整轧机速度）。生产组织根据产品规格、轧制速度确定连铸机小时产量及拉速。对于小规格产品，由于最大轧制速度限制，可能机时产量略低，所有产品尽量按均衡机时产量设计，减少对连铸的调整。棒线材连续铸轧局部区域布置如图 1-59 所示。

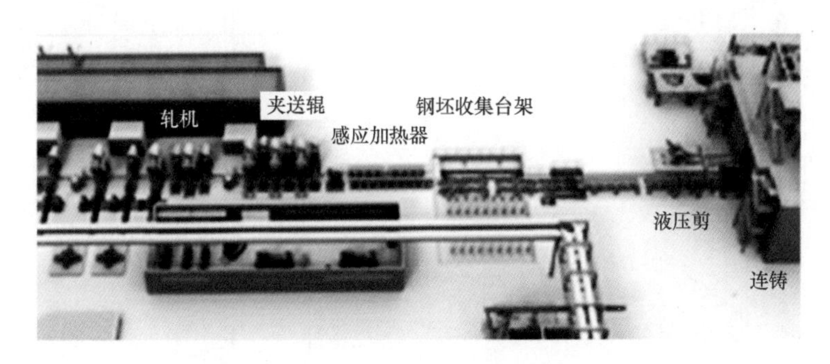

图 1-59 棒线材连续铸轧局部区域布置图

早期掌握连续铸轧型棒线材无头轧制技术的主要是意大利达涅利公司的 MIDA 技术。为了适应中国钢厂对高产量的要求，达涅利将连铸机设计成一机二流连接双线轧制生产线，在中国分别和桂林平钢钢铁公司（2018 年）、山西建邦钢铁公司（2019 年）签订了双 MIDA 项目（见图 1-60），年产 140 万吨棒材。

提高连铸机机时产量途径有两种，一是提高拉速，二是放大连铸坯断面。将方坯改成矩形坯或者多边形连铸坯，轧机设计做相应调整。如对于矩形钢坯，第一架轧机应设计为立式轧机。坯料放大后轧机数量增加，粗轧机的轧制速度更低，对轧辊材质要求更高。

七、高速棒材装备和特点

（一）高速棒材生产设备

2012 年，国内首条主线设备全国产化的高速棒材生产线——福建三安钢铁有限公司 60 万吨高速棒材生产线热试投产。该生产线由中冶京诚工程技术有限公司通过自主设计制造，成功研发了高速棒材精轧机、高速棒材水冷系统、高速冷床系统以及高速上钢（部分引进）系统等关键工艺装备。该产线设备平面布置如图 1-61 所示。

从图 1-61 可以看出，高速轧制设备主要由炉前上料区、加热炉区、轧机区、高速上钢区、冷床区、冷剪区、收集区组成，上述区域的主要设备及基本配置如下：

（1）轧线共设有 24 架轧机，分为 4 组，其中粗轧机组 6 架、中轧机组 8 架、预精轧机组 4 架、精轧机组 6 架。粗中轧机组采用短应力线轧机，平立交替布置，对轧件进行无扭微张力轧制。预精轧机组采用单独传动的悬臂辊环式轧机，平立交替布置，机架间设有立活套，对轧件进行无扭无张力轧制，可为精轧机组提供精度较高的轧件。精轧机组采用

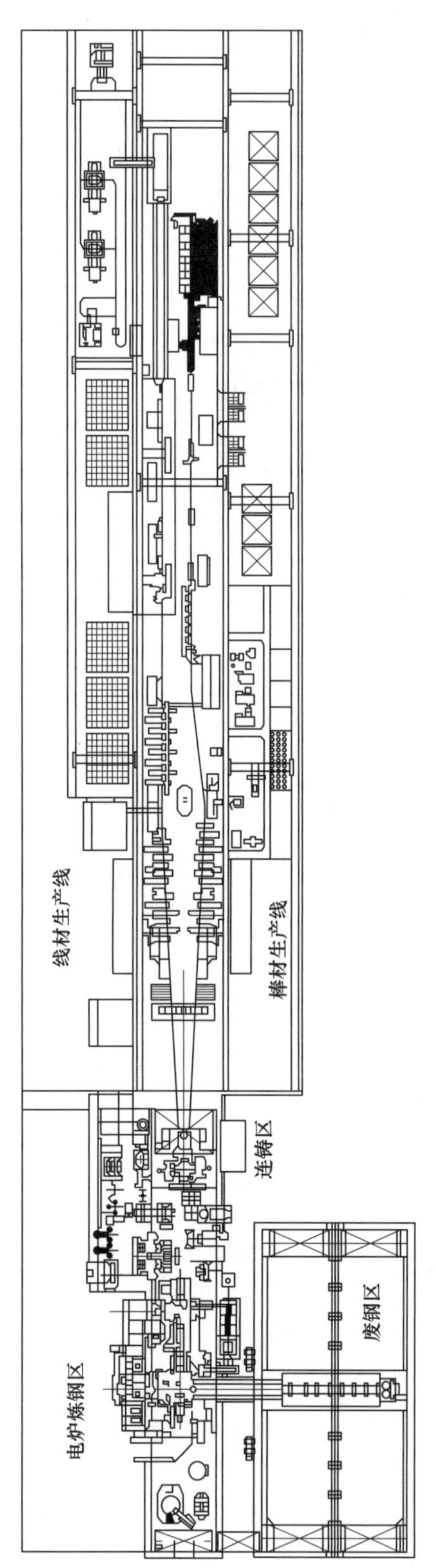

图 1-60　达涅利棒线材双 MIDA 生产线设备布置图

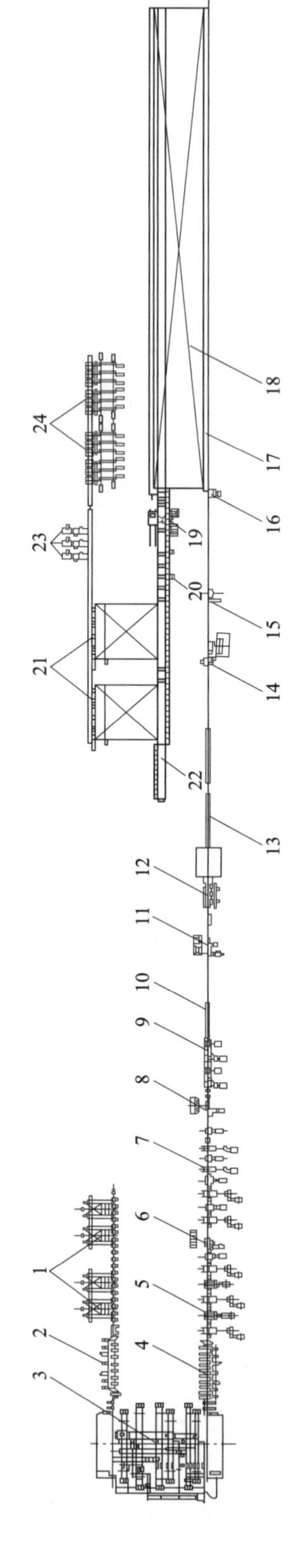

图 1-61　福建三安钢铁高速棒材生产线设备平面布置图

1—冷坯上料台架；2—冷坯剔出装置；3—加热炉；4—热坯剔出装置；5—粗轧机组；6—1 号飞剪；7—中轧机组；8—2 号飞剪；9—预精轧机组；10—预水冷装置；11—3 号飞剪；12—精轧机组；13—穿水冷却装置；14—碎断剪；15—高速飞剪；16—夹尾装置；17—转毂；18—冷床；19—冷剪；20—定尺机；21—横移链式运输机；22—短尺收集装置；23—自动打捆机；24—成品收集装置

集中传动的悬臂辊环式轧机，顶交45°布置，对轧件进行无扭微张力轧制，采用这种轧机轧制小规格棒材，成品尺寸精度高、表面质量好。

（2）预精轧机组后设有预水冷装置、精轧机组后设有穿水冷却装置，可实现棒材的控温轧制、轧后余热淬火及热芯回火，提高了产品的性能，降低了生产成本，节约了能源。

（3）轧线粗、中、预精轧各机组后设有飞剪，用于轧件的头尾剪切及事故时碎断剪切，各飞剪均采用启停工作制，剪切精度高、事故率低、维护量小。精轧机组后设有高速上钢系统，对轧件进行倍尺分段，同时可以快速、准确的制动轧件，并将轧件顺利卸料至冷床。冷床为步进齿条式结构，棒材冷却均匀，平直度好。冷床设有对齐辊道及卸料排钢装置，可将下冷床的轧件按一定的数量排列整齐，便于后部剪切。成品定尺剪切采用850kN冷剪机，剪切能力大，自动化程度高，剪切精度高。

由此可见，高速轧制工艺的关键设备是高速上钢系统，它很好地解决了小规格直条棒材单根高速轧制后的分段剪切、制动及上冷床的问题。福建三安钢铁公司的高速棒材生产线如图1-62所示。

图1-62　福建三安钢铁公司的高速棒材生产线

（二）双高棒生产设备

2020年，涟钢和上若泰基双高棒生产线热负荷试车完成，推进了双高棒国产化的进程，也建立了国产化的样板。

1. 涟钢双高棒生产线

涟钢双高棒生产线是国内设计、供货的样板之一。高精度模块轧机、精轧机组和成品轧机均采用超重型260mm顶交模块轧机，精度高、速度快。成品轧机采用两机架单独传动减定径机组，空过部分轧机可不启动电机，有效提高轧辊利用率，降低电耗、辊耗。高速上钢设备采用的高速倍尺剪、夹尾制动装置和四通道双转鼓上钢装置等核心设备，也实现了国产化。

轧线在精轧机组前、精轧机组后和成品机组后均设置多个水冷箱，实现了控制轧件温度、控制冷却路径、实现热机轧制、细化产品晶粒度、提高产品性能。轧线电气自动化方面，主传动采用交流传动系统，技术成熟、运行稳定。计算机控制系统先进、精确且可靠，调试周期短、达产达效快。涟钢双高棒生产线如图 1-63 所示。

图 1-63　涟钢双高棒生产线

2. 上若泰基双高棒生产线

上若泰基双高棒生产线也是国内设计、供货的样板之一。该生产线采用国内自主研发并制造的二次控轧、分级控冷的工艺（CRCC 工艺），高速区机电核心设备实现了自主集成。采用 170mm×170mm 大断面连铸方坯生产 ϕ12～25mm 规格高速棒材，最高保证轧制速度为 35m/s。精轧机组采用三组新型 250mm 超重载 45°顶交模块轧机，一拖二布置，全线主传动电机采用低基速直流电机驱动，维护量少并节约了投资。高速切头剪和高速倍尺剪采用连续运转的圆盘式飞剪，剪前设置伺服电机驱动的高速摆杆，两台设备配合工作以实现切头和倍尺剪切功能。

采用四通道转毂并配置液压同步裙板，从受料槽落下的钢筋，一支直接落在矫直板上，另一支落在同步裙板的滑架上；由于两线的速度差和制动时不可能同时降到同样的速度，因此两支钢不可能同时落下，此时靠同步裙板的中间等待位调节，使得冷床可以均匀地以一种节奏运作，步进取料。上若泰基双高棒生产线如图 1-64 所示。

图 1-64　上若泰基双高棒生产线

第三章　螺纹钢标准的演变

产品标准是对产品质量特性做出明确的、具体的、定量的技术规定，质量特性包括物理性能、化学性能、机械性能、使用性能、表面质量、质量等级等。螺纹钢标准的制定及其执行状况决定着产品的提质升级，并影响着钢筋混凝土重大工程质量和人民生命财产安全。螺纹钢标准经历了从1952年的无编号标准到1963年的冶金部标准，再到1979年的国家标准的演变过程。本书根据螺纹钢标准的演变特征，将其发展过程划分为无编号标准阶段（1952~1954年）、部颁标准阶段（1955~1979年）、国家标准阶段（1980~1998年）和高质量发展阶段（1999年至今）等四个阶段。在这个发展过程中，相关部门参考国际先进标准，结合我国经济建设的实际情况，对螺纹钢标准进行了多次提升。通过标准内容的不断更新，对螺纹钢外形尺寸、重量偏差、技术要求、试验方法、检验规则和包装标志等提出较高的要求，快速推进了螺纹钢产品从Ⅰ级到Ⅱ级、Ⅲ级、Ⅳ级和Ⅴ级的不断发展。目前国标里的有些要求已经高于国际标准，可以说标准在螺纹钢高质量发展过程中起到了巨大的推动作用。

钢筋混凝土结构的相关规范、规定、规程作为螺纹钢应用标准，经历了新中国成立初期的引用苏联标准、实施部颁标准和实施国家标准三个阶段。为了再现螺纹钢的发展及其对建筑工程的支撑作用，重点回顾了钢筋混凝土建筑中应用最广的《钢筋混凝土结构设计规范》标准的发展过程。另外，为了便于读者查阅，在文中以二维码形式附上了相关标准的原文。

第一节　螺纹钢产品标准发展史

螺纹钢是典型的建筑用钢，在螺纹钢产品的提质升级发展过程中，螺纹钢标准的制定和不断完善起到了关键作用。1952年制定我国第一个热轧钢筋标准以来，经过引用苏联标准、制定部颁标准、制定国家标准等过程，从无编号标准发展成为了与国际标准接轨的高要求标准。通过螺纹钢标准的不断更新，不仅提升了产品的质量，还促进了企业的技术升级。螺纹钢标准的具体演变过程如图1-65所示。

我国第一个热轧钢筋标准出台于1952年，称钢筋为“竹节钢”，外形分为圆形和方形两种，但该标准没有编号。从1953年国家实施第一个五年计划后，以苏联帮助设计的156个建设项目为中心，集中力量进行了工业化建设。为了加速我国经济的建设，从苏联引进了先进技术和装备，包括多种产品的生产技术标准。1955年重工业部参考苏联钢筋标准，制定了编号为重Ⅲ-1955的热轧钢筋标准。1963年成立冶金工业部后，将重Ⅲ-1955标准修改为冶金部标准，即YB 171—1963《钢筋混凝土结构用热轧钢筋》，内容主要包括品种

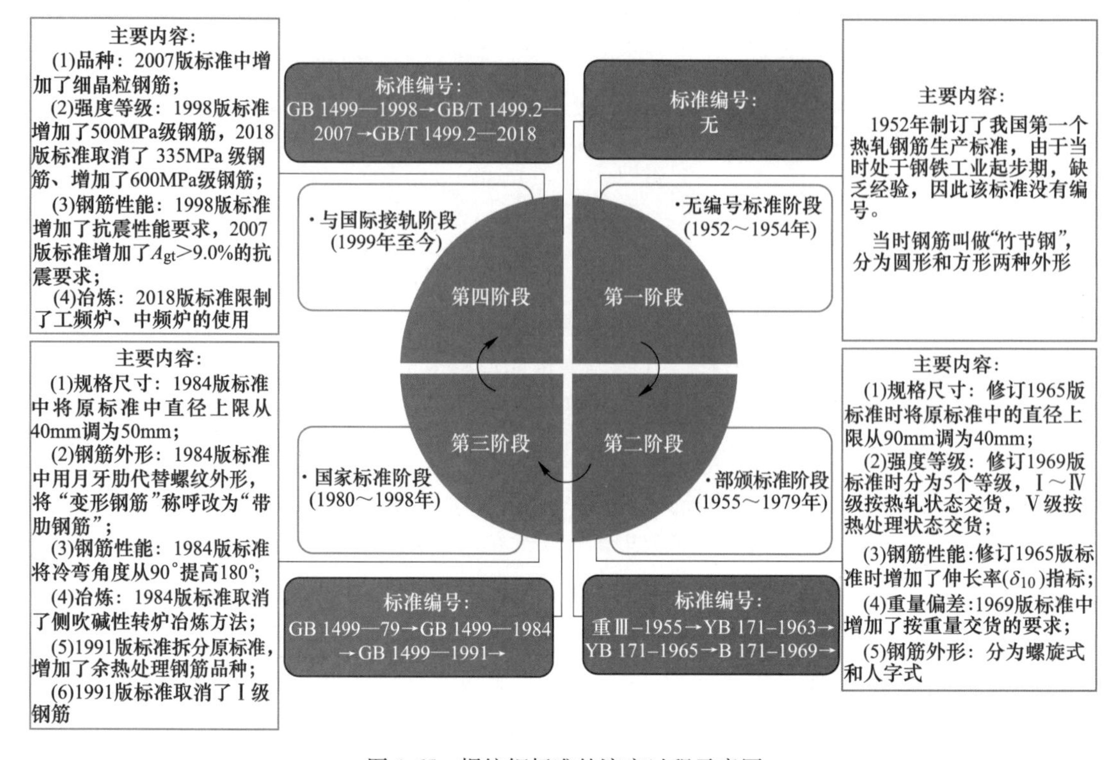

图 1-65 螺纹钢标准的演变过程示意图

分类、尺寸外形、钢号强度和组批规则等。之后对标准进行了两次修订，形成了 YB 171—1965《钢筋混凝土结构用热轧钢筋》和 YB 171—1969《钢筋混凝土结构用热轧钢筋》标准，这两次修订主要还是参考苏联标准，对钢筋的外形尺寸、牌号、力学性能、组批规则等方面进行了调整。随着我国五年计划的实施，钢铁产业的快速发展撑起了基础设施和工业建设，而铁路、港口、房地产、公路等领域的快速发展，对热轧钢筋也提出了更高的要求。于是结合改革开放发展目标和我国建筑业发展的实际情况，1979 年国家将热轧钢筋的冶金部标准上升为国家标准，进行了又一次修订，即 GB 1499—1979《钢筋混凝土用热轧钢筋》标准。国家标准的实施，对我国热轧钢筋的质量升级和螺纹钢企业的健康有序发展起到了关键作用，尤其在“五五”“六五”期间对热轧钢筋进行技术攻关后，将热轧钢筋的质量与我国实际建设情况相结合，再参照美国、日本、德国、英国等国际先进标准，发现我国热轧钢筋标准还有很大改善的空间，于是对热轧钢筋标准又进行了一次修订，形成了 GB 1499—1984《钢筋混凝土用热轧钢筋》标准。此次标准的修订，将我国热轧钢筋的质量与国际先进水平接轨，逐步以国际标准来要求热轧钢筋的生产，对产品的提质升级起到了促进作用。随着我国经济的全球化发展，不断引进国外先进技术和先进工艺，使国内生产和应用水平得到了显著提升。此时，1984 年版热轧钢筋标准已无法适应国外和国内质量要求，于是相关部门参照国际标准，对其进行了修订，1991 年发布实施了 GB 1499—1991《钢筋混凝土用热轧带肋钢筋》标准。“九五”是实施市场经济后的第一个五年，为了适应我国市场经济的发展，使产品标准逐步由生产标准向贸易型标准转变，充分考虑我国钢筋生产、使用经验和应用要求，密切配合《混凝土结构设计规范》的修订，对 GB 1499—1991 标准进行了修订，1999 年发布实施了 GB 1499—1998《钢筋混凝土用热轧带肋钢筋》标准。此次修订中，对强度等级的表示方式、外形尺寸、重量偏差、钢筋性能等均进行了系统的修改。“十一五”提出了建设资源节约型、环境友好型社会的发展理念，微合金化技术在钢铁生产中大量使用，出现了合金资源紧张局势，钢铁原材料大幅上涨，对钢铁产业的健康有序发展带来了挑战。为了实现“十一五”规划目标，国家实施“973”和“863”计划，攻关细晶粒钢筋新产品，并在 2007 年修订版标准 GB/T 1499. 2—2007《钢筋混凝土用钢　第 2 部分：热轧带肋钢筋》中增加了细晶粒钢筋，同时对钢筋提出抗震性能和疲劳检验要求。螺纹钢标准经过半个多世纪的发展，形成了具有我国特色和与国际标准相当的高要求体系，但是实际应用中的钢筋强度等级与发达国家存在一定的距离。为了提高建筑安全度、降低钢筋用量，以促进绿色发展，对热轧钢筋标准又进行了一次修订，2018 年发布实施了 GB/T 1499. 2—2018《钢筋混凝土用钢　第 2 部分：热轧带肋钢筋》标准，该标准中取消 335MPa 级钢筋，增加了 600MPa 级钢筋。此次修订标志着我国真正进入了高强钢筋时代，同时有的指标要求严于国际标准，这对“十四五”提出的高质量发展目标和城镇化建设目标的实现做好了技术储备。

总之，我国螺纹钢产品标准的发展经历了无编号标准阶段、部颁标准阶段、国家标准阶段和与高质量发展阶段等四个阶段。在这个发展过程中充分体现了国家政策对螺纹钢标准化发展的指引作用，以及标准的实施对螺纹钢产品高质量稳定发展的技术支撑作用。所以，在微观层面上，企业要建立先进的标准化质量管理体系，这样有利于提升企业市场竞争力、质量可靠性和品牌影响力；在宏观层面上，要制定支撑技术规范和先进高要求标准，从而规范并促进螺纹钢产业的高质量稳定发展。

一、螺纹钢标准无编号阶段

1949 年之前，我国没有系统的螺纹钢标准规范，建筑事务所主要依据欧美建筑规范来设计混凝土结构建筑。1949 年之后，随着苏联技术装备的引进和实践，掀起了学习苏联标准的热潮，1952 年制定了我国第一个热轧钢筋标准，由于当时钢铁工业处于起步阶段，缺乏标准化经验，该标准没有编号。后来，1955 年重工业部参照苏联标准修订了我国第一个有编号的标准，即重Ⅲ-1955 标准。所以将 1952 年到 1954 年这段时间的发展称为螺纹钢无编号标准阶段。

二、螺纹钢部颁标准阶段

将 1955 年到 1979 年的发展时期，视为我国螺纹钢标准发展的第二阶段，即螺纹钢部颁标准阶段。这个阶段我国处于新中国成立初期，国家提出第一个五年计划，要集中力量进行以苏联援建的 156 个项目为中心、由 694 个大中型建设项目组成的工业建设，从而建立社会主义现代化的基础。同时从苏联引进了先进技术装备和多种工业生产技术标准，其中包括热轧钢筋标准。1955 年重工业部参照苏联标准，制定了我国第一个有编号的热轧钢筋标准，即重Ⅲ-1955 标准。经过十年的发展，我国经济复苏明显，城镇化率从 1949 年的

10.64%提高到1960年的19.75%，其中钢铁工业的发展功不可没。为了更好地满足工业建设需求，1963年成立冶金工业部后，参照苏联标准，对原标准进行了修订，即冶金部标准YB 171—1963《钢筋混凝土结构用热轧钢筋》，该标准中包含了钢筋的品种分类、规格尺寸、外形、钢号、强度等级和组批规则等内容。

从1963年制定热轧钢筋冶金行业标准以来，直到1979年将冶金行业标准上升为国家标准，共进行了两次修订，即YB 171—1965《钢筋混凝土结构用热轧钢筋》（简称1965版标准）和YB 171—1969《钢筋混凝土结构用热轧钢筋》（简称1969版标准）。修订的主要内容有规格尺寸的调整、钢筋外形的调整、钢筋牌号的调整、强度级别的分类、力学性能指标的增加、重量尺寸偏差的要求和定尺说明等。

（1）规格尺寸。

1963版标准中螺纹钢筋的直径为6~90mm，为了满足当时建工部提出的按工程尺寸进行设计的要求，在1965版标准中将钢筋直径上限由90mm调整为40mm。但考虑到今后的发展，将ϕ45~90mm的钢筋规格列入在表注中，当用户提出需求时可以订货。对于直径允许偏差，在公差带不变的情况下，调整为对称公差，避免负偏差过大而影响结构安全。

（2）钢筋外形。在1965版标准中，将Ⅰ类圆钢筋改为宽人字式螺纹钢筋（见图1-66），形成了宽人字式螺纹钢筋、螺旋式螺纹钢筋、人字式螺纹钢筋和圆钢筋等四种外形系列；并且规定ϕ10mm以下的钢筋按圆钢筋供货，经协议ϕ12~16mm的钢筋也可成盘供货。

在1969版标准中取消了宽人字式钢筋外形，即又回归到了1963版标准中的螺旋式螺纹钢筋、人字式螺纹钢筋和圆钢筋等三种外形系列。关于钢筋外形纵肋问题，在1969版标准中将螺纹钢筋的外形修改为“螺纹钢筋带有三道或两道螺纹筋和两道纵筋”。

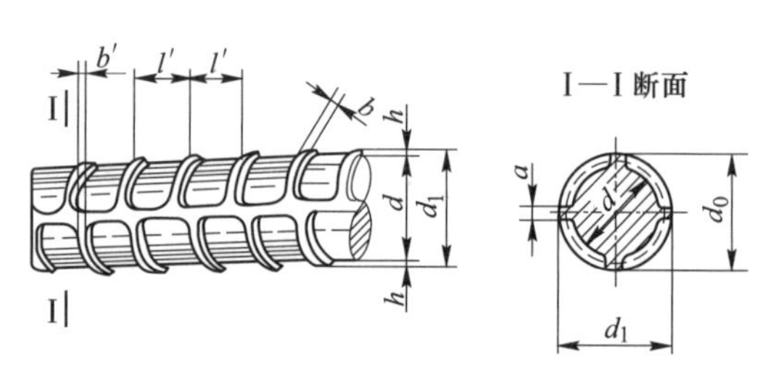

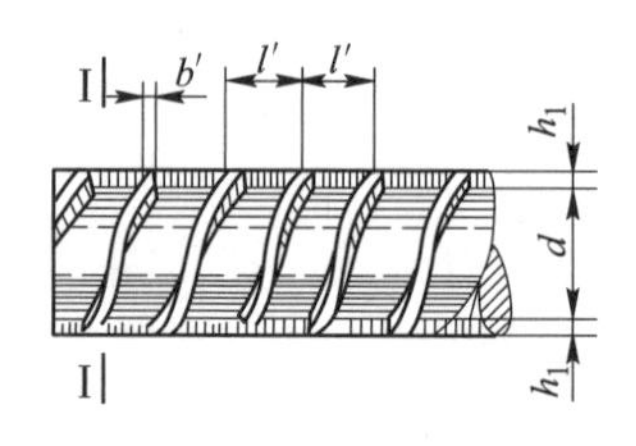

图1-66 宽人字式螺纹钢筋

（3）钢筋牌号。在1963版标准中，将钢筋分为Ⅰ级钢（A0、AJ0、AS0）、Ⅱ级钢（A3、AJ3、AS3）、Ⅲ级钢（A5、AJ5、AS5和18MnSi）、Ⅳ级钢（18MnSi、25MnSi），其中A、AJ和AS分别表示甲类钢、侧吹碱性转炉钢和侧吹酸性转炉钢。在1965版标准中取消了0号钢（190MPa级），同时取消甲类钢（用A代表）、侧吹碱性转炉钢（用J代表）、侧吹酸性转炉钢（用S代表）等类别，形成了3号钢、5号钢、18MnSi、25MnSi的牌号系列。其中3号钢和5号钢参照GB 700—1965《碳素结构钢》规定，18MnSi、25MnSi参照YB 13—1963《低合金结构钢钢号和一般技术条件》规定。

1969版标准中，在1965版基础上删除了A5钢和18MnSi钢，并增加了16Mn、44Mn2Si、45Si2Ti、40Si2V、45MnSiV等钢种。同时，规定化学成分下限不作为交货条件，以避免对焊接的影响。

（4）强度等级。1965 版标准以前，将钢筋的力学性能按表面状态分为四类，但这种分类方式表征不了钢筋的实际力学性能状态。所以在 1969 版标准中，将钢筋强度等级重新分类，即按强度级别分为了Ⅰ级：24/38kg 级、Ⅱ级：34/52kg 级、Ⅲ级：40/60kg 级、Ⅳ级：60/90kg 级、Ⅴ级：145/160kg 级等五个级别。其中Ⅰ~Ⅳ级按热轧状态交货，Ⅴ级按热处理状态交货。

（5）钢筋性能。1963 版的热轧钢筋标准中包含了屈服强度（σ_s）、抗拉强度（σ_b）和断后伸长率（σ_5）等指标。在 1965 版标准中增加了另一个断后伸长率检验要求 δ_{10}，但这种要求不对 3 号钢生产的 ϕ10~40mm 规格宽人字螺纹钢筋进行考核。

（6）重量尺寸偏差。1965 版热轧钢筋标准之前，没有对重量及重量偏差进行说明，但在 1969 版标准中增加了钢筋按实重交货的规定。另外，1965 版标准中螺纹筋高的偏差与纵筋高偏差不同，但在 1969 版标准中将螺纹筋高的偏差相同于纵筋高偏差，即正差增大，而负差不变。

（7）定尺说明。在 1965 版标准中规定了尺寸规格 ϕ10mm 以下钢筋按成盘供应，其盘重应符合 GB 701—1964《普通低碳钢热轧圆盘条》规定，每盘的根数不超过两根。

（8）组批规则。在 1965 版标准中，将组批规则调整成为供应电炉钢或转炉钢钢筋时，允许交混合炉号组成的混合批，每混合批中不得超过 10 个炉罐号，各炉号的含碳量差不得超过 0. 02%，含锰量差不超过 0. 15%。

在 1969 版标准中，又将组混合批的碳含量要求恢复到 1963 版标准的要求，即供应电炉钢或转炉钢钢筋时，允许交混合炉号组成的混合批，每混合批中不得超过 10 个炉罐号，各炉号的含碳量差不得超过 0. 03%，含锰量差不超过 0. 15%。另外，该标准中增加了对连铸坯组批的规定，即供应连铸坯时每混合批中不得超过 15 个炉罐号，各炉罐号的成分不得超过规定的上限。

YB 171—1963《钢筋混凝土结构用热轧钢筋》标准中涉及的其他具体内容，请扫描二维码查阅。

YB 171—1969《钢筋混凝土结构用热轧钢筋》标准涉及的其他具体内容，请扫描二维码查阅。

三、螺纹钢国家标准阶段

将 1980 年到 1998 年的发展时期，视为我国螺纹钢标准发展的第三阶段，即螺纹钢国家标准发展阶段。总结冶金行业标准十多年的实施情况，发现 16Mn 钢筋的强度普遍偏低，约有 10%的钢筋不合格，即 16Mn 钢筋化学成分与其强度不相符，并且该牌号的产量占到螺纹钢筋产量的 90%以上，对生产和使用产生了较大的影响；钢筋的外形和标志相对落后，严重影响了钢筋的性能、使用和外贸，国内采取涂色作为级别的标志，易脱落，到工地后分不清，造成了一定程度的混乱。为了解决以上问题，结合改革开放发展目标和我国建筑发展的实际情况，对冶金行业标准 YB 171—1969 进行了修订，1980 年发布实施了国家标准 GB 1499—1979《钢筋混凝土用热轧钢筋》（简称 1979 版标准）。国家标准的实施，对我国热轧钢筋的质量升级和螺纹钢企业的健康有序发展起到了关键作用，尤其随着改革开放的进行，我国开始与国际市场接轨，不断吸收国外先进技术，以提高产品质量。通过对比发现，我国热轧钢筋标准在强度级别设置、外形尺寸等方面还有很大改善和完善的空间，于是相关部门参考美国、日本、德国、英国、苏联等国家的先进标准，对热轧钢筋标准进行了一次修订，形成了 GB 1499—1984《钢筋混凝土用热轧钢筋》标准（简称 1984 版标准）。由于长时间的实践积累以及国外标准的不断借鉴，使得我国钢筋标准的内容庞杂、使用不便，因此 1991 年参考国际先进标准，并结合我国经济发展的实际情况，对热轧钢筋标准又进行了一次修订，形成了 GB 1499—1991《钢筋混凝土用热轧带肋钢筋》标准（简称 1991 版标准）。此次标准的修订和实施，将我国热轧钢筋标准和产品质量升级到国际平均水平。

（一）产品品种

随着我国改革开放的进行，引进了国外的诸多先进技术，其中包括余热处理技术，该技术不用添加微合金元素，通过在线热处理的控制就能获得不同强度的产品，是国外主流的钢材生产技术。为了扩大我国热轧钢筋产品种类，合理使用合金资源，将余热处理技术引用到了热轧钢筋的生产中，经过多年的研究和试验，我国成功开发了适合于我国建筑特性的余热处理钢筋，并将其纳入到了 1991 年版的国家标准中。由于热轧钢筋标准的多次修订，使得标准内容庞杂，各种外形、各种强度混为一体，再加上余热处理钢筋的生产工艺、产品性能和使用要求均与热轧钢筋不同，很难与普通热轧钢筋一起用同一个标准来体现。鉴于上述情况，在修订 1991 版标准时，将同一标准分成四部分内容，其中第一部分为通用技术条件，第二部分为热轧光圆钢筋、第三部分为热轧带肋钢筋、第四部分为余热处理钢筋。经过研讨审定等流程后，最终将标准分成 GB 1499—1991《钢筋混凝土用热轧带肋钢筋》、GB 13013—1991《钢筋混凝土用热轧光圆钢筋》和 GB 13014—1991《钢筋混凝土用余热处理钢筋》等三个国家标准。

（二）规格尺寸

在 1979 版标准中删除了 ϕ6mm、ϕ7mm、ϕ9mm 三个规格。随着我国混凝土建筑向大型化方向发展，很多场合要求使用更大规格的钢筋。在国外钢筋标准中，变形钢筋（如今的螺纹钢）最大直径均在 50mm 以上，而我国 1979 版标准中钢筋的直径上限还是 40mm。考虑到我国已经具备了 ϕ50mm 以上钢筋的生产能力，因此在 1984 版标准中增加了 ϕ50mm 规格。

（三）钢筋外形

1979 版标准以前钢筋外形是从苏联标准借鉴而来的人字形和螺旋形两种，经过多年的实践发现，这两种外形存在产量低、事故多、耗钢量大、弯曲性能不好、轧辊加工成本高等问题。为了解决上述问题，由冶金部建筑研究总院、首都钢铁公司、唐山钢铁公司、四川省建筑科学研究所等单位共同承担了“钢筋外形改进”研究课题，经过选型、试制、试验，选定了月牙肋代替现行的螺纹外形方案，1981 年制定了《热轧月牙纹钢筋技术条件》。实践几年之后发现，月牙形钢筋具有良好的抗疲劳性能和弯曲性能，其金属消耗也少，便于生产和轧辊的加工，因此该类外形钢筋得到快速推广，其产量占到了总产量的50%~70%。为了积极推广月牙肋钢筋，在 1984 版标准中用月牙肋外形代替了螺旋式外形，同时考虑到钢筋与混凝土的黏结锚固性能，参考日本成功经验，在该标准中规定横肋侧面与钢筋表面的夹角不小于 45°，且要求横肋根部平滑过渡。

在 1991 版标准中，对钢筋的名称进行了修改，即由“变形钢筋”改为带肋钢筋。随着钢铁行业的快速发展，金属压力加工产业也得到了飞速发展。此时企业和研究者提出“热轧变形钢筋”这个名称与金属压力加工时产生的形变容易混淆，而“带肋”二字则恰如其分地反映了除光圆钢筋外的钢筋表面形状的特点，而且也符合国际标准化组织 ISO 钢筋标准（草案）的提法，因此本标准将“变形钢筋”改为“带肋钢筋”。另外，考虑到钢筋横肋的特点，在 1991 版标准中将带肋表面形状分为“纵横肋相交的等高肋”和“纵横肋不相交的月牙肋”，分别简称“等高肋”和“月牙肋”。等高肋推荐作为Ⅳ级钢筋的外形形状，对于Ⅱ级、Ⅲ级钢筋采用月牙肋外形。

（四）钢筋牌号

在 1979 版标准中，对钢筋牌号进行了较大修改，如删除了 16Mn、44Mn2Si、45Si2Ti、40Si2V，增加了 20MnSi、25MnSi、40Si2MnV、45SiMnV、45Si2MnTi、5 号钢、35Si2MnV、35SiMnV、35Si2MnTi，其中 20MnSi 代替了 16Mn。

在 1984 版标准中，取消了 25MnSi 作为 38/58kg 级的钢号，其主要原因是该钢号由40/60kg 级降至 38/58kg 级以后，尽管调整了化学成分，但仍然没有得到良好的可焊性，而且生产厂的合格率也不高；取消了 5 号钢和 50/75kg 级的 35Si2MnV、35SiMnV、35Si2MnTi 三个钢号，其原因是根据当时全国钢筋统计资料表明 50/75kg 级钢几乎没有订货和生产，只有福建地方企业生产少量 5 号钢；在 34/52kg 级的钢号上增加了 20MnNb6 的半镇静钢新钢号。

在 1991 版标准中，删除了 3 号钢，增加了“六五”科技攻关并经过鉴定的 20MnSiV，并将 20MnSiV、20MnTi、25MnSi 三个牌号作为了三级钢筋。这些牌号的钢筋是为了改善原25MnSi 钢筋强度和其他某些性能的不足，并为适应国外同类钢筋性能水平和国内使用要求而研制的。该标准中新Ⅲ级钢筋牌号的性能水平比原标准Ⅲ级钢筋（40Si2MnV、45SiMnV、45Si2MnTi）有较大提高，并将 25MnSi 钢单独部分列出，列入了 GB 13014—1991《钢筋混凝土用余热处理钢筋》。

（五）强度等级

在 1979 版标准中，删除了原Ⅲ（40/60kg）级、Ⅳ（60/90kg）级、Ⅴ（145/160kg）级钢筋，增加了新Ⅲ（38/58kg）级、新Ⅳ（55/85kg）级钢筋。由五个强度等级改为四个级别，并注释可供应 28/50kg 级（原 5 号钢）和 50/75kg 级的钢筋。

在 1984 版标准中，强度等级方面只调整了Ⅲ级钢筋的强度要求，由原来的 38/58kg 级提高到了 42/60kg 级。另外，将强度指标单位改为国际单位，即由 kg/mm^2 改为 N/mm^2，并按 0. 102kgf＝1N 的换算关系换算后取整数，具体换算关系见表 1-11。

表 1-11 热轧钢筋的强度指标单位换算关系表

强度等级	屈服点对应关系			抗拉强度对应关系		
	kgf/mm^2	N/mm^2	取整数	kgf/mm^2	N/mm^2	取整数
24	24	235	235	38	372	370
34	34	333	335	52	510	510
	32	314	315	50	490	490
42	42	412	410	60	588	590
	40	392	390	58	568	570
55	55	539	540	85	833	835

在 1991 版标准中，取消了 kgf/mm^2 的取值规定，强度等级统一采用 RL+屈服强度值的方式表示。Ⅲ级钢筋研制的目标屈服点为 $410N/mm^2$，考虑到实际使用情况，将强度调整为 $400N/mm^2$ 也能满足我国的使用要求，因此将其强度设定为 $400N/mm^2$。

（六）钢筋性能

在 1984 版标准中，将Ⅲ级（42/60kg 级）钢筋冷弯检验的弯曲角度由原来的 90°提高到了 180°。冷弯试验主要是针对钢筋在制作构件所需要的工艺性指标而制订的，制作构件的全过程中，有一个回弯的过程。因此许多国家的钢筋标准中，在冷弯试验的基础上，纳入了反弯的规定，且弯曲角度也不尽相同，如英国正向弯曲 45°反弯 23°，法国正弯 60°反弯 30°，德国和国际材料试验联盟为正弯 90°反弯 20°，比利时和荷兰是正弯 90°反弯 30°等。大部分国家做了正弯 90°后再反弯 20°或 30°的试验。所以在该标准中将反弯作为需方要求的附加保证条件，新的 42/60kg 级钢以正弯 90°反弯 20°作为目标，试验时要求在 100℃下保温不少于 30min，弯曲角度和弯心直径由双方协商。

（七）重量尺寸偏差

在 1979 版标准中，第一次提出可按理论重量或实重交货的要求，但没有规定理论重量的允许偏差。

在 1984 版标准中，对热轧钢筋的重量偏差有了规定，但不作为交货条件。该标准中关于测量钢筋重量偏差的方法，主要参考了日本标准 JISG 3112—1976《钢筋混凝土用钢筋》中的有关规定，即在计算公式中，钢筋重量偏差是由实际重量减去总长度与公称重量的乘积，除以总长度与公称重量的乘积，所得的百分率。所得的正数是正偏差，如果是负数则是负偏差。

在1991版标准中，对重量偏差的分档作了适当调整，以便与钢筋内径偏差值大体相应；取消了单根钢筋重量偏差的限制；调整了重量偏差的测量方法，即随机抽取10支（或以上）定尺钢筋进行称重即可，如供方有保证时试样数量和取样长度不受上述规定限制，但是如供需双方有异议时，必须按规定的方法进行仲裁。

（八）冶炼方法

在1984版标准中，取消了侧吹碱性转炉（空气转炉）的冶炼方法。据统计，当时全国生产钢筋的企业通过技术改造，氧气转炉几乎替代了空气转炉，在提高钢材冶金质量的同时解决了空气转炉不经济的问题。所以该标准规定了采用平炉、氧气转炉以及电弧炉的冶炼方法。

（九）化学成分

在1979版标准中，规定了Cr、Ni、Cu的残余含量不超过0.30%的要求。

在1984版标准中，进一步加强了对Cr、Ni、Cu残余元素的控制，即不仅要求Cr、Ni、Cu各元素的含量不大于0.30%，且要求总含量不超过0.60%；规定了Ⅱ级（34kg级）钢筋的碳当量不大于0.60%、Ⅲ级（42kg级）钢筋的碳当量不大于0.66%的要求，从而保证焊接性能。另外，为保证钢筋具有良好的塑韧性，参照GB 700—1979《碳素结构钢》和一般技术条件，要求转炉钢含氮量不大于0.008%。

在1991版标准中，为减少有害元素对钢筋性能的不利影响，规定了各牌号的S、P含量不能大于0.045%。在保证钢筋性能合格的情况下，化学成分下限不作交货条件，即C、Si、Mn元素含量的下限不作为交货条件，但V、Ti等元素的含量应符合标准下限规定。

（十）标志标识

在1984版标准中，改变了钢筋的标识方式，即除了用涂色方式标识外，还可以在钢筋表面轧上厂名或注册商标的缩写和直径的毫米数字，并要求标志应清晰明了，图案、数字或标志肋的尺寸由供方按钢筋直径大小作适当规定。

GB 1499—1979《钢筋混凝土用热轧钢筋》标准中涉及的其他具体内容请扫二维码查阅。

GB 1499—1984《钢筋混凝土用热轧钢筋》标准涉及的其他具体内容请扫二维码查阅。

GB 1499—1991《钢筋混凝土用热轧钢筋》标准涉及的其他具体内容请扫二维码查阅。

四、螺纹钢标准高质量发展阶段

将1998年到现今的发展时期，视为我国螺纹钢标准发展的第四阶段，即螺纹钢高质量发展阶段。我国螺纹钢标准经过近半个世纪的发展，技术内容不断完善，已经形成了具有中国特色且并肩国际标准的高标准要求。为了适应我国市场经济的发展，使产品标准逐步由生产型标准向贸易型标准转变，根据冶金部要求，对热轧带肋钢筋标准进行了修订，1999年实施了GB 1499—1998《钢筋混凝土用热轧带肋钢筋》标准（简称1998版标准）。本次修订是参照国际标准ISO 6935—2《钢筋混凝土用钢　第2部分：带肋钢筋》，充分考虑了我国钢筋生产、使用经验和要求，密切配合我国《混凝土结构设计规范》的修订，在保证钢筋生产、流通、使用各阶段相对连续稳定的条件下，对原标准不相适应的部分作了相应的修订和调整。之后对1998版标准进行了两次修订，即GB/T 1499. 2—2007《钢筋混凝土用钢　第2部分：热轧带肋钢筋》（简称2007版标准）和GB/T 1499. 2—2018《钢筋混凝土用钢　第2部分：热轧带肋钢筋》（简称2018版标准）。其中，2018年修订时取消335MPa级钢筋，并增加600MPa级钢筋，表征了我国真正进入高强钢筋时代，对重量偏差的要求已高于国际先进水平。

（一）产品品种

在2007版标准中，增加了细晶粒热轧钢筋，形成了普通热轧钢筋和细晶粒热轧钢筋两个品种系列。

（二）钢筋外形

在1998版标准中，取消了等高肋外形，新增了月牙肋外形。关于钢筋月牙肋尺寸，进行了以下两点调整：其一，横肋间距只给出最大平均间距，取消了公称尺寸和允许偏差；其二，横肋末端最大间隙（一个间隙）由原标准规定的公称周长的10%弦长修改为12. 5%弦长，以照顾到小规格钢筋间隙太小而不便生产。另外，该标准中规定横肋间距不大于钢筋公称直径的0. 7倍，但公称直径大于ϕ12mm时横肋间距要小于公称直径的0. 7倍，尤其对大规格的钢筋这种差别更加明显。

在2007版标准中，增加了热轧带肋钢筋的表面形状除带纵肋外也可不带纵肋的内容。为保证钢筋的横截面积，实际生产中应适当调整钢筋的内径尺寸，以满足标准规定的重量允许偏差范围。由于钢筋可不带纵肋，该标准中只规定了纵肋高度的上限，从而达到不同的使用要求。

（三）钢筋牌号

在1998版标准中，保留原标准中的RL335（原Ⅱ级）和RL400（原Ⅲ级）钢筋，取消了RL 540（原Ⅳ级）钢筋，并增加了HRB500级钢筋。在钢筋等级表达方式上取消了没有明确物理概念的Ⅱ级、Ⅲ级、Ⅳ级等分类，取而代之的是以屈服强度表示钢筋强度级别，从而在该标准中形成了 335MPa 级、400MPa 级和 500MPa 级三种强度等级。

在 2007 版标准中，将细晶粒热轧钢筋纳入其中，用英文字母 HRB（Hotrolled Ribbed Bars 的缩写）表示热轧带肋钢筋，用 HRBF 表示细晶粒热轧带肋钢筋，其中 F 是英文字母"Fine"的缩写，形成了三个强度等级、两个牌号系列划分，即 HRB335、HRB400、HRB500 以及 HRBF335、HRBF400、HRBF500 共六个钢筋牌号。生产企业可根据本企业设备和工艺条件，制定相应的生产工艺措施，细晶粒钢筋的晶粒度不粗于 9 级，以区别于热轧钢筋。

在 2018 版标准中，取消了 335MPa 级钢筋，增加了 600MPa 级钢筋。考虑到 600MPa 级钢筋的焊接性能有待深入研究，标准中建议 HRB600 钢筋的连接采用机械连接。在该标准中单列出了具有抗震性能的钢筋牌号（带 E 牌号），这样便于应用过程中区分抗震钢筋和普通钢筋，也有利于抗震钢筋产品的推广应用。标准中也规定对于带 E 的钢筋，可只检验最大力总伸长率（A_{gt}）。对于非带 E 的普通钢筋，可以检测断后伸长率（A），也可以检测最大力总伸长率（A_{gt}），但仲裁的时候应采用最大力总伸长率（A_{gt}）。

（四）化学成分

在 1998 版标准中，规定了钢筋的主要化学元素 C、Si、Mn、P、S 的上限，目的是为了在满足钢筋强度性能的同时，改善钢筋的塑性和焊接性能。C、Si、Mn 元素是常用的钢筋强化剂，当这些元素强化不足时，可以添加微合金元素 V、Nb、Ti 等。该标准中取消了 25MnSi 牌号，原因是该牌号钢筋不能满足含碳量及碳当量最上限要求。研究发现 Ni、Cr、Cu 元素对钢筋的强度和耐腐蚀性具有积极作用，所以在 1998 版标准中取消了对 Ni、Cr、Cu 的限制。另外，该版标准取消了原来钢中含氮量不超过 0.008%的规定，参照国际标准 ISO 6935 规定，将其改为不大于 0.012%，并且明确规定当钢中有足够数量的氮结合元素时，氮含量不受此限制。

（五）钢筋性能

在 1998 版标准中，参照国际标准和有关国家标准，将原标准的力学性能、工艺性能改为拉伸性能（包括强度和伸长率）、弯曲性能和反向弯曲性能（简称反弯性能）。根据混凝土结构设计要求，该标准中增加了在最大力下的总伸长率 A_{gt} 不小于 2.5%的规定，实践证明钢筋的 A_{gt} 均能满足要求，所以标准中又规定"供方如能保证，可不做试验"；为适应抗震结构用钢要求，标准中规定钢筋实际抗拉强度与实际屈服强度之比不小于 1.25；还规定钢筋实际屈服强度和屈服强度特征值之比不大于 1.30；将钢筋弯曲试验角度统一调整为 180°。

在 2007 版标准中，对钢筋的性能指标、抗拉强度和断后伸长率下限进行了调整，并增加了最大力总延伸率新指标，具体内容变化见表 1-12。

表 1-12 GB 1499—1998 和 GB/T 1499. 2—2007 标准中钢筋牌号及性能的对比表

标准编号		GB 1499—1998	GB/T 1499. 2—2007
牌号		HRB335、HRB400、HRB500	HRB335、HRB400、HRB500 HRBF335、HRBF400、HRBF500
性能指标		屈服强度：σ_s（$\sigma_{p0.2}$） 抗拉强度：σ_b 断后伸长率：δ_5	屈服强度：R_{eL} 抗拉强度：R_m 断后伸长率：A 最大力总伸长率：A_{gt}（新增）
抗拉强度/MPa	HRB335	490	455
	HRB400	570	540
断后伸长率/%	HRB335	16	17
	HRB400	14	16
	HRB500	12	15
最大力总伸长率/%		—	7.5

除了力学性能，2007 版标准参照国际标准 ISO 6935-2，将反弯试验方法修改为“先正向弯曲 90°，后再反向弯曲 20°”，并要求反弯试验时，经正向弯曲后试样应在 100℃温度下保温不少于 30min，经自然冷却后再进行反向弯曲；对于疲劳性能的检验，可不作一般验收的交货条件，如需方要求，经供需双方协议，可进行疲劳性能试验，试验技术条件和方法由双方协商确定。关于钢筋的焊接性能，其焊接工艺和接头性能应符合“JGJ 18—2003《钢筋焊接及验收规程》”的规定，鉴于细晶粒钢筋为新纳入标准的牌号，有关焊接方面的内容尚未纳入钢筋焊接规程的标准规定，该类牌号钢筋的焊接工艺应经试验确定，接头性能应符合钢筋焊接规程中相应强度等级钢筋的要求。

在 2018 版标准中，增加了钢筋疲劳性能试验的要求。由于钢筋混凝土结构应用范围广泛，房屋建筑、铁路、公路、桥梁、海港、水电站等各种工程结构中，动静载荷的情况下均需用到，因此该标准中规定“根据需方要求，可进行疲劳性能试验”，疲劳试验条件采用 GB/T 28900《钢筋混凝土用钢材试验方法》标准；该标准疲劳试验不同于 BS 4449—2005 条件，但满足 500MPa 级钢筋疲劳强度高于 400MPa 级要求。考虑到疲劳试验耗时较长，为保证生产过程的连续性，规定疲劳检验仅作为型式检验。

（六）组批规则

在 2007 版标准中，对组批规则作了修改。由于多数企业的每炉钢吨位达到了百吨或百吨以上，原标准中每批为 60t 的规定已不再适用。所以修改为“每批由同一牌号、同一炉罐号、同一规格的钢筋组成。每批重量通常不大于 60t。超过 60t 的部分，每增加 40t（或不足 40t 的余数），增加一个拉伸试验试样和一个弯曲试验试样”。

（七）重量及允许偏差

在 1998 版标准中，将钢筋的重量偏差修改为必保条件，不再作为需方要求时才予以保证的条件。钢筋内径偏差是影响重量偏差的主要因素，控制了重量偏差，也就基本上控制了内径偏差，此时内径偏差转为轧辊是否可继续使用的控制条件。

在 2007 版标准中，取消了内径偏差，规定以重量偏差交货。同时对重量偏差的测量进行了调整，即由原来的“试样数量不少于 10 支，试样总长度不小于 60m，长度应逐支测量，应精确到 10mm。试样总重量不大于 100kg 时，应精确到 0. 5kg，试样总重量大于 100kg 时，应精确到 1 kg。”修改为“试样应从不同根钢筋上截取，数量不少于 5 支，每支试样长度不小于 500mm，长度应逐支测量，应精确到 1mm，测量试样总重量时，应精确到不大于总重量的 1%。”

在 2018 版标准中，考虑到重量偏差与内径允许偏差的对应关系（见表 1-13），对重量偏差进行了调整。将重量偏差规定数值由整数修改为保留小数点后 1 位，分别为 ±4. 0%（规格 ϕ6～12mm）、±5. 0%（ϕ14～20mm）、±6. 0%（ϕ22～50mm）。调整后，与国际标准相比较，我国生产的钢筋重量偏差的要求整体高于国际标准。

表 1-13　重量偏差与内径对比表

公称直径 /mm	公称横截面积 /mm^2	理论米重 /kg·m^{-1}	相对肋面积 /%	内径 /mm	重量偏差 /%	对应内径 /mm	重量偏差 /%	对应内径 /mm
6	28. 27	0. 222	0. 055	5. 8	±6	5. 66	±7	5. 63
8	50. 27	0. 395	0. 055	7. 7	±6	7. 55	±7	7. 51
10	78. 54	0. 617	0. 055	9. 6	±6	9. 44	±7	9. 39
12	113. 1	0. 888	0. 055	11. 5	±6	11. 33	±7	11. 27

从表 1-13 可看出，重量偏差提升为±6%，一定程度上提高了对钢筋内径的下限要求。另外，由于重量偏差既不属于序贯试验，也不属于非序贯试验，该标准中规定按组测量重量偏差时不允许复验。

（八）定尺说明

在 1998 版标准中，将直条钢筋长度修改为按定尺长度交货，并取消了短尺，以适应市场需要。其中具体定尺长度由供需双方在供货合同中规定，非定尺部分钢筋，如果用户需要，经供需双方协议，也可供货。

在 2007 版标准中，对钢筋定尺交货的长度偏差有了要求。定尺长度交货的钢筋长度偏差，在需方无特殊要求时，允许有正负偏差；当需方要求最小长度时，不允许有负偏差；当需方要求最大长度时，不允许有正偏差。允许偏差值的范围仍保持原标准水平。

（九）冶炼方法

在2018版标准中，为巩固化解钢铁过剩产能成果，提高钢材有效供给水平，进一步落实“坚定不移地淘汰落后产能”等相关产业政策，规定了“钢应采用转炉或电弧炉冶炼，必要时可采用炉外精炼”，并限制了使用工频炉、中频炉生产钢筋产品。

（十）标志标识

在2018版标准中，对钢筋的轧制标志进行了统一，即规定“钢筋应在其表面轧上牌号标志、生产企业序号（许可证后3位数字）和公称直径毫米数字，还可轧上经注册的厂名或商标”，这样既不会产生混淆，又简便易操作。另外，注册的厂名或商标不是必须轧在钢筋上，但牌号标志、生产企业序号（许可证后3位数字）和公称直径毫米数字这三个标志必须轧上，其顺序可以任意组合，不必依次轧制。

GB 1499—1998《钢筋混凝土用热轧带肋钢筋》标准涉及的其他具体内容请扫描二维码查阅。

GB/T 1499.2—2007《钢筋混凝土用钢　第2部分：热轧带肋钢筋》标准涉及的其他具体内容请扫描二维码查阅。

GB/T 1499.2—2018《钢筋混凝土用钢　第2部分：热轧带肋钢筋》标准涉及的其他具体内容请扫描二维码查阅。

第二节　螺纹钢应用标准发展史

螺纹钢在建筑中主要是与砂石、水泥形成混凝土构件而提高建筑的承重能力，可以说螺纹钢标准的发展与钢筋混凝土建筑设计规范标准的发展具有相辅相成的关系，所以有必要回顾混凝土建筑相关设计规范的发展以及螺纹钢在其中的应用情况。

我国从20世纪初开始应用钢筋混凝土结构，而经过将近半个世纪的应用，一直没有相应的建筑设计标准。新中国成立后，国家制定五年计划，集中力量进行工业化建设，这为钢筋混凝土结构的快速发展创造了条件。为了加快我国经济的复苏，国家引进苏联先进工艺技术和装备，包括建筑设计规范标准，其中建筑结构方面影响最大的是“苏联1955规范”（即苏联1955年正式颁布的建筑设计规范）。我国首批建筑结构设计规范从1962年开始编制，于1966年颁布试行，即“1966规范”，以国家建筑工程部标准形式问世，主要有BJG 21—1966《钢筋混凝土结构设计规范》、BJG 20—1966《湿陷性黄土地区建筑规范》和BJG 16—1965《钢筋混凝土薄壳顶盖及楼盖结构设计计算规程》三个标准。随着五年计划的实施，我国工业和基础设施建设有了明显的突破，在建设理念和技术规范的制定方面也有了一定的经验。在引用苏联规范的同时，我国也积极总结建筑设计、施工经验，积极进行科学研究，为了更好地发挥技术规范在建筑工程中的作用，1974年对原规范进行了一次修订，形成了“1974 规范”。该规范中包含了一系列与建筑相关的规范、规定和规程，包括与建筑抗震性能相关的设计规范。为了合理地统一各类材料的建筑结构设计，使建筑结构设计符合技术先进、经济合理、安全适用、确保质量的要求，于 1983 年制订了《建筑结构设计统一标准（草案）》，1984 年经国家计划委员会批准颁布为 GBJ 68—1984《建筑结构设计统一标准》。1978 年实施改革开放后，我国积极采用国外先进技术，在借鉴国外先进建筑设计规范和总结国内多年的科研成果及工程实践经验基础上，1989 年对建筑规范又进行了一次修订，形成了不同层次、内容完整、技术先进、配套齐全的“1989 规范”。进入 21 世纪之后，2002 年和 2010 年相继又对建筑规范进行了两次修订，形成了“2002 规范”和“2010 规范”。此后，建筑规范大致形成了与抗震有关的规范、与制图有关的规范、与钢结构有关的规范等三大类。

上述提到的“规范”包含着一系列与建筑相关的规范、规程和规定，表 1-14 列出了与钢筋结构及钢筋混凝土结构相关的一些规范，以供参考。

表 1-14　钢筋混凝土结构相关规范、规程和规定的演变

规范名称	包含内容
苏联 1955 规范	（1）HПTy 20—1955《砖石及钢筋砖石结构设计标准及技术规范》； （2）HПTy 121—1955《钢结构设计标准及技术规范》； （3）HПTy 123—1955《混凝土及钢筋混凝土结构设计标准及技术规范》； （4）П 123—1955/MCⅡMXⅡ《钢筋混凝土结构构件截面的设计规程》； （5）HПTy 127—1955《房屋和工业结构物天然地基设计标准及技术规范》
1966 规范	（1）BJG 21—1966《钢筋混凝土结构设计规范》； （2）BJG 20—1966《湿陷性黄土地区建筑规范》； （3）BJG 16—1965《钢筋混凝土薄壳顶盖及楼盖结构设计计算规程》
1974 规范	（1）TJ 9—1974《工业与民用建筑结构荷载规范》； （2）TJ 10—1974《钢筋混凝土结构设计规范》； （3）TJ 11—1974《工业与民用建筑抗震设计规范》； （4）TJ 7—1974《工业与民用建筑地基基础设计规范》； （5）TJ 6—1974《厂房建筑统一化基本规则》； （6）TJ 16—1974《建筑设计防火规范》
1989 规范	（1）GBJ 7—1989《建筑地基基础设计规范》； （2）GBJ 9—1987《建筑结构荷载规范》； （3）GBJ 10—1989《混凝土结构设计规范》； （4）GBJ 11—1989《建筑抗震设计规范》； （5）GBJ 17—1988《钢结构设计规范》

续表 1-14

规范名称	包含内容
2002 规范	（1）GB 50009—2001《建筑结构荷载规范》； （2）GB 50011—2001《建筑抗震设计规范》； （3）GB 50007—2002《建筑地基基础设计规范》； （4）GB 50010—2002《混凝土结构设计规范》； （5）JGJ 3—2002《高层建筑混凝土结构技术规程》； （6）JGJ 79—2002《建筑地基处理技术规范》； （7）JGJ 81—2002《建筑钢结构焊接技术规程》
2010 规范	（1）GB 50010—2010《混凝土结构设计规范》； （2）GB 50011—2010《建筑抗震设计规范》； （3）JGJ 3—2010《高层建筑混凝土结构技术规程》

随着混凝土建筑的发展，钢筋在各种混凝土建筑中的应用越来越广泛。由于不同领域的建筑特点，对钢筋质量也提出了不同的要求，如抗震性能、力学性能、耐火性能、耐蚀性能、疲劳性能、表面质量等。在诸多建筑规范中，《混凝土结构设计规范》以及一系列配套的规范是我国基础建设领域中应用最广、影响最大的国家标准，为我国的基础建设和行业技术进步做出了重大贡献。所以，为了描述螺纹钢在建筑应用标准中的发展，本节重点介绍了《混凝土结构设计规范》标准的演变情况以及螺纹钢在该规范中的应用。我国《混凝土结构设计规范》标准经历了三个发展阶段：第一阶段为从 1955 年到 1966 年的引用苏联标准阶段；第二阶段为从 1966 年到 1989 年的实施部颁标准阶段；第三阶段为 1989 年至今的实施国家标准阶段。

一、引用苏联标准阶段

新中国成立之前，我国没有自己的标准规范体系，建筑事务所主要依据国外建筑规范来设计混凝土结构房屋。新中国成立之后，随着苏联技术装备的引进和实践，掀起了学习苏联标准的热潮，其中 НПТу 123—1955《混凝土及钢筋混凝土结构设计标准及技术规范》是建筑工程中推广的重要标准。1957 年 3 月国家建设委员会发行了 НПТу 123—1955《混凝土及钢筋混凝土结构设计标准及技术规范》标准的第一版中文译本，1962 年 3 月又发行了新一版中文译本。从 1949~1966 年，我国建筑工程一直采用苏联标准来进行设计，所以将这段时间称为《混凝土建筑设计规范》的引用苏联标准阶段。

二、实施部颁标准阶段

随着苏联建筑设计规范在我国建筑工程中的广泛应用，国内技术人员达到了熟练应用苏联规范的程度，于是国家建筑工程部参考苏联 НПТу 123—1955《混凝土及钢筋混凝土结构设计标准及技术规范》标准，结合我国建筑的特点和工程应用经验，制订了我国第一个建筑设计规范，即 BJG 21—1966《钢筋混凝土结构设计规范》。经过几年的实际应用，根据当时应用中存在的问题，对原标准进行了修订，形成了 TJ 10—1974《钢筋混凝土结构设计规范》标准。由于当时对混凝土建筑缺乏系统的科学研究、试验验证以及工程经验积累，这个阶段修订的核心内容仍是模仿苏联规范的规定。

（一）BJG 21—1966《钢筋混凝土结构设计规范》

BJG 21—1966《钢筋混凝土结构设计规范》是我国第一个建筑设计规范，由当时的建筑工程部同冶金工业部、机械工业部、铁道部和清华大学等单位共同编制。该规范从 1962 年开始编辑，1964 年提出初稿，1965 年 10 月定稿，1966 年 6 月 1 日开始实施。BJG 21—1966《钢筋混凝土结构设计规范》包含了材料、混凝土结构构件强度计算，钢筋的强度计算，构件变形和抗裂度、结构构件疲劳验算和构件要求等一系列内容。其中对热轧钢筋的要求有：

（1）钢筋混凝土结构用的钢筋及其计算强度符合表 1-15 的要求。

（2）表 1-15 钢筋的计算强度中 3 号钢钢筋为热轧光圆钢筋，5 号钢钢筋为热轧螺旋式螺纹钢筋，25 锰硅钢钢筋为热轧人字式螺纹钢筋，5 号钢钢筋及 25 锰硅钢钢筋统称为螺纹钢筋。

表 1-15 钢筋的计算强度 （kg/cm^2）

钢筋种类	受拉钢筋设计强度		受压钢筋 R'_g
	纵向钢筋及斜截面抗弯计算时的横向钢筋 R_g	斜截面抗弯计算时的横向钢筋 R_{gk}	
3 号钢	2100	1680	2100
5 号钢	2400	1920	2400
25 锰硅（25MnSi）	3400	2720	3400

（3）25 锰硅钢钢筋用作受拉和受弯构件中的受拉钢筋时，应遵循有关专门规程的要求。

（4）钢筋的弹性模量 E 按表 1-16 所示规定。

表 1-16 钢筋的弹性模量

钢 筋 种 类	弹性模量/$kg\cdot cm^{-2}$
3 号钢钢筋	2.1×10^6
5 号钢和 25 锰硅钢钢筋	2.0×10^6

BJG 21—1966 标准中还涉及钢筋的疲劳强度、钢筋混凝土结构的变形和抗裂度验算方法、钢筋的结构和最小配筋率等内容。该标准的具体内容请扫描二维码查阅。

（二）TJ 10—1974《钢筋混凝土结构设计规范》

1974年国家基本建设委员会建筑科学研究院，根据1971年全国设计革命会议的要求会同有关单位，对原BJG 21—1966《钢筋混凝土结构设计规范》进行了修订，形成了TJ 10—1974《钢筋混凝土结构设计规范》。修订过程中进行了比较广泛的调查研究和必要的科学试验，总结了我国二十多年来钢筋混凝土结构设计、施工、科研和使用的经验，并征求了全国有关单位的意见，最后会同有关部门审查定稿。该规范中修改了结构安全度的表达形式，调整了材料的设计强度指标，增加了预应力混凝土结构设计的有关章节，增加了厂房考虑空间整体作用的计算方法以及其他内容。

TJ 10—1974规范中提高了钢筋混凝土结构中的钢筋设计强度（见表1-17），即热轧钢筋宜采用Ⅰ级、Ⅱ级、Ⅲ级钢筋，受拉钢筋设计强度和受压钢筋设计强度应满足下列要求。

表1-17 钢筋强度设计要求 （kg/cm^2）

钢筋种类	受拉钢筋设计强度	受压钢筋设计强度
Ⅰ级钢筋（3号钢）	2400	2400
Ⅱ级钢筋（16锰）	3400	3400
Ⅲ级钢筋（25锰硅）	3800	3800
Ⅳ级钢筋（44锰2硅、45硅2钛、40硅2钒、45锰硅钒）	5500	4000

（1）5号钢钢筋的受拉钢筋设计强度和受压钢筋设计强度均取$2800kg/cm^2$。

（2）在钢筋混凝土结构中，轴心受拉和小偏心受拉构件的受拉钢筋设计强度大于$3400kg/cm^2$时，仍应按$3400kg/cm^2$取用；其他构件的受拉钢筋设计强度大于$3800kg/cm^2$时，仍应按$3800kg/cm^2$取用。

（3）Ⅱ级钢筋直径为28mm及以上时，设计强度应取$3200kg/cm^2$。

（4）当钢筋混凝土结构的混凝土标号为100号时，允许采用Ⅰ级钢筋和5号钢钢筋，此时受拉钢筋设计强度应乘以系数0.9。

（5）构件中配有不同种类的钢筋时，每种钢筋根据其受力情况采用各自的设计强度。

除了以上热轧钢筋外，TJ 10—1974《钢筋混凝土结构设计规范》标准中还修改了与混凝土和钢筋混凝土结构相关的内容，具体内容请扫二维码查阅。

三、实施国家标准阶段

改革开放之后，为了更好地满足我国经济的快速发展，参考国外先进规范标准，对1974版规范进行了修订，形成了GBJ 10—1989《混凝土结构设计规范》。该版规范是第一本基于自主科研成果的、适合我国国情的、与国际标准接轨的国家混凝土结构设计规范，成为了以后历次规范修订的基础。此后，随着国内高层、超高层建筑的发展，对钢筋混凝土建筑的钢筋和混凝土材料也提出了更高的要求。为了保证建筑的安全度，建设部用5年时间，对建筑设计规范进行了修订，形成了GBJ 50010—2002《混凝土结构设计规范》标准，该规范中提出了将400MPa级热轧带肋钢筋作为结构的主力钢筋。针对现代混凝土结构体量大、形状复杂、功能多变、容易遭受间接作用和偶然作用等特点，对2002版规范进行了修订，形成了GBJ 50010—2010《混凝土结构设计规范》标准。该规范中强化了高强钢筋的应用，并在2015年对其进行局部修订时，引入强度级别为500MPa级的热轧带肋钢筋，适当扩充混凝土结构耐久性的相关内容，形成了具有我国建筑发展特色和国际高标准要求的混凝土结构设计规范。

（一）GBJ 10—1989《混凝土结构设计规范》

1978年开始改革开放后，我国混凝土结构设计规范进入了跨越式发展阶段。中国建筑科学研究院建筑结构研究所《钢筋混凝土结构设计规范》管理组组织全国有关高等院校、科研、设计、施工单位，针对TJ10—1974规范中存在的问题和工程建设中出现的新技术、新材料、新结构，有计划地开展了三次钢筋混凝土结构设计规范课题的研究。通过这三次课题的研究，获得了大量的试验数据和理论成果，为规范的修订提供了依据。随后，GBJ 10—1989《混凝土结构设计规范》于1989年颁布，其中涉及混凝土钢筋的修订内容主要体现在如下几个方面。

（1）混凝土和钢筋。在TJ 10—1974规范中，混凝土标准试块的尺寸为200mm×200mm×200mm，试块抗压强度概率分布为0.15分位数，与国际标准差别较大。为便于国际交流，GBJ 10—1989规范将混凝土标准试块的尺寸修改为150mm×150mm×150mm，试块抗压强度概率分布修改为0.05分位数，并用符号C和立方体抗压强度标准值（N/mm^2）表示，保证了与国际上混凝土表示方法的统一。

在20世纪70年代，国内生产的钢丝同种规格有不止一种的标准强度，这种变化有利于冶金生产，但不利于设计使用。为避免在设计和施工上引起混乱，GBJ 10—1989规范根据当时的冶金标准，取消了一些细直径钢丝、钢绞线规格，并在改变冷拉工艺方法（即改单控、双控为控制应力、控制冷拉率）的基础上，将冷拉钢筋的设计强度由两种改为一种，从而消除了由于两种设计强度给设计和施工带来的麻烦。

（2）正截面承载力计算。TJ 10—1974规范的受弯和受压（包括大小偏心受压）承载力计算公式是根据对试验结果的分析建立的，对于复杂的情况（如腹部配筋、双向受弯、双向受压及任意截面），则不能外推。GBJ 10—1989规范通过引入平截面假定，给出理想化的钢筋和混凝土应力-应变曲线，对常见截面形状和配筋形式给出的简化计算公式，解决了不能外推的问题。此外，GBJ 10—1989规范以截面极限曲率为基础修改了TJ 10—1974规范中长柱偏心距增大系数的计算方法；增加了高强钢丝在预应力混凝土受弯构件中进入强化段后对正截面承载力提高作用的计算公式，从而从设计端节约了钢材用量。

（3）冲切和局部受压。实际施工证明，TJ 10—1974规范中冲切承载力的计算过于保守，GBJ 10—1989 规范将冲切计算的系数调低了约 10%，增加了配置箍筋和弯起钢筋板冲切承载力的计算方法。此外，对于局部受压，GBJ 10—1989 规范修改了混凝土底面积的计算方法，采用“同心对称”的原则，要求计算底面积与局压面积具有相同的中心位置且对称。因此，当构件处于边部或角部局部受压时，局部受压处的混凝土强度不再提高，这些改动也变相节约了混凝土中的钢材用量。

（4）构造方面。由于高层建筑迅速发展，剪力墙得到了更加广泛的应用，为控制剪力墙建筑物的裂缝，GBJ 10—1989 规范规定了现浇式剪力墙结构伸缩缝间距。从耐久性出发，增加了露天或室内高湿度环境下保护层厚度，由 TJ 10—1974 规范的 10mm 提高到 15mm；从黏结锚固性能出发，规定保护层厚度不小于钢筋直径，保证钢筋充分发挥其强度。此外，TJ 10—1974 规范中最小配筋率规定偏低，但限于当时的经济条件，GBJ 10—1989 规范中并没有普遍提高，只是将 TJ 10—1974 规范最低一档的最小配筋率由 0.1%提高到 0.15%。

TJ 10—1974 规范对锚固长度的规定比较笼统，可靠度水平差别很大，混凝土强度等级较高时锚固过长，而混凝土强度等级较低时锚固又不足。GBJ 10—1989 规范首先以混凝土强度等级 C25 的锚固可靠度为校准点，按混凝土强度等级规定不同钢筋的锚固长度，在常用的 C20～C30 范围内，混凝土强度等级提高一级（$5N/mm^2$），锚固长度减少 5 倍直径。其次，GBJ 10—1989 规范以受拉钢筋的锚固长度为基准，导出搭接长度和延伸长度，建立了一套比较合理的锚固设计方法。再次，GBJ 10—1989 规范对连续梁或框架梁的上部、下部纵向钢筋伸入中间支座和节点范围的长度作了规定，对框架梁上部纵向钢筋在中间层端节点内的锚固长度，作出了具体规定，同时给出了钢筋水平锚固长度放松的条件。

（5）构件。TJ 10—1974 规范对叠合构件的规定过于简单，不能满足实际设计发展需要，GBJ 10—1989 规范对其作了修订。在受弯承载力方面，根据叠合构件受拉钢筋应力超前现象，规定了控制条件，以防止受拉钢筋在使用阶段出现屈服；在受剪承载力方面，给出了叠合面受剪承载力公式，当配箍率低时，由斜截面受剪控制箍筋用量，而当配箍率高时，由叠合面受剪控制箍筋用量；在正常使用极限状态方面，根据叠合构件分两个阶段受力的特点，给出了刚度和裂缝宽度计算公式。

GBJ 10—1989《混凝土结构设计规范》标准的具体内容请扫二维码查阅。

（二）GB 50010—2002《混凝土结构设计规范》

GB 50010—2002 规范是根据建设部要求，由中国建筑科学研究院主持对 GBJ 10—1989 规范进行的全面修订版本。GB 50010—2002 规范的修订有两个特点：一是更加注重我国混凝土结构设计规范与国际规范的接轨，二是邀请了水工、铁路、港工等各规范组的成员参加，并尽量吸收相关规范的有益成分。其中，涉及混凝土钢筋的修订内容主要体现在如下几个方面。

（1）混凝土和钢筋。增加了 C60～C80 高强混凝土，同时删除了 C15 以下的低强混凝土，以适应建筑技术发展需要。考虑到我国经济实力已有较大程度的提高，将结构安全度适当调整，混凝土材料分项系数由 1.35 提高到 1.40，混凝土强度设计值降低了 4%。

当时混凝土结构的用钢水平，落后于工业发达国家，也滞后于一般国际水平。鉴于冶金系统采用国际标准，开始生产高强、高延展性的优质钢筋。因此，GB 50010—2002 规范调整了用钢原则：一是推广热轧带肋 HRB400 级钢筋作为普通混凝土结构的主导钢筋；二是推广高强低松弛钢丝、钢绞线作为预应力混凝土结构的主导用钢；三是各种冷加工钢筋（冷拉、冷拔、冷轧、冷扭）不再列入设计规范而交由专门标准（行业规程等）管理。

（2）受剪承载力计算。实际应用发现 GBJ 10—1989 规范中构件的斜截面受剪承载力安全度偏低，GB 50010—2002 规范适当进行了提高。在受剪承载力计算中，用混凝土轴心抗拉强度代替 GBJ 10—1989 规范中的混凝土轴心抗压强度，箍筋项的系数由原来的 1.5 降为 1.25（相应的配箍量增加 20%）。同时，取消了箍筋设计强度（310N/mm^2）的限值，提倡选用 HRB400 级或 HRB335 级细直径钢筋作为箍筋使用。

（3）疲劳验算。同期的试验研究表明，影响钢筋疲劳强度的主要因素是疲劳应力幅。因此，GB 50010—2002 规范将原规范中的钢筋应力验算改为受拉钢筋的应力幅验算。

（4）构造方面。考虑到我国混凝土强度等级提高，水泥用量大幅增加，且混凝土凝固具有快硬、早强、发热量和收缩量大的特点，GB 50010—2002 规范增加了关于构造方面的内容，同时规定了新的构造配筋形式，以降低温差引起的板、梁、墙收缩引起的约束应力，用以减少现浇混凝土结构中的裂缝现象。

GBJ 10—1989 规范的锚固和连接与国际惯例存在较大差距，不能反映锚固条件的影响，GB 50010—2002 规范针对此情况作了修改，以计算公式的形式确定了钢筋的锚固长度。当钢筋的锚固长度因结构尺寸受限制而难以布置时，可以采用机械锚固措施，对机械锚固的配箍提出新的要求，并且明确规定了连接的位置、数量、连接区段的定义以及接头面积百分率。此外，GBJ 10—1989 规范中纵向受力钢筋最小配筋率偏小，为此 GB 50010—2002 规范对“全部纵向钢筋”的最小配筋率进行了适当提高，并与抗震设计规范衔接。

（5）抗震设计。为保证抗震结构的延性，2002 版规范提高了保证“强柱弱梁”和“强剪弱弯”的系数。根据试验结果，对框架柱做出了在一定配箍条件下适当放松轴压比限制的规定，同时对加密区的箍筋体积配筋率提出了更为详细的要求。

GB 50010—2002《混凝土结构设计规范》标准的具体内容请扫二维码查阅。

（三）GB 50010—2010《混凝土结构设计规范》

GB 50010—2010 规范是根据建设部《关于印发 2006 年工程建设标准规范制订、修订计划（第一批）的通知》的要求，由中国建筑科学研究院作为主编单位修订。本次规范修订中贯彻落实了国家“四节一环保”、节能减排和可持续发展的基本国策，提高了钢筋应用强度级别，建立了科学的 300MPa、400MPa、500MPa 建筑用钢筋的完整系列，并调整了混凝土构件抗震等级等方面的要求，以提高建筑结构的防灾减灾性能。该规范于 2010

年8月由中华人民共和国住房和城乡建设部批准，自2011年7月1日起实施。其中，涉及混凝土钢筋的修订内容主要体现在如下几个方面。

（1）混凝土和钢筋。适当提高混凝土应用的强度等级，完善混凝土的应力-应变本构关系，给出了多轴应力状态下实用的强度包络图及强度调整系数表。

提高钢筋强度等级，新增HPB300钢筋、HRB500高强钢筋和1960MPa级预应力筋，淘汰HPB235钢筋并逐步限制HRB335钢筋；补充中强预应力钢丝及预应力螺纹钢筋。该规范的相关条文均贯彻推广高强钢筋的原则：优先使用400MPa级高强钢筋，积极推广500MPa级高强钢筋，用HPB300钢筋取代HPB235钢筋，逐步限制、淘汰HRB335钢筋。此外，为保证结构与构件的延性及抗力，补充了钢筋的极限强度指标，提出了钢筋在最大力作用下总伸长率（均匀伸长率）的要求。

（2）调整裂缝宽度-挠度的验算。为解决高强钢筋应用中受裂缝宽度制约的问题，主要从两个方面进行修订：一是对钢筋混凝土构件的正常使用极限状态荷载组合，采用准永久荷载组合；二是对裂缝宽度计算公式中的系数取值适当调整，钢筋混凝土构件受力特征系数由2.1改为1.9。

（3）调整钢筋保护层厚度。强调耐久性环境类别对保护层厚度的影响，保护层厚度从最外层钢筋（箍筋、构造筋等）算起，一般情况下保护层厚度稍微增加，恶劣环境下保护层厚度大幅度增加，并根据工程实践提出了减小保护层厚度时的技术措施。此外，对采用厚保护层时的技术措施，提出了配置表层钢筋网片的构造措施。

（4）控制钢筋的锚固长度。提出了基本锚固长度的概念，给出控制锚固长度的因素：钢筋外形、混凝土强度、握裹层厚度、约束配筋、受力配筋裕量、侧向压力、锚头的局部挤压等。根据锚固条件，给出锚固长度修正系数，提出了对筋端锚头形式（弯钩、弯折及机械锚固）和锚固长度修正系数的要求。

（5）钢筋连接设计。强调钢筋连接接头保证传力性能的基本要求，给出钢筋绑扎搭接、机械连接、焊接的适用范围及相应配筋构造要求，并倡导应用机械连接。

（6）最小配筋率调整。对受拉钢筋最小配筋率保持双控原则，按配筋特征值与绝对值控制，以鼓励使用高强钢筋。考虑工程实践及设计的延续性，适当降低板类构件的最小配筋率，适当提高受压构件的全截面最小配筋率。其中，400MPa级钢筋最小配筋率与GB 50010—2002规范相比稍有提高（为0.55%），500MPa级钢筋的最小配筋率与GB 50010—2002规范400MPa级钢筋相当（为0.5%），适当提高了安全储备。

（7）抗震设计与协调。与《建筑抗震设计规范》分工协调，有关抗震等级、不同结构形式的限制高度、地震效应等涉及结构抗震宏观控制的内容不再列入本规范。同时，加强和补充构件的抗震设计计算以及抗震配筋构造措施的要求。符合专用抗震性能要求的钢筋带后缀“E”表达，并明确界定其应用范围。为保证框架结构的抗震性能，对需满足抗震性能要求的钢筋的应用范围稍有扩大，从2002版规范一、二级抗震等级设计的框架扩大到三级，并新增斜撑构件。为保证满足抗震性能要求钢筋的延性，增加最大力下伸长率不应小于9%的要求。当采用牌号不带“E”的热轧带肋钢筋时，应通过试验检验钢筋的强屈比、屈屈比以及最大力下的总伸长率（均匀伸长率），以确定钢筋是否符合抗震性能要求。

框架柱箍筋对提高柱的抗震性能具有重要作用，规范鼓励采用焊接封闭箍筋、连续螺旋箍筋和连续复合矩形螺旋箍筋，以约束混凝土有效提高框架柱的抗震性能。规范对加密区箍筋体积配箍率采用抗拉强度设计值计算，充分发挥高强钢筋用作约束箍筋时的强度优势，适当减少了配筋。

GB 50010—2010《混凝土结构设计规范》标准的具体内容请扫二维码查阅。

（四）GB 50010—2010《混凝土结构设计规范》局部修订版

作为钢筋混凝土结构建筑中重要的规范 GB 50010—2010《混凝土结构设计规范》在 2015 年再次进行了局部修订。本次修订根据多年来的工程经验和研究成果，总结了 2010 版规范的应用情况和存在问题，贯彻国家“四节一环保”的技术政策，对部分内容进行了补充和调整，适当扩充了混凝土结构耐久性的相关内容，引入了 500MPa 级的热轧带肋钢筋，对承载力极限状态计算方法、正常使用极限状态验算方法进行了改进，完善了部分结构构件的构造措施，补充了结构防连续倒塌和既有结构设计的相关内容等。其中，涉及混凝土钢筋的修订主要体现在如下几个方面。

（1）提升钢筋强度等级。增加强度为 500MPa 级的高强热轧带肋钢筋；将 400MPa 级、500MPa 级高强热轧带肋钢筋作为纵向受力的主导钢筋推广应用，尤其是梁、柱和斜撑构件的纵向受力配筋应优先采用 400MPa 级、500MPa 级高强钢筋，500MPa 级高强钢筋用于高层建筑的柱、大跨度与重荷载梁的纵向受力配筋更为有利；淘汰 ϕ16mm 及以上的 HRB335 级热轧带肋钢筋，保留小直径的 HRB335 级钢筋，主要用于中、小跨度楼板配筋以及剪力墙的分布筋配筋，还可用于构件的箍筋与构造配筋；用 300MPa 级光圆钢筋取代 235MPa 级光圆钢筋，将其规格限于 ϕ6～14mm，主要用于小规格梁柱的箍筋与其他混凝土构件的构造配筋。对既有结构进行再设计时，235MPa 级光圆钢筋的设计值仍可按原规范取值。

（2）优化钢筋使用性能。推广应用具有较好延性、可焊性、机械连接性能及施工适应性的 HRB 系列普通热轧带肋钢筋。列入采用控温轧制工艺生产的 HRBF400、HRBF500 系列细晶粒热轧带肋钢筋，取消 HRBF335 牌号钢筋。

（3）调整余热处理钢筋的使用范围。RRB400 余热处理钢筋由轧制钢筋经高温淬水，余热处理后提高强度，资源能源消耗低、生产成本低。其延性、可焊性、机械连接性能及施工适应性也相应降低，一般可用于对变形性能及加工性能要求不高的构件中，如延性要求不高的基础、大体积混凝土、楼板以及次要的中小结构构件等。

（4）扩大钢筋品种范围。增加预应力钢筋的品种；增补高强、大直径的钢绞线；列入大直径预应力螺纹钢筋（精轧螺纹钢筋）；列入中强度预应力钢丝以补充中等强度预应力钢筋的空缺，用于中、小跨度的预应力构件，但其在最大力下总伸长率应满足本规范第 4.2.4 条的要求；淘汰锚固性能很差的刻痕钢丝。

（5）优化钢筋使用范围。箍筋用于抗剪、抗扭及抗冲切设计时，其抗拉强度设计值发挥受到限制，不宜采用强度高于400MPa级的钢筋。当用于约束混凝土的间接配筋（如连续螺旋配箍或封闭焊接箍等）时，钢筋的高强度可以得到充分发挥，采用500MPa级钢筋具有一定的经济效益。

（6）调整规范涉及钢筋范围。近年来，我国强度高、性能好的预应力筋（钢丝、钢绞线）已可充分供应，故冷加工钢筋不再列入本规范。

GB 50010—2010《混凝土结构设计规范》修订版标准的具体内容请扫二维码查阅。

参 考 文 献

[1] 重庆市档案馆，四川省冶金厅，《冶金志》编委会.《抗战后方冶金工业史料》[M]. 重庆：重庆出版社，1988.

[2] 殷瑞钰. 钢的质量现代进展 [M]. 北京：冶金工业出版社，1995.

[3] 方一兵，董翰. 中国近代钢轨：技术史与文物 [M]. 北京：冶金工业出版社，2020.

[4] 张训毅. 中国的钢铁 [M]. 北京：冶金工业出版社，2012.

[5]《中国钢铁工业五十年数字汇编》委员会. 中国钢铁工业五十年数字汇编 [M]. 北京：冶金工业出版社，2003.

[6] 中国金属学会. 中国钢铁统计 [M]. 北京：冶金工业出版社，2003.

[7] 龚剑. 上海超高层及超大型建筑基础和基坑工程的研究与实践 [D]. 上海：同济大学，2003.

[8] 淳庆，王建国，冯世虎，等. 民国时期混凝土建筑中钢筋的物理力学性能 [J]. 东南大学学报（自然科学版），2014，44（4）.

[9] 谢仕柜. 我国低合金钢的发展 [J]. 中国冶金，1996（3）：32~34.

[10] 殷瑞钰. 钢的现代质量进展（上篇）[M]. 北京：冶金工业出版社，1995：159~160.

[11] 张学军. 冷轧螺纹钢筋：线材深加工的重要发展方向之一 [J]. 金属世界，1990（5）：6~7.

[12] 乔德庸. 复二重线材轧机的发展前途 [J]. 轧钢，1991（2）：19~22.

[13] 李贺杰，赵劲松. 复二重线材轧机产品的质量问题与原因分析 [J]. 唐山学院学报，2008（2）：3~5.

[14] 王子亮. 螺纹钢生产工艺与技术 [M]. 北京：冶金工业出版社，2008.

[15] 齐显新，阳石泉. ϕ260mm 半连续小型棒材轧机介绍 [J]. 轧钢，1986（5）：3~10.

[16] 李怀柱，苏艳，等. 西钢第一轧钢厂棒材全连轧生产线的工艺装备 [J]. 黑龙江冶金，2008（4）：4~6.

[17] 彭在美. 设计国产实用性棒材全连轧生产线 [J]. 江西冶金，1998（5）：14~15.

[18] 崔艳. 国内棒材生产线生产工艺及设备综述 [J]. 重型机械科技，2004（1）：36~50.

[19] 苏世怀，孙维，等. 高效节约型建筑用钢热轧钢筋述 [M]. 北京：冶金工业出版社，2010.

[20] 许宏安. 棒线材直接轧制工艺关键问题 [C]. 第九届中国国际钢铁大会论文集，2016：470~473.

[21] 佐祥均，袁钢锦. 线棒材免加热直接轧制技术的研究 [C]. 第十一届中国钢铁年会论文集，2017：1~8.

[22] 程知松. 棒线材无头轧制技术及发展趋势 [N]. 世界金属导报，2020-04-14（B06）.

[23] 刘晓燕，段东江. 钢坯焊接无头轧制在唐钢棒材生产线的应用 [J]. 河北冶金，2006（2）：40~41.

[24] 张晓力，付成安. 无头轧制技术的发展与应用 [J]. 河北冶金，2012（4）：3~7.

[25] 陈贻宏，黄杰，等. 切分轧制技术的发展及应用 [J]. 钢铁，2000（4）：65~68.

[26] 罗庆革. 柳钢棒材连轧多线切分轧制工艺与创新 [J]. 冶金信息导刊，2013（6）：43~46.

[27] 世界首例五切分轧制在沙钢诞生 [J]. 重钢科技，2007（1）：51.

[28] 刘建萍. 萍钢五切分轧制技术的研发 [J]. 江西冶金，2008（2）：31~32.

[29] 八钢在国内首创螺纹钢六线切分轧制技术 [J]. 新疆钢铁，2013（3）：11.

[30] 姜振峰. ϕ12mm 带肋钢筋六线切分轧制技术的开发 [J]. 轧钢，2014（6）：78~81.

[31] 雒力凯，卿俊峰. 无孔型轧制技术于重钢棒材生产线的应用 [J]. 重钢科技，2015（3）：36~40.

[32] 陈兴银. 无孔型轧制工艺的开发和应用 [J]. 科技致富向导，2013（8）：239~240.

[33] 刘嘎，何立平，等. 无孔型轧制技术的发展与现状 [C]. 第5届中国金属学会青年学术年会论文集，2010：142~146.

[34] 黎立章. 小规格棒材高速轧制工艺实践与展望 [J]. 轧钢，2012，29（增刊）：10~13.
[35] 李登强，刘君晖，等. ϕ10mm 螺纹钢的四切分轧制工艺技术研究 [J]. 萍钢科技，2007（3）：1~3.
[36] 要海渊，孟书锋，等. 棒材的控制轧制和控制冷却 [C]. 线棒材工艺技术、装备与应用学术研讨会论文集，2012：89~94.
[37] 重庆市档案馆，四川省冶金厅. 抗战后方冶金工业史料 [M]. 重庆：重庆出版社，1987：102，466，598.
[38] 要海渊，孟书锋，等. 棒材的控制轧制和控制冷却 [C]. 线棒材工艺技术、装备与应用学术研讨会论文集，2012：89~94.
[39] 徐飞龙，程勤. 加筋土挡墙粉煤灰高路堤在沪嘉高速公路延伸段的应用 [J]. 上海公路，1994（3）：27~31.
[40] 李坚. 一条现代化的公路——沪嘉高速公路的设计 [J]. 华东公路，1989（3）：1~13.
[41] 京沪高铁每天投近 2 亿用钢量相当于 120 多个鸟巢（一）[J]. 新疆钢铁，2008（4）：32.
[42] 曹建亚，张灏. 北京大兴国际机场大直径隔震支座施工技术 [J]. 施工技术，2020，49（1）：122~125.
[43] 段先军，雷素素，刘云飞，等. 北京大兴国际机场航站楼核心区超大平面复杂结构模架支撑体系设计与施工 [J]. 施工技术，2019，48（20）：35~39.
[44] 付玉香，常乃麟，刘振洋. 北京大兴国际机场航站楼（指廊）工程钢结构焊接技术 [J]. 建筑技术，2019，50（9）：1042~1044.
[45] 周宇，钱兴喜. 钢筋接头机械连接技术在长江三峡工程的应用 [J]. 云南水力发电，2003（2）：62~64.
[46] 张小厅，翁永红. 三峡工程混凝土施工关键技术问题研究 [J]. 水利水电快报，1998（15）：1~5.
[47] 蔡立军，李国义. 天津轧二高强精轧螺纹钢筋应用于三峡工程 [J]. 天津冶金，1997（4）：12.
[48] 许远，黄李涛. 武汉长江大桥解读 [J]. 华中建筑，2010，28（11）：166~169.
[49] 钮友宁. 南京长江大桥：新中国桥梁建设的奇迹 [J]. 工会信息，2019（16）：15~18.
[50] 蒋寒. 河钢集团 24 万吨高强钢建功港珠澳大桥 [J]. 中国科技财富，2018（11）：71~72.
[51] 崔怀俊，盛剑. 大直径高强螺纹钢筋在港珠澳大桥预制墩台中的应用 [J]. 中国港湾建设，2017，37（6）：77~80.
[52] 王祥云，隋新义，孙业发. 港珠澳大桥墩柱竖向预应力粗钢筋系统安装技术研究 [J]. 工程技术研究，2020，5（5）：24~26.
[53] 王绍豪，李云. 人民大会堂工程钢结构部分设计介绍 [J]. 建筑创作，2014（Z1）：359~366.
[54] 人民大会堂结构设计组. 人民大会堂工程结构设计总结 [J]. 2014（Z1）：349~358.
[55] 叶可明. 468m 上海广播电视塔主要施工技术 [J]. 建筑施工，1995（2）：1~7.
[56] 彭明祥，许立山，陈振明. CCTV 主楼底板复杂钢筋与特殊钢结构交叉施工技术 [J]. 施工技术，2006（9）：1~3.
[57] 陈禄如. 中央电视台新台址主楼钢结构用钢特点 [J]. 钢结构，2007（1）：1~4.

第二篇

中国螺纹钢的现状

历经百年，我国建成了全球产业链最大、最完整的钢铁工业体系。螺纹钢作为生产最多的钢铁产品，以世界最大的产量、国际先进的技术装备和不断提升的产品质量，有力支撑了国民经济的腾飞。从历史维度和全球视角来看，我国螺纹钢的发展和崛起是必然的，是中国钢铁实际、特点共同作用的结果。本篇介绍了我国螺纹钢的产业布局、主流技术装备、人力资源配置、需求和市场，从尽可能多的角度向读者展示了我国螺纹钢产业发展的现状，为从事螺纹钢营销和生产的工程师及管理者提供参考。

第一章　中国螺纹钢产业布局

中国螺纹钢产业布局受地理区位、资源禀赋、历史发展、市场拉动、政策指导等多种因素影响，经过100多年来的发展，总体呈现出“东多西少、北重南轻、沿海多内陆少”的局面。本章通过参与本书编纂的49家涉及1.75亿吨螺纹钢产量的企业，以及77家（包含49家参与本书编纂的企业）涉及1.985亿吨螺纹钢直条产能的企业，现有的产能、产线、产量情况简要介绍我国螺纹钢当前的产业布局情况。

第一节　螺纹钢产能区域分布

我国大陆地理区域可划分为华北地区、西北地区、东北地区、华东地区、华中地区、华南地区、西南地区。2020年，本书统计范围内的77家螺纹钢直条产能达到1.985亿吨，约占螺纹钢直条实际总产能的74.62%。螺纹钢直条在不同区域的具体产能及占比见表2-1。

表2-1　2020年螺纹钢直条产能

序号	区域	螺纹钢直条产能/万吨	比例/%	省、市、自治区
1	华北地区	5050	25.44	河北省、山西省、内蒙古自治区
2	东北地区	1780	8.97	黑龙江省、吉林省、辽宁省
3	西北地区	2009	10.12	陕西省、甘肃省、青海省、宁夏回族自治区、新疆维吾尔自治区
4	华东地区	5841	29.43	江苏省、浙江省、安徽省、江西省、山东省、福建省
5	华中地区	1800	9.07	河南省、湖北省、湖南省
6	西南地区	1700	8.56	重庆市、四川省、贵州省、云南省、西藏自治区
7	华南地区	1670	8.41	广东省、广西壮族自治区

从表2-1可看出，2020年我国螺纹钢直条产能主要集中在华东地区和华北地区，华东地区螺纹钢直条产能为5841万吨，占全国螺纹钢直条产能的29.43%，位居区域之首；华北地区螺纹钢直条产能为5050万吨，占全国螺纹钢直条产能的25.44%，仅次于华东地区；其他五个区域螺纹钢直条产能约在1700万~2000万吨。

（1）华东地区。华东地区是我国主要的螺纹钢直条产能生产区域。据统计，2020年华东地区产能为5841万吨，超过全国螺纹钢直条总产能的四分之一。其中仅江苏省的螺纹钢直条产能高达2436万吨，占全国螺纹钢直条总产能的12.27%。华东地区内江苏省、山东省、江西省、安徽省、福建省五个主要生产螺纹钢省份的直条产能和占比见表2-2。

表 2-2 2020 年华东地区各省螺纹钢直条产能

项目	江苏省	山东省	江西省	安徽省	福建省
产能/万吨	2436	1320	1120	575	390
比例/%	41.71	22.60	19.17	9.84	6.68

（2）华北地区。华北地区也是我国主要的螺纹钢直条产能生产区域，2020 年该区域的螺纹钢直条产能达到 5050 万吨，仅次于华东地区。其中河北省的螺纹钢直条产能高达 2750 万吨，占全国总产能的 13.85%，位居全国之首。华北地区内河北省、山西省、内蒙古自治区三个主要生产螺纹钢的区域螺纹钢直条产能和占比见表 2-3。

表 2-3 2020 年华北地区各省螺纹钢直条产能

项目	河北省	山西省	内蒙古自治区
产能/万吨	2750	1715	585
比例/%	54.46	33.96	11.58

（3）西北地区。据统计，在 2020 年西北地区螺纹钢直条产能达到 2009 万吨，其中陕西省的螺纹钢直条产能最高达到 970 万吨，占全国螺纹钢直条总产能的 4.89%。西北地区内陕西省、新疆维吾尔自治区、甘肃省、宁夏回族自治区、青海省五个主要生产螺纹钢的区域螺纹钢直条产能和占比见表 2-4。

表 2-4 2020 年西北地区各省螺纹钢直条产能

项目	陕西省	新疆维吾尔自治区	甘肃省	宁夏回族自治区	青海省
产能/万吨	970	180	400	390	69
比例/%	48.28	8.96	19.91	19.41	3.44

（4）东北地区。据统计，2020 年东北地区螺纹钢直条产能达到 1780 万吨，其中辽宁省的螺纹钢直条产能达到 910 万吨，占全国螺纹钢直条总产能的 4.58%。东北地区内辽宁省、吉林省、黑龙江省三个主要生产螺纹钢的区域螺纹钢直条产能和占比见表 2-5。

表 2-5 2020 年东北地区各省螺纹钢直条产能

项目	辽宁省	吉林省	黑龙江省
产能/万吨	910	570	300
比例/%	51.12	32.03	16.85

（5）华中地区。2020 年华中地区螺纹钢直条产能达到 1800 万吨，其中河南省的螺纹钢直条产能达到 1110 万吨，占全国螺纹钢直条总产能的 5.59%。华中地区内河南省、湖北省、湖南省三个主要生产螺纹钢的区域螺纹钢直条产能和占比见表 2-6。

表 2-6 2020 年华中地区各省螺纹钢直条产能

项目	河南省	湖北省	湖南省
产能/万吨	1110	450	240
比例/%	61.67	25.00	13.33

（6）西南地区。在2020年，西南地区螺纹钢直条产能达到1700万吨，其中四川省的螺纹钢直条产能达到800万吨，占全国螺纹钢直条总产能的4.03%。西南地区内四川省、云南省、贵州省、重庆市四个主要生产螺纹钢的区域螺纹钢直条产能和占比见表2-7。

表2-7 2020年西南地区各省螺纹钢直条产能

项目	四川省	云南省	贵州省	重庆市
产能/万吨	800	540	300	60
比例/%	47.06	31.76	17.65	3.53

（7）华南地区。2020年华南地区螺纹钢直条产能达到1670万吨，其中广西壮族自治区的螺纹钢直条产能达到1100万吨，占全国螺纹钢直条总产能的5.54%。华南地区内广西壮族自治区、广东省主要生产螺纹钢的区域螺纹钢直条产能和占比见表2-8。

表2-8 2020年华南地区各省螺纹钢直条产能

项目	广东省	广西壮族自治区
产能/万吨	570	1100
比例/%	65.87	34.13

第二节 螺纹钢生产线区域分布

螺纹钢生产线遍布于全国各个区域，截至2020年我国获得螺纹钢许可证的厂家总数多达443家，生产线759条（数据来源国家市场监督管理总局）。华东地区有251条螺纹钢生产线，占全国总数的33.07%；华北地区有141条螺纹钢生产线，占全国总数的18.58%，华东和华北是我国螺纹钢生产线的主要分布区域，占全国螺纹钢生产线总数的一半以上。华中地区共有67条生产线，占国内螺纹钢生产线总数的8.83%；东北地区共有62条生产线，占国内螺纹钢生产线总数的8.17%；西南地区共有83条生产线，占国内螺纹钢生产线总数的10.94%；西北地区共有53条生产线，占国内螺纹钢生产线总数的6.97%；华南地区共有102条生产线，占国内螺纹钢生产线总数的13.44%。各区域具体的生产线分布和占比见表2-9，按不同生产线类型分类的分布和占比见表2-10。

表2-9 2020年各区域螺纹钢生产线数量

序号	区域	螺纹钢生产线数量/条	比例/%	省、直辖市、自治区
1	华北地区	141	18.58	河北省、山西省、内蒙古自治区、天津市
2	西北地区	53	6.97	陕西省、甘肃省、青海省、宁夏回族自治区、新疆维吾尔自治区
3	东北地区	62	8.17	黑龙江省、吉林省、辽宁省
4	华东地区	251	33.07	江苏省、浙江省、安徽省、江西省、山东省、福建省、上海市
5	华中地区	67	8.83	河南省、湖北省、湖南省

续表 2-9

序号	区域	螺纹钢生产线数量/条	比例/%	省、直辖市、自治区
6	西南地区	83	10.94	重庆市、四川省、贵州省、云南省、西藏自治区
7	华南地区	102	13.44	广东省、广西壮族自治区、海南省

注：本表为取证螺纹钢（包括部分棒材）生产线数量，部分已停产，仅供参考。

表 2-10 2020 年螺纹钢生产线各大区占比

区域	棒材生产线/条	线材生产线/条	棒线材复合生产线/条	合计/条
华北地区	65	66	10	141
西北地区	33	15	5	53
东北地区	42	15	5	62
华东地区	170	67	14	251
华中地区	46	14	7	67
西南地区	49	24	10	83
华南地区	71	21	10	102
全国	476	222	61	759

2020 年螺纹钢生产线数量排名前十的省份及占比分别为：江苏省，占全国比重 13.31%；河北省，占全国比重 10.14%；广东省，占全国比重 8.83%；辽宁省、山东省、占全国比重 5.53%；安徽省、四川省，占全国比重 4.48%；福建省、广西壮族自治区，占全国比重 4.35%；云南省，占全国比重 4.08%。具体见表 2-11。

表 2-11 2020 年各地螺纹钢取证生产线数量

省（自治区、直辖市）	棒材生产线/条	线材生产线/条	棒线材复合生产线/条	合计
天津	4	4	0	8
河北	35	36	6	77
山西	20	21	2	43
内蒙古	6	5	2	13
陕西	16	4	0	20
新疆	9	6	2	17
甘肃	3	4	3	10
宁夏	4	1	0	5
青海	1	0	0	1
辽宁	30	8	4	42
吉林	5	6	1	12
黑龙江	7	1	0	8
江苏	72	27	2	101
山东	26	15	1	42

续表 2-11

省（自治区、直辖市）	棒材生产线/条	线材生产线/条	棒线材复合生产线/条	合计
浙江	15	3	4	22
江西	12	5	0	17
安徽	26	6	2	34
福建	17	11	5	33
上海	2	0	0	2
河南	19	6	3	28
湖北	14	6	3	23
湖南	13	2	1	16
重庆	4	2	0	6
四川	22	8	4	34
云南	17	11	3	31
贵州	6	3	3	12
广东	49	11	7	67
广西	20	10	3	33
海南	2	0	0	2

2020 年，我国螺纹钢棒材生产线数量占比最大，超过螺纹钢线材生产线和螺纹钢棒线材复合生产线之和，约占螺纹钢生产线总数的 62. 71%。就螺纹钢棒材生产线而言，华东地区螺纹钢棒材生产线仍占总量的三分之一以上，是螺纹钢棒材生产线数量最大的区域。从螺纹钢线材生产线数量来看，华北地区与华东地区占比相当，均在 30%，具体情况见图 2-1~图 2-4。

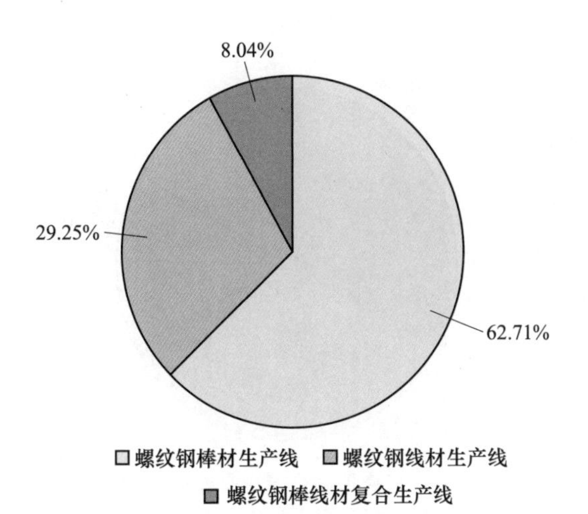

图 2-1　全国各类螺纹钢生产线占比

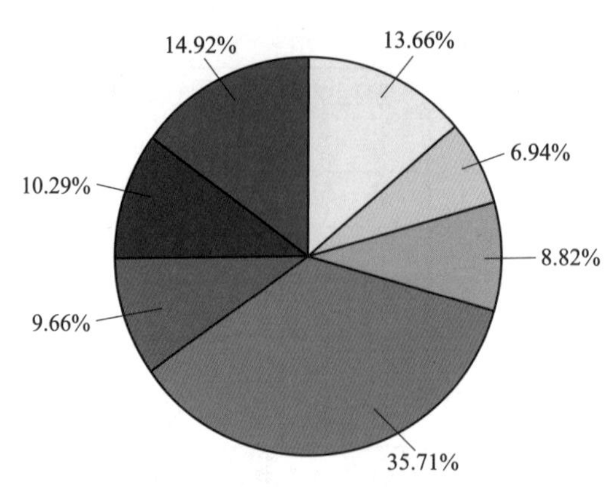

图 2-2 各区域螺纹钢棒材生产线数量占比

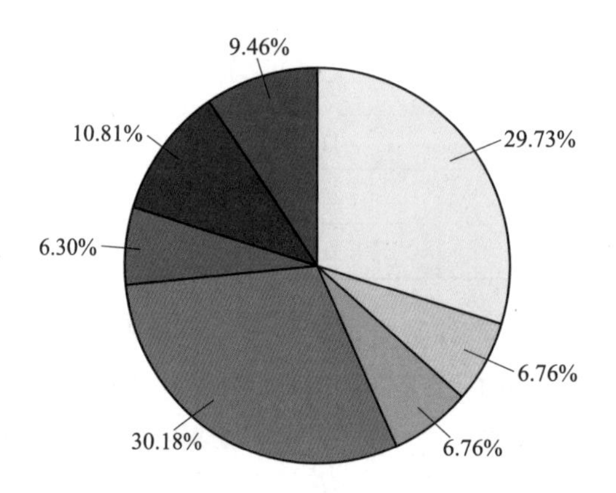

图 2-3 各区域螺纹钢线材生产线数量占比

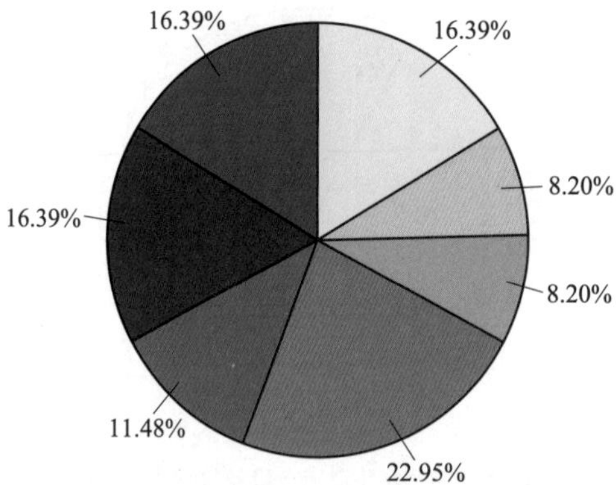

图 2-4 各区域螺纹钢复合生产线数量占比

第三节　螺纹钢产量区域分布

我国螺纹钢产量区域分布特点明显，本书通过对2020年49家参与本书编撰的企业螺纹钢产量（1.75亿吨，约占全部螺纹钢产量的66%）及77家企业（包含49家参与本书编撰的企业和28家具有代表性的其他企业）螺纹钢直条产量（1.76亿吨）的统计，简要介绍我国螺纹钢产量区域分布的基本情况。

一、各区域螺纹钢产量情况

根据49家参与本书编撰的企业螺纹钢产量数据，2020年我国螺纹钢产量主要集中在华东地区和华北地区，华东地区螺纹钢产量为7322万吨，占全国螺纹钢产量的41.81%，位居各区域之首；华北地区螺纹钢产量为4061.5万吨，占全国螺纹钢产量的23.19%，仅次于华东地区。各区域螺纹钢产量和占比见表2-12。

表2-12　2020年螺纹钢产量

序号	区域	螺纹钢产量/万吨	比例/%	统计范围省、市、自治区
1	华北地区	4061.5	23.19	河北省、山西省、内蒙古自治区
2	东北地区	390	2.22	吉林省、辽宁省
3	西北地区	1707	9.75	陕西省、甘肃省、新疆维吾尔自治区
4	华东地区	7322	41.81	江苏省、浙江省、安徽省、江西省、山东省、福建省
5	华中地区	1003	5.73	河南省、湖北省、湖南省
6	西南地区	1961	11.20	重庆市、四川省、贵州省、云南省、西藏自治区
7	华南地区	1069	6.10	广东省、广西壮族自治区

（1）华东地区。2020年华东地区螺纹钢产量为7322万吨，超过全国螺纹钢总产量的三分之一，是我国主要的螺纹钢生产区域。其中仅江苏省的螺纹钢产量高达3849万吨，占全国螺纹钢总产量的21.98%。华东地区的江苏省、山东省、江西省、安徽省、福建省五个省份的螺纹钢产量和占比见表2-13。

表2-13　2020年华东地区各省螺纹钢产量

项目	江苏省	山东省	江西省	安徽省	福建省
2020年产量/万吨	3849	611	1329	734	799
2020年产量占比/%	52.57	8.35	18.15	10.02	10.91

注：表中山东省的螺纹钢产量约占实际产量的45%，仅供参考。

（2）华北地区。华北地区的螺纹产量仅次于华东地区，超过4061.5万吨，占全国螺纹钢总产量的23.19%。其中山西省的螺纹钢产量达到2578万吨，占华北地区螺纹钢产量的63.47%。华北地区的河北省、山西省、内蒙古自治区三个主要生产螺纹钢的区域螺纹钢产量和占比见表2-14。

表 2-14 2020 年华北地区各省螺纹钢产量

项目	河北省	山西省	内蒙古自治区
2020 年产量/万吨	1379.5	2578	104
2020 年产量占比/%	33.97	63.47	2.56

注：表中河北省螺纹钢产量约占实际产量的 60%，内蒙古自治区产量约占实际产量的 20%，仅供参考。

（3）西北地区。2020 年西北地区螺纹钢产量超过 1707 万吨，其中陕西省的螺纹钢产量最高，达到 1091 万吨，占全国螺纹钢总产量的 6.23%。西北地区的陕西省、新疆维吾尔自治区、甘肃省三个主要生产螺纹钢的区域螺纹钢产量和占比见表 2-15。

表 2-15 2020 年西北地区各省螺纹钢产量

项目	陕西省	新疆维吾尔自治区	甘肃省
2020 年产量/万吨	1091	171	445
2020 年产量占比/%	63.91	10.02	26.07

注：表中新疆维吾尔自治区螺纹钢产量约占实际产量的 66%，宁夏回族自治区、青海省未分开统计，仅供参考。

（4）东北地区。2020 年东北地区螺纹钢产量超过 390 万吨，其中辽宁省的螺纹钢产量达到 300 万吨，占全国螺纹钢总产量的 1.71%。东北地区的辽宁省、吉林省两个主要生产螺纹钢的区域螺纹钢产量和占比见表 2-16。

表 2-16 2020 年东北地区各省螺纹钢产量

项目	辽宁省	吉林省
2020 年产量/万吨	300	90
2020 年产量占比/%	76.92	23.08

注：表中黑龙江省未分开统计，黑龙江省螺纹钢 2020 年实际产量 300 万吨以上，仅供参考。

（5）华中地区。2020 华中地区螺纹钢产量超过 1003 万吨，其中湖北省的螺纹钢产量达到 678 万吨，占全国螺纹钢总产量的 3.87%。华中地区的河南省、湖北省、湖南省三个主要生产螺纹钢的区域螺纹钢产量和占比见表 2-17。

表 2-17 2020 年华中地区各省螺纹钢产量

项目	河南省	湖北省	湖南省
2020 年产量/万吨	73	678	252
2020 年产量占比/%	7.28	25.12	67.60

注：表中河南省螺纹钢 2020 年实际产量 1000 万吨以上，仅供参考。

（6）西南地区。2020 年西南地区螺纹钢产量超过 1961 万吨，其中云南省的螺纹钢产量达到 1579 万吨，占全国螺纹钢总产量的 9.02%。西南地区的四川省、云南省、重庆市三个主要生产螺纹钢的区域螺纹钢产量和比例见表 2-18。

表 2-18　2020 年西南地区各省螺纹钢产量

项目	四川省	云南省	重庆市
2020 年产量/万吨	309	1579	73
2020 年产量占比/%	15.76	80.52	3.72

注：表中云南省螺纹钢产量约占实际产量的 40%，贵州省产量约 300 万吨，仅供参考。

（7）华南地区。2020 年华南地区螺纹钢产量超过 1069 万吨，其中广西壮族自治区的螺纹钢产量达到 579 万吨，占全国螺纹钢总产量的 3.31%。华南地区的广西壮族自治区、广东省两个主要生产螺纹钢的区域螺纹钢产量和比例见表 2-19。

表 2-19　2020 年华南地区各省螺纹钢产量

项目	广东省	广西壮族自治区
2020 年产量/万吨	490	579
2020 年产量占比/%	45.84	54.16

二、2020 年各区域螺纹钢直条产量情况

经过对 2020 年 77 家企业进行统计，螺纹钢直条产量达到 1.76 亿吨。分区域来看，2020 年华东地区螺纹钢直条产量明显高于其他各区域，占全国螺纹钢总直条产量的 30.28%，是我国螺纹钢直条生产的重心，居于各大区之首；华北地区螺纹钢直条产量 3882 万吨，占全国螺纹钢直条产量的 22.04%，位居各大区第二；华东、华北地区螺纹钢直条产量超过其他所有地区之和。2020 年不同区域螺纹钢直条产量占比从多到少排序依次为：华东地区、华北地区、西北地区、东北地区、华中地区、西南地区、华南地区。具体的螺纹钢直条产量和占比见表 2-20。

表 2-20　2020 年各区域螺纹钢直条产量

序号	区域	螺纹钢直条产量/万吨	比例/%	省、市、自治区
1	华北地区	3882.00	22.04	河北省、山西省、内蒙古自治区
2	东北地区	1744.40	9.90	黑龙江省、吉林省、辽宁省
3	西北地区	1899.71	10.78	陕西省、甘肃省、青海省、宁夏回族自治区、新疆维吾尔自治区
4	华东地区	5333.72	30.28	江苏省、浙江省、安徽省、江西省、山东省、福建省
5	华中地区	1656.00	9.40	河南省、湖北省、湖南省
6	西南地区	1564.00	8.88	重庆市、四川省、贵州省、云南省、西藏自治区
7	华南地区	1536.40	8.72	广东省、广西壮族自治区

（1）华东地区。华东地区是我国主要的螺纹钢直条产量生产区域。据统计，2020 年华东地区螺纹钢直条产量 5333.72 万吨，超过全国螺纹钢直条总产量的 30%，其中仅江苏省的螺纹钢直条产量就高达 2241.12 万吨，位居全国之首，占全国螺纹钢直条总产量的 12.72%。在螺纹钢直条产量全国前十名的省、市和自治区中，华东地区的江苏省、山东

省、江西省分别排名第一、第三、第七。华东地区的江苏省、山东省、江西省、安徽省、福建省五个主要生产螺纹钢的区域螺纹钢直条产量和占比见表 2-21。

表 2-21 2020 年华东地区各省螺纹钢直条产量

项目	江苏省	山东省	江西省	安徽省	福建省
产量/万吨	2241.12	1214.4	990.4	529	358.8
占比/%	42.02	22.77	18.57	9.92	6.72

（2）华北地区。2020 年华北地区螺纹钢直条产量超过 3882 万吨，其中河北省是著名的钢铁大省，螺纹钢直条产量高达 2182 万吨，是螺纹钢直条产量超过 2000 万吨的省级地区之一，占全国螺纹钢直条总产量的 12.39%。在螺纹钢直条产量全国前十名的省、市和自治区中，华北地区的河北省、山西省分别排名第二、第四。华北地区的河北省、山西省、内蒙古自治区三个主要生产螺纹钢的区域螺纹钢直条产量和占比见表 2-22。

表 2-22 2020 年华北地区各省（区）螺纹钢直条产量

项目	河北省	山西省	内蒙古自治区
产量/万吨	2182	1202.75	497.25
占比/%	56.21	30.98	12.81

（3）西北地区。2020 年西北地区螺纹钢直条产量超过 1899.71 万吨，其中陕西省的螺纹钢直条产量最高达到 931 万吨，占全国螺纹钢直条总产量的 5.28%。在螺纹钢直条产量全国前十名的省、市和自治区中，西北地区的陕西省排名第八。西北地区的陕西省、新疆维吾尔自治区、甘肃省、宁夏回族自治区、青海省五个主要生产螺纹钢的区域螺纹钢直条产量和占比见表 2-23。

表 2-23 2020 年西北地区各省（区）螺纹钢直条产量

项目	陕西省	新疆维吾尔自治区	甘肃省	宁夏回族自治区	青海省
产量/万吨	931	160.2	400	347.1	61.41
占比/%	49.01	8.43	21.06	18.27	3.23

（4）东北地区。2020 年东北地区螺纹钢直条产量超过 1744.4 万吨，其中辽宁省的螺纹钢直条产量达到 891.8 万吨，占全国螺纹钢直条总产量的 5.06%。在螺纹钢直条产量全国前十名的省、市和自治区中，东北地区的辽宁省排名第九。东北地区的辽宁省、吉林省、黑龙江省三个主要生产螺纹钢的区域螺纹钢直条产量和占比见表 2-24。

表 2-24 2020 年东北地区各省螺纹钢直条产量

项目	辽宁省	吉林省	黑龙江省
产量/万吨	891.8	558.6	294
占比/%	54.12	32.03	16.85

（5）华中地区。2020 年华中地区螺纹钢直条产量超过 1656 万吨，其中河南省的螺纹钢直条产量达到 1021.2 万吨，占全国螺纹钢直条总产量的 5.8%。在螺纹钢直条产量全国

前十名的省、市和自治区中，华中地区的河南省排名第五。华中地区的河南省、湖北省、湖南省三个主要生产螺纹钢的区域螺纹钢直条产量和占比见表 2-25。

表 2-25　2020 年华中地区各省螺纹钢直条产量

项目	河南省	湖北省	湖南省
产量/万吨	1021.2	414	220.8
占比/%	61.67	25.00	13.33

（6）西南地区。2020 年西南地区螺纹钢直条产量超过 1564 万吨，其中四川省的螺纹钢直条产量达到 736 万吨，占全国螺纹钢直条总产量的 4.18%。在螺纹钢直条产量全国前十名的省、市和自治区中，西南地区的四川省排名第十。西南地区的四川省、云南省、贵州省、重庆市四个主要生产螺纹钢的区域螺纹钢直条产量和占比见表 2-26。

表 2-26　2020 年西南地区各省（市）螺纹钢直条产量

项目	四川省	云南省	贵州省	重庆市
产量/万吨	736	496.8	276	55.2
占比/%	47.06	31.76	17.65	3.63

（7）华南地区。2020 年华南地区螺纹钢直条产量超过 1536.4 万吨，其中广西壮族自治区的螺纹钢直条产量达到 1012 万吨，占全国螺纹钢直条总产量的 5.74%。在螺纹钢直条产量全国前十名的省、市和自治区中，华南地区的广西壮族自治区排名第六。华南地区的广西壮族自治区、广东省两个主要生产螺纹钢的区域螺纹钢直条产量和占比见表 2-27。

表 2-27　2020 年华南地区各省（区）螺纹钢直条产量

项目	广东省	广西壮族自治区
产量/万吨	524.4	1012
占比/%	66.00	34.00

第二章 螺纹钢技术装备

第一节 螺纹钢典型装备

经过多年的发展，我国钢铁行业大中型企业的设备水平已经达到国际先进水平，部分企业达到了国际领先水平。在引进、消化、吸收国外先进设备的基础上进行自主创新，螺纹钢产业在主体装备的应用、研发、制造方面有了显著提升，基本实现了主要工序的主体装备国产化，已具备自主建设现代化螺纹钢生产线的能力。

一、加热炉

我国螺纹钢生产线主要应用的加热炉为连续式加热炉（含推钢式、步进式）。连续加热炉的工作是连续性的，根据轧制节奏钢坯在加热炉内连续运动，钢坯在炉尾连续装入，加热后由加热炉另一端排出，再沿辊道送往轧机。在稳定工作的条件下，加热炉各部分的温度和炉内钢坯的温度基本上不随时间变化，而是沿加热炉长度变化，属于稳定态温度场。炉膛内传热可近似地看作稳定态传热（不包括钢坯内部热传导）。

我国螺纹钢生产线根据工艺要求大多数采用步进式连续加热炉，部分生产线仍保留推钢式连续加热炉，这两种炉型的主要特点如下所述。

（一）推钢式连续加热炉

推钢式加热炉是使用推钢机使钢坯在炉内向前运动的连续加热炉。主要工作流程是：钢坯由装料辊道从炉尾装料，再由推钢机将钢坯沿固定滑轨向前滑行，最后由出钢机从侧面推出，直到出炉。推钢式加热炉采用端部进料，出料方式有侧部出料和端部出料两种方式。但由于端部出料存在吸风大、热损失大等问题，所以使用推钢式加热炉的企业基本上会采用端进侧出方式。

推钢式加热炉的特点主要有：

（1）机械设备数量少、投资较少、推钢结构简单、运行稳定、操作便捷；

（2）产量低，钢坯在炉加热时间长，容易产生氧化和脱碳，钢坯加热质量得不到保证；

（3）加热钢坯断面的温度相差较大，无法消除水冷黑印，易因操作问题而产生拱钢、黏钢和钢坯划伤现象；

（4）不易排空炉料，影响生产效率，很难达到自动化管理的要求。

（二）步进式连续加热炉

步进式加热炉是由炉底机械、炉壳、进出料系统、燃烧系统、冷却系统、控制系统等主要部分组成。有固定炉底和步进炉底的叫做步进底式加热炉，有固定梁和步进梁的叫做步进梁式加热炉。步进梁通常由水冷管组成，这种加热炉可以对钢坯上下双面加热。为保证钢坯加热质量，满足螺纹钢棒、线材轧机对钢坯断面和长度方向温度梯度的要求，现在新建的螺纹钢生产线基本都选择步进式梁式连续加热炉。

步进式加热炉的运动机构如图 2-5 所示。活动梁由液压、电动或两者的组合装置驱动，做上升、平移前进、下降、平移后退的矩形运动（见图 2-6），从而使钢坯在固定梁上抬起，平移一段距离后，再放到固定梁上，活动梁这种往复的矩形运动使钢坯一步步从装料端传输至出料端。

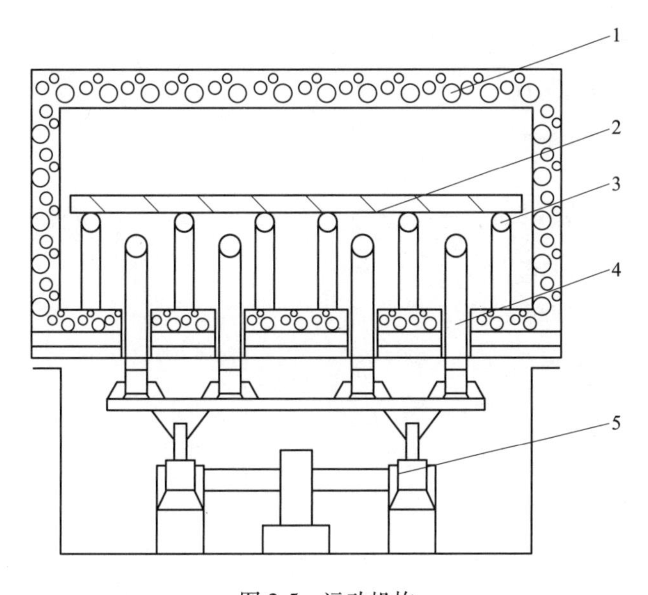

图 2-5　运动机构

1—炉壳；2—钢坯；3—固定架；4—运动架；5—驱动机构

（三）加热炉加热制度

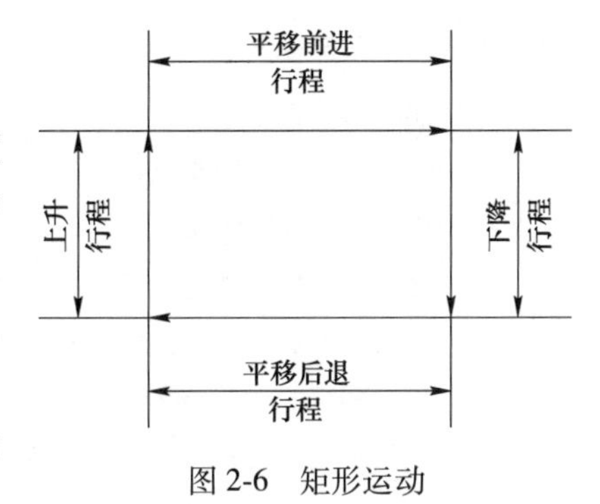

图 2-6　矩形运动

加热制度包括加热时间、加热温度、加热速度和温度制度。加热时间是指钢坯从常温加热到出炉温度所需的时间；加热温度是指钢坯的出炉温度；加热速度是指单位时间内钢坯表面温度的上升速度；温度制度是指炉温随时间变化情况。

钢坯在炉内加热时，一般采用 1050～1200℃的加热温度，加热速度按 4～9min/cm（经验数据）控制，不过加热时间与加热速度还受钢坯成分、轧制规格及炉子热负荷大小的影响。目前，螺纹钢生产线在温度制度上多采用三段式加热制度，具体要求随炉型、工艺不同而有所差异。

（四）典型加热炉设备

（1）高线加热炉主要参数：

加热炉形式：步进梁式

炉子有效长度：22660mm

炉膛内宽度：11200mm

均热段上部炉膛高度：700mm

加热段上部炉膛高度：1400mm

加热炉额定能力：140t/h（冷坯）

加热炉最大能力：180t/h（冷坯）

加热温度：1100～1200℃

燃料：高炉转炉混合煤气

（2）棒线加热炉主要参数：

加热炉形式：步进梁式

炉子有效长度：27000mm

炉膛内宽度：12600mm

均热段上部炉膛高度：1550mm

加热段上部炉膛高度：1550mm

加热炉额定能力：180t/h（冷坯）

加热炉最大能力：200t/h（冷坯）

加热温度：920～1250℃

燃料：高炉转炉混合煤气

（3）高速棒线加热炉主要参数：

加热炉形式：步进梁式

炉子有效长度：22000mm

炉膛内宽度：12600mm

均热段上部炉膛高度：1500mm

加热段上部炉膛高度：1500mm

加热炉额定能力：150t/h（冷坯）

加热炉最大能力：170t/h（冷坯）

加热温度：1000～1200℃

燃料：高炉转炉混合煤气

（五）加热炉区域分布分类情况

根据国家市场监督管理总局信息中心统计数据，截至2020年年底，我国螺纹钢生产线（具有生产许可证）所使用的加热炉共747座。按地理区域布局看，华东地区是我国用于螺纹钢生产的加热炉数量最多的地区，共有249座，占国内用于螺纹钢生产的加热炉总数的33.33%，其他各区域具体情况见表2-28。

表2-28　各区域加热炉形式

区域	推钢式加热炉/座	步进式加热炉/座
华北地区	83	54
西北地区	26	26
东北地区	41	17
华东地区	165	84
华中地区	43	23
西南地区	47	36
华南地区	78	24
全国	483	264

各区域步进式加热炉所占其地区总炉数的比例从小到大排序依次为：西北地区、西南地区、华北地区、华中地区、华东地区、东北地区、华南地区。各区域推钢式加热炉占比见图2-7，各区域步进式加热炉占比见图2-8。

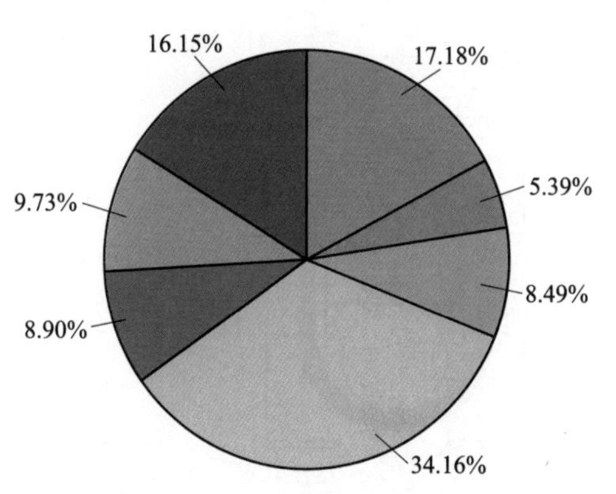

图2-7　2020年各区域推钢式加热炉占比

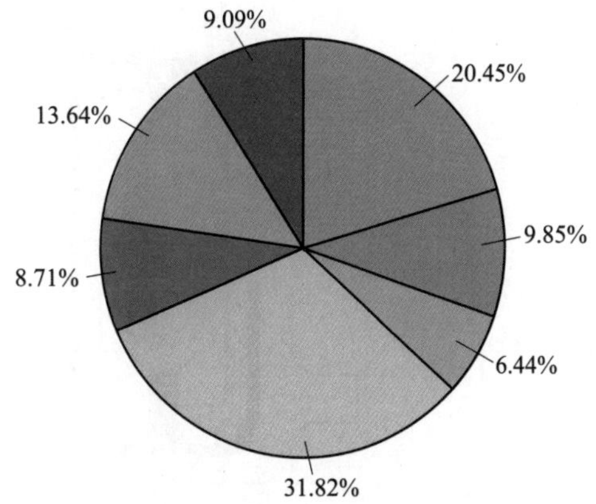

图2-8　2020年各区域步进式加热炉占比

二、轧机

轧机是螺纹钢生产线上最关键的设备，直接关系螺纹钢的生产稳定顺行及产品质量，在螺纹钢生产中发挥了重要的作用。下面将对在我国螺纹钢生产中使用较多的小型轧机机型作介绍。

（一）二辊闭口式轧机

二辊闭口式轧机分为二辊可逆式与二辊不可逆式两种，在螺纹钢生产中一般应用二辊闭口不可逆式轧机。国内外二辊闭口轧机的更新换代较慢，改进创新不多。由于二辊闭口轧机换辊时间长，影响轧线的作业率，随着短应力轧机的普及，目前国内螺纹钢棒线材生产线采用闭口轧机的在逐渐减少。现在螺纹钢棒材和线材生产线的粗、中轧也仍然有企业采用闭口式轧机。

（二）短应力线轧机

近年来随着我国工业技术的发展，短应力线轧机目前在螺纹钢生产中应用最广。短应力线轧机的结构与传统轧机不同，它去掉了牌坊，缩短了轧机的应力回线，提高了轧机刚度。应力回线是指轧机在轧制力的作用下机座各受力件的单位内力所联成的回线，简称应力线。根据胡克定律，应力回线越短，所产生的弹性变形量越小，因而轧机的刚度越高。可以从普通闭口式轧机与短应力线轧机应力线回路比较（图 2-9）明显看出，短应力线轧机的轧制应力线更短，分布区域更宽，故具有较高的刚度。但这种高刚度是限定在一定轧辊辊身长度和轧制力范围内的，所以该机型更适用于中小棒材、线材生产。

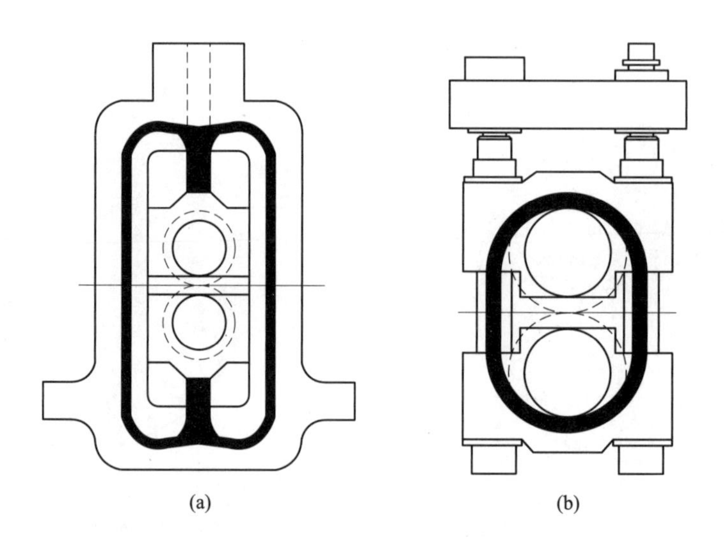

图 2-9 普通闭口式轧机与短应力线轧机应力线回路比较
（a）普通闭口式轧机应力线回路；（b）短应力线轧机应力线回路

短应力线轧机也称“红圈”轧机，“红圈”即指轧机的应力回线，如图 2-10 所示。短应力线轧机整个辊系通过拉杆中部支撑在半机座式底座上，使轧机的稳定性较传统高刚度轧机有所提升；同时通过加大拉杆直径，减小压下螺母之间的距离 f，在 s 和 S 处加大轴承座厚度等措施使应力线尽量缩短，轧机刚度进一步提高。现在中冶京诚、中冶赛迪、中冶设备院以及其他国内短应力线轧机设备厂家，为了发挥短应力线轧机独特的优势，都围绕提高轧机刚度、增加轧机小时产量、提高轧机利用系数、生产组织灵活、操作方便以及提高产品尺寸精度、力学性能的方向发展。他们在基于达涅利、波米尼轧机的模型上，融入了各自的元素，开发研制出了国产化、全系列的短应力线轧机，轧机的技术水平与国外机型相差无几。典型短应力线轧机主要参数见表 2-29。

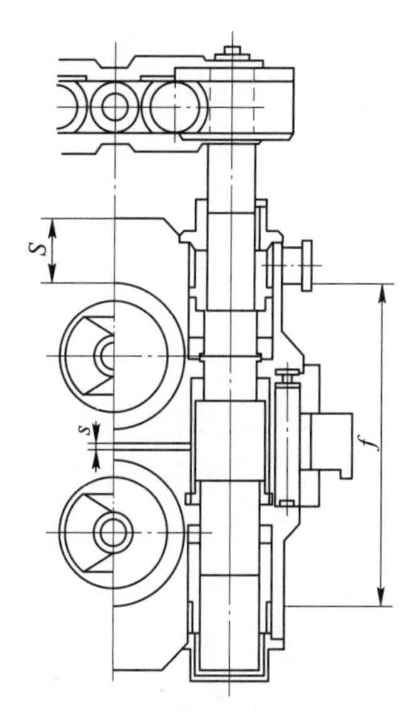

图 2-10 短应力线轧机

表 2-29 典型短应力线轧机主要参数

机组	机架号	轧辊尺寸/mm			主电机			备注
		最大辊径	最小辊径	辊身长度	功率/kW	基速 /r · min^{-1}	高速 /r · min^{-1}	
粗轧	1H	500	445	760	550	700	875	型号：RR-464-HS
	2V	500	445	760	550	700	875	
	3H	500	445	760	950	900	1600	
	4V	500	445	760	950	900	1600	
	5H	600	535	760	950	900	1600	
	6V	600	535	760	950	900	1600	
中轧	7H	420	375	650	950	900	1600	型号：RR-445-HS
	8V	420	375	650	950	900	1600	
	9H	420	375	650	950	900	1600	
	10V	420	375	650	1000	900	1900	
	11H	420	375	650	950	900	1600	
	12V	420	375	650	950	900	1600	
精轧	13H	365	325	650	950	900	1600	型号：RR-445-HS
	14V	365	325	650	950	900	1600	
	15H	365	325	650	950	900	1600	
	16H/V	365	325	650	1275	900	1800	
	17H	365	325	650	950	900	1600	
	18H	365	325	650	950	900	1600	

（1）机架装置。机架装置由 4 个机架、上横梁、防轧辊轴向窜动等部件组成。主要功能是为整个短应力线轧机提供主体框架，承受导卫架等装置、辊系装置、压下装置以及拉

杆装置的重量，将这些重量通过动底座和轨座传递到基础上。

（2）辊缝调整装置。辊缝调整装置主要功能是对轧辊辊缝进行对称调整。通过马达驱动拉杆旋转，带动与拉杆配合的铜螺母做上下直线位移，进而拖动双侧轴承座的升降运动。

（3）拉杆装置。拉杆装置的主要功能是将压下装置的动力传递到铜螺母上。铜螺母安装在轴承座内，进而驱动轴承座升降，最终实现轧辊辊缝的调整，在整个轧机中起着承上启下的作用。

（4）辊系装置。辊系装置由轧辊、轴承、轴承座以及轴向调整装置组成。主要功能是将操作侧和传动侧的轴承座连接起来，利用轧辊完成对轧件的轧制。

（5）导卫架装置。导卫架装置由入出口导卫架、燕尾座、压紧装置、丝杠、连接机构等组成。主要功能是固定入出口导卫，调整导卫位置，使其与轧槽在一条线上。

在主要生产螺纹钢的轧线上，短应力线轧机几乎将原有的老式牌坊轧机取代，这是因为其相比传统牌坊轧机具有显著的优势：（1）短应力线轧机没有牌坊，由拉杆承受轧制载荷，轧制载荷传递路径短，大范围地保护了设备；（2）短应力线轧机的辊缝调整为对称调整，操作更加简单、精准；（3）短应力线轧机应力回线较短，提高了轧机刚度，同样刚度系数的情况下，重量不到传统牌坊轧机的一半；（4）短应力线轧机取消了压下螺丝，集中载荷变为分散载荷，与传统的牌坊轧机相比，其轧制力分布在滚动轴承内包角更广，单位载荷的峰值减少一半以上，延长了轴承座和滚动轴承的使用寿命；（5）短应力线轧机轴承座内配置了浮动球面垫，使轴承座在任何方向上能自由地适应轧辊变形，解决了载荷的边部集中问题，延长了轴承和轴承座的寿命；（6）短应力线轧机轴承座采用机械式平衡系统（蝶型弹簧或者弹性阻尼体）进行平衡，平衡力的方向与轧制力方向一致，可消除拉杆和拉杆铜螺母之间的所有间隙，确保辊缝调整的精度和可靠性；（7）短应力线轧机取消了轧机牌坊，更换机芯的方式从传统的在线变为整体离线，缩短了换辊时间。

（三）线材预精轧轧机

线材预精轧的作用是继续缩减中轧机组轧出的轧件断面，为精轧机组提供轧制成品线材所需要的断面形状尺寸并且保证轧件通条断面尺寸均匀、无内在和表面缺陷。高速无扭线材精轧机组是固定机架间轧辊转速比，通过改变来料尺寸和选择不同的孔型系统，以微张力连续轧制的方法生产诸多规格的线材产品的。这种工艺装备和轧制方式决定了精轧成品的尺寸精度与轧制工艺的稳定性有紧密的依赖关系。实际生产情况表明精轧 6~10 个道次的消差能力为来料尺寸偏差的 50%左右，即要达到成品线材断面尺寸偏差不大于±0. 1mm，就必须保证预精轧供料断面尺寸偏差不大于±0. 2mm。如果进入精轧机的轧件沿长度上的断面尺寸波动较大，不但造成成品线材沿全长的断面尺寸波动，还存在精轧的轧制事故隐患。为减少精轧机的事故发生，一般要求预精轧来料的轧件断面尺寸偏差不大于±0. 3mm。

目前主流高速线材轧机预精轧采用无扭无张力轧制，在预精轧机组前后设置水平侧活套，而预精轧道次间设置立活套。这种工艺方式较好地解决了向精轧供料的问题。实际生产情况说明，在预精轧采用 4 道次单线无扭无张力轧制，轧制断面尺寸偏差能达到不超过±0. 2mm，而其他方式仅能达到±(0. 3~0. 4)mm。

悬臂式预精轧机组主要由两架水平轧机、两架立式轧机、三个立活套以及安全罩等部分组成。每架轧机机架由传动箱和轧辊箱组成。传动箱的作用是将电机或减速器输出的力矩传递到轧辊轴上。水平传动箱有一对圆柱斜齿轮；立式传动箱增加一对螺旋锥齿轮，两架立式传动箱螺旋锥齿轮速比不同。轧辊箱采用法兰插入式安装，每个轧辊箱内有上、下两根轧辊轴，上、下两根轧辊轴之间不啮合，而是分别由传动箱中的一对圆柱斜齿轮传动。每根轧辊轴上装有一个悬臂的辊环形轧辊，轧辊轴由前、后油膜轴承支撑安装在偏心套内。偏心套由辊缝调节机构中的左、右丝杠和螺母带动转动，使上、下两根轧辊轴相对轧制中心线对称均匀地开启和闭合，从而实现辊缝调整。

悬臂式预精轧机机组的主要特点如下：

（1）传动箱和轧辊箱各自独立为一个部件，便于装拆。

（2）辊缝调整采用偏心套式，这种调整机构的最大优点是保持轧制中心线不变。

（3）通过轧辊轴末端的止推轴承，有效解决了轧辊轴的轴向窜动问题，保证轧件的尺寸精度。

（4）水平机架和立式机架的轧辊箱结构和尺寸完全一样，轧辊箱的全部零件均可互换。

（5）采用专用工具装拆辊环，快速可靠。

（6）立式轧机传动系统中省去了减速机，而由安装在传动箱内的一对锥齿轮来传递动力和变速，机列设备质量小、占地面积小。

常用预精轧机机组的设备参数见表 2-30。

表 2-30　常用预精轧机机组的设备参数

项目		中天钢铁	亚新钢铁山西中升钢铁	首钢长治钢铁	方大特钢萍安钢铁
产线	小型棒材	一分厂高线	6 高线	55 万吨高线	湘东高线
机组数量		4	4	4	4
轧机	轧机直径/mm	285	285	285	285
轧辊尺寸	最大辊径/mm	285	285	285	285
	最小辊径/mm	255	256	255	255
	辊身长度/mm	70	95	95/70	70/95
主电机	功率/kW	500	600	700	750
	基速/$r \cdot min^{-1}$	672	642	500	700
	高速/$r \cdot min^{-1}$	1500	1200	1400	1500

高速无扭精轧机技术应用于预精轧机上，这种预精轧机组的结构与无扭精轧机组相同，轧机采用悬臂辊环、顶交 45°布置，如图 2-11 所示。轧机规格有两种：一种与精轧机架相同，为 ϕ230mm；另一种较精轧机架稍大，为 ϕ250mm。两架一组集体驱动，称为微型无扭轧机。其优点是轧机的质量小，基础减少，轧机强度高，可省去 1 个机架间活套，主电机和传动装置由 4 套减为 2 套，其造价比常规预精轧机可减少 22%。

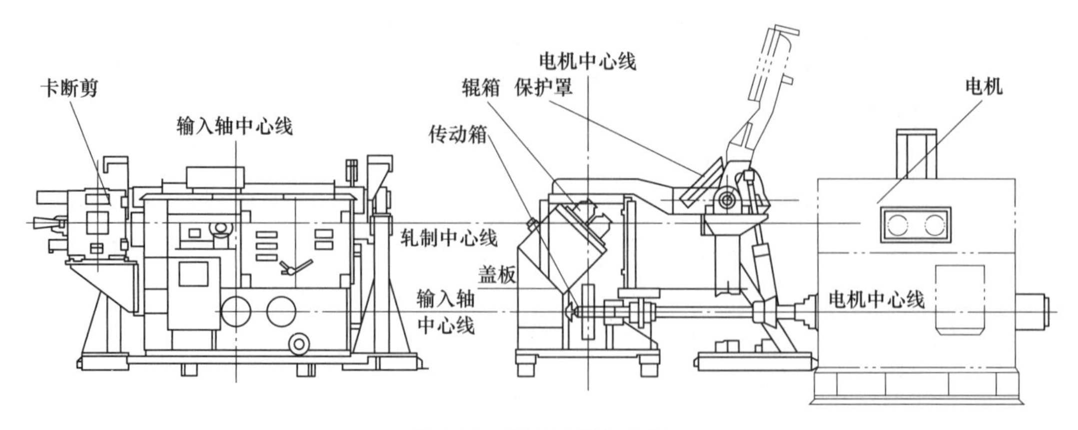

图 2-11 顶交预精轧机组

（四）线材精轧轧机

随着国内主流高速无扭线材精轧机组的成熟运用，不同生产线高速无扭线材精轧机组的部件结构和参数有很多相似之处：

（1）采用机组集中传动，由一个电动机或电动机组将传动分配给两根主传动轴，再分别传动给每个精轧轧机。相邻的轧机轧辊转速比固定，轧辊轴线互成 90°交角，以实现高速无扭轧制。

（2）缩小机架中心距，使微张力轧制时轧件失张段长度减小，轧机结构更加紧凑。

（3）轧辊直径小（150~230mm），辊环采用高硬度高耐磨性的碳化钨材质，提高变形效率同时也降低了变形能耗。

（4）采用悬臂辊形式工作机座，配备装配式短辊身轧辊，辊环用无键连接固定在悬臂的轧辊轴上，辊环上刻有 2~4 个轧槽，辊环宽度 62~92mm。使轧辊和导卫装置的调整及更换更加方便。

（5）轧辊轴承采用油膜轴承，使轧辊轴在辊环直径小时有尽可能大的强度和刚度。

（6）轧机工作机座采用轧辊对称压下调整方式，以保证轧制线固定不变。

（7）采用插入式辊箱和专用快速拆装辊环工具，节省更换时间，提高工作效率。

目前摩根型精轧机组在国内螺纹钢盘卷生产线使用最为广泛，以其为例介绍高速精轧机组的结构特点，摩根型第五代机组布置图见图 2-12，摩根型第六代机组布置图见图 2-13。

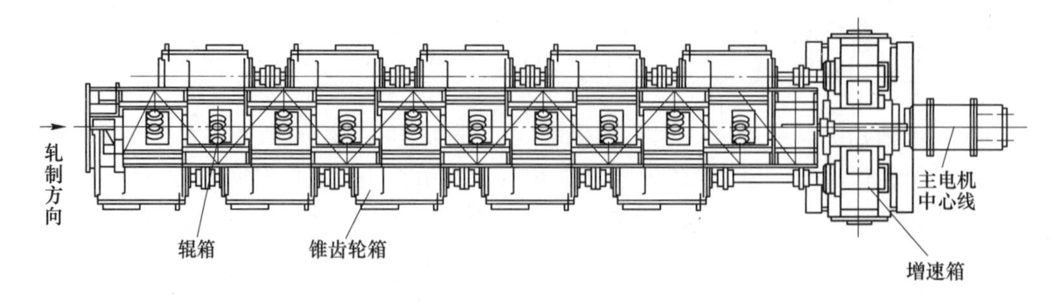

图 2-12 摩根型第五代精轧机组布置图

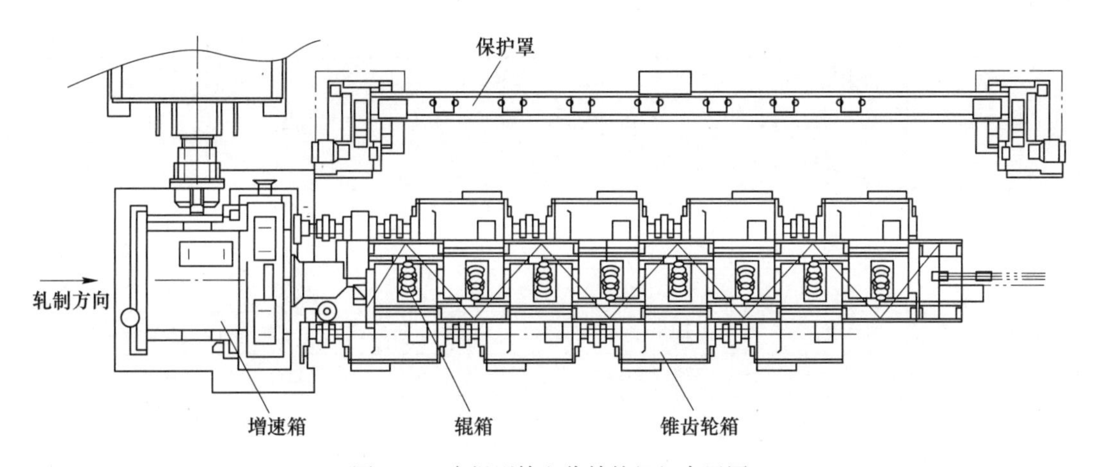

图 2-13 摩根型第六代精轧机组布置图

摩根型精轧机组是整体机组，一般由 10 架轧机组成，轧机中心距固定呈直线组合排列。精轧机组主体设备是增速箱和轧机机架，所有机架由一台交流电机成组传动，再通过增速箱同时驱动奇数轧机机架和偶数轧机机架。轧机机架由锥齿轮箱与插入式结构的轧辊箱组成。锥齿轮箱内安装有锥齿轮副、圆柱同步齿轮副。轧辊箱由法兰式锻造面板和焊接辊盒构成，中间的轧辊轴通过偏心套机构安装于轧辊箱内，轧辊箱的辊盒插入锥齿轮箱的箱体内，通过法兰式锻造面板用螺栓与锥齿轮箱连接。轧辊箱内有上、下两根轧辊轴，上、下两根轧辊轴之间不啮合，而是分别由传动箱中的一对圆柱斜齿轮传动。每根轧辊轴上装有一个悬臂的辊环形轧辊，轧辊轴由前、后油膜轴承支撑安装在偏心套内。偏心套由辊缝调节机构中的左、右丝杠和螺母带动转动，使上、下两根轧辊轴相对轧制中心线对称均匀地开启和闭合，从而实现辊缝调整。

这种类型的无扭精轧机组结构特点为：

（1）轧辊箱采用插入式结构，悬臂辊环，箱体内装有偏心套机构用来调整辊缝。

（2）轧辊箱与锥齿轮箱为螺栓直接连接，轧辊箱与锥齿轮箱靠两个定位销定位，相同规格的轧辊箱可互换。

（3）轧辊侧油膜轴承处的轧辊轴设计成带锥度的结构，从而提高了轧辊轴的寿命。

（4）轧辊轴的轴向力是由一对止推滚珠轴承来承受，而这一对滚珠轴承安装在无轴向间隙的弹性垫片上，即保证了轧件的尺寸精度。

（5）辊缝的调节是旋转一根带左、右丝扣和螺母的丝杆，使两组偏心套相对旋转。

（6）辊环采用碳化钨硬质合金，用专用的液压换辊工具更换辊环，换辊快捷方便。

常用摩根型精轧机组（摩根型第五代）的设备参数见表 2-31。

表 2-31 常用摩根型精轧机组的设备参数

项目	首钢通钢	镔鑫	方大特钢达州钢铁	山西晋南钢铁
产线	线材线	高线	高速线材生产线	产线二高线
机组数量	10	10	10	10
轧辊直径/mm	230/170	230/170	230/170	230/170

续表 2-31

轧辊尺寸	最大辊径/mm	228.3/170.66	228.3/170.66	228.3/170.66	228.3/170.66
	最小辊径/mm	205/153	206.9/154.8	205/153	205.5/153.5
	辊身长度/mm	72/70	72/70	72/70	72/70
主电机	功率/kW	5500	6300	5500	5500
	基速/r · min^{-1}	1000	800	900	1000
	高速/r · min^{-1}	1500	1600	1800	1500
	类型	AC 同步变频电机	AC 同步变频电机	AC 同步变频电机	AC 同步变频电机
备注		V 形 45°顶交	V 形 45°顶交	V 形 45°顶交	V 形 45°顶交

（五）线材减径定径机组

对于采用精密轧制技术的轧机，一般在精轧后设置 2 架减径轧机、2 架定径轧机，保证尺寸精度，此外孔型的共用性进一步增强。以摩根轧机为例，摩根五代轧机为 10 机架顶交 45°轧机，采用精密轧制技术后，摩根六代精轧改为 8 架，增加 4 架轧机组成的减定径轧机。

线材车间装备了减径定径机组（与精轧机组合称为 8+4 机组）后，生产螺纹钢时收到了以下多项的效果。

（1）可获得高精度的产品：由于采用椭圆—圆—圆—圆孔型系统，最后两架采用小辊径和小压下量，可实现精密轧制，使线材产品的尺寸公差控制在±0.1mm 以内。10 机架和 8+4 机组的产品精度的比较见表 2-32。

表 2-32 10 机架和 8+4 机组的产品精度的比较

直径/mm	直径公差/mm		不圆度/mm	
	10 架精轧机	8+4 精轧机	10 架精轧机	8+4 精轧机
5	—	±0.12	—	直径公差的 60%
5.5~10	±0.12	±0.10	≤0.20	直径公差的 60%
10~20	±0.15	±0.10	≤0.24	直径公差的 60%

（2）可提高轧制速度和单机产量。

（3）提高金属收得率。使用减径定径机组轧制的产品，头尾尺寸精度高，可以减少切损。

（4）可提高线材的物理性能。减径定径机组前设有水冷段，可使轧件在进入减径定径机组前冷却至 750~800℃，减径定径机组总减面率为 30%~50%，因而可对轧件实施热机轧制，获得超细晶粒的轧件，使产品具有高强度的同时又具有高韧性。

（5）减少轧辊备件，减径机辊箱能与精轧机辊箱通用，可减少轧辊备件，降低成本。

三、水冷设备

对于螺纹钢而言，精轧前的水冷可以控制轧件的终轧温度，而轧后的水冷则控制轧件相变的速率和过程。因此水冷设备在螺纹钢控冷系统中的作用至关重要。

（一）螺纹钢棒材的水冷设备

目前，我国400MPa以上螺纹钢的生产方法主要用微合金化技术与控轧控冷相结合的方法，其中水冷设备是控制冷却的关键。螺纹钢棒材和线材生产的强化工艺和冷却方式正在走向多元化，各种新的冷却工艺正在开发和研究中。目前，在螺纹钢棒材生产线，水冷装置的设置如图2-14所示。

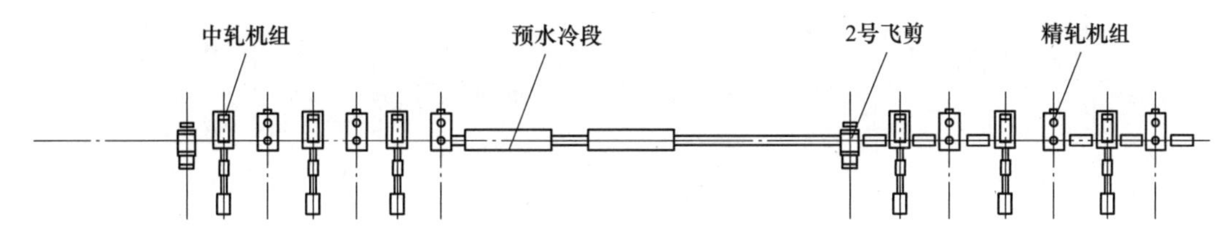

图2-14　以生产螺纹钢为主的普通小型棒材轧机水冷线的设置

水冷装置的工作核心是快速降低轧材的表面温度，但不能过低，温度过低容易出现马氏体组织。通过工艺恢复段的设置，使轧材芯部与表层的温度均匀，获得细小均匀的铁素体组织，避免出现表面质量缺陷和异常显微组织。

预水冷装置位于中轧机组后、精轧机组前，目的是降低和控制轧件进入精轧机组的温度。预水冷装置控制轧件进入精轧机组的温度，防止精轧温度过高。根据钢种的需要可设一段预水冷，也可设置两段预水冷。预水冷装置结构主要由水冷却单元、输送辊道、横移小车、机旁配管四部分构成。冷却单元和旁通辊道安装在移动小车上。轧件需要水冷时，将水冷单元对准轧制线。轧件不需水冷时，则移动小车将旁通辊道对准轧制线。预水冷装置一般选用文氏管式冷却单元，文氏管的热交换效率高，会造成水冷的温度梯度比较大，为了保证冷却效果，冷却单元中文氏管元件的数量要根据工艺情况合理布置。对于较大规格的轧件，也可选择直喷式或套筒式水冷单元。

（二）水冷却单元

水冷却单元（或喷嘴）是水冷装置的核心元件，是轧件温度能否得到有效控制的主要因素。目前在棒材系统中应用较多的有文氏管式（湍流管）冷却单元、直喷式冷却单元、套筒式冷却单元等。这里详细介绍各类水冷却单元的结构及特点。

1. 文氏管式（湍流管）冷却单元

文氏管式冷却单元是由喷嘴和湍流管构成的组件，其典型结构如图2-15所示。

文氏管采用两组高压水喷嘴，喷嘴采用$\phi 4 \sim 10$mm的孔进行射流；中间管设有4段文氏管元件，其管孔直径可根据轧件规格确定，回水主要通过回水管排出，剩余的水通过压缩空气吹扫在偏离箱进行排出。

文氏管的特点主要有：(1) 射出水流的喷嘴孔通道小，流股的射能大。(2) 湍流管的变截面形状使冷却水具有紊流状态，水流的截面变化使压力变化，在轧材的垂直表面形成剧烈的搅动，冷却效率高。(3) 文氏管中的水流向与轧件的运动方向相同，在高压

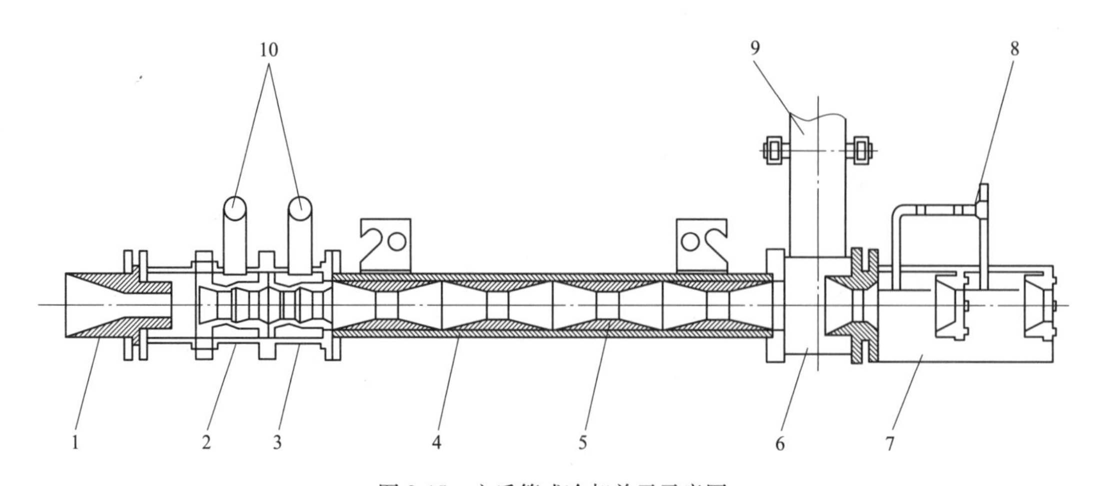

图 2-15 文氏管式冷却单元示意图

1—进口导管；2—第一组喷嘴；3—第二组喷嘴；4—中间管；5—文氏管元件；6—回水箱；7—偏离箱；8—压缩空气；9—回水管；10—供高压水

水（1.8MPa）作用下，水流的速度可以达到20m/s，高于轧材最高的轧制速度，达到牵引轧件运动的目的，减少了轧材在冷却器中的运行阻力。

2. 直喷式冷却单元

直喷式冷却单元是一环形喷嘴，冷却水通过喷嘴直接喷射到轧件上，对轧件实施冷却（结构简图见图 2-16）。数组喷嘴串列安装在箱体内组成水冷装置。当冷却水从喷嘴的

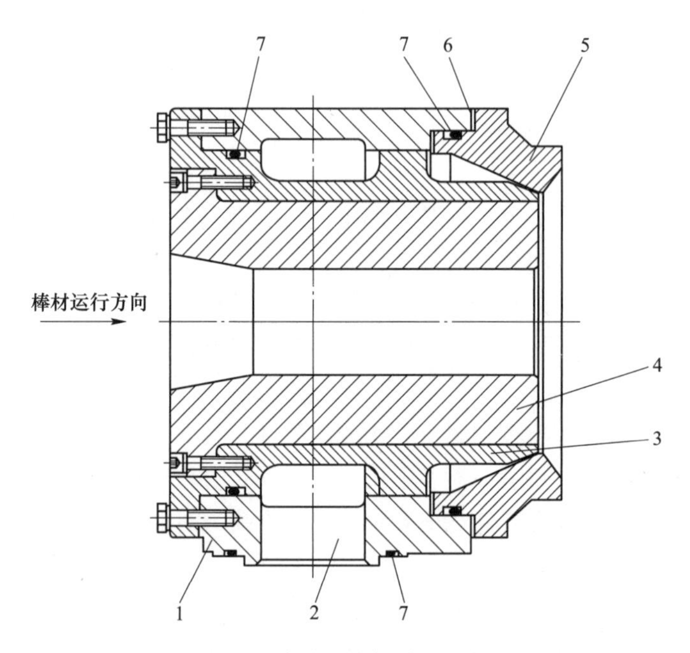

图 2-16 直喷式冷却单元示意图

1—壳体；2—供水口；3—外锥套；4—衬套；5—内锥套；6—调整垫片；7—密封圈

底部进水口进入喷嘴的环形通道时，喷嘴的外锥套和内锥套之间形成收敛的环形缝隙，冷却水从收敛的环形缝隙喷出，加大了流股的射能。

环形缝隙通过调整垫片来调整大小，进而控制冷却水的流量，从而可以有效地控制轧件的冷却温度，增加或减少轧件的温降梯度。此种结构的轧件冷却强度受到喷嘴的数量、冷却水温度、冷却水压力和冷却水流量的影响，特别是冷却水的流量和压力是两个最主要的参数。

3. 套筒式冷却单元

套筒式冷却单元是在喷嘴后部增加套管，以提高冷却强度。其结构图如图 2-17 所示。此结构类似直喷式喷嘴，冷却水从底部供水口进入喷嘴的环形通道，冷却水从环形缝隙喷出，喷嘴后增设了套管。尾套将冷却水挡在套筒里，使轧件能够同冷却水充分接触，增加了冷却强度。环形缝隙通过调整垫片调整大小，进而控制冷却水的流量，此种结构的轧件冷却强度受到冷却水压力和冷却水流量的直接影响。

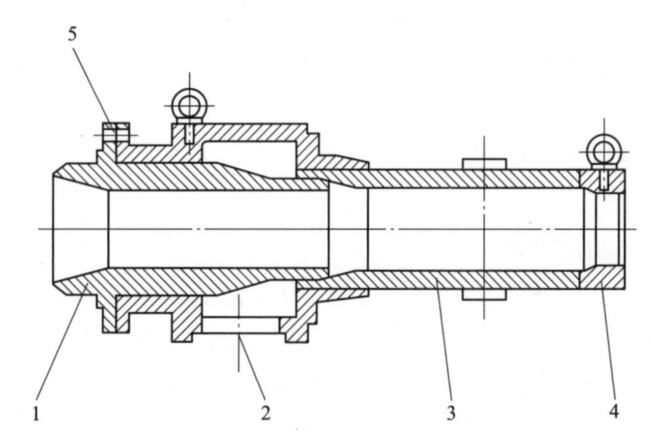

图 2-17　套筒式冷却单元示意图

1—内锥套；2—供水口；3—套筒；4—尾套；5—调整垫片

4. 文氏管式和直喷式及套筒式冷却单元特点比较

文氏管式（湍流管）冷却单元：

（1）文氏管的紊流状态高，因此其换热系数较大，冷却效果较好。与直喷式和套筒式相比，在达到相同冷却效果的情况下，需要的冷却单元数量和用水量均有明显减少。

（2）文氏管结构虽冷却效果好，但也造成轧件冷却温度梯度大。

（3）文氏管结构通常没有水箱体，会造成冷却水溢出严重，车间水雾大。

直喷式和套筒式冷却单元：

（1）直喷式沿断面方向的温度梯度分布小，可相对精确地控制冷却温度，常用在精轧后的水冷装置。

（2）直喷式和套筒式比较适合于较大规格和较复杂钢种。

（3）直喷式和套筒式水冷单元都设有箱体，冷却水溢出较少，车间水雾小。

（4）直喷式环形喷嘴对水质要求比较高，环缝容易堵塞。

（三）控冷工艺控制设备

冷却设备除了配备进/出口高温计之外，还装备有独立的冷却调节系统，以便精确地实现螺纹钢的控制冷却。主要是通过下列系统进行控制的：

（1）手动操作系统。在调试，事故，自动化无法投入的其他需要情况时采用手动操作系统。

（2）自动控制系统。通过全自动控制系统控制控冷工艺设备，不需要人工干涉。用此方法可以避免人工失误，增加产品的稳定性。在 PC 的存储器里储存着每种产品的冷却程序，冷却程序由技术人员提前设置好，并可根据需要随时进行修改或复制。在生产过程中冷却程序可传送到微处理器上，以操作阀台的 ON/OFF 阀和流量放大阀。在冷却程序里储存着下列参数：

1）产品规格和轧制速度。

2）钢种。

3）轧件在精轧的入口温度。

4）轧件在冷却装置的入口温度。

5）轧件在冷却装置的出口温度。

6）冷却器的设置。

7）水流量放大阀的设置。

当产品改变时，可以将相应的冷却程序从 PC 存储器中提取出来，处理器可根据此程序设置好冷却装置控制部件，如水流量放大阀放置在实际水流量的位置上，并做好生产的准备。警报器与每一个温度放置点相连，当所测温度与设置点预先设定温度不一致时，主控台显示屏收到对应反馈，这时可根据具体情况调节设置点温度。

四、飞剪机

飞剪机是螺纹钢生产线的重要辅助设备之一，其主要功能是在生产线运行的过程中按设定长度切断轧件。根据生产工艺的要求，通常一条螺纹钢生产线使用 2 到 4 台飞剪，目前主流布置方式为轧制线的粗轧区、中轧区、精轧区和收集区通常各设置一台飞剪，分别用于切头、切尾、事故碎断、倍尺和定尺。飞剪机的特点是动作快，精度高，结构紧凑，能横向剪切运动中的轧件。

通常飞剪机由机械结构和电子电气部分组成。机械机构部分一般由飞轮、联轴器、齿轮箱、安全罩、导轨、底座、剪切机构、气动、润滑和冷却系统组成；电子电气部分一般由电机、电源开关柜、控制柜、检测元件和传动柜组成。飞剪的工作过程是电机启动飞剪，然后制动剪切，最后飞剪爬回复位。飞剪根据剪切结构，可分为三种类型：摆动飞剪、曲柄飞剪和圆盘飞剪；根据飞剪的工作状态可分为三种类型：连续工作飞剪、启停飞剪和连续启停混合飞剪。目前，用于螺纹钢生产的飞剪主要有曲柄连杆飞剪、旋转飞剪、组合飞剪、圆盘飞剪、摆动飞剪等。

（一）曲柄连杆式飞剪

曲柄连杆飞剪用来横向剪切运动着的轧件，在剪切作业完成后由剪臂自动回收复位，因其剪切截面大、剪切质量好而被广泛应用在螺纹钢轧制车间，用于切头、切尾、倍尺、事故碎断。

曲柄连杆式飞剪由箱体、减速齿轮、刀架和导槽等结构组成，通常采用电机直接启停的工作制度，典型曲柄连杆式飞剪机结构图见图2-18。目前国内常用的曲柄式飞剪剪切吨位主要范围在60~400t。中冶京诚公司开发的国产龙门式LFJ-450冷飞剪也采用曲柄连杆结构（图2-19），此类飞剪机减速齿轮直接放置在箱体内部，不单独配置减速箱，结构设计紧凑。飞剪剪切时，电机通过减速齿轮将动力传递给四连杆机构，同时剪刃随曲柄做近乎垂直于轧件的剪切动作。

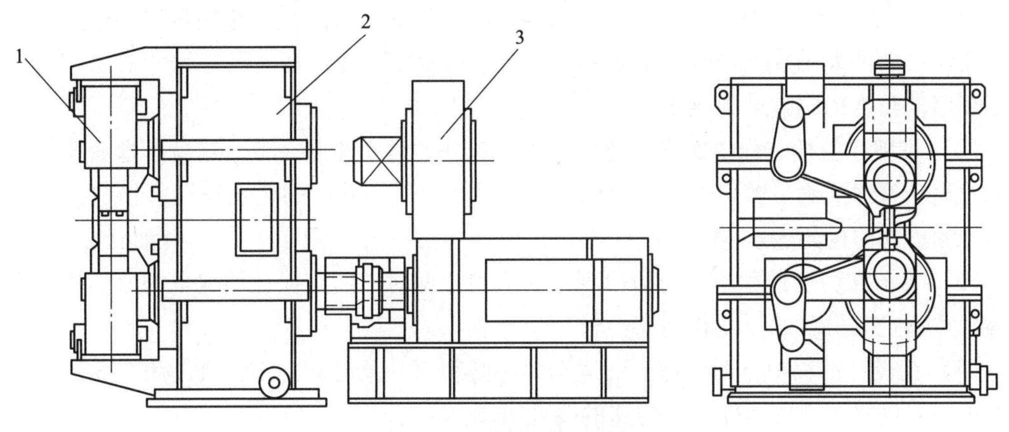

图2-18　曲柄连杆式飞剪机

1—刀架装配；2—箱体装配；3—传动装置

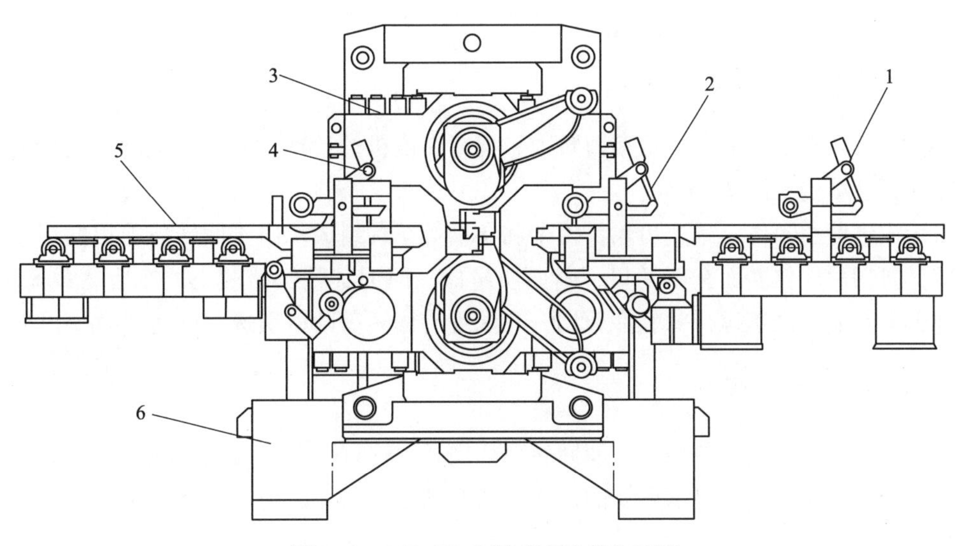

图2-19　LFJ-450曲柄式冷飞剪布置图

1—入口辊道；2—入口压辊；3—冷飞剪机列；4—出口压辊；5—出口辊道；6—收集装置

冷飞剪适用于棒材和小型轧制车间的成品定尺剪切，常用的冷飞剪机的最短定尺长度为6m，它可以在运行中实现对轧件的剪切，与冷剪切机相比其生产效率高、占地面积小。以LFJ-450曲柄式冷飞剪为例，冷飞剪布置在棒材和小型轧钢车间的冷床和收集区之间，由各自的输入输出辊道互相连接。在正常生产过程中，冷床输出的轧制成品进行定尺剪切。冷飞剪由剪机本体、传动电机、前后压辊、输入辊道、输出辊道及切头收集装置等组成。

曲柄式冷飞剪剪机本体为整体结构，双支点支撑曲柄，龙门架内安装刀架，可承受剪切力较大。传动系统为齿轮传动，两台直流电机并联传动。为防止剪切过程中钢材产生的弹跳，剪机出入口处均设有压辊装置。输入辊道和输出辊道上各安装有两根电磁辊，使被剪钢材紧贴辊面，保证剪切精度。也有输入辊道做成了磁性链结构，作用与电磁辊相同。

为了满足目前螺纹钢轧制线的生产要求，启停曲柄飞剪的结构设计应满足以下几点：

（1）飞剪剪切轧件所需的剪切功由传动系统产生的能量提供，该能量取决于电机的功率、飞轮尺寸的大小及剪切过程中曲柄机构转速的变化程度，其中飞轮尺寸的大小对启动力矩和启动角度的影响最为显著。

（2）飞剪在剪切过程中的水平速度必须与轧件的运动速度一致，这就要求曲柄机构中剪刃的运动规律要满足剪切过程中曲柄的变速要求，其中轧件的运动速度直接决定了曲柄机构开始剪切时的转速。

（3）飞剪在剪切过程中，剪刃出现最大应力工况时，需要保证动载下的曲柄机构安全可靠，并满足其材料的强度和刚度要求。

（4）在设计过程中，两个剪刃的运动轨迹必须有一条具有一定轨迹的闭合曲线，剪切过程中刃口的水平速度要保证是匀速的线性运动。

（5）飞剪的设计过程中，应考虑设备满足电机起动、剪切力能、剪切时剪刃与轧件角度要求。根据轧件相关参数的要求，确定并计算曲柄机构转速的变化，并利用相关模型进行设计演算。

（二）回转式飞剪

回转式飞剪的上下剪刃固定在剪臂上，剪臂在电机的带动下做圆周运动，旋转的剪刃切割轧件，其结构如图2-20所示。

回转式飞剪由箱体、减速齿轮、刀架和导槽等结构组成。由于回转剪剪刃的运动轨迹为圆形，剪切后轧件断面有斜切口，断面质量低。因为其整机惯量小，使启动载荷减小，更适合于小断面、高速运行的轧件剪切。我国现有回转剪的剪切速度可达20m/s以上。

（三）组合式飞剪

组合式飞剪兼有曲柄剪切模式和回转剪切模式。这种飞剪一般用于轧件上冷床之前的倍尺剪切，倍尺飞剪一般要求剪切的规格和速度的范围较大，剪切速度范围较大时通常选择组合式飞剪。

以我国开发的低温高速倍尺飞剪为例（结构简图见图2-21），低温高速倍尺飞剪主要

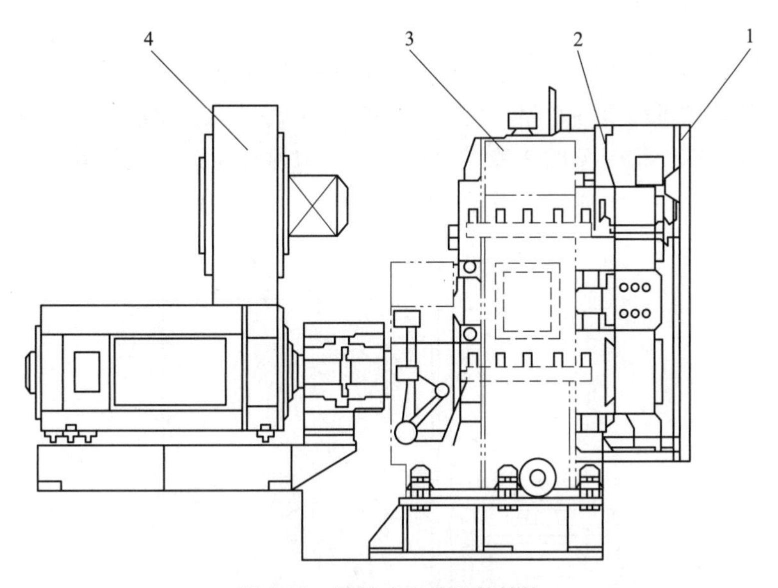

图 2-20　回转式飞剪机的结构

1—保护罩；2—剪刃装配；3—箱体装配；4—传动装置

由飞剪保护装置、进出口导槽、飞剪本体、飞剪传动和飞剪机上润滑系统组成。这种飞剪机采用电机启停式工作制，剪机配置两套刀架，一套为曲柄刀架，一套为回转刀架，分别用于曲柄剪切模式和回转剪切模式。两套刀架的剪切中心线重合，一般配置有刀架快速更换装置，简化更换步骤。在剪机的传动轴上安装有离合式飞轮，增加了低速大截面切割时的剪切能力。

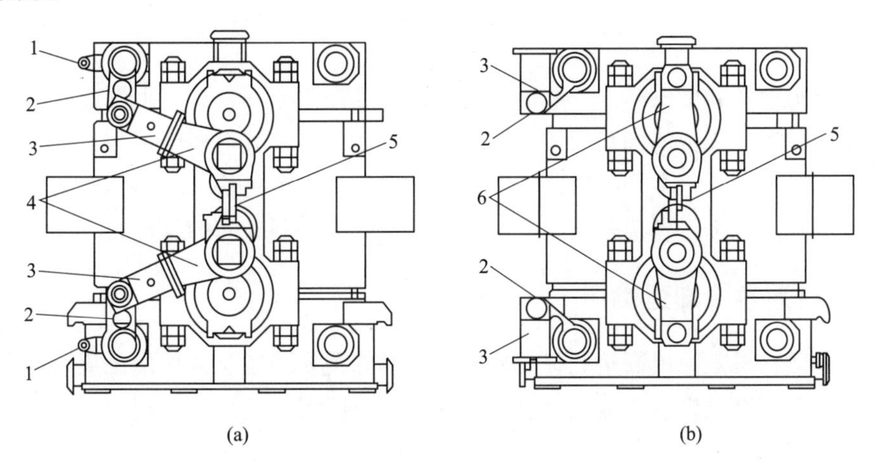

图 2-21　曲柄剪模式（a）和回转剪模式（b）

1—悬挂装置；2—摆杆；3—连杆；4—曲柄刀架；5—刀片；6—回转刀架

这种低温高速飞剪采用了曲柄/回转组合式结构，剪切时轧件速度范围达 1.8~18m/s。曲柄剪切模式的曲柄刀架安装在剪轴上，适用于剪切速度低于 8m/s；回转剪切模式的回转刀架安装在剪轴上，适用于剪切速度高于 8m/s。在一定速度范围内，这两种剪切模式都可以带飞轮剪切，提高剪切能力。

（四）圆盘式飞剪

圆盘飞剪的剪切机构由一对固定在上、下剪切轴上的圆盘组成，剪刃固定在圆盘外圆做连续圆周运动，其结构图见图 2-22。剪切时，由剪前转辙器将轧件放在剪切中心线上，然后旋转剪刃剪断轧件，再通过转辙器将轧件放在轧制中心线上，因此对剪切前转辙器的动作速度要求精准快速。

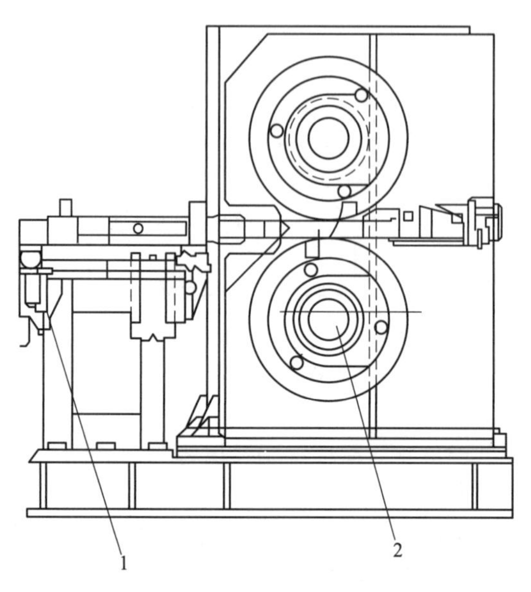

图 2-22 圆盘式飞剪机
1—转辙器；2—高速飞剪

圆盘式飞剪剪切速度较高，一般剪切的轧件速度在 25m/s 以上。但圆盘式飞剪的剪切断面小，质量较低。飞剪的圆盘刀架上可以固定一对剪刃，甚至多对剪刃，剪刃数量的增加可以减小碎断长度，但在切头时，剪前的转辙器的动作需更快。由于圆盘式飞剪速度较高，对飞剪前后的辅助设备要求高，常采用伺服系统来控制导槽的位置。

五、线材散卷冷却运输机

散卷冷却运输机是完成高速线材轧后温度控制的重要装备。其作用是通过控制冷却温度和冷却速度，使高温线卷完成相变过程，最终获得所需的最佳金相组织和力学性能，然后运输到集卷站进行收集。

（一）线材散卷冷却运输机的种类

根据冷却方式的不同，我国螺纹钢线材采用的散卷冷却运输机可分为标准型、缓慢型和延迟型三种。标准型散卷冷却运输机的上方是敞开的，下方装有风机，在输送机上运输期间，散卷由下方风机鼓风冷却。缓慢型散卷冷却运输机与标准型的区别在于，在运输机前部增加了可移动的带有加热烧嘴的保温罩，运输机的速度较低，可以非常慢的速度使散卷冷却。缓慢型散卷冷却运输机是三种散卷冷却运输机中冷却速度控制最好的一种，但不容易实现，由于其结构复杂，而能耗较大，因此在实际很少使用。

延迟型散卷冷却运输机两侧设有隔热的保温层侧墙，保温墙上方安装可开闭的保温罩。通过开闭保温罩和控制运输机速度，就能实现不同的冷却方法。打开保温罩，可进行标准型冷却；关闭保温罩，降低运输机速度，可以进行延迟型冷却。延迟型散卷冷却运输机适用性广，无需装备缓慢冷却型加热器，设备成本和生产成本得到降低。因此，我国大部分螺纹钢线材生产线都采用延迟型散卷冷却运输机。

（二）线材散卷冷却运输机的主要结构

目前，广泛应用的散卷冷却运输机是辊式延迟型。它由头部辊道、标准运输辊道及尾部辊道组成。头部辊道，也称为受料辊道，位于吐丝机下方，可摆动升降，实现不同规格的线圈平稳落在运输机上，其典型结构如图 2-23 所示。辊道的升降由电机驱动螺旋升降机实现，辊道上方设有可移动的安全防护罩，头部辊道下方一般不设风机。标准运输辊道为焊接结构辊架，辊道上链条分段集中传动。辊道上设保温罩，辊道两侧设有对中装置。根据工艺需要，辊道下方可选择是否设置风机。尾部辊道与集卷站相邻，其典型结构如图 2-24 所示。为实现不同规格的线圈均可顺利落至集卷筒内，辊道可沿轧制方向移动，辊道移动由电动推杆驱动。集卷筒附近设有压卷装置，可以防止线圈的翘尾，使线圈下落更为平稳。

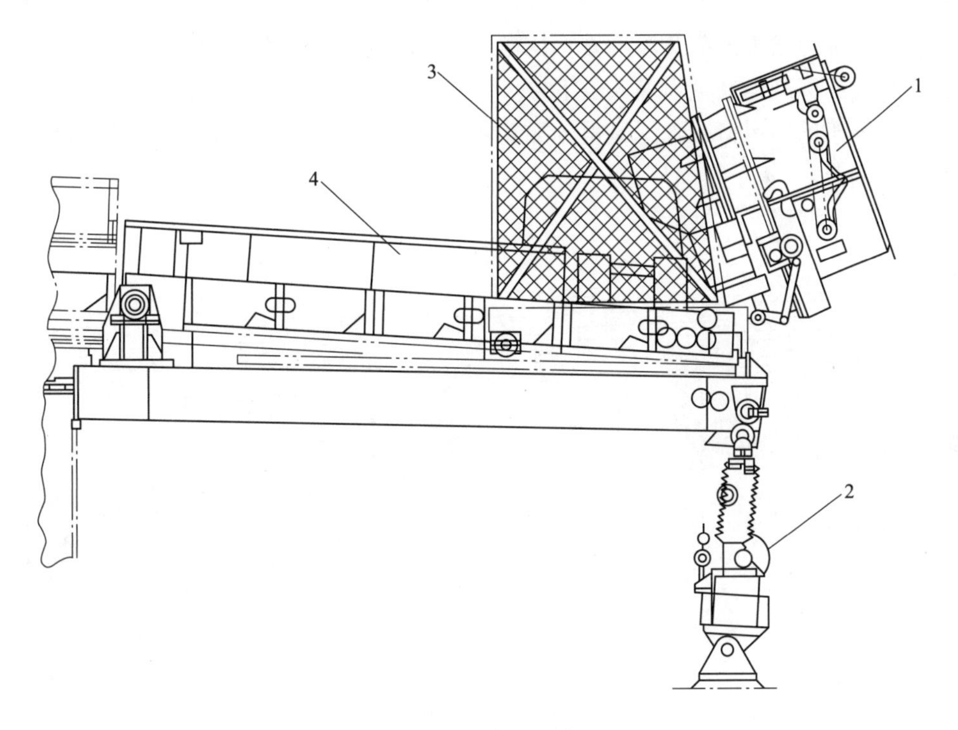

图 2-23　头部辊道

1—吐丝机；2—升降驱动装置；3—安全防护罩；4—运输辊道

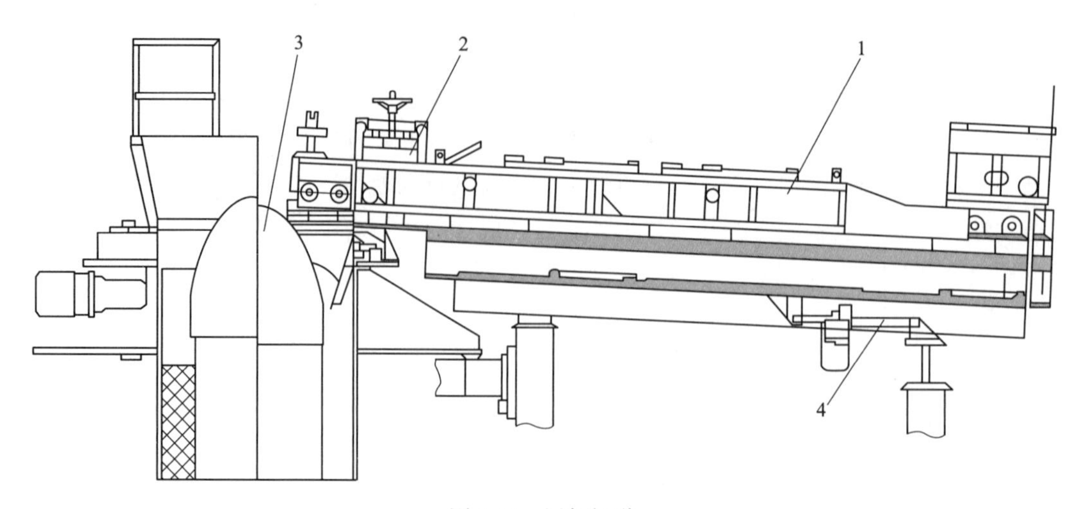

图 2-24 尾部辊道

1—运输辊道；2—压卷装置；3—集卷筒；4—移动驱动装置

1. 斯太尔摩散卷冷却运输机

斯太尔摩散卷冷却运输机是一种延迟型散卷冷却运输机，在国内应用广泛。高线轧制速度大于100m/s时，运输机总长度一般为104~114m，最终实际长度根据轧线工艺要求设定，其典型结构如图 2-25 所示。运输机总长度为 104m 时，通常配备 14 台大风量离心风机，布置在标准运输辊道前 7 段下方。运输机总长度为 114m 时，通常配备 16 台大风量离心风机，布置在标准运输辊道前 8 段下方。由于散卷两侧堆积厚中间疏，为了加强两侧风量，在每台风机的出风口布置了风量分配装置（佳灵装置)。佳灵装置采用丝杆螺母传动方式和手动调节。

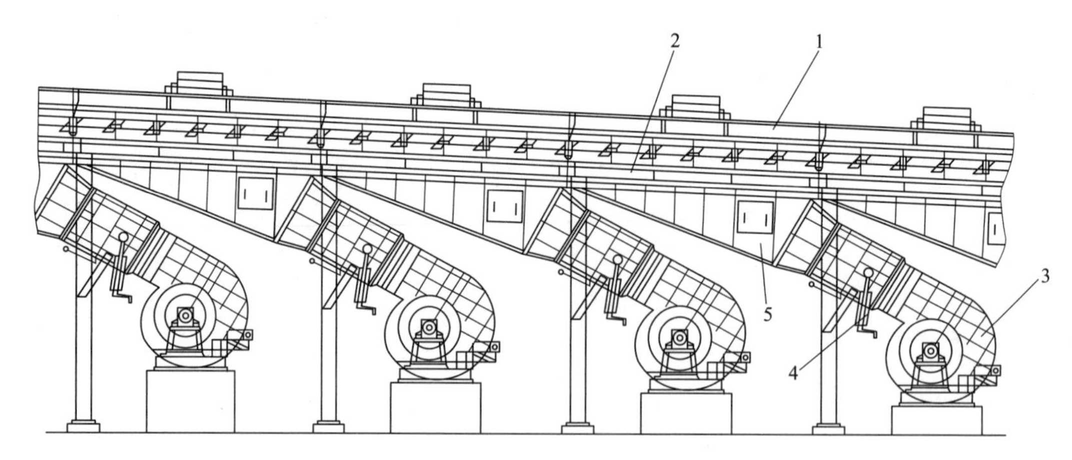

图 2-25 斯太尔摩散卷冷却运输机

1—保温罩；2—标准运输辊道；3—离心风机；4—佳灵装置；5—压力风室

运输机由头部辊道、标准运输辊道和尾部辊道组成。头部辊道为 ϕ125mm 的密排辊，长约 3. 8m。标准运输辊道分为 10~11 个传动组，由两段辊道组成，辊身直径为 ϕ120mm，每组辊道长度约 9. 25m。每段辊道上方均设有保温罩，保温罩开启和关闭由电动推杆控制。为了使各线圈之间的接触点发生变化和调节尾部集卷速度，在尾部辊道及之前的 3 段标准运输辊道衔接处设置了 3 个高度约为 200mm 的落差台阶。尾部辊道长约 4. 3m，横移移动行程为 300mm。尾部辊道上的压卷装置由悬臂压杆、配重和调节手轮组成。

2. 达涅利型散卷冷却运输机

我国使用的达涅利型散卷冷却运输机大多数是粗组织控制系统，即延迟型散卷冷却运输机。

达涅利型散卷冷却运输机典型结构如图 2-26 所示。当高线轧制速度大于 100m/s 时，达涅利型散卷冷却运输机总长度一般为 112m。运输机各段辊道下方都配备风机，共设置 23 台大风量离心风机。出风口设有手动风量调节装置，采用连杆机构打开或闭合两侧风量调节板来调节风量的分布。

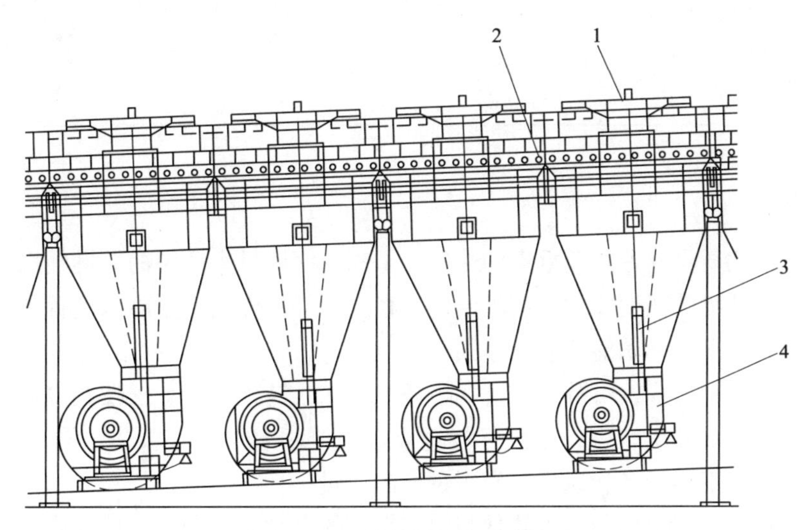

图 2-26　达涅利型散卷冷却运输机

1—保温罩；2—标准运输辊道；3—风量调节装置；4—离心风机

吐丝口密排运输辊道长 4. 5m，辊径为 ϕ120mm。密排辊道处防护罩为较大的落地防护罩，防护罩顶盖由气动马达驱动，沿着轧制方向的移动顶盖。标准运输辊道分为 17 个传动组，由交流变频电机驱动。每组辊道长约 6m，辊子直径为 ϕ120mm，辊子之间的间距约为头部辊道的两倍，用于布置出风口。除了与尾部辊道相邻的运输辊道外，每段辊道上方均设有保温罩，保温罩有多组，每组均可单独开启或关闭。尾部辊道和其前部标准运输辊道之间设置了落差台阶，尾部辊道长约 2. 3m，移动行程为 180mm。压卷装置由汽缸、连杆、压辊组成，根据生产的需要进行调节，当需要调节压辊与辊面的相对高度时，可通过汽缸驱动连杆实现压辊的上下调节，通过气动系统的节流阀调节汽缸的压紧力。

常用线材散卷冷却运输机的设备参数如表 2-33 所示。

表 2-33 常用线材散卷冷却运输机的设备参数

生产厂家	八钢	本钢	连云港亚新钢铁
总长/m	101	104.76	116.898
保温罩/m	72	80	96
辊子规格/mm	70	120	125
速度/$m\cdot s^{-1}$	0.3~1.3	0.1~1.3	0.08~1.5
辊道段数	18	11	15
入口段长/m	3.87	9.52	7.6
冷却段长/m	81	85.7	101.6
出口段长/m	4.4	9.52	7.6
电机/kW	22	22	15
冷却风机/台	27	11×2	16
静压力/kPa	3	3	2.2~2.4
风量/$m^3\cdot h^{-1}$	154700	220000（1~5 风机）；147900（6~11 风机）	220000（8 台）；157000（8 台）
风机电机/kW	1 号~6 号 200；7 号~24 号 90	1 号~5 号 315；6 号~11 号 160	8 台 315+8 台 220

六、冷床

冷床对产品的质量起着至关重要的作用，是螺纹钢棒材生产中的关键辅助设备。其主要功能是将轧件从终轧温度冷却到所需温度。根据冷却轧件类型、冷床位置和冷却要求的不同，冷床的结构形式和功能也有所不同。

按照冷床的结构形式，可分为步进式齿条型冷床、链式冷床、摇摆式冷床、斜辊式冷床等结构形式。在实际生产中，根据轧制速度、轧制材料和工艺要求，合理选择冷床类型，配置对应的上下料设备，以保证螺纹钢产品质量。

螺纹钢生产中，要求尽量减少轧件与冷床床面的滑动摩擦，防止轧件表面划伤，同时要求轧件在冷却过程中得到均匀冷却和矫直。步进式齿条型冷床由于其轧件在冷却过程中冷却均匀并使轧件得到矫直，平直度高，表面擦痕小，因此得到了广泛的应用。目前，结合国内外制造与使用的实际情况，我国也通过自主创新研发了多种类型的步进式冷床。下文中主要介绍我国广泛使用的普通小棒材冷床和高速棒材冷床的特点、结构和布置。

（一）普通小型棒材冷床

普通小型棒材冷床主要用于轧制速度不高于 18m/s 的 ϕ12~40mm 螺纹钢生产线，其布置方式和结构特点如下所述。

1. 冷床上钢装置

齿条步进式冷床上钢装置带制动板输入辊道，位于轧线倍尺剪后，作用是输送轧件和分钢上料。采用制动板能满足最高轧制速度 18m/s 的螺纹钢生产线分钢上料功能。制动板的升降采用液压驱动或电机驱动两种传动方式，液压驱动传动方式如图 2-27 所示，电机驱动制动板结构如图 2-28 所示。

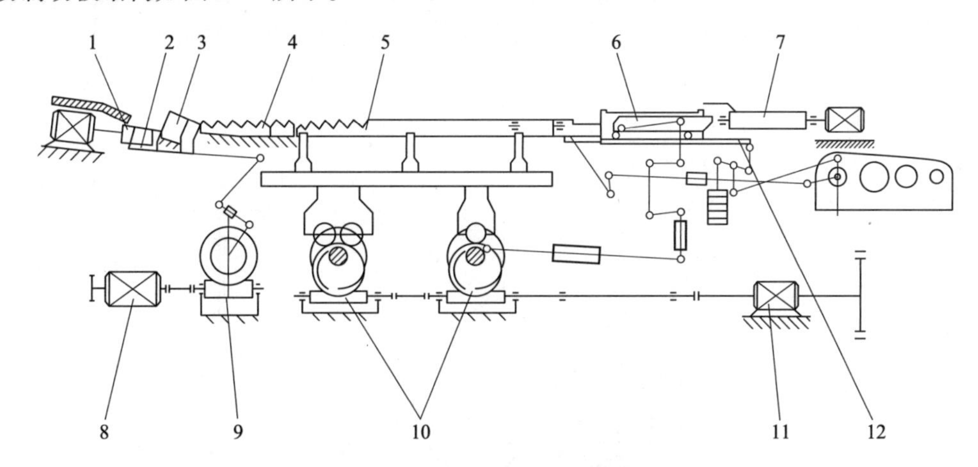

图 2-27　步进式冷床结构简图

1—输入轨道装置；2—拨料装置；3—固定弧形板；4—齿形板及固定齿条；
5—活动齿条；6—堆垛装置；7—输出辊道装置；8—拨料装置电机；
9—拨料装置减速机；10—动齿条减速机；11—动齿条及堆垛装置电机；12—移钢装置

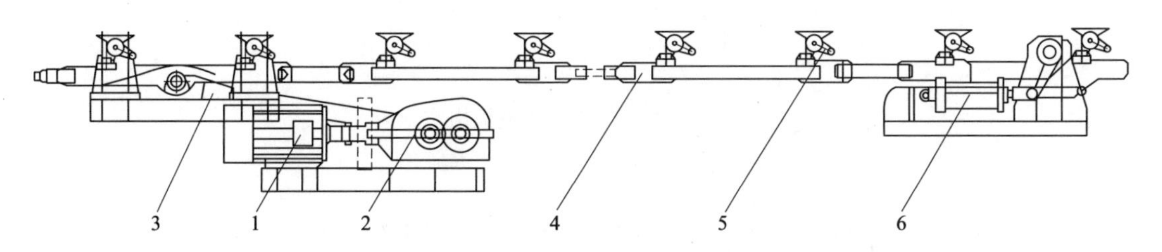

图 2-28　电动驱动制动板结构简图

1—电机；2—减速机；3—驱动杆；4—拉杆；5—驱动曲柄；6—平衡气缸

液压驱动制动板升降结构，结构简单、重量轻，制造及安装相对简单，便于维护，投资成本低，但是设备振动较大。电机驱动制动板升降结构，设备较复杂，制造、安装复杂且对于维护要求较高，设备振动相对较小。

2. 冷床本体

螺纹钢由于断面较小、冷却较快，冷床本体长度较短，一般为 12.5m 左右。根据对 88 条典型螺纹钢生产线冷床长度进行统计，可发现长度不大于 10m 占 29.5%，长度为 10~12.5m 之间的占 33.0%，长度不小于 12.5m 占 37.5%，其中 12.5m 的占 28.4%。为了保证产量，需采用倍尺冷床，所以宽度方向较长，一般为 120m 左右；根据其冷床宽度统计结果，宽度不大于 90m 占 23.9%，宽度为 90~120m 之间的占 29.4%，宽度不小于 120m 的占 46.7%，其中宽度为 120m 的占 41.3%。

冷床入口设有用于轧件矫直的矫直板，在出口处设置用于轧件对齐的对齐辊道，对齐辊道由带有齿槽的槽型辊组成，一般为 4~8 齿槽的对齐辊道。冷床本体采用电机驱动偏心轮旋转以实现齿条步进，主传动轴上安装配重以减小电机功率，见图 2-29。当主传动轴动作时，偏心轮转动，在支撑轮的配合下，冷床的整个活动部分（包括动齿条）按半径为偏心轮偏心距的圆周步进动作，从而将定齿条齿槽上的棒材抬起，横向步进到下一齿槽。冷床步进分为等齿步进和不等齿步进两种。生产螺纹钢所用的冷床一般为等齿步进，等齿步进即偏心轮偏心距等于齿条齿距的二分之一；不等齿步进指偏心轮偏心距小于齿条齿距的一半。

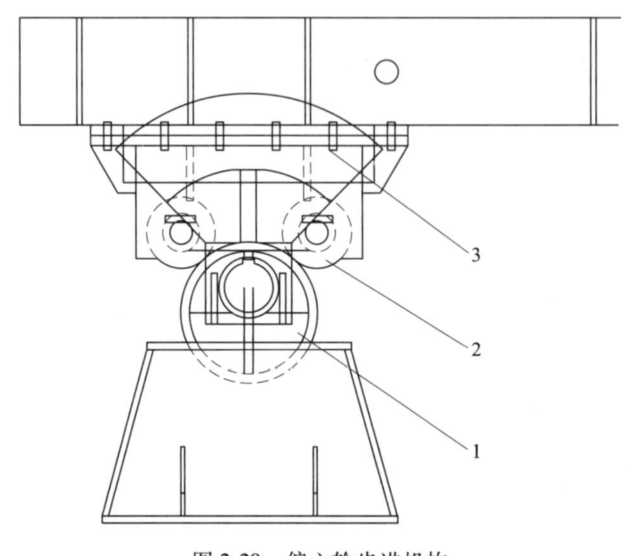

图 2-29 偏心轮步进机构

1—偏心轮；2—支撑轮；3—配重

配重用于平衡冷床活动设备（包括辊箱、动梁、动齿条等）的力矩到主传动轴。在实际设计中，根据配重产生的力矩等于冷床活动设备产生的力矩与传动轴上的最小负载之和，一般会分配稍多的配重。冷床的传动采用通过电机驱动双包络蜗轮蜗杆减速箱，驱动主传动轴的形式。冷床为宽度较长的倍尺冷床，根据冷床宽度在冷床中间沿轧线方向设置一个或多个冷床传动装置。

3. 冷床下料装置

如图 2-27 步进式冷床结构简图中所示，冷床下料装置由排布链式运输机（部件 6）、升降小车链式移钢运输机（部件 12）和输出辊道（部件 7）等组成。排布链式运输机用于接收冷床本体输送来的轧件，并将其编组排布。当一组轧件被接收满时，轧件被升降小车链式运输机抬起，并横向移动到输出辊道，输出辊道将轧件向后输送。

（二）高速棒材冷床

高速棒材冷床用于轧件速度高于 18m/s 的棒材生产线，结构形式如图 2-30 所示。这种结构的冷床可以满足最高轧制速度为 40m/s 的高速棒材生产线。

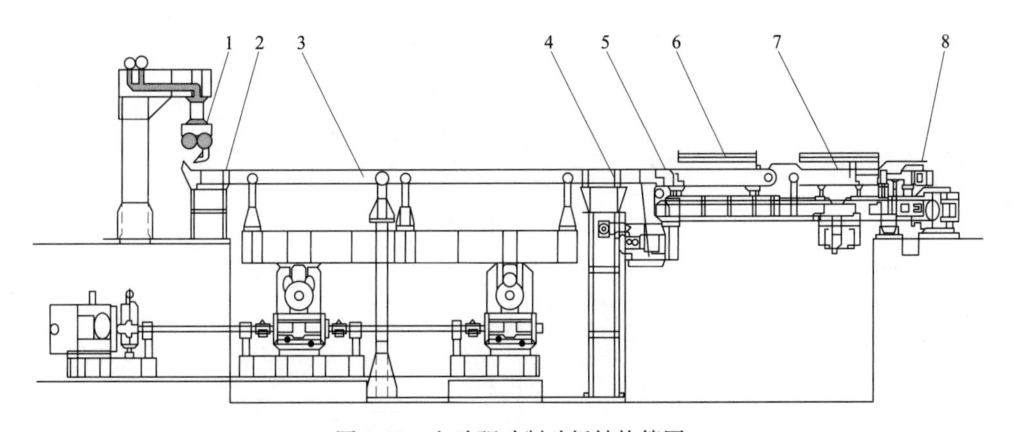

图 2-30　电动驱动制动板结构简图

1—转鼓上钢装置；2—矫直板；3—冷床本体；4—对齐辊道；5—排布链式运输机；6—升降小车链式运输机；7—输出辊道；8—走台盖板

1. 上钢装置

根据现有高速棒材生产线的生产实际情况，制动板式上钢装置不适合轧件速度高于18m/s 的高速棒材，一般采用转鼓式冷床上钢装置（图 2-31）。转鼓式冷床上钢装置需要与制动夹送辊配合使用，制动夹送辊位于冷床前端，夹紧轧件尾部以达到对轧件进行制动，当轧件在转鼓中制动后（转鼓轧件输入位），转鼓转动，使轧件转动到轧件输出位置，轧件靠重力从转鼓中落到冷床矫直板上。

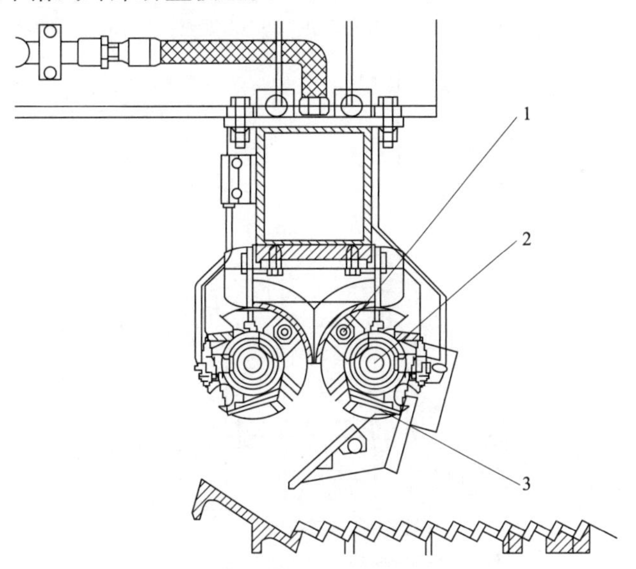

图 2-31　转鼓简图

1—轧件输入位；2—转鼓本体；3—轧件输出位

2. 冷床本体、冷床下料装置

高速棒材生产线的冷床本体、冷床下料装置等设备功能基本与普通小型棒材冷床相同，具体结构略有不同。国内已经充分掌握高速棒材生产线的关键技术，目前已经实现国内转化20余条生产线。

七、冷剪机

冷剪机剪切吨位较大，一般放置在轧线的收集区用来对螺纹钢进行定尺剪切。主流的冷剪机由收集装置、冷剪机列、清尾装置等设备组成。其传动简图如图2-32所示，常见的冷剪机布置图如图2-33和图2-34所示。

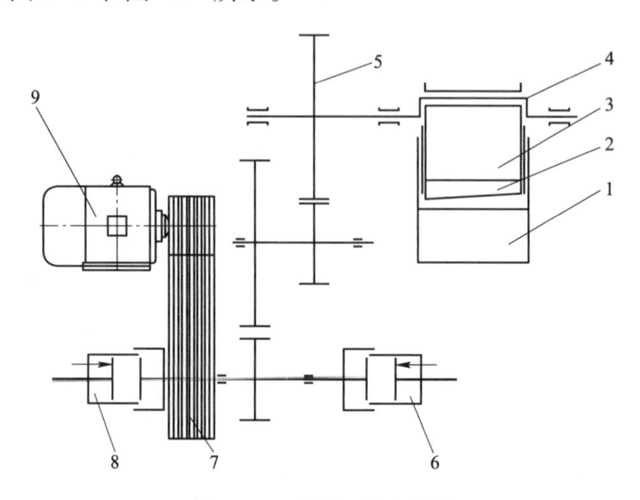

图2-32 冷剪机传动简图

1—下刀片；2—上刀片；3—剪头；4—曲轴；5—齿轮传动机构；6—制动器；7—皮带传动系统；8—离合器；9—电机

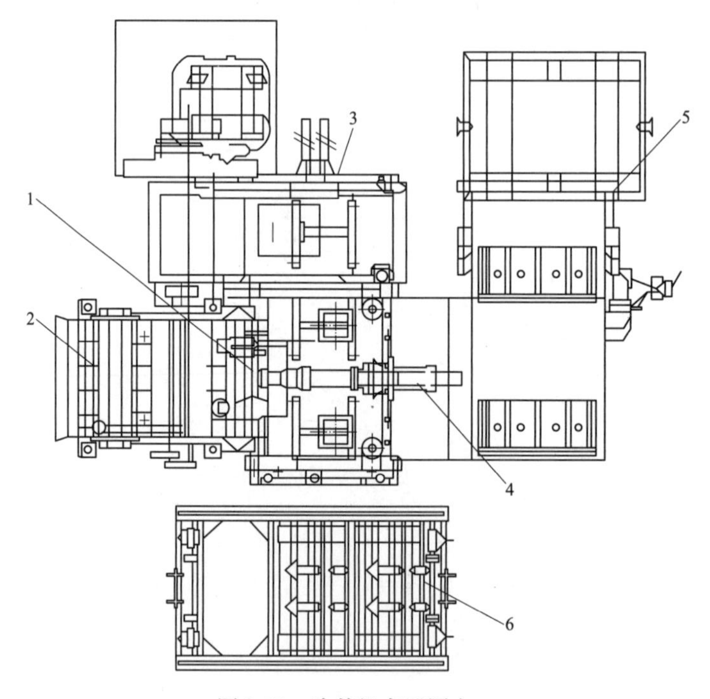

图2-33 冷剪机布置图之一

1—入口压辊；2—清尾装置；3—冷剪机机列；4—对齐挡板；5—收集装置；6—换刀架小车

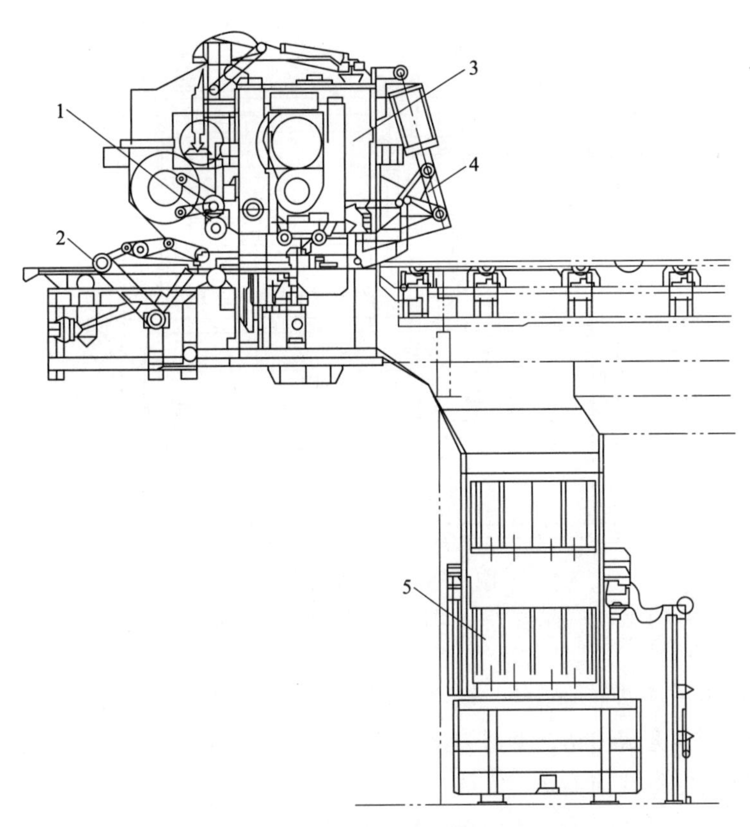

图 2-34　冷剪机布置图之二

1—入口压辊；2—清尾装置；3—冷剪机机列；4—对齐挡板；5—收集装置

冷剪机按剪切吨位大小有 1300t 冷剪机、1200t 冷剪机、1000t 冷剪机、850t 冷剪机、450t 冷剪机、400t 冷剪机、350t 冷剪机、250t 冷剪机等多种规格，一般根据车间轧机生产能力选择合适的剪切吨位。本书对参与编纂的企业进行了冷剪机剪切吨位规格统计，详细数据见表 2-34。

表 2-34　冷剪机剪切能力统计

剪切吨位	最大剪切力≤250t	250t<最大剪切力≤450t	450t<最大剪切力≤650t	650t<最大剪切力≤850t	850t<最大剪切力
占比	4.49%	14.61%	20.22%	42.70%	17.98%

随着我国螺纹钢生产线产能的不断提高，冷剪机的剪切能力也越来越大。目前新建螺纹钢生产线采用的冷剪机大多数为国产装备，剪切能力在 1000t 以上的冷剪得到越来越多的应用。

常用的冷剪机采用偏心轴带动上刀架上切式结构（见图 2-35），由一台电动机通过皮带轮带动冷剪机输入轴上的气动离合器转动。当离合器接合时，输入轴带动偏心轴转动，偏心轴带动上剪刃上下运动，偏心轴旋转一周完成一次剪切动作。

冷剪机切头时，对齐挡板处于下位，等料头对齐后，对齐挡板升起，入口导向辊下降

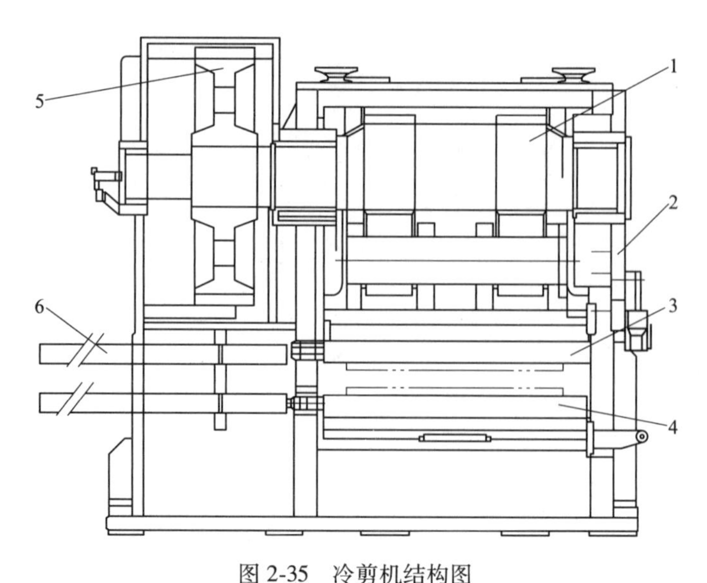

图 2-35 冷剪机结构图

1—偏心轴；2—箱体；3—上刀板；4—下刀板；5—传动齿轮；6—液压缸

压住螺纹钢，冷剪后摆动辊道下降，制动器打开，离合器合上，电动机通过皮带带动齿轮转动，通过两级减速完成剪切，上剪刃又回到上位，离合器离开，制动器制动，冷剪后摆动辊道升起，棒材继续往前输送，完成一次切头动作。清尾装置对棒材尾料进行清理，清尾辊道还有辊道提升动作，辅助冷剪机剪切。收集装置由料筐、溜槽、气动挡板组成，切下的头、尾沿溜槽落入收集筐内。冷剪机剪切定尺时，由定尺机定尺挡板代替对齐挡板工作，这时冷剪机工作流程与切头时相同。

八、吐丝机

吐丝机是将轧制后的螺纹钢吐丝成卷的关键设备。目前，我国应用的吐丝机以摩根型、达涅利型卧式吐丝机为主。卧式吐丝机由传动齿轮、空心轴、吐丝锥、吐丝管、吐丝盘和轴承座箱体组成。主轴上安装有空间螺旋曲线形状的吐丝管，吐丝管随卧式吐丝机的主轴高速旋转。螺纹钢通过夹送辊进入吐丝机内部的吐丝管，经过旋转的吐丝管沿着圆周切线方向吐出，形成盘卷。

近年来国内装备制造水平不断提升，加工制造能力不断增强，因此国产吐丝机设备也在原材料质量、热处理技术和机械加工精度方面都有了明显的提高，产品质量及可靠性都得到改善。我国应用的最新一代吐丝机有摩根新型吐丝机和达涅利新型吐丝机，这两种吐丝机都为卧式结构。与传统吐丝机相比，这两种新型吐丝机在吐丝管出口后增加了一圈弧形导槽，提高了吐丝机的导向成圈能力，使线圈更易集卷收集。

摩根新型吐丝机采用锥齿轮增速传动，倾角设置为 20°，简图见图 2-36。输入轴为悬臂形式，输出轴固定端为双列角接触轴承定位，浮动端由型号不同的两盘圆柱滚子轴承支撑（两个轴承分担负载径向载荷，大轴承安装在吐丝机箱体轴承座上，小轴承安装在浮动轴承座上，轴承间隙可调节）。由于浮动端两盘圆柱滚子轴承运转时的游隙不同，负载容易不平衡，可能造成一盘受力另一盘空转，轴承的损坏加快，滚动疲劳寿命降低。

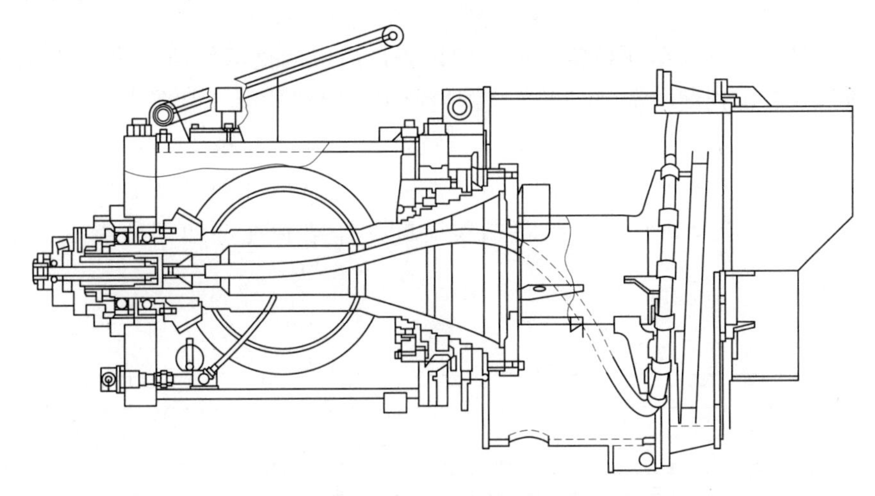

图 2-36 新一代摩根吐丝机

达涅利新型吐丝机采用锥齿轮等速传动，倾斜角度可以调节，倾角初设 20°，最大可达 30°，如图 2-37 所示。输入轴为两端支撑轴承，输出轴固定端为双列角接触轴承定位，浮动端由内径 400mm 的大型油膜轴承支撑径向力。与摩根新型吐丝机输出轴浮动端的圆柱滚子轴承相比，油膜轴承的支撑形式运转更加平稳，高速运行时性能良好。

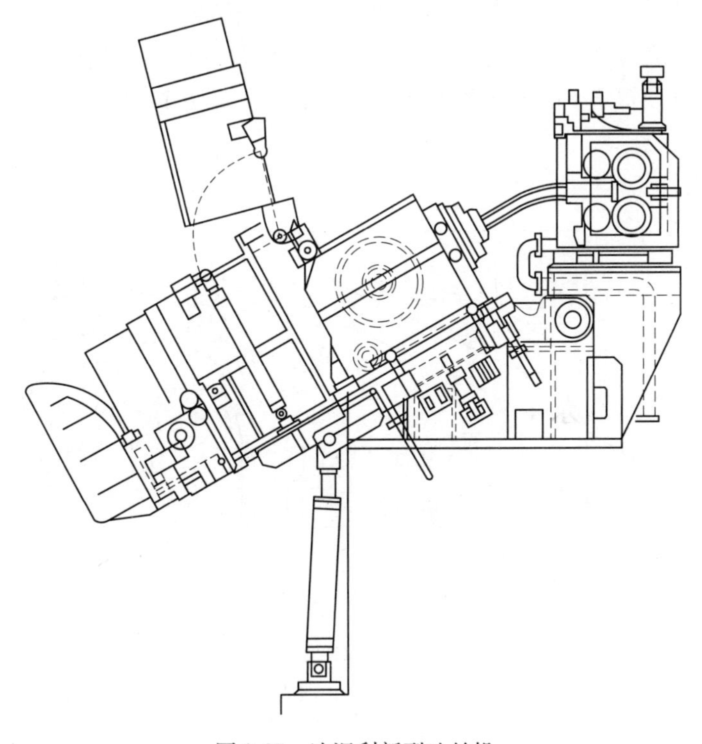

图 2-37 达涅利新型吐丝机

九、定尺机

定尺机是螺纹钢直条车间精整区的关键设备，通过调整定尺挡板的位置与冷剪机配合，对轧件进行一定长度的定尺。在螺纹钢生产中，定尺长度一般在 4～12m 范围内。根据国家标准，螺纹钢的定尺精度为+50mm，在实际生产中，为提高成材率和产品精度，要求定尺精度更高，至少在+30mm 以内。定尺要求越高，对定尺机定尺要求也越高。

定尺机主要由定尺机构，定尺机横梁装配，挂架和拖链四部分组成，如图 2-38 所示。

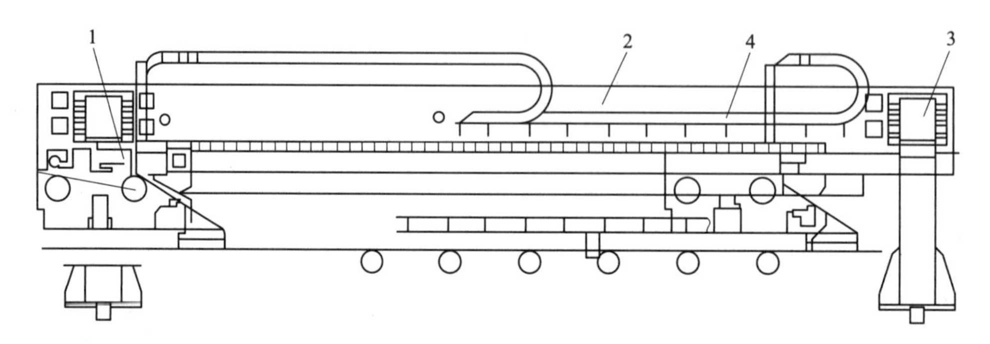

图 2-38 常用定尺机简图

1—定尺机构；2—横梁装配；3—挂架；4—拖链

定尺机构由锁紧机构，驱动装置，框架和定尺挡板组成。可翻转的定尺挡板位于辊道上方，升起的挡板通过驱动机构在横梁上横移实现位置的调节。挡板在位置调整后下降，通过锁紧机构夹紧在辊道上，实现螺纹钢的定尺剪切，如图 2-39 所示。

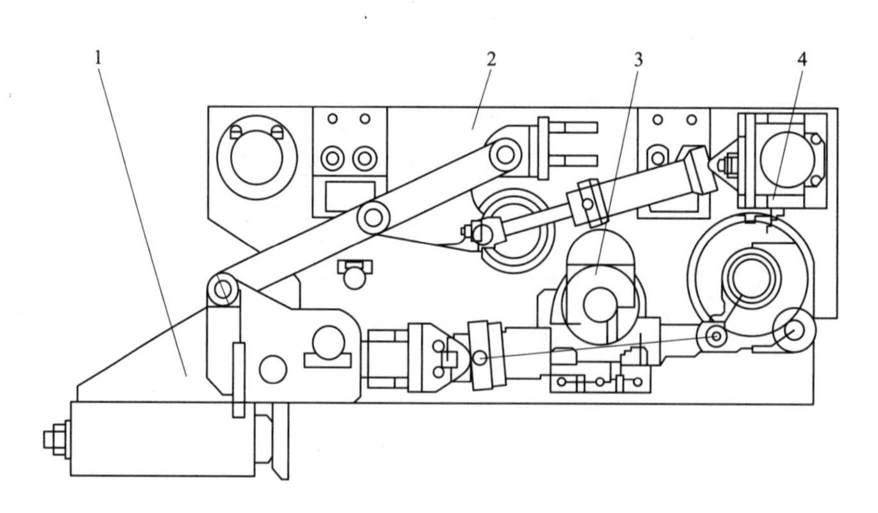

图 2-39 定尺机构图

1—挡料装置框架；2—框架；3—驱动装置；4—锁紧机构

目前我国典型定尺机主要参数见表 2-35。

表 2-35　典型定尺机主要参数

项目	定尺范围/m	挡板宽度/mm	定尺精度/mm	传动电机/kW
昆钢	4~12	1350	±10	2.2
重钢	6~12	2150	±1	2.2
酒钢	6~12	900	±0.5	1.5
莱钢	6~12	1200	±2	1.5

十、线材打包机

线材打包机应用在线材精整收集工序的最后环节，对线材盘卷进行压紧打包。线材打包机主要由压板、打包头、送线机构、导向系统、轨道装置等部件组成。目前，螺纹钢线材生产线以卧式打包机为主，其中森德斯品牌的打包机使用得较多。近年来，西马克的用户也在增多。

（一）森德斯 PCH-4KNB 线材打包机

该打包机可以自动压实水平悬挂在 C 形钩输送系统上的盘卷，用打包线完成 4 点包装。其打包完成的扭结两个线头朝向盘卷，没有突出的捆线头，打包线的直径应在 6.3~7.3mm 之间。该机型适配带材打包头，也可使用宽 32mm、厚 0.8mm 的带材来完成打包。打包机完全自动运行，但所有的功能都可以手动操作。

我国常用的森德斯打包机部分技术参数见表 2-36。

表 2-36　打包机的技术参数

使用钢厂	马钢	鄂钢	沙钢	九江钢铁	山西建邦
型式	PCH-4KNB 卧式	1 号 PCH-4KNA3800 2 号 PCH-4KNB3800	PCH-KNA/4600 （SUND BIRSTA） HCT5500/W7 （MORGAN）	（PCH-4KNA/4600）	水平打包机 （瑞典森德斯）
压紧力/kN	75~400	75~400	—	400	400
压后卷高/mm	<1800	500~1800	—	1000~1750	1800
打捆周期/s	32	32	42	45	32
捆扎材料	规格 ϕ7mm 钢种 Q235	Q195	规格 ϕ7mm 钢种 Q235	Q195	Q195
捆扎道次	4 道	4 道或 8 道	4 道	8 道或 4 道	4 道

打包线直径：7mm（正公差 0.3mm，负公差 0.7mm）。

常规盘卷尺寸：外径最大值 1400mm，内径最小值 800mm，高度最大值 1800mm。

水平线材打包机安装有 4 个打包头，自动完成压紧、打包或线材打捆成盘卷的动作，森德斯 PCH-4KNB 线材打包机简图如图 2-40 所示。

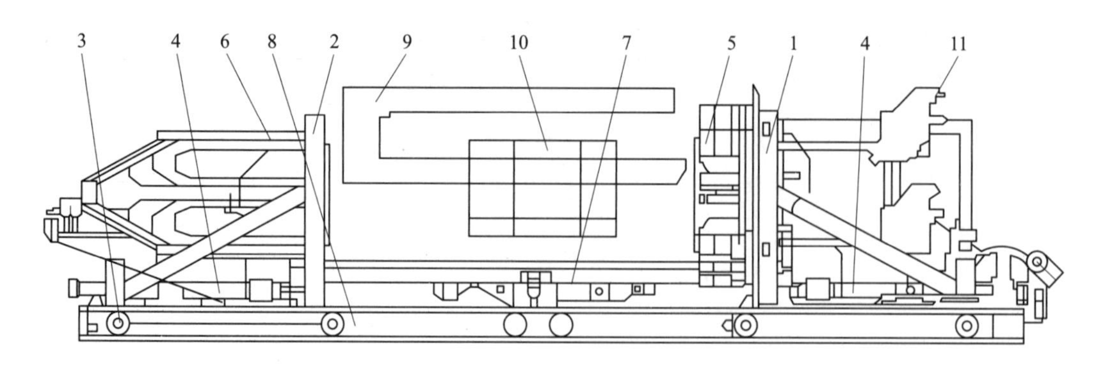

图 2-40 森德斯 PCH-4KNB 线材打包机简图

1，2—压板；3—轮子；4—液压缸；5—打包头；6—线材导向系统；7—升降台；8—导向装置；9—C 形钩；10—盘卷；11—送线机构

打包机主要由压板、打包头、送线机构、导向系统、轨道装置等部件组成。打包周期包括：

（1）压板向盘卷方向移动，线材导向系统从压板开始移动，升降台开始向上移动，准备压实。

（2）压板接近盘卷，升降台上移到使盘卷脱离传输钩，压板持续压紧盘卷。

（3）线材导向系统开始送线，压板保持压力直至完全压紧盘卷。

（4）打包线头部到达打包头的末端时停止送线，此时打包线头被夹紧机构夹紧。

（5）打包线头部从送线位置移入到打包位置，送线轮返回，打包线被绕着挡线板和盘卷抽紧。

（6）送线轮停止，扭结动作开始，扭结动作结束时，夹紧机构打开，切断打包线，打包过程结束。

（7）打包过程结束后，压板、线材导向系统、升降台返回到初始位置。

（二）西马克高线打包机

西马克高线打包机主要结构与森德斯打包机相似，同样使用打包线完成 4 点包装。有效开档为 4700mm，最小开档为 620mm，打包线直径为 6.5mm 和 8mm（正公差 0.3mm，负公差 0.7mm）。盘卷外径最大值 1400mm，内径最小值 850mm，最大盘卷质量为 2000kg。对于常规螺纹钢盘卷，西马克高线打包机动作周期为 34s（不包括 C 形钩的进出时间），液压工作压力为 13.5MPa，压紧力在 60~400kN 之间可调节。

西马克高线打包机特点为：（1）不需要更换任何机上零件就可以实现不同直径的打包线切换；（2）增强型防划伤装置有效地保护盘卷并使盘卷更紧实；（3）收线程序更加稳定可靠，有效减少设备运行。

打包过程：盘卷由钩式运输系统置于打包位并处于打包机两压盘之间。打包开始后，打包机升降台将盘卷脱离钩面（钩子处于原位），压盘对盘卷实施压紧。与此同时，送线装置将打包线沿穿线导槽穿过打包头并环绕盘卷，当打包线第二次进入打包头。打包头对打包线线头进行夹持，此时送线装置反转将打包线收紧于盘卷，打包头随即对打包线实施扭结，扭结完成后剪切以形成捆扎线匝。打包结束后，设备全部打开，盘卷被放回 C 形钩并被送至下一流程。西马克高线线材打包机外形如图 2-41 所示。

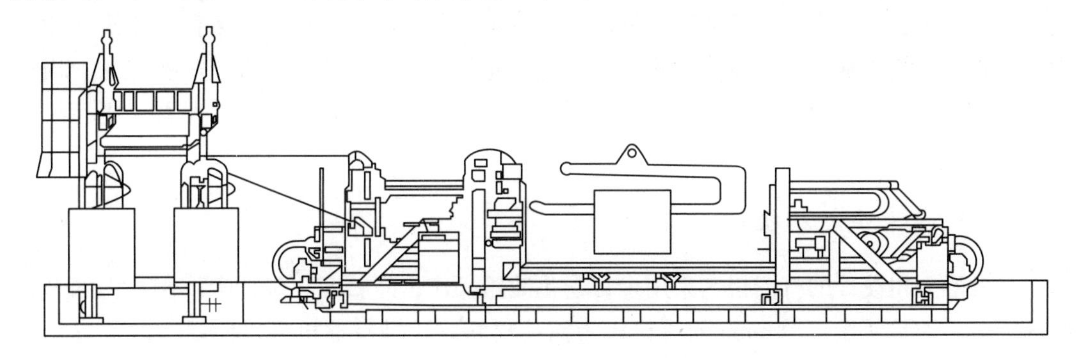

图 2-41　西马克高线线材打包机外形图

十一、棒材打捆机

打捆是螺纹钢直条生产中必不可少的重要环节，通过打捆机对已经剪切好的螺纹钢进行捆扎、成包。机头部分是打捆机的核心部件，具有通用性，可以根据不同包装品种和各螺纹钢生产现场工艺条件，配套相应的辅机，从而形成各种形式的机组。

打捆机所使用的捆扎材料主要为钢带和线材（打包丝），通常把使用线材的打捆机称为线材打捆机，使用钢带的打捆机称为钢带打捆机。由于使用线材捆扎成本低，打包丝来源方便，不易崩断，所以大部分螺纹钢直条生产线采用线材打捆机。打捆机的传动方式有气动、液压和机械 3 种方式，一般根据现场条件、场地面积、生产效率和环境温度进行选择。打捆机通过连接到主 PLC 系统，来完成生产线的联机工作。打捆机一般采用自动化操作，也可通过现场配置的控制面板进行手动操作。自动模式下，成品通过滚轮传送带穿过打捆机，在成品进入设定捆绑位置后，打捆机自动进行打捆。螺纹钢棒材常用打捆机如图 2-42 所示。

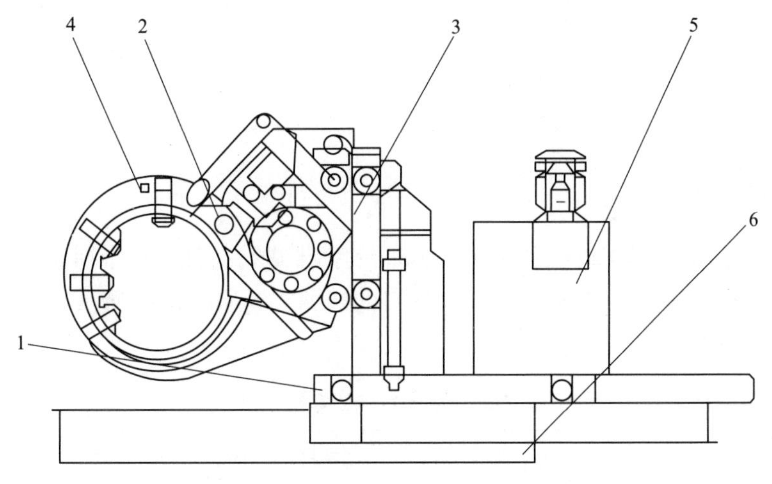

图 2-42　螺纹钢棒材常用打捆机简图

1—支架；2—捆绑装置；3—垂直支架；4—钢线导引；5—液压装置；6—基座框架

打捆流程：启动打捆线送线之前关闭打捆线导引，在上一个打捆流程结束后自动送线。如果打捆机配备是双转捆绑，则滑块前移，并在钢线导引中多送入一转打捆线。捆绑装置向下朝准备打捆的螺纹钢移动，移动到预设位置停止。夹紧机构夹住打捆线头部使打捆线张紧。绞线头随即对打捆线实施扭结，直到完全打好结头，通常打结需要三转。当绞线完成时，打捆线导引打开，捆绑装置离开打捆好的螺纹钢上移回到初始位置，之后绞线头重置到初始位置。

（一）波米尼打捆机

波米尼公司设计的打捆机，采用全自动化液压操作，能够捆扎包括螺纹钢在内的多种断面钢材，通常使用直径 6mm 的线材作为捆扎材料。该型打捆机可以使结头的位置总是在捆的上面，使捆好的螺纹钢容易沿辊道运行。打捆机可以是移动式的，也可以是固定式的。打捆时打包线沿着捆的外轮廓直接喂入，可避免划伤产品的表面。打包线只在捆的角部弯曲，并不产生摩擦。这种捆扎方式可以对捆垛的角部进行良好的捆扎，防止捆形变形。捆扎的动作过程如图 2-43 所示。

在螺纹钢捆扎区域的输入辊道后的横移区，以生产工艺要求预留了三组计数装置，已经配备了一套电子称重装置。

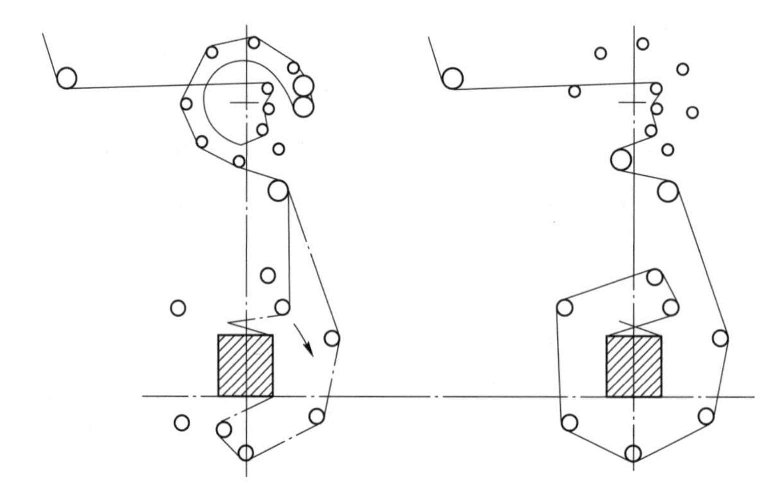

图 2-43　打捆机的捆扎动作过程简图

（二）手动打捆机

一般手动打捆机采用 32mm×(0.8~1.2)mm 的钢带进行打捆。钢带捆紧速度为 5m/min，最大抽紧力 8500N，质量为 15kg。手动打捆机的捆绑装置如图 2-44 所示。某钢厂手动打捆机参数，见表 2-37。

表 2-37　手动打捆机参数实例

捆径/mm	打捆机间距/mm	捆重/t	捆扎棒材长度/m	捆扎道数	捆扎材料
200~450	2500	2~4	5~12	6 道及以上	Q345 线材

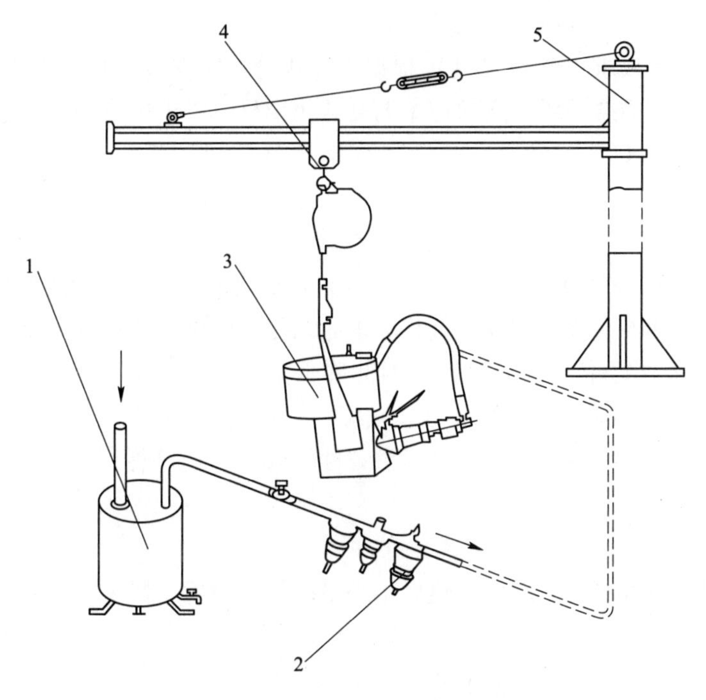

图 2-44　棒材打捆机的捆绑装置

1—气源；2—气动三联件；3—打捆机；4—平衡器；5—支架

打捆过程：先将锁扣套在打捆机的钢带上，人工将钢带绕准备打捆的螺纹钢一周插入锁扣中，形成上下层钢带，最后将下层钢带折叠在距离锁扣 50～80mm 处，抽紧钢带。打开气源开关，移动打捆机，使其靠近被捆物体上方，上层钢带置于摩擦轮和支座上的垫轮中间，并将打捆机向前推动使锁紧扣与锁紧扣机构位置对正，此时，打捆准备就绪。按下阀杆，气动马达带动摩擦轮转动，钢带抽紧，直到马达停止转动，此时被捆物已经被捆紧。再按下另一个阀杆，本机自动锁紧，剪断钢带。

第二节　螺纹钢主流工艺技术

一、加热工艺

（一）概述

钢坯加热是螺纹钢生产中的重要环节，钢坯加热质量直接影响产量、能耗、成品质量和轧机寿命。钢坯的加热工艺包括：钢的加热温度和加热均匀性、加热速度和加热时间、炉温制度等。一般情况下，需要将钢坯加热到奥氏体单相固溶组织温度范围内，并使其具有较高的温度和足够的时间以均化组织和溶解碳化物，从而获得塑性高、变形抗力低、加工塑性好的组织。

（二）加热工艺的基本要求

加热工艺的基本要求主要有：（1）根据钢坯成分制定有效的加热制度。（2）为确保轧制过程顺利进行，需要提供合适的初始温度软化钢材。对于螺纹钢线材轧机碳钢小方坯钢坯的出炉温度为 900～1150℃；对于螺纹钢棒材轧机碳钢大方坯出炉温度为 950～1250℃，加热温度要达到均匀，钢坯断面和长度方向的温度达到均匀性和同一性。对于加热炉钢坯断面温差 10～20℃；长度方向的温差 20～25℃，有利于获得形状、尺寸精确的产品。（3）尽量减少在加热过程中的氧化烧损，防止加热缺陷。不正确的加热制度会导致许多加热缺陷，如过热、过烧、裂纹、氧化、炉底划伤、脱碳、粘钢等。氧化烧损会降低加热质量，降低金属收得率，增加能耗，因此降低氧化烧损对提高经济效益具有重要意义。（4）要求加热后的原料无组织应力（或应力小），塑性良好。（5）加热后获得理想的钢坯加热组织状态，为后续轧制等工序提供条件。（6）节能降耗。

（三）加热温度

加热温度是指钢坯在加热炉中加热后出炉时的表面温度。螺纹钢的加热温度主要根据铁-碳相图中的组织转变温度来确定，具体确定加热温度取决于钢种、钢坯断面规格和轧钢工艺设备条件。铁碳相图见图 2-45。

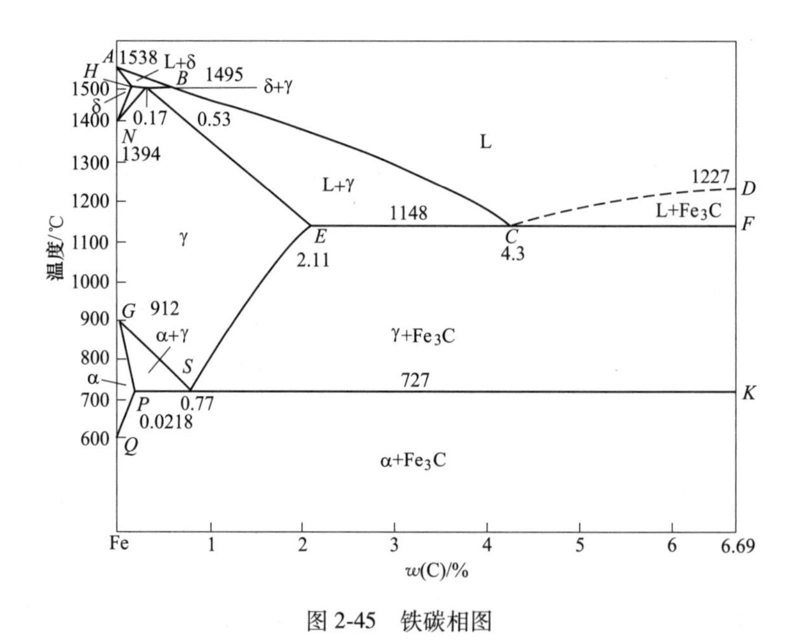

图 2-45 铁碳相图

在生产实践中，钢的加热温度范围的确定需要考虑以下几点因素：（1）钢种和组织状态；（2）钢坯断面尺寸；（3）轧制道次数量；（4）钢坯的组织缺陷；（5）氧化烧损和脱碳。

通常情况下，钢坯加热温度高时，钢坯塑性好，变形抗力低；温度低时，钢坯塑性差，变形抗力高。但加热温度过高，保温时间过长，晶粒粗大，晶界烧损，出现过热和过烧。钢材力学性能发生变化，随着加热温度的升高，钢的氧化烧损率也急剧增加。如果氧化铁皮不易脱落，在轧制过程中会造成轧件的表面缺陷；加热温度高，必然降低加热炉的使用寿命，燃料消耗明显增加；但加热温度过低又不利于轧制。从部分重点企业加热实践来看，1050~1180℃的加热温度是比较适宜螺纹钢生产的。

（四）钢坯的加热速度和加热时间

1. 加热速度

钢坯的加热速度一般指的是单位时间内钢坯表面温度的上升温度，单位为℃/h 或℃/min。有时加热速度用单位时间内加热钢坯的厚度或单位厚度钢坯加热需要的时间来表示，单位为 cm/min 或 min/cm。

加热速度高时，能充分运用加热炉的加热能力，在炉时间较短，烧损率低，燃耗低。所以在允许的条件下加热速度应尽可能提高，满足较先进的生产指标。加热速度受加热炉热负荷的大小和传热条件、钢坯规格和钢种导温系数大小的影响。另外，应防止表面和内部温差过大，以免钢坯会因弯曲和由热应力造成内部开裂。热装钢坯加热时，没有残余应力，已进入塑性状态，加热速度可以不受限制。碳素结构钢和低合金钢一般不限制加热速度，加热时间较短。步进式加热炉可以使钢坯三面或四面受热均匀，加热条件大大改善。对于常规的螺纹钢高线和棒材加热炉，根据经验数据，低碳钢使用推钢式加热炉的加热速度约为 6min/cm，而使用步进梁式加热炉的加热速度为 4. 5~5min/cm。

加热速度的基本要求主要包括：从开始加热到 500~550℃需要控制加热速度，不能过快；在加热过程中，钢坯表面温度上升速度快于中心温度，即表面热膨胀大于中心热膨胀，导致钢坯内部产生热应力（或温度应力），这取决于温度梯度；钢坯尺寸越大，加热速度越快，温度梯度越大，热应力越大。当热应力超过钢的破裂强度极限时，钢坯会产生裂纹或断裂（内部）。所以，需要严格控制钢的加热速度，使热应力控制在允许范围内。

2. 加热时间

在生产实践中，钢的加热时间是钢坯在炉内加热至轧制所要求的温度时所必须达到的最少时间，是预热时间、加热时间、均热时间的总和。

由于加热时间受各种因素影响，要准确计算出钢的加热时间采用理论计算很复杂，而且准确度也不高，通常生产中连续式加热炉加热钢坯常用时间采用经验公式及实际资料为主要根据。如某加热炉加热 165mm×165mm×10000mm 方坯（冷坯），套用经验公式，其加热时间为 75~90min，与实际时间基本相符合。

生产中，钢坯的加热时间通常不是确定的，主要是因为加热炉必须和轧机很好地配合。如在生产某些产品的过程中，炉子生产能力小于轧机的产量，通常为了赶上轧机的产量而导致加热不均、内外温差大，甚至有时为了提高出炉温度而将钢坯表面烧化，而其中间温度尚很低，导致加热质量很差。若炉子生产能力大于轧机的产量时，则钢在炉内的停留时间大于所需要的加热时间，导致较大的氧化烧损量，这样的情况均不符合加热要求。

如遇到上述情况，应该对炉子结构及操作方式做合理的改造或调整，使炉子产量和轧机产量相适应。

（五）加热制度

炉温制度和供热制度统称为加热制度，是指在加热炉内将钢坯加热到所需温度的方法。从加热工艺的角度来看，温度制度是基本，供热制度是实现温度制度的条件，因此一般加热炉操作规程上规定的都是温度制度。加热制度不仅决定于钢种、钢坯的形状尺寸、装炉条件，而且依炉型的不同有所不同。对连续式加热炉来说，温度制度是指炉内各段的温度分布，供热制度是指炉内各段的供热分配。

钢的加热制度按炉内温度随时间的变化，可以分为一段式加热制度、二段式加热制度、三段式加热制度和多段式加热制度。下文主要介绍螺纹钢生产中常用的三段式加热制度和多段式加热制度。

1. 三段式加热制度

三段式加热制度综合了一段式加热制度、二段式加热制度的优点，是螺纹钢生产中较为成熟的加热制度，把钢坯放在三个温度条件不同的区域（或时期）内进行加热，依次为预热段、加热段、均热段（或称为预热期、加热期、均热期）。三段式加热制度如图 2-46 所示。

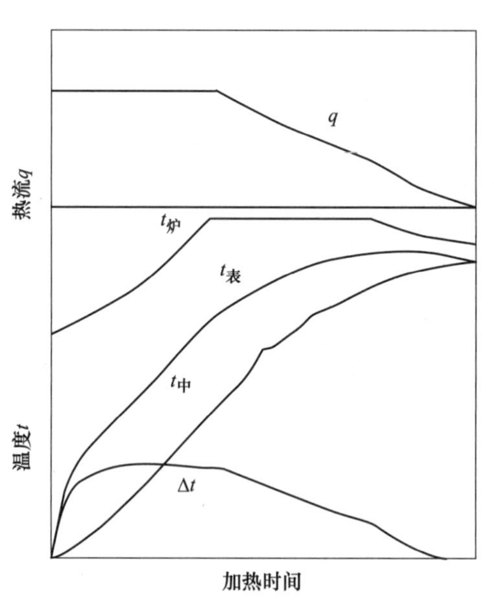

图 2-46 三段式加热制度

钢坯先在低温区域预热，此时加热速度较慢，温度应力较小。当钢坯中心温度超过 500~600℃以后，进入塑性范围，这时就可以采取快速加热，直到表面温度迅速升高到出炉所要求的温度。加热期结束时，钢坯断面上仍然有较大的温度差，需要进入均热期进行均热。此时钢的表面温度不再升高，而使中心温度逐渐上升，缩小断面上的温度差。

三段式加热制度既兼顾了产量和质量方面，同时考虑了加热初期温度应力的危险和中期快速加热和最后温度的均匀性。因为设有预热段，出炉废气温度较低，所以热能的利用率高，单位燃料消耗低。加热段可以强化供热，快速加热，减少钢坯的氧化与脱碳，并保证加热炉有较高的生产率。目前，这种加热制度是我国螺纹钢生产线上采用最多的钢坯加热方式。

2. 多段式加热制度

螺纹钢生产中通常将由于连续式加热炉加热能力大，而采用的多点供热多区段加热的情况称为多段式加热制度。对于连续式加热炉来说，多段式加热虽然除预热段和均热段外还包括第一加热段、第二加热段等，但从加热制度的观点上这种加热方式仍属于三段式加热制度。

（六）钢的加热缺陷

钢坯在加热过程中加热工艺或操作不当造成炉子的温度、待轧时间和气氛等不适合，钢坯可能会出现过热、过烧、氧化、脱碳等各种加热缺陷。这些缺陷不仅会导致钢材的缺陷产生，影响了钢坯的加热质量，也给轧制造成了困难，甚至造成钢材判为废品，所以加热过程中应尽力避免。

1. 钢的过热

钢的加热温度超过临界加热温度，或在高温状态下停留时间过长，会使钢的晶粒过分长大，即出现钢的过热。晶粒粗化是过热的主要特征，晶粒过分长大，导致晶粒之间的结合力减弱，钢的力学性能下降，加工时容易产生裂纹。

加热温度与加热时间对晶粒的长大有决定性的影响。加热温度越高、加热时间越长，晶粒长大的趋势越显著；在加热过程中，应掌握好加热温度及钢在高温区域的停留时间。另外，合金元素大多数是可以降低晶粒长大趋势的，只有碳、磷、锰会促进晶粒的长大。

2. 钢的过烧

当钢加热到比过热更高的温度时，除钢的晶粒长大外，还会使晶界熔化，氧进入了晶粒之间的间隙，使金属发生氧化，又促进了它的熔化，导致晶粒间彼此结合力大为降低，塑性变差，这样的钢坯在轧制过程中就会产生碎裂或崩裂，这种现象就是过烧。钢坯的棱角处由于受热面积大，受热较多，易发生过烧。

与过热相同，除了加热温度超过临界加热温度，过烧往往也是由于在高温阶段停留时间过长而产生的，如轧线发生故障、换辊等，遇到这种情况要及时采取措施。另外，过烧不仅取决于加热温度，也和炉内气氛有关。炉气的氧化能力越强，越容易发生过烧现象。在还原性气氛中，也可能发生过烧，但开始过烧的温度比氧化性气氛要高60~70℃。钢中碳含量越高，产生过烧危险的温度越低。过烧的钢不能重新回炉再加热，只有作为废钢重新冶炼。

3. 钢的过氧化

对于螺纹钢生产来说，钢坯加热中的氧化烧损会降低加热质量，减少金属收得率，增加能耗，因而减少氧化烧损率对提高经济效益具有重要意义。

加热过程中产生的氧化铁皮是指炉气内的氧化性气体（O_2、CO_2、H_2O、SO_2）和钢的表面层的铁进行化学反应的结果。氧化铁皮的层次有三层，是氧化程度不同而生成的三种铁的氧化物，最靠近铁层的是 FeO，依次向外是 Fe_3O_4和 Fe_2O_3。各层大致的比例是 FeO 占 40%，Fe_3O_4占 50%，Fe_2O_3占 10%。

加热过程中钢坯产生氧化是不可避免的。但是氧化严重时，不仅造成金属消耗大，而且容易在轧材表面形成麻点。选择合理的加热速度，尽量缩短钢坯在高温下停留的时间，控制炉压以防止冷空气进入炉膛，同时控制炉气成分，减少氧化性气氛，可以减轻钢坯氧化。影响钢坯氧化的主要因素有以下四点：

（1）加热温度。钢坯在600℃以下的炉温生成氧化铁皮很少；700℃时生成的氧化铁皮达到可测量程度；炉温超过900℃时，炉内氧化铁皮显著增加。螺纹钢加热炉的炉温通常在1000~1200℃之间，正好位于易于生成氧化铁皮的温度段。钢在加热时，炉温越高，而加热时间不变的情况下所生成的氧化铁皮量越多，因为随着温度的升高，钢中各成分的扩散速度加快。

（2）加热时间。氧化铁皮生成量随着加热时间的增加而增加。

（3）炉气成分。炉气成分主要包括 CO_2、CO、H_2O、H_2、O_2、N_2等，根据燃料的不同还存在 SO_2、CH_4等气体，其中炉气中 O_2、H_2O 氧化能力较强，其浓度直接影响到氧化铁皮的生成量。

（4）钢的化学成分。钢坯中的 Cr、Ni、Si、Mn、Al 等元素氧化后能生成很致密的氧化膜，氧化膜阻碍了金属原子或离子向外扩散，显著提高钢的抗氧化能力；钢中碳含量较大时，钢的烧损率也会有所下降。

影响氧化的因素如上所述，减少钢坯氧化的措施有如下几种：

（1）根据加热工艺严格控制炉温和加热时间，减少钢在高温区域的停留时间，不出高温钢，该保温待轧的必须降温待轧。

（2）控制炉内气氛。在保证完全燃烧的前提下，降低空气消耗系数。根据加热工艺，均热段不可避免吸入冷风，同时要求均热段保持弱氧化气氛，严格控制炉膛压力，保证炉体的严密性，减少冷空气吸入，特别是减少炉子高温区吸入冷空气。此外，还应尽量减少燃料中的水分等。

（3）采取特殊措施。其基本原理是高温段采用小的空气消耗系数，而在低温段则供入必要的空气，使没有完全燃烧的成分燃烧完全。操作应尽量平稳，避免急剧调整炉温，避免在炉温超温后，直接向炉内喷助燃空气降温。

（4）加强热工仪表的管理。仪表的准确和正常运行是控制炉内气氛的关键。煤气热值分析仪、残氧分析仪、炉温热电偶、流量检测装置和流量控制阀等仪表应及时校正，以准确控制炉内参数。

（5）生产条件允许的情况下尽量采用热装并提高热装温度。大量实践表明：采用热装并提高热装温度，可减少钢坯在炉时间，显著降低氧化烧损。

4. 钢的脱碳

脱碳的原因为钢坯在加热炉内加热过程中，钢表面有一层碳含量降低的现象称为脱碳。碳在钢中以固溶和 Fe_3C 的形式存在，它是直接决定钢的力学性能的成分。随着表面层碳氧化，表面层的碳浓度降低，钢坯内部的碳向钢坯表面扩散，造成钢坯更深处区域碳浓度降低，并形成一定厚度的贫碳区，这就是脱碳过程。钢表面脱碳后将引起力学性能发生变化，因此脱碳被认为是钢的缺陷。钢的脱碳和钢的氧化是同时发生的，并且相互促进。若钢的脱碳层深度大于氧化层深度，危害就更大了。造成钢坯表面脱碳的气体有 CO_2、H_2O、H_2、O_2，在这些气体成分中 H_2O 脱碳能力最强，其次为 CO_2、O_2、H_2。高温下钢的氧化和脱碳是相伴发生的，氧化铁皮的生成有助于抑制脱碳，使扩散趋于缓慢，当钢的表面生成致密的氧化铁皮时，可以阻碍脱碳的发展。

影响脱碳的因素有：

（1）加热温度。大多数钢种的钢坯随着温度的升高，脱碳层的增加速度越快；也有部分钢种因温度达到一定高度后氧化速度大于脱碳速度，脱碳层会在温度达到一定高度后开始减少。

（2）加热时间。低温条件下钢坯在加热炉内时间较长，脱碳并不明显，在高温条件下钢坯在加热炉内停留的时间越长，钢坯脱碳层越厚。

（3）炉内气氛。从钢坯的脱碳过程可以看出，钢坯脱碳速度快慢是受炉气中存在着的 CO_2、H_2O、H_2、O_2炉气中这几种气体的浓度大小所影响，所以炉气都是脱碳气氛的。

（4）钢的成分。钢的碳含量越高，钢的脱碳越容易。合金元素对脱碳的影响不一，有文献表明，钢中含铬可降低脱碳速率。

影响钢脱碳的 4 个因素中，能够容易控制的是加热温度和加热时间，螺纹钢加热炉减少钢氧化的措施基本适用于减少脱碳，具体措施如下：

（1）正确选择加热温度，并在加热过程中严格控制炉温，避开易脱碳的脱碳峰值范围，在满足轧制出钢温度和温差的前提下，降低钢坯表面温度。

（2）制定合理的加热曲线，尽量减少钢的加热时间，缩短钢在高温区域停留的时间。

（3）对于步进梁式加热炉，可通过将步进机构分段的办法，提高钢坯在高温段的运行速度，减少钢坯在高温段停留时间，从而降低钢坯脱碳。而实际生产中会增加操作难度，基本不被使用。

5. 加热温度不均

加热温度不均包括沿钢坯长度方向的温度不均和钢坯断面的温度不均。加热温度不均会使钢坯在轧制时产生弯曲和扭转等不均匀变形。钢加热最理想的情况是能把它加热到里外温度都相等，但实际上很难做到，所以根据加工的许可范围，允许加热终了的钢坯内外温度存在一定程度的不均匀性。实践表明，钢坯在步进式加热炉内比在推钢式加热炉内加热温度均匀性要好。

下面列举几种影响加热温度均匀性的因素及解决办法：

（1）烧嘴布置方式。可供选择的烧嘴安装方式共有三种：炉顶加热方式、侧加热方式、端加热方式。要根据炉子宽度、烧嘴性能、炉内支撑梁的布置、钢坯温度均匀性要求来布置烧嘴。

（2）烧嘴性能和控制模式。烧嘴的火焰形状需和加热模式相适应，保证火焰在最大程度上均匀辐射被加热的物料。对于长焰烧嘴来说，就需要燃料逐步分散燃烧，在火焰长度方向上逐步析出热量，保证火焰区域内温差不要超过一定范围，才能保证被加热物料的温度均匀性。随着烧嘴技术的进步，现在加热炉加热采用分部燃烧法、无焰弥散燃烧法等，均是追求大尺度空间加热时火焰本身的温度均匀性。

（3）炉内钢坯位置。尽可能让钢坯暴露在火焰辐射、炉衬辐射下加热；钢坯之间避免太过靠近，钢坯之间要保持一定间隙。

（4）炉内隔墙配置。尽量增加炉墙的辐射面积，提高钢坯对热量的吸收；炉隔墙需要具备改善炉内气流分布的特性，确保钢坯均匀加热。

二、螺纹钢生产工艺流程

（一）螺纹钢棒材生产工艺流程

1. 钢坯准备

我国螺纹钢棒材生产线主要采用连铸坯，大多数生产线采用的钢坯断面尺寸为150mm×(150~170)mm×170mm，长度为10~12m，钢坯准备包括原料验收、检查清理、存放、上料等。钢坯上料分热坯和冷坯两种，对于热坯，保证无缺陷时，采用热送辊道直接运输入炉；对于冷坯，需采用吊车吊至上料台架，再依次逐根入炉。

2. 加热

螺纹钢生产线加热钢坯一般采用步进梁式加热炉和推钢式加热炉，使用高炉、焦炉混合煤气或高炉煤气做燃料，实现电气传动、热工仪表等基础自动化控制，有的还有加热数学模型二级最佳化控制，可满足不同钢种、规格的加热质量要求。

3. 轧制

（1）粗轧。粗轧的主要功能是完成初步压缩与延伸，向中轧输送合适的断面尺寸与形状。粗轧一般安排6个道次，普遍采用“箱形—椭圆—圆”孔型系统，平均道次延伸系数为1.3~1.45（平均道次面缩率为23%~31%），一般采用微张力轧制，轧件尺寸偏差控制在±1.0mm。

粗轧机组后设有启停式飞剪，完成切头（尾）和事故碎断。由于轧件头尾变形条件不同，尤其是端部随道次增加温降越来越大，造成轧件宽展大，形状不规则，继续轧制可能造成不能进入轧机导卫、轧槽或顶撞导卫而出现事故。一般切头（尾）长度在50~200mm。

（2）中轧。中轧的主要功能是继续缩减来料断面，为精轧提供成品所需的断面形状与尺寸，尺寸精度和表面质量要求较高。中轧一般采用6个道次，普遍采用“椭圆—圆”孔型系统，平均道次延伸系数为1.25~1.38，轧件尺寸偏差控制在±0.5mm。中轧前几架轧机轧件断面相对较大，一般采用微张力轧制，中轧后几架轧机轧件断面相对较小，一般采用无张力轧制。

中轧后均设有飞剪，功能与粗轧机组后飞剪相似。

（3）精轧。精轧机是成品轧机，是螺纹钢生产的核心部分，轧制产品的质量水平主要取决于精轧机组的技术装备水平和控制水平。精轧机组机架数量在设计时必须满足小规格产品轧制，一般为6架，需要切分轧制时常用“平辊—立箱—预切—切分—椭圆—螺纹”孔型系统，平均延伸系数为1.21~1.28，要求出精轧轧件尺寸精度满足国家标准。精轧机轧件断面较小，速度较快，一般机架间设有立活套以实现无张力轧制。

4. 冷却

螺纹钢棒材生产线通常采用预水冷和轧后水冷，预水冷采用1~2段套管或文氏管对轧材进行冷却，轧后水冷采用1段文氏管或喷淋分段冷却装置进行冷却。根据生产需要，采用开环、闭环两种控制方式，以满足不同产品的冷却工艺要求，从而获得理想的组织状态和力学性能。

5. 倍尺剪切

轧制过程结束后，需要采用飞剪将轧件按定尺交货长度的倍数进行分段，然后上冷床继续完成相变冷却过程。随着电气控制水平的提高，目前在倍尺剪切中普遍采用了优化剪切功能。通过采用优化剪切功能，可保证上冷床的倍尺均为定尺材的整数倍，且每支钢坯只出一支短尺，提高了成材率、产品的定尺率和剪切效率。

6. 冷床冷却

目前，我国螺纹钢棒材普遍采用步进式冷床，轧件经倍尺飞剪剪切后进入带裙板的冷床输入辊道，制动裙板使轧件从轧机的出口速度降速至零，并将它们拨入冷床。在冷床上依次完成矫直、冷却、对齐、分组过程，轧件冷却至350℃以下，随后由移动小车将各组棒材移送至冷床输出辊道，以供定尺剪切。采用步进式冷床不仅轧件冷却均匀，而且在冷却过程中可以起到矫直作用，经步进式冷床矫直棒材平直度可达0.2%，热轧产品即可直接交货，不需要附加的线外矫直。这样简化了工艺，节约了中间周转的过程。

7. 定尺剪切

螺纹钢棒材是按照定尺材交货的，因此需要将冷却后的轧件剪切成定尺，并依次完成随后的横移过跨、落料收集、打捆、卸料等工序。目前，以生产螺纹钢筋为主的生产线主要考虑剪切生产能力，定尺剪切材普遍采用冷剪机。

8. 打捆包装、入库和发货

钢材包装是轧钢生产的收集工序，具有钢材输入、捆包成型、捆扎、捆包输出及称重和挂牌等多种功能，完成以上功能的关键设备是打捆机。入库和发货是轧钢生产的最后一道工序。采用吊车将包装好的捆包分钢种、交货要求吊运至相应的位置存放，等待发货。

（二）盘螺生产工艺流程

盘螺生产工艺流程：钢坯上料→测长称重→加热→粗轧单线轧制→切头尾→分钢、输送→中轧双线轧制→切头尾→预精轧→预水冷→切头尾→精轧→水箱控冷→夹送、吐丝→散卷控制冷却→集卷→运卷挂钩→P/F 运输机运输→质检、剪切、取样→压紧打捆→盘卷称重→挂标签→卸卷→入库。

1. 钢坯准备

钢坯准备包括原料验收、检查清理、存放、上料等。从炼钢厂或车间送来的连铸坯或轧坯，接收时按照牌号、炉号、数量、重量、化学成分等对实物进行验收，合格钢坯建金属流动卡，按指定位置存放。当采用常规冷装炉加热轧制工艺时，为了保证钢坯全长的质量，对一般钢材可采用目视检查、手工清理的方法。对质量要求严格的钢材，则采用超声波探伤、磁粉或磁力线探伤等进行检查和清理，必要时进行全面的表面修磨。当采用连铸坯热装炉或直接轧制工艺时，必须保证无缺陷高温铸坯的生产。对于有缺陷的铸坯，可进行在线热检测和热清理，或通过检测将其剔除，形成落地冷坯，进行人工清理后，再进入常规工艺轧制生产。

2. 钢坯称重、测长

称重是统计轧机生产经济技术指标的需要，根据钢坯重量计算成材率、合格率、小时产量等。测长是步进梁式加热炉炉内钢坯定位必要参数，计算机控制系统按照钢坯长度布料，防止跑偏挂炉墙、步进机构重心偏沉及钢坯在炉内静梁、动梁上悬臂长度不合适而卡钢等事故发生。

3. 加热

生产盘螺所使用的钢坯加热的特点是温度制度严格，要求温度均匀，温度波动范围小，温度值准确。钢坯的加热过程要求如氧化脱碳少、钢坯不发生扭曲、不产生过热过烧等。

盘螺生产线一般采用步进梁式加热炉加热，使用高炉、焦炉混合煤气做燃料，实现电气传动、热工仪表等基础自动化控制。由于钢坯较长，炉子较宽，为保证尾部温度，采用侧进侧出的方式。

目前高速线材轧机均采用较低的开轧温度和相应的出炉温度。螺纹钢线材开轧温度一般在 980~1050℃。之所以采用较低的开轧温度和出炉温度是基于高速线材轧机的粗轧和中轧机组的轧件温降小，而且轧件在精轧机组还要升温。降低加热温度可明显减少金属氧化损失和降低能耗。但过低的加热与开轧温度，会使金属的塑性降低，不仅增加轧制的电能消耗，而且还引起轧线机械设备损坏，所以极少有将开轧温度降低到 930~950℃ 的厂家。

4. 轧制

（1）粗轧。粗轧的主要功能是使钢坯得到初步压缩和延伸，得到温度合适、断面形状正确、尺寸合格、表面良好、端头规矩适合工艺要求的轧件。我国主要生产螺纹钢的高线轧机粗轧安排5~8个轧制道次，现在用6个道次的最多。普遍采用“箱形—椭圆—圆”孔型系统，也有先进企业采用无孔型全平辊轧制，一般粗轧平均道次延伸系数为1.30~1.36（平均道次面缩率为23%~26.5%）。粗轧阶段一般采用微张力轧制，要求粗轧轧出轧件尺寸偏差控制在±1.0mm。

（2）中轧及预精轧。中轧及预精轧通常都为4~6个道次，中轧普遍采用微张力轧制，预精轧采用无扭无张力轧制，常用“椭圆—圆”孔型系统，预精轧轧后轧件尺寸偏差能达到±0.2mm。相应的在预精轧机组前后设置水平侧活套，预精轧道次间设置立活套。目前预精轧机组一般采用平—立交替布置的悬臂式辊环轧机，其设备重量轻、占地小、悬臂辊环更换快，适应精轧机多规格来料的要求。中轧和预精轧主要作用为据需缩减轧件断面，为精轧机组提供形状正确、尺寸精确的料型。

（3）精轧。精轧的功能是将预精轧供给的3~4个规格的轧件，轧制成不同规格的成品。在高速无扭线材精轧机组中，保持成品及来料的金属秒流量差不大于1%，成品尺寸偏差不大于±0.1mm。精轧机型目前多采用摩根型顶交45°轧机，辊径为ϕ150~230mm，其轧制力及力矩较小，变形效率较高，一般平均道次延伸系数为1.25左右。

为适应微张力轧制，精轧轧机机架中心距都是尽可能小，以减轻微张力对轧件断面尺寸的影响。在连续轧制过程中，由于机架中心距小，轧件变形热造成的轧件温升高于轧件对轧辊、导卫和冷却水的热传导以及对周围空间热辐射所造成的轧件温降，所以在精轧过程中轧件温度随轧制道次的增加和轧速的提高而升高。为适应高速线材精轧机轧件温度变化的特点，避免由于轧件温度升高而引发事故，在精轧阶段对轧件进行冷却，以达到控制轧件变形温度的目的。

5. 轧后切头、尾

为保证轧件顺利进入中轧机组，在粗轧机组后设置有飞剪，用于切头（尾）和事故碎断。由于粗轧断面尺寸大，且速度相对较低，一般采用曲柄式飞剪，启停工作制，切头（尾）长度在50~200mm。此外，在中轧机组后预精轧机组前也设置有飞剪，用于切头（尾）和事故碎断，当预精轧发生故障时，及时碎断轧件，以减少轧件在预精轧机组内的堆积。根据轧件速度范围和剪切断面，可以选择曲柄式或回转式飞剪。

精轧的轧件断面较小，而且速度快，为使轧件碎断长度合适，设两台回转式飞剪作为切头和事故碎断剪。正常轧制时，回转式飞剪用于轧件切头和导入精轧机；精轧机及其后部工序出现故障时，回转式飞剪用于将轧件切断，并把已经进入粗轧机的后继轧件导向碎断剪继续碎断，碎断长度为250~350mm。

6. 冷却

现在的线材精轧机发展了多种在线温度控制和轧后控冷。

（1）10机架精轧机的标准型线材轧机有精轧机前的水冷温度控制，精轧机后的水冷段温度控制和辊道式风冷运输线上的温度控制。

（2）带减径定径机的8+4型的线材轧机有8架精轧机前的水冷温度控制，8机架间的水冷控制，8 架精轧机与 4 架减径定径机间的水冷温度控制，4 架减径定径机后的水冷段温度控制，辊道式风冷运输线上的温度控制。通过这些完善的在线和轧后的温度控制系统，可以达到产品所要求的组织结构和力学性能。

7. 吐丝

精轧后的轧材通过吐丝机成圈。目前广泛使用的吐丝机为卧式吐丝机，底座上安有振动检测器，一旦振动超过允许值，即发出报警。吐丝机具有头部定位功能、尾部升速功能，其空转速度一般高出精轧机速度 3%左右。吐丝头部位置控制在 45°圆周上较好，以免辊道上卡钢。

8. 散卷冷却

散卷冷却是指线卷散布于运输机上以一定的冷却速度完成相变和冷却。用于散卷冷却的方法很多，如斯太尔摩法、施罗曼法、达涅利法、阿希洛法等。目前采用较多的斯太尔摩法，有标准型、延迟型、缓慢型三种控冷形式。延迟型斯太尔摩冷却工艺打开保温罩，可进行标准型冷却，关闭保温罩，降低运输机速度，可进行缓冷，由于其灵活性、经济性而得到广泛采用。

9. 盘卷运输和卸卷

（1）盘卷运输。线材的盘卷运输是线材精整工序中的重要环节，在运输线上盘卷将完成修整、成品检查、取样、打捆、称重、挂牌和卸卷等工序。

主流运输方式为卧式运输（即钩式运输），是将集卷后的盘卷挂在运输线的 C 形钩上进行运输的一种方式。其中分段传动的 P/F 线（驱动—游动运输线）作为现代高速轧机线材生产中的主要盘卷运输方式，适应了高速度、高产量、高质量、高自动化程度的现场生产，目前已成为我国高速线材生产中普遍采用的盘卷运输方式。

（2）修整、检查与取样。盘螺成品的修整主要是对它的头尾修剪。在盘卷打捆之前，剪除盘螺头尾的缺陷（尺寸超差、性能超差、线圈不规整等），头尾修剪量一般为大规格产品头尾各剪去 1~2 圈，小规格产品头尾各剪去 3~5 圈。目前，大多数线材厂的头尾修剪靠人工用液压剪和断线钳进行剪除。取样环节通常在修整完毕后，按批次随机对整个盘卷除去头尾两端若干米以后的任一部位进行取样。

（3）盘卷压紧、打包。盘卷在修整取样后仍处于散卷状态，需将盘卷压紧、打包便于存放和运输。高速轧机线材生产中大多采用卧式打包机，用于卧式运输线，盘卷可直接进入打包机内进行打包。一般采用打包丝进行打包，每个盘卷均匀捆扎 4 道打包丝，为了防止运输过程打包丝搭扣刮伤其他盘卷和本盘卷搭扣刮断散包，打包搭接部位搭扣应该避免突起。

（4）盘卷称重、卸卷。称量装置位于打包作业线后段的 P/F 钩式运输机的运输线上。其作用是将盘卷从钩式运输机的 C 形钩上托起称重，再将盘卷放回 C 形钩上，完成称重工作后由钩式运输机将盘卷运走。

卸卷站在称重作业线之后，位于P/F钩式运输机的运输线尾部。用于将盘卷从C形钩上卸下，放到盘卷存放架上，再由吊车将盘卷吊入成品库。

三、热送热装技术

连铸坯热装热送技术是把连铸机生产出的热铸坯切割成定尺后，在高温状态下，利用连铸坯输送辊道或输送台车，通过增加保温装置（或不保温），将热连铸坯输送进入加热炉加热后轧制的技术。该技术是回收钢坯显热的最佳方式，也是实现连铸与轧钢工序的紧凑式生产以及提高生产率、降低轧钢工序能耗的有效措施。

（一）连铸坯热送热装的优点

连铸坯热送热装的优点有：

（1）节能。连铸坯直接热装技术的最大优势在于节约能源。一般来说，连铸坯热装温度每提高100℃，加热炉燃耗可降低5%~6%，产量可以增加10%~15%，直接热装还可以大幅缩短加热炉加热时间、减少钢坯氧化烧损，提高金属收得率0.5%~1.0%。

（2）改善表面质量。连铸坯表面或多或少会存在质量问题，需要冷却后进行检查，并对有缺陷的表面进行人工和机械清理。在连铸采取一系列措施改善表面质量以后，发现直接热装加热炉加热，其表面质量反而比冷却以后再装炉要好。究其原因是：连铸坯在冷却过程中发生相变，产生相变应力；内外冷却速度不同，产生温度应力；两种应力的叠加，产生表面裂纹的概率增加。

（3）减少中间环节。连铸坯热送热装后可以取消连铸坯中间存贮环节，大大减少中间存贮场地面积，减少起重运输机械和操作人员，降低建设的初始投资和生产的运行成本，简化生产管理过程。

（4）缩短钢坯到钢材的生产周期。通过热送热装技术的应用，能加快钢厂流动资金的周转，其效益与节约能源、人员减少相叠加，显著提高生产效率。

（二）实现热送热装的途径与方法

连铸坯热送热装技术是将连铸坯从连铸机通过辊道直接输送到加热炉的过程，在此过程中受到多种因素的影响，输送环节出现任何问题都将直接影响到热送热装的顺利进行。热送热装过程中要处理好两个最基本的环节：一是炼钢与轧钢之间的工序产量匹配能力；二是在连铸机与加热炉之间输送辊道的总图布置要考虑到热送热装的要求。在设计热送热装初期就要处理好这两个最基本的关系，为热送热装技术的顺利应用创造条件。

1. 炼钢、连铸、轧制供需配置

在1座转炉、1台连铸机、1套棒材或线材轧机的配置中，理论上希望三者能力完全一样。如果加热炉和轧机的机时产量小于连铸机的机时产量，多余的钢坯无法入炉，只能下线为冷坯，冷坯过多会影响连铸机和轧机之间的生产节奏。实际生产中加热和轧机能力

稍大于连铸机（15%~20%），在轧机换孔型或换辊而停止轧制时，可以将连铸坯送入加热炉，待轧机重新启动后在一段时间内将多送的钢坯轧完，这种供需配置比较灵活，对连铸机和轧机之间的生产节奏影响较小。

由于连铸机断面相对固定，而螺纹钢产品的规格要根据市场需求来组织生产，可能会出现产品的规格跨度大，机时产量也不同，会导致连铸机和轧机的产量不匹配，使连铸坯的热送热装不容易实现。但是，切分轧制工艺已经广泛应用于螺纹钢生产中，很好地解决了因为规格跨度大而产生的机时产量差异，稳定了机时产量，充分发挥连铸机和加热炉的能力。目前，我国螺纹钢热送热装率在各类产品中最高，先进企业的热装率可达85%以上。

2. 连铸机与螺纹钢轧钢生产线之间的总图布置

为了保证连铸坯的温度稳定，总图布置时连铸机尽量与轧机靠近，以降低连铸坯在运输过程中的温度损耗，提高钢坯入炉温度。但在实际情况中，连铸机与轧钢生产线之间的具体布置因地而异，主要有以下两种类型：

（1）连铸机的出坯方向与轧线平行，距离较近（如图2-47所示）。这种布置运输路径短，通过运输辊道和移钢提升台架，即可将连铸与轧钢的加热炉连接起来。因其中间环节少，最容易实现连铸坯的热送热装，是用得最多的一种热送热装布置。

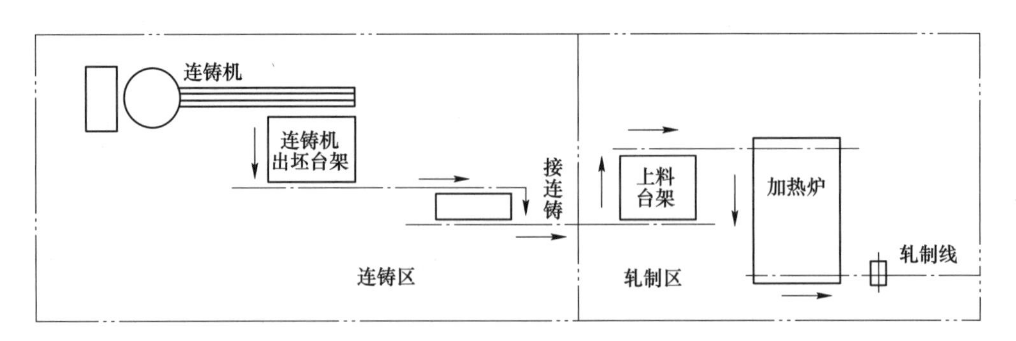

图2-47 连铸机的出坯方向与轧线平行，距离较近

实际中也存在连铸机出坯方向与轧线平行，但垂直方向距离较远的情况（如图2-48所示）。这时需要在连铸的出坯台架与运输辊道之间增设一台横移小车，将钢坯横向移动，再通过移钢台架和辊道将连铸与轧钢的加热炉连接起来。

（2）连铸机的出坯方向与轧线垂直，距离较近（如图2-49所示）。这种布置需要在连铸机与轧钢中间增加一个旋转的转盘，将连铸坯旋转90°后，再通过移钢台架和辊道将连铸与轧钢的加热炉连接起来。

（三）实际应用情况

目前连铸坯热送热装技术在螺纹钢生产中普遍采用，但企业布置方式和技术控制方面略有不同，下面列举部分厂家的具体指标和一些生产控制要素，以供参考。

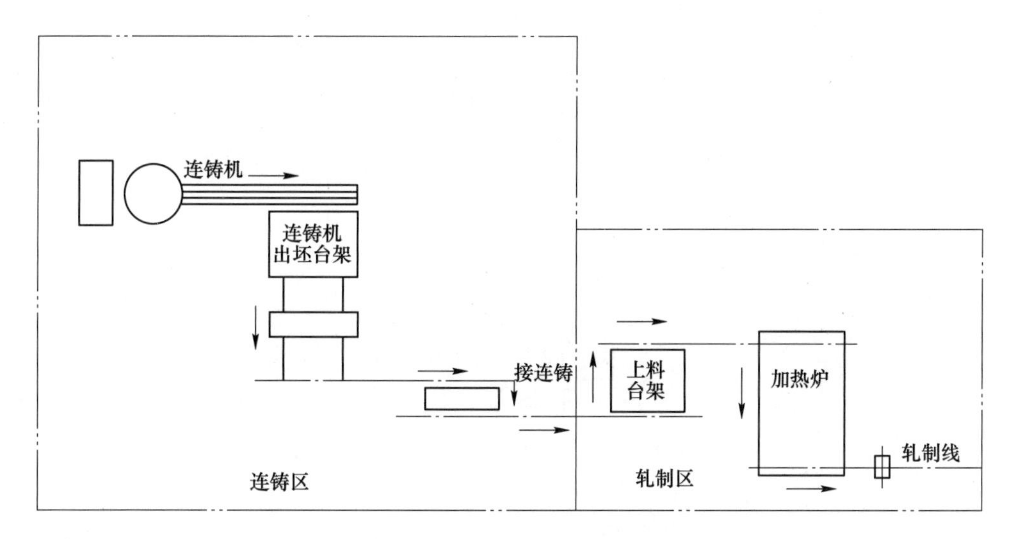

图 2-48　连铸机的出坯方向与轧线平行，距离较远

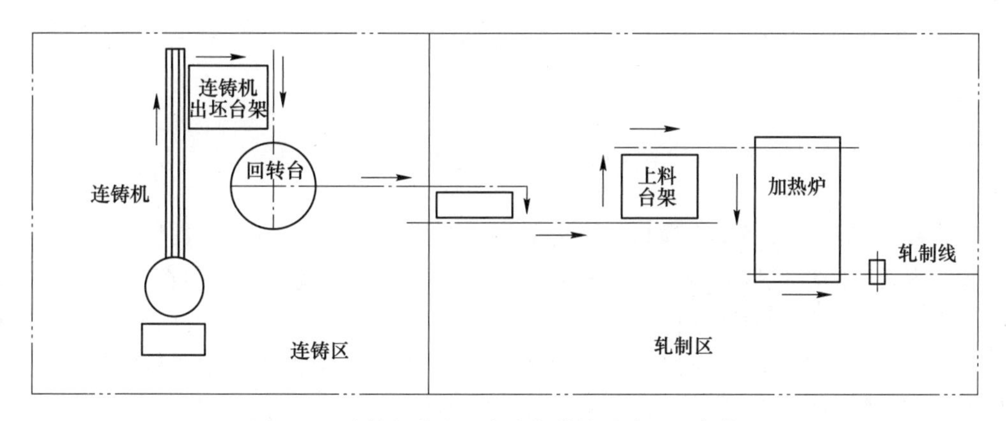

图 2-49　连铸机的出坯方向与轧线垂直，距离较近

1. 河钢集团唐山钢铁公司应用情况

河钢集团唐山钢铁公司的高效棒材生产平台集成应用了小方坯热送热装技术，通过控制生产节奏，确保物质流有序运行，从而降低各种能源消耗，实现高效低成本的生产。该公司热送热装技术的主要控制要素有：

（1）要有紧凑、顺畅的平面布置图（合理的流程网络），能够以最短的输送距离、最快的输送速度和较为稳定的温度范围内将铸坯装入加热炉（见图 2-50）。

（2）必须重视连铸机的拉坯速度的提高和稳定，并提高剪切后的铸坯温度。目前，165mm×165mm 小方坯铸机的拉坯速度能稳定在 2. 15m/min。

（3）为了提高铸机拉坯速度的稳定性，必须重视转炉出钢温度的稳定。经过几年的努力和采取多种措施，唐山钢铁公司第二轧钢厂 55t 转炉出钢温度已稳定在 1640℃左右。

（4）要重视剪切后铸坯温度，现在 5 号、6 号铸机剪切后铸坯温度已由 920℃左右提高到 970~980℃并保持稳定。

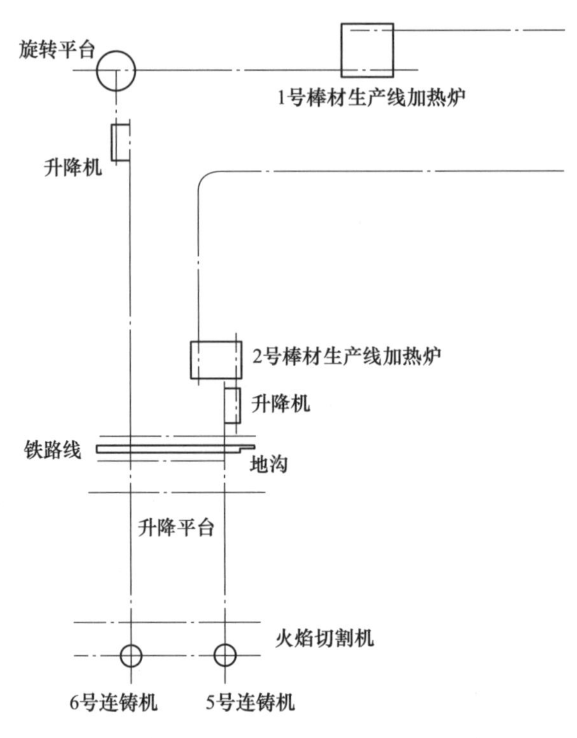

图 2-50 唐山钢铁公司第二轧钢厂的平面布置图

（5）要保持小方坯铸机与棒材轧机之间的物流量平衡与连续化，并促使铸坯入炉温度稳定在一个较窄的温度区间内，这样有利于加热炉节能。为此，对于生产不大于 ϕ18mm 小规格螺纹钢，全部采用切分轧制。

该生产平台集成了时间流控制技术，缩短了生产周期；集成了物质流控制技术，实现了从方坯到轧制的物质层流运行；集成了温度控制技术，实现了全工序温度损失最小化，减少了热能在开放空间的散失，从而使能量利用最大化，提高了钢坯热装温度，降低了能源消耗。

2. 广西柳州钢铁公司应用情况

柳钢棒线型材厂四棒车间热送热装技术改造工程（见图 2-51）于 2014 年 10 月竣工投产。在正常生产条件下，连铸方坯的直送率大于 95%，最高入炉温度可达 800℃以上，吨钢焦炉煤气消耗从原来的 42m^{3}降低到 34m^{3}左右。

在转炉车间内铸坯冷床区域，设置了热送辊道，可将连铸方坯送到转炉厂房边上接口处，工程设置的热送辊道与转炉厂房内的热送辊道对接，正常生产时方坯通过地下的热送辊道输送到四棒车间，经十字转盘旋转 90°，然后通过辊道输送到提升机前，提升机将方坯提升到 5m 平台上，称重后通过现有入炉辊道送至加热炉内加热。

3. 宝钢集团新疆八一钢铁有限公司应用情况

宝钢集团新疆八一钢铁有限公司小型材轧钢厂通过对上料系统的改进，改进后的分钢

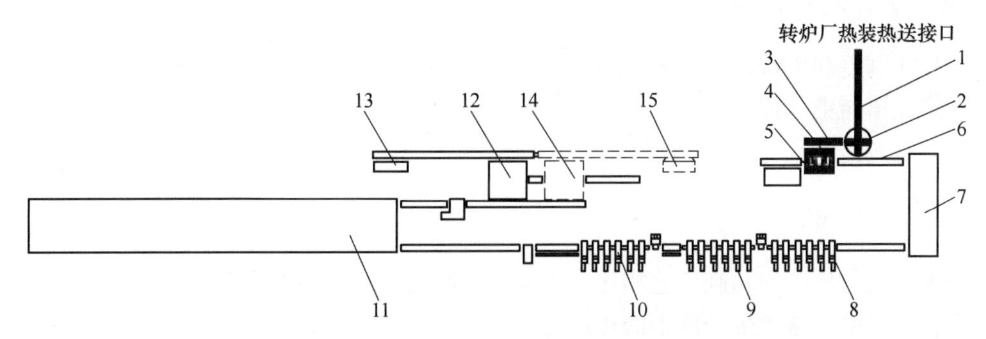

图 2-51　广西柳钢钢铁公司热送热装工艺平面布置图

1—新增热送辊道（一）；2—新增十字转盘；3—新增热送辊道（二）；4—新增提升机；5—新增称重装置；6—入炉辊道；7—加热炉；8—1 号～6 号轧机；9—7 号～12 号轧机；10—13 号～18 号轧机；11—步进齿条式冷床；12—1 号精整线移送链；13—1 号精整线收集升降台架；14—2 号精整线移送链（预留）；15—2 号精整线收集升降台架（预留）

机构采用了链轮传动机构，结构和工作原理如图 2-52 所示。链轮 1 为传动轮，传动轴 6 固定，链轮 1 通过链条带动链轮 2 围绕链轮 1 的轴心做旋转运动。链轮 2 不能自转，这样保证了接钢臂 4 从上料台架接钢开始到放钢坯至辊道上，全过程始终保持竖直方向，钢坯不会翻转。链轮 3 为张紧轮，调节链条的松紧。改造后的分钢机构达到了如下要求：(1) 热钢坯远离传动轴，传动轴使用自润滑轴承，不会出现传动轴因温度过高而与轴承座卡死；(2) 托钢臂始终处于垂直状态，钢坯不会翻转，避免了红钢坯长度方向上的扭转；(3) 实现了钢坯的轻拿轻放，避免了分钢机卸料时撞弯钢坯，并减少了对设备的冲击；(4) 实现了分钢的自动化控制。

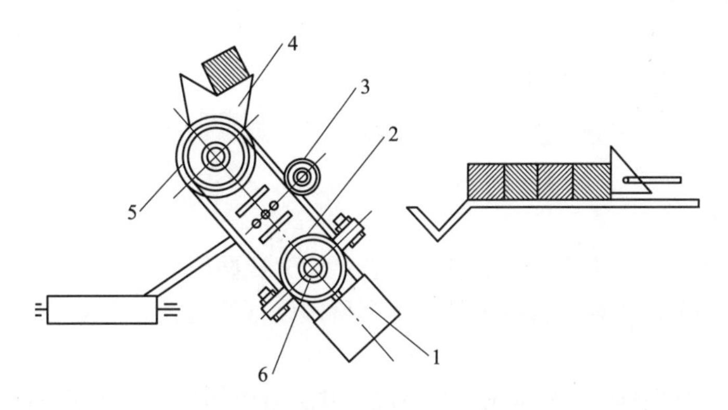

图 2-52　八钢小型材轧钢厂分钢机构的工作原理图

1—配重；2—链轮 1；3—链轮 3；4—接钢臂；5—链轮 2；6—传动轴

采用热送热装工艺后，加热炉标煤燃耗由改造前的 55～56kg/t，降低到 33～34kg/t；加热炉的加热能力由冷装时的 80t/h，提高到热装时的 105t/h，提高了 31%。降低了冷装时连铸坯冷却和再加热的过程，降低了氧化铁皮的烧损，据相关数据显示成材率可提高 0.5%～1.5%。

四、切分轧制技术

切分轧制是利用特殊轧辊孔型和导卫装置将一根轧件沿纵向切成两根（或多根）轧件，进而轧出两根（或多根）成品轧材的轧制工艺，也是螺纹钢棒材生产线提高产量、降低成本的有效措施。

（一）切分轧制的先进性

切分轧制与传统的轧制工艺相比，能减少轧制道次，因而具有提高轧制效率、减少能耗、提高成材率和减少生产成本的优点。

（1）提高轧机生产率。与传统的单线轧制相比，切分轧制可以缩短总的纯轧制时间和部分间隙时间，加快轧制节奏，提高小时产量，从而提高轧机作业率。如轧制小规格（ϕ8mm、ϕ10mm）螺纹钢时，若轧制速度相同，切分轧制的轧机小时产量比单根轧制的提高 88%~91%；在轧制 ϕ16mm 和 ϕ18mm 较大规格的钢筋时，切分轧制的机时产量可比单根轧制提高一倍，从而做到各种规格的产量平衡，使加热炉的能力得到充分发挥。

（2）在不改变生产工艺的条件下，可减少机架数，节省投资。例如，将 130mm×130mm 方坯轧成 ϕ12mm 钢筋的轧制道次，可从单根轧制的 16 道次减少为 14 道次。新建的棒材轧机，采用切分轧制工艺可减少轧机机架，缩短厂房长度，节省投资。

（3）与单根轧件相比，切分轧制获得同样断面的总延伸系数小，缩短轧制时间，轧件的热损失较小，从而减少变形功，能耗降低。电耗减少 15%左右，轧辊消耗减少 15%左右，总的生产费用可降低 10%~15%。

（4）可以扩大产品规格范围，对已建设好的生产线，采用相同的钢坯和轧制制度，可使产品的最小规格范围进一步扩大，如原有生产规格为 ϕ14mm 的产品，通过切分轧制可生产 ϕ10mm、ϕ12mm 的产品。

（二）切分轧制技术的分类

目前热切分轧制的切分方法主要可分为两大类，即纵切法和辊切法。

1. 纵切法

纵切法是在轧制过程中把一根轧件利用孔型切分成两根以上的并联轧件，再利用切分设备将并联轧件切分成单根轧件的方法。根据所用设备不同，其主要方法有圆盘剪切分法和切分轮切分法。

圆盘剪切分法是先将轧件轧成准备切分的形状，再由相邻两机架间增设的圆盘剪切机将切分孔型变形后左右对称的并联轧件切开。由于圆盘剪切分法对切分道次出口导卫要求较高，切分后的轧件易出现扭转和侧弯现象。因此该法适用于刚度小、辊跳大的旧式轧机上。

切分轮切分法是目前螺纹钢轧制中应用比较广泛的方法，该方法先通过孔型轧辊将轧件轧成两个或两个以上相同的并联轧件，然后再由轧机出口侧的切分轮将轧件切开分成两份或两份以上。采用切分轮切分法相比圆盘切分法减少了切分孔型的磨损，同时使用切分轮机构更换维护更加方便。

2. 辊切法

辊切法是在轧制过程中把一根轧件利用切分孔型直接切分成两根或者两根以上的单根轧件的方法。这种切分方式不需要切分设备，利用在切分孔型中的切分楔，使轧件在压缩变形同时实现切分。辊切法操作简单，无需其他辅助设备，对轧辊的强度、韧性和轧辊孔型设计要求较高。

（三）切分轧制技术的孔型系统及工艺

根据国内外实践经验，切分轧制技术所需要的条件主要有以下三点：

（1）孔型设计要合理，保证轧出形状相同的并联轧件。

（2）切分设备工作可靠，能保证轧出正确的切分轧件。轧机布置及轧机传动方式和控制水平要高，切分轧制在全水平排列或立/平交替排列的连续式轧机上均可实施。

（3）保证切分后并联轧件形状的一致性和产品的质量。切分连接带控制不好会在成品钢材表面留下折叠痕迹，所以切分轧制不适宜用于生产表面质量要求高的品种。此外，由于在切分轧制的同时轧制出的几根钢材之间始终存在尺寸和横截面积上的差异，尺寸精度要求较高的品种不适合切分轧制。因此，最适合于切分轧制的钢材品种是螺纹钢。

1. 切分位置的选择

切分位置是影响产品产量、质量和操作的重要因素。为了减少多线扭转，切分位置的确定要求是：

（1）不改变或尽可能少地改变原有工艺流程和设备。

（2）根据轧机布置情况，尽可能靠近成品机架，一般放在成品前一道次，即轧件切分后留两道成型孔型。

（3）切分轧件进切分孔型要尽量避免翻钢和扭转，要尽量保证预切分孔型、切分孔型的轧机都水平布置，从而保证切分轧制的稳定，并且操作方便。

2. 切分方式的选择

目前，纵切法适用于我国绝大多数螺纹钢棒材生产线，减少了切分孔型的磨损，更换维护更加方便，为适合所选定的切分位置，采用纵切法中的切分轮。在切分轮法中，最后进行的对轧件薄而窄的连接带的撕开工作是由切分轮完成的，轧件在切分轮中受力如图 2-53 所示。

从轧件在切分轮间的受力可以看出，切分轮的两个外缘只对轧件中间连接体的上下方向有压下，压下产生足够撕开轧件的水平分力 N_x。中间连接体受三个方向作用力的共同作用，在 x 轴上受拉力，在 y、z 轴上受压力，满足剖切公式，实现切分的目的。在轧制稳定后，轧制剩余摩擦力的产生，会使 f_x 方向的力增大，轧制更稳定，切分效果得到提升。

3. 孔型系统的选择和设计特点

切分轧制时，选用的孔型系统有平辊孔、立箱孔、预切分孔、切分孔、椭圆孔、成品孔等，下面主要介绍立箱孔、预切分孔和切分孔系统的设计特点。

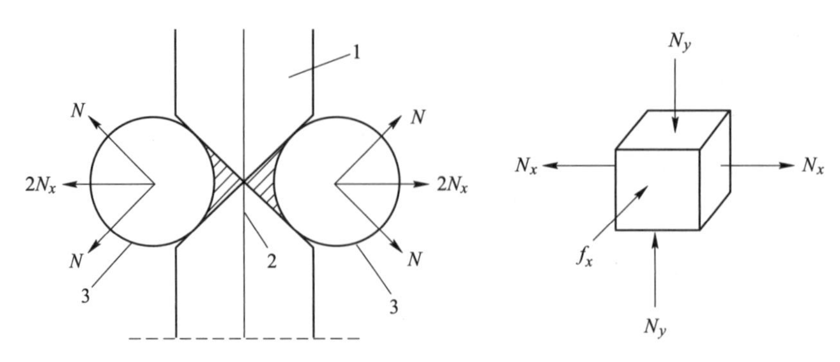

图 2-53 切分轮切分轧件力学分析图

1—切分轮；2—连接带；3—轧件

（1）立箱孔。立箱孔的示意图如图 2-54 所示。该孔型的主要作用是规整 K6 平辊孔后的轧件尺寸，为预切分孔型提供断面面积和尺寸合适的轧件。

（2）预切分孔。预切分孔呈狗骨形状，通常又称为哑铃孔，如图 2-55 所示。预切分孔主要是为了减少切分孔型的不均匀性，使切分楔完成对立箱轧件的压下定位，并精确分配对称轧件的断面面积，尽可能减少切分孔型的负担，从而提高切分的稳定性和均匀性。

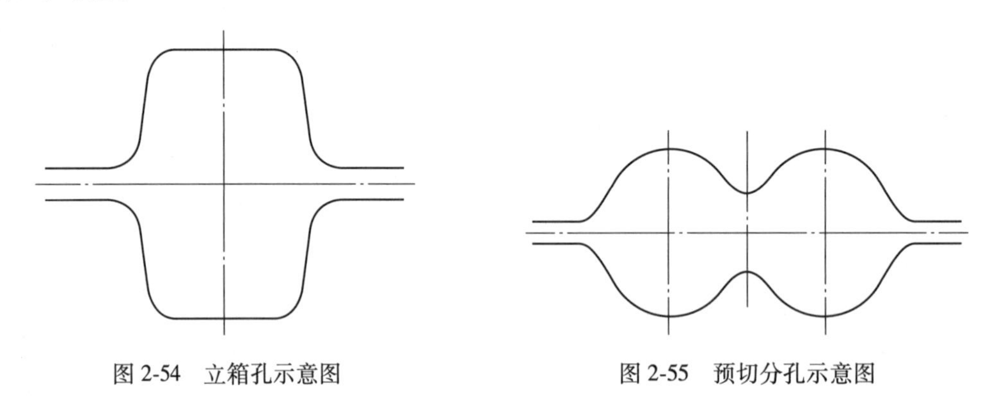

图 2-54 立箱孔示意图　　图 2-55 预切分孔示意图

（3）切分孔。切分孔和预切分孔形状极为相似，切分孔基本由一个双圆孔型和切分楔连接而成，如图 2-56 所示。切分孔的作用是切分楔继续对预切分轧件的中部进行压下，轧出与孔型形状相同的轧件，使连接带的厚度符合将两个并联轧件撕开的需要。

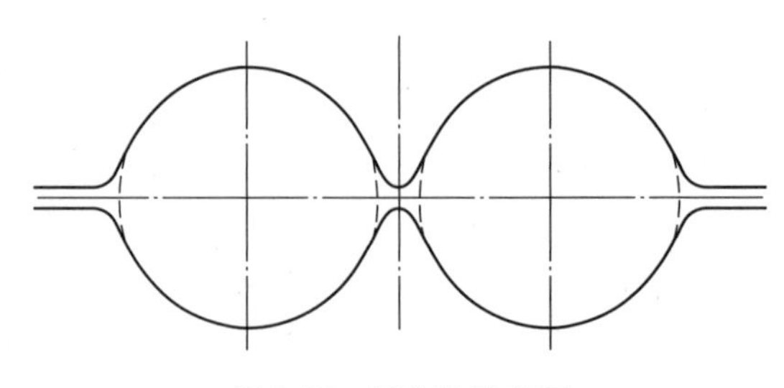

图 2-56 切分孔示意图

（四）切分楔和切分轮角度的选择

切分楔在整个切分轧制过程中至关重要，它的设计要尽可能深地压入轧件的中部，完成切分定位，迅速减少轧件中部连接带的面积，并要有足够大的水平分力完成对并联轧件的破坏，最终使切分轮顺利完成切分。

根据切分原理和小型棒材厂的实践经验，切分楔顶角选择在60°~65°比较合适。根据切分轮切分轧件的受力分析以及生产实践可知，在孔型切分楔顶角选择60°情况下，切分轮顶角一般选择90°。

（五）切分轧制技术目前应用情况

切分轧制技术按切分数量可分为“二切分”“三切分”“四切分”“五切分”“六切分”等不同类型。

当前我国螺纹钢主流切分工艺为：ϕ10mm、ϕ12mm 规格螺四线切分，ϕ14mm、ϕ16mm 规格三线切分，ϕ18~22mm 规格二线切分。国内多数企业能够实现二、三、四线切分稳定生产，五切分和六切分也有部分企业在应用。我国的多线切分技术已走在世界前列，首钢水钢、山东石横特钢、新余钢铁、陕钢、新疆八钢等在螺纹钢切分生产中实现了规格产量提升，按照全规格平均日产提高30%计算，吨钢成本可降低8~10元。

二切分和三切分都是一次将轧件切开，分别分成两根和三根轧件。四切分和五切分都是两线和三线切分轧制技术的基础上开发出来的，均采用两次切分，将轧件分为所需要的数量。四切分第一次采用三切分将轧件切成3根，第二次将中间相连的2根轧件再二切分，形成独立的4根轧件。五切分第一次用三切分将两边的轧件切开，第二次同样采用三切分将中间相连的3根轧件切开，形成独立的5根轧件。各种切分的切分次序如图2-57所示，六切分的切分次序如图2-58所示。

从图2-59所示的切分孔型可以看出，轧件是通过最后5个道次的平孔轧制实现切分。螺纹钢的三切分孔型系统如图2-60所示，螺纹钢的四切分孔型系统如图2-61所示，螺纹钢的五切分孔型系统如图2-62所示。

（六）切分轧制技术的意义

切分轧制技术的意义是：

（1）提高了小规格产品的产量，主要是小规格螺纹钢筋的产量。

（2）在不增加轧机数量的前提下，生产小规格与生产大规格采用相同断面的钢坯，可以减少原料的种类，简化粗、中轧孔型系统。

（3）提高产量的同时，终轧速度并不随之提高，有的规格采用切分轧制后轧速还要有所降低。

（4）无论是在现有连轧机上还是在新建连轧机上采用切分轧制技术，由于生产工艺仅局部变动，而且对主要工艺设备并无特殊要求，因此具有投入少、产出高、见效快的特点。切分轧制对于以生产螺纹钢为主的车间，尤其是小规格占较大比重的车间是必须的工艺措施，对提高产量、降低成本极为有效。

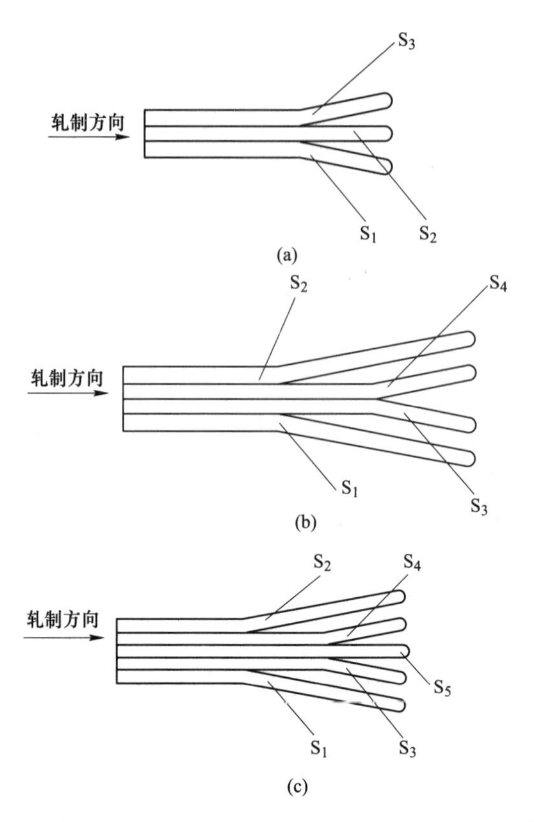

图 2-57　螺纹钢三切分、四切分和五切分轧制的切分次序图
（a）三切分；（b）四切分；（c）五切分

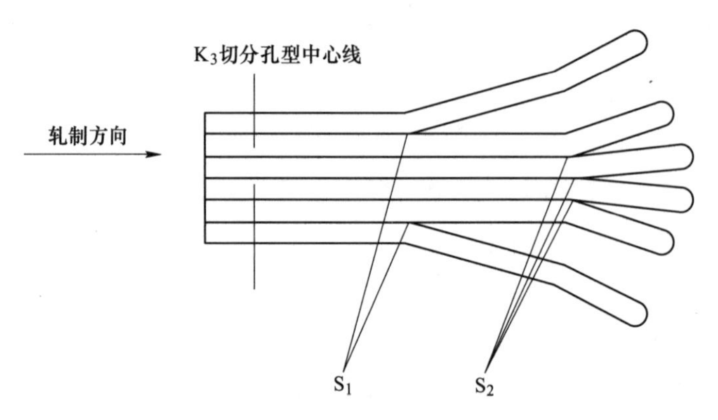

图 2-58　螺纹钢六切分轧制的切分次序图

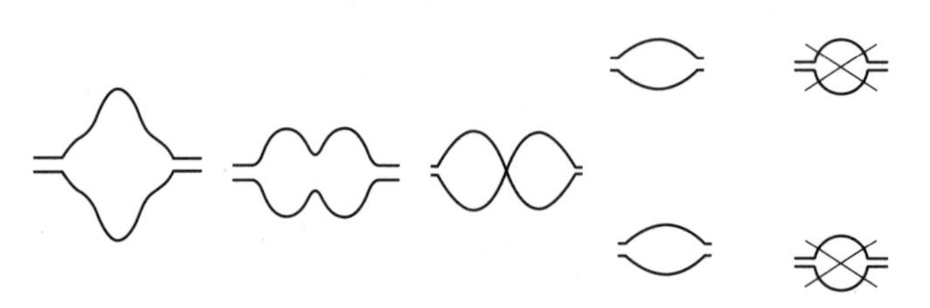

图 2-59　螺纹钢的二切分孔型系统

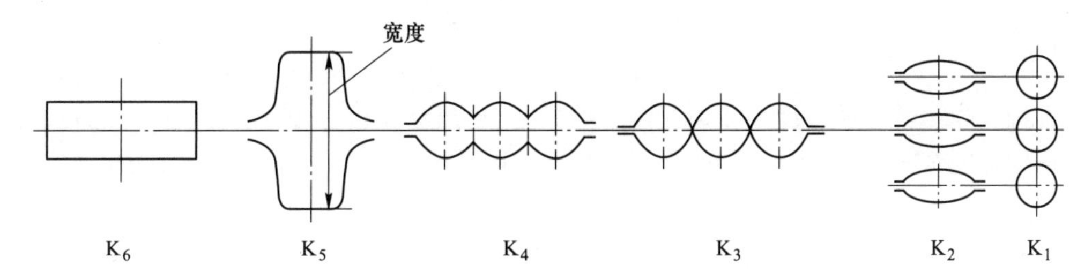

图 2-60　螺纹钢的三切分孔型系统

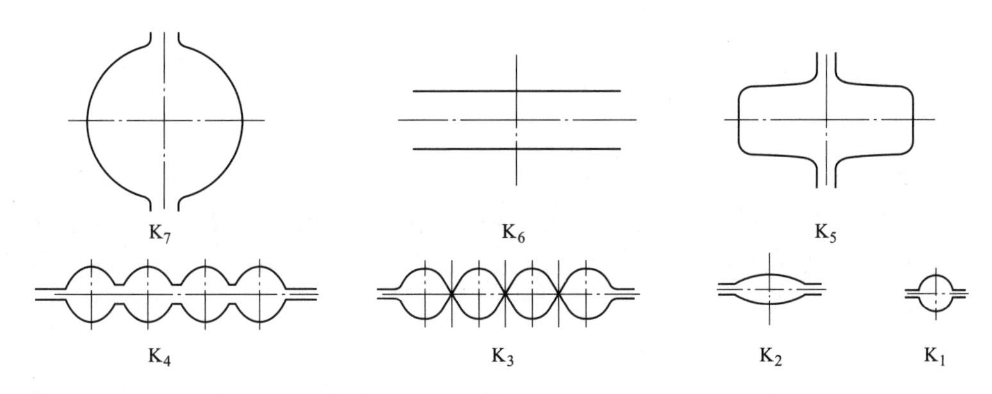

图 2-61　螺纹钢的四切分孔型系统

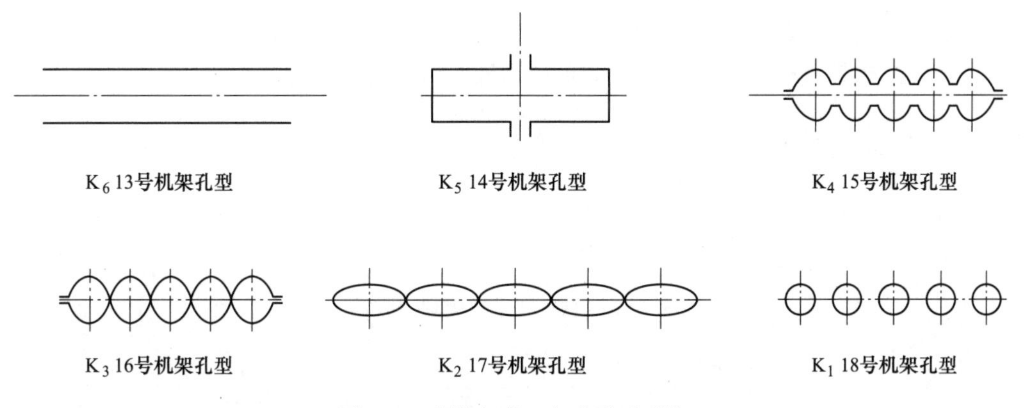

图 2-62　螺纹钢的五切分孔型系统

五、连铸坯直接轧制技术

直接轧制工艺，指的是连铸坯出连铸机经切断后，不经加热炉加热或只经在线补偿加热，直接送入轧机进行轧制的工艺过程。该技术省去了钢坯进加热炉加热所需的煤气，避免了钢坯在加热炉内加热产生的二次氧化烧损以及加热运行所产生的费用和燃料燃烧所产生的废气的排放，能为螺纹钢生产企业带来显著的经济效益和社会效益，具有很好的应用和推广前景。

（一）直轧技术的优点

在螺纹钢传统轧制工序中，燃耗占总能耗比重的65%以上，因此直轧工艺因省去加热环节而明显降低了能源消耗。同时由于近年来国内外棒线材生产线的设备不断优化，装备水平越来越高，产能和轧制速度也越来越高，为螺纹钢采用低温直接轧制棒线材的工艺技术创造了条件，该技术的引用不仅节约了能耗，又减少了钢坯氧化烧损，同时又提高了钢材成品的力学性能和表面质量。现在多数棒线材都采用低温轧制工艺，即轧件在稍低于再结晶温度下轧制，钢坯开轧温度低到800~950℃，为棒线材生产采用直轧工艺技术创造了条件。

（二）直接轧制技术的要求

1. 直接轧制技术的连铸技术要点

（1）温度：进入快速辊道前，需保证钢坯表面温度大于930℃，剪切温度大于960℃；为减少钢坯头尾温差，连铸拉速大于3.1m/min，调整控制范围为3.1~3.5m/min，调整二次冷却强度控制范围在1.3~1.5L/kg，采用高拉速保护渣，保证铸坯矫直温度为1100℃±10℃。

（2）连铸出坯辊道提速：为保证钢坯加速进入快速辊道，出坯辊道转速需由原来的23r/min提高到70r/min。

（3）改造固定挡板为升降挡板。

（4）升降挡板、辊道电机连锁操作，挡板升起时电机转为慢速。

（5）定尺连铸坯由原火焰切割改为现在的液压剪剪切。

2. 直轧快速辊道参数

根据直轧辊道距离，辊道设定速度为5.087m/s，确保连铸坯切断瞬间至轧机输送时间控制在120s以内，具体参数见表2-38。

表2-38 直轧技术快速辊道参数

电机功率/kW	电机转速/r·min^{-1}	直轧辊道辊筒直径/mm	直轧辊道线速/m·s^{-1}
2、3、4（三种）	360	270	5.087

3. 直轧技术钢坯开轧温度

直接轧制技术对钢坯开轧温度有一定的要求，具体参数见表2-39。

表2-39 直轧技术钢坯开轧温度

1号轧机前钢坯头部温度（钢坯带氧化铁皮）/℃	1号~2号轧机检测头部开轧温度（氧化铁皮脱落）/℃
≥860	≥900

（三）生产工艺

螺纹钢直轧技术线材生产线工艺流程：高拉速连铸坯→钢坯定尺剪切→钢坯快速输出辊道→直轧快速辊道→粗轧机轧制→1号剪切头→中轧机轧制→2号剪切头尾→预精轧机轧制→穿水控冷→精轧机轧制→穿水控冷→减径机轧制→穿水控冷一吐丝→斯太尔摩风冷→集卷→PF链运输→剪头尾→在线检验→打包→称重挂牌→入库。

连铸坯直接轧制包含三种情形：一是有常规加热炉和感应加热炉同时存在；二是无常规加热炉，仅通过感应加热方式给连铸坯补温；三是不采取任何加热措施，而是利用连铸坯自身的温度直接进入轧机进行轧制。

直接轧制技术适合轧机布置在水平的地坪上，因为如果轧机布置在高架平台上，钢坯提升将耽搁较多时间，温降较大。对于新建的短流程生产线应将连铸中心线和轧制中心线布置在同一条线上，如果设置了加热炉，则连铸坯可直接穿过加热炉，加热炉出坯形式为辊道出钢。但对于改造项目，可能需要横移台架，并在炉头增加一组辊道实现钢坯绕过加热炉。连铸坯表面温度约800℃，通过感应加热将钢坯温度提高到1050℃。这种布置的优点是当连铸和轧钢能力不匹配时，多余的冷坯定期采用加热炉加热轧制，组织生产较灵活。

如果连铸机和轧机之间没有加热炉，仅有感应加热器给连铸坯进行补温，这种布置必须要求炼钢和轧钢能力严格匹配；轧机出现故障时剔出的冷坯只能外卖，生产组织难度较大，仅适合小时产量相当的几种规格产品。如果轧制小规格产品，可能剔出相当一部分冷坯。其优点是投资省，没有钢坯跨和加热炉。

没有感应加热补温的直接轧制工艺的技术核心是在连铸切割区，让切割点位于凝固临界点，将常规的切割点前移，提高连铸坯自身温度。通过计算机模拟，连铸坯在切割点断面温度分布为表面950℃，心部1275℃。定尺切割后的钢坯在辊道上运输时间尽量缩短，以达到减少温降的目的。如果辊道较长，可以加保温罩，钢坯在保温罩内表面温度得以回复，确保钢坯到轧机入口钢坯断面的平均温度能够达到1000℃左右，满足轧制要求。由于无法保证连铸做到无缺陷钢坯，因此直接轧制技术主要用于普碳钢和低合金钢的棒线材生产线。

直轧工艺在显著降低生产成本的同时，对钢坯质量、生产管理等方面提出了更高的要求。实践证明，100%无缺陷铸坯是难以实现的，加上受钢轧匹配、生产调度等因素影响，实际生产中多少存在一些下线冷坯，所以在生产流程与加热炉使用安排上，应予以考虑。

（四）实际应用情况

目前已在螺纹钢轧机中采用直轧技术的厂家有陕西钢铁、河钢集团、宣钢、山西建邦等，但技术控制方面和具体指标略有不同。以河钢集团的具体指标和一些生产控制要素为例，以供参考。

河钢集团建设的螺纹钢直接轧制生产线集成应用了多项小方坯连铸、轧钢“界面”技术，加热炉热装工艺和直接轧制工艺都可以使用，提高生产线的灵活性。其工艺布局如图2-63所示。

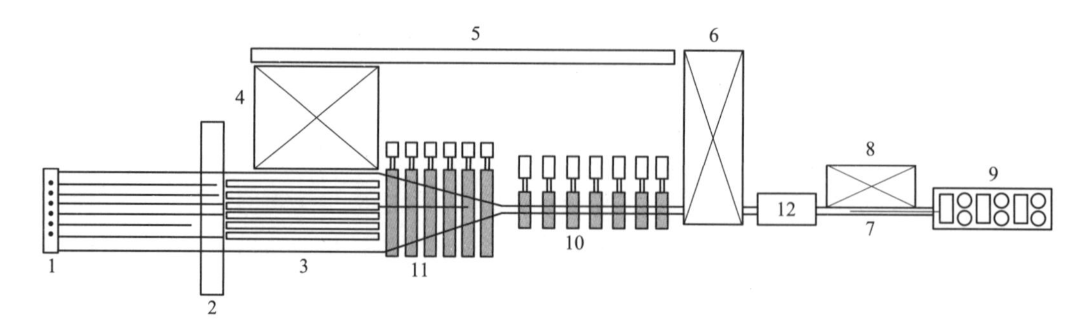

图2-63 河钢直轧改造后工艺布局简图

1—连铸机；2—火焰切割；3—出坯辊道；4—冷床；5—热送辊道；6—加热炉；7—加热炉出钢辊道；8—钢坯剔除装置；9—粗轧机组；10—快送辊道；11—汇集辊道；12—电感应模块

该产线投产后取得成绩如下：

（1）仍然采用截面为165mm×165mm×12000mm的方坯，将连铸机生产方式从8机8流改为6机6流，拉速从2.10m/min提升到2.75m/min，以保证连铸机产能不变，铸坯表面温度能够提升50~60℃；安装了增强全程保温的钢坯输送辊道和长距离快速保温辊道，从连铸区钢坯切断位置到轧机入口距离320m，钢坯输送到轧机入口时间控制在1min内，同时保证钢坯表面温降小于10℃。

（2）采用工艺窄窗口控制技术，取100个样品进行力学性能试验，相同钢坯产品屈服强度和抗拉强度波动小于10MPa的比例不低于95%。

（3）轧钢工序降低标煤30kg/t；吨钢节约综合成本30~40元。

六、高速线材低温轧制工艺技术

低温轧制是指在低于常规热轧温度下的轧制，低温轧制不仅可以降低能耗，减少金属的烧损，并且还可以提高产品质量，创造可观的经济效益。棒材的低温轧制规程一般有两种：一种是利用连轧机轧件温降很小或升温的特点，降低开轧温度，从1000~1100℃降至850~950℃，终轧温度与开轧温度相差不大，低温轧制需要提高轧机的强度，增加电机功率和轧制能耗，由于加热温度的降低，能节约燃料，节约能源20%左右；另一种是利用机组间的冷却段将终轧温度降至再结晶温度（700~800℃）以下，并配合以40%~50%的变形量，即完成形变热处理过程，达到细化晶粒、组织均匀，提高钢材的力学性能和焊接性能、改善轧材表面质量的目的。

随着高速线材装备技术的迅速发展，特别是以高刚度短应力线轧机、超重型V形顶交45°线材轧机、大倾角吐丝机及其动平衡技术、低温大压下线材减定径技术、闭环精确控温水冷装置与模型、大功率交直交中压变频调速装置等为代表的关键技术和核心装备的不断升级和成熟运用，为低温轧制技术在高速线材工程上的推广应用提供了强有力的机械和电气设备保障。另外，关于低温轧制基础理论的研究和生产实践的结合，也为低温轧制技术的应用提供了坚实的理论支撑。除部分需要高温扩散退火的钢种外，大部分钢种可以较大幅度地降低钢坯加热温度，采用低温出炉、低温轧制；需要高温扩散退火的钢种，可以少量适当地降低钢坯出炉温度，采用低温精轧。

低温出炉、低温轧制技术作为螺纹钢生产线节能降耗的重要手段，对于降低高速线材生产线的综合能耗、改善线材产品的表面质量和综合性能、节省下游用户的热处理成本等均有明显优势，具有较高的经济效益与社会效益，也是提升线材产品竞争力的有效途径。

（一）高速线材低温轧制工艺技术特点

控制轧制主要包括奥氏体再结晶区轧制、奥氏体未再结晶区轧制和奥氏体—铁素体双相区轧制。其中，奥氏体再结晶区和奥氏体未再结晶区的温度上限区为稳态奥氏体区，而奥氏体未再结晶区的温度下限区和奥氏体—铁素体双相区的温度上限区为非稳态奥氏体区。

目前，较为成熟的观点是将奥氏体区未再结晶的温度上限区与非稳态奥氏体区对应温度区间的控制轧制称作低温轧制，即 A_{r3}（或 A_{rcm}）线以下 20~30℃至 A_{r3}（或 A_{rcm}）线以上 50~60℃温度区间的控制轧制以及相应的控制冷却工艺过程。添加铌、钒、钛等微合金元素可提高温度上限，锰等合金元素增加奥氏体的稳定性而降低温度下限。

根据线材高速轧制的工艺特点，尤其对于小规格产品，在线材精轧机组中的轧制温升超过 100℃，需要通过适当降速轧制并采用机架间水冷等方式，将轧制温度严格控制在低温轧制的温度区间。同时也需要结合机组的合理布置以及机组前、后的闭环精确控温水冷装置来实现控制冷却，以满足低温轧制工艺路径的控制要求。

要求螺纹钢线材产品具有较高的强度、良好的塑性和焊接性能，需要控制碳当量和锰等合金元素的含量。采用低温轧制工艺，可得到较高位错密度的形变态奥氏体组织，为先共析铁素体提供更多的形核位置，并以较低的吐丝温度和散卷冷却运输线的中速风冷，获得较细的铁素体晶粒+较多的细片层间距珠光体组织，达到强韧化要求的同时降低了合金元素的含量。低温轧制不仅可防止由于粗大的奥氏体晶粒在快速冷却过程中形成魏氏体组织，也可避免使用轧后强穿水冷却工艺生成马氏体组织，进而严重影响产品塑性。此外，还可添加少量的铌、钒、钛等微合金元素，扩大低温轧制的加工温度窗口，通过细晶强化和沉淀强化等作用，提高了采用较低合金成分生产螺纹钢的工艺稳定性。

（二）盘螺低温轧制的优点

盘螺低温轧制的优点如下：

（1）由于加热炉能耗占轧线总能耗的 70%~80%，采用低温出炉轧制，可大幅度降低钢坯加热的燃料消耗。与轧线电耗量的增加相比，其综合吨钢能耗将有较大下降，同时提高了加热炉的生产能力。

（2）采用低温加热、低温轧制，可显著减少钢坯在加热过程中的一次氧化烧损和轧制、冷却过程中轧件二次氧化铁皮的生成，提高了金属收得率，减少了产品表面划伤，提高了产品表面质量。

（3）采用低温加热，可显著减少加热过程中钢坯的表面脱碳，结合低温轧制工艺，可减少轧制和冷却过程中轧件的表面脱碳。

（4）盘螺生产采用加热炉低温出炉+全线低温轧制，可实现未再结晶区控制轧制、双相区控制轧制以及轧后控制冷却，获得细晶强化、形变强化等综合强化效果，满足高强度级别线材产品的开发能力和生产要求。

（5）采用低温出炉、低温轧制工艺，可减少轧辊由于热应力引起的疲劳裂纹，提高轧辊的整体使用寿命。

（三）典型工艺布置

高速线材低温轧制主轧线通常采用6架粗轧机、6架中轧机、6架预精轧机、8架精轧机、4架减定径机，共30架轧机的布置方式。其中，高速区采用先进的“2+8+4”工艺，并结合机组前、后和机架间的闭环控温水冷装置来实现控制冷却，满足低温轧制工艺的要求。高速线材低温轧制典型工艺平面布置如图2-64所示。

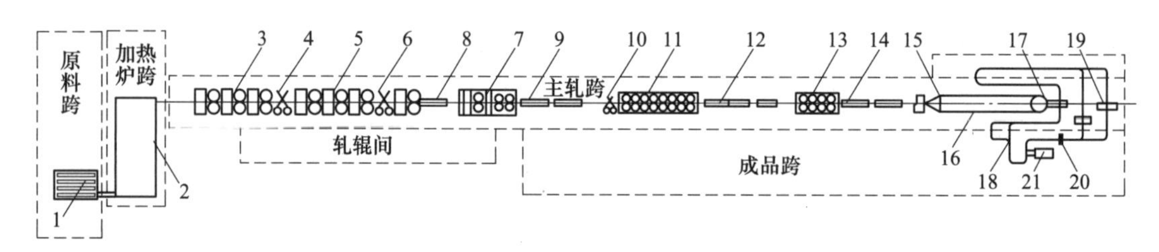

图2-64 高速线材低温轧制典型工艺布置

1—上料台架；2—步进梁式加热炉；3—粗轧机组；4—粗轧后飞剪；5—中轧机组；6—中轧后飞剪；7—预精轧机组；8—预精轧间水冷段；9—精轧前水冷段；10—精轧前飞剪；11—精轧机组；12—精轧后水冷段；13—减定径机组；14—减定径后水冷段；15—吐丝机；16—散卷冷却运输线；17—集卷站；18—PF运输线；19—打包机；20—盘卷称重装置；21—卸卷站

根据钢坯断面及产品规格范围不同，粗轧、中轧机组机架数量及布置略有差异。若场地富余，考虑钢坯断面要求，粗轧与中轧机组之间可采用脱头布置，粗轧入口速度不受终轧速度的限制，有利于减少轧件头尾温差，实现等温轧制，满足低温开轧工艺的要求。该典型工艺布置已在国内多条精品优质高线工程上成功得以实施，并获得了良好的应用效果。

（四）主要设备选型

低温轧制工艺对高速线材核心装备提出了更高要求，其关键机械和电气设备选型主要有如下特点：

（1）步进梁式加热炉采用全自动控制系统，具有生产操作灵活、钢坯加热温度均匀、氧化烧损少和节能等优点，为低温出炉、低温开轧创造有利条件。

（2）低速区轧机采用高刚度短应力线轧机，不仅生产操作灵活，而且系列化轧机充分满足低温开轧轧制力能选型要求。

（3）高速区轧机采用超重型V形顶交45°悬臂辊环轧机，结合低温大压下线材减定径技术，成为低温轧制最为核心和关键的设备。

（4）采用闭环精确控温水冷装置与模型，可实现±10℃的轧件温度精确控制，从而满足低温轧制工艺路径的有效控制和吐丝温度偏差的精确可控。

（5）采用20°、30°大倾角吐丝机及其先进动平衡技术，为高速线材低温吐丝提供强有力设备保障。

（6）散卷冷却运输线采用“佳灵”控制系统、网格化风量分配板，为消除线圈同圈差提供有利条件。

（7）线材精轧机组、线材减定径机组传动装置选用大功率变频调速装置，结合先进的三电控制技术，可保证低温轧制时整条生产线的稳定可靠运行。

七、螺纹钢线材控轧控冷技术

控轧控冷技术是以控制轧制和控制冷却技术的结合，在控制变形组织的基础上，控制冷却速度，而获得理想的相变组织，使轧材具有所需要的强度和韧性。控轧控冷技术的要点是：通常将连铸坯加热至1050~1150℃，在适当温度条件下合理控制轧制变形量和轧制速度，随后精确控制冷却温度和冷却速度，完成螺纹钢线材的轧制过程。

（一）线材控轧控冷概述

随着螺纹钢轧制速度的不断提高，轧制变形热引起的温升也越来越高，当精轧速度超过100m/s以后，变形热使轧件的温升急剧增加，如图2-65所示，对轧制过程不加控制时，轧制过程中的关键点（开轧温度、中轧温度、预精轧温度、精轧温度、减定径温度、吐丝温度）温度会过高，导致线材晶粒粗大，显微组织和力学性能不均，表面氧化铁皮增多。为解决以上问题，对轧制线进行工艺优化，在预精轧机组后增加了预水冷装置，以控制进入精轧机的温度，同时又在精轧机之间增加水冷导卫装置，以加强轧机的冷却能力，但效果并不明显。再后来研究者成功开发了8架精轧组+4架减定径机组（简称8+4机型），并在两个机组之间增加了水冷装置，加强了轧制过程的冷却效果，最终发展成为如今8+4机型的4段水冷模式。

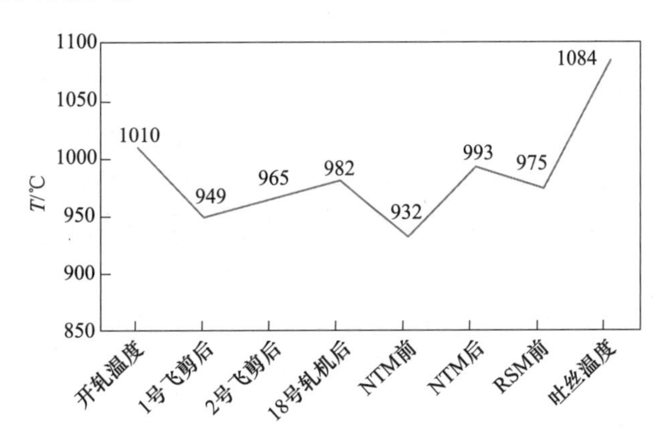

图2-65 自由轧制过程的温度曲线

现代线材轧机将生产全过程分为五个阶段进行温度控制，即钢坯的加热、精轧前水冷、精轧机内的水冷（8+4 还有 8 与 4 间的水冷）、精轧机组后的水冷控制、散卷运输机上的冷却控制。图 2-66 示出了控制轧制过程的温度曲线。通过设置水冷装置，控制轧制过程中的温度，可以获得满足性能要求的产品。

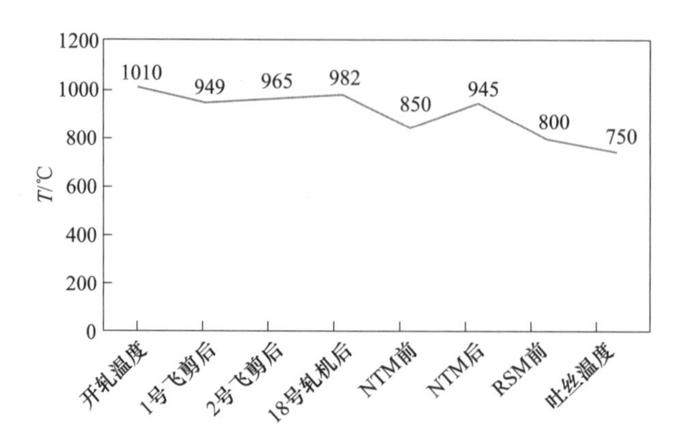

图 2-66 自由轧制过程的温度曲线

钢坯加热是使组织奥氏体化，在加热和保温过程中促使碳和合金元素充分溶入奥氏体中，并使钢具有足够的塑性，便于后续加工。钢坯加热温度控制在加热工艺篇有所介绍，在此不再赘述。

（二）轧制过程和轧后温度控制

目前，螺纹钢线材的轧制生产线主要用摩根 5 代和摩根 6 代，其中摩根 5 代的精轧机组有 10 个轧机，在线和轧后温度控制包括：精轧前的预水冷 BW-1；精轧机后的水冷 BW-2；辊道式风冷运输机。摩根 6 代的精轧机组有 8 个轧机和 4 个减定径轧机，轧制过程中的温度控制和轧后温度控制包括：精轧前的预水冷 BW-1；8 架精轧机组后的水冷 BW-2；4 架减径定径机组后的水冷 BW-3；辊道式风冷运输机。

1. 精轧前的水冷

10 机架标准型精轧前水冷箱为 1~2 个，实际应用中配 2 个水箱的较多。10 机架无扭精轧机轧制温度为 850~930℃，在精轧过程中的温升一般为 100℃左右，平均每架温升约 10℃，轧件的总温升可达 130~150℃。为满足精轧入口温度，精轧机组前通常配有 2 个水冷箱，水箱长度约 6m，两个水箱之间留有 5~6m 的恢复段，以保证轧件断面的温度均匀，温度差控制在±30℃左右，以免出现晶粒不均。研究表明，经过恢复段的时间约为经过水冷段时间的 4 倍，这就意味着恢复段的长度最少应为水冷段长度的 4 倍以上。105m/s 级的轧机预水冷段的总长度约为 30~40m。

2. 精轧后的水冷

摩根 5 代 10 机架标准型精轧机后的水箱一般为 3~5 个，现在大多用 4 个水箱。3 号水箱（从预水冷序号排列，在精轧前为 1 号、2 号水箱，精轧后为 3 号、4 号水箱）。实践证明轧后冷却开始温度越接近精轧温度，冷却效果越好，3 号、4 号水箱紧靠布置，为的是在精轧机的出口处加强冷却，使线材快速降温。典型的 10 机架线材轧机水冷线的参数如表 2-40 所示。

表 2-40　典型的 10 机架线材轧机水冷线的参数

厂名	轧机速度 /m·s^{-1}	精轧前预水冷段				精轧后水冷段			
		总长度 /m	水箱数量 /个	水压 /MPa	水量 /m^3·h^{-1}	长度 /m	水箱数量 /个	水压 /MPa	水量 /m^3·h^{-1}
伊利	105	32	2	0.4~0.6	240	49	4	0.4~0.6	450
阳春	95	32	2	0.4~0.6	200	40	4	0.4~0.6	485
新天钢	105	38	1	0.4~0.6	168	47	4	0.4~0.6	576
邢二线	105	36	2	1.2	300	48	4	0.4	500

摩根 6 代带减径定径机（8+4）的线材生产线，预精轧机组后冷却段设有两个水箱（ZIWB1、ZIWB2），每个水箱长度 6m，ZIWB1、ZIWB2 水箱之间有 7.5m 长的返温段，ZIWB2 水箱后有长约 25m 的均温段，以确保进精轧机前心部与表面的温度均匀，其最大温降达 200℃。与摩根 5 代 10 机架标准型相比，8+4 轧机的预水冷段的冷却水量和冷却能力明显加大，预水冷段的总长度加长到 50~59m。8 机架精轧机后也配有两个水箱（ZIWB1、ZIWB2），两个水箱紧靠在一起，全长 12m，最大温降根据不同轧制规格与速度控制为 100~300℃，水箱后有长约 30m 的均温导槽，确保钢材进减径定径机前内外温度均匀。预水冷与精轧机组之间的水冷，是摩根 6 代 8+4 型轧机的主水冷段，水箱的数量、冷却水量、水冷线的总长度都比较大，目的是精确控制精轧温度，并可控制在 800~830℃的较低温度。

摩根 6 代 8+4 型的水冷线与摩根 5 代 10 机架的水冷相比，有以下特点：（1）精轧前的水箱冷却水量加大，总长度加长，冷却能力提高，均温时间延长。（2）精轧机组与减定径机组间增置水箱，这种水箱的冷却水量、冷却能力和总长度都与精轧前水箱基本相同。（3）减径定径机后的水量与冷却能力比摩根 5 代标准型减小，而且均温段的长度比摩根 5 代短，将大部分均温工作移至风冷运输机的前一段辊道上。

3. 水箱结构

水冷线的水箱结构如图 2-67 所示，通常每一段水箱由 4~6 个冷却喷嘴、2 个或 3 个反向吹扫喷嘴和 1 个空气干燥喷嘴构成。冷却水与钢材运动方向相同，射入时带有一定的角度，导流管管体形状使水流形成湍流，提高冷却水与线材之间的热交换效率。反向喷扫喷嘴和空气干燥喷嘴通过吹去钢材表面带水，防止局部过冷导致性能不均。

4. 精轧机架间的冷却套管

为加强机架间的冷却，在椭圆进圆的机架后装设了约 250mm 的冷却套管（见图 2-68）。

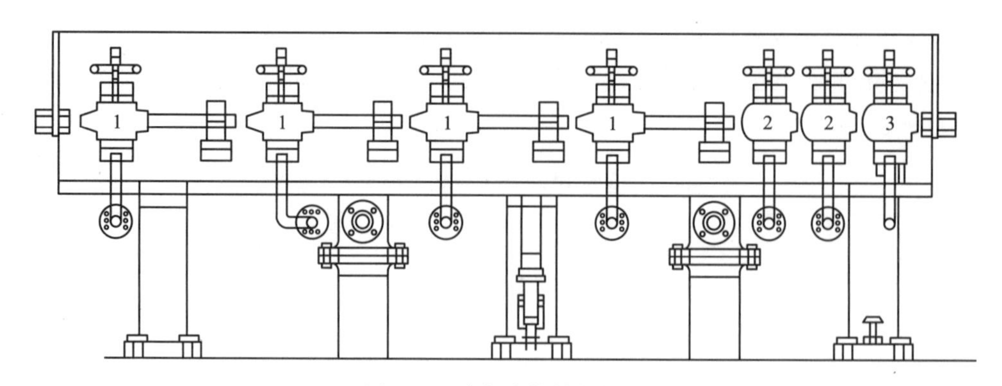

图 2-67 冷却水箱结构简图

1—冷却喷嘴；2—反向吹扫喷嘴；3—空气干燥喷嘴

冷却套管冷却水量为 $50m^3/h$，水压为 0.4～0.6MPa；辊环冷却水量为每对 $65m^2/h$，水压为 0.4～0.6MPa。但实践证明冷却效果并不明显。现在我国螺纹钢线材生产线如果不特别要求，轧机机架一般不装冷却套管。

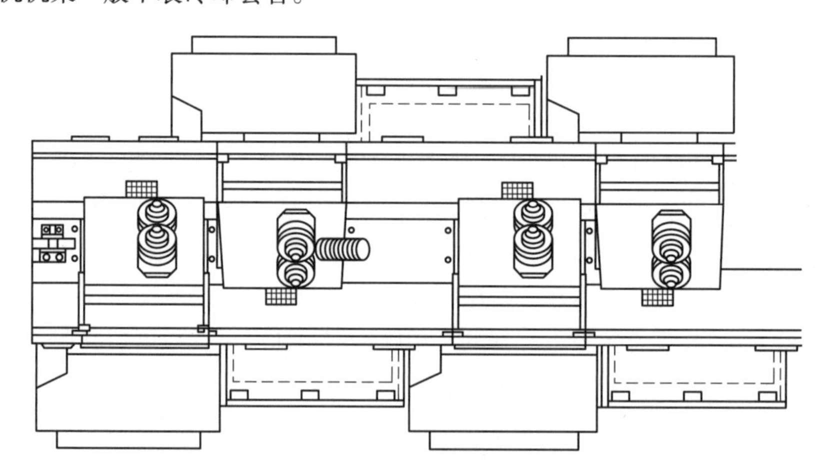

图 2-68 精轧机架间的冷却套管

5. 风冷运输机

在我国高线技术发展过程中，引进并使用过多种类型的控制冷却工艺和设备，主要分为由轧后的水冷线加散卷风冷线组成的工艺和设备，水冷冷却后不用散卷风冷，而用其他介质或其他布圈方式冷却的工艺和设备。

如今，斯太尔摩风冷线因其灵活的操作方式，获得了最广泛的应用。它可实现不同冷却速度的控制，使产品获得所要求的金相组织和力学性能。为了实现不同钢种的生产，斯太尔摩法有三种控冷方式，即标准型、缓冷型和延迟型。三种模式的切换方式为：打开风冷运输机上部的保温罩，开动下部的冷却风机，可实现快速强制冷却；打开风冷运输机上部的保温罩，不开或少开冷却风机，可实现自然冷却；罩上保温罩，辊道慢速前进，可获得极缓慢的冷却速度。图 2-69 为辊道式风冷运输机的纵向剖视图。

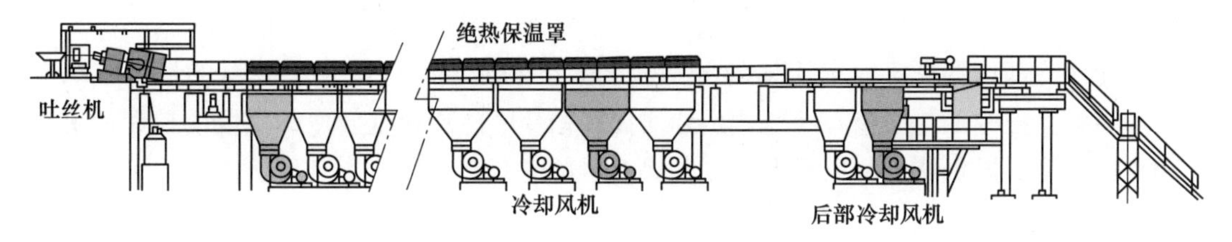

图 2-69　辊道式风冷运输机的纵向剖视图

图 2-70 为斯太尔摩标准冷却温度曲线（普碳钢，部分区域加盖保温罩），可以看出，规格越小，在相同冷却时间内温降越大；而要达到同样的温降需求，规格越大所需要的冷却时间也越长。

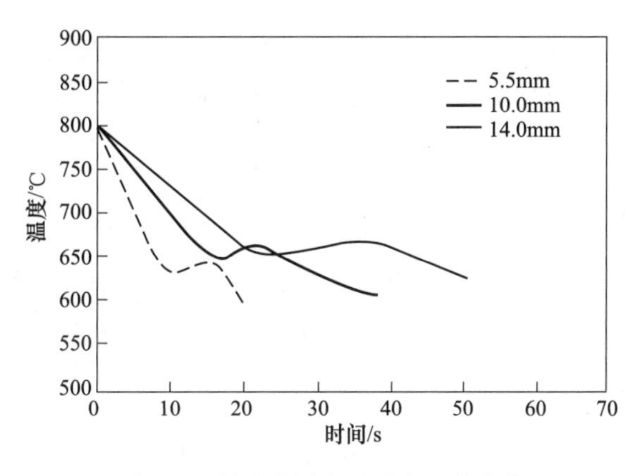

图 2-70　斯太尔摩标准冷却温度曲线

精轧后的控制冷却一般分为三个阶段，即相变前阶段、相变阶段、相变后阶段。第一阶段的控制在精轧后的水冷段完成（控制吐丝温度），第二和第三阶段在风冷运输机上完成。相变区冷却速度是整个控冷工艺的核心，其决定奥氏体的分解转变温度和时间，也决定着线材的最终组织形态。冷却速度控制主要通过控制运输机的速度、风机状态和风量大小以及保温罩盖的开闭来实现的。

总的来说，根据各种冷却工艺的设备特性正确地选择各个工艺参数，应能得到所要求的冷却速度。但严格来说，精准选择和控制相变的冷却速度却是件很困难的事，因为冷却速率随时都在变化，它随线材自身温度下降而呈指数关系下降。因此，工艺上只能控制过冷奥氏体转变前后各段时间的平均冷却速度。

（三）轧制后的温度控制

轧制后的温度控制主要是控制精轧后的三个不同冷却阶段的工艺条件和参数，其中第二和第三阶段在风冷运输机上完成。这三个冷却阶段的范围和目的如下：

（1）第一阶段为相变前阶段。是指从轧制结束温度到开始发生相变温度范围内的冷却过程。其目的是控制变形奥氏体的组织状态，阻止奥氏体晶粒的长大，阻止碳化物析出，固定由于变形而引起的位错，降低相变温度，为相变做组织上的准备。

（2）第二阶段为相变阶段。是指相变过程中的冷却过程。其目的是控制相变时的冷却速度和相变停止的温度，即控制相变过程，确保钢材快冷后得到所要求的金相组织与力学性能。

（3）第三阶段为相变后阶段。是指相变结束后冷却到室温的过程。其目的是将固溶在铁素体中的过饱和碳化物继续弥散析出。如果相变完成后仍采用快速冷却工艺，就可以阻止碳化物的析出，一定程度上保持碳原子的固溶状态，以达到固溶强化的目的。

相变区冷却速度决定着奥氏体的分解转变温度和时间，也决定着线材的最终组织形态，所以整个控冷工艺的核心问题就是如何控制相变区冷却速度。冷却速度的控制取决于运输机的速度、风机状态和风量大小以及保温罩盖的开闭。

八、细晶粒生产技术

细晶粒热轧技术是在不添加微合金元素（或少添加）的情况下，通过控制轧制和控制冷却工艺，细化晶粒尺寸（晶粒度达到 9 级以上），将钢材强度成倍提高，获得兼具高强韧性的工艺技术。2007 年国家将细晶粒热轧钢筋概念纳入国标 GB 1499. 2—2007《钢筋混凝土用钢　第 2 部分：热轧带肋钢筋》中，对其定义、化学成分、机械性能、技术要求等进行了详细的介绍。采用细晶粒生产工艺是新一代钢铁生产技术的重要发展方向，近年来超细晶理论及其应用技术已取得突破性进展，挖掘细晶强化潜力、提高产品档次、降低成本，逐步成为各企业技术创新的方向和普遍采用的技术路线。其主要原理为：在稳定奥氏体区域或亚稳定区域内进行轧制，然后控制冷却，以获得细晶粒铁素体与珠光体组织，进而提高钢的强度和韧性。

（一）开发细晶粒螺纹钢的目的

细晶粒轧制技术的主要特点是不添加微合金元素（或少添加）、轧制温度低和兼具较高的强度和韧性，这些特点促进了细晶粒技术在螺纹钢中的应用。螺纹钢产量占据国内总钢铁产量的 1/4 左右，并且主要采用微合金化技术来达到钢筋的强度要求，这导致了微合金元素的极度紧张和原材料价格的较大波动，而应用细晶粒轧制技术不仅减少合金资源的应用、降低生产成本，还因细晶强化作用占主要作用而提高钢筋的综合力学性能。另外，细晶粒轧制温度比传统热轧温度低，这有利于节约能源，有利于螺纹钢产业的绿色高质量发展。总之，开发应用细晶粒螺纹钢具有节约合金资源、降低能耗、促进产品的提质升级等优点。

（二）细晶粒螺纹钢的形成原理

细晶粒钢筋是晶粒尺寸为微米级，通过轧制过程的超细晶强化来提高钢筋强度和韧性的工艺技术，其强化特点与传统的微合金强化或热处理强化技术不同，是在不添加微合金化元素（或其他合金元素）的条件下，控制较低的加热温度，保证细小的原奥氏体晶粒；控制较低的粗、中轧温度，获得足够的晶核形核率和较低的晶粒长大速度；控制较低的精轧温度，产生形变诱导铁素体相变和铁素体动态再结晶；控制轧后冷却速度，降低奥氏体向铁素体转变的相变温度，增大过冷度，增加铁素体的形核率，促使晶粒细化，获得几个微米级的室温组织，从而大幅度提高钢材综合性能的过程。其中形变诱导铁素体相变是获得超细晶粒的关键（图 2-71），其具体的形成机制为：

（1）钢在奥氏体区进行粗中轧，产生奥氏体动态再结晶，细化奥氏体晶粒，为相变作组织准备。

（2）轧件中轧后冷却，使精轧温度接近临界相变点（20MnSi 钢的临界相变点约为850℃），控制在 A_{r3}-A_{e3}之间。由于精轧区域的高速轧制和累积变形（变形大于 50%以上）增大了相变驱动力，则提高了实际相变点，诱发了铁素体相变（DIFT），这是形核不饱和机制，是不断的生核过程，形核率高，使晶粒细化。

（3）随着变形的进行，新生的铁素体内位错密度增加，形成亚结构，产生铁素体动态再结晶（DRX）。这时连续交叉发生 DIFT 和 DRX，阻止了铁素体晶粒长大。

（4）轧后的控冷进一步阻止铁素体晶粒长大。

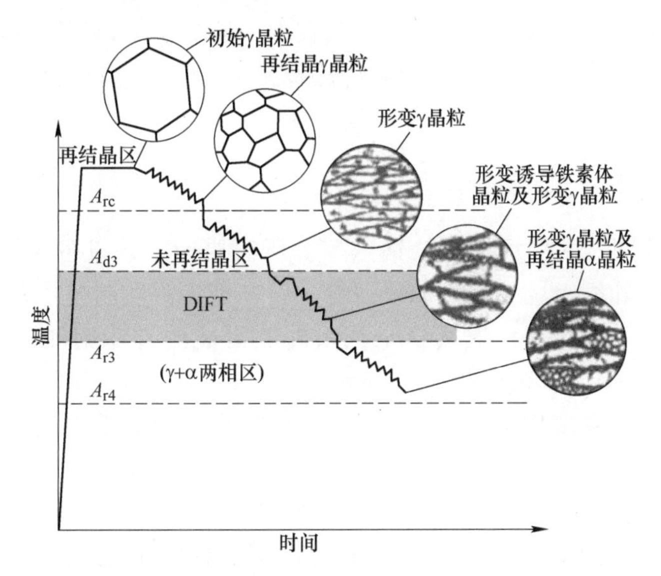

图 2-71　形变诱导铁素体相变加工工艺与传统 TMCP 工艺的关系

总之，细晶钢筋的生产是通过轧制过程的低温控制（此温度比正常生产时的热轧温度低 150~200℃）和形变控制（变形大于 50%以上）来细化钢材晶粒，使其强度值翻倍的过程。据实践证明，用形变诱导铁素体相变工艺，在不添加微合金化元素的情况下将碳素钢的铁素体晶粒尺寸细化到 3μm 以下时，其屈服强度可提高到 400MPa 以上；将低碳微合金钢的铁素体晶粒尺寸细化到 1μm 以下时，其屈服强度分别提高到 800MPa 以上。

（三）细晶粒螺纹钢生产技术的特点

细晶粒螺纹钢生产技术的特点有：

（1）贴近现有生产过程，对现有精轧最后一架轧机以前的轧制操作不作要求，对产量无影响。

（2）在不添加（或少添加）微合金元素的前提下，生产出满足高强钢筋性能的产品，能有效降低生产成本。

（3）冷却强度大，冷却时间短，控制冷却线的总长度小于 13m，控制冷却设备的投资小。

（4）产品的表面质量得到了明显提高。

（5）提高产量。

（6）需在成品轧机后增设超快速冷却装置及配套系统。

九、无头轧制技术

无头轧制技术中的钢材生产不再是单块的、间隙性的，而是连续进行轧制，再根据用户需求剪切成所需长度或卷重。与传统的方式相比，无头轧制技术使轧件在恒定张力条件下轧制，轧件截面形状波动减少，力学性能更均匀；以恒定速度进行轧制，生产率提高；倍尺长度不受限制，成材率提高；钢坯咬入次数少，粗轧第一架轧机轧辊寿命提高。目前应用在螺纹钢生产的无头轧制技术主要有铸轧型无头轧制技术和连铸坯焊接型无头轧制技术。

（一）铸轧型无头轧制技术

铸轧型无头轧制技术应用在螺纹钢生产上所需要的工艺设备主要为高速连铸机、直轧热送设备、连轧机组、控制冷却设备等。铸轧型无头轧制技术是先将钢水在连铸上采用高拉速（6~8m/min）连续稳定拉出轧制需要的连铸钢坯，一般用于螺纹钢棒、线材无头轧制的连铸坯尺寸为150mm×150mm~200mm×200mm。连铸坯经过浇注后，要求上下表面温度偏差在25℃，若内外温差较大需要对边角部分进行补热，使连铸坯表面温度达到950℃左右，粗轧入口温度920℃以上。最后通过轧机、控冷设备生产出螺纹钢盘卷和直条。

铸轧型无头轧制技术取消了连铸区火焰切割和轧钢区的加热炉，使整个工艺布置更加紧凑。以桂林平钢的连铸连轧生产线为例，该生产线为棒、线材复合无头轧制生产线，铸轧型无头轧制技术运用在棒、线材与炼钢连铸间，连铸区域使用双流高速连铸机，分别向两条轧线持续供料，连铸坯经补热后直接进入轧制区域。桂林平钢棒、线材复合无头轧制生产线局部简图见图2-72。

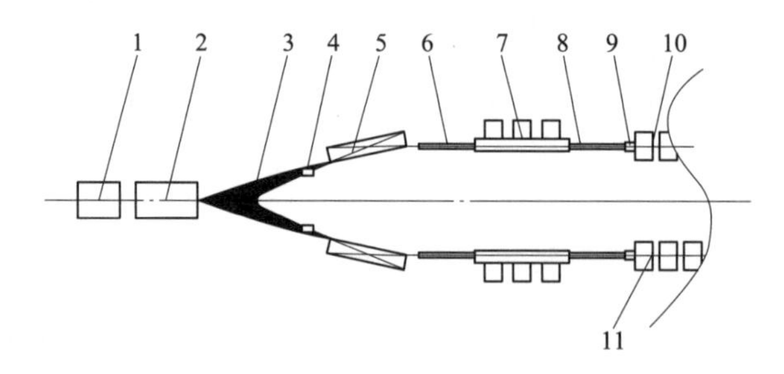

图2-72 桂林平钢棒、线材复合无头轧制生产线局部简图

1—大包回转台；2—结晶器；3—高速连铸机；4—飞剪；5—剔除台架；6—入炉辊道；7—感应加热；8—保温辊道；9—高压水除磷装置；10—线材粗轧机组；11—棒材粗轧机组

铸轧型无头轧制技术通过将连铸和轧钢紧密结合，取消了传统加热炉配置，有生产流程短、设备和厂房投资少、金属收得率高、温室气体排放少等优点，使其在无头轧制技术中具有核心竞争优势。

（二）焊接型无头轧制技术

焊接型无头轧制技术是将出加热炉钢坯在进入粗轧机前，利用闪光焊接的方式前一块钢坯尾部和后一块钢坯头部进行对焊，形成一支无头钢坯并连续不断地轧制。焊接型无头轧制系统一般由夹送辊、除鳞装置、焊机、活动辊道和毛刺清除装置组成，位于加热炉与第一架粗轧轧机之间。焊机通常选用移动式闪光焊机，设置在加热炉出料端后，是焊接型无头轧制系统的核心设备，由计算机控制并接入轧钢自动化系统，可以在移动过程中自动对运动状态的钢坯进行焊接。

以唐山钢铁公司棒材生产线为例，其无头轧制焊机布置图见图2-73。该生产线使用截面尺寸为165mm×165mm钢坯，焊接机最大焊接速度0.22m/s，最小焊接速度0.12m/s，焊接行程10m，需要约55s完成焊接循环，其中焊接时间约10s，焊机本体内置固定式垂直修毛刺装置。由于焊接技术的提高，焊口位置不但不存在内部缺陷，强度指标也不亚于轧件母体。使用焊接型无头轧制工艺生产成本降低2.5%~3.0%，棒材定尺率接近100%，金属收得率提高约1%。

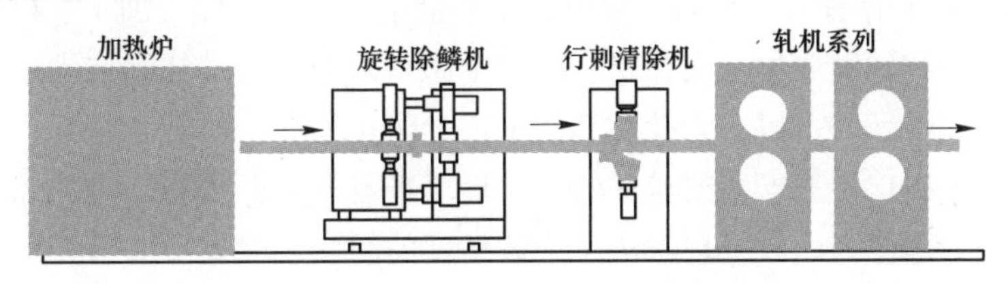

图2-73 无头轧制焊机布置图

焊接型无头轧制技术不需要解决铸轧型无头轧制中连铸机和轧机产能匹配问题，更适合在现有轧制系统上的改造，但受设备厂家少、现有轧线改造限制较多等因素影响，国内目前使用较少。

十、无孔型轧制技术

无孔型轧制是在没有轧槽的平辊上轧制钢材的技术，又被称为平辊轧制。该技术具有轧制负荷小、通用性强、轧辊加工简易、轧辊利用率高、生产成本降低等优点。

目前，螺纹钢棒材生产线上无孔型轧制技术可以应用在精轧前的所有轧机上，也可以应用在螺纹钢线材生产线的预精轧前所有轧机上。无孔型轧制在轧辊上不刻槽，通过方-矩形变形过程，完成延伸孔型的任务，并减小断面到一定程度，再通过数量较少的精轧孔型，最终轧制成所需要的成品断面。

（一）无孔型轧制技术的发展及现状

无孔型轧制技术是水平布置的全连轧机组，由于矩形轧件在机架间拉转翻钢困难，并未投入大规模生产应用。随着平立交替布置连轧机组及无扭转轧制技术的出现和普及，无孔型轧制技术得到了快速的发展，在一些大规模的棒材生产企业，无孔型轧制技术已从粗轧机组推广到中轧机组及精轧机组的前两个道次，而在螺纹钢生产中，则实现了除K1、K2孔外的全线无孔型轧制。

（二）无孔型轧制技术的意义

经过国内钢铁企业多年反复实践，无孔型轧制技术已成为螺纹钢生产中一项成熟工艺技术。无孔型轧制技术没有传统孔型侧壁的夹持，只利用上、下轧辊辊缝对轧件进行轧制，上、下轧辊辊缝大小根据轧件轧后高度而定，轧件宽度即为轧后自由宽展宽度。与传统有孔型轧制技术相比，无孔型轧制技术主要优点有：

（1）轧辊耐磨性提高。轧辊不用刻槽，轧辊表面硬度层可充分利用，轧辊耐磨性提高、磨损量减小。

（2）轧制压力减小。无孔型轧制变形均匀，在轧件截面积、变形量相同的情况下，轧制压力减小，能耗降低。

（3）轧辊储备量减少。由于轧辊通用，轧机可做到同机组备用，大幅减少备用轧机的数量，且由于是平辊轧制，轧件变形及轧辊磨损均匀，所以轧辊车削简单，重车量小，轧辊辊身利用充分，备用轧机同机组通用，可使备用轧辊的储备降至最低。

（4）导卫装加工容易。轧辊加工简单，车削量小，可减少轧辊加工、机床和刀具的配备，降低维修费用和轧制成本。在棒材和线材生产中采用无孔型轧制技术，为提高效率和降低生产成本增加了新的手段。无孔型轧制中，为防止轧件的扭转和跑偏，全靠进出口导卫夹持，因此对进出口导卫安装要求比较高。近年来我国的棒线材轧机的导卫改由专业导卫厂制造，质量大为提高，较好地解决了安装精度的问题。但导卫的消耗比孔型轧制也要高一些。

（5）减少换辊换槽时间。由于轧槽耐磨性提高，换槽、换辊次数可减少到最低限度。同时无孔型轧制可以避免带孔型轧辊轧制时由于轧槽和导卫不对中而引起的故障，是节约生产时间、提高轧机作业率的最有效措施。

（6）提高产品质量。平辊轧制不受孔型限制，钢坯上氧化皮容易脱落，可使开轧温度降低30℃，燃耗减少。产品质量易于控制。由于无孔型轧制有效地减少了不均匀变形及孔型侧壁对轧件的影响，加之轧辊磨损均匀，使得料型尺寸控制更加简单容易，为进一步改善产品质量提供了可靠的保证。

（7）成材率高。由于无孔型轧制时轧制力横向分布均匀，而且非稳定变形区较窄，均匀的变形减少了轧件的头尾部缺陷，降低生产过程中的切损，提高成材率。

（8）优化轧制工序。实现无孔型轧制后，可自由调整轧机负荷，增大轧件变形量，减少了轧机的使用数量。线材轧机无孔型可多用几架，小型棒材轧机可用无孔型轧制的架数要少些。无孔型轧制时侧壁没有孔型夹持，轧件处于自由宽展状态，轧件的尺寸精度虽然可以接受，但比孔型轧制要差。钢筋的切分轧制是在最后 4 个机架完成的，为保证切分面积均匀，在这 4 个切分道次前要有 2~4 个孔型来调整轧件的尺寸，因此对生产螺纹钢的小型轧机来说无孔型最多只用 12 架，现在用 8 架、10 架者居多。

十一、高速棒材技术

目前高速棒材建设逐渐成为热点，我国已投产近 20 条高速棒材生产线，还有 10 多条高速棒材生产线在建设中。我国高速棒材制造技术借助长期以来高速线材轧机技术上的自主创新和积累，技术上已达到了一定的国际领先水平。随着我国高速棒材生产技术不断进步，高速棒材生产线生产的螺纹钢质量达到了一个新的高度。为了有效的提高生产节奏，不仅在产品质量方面有所提升，也最大程度地提升生产线速度。随着冶金行业实施 GB/T 1499. 2—2018《钢筋混凝土用钢 第 2 部分：热轧带肋钢筋》标准，明确禁止热轧钢筋强制穿水冷却，有效地推动了螺纹钢生产技术进行工艺技术升级换代。

（一）高速棒材工艺介绍

1. 典型高速棒材工艺布置

高速棒材生产线的粗轧区、中轧区、预精轧区和收集区和普通螺纹钢棒材生产线一样，高速棒材生产线将精轧区中压传动精轧机组改造成多台低压传动模块化轧机。同时配合轧后的水冷装置，连续运行高速飞剪、高速夹尾、转毂等装置，形成图 2-74 所示的工艺布置形式。相对于普通螺纹钢棒材生产线，高速棒材生产线在最大轧制速度、尺寸精度控制、表面质量控制等方面均有明显的优势（见表 2-41）。

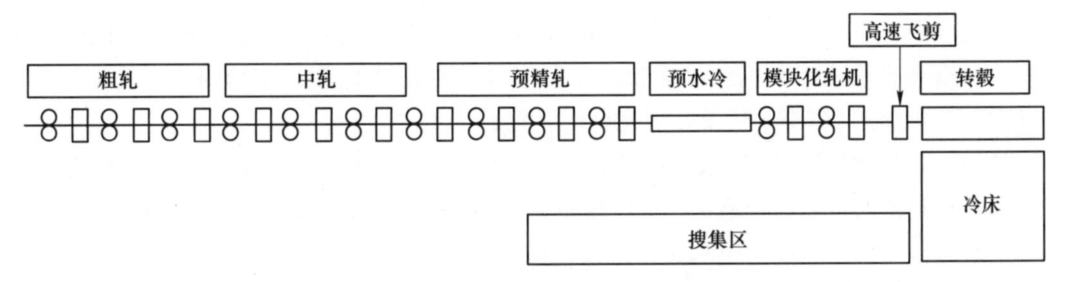

图 2-74 典型高速棒材生产线工艺布置

表 2-41 高速棒材、普通棒材生产线性能对比

性能参数	普通棒材生产线	高速棒材生产线
最大轧制速度/$m \cdot s^{-1}$	20	45
控轧控冷	难	易
尺寸精度	一般	优
表面质量	一般	优
操作调整	较难	易

2. 采用模块化轧机

传统的棒材精轧机机械设计难度大、设备现场安装调试难度大，需要专业的仪器和人员进行操作。模块化轧机将精轧机组分割成多个模块化轧机顺序排列，完成相应的轧制规程。模块化轧机通过变频、调速设备来实现柔性高刚度控制，抵消轧件的冲击力矩。模块化轧机的机械设备简单、减少了辊环备件的种类和数量，工艺布置更加方便，采用 3 个模块化精轧机，吨钢电耗比集中传动精轧机下降约 30%。

3. 高速夹尾和冷床

在高速棒材生产线中，轧件被连续旋转倍尺剪切后通过转折器分别进入 A/B 通道。A/B 通道上各布置一套高速夹尾器，当轧件离开倍尺剪前，保持“微张力”控制，加速轧件离开倍尺剪；当轧件离开倍尺剪后，高速夹尾器通过气缸夹持轧件，开始最大能力减速制动，通过变频器将回馈能量传输到电网。转毂装置通常具有 4 个接收轧件位置，需要配合夹尾器联合动作，保证轧件顺利进入并停在转毂装置的正确位置。转毂装置通过周期性旋转，将轧件运输到冷床的动齿上。由于轧制线速度较高，传统启停式步进冷床控制系统无法满足当前的轧制节奏，必须改进为连续位置冷床控制系统，才能满足最高工艺生产节奏要求。

我国的棒材标准中规定棒材产品规格下限为 ϕ6mm，而目前常规的多线切分工艺生产最小规格为 ϕ10mm，轧制速度 13m/s 时，四切分小时产量能够达到 100t/h，四根棒材通过辊道和裙板制动上冷床。对于 ϕ6mm 和 ϕ8mm 棒材，由于断面小，在上冷床的通道上极易出现乱钢事故，导致无法进行正常生产。因此，小规格棒材不宜采用多线切分裙板制动上冷床工艺。为了实现轧机产量均衡，就必须走单线高速工艺路线。

棒材区别于线材的主要特点是直条交货，棒材的高速轧制必须要解决的三个问题即精轧机、分段飞剪及冷床上钢制动系统。由于高速棒材最高速度只有 50m/s，因此，采用 6~8 架国产顶交 45°摩根 5 代精轧机完全能够满足要求。

高速状态只能采用连续运转工作制的圆盘飞剪，借助于剪前转辙器进行倍尺剪切控制，剪后棒材依次进入两个通道。剪区设备包括剪前夹送辊、转辙器及飞剪本体三部分。

经过分段后的高速棒材由双通道分别送至冷床，在冷床入口，设置两台夹送辊用于夹尾制动，将高速运行的棒材制动到 4m/s 以下的速度，然后靠通道内的摩擦阻力制动，前后两根依次落入冷床齿条的不同齿上。若精轧机是为双线生产，则冷床上钢装置应为四通道。

（二）实际应用情况

目前高速棒材技术在河钢乐亭、福建三安钢铁、首钢长治等投产使用，但上述企业在工艺布置、技术控制及装备情况略有不同。下面列举了部分厂家的具体工艺布置、技术指标和一些控制要素，以供参考。

1. 河钢乐亭高速棒材生产线

河钢乐亭高速棒材生产线年产量 120 万吨，机时产量达到 200t/h，设计速度 45m/s，保证速度 42m/s。轧线可实现免加热直接轧制、热装轧制以及冷装轧制模式。

粗轧机组 6 道次无扭微张力轧制，1~5 架轧机采用无孔型轧制。由 1 号飞剪切头，然后进入 6 架中轧机组进行轧制，再由 2 号飞剪分别切头/切尾后，进入 6 架预精轧机组轧制。13~18 架轧机各机架间均设有活套器，可对轧件进行无张力轧制。轧件在预精轧机组切分成 2 支轧件，分别进入 A/B 支线精轧机组进行轧制。与传统棒材轧制工艺不同，精轧前有预水冷装置，用于将进精轧的温度控制在 780～850℃，并保证轧件低温状态下达到 40%以上的变形量。每条支线均设有 3 套预水冷箱，并留出了足够的恢复长度，如图 2-75 所示。为了获得理想的组织性能，精轧机组之后还设置了合理的水冷装置，采用分级冷却工艺，将精轧机组分为两个组进行冷却，有效地控制了由于轧制过程中产生的温升问题。

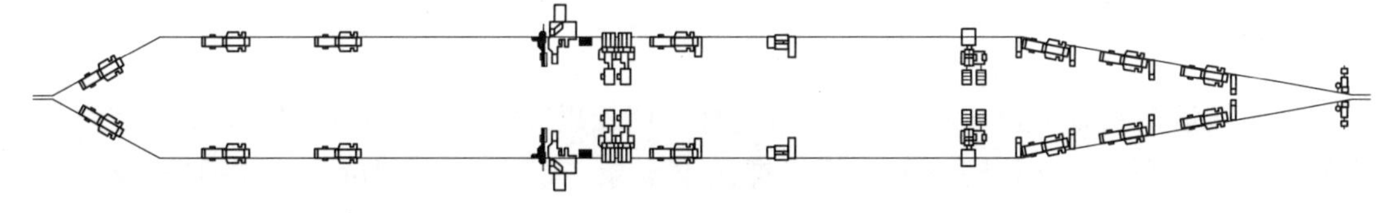

图 2-75　精轧轧机布置图

A/B 支线轧件经冷却后分别进入飞剪剪切倍尺，然后经转毂式高速上钢系统送入冷床冷却，如图 2-76 所示。棒材在冷床上矫直、冷却，经齐头辊道齐头，齐头挡板处具备尾钢抽头功能。齐头后的棒材送往计数排钢链式运输机，当运输机上积累了一定数量的棒材后，由卸钢小车将一组成排的棒材送至冷床输出辊道，再由冷床输出辊道送往冷剪剪切成要求的定尺。

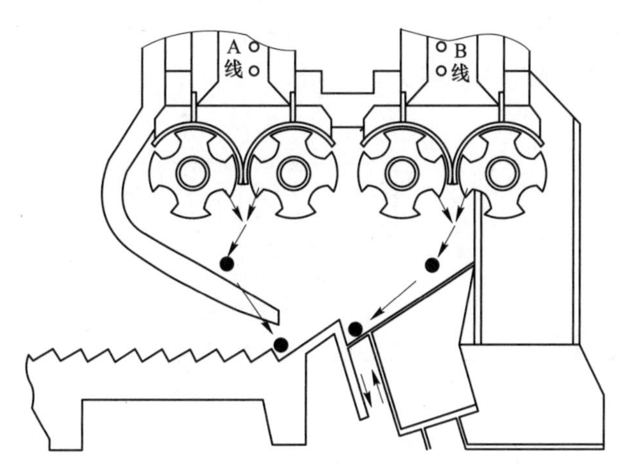

图 2-76　河钢乐亭高速上钢装置

产生的非定尺钢材在辊道末端的短尺剔除辊道处人工剔除。定尺钢材在移钢台架上经过人工检查，不合格品由废钢剔除辊道剔除，合格定尺钢材在链式移钢台架上经自动计数后，输送至末端的接钢装置中，端部拍齐后放至打捆辊道上，经打捆成形器勒紧后由自动打捆机打捆。打捆后的棒材由输出辊道输送至成品收集台架的入口，升降链将棒材托起、移送，并安放在称量装置上。称重后的棒材送至成品收集台架的固定链并停在适当的地方，在两端点焊标牌后由起重机吊运至成品库有序堆存，等待外发。

工艺特点及装备水平主要有以下几点：

（1）短应力线式轧机：粗轧机组、中轧机组及预精轧机组采用二辊高刚度短应力线轧机。

（2）采用闭环控轧控冷技术，满足热轧钢筋新国标（GB/T 1499. 2—2018）要求。轧后冷却同时具备通过轧后余热淬火功能，满足英标钢筋出口要求。据河钢乐亭测算吨钢合金添加量降低 0.02%～0.03%，吨钢产品效益增加约 100 元。

（3）高速圆盘剪及高速上钢技术：倍尺剪切采用高速连续运转的飞剪对轧件进行倍尺剪切，飞剪剪切的轧件最大速度 45m/s，剪机响应时间快，剪切精度高。

2. 首钢长治生产线高速棒/线材复合生产线

首钢长治钢铁有限公司高速棒/线材复合生产线以 150mm×150mm×12000mm 连铸坯为原料，可生产原有 ϕ5.5～12mm 规格螺纹钢盘条产品和 ϕ12～16mm 规格的螺纹钢直条。高速棒材生产线 ϕ12mm 螺纹钢设计轧制速度为 36m/s，可实现年产 75 万吨的生产能力。

高速棒材生产时，在原 18 架轧机（粗轧机 6 架、中轧机 6 架、预精轧机 6 架）基础上，新增高速棒材精轧机 4 架，共 22 架。高速棒材精轧机最高设计速度为 40m/s，保证速度为 36m/s（轧制 12mm 规格）。在精轧机组前后分别设有水冷段对轧件进行控制冷却，将进入精轧机组的轧件温度控制为 850～900℃，以实现低温高速控温轧制。轧出的高速棒材，首先通过控冷装置，根据生产要求将高速棒材冷却至 880～920℃，然后再通过高速夹送辊送入倍尺飞剪进行分段，由高速上钢装置将棒材制动并放到步进式冷床上进行后续定尺剪切和成品收集。工艺布置图如图 2-77 所示。

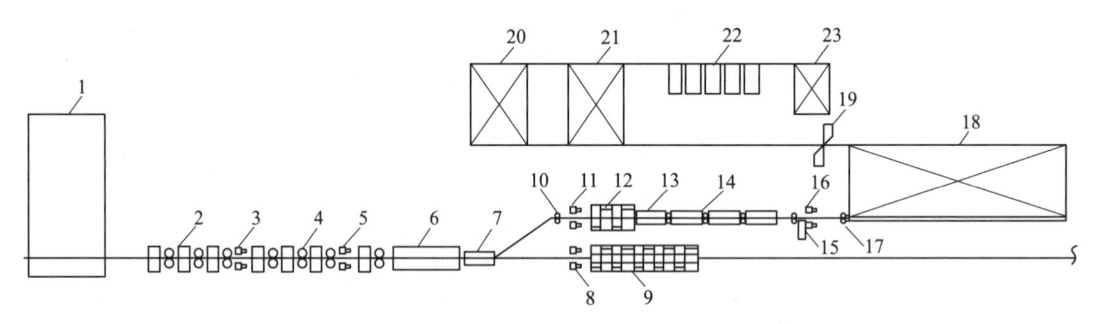

图 2-77　高速棒/线复合型生产线工艺布置图

1—步进式加热炉；2—粗轧机组；3—1 号切头剪；4—中轧机组；5—2 号切头剪；6—预精轧机组；7—预精轧后控冷装置；8—3 号切头、碎断剪；9—高线精轧机组；10—剪前夹送辊；11—4 号切头、碎断剪；12—高棒精轧机组；13—精轧后控冷装置；14—高速夹送辊；15—转辙器；16—高速圆盘倍尺剪；17—高速制动辊；18—冷床；19—8500kN 定尺剪；20，21—检验台架；22—打包机；23—成品收集台架

第三章　中国螺纹钢产业人力资源状况

人力资源是螺纹钢产业发展壮大的重要资源。在“十三五”期间，钢铁行业人才结构优化取得了良好成效，从业人员岗位分布、学历结构、年龄结构变化明显，人力资源竞争力显著提升，为助推螺纹钢产业高质量发展起到了重要的作用。

职工人数

统计显示，2019 年中国钢协会员企业从业人员年平均人数 132. 48 万人，其中在岗职工 126. 53 万人，主业在岗职工 89. 72 万人，劳务派遣人员 4. 38 万人，其他从业人员 1. 57 万人，具体情况见表 2-42。

表 2-42　2019 年中国钢协会员企业职工数量情况

年份	项目	从业人员年平均人数	在岗职工	主业在岗职工	劳务派遣人员	其他从业人员
2019	数量/人	1324805	1265312	897236	43832	15661
	比例/%	—	95. 51	67. 73	3. 31	1. 18
2018	数量/人	1288237	1231767	854757	43303	13167
	比例/%	—	95. 62	66. 35	3. 36	1. 02

注：在岗职工人数包含主业在岗职工人数。

从表 2-42 的数据看，主业在岗职工、其他从业人员比例在 2019 年略微上升，在岗职工比例、劳务派遣人员比例在 2019 年有所下降。

主业在岗企业管理和专业人员岗位分布

根据 12 家螺纹钢企业员工情况的统计结果，2019 年主业在岗企业管理和专业人员的比例结构为：高级经营管理人员占主业在岗企业管理和专业人员总数的 1. 41%，比上年提高 0. 05 个百分点；一般经营管理人员占主业在岗企业管理和专业人员总数的 0. 03%，比上年减少 0. 03 个百分点：企业技术人员占主业在岗企业管理和专业人员总数的 10. 15%，比上年提高 0. 49 个百分点；研发人员在技术人员中占比 32. 62%，比上年减少 0. 85 个百分点；操作人员占主业在岗企业管理和专业人员总数的 79. 07%，比上年下降 0. 58 个百分点，详见表 2-43。

从部分螺纹钢生产企业的主业在岗企业管理和专业人员岗位结构的变化趋势可以看出，经营管理人员所占比例 4 年来总体提高了 0. 02 个百分点；操作人员近 4 年下降了 1. 68 个百分点，技术人员近 4 年提高了 1. 14 个百分点，研发人员占技术人员比例提高了 1. 70 个百分点。

表 2-43　部分螺纹钢生产企业的主业在岗企业管理和专业人员岗位分布　（%）

年份	高级经营管理人员	一般经营管理人员	技术人员	研发人员（占技术人员比例）	操作人员
2016	1.35	6.09	9.01	30.92	80.76
2017	1.32	6.24	9.15	29.73	80.57
2018	1.36	6.09	9.66	33.48	79.65
2019	1.41	6.06	10.15	32.62	79.07

2019 年高级管理人员和一般经营管理人员总体占比依然呈小幅回升趋势，说明企业新一轮管理结构调整已在路上。技术人员虽然占比有较大提高，但总人数在 2019 年变化不明显，说明企业在人员缩减的同时注重技术队伍和研发队伍的发展与维护，自觉地谋求通过技术改进和创新驱动来提高产品附加值，降低生产成本，提高市场竞争力。

主业在岗企业管理和专业人员学历结构

以螺纹钢为主要产品的 12 家代表性企业的员工情况进行了统计分析，主业在岗职工（年末）学历结构为：博士占 0.05%，与上年比例几乎没有变化；硕士占 1.34%，与上年比例几乎没有变化；本科占 14.90%，比上年提高 0.37 个百分点；专科占 25.70%，比上年提高 0.05 个百分点；中专占 13.88%，比上年提高 0.15 个百分点；高中占 44.13%，比上年下降 0.56 个百分点，详见表 2-44，图 2-78。

表 2-44　部分螺纹钢生产企业的主业在岗企业管理和专业人员学历结构　（%）

年份	博士	硕士	大学本科	大学专科	中专	高中及以下
2016	0.05	1.13	12.94	23.62	15.03	47.22
2017	0.05	1.14	13.78	24.39	13.70	46.94
2018	0.06	1.34	14.53	25.65	13.73	44.69
2019	0.05	1.34	14.90	25.70	13.88	44.13

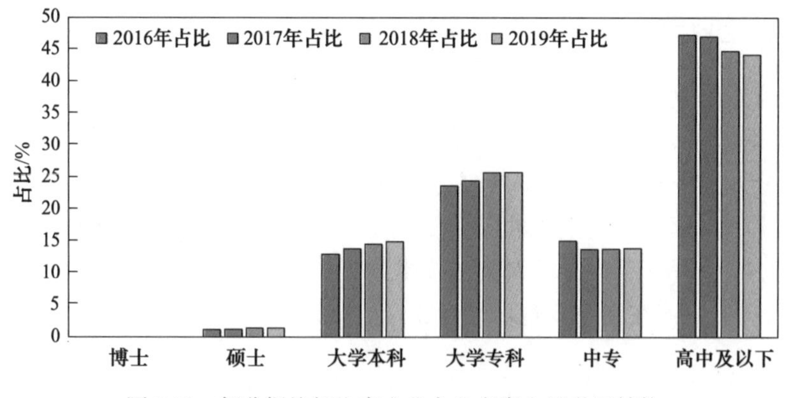

图 2-78　部分螺纹钢生产企业主业在岗人员学历结构

2019 年部分螺纹钢生产企业中专及以上学历人员比例 41.99%，同比提高 0.41 个百分点，从近 4 年来看，硕、博学历人员比例提高了 0.21 个百分点，中专及以上学历人员比例提高了 4.25 个百分点，总体呈现了持续提高的趋势。我国具有代表性的部分螺纹钢生产企业的职工队伍学历结构在整体上移的同时，螺纹钢生产企业主要针对低学历职工进行优化，详见表 2-45。

表 2-45　部分螺纹钢生产企业的中专以上及硕、博学历占比　　（%）

年份	硕、博学历	中专学历以上
2016	1.18	37.75
2017	1.19	39.37
2018	1.40	41.58
2019	1.39	41.99

总之，行业形势的改观，企业加大了对作为技术研发人员主要来源地高学历毕业生的招录，形势的好转也提高了企业对研发人才的吸引力。长期看，较好的行业形势利于行业人才队伍建设，利于行业转型升级。

职工年龄结构

以螺纹钢为主要产品的 12 家代表性企业的员工情况进行了统计分析，2019 年主业在岗职工（年末）年龄结构为：35 岁及以下员工占 30.39%，比上年下降 0.47 个百分点；36~40 岁员工占 13.24%，比上年下降 0.79 个百分点；41~50 岁员工占 40.79%，比上年下降 0.50 个百分点；51~60 岁员工占 15.42%，比上年增加 1.71 个百分点；61 岁及以上员工占 0.16%，比上年增加 0.05 个百分点，总体体现出职工队伍年龄逐年提高，整体趋向老化的局面，详见表 2-46，图 2-79。

表 2-46　部分螺纹钢生产企业的主业在岗职工年龄结构

年份	35 岁及以下	36~40 岁	41~50 岁	51~60 岁	61 岁及以上
2016	32.17	16.09	40.35	11.35	0.04
2017	30.73	15.23	41.19	12.78	0.07
2018	30.86	14.04	41.29	13.71	0.10
2019	30.39	13.24	40.79	15.42	0.16

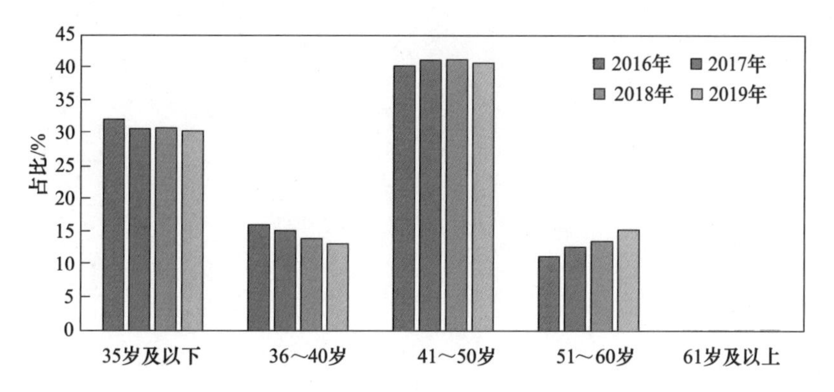

图 2-79　部分螺纹钢生产企业主业在岗人员年龄结构

从部分螺纹钢生产企业的主业在岗企业管理和专业人员年龄结构的变化趋势可以看出，35 岁及以下员工所占比例 4 年来总体下降了 1.78 个百分点；36~40 岁员工近 4 年下降了 2.85 个百分点；41~50 岁员工近 4 年提高了 0.44 个百分点；51~60 岁员工近 4 年提高了 4.07 个百分点；61 岁及以上员工近 4 年提高了 0.11 个百分点。

第四章　中国螺纹钢需求

前面主要从螺纹钢的产业布局、技术装备、人力资源方面介绍了我国螺纹钢产业的发展现状和取得的成就，接下来重点介绍中国螺纹钢的需求和市场发展现状。

第一节　螺纹钢需求现状

改革开放以来，国内螺纹钢产业取得了举世瞩目的成就，为国民经济持续稳定健康发展作出了重要贡献，是国民经济重要的基础产业之一。在新中国成立初期，国内螺纹钢表观消费量不足 10 万吨，钢贸商更是凤毛麟角。到 2020 年，国内螺纹钢表观消费量达到 26734 万吨，从事钢材贸易的商户增至 50 余万家。中国已逐渐成为全球最大的螺纹钢生产、贸易和消费国家（注：26734 万吨表观消费量按国家统计局钢筋产量计算，主要为螺纹钢直条，不含盘螺）。

一、螺纹钢需求总量

（一）总需求现状

近几年，国内螺纹钢总需求呈现出持续增长态势。据统计，2020 年全国螺纹钢表观消费量 2.67 亿吨，较 2019 年 2.49 亿吨增长了 1800 余万吨；2020 年中国钢铁工业协会会员企业（下面简称会员企业）螺纹钢销售量 18050 万吨，较 2019 年 16447 万吨增长了 1600 余万吨。总体来看，2020 年国内螺纹钢增产量和净出口减少量基本转化为国内市场销量，且增量主要由中国钢铁工业协会会员企业完成。这些情况表明，2020 年国内螺纹钢需求明显好于前期，主要体现在社会库存下降、会员企业生产明显增加、华东经济圈需求集中释放。表 2-47 所列为 2019~2020 年钢协会员企业螺纹钢销售累计情况（注：未考虑个别会员企业退出营销统计，同时又有新会员加入而造成的营销统计口径上的差异性）。

表 2-47　2019~2020 年钢协会员企业螺纹钢销售累计情况

时间	销售量/万吨	直供量/万吨	库存/万吨	自用/万吨	出口/万吨
2019-01	1123.05	302.47	211.72	0.38	2.9
2019-02	2205.99	549.57	362.34	2.68	5.6
2019-03	3669.34	878.94	259.36	1.78	9.8
2019-04	5058.37	1234.37	232.89	2.72	13.8
2019-05	6460.99	1603.55	—	3.74	18.9

续表 2-47

时间	销售量/万吨	直供量/万吨	库存/万吨	自用/万吨	出口/万吨
2019-06	7947. 45	1994. 85	232. 21	4. 85	22. 6
2019-07	9375. 99	2354. 84	—	9. 79	27. 4
2019-08	10763. 96	2735. 93	300. 54	10. 57	32. 1
2019-09	12180. 52	3096. 39	224. 23	11. 88	36. 7
2019-10	13582. 17	3458. 69	241. 48	13. 95	39. 5
2019-11	15041. 96	3857. 49	197. 8	15. 08	43. 1
2019-12	16447. 94	4209. 73	200. 54	16. 17	46. 3
2020-01	1118. 59	303. 75	364. 35	0. 33	2. 3
2020-02	1957. 46	501. 29	645. 33	0. 58	4. 6
2020-03	3274. 06	840. 69	544. 69	1. 48	8. 9
2020-04	4826. 33	1260. 18	421. 65	2. 36	13. 5
2020-05	6460. 75	1687. 7	368. 66	3. 08	17. 4
2020-06	8461. 16	2406. 24	408. 43	3. 71	21. 1
2020-07	10137	2878. 25	398. 57	4. 33	25. 4
2020-08	11754. 42	3305. 85	398. 4	5. 42	29. 4
2020-09	13408. 75	3743. 54	345. 61	6. 56	33. 1
2020-10	14952. 04	4169. 89	321. 41	7. 91	36. 7
2020-11	16513. 72	4609. 81	306. 78	8. 93	29. 6
2020-12	18050. 98	5017. 96	278. 95	8. 45	42. 7

（数据来源：中经网数据库）

1. 直供销售力度加大，库存增幅可控

2020 年 1 月底至 3 月份是疫情最严重时期，但螺纹钢在所有钢材品种中，保持了较高开工率，如 1~3 月螺纹钢产量累计生产 5302. 8 万吨，较上年同期增长 3. 8 万吨，整个螺纹钢产业的生产水平同比没有出现大幅度下滑，且产量规模保持历史同期较高水平。

面对 2020 年第一季度螺纹钢需求的阶段性稳定，会员企业加大了直供销售力度。如 2020 年 1~3 月螺纹钢直供销量占比（会员企业通过直供渠道在国内市场销售的螺纹钢数量与螺纹钢总销量的比值）与上年同期相比提高了 1. 7%。

会员企业通过加大直供销售力度，将螺纹钢库存控制在可承受范围之内。如 2020 年 3 月末会员企业螺纹钢库存量仅 544. 69 万吨，未出现大规模积压情况。4 月起，伴随着全国经济的快速复苏与发展，螺纹钢产量步入快速增长阶段，库存量逐步回落。截至年末，会员企业螺纹钢库存量仅 278. 95 万吨，与上年同期基本持平。

2. 市场需求拉动企业产量增长

从螺纹钢供应来看，2020 年会员企业螺纹钢产量为 18338. 38 万吨，与 2019 年比较增长 1673. 73 万吨；会员企业出口 42. 7 万吨，与 2019 年比较下降 3. 6 万吨；会员企业自用 8. 45 万吨，与 2019 年比较减少 7. 72 万吨；自身库存 278. 95 万吨，比 2019 年多 78. 41 万吨。

从螺纹钢消化路径来看，国内市场螺纹钢销量占绝对优势，国内市场螺纹钢供应增量

基本转化为国内螺纹钢销量。亦可理解为：会员企业2020年国内螺纹钢供应的全部增量均转化为国内市场螺纹钢销售增长量，极少部分转化为螺纹钢库存增量，这表明国内市场需求的增长拉动了会员企业螺纹钢产量增长，并消化了螺纹钢出口下降的不利因素。

3. 华东、中南地区需求集中释放

华东地区是中国最大的螺纹钢消费地区，占全国消费总量35%~40%左右，“十三五”期间进一步增加到40%以上；其次为中南地区，占全国总量的比重在15%~20%，“十三五”期间增加到20%以上；再次为西南地区，比重在15%左右；华北、东北和西北螺纹钢消费所占比重较低，2019年分别为7.88%、3.90%和5.97%。表2-48为“十三五”期间螺纹钢产量及钢协会员企业销售占比。

表2-48 “十三五”期间螺纹钢产量及钢协会员企业销售占比

年份	螺纹钢产量/万吨	会员企业螺纹钢销售量/万吨	会员企业销量占总产量比重/%
2016	19051	11938	63%
2017	19899	13357	67%
2018	22227	13588	61%
2019	24916	16448	66%
2020	26639	18050	68%

（数据来源：中经网数据库）

（二）总需求变化

我国正处于城镇化快速发展阶段，对建筑钢材的需求很大，而螺纹钢作为最重要的建筑钢材，其消费量也得到快速发展。2000年以前，螺纹钢占钢材消费的25%左右。2001年后，随着世界制造业向中国转移，我国进入重化工业阶段，板、管、带材的产销比重逐渐上升，而建筑钢材的比重逐年下降。2001~2012年，我国螺纹钢消费由4369.1万吨增加到17791.1万吨，占钢材消费的比重从25.8%下降到18.7%。2013年，我国螺纹钢表观消费量首次突破2亿吨后，之前的基建刺激计划效果逐渐衰退，加之中央经济工作会议明确“去产能、去库存、去杠杆、降成本、补短板”五项任务的落实，螺纹钢市场供需两端开始萎缩。到2015年，表观消费量较上年减少2738万吨，降至1.82亿吨。2016年，国务院发布《关于深入推进新型城镇化建设的若干意见》等诸多的强力政策，螺纹钢需求量逐步进入上行周期。2017年，中国钢铁工业协会等五个协会联合发布《关于支持打击“地条钢”、界定工频和中频感应炉使用范围的意见》，清除1.4亿吨“地条钢”产能，螺纹钢的市场价格随之回归合理区间，各大钢厂紧抓市场机遇，积极组织生产，产销两端开始稳步复苏。2020年，全球化进程受挫，中国经济增速回落到2.3%，螺纹钢下游需求行业各项指标也有所回落。但经过数年的稳步增长，房地产、基建等领域对螺纹钢的需求总量依然可观，产销量26639万吨达到历史最高水平，占钢材消费的20.1%。

二、螺纹钢进出口

随着中国成为世界钢铁生产中心，其钢材出口也一度较快增长，2015年达到1.12亿

吨，2016 年以后随着供给侧结构性改革的推进，出口下降趋稳。2019 年全国钢材出口 6429 万吨，进口 1230 万吨，总贸易量达到 7659 万吨，约占全球贸易量的 8%，是全球最大的钢铁贸易国家。由于螺纹钢本身特点及产业政策影响，出口钢材中螺纹钢占比很小。

（一）进出口数量与价格

螺纹钢的进出口主要与国家进出口政策、周边国家螺纹钢需求量有关。国家调整出口税率和退税政策后，螺纹钢出口数量大幅下滑，目前降至 40 万吨水平。

就进出口数量而言。2015 年进口螺纹钢 4 万吨，之后四年一直维持在 3 万吨水平。出口逐年增长，2015 年出口螺纹钢 20 万吨，2016 年出口 20 万吨，2017 年出口 17 万吨，2018 年出口 29 万吨，2019 年出口 46 万吨。但净出口量不足总消费量的 0.2%，对国内市场影响较小。

就进出口价格而言。螺纹钢平均进口价格从 2015 年的 638 美元/吨下降到 2019 年的 620 美元/吨，下降了 18 美元；同期钢材平均进口价格从 2015 年的 1122 美元/吨下降至 2019 年的 1145 美元/吨，下降了 17 美元。螺纹钢平均出口价格从 2015 年的 521 美元/吨上涨至 2019 年的 591 美元/吨，上涨了 70 美元；同期钢材平均出口价格从 2015 年的 559 美元/吨上涨至 2019 年的 836 美元/吨，上涨了 277 美元。总体来看，螺纹钢进出口价格低于同期钢材价格，且变动幅度较小。表 2-49 和表 2-50 分别是 2015~2019 年钢材和螺纹钢的进出口情况。

表 2-49　2015~2019 年钢材和螺纹钢进口情况

年份	螺纹钢		钢材	
	数量/万吨	金额/万美元	数量/万吨	金额/万美元
2015	4	2551	1278	1433615
2016	3	2121	1321	1315387
2017	3	1653	1330	1517178
2018	2	1120	1317	1639002
2019	3	1861	1230	1407946

（数据来源：中国钢铁工业年鉴）

表 2-50　2015~2019 年钢材和螺纹钢出口情况

年份	螺纹钢		钢材	
	数量/万吨	金额/万美元	数量/万吨	金额/万美元
2015	20	10413	11241	6285586
2016	20	9553	10899	5530335
2017	17	11454	7544	5457873
2018	29	20108	6934	6027100
2019	46	27179	6435	5380069

（数据来源：中国钢铁工业年鉴）

由于国家控制“两高一资”产品出口，调整钢材出口税收政策，螺纹钢由出口退税产品转变为正常出口；加之受国际金融危机、贸易摩擦和反倾销反补贴调查影响，我国的钢材出口逐渐集中在板、带、管材等高附加值产品上。表2-51是近5年螺纹钢产量出口量及比重。

表2-51　近5年螺纹钢产量出口量及比重

年份	产量/万吨	净出口量/万吨	占比/%
2015	20430.6	16.05	0.08
2016	20080.6	16.71	0.08
2017	19997.7	14.48	0.07
2018	22199	27.6	0.12
2019	24971.6	43.19	0.17

（数据来源：国家统计局）

（二）进出口国家与贸易方式

国内螺纹钢进出口数量很少，与之发生贸易的国家也较少，主要集中在亚洲周边及第三世界国家，出口方式以一般贸易为主，辅之无偿援赠和对外承包工程。受新冠疫情影响，2020年亚太经济体出现经济负增长，区域内除中国、缅甸、越南为显著正增长外，多数国家经济增长为负或近乎于零，增长动力主要来自中国。国内螺纹钢最主要的出口国家是缅甸和蒙古，其中缅甸于2021年2月进入国家紧急状态，蒙古受疫情冲击2020年经济下滑5.3%，这给螺纹钢出口增长带来困难。

以螺纹钢进出口国家和贸易模式而言，螺纹钢出口国主要集中在缅甸、蒙古、老挝、柬埔寨等周边邻国；进口国家主要集中在马来西亚、卡塔尔、土耳其等国家。表2-52和表2-53分别总结了2019年和2020年螺纹钢主要出口国家、数量及单价情况。以2019年为例，国内螺纹钢的出口地区主要集中在亚非友好国家。按照出口量排名，缅甸17.3万吨、蒙古9.6万吨、老挝3.7万吨、柬埔寨2.8万吨、巴基斯坦2.1万吨、民主刚果1.6万吨、几内亚0.7万吨、越南0.7万吨、尼日尔0.7万吨和埃塞俄比亚0.4万吨。

表2-52　2019年螺纹钢主要出口国家、数量及单价情况

序号	国别	出口数量/t	出口金额/美元	出口单价/美元
1	缅甸	173148	110584972	639
2	蒙古	95615	31857504	333
3	老挝	37361	25650965	687
4	柬埔寨	27690	16109850	582
5	巴基斯坦	21412	16440324	768
6	民主刚果	15740	10329481	656
7	几内亚	7431	4831864	650
8	越南	7068	4305064	609
9	尼日尔	6062	4242654	700
10	埃塞俄比亚	4469	2679417	600

（数据来源：mysteel）

表 2-53 2020 年螺纹钢主要出口地区、数量及单价情况

序号	地区	出口数量/t	出口金额/美元	出口单价/美元
1	缅甸	190234	115324685	606
2	蒙古	128482	51288858	399
3	老挝	19387	13146790	678
4	民主刚果	14017	9444699	674
5	埃塞俄比亚	8165	5114259	626
6	几内亚	5878	3534916	601
7	巴基斯坦	5632	3313781	588
8	中国澳门	4136	3263856	789
9	孟加拉国	3708	2224112	600
10	巴布亚新几内亚	3027	2504444	827

（数据来源：mysteel）

从表 2-54 和表 2-55 可以看出，2019 年螺纹钢进口主要集中在亚洲周边国家，仅 3 万吨。2020 年由于价格原因，向马来西亚大量进口 134.7 万吨螺纹钢。

表 2-54 2019 年螺纹钢主要进口地区、数量及单价情况

序号	地区	进口数量/t	进口金额/美元	进口均价/美元
1	卡塔尔	10955	5868945	536
2	土耳其	6449	3548869	550
3	日本	3230	2608390	808
4	阿联酋	3113	1793664	576
5	韩国	1788	845999	473
6	马来西亚	1618	859901	531
7	印度	845	396937	470
8	南非	173	199759	1158

（数据来源：mysteel）

表 2-55 2020 年螺纹钢主要进口地区、数量及单价情况

序号	地区	进口数量/t	进口金额/美元	进口均价/美元
1	马来西亚	1347679	550529174	409
2	俄罗斯	7688	4384953	570
3	卡塔尔	3924	1943968	495
4	土耳其	3708	1912507	516
5	日本	2014	1587986	788
6	中国台湾	1933	1175121	608
7	印度	1242	531352	428

（数据来源：mysteel）

出口贸易的方式分为一般性贸易、补偿性贸易、来料加工装配式贸易、进料加工贸易、寄售、代销贸易和对外承包工程。螺纹钢出口贸易中比重最大的是一般贸易和对外承包工程方式。以 2019 年为例，从表 2-56 可以看出，一般贸易方式出口约 36. 9 万吨，对外承包工程出口约 5. 3 万吨，无偿援助出口约 2. 8 万吨，边境小额贸易出口约 1 万吨；其中，直径较大的螺纹钢钢筋约 38 万吨，直径较小的盘螺约 8. 3 万吨（见表 2-57）。

表 2-56　2019 年螺纹钢出口贸易方式

序号	贸易方式	出口数量/t	出口金额/美元	占总出口比重/%
1	一般贸易	369465	209411254	80
2	国家和国际组织无偿援赠物资	27653	17567436	6
3	边境小额贸易	10139	3781446	2
4	对外承包工程	53023	37321263	11

（数据来源：mysteel）

表 2-57　2019 年螺纹钢出口种类

序号	品种	累计数量/t	累计金额/美元	均价/美元
1	盘螺	82874	51316254	619
2	螺纹钢钢筋	380086	220474439	580

（数据来源：mysteel）

三、下游用户需求

（一）房屋建设螺纹钢需求

1. 房屋建设使用螺纹钢量的估算

目前国内城镇中的房屋多是钢筋混凝土结构，农村自建房屋多为砖混结构。出现这种情况，是因为螺纹钢作为钢筋混凝土结构性房屋的骨架，能够有效提升整体房屋的强度与抗震性能，而住房和城乡建设部对城镇高层、多层房屋有着更严格的混凝土强度及抗震要求。

表 2-58 估算了“十三五”期间房屋建设使用螺纹钢的量。可以看出 2020 年国内建筑业房屋施工面积 149 亿平方米，竣工面积 38 亿平方米；其中，房地产行业房屋施工面积 92. 6 亿平方米，竣工面积 9. 1 亿平方米。单以每年修建完成的竣工面积估算，按房地产开发企业建设的房屋每平方米消费螺纹钢 60kg 计，总计消费螺纹钢约 5473 万吨；未经房地产开发企业建设的房屋中包含部分农村自建房屋和单位自建房屋，螺纹钢用量不一，按平均每平方米消费螺纹钢 35kg 计，那么近 29 亿平方米的竣工房屋约需要螺纹钢 10276 万吨。总体而言，2020 年房屋建设消费的螺纹钢约占螺纹钢消费总量的六成。

2. 房地产建设现状

2016 年底，中央经济工作会议首次提出“房子是用来住的，不是用来炒的”的概念，随后 50 多个城市出台楼市限购政策，为接下来几年的楼市定下基调。2019 年底，中央经

表 2-58 “十三五”期间房屋建设使用螺纹钢量估算

年份	建筑业房屋竣工面积/万平方米	房地产企业房屋竣工面积/万平方米	房地产行业用螺纹钢/万吨	非房地产企业房屋竣工面积/万平方米	非房地产开发房屋用螺纹钢/万吨	房屋建设用螺纹钢/万吨	当年螺纹钢产量/万吨	占比/%
2016	422382	106128	6368	316255	11069	17437	19051	92
2017	419072	101486	6089	317586	11116	17205	19899	86
2018	411498	94421	5665	317077	11098	16763	22227	75
2019	402336	95942	5756	306394	10724	16480	24916	66
2020	384820	91218	5473	293602	10276	15749	26639	59

（数据来源：中经网数据库）

济工作会议重申了“房子是用来住的，不是用来炒的”的政策，提出不会把房地产作为短期刺激经济的手段，将房地产调控政策微调：对金融领域，重点防范房地产金融风险，防止资金违规进入房地产市场；对于个人住房信贷，重点是防止居民在购房时利用消费贷款和首付资金增加杠杆；对于房地产企业的融资，重点整顿融资混乱，加强银行贷款、房地产信托、信用债券、海外债券等领域的风险管理和控制，防止资金直接或变相违规流入房企；在地方管理上，强调“夯实地方主体责任”和遵循“因城施策”原则，对热点城市实行限购、限贷、限售，保障楼市的良性发展态势。但市场仍对调控是否长期进行持观望态度，房地产建设进度并未大幅减慢。相反，房地产企业新开工面积增速由负转正，建设速度明显提升，螺纹钢贸易市场也一举扭转了 2016 年之前数量和价格双双下滑的颓势。表 2-59 为 2019~2020 年房地产调控汇总。

表 2-59 2019~2020 年房地产调控汇总

时间	机构/会议	政策要点
2019 年 1 月	央行	为进一步支持实体经济发展，优化流动性结构，降低融资成本，中国人民银行决定下调金融机构 1%存款准备金
	省部级主要领导干部研讨班开班式	实施房地产市场平稳健康发展长效机制方案
2019 年 2 月	银保监会央行金融市场工作会议	要继续紧盯房地产金融风险，对房地产开发贷款、个人按揭贷款继续实行审慎的贷款标准，加强房地产金融审慎管理
2019 年 3 月	“两会”政府工作报告	更好地解决群众住房问题，落实城市主体责任，改革完善住房市场体系和保障体系，促进房地产市场平稳健康发展
	银保监会	对投机性的房地产贷款要严格控制，防止资金通过影子银行渠道进入房地产市场，房地产金融仍是防范风险的重点领域。进一步提升风险管控能力，防止小微企业贷款资金被挪用至政府平台、房地产等调控领域形成新风险隐患
	住建部部长讲话	坚持“房住不炒”，坚持落实城市主体责任，因城施策、分类指导，特别是要把稳地价、稳房价、稳预期的责任落到实处，保持政策的连续性和稳定性，防止楼市大起大落

续表 2-59

时间	机构/会议	政策要点
2019 年 4 月	中央政治局会议	重申坚持“房子是用来住的、不是用来炒的”定位，落实好一城一策、因城施策、城市政府主体责任的长效机制
	银保监会	继续遏制房地产泡沫化，控制居民杠杆率过快增长
2019 年 5 月	住建部	在此前对 6 个城市进行预警提示的基础上，又对新建商品住宅、二手住宅价格指数累计涨幅较大的城市进行预警提示
	央行	房地产调控和房地产金融政策的取向没有改变，坚持房地产金融政策的连续性、稳定性
2019 年 7 月	中央政治局会议	进一步明确，坚持“房子是用来住的、不是用来炒的”定位，落实房地产长效管理机制，不将房地产作为短期刺激经济的手段
2019 年 8 月	国常会、央行	国常会指出要改革完善贷款市场报价利率形成机制，带动贷款实际利率水平进一步降低。央行发布公告［2019］第 15 号，决定改革完善贷款市场报价利率（LPR）形成机制
2019 年 9 月	央行	决定于 2019 年 9 月 16 日，金融机构存款准备金率下调 0.5%；对仅在省级行政区内经营的城市商业银行，存款准备金率定向下调 1%
2019 年 11 月	央行金融稳定报告	稳健的货币政策要松紧适度，保持流动性合理充裕，坚决不搞“大水漫灌”
2019 年 12 月	中央经济工作会议	明确要坚持“房子是用来住的、不是用来炒的”定位，全面落实因城施策，稳地价、稳房价、稳预期的长效管理调控机制，促进房地产市场平稳健康发展。稳健的货币政策要灵活适度，保持流动性合理充裕，货币信贷、社会融资规模增长同经济发展相适应，降低社会融资成本
	全国住房和城乡建设工作会	着力稳地价、稳房价、稳预期，保持房地产市场平稳健康发展
2020 年 1 月	国家发改委	扎实推进城市群和都市圈建设，今年将大力推动成渝地区双城经济圈建设，促进各地区城市群发展，指导地方开展都市圈规划编制工作
2020 年 3 月	中国人民银行 财政部 银保监会	召开金融支持疫情防控和经济社会发展座谈会：（1）稳健的货币政策更加注重灵活适度，保持流动性合理充裕，完善宏观审慎评估体系，释放 LPR 改革潜力；（2）坚持“房子是用来住的、不是用来炒的”定位和“不将房地产作为短期刺激经济的手段”要求，保持房地产金融政策的连续性、一致性、稳定性
	中共中央政治局	要积极扩大国内需求，实施老旧小区改造，加强传统基础设施和新型基础设施投资
	国家发改委	印发《2020 年新型城镇化建设和城乡融合发展重点任务》，提出（1）要提高农业转移人口市民化质量；（2）加快发展重点城市群；（3）加快推进城市更新等；（4）全面推开农村集体经营性建设用地直接入市等
2020 年 5 月	国务院	政府工作报告：（1）要深入推进新型城镇化；（2）加快落实区域发展战略

续表 2-59

时间	机构/会议	政策要点
2020 年 6 月	银保监会	发布《关于开展银行业保险业市场乱象整治“回头看”工作的通知》，提出整治重点工作在于：表内外资金直接或变相用于土地出让金或土地储备融资；未严格审查房地产开发企业资质，违规向“四证”不全的房地产开发项目提供融资；个人综合消费贷款、经营性贷款、信用卡透支等资金挪用于购房；流动性贷款、并购贷款、经营性物业贷款等资金被挪用于房地产开发；代销违反房地产融资政策及规定的信托产品等资管产品
2020 年 7 月	中共中央政治局	强调要坚持“房子是用来住的、不是用来炒的”定位，促进房地产市场平稳健康发展
	国务院	召开房地产工作座谈会，北京、上海、广州、深圳、南京、杭州、沈阳、成都、宁波、长沙 10 个城市参会，会议上强调：牢牢坚持“房子是用来住的、不是用来炒的”定位，坚持不将房地产作为短期刺激经济的手段，坚持稳地价、稳房价、稳预期，因城施策、一城一策，从各地实际出发，采取差异化调控措施，及时科学精准调控，确保房地产市场平稳健康发展
2020 年 8 月	住房和城乡建设部	在北京召开部分城市房地产工作会商会，沈阳、长春、成都、银川、唐山、常州等城市住建厅人员参会，提出要切实落实城市主体责任，提高工作的主动性，及时采取针对性措施，确保实现稳地价、稳房价、稳预期目标。住房供需矛盾突出的城市要增加住宅及用地供应，支持合理自住需求，坚决遏制投机炒房。落实省级监控和指导责任，加强对辖区内城市房地产市场监测和评价考核
	国家发改委	《国家发展改革委办公厅关于做好基础设施领域不动产投资信托基金（REITs）试点项目申报工作的通知》发布，提出（1）优先支持位于国家重大战略区域范围内的基础设施项目。支持位于国务院批准设立的国家级新区、国家级经济技术开发区范围内的基础设施项目。（2）酒店、商场、写字楼、公寓、住宅等房地产项目不属于试点范围
	银保监会	房地产是现阶段我国金融风险方面最大的“灰犀牛”
	住房和城乡建设部 中国人民银行	召开重点房地产企业座谈会，提出为进一步落实房地产长效机制，实施好房地产金融审慎管理制度，增强房地产企业融资的市场化、规则化和透明度，形成了重点房地产企业资金监测和融资管理规则（三道红线）
2020 年 9 月	银保监会	召开新闻通气会，表示将持续开展 30 多个重点城市房地产贷款专项检查，压缩对杠杆率过高、财务负担过重房企的过度授信，加大对“首付贷”、消费贷资金流入房市的查处力度，引导银行资金重点支持棚户区改造等保障性民生工程和居民合理自住购房需求。银保监会印发《关于加强小额贷款公司监督管理的通知》，指出小额贷款公司贷款不得用于房地产市场违规融资

续表 2-59

时间	机构/会议	政策要点
2020 年 11 月	中共中央	《中共中央关于制定国民经济和社会发展第十四个五年规划和二〇三五年远景目标的建议》全文发布，关于房地产方面，具体有：(1) 推动金融、房地产同实体经济均衡发展，实现上下游、产供销有效衔接。(2) 促进住房消费健康发展。(3) 健全城乡统一的建设用地市场，积极探索实施农村集体经营性建设用地入市制度。(4) 推动区域协调发展。(5) 实施城市更新行动，合理确定城市规模、人口密度、空间结构，促进大中小城市和小城镇协调发展。(6) 坚持“房子是用来住的、不是用来炒的”定位，租购并举、因城施策，促进房地产市场平稳健康发展。(7) 深化户籍制度改革，完善财政转移支付和城镇新增建设用地规模与农业转移人口市民化挂钩政策。(8) 优化行政区划设置，发挥中心城市和城市群带动作用。(9) 推进成渝地区双城经济圈建设。(10) 推进以县城为重要载体的城镇化建设
2020 年 12 月	中共中央	中央经济工作会议提出：要坚持“房子是用来住的、不是用来炒的”定位，因地制宜、多策并举；要高度重视保障性租赁住房建设，加快完善长租房政策

2020 年，中国抗击新冠肺炎疫情取得举世瞩目的伟大胜利。在许多国家疫情仍不断蔓延的情况下，我国快速控制住疫情并成功恢复经济，成为全球唯一实现正增长的主要经济体。表 2-60 是 2019~2020 年房地产投资情况，表 2-61 是“十三五”期间房地产资金利用情况。尽管受到疫情强烈冲击，但中国房地产市场表现出很强的韧性，年末各项指标均恢复到较好水平，部分指标甚至超过疫前水平。全年房地产固定投资、资金到位与建设进度增速前低后高，年末恢复至合理预期水平，市场销售显著超出预期，全国销售均价总体稳定与城市间市场景气度分化并存，土地市场回暖，土地成本基本持平。

表 2-60　2019~2020 年房地产投资情况

时间	房地产投资/亿元	房地产投资增长/%	住宅投资/亿元	住宅投资增长/%
2019 年 1 月	—	—	—	—
2019 年 2 月	12089. 84	11. 6	8711. 01	18
2019 年 3 月	23802. 92	11. 8	17255. 84	17. 3
2019 年 4 月	34217. 45	11. 9	24925. 29	16. 8
2019 年 5 月	46074. 89	11. 2	33780. 12	16. 3
2019 年 6 月	61609. 3	10. 9	45166. 82	15. 8
2019 年 7 月	72843. 12	10. 6	53466. 29	15. 1
2019 年 8 月	84589. 06	10. 5	62186. 77	14. 9
2019 年 9 月	98007. 67	10. 5	72145. 72	14. 9
2019 年 10 月	109603. 45	10. 3	80666. 16	14. 6
2019 年 11 月	121265. 05	10. 2	89232. 28	14. 4
2019 年 12 月	132194. 26	9. 9	97070. 74	13. 9

续表 2-60

时间	房地产投资/亿元	房地产投资增长/%	住宅投资/亿元	住宅投资增长/%
2020年1月	—	—	—	—
2020年2月	10115.42	-16.3	7318.29	-16
2020年3月	21962.61	-7.7	16014.9	-7.2
2020年4月	33102.84	-3.3	24237.86	-2.8
2020年5月	45919.59	-0.3	33764.97	0
2020年6月	62780.21	1.9	46350.42	2.6
2020年7月	75324.61	3.4	55682.29	4.1
2020年8月	88454.14	4.6	65454.07	5.3
2020年9月	103484.2	5.6	76561.94	6.1
2020年10月	116555.76	6.3	86298.38	7
2020年11月	129492.36	6.8	95836.93	7.4
2020年12月	141442.95	7	104445.73	7.6

（数据来源：中经网数据库）

表 2-61　“十二五”期间房地产资金利用情况

年份	房地产开发企业本年实际到位资金/亿元	房地产开发企业国内贷款/亿元	房地产开发企业利用外资/亿元	房地产开发企业自筹资金/亿元	房地产开发企业定金及预收款/亿元	房地产开发企业个人按揭贷款/亿元	房地产开发企业其他到位资金/亿元
2016	144214.05	21512.4	140.44	49132.85	41952.14	24402.94	7073.29
2017	156052.62	25241.76	168.19	50872.21	48693.57	23906.31	7170.58
2018	166407.11	24132.14	114.02	55754.79	55748.16	23643.06	7014.94
2019	178608.59	25228.77	175.72	58157.84	61358.88	27281.03	6406.34
2020	193114.85	26675.94	192	63376.65	66546.83	29975.81	6347.62

（数据来源：中经网数据库）

虽然各项指标恢复较好，但仍存在以下问题：一是市场分化进一步加剧，房贷利率与个人经营贷款等商业贷款利率倒挂，住房租金出现 1998 年来的首次负增长，由此租售价差进一步被拉大；二是房地产金融监管不断加强，从企业和金融机构两个方面分别提出了“三道红线”和“两个上限”，调控过多依靠监管，不利于市场功能的发挥；三是土地市场“两集中”的供给新规则出台，房地产企业经营将面临新挑战；四是随着相关政策措施接连出台，老旧小区改造与城市更新成为热点，而且肩负民生改善与扩大内需的政策目标，道阻且长；五是在新冠肺炎疫情以及宏观经济环境不确定性加剧的影响下，房地产市场向中心城市与核心城市群进一步集中，同时关于城市群和都市圈的政策陆续出台，将进一步加剧这一趋势。

（二）铁路建设螺纹钢需求

我国幅员辽阔、内陆深广、人口众多，资源分布及产业布局极不平衡，区域间运输繁忙（人流、物流量大）。铁路运输方式是资源型、环境友好型的运输方式之一，在各种运输方式中优势突出。目前，国内每年投入约 8000 亿元用于铁路建设，加快铁路发展已经成为社会各界的共识。据估算，“十三五”期间，铁路建设每年消费螺纹钢超过 1000 万吨。

据铁路总公司发布的《中长期铁路网规划》，到 2025 年我国铁路营业里程将达到 17.5 万千米，也就是说“十四五”期间每年至少新建 6 万千米铁路。然而，仍存在区域发展不均衡、密度偏低、人均少的问题。从区域发展来看，占国土面积 71.4%的西部地区，铁路里程仅占全国的 26.6%，路网密度仅为 54.5 千米/万平方千米，远低于国家平均水平 145.5 千米/万平方千米。从不同国家来看，我国 145.5 的路网密度（千米/万平方千米）明显低于美国（248）、日本（530）、德国（948）、法国（544）和英国（674.6）。从人均来看，路网密度不足 0.9 千米/万人，明显低于美国（7.4）、日本（1.6）、德国（4.1）、法国（4.6）以及英国（2.6）。为了追赶国际先进水平，国家将铁路建设投资提高到历史最高水平，螺纹钢也将随着铁路建设有更多的需求空间。表 2-62 是 2015~2019 年铁路发展情况数据。

表 2-62　2015~2019 年铁路发展情况

指标	2015 年	2016 年	2017 年	2018 年	2019 年
铁路网密度/(千米/万平方千米)	126	129.2	132.2	136	145.5
高速铁路营业线路里程/万千米	1.9	2.2	2.5	2.9	3.5
铁路营业里程/万千米	12.1	12.4	12.7	13.17	13.9
电气化铁路投产里程/千米	8694	5899	4583	6474	7919

（数据来源：中经网数据库）

1. 当前铁路建设情况

2020 年全年铁路固定资产投资完成 7819 亿元，其中，基本建设投资完成 5550 亿元以上，超过 2019 年水平。合安、太焦、连镇等 29 个铁路项目高质量开通，新线投产 4933 千米，其中，高铁线路投产 2521 千米。截至 2020 年，全国铁路营业里程达到 14.63 万千米，其中，高铁营业里程达 3.79 万千米。“四纵四横”高铁网提前建成，“八纵八横”高铁网加密成型，建成了世界上最现代化的铁路网和最发达的高铁网。表 2-63 是 2020 年铁路新开工项目。

表 2-63　2020 年铁路新开工项目

序号	铁路名称	线路长度/km
1	成都至达州至万州高速铁路	451
2	北沿江高铁合肥至南京至上海段	441
3	长沙至赣州高速铁路	432.6
4	襄阳至常德高速铁路	408.4

续表 2-63

序号	铁路名称	线路长度/km
5	太子城至锡林浩特铁路	384
6	天津至潍坊高速铁路	367
7	雄安至忻州高速铁路	358
8	南通至苏州至嘉兴至宁波高速铁路	337
9	合肥至新沂高速铁路	330
10	集宁至大同至原平高速铁路	293
11	宝中铁路中卫至平原扩能改造	280
12	重庆至万州高速铁路	248
13	武汉至荆门至宜昌高速铁路	240
14	瑞金至梅州铁路	239.2
15	延安至榆林高速铁路	239.1
16	潍坊至烟台高速铁路	237.4
17	汕头至漳州高速铁路	167
18	兰州至合作铁路	147
19	九江至南昌高速铁路	136.9
20	武汉枢纽直通线	135
21	湛江至海安高速铁路	124
22	池州至黄山高速铁路	121.5
23	文山至蒙自铁路	116
24	深圳至江门铁路	115.7
25	铁力至伊春铁路	113.6
26	梅州至武平铁路	103.2
27	平凉至庆阳铁路	100

目前，铁路建设企业主要包括中国中铁、中国铁建、中国交建、中国建筑、中国电建五家中央建筑业企业。根据五家企业披露的《2020 年年度报告》，受益于川藏铁路等国家大中型铁路项目招标的稳步推进，2020 年五家企业共完成铁路业务新签合同额 6980.7 亿元，同比增长 15.6%，继续保持稳定增长。表 2-64 是 2019~2020 年中央建筑业企业铁路业务新签合同额统计。

表 2-64 2019~2020 年中央建筑业企业铁路业务新签合同额统计

项目	中国中铁	中国铁建	中国建筑	中国交建	中国电建	合计
2019 年新签合同额/亿元	3112.4	2613.2	100.1	169.4	44.2	6039.3
2020 年新签合同额/亿元	3553.8	2892.1	178.6	154.6	201.6	6980.7
同比增长率/%	14.2	10.7	78.4	-8.7	356.1	15.6

（数据来源：中经网数据库、各公司财务报表）

2020年，中老铁路土建主体工程基本完成，万象至琅勃拉邦段提前铺通，雅万高铁全面开工建设，巴基斯坦拉合尔轨道交通橙线和匈塞铁路塞尔维亚贝泽、泽巴段左线开通运营。周边国家的铁路建设将有助于消化西部地区钢铁产能过剩问题，进而带动区域内螺纹钢需求增长。

此外，全国铁路升级改造步伐加快，部分老旧铁路为满足新时期铁路运输需要，陆续进行扩能改造。2019年以来，先后有京通铁路、金华铁路、佳鹤铁路、酒额铁路、桃威铁路、成渝铁路、南疆铁路、海南西环铁路等老旧铁路改造工程启动。据统计，目前我国已开通运营70年的铁路有2.18万千米，运营60年的铁路有3.23万千米，运营超过50年的铁路有4.17万千米，老旧铁路升级改造需求日益增加，也为螺纹钢消费提供了发展空间。

最后，从《中长期铁路路网规划》来看，到2025年，国内铁路网密度计划达到183千米/万平方千米，人均铁路网密度达1.21千米/万人。也就是说，“十四五”期间至少新增铁路营业里程2.5万千米。虽然这一目标低于“十三五”期间的2.9万千米，但“十四五”期间对西部地区的铁路建设更多，规模也更加庞大，在西部地区复杂的地质环境、地质条件影响下，螺纹钢需求量极有可能超过“十三五”的水平。

2. 铁路建设用螺纹钢需求估算

铁路建设主要包括铁路系统建设、铁路线路建设和车站建设，用钢项目主要包括线路铺设、基础设施建设、车辆建造和电气化配套，使用的钢材主要有钢轨、螺纹钢、线材及中厚板型钢，其中钢轨约占10%，螺纹钢约占40%，钢板约占30%，其他钢材约占20%。螺纹钢主要用于新建铁路、老旧铁路维修改造、铁路桥梁、隧道和车站建设等。图2-80是铁路建设用钢主要品种。表2-65所列为部分高铁里程与用钢量。

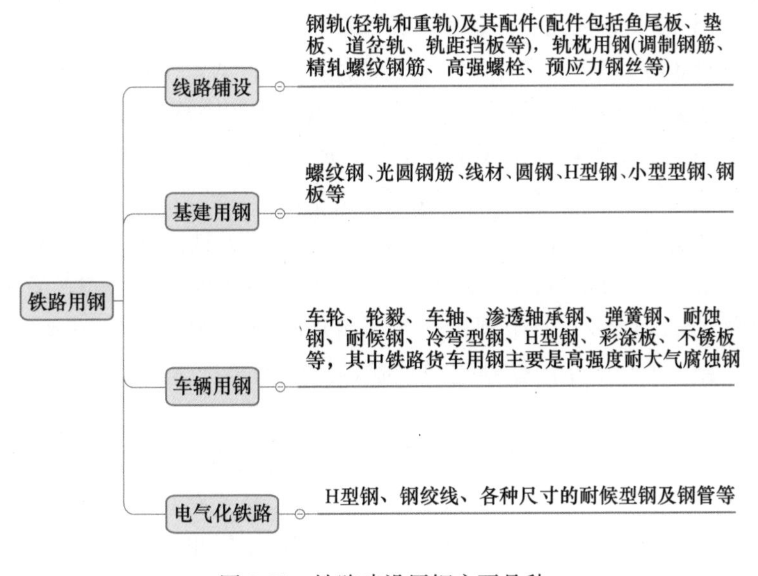

图2-80　铁路建设用钢主要品种

表 2-65 部分高铁里程与用钢量

高铁线路	用钢量/万吨	里程/km	每千米耗钢量/$t \cdot km^{-1}$
京沪高铁	550	1318	4172
京深高铁	880	2334	3770
京哈高铁	720	2421	2973
徐兰高铁	550	1400	3928
杭昆高铁	790	2097	3767
青大高铁	300	770	3896
宁汉蓉专线	580	1600	3625
合计	3100	8201	3733

（数据来源：本书收集）

（1）按铁路里程测算螺纹钢消费量。据铁路部门和网络公开信息数据整理，高速铁路每千米耗钢量在 3734t 左右；普速铁路建设平均每千米耗钢量约为 1000~2000t/km，取中间值每千米用钢 1500t 估算。2015~2019 年，我国新建铁路营业里程新增 1.8 万千米，其中高速铁路营业里程新增 1.6 万千米。

高铁建设耗钢量=每千米耗钢量×新增高铁里程

3734×1.6≈6000 万吨

普速铁路建设耗钢量=每千米耗钢量×新增普速铁路营业里程

1500×0.2=300 万吨（未计算复线铁路用钢量）

铁路建设从 2015 年到 2019 年，至少带动了 2520 万吨的螺纹钢需求，即平均每年至少消费 500 万吨的螺纹钢。

（2）按铁路固定资产测算螺纹钢消费量。中国铁路经济规划研究院研究设计经验显示，铁路建设投资耗钢强度为 0.333 万吨/亿元。2015~2019 年，我国铁路固定资产投资额分别为 8200 亿元、8015 亿元、8010 亿元、8028 亿元和 8029 亿元。基于此，2015~2019 年，铁路建设耗钢量为 13413 万吨，按螺纹钢用量占钢材消费比重 40%计算，那么 5 年内铁路建设消费的螺纹钢至少达 5365 万吨，也就是说每年的平均消费是 1073 万吨。

（3）按铁路用材消费量测算螺纹钢消费量。近几年我国铁路用钢材每年保持在 500 万吨左右的产量，净出口量约为 45 万吨，表观消费量约为 455 万吨。由此推算，2015~2019 年，我国铁路用材表观消费量合计约 2200 万吨。据调研，铁路建设中铁道用材表观消费占钢材消费比重在 15%~20%，我们取中间值 17.5%，根据铁路用材表观消费量 2200 万吨估算，铁路建设钢材消费约 1.25 亿吨，年均消费钢材为 2500 万吨。按螺纹钢用量占钢材消费比重 40%计算，那么 5 年内铁路建设消费的螺纹钢至少达 5000 万吨，也就是年均消费量 1250 万吨。

将上述三个估算方式得出的结果进行简单平均，得出 2015~2019 年铁路建设消费螺纹钢 4705 万吨，即年均消费 940 万吨螺纹钢。2021 年国家铁路预计投入运营新线路 3.7 万千米，超过 5 年平均值，因此未来几年铁路建设对螺纹钢需求量有望突破千万吨级别。表 2-66 为三种估算方法得出 2015~2019 年铁路基本建设用螺纹钢消费量。

表 2-66　三种估算方法得出 2015~2019 年铁路基本建设用螺纹钢消费量

测算	2015~2019 年铁路用螺纹钢量/万吨	年均铁路用螺纹钢消费量/万吨
按铁路里程测算	2520	500
按铁路固定资产测算	5365	1073
按铁路用材消费量测算	5000	1250
三种测算方法平均值	4705	940

（三）公路建设螺纹钢需求

公路是指经过公路主管部门验收认定的城际、城乡间和乡村间可以开通的公共道路，其主要形成的部分有路基、路面、桥梁、隧道、绿化、公路安全设施等沿线设施。螺纹钢主要用于路基、路面、桥梁、隧道和车站施工等方面。

路基是路面铺设及行车运营的必要条件，主要承受车辆交通的静荷载和动荷载，路基中钢筋混凝土结构常用在特殊地段的加固中；路面是指用各种筑路材料铺筑在道路路基上直接承受车辆荷载的层状构造物，螺纹钢在路面中主要应用于排水结构；桥是指在江河湖海上架设桥梁，使车辆行人等能够顺利通过的构筑物，由于钢筋混凝土桥梁同时具备混凝土抗压和钢筋抗拉的综合优势，而且造价和维护费用都远低于钢结构桥梁，因此螺纹钢很快就成为国内桥梁建设的首选材料；隧道是地下或水下建造的，供机车通过的建筑物，螺纹钢主要应用于衬砌结构中；车站是供交通部门办理客货运输业务及驾驶人、旅客休息的地方，螺纹钢主要应用于梁、柱等承重结构中。

1. 当前公路建设情况

我国公路基础设施从严重滞后，到现在基本能够满足公众出行和经济发展的需要。改革开放之初，全国公路总里程只有 89 万千米，且没有 1 条高速公路。图 2-81 是 2010~2019 年国内公路新建里程。截至 2019 年年底，公路里程超过 500 万千米，高速公路达到 14.9 万千米，是世界最大高速公路网络。此外，大型桥梁、隧道等配套设施建设也取得显著成效。2019 年底，全国建成公路桥梁 87.83 万座，总长 6063.46 万米，建成公路隧道 19067 座，总长 1896.66 万米。

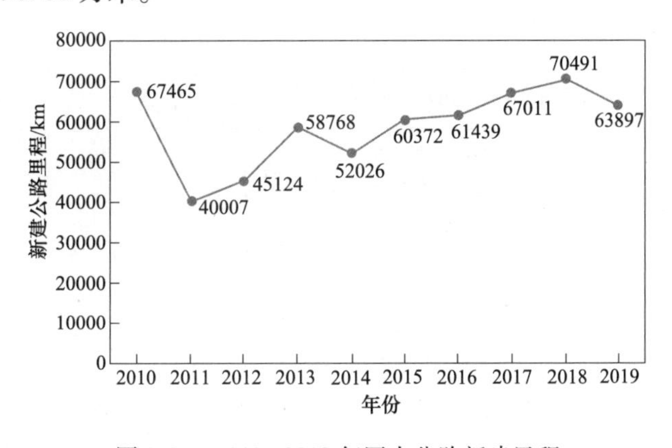

图 2-81　2010~2019 年国内公路新建里程

投资额方面，我国公路建设投资增速在2017年达到18.2%后，连续两年下降。2018、2019两年，公路建设投资额均保持在2.1万亿元水平。其中西部地区投资8679亿元，约占全国总投资额的四成。表2-67是2015~2019年国内公路的投资情况。

表2-67 2015~2019年国内公路投资情况

年份	公路固定资产投资/亿元	西部十省地区公路建设投资/亿元	西部地区占比/%	公路密度/千米/百平方千米
2015	16513	5950	36	47.68
2016	17975	6963	39	48.92
2017	21253	9558	45	49.72
2018	21335	8760	41	50.48
2019	21895	8679	40	52.21

（数据来源：国家统计局、各省统计局）

建设速度方面，2015~2019年，我国新修建公路约54万千米，平均年增长1.9%；西部地区新修建约22万千米，占全国总里程的34%，平均年增长7.2%，增速明显高于全国平均水平。其中，全国新修建高速公路约2.6万千米，平均每年增长约3%；西部地区新修建高速公路约1.3万千米，占全国新修建总里程的49%，平均年增长8%，占比、增速均明显高于全国平均水平。表2-68和表2-69分别是2015~2019年国内公路建设情况和高速公路建设情况。

表2-68 2015~2019年国内公路建设情况

年份	全国公路里程/km	新增公路里程/km	西部十省公路里程/km	西部十省新增公路里程/km	西部省份公路占全国比例/%	西部省份新增公路占全国比例/%
2015	4577295.83	113382.83	1554111.76	47354.76	34	42
2016	4695249.95	117954.12	1587940.43	33828.67	34	29
2017	4773468.83	78218.88	1621541.16	33600.73	34	43
2018	4846531.68	73062.85	1663643.92	42102.76	34	58
2019	5012495.79	165964.11	1728066.02	64422.1	34	39

（数据来源：各省统计局、中经网数据库）

表2-69 2015~2019年高速公路建设情况

年份	高速公路线路里程/km	西部地区高速公路线路里程/km	新建高速公路增速/%	西部新建高速公路增速/%
2015	123522.84	39107.33	10.35	14.94
2016	129990.22	43946.64	5.24	8.62
2017	136448.55	46587.87	4.97	4.25
2018	142593.16	49272.55	4.50	5.03
2019	149571.25	51861.55	4.89	7.13

（数据来源：各省统计局、中经网数据库）

2. 公路建设用螺纹钢需求估算

钢材是公路建设中使用的主要材料，如图 2-82 所示，使用的品种主要有螺纹钢、线材、热轧钢板、型钢、镀锌钢管。其中，钢板用量约占 25%，螺纹钢用量约占 40%，其余钢材用量约占 35%。

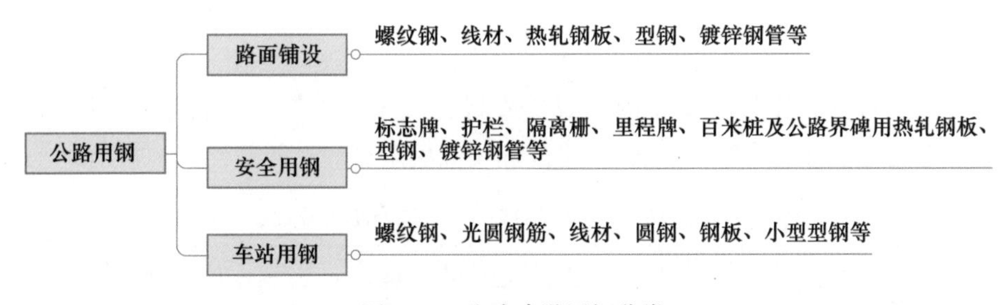

图 2-82　公路建设用钢分类

（1）按公路建设里程测算螺纹钢消费量。我国每千米高速公路用钢量约 400~500t，取中间值 450t/km。2019 年，我国高速公路新增 6978km，仅高速公路建设使用钢材就达 314 万吨。而公路建设除了高速公路外，还包括一级公路、二级公路等。2019 年，公路里程新增约 16.5 万千米，除去高速公路，新建其余等级公路里程约 15.8 万千米。这些公路建设使用钢材的比重约占高速公路的一半，按 225t/km 估算，2019 年普通公路钢消耗量为 3500 万吨左右。总体来看，2019 年我国公路建设用钢量约合 3800 万吨，也就是说 2019 年的公路建设使用了 1520 万吨螺纹钢。

（2）按公路固定资产测算螺纹钢消费量。据冶金工业经济发展研究中心测算，每亿元公路投资拉动钢材需求 0.16 万吨。2015~2019 年，我国公路固定资产投资额分别为 16513 亿元、17975 亿元、21253 亿元、21335 亿元和 21895 亿元。基于此，我国公路固定资产投资在 2015~2019 年度内为 98971 亿元。据此估算，从 2015 年到 2019 年，公路建设耗钢量为 15835 万吨，按螺纹钢用量占钢材消费比重 40%计算，那么 5 年内公路建设消费的螺纹钢至少达 6334 万吨，也就是说每年的平均消费是 1266 万吨。

（3）按施工经验测算螺纹钢消费量。通过调研贵州、河北、四川、重庆、天津等省（市）29 座不同长度公路桥梁用钢量分析得出，公路桥梁钢铁强度区间为 6.65~30.57t/m；根据公路隧道设计规范，计算出不同围岩条件下隧道钢铁强度范围为 1.43~33.06t/m；根据公路工程技术标准中对于不同等级公路车道宽度设计要求，高速公路、一级、二级和三级公路的钢铁强度分别估测为 2.88t/km、2.10t/km、1.05t/km；按这些钢材中四成是螺纹钢估算，全年公路建设年消费螺纹钢近一千万吨。表 2-70 是 2016~2019 年国内新建公路、公路桥梁和隧道情况。

将上述前两种估算方式得出的结果进行简单平均，2015~2019 年公路建设消费螺纹钢 6967 万吨，即年均消费 1393 万吨螺纹钢。“十四五”期间，公路建设将向中西部地区倾斜，完善中西部地区路网覆盖，解决区域布局不均衡的问题。中西部地区地理环境复杂、地质条件复杂，公路建设将修建更多的桥梁和隧道，单位里程建设中使用螺纹钢的量将远

表 2-70　2016~2019 年国内新建公路、公路桥梁和隧道情况

年份	新建公路桥梁长度/m	新建公路隧道长度/m	新建公路里程/km
2016	3241823	49169570	14039734
2017	3086637	52256206	15285084
2018	3429739	55685945	17236077
2019	4948635	60634580	18966620

（数据来源：中经网数据库）

大于前期数据。所以，公路用螺纹钢消费量或将比“十三五”期间的水平要高。表 2-71 是两种估算方法得出 2015~2019 年公路建设螺纹钢用量。

表 2-71　两种估算方法得出 2015~2019 年公路建设螺纹钢用量

测算	2015~2019 年公路用螺纹钢量/万吨	年均公路用螺纹钢消费量/万吨
按公路里程测算	7600	1520
按公路固定资产测算	6334	1266
两种测算方法平均值	6967	1393

（四）港口建设螺纹钢需求

全球 90%的贸易通过海运实现并由港口承载。改革开放以来，我国港口紧随世界第三代港口发展的浪潮，形成了多层次、集约化的港口布局。截至 2019 年年底，我国港口实现货物吞吐量 139.5 亿 TEU，集装箱吞吐量 2.6 亿 TEU，万吨级生产性码头泊位 2379 个，三项关键指标位列世界第一的佳绩。

港口建设用钢主要指土建部分，包括码头、引桥、护基和堆场等在内的建筑用钢，在这些设施的施工中都有螺纹钢的使用。建设一个混凝土港口泊位，需要 1000t 左右的钢铁，再加上中转用的材料不会超过 2000t；而建设一座钢柱港口泊位的用钢量会很大，包括堆场、仓库等，最终得出修建一个泊位平均需 2500t 的钢材。据测算，这些钢材中约四成是螺纹钢，2019 年全年港口建设消费螺纹钢近一百万吨，可以参照表 2-72 及图 2-83 所示的 2010~2019 年国内新建港口情况。

表 2-72　2010~2019 年国内新建港口情况

年份	新（扩）建港口泊位/个	新（扩）建港口/万吨 · 年$^{-1}$
2010	467	31160
2011	649	33003
2012	386	44426
2013	289	39868
2014	423	52485
2015	291	47105
2016	344	35822
2017	287	26178
2018	327	44956
2019	361	30038

（数据来源：中经网数据库）

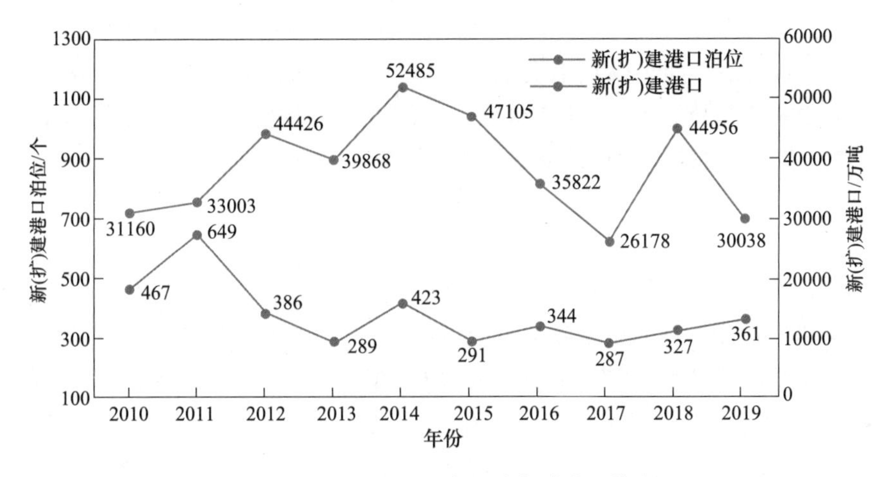

图 2-83　2010~2019 年国内新建港口情况

（五）机场建设螺纹钢需求

机场建设中用到螺纹钢的项目主要包括跑道、机坪、航站楼、货运站、货运综合配套用房、海关监管仓库、辅助生产生活设施和场外生活保障基地等主体项目，以及空管工程、供油工程、航空公司基地等外围项目。截至 2019 年年底，中国运输机场（不含香港、澳门和台湾地区，下同）共有 238 个，其中定期航班通航机场 237 个，定期航班通航城市 234 个。

另外，据我国机场建设规划显示：未来我国将在华北、东北、华东、中南、西南、西北六大机场群的基础上，于 2025 年建成覆盖广泛、分布合理、功能完善的现代化机场体系，形成 4 大世界级机场群、10 个国际枢纽、29 个区域枢纽，规划建成民用运输机场 320 个。

按照网络公开数据估算，全国机场建设每年消费螺纹钢近百万吨。当然，由于不同机场建设规模差异较大，对螺纹钢的消费需求也有所不同。以北京大兴国际机场为例，仅大兴机场航站楼就使用了 21 万吨捆扎钢筋。

（六）水利基础设施建设需求

水利基础设施的基本功能是除害兴利。除害，就是消除水害，做到大水发生时确保防洪安全，大旱发生时确保供水安全；兴利，就是兴修水利，保障和扩大农田灌溉。我国水利建设从治淮工程、荆江分洪工程、官厅水库工程、石津渠、引黄灌溉济卫工程、黄杨闸工程起步，一直着重修建农业水利基础设施。直至 1991 年淮河大水和 1998 年长江大水，巨大的水害威胁唤起了人们的水利“除害”意识，黄河小浪底工程、长江三峡工程、南水北调工程等超大型水利工程相继上马，从整体上提高了我国防御特大洪水的能力，最大限度地减轻了水旱灾害给中国经济社会以及生态环境造成的损失。

水利建设用钢主要是指土木工程中使用的建筑钢材，包括水坝、水池和水渠，使用的钢材主要有螺纹钢、线材、圆钢和管材。据统计，“十三五”期间我国累计落实水利建设投资3.58万亿元，相关水利专家测算，一般水利工程建设中螺纹钢的投资占工程总投资的3%~5%。也就是说，如果螺纹钢的消费量占水利建设总投资的4%，那么“十三五”期间花费在螺纹钢上的资金约为1432亿元。按螺纹钢市场价格4100元/吨计算，消费量约3492万吨，水利工程螺纹钢年需求量约700万吨。

（七）农村基础设施建设需求

农村基础设施是农民抗御自然灾害，改善农业生产、农民生活和农村生态环境的重要基础，也是促进农业增产和农民增收的物质保障条件。2020年10月，党的十九届五中全会通过了《中共中央关于制定国民经济和社会发展第十四个五年规划和二〇三五年远景目标的建议》，首次提出“实施乡村建设行动”，即把公共基础设施建设的重点放在农村。在“行动”中，加大农业水利设施建设，实施高标准农田建设工程，需要对丘陵山区农田、田间道路进行宜机化改造；强化农业科技和装备支撑，需要建设更多电力和通信设施；改善农村人居环境，需要推进农村改厕、生活垃圾处理、污水治理和河湖水系整治，这些项目都需要大量使用螺纹钢。

（1）农业水利设施建设方面。《全国大中型灌区续建配套节水改造实施方案（2016~2020年）》提出，将全国贫困地区的97处大型灌区纳入实施方案并予以支持，并投资832个贫困县的重点中型灌区节水配套改造项目，着力解决贫困地区灌排工程设施“病险”“卡脖子”等突出问题，提高灌溉用水效率和效益，提升农业综合生产和节水能力，促进贫困地区农业增效和农民增收。据调研，灌区改造的渠、沟、塔项目中使用了大量螺纹钢。图2-84为2018~2019年部分农业水利设施建设情况。

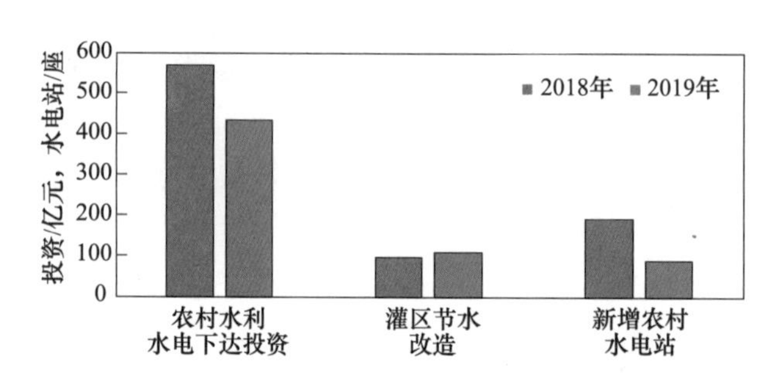

图2-84 2018~2019年部分农业水利设施建设情况

（2）农村道路建设方面。截至2019年9月，“十三五”期间，新改建农村公路138.8万千米，解决了246个乡镇和3.3万个村通硬化路的问题，基本实现具备条件的乡镇和建制村通硬化路100%、通客车100%，以县城为中心、乡镇为节点、村组为网点的农村公路交通网络初步形成，交通扶贫取得决定性进展。据调研，由于乡村道路普遍升级，曾经用钢较少的乡村道路建设正逐步发生变化，乡村道路和桥梁使用的螺纹钢明显增多。表2-73是2015年、2019年村内道路建设情况。

（3）农村饮水工程建设方面。水利部近年来大力修建乡村水厂及供水管网，2019年农村供水管道长度达183.64万千米，实现集中供水的行政村37.1万余个。“十三五”期

表 2-73　2015 年、2019 年村内道路建设情况

项目	2015 年	2019 年	增加量	增长率/%
村内道路长度/万千米	239.31	320.58	81.27	33.96
村内道路面积/亿平方米	160.09	235.76	75.67	47.27

（数据来源：《中国城乡建设统计年鉴》）

间建设的农村饮水工程包含大量钢筋混凝土结构蓄水工程，且部分发达地区的农村也进行了地下管廊工程，这一块是农村螺纹钢需求的新增长点。表 2-74 是 2015 年、2019 年农村饮水条件改善情况。

表 2-74　2015 年、2019 年农村饮水条件改善情况

指标		2015 年	2019 年	变化量	变化率/%
集中供水的行政村	个数/万个	35.55	37.1	1.55	4.36
	比例/%	65.6	78.29	12.69	—
年生活用水量/亿立方米		134.82	185.01	50.19	37.23
供水管道长度/万千米		129.32	183.64	54.32	42
供水普及率/%		63.42	80.98	17.56	—

（数据来源：《中国城乡建设统计年鉴》）

（4）乡村振兴方面。2021 年 2 月全国脱贫攻坚总结表彰大会上强调：乡村振兴是实现中华民族伟大复兴的一项重大任务，要想振兴乡村，就要走中国特色社会主义乡村振兴道路，持续缩小城乡区域发展差距，让低收入人口和欠发达地区共享发展成果，在现代化进程中不掉队、赶上来；就要加快农业农村现代化步伐，促进农业高质高效、乡村宜居宜业、农民富裕富足。

完善农村基础设施建设的过程，是逐步解决“三农”问题的过程，是逐步缩小城乡差距的过程。利用好螺纹钢建设更多高质量的农村基础设施，对老旧的灌溉、交通、饮水设施进行升级改造，利当前，更利未来。

（八）工程建设行业

工程建设行业是使用螺纹钢的主体行业，其发展现状在一定程度上反映了螺纹钢需求的状况。本节统计 2019 年相关数据，帮助读者了解使用螺纹钢的主体行业的发展情况。图 2-85 是 2014~2019 年基础设施投资及增长情况，表 2-75 是 2019 年度完成产值 100 亿元以上工程建设企业名单。

（1）在政策方面。2019 年 1 月，国务院印发《关于支持河北雄安新区全面深化改革和扩大开放的指导意见》；2 月，《粤港澳大湾区发展规划纲要》全文公开，粤港澳大湾区建设进入政策制定、协同推动的实施阶段；3 月，中央全面深化改革委员会第七次会议审议通过《关于新时代推进西部大开发形成新格局的指导意见》；8 月，《西部陆海新通道总体规划》出台，推动陆海双向开放，西部大开发新格局逐步形成；12 月，《长江三角洲区

域一体化发展规划纲要》出台。这些政策的出台带动了工程建设行业的转型升级，为我国基础设施建设的高质量发展指明了方向。

（2）在产业发展方面。2018 年工程建设行业产值同比增长 9.9%，增速回落 0.6%，企业新签合同额同比增长 7.1%，增速回落 12.6%。2019 年工程建设行业实现增加值 70904 亿元，同比增长 5.6%，增速下滑了 4.2%，企业新签合同额同比增长 6.0%，增速下滑了 1.1%。在“去产能、去库存、去杠杆、降成本、补短板”的背景下，增速持续下滑，从高速增长阶段逐步进入高质量发展阶段。

（3）在企业发展方面。2019 年国有及国有控股建筑业企业完成产值 85367 亿元，同比增长 12.4%，占总产值的 34.4%；国有及国有控股建筑业企业新签合同额 127556.88 亿元，同比增长 14.7%，占全国建筑业企业新签合同额的 44.1%；国有及国有控股建筑业企业单位数为 6791 家，同比下降 1.3%，占全国建筑业企业总数量的 6.5%；国有及国有控股建筑业企业人员数为 1128.76 万人，同比增长 5.2%，占全国建筑业企业人员总数的 20.8%。建筑类中央企业集中度进一步提高。2019 年，建筑类中央企业新签合同额 101453.2 亿元，占国有及国有控股企业新签合同额的 78.75%，占全行业新签合同额的 40.43%。

总体来看，工程建设行业发展规模扩大但增速持续下滑，国有及国有控股企业的优势明显。而这种趋势给国内螺纹钢市场带来的转变，必然是减量、提质和标准化。

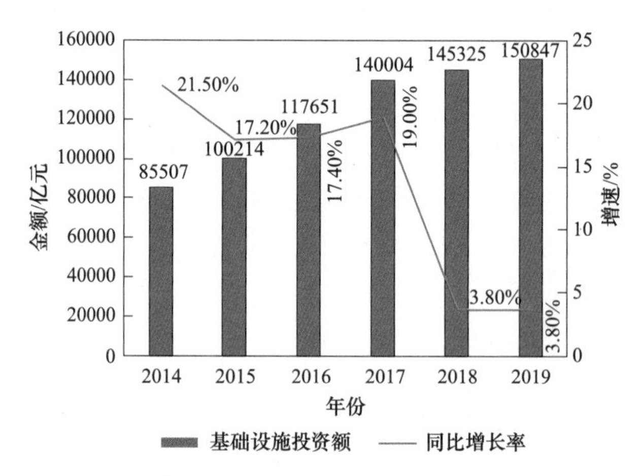

图 2-85 2014~2019 年基础设施投资及增长情况

表 2-75 2019 年度完成产值 100 亿元以上工程建设企业名单

排名	企业名称	完成产值/万元	排名	企业名称	完成产值/万元
1	中国冶金科工股份有限公司	33863761	7	中国建筑第五工程局有限公司	14141051
2	中国建筑第三工程局有限公司	25931749	8	广西建工集团有限责任公司	14012410
3	北京城建集团有限责任公司	17490000	9	广州市建筑集团有限公司	12185682
4	云南省建设投资控股集团有限公司	15602362	10	陕西建工控股集团有限公司	11779239
5	中国建筑第二工程局有限公司	14478300	11	中国葛洲坝集团股份有限公司	11056322
6	中国建筑一局（集团）有限公司	14153026	12	北京建工集团有限责任公司	10961553

续表 2-75

排名	企业名称	完成产值/万元	排名	企业名称	完成产值/万元
13	湖南建工集团有限公司	10905133	48	中国五冶集团有限公司	4066865
14	中交一公局集团有限公司	10656776	49	中铁大桥局集团有限公司	4060976
15	中铁四局集团有限公司	10201818	50	中铁电气化局集团有限公司	4031139
16	山西建设投资集团有限公司	9082143	51	江苏省华建建设股份有限公司	4026200
17	江苏南通三建集团股份有限公司	8834106	52	中交第四公路工程局有限公司	3719980
18	中国建筑第四工程局有限公司	8229700	53	中国建筑第六工程局有限公司	3718600
19	中铁一局集团有限公司	8011605	54	中国铁建大桥工程局集团有限公司	3631381
20	甘肃省建设投资（控股）集团总公司	7667019	55	中交第四航务工程局有限公司	3626032
21	江苏省建筑工程集团有限公司	7553963	56	苏州金螳螂企业（集团）有限公司	3624590
22	南通四建集团有限公司	7529558	57	中铁上海工程局集团有限公司	3522216
23	江苏南通二建集团有限公司	7415023	58	中电建路桥集团有限公司	3504602
24	青建集团股份公司	7406900	59	江苏南通六建建设集团有限公司	3500138
25	江苏省苏中建设集团股份有限公司	7069463	60	中铁六局集团有限公司	3453627
26	贵州建工集团有限公司	6943283	61	中铁八局集团有限公司	3387077
27	中交第二航务局工程局有限公司	6563936	62	新七建设集团有限公司	3372973
28	成都建工集团有限公司	6527045	63	中建三局第三建设工程有限责任公司	3301300
29	北京住总集团有限责任公司	6296925	64	富利建设集团有限公司	3080625
30	中铁二局集团有限公司	6210461	65	中国石油工程建设有限公司	3009023
31	中铁建工集团有限公司	6004738	66	正太集团有限公司	2994028
32	中铁建设集团有限公司	5708086	67	中亿丰建设集团股份有限公司	2900763
33	中建三局第一建设工程有限责任公司	5669355	68	中铁北京工程局集团有限公司	2726028
34	天元建设集团有限公司	5611672	69	中国水利水电第八工程局有限公司	2724893
35	中铁五局集团有限公司	5515421	70	江苏江中集团有限公司	2723737
36	四川公路桥梁建设集团有限公司	5367848	71	中建海峡建设发展有限公司	2705893
37	江苏中南建筑产业集团有限责任公司	5303729	72	中如建工集团有限公司	2654050
38	中铁三局集团有限公司	5289601	73	福建建工集团有限责任公司	2653730
39	北京市政路桥集团有限公司	5103813	74	中国水利水电第七工程局有限公司	2635773
40	中铁十局集团有限公司	4829368	75	中国十七冶集团有限公司	2609487
41	中铁隧道局集团有限公司	4687660	76	中铁城市发展投资集团有限公司	2609398
42	中铁七局集团有限公司	4616485	77	中国电建集团华东勘测设计研究院有限公司	2594574
43	上海宝冶集团有限公司	4525667			
44	中国电建集团国际工程有限公司	4521579	78	龙信建设集团有限公司	2558478
45	河北建设集团股份有限公司	4496706	79	宁波建工股份有限公司	2554443
46	山河建设集团有限公司	4287985	80	中兴建设有限公司	2553249
47	中国铁路通信信号股份有限公司	4164628	81	上海建工二建集团有限公司	2480997

续表 2-75

排名	企业名称	完成产值/万元	排名	企业名称	完成产值/万元
82	广西建工集团第五建筑工程有限责任公司	2470082	115	保利长大工程有限公司	1855691
			116	广东腾越建筑工程有限公司	1842108
83	中国中材国际工程股份有限公司	2437000	117	中建八局第三建设有限公司	1830000
84	上海建工五建集团有限公司	2408281	118	中建一局集团建设发展有限公司	1828789
85	龙元建设集团股份有限公司	2387168	119	中铁九局集团有限公司	1801658
86	中国水利水电第十一工程局有限公司	2377470	120	海天建设集团有限公司	1773125
87	中电建生态环境集团有限公司	2351099	121	中国电建市政建设集团有限公司	1750757
88	中国水利水电第十四工程局有限公司	2330185	122	南通五建控股集团有限公司	1734682
89	中铁投资集团有限公司	2327878	123	中铁交通投资集团有限公司	1707187
90	新八建设集团有限公司	2269878	124	启东建筑集团有限公司	1662195
91	中冶建工集团有限公司	2256845	125	国基建设集团有限公司	1660143
92	浙江交工集团股份有限公司	2242000	126	中建安装集团有限公司	1656178
93	宝业湖北建工集团有限公司	2220345	127	中国水利水电第五工程局有限公司	1655304
94	中国能源建设集团南方建设投资有限公司	2151210	128	七冶建设集团有限责任公司	1646056
			129	十一冶建设集团有限责任公司	1636890
95	中国土木工程集团有限公司	2135000	130	中建新疆建工（集团）有限公司	1627483
96	中铁南方投资集团有限公司	2126669	131	江苏江都建设集团有限公司	1602684
97	中国水利水电第四工程局有限公司	2126064	132	兴润建设集团有限公司	1601968
98	江苏邗建集团有限公司	2123071	133	江苏省江建集团有限公司	1599974
99	浙江中成建工集团有限公司	2117261	134	合肥建工集团有限公司	1599716
100	华新建工集团有限公司	2106682	135	上海绿地建设（集团）有限公司	1573248
101	中国一冶集团有限公司	2101743	136	山东华邦建设集团有限公司	1564271
102	广东电白建设集团有限公司	2081088	137	歌山建设集团有限公司	1529121
103	济南城建集团有限公司	2078979	138	潍坊昌大建设集团有限公司	1523702
104	浙江宝业建设集团有限公司	2070710	139	方远建设集团股份有限公司	1511696
105	山东电力建设第三工程有限公司	2065707	140	中国江苏国际经济技术合作集团有限公司	1506836
106	中建科工集团有限公司	2054840			
107	中冶天工集团有限公司	2046010	141	云南建丰建筑工程有限公司	1501742
108	江苏弘盛建设工程集团有限公司	2016000	142	大元建业集团股份有限公司	1486321
109	烟建集团有限公司	1998539	143	浙江国泰建设集团有限公司	1471160
110	上海隧道工程有限公司	1898744	144	中煤第三建设（集团）有限责任公司	1471089
111	中国核工业华兴建设有限公司	1890041	145	华北建设集团有限公司	1470523
112	中铁广州工程局集团有限公司	1889652	146	广西建工集团第一建筑工程有限责任公司	1434489
113	山西路桥建设集团有限公司	1887154			
114	中建一局集团第二建筑有限公司	1859712	147	武汉建工（集团）有限公司	1419616

续表 2-75

排名	企业名称	完成产值/万元	排名	企业名称	完成产值/万元
148	中铁二十二局集团有限公司	1418234	183	内蒙古兴泰建设集团有限公司	1187191
149	上海绿地建筑工程有限公司	1418051	184	发达控股集团有限公司	1180040
150	广东永和建设集团有限公司	1412692	185	中国二冶集团有限公司	1175145
151	中国石油管道局工程有限公司	1410161	186	冠鲁建设股份有限公司	1173627
152	安徽水利开发有限公司	1399215	187	中铁开发投资集团有限公司	1170716
153	广州工程总承包集团有限公司	1394000	188	北京城建道桥建设集团有限公司	1158033
154	贵州省公路工程集团有限公司	1387727	189	贵州桥梁建设集团有限责任公司	1155500
155	中安华力建设集团有限公司	1365815	190	上海城建市政工程（集团）有限公司	1153198
156	广西建工集团冶金建设有限公司	1365000	191	中国电建集团山东电力建设第一工程有限公司	1139300
157	中国华西企业有限公司	1361574			
158	中青建安建设集团有限公司	1360828	192	浙江省一建建设集团有限公司	1126236
159	南京宏亚建设集团有限公司	1352698	193	山西省工业设备安装集团有限公司	1118127
160	湖南省第五工程有限公司	1341300	194	龙建路桥股份有限公司	1110637
161	山东寿光建设集团有限公司	1321081	195	中移建设有限公司	1106062
162	中交隧道工程局有限公司	1307832	196	浙江省东阳第三建筑工程有限公司	1105338
163	深圳广田集团股份有限公司	1304625	197	福建省永泰建筑工程公司	1101260
164	中国通信建设集团有限公司	1294181	198	深圳市建筑工程股份有限公司	1100818
165	浙江勤业建工集团有限公司	1284500	199	江苏省金陵建工集团有限公司	1100530
166	福建省泷澄建设集团有限公司	1283312	200	威海建设集团股份有限公司	1095453
167	江西建工第一建筑有限责任公司	1277959	201	浙江鸿翔建设集团股份有限公司	1090101
168	中恒建设集团有限公司	1272790	202	宏润建设集团股份有限公司	1089691
169	湖南路桥建设集团有限责任公司	1268312	203	中国化学工程第七建设有限公司	1087096
170	中国建材国际工程集团有限公司	1268000	204	中电建建筑集团有限公司	1084541
171	中国电建集团贵州工程有限公司	1256249	205	江苏通州四建集团有限公司	1075294
172	甘肃路桥建设集团有限公司	1254885	206	巨匠建设集团股份有限公司	1074277
173	浙江舜江建设集团有限公司	1247450	207	福建省闽南建筑工程有限公司	1062588
174	山东天齐置业集团股份有限公司	1233967	208	上海市基础工程集团有限公司	1055800
175	浙江省三建建设集团有限公司	1233133	209	安徽金煌建设集团有限公司	1055276
176	安徽三建工程有限公司	1221381	210	中铁武汉电气化局集团有限公司	1051298
177	中国天辰工程有限公司	1220848	211	福建九鼎建设集团有限公司	1051260
178	江苏天目建设集团有限公司	1216810	212	江苏启安建设集团有限公司	1051258
179	中国化学工程第三建设有限公司	1214658	213	福建省永富建设集团有限公司	1051237
180	浙江省二建建设集团有限公司	1209967	214	江苏金土木建设集团有限公司	1050000
181	泰兴一建建设集团有限公司	1208166	215	中国能源建设集团广东火电工程有限公司	1049333
182	江苏通州二建建设工程集团有限公司	1191234			

续表 2-75

排名	企业名称	完成产值/万元	排名	企业名称	完成产值/万元
216	长业建设集团有限公司	1031605	223	中铁四局集团第四工程有限公司	1013078
217	中国机械工业建设集团有限公司	1027075	224	中国水利水电第十工程局有限公司	1012348
218	中化二建集团有限公司	1021900	225	南通华荣建设集团有限公司	1010645
219	湖北长安建设集团股份有限公司	1020537	226	陕西建工机械施工集团有限公司	1005185
220	中联建设集团股份有限公司	1020534	227	济南四建（集团）有限责任公司	1001807
221	陕西建工第一建设集团有限公司	1016233	228	南通市达欣工程股份有限公司	1000132
222	中建一局集团第五建筑有限公司	1013755			

（数据来源：中国施工企业管理协会）

（九）螺纹钢互补产品

螺纹钢企业是产业链上的中游企业，其消费需求不仅与下游基础设施建设和房地产行业相关，还与同处产业链中游的行业密切相关。即建材行业出现问题，下游建设单位无法正常开工，反过来影响螺纹钢产品的需求。

1. 建材需求

在行业发展方面。2019 年建材行业保持较快增长，行业增加值同比增长 8.5%，较整个工业增速高出 2.8%。主要建材产量中，水泥产量 23.3 亿吨，同比增长 6.1%；平板玻璃产量 9.3 亿重量箱，同比增长 6.6%；混凝土产量 25.5 亿立方米，同比增长 14.5%；瓷质砖和卫生陶瓷制品产量分别增长 7.4%和 10.7%。在“三去一降一补”的背景下，增速保持在比较高的水平。

在企业利润方面。2019 年建材工业规模以上企业完成主营业务收入 5.3 万亿元，同比增长 9.9%；实现利润总额 4624 亿元，同比增长 7.2%。其中，水泥主营业务收入 1.01 万亿元，同比增长 12.5%，利润 1867 亿元，同比增长 19.6%；平板玻璃主营业务收入 843 亿元，同比增长 9.8%，利润 98 亿元，同比下滑 16.7%；水泥制品、特种玻璃、卫生陶瓷制品、防水建筑材料、玻璃纤维增强塑料制品利润总额分别同比增长 24.2%、19.4%、26.4%、15.4%、49.8%，利润增长极为可观。

在行业投资方面。2019 年非金属矿采选业固定资产投资同比增长 30.9%，非金属矿制品业固定资产投资同比增长 6.8%。增长主要集中在建材新材料、节能环保、技术改造等领域，行业内固定投资增长较大。

在价格方面。2019 年年底建材价格指数为 116.79，同比上涨 1.0%；水泥平均出厂价格 414.2 元/吨，同比上涨 4.4%；平板玻璃平均出厂价格 75.5 元/重量箱，同比上涨 0.2%。总体来看，建材整体价格水平小幅上涨 3.3%。

2019 年建材产量整体稳步增长，但增速低于螺纹钢等建筑钢材，实际上造成了供需关系相对紧张的局面，这种情况既为螺纹钢需求的增加提供了条件，又变相稳定了螺纹钢的市场。

2. 水泥需求

在行业发展方面。2019年水泥行业推动供给侧结构性改革，置换落后产能14项，压减过剩产能604万吨，年产熟料15.2亿吨，同比增长6.9%；水泥产量23.3亿吨，同比增长6.1%。

在利润方面。2019年水泥行业实现营业收入10.01万亿元，首次突破10万亿大关，同比增长12.5%；利润1867亿元，同比增长19.6%，再创历史新高。受沿海地区需求旺盛影响，全年进口量明显增加。其中，进口熟料2274万吨，同比增长80%，平均到岸价格44美元/吨。出口熟料44万吨，同比下降71%，平均离岸价格24美元/吨。进出口量相抵消后，净进口2230万吨。

在企业整合方面。前五十家水泥企业产能占到全国76%的总产能，且产业集中度比上年略有提升。其中，中国建材和安徽海螺水泥总产能分别达到5亿吨、3亿吨，位列全球第一、第三。

在价格方面。行业产品价格水平先抑后扬。上半年持续下跌，8月到底至403元/吨，9月开始回升，年底至顶437元/吨，全年平均每吨414.2元。河南、浙江、福建等地区价格最高，PO42.5水泥平均价格590元/吨。

近年来，螺纹钢和水泥行业都通过置换落后产能、压减过剩产能等方式提高了行业的产能利用率和产业集中度，提升了产业抗风险能力。2019年水泥产量增速不足螺纹钢的一半，但行业利润增速却不落下风，这种现象至少说明了两点：一是下游基建和房地产行业对建筑原材料需求旺盛；二是行业的供给侧改革不仅是绝对的，也是相对的。只要产能增长低于相对互补产品，就能通过营造较为紧张的市场氛围，发挥比较优势，实现可观的利润增长。螺纹钢和水泥是高度互补的产品，行业间如能充分协同，将极大地提升生产要素的使用效率，共同实现合理的利润。

第二节　螺纹钢需求特点

螺纹钢主要应用于房屋和基础设施建设。大到高速公路、铁路和水坝，小到房屋的梁、柱和墙，螺纹钢都是不可或缺的施工材料。目前，国内没有在各个应用领域的螺纹钢使用量的详细统计数据，本节采用推断的方式计算相关数据，帮助读者了解我国螺纹钢的需求特点。

一、区域特点

中国幅员辽阔，不同地区的自然资源、人口分布、经济发展都有很大差异。这种差异导致各地房地产和基础设施建设的规模差别较大，进而造成国内80%以上的螺纹钢消费集中在京津冀、长三角和珠三角等经济发达、人口密集的省市。随着需求的差异，螺纹钢的市场价格逐渐形成了北京、上海、南京、沈阳、重庆、成都、广州、昆明、西安等25个主流价格区域。通过观察，与其他钢材相比，各区域螺纹钢消费与各地经济发展和人口情况的相关性更高，这或许是因为螺纹钢作为基础原材料，与各地第一、二、三产业都有较大关系的缘故。总体来看，表现为经济发达、房地产投资多、基建规模大、人均收入高的地区，螺纹钢消费量就大，反之消费量小（参见表2-76~表2-78）。

表2-76 2019年钢协会员企业分钢种销售情况 （%）

种类	华北	东北	华东	中南	西南	西北
螺纹钢	8	4	42	24	16	6
钢材	19	5	43	20	10	4
中小型钢	40	19	29	7	4	1
电工钢板	5	2	59	33	1	1
棒材	19	3	49	17	9	2
厚钢板	13	8	47	23	7	2
特厚板	13	4	55	22	4	1
中板	21	5	46	20	5	4
铁道用钢材	29	8	21	23	11	7
线材	20	3	39	20	12	6

（数据来源：中经网数据库）

表2-77 2019年各地GDP、人口和螺纹钢消费占比情况

地区	GDP/万亿元	GDP占比/%	人口/亿人	人口占比/%	地区螺纹钢销售占比/%
华北	11.88	12.06	1.75	12.52	8
东北	5.02	13.37	1.07	7.68	4
华东	37.54	38.10	4.14	29.50	42
中南	27.41	27.82	3.99	28.43	24
西南	11.19	11.36	2.03	14.48	16
西北	5.48	5.56	1.03	7.37	6

（数据来源：国家统计局、中经网数据库）

表2-78 2015~2019年会员企业向各地销售螺纹钢占比情况 （%）

年份	销往华北	销往东北	销往华东	销往中南	销往西南	销往西北
2015	14.05	3.59	36.74	19.01	14.90	7.38
2016	13.12	3.53	38.10	18.91	14.91	7.01
2017	10.21	4.14	40.55	20.01	16.36	6.54
2018	8.82	3.83	40.53	21.65	18.14	5.69
2019	7.88	3.90	41.51	23.86	15.98	5.97

（数据来源：中经网数据库）

影响区域螺纹钢消费的主要因素是当地房地产和基建等方面的情况。其中，房地产影响螺纹钢消费主要由新开工面积、施工周期和房地产投资额等指标来决定，基础设施建设主要受当地是否存有大型基础设施建设影响。目前，国内没有统计各地螺纹钢实际消费情况，本节通过描述各地经济发展、人口、人均可支配收入、政府财政收支、基础设施建设规模、粗钢产量、中国钢铁工业协会会员企业销售等环节，帮助读者了解各地的螺纹钢需求情况。

（一）华北、东北地区

华北和东北是我国主要的钢材产区。2019 年，两地粗钢产量约 4.46 亿吨，占全国粗钢总产量的四成以上，其中仅河北一省的粗钢产量就高达 2.4 亿吨，但是对螺纹钢的需求非常小。2019 年，中国钢铁工业协会会员企业向华北、东北地区销售螺纹钢的比重约占总销量 12%，其中向东北地区销售螺纹钢 4%左右，向华北地区销售螺纹钢 8%左右，区域内的供应明显高于需求。为了缓解供需矛盾，两地的螺纹钢生产企业大多采取开拓外地市场，积极外销的经营策略。由于区域内螺纹钢供大于求的情况比较严重，市场价格也略低于当期全国平均水平。图 2-86 为 2019 年会员企业向华北地区销售钢材占比情况，图 2-87 为 2019 年会员企业向东北地区销售钢材占比情况。

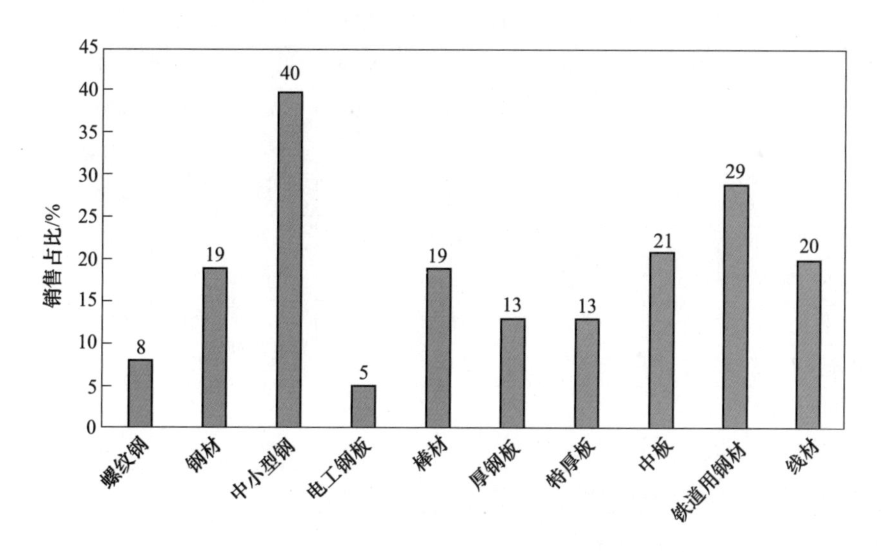

图 2-86　2019 年会员企业向华北地区销售钢材占比情况

（数据来源：中经网数据库）

2019 年华北、东北地区房地产投资占全国房地产投资总额的 14.2%，公路建设投资占全国总投资的 23.4%，新增铁路里程占全国总里程的 14.7%，人均可支配收入在 3.5 万元以上，区域内房地产和基础设施建设投资均较高，螺纹钢需求主要由房地产、基础设施共同拉动。表 2-79 为 2019 年华北和东北地区影响螺纹钢消费数据汇总。

华北、东北地区销售螺纹钢的企业主要有：鞍钢集团、本钢集团、凌源钢铁、西林集团、河钢集团、首钢集团、天津冶金集团、天津天钢、河北敬业、新兴铸管、北京建龙集团、唐山东华、河北安丰、山西建邦、山西中阳以及包钢集团等（位次不分先后）。

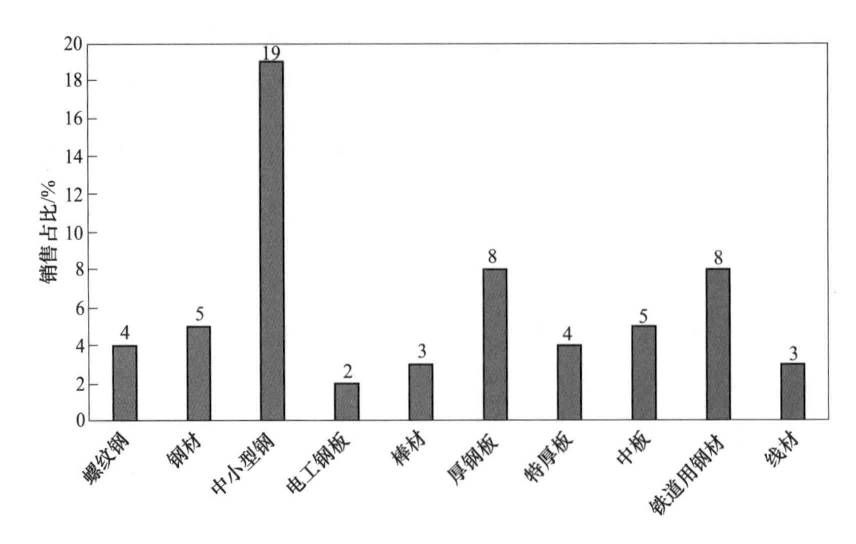

图 2-87　2019 年会员企业向东北地区销售钢材占比情况

（数据来源：中经网数据库）

表 2-79　2019 年华北和东北地区影响螺纹钢消费数据汇总

项　目	北京	天津	河北	山西	内蒙古	辽宁	吉林	黑龙江
GDP/亿元	35371	14104	35105	17027	17213	24909	11727	13613
房地产开发投资/亿元	3838	2728	4347	1657	1042	2834	1316	958
人口/万人	2154	1562	7592	3729	2540	4352	2691	3751
人均可支配收入/元	67756	42404	25665	23828	30555	31820	24563	24254
一般公共预算收入/亿元	5817	2410	3742	2347	2060	2652	1116	1263
一般公共预算支出/亿元	7408	3508	8313	4713	5101	5761	3933	5012
固定资产投资：公路建设/亿元	142	77	805	536	387	741	303	2131
新建铁路里程/km	103	32	429	450	251	−21	0	0
粗钢产量/万吨	0	2195	24158	6039	2654	7362	1357	896
中国钢铁工业协会会员螺纹钢销售量/万吨	1296					641		

（数据来源：国家统计局、中经网数据库）

2019 年北京市 GDP 总量 35371 亿元，地区排名第一；从下游产业发展来看，房地产开发投入 3838 亿元，新建铁路 103km，投资公路建设 142 亿元，基建项目相对较少，螺纹钢需求主要由房建拉动为主。由于首都在 20 世纪 90 年代已不生产螺纹钢产品，目前属于螺纹钢输入地区，主要向邻近省份购买。

2019 年天津市 GDP 总量 14104 亿元，地区排名靠后。从下游行业发展来看，房地产开发投资 2728 亿元，新建铁路 32km，投资公路建设 77 亿元；此外，全市建筑业实现总产值 4096. 5 亿元、建筑施工面积 15616. 89 万平方米、新签订合同 6054. 5 亿元，新开工增长乏力，建设主要集中在滨海新区、环城四区、中心城区和远郊五区，占比分别为 47. 97%、21. 56%、19. 02%和 11. 45%，螺纹钢需求主要由房建拉动为主。因新天钢集团混改，市内生产的螺纹钢较少，主要向邻近省份购买。

2019年河北省GDP总量35105亿元，地区排名第二。从下游产业发展情况看，房地产开发投资4347亿元，新增铁路429km，投资公路建设805亿元；此外，省内建筑业完成产值5847.97亿元、房屋施工面积34994.7万平方米、房屋竣工面积8945.6万平方米，基建投资增长15.6%，螺纹钢需求主要由房建和基建共同拉动。省内最大的螺纹钢生产的企业是河钢集团，属于输出地区，主要以向邻省销售为主。

2019年山西省GDP总量17027亿元，地区排名中游。从下游产业发展来看，房地产开发投资1657亿元，新增铁路450km，投资公路建设536亿元；此外，省内建筑业完成总产值4653.28亿元，其中房屋建筑业完成2176.9亿元，房屋建筑施工面积16990.3万平方米、新开工房屋面积5872.9万平方米，土木工程建筑业完成2108.1亿元，螺纹钢需求主要由房建和基建共同拉动。省内主要有晋钢、长钢、立恒、建邦和建龙等螺纹钢生产企业，属于输出区域，以销往邻近省份为主。

2019年内蒙古自治区GDP总量17213亿元，地区排名中游。从下游产业发展来看，房地产开发投资1041亿元，新增铁路251km，投资公路建设387亿元，螺纹钢需求主要由房建和基建共同拉动。自治区内主要有包钢、大安钢铁、亚新隆顺特钢和内蒙古德晟等螺纹钢生产企业，属于输入型地区，以向相邻省份采购为主。

2019年辽宁省GDP总量24909亿元，地区排名靠前。从下游产业发展来看，房地产开发投资2834亿元，公路建设投入741亿元，螺纹钢需求主要由房建拉动。省内主要有鞍钢、北台、凌源和新抚顺钢铁等螺纹钢生产企业，供需基本均衡。

2019年吉林省GDP总量11727亿元，地区排名中游。从下游产业的发展来看，房地产开发投资1316亿元，公路建设投入302亿元；此外，省内建筑业完成产值1863.1亿元、新签订合同2179.1亿元、新开工房屋3562.31万平方米，螺纹钢需求主要由房建拉动。省内主要有首钢通化、金钢和四平现代钢铁等螺纹钢生产企业，供需基本均衡。

2019年黑龙江省GDP总量13613亿元，地区排名中游。从下游产业的发展来看，房地产开发投资958亿元，公路建设投入2131亿元，螺纹钢需求主要由房建和基建共同拉动。省内主要有黑龙江建龙和西林钢铁等螺纹钢生产企业，供需基本均衡。

（二）华东地区

华东地区，尤其是江浙一带，自古以来就是中国最富裕的地区，这个地区对各种钢材的需求都很大。其中，螺纹钢、线材等建筑用钢材消费量占国内四成左右，部分板材消费占比超过五成，是国内最大的螺纹钢贸易市场。2019年，华东地区粗钢产量约2.95亿吨，占到全国的三成；会员企业在华东地区的螺纹钢销售量占总销量的42%，价格也高于全国平均水平。此外，华东地区房地产行业十分发达，基础设施和房屋建筑企业众多，拥有目前国内最大的螺纹钢制造和配送集群，素有“市场晴雨表”之称。图2-88为2019年会员企业向华东地区销售钢材占比情况。

2019年华东地区房地产投资占全国房地产投资总额的38%，公路建设投资占全国总投资的25.9%，新增铁路里程占全国总里程的19.7%，人均可支配收入4万元以上，全国

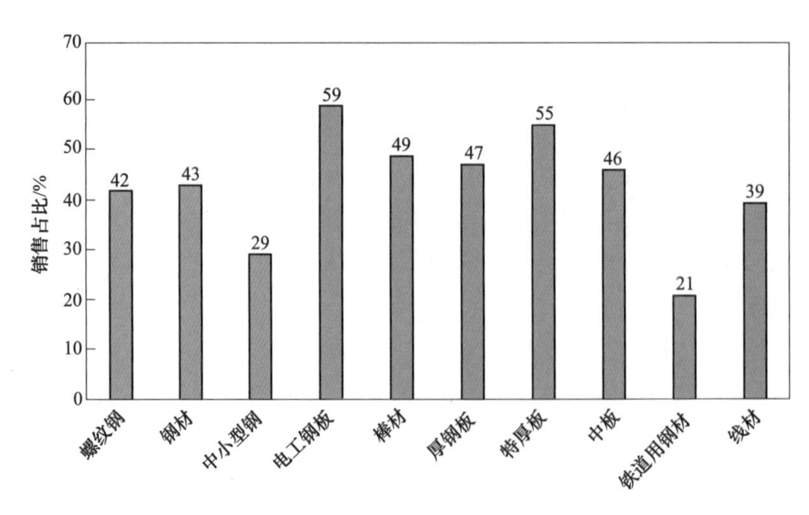

图 2-88 2019 年会员企业向华东地区销售钢材占比情况

（数据来源：中经网数据库）

范围内购买力水平最高，区域内房地产投资明显高于基础设施建设，螺纹钢需求主要由房地产拉动。表 2-80 为 2019 年华东地区影响螺纹钢消费数据汇总。

表 2-80 2019 年华东地区影响螺纹钢消费数据汇总

项　目	上海	江苏	浙江	安徽	福建	江西	山东
GDP/亿元	38155	99632	62352	37114	42395	24758	71068
房地产开发投资/亿元	4231	12009	10683	6670	5673	2239	8615
人口/万人	2428	8070	5850	6366	3973	4666	10070
人均可支配收入/元	69442	41400	49899	26415	35616	26262	31597
一般公共预算收入/亿元	7165	8802	7049	3183	3052	2486	6526
一般公共预算支出/亿元	8179	12574	10053	7392	5077	6402	10736
固定资产投资：公路建设/亿元	163	733	1630	679	673	657	1132
新建铁路里程/km	0	506	29	441	0	400	297
粗钢产量/万吨	1640	12017	1351	3222	2390	2525	6357
中国钢铁工业协会会员螺纹钢销售量/万吨	6827. 18						

（数据来源：国家统计局、中经网数据库）

华东地区销售螺纹钢的企业主要有：宝武集团、南钢集团、沙钢集团、中天钢铁、江苏申特、江苏三联、江苏镔鑫、马钢集团、铜陵富鑫、新余钢铁、方大集团、福建三钢、三宝集团、山钢集团、石横特钢、西王金属科技和山东广富等（位次不分先后）。

2019 年上海市 GDP 总量 38155 亿元，地区排名中游。从下游产业的发展来看，房地产开发投资 4231 亿元，公路建设投入 163 亿元，螺纹钢需求主要以房建拉动为主。市内不生产螺纹钢产品，属于输入地区，消费主要是向邻近省份购买。

2019 年江苏省 GDP 总量 99632 亿元，地区排名第一。从下游产业发展来看，房地产开发投资 12009 亿元，新增铁路 506km，投资公路建设 733 亿元；此外，建筑业全年实现总产值36771.6亿元、工程结算32554.6亿元、营业额39112.2亿元、利润1512.5亿元、新签订合同32810.3亿元、竣工产值29634.9亿元，年内加快完善了徐宿淮盐铁路、连淮铁路、南沿江城际铁路、盐通高铁、连徐高铁、宁淮城际铁路、沪通长江大桥、五峰山长江大桥、连云港30万吨级航道二期、南京禄口机场、苏南硕放机场改扩建、常泰和龙潭等过江通道建设，螺纹钢需求主要由房建和基建共同拉动。省内螺纹钢生产企业主要有沙钢、镔鑫钢铁、盐城钢铁、兴鑫钢铁和徐钢集团，属于输出区域，主要向邻近省份销售。

2019年浙江省GDP总量62352亿元，地区排名第三。从下游产业发展来看，房地产开发投资10682亿元，新建铁路29km，投资公路建设1630亿元；此外，建筑业全年实现总产值20390.2亿元、完成竣工产值11215.31亿元、新签合同22440.8亿元、房屋施工面积182718.5万平方米、竣工面积43545.6万平方米；从完工面积走势来看，自2014年连续5年增速大幅下降，2015年首次出现负增长，2019年大幅下降至负增长(-29.9%)，但由于体量巨大，螺纹钢需求仍由房建拉动为主。省内螺纹钢生产企业主要是杭钢，属于输入地区，主要向邻近省份购买。

2019年安徽省GDP总量37114亿元。从下游行业发展来看，房地产开发投资6670亿元、新建铁路441km，投资公路建设673亿元，螺纹钢需求主要由房建和基建共同拉动。省内螺纹钢生产企业主要有马钢和长江钢铁，省内供需基本均衡。

2019年福建省GDP总量42395亿元。从下游行业发展来看，房地产开发投资5673亿元，公路建设投入673亿元，螺纹钢需求主要由房建拉动。省内螺纹钢生产企业主要有三钢闽光和福建三宝，供需基本均衡。

2019年江西省GDP总量24758亿元。从下游产业发展来看，房地产开发投资2239亿元，新增铁路400km，投资公路建设657亿元；此外，全省建筑业年内完成总产值7944.78亿元、新签订合同7660.46亿元，省内5家企业进入“全球国际承包商250强”榜单，是未来国内螺纹钢外销的重要推动力量，螺纹钢需求主要由房建和基建共同拉动。省内螺纹钢生产企业主要有方大特钢、萍乡萍钢、九钢和新余钢铁，供需基本均衡。

2019年山东省GDP总量71068亿元，地区排名第二。从下游产业发展来看，房地产开发投资8615亿元，新增铁路297km，新增公路投入1132亿元；此外，建筑业年内完成总产值14269.29亿元、新签合同16470.70亿元，螺纹钢需求主要由房建和基建共同拉动。省内螺纹钢生产企业主要有莱钢和石横特钢，供需基本均衡。

（三）中南地区

中南地区在我国经济发展中有得天独厚的区位优势，尤其是与香港相邻的珠三角地区，港珠澳大桥、大湾区建设等都比内陆地区规模大、开发速度快，对各类钢材的需求也仅次于华东地区。2019年，中南地区粗钢产量为1.52亿吨，约占国内总量15%，会员企业在中南地区的螺纹钢销售量占总量的24%，为缓解市场供需压力，主要向华东地区购买。由于供需间的矛盾，区域内价格略高于全国平均水平。图2-89为2019年会员企业向中南地区销售钢材占比情况。

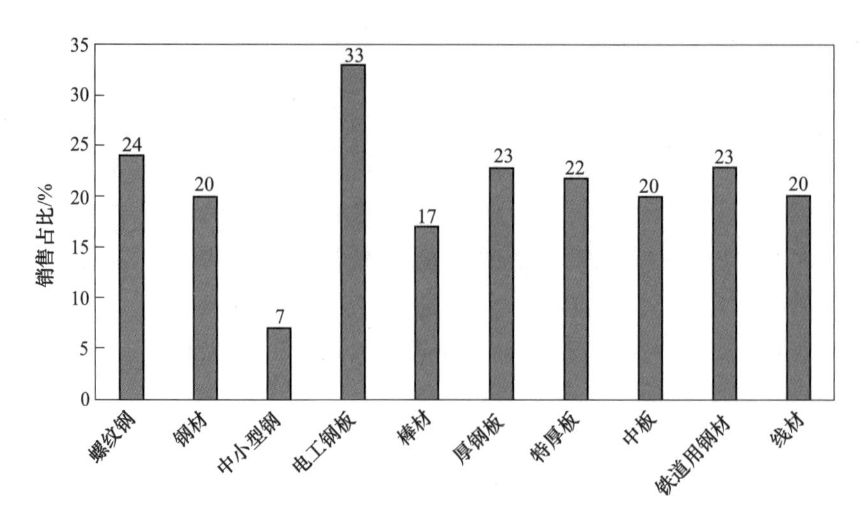

图 2-89　2019 年会员企业向中南地区销售钢材占比情况

（数据来源：中经网数据库）

2019 年中南地区房地产投资占全国房地产投资总额的 28.8%，公路建设投资占全国总投资的 22.9%，新建铁路里程占全国总里程的 21.7%，人均可支配收入在 2.8 万元，区域内房地产和基础设施建设投入高于全国平均水平，螺纹钢需求由房地产与基建共同拉动。表 2-81 为 2019 年中南地区影响螺纹钢消费数据汇总。

表 2-81　2019 年中南地区影响螺纹钢消费数据汇总

项　目	河南	湖北	湖南	广东	广西	海南
GDP/亿元	54259	45828	39752	107671	21237	5309
房地产开发投资/亿元	7465	5112	4445	15852	3814	1336
人口/万人	9640	5927	6918	11521	4960	945
人均可支配收入/元	23903	28319	27680	39014	23328	26679
一般公共预算收入/亿元	4042	3388	3006	12655	1811	814
一般公共预算支出/亿元	10176	7968	8034	17298	5849	1859
固定资产投资：公路建设/亿元	580	1072	508	1708	984	159
新建铁路里程/km	620	824	201	196	4	0
粗钢产量/万吨	3299	3612	2386	3229	2663	0
中国钢铁工业协会会员螺纹钢销售量/万吨	3924.28					

（数据来源：国家统计局、中经网数据库）

中南地区销售螺纹钢的企业主要有：亚新钢铁、安阳钢铁、鄂钢、华菱湘潭钢铁、冷钢、涟源钢铁、韶钢、广钢、柳钢和盛隆冶金等（位次不分先后）。

2019 年河南省 GDP 总量 54259 亿元。从下游产业发展来看，房地产开发投资 7465 亿元，新增铁路 620km，投资公路建设 580 亿元，螺纹钢需求主要由房建和基建共同拉动。省内螺纹钢生产企业主要有闽源特钢、亚新钢铁、安阳钢铁、河南济源和安阳永兴，供需基本均衡。

2019 年湖北省 GDP 总量 45828 亿元，地区排名中游。从下游产业发展来看，房地产开发投资5112亿元，新增铁路824km，投资公路建设1072亿元，螺纹钢需求主要由房建和基建共同拉动。省内螺纹钢生产企业主要有鄂钢和湖北金盛兰，供需基本均衡。

2019年湖南省GDP总量39752亿元，地区排名中游。从下游产业发展情况看，房地产开发投资4445亿元，新建铁路201km，投资公路建设508亿元；此外，建筑业总产值首次突破万亿大关，达10800.62亿元，年内新签订合同12588.43亿元，建设主要集中在长沙、株洲等地，螺纹钢需求主要由房建和基建共同拉动。省内螺纹钢生产企业主要有华菱湘潭钢铁、冷钢和涟源钢铁，供需基本均衡。

2019年广东省GDP总量107671亿元，地区排名第一。从下游产业发展来看，房地产开发投资15852亿元，新增铁路196km，投资公路建设1708亿元；此外，建筑业年内总产值16633.41亿元、新签订合同额22177.15亿元，螺纹钢需求主要由房建和基建共同拉动。省内螺纹钢生产企业主要有珠海粤钢、韶钢、大明钢铁、广钢和友钢，属于输入区域，需要向相邻省份购买。

2019年广西壮族自治区GDP总量21237亿元，地区排名靠后。从下游产业的发展来看，房地产开发投资3814亿元，投资公路建设984亿元，螺纹钢需求主要由房建拉动。自治区内螺纹钢生产企业主要有柳钢、桂鑫和盛隆冶金，属于输出地区，主要销往邻近省份。

2019年海南GDP总量5309亿元，地区排名靠后。从下游产业的发展来看，房地产开发投资1336亿元，投资公路建设159亿元；螺纹钢需求主要由房建拉动属于输入地区。

（四）西北、西南地区

西部地区因地理位置和经济发展的制约，是螺纹钢产销两弱的地区。2019年，西部地区粗钢产量仅1.02亿吨，约占全国的一成，会员企业在西部地区螺纹钢的销售量约占总量两成，西北地区约6%，西南地区约16%，供需基本平衡，部分西南省份向邻近地区采购，价格略高于全国平均水平。图2-90为2019年会员企业向西南地区销售钢材占比情况，图2-91为2019年会员企业向西北地区销售钢材占比情况。

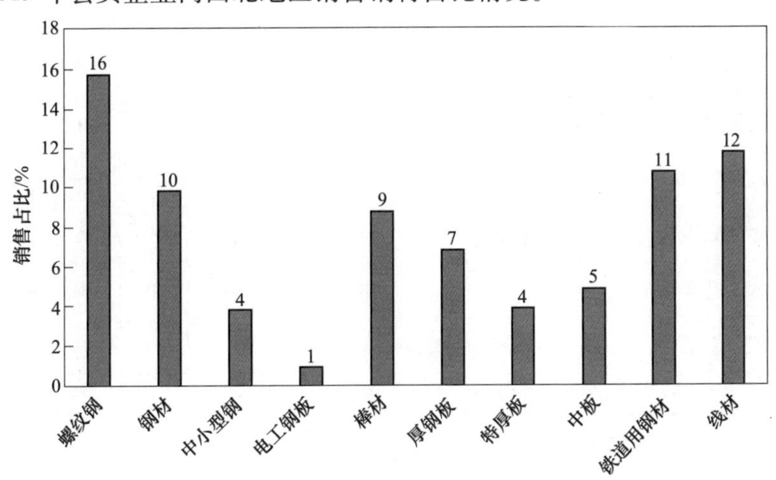

图2-90　2019年会员企业向西南地区销售钢材占比情况

（数据来源：中经网数据库）

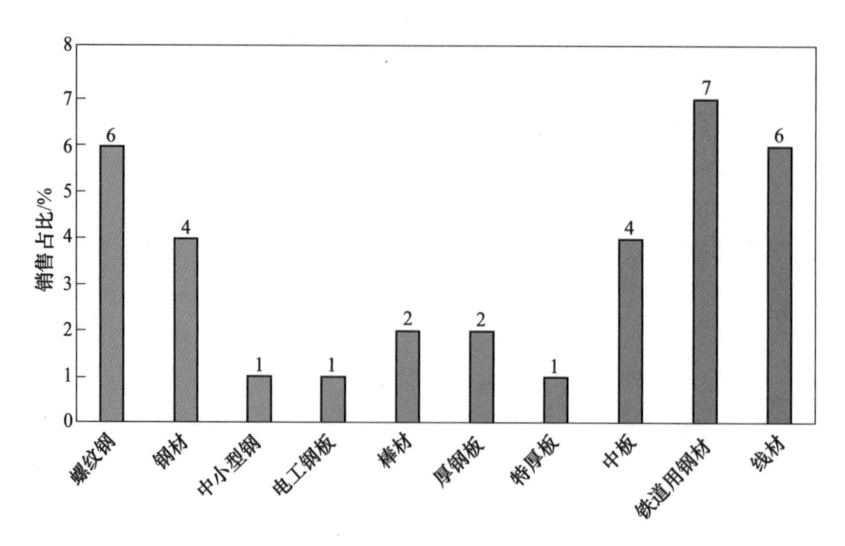

图 2-91 2019 年会员企业向西北地区销售钢材占比情况

（数据来源：中经网数据库）

2019 年西部地区房地产投资占全国房地产投资总额的 19.2%，公路建设投资占全国总投资的 39.6%，新建铁路里程占全国总里程的 29.9%，人均可支配收入达到 2.3 万元，区域内基础设施建设投资相对较高，螺纹钢需求主要由基建拉动。表 2-82 为 2019 年西部地区影响螺纹钢消费数据汇总。

表 2-82 2019 年西部地区影响螺纹钢消费数据汇总

项 目	重庆	四川	贵州	云南	西藏	陕西	甘肃	青海	宁夏	新疆
GDP/亿元	23606	46616	16769	23224	1698	25793	8718	2966	3748	13597
房地产开发投资/亿元	4439	6573	2991	4151	130	3904	1258	406	403	1074
人口/万人	3124	8375	3623	4858	351	3876	2647	608	695	2523
人均可支配收入/元	28920	24703	20397	22082	19501	24666	19139	22618	24412	23103
一般公共预算收入/亿元	2135	4070	1767	2074	222	2288	850	282	424	1577
一般公共预算支出/亿元	4848	10349	5921	6770	2188	5719	3956	1864	1438	5269
公路建设投资/亿元	578	1716	1169	2330	455	683	799	192	140	615
新建铁路里程/km	23	292	188	205	0	418	158	100	180	976
粗钢产量/万吨	845	2733	442	2155	0	1431	878	179	309	1237
中国钢铁工业协会会员螺纹钢销量/万吨	2629					983				

（数据来源：国家统计局、中经网数据库）

西部地区销售螺纹钢的企业主要有：陕钢集团、四川川威、四川达州、成都冶金实验、昆明特钢、云南玉溪玉昆、酒钢集团、新疆八一钢铁和西宁特钢等（位次不分先后）。

2019年陕西省GDP总量25793亿元，地区排名第二。从下游产业发展来看，房地产开发投资3904亿元，新增铁路418km，投资公路建设683亿元；另外，全省建筑业完成总产值7883.88亿元，新签订合同9697.57亿元，其中房屋建筑业实现产值4171.55亿元、省内房屋施工35276.46万平方米、新开工增长乏力，土木工程建筑业实现产值3184.68亿元，铁路、道路、隧道和桥梁工程建筑行业完成产值2488.11亿元，螺纹钢需求主要由房建和基建共同拉动。省内螺纹钢生产企业主要有陕钢和略钢，属于输出地区，主要向邻近省份销售。值得一提的是，2019年西安及西咸新区新开工项目中各有716.86万平方米、123.49万平方米采用装配式建筑施工，已接近当地新开工建筑面积的三成，建筑钢材消费结构转变较明显。

2019年甘肃省GDP总量8718亿元，地区排名靠后。从下游产业发展来看，房地产开发投资1258亿元，新建铁路158km，投资公路建设799亿元，螺纹钢需求主要由房建和基建共同拉动。省内螺纹钢生产企业主要有宏兴钢铁、兰鑫钢铁和酒钢，属于输出地区。

2019年宁夏回族自治区GDP总量3748亿元，地区排名靠后。从下游产业发展来看，房地产开发投资403亿元，新建铁路180km，投资公路建设140亿元，螺纹钢需求主要由基建拉动。自治区内螺纹钢生产企业主要有宁夏钢铁集团和申银特钢，属于输出地区。

2019年青海省GDP总量2966亿元，地区排名靠后。从下游产业发展来看，房地产开发投资406亿元，新建铁路100km，投资公路建设192亿元，螺纹钢需求主要由基建拉动。省内螺纹钢生产企业主要有西宁特钢，属于输入地区，主要向邻近的省份购买。

2019年新疆维吾尔自治区GDP总量13597亿元，地区排名中游。从下游产业发展来看，房地产开发投资1074亿元，新建铁路976km，投资公路建设615亿元，螺纹钢需求主要由房建和基建共同拉动。自治区内螺纹钢生产企业主要有八钢、闽新钢铁、昆仑钢铁和伊钢，供需基本平衡。

2019年四川省GDP总量46616亿元，西部地区排名第一。从下游产业发展来看，房地产开发投资6573亿元，新增铁路292km，投资公路建设1716亿元；此外，建筑业年内完成总产值17592.53亿元、新签订合同21994.5亿元，建设集中在成都经济区(48.7%)、川南经济区（21.1%）和川东北经济区（25.9%），螺纹钢需求主要由房建和基建共同拉动。省内螺纹钢生产企业主要有德胜、广汉德盛、金泉、川威、达钢和攀钢，属于输入地区。

2019年重庆市GDP总量23606亿元，西部地区排名第三。从下游产业发展来看，房地产开发投资4439亿元，新增铁路23km，投资公路建设578亿元；此外，建筑业年内完成总产值8222.96亿元，新签订合同8283.15亿元、新开工面积15132.45万平方米、竣工面积13618.26万平方米，建设集中在主城九区、渝东北三峡库区和渝东南武陵山区的城镇建设，螺纹钢需求主要由房建和基建共同拉动。市内螺纹钢生产企业主要有永航和重钢，属于输入地区。

2019年云南省GDP总量23224亿元，地区排名中游。从下游产业发展来看，房地产开发投资4151亿元，新增铁路205km，投资公路建设2330亿元，螺纹钢需求主要由房建和基建共同拉动。省内螺纹钢生产企业主要有昆钢、曲靖呈钢、云南敬业、云南德胜、凤钢、新兴钢铁、玉昆钢铁和玉溪仙福钢铁。属于输出地区。

2019年贵州省GDP总量16769亿元，地区排名中游。从下游产业发展来看，房地产开发投资2991亿元，新建铁路188km，投资公路建设1169亿元，省内建筑业完成产值3714.89亿元，螺纹钢需求主要由房建和基建共同拉动。省内螺纹钢生产企业主要有水钢、贵阳闽达、贵阳长乐、遵义福鑫和遵钢，属于输入地区。

2019年西藏自治区GDP总量1698亿元，地区排名靠后。从下游产业的发展来看，房地产开发投资130亿元，投资公路建设455亿元，螺纹钢需求主要由房建和基建共同拉动，属于输入地区。

二、行业特点

螺纹钢是用于提升混凝土强度的建筑材料，被称为建筑工程中的“脊梁”。目前国内螺纹钢年消费量超过2.6亿吨，是商业活动必不可少的大宗商品，其消费趋势与国内宏观经济发展有较高的相关性，其需求主要由房地产、基础设施建设等方面牵引。

（一）需求特点

（1）螺纹钢市场总需求与宏观经济的发展紧密相连，但与市场价格的关联度比较低，价格弹性较小。总体而言，决定螺纹钢市场需求量的因素主要是国家、地方政府和房企固定资产投资规模的大小，而投资规模的大小又与国家经济发展速度、发展状况和城镇居民的收入状况紧密相连。价格因素对螺纹钢总需求量的影响并不是很大，因为楼盘、基础设施建设投入多以既定计划为主，且多采取先大量投资后长线盈利的模式，施工中仅仅因为原材料价格上涨而停工的情况很少，同时目前市场上没有螺纹钢替代产品，所以市场价格对螺纹钢总需求量的影响并不大。

（2）市场需求的差异化程度逐步显现。长期以来，在人们的观念里，大部分认为螺纹钢属于无差别化产品，不同企业生产出来的螺纹钢大体相同。但随着用户对产品、服务要求的提升，市场需求差异化程度逐步显现。不同消费者对螺纹钢质量、价格、特点、包装、运输和采购等各个环节要求都有不同程度的偏好，行业中部分钢企根据下游用户需求，已经开始进行差异化营销。

（3）用户对产品的选择性提升。由于螺纹钢市场总体供大于求，行业存在剩余生产能力，同时伴随着国内物流业的迅速发展，下游用户对不同品牌螺纹钢的选择余地有所增加。这一特点导致企业之间的竞争更加激烈，这种情况对生产成本较高的钢企造成了很大压力。

（二）制造特点

（1）固定成本高。螺纹钢产业是资本密集型行业，钢企前期建设和生产组织所需投入的资金规模较大，这一特点要求螺纹钢生产企业充分利用自身的生产能力，最大限度地提升产量，摊薄其高昂的固定成本。

（2）存储成本高。螺纹钢一般放置3~5个月后开始生锈，影响后续销售，大部分钢企为了保证产品的外观和质量，必须建设钢材储存仓库；而仓库的土地、管理费用高昂，投资回收期也很长，如果市场价格不好，库存量达到管理上限，钢企只能减产或者停产。因此，绝大部分钢企往往会在停产和降价销售之间做出选择，大部分情况下降价抛售较为经济合理，但容易引起市场价格剧烈波动，对同行企业的共同利益造成损害。

（3）沉没成本高。经过多年技改，目前国内螺纹钢生产设备的专业性已经很高，很难直接应用于其他行业；这导致钢企如果转型，设备清算价值较低，退出成本会非常高，除非政府强制淘汰或者将价格降至变动成本以下，否则过剩的生产能力难以释放到行业之外。也正是由于高昂的沉没成本，螺纹钢产业的供需关系较为稳定，受房地产、基建行业之外的影响较低。

（4）运输成本高。由于螺纹钢产品质量大、尺寸长、易生锈等特点，使得长途运输成本较高。在消费量较大的地区，往往会有多家生产企业进行竞争，而企业开拓偏远市场的成本也比较高。这一特点决定了产业中一家企业的发展往往是以竞争对手市场占有率下降为主，因此降低销售价格成为螺纹钢市场竞争的重要手段。

（三）资源配置特点

（1）螺纹钢供给弹性较小。生产螺纹钢的设备具有高度的专业性，如果转入其他用途或者由非专业人员使用，那么其创造的价值可能会大幅下滑，这样的专业性导致它只能用于特定用途。由此可见，螺纹钢生产企业退出成本较高，行业内过剩的生产能力难以得到有效释放。在价格超过变动成本的情况下，钢企积极组织生产，主动减产维持价格的意愿不高，这使得螺纹钢供给缺乏弹性，因此螺纹钢价格的变化主要取决于市场总需求量的变化。当市场总需求上涨时，价格就会提升，而当总需求下降的时候，价格也会随之下降，这一特点在螺纹钢需求的季节周期性变化中表现得尤为明显。所以，大型钢企定价往往以市场价为基础，而小型钢企则往往采取跟随大型钢企策略，若某家企业定价大幅高于市场价，则该家企业的螺纹钢销售难度将会骤然提升。这些特点导致消费地区只要有螺纹钢生产企业，市场上一般都不会出现大面积的紧张局面，即使螺纹钢价格出现大幅下跌，钢企为摊薄沉没成本也会组织生产。

（2）产业进入壁垒低。随着近几年冶炼和轧钢技术的发展，螺纹钢生产设备价格逐年下滑；此外，投资主体和融资渠道日益多样化，螺纹钢单位产量的投入成本也在不断降低。上述两点使螺纹钢行业进入壁垒较低，有实力的非钢铁行业企业可以通过收购或参股等方式轻松进入该行业。这一特点导致了地区若有长期且大量螺纹钢需求，地方政府或附近企业往往采取“就地建厂”的方式来化解供需矛盾，而不是长期外购。

（3）生产、销售布局集中。螺纹钢产业是资源密集型产业，在螺纹钢生产过程中，燃料的消耗量较大，厂址的选择大都集中在铁矿石和煤炭资源丰富的地方；同时，由于螺纹钢产品运输成本较高，需求量最大的区域市场也成为众多钢企的共同选择。因此，地域资源丰富、需求量大的地区集中了大批螺纹钢企业，这种情况加剧了区域内钢企之间的竞争，这一特点在华东地区表现尤为明显。

总体而言，螺纹钢产业具有生产成本高、市场需求对价格迟钝、供给区域化明显的特点。

三、季节特点

钢筋混凝土结构工程的施工与季节、天气变化密切相关，受温度、湿度和风霜雨雪等气候条件制约。温湿度会对混凝土的配合比、入模温度和强度增强产生影响；风霜雨雪天气会对施工安全性和作业效率造成影响，施工单位往往采取针对性措施，制定有季节特征的建设方案，在高低温、雨雪时节减缓或停止施工，再加上假期制度让国内建筑业的施工有了明显的季节性特征。而作为建筑钢材的螺纹钢，其消费也就具有了季节性特点。

从图 2-92~图 2-95 可以看出，无论螺纹钢市场总体是涨势还是跌势，每年春节、高低温季节后随着需求的启动，价格都会伴随着不同程度的上升。这主要是因为春节后需要开

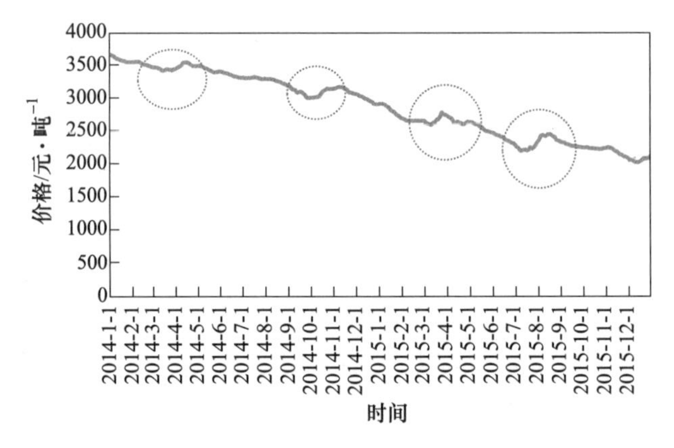

图 2-92　2014~2015 年全国螺纹钢平均价格趋势

（数据来源：慧博数据库）

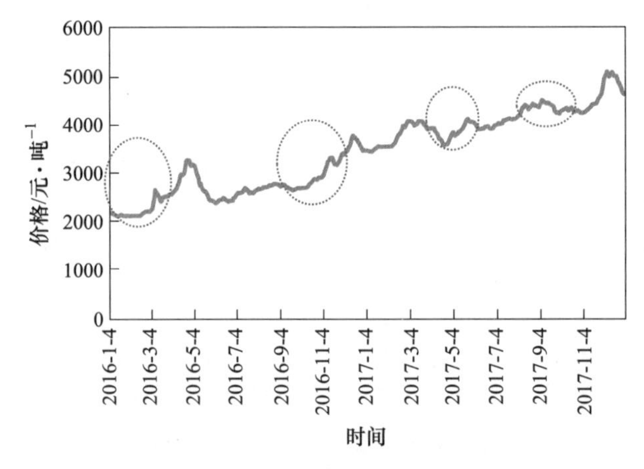

图 2-93　2016~2017 年全国螺纹钢平均价格趋势

（数据来源：慧博数据库）

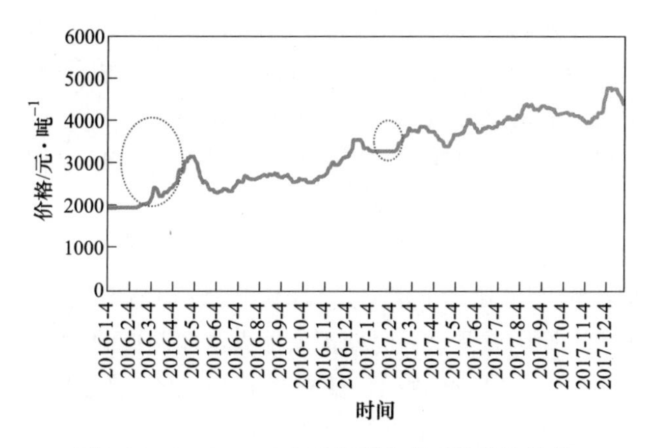

图 2-94　2016~2017 年沈阳螺纹钢平均价格趋势

（数据来源：慧博数据库）

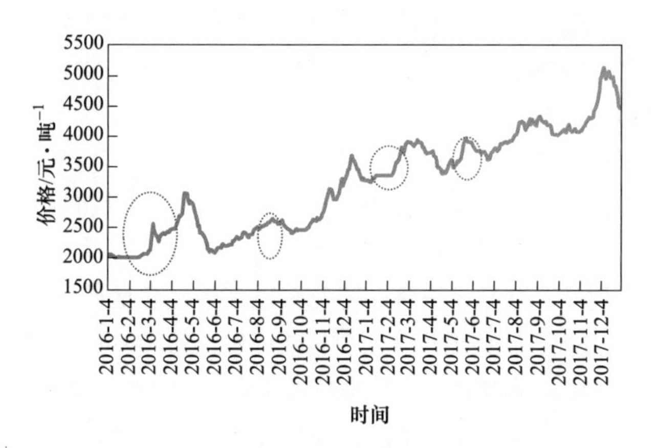

图 2-95　2016~2017 年上海螺纹钢平均价格趋势

（数据来源：慧博数据库）

工的建筑工地数量众多，螺纹钢需求上涨，所以价格有上涨空间；而高低温气候不利于施工，螺纹钢需求回落，气候好转后螺纹钢价格必然上升。总体来看，国内螺纹钢季节性特点两个方面：一是螺纹钢价格随季节变化的特点，二是螺纹钢需求量随季节变化的特点。

四、相关性特点

螺纹钢需求同经济发展呈现出高度的相关性特点。从螺纹钢需求量变化情况来看，大致分三个阶段：2004~2014 年高速增长阶段，2014~2017 年稳定阶段，2017 年至今反弹阶段。

2004~2014 年这段时间，由于国家经济高速发展，在人民群众对房产置业和优质基础设施需求日益增长的情况下，基建、房地产行业发展迅速，房地产新开工面积由 6 亿平方米猛增至 20 亿平方米，国内公路线路里程由 187 万千米增长至 446 万千米、铁路运营里程由 6. 1 万千米增长至 6. 7 万千米。这段时期的建设情况日新月异，部分三四线城市的面貌、环境堪比同期一二线城市。当然，大量的工程建设对钢材、水泥等上游行业提出了更高的需求。为满足下游行业的发展，钢铁企业开始大幅度提高螺纹钢产量并增加投资扩大生产产能，在短短的10年时间里，需求量平均每年增长了1500万吨。但是同期行业产能利用率不断下滑，产能过剩问题开始凸显，供需矛盾日益显现。

2014~2017年这段时间，随着我国国内生产总值增速由7.4%下降至6.8%，房地产行业开始降温，房地产行业投资增速由以前的20%水平腰斩至不足10%，土地购置面积由4亿平方米水平下滑至不足2.5亿，房屋新开工面积由20亿平方米一路下滑至15亿平方米，房地产行业用螺纹钢量也随之下滑。这段时期螺纹钢消费量虽然下降了1500万吨，但降幅相对总量并不大，原因就是这一时期国家加大逆向调控的力度，推动了大批基础设施项目的建设，仅2014年、2015年这两年就新建了1.8万千米铁路，是之前4年的总和，其中高铁里程更是达到8797千米，比2010年开始建设以来的四年总里程还多1395千米；每年公路建设也由4万千米水平提高至6万千米。但是基础设施建设的提速并不能完全填补房地产行业对螺纹钢需求的减少，在经济大环境的影响下，螺纹钢需求量还是步入了连续3年的稳定期，需求量由2014年2.15亿吨减少到2017年不足2亿吨。并且由于前期市场的旺盛，多数钢企投入巨额资金进行扩大再生产，螺纹钢产能和市场需求出现倒挂，螺纹钢价格由4000元以上一路下跌至2000元水平，大量钢企面临停产甚至破产清算的窘境。面对这种情况，相关机构果断出手，开展了打击地条钢工作，有效遏制了螺纹钢价格进一步下滑，维护了大批合规钢企的利益，钢铁行业供给侧改革的大幕也缓缓拉开。

2017年开始，房地产和基础设施建设情况双双好转，房地产企业新开工面积由18亿平方米增加至23亿平方米，铁路建设年投资额连续稳定在8000亿元以上，公路年建设里程保持在7万千米。螺纹钢需求量在供需两方面环境均向好发展的局面下开始回暖，2020年表观消费量更是达到2.67亿吨。从历史上来看，现阶段的螺纹钢消费增长量是最大的时期之一。图2-96为2000~2020年螺纹钢表观消费量及增量情况。

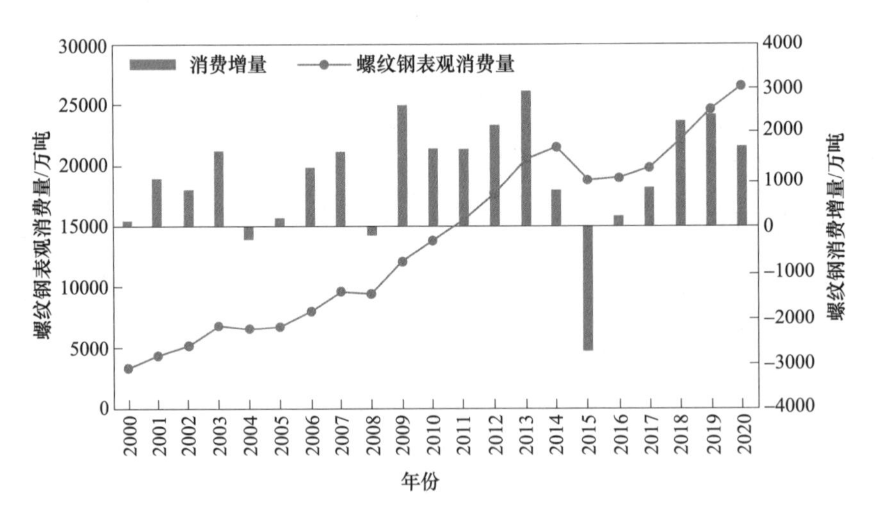

图2-96 2000~2020年螺纹钢表观消费量及增量情况

（数据来源：国家统计局）

五、金融特点

螺纹钢是一种重要的生产资料，产品标准化程度高，物流管理规范，交易流通活跃，在资本市场得到了广泛认可，被市场赋予了双重属性——商品属性和金融属性。前者反映螺纹钢市场供求关系变化对价格走势的影响，后者主要体现为金融市场对螺纹钢这种商品的投资行为。通常情况下，螺纹钢体现的是其商品属性，但在特定的历史时期或阶段，金融属性可能会发挥更重要的作用。

广义而言，螺纹钢的金融属性主要体现在以下三个层面。

（1）作为融资工具。螺纹钢具有良好的天然属性和保值功能，历来作为钢材仓单交易和库存融资的首选品种而备受青睐。许多金融机构和投资银行直接或间接参与仓单交易，并通过具有现货背景的大型钢贸商、钢厂进行融资操作。这种传统意义上的金融属性，实际上起到了风险管理工具和投资媒介的作用。

（2）作为投机工具。螺纹钢是我国最成熟的商品期货交易品种之一，是整个金融市场的有机组成部分，能够为钢铁行业吸引大量的投资资金，并利用金融杠杆进行投机炒作。

（3）作为资产类别。螺纹钢作为重要的建设原材料，和铜、铝、铅、锌等其他商品一起，越来越受到投资机构的重视，一些机构甚至将其视为与股票和债券等“纸资产”相对应的“硬资产”，成为与金融资产相提并论的独立资产类别，从而成为重要的投资替代品或投资标的。

从宏观经济的角度看。螺纹钢商品金融属性的不断增强，实际上是市场供需关系趋紧、计价货币稳定和通货膨胀预期强化的反映，对应的观察指标包括货币供应增长率、新增贷款、通货膨胀率等等。

第三节　影响螺纹钢需求的关键因素

我国对螺纹钢的需求巨大，但随着经济高速增长和建设速度加快，对房屋和基础设施的需求逐渐达到顶峰。21 世纪的前 20 年是中国经济高速增长的 20 年，也是螺纹钢产量和需求增长最快的 20 年。2007 年螺纹钢表观需求量突破 1 亿吨大关，6 年之后，即 2013 年突破 2 亿吨大关。2020 年，我国螺纹钢表观消费量达到 2. 67 亿吨的巨量，逼近 3 亿吨大关。那么，螺纹钢需求的增长究竟有无极限？这一极限何时到来？我们认为，如果我国对螺纹钢的需求受到下游用钢行业发展的约束而存在增长的极限，那么最为关键的制约就是房地产和基础设施建设的增长极限。从数量上看，影响螺纹钢需求的因素主要包括房地产、基础设施建设、城镇化和经济发展。

一、房地产

房地产产业是螺纹钢下游最重要的产业，其生产出来的商品，即所建房屋在市场上的消费状况，是影响螺纹钢需求的重要因素。根据一般均衡理论，楼市需求经楼盘价格传导进而影响楼市供给，最终影响房屋施工进度和螺纹钢需求。楼市需求的增加和新盈利空间的出现，将促进房屋供应量的增长，加快房屋建设的进度，增加房地产业对螺纹钢的需求。反之，楼市需求下降和利润下滑，会迫使楼市供给萎缩，施工进度放缓甚至停工，从而房地产业对螺纹钢的需求下降。此外，人口结构的老龄化、城镇化率放缓、住宅需求从数量型发展向质量型发展转变，这些社会因素也会影响房地产业对螺纹钢的需求。

（一）房屋建筑用螺纹钢特点

房屋建筑是指在规划设计地点为用户或投资人提供生活、生产、工作或其他活动的实体，是目前螺纹钢最主要的使用领域。就螺纹钢使用数量而言，可根据用途、层数、承重构件材料和承重结构进行分类。

按用途可分为民用建筑、工业建筑和农业建筑。民用建筑分为公共建筑和居住建筑；工业建筑根据跨度尺寸不同，分为小跨度厂房和大跨度厂房，跨度为15～30m的厂房以钢筋混凝土结构为主，跨度36m以上的厂房以钢结构为主；农业建筑包括农用仓库、灌溉机房、饲养房等。螺纹钢需求方面，民用建筑最多，工业建筑次之，农业建筑最少。

按高度层数可分为低层建筑、多层建筑、中高层建筑、高层建筑和超高层建筑。多层建筑、中高层建筑和高层建筑多为钢筋水泥结构，螺纹钢用量较大；低层建筑大多使用砖混结构，超高层建筑以钢结构为主，螺纹钢用量相对较少。

按主要承重构件材料可分为钢结构建筑、钢筋混凝土结构建筑、砖混结构建筑、砖木结构建筑和其他结构建筑，钢筋混凝土结构建筑对螺纹钢的需求量最大，其余结构需求量较少。

（二）房地产开发用钢周期

房地产行业作为国民经济的支柱产业，有着复杂而庞大的产业链。开发流程主要包括：拿地→开工→施工→预售→竣工→销售→交付装修。其中，开发商拿地到开工一般需要6个月时间，从开工到期房预售大致需要6～10个月时间，从预售到竣工一般需要1～2年的时间，总体建设周期一般需要2～3年。根据房地产用钢的特点，可以将竣工作为用钢分水岭，将房地产建设周期简单地分为用钢高峰期（施工期）和用钢低峰期（服务期）。高峰时期消耗的钢材主要有螺纹钢、线材、板材和管材等，而在用钢低峰期消费的钢材则以板材、管材和小型型钢为主。

房地产建设不同阶段对螺纹钢的需求是有差异的。土地购置、计划开工、房屋销售和资金回笼情况主要影响未来螺纹钢需求，对应指标包括土地购置面积、新开工面积、销售面积及房价等。房地产投资、施工、竣工情况主要影响当前螺纹钢需求，相应指标包括房地产投资额、建筑安全投资额、施工面积和竣工面积等。

从螺纹钢的长期、中期和短期需求来看。由于房地产新开工时期用钢量大，导致短期需求受新开工面积和施工面积的直接影响较大。在房地产开发中期，地产商往往会缩短开工到期房预售的时间，从而缩短资金回笼周期、缓解资金周转压力，这样也加速了螺纹钢的消耗，所以中期需求主要受销售资金回笼情况影响。政策及资金环境决定了房地产行业的长期发展方向，从而影响开发商的拿地热情和后续开发进度，进而影响对螺纹钢的长期需求。

从消费阶段来看，螺纹钢消耗最多的阶段是房屋建设开工 2~3 个月的地下至正负零阶段（主体工程基准面下工程），其次是主体结构达到预售条件至封顶的中期建设阶段，再次是预售到销售的后期竣工阶段。图 2-97 为房地产行业建设周期特点。

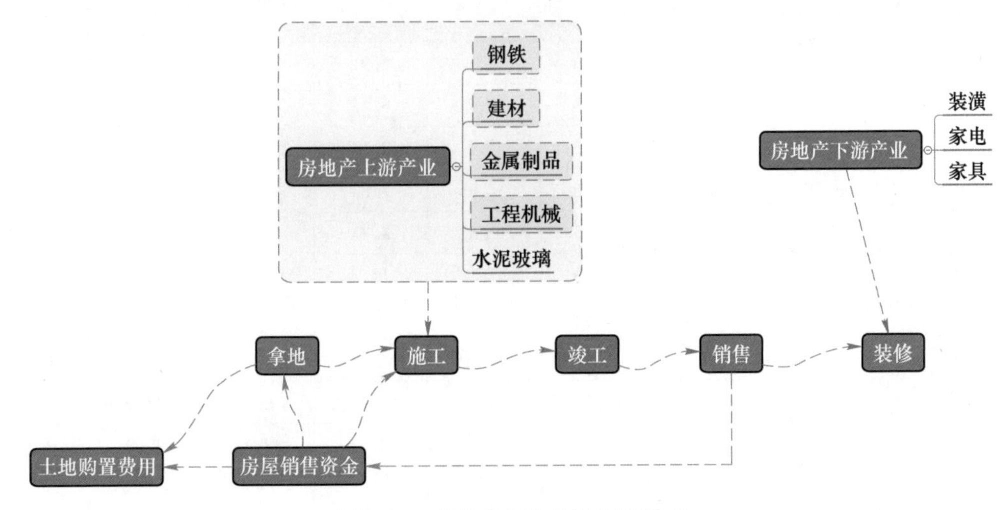

图 2-97　房地产行业建设周期特点

（三）房地产产业发展变化

我国房地产用钢量跟随房地产变化轨迹，受调控政策影响。从停止福利分配住房算起，中国房地产市场化已经走过了 20 年。今天的房地产是以往 20 年房地产发展累积的结果，也是房地产走向未来的起点。表 2-83 为 2000~2020 年中国房地产四项指标统计数据。

表 2-83　2000~2020 年中国房地产四项指标统计数据

年份	房地产投资额		商品房销售面积		商品房销售额		商品房成交均价	
	总额/万亿元	同比增长/%	面积/亿平方米	同比增长/%	总额/万亿元	同比增长/%	均价/元·平方米$^{-1}$	同比增长/%
2000	0.50	21.5	1.86	27.4	0.50	22.0	2112	2.9
2001	0.63	27.3	2.24	20.4	0.49	-2.0	2170	2.7
2002	0.78	22.8	2.68	19.6	0.60	22.4	2250	3.7
2003	1.02	30.3	3.37	25.8	0.80	33.3	2359	4.8
2004	1.32	28.6	3.82	13.4	1.04	30.0	2778	17.8
2005	1.59	20.9	5.55	—	1.76	69.2	3168	14.0
2006	1.94	22.1	6.19	11.5	2.08	18.2	3367	6.3
2007	2.53	30.2	7.62	23.2	2.96	42.3	3864	15.4
2008	3.06	20.9	6.21	-18.5	2.41	-18.6	3800	-2.2
2009	3.62	18.3	9.37	50.9	4.40	82.6	4681	23.6
2010	4.83	33.2	10.43	10.1	5.25	18.3	5032	7.1

续表 2-83

年份	房地产投资额		商品房销售面积		商品房销售额		商品房成交均价	
	总额/万亿元	同比增长/%	面积/亿平方米	同比增长/%	总额/万亿元	同比增长/%	均价/元·平方米$^{-1}$	同比增长/%
2011	6.74	27.9	10.99	4.9	5.91	12.1	5357	6.9
2012	7.18	16.2	11.13	1.8	6.45	10.0	5791	7.7
2013	8.60	19.8	13.06	17.3	8.14	26.3	6237	7.7
2014	9.50	10.5	12.06	-7.6	7.63	-6.3	6323	1.4
2015	9.60	1.1	12.85	6.6	8.73	14.4	6793	7.4
2016	10.26	6.9	15.73	22.4	11.7	34.7	7476	10.1
2017	10.98	7.0	16.94	7.7	13.37	13.7	7892	5.6
2018	12.03	9.5	17.17	1.3	15.00	12.2	8737	10.7
2019	13.22	9.9	17.16	-0.1	15.97	6.5	9310	6.6
2020	14.14	7.0	17.61	2.6	17.36	8.7	9858	5.9
2000~2020 年年均增速	—	18.2	—	11.9	—	19.4	—	8.0

（数据来源：《中国房地产年鉴》）

分析表 2-83 所列数据，在不计入物价上涨因素前提下，20 年中国房地产投资额增长 27.3 倍，年均增速 18.2%；商品房销售面积增长近 8.5 倍，年均增速 11.9%；商品房销售额增长 33.7 倍，年均增速 19.4%；商品房成交均价上涨 3.7 倍，年均增速 8.0%。按一家有 3 口人，人均建筑面积 30m^2 计，全国城镇房价收入比由房改初期 5 年平均 9.5 下降到最近 5 年平均 6.6。20 年里，中国房地产投资额没有出现过年度负增长，商品房销售面积和销售额各有 3 年出现同比下降，两者同时出现下降的分别是 2008 年、2014 年，商品房成交均价只有一年出现下降，也是在 2008 年。全国城镇人均住房建筑面积 20 年增加 24m^2，年均增加 1.2m^2，人均住房使用面积年均增加不足 1m^2。房地产变化轨迹可以概括为五点。

（1）房价控而不降反升。房价控制政策始于 2004 年，十几年来不断加码，但效果不尽如人意，即使 2008 年仅有的小幅下降，次年又报复性上涨。

（2）房地产“泡沫”胀而不破。

（3）房地产拐点来而复返，十余年来中国房地产发展实践证明，所谓拐点只不过是市场的短期波动，建设投资和市场销售依然保持长期向上走势。

（4）房价高而不见露宿街头者，因为中国房地产市场以改善性的自有住房为主体需求，买不起住房不等于无房可住。

（5）住房存量大而新房建设势头强劲。十多年前就有中国城镇商品住宅存量过剩论，但住房投资建设的势头依然强劲。全国年度商品住宅开工建设面积已连续多年超过 10 亿平方米，2020 年更达 16.4 亿平方米。

通过这几个特点判断，房地产对螺纹钢的需求量仍有增长空间。

（四）保障性住房

改革开放后，保障性住房建设滞后于商品房建设，中低收入群体的住房难题长期存在。2008 年起，政府从保障民生和拉动经济两方面考虑，推动房地产政策回归保障属性。随着保障性住房建设的加快，对螺纹钢、线材等建筑钢材需求大幅增加。

1. 保障性住房发展现状

社会保障性住房是我国城镇住宅建设中极具特色的一类住宅，通常指按照国家政策和法律法规的规定，由政府统一规划、统筹，为困难群众提供住房使用，并对该类住房建造标准及销售价格或者租金标准予以限定，起社会保障作用的住房。国内保障性住房一般由廉租房、经济适用房、政策性租赁房、定向安置房和限价商品房等构成。

自从 2008 年提出加大保障性住房建设力度后，截至 2019 年年底，我国已建成廉租房、公共租赁房、定向安置房 8000 多万套，帮助 2 亿多人解决了住房难题。以棚改为例，“十三五”期间，全国累计改造棚户区房屋 2156 万套，惠及居民 4600 多万人。

2. 保障性住房螺纹钢需求

我国住房保障制度以“低水平、广覆盖”为目标，主要解决占常住人口 70%以上的中低收入家庭的住房问题，重点保证不到 10%的极低收入的家庭、老人、病人进入政府提供的廉租房，从而保障最弱势人群的居住和生活权利。此外，20%~80%的中低收入人群在政府住房货币化补贴、优惠利率和优惠税收等条件下，通过限价商品房、经济适用房、租赁经济适用房、民工住房等形式来解决住房问题。对于 20%以上的中高收入者来说，住房完全由市场决定，不纳入住房保障体系。据中国施工企业管理协会调研，廉租房和公共租赁房的建设比重均约 5%；经济适用房的建设比重约 30%；限价商品房的建设比重约 50%。各地保障性住房的户型和面积略有差异，但均以小户型为主，建设标准为：公共租赁房以 $40m^2$ 为主，廉租房以 $50m^2$ 为主，经济适用房以 $60m^2$ 为主，限价商品房以 $90m^2$ 为主。根据以上数据估算，“十三五”期间，保障性住房建设消费的螺纹钢超过 4400 万吨。

（五）老旧小区改造和城市更新

我国经过多年的社会经济快速发展，二三十年前建成的住宅小区及配套设施已逐渐不能满足人们日益丰富的生活需求。就城市发展而言，以往的规划和功能逐渐不能满足当前经济和产业的发展需要，因此有必要对城市规划和功能进行调整。过去很长一段时间，解决这类问题的主要途径是棚户区改造，但是随着城市化的逐步深入，传统意义上的棚户区越来越少，且老旧小区往往位于城市中心，其改造经常伴随地下管廊和城市轨道交通的建设，以往大拆大建的模式存在成本高、资源浪费、社会影响大等弊端，也难以满足当前城市更新改造的需要。我国借鉴世界各地的成功经验，结合国情实际，积极推进老旧小区改造，现有多个省区市出台了城市更新政策和体系。

1. 政策

《2019年政府工作报告》提出，要继续推进保障性住房建设和城镇棚户区改造，继续推进地下综合管廊建设，确保困难群体基本居住需求；城镇老旧小区量大面广，要大力进行改造提升，更新水电路气等配套设施，支持加装电梯和无障碍环境建设，完善便民市场、便利店、步行街、停车场等生活服务设施。

随着《2019年政府工作报告》工作导向的确立，老旧小区改造这一议题陆续出现在中央政治局会议和国务院常务会议上，成为经济工作开展的重点之一。7月30日中央政治局会议要求：稳定制造业投资，实施城镇老旧小区改造、城市停车场、城乡冷链物流设施建设等补短板工程，加快推进信息网络等新型基础设施建设。7月31日国务院常务会议提出，要加快推进商品消费、深挖国内需求潜力、提升人民生活品质，鼓励以传统商场、老旧小区等为主体的多功能综合性新型消费载体进行改造，各地可结合实际，改造提升商业步行街；鼓励把社区医疗、养老、家政等生活设施纳入老旧小区改造范围，同时给予财税支持，打造便民消费圈。同期，住房和城乡建设部办公厅、国家发展改革委办公厅和财政部办公厅联合印发《关于做好2019年老旧小区改造工作的通知》，明确要求各地开展老旧小区摸底调查，将相关情况和老旧小区改造计划上报住房和城乡建设部、国家发展改革委和财政部。一系列的政策信号显示，老旧小区改造是今后政府在房地产工作中的重点，势在必行。

2. 老旧小区改造螺纹钢需求

在一定意义上，可以将老旧小区改造看作是棚改工作的延续。据住房和城乡建设部梁传志博士统计，目前国内老旧小区已有近16万个，建筑面积约为40亿平方米，涉及居民超过4200万户。从建筑面积的角度来看，40亿平方米住房全部重新建设，按照每平方米消费50kg螺纹钢计算，至少能拉动2亿吨螺纹钢的需求；从人均住宅面积看，4200万户居民重新购买房屋，按照每户4人、人均40m^{2}计算，需新建住宅67.2亿平方米，至少拉动螺纹钢消费3.36亿吨。如果加上社区生活、交通和科教文卫等配套设施建设，老旧小区改造和城市更新对螺纹钢需求的拉动将更为可观。

二、基础设施

基础设施包括能源、铁路、城市轨道、公路、水路、民航基础设施等。其建设施工具有受政府影响较大，发展取决于决策，投入、运营维护成本高的特点。其特点决定了对螺纹钢需求的影响不像房地产受限于市场，而更多的受建设过程本身影响。国内大规模投资基础设施的时机往往与经济的逆周期调整不谋而合，当经济增长下滑时，国家或地方政府往往会加大对基础设施的投资规模来拉动经济增长。从螺纹钢需求来看，铁路、公路和城市基础设施建设用钢量较大，铁路和公路消耗的螺纹钢主要用于线路铺设，桥梁、隧道和车站的建设，城市基础设施建设消耗的螺纹钢则主要用于城市交通和生活配套设施建设。

国家发展改革委、交通运输部于2016年5月联合印发了《交通基础设施重大工程建设三年行动计划》（以下简称《行动计划》），对2016~2018年重点推进的重大交通基础设施工程建设进行了总体部署。交通基础设施建设是螺纹钢消费的重点领域之一，本节围绕《行动计划》中提出的重大工程建设项目，对基础设施建设给螺纹钢需求带来的影响进行描述。

（一）重大基础设施工程汇总

《行动计划》提出，2016~2018年重点推进303个铁路、公路、水路和机场、城市轨道交通项目，涉及总投资约4.7万亿元的工程。这些交通基础设施重大工程建设项目，对中国螺纹钢的需求将会有直接的拉动。经初步梳理，在《行动计划》提出的2016~2018年重大交通基础设施项目中，重点涉及螺纹钢消费的施工内容见表2-84。

表2-84 2016~2018年交通基础设施重大工程项目中涉及螺纹钢消费的建设内容

领域	投资额/万亿元	重点推进项目	需求螺纹钢的项目	主要建设内容
铁路	2	结合中长期铁路网规划修编和铁路“十三五”发展规划编制，完善国家高速铁路网络，提升中西部铁路通达通畅水平，加快推进城市群城际铁路建设。重点推进86个项目的前期工作	线路铺设、车站新改扩建	新建、改扩建线路约2万公里，配套新建、改扩建车站
公路	0.58	以“三大战略”区域通道内高速公路为重点，实施国家高速公路网剩余路段建设和繁忙路段改扩建，推进普通国道提质升级和未贯通路段建设。重点推进54个项目的前期工作	路面铺设、桥梁、隧道、涵洞和车站建设	新建、改扩建高速公路6000km以上及配套工程
水路	0.06	建设长江黄金水道，加强长江等内河航道整治；提升沿海港口的现代化水平，完善航运中心功能，支撑海上丝绸之路建设。重点推进10个项目的前期工作	泊位建设、船闸工程	大型矿石泊位4个，建设1座3000t级船闸；新建暂以5000t级为代表的双线多级船闸
机场	0.46	结合全国民用运输机场布局规划修编，推进干线机场改扩建工程，提升枢纽机场保障能力；加快支线机场建设，完善机场布局。重点推进50个项目的前期工作	航站楼、配套建筑物	涉及机场航站楼建设面积167万平方米及配套工程
城市轨道交通	1.6	有序推进城市轨道交通建设，逐步优化大城市轨道交通结构。重点推进103个项目的前期工作	线路铺设、车站新改扩建	新增通车里程2385km，配套新建、改扩建车站
合计	4.7	拟重点推进铁路、公路、水路、机场、城市轨道交通项目303项		

（数据来源：本书收集）

（二）重点基础设施建设螺纹钢需求量估算

基础设施建设对用螺纹钢的需求有直接影响。经中国钢铁工业协会测算，2016~2018年《行动计划》重点推进铁路、公路、水路、机场、城市轨道交通等303个项目，带动钢材消费约1亿吨。

（1）铁路基础设施重大工程建设及螺纹钢消费。《行动计划》指出，2016~2018 年铁路基础设施建设重点推进 86 个项目的前期工作，新建改扩建线路约 2 万公里，涉及投资约 2 万亿元。螺纹钢主要用来铺设线路，建造桥梁、隧道和车站等。据估算，铁路基础设施每年消费的螺纹钢超过 900 万吨。

（2）公路基础设施重大工程建设及螺纹钢消费。《行动计划》指出，2016~2018 年公路基础设施建设重点推进 54 个项目的前期工作，新建、改扩建高速公路 6000km 以上，涉及投资约 5800 亿元。螺纹钢主要用来铺设路面，建造桥梁、隧道、涵洞和车站等。据估算，公路基础设施每年消费的螺纹钢超过 1300 万吨。

（3）水路基础设施重大工程建设及螺纹钢消费。《行动计划》指出，2016~2018 年水路基础设施重大工程建设重点推进 10 个项目的前期工作，涉及投资约 600 亿元。螺纹钢主要用来建造泊位、闸门工程和其余配套设施等。

（4）机场基础设施重大工程建设及螺纹钢消费。《行动计划》指出，2016~2018 年机场基础设施重点推进 50 个项目的前期工作，涉及投资约 4600 亿元。螺纹钢主要用来建造生活配套和周边交通设施。

（5）城市轨道交通基础设施重大工程建设及螺纹钢消费。《行动计划》指出，2016~2018 年城市轨道交通基础设施重大工程建设重点推进 103 个城市轨道交通项目的前期工作，涉及投资约 1.6 万亿元，新建城市轨道交通通车里程 2385km。螺纹钢主要用来建造隧道、桥梁和车站等。

回看"十三五"时期，我国基础设施建设取得了重大的突破。"四纵四横"高速铁路主骨架全面建成，"八纵八横"高速铁路主通道和普速干线铁路建设明显加速，重点区域城际铁路建设也在快速施工。随着国内工业化和城市化程度的不断提高，"十四五"期间的基础设施建设规模将会更大，也将拉动更多的螺纹钢需求。表 2-85 为"十四五"规划纲要基础设施重大工程项目中涉及螺纹钢消费的建设内容。

表 2-85 "十四五"规划纲要基础设施重大工程项目中涉及螺纹钢消费的建设内容

战略骨干通道	建设川藏铁路雅安至林芝段和伊宁至阿克苏、酒泉至额济纳、若羌至罗布泊等铁路，推进日喀则至吉隆、和田至日喀则铁路前期工作，打通沿边公路 G219 和 G331 线，提质改造川藏公路 G318 线
高速铁路	建设成都重庆至上海沿江高铁、上海经宁波至合浦沿海高铁、京沪高铁辅助通道天津至新沂段和北京经雄安新区至商丘、西安至重庆、长沙至赣州、包头至银川等高铁
普速铁路	建设西部陆海新通道黄桶至百色、黔桂增建二线铁路和瑞金至梅州、中卫经平凉至庆阳、柳州至广州铁路，推进玉溪至磨憨、大理至瑞丽等与周边互联互通铁路建设。提升铁路集装箱运输能力，推进中欧班列运输通道和口岸扩能改造，建设大型工矿企业、物流园区和重点港口铁路专用线，全面实现长江干线主要港口铁路进港
城市群和都市圈轨道交通	新增城际铁路和市域（郊）铁路运营里程 3000km，基本建成京津冀、长三角、粤港澳大湾区轨道交通网。新增城市轨道交通运营里程 3000km
高速公路	实施京沪、京港澳、长深、沪昆、连霍等国家高速公路主线拥挤路段扩容改造，加快建设国家高速公路主线并行线、联络线，推进京雄等雄安新区高速公路建设。规划布局建设充换电设施。新改建高速公路里程 2.5 万公里

续表 2-85

港航设施	建设京津冀、长三角、粤港澳大湾区世界级港口群，建设洋山港区小洋山北侧、天津北疆港区C段、广州南沙港五期、深圳盐田港东区等集装箱码头。推进曹妃甸港煤炭运能扩容、舟山江海联运服务中心和北部湾国际门户港、洋浦枢纽港建设。深化三峡水运新通道前期论证，研究平陆运河等跨水系运河连通工程
现代化机场	建设京津冀、长三角、粤港澳大湾区、成渝世界级机场群，实施广州、深圳、昆明、西安、重庆、乌鲁木齐、哈尔滨等国际枢纽机场和杭州、合肥、济南、长沙、南宁等区域枢纽机场改扩建工程，建设厦门、大连、三亚新机场。建成鄂州专业性货运机场，建设朔州、嘉兴、瑞金、黔北、阿拉尔等支线机场，新增民用运输机场30个以上
综合交通和物流枢纽	推进既有客运枢纽一体化智能化升级改造和站城融合，实施枢纽机场引入轨道交通工程。推进120个左右国家物流枢纽建设。加快邮政国际寄递中心建设

（数据来源：本书收集）

三、其他

（一）城镇化

城镇化是我国螺纹钢最大的内需和消费动力，而城镇化水平低、区域发展不平衡是制约螺纹钢需求增长的重要因素。2019年，我国城镇人口为84843万人，城镇化率为60.60%。其中，城镇化率超过70%的地区有4个，城镇化率不到50%的地区有2个。在过去的五年里，我国的城镇化发展迅速，城乡面貌发生了巨大的变化。本节依据《中国统计年鉴》，在分析城镇化发展的基础上，尝试梳理城镇化对螺纹钢需求的影响。

1. 各国钢材消费与城镇化水平

20世纪70年代开始，随着全球工业化水平的不断提高，大多数发达国家都迎来了钢材消费的高峰期。由于国情不同出现的峰值数据存在较大差异，但都体现了共同之处——城镇化高峰和钢铁消费高峰的高度吻合。法国、英国和比利时的用钢峰值都出现在2700万吨左右，德国则在5000万吨左右，日本和美国在同年出现峰值，为1亿吨水平，苏联的峰值出现较晚，且在峰值之前不是连续增长的模式，有小幅的波动，在1988年达到1.6亿吨的高峰，随后逐渐下降。而发展中国家印度、阿根廷等则至今都没有出现峰值，消费水平依然保持持续上升势头。表2-86为主要发达国家钢材消费峰值情况及城镇化水平统计。

这些国家的钢铁消费峰值都在较高的城镇化率背景下出现。其中，法国出现峰值时的城镇化率为72.26%，英国为77.12%，德国为72.5%，日本为74.22%，美国为73.5%。可以看出，当城镇化率突破70%以后，这些国家的钢材需求的增长趋势均大幅减少，总量达到峰值。2020年末，我国城镇化率达到63.89%，按目前的人口迁移速度，10~15年后我国大概率也将到达螺纹钢消费峰值。

表 2-86　主要发达国家钢材消费峰值情况及城镇化水平统计

国别	峰值年份	峰值消费量/万吨	城镇化率/%
苏联	1988	16304	65.3
比利时	1970	2700~2800	94.35
美国	1973	13680	73.5
法国	1974	2702	72.65
英国	1970	2831	77.12
德国	1974	5323	72.5
日本	1973	11932	74.22

（数据来源：前瞻数据库）

发生这种情况的原因可能有以下几点：

第一，工业化是发展中国家走向现代化的必然选择。从大国经济工业结构的演进过程看，基本存在着由轻纺工业为主向重化工业为主、再向技术集约化的结构升级规律，城镇化水平是工业化水平的重要衡量指标，当城镇化率到达一定程度后，工业化进入技术创新阶段，社会生产力由技术拉动，对钢材的需求量有限。

第二，钢铁行业不仅自身是典型的重工业，而且是其他工业企业的基础，同时也是城镇基础建设不可或缺的原材料提供者。所以，在未完成工业化之前，钢铁行业都不会大幅萎缩。

第三，在国家工业化完成之后，城镇化水平也都相应达到了较高的水平。此时，国家基础设施建设已基本完成，对钢铁的刚性需求也逐步减少。根据市场调节机制，钢铁产量也将被削减，直至维持在一个较为平稳的水平。表 2-87 为 1970~2019 年世界主要经济体城镇化率。

表 2-87　1970~2019 年世界主要经济体城镇化率　（%）

年份	德国	法国	韩国	美国	欧盟	日本	意大利	印度	英国	中国
1970	72.27	71.06	40.7	73.6	64.02	71.88	64.27	19.76	77.12	17.38
1971	72.33	71.46	42.26	73.61	64.47	72.67	64.75	19.99	77.03	17.26
1972	72.39	71.86	43.69	73.62	64.88	73.45	65.04	20.32	77.19	17.13
1973	72.45	72.26	45.13	73.63	65.27	74.22	65.24	20.65	77.36	17.2
1974	72.5	72.65	46.58	73.64	65.65	74.97	65.44	20.99	77.52	17.16
1975	72.56	72.93	48.03	73.65	65.99	75.72	65.64	21.33	77.68	17.34
1976	72.62	73	49.72	73.66	66.3	75.94	65.84	21.68	77.84	17.44
1977	72.67	73.07	51.48	73.67	66.62	76	66.04	22.03	78.01	17.55
1978	72.73	73.14	53.23	73.68	66.96	76.06	66.24	22.38	78.16	17.92
1979	72.79	73.21	54.98	73.69	67.28	76.12	66.44	22.74	78.32	18.96
1980	72.84	73.28	56.72	73.74	67.59	76.18	66.64	23.1	78.48	19.39
1981	72.99	73.35	58.41	73.89	67.86	76.27	66.84	23.42	78.59	20.16

续表 2-87

年份	德国	法国	韩国	美国	欧盟	日本	意大利	印度	英国	中国
1982	73. 11	73. 43	60. 06	74. 04	68. 06	76. 38	66. 89	23. 65	78. 54	21. 13
1983	73. 1	73. 5	61. 69	74. 19	68. 22	76. 49	66. 87	23. 88	78. 49	21. 62
1984	72. 94	73. 58	63. 3	74. 34	68. 36	76. 6	66. 85	24. 11	78. 44	23. 01
1985	72. 71	73. 65	64. 88	74. 49	68. 48	76. 71	66. 83	24. 35	78. 39	23. 71
1986	72. 62	73. 72	66. 68	74. 64	68. 63	76. 83	66. 81	24. 59	78. 34	24. 52
1987	72. 84	73. 8	68. 56	74. 79	68. 84	76. 96	66. 79	24. 82	78. 29	25. 32
1988	73	73. 88	70. 39	74. 94	69. 05	77. 09	66. 77	25. 06	78. 24	25. 81
1989	72. 98	73. 95	72. 15	75. 09	69. 2	77. 21	66. 75	25. 31	78. 19	26. 21
1990	73. 12	74. 06	73. 84	75. 3	69. 37	77. 34	66. 73	25. 55	78. 14	26. 41
1991	73. 27	74. 23	74. 97	75. 7	69. 56	77. 47	66. 71	25. 78	78. 11	26. 94
1992	73. 36	74. 4	75. 82	76. 1	69. 72	77. 61	66. 74	25. 98	78. 17	27. 46
1993	73. 5	74. 57	76. 65	76. 49	69. 85	77. 75	66. 8	26. 19	78. 23	27. 99
1994	73. 71	74. 74	77. 45	76. 88	69. 99	77. 88	66. 86	26. 4	78. 29	28. 51
1995	73. 92	74. 91	78. 24	77. 26	70. 13	78. 02	66. 92	26. 61	78. 35	29. 04
1996	74. 13	75. 08	78. 66	77. 64	70. 27	78. 15	66. 98	26. 82	78. 41	30. 48
1997	74. 34	75. 25	78. 91	78. 01	70. 4	78. 27	67. 04	27. 03	78. 47	31. 91
1998	74. 55	75. 42	79. 15	78. 38	70. 53	78. 4	67. 1	27. 24	78. 53	33. 35
1999	74. 76	75. 61	79. 38	78. 74	70. 67	78. 52	67. 16	27. 45	78. 59	34. 78
2000	74. 97	75. 87	79. 62	79. 06	70. 83	78. 65	67. 22	27. 67	78. 65	36. 22
2001	75. 17	76. 13	79. 94	79. 23	71. 01	79. 99	67. 28	27. 92	78. 75	37. 66
2002	75. 37	76. 38	80. 3	79. 41	71. 24	81. 65	67. 38	28. 24	79. 05	39. 09
2003	75. 58	76. 63	80. 65	79. 58	71. 46	83. 2	67. 5	28. 57	79. 34	40. 53
2004	75. 78	76. 88	81	79. 76	71. 68	84. 64	67. 62	28. 9	79. 63	41. 76
2005	75. 98	77. 13	81. 35	79. 93	71. 9	85. 98	67. 74	29. 24	79. 92	42. 99
2006	76. 18	77. 38	81. 53	80. 1	72. 12	87. 12	67. 86	29. 57	80. 2	44. 34
2007	76. 38	77. 62	81. 63	80. 27	72. 34	88. 15	67. 97	29. 91	80. 48	45. 89
2008	76. 58	77. 87	81. 73	80. 44	72. 56	89. 1	68. 09	30. 25	80. 76	46. 99
2009	76. 77	78. 12	81. 83	80. 61	72. 76	89. 99	68. 21	30. 59	81. 03	48. 34
2010	76. 97	78. 37	81. 94	80. 77	72. 97	90. 81	68. 33	30. 93	81. 3	49. 95
2011	77. 16	78. 62	81. 92	80. 94	73. 17	91. 07	68. 44	31. 28	81. 57	51. 27
2012	77. 17	78. 88	81. 85	81. 12	73. 36	91. 15	68. 68	31. 63	81. 84	52. 57
2013	77. 18	79. 14	81. 78	81. 3	73. 54	91. 23	68. 98	32	82. 1	53. 73
2014	77. 19	79. 39	81. 71	81. 48	73. 72	91. 3	69. 27	32. 38	82. 37	54. 77
2015	77. 2	79. 66	81. 63	81. 67	73. 91	91. 38	69. 57	32. 78	82. 63	56. 1
2016	77. 22	79. 92	81. 56	81. 86	74. 11	91. 46	69. 86	33. 18	82. 89	57. 35
2017	77. 26	80. 18	81. 5	82. 06	74. 31	91. 54	70. 14	33. 6	83. 14	58. 52
2018	77. 31	80. 44	81. 46	82. 26	74. 51	91. 62	70. 44	34. 03	83. 4	59. 58
2019	77. 38	80. 71	81. 43	82. 46	74. 73	91. 7	70. 74	34. 47	83. 65	60. 6

（数据来源：中经网数据库）

2. 城镇化水平与螺纹钢需求

众所周知，推进城镇化是我国工业化、现代化的必然要求，也是经济社会发展的必然选择。城镇化的核心是农村人口转移到城镇，由此衍生的大规模住房需求和城市基础设施建设，进而给螺纹钢消费带来机遇。

城镇人口的增长由新出生人口和迁入人口引起，其减少由迁出和人口死亡导致。再通过“人均建筑面积”和“单位建筑面积用钢量”影响城镇化建设用钢量。近年来，“单位建筑面积用钢量”变化较小，城镇新增人口对城镇化建设用钢影响更大。图 2-98 为城镇新增人口影响螺纹钢需求逻辑。

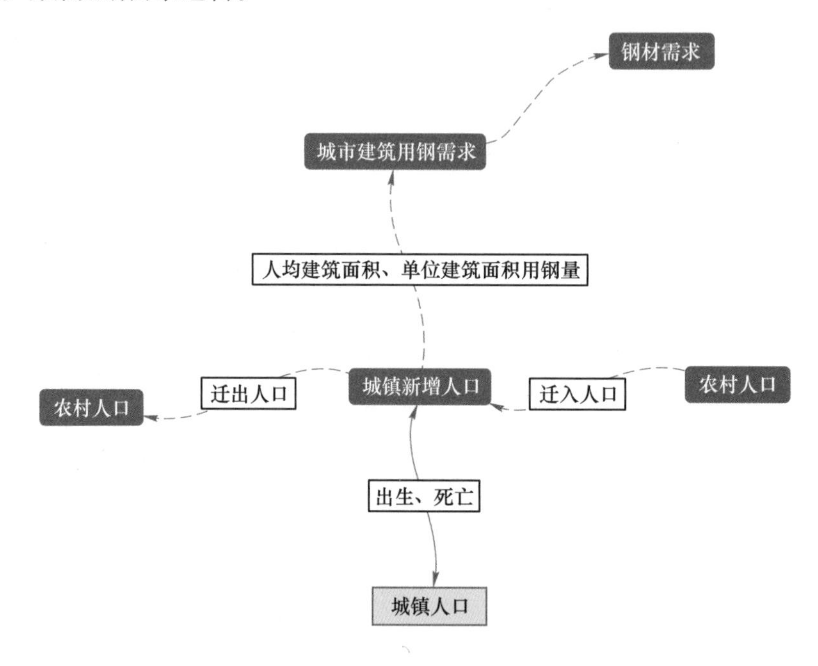

图 2-98 城镇新增人口影响螺纹钢需求逻辑

目前国内城镇化仍然还处于较低的水平，仅相当于英国 1910 年、美国 1950 年、日本 1958 年、韩国 1982 年的水平。从螺纹钢需求的角度来看，还有很大的提升空间：一方面，我国城镇人口还有较大提升空间，城镇化率每提高 1%，就有约 1420 万农村人口进入城镇生活，需要建设相应数量的居民住宅和公共基础设施，所以城镇人口的增加，必然会带动大量建筑用钢需求。另一方面，发达国家钢结构建筑占所有建筑的 50%以上，这一指标我国还不到 5%，建筑施工仍需大量使用螺纹钢。因此，随着国内城市化率的提升，螺纹钢需求仍然存在较大的提升潜力。图 2-99 为 1996~2019 年城镇人口和螺纹钢表观消费量。

（二）宏观经济

螺纹钢是建筑企业用于生产的物资生产资料，主要用来建造房屋和基础设施，而下游需求领域的房地产行业和工程建设行业受当期及预期经济环境因素影响很大。通过观察，

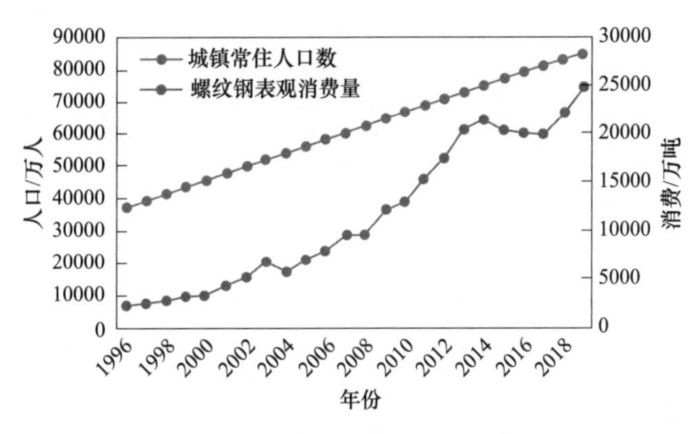

图 2-99　1996~2019 年城镇人口和螺纹钢表观消费量
（数据来源：国家统计局）

发现房地产行业的发展往往和宏观经济的冷热同步，而基础设施建设则更多地承担了经济逆周期调节作用。

以房地产市场为例，螺纹钢需求通过房地产市场与宏观经济因素之间存在相互影响、相互决定的内生关系。一方面，房地产市场深深影响宏观经济稳定和宏观经济的可持续性：（1）房地产价格波动导致房地产需求和房地产投资的变化，房地产需求和投资的变化可以导致上下游产业如螺纹钢、建材等一系列产业的需求发生变化；（2）房地产价格的变动通过财富效应影响房地产拥有者的消费，并改变房地产潜在投资者的储蓄与消费倾向，因此房地产价格的波动最终必然会引起宏观经济的波动；（3）由于开发商与个人购房者的资金中有相当一部分为银行贷款，所以房地产价格与需求的变化又将影响宏观经济对货币的需求，金融环境的松紧进一步又会影响螺纹钢的供需两侧。另一方面，宏观经济形势与宏观经济政策对房地产市场也有重要影响，如收入的变化、货币政策的变化等都会对房地产的需求、价格和投资产生影响，进而影响房地产建设进度和单位 GDP 的螺纹钢消费强度。

当前宏观经济受国际经济调整的影响，存在较大的不确定性，而房地产市场也由于前期房价过快增长、泡沫风险加大，使得国家宏观调控政策面临疫情防控期间宏观经济刺激与房地产泡沫挤压的双重困境。螺纹钢需求是随着国家对房地产市场严格的调控政策而减少还是随宏观经济刺激政策而增加，行业内专业人士对此观点不一。如何精准把握宏观经济调控尺度，既促进疫情防控期间国民经济可持续发展，又防止房地产泡沫破裂，成为目前宏观经济政策操作的难点，而调控艺术的关键在于精准把握房地产市场与宏观经济因素的互动关系。图 2-100 为 2007~2020 年螺纹钢表观消费量。

1. 螺纹钢与 2016 年经济发展

2016 年作为中国“十三五”的开局之年，螺纹钢表观消费量结束上年的下滑颓势，恢复了增长的势头，但因为各大基建项目进入竣工周期，国家出台房地产调控政策，新房开工面积不及往期，螺纹钢需求增长势头相对前两个五年计划时期适度放慢。2016 年年初

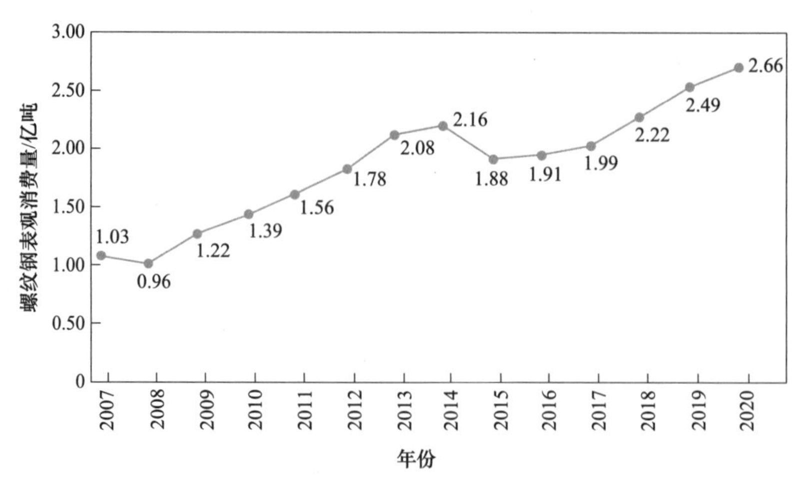

图 2-100 2007~2020 年螺纹钢表观消费量
（数据来源：国家统计局）

制定的 GDP 增速目标区间为 6.5%~7%，但是一季度的 GDP 增速就已降至 6.7%，因而上半年的政策核心目标是稳增长，竭尽全力保住全年 6.5%的经济增长底线。在专项建设基金和年初信贷等稳增长政策的强力支持下，住房和基建市场强力回暖，螺纹钢供需两端也呈现平稳向好的态势。表 2-88 为 2016 年相关国内经济数据统计。

表 2-88 2016 年相关国内经济数据统计 （%）

项　目	1月	2月	3月	4月	5月	6月	7月	8月	9月	10月	11月	12月
国内生产总值增长	6.7			6.7			6.7			6.8		
工业增加值	—	—	6.8	6	6	6.2	6	6.3	6.1	6.1	6.2	6
商品房销售面积增速	—	28.2	33.1	36.5	33.2	27.9	26.4	25.5	26.9	26.8	24.3	22.5
房地产投资增速	—	3	6.2	7.2	7	6.1	5.3	5.4	5.8	6.6	6.5	6.9

（数据来源：国家统计局、中经网数据库）

在经济保持平稳的基础上，国内加快推进供给侧结构性改革工作，但是“三去一降一补”的效果不一。其中，“去产能”政策成效显著，“去库存”效果不及预期。尽管钢铁和煤炭的“去产能”目标分别为 4500 万吨和 2.5 亿吨，是上一年实际完成量的两倍以上，但推进速度仍然较快，且未对经济增长形势带来太大冲击。“去产能”的顺利推进，令产能过剩压力明显减轻，钢企经营状况大幅好转，钢铁与煤炭两个行业均实现三位数的利润增长率，在一定程度上扭转了外界的悲观预期，起到稳定螺纹钢生产企业信心的作用。在降低购房首付比例、发放购房补贴、税收优惠等一系列政策的影响下，2016 年全国商品房待售面积 6.95 亿平方米，仅下降 3.2%；且在此轮“去库存”的过程中，出现了一边部分一、二线城市房价上涨过快，另一边三、四线城市销售乏力的“双泡沫”局面，即一、二线城市的房地产价格泡沫和三、四线城市的房地产数量泡沫同时出现，背离了政府出台“去库存”政策的初衷。

在基础设施建设方面，国家出台了一系列宏观调控措施：一是完善投资回报机制，二是松绑投融资政策，三是实施智能制造专项，四是放宽保险资金可投资的基础设施项目行业范围，为各地 PPP 项目高速发展奠定政策基础。同时，火爆的土地市场使得政府土地出让金大幅增加，为大规模基础设施建设打下资金基础。然而，占全部投资额60%的民间投资增速于 1 月开始大幅下滑，显著低于政府主导的公共投资增速，且降幅呈现进一步扩大之趋势，在地方政府债务高筑的情况下，仅仅依靠政府公共投资是否能对地方基础设施建设形成长期有效的支撑，钢企与市场均持观望态度。

总体来看，2016 年我国经济虽然面临下行压力，但是由于防风险措施得当，改革政策落地并显效，实现了 6.8%的增长。在“稳增长”的主基调指导下，在专项建设基金、年初信贷井喷等稳增长政策强力支持下，经济供给侧平稳运行，较好地实现全年经济发展目标。按理说作为建设原材料的螺纹钢消费量将会有较大提升，但实际情况大相径庭，这可能是由于固定资产投资增速的明显衰退、房地产行业“去库存”工作未达到预期效果和“地条钢”侵占合规钢企利益共同导致的。

2. 螺纹钢与 2017 年经济发展

2017 年全球经济整体稳步复苏，尤其是美欧日等发达国家和地区经济复苏好于预期，外部需求明显改善。国内在新常态背景下，加快了调整经济结构的步伐，经济增长新动力不断积聚，财政收入好于预期，财政政策更加积极，工业生产增长较快，库存水平提高。其中，工业企业主动回补库存的需求发挥了作用，棚户区货币化安置和返乡置业需求促进了三、四线城市的商品房销售好转，进而带动消费需求回升。在上述积极因素的共同作用下，我国经济增速高于社会预期，增长 6.8%左右，增速较上年增加 0.1%，实现年初预期 6.5%~7.0%的经济增长目标，继续保持在中高速适当的经济增长区间。表 2-89 为 2017 年相关国内经济数据统计。

表 2-89　2017 年相关国内经济数据统计　（%）

项　目	1月	2月	3月	4月	5月	6月	7月	8月	9月	10月	11月	12月
国内生产总值增长	7			7			6.9			6.8		
工业增加值	—	—	7.6	6.5	6.5	7.6	6.4	6	6.6	6.2	6.1	6.2
商品房销售面积增速	—	25.1	19.5	15.7	14.3	16.1	14	12.7	10.3	8.2	7.9	7.7
房地产投资增速	—	8.9	9.1	9.3	8.8	8.5	7.9	7.9	8.1	7.8	7.5	7

（数据来源：国家统计局、中经网数据库）

2017 年，我国钢铁、煤炭“去产能”的 5 年目标大头已落地，“地条钢”产能出清，规模以上煤炭企业在 2012 年有 7869 家，到 2016 年底减少到 5067 家，5 年减少了 2802 家；铁矿企业数量从 3000 多家降至不足 2000 家，约 1/3 的铁矿石采矿许可证被取消，国内铁矿产量的腰斩，导致进口矿依赖程度提高，进口矿价格于开年后一路走高，至 4 月达峰后才逐步稳定下滑。“去库存”工作完成较好，商品房待售面积 58923 万平方米，比上年末减少 10616 万平方米。在商品房销售面积和金额双双创下历史新高的情况下，房地产开发投资额并未同步大幅回升，调控政策层层升级是开发商投资意愿不足的主因。在各类融资门槛提升、限购限贷等政策调控的层层“围堵”下，房企更加注重去库存和现有项目的资金回笼，市场调控取得初步成效。从数据来看，房地产房屋新开工面积为 17.9 亿平方米，同比增长 7.0%，较上一年减少 1.1%，不断下滑的指标反映了房地产开发商开工动力不足，究其原因主要是不断升级的调控政策。在“限价”条件下，前期高价拿下的地块普遍面临“高价拿地、低价卖房”的窘境，开工上市即意味着亏损，除了住宅新开工面积保持正的增速外，办公楼和商业营业用房都是负增长。但住宅新开工面积增速也在不断下滑，只是年底略有企稳的迹象。这一波“去库存”工作的成功执行，也为之后几年螺纹钢消费量大幅增长打下了基础。

在基础设施建设方面。随着中央和地方政府财政收入状况的改善，财政政策更加积极，国家出台了一系列宏观调控措施，使短板领域投资加大，不断提升城市轨道交通、地下综合管廊建设、水利建设和生态保护环境治理工程建设。全社会固定资产投资达到 64.1 万亿元，增长 2.6%，虽然增速分别比上年小幅回落 1.1%和 6.2%，但总体仍然保持了适中较快的增长态势。然而，从 2016 年 1 月开始民间投资增速大幅下滑，2017 年增速虽然上升至 6%，高于上一年的 3.2%，但依然处于近十年的较低水平，这说明 2017 年出台的相关政策虽然遏制住了民间投资的下滑趋势，但实际效果仍待观察。当年钢铁行业固定投资 4555 亿元，较上一年下降 584 亿元，且主要投入到环保能力提升相关的项目中，螺纹钢产能扩张有限。

总体来看，在全球经济回暖的大前提下，国内经济增速较上一年提升 0.1%，但螺纹钢表观消费量仅增长 800 余万吨。这主要是由于固定资产投资增速继续下滑，房地产企业投资欲望不足，螺纹钢需求侧动力下降；其次是年初铁矿石和焦炭等大宗商品价格快速上升和部分地区执行环保限产政策，螺纹钢供给侧困难加大；再次是美元多次“缩表加息”导致资金外流，房地产和基础设施建设资金压力增大。

3. 螺纹钢与 2018 年经济发展

2018 年初，基于世界经济继续复苏和国内经济稳定增长的实际情况，我国把继续推进供给侧结构性改革和“防范化解重大风险、精准脱贫、污染防治”作为全年经济工作的主要任务，加快清理地方政府隐性债务，处置国有企业不良资产，加强金融监管。进入 4 月份后，中美贸易摩擦加剧、民营企业出现信用风险、否定民营经济的言论不时出现、基建投资大幅度下滑和股市暴跌等一些难以预料的问题先后出现，各项政策叠加和矛盾问题接连出现，导致经济下行压力明显加大。面对这一局面，中央审时度势，在保持战略定力的同时，对宏观经济政策进行预调微调，提出“稳就业、稳金融、稳外贸、稳外资、稳投资、稳预期”目标，释放鼓励民营企业发展和深化对外开放的政策信号，社会对经济发展的预期开始稳定，经济总体开始稳中有进的发展。但外部挑战仍然明显增多，国内结构调整阵痛继续显现，经济运行“稳中有变、变中有忧”。表 2-90 为 2018 年相关国内经济数据统计。

表 2-90　2018 年相关国内经济数据统计　　（%）

项　目	1月	2月	3月	4月	5月	6月	7月	8月	9月	10月	11月	12月
国内生产总值增长	6.9			6.9			6.7			6.5		
工业增加值	—	—	6	7	6.8	6	6	6.1	5.8	5.9	5.4	5.7
商品房销售面积增速	—	4.1	3.6	1.3	2.9	3.3	4.2	4	2.9	2.2	1.4	1.3
房地产投资增速	—	9.9	10.4	10.3	10.2	9.7	10.2	10.1	9.9	9.7	9.7	9.5

（数据来源：国家统计局、中经网数据库）

房地产建设方面。在经历了 2017 年“最严调控年”之后，2018 年房地产市场表现出政府调控与市场供需的多方博弈。房地产投资增速进一步加快，房屋新开工面积增速上扬，竣工面积增速下降，商品房销售面积增速大幅回落，商品房库存加大，房地产泡沫再起。

基础设施建设方面。国家把稳定基建投资作为补短板的重要抓手，加快地方政府专项债发行速度，PPP 项目清理工作也基本告一段落。但由于前期基建投资盈利水平不高，在国家严格管控地方政府隐性债务扩张的情况下，基建投资资金来源受到制约。与此同时，地方隐性债务与稳定基建投资出现两难局面，在“稳增长”和“惠民生”的驱使下，之前不少地方政府依托地方政府融资平台，与社会资本、产业投资基金等渠道合作，通过明股实债、购买服务、担保等手段，大规模融资用于地方基础设施建设，导致地方隐性债务明显增高，支撑债务偿还能力的地方财政收入也出现虚高现象，地方政府的债务率和偿债率被低估的呼声日益高涨。在此背景下，年初国家把规范地方政府隐性债务作为去杠杆的重点任务，地方政府融资平台融资受到制约，地方基础设施建设投资开始急剧下降。与此对应的是，前半年螺纹钢生产低于上一年，社会库存高于往年同期水平，直至 8 月份建设资金压力缓解后，螺纹钢量、价出现双增，市场逐步好转。

总体来看，在国内经济总体平稳，基础设施建设规模未发生较大变化的情况下，螺纹钢消费量增长 2328 万吨，其原因可能有以下两点：一是因为房地产行业回暖，房企自筹资金大幅提升，新开工一年内飙升 30688 万平方米，楼市对螺纹钢需求起到支撑；二是因为地方基建投资在很大程度上受土地财政支持，房企购置土地增加 3633 万平方米，购置款增加 2458 亿元，土地政策的松动为地方获得更多基建资金提供了条件，变相提升了地方基础设施建设的进度。房地产和基础设施建设两方面因素共同拉高了当年的螺纹钢消费。

4. 螺纹钢与 2019 年经济发展

2019 年，在全球经济下行、中美经贸摩擦升级的背景下，我国坚持稳中求进工作总基调，以供给侧结构性改革为主线，实施宏观调控逆周期调节，大力度减税降费，大幅度增加地方专项债规模，加大金融对实体经济的支持力度，着力稳就业、稳金融、稳外贸、稳外资、稳投资、稳预期，尽管 GDP 增速逐季回落，但经济总体运行在合理区间。表 2-91 为 2019 年相关国内经济数据统计。

表 2-91 2019 年相关国内经济数据统计 (%)

项 目	1月	2月	3月	4月	5月	6月	7月	8月	9月	10月	11月	12月
国内生产总值增长	6.3			6			5.9			6		
工业增加值	—	—	8.5	5.4	5	6.3	4.8	4.4	5.8	4.7	6.2	6.9
商品房销售面积增速	—	-3.6	-0.9	-0.3	-1.6	-1.8	-1.3	-0.6	-0.1	0.1	0.2	-0.1
房地产投资增速	—	11.6	11.8	11.9	11.2	10.9	10.6	10.5	10.5	10.3	10.2	9.9

（数据来源：国家统计局、中经网数据库）

基础设施建设方面。在 2019 年 6.0%的经济增长中，消费拉动 3.5%，投资拉动 1.2%，进出口拉动 1.3%，内需对经济的作用相对于前几年明显减小。同时，固定资产投资同比增长 5.4%，较上年同期降低 0.5%，且增速不断下降，突出表现为制造业投资低迷不振，基础设施建设投资增长明显低于预期，而螺纹钢作为建设原材料，其增长的压力也更多地导向了房地产行业。

房地产方面。自 2015 年房地产开发投资增速降至 1%的低位以后，2016 年、2017 年、2018 年增速先后回升至 6.9%、7%、9.5%，2019 年回升至 9.9%。之前几年房地产市场的限购、限贷、限售政策力度较大，但供需关系仍推动商品房、土地购置市场温和上涨。其中，2017 年和 2018 年土地购置面积分别增长了 15.8%、14.2%，房屋新开工面积分别增长了 7%、17.2%，前两年购置的土地有相当部分在 2019 年开工建设或完成投资，较好地承接了当年螺纹钢需求的增长。

总体来看，在国内经济增速总体下滑，基础设施建设规模变化不大的情况下，螺纹钢消费量增长 2689 万吨。这首先是全年房地产开发投资 132194 亿元，新开工面积增长 17811 万平方米，楼市回暖带动前期停工项目复工的结果。其次是 3 月份“两会”政府工作报告中提出，对房地产行业从“坚决遏制房价上涨”转变为“防止房市大起大落”，政策层面明显缓和。但是，螺纹钢消费量的快速增长让许多业内人员充满忧虑，主要有以下两点：一是在房地产调控政策缓和的前提下楼市回暖有限，销售面积较上一年下降 96 万平方米；二是当年房地产企业土地购置面积下滑 3319 万平方米，土地购置费用下滑 1392 亿元，土地出让收入的下滑导致地方政府基础设施建设资金日益紧张，而各地的财政收入和地方债是否能够继续支撑大规模基础设施建设，让市场充满了疑虑。与此同时，国内部分螺纹钢生产企业开始谋新谋变，加快了产品结构转型升级的步伐。

5. 螺纹钢与 2020 年经济发展

由于受到新冠肺炎疫情的严重冲击，2020 年我国经济运行呈现“V”形走势，实际 GDP 逐季增速分别为-6.8%、3.2%、4.9%、6.5%，全年同比增长 2.3%，经济总量首次突破 100 万亿元，是全球唯一实现正增长的主要经济体。虽然我国在世界范围内率先防控疫情，率先复工复产，率先实现经济正增长，但也应清醒地认识到目前经济恢复基础尚不牢固，复苏不稳定不平衡；一方面，需求端复苏显著滞后于供给端，通缩形势在持续加剧；另一方面，投资、消费和出口“三驾马车”复苏不平衡，特别是制造业投资和居民消费等经济内生增长动能仍未能完全恢复，如果楼市和地方基建恢复不佳，螺纹钢需求可能面临大幅下滑。表 2-92 为 2020 年相关国内经济数据统计。

表 2-92　2020 年相关国内经济数据统计　（%）

项　目	1月	2月	3月	4月	5月	6月	7月	8月	9月	10月	11月	12月
国内生产总值增长	6.8			3.2			4.9			6.5		
工业增加值	—	—	-1.1	3.9	4.4	4.8	4.8	5.6	6.9	6.9	7	7.3
商品房销售面积增速	—	-39.9	-26.3	-19.3	-12.3	-8.4	-5.8	-3.3	-1.8	0	1.3	2.6
房地产投资增速	—	-16.3	-7.7	-3.3	-0.3	1.9	3.4	4.6	5.6	6.3	6.8	7

（数据来源：国家统计局、中经网数据库）

一季度国内疫情形势严峻，大量行业被迫停工停产，以资本密集和劳动密集为特点的铁矿石、煤炭、钢铁、房地产和基础设施建设行业遭受深度冲击。不过，随着国内疫情在全球范围内率先有效控制，复工复产得到稳步推进，工业生产活跃度自第二季度起迅速复苏，下半年工业增加值增速已基本恢复至往年同期水平。从采购经理人指数（PMI）来看，制造业和非制造业指数在 2 月创下 35.7 和 29.6 的历史低点后，自 3 月起快速反弹，并连续 10 个月位于“荣枯线”以上，螺纹钢生产企业的供需两端也彻底打通。

基础设施建设方面。疫情防控期间，我国积极的财政政策充分发挥了对冲国内经济负面冲击的“逆周期”稳定器作用，财政资金多数投向民生基建领域。但自下半年起，基建投资增速显著放缓，特别是自三季度开始，单月增速降至 8%以下，造成这一现象的原因可能是疫情冲击下地方政府财政收入减少，同时常态化防疫以及“六稳六保”工作，导致防疫支出在地方财政支出中的占比增加。尽管各地的基础设施建设政策更为积极，但实际用于基建的投资相对减少。

房地产建设方面。全年房地产开发投资同比增长 7.0%，新开工 22.4 亿平方米，同比增长-1.2%，销售 17.6 亿平方米，同比增长 2.6%，增速提高 2.7%。从月度变化看，房地产开发投资由 2019 年全年增长 9.9%急速下降至 2020 年 1~2 月的-16.3%，至 6 月投资增速回升到 1.9%，四季度分别达到 6.3%、6.8%、7%。在新开工面积下滑和销售面积增长的背景下，房地产开发投资的快速增长导致往期停工项目复工，建设进度明显加快，这也和螺纹钢消费增长 1722 万吨的实际情况相吻合。回顾全年的调控政策，并未出现“前松后紧”局面，上半年的一些偏松的政策，主要集中在合理减轻购房者还款负担、降低施工企业因疫情影响不能开工产生的损失、减免小微企业和个体工商户的租金等方面，完全没有涉及对房地产开发企业融资、购房条件等的调控放松。相反，疫情最严重的 2 月、3 月，房地产调控口径仍非常严厉。在这种大环境下，“房住不炒”却被政府多次提及，信号作用十分明显，反映出党中央、国务院对该行业调控的极强定力和信心。进入二季度，疫情得到初步控制，房地产调控加码，6 月 23 日，银保监会组织开展银行业、非银行金融业市场乱象整治“回头看”工作，对银行业表内外资金直接或变相用于土地出让金或土地储备融资，并购贷款、经营性物业贷款等资金被挪用于房地产开发，保险资金通过股权投资、不动产投资等方式违规向不符合政策要求的房地产公司、房地产项目提供融资，信托业直接或变相为房地产企业提供土地储备贷款或流动资金贷款，银行向开发商上下游企业、关联方或施工方发放贷款等名义将资金实际用于房地产开发，规避房地产信托贷款相关监管要求等多项涉及房地产金融端的内容开展“回头看”并进行系统性整改。

总体来看，受突如其来的新冠肺炎疫情冲击，导致年初许多地区的经济活动几乎停滞，经济增长大幅下降，国内生产总值增速也由上一年的6.1%大幅下降至2.3%。但是，政府出台的逆周期调控政策取得了明显成效，在一系列逆周期政策干预下，作为建设原材料的螺纹钢消费量出现了1722万吨的增长，这是社会各界共同努力的结果。其原因可能有两点：第一点是复工复产完美落实，政府性投资持续回升，下半年基建、房建项目的全面开工；第二点是在严格的房地产调控下，房屋销售面积不降反增2.7%，这给予了房地产开发企业巨大的复工信心，在新开工面积负增长的情况下，加快了已开工和往期停建项目的施工。

如果按照钢铁行业大周期为20年左右，则2021年恰好是一个周期的节点年。从1997年出现全行业性亏损触底，到2015年又出现了全行业性亏损触底，这一阶段大体上为20年左右。而小周期大体在5年左右，如2008~2011年、2012~2015年、2016~2020年等，都曾发生了5年内价格下降触底或行业性亏损，再转入5年内价格回升，效益提升。从5年小周期来看，2021年也是一个小周期的节点年。因而，2021年对螺纹钢生产企业将是极其重要的一年，这一年不仅是世界格局的转折点，也是螺纹钢生产企业保证生存、转型升级、实现高质量发展的转折的关键一年。顺应总体趋势，谋划好应对措施，才能在“十四五”时期抓好转型升级和高质量发展。

今后5~10年，我国经济仍将处于重要的战略机遇期，这也是我国钢铁工业进入转变发展方式、转型升级、实现高质量发展的战略机遇期，将为螺纹钢生产企业的转型升级、高质量发展提供有利条件。根据中国钢铁工业协会预测，国内生产总值增速将保持一定的增长，经济建设发展和城镇化建设以及类似大湾区、雄安新区建设对螺纹钢的需求，都将会使螺纹钢表观消费量呈小幅增长态势。根据发达国家的经验，螺纹钢在加速工业化时期往往是主导产业；即使在加速工业化完成后，螺纹钢仍然是基础原材料，仍然会保持一定的发展速度。目前，我国正处于加速工业化后期，将是螺纹钢生产企业调整结构、兼并重组、转型升级、实现高质量发展的有利时机。

第五章　中国螺纹钢市场

第一节　螺纹钢市场流通

螺纹钢的发展过程不仅包括产品本身及其技术装备的进步、生产体系的现代化，还包括流通的现代化，螺纹钢流通是连接螺纹钢生产与消费的重要环节，是促进行业发展的关键所在。因此，加速推进螺纹钢流通渠道的发展，对促进螺纹钢生产、平衡区域经济、稳定市场价格具有重要意义，是实现行业快速发展的重要途径之一。

一、钢贸市场现状

国内钢贸市场的发展是在经济政策从计划经济向市场经济转型时，由国家统一的国有物质部门向私营、混合所有制企业经营转变的过程，是一个由国家政策持续调节的过程，是市场交易体系不断完善、不断构筑的过程，是在国内消费品交易市场成立后，向工业、金属等领域延伸的过程。中国钢贸市场能够建立的条件，一是钢材可以成为自由流通商品；二是钢贸市场作为一个独立的企业，能够通过提供服务获得收入；三是有相当一部分经销商从事钢材流通，进入了钢贸市场。以上三个条件的改变，恰恰反映了我国钢材交易市场的变化过程。此外，近年钢贸市场也逐步发生变化，大部分市场要求钢贸商户在争夺客户的同时，必须有市场融资保障配套条件才能落户，这种变化也正是国内多数交易市场的共同特点：交易与金融相结合，以金融支撑消费升级。

目前，螺纹钢交易市场是多种经济成分并存的市场，从已建立交易市场的数量上来看，非国有制企业占据了主导地位。交易市场引入金融保障服务功能，成立担保公司为进场的商户提供融资服务，帮助商家扩大采购能力，进入“资本运作市场”时代。随着产业政策调控的实施，特别是房地产政策调控的力度不断加码，银行为规避金融风险收紧融资政策，螺纹钢交易市场也逐渐摆脱了店面林立的初级状态，进入了以电子商务为方向的新交易模式，这种新模式可以在更大程度上集中物流、业务流、资金流和信息流的资源，使交易更简单、更方便。图 2-101 为钢贸市场流通模式，表 2-93 为国内钢材现货交易市场演变历程。

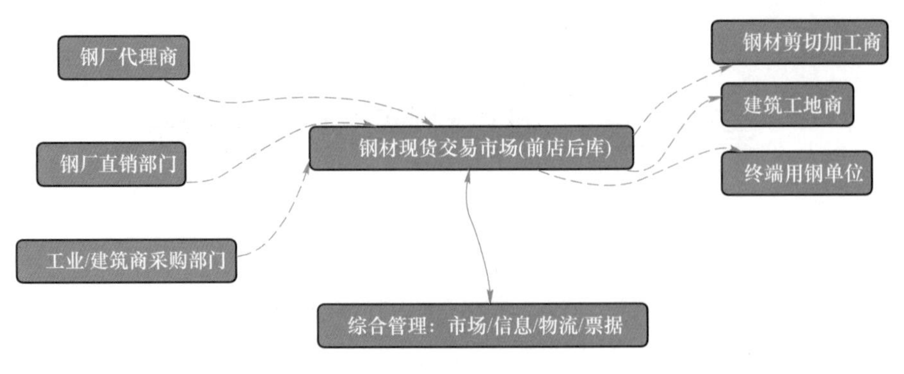

图 2-101　钢贸市场流通模式

表 2-93　国内钢材现货交易市场演变历程

2003~2008 年	市场介入 金融融资服务	2003 年开始，“前店后库”的交易模式被不断模仿，民营钢材交易市场发展迅速，市场中开始引入金融机构融资服务。 模式： 钢材交易市场管理公司担保 市场法人/股东个人担保 钢材货物质押 银行放款 商户公司 市场融资模式 市场管理公司：一般收取银行授信额度 1.8%~2%的担保费
		国有担保公司开始介入钢材市场融资担保服务，民营企业组建的担保公司兴起。 模式： 市场交易管理公司担保 国有/民营担保公司担保 市场内商户3～5户联保 银行放款 联保商户公司 商户公司企业法人贷款和公司贷款模式 意义： （1）资金密集型的钢材贸易行业从此踏上了银行融资的道路； （2）钢贸公司在银行资金的支持下，大量出现“垫资”现象和进入无序竞争的钢贸微利时代

续表 2-93

2009 年至今	资本运作的市场	国家施行经济刺激政策，而钢材价格经常在“倒挂”中进行交易，钢材市场价格波动大。2009 年以后的钢材交易市场转变为钢贸商户和市场开发商的银行融资平台。 模式：

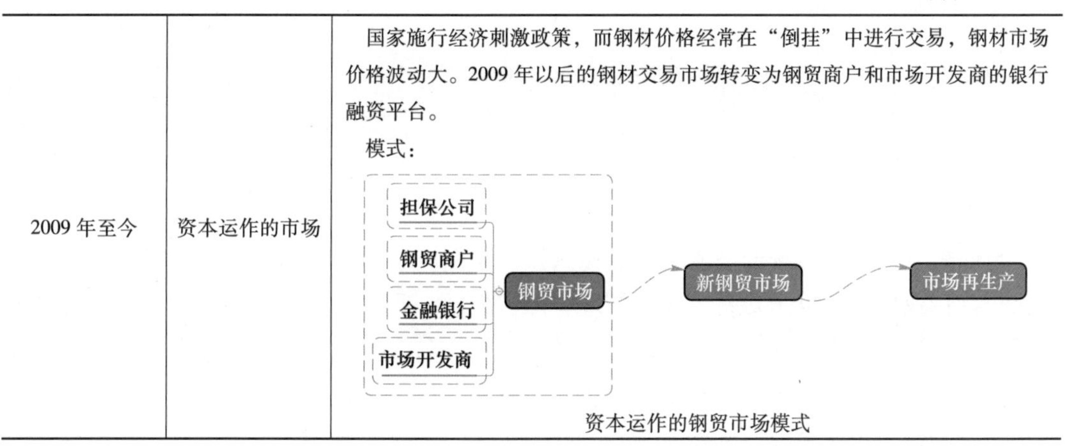

资本运作的钢贸市场模式

二、螺纹钢流通的主体

随着我国工业化和城市化的发展，螺纹钢的生产和消费跃居世界首位，实现了跨越式增长。因此，这一发展也极大地促进了钢企、交易市场、经销商、加工配送中心和产业链上各用户的快速发展。

（一）螺纹钢生产企业

螺纹钢生产企业是流通产业链的起点。大部分钢厂远离消费场所，并与销售和服务区域分散，销售物流也停留在自然粗放式的发展阶段，从钢厂到用户的中间环节复杂，流通成本过高，这一系列因素导致螺纹钢在整个产业链上的流通并不流畅。

按照世界钢铁产业发展规律，随着产业集中度的提高和企业间竞争的加剧，并购已经成为行业发展的必然。钢企要在竞争中胜出，就必须着力打造自己的核心竞争力，一方面有选择性地生产特点鲜明、利润较高牌号的螺纹钢；另一方面剥离部分利润空间狭小的业务，比如通过整合第三方资源，打造以核心优势为中心的库存、运输等本地业务外包供应链等。

（二）经销商

经销商是负责特定区域内螺纹钢产品销售和售后服务的单位、组织或个人，往往拥有多个钢材产品的经营权。其业务通常是通过买断某钢铁企业的产品或服务来进行的，基本不受钢铁企业的限制，且具备独立经营的能力。经销商是螺纹钢畅通流通的渠道，承载着钢铁企业中下游的商流和物流服务，因此也是钢铁企业重要的战略客户。随着钢材流通业的高速发展，迫于成本和竞争压力，经销商显示出了更多的个性化特征，部分经销商开始进行以信息转移、实物转移和资金转移为内容的专业化分工。在流通领域，进出口贸易型、加工配送型、配送代理型、会员制型、专业贸易型、仓储物流型和配送服务型等新型经销商群体正在不断涌现。

（三）交易市场

螺纹钢交易市场是聚集螺纹钢资源的集散地和交易中心，多数交易市场不仅承担交易功能，还可以为客户提供仓储、物流和加工等增值服务。交易市场大多分布在交通便利的大中型城市郊区或沿河沿江线路，以储备更多的货源和发挥较强的区域覆盖功能，满足各类用钢企业对螺纹钢的需求。

目前螺纹钢交易市场的商业模式已经从摊位制向电子商务转变，交易市场为入驻企业提供包括行业信息、电子交易、仓储管理、加工配送、质押融资等“一站式”服务。随着电子商务的发展，虚拟交易市场通过网络进行交易，商流在前、物流在后，形成了专业化运营的高效流通局面。实体交易市场正在向规模化、集团化方向发展，逐步成为具有较强辐射功能的螺纹钢集散枢纽和物流中心。

（四）加工配送中心

随着经济建设的加快和螺纹钢流通量的激增，螺纹钢加工配送中心应运而生，许多钢铁企业根据市场需求建设的加工配送中心也相继建成投产。加工配送中心可以直接设置在螺纹钢使用区域，直接到达终端客户，对巩固钢厂的市场地位具有重要意义。由于加工配送中心可以延伸钢企的产品链条，提高产品附加值，贴近直供用户，稳定营销渠道，有助于稳定钢铁企业和用户之间的价值链条，进而达成产业联盟，获得更可观的增值利润。在发展初期，多由外资企业涉足，国内企业发现其价值后，大型钢铁企业和有实力的经销商随后介入这一领域。

目前，宝武集团在上海、武汉、天津、广州、杭州、青岛、重庆、沈阳、长春等城市建立钢材加工配送中心，形成了“干线运输+区域配送”的分销体制。鞍钢集团在上海、广东、沈阳、大连等城市建立了钢材加工配送中心，实现销售的加工配送和“零距离”服务。攀钢在广东等地区建立了钢材加工配送中心。表 2-94 为部分大型钢企成立的加工配送中心统计。

表 2-94　部分大型钢企成立的加工配送中心统计

<table>
<tr><th>企业</th><th>地域分布</th><th>加工配送中心名称</th></tr>
<tr><td rowspan="9">宝武</td><td rowspan="2">东北</td><td>长春一汽宝友钢材加工配送有限公司</td></tr>
<tr><td>沈阳宝钢钢材配送有限公司</td></tr>
<tr><td>华北</td><td>天津宝钢储菱物资配送有限公司</td></tr>
<tr><td rowspan="6">华东</td><td>上海宝井钢材加工配送有限公司</td></tr>
<tr><td>上海申井钢材加工有限公司</td></tr>
<tr><td>上海宝舜联钢铁制品有限公司</td></tr>
<tr><td>杭州宝钢钢材配送有限公司</td></tr>
<tr><td>安徽宝钢钢材配送有限公司</td></tr>
<tr><td>南昌宝江钢材加工配送有限公司</td></tr>
</table>

续表 2-94

企业	地域分布	加工配送中心名称
宝武	中南	东莞宝特模具钢加工有限公司
		佛山宝钢不锈钢加工配送中心
		宝钢华中物流剪切配送中心
		武汉行井钢材加工有限公司
		武汉江北钢材加工配送基地
	西南	武钢（重庆）钢材加工配送中心
鞍钢	东北	蒂森克虏伯鞍钢中瑞（长春）激光拼焊板有限公司
		鞍钢沈阳钢材加工配送有限公司
		鞍钢新轧—新船重工大连钢材加工配送有限公司
		长春一汽鞍井钢材加工配送有限公司
	华东	鞍钢潍坊钢材加工配送有限公司
		上海鞍钢钢材加工有限公司

（五）螺纹钢用户

国内钢铁企业最终用户可分为大型客户和小型客户。近年来，国内建筑业的繁荣带动了螺纹钢产业的发展，是螺纹钢产品最大的用户，另外铁路、公路每年消费的螺纹钢也都在2000多万吨。目前螺纹钢流通主要面向建筑业、交通运输业用户，为其提供优质的产品和服务。表2-95为主要螺纹钢用户统计。

表 2-95　主要螺纹钢用户统计

行业	涉及内容	用途
建筑业	房地产开发、基础设施建设、从事发展建设等	住宅、学校、商业建筑等建设
交通运输业	铁路、公路、轨道交通、港口、机场等	线路铺设、车站、桥梁隧道等建设
其他	机械、轻工、化工、电力、冶金、石油、矿山等	厂房、生活区、办公楼等建设

三、中外流通模式比较

美国和日本是世界钢铁强国中钢材流通行业比较成熟的国家。通过比较中国、美国和日本的钢材流通体系和流通模式，可以更好地探索更高效的螺纹钢流通模式。

（一）中国钢材流通模式

国内钢材流通模式呈现多元化发展趋势，主要有以下五种流通模式：

（1）钢企→终端用户；

（2）钢企→经销商（多级）→钢材交易市场（多级）→终端用户；

（3）钢企→经销商（所有权）→终端用户；

（4）钢企→加工配送中心→终端用户；

（5）钢企→钢材物流中心→终端用户。

从统计数据来看，目前通过多级经销商和钢材交易市场作为中间商进行螺纹钢流通的两种模式在国内占有绝对数量和地位。图 2-102 为中国钢材流通模式，表 2-96 为现阶段不同流通模式占流通量的比重。

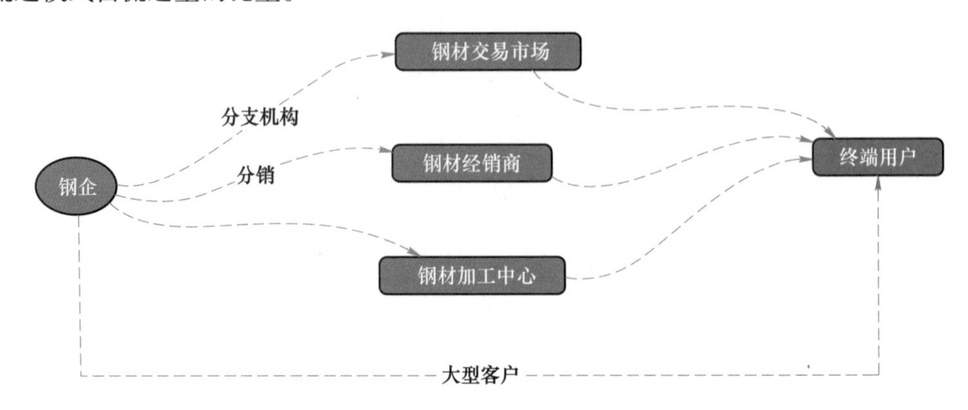

图 2-102 中国钢材流通模式

表 2-96 现阶段不同流通模式占流通量的比重

流通模式	占流通量比重/%
直销流通模式	约 30
传统流通模式	约 60
新型流通模式	约 10

（1）直销流通模式。“钢材企业→终端用户（直供）”的流通模式中，大型钢企与下游用钢企业建立战略合作伙伴关系，通过直销供应来缩短流通环节，从而降低流通成本保障实现理想经济效益。直销流通模式是最理想的销售方法，也是最有利于减少流通成本、提高产业链整体效益的方式。目前，国内大型钢企直销钢材约占总量的三成，但在日本这一比例达到六成以上。

（2）传统流通模式。“钢企→经销商（多级）→钢材交易市场（多级）→终端用户”模式是我国较为传统的流通模式，不同级别的经销商依次在不同级别的交易市场进行转售，流通环节复杂，各节点利润摊薄，整体经济效益较低。还有一种传统流通模式，即“钢企→经销商（所有权）→终端用户”模式，这种模式中的经销商通过垫资替换钢材代理权，并寻找用户完成销售；这种模式有很大的弊端，经销商在资本上承担巨大风险，资金回收较困难，同时也面临着其他经销商的恶意竞争，流通效率不高。

（3）新型流通模式。“钢企→加工配送中心（主体多元化）→终端用户”和“钢企→钢材物流中心（钢材物流企业）→终端用户”是新兴的流通模式。随着钢企和钢贸商纷纷向流通领域布局，钢材物流中心、加工配送中心等业态发展迅速，其占比较之前已大幅提升。

钢材物流中心和加工配送中心这两种流通模式，本质上与商品分流专业化经营的观点是一致的。加工配送中心承担单一的物流加工配送功能，采用第三方物流满足大客户和零散小客户的需求。其中，一方面，钢材物流中心作为钢材市场，为经销商和钢铁企业提供钢材交易平台，承担商流的责任；另一方面，利用当地物流公司开展物流活动。

（二）日本钢材流通模式

日本没有孤立地把钢材流通作为一个独立产业，而是将其融入到制造、建筑和消费品等行业之中，从而实现资源的高效整合。日本拥有独特的“直供”流通模式：钢厂首先与用钢企业进行协商，并确定用钢数量和价格，钢厂再交由商社负责履约；在流通环节中，钢厂和商社都具有主导权。商社通过钢厂的资源执行合同有两方面优点：一方面，钢厂只需要接洽商社就能推动下游分销，可以将精力集中在大客户和产品研发领域；另一方面，商社可以集中资源与钢厂洽谈，获取价格内的折扣，为下游中、小用钢企业争取利益。钢厂和商社共同掌握钢材的销售流向和需求信息，钢厂通过这些信息和业务手段，能有效地进行市场监测，合理组织后续生产。图 2-103 为日本钢材流通模式。

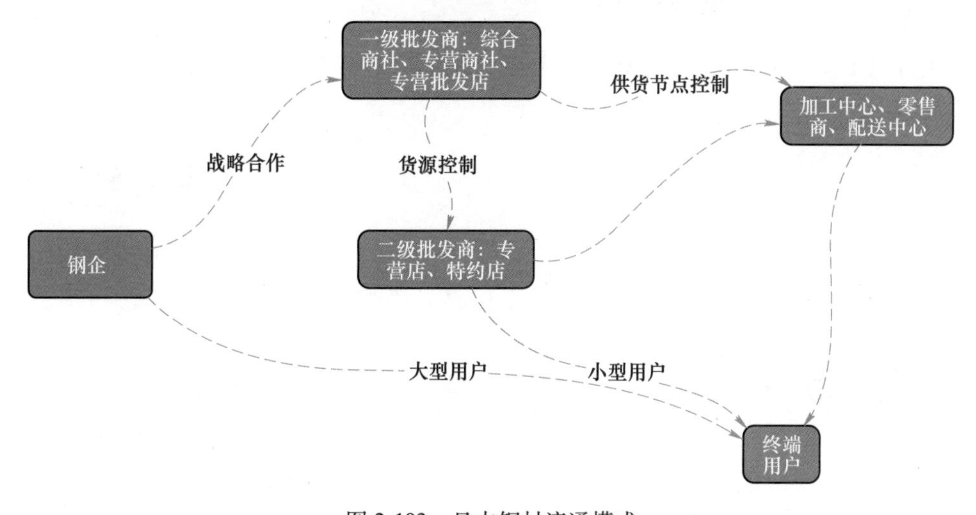

图 2-103　日本钢材流通模式

日本钢材“直供”的流通模式，减少了由信息不对称导致的恶性竞争现象，有助于建立高效沟通协同机制。其流通特点如下：

（1）直接定价维持市场稳定。日本钢材流通链下游的大型用钢企业在订货时通常直接与钢企进行价格谈判，一旦确定价格，长期保持不变，再由商社交付。这种上下游直接定价的模式有三个优点：一是有利于钢企精确把握客户需求，可以及时改进产品；二是保障钢铁企业在定价方面的主导权，减少流通中的商业博弈，提高流通效率；三是长期稳定的价格，有利于市场平稳运行，形成稳定互利的上下游合作关系。

（2）钢企与商社利益分享控制流通渠道。日本钢企绝大多数的钢材销售量是通过商社来完成的，双方基于委托代理关系达成业务协议，两者在利益上保持着高度一致。钢企给予商社一定的价内折扣，商社努力完成分销任务，钢企与商社一起分享利益并控制流通渠道，这种机制有两个优点：一是有利于钢企控制商社的总体利润，减少钢材销售成本；二是钢铁企业可以对商社下游二、三级批发商的过高利润进行限制，一定程度上遏制奇货可居现象，迫使二、三级批发商不断扩大销售规模来谋求利润，而非利用囤货提价来获取利润。

（3）钢企和商社通过互利从博弈走向合作。日本钢材流通体系中最有特点的部分是商社，各个商社作为流通体系中的一级批发商，都有自己所辖的专卖店和加工中心。商社要求钢铁企业不能直接向专营店和加工中心供货，并通过供货渠道和资金牢牢控制二、三级批发商。这样做有利于商社整合市场资源，稳定钢厂与下游的供应合作，维护市场流通秩序和交易秩序，打造更高效的流通链条。

（4）通过商流和物流专业化分工，控制商流长度和渠道宽度。与钢企合作的商社相对稳定，钢企也将商社作为重要战略伙伴来维持，这样可以集中精力抓关键客户，不会与普通中小用户有直接的交易关系。通过对商流和物流的专业化分工，能够极大地控制商流长度和流通渠道的宽度，流通体系更简单，流通效率也更高。

（三）美国钢材流通模式

与日本相比，美国钢厂在钢材流通上也是采取了“直供”的流通方式，但又有所不同，如图 2-104 所示。

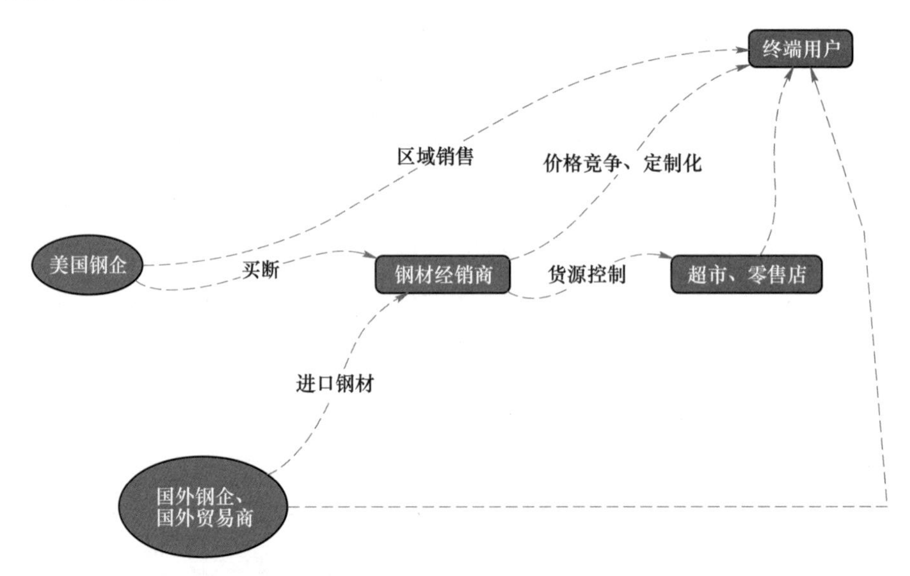

图 2-104 美国钢材流通模式

美国钢材的流通特点是：

（1）流通商买断式经销。经销制是美国钢材流通业中最常见的模式，即经销商从钢企手里买断钢材，独立经营，自负盈亏。对于经销商来说，买断式经销体系比传统的代销体系更有优势：一是经销商完全独立经营，不得不积极提供增值服务来获取利润，变相增加了钢材的附加值；二是经销商多面向中小型用户，经销体系更加灵活，有利于定制加工和销售。总体来说，美国钢铁企业采用灵活的定价策略和高效的直供渠道来赢得大客户并与之保持长期战略合作；经销商采用买断式经销，通过仓储、再加工、配送等中间环节重新创造价值，赚取增值利润。

（2）钢企与流通商竞争加合作。美国钢材经销商有很强的自我选择性，当国内钢材资源大部分被钢企控制时，经销商就会通过掌握进口钢材资源的手段，与国内钢铁企业展开谈判。能够在国内资源和国外资源之间权衡成本与利益，使美国钢材经销商具有了不同于日本商社的独立属性，这种独立性也是区别于中国和日本钢材流通模式最显著的特征。

（3）强势经销商倒逼钢企采用直销延伸策略。美国钢铁企业主要通过限制钢材资源的总流通来控制经销商。当进口钢材比重较低时，钢企通过直销控制市场上的大部分钢材资源，掌握钢材交易的市场价格，成为流通体系中的主导方；反之，当市场依赖国外钢材时，经销商就控制了市场上的大部分份额，强化了经销商的市场定价权。因此，钢企为获得主导权就积极地向下游延伸，加大客户关系管理的力度，在维护直销的同时提供更多的增值服务，降低经销商对钢材市场的影响。

（四）中、日、美钢材流通模式比较

日本钢材流通体系以钢铁企业为主导，钢铁企业通过货源控制下游的营销渠道，从而缩短商流和物流链条。商社作为一级批发商，直接与钢企发生业务关系，且只与二级批发商和用户发生经营往来，严格的批发商等级制度保障了日本流通体系的长度和宽度可控。

美国钢材流通体系以经销商为主导。美国经销商是在钢铁企业发出全部钢材后结清货款，只有信用差的经销商需要预付一定额度的定金，但我国经销商在与钢铁企业签订合同时就需要将所有预付款交给钢企，因此中国钢铁企业往往表现得比较强势。美国则不同，经销商作为强势方，不仅可以通过国外货源来压低国内钢企的出厂价格，还可以通过提供增值服务拉高终端销售价格，这与美国国内发达的基础设施和国际贸易体系有关。

日、美两国钢材流通业构建的高效流通体系，与本国国情密切相关。日本的资源匮乏，国土形状狭窄，大型钢企只需通过产业布局，就能主导国内钢材的流通。美国的国土面积和我国相当，但流通业基础设施完善，十分有利于钢材的加工配送；且市场竞争合作机制健全，内部兼并重组成本低，易产生大型钢贸集团；国际贸易发达，获取外部货源非常便宜，因此美国也建立了较高效的钢材流通体系。我国的实际情况与日本和美国不同，除了少数几家大型钢铁企业外，还有很多中小型钢厂，且国内流通行业基础薄弱。因此，为满足各种交易的需要，流通方式也多种多样。

四、中国钢铁企业螺纹钢流通渠道

我国螺纹钢的销售渠道，从大类上可以分为直供、分销、分支机构销售、零售和出口。直销方式由于买方是螺纹钢的直接用户，没有中间环节，钢企可以更好地了解用户需求，根据用户需求不断研发新产品，提升产品质量，增强螺纹钢使用价值，最终形成稳定的上下游产业链和产销良性循环。因此，提升螺纹钢直销比重是钢铁企业，特别是大型钢企稳定用户、提升服务水平和产品质量的重要途径之一。

（一）我国螺纹钢销售渠道中直供比例变化

从2009~2019年中国钢铁工业协会会员企业的销售方式来看，我国螺纹钢销售渠道发生了较大变化。螺纹钢销售渠道直供占比逐年增加，分销占比则呈现出下滑趋势。2019年通过直供渠道销售的螺纹钢占到了全部销售量的26%，较2009年提高10%；直供加分支机构销售占比36%，较2009年提升7%；分销流通环节的占比由2009年的67%缩减至2019年的55%，见表2-97和图2-105。越来越多的螺纹钢通过直供渠道直接送到用户，这种从钢厂至终端用户的销售方式可以快速将螺纹钢运到消费者手中，提升了市场运营效率，对我国螺纹钢市场的高效运行有积极影响。

表2-97　2009~2019年中国钢铁工业协会会员企业螺纹钢销售渠道占比　（%）

年份	直供占比	分销占比	零售占比	分支机构占比
2009	16	67	4	13
2010	19	62	6	13
2011	22	59	6	12
2012	21	61	6	11
2013	22	58	6	12
2014	23	54	8	12
2015	25	53	7	10
2016	24	56	7	9
2017	24	57	6	10
2018	25	57	7	9
2019	26	55	8	10

（数据来源：中经网数据库）

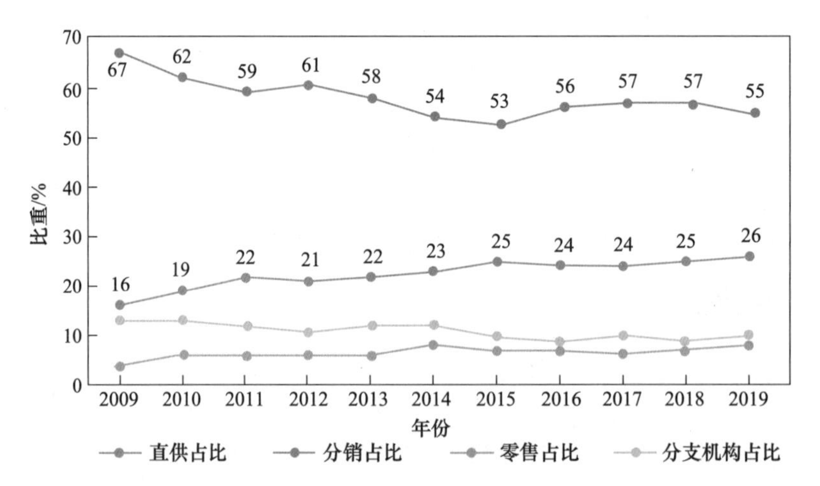

图2-105　2009~2019年中国钢铁工业协会会员企业螺纹钢销售渠道发展趋势

（数据来源：中经网数据库）

总体而言，中国螺纹钢近九成的销售额由直供、分支机构、分销商完成，零售商和出口商销售的螺纹钢比重不足一成，螺纹钢贸易市场的话语权掌控在大型钢企和钢贸商手中。由于直供和分支机构销售模式能较快地将螺纹钢运送到消费者手中，近十年来，螺纹钢的销售路径得到了简化，市场运行效率有所提高。图 2-106 所示为 2019 年中国钢铁工业协会会员企业销售渠道占比。

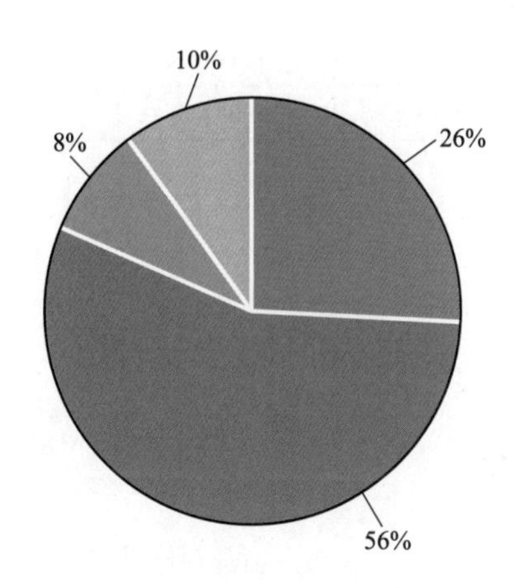

图 2-106　2019 年中国钢铁工业协会会员企业销售渠道占比
（数据来源：中经网数据库）

（二）我国螺纹钢直供销售量变化

2009~2019 年，中国钢铁工业协会会员企业螺纹钢销售量由原来的 7596 万吨增加至 16447 万吨，销售量增加 8851 万吨，增长 2. 2 倍。其中，直供销售量由原来的 1220 万吨增加至 4209 万吨，销售量增加 2989 万吨，增长 3. 5 倍；分支机构销售量由原来的 955 万吨增加至 1646 万吨，销售量增加 691 万吨，增长 1. 7 倍；分销商销售量由原来的 5078 万吨，增加至 9057 万吨，销售量增加 3979 万吨，增长 1. 8 倍；零售商销售量由原来的 326 万吨增加至 1385 万吨，是 2009 年的 4. 25 倍。表 2-98 为 2009~2019 年中国钢铁工业协会会员企业各渠道销售量变化情况，图 2-107 为 2009~2019 年的销售量。

表 2-98　2009~2019 中国钢铁工业协会会员企业各渠道销售量变化情况　（万吨）

年份	会员企业销售量	直供	分销	零售量	分支机构
2009	7596	1220	5078	326	955
2010	8653. 96	1625. 7	5346. 14	481. 33	1136. 4
2011	9916. 97	2202. 04	5868. 94	560. 94	1231. 09
2012	11607. 14	2420. 47	7073. 94	671. 52	1252. 98
2013	13686. 02	3003. 41	7911. 42	844. 2	1680. 83

续表 2-98

年份	会员企业销售量	直供	分销	零售量	分支机构
2014	13028. 07	3047. 04	7076. 61	1064. 79	1533. 18
2015	12901. 73	3269. 98	6859. 67	919. 26	1293. 65
2016	11938. 09	2874. 8	6646. 19	800. 1	1089. 7
2017	13357	3208. 74	7600. 54	861. 75	1395. 79
2018	13587. 88	3450. 21	7714. 74	1013. 9	1227. 87
2019	16447. 94	4209. 73	9057. 57	1385. 48	1646. 49

（数据来源：中经网数据库）

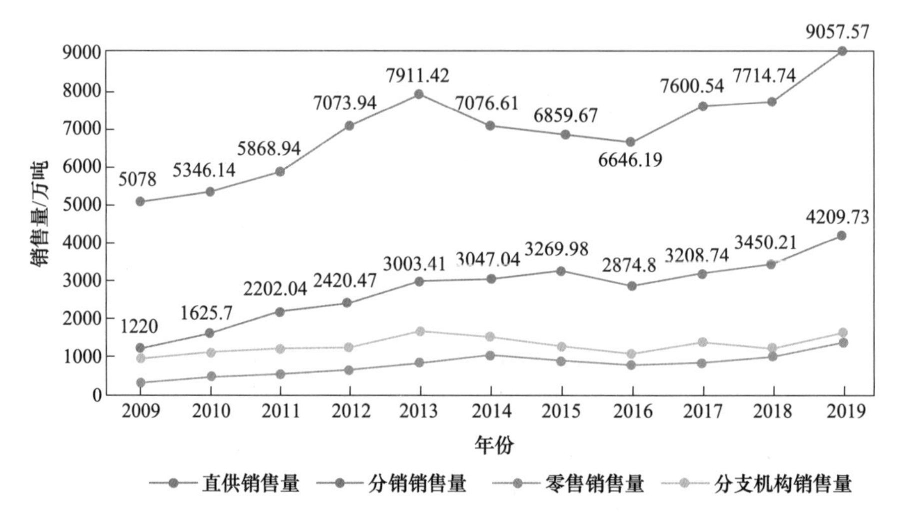

图 2-107 2009~2019 年中国钢铁工业协会会员企业各销售渠道销售量

（数据来源：中经网数据库）

11 年来，螺纹钢销售增长量的 46% 由分销商贡献，34% 由钢厂直供贡献，如图 2-108 所示。其中，直供和零售渠道增强跑赢整体市场增长，零售商增长最快，为市场提供了活力，分销商、分支机构增长低于整体市场增速，分支机构增速最慢，如图 2-109 所示。

总体来看，随着 2017 年钢铁市场行情好转，中国钢铁工业协会会员企业纷纷增加螺纹钢产量，并通过直供渠道实现快速销售；三年内，直供渠道销售量增加 4509 万吨，渠道比重提高 1. 5%。这样的策略既提升了自己的盈利能力，又进一步加强与终端用户之间的交流，同时也增强了钢企在市场上的话语权。

（三）不同钢材品种销售主要渠道的特点

一般来说，钢材的专用性越强，直供比例越大。比如，电工钢主要用于电站、家电等行业，使用领域集中，直供占比较高；热轧薄板主要是横切板，要求定尺裁剪，一般由终端用户直接预订，因而直供比例也非常高。而螺纹钢和线材主要用于建筑行业，建设项目

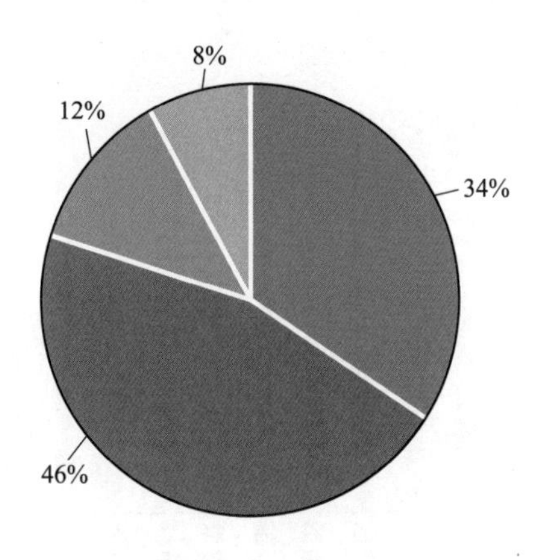

图 2-108　2019 年中国钢铁工业协会会员企业各销售渠道增量占比
（数据来源：中经网数据库）

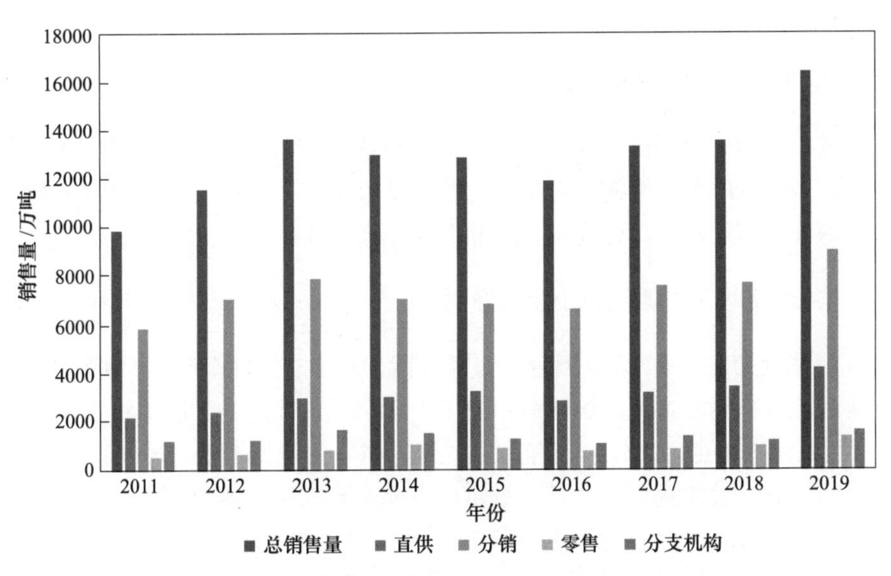

图 2-109　2011~2019 年中国钢铁工业协会会员企业销售量情况
（数据来源：中经网数据库）

众多，且工程、施工现场大小、施工性质各异，一般难以与钢厂直接签订供应合同，多数情况下由钢厂经销商配售。探索不同钢材销售渠道的特点，有助于帮助螺纹钢生产企业学习同行业销售经验，同时也可以帮助部分企业在转型过程中少走弯路。

我们对市场上 20 种钢材直销占比进行了统计，如图 2-110 所示。可见，热轧窄钢带、焊接钢管、电工板带等使用领域集中、要求定尺裁剪的钢材直供占比最高，而螺纹钢、大型型钢、线材等建筑用钢直供占比则相对较低。

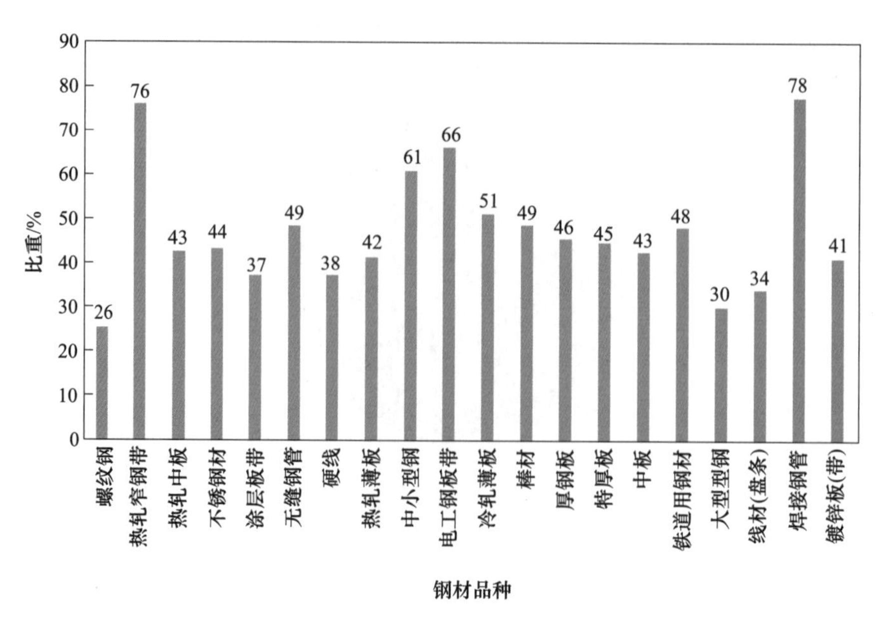

图 2-110　2019 年各钢材品种直供销量比重

（数据来源：中经网数据库）

五、各区域市场螺纹钢来源地分析

一个区域市场的螺纹钢流入量，是指不同钢铁企业对该区域市场的螺纹钢销售总量，也可视作该区域市场的螺纹钢需求总量。对各区域市场流入的螺纹钢来源地进行分析，有助于读者了解我国螺纹钢市场流通现状，并据此做出判断。

（一）各区域所消费螺纹钢的来源区域

2020 年，东北市场共有 15 家钢企销售螺纹钢，其中有 12 家东北本地企业、3 家外地企业。本地企业有鞍钢源鑫、嘉晨营钢和凌钢等 9 家辽宁省钢企，通钢和金钢 2 家吉林省钢企，1 家黑龙江省钢企；此外，还有建龙、鑫达和乌兰浩特钢铁 3 家华北钢企，本地企业占比达 80%。就东北市场而言，其市场供应主要来自于东北本地。

华北市场上销售螺纹钢的钢企共有 37 家，其中华北本地企业 27 家、外地企业 10 家。本地企业有承钢、邯钢和唐钢等 10 家河北省钢企，建邦、晋钢、立恒和长治等 15 家山西省钢企，包钢和大安钢铁 2 家内蒙古自治区钢企；此外，还有 4 家东北钢企、3 家华东钢企、2 家西北钢企和 1 家中南钢企，本地企业占比达 73%。就华北市场而言，其市场供应主要来自于华北本地的钢铁企业。

华东市场上销售螺纹钢的钢企共有 71 家，其中华东本地企业 44 家、外地企业 27 家。本地企业有 9 家安徽省钢企、22 家江苏省钢企、5 家江西省钢企、7 家山东省钢企和 1 家浙江省钢企；另外，还有 2 家东北钢企、5 家华北钢企、1 家西北钢企和 19 家中南钢铁企业，本地企业占比达 62%。对华东市场而言，其市场供应主要来自于华东、中南、华北三地的钢铁企业，来源最为复杂。

中南市场上销售螺纹钢的钢企共有129家，其中中南本地钢铁企业60家、外地企业69家。本地企业包括6家福建省钢企、22家广东省钢企、6家广西壮族自治区钢企、11家河南省钢企、11家湖北省钢企、4家湖南省钢企；此外，还有5家东北钢企、25家华北钢企、4家西北钢企、30家华东钢企和5家西南钢企，本地企业占47%。就中南市场而言，其市场供应主要来自于中南和华东的钢铁企业。

西南市场上销售螺纹钢的钢企共有61家，其中西南本地企业23家、外地企业38家。本地企业包括德钢、川威和攀钢钢城等6家四川省钢企，凤钢、昆钢等7家云南省钢企，水钢、遵钢等6家贵州省钢企，2家广西壮族自治区钢企和2家重庆市钢企；此外，还有13家华北钢企、8家华东钢企、6家西北钢企和11家中南钢企，本地企业占比达38%。就西南市场而言，除东北地理较远外，全国各地的螺纹钢生产企业在西南市场均有不低的销售份额。

西北市场上销售螺纹钢的钢企共有36家，其中西北本地钢企13家、外地钢企23家。本地企业包括陕钢等3家陕西省钢企，八钢、伊钢等5家新疆维吾尔自治区钢企，酒钢、西宁特钢等3家甘肃省钢企和2家宁夏回族自治区钢企；此外，还有18家华北钢企、1家华东钢企、1家西南钢企和3家中南钢企，本地企业占比仅36%。对西北市场而言，其螺纹钢市场供应主要来自于西北和华北的钢铁企业。

（二）各市场螺纹钢核心和重点来源地区

依据上述分析，列出各区域市场螺纹钢的核心及重点螺纹钢供应区域矩阵见表2-99。将当地市场上企业数量占比超过40%的地区视为其核心来源地，用“＊＊＊”表示；企业数量占比超过10%、低于40%的地区视为其重点来源地，用“＊＊”表示；企业数量低于10%的地区视为其辅助来源地，用“＊”表示。

表2-99　各区域市场的螺纹钢来源地区矩阵

区域	东北钢企	华北钢企	华东钢企	中南钢企	西北钢企	西南钢企
东北市场	＊＊＊	＊＊	无	无	无	无
华北市场	＊＊	＊＊＊	＊	＊	＊	无
华东市场	＊	＊	＊＊＊	＊＊	＊	无
中南市场	＊	＊＊	＊＊	＊＊＊	＊	＊
西北市场	无	＊＊＊	＊	＊	＊＊	＊
西南市场	无	＊＊	＊＊	＊＊	＊＊	＊＊＊

（数据来源：mysteel）

（1）通过螺纹钢来源区域矩阵表，从地区钢企的角度可以简单看出以下几点：

1）各地区螺纹钢市场上本地钢企占比基本都超过40%，即各区域市场的领导者都是本地具有比较优势的钢铁企业。华北、东北市场中本地钢铁企业数量占比超过70%，说明这两个区域的钢铁企业在当地具有极强的竞争优势。

2）华北地区钢铁企业在全国所有螺纹钢市场均有销售，是华北、西北市场的核心来源地，东北、中南、西南市场的重点来源地区，华东市场的辅助来源地区，表明华北钢企的组织生产情况影响着全国多个区域市场的供应量变化，在全国范围内所有市场均有比较优势。其销售重点按比例排序为：华北、西北、西南、东北、中南和华东。销售路径主要有两条，一是由山西晋南地区向西北、西南诸省销售，二是由津唐地区沿海、铁、公路运输线向华东、中南和东北诸省销售。

3）东北地区钢企仅是自身市场的核心来源地区，华北市场的重点来源地区，华东、中南市场的辅助来源地区，销售重点按比例排序为：东北、华北、中南和华东地区。表明东北钢铁企业生产的螺纹钢受价格、竞争力和运输等条件的制约，向外地销售的意图并不强烈。

4）华东地区钢企在除了东北市场外的国内其他市场均有销售，是本地市场的核心来源地，是中南和西南市场的重点来源地区，是华北和西北市场的辅助来源地区，销售重点按比例排序为：华东、中南、西南、华北、西北。且华东地区钢企的数量占本地市场的61%，在中南和西南市场中也有较高的占比。说明华东地区山东、江苏、江西、安徽和福建等省的一大批极具竞争力的螺纹钢生产企业，在巩固本地市场份额的基础上，正积极向内陆省份销售。

5）中南地区钢铁企业在除了东北市场外的国内其他市场均有销售，是本地市场的核心来源地区，华东、西南市场的重点来源地区，华北、西北市场的辅助来源地区，销售重点按比例排序为：中南、华东、西南、西北、华北。中南市场虽然属于螺纹钢净流入地区，市场中有大量华东和西南地区钢企，但本地钢企数量占比也达到了47%。说明中南地区螺纹钢生产企业依托本地市场优势，积极与外地钢铁企业展开竞争。

6）西北地区钢铁企业在除了东北市场外的国内其他市场均有销售，是本地市场和西南市场的重点来源地区，华北、中南、华东市场的辅助来源地区，销售重点按比例排序为：西北、西南、华北、中南、华东。西北钢铁企业占西北市场比重明显偏低，是唯一一个本地钢企无绝对优势的地区。说明西北钢铁企业的产能水平与西北市场需求可能存在一定的错配。

7）西南地区钢铁企业仅在本地、西北和中南市场中销售，是本地市场的核心来源地，是西北和中南市场的辅助来源地，销售重点按比例排序为西南、中南、西北。说明西南地区的螺纹钢生产企业主要着眼于本地市场，且由于本地市场上螺纹钢价格较高、需求量较大，基本没有向外扩张的意向。

（2）总体来看，螺纹钢区域流通特点有以下几点：

1）东北 、西北 、西南地区钢铁企业在本地区以外的区域市场中的企业数量均明显低于其他地区，表明这些地区的钢铁企业由于各种原因将精力、资源主要投放在当地，以提高其在本地市场中的竞争地位。

2）华北地区是面向全国市场的螺纹钢生产基地。华北地区与中南和华东地区之间存在着相对便利的陆运和海运条件，保证了华北地区螺纹钢向中南和华东市场的供应。

3）华东市场是全国最为重要的螺纹钢消费市场，其需求量的调整对全国各地区钢铁企业的生产均产生重要的影响。

4）中南地区的钢铁企业对华东、中南市场均保持着较高的依赖性，这可能是因为中南地区钢铁生产分布不均匀，如湖北、湖南、河南三省的产量占本区域总产量的比重很高，其地理地位及交通优势又偏近华东地区，故其螺纹钢流向主要为华东地区。而中南区域的珠三角地区属于螺纹钢需求旺盛区域，该地区钢铁企业螺纹钢供给量明显不足，导致华东、西南、西北和华北地区的螺纹钢流向珠三角地区。

5）在每个螺纹钢消费区域中，企业数量占比最低的通常是距离该区域运距最远的地区。如东北市场中基本没有除华北钢企外的螺纹钢，西南、西北市场也没有东北钢企生产的螺纹钢，这与地理距离较远、运费较高相关联，也与这些地区螺纹钢产量占全国比重偏低有关。

第二节　市 场 价 格

钢铁企业通过提高、维持或降低螺纹钢的销售价格与竞争对手争夺市场份额，长期以来受到生产经营者的重视。合理的价格不仅能调节螺纹钢的供应，也是钢铁企业在市场竞争中谋求有利地位、提高市场竞争力、谋求生存发展的基础。然而，不合理的定价策略或价格竞争会给钢铁企业造成经济损失，甚至使其丧失竞争优势，包括以下几点：首先，过于激烈的价格竞争会增加钢铁企业的成本，当降价所获边际利润低于其获得市场份额的收益时，企业整体利润将下降；二是降价或低价策略会影响企业的定位和形象；三是价格竞争会影响企业的持续竞争力，不利于整个行业的进步。

一、钢材价格

2019 年，受美国与世界各国贸易冲突影响，全球货物出口量、额同比分别下降 6.4%和 21.3%，降幅较 2018 年同期分别扩大 4.0%和 18.1%；以美元计价的全球大宗商品综合价格指数下跌 13.1%，国际贸易大幅萎缩。国际钢材市场也出现了需求不足，价格下跌的情况。面对复杂的国际政治经济环境和经济下行压力，我国逆周期调控，出台了一系列政策措施。随着政策效果陆续显现，国内市场钢材需求稳步增长，钢材价格走势较国外平稳。

（一）国际价格

2018~2019 年，国际钢材价格平均指数（CRU）最高点在 2018 年 3 月末的 195.7 点，在维持半年高位后，CRU 于 9 月开始震荡下跌，2019 年 11 月跌至最低点 144.5 点，跌幅 51.2 点，如图 2-111 所示。

由表 2-100 看出，以长、板材价格趋势来而言，国际钢材价格平均指数（CRU）为 161.7 点，较 2018 年下降 27.3 点，降幅 14.44%；国际长材价格平均指数（CRU）为 174.9 点，较 2018 年下降 18.8 点，降幅 9.71%；国际板材价格平均指数（CRU）为 155.1 点，较 2018 年下降 31.6 点，降幅 16.93%。整体来看，国际钢材市场与国内钢材市场的价格变化趋势一致，而长材市场略好于板材。

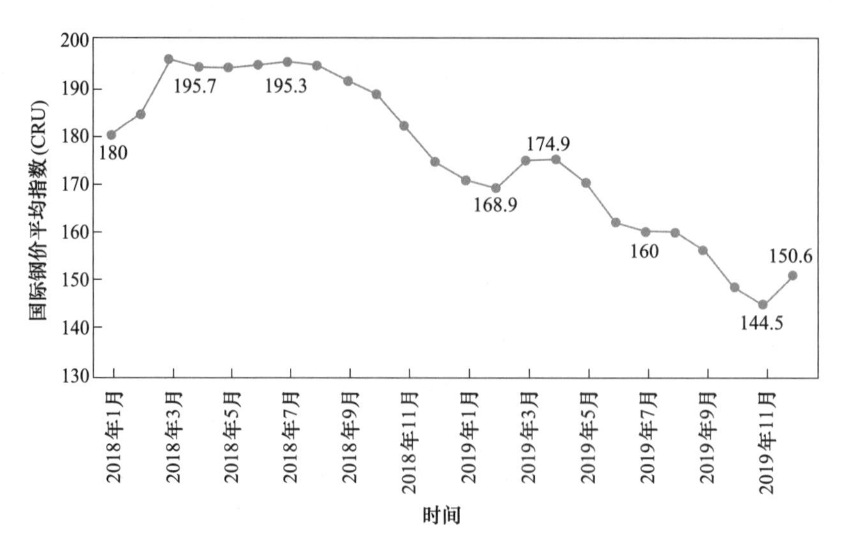

图 2-111 2018~2019 年国际钢材价格平均指数变化情况（CRU）
（数据来源：中国钢铁工业年鉴）

表 2-100 2019 年国际钢材价格平均指数变化情况

项目	2019 年平均	2018 年平均	同比增加	同比增长/%
钢材综合	161.7	189	-27.3	-14.44
长材	174.9	193.7	-18.8	-9.71
板材	155.1	186.7	-31.6	-16.93
北美市场	172.1	210.1	-38	-18.09
欧洲市场	170.6	193.4	-22.8	-11.79
亚洲市场	150.6	174.3	-23.7	-13.6

（数据来源：中国钢铁工业年鉴）

以区域市场而言，北美市场钢材价格平均指数（CRU）为 172.1 点，较 2018 年下降 38 点，降幅 18.09%；欧洲市场钢材价格平均指数（CRU）为 170.6 点，较 2018 年下降 22.8 点，降幅 11.79%；亚洲市场钢材价格平均指数（CRU）为 150.6 点，较 2018 年下降 23.7 点，降幅 13.6%。总体来看，欧洲钢材市场跌幅最小，亚洲市场次之，北美市场跌幅最大。

以长材、板材市场价格变化程度而言，长材国际价格平均指数（CRU）最高点为 2018 年 3 月的 199.99 点，最低点为 2019 年 11 月的 158.2 点，振幅 41.79 点；板材国际价格平均指数（CRU）最高点为 2018 年 7 月的 194.4 点，最低点为 2019 年 11 月的 137.7 点，振幅 56.7 点，板材价格波动更为激烈，如图 2-112 所示。而国内市场则相反，长材价格波动较大。

（二）国内价格

2018~2019 年国内钢材市场价格震荡下行，钢材价格平均指数（CSPI）由 2018 年 8

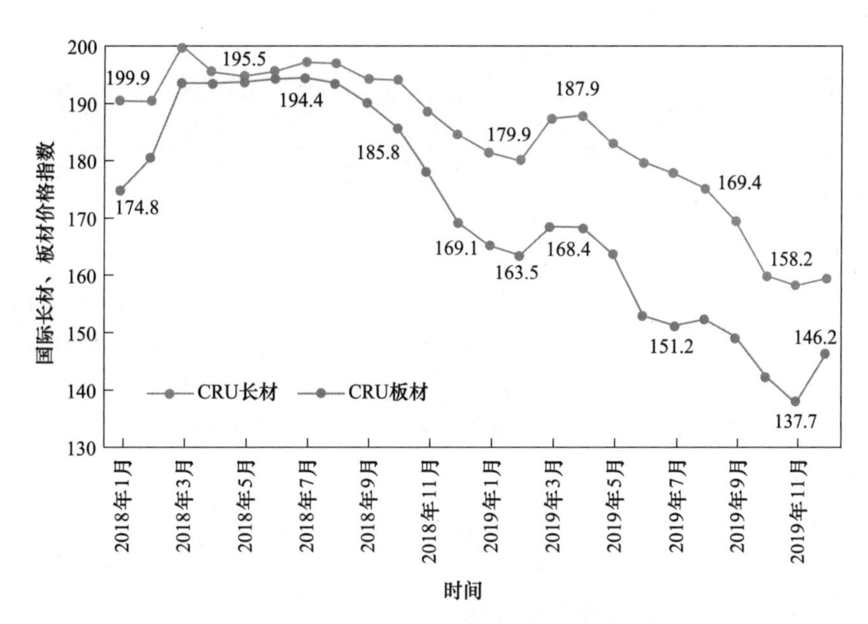

图 2-112　2018~2019 年国际长材和板材价格指数趋势

（数据来源：中国钢铁工业年鉴）

月末的最高值 122 点下滑至 2019 年的 110 点水平。以 2019 年为例，国内钢材价格指数（CSPI）平均值为 107.98 点，比上年下降 6.77 点，降幅 5.90%。其中，除 3 月和 11 月较 2018 年同期略有增长外，其他月份均呈下降趋势，如图 2-113 所示。

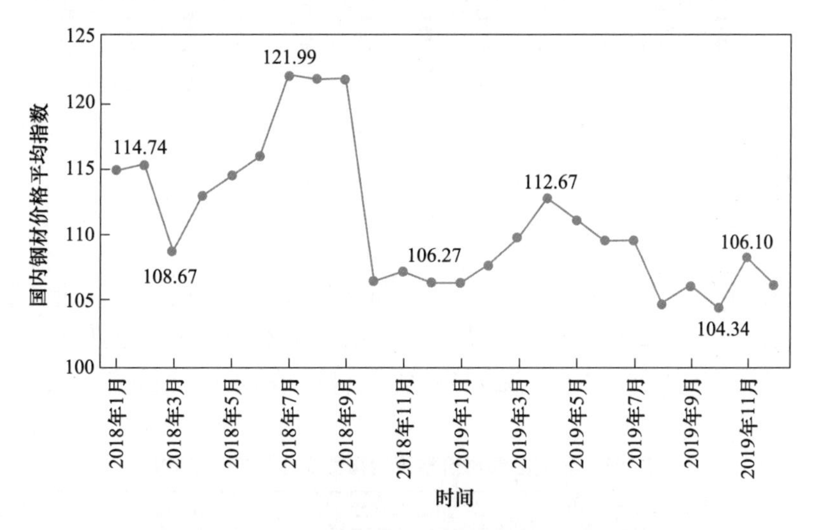

图 2-113　中国钢材价格平均指数趋势（CSPI）

（数据来源：中国钢铁工业年鉴）

以长材、板材价格而言，2019 年国内长材价格平均指数（CSPI）为 113.97 点，较 2018 年下降 6.45 点，降幅 5.36%，低于钢材平均指数的跌幅。板材价格平均指数（CSPI）为 104.24 点，较 2018 年下跌 7.26 点，降幅 6.51%，高于钢材平均指数的跌幅，见表 2-101。说明国内市场长材价格情况略好于板材，供需情况也更为紧张。

表 2-101 2019 年中国钢材价格平均指数变化情况（CSPI）

项目	2019 年平均	2018 年平均	同比增加	同比增长/%
综合指数	107.98	114.75	-6.77	-5.9
长材	113.97	120.42	-6.45	-5.36
板材	104.24	111.5	-7.26	-6.51

（数据来源：中国钢铁工业年鉴 mysteel）

以长材、板材市场波动程度而言，长材价格平均指数（CSPI）最高点为 2018 年 10 月末的 131.93 点，最低点为 2019 年 8 月末的 109.06 点，振幅 22.87 点；板材价格平均指数（CSPI）最高点为 2018 年 8 月末的 117.49 点，最低点为 2019 年 10 月末的 100.45 点，振幅 17.04 点，如图 2-114 所示。在周期性因素影响下，长材价格相对板材波动得更为剧烈，这与同期的国际市场恰好相反。

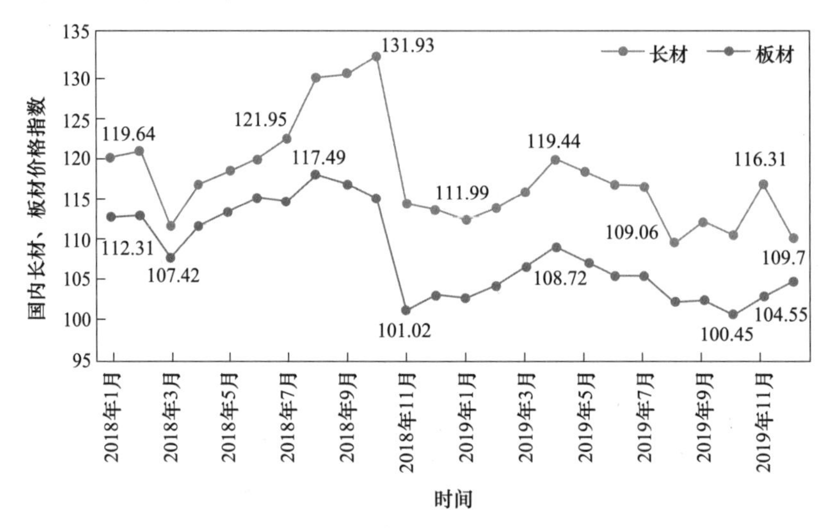

图 2-114 近两年长材、板材价格指数趋势

（数据来源：中国钢铁工业年鉴）

以区域价格特点而言，2019 年全国 6 大区域的钢材价格均低于 2018 年。其中，东北地区跌幅最大，下降 6.25%；华北、华东、中南、西南和西北地区依次下降 5.81%、5.71%、5.60%、5.09%和 2.72%，见表 2-102。这种情况或许是西部相较其他地区基数更低的缘故。

表 2-102 分地区钢材价格平均指数变化情况（CSPI）

项目	2019 年平均	2018 年平均	同比增加	同比增长/%
华北地区	106.52	113.09	-6.57	-5.81
东北地区	105.07	112.07	-7	-6.25
华东地区	109.2	115.81	-6.61	-5.71
中南地区	111.55	118.17	-6.62	-5.60
西南地区	109.93	115.83	-5.99	-5.09
西北地区	109.33	112.39	-3.06	-2.72

（数据来源：中国钢铁工业年鉴 mysteel）

以各品种价格而言，中国钢铁工业协会监测的 8 种钢材价格较 2018 年均出现下滑。中厚板、热轧卷板、冷轧薄板和热轧无缝管价格分别下跌 323 元/吨、293 元/吨、287 元/吨和 426 元/吨，下降幅度较大；高线、螺纹钢、角钢及镀锌板价格分别下跌 196 元/吨、222 元/吨、192 元/吨和 143 元/吨，下降幅度较小，见表 2-103。

表 2-103 2019 年主要钢材品种平均价格变化情况

项目	2019 年平均/元·吨$^{-1}$	2018 年平均/元·吨$^{-1}$	同比增加/元·吨$^{-1}$	同比增长/%
高线 ϕ6.5mm	4102	4298	-196	-4.56
螺纹钢 16mm	3901	4123	-222	-5.38
角钢 5 号	4096	4288	-192	-4.48
中厚板 20mm	3912	4235	-323	-7.63
热轧卷板 3.0mm	3919	4212	-293	-6.96
冷轧薄板 1.0mm	4370	4657	-287	-6.16
镀锌板 0.5mm	5063	5206	-143	-2.75
热轧无缝管 219·10mm	4847	5273	-426	-8.08

（数据来源：中国钢铁工业年鉴 mysteel）

总体而言，在 2019 年螺纹钢产量增长 2772 万吨的背景下，国内螺纹钢价格较 2018 年下滑幅度不大，处于各品种钢材的中游水平。说明下游需求相应放大，供需紧张程度适中，进而支撑了国内价格。

二、螺纹钢价格

2019 年钢铁行业继续深入推进供给侧结构性改革，运行总体平稳，但也面临螺纹钢产量增长较快、效益大幅下降、原材料成本高位震荡、环保压力加大等困难。从全年的走势来看，国内螺纹钢市场供需总体平稳、价格窄幅震荡，总体低于 2018 年水平，略好于其他品种钢材。

（一）螺纹钢价格变化趋势

“十三五”期间，螺纹钢价格先冲高后小幅回落，2017 年下半年进入震荡区间，稳定在 3800~4800 元/吨水平，如图 2-115 所示。

2014~2016 年，随着 GDP 增速由 7.4%降至 6.8%，国内经济进入新常态，螺纹钢需求侧楼市开始降温，房地产企业土地购置面积由 38814 万平方米降至 22025 万平方米，房屋新开工面积由 201207 万平方米降至 166928 万平方米，房屋销售面积由 130550 万平方米升至 157348 万平方米，房地产行业从之前的高速建设转向去库存阶段，螺纹钢消费也出现下滑。而在供给端，钢铁行业投资额快速增加，年投资额增加至 4947 亿元，支持螺纹钢产能的因素明显加强，供大于求的局面逐步加剧，螺纹钢价格开始快速回落。表 2-104 为 2016~2020 年房地产企业投资、土地购置、新开工、竣工和销售统计。

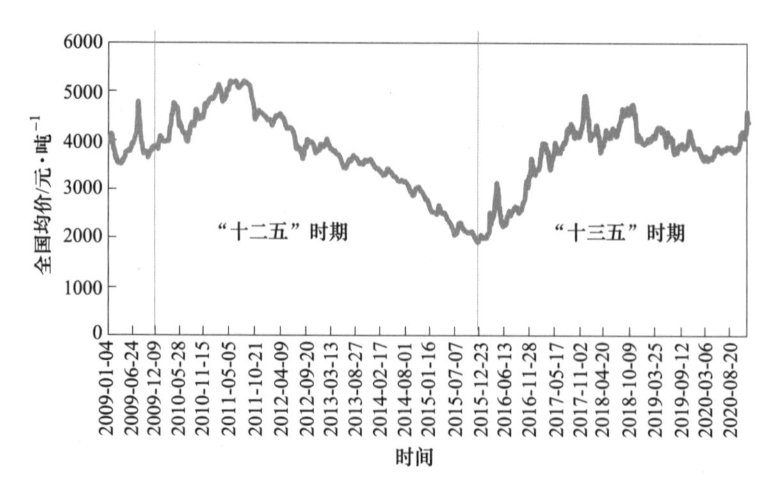

图 2-115 2009~2020 年 HRB400 ϕ20mm 螺纹钢全国均价

（数据来源：慧博数据库）

表 2-104 2016~2020 年房地产企业投资、土地购置、新开工、竣工和销售统计

年份	开发投资额/亿元	土地购置面积/万平方米	新开工面积/万平方米	竣工面积/万平方米	销售面积/万平方米
2016	102580.61	22025.25	166928.13	106127.71	157348.53
2017	109798.53	25508.29	178653.77	101486.41	169407.82
2018	120263.51	29320.65	209537.16	93550.11	171464.6
2019	132194.26	25822.29	227153.58	95941.53	171557.87
2020	141442.95	25536.28	224433.13	91218.23	176086.22

（数据来源：中经网数据库）

2016~2018 年，随着国内整体经济企稳，螺纹钢需求侧的楼市也开始回暖，房企土地购置面积从 22025 万平方米增至 29320 万平方米，房屋新开工面积从 166928 万平方米增至 209537 万平方米，房屋销售面积从 157348 万平方米增至 171464 万平方米。而在供给端，自钢铁行业实行供给侧改革，行业投资快速增长的势头得到控制，供求矛盾明显缓和，螺纹钢价格随着楼市回暖和产能的控制逐渐走高。

2018~2019 年，楼市保持了前两年的增长动力，行业投资增速由 9.4% 上升至 10.01%，房企土地购置面积由 29320 万平方米下滑到 25822 万平方米，房屋新开工面积由 209537 万平方米升至 227153 万平方米，房屋销售面积从 171464 万平方米增至 171557 万平方米，同时竣工面积也随之上涨，房地产建设周期开始加速。而在供给端，新环保法出台后，钢厂限产频次明显增多，钢厂环保投入明显增加，变相控制了螺纹钢产能释放。随着需求侧楼市复苏和供给侧压力加大，螺纹钢价格在高位不断波动。表 2-105 为 2016~2019 年钢铁行业完成投资变化情况。

表 2-105　2016~2019 年钢铁行业完成投资变化情况　　（亿元）

年份	2016	2017	2018	2019
全国固定资产投资总计（不含农户）	589257	631684	645675	551478
黑色金属采矿业	973	751	789	809
黑色金属冶炼及压延加工业	4095	3804	4329	5454
黑色金属采选、冶炼及压延加工业合计	5068	4555	5118	6263

（数据来源：中国钢铁工业年鉴）

（二）螺纹钢区域价格变动

2019 年，我国螺纹钢产量 24916 万吨，其中江苏省、山西省等年产 1000 万吨以上的省份约占国内总产量的 60%。消费地区则分布在上海市、浙江省等经济较发达地区。地理上的供需矛盾和经济不均衡导致各地螺纹钢价格有较大差异。

1. 华北、东北地区

华北和东北地区是我国最主要的钢铁产区，两地粗钢产量约占国内总量的 40%，但对螺纹钢需求较小。2005~2019 年，中国钢铁工业协会会员企业在华北和东北地区的螺纹钢销售量占当年总销量的比重不足 25%，且呈持续下降趋势，供大于求的情况严重；反映在价格上，北京、沈阳、石家庄和太原的 HRB400 ϕ20mm 螺纹钢价格略低于同期全国平均水平，如图 2-116~图 2-121 所示。

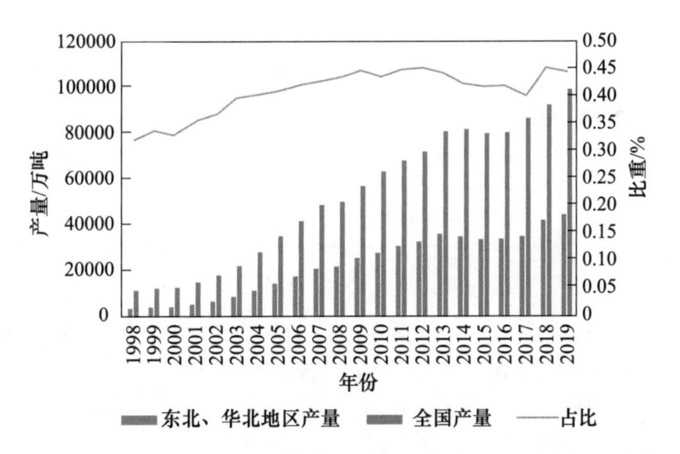

图 2-116　1998~2019 年东北和华北地区粗钢产量及占全国比重情况

（数据来源：慧博数据库）

2. 华东地区

华东地区是我国最富饶的地区，也是我国第二大钢铁产区，粗钢产量约占全国总量的 30%，对螺纹钢需求也最大。2005~2019 年，中国钢铁工业协会会员企业在华东地区的螺

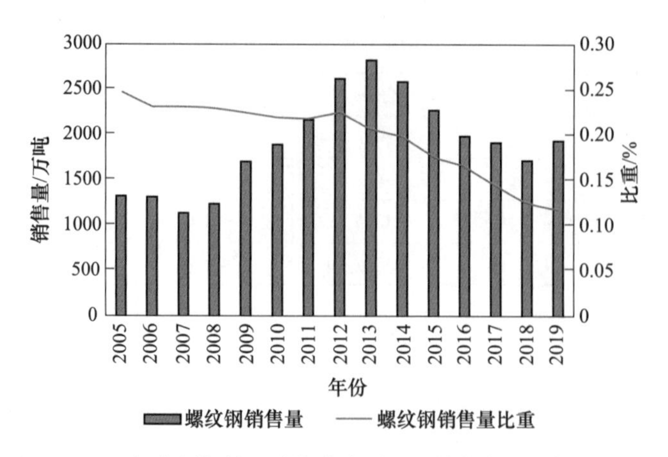

图 2-117　2005～2019 年中国钢铁工业协会会员企业销往东北和华北地区螺纹钢情况

（数据来源：慧博数据库）

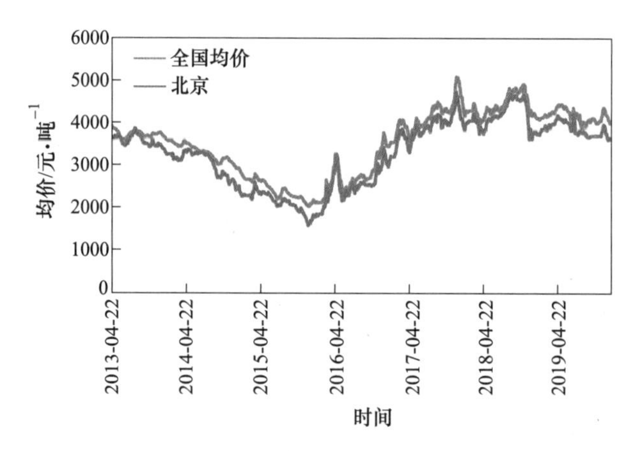

图 2-118　2013～2019 年北京及全国螺纹钢（HRB400 ϕ20mm）价格趋势对比

（数据来源：慧博数据库）

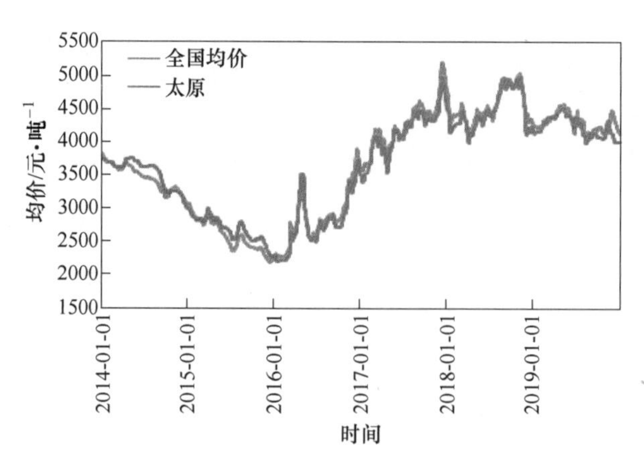

图 2-119　2014～2019 年太原及全国螺纹钢（HRB400 ϕ20mm）价格趋势对比

（数据来源：慧博数据库）

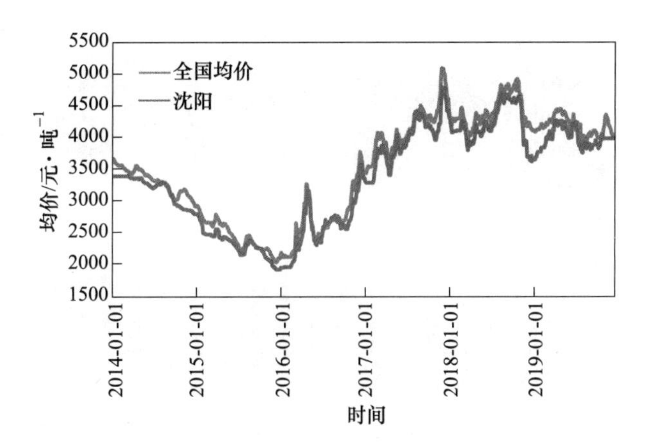

图 2-120　2014~2019 年沈阳及全国螺纹钢（HRB400 ϕ20mm）价格趋势对比
（数据来源：慧博数据库）

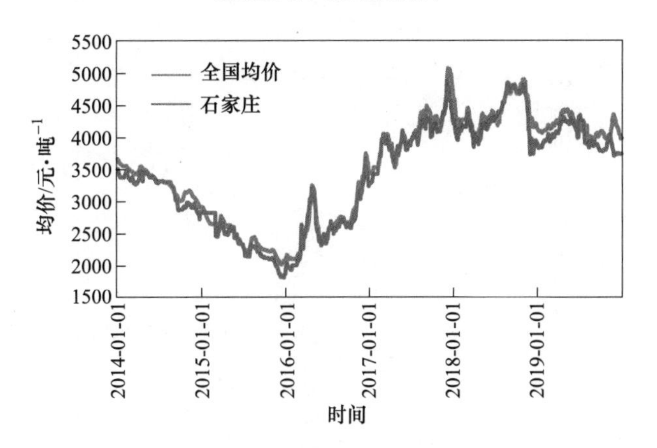

图 2-121　2014~2019 年石家庄及全国螺纹钢（HRB400 ϕ20mm）价格趋势对比
（数据来源：慧博数据库）

纹钢销售量占当年总销量的 40%左右，且有继续上升的态势；反映在价格上，上海、南京和杭州的 HRB400 ϕ20mm 螺纹钢价格略低于同期全国平均水平，如图 2-122~图 2-126 所示。

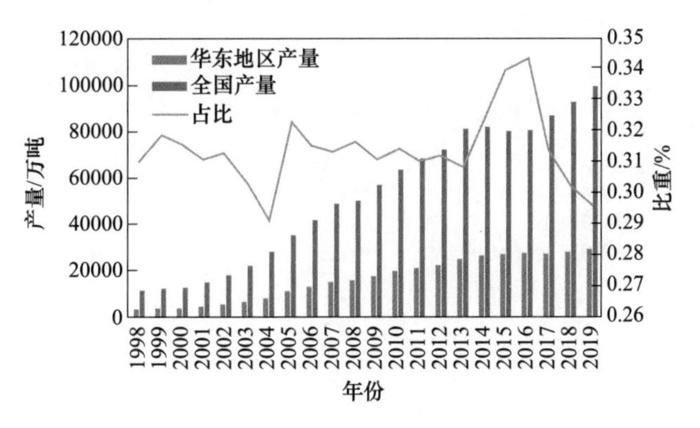

图 2-122　1998~2019 年华东地区粗钢产量及占全国比重情况
（数据来源：慧博数据库）

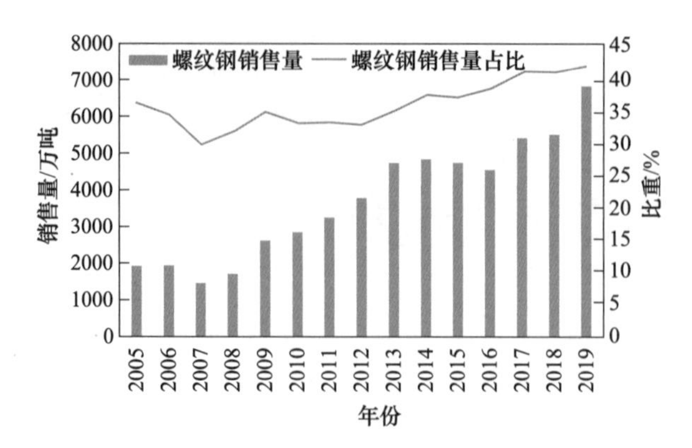

图 2-123　2005~2019 年中国钢铁工业协会会员企业销往华东地区螺纹钢情况
（数据来源：慧博数据库）

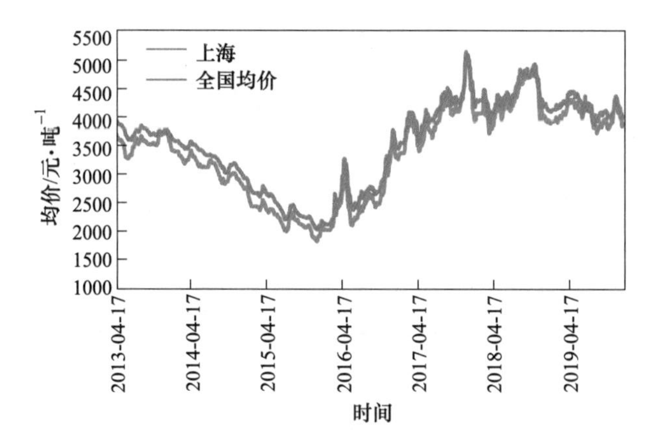

图 2-124　2013~2019 年上海及全国螺纹钢（HRB400 ϕ20mm）价格趋势对比
（数据来源：慧博数据库）

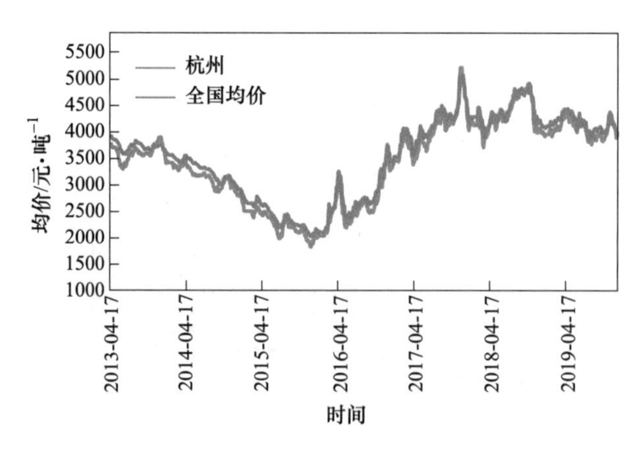

图 2-125　2013~2019 年杭州及全国螺纹钢（HRB400 ϕ20mm）价格趋势对比
（数据来源：慧博数据库）

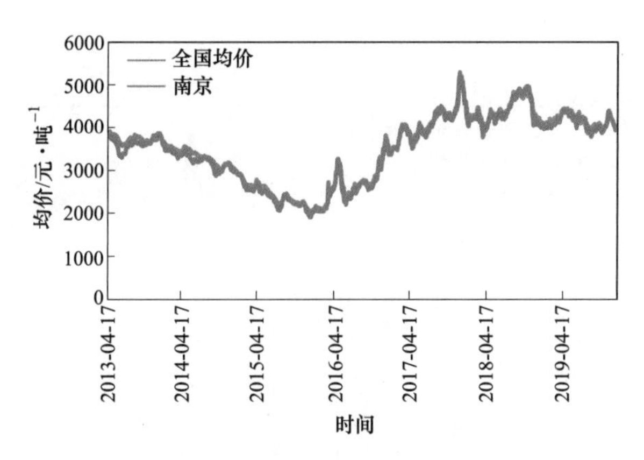

图 2-126　2013~2019 年南京及全国螺纹钢（HRB400 ϕ20mm）价格趋势对比

（数据来源：慧博数据库）

3. 中南地区

中南地区是国内发展经济最具地理优势的地区，也是我国第三大钢铁产区，粗钢产量占全国总量的 15%，对螺纹钢的需求较大。2005~2019 年，中国钢铁工业协会会员企业在中南地区螺纹钢销售量占当年总销量的 20%~25%，且持续上升；反映在价格上，广州、长沙、武汉和郑州的 HRB400 ϕ20mm 螺纹钢价格略高于同期全国平均水平，如图 2-127~图 2-132 所示。

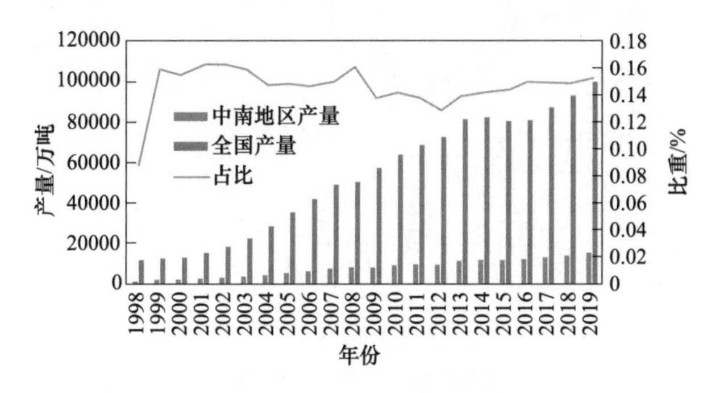

图 2-127　1998~2019 年中南地区粗钢产量及占全国比重情况

（数据来源：慧博数据库）

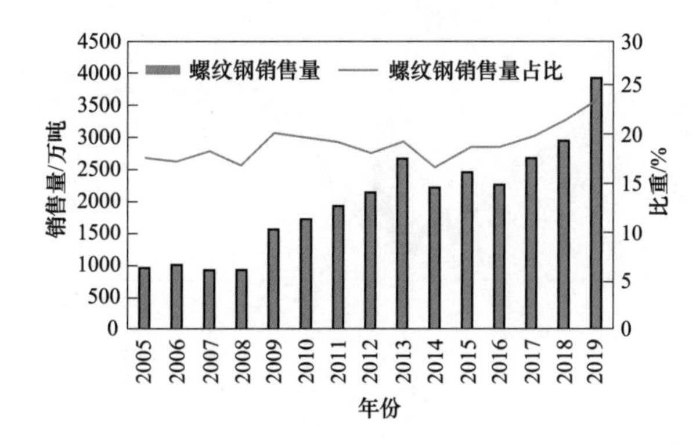

图 2-128　2005~2019 年中国钢铁工业协会会员企业销往中南地区螺纹钢情况

（数据来源：慧博数据库）

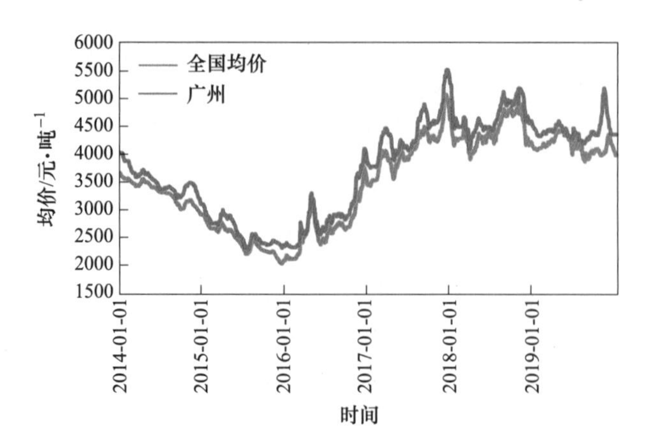

图 2-129 2014~2019 年广州及全国螺纹钢（HRB400 ϕ20mm）价格趋势对比

（数据来源：慧博数据库）

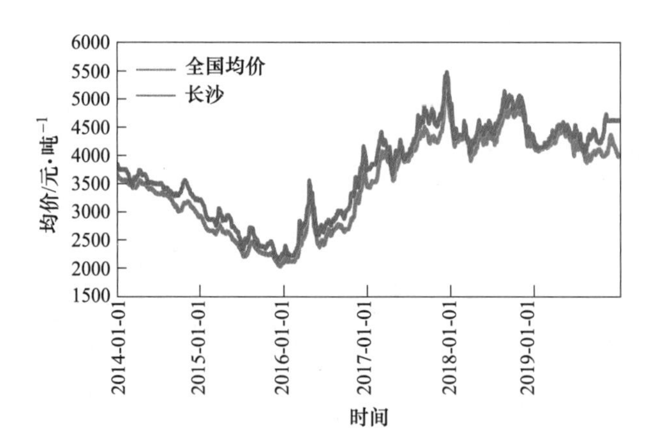

图 2-130 2014~2019 年长沙及全国螺纹钢（HRB400 ϕ20mm）价格趋势对比

（数据来源：慧博数据库）

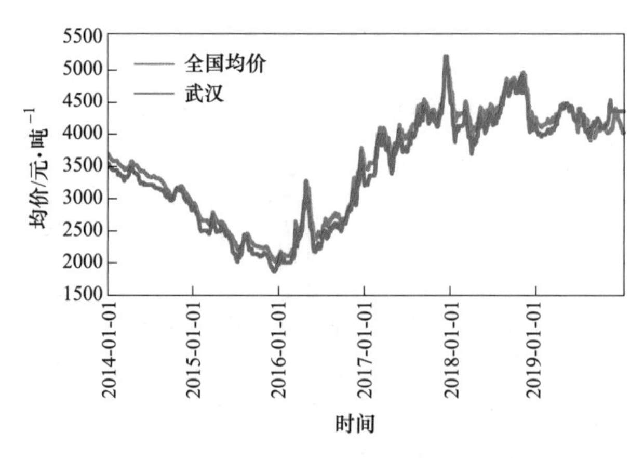

图 2-131 2014~2019 年武汉及全国螺纹钢（HRB400 ϕ20mm）价格趋势对比

（数据来源：慧博数据库）

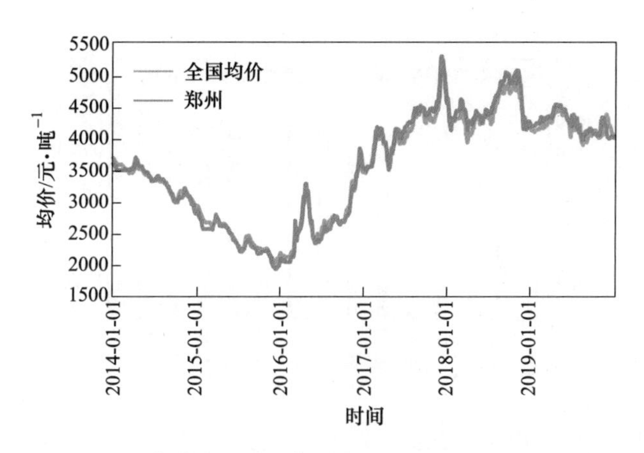

图 2-132　2014~2019 年郑州及全国螺纹钢（HRB400 ϕ20mm）价格趋势对比

（数据来源：慧博数据库）

4. 西北、西南地区

受地理位置和经济发展的限制，西部地区粗钢产量仅占全国总量的 10%，对螺纹钢的需求也相对较少。2005~2019 年，中国钢铁工业协会会员企业在西部地区的螺纹钢销售量占总销量的 20%~25%，呈震荡趋势；反映在价格上，重庆、成都 HRB400 ϕ20mm 螺纹钢价格略高于同期全国平均水平，西安则略低，如图 2-133~图 2-138 所示。值得一提的是，随着陕晋川甘论坛在区域内的引领作用日益凸显，西部地区与全国螺纹钢均价差异明显缩小。

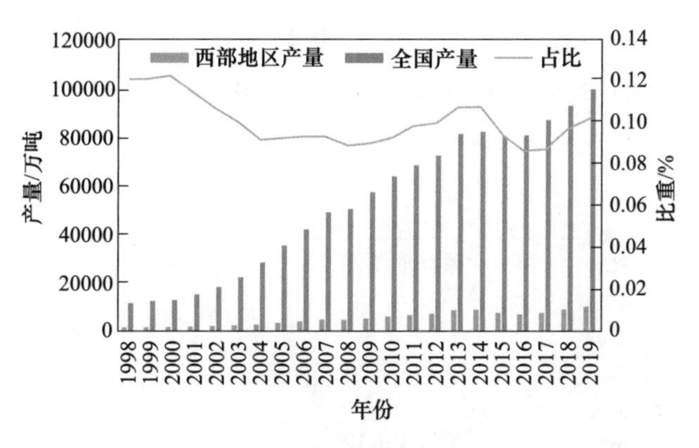

图 2-133　1998~2019 年西部地区粗钢产量及占全国比重情况

（数据来源：慧博数据库）

三、螺纹钢的定价

按照目前主流的定价方法将螺纹钢定价策略分为成本导向定价法、需求导向定价法和竞争导向定价法。

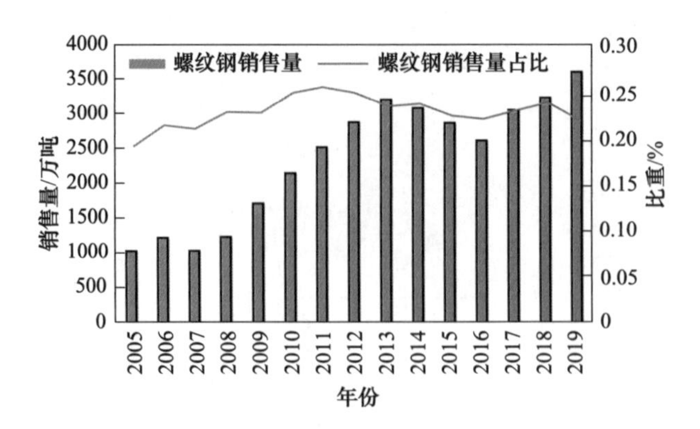

图 2-134 2005~2019 年中国钢铁工业协会会员企业销往西部地区螺纹钢情况
（数据来源：慧博数据库）

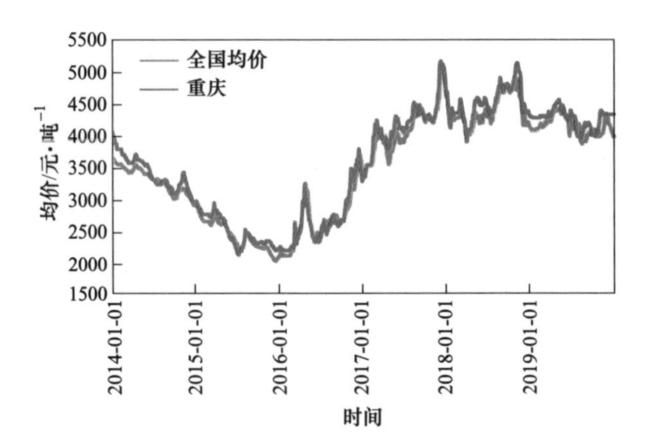

图 2-135 2014~2019 年重庆及全国螺纹钢（HRB400 ϕ20mm）价格趋势对比
（数据来源：慧博数据库）

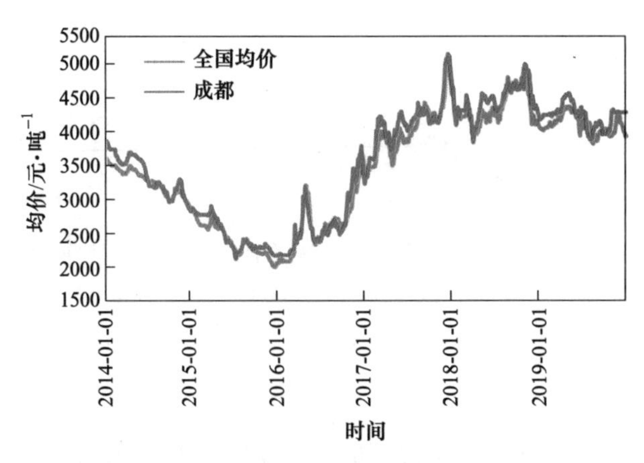

图 2-136 2014~2019 年成都及全国螺纹钢（HRB400 ϕ20mm）价格趋势对比
（数据来源：慧博数据库）

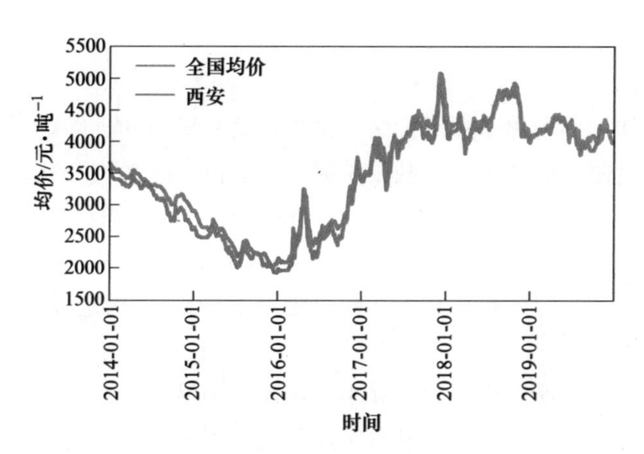

图 2-137　2014~2019 年西安及全国螺纹钢（HRB400 ϕ20mm）价格趋势对比

（数据来源：慧博数据库）

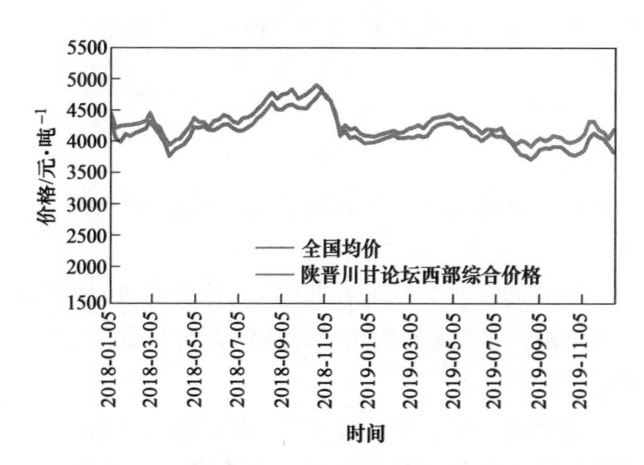

图 2-138　2018~2019 年陕晋川甘论坛西部综合及全国螺纹钢价格趋势对比

（数据来源：陕晋川甘建筑钢企高峰论坛）

（一）成本导向定价法

成本导向定价是以成本加一定盈利和税收来设定价格的方法，主要有成本加成和盈亏平衡定价两种。

1. 成本加成定价法

成本定价是以单位产品的完全成本为基础，加上利润、税收等一些因素，构成单位产品的价格。成本计价一般根据成本利润率确定：螺纹钢单价＝螺纹钢成本×(1+成本利润率)/(1−税率)。

确定合理的成本利润率是成本加成定价法的关键。而成本利润率的有效确定，则须研究市场环境、竞争程度和行业特点等多种因素。一般有矿石资源的钢企利用这种方法定价，其生产成本较低，可以获得较高的利润率。

2. 盈亏平衡定价法

盈亏平衡定价法又称为保本点定价法，是利用盈亏平衡分析确定螺纹钢销售价格的方法。钢企在钢水产量固定的情况下，利用总成本和单位产品平均变动成本确定盈亏平衡点来定价的方法。其原理是：钢企在销售量一定的情况下，当螺纹钢价格上涨至某个层次时，产品的成本费用恰好是其销售收入的补偿，这时利润为零，这个价格就是保本点价格，即钢铁企业盈利为零时的价格水平：螺纹钢保本价格=(固定成本/盈亏平衡点的销售量)+单位产品变动成本。

某一种钢材生产经营所获得的利润并不一定能增加钢铁企业的利润总额，市场上一种钢材盈利往往伴随着其他品种钢材无利可图或亏损。保本点定价的关键是准确预测产品的销量，当螺纹钢销售难以达到预期目标时，企业常采取保本经营策略，将利润重心转移到市场上其他销售较好的钢材上，从而实现企业的整体盈利。一般能生产多种钢材的大型钢企采用这种方法，因为采用这种定价方式的钢铁企业，只要完成销售任务，就能保证不亏损。

（二）需求导向定价法

需求导向定价是根据需求的差异对螺纹钢设定不同价格的方法，俗称“价格歧视”，主要有以下四种。

（1）因顾客而异。对不同行业、不同采购力度或建设类型的用钢企业，钢铁企业可根据上述差别制定不同的价格，并在定价时给予相应优惠或者提升价格，一般在螺纹钢供应紧张的区域采取这种定价方式。

（2）因时间而异。按照螺纹钢季节性需求差别制定价格，如冬季、雨季和高温季节可定得低一点，其他方便建设企业施工的时期可以定得高些。一般季节气候差异较大的地区，采用这种定价方法。

（3）因空间而异。钢铁企业根据其产品销售区域的空间位置对螺纹钢进行定价。一般需要送货上门，地广人稀附近没有螺纹钢生产企业的地区，适合采用此类定价方式。

（4）因品牌而异。钢铁企业根据买家对自身产品价值的认同，对螺纹钢的价格进行定价。

（三）竞争导向定价法

竞争导向定价是以区域内竞争对手的螺纹钢销售价格为基础，作为本公司定价依据的方法，主要有“随行就市”“主动竞争”“密封投标”三种。

（1）随行就市定价法。钢铁企业按照市场通行的螺纹钢价格水平或均价来定价，这也是“随大流”的定价方式。这种定价方法的好处是：首先，平均价格在购买者心目中被视为“合理的价格”，这样就很容易被接受，从而保证了螺纹钢销售量的稳定性；其次，可以和区域内其他钢铁企业和睦相处，避免因价格激烈竞争而带来的市场风险；再次，能够确保钢铁企业获得适度的盈利，同时可以简化定价手续，充分利用现有信息，制订合理的价格，是现实中较为稳妥的定价方式。一般中小型钢厂都会采取这样的定价方式，但是有些实力雄厚的大型钢企为了维护区域内同行的共同利益，也会采取这样的定价方式。

（2）主动竞争定价法。主动竞争定价法是指销售地区内的钢企不追随竞争者的价格，根据自己的实际情况和竞争对手状态来制定价格。其价格或高于、低于，或与市场价相符，这是积极主动的定价方式，一般大型企业或品牌号召力较强的钢铁企业采用这种定价方法。

主动竞争定价法的定价过程是：首先将市场上螺纹钢价格与本企业估算的价格进行比较，将其分成“三六九等”；其次将本企业螺纹钢的市场表现、质量、成本和产量与竞争产品进行对照，分析产生价格差异的原因；再次根据上述综合分析对本企业螺纹钢进行市场定位，确定产品的优势或特点，并在此基础上按照预定目标确定产品价格；最终跟踪竞争产品价格变动情况，及时分析原因，对应调整本企业螺纹钢的价格。

（3）密封投标定价法。这是一种竞争性很强的定价方式，当有大型基础设施建设项目需要购买大批量螺纹钢时，招标人将发布招标公告，在同意招标人提出条件的前提下，由多家钢厂提出螺纹钢报价，招标人按照第三方价格或者网价加减一定差值制定拦标价格，在低于拦标价以下的企业中择优选取。钢铁企业为了在竞争中获胜，往往千方百计探听标底的内容，因此在正式开标前必须严格保密。

在此方式下，投标价格是钢铁企业能否中标的重要因素。高价格固然可以带来较高的利润，但中标的机会相对较低；相反，如果报价较低，中标的概率会较高，但如果报价低于成本，企业就会亏损。因此，一般成本较低的钢铁企业在密封投标中优势较大。

四、螺纹钢期货

螺纹钢期货是以螺纹钢为标的物的期货品种。它可以为市场参与者提供套期保值、风险规避和价格发现等功能，使企业能够更合理地安排生产、调整销售、采购策略，优化各种资源配置，减少频繁的价格波动对企业平稳经营的影响。

（一）主要作用

1. 风险规避

随着螺纹钢市场的发展，钢厂、经销商和钢材用户对交易的时间和空间要求越来越高，交易双方的时空错位让现货市场长期处于不平衡状态，价格波动频繁，市场上所有的参与者均承担了很多不必要的风险。此时，应用金融工具来规避现货价格波动带来的经营风险，成为钢企良性经营、解决现货市场矛盾的必要条件。螺纹钢期货也应运而生，成为目前最佳的现货矛盾化解方案。

在没有螺纹钢期货的情况下，如果螺纹钢产品供不应求，市场价格就会上涨，钢企势必囤积居奇或者增加直销比例，大量钢贸商就会拿不到货，进一步使市场恐慌推高市场价格，直到市场上的螺纹钢有价无市或价格跳水；螺纹钢需求如果萎缩，价格下跌甚至亏本时，钢贸商为维护与钢铁企业的关系硬着头皮进货，就会造成市场上的螺纹钢继续过剩，价格进一步走低，亏损持续扩大，直至钢企减产或者上下游信任破裂停止采购，这两种情况都不利于行业健康发展。螺纹钢期货的推出，为钢企和贸易商提供了对冲风险的工具，无论螺纹钢价格涨跌，都能保证上下游企业生产经营的相对稳定。

2. 价格发现

螺纹钢价格发现功能是指期货市场形成的对现货市场有指导作用的权威价格的功能。只有当前期货价格能够稳定预测未来现货市场走势，螺纹钢生产企业才能在此基础上进行套期保值和规避风险，因此价格发现是套期保值的前提。螺纹钢生产企业在根据权威期货价格和自身经营状况制定理想的套期保值方案时，可以在一定程度上锁定产品价格、生产成本或利润率，将价格波动带来的风险降到最低。

（1）螺纹钢成本构成包括原材料成本、能源成本、人工成本、折旧和利息等。

1）原材料成本：铁矿石是生产螺纹钢最重要的原材料，不同钢铁企业采购的进口矿石、国产矿石价格和数量不同，且各自高炉的技术经济指标不同，各个钢铁企业的原材料成本相差较大。

2）能源成本：焦炭是螺纹钢生产中必需的还原剂、燃料和料柱骨架。同时，生产中还要大量消耗炼焦煤、水、电、气、油等介质。不同的钢铁企业采购这些公用介质的价格、数量不同，且各自的技术经济指标不同，各个钢铁企业的能源和公用介质成本相差也较大。

3）人工成本：人工成本是螺纹钢生产中的重要成本。尽管我国的实物劳动生产率与发达国家存在很大的差距，但单位工时成本（主要是人均收入水平）差距更大，我国钢铁吨发货量中的人力成本约为发达国家的1/3、国外平均数的1/2。总体上看，我国钢铁企业间人工成本的差距并不明显。

4）折旧和利息：设备投入大是螺纹钢企业的重要特征。从全球范围看，除日本采用快速折旧外，美国、欧洲、韩国和我国均采用正常折旧。由于钢铁行业是资金密集型产业，我国钢铁企业的资产负债率普遍在50%以上，因此国家货币政策的变化，会严重影响钢铁企业的财务费用。

对于钢企来说，螺纹钢成本计算是非常重要的，可以说是重中之重。整个计算过程可以简单描述为：原材料→生铁→粗钢→螺纹钢。

（2）成本估算包括生铁成本、粗钢成本、螺纹钢成本等。

1）生铁成本估算：生铁成本的构成主要是原材料（球团矿、铁矿石等）+辅助材料（石灰石、硅石、耐火材料等）+燃料及动力（焦炭、煤粉、煤气、氧气、水、电等）+直接工资、福利和制造费用-成本扣除（煤气回收、水渣回收、焦炭筛下物回收等）。

根据高炉冶炼原理，生产1t生铁需要1.5~2.0t铁矿石（取1.65）和0.4~0.6t焦炭（取0.45）。另外，还有辅料（0.2~0.4t熔剂）、燃料、人工费用在内的其他费用，与副产品回收进行冲抵后，这部分约占总成本的10%。

$$\text{生铁每吨制造成本}=(1.65\text{t 铁矿石价格}+0.45\text{t 焦炭价格})/0.9$$

2）粗钢成本估算：以国内钢铁行业的平均铁钢比（0.96）和废钢单耗（0.15t）作为

估算依据，炼钢工艺中因为耗电量增加、合金加入以及维检费用上升，使得除主要原料以外的其他费用占到炼钢总成本的18%左右。

粗钢每吨制造成本=(0.96t生铁价格+0.15t废钢价格)/0.82

3）螺纹钢成本估算：螺纹钢成本包括损耗（取2%）、轧制费用（取100元/吨）及价外税（增值税16%）。

螺纹钢成本=(1.02t粗钢价格+轧制费用)×1.16

以2020年年末为例，国产铁矿石平均价格为779元/吨，进口铁矿石平均价格为108美元/吨，取平均值760元/吨；焦炭价格取2000元/吨，废钢价格取2800元/吨，则有：

生铁吨制造成本=(1.65×760+0.45×2000)/0.9=2393元/吨

粗钢吨制造成本=(0.96×2393+0.15×2800)/0.82=3313元/吨

螺纹钢成本=(1.02×3313+100)×1.16=4035元/吨

不同钢企的生产成本不尽相同，不同版本的成本估算公式也不一样，所估算出的螺纹钢成本也不一致。虽然不同的取值、公式计算出来的成本数值不一样，但对于行情走势说明的问题是相同的。2020年年末，上海期货交易所（SHFE）螺纹钢期货价格为4327元/吨，现货均价4450元/吨左右，除去成本每吨螺纹钢有300~350元的合理利润，且期货低于现货价格的情况也正契合年底螺纹钢价格下滑的趋势。截至2021年1月，上海、杭州等消费量较大地区螺纹钢现货价格降至4300元/吨左右。总体来说，螺纹钢期货价格紧贴现货的价格，总是在螺纹钢现货价格走势之前发生变化，是优秀的价格发现工具。

（二）应用

1. 点价模式

螺纹钢点价交易模式，又称为“作价”，是一种交易撮合机制。点价模式是指以上海期货交易所某月的螺纹钢期货价格为定价依据，再加减双方约定的升贴水来确定买卖价格的交易模式。以上海期货交易所数据为基准，是因为上海期货市场的价格来源于国内螺纹钢现货市场，具有公开性、连续性、预测性和权威性的特点。它可以节省交易者搜寻价格信息和议价的成本，提高螺纹钢的交易效率。升贴水的高低与点价所选取期货合约月份的远近、期货交割地与现货交割地之间的运费、期货交割等级与现货等级的差异有关。升贴水也是市场化的，目前国内许多钢贸商都提供升贴水报价，交易双方很容易确定升贴水水平。点价模式本质上是现货交易的一种定价方式，只是交易双方无需参与期货交易即可享受期货市场带来的便宜。目前，国内的螺纹钢交易市场已广泛采用点价模式。

2. 套期保值

螺纹钢套期保值又称为对冲贸易，是指交易人在买进（或卖出）现货螺纹钢的同时，在期货交易所反向卖出（或买进）等量螺纹钢期货交易合约进行对冲保值的方式。这样做的目的是在螺纹钢现货价格变动导致盈利或亏损时，在“现”与“期”、近期和远期之间建立一种对冲机制，从而降低交易风险。它是一种为避免或减少因价格发生不利变动而造成损失，以期货交易暂时替代现货交易的行为。

螺纹钢套期保值的理论基础：当螺纹钢现货和期货市场的走势趋同时，由于这两个市场受同一供求关系的影响，其价格同时上涨和下跌；由于在这两个市场的操作相反，所以盈亏相反，期货市场的盈利可以弥补现货市场的亏损，或者现货市场的盈利由期货市场的亏损所抵消。

螺纹钢套期保值的作用：钢铁企业生产经营正确决策的关键在于能否正确把握市场供求状态，尤其是能否正确掌握市场的下一步变动趋势。螺纹钢期货市场的建立，不仅使钢铁企业能够通过期货市场获取未来市场的供需信息，提高企业生产经营决策的科学合理性，做到按需定产，还能为钢企通过套期保值规避市场价格风险提供场所，在增进企业经济效益方面发挥作用。一般来说，套期保值在钢铁企业生产经营中的作用主要有以下几点：

（1）确定下游买方采购成本，保证需求方（如工程建设单位）利润。需求方（工程建设单位）已经与供给方（钢铁企业）签订好现货供货合同，约定将来交货，但此时需求方尚无必要购进螺纹钢，为避免日后购进螺纹钢因为价格上涨而承担损失，需求方（工程建设单位）此时可通过买入螺纹钢期货等相关建设材料来锁定工程利润。

（2）确定钢铁企业销售价格，保证企业利润。钢铁生产企业已经签订采购本期原燃料合同，可通过螺纹钢期货卖出未来生产的螺纹钢，来锁定自身利润。

（3）保证钢企生产预算不超标。

（4）保证行业原料上游焦煤、铁矿企业生产利润。

（5）保证钢贸商利润。

（6）调节螺纹钢库存。当钢铁企业和钢贸商认为目前螺纹钢价格合理需要增加库存时，通过螺纹钢期货代替现货来保障库存，并利用杠杆提高资金利用率，保证现金流；当钢铁企业和钢贸商认为目前螺纹钢价格过低，但现货库存因生产或其他因素不能减少时，通过期货市场将螺纹钢卖出，减少因价格过低而造成的损失。

（7）融资。当钢铁企业资金紧张需要融资时，通过质押螺纹钢期货仓单，可以获得银行或相关机构较高的融资比例。

（8）增加采购或销售渠道。在特定情况下，螺纹钢期货市场可以是需求方采购或钢企销售的一个渠道，等到螺纹钢进入交割环节实现物权转移时，供需双方可以通过期货市场对螺纹钢现货的采购或销售进行适当补充。表 2-106 为上海期货交易所螺纹钢期货合约。

表 2-106 上海期货交易所螺纹钢期货合约

交易品种	螺纹钢
交易单位	10 吨/手
报价单位	元(人民币)/吨
最小变动价位	1 元/吨
每日价格最大波动限制	不超过上一交易日结算价的±8%

续表 2-106

合约交割月份	1~12 月
交易时间	每周一至周五 9：00~10：15、10：30~11：30、13：30~15：00； 连续交易时间为 21：00~23：00
最后交易日	合约交割月份的 15 日（遇法定假日顺延）
最后交割日	最后交易日后连续第三个工作日
交割品级	标准品：符合国标 GB/T 1499.2—2018《钢筋混凝土用钢　第 2 部分：热轧带肋钢筋》HRB400 牌号的 ϕ16mm、ϕ18mm、ϕ20mm、ϕ22mm、ϕ25mm 螺纹钢； 替代品：符合国标 GB/T 1499.2—2018《钢筋混凝土用钢　第 2 部分：热轧带肋钢筋》HRB400E 牌号的 ϕ16mm、ϕ18mm、ϕ20mm、ϕ22mm、ϕ25mm 螺纹钢
交割地点	交易所指定交割仓库
最低交易保证金	合约价值的 10%
最小交割单位	300t
交割方式	实物交割
交易代码	RB
上市交易所	上海期货交易所
上市日期	2009 年 3 月 27 日

五、螺纹钢市场价格影响因素

（一）供求关系决定价格变化趋势

市场经济下，价格变动由供求关系决定。2008 年前，国内螺纹钢供求关系松紧适中，各地市场价格普遍低于卷、板等钢材价格。2008 年金融危机后，我国大规模的基建投资拉动了螺纹钢、线材等建筑钢材需求的增长，螺纹钢平均价格开始高于热轧卷板平均价格，其中 2011 年螺纹钢均价比热卷价格高出 72 元/吨。但随着螺纹钢产能日趋过剩，螺纹钢价格与热卷价格逐渐接近，到 2014 年螺纹钢全年均价开始大幅低于热卷的均价。当前，在房地产调控和实体经济下行压力渐增的大环境下，螺纹钢价格已逐步回归合理区间，每吨略低于热卷 100~300 元。

（二）成本约束价格波动

供求关系决定价格趋势，但趋势不能无限延伸，市场价格涨跌还要受到上下游行业成本的约束。简单地讲，下游行业的成本决定了螺纹钢价格的上限，当下游建筑行业成本不能承受螺纹钢材价格的上涨时，市场价格由上涨转为下跌；钢企的生产成本决定了螺纹钢价格的下限，当钢厂普遍出现亏损的时候，市场价格继续下跌的空间就会缩小。

（三）资金供应影响价格水平

根据货币数量理论，螺纹钢价格取决于货币流通量、货币流通速度和交易量三个变量

($P = MV/T$) 的相互作用。在当前国内稳健货币政策和稳定的螺纹钢市场下，资金供应很大程度上影响着螺纹钢的价格水平。当市场资金相对充裕时，往往对应高价格，而当资金紧张时，往往对应低价格。以2011~2012年为例，由于银行收紧贷款，下游钢贸商资金普遍紧张，最终于2012年爆发钢贸信贷危机，极大影响了2013~2015年螺纹钢价格的持续下行趋势。

（四）竞争态势影响区域市场价格

我国生产螺纹钢的钢铁企业众多，竞争策略各不相同，导致不同地区的市场竞争态势也不尽相同。从全国市场来看，螺纹钢市场基本处于完全竞争状态，国内没有一家钢厂处于绝对领先地位。但到具体的省市，都会出现市场主导钢厂，比如河北钢铁之于京津冀地区、沙钢之于江浙地区、韶钢和广钢之于广东市场等。这些主导钢厂可以极大影响其主导市场的螺纹钢价格。

（五）市场预期对价格涨跌起到助推作用

市场预期对螺纹钢价格涨跌起到放大的作用，可以通过改变供求及市场资金状况助推价格的涨跌幅度。如果市场对未来价格走势预期上涨，钢贸商往往会积极的订货和增加库存，市场资金也会大幅增加；同时，市场库存的增加起到拉动需求增长的作用，进一步刺激市场价格上涨；反之亦然。

（六）金融市场和大宗商品市场对钢材价格的影响

自螺纹钢期货、铁矿石期货、焦炭期货、焦煤期货上市后，我国螺纹钢具有了更多的金融属性，产业链受金融市场以及大宗商品市场波动影响较之前更大。螺纹钢期货市场与现货市场之间存在着既联系又抗衡的格局，期货市场价格影响现货市场价格走势，现货市场为期货市场提供参考指标。总体来看，远期期货市场的震荡与当前现货市场构成了相互制约的平衡关系。

第三节 重点螺纹钢企业市场份额

改革开放40年来，螺纹钢生产企业积极对接各界资源，寻求技术创新，吸纳高精尖人才，市场规模稳步扩大，市场结构不断优化，而市场竞争也日趋激烈。十三五期间，中国螺纹钢企业“做大做强”的步伐有所加快，中国钢铁工业协会会员企业的表现尤为突出。理论上，一个行业内的企业越多，单个企业的市场份额越低，市场竞争程度越高。螺纹钢生产企业的市场份额是反映钢铁企业竞争力的重要指标，通常以销售额的百分比表示。

一、销售量前十企业市场份额

目前国内没有各大型钢企具体的螺纹钢销售、收入、产值和利润统计数据，理论上不能进行螺纹钢企业市场份额的计算。本节将钢铁企业一个年度内的螺纹钢产量近似理解为销售量，估算其市场份额，帮助读者了解国内重点螺纹钢企业的市场份额。

（一）份额前十企业

2015~2020年，螺纹钢销售量超过500万吨的企业有宝武、沙钢、河钢等18家企业。过去6年，市场份额达到前三的企业有沙钢、河钢、方大等7家企业。2018年之前，市场份额前三的企业一直由沙钢、河钢、方大占据，这种情况在2019年发生了变化，沙钢螺纹钢年销量从1000多万吨下降到500万吨水平，排名也由第一下滑至第七；方大螺纹钢年销量从923万吨下降到887万吨，排名由第二下滑至第四；河钢年销售2500万吨钢材，棒型材利润只占17.1%，见表2-107。前十强企业中，除宝武集团外，新增4家企业上榜，市场竞争非常激烈。说明老牌钢铁企业正积极寻求产品的升级转型，而新兴钢铁企业则在积极扩张。

表2-107　2007年和近年螺纹钢市场份额前十企业情况　（万吨）

排名	2007年		2015年		2016年		2017年		2018年		2019年		2020年	
	企业	销量	企业	销量	企业	销量	企业	销量	企业	销量	企业	销量	企业	销量
1	沙钢	653	沙钢	1013	沙钢	949	沙钢	1105	沙钢	1106	宝武	2179	宝武	2459
2	唐钢	617	河钢	965	河钢	854	河钢	831	方大	923	陕钢	1056	建龙	1341
3	莱钢	420	方大	727	方大	747	方大	784	河钢	826	亚新	900	亚新	1046
4	济钢	336	山钢	704	山钢	697	山钢	761	山钢	823	方大	887	方大	1044
5	武钢	334	敬业	652	武钢	612	陕钢	697	建龙	731	敬业	600	陕钢	1030
6	首钢	296	武钢	629	敬业	610	马钢	591	陕钢	726	镔鑫	570	三钢	799
7	马钢	256	马钢	600	马钢	566	三钢	555	三钢	640	沙钢	500	中天	692
8	萍钢	253	陕钢	520	首钢	527	首钢	553	马钢	607	盛隆	470	敬业	587
9	建龙	240	首钢	517	三钢	516	柳钢	540	敬业	589	晋钢	461	盛隆	579
10	新兴铸管	224	三钢	487	陕钢	506	敬业	531	首钢	574	首钢	366	镔鑫	562

（数据来源：本书收集）

以2019年数据为例，销量前十的企业销售螺纹钢7989万吨，占国内市场的32%。按份额高低排名分别是：宝武、陕钢、亚新、方大、敬业、镔鑫、沙钢、盛隆、晋钢和首钢。

（1）宝武集团。宝武集团占据国内螺纹钢市场份额的首位，达8.7%；集团内八钢年销量150万吨，螺纹钢营业收入45亿元，成本39.6亿元，主要在新疆维吾尔自治区内销售，少量销往陕西省、甘肃省和青海省等地；马钢年销量686万吨，主要销往安徽省和江苏省，少量销往广东省、河南省和上海市等地；韶钢年销量450万吨，主要在广东省内销售，少量销往河南省、江苏省和江西省等地；鄂钢年销量243万吨，主要在湖北省内销售，少量销往河南省、湖南省、浙江省、江苏省和江西省等地；昆钢年销量650万吨，主要在西南地区销售。

（2）第2~10名企业。2019年，陕钢集团销售螺纹钢1056万吨，占全国螺纹钢市场的4.2%，主要销往陕西省、四川省、重庆市、北京市、山西省、河南省、湖北省、湖南省、江苏省和安徽省等地。亚新钢铁销售螺纹钢900万吨，占全国市场的3.6%，主要销往河南省、陕西省、湖北省、湖南省、广东省、北京市、山西省、内蒙古自治区、上海市、浙江省、江苏省、山东省、安徽省和江西省等地。方大集团销售螺纹钢 887 万吨，占全国市场的 3.6%，主要销往江西省、江苏省和浙江省等地。敬业集团销售螺纹钢 600 万吨，主要销往河北省、山西省、北京市、天津市、河南省、湖北省、湖南省和江苏省，少量销往上海市、安徽省、广东省、浙江省、重庆市和海南省等地。镔鑫钢铁销售螺纹钢 570 万吨，占全国市场的 2.3%，所产螺纹钢主要销往江苏省、浙江省、山东省、安徽省、河南省、湖南省和湖北省，少量销往上海市、广东省和海南省等地。沙钢集团销售螺纹钢 500 万吨，占国内市场的 2%，主要销往江苏省、上海市、浙江省和河南省，少量销往广东省、安徽省和福建省等地。广西盛隆冶金销售螺纹钢 470 万吨，占国内市场的 1.9%，主要销往西南诸省。山西晋钢销售螺纹钢 461 万吨，占国内市场的 1.9%，主要销往山西省、北京市、河南省和陕西省，少量销往湖北省、宁夏回族自治区和甘肃省等地。首钢销售螺纹钢 366 万吨，占国内市场的 1.5%，集团内长冶销售 216 万吨，主要销往华北地区，通钢销售 150 万吨，主要销往东北地区。

（二）螺纹钢销售特点

2019 年，重点螺纹钢企业市场份额呈现“龙头企业带动、各路诸侯齐上”的态势。其中，宝武集团销售量达到 2179 万吨，占总销售量的 8.8%，居产业首位，比第二名陕钢高出 1123 万吨；陕钢、亚新钢铁、方大钢铁分列第 2~4 位，销量超过 880 万吨。综合 2015~2019 年的情况来看，除了宝武集团外，仅有陕钢、方大、敬业、沙钢和首钢 5 家企业没有变化，份额前十名变化较大。表 2-108 为 2015~2019 年螺纹钢销售量前十企业情况。

表 2-108 2015~2019 年螺纹钢销售量前十企业情况

指标	年份	企业销售量/万吨	国内总销售量/万吨	市场份额/%
行业第一	2015	1013	18816	5.38
	2016	949	19051	4.98
	2017	1105	19899	5.55
	2018	1106	22227	4.98
	2019	2179	24916	8.75
行业前三	2015	2705	18816	14.38
	2016	2550	19051	13.39
	2017	2720	19899	13.67
	2018	2855	22227	12.84
	2019	4135	24916	16.60
行业前五	2015	4061	18816	21.58
	2016	3859	19051	20.26
	2017	4178	19899	21.00
	2018	4409	22227	19.84
	2019	5622	24916	22.56

续表 2-108

指标	年份	企业销售量/万吨	国内总销售量/万吨	市场份额/%
行业前十	2015	6814	18816	36.21
	2016	6584	19051	34.56
	2017	6948	19899	34.92
	2018	7545	22227	33.95
	2019	7989	24916	32.06

（数据来源：本书收集）

重点螺纹钢企业的市场份额在“十三五”期间一直保持在较低水平，第一名的市场份额保持在5%~9%，前三名保持在12%~17%，前五名保持在20%左右，前十名保持在32%~37%，如图2-139所示。2020年，由于央企和地方国企的兼并重组，重点企业的市场份额有一定提升。另外，螺纹钢企业市场份额前十中的民营企业数量持续增加，2020年增至7家，形成了“国民携手”的良好局面。图2-139为2015~2019年产量排名靠前企业市场份额趋势。

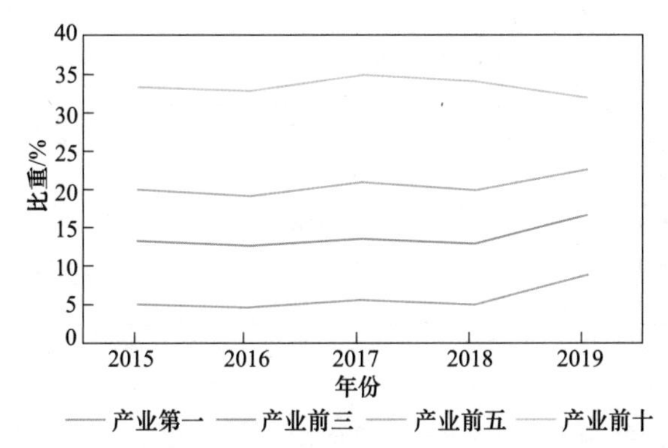

图2-139　2015~2019年产量排名靠前企业市场份额趋势

二、中国主要钢铁企业螺纹钢销售总量

随着我国国民经济的快速增长，下游行业对螺纹钢的需求不断增加。中国钢铁工业协会会员企业由于在技术、设备和规模上具有较大优势，生产规模迅速扩大，市场份额也进一步提升。

2015~2019年，中国钢铁工业协会会员企业螺纹钢销量分别为12902万吨、11938万吨、13357万吨、13588万吨和16448万吨，5年间增长3546万吨和27%；而同期非会员企业螺纹钢销量仅7513万吨、8126万吨、6626万吨、8611万吨和8480万吨，5年内销量仅增长967万吨和12.9%，会员企业与非会员企业的销量之比从1.72上升到1.94，而且这个趋势还在增加，见图2-140和表2-109。

从会员和非会员企业比例来看，2015~2019年，螺纹钢市场上会员企业的市场份额比非会员企业高出26%、20%、34%、22%、32%，明显高于在其他钢种54%的平均市场份额，所以螺纹钢相较于其他钢材，其市场份额更多地由钢协会员企业占据，见表2-110。

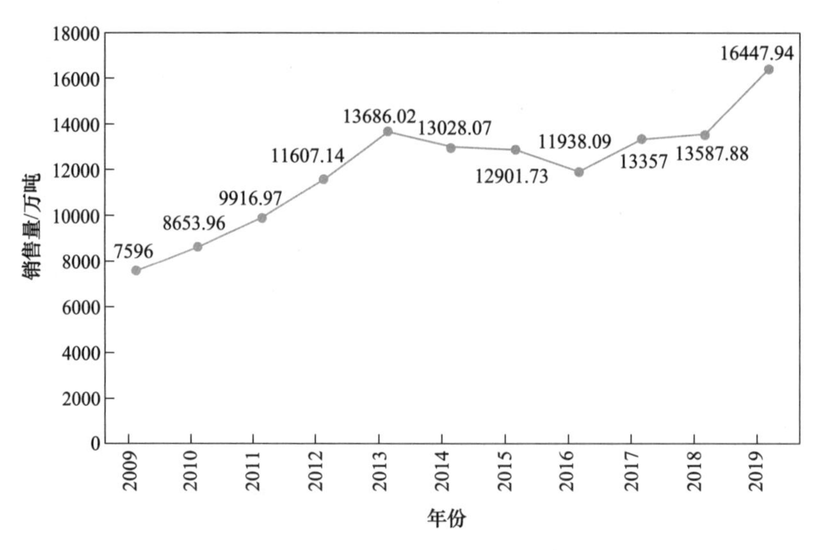

图 2-140 会员企业螺纹钢销售情况

（数据来源：中经网数据库）

表 2-109 2015~2019 年中国钢铁工业协会会员企业与一般企业螺纹钢销售情况

年份	会员企业销售量/万吨	普通企业销售量/万吨	会员/非会员
2015	12902	7513	1.72
2016	11938	8126	1.47
2017	13357	6626	2.02
2018	13588	8611	1.58
2019	16448	8480	1.94

（数据来源：中经网数据库）

表 2-110 2015~2019 年会员和非会员企业销量占总消费量比重 （%）

年份	会员企业销售量占比	非会员企业销售量占比
2015	63	37
2016	60	40
2017	67	33
2018	61	39
2019	66	34

（数据来源：中经网数据库）

三、中国主要钢铁企业螺纹钢资源投放方向

中国钢铁工业协会会员企业的螺纹钢销售重心持续向南转移，南方 18 个省、直辖市、自治区消费了近八成的螺纹钢，呈现南多北少的不平衡现状。2010~2019 年，会员钢企销往东北地区的螺纹钢由 452 万吨增加到 634 万吨，比重由 6%下降到 4%；销往华北地区的螺纹钢由 1057 万吨增加到 1281 万吨，比重由 14%下降到 8%；销往华东地区的螺纹钢由 2489 万吨增加到 6190 万吨，比重由 32%增加到 40%；销往中南地区的螺纹钢由 1644 万吨增加到 3730 万吨，比重由 21%增加到 24%；销往西南地区的螺纹钢由 1265 万吨增加到

2609 万吨，比重由 16%增加到 17%；销往西北地区的螺纹钢由 819 万吨增加到 889 万吨，比重由 11%下降到 6%，如图 2-141 所示。总体来看，这种南重北轻的趋势十分明显，南方地区消费量是北方的 4 倍以上。

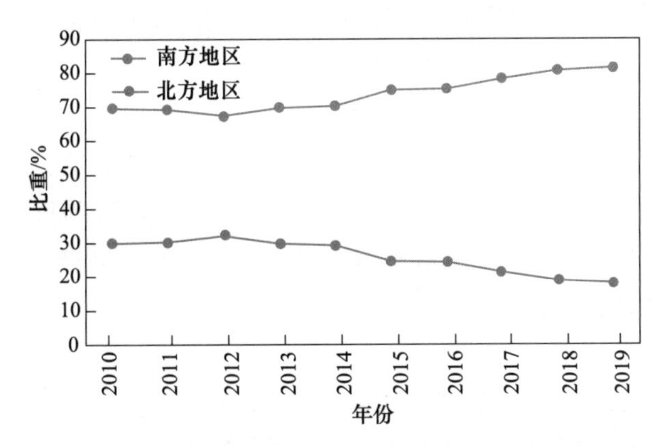

图 2-141　2010~2019 年中国钢铁工业协会会员企业向南北方销售情况
（数据来源：中经网数据库）

长期来看，2019 年会员企业销往东北地区的螺纹钢较 2015 年减少 517 万吨，销往华北地区的螺纹钢较 2015 年增加 178 万吨，销往华东地区的螺纹钢较 2015 年增加 2087 万吨，销往中南地区的螺纹钢较 2015 年增加 1471 万吨，销往西南地区螺纹钢较 2015 年增加 705 万吨，销往西北地区螺纹钢较 2015 年增加 31 万吨，见表 2-111。其中，华东和中南地区消费最多、增长最快，西南地区的增速虽然有所下滑但也明显高于华北、西北和东北地区，可见“南重北轻”的趋势正在延续。

表 2-111　2015~2019 年中国钢铁工业协会会员企业销往各地区螺纹钢数量　（万吨）

年份	销往华北	销往东北	销往华东	销往中南	销往西南	销往西北
2015	1813. 16	462. 83	4739. 75	2452. 52	1922. 72	951. 57
2016	1566. 86	420. 97	4549	2257. 07	1779. 44	837. 44
2017	1364. 15	553. 6	5416. 52	2673. 31	2185. 49	873. 76
2018	1198. 83	520. 55	5507. 64	2942. 2	2464. 51	772. 97
2019	1295. 67	641. 02	6827. 18	3924. 28	2628. 56	982. 56

（数据来源：中经网数据库）

从销售增量角度来看，2019 年会员企业销量同比增长了 2891 万吨。其中，华北市场销售增长 97 万吨，东北市场销售增长 120 万吨，华东市场销售增长 1319 万吨，中南市场销售增长 982 万吨，西北市场销售增长 209 万吨，西南市场销售增长 164 万吨，螺纹钢消费增长的动力主要源自华东和中南市场。鉴于螺纹钢主要用于房屋建筑和基础设施建设，也与这两个地区固定资产投资完成额增速较高的实际情况相吻合。由于华东市场螺纹钢市场规模最大且增长量最多，因此由其供需关系决定的市场钢材的价格也是全国范围内的风向标。

四、基于主要钢铁企业销售数据的供需现状估算

螺纹钢供需关系是一定时期内全社会所有螺纹钢供应与需求之间的关系，包括质和量两方面，保持良好的供需关系是行业的发展目标之一。当供需关系失衡时，无论是供小于求还是供大于求，都会浪费大量的社会资源。

（1）当总需求过快膨胀时，供给小于需求，螺纹钢价格快速上涨。生产条件差、产品劣质的企业涌入市场，而优质企业则失去提升管理和技术革新的动力和压力，市场淘汰机制被破坏，企业资源配置效率降低。同时，供需失衡会导致市场等价交换原则和资源配置机制遭到破坏，钢铁企业不得不把经营重点更多地放在短期盈利项目上，“长线”研发与“短线”建设的矛盾将更加突出，重复建设的产线最终会在螺纹钢涨价周期结束后造成人、财、物力的浪费。此外，需求过快增长带来的铁矿石、焦炭、能源涨价，必然导致螺纹钢生产成本大幅上升，使投入产出比大幅下降，最终引发所有钢铁企业经济效益下滑。

（2）当总需求快速下降时，供给大于需求，螺纹钢价格快速下跌。钢铁企业势必面临惜售和降价抛售的两难境地，积压和生产耗费得不到合理补偿，这不利于整个产业链健康发展。此外，螺纹钢需求的快速下降并不意味着买方在市场中的地位得到改善。此时市场价格水平难以回升，产品利润率低且销售困难，反过来造成钢铁企业减产，买卖双方将进行激烈的博弈，最终导致两败俱伤的局面。因此，维持良好的供需关系对于钢铁企业的健康发展尤为重要。

本节收集了国内部分钢厂螺纹钢生产数据和中国钢铁工业协会会员企业的销售数据，通过简单的数学比例推导出各地的供需情况，有助于读者了解各地螺纹钢市场供需平衡现状（注：供应侧样本占总产量的73%，需求侧样本占表观消费量的66%）。

2019年，国内主要钢厂生产螺纹钢18175万吨。其中，华北地区生产螺纹钢1865万吨，消费1518万吨，流出347万吨；华东地区生产8373万吨，消费7337万吨，流出1036万吨；东北地区生产1209万吨，消费751万吨，流出458万吨；中南地区生产3610万吨，消费4421万吨，流入811万吨；西南地区生产2079万吨，消费3092万吨、流入1013万吨；西北地区生产1038万吨，消费量达到1054万吨，流入16万吨，见表2-112。

表2-112 2019年螺纹钢分地区净流出量估算 （万吨）

区域	螺纹钢消费量	螺纹钢供应量	净流出量
华北地区	1518	1865	347
东北地区	751	1209	458
华东地区	7337	8373	1036
中南地区	4421	3610	-811
西南地区	3092	2079	-1013
西北地区	1054	1038	-16

总体而言，华北、东北、华东是螺纹钢的净流出地区，中南、西南、西北是螺纹钢的净流入地区。西南地区的螺纹钢净流入最多，约占当地螺纹钢消费量的三分之一，其次是中南地区，西北地区供需基本平衡。华东地区的螺纹钢净流出最多，约占当地螺纹钢产量的12%，其次是东北和华北地区。从2015~2019年的数据可以看出，螺纹钢供大于求的地区越来越严重，而螺纹钢供小于求的地区反而越来越轻松。

参考文献

[1] 周琳．中国长材轧制技术与装备［M］．北京：冶金工业出版社，2014.
[2] 余志祥．连铸坯热送热装技术［M］．北京：冶金工业出版社，2002.
[3] 王子亮．螺纹钢生产工艺与技术［M］．北京：冶金工业出版社，2008.
[4] 王有铭，李曼云，韦光．钢材的控制轧制和控制冷却［M］．北京：冶金工业出版社，2009.
[5] 王秉铨．工业炉设计手册［M］．北京：机械工业出版社，2010.
[6] 北京钢铁设计研究总院．钢铁厂工业炉设计参考资料［M］．北京：冶金工业出版社，1979.
[7] 李曼云．《小型型钢连轧生产工艺与设备》编写组．小型型钢连轧生产工艺与设备［M］．北京：冶金工业出版社，1999.
[8] 强十涌，乔德庸，李曼云．高速轧机线材生产［M］．北京：冶金工业出版社，2009.
[9] 重庆钢铁设计院《线参》编写组．线材轧钢车间工艺设计参考资料［M］．北京：冶金工业出版社，1979.
[10] 邹家祥．轧钢机械［M］．北京：冶金工业出版社，2000.
[11] 施东成．轧钢机械设计方法［M］．北京：新华出版社，1991.
[12] 王延溥．轧钢工艺学［M］．北京：冶金工业出版社，1981.
[13] 王廷溥．现代轧钢学［M］．北京：冶金工业出版社，2014.
[14] 房世兴．高速线材轧机装备技术［M］．北京：冶金工业出版社，1997.
[15]《轧钢新技术 300 问》编委会．轧钢新技术 3000 问　型材分册（上）［M］．北京：中国科学技术出版社，2005.
[16] 武汉钢铁设计院编写组．轧钢设计参考资料（通用部分）（一）［M］．武汉钢铁设计院（内部资料）1978.
[17] 钟迁珍．短应力线轧机的理论与实践［M］．北京：冶金工业出版社，1997.
[18] 袁建路，陈敏．轧钢机械设备维护［M］．北京：冶金工业出版社，2011.
[19] 钟迁珍．短应力线轧机的理论与实践［M］．北京：冶金工业出版社，1997.
[20] GB 50486—2009，钢铁厂工业炉设计规范［S］.
[21] 李新林，彭兆丰．我国棒材和线材轧制技术 30 年——为《轧钢》杂志创刊 30 周年而作［J］．轧钢，2014，31（4）：33~40.
[22] 姜振峰．4 线切分轧制技术分析［J］．钢铁研究，2005（2）：45~47.
[23] 姜振峰，李子文．八钢无槽轧制技术的研究和实践［C］// 全国轧钢生产技术会议，2008.
[24] 王健．浅析螺纹钢生产工艺技术及发展趋势［J］．河南冶金，2020，28（2）：31~34.
[25] 赵金凯，张达，刘彦君．河钢乐亭高速棒材生产线的工艺设计［J］．河北冶金，2020（S1）：71~73，106.
[26] 南书刚．ϕ12 螺纹钢五切分技术浅析［J］．技术与市场，2019，26（3）：172.
[27] 王玫，王志道．小方坯连铸机技术继续发展探讨［J］．连铸，2006（2）：13~14.
[28] 周红德，温东，贺小波，等．高速线材生产中的控轧控冷技术［C］// 钢材质量控制技术-形状，性能，尺寸精度，表面质量控制与改善学术研讨会，2012.
[29] 彭兆丰，李新林．我国长材轧制技术与装备的发展（三）——小型棒材［J］．轧钢，2011，28（6）：34~41.
[30] 彭兆丰，邓华容．我国长材轧制技术与装备的发展（四）——线材［J］．轧钢，2012，29（1）：38~44.

[31] 张志斌．斯泰尔摩风冷线的改进［J］．山西科技，2012（2）：126~127.
[32] 曹树卫．棒线材控制轧制和控制冷却技术的研究与应用［J］．河南冶金，2005（3）：23~25，38.
[33] 谢雄元．850t 冷剪机故障分析与处理［J］．冶金设备，2007（5）：49，62~64.
[34] 房树峰，陈占福，周海亭．曲柄摇杆式飞剪剪切机构的优化设计［J］．机械设计与制造，2007（7）：13~15.
[35] 杨鸿伟，肖树勇，刘新华．首钢新建棒材轧机的几项实用技术［J］．轧钢，2009，26（3）：63~65.
[36] 朱凤泉．一种新的螺纹钢直棒生产工艺［J］．现代冶金，2019，47（4）：44~46.
[37] 宋艳艳．中小型轧钢生产线上的飞剪设备及其应用探析［J］．科技与企业，2013（13）：372~373.
[38] 习宏斌，方针正，马靳江．汉钢双高速线材生产线的工艺特点［J］．江西冶金，2013，33（1）：44~46.
[39] 南书刚．ϕ12 螺纹钢五切分技术浅析［J］．技术与市场，2019，26（3）：172.
[40] 毕英军．安钢 260 机组冷床控制系统改进［J］．山东工业技术，2019（9）：41.
[41] 姜振峰．ϕ12mm 带肋钢筋六线切分轧制技术的开发［J］．轧钢，2014，31（6）：78~81.
[42] 姜振峰．连铸坯热装热送的技术改造［J］．中国冶金，2004（9）：32~34.
[43] 李杰，常金宝，郭子强，等．棒材直接轧制工艺改造实践［J］．轧钢，2019，36（3）：47~50.
[44] 刘东，吉年丰．模块化轧机控制系统在高速棒材生产线中的应用［J］．冶金自动化，2020，44（6）：84~92.
[45] 许宏安．直接轧制的关键技术及工艺问题解决实践［C］．2016 年全国轧钢生产技术会议论文集．
[46] 马加波．对轧钢技术发展的研究与探讨［J］．中国金属通报，2019（10）：6~7.
[47] 徐建辉，蒙海滨，王康祥．柳钢棒线型材厂热装热送技术改造［J］．轧钢，2016，33（2）：46~47.
[48] 殷瑞钰，常金宝，郝华强，等．小方坯铸机-棒材轧机之间"界面技术"优化：铸坯高温按序直接装炉技术［A］．中国金属学会．2014 年全国炼钢—连铸生产技术会论文集［C］．中国金属学会：中国金属学会，2014：7.
[49] 于倩．短应力线轧机刚度分析与研究［J］．重工与起重技术，2014（4）：12~13.
[50] 孙宝录，邢思深，王志刚．ϕ650mm 短应力线轧机机芯设计［J］．一重技术，2013（3）：5~7.
[51] 戴克玉．浅谈短应力线轧机机列设计中的问题［J］．科技与企业，2016（4）：215，217.
[52]《中国钢铁工业年鉴》委员会．中国钢铁工业年鉴（2020 年）［M］．《中国钢铁工业年鉴》编辑部，2020.
[53] 刘玉．对钢铁业的思考［M］．北京：冶金工业出版社，2010.
[54] 陈林生．市场的社会结构：市场社会学的当代理论与中国经验［M］．北京：中国社会科学出版社，2015.
[55] 辛灵．去产能财政政策研究：以钢铁产业为例［M］．北京：中国社会科学出版社，2019.
[56] 彭徽．基于全球供应链的国际贸易理论研究：以钢铁贸易为例［M］．北京：中国社会科学出版社，2015.
[57] 窦彬，汤国生，熊侃霞．落后产能淘汰机制研究：以钢铁行业为例［M］．北京：中国社会科学出版社，2019.
[58] 李平．重点产业结构调整和振兴规划研究：基于中国产业政策反思和重构的视角［M］．北京：中国社会科学出版社，2018.
[59] 张卓元，王绍飞．社会主义流通经济研究［M］．北京：中国社会科学出版社，1993.

[60] 付上金．金属期货．北京：中国宇航出版社，2018.
[61] 戴淑芬．钢铁企业价值创造与盈利模式变化趋势［M］. 北京：冶金工业出版社，2012.
[62] 冯昭奎，小山周三．中日流通业比较［M］．北京：中国社会科学出版社，1996.
[63] 郑新立．郑新立文集：钢铁工业［M］．北京：中国社会科学出版社，2016.
[64] 王可山，白成太．中国钢铁行业产业集中度研究［M］. 北京：中国财富出版社，2013.
[65] 李敬泉．中国钢铁物流研究［M］. 南京：南京大学出版社，2013.

第三篇

产业政策与中国螺纹钢产业的发展

从新中国成立后的计划经济时期，国家主导螺纹钢行业的投资、建设和经营发展，到市场经济转轨时期，市场引导和行政手段共同作用，再到中国特色社会主义市场经济时期，以市场为主导、行业自律有效约束，辅以产业政策的引导，这一系列的产业政策在中国螺纹钢产业发展过程中发挥了积极的作用，促进了中国螺纹钢产业从小到大、从弱到强、从粗放到高质量发展。本篇从产业布局、许可证制度的管理、产能调控、关税、环保等几个方面简要介绍产业政策与中国螺纹钢的发展。

第一章 产业布局

螺纹钢是国民经济建设的基础性材料。螺纹钢产业的合理布局有助于资源合理配置，从而实现区域经济合理、有序发展。从新中国成立初期生产力落后，按区域资源、行政区域新建钢厂的一厂一企模式，到今天的一企多厂，多家钢厂走向联合形成大型钢铁集团。早期布局的重点企业螺纹钢产量占有相当大的比例，今天部分大型钢铁集团螺纹钢产量在本企业占比有所下降，但螺纹钢依旧在行业中占有较大的份额，涌现了一批千万吨级的螺纹钢集团企业。中国螺纹钢产业布局政策及价值取向在国内、国际特定的政治与社会经济环境因素影响下，呈现出明显的阶段性特征，在不同时代背景下引领螺纹钢产业适应新的变化。

第一节 全面布局 兴建钢厂

新中国成立以后，百业待兴，各项基础设施建设需要大量钢筋、钢材，全国一半以上的建筑用钢依赖进口。钢筋短缺在一定程度上滞缓了新中国现代化建设进程。“一五”计划期间，国家集中力量建设大型重点企业，投资由国家拨付，产品由国家分配。考虑到中国钢铁工业的实际，采取了在发展中调整的战略，因此要发挥中央和地方两个积极性，不能完全照抄苏联钢铁企业由中央主管部门“一家独办”、越大越好的做法，而要量力而行，充分发挥中央和地方两方面办钢铁企业的积极性，除中央办一些大的钢铁厂外，还要结合中国国情，采取大中小相结合的方针，积极帮助地方办些中小型的钢铁企业。新中国交通运输当时还不发达，中小型企业钢筋和钢材就地生产，就地消化，在满足区域建设需求的同时，也可以减少运输压力。

1957 年 8 月 4 日，冶金工业部在《第一个五年计划基本总结与第二个五年计划建设安排（草案）》中，正式提出了钢铁工业建设“三大、五中、十八小”的战略部署。所谓“三大”即在“一五”期间就已经开始扩建的鞍钢及“一五”开始新建的武钢和包钢三大钢铁基地。“五中”则是 5 个有发展前途的、可以建成 50 万～100 万吨钢的中型厂，即山西太原、四川重庆、北京石景山（首钢）、辽宁本溪和湖南湘潭。而“十八小”则是指通过调查研究，规划建在 18 个省、市、区的 18 家年产钢 10 万～50 万吨的小型钢铁厂，具体是：河北邯郸、山东济南、山西临汾、江西新余、江苏南京、广西柳州、广东广州、福建三明、安徽合肥、四川江油、新疆八一、浙江杭州、湖北鄂城、湖南涟源、河南安阳、甘肃兰州、贵州贵阳，以及吉林通化。这是“贯彻大、中、小”三结合方针，充分发挥中央和地方两个积极性的具体行动。

“二五”计划期间，没有被列入“十八小”的省、市、区也纷纷根据各自的条件和特点动手筹建自己的地方钢铁厂，有的建一个，有的建两三个，钢铁工业进入了快速发展的阶段。按照当年钢材分类及历史演变，棒材应包括螺纹钢及机加用钢棒等，以螺纹钢为主。全国棒材产能从 1951 年的 26.1 万吨扩张到 1957 年的 132.8 万吨，六年增长了 5 倍，为“二五”期间基础设施建设的高速发展、国民经济的快速恢复奠定了坚实的基础。

“一五”时期，原材料特别是铁矿石的分布及运输成本，是影响钢铁产业的主要因素。中国钢铁产业依托资源型布局，在矿产、能源丰富的地区建厂，兴建了鞍山、武汉、包头三大钢铁基地。这三大基地也同样为中国螺纹钢的发展打下了坚实的基础。2020 年包钢、武钢、鞍钢依旧保有合计 600 万吨的螺纹钢产能。

“二五”时期出于经济和政治战略考虑，大量安排内地钢铁产业布局，一方面是因为靠近煤铁资源，另一方面是为了平衡地区经济发展和备战的需要。同样，这些钢铁企业依旧是以生产螺纹钢为主。在政府扶持下，以满足国民经济恢复发展需要为目的，中国螺纹钢行业迎来快速发展。

第二节 兼并重组 集约管理

历史证明，“二五”计划时期实施大、中、小相结合的发展方针是正确的，符合中国实际国情，但今天这种一厂一企的模式已经明显落后，集约化、规模化已经成为当前行业发展的趋势。产业上的组织结构调整也可避免重复建设、恶性竞争等问题，有利于行业长期健康发展。目前，我国钢铁工业体系进入新一轮的优化调整，旧的发展理念和增长方式已不可为继，再加上钢铁原料对进口的过度依赖（资源因素）以及影响全球经济的疫情（外界因素）等不可控因素，影响钢铁整体产业链的利润空间和稳定发展。在钢铁产业迈向中高端的关键阶段，特别是螺纹钢产业发展，需要新的发展理念、新的产业布局和新的增长理论来推进提质升级。

钢铁产业组织调整是产业政策制定的一个重点。通过产业政策的引领不断优化调整产业组织结构，最终达到产业组织较为合理的状态，主要方式是通过市场与政府行政约束相结合的形式进行，实现产业资源的优化配置和企业的兼并重组，不断提高产业整体规模经济水平，形成产业发展合力，不仅能够提高产业的竞争能力和水平，而且能够有效解决行业间自律性差、盲目竞争、恶性竞争、产品同质等问题。从我国产业政策的出台来看，几乎所有产业政策都包含了对产业组织结构调整的内容，特别是从我国第一部钢铁产业政策出台以来，对产业组织结构调整的要求更加凸显。

国家“一五”“二五”规划钢铁工业布局，“三大、五中、十八小”的战略部署，为推动中国螺纹钢的发展及国民经济建设打下了坚实基础。随着经济及新中国建设的快速发展，螺纹钢需求连年快速增长，1962 年的不足 10 万吨增加到了 1978 年的 42 万吨，不到十年时间增长到原来的 4 倍。进入 21 世纪后，一些民营钢铁企业纷纷建立，大多以螺纹钢起步发展，再随着下游房地产、基础设施建设等的拉动，在供需双重作用下，中国螺纹钢产业保持了高速发展，产量不断攀升，2020 年达到了 2. 6 亿吨。伴随着中国螺纹钢产业的高速发展，行业存在的诸多问题也逐渐显现。

“大而不强”的问题日益突显。究其原因，一定程度上与我国钢铁工业布局相对较为分散、集中度不高等有关，企业规模小，工艺技术落后，装备小，必然带来产品档次低、缺乏核心竞争力，企业为争夺市场而盲目竞争、恶性竞争。利润较低又带来企业在提取研发经费、创新资金等方面受限，难以支撑企业在生产技术、工艺装备升级、高新技术研发等现代化高科技项目的投资。规模小还削弱了行业应对市场的能力，特别是在购买所需原材料、能源等资源时，很难掌握话语权，受制于人。同时，没有能够主导市场的大型企业集团或跨国公司，则企业在国际市场的竞争力就相对较弱。

21 世纪初有专家认为钢铁联合企业产量达到 800 万吨是较理想的规模，而我国 2001 年 1000 万吨以上钢铁企业只有宝钢 1 家，500 万～1000 万吨的钢铁企业有 4 家，200 万～500 万吨的钢铁企业有 10 家，螺纹钢生产企业主要以中小企业为主。

2005 年 3 月 30 日，国务院常务会议专门讨论审议了《钢铁工业中长期发展规划》和新的《钢铁产业发展政策》，会上对钢铁行业未来的发展做了十分重要的指示：强调钢铁工业要加强现有企业的改组改造，不能单纯依靠铺新摊子、上新项目；加快提高产业集中度，提高企业和产品的竞争力，最终实现我国从钢铁大国向钢铁强国的根本转变。7 月 20 日，《钢铁产业发展政策》正式向社会公布，其目的是引导社会各界通过结构调整全面提升钢铁产业的竞争力，促进我国钢铁产业的持续健康发展，这也为我国螺纹钢的发展指明了方向，其中，提高产业集中度也是重中之重。

一、产业集中度

产业集中度是衡量一个行业竞争性和垄断性的指标，产业集中度的高低直接关系到行业的核心竞争力，关系到行业的整体利益。产业集中度越高，行业的经营风险越小，资源配置更加优化；产业集中度越低，则会造成行业的恶性竞争，不利于行业的整体发展。衡量市场集中度的指标较多，有绝对集中率（CR_m指数）、赫尔芬达-赫希曼指数（*HHI* 指数）、洛伦兹曲线、基尼系数和逆指数等，其中应用最多的是绝对集中率。对于产业结构的度量多数也习惯于用绝对集中率（CR_m指数）来表示，通常是指行业内规模（如产品质量、销售额、生产总值和资产额等）处于前几位企业的市场占有情况，其指数的高低用于衡量该行业的集中度情况。

改革开放以后，我国经济的高速发展期为钢铁行业提供了巨大市场，钢铁企业数量呈井喷式增长，受前期相对粗放式发展的影响，我国钢铁工业产业集中度处于偏低水平。进入 21 世纪后，原有的地方骨干企业不断扩大规模，民营钢铁企业也迅速增多，分散性的发展又导致产业集中度日趋下降。

（一）我国与主要产钢国家集中度对比

自 20 世纪 90 年代以来，西方国家钢铁消费强度减弱，钢材市场供大于求的矛盾突出。日趋激烈的外部竞争环境促使传统强势企业寻求从对立竞争逐步转向争取合作垄断竞争，欧洲、美国、日本等主要钢铁生产国家（地区）的兼并重组盛行，钢铁产业集中度显著提高。21 世纪初，我国与美国、日本、欧盟等国家钢铁产业集中度差距较小，特别是与美国相比，我国钢铁行业产业集中度还高于美国，从 2002 年开始差距逐步拉大。从近 20 年我国与美国、日本、欧盟等国家产业集中度总体情况来看，我国钢铁行业产业集中度明显低于美国、日本、欧盟等国家，特别是日本的钢铁产业集中度一直较高，CR_4平均占比达到 77. 06%；欧盟的钢铁产业集中度也比较高，近 20 年 CR_4平均占比为 62. 9%（见图 3-1）。

（二）我国螺纹钢产业集中度现状

我国螺纹钢产业集中度与我国钢铁产业集中度趋同，产业集中度较低，但呈现逐步提升的趋势。2019 年，我国螺纹钢前 10 位生产企业产量为 9298 万吨，占我国螺纹钢总产量（CR_{10}）的 37. 25%，前 4 位螺纹钢生产企业产量占我国螺纹钢总产量（CR_4）的 21. 26%；

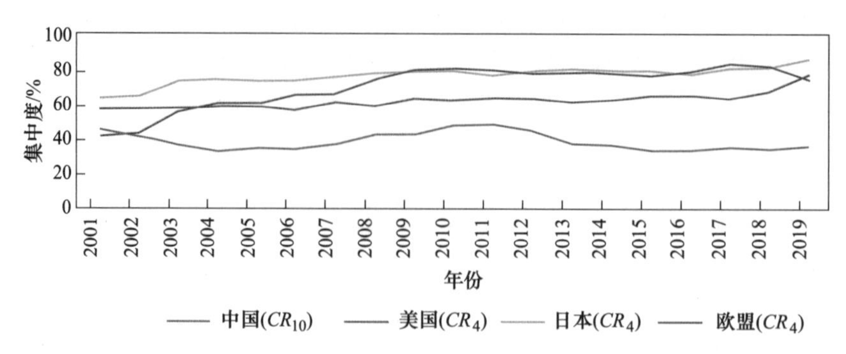

图 3-1 2001~2019 年我国与美国、日本、欧盟钢铁产业集中度情况

（数据来源：钢之家）

2020 年，我国螺纹钢前 10 位生产企业产量为 1.01 亿吨，占我国螺纹钢总产量（CR_{10}）的 37.97%，前 4 位螺纹钢生产企业产量占我国螺纹钢总产量（CR_4）的 22.11%。

从螺纹钢生产企业来看，2019 年我国螺纹钢产量位列前 10 位的企业分别是中国宝武钢铁集团、陕钢集团、亚新钢铁集团、方大集团、建龙集团、三钢集团、中天钢铁集团、敬业集团、镔鑫钢铁集团、沙钢集团。位居前 5 位的中国宝武钢铁集团、陕钢集团、亚新钢铁集团、方大集团、建龙集团，其产量分别占我国螺纹钢总产量的 9.08%、4.22%、4.08%、3.88%和 3.44%，其他螺纹钢生产企业产量占比在 3.36%以下；2020 年我国螺纹钢产量位列前 10 位的企业分别是中国宝武钢铁集团、建龙集团、亚新钢铁集团、方大集团、陕钢集团、三钢集团、中天钢铁集团、敬业集团、广西盛隆冶金和镔鑫钢铁集团，位居前 5 位的中国宝武钢铁集团、建龙集团、亚新钢铁集团、方大集团、陕钢集团，其产量分别占我国螺纹钢总产量的 9.23%、5.03%、3.93%、3.92%和 3.87%，其他螺纹钢生产企业产量占比在 3%以下。可见，我国螺纹钢生产企业产量变化较大，总体集中度相对较低，但企业间的兼并重组步伐不断加快，产业集中度也在逐步提升。

二、近年来企业兼并重组情况

（一）近年来出台的相关兼并重组政策

为有效解决行业集中度低带来的恶性竞争、行业效益偏低、核心竞争力不强等问题，积极促进行业不断转型升级，朝着高质量发展的方向迈进，国家先后出台多项政策措施，引导、鼓励、支持进行兼并重组，提升行业的整体集中度（见表 3-1）。

表 3-1 近年来我国出台的相关兼并重组的政策

时间	政策名称	关于兼并重组的相关政策要求
2005 年 7 月	《钢铁产业发展政策》	到 2010 年，钢铁冶炼企业数量较大幅度减少，国内排名前十位的钢铁企业集团钢产量占全国的比例达到 50%以上；2020 年达到 70%以上
2009 年 1 月	《钢铁产业振兴规划》	力争到 2011 年，全国形成宝钢集团、鞍本集团、武钢集团等几个产能在 5000 万吨以上、具有较强国际竞争力的特大型钢铁企业；形成若干个产能在 1000 万~3000 万吨级的大型钢铁企业

续表 3-1

时间	政策名称	关于兼并重组的相关政策要求
2011 年 11 月	《钢铁工业“十二五”发展规划》	大幅度减少钢铁企业数量，国内排名前十位的钢铁企业集团钢产量占全国总量的比例由 48.6%提高到 60%左右
2014 年 3 月	《国务院关于进一步优化企业兼并重组市场环境的意见》	(1) 推动优势企业强强联合、实施战略性重组，带动中小企业“专精特新”发展，形成优强企业主导、大中小企业协调发展的产业格局。(2) 落实完善企业跨国并购的相关政策，鼓励具备实力的企业开展跨国并购，在全球范围内优化资源配置。规范企业海外并购秩序，加强竞争合作，推动互利共赢。积极指导企业制定境外并购风险应对预案，防范债务风险。鼓励外资参与我国企业兼并重组。(3) 鼓励企业通过兼并重组优化资金、技术、人才等生产要素配置，实施业务流程再造和技术升级改造，加强管理创新，实现优势互补、做优做强
2015 年 3 月	《钢铁产业调整政策》	兼并重组步伐加快，混合所有制发展取得积极成效，到 2025 年，前十家钢铁企业（集团）粗钢产量占全国比重不低于 60%，形成 3~5 家在全球范围内具有较强竞争力的超大型钢铁企业集团，以及一批区域市场、细分市场的领先企业
2016 年 2 月	《关于钢铁行业化解过剩产能实现脱困发展的意见》	在近年来淘汰落后钢铁产能的基础上，从 2016 年开始，用 5 年时间再压减粗钢产能 1 亿~1.5 亿吨，行业兼并重组取得实质性进展，产业结构得到优化，资源利用效率明显提高，产能利用率趋于合理，产品质量和高端产品供给能力显著提升，企业经济效益好转，市场预期明显向好
2020 年 6 月	《关于做好 2020 年重点领域化解过剩产能工作的通知》	进一步推动钢铁企业实施兼并重组，增强企业创新意识，为钢铁行业实现由大到强转变奠定坚实基础
2020 年 12 月	《关于推动钢铁工业高质量发展的指导意见（征求意见稿）》	力争到 2025 年，前五位钢铁企业产业集中度达到 40%，前十位钢铁企业产业集中度达到 60%

产业组织结构政策的出台主要是为了有效解决我国钢铁行业前期粗放式发展带来的产业集中度过低、行业间自律性差、产品同质化竞争异常激烈等突出问题，引领我国钢铁产业不断提升自身的综合竞争力。借鉴发达国家钢铁产业发展的经验，我们可以看到产业组织也是一个不断优化调整的过程，最终走向成熟、合理。在国家产业政策的引导、鼓励、支持下，近年来我国螺纹钢产业组织结构调整的步伐也在不断加快，产业集中度逐步提升。

（二）螺纹钢生产企业的兼并重组情况

在国家引导钢铁工业兼并重组的背景下，螺纹钢生产企业也在加快兼并重组的步伐，产业集中度也在逐步提升。

从表 3-2 可以看出，螺纹钢产业组织结构调整正逐步趋于合理，中国宝武钢铁集团的成立并重组马钢集团、重钢集团、昆钢集团，成功打造“超亿吨钢铁航母”，促进提升了螺纹钢产业的集中度，2020 年中国宝武钢铁集团的螺纹钢产量达到了 2459 万吨，占我国螺纹钢总产量的 9.23%。陕钢集团作为我国螺纹钢产量最大的单体企业，与山西省 5 家企业共同组建成立了西北联合钢铁有限公司，虽未进行实质性的兼并重组，也是区域环境治理的一种积极探索，涉及产能达到 6000 万吨；建龙集团联合包钢推动包钢万腾钢铁重组、托管山西海威钢铁等，其 2020 年螺纹钢产量已达到 1341 万吨，占我国螺纹钢总产量的 5.03%；方大钢铁集团近年来的兼并重组步伐也在加快，兼并重组萍钢后，2020 年螺纹钢产量达到了 1044 万吨，占我国螺纹钢总产量的 3.92%。伴随国家产业政策的引导，未来一段时间内我国螺纹钢产业组织结构调整的步伐将不断加快，产业集中度也会逐步提升，并达到发达国家相对较高的状态。

表 3-2 近年来螺纹钢生产企业兼并重组情况

年份	企业集团	主要兼并重组情况
2012	宝钢集团	广东国有资产监督管理委员会向宝钢划转韶关钢铁 51%股份
	方大集团	重组江西萍钢
2015	建龙重工钢铁集团	整合山西海鑫钢铁
2016	中国宝武钢铁集团	由国有资产监督管理委员会批准，宝钢集团吸收武钢集团联合重组
2018	建龙重工钢铁集团	重组西林钢铁集团
2019	中国宝武钢铁集团	由安徽省国有资产监督管理委员会向宝武集团无偿划转马钢 51%股份；并购重组重钢集团
	德龙钢铁集团	重组渤海钢铁，渤钢集团、天钢集团、天铁集团与天津冶金集团重组为新天钢集团
2020	中国宝武集团	重组太钢集团，托管中钢集团、新疆伊犁钢铁。2021 年初重组昆钢集团
	江苏沙钢集团	筹备整合重组安阳市部分民营钢企
	建龙重工钢铁集团	托管山西海威钢铁，由此可以将建龙重工钢铁集团称为北方民营钢铁之王
	敬业集团	收购英国钢铁公司；成立云南敬业钢铁公司，接手安宁市永昌钢铁；接管广东泰都钢铁
	方大钢铁集团	收购四川达钢

从世界钢铁产业的发展趋势来看，竞争日益加剧，国际钢铁企业间的兼并重组、联盟合并成为国际钢铁产业发展的主旋律。我国钢铁产业要提高竞争力，加快发展，必须通过企业改革建立现代企业制度和完善的公司治理机制提高我国钢铁企业的自组织能力，同时通过重组并购组建大的区域性企业集团。对比世界主要产钢国家，目前我国螺纹钢产业乃至钢铁工业的产业集中度相对较低，正处于集中提升的阶段，而国外主要产钢国家已经经历了产业集中度提升的阶段。未来伴随我国钢铁工业高质量发展的推进，产业集中度也必将会达到一个较高且相对合理的水平。

第二章 许可证制度的管理

第一节 管理制度起始阶段

惟改革者进，惟创新者强。工业产品生产许可证制度的发展史就是一部改革创新的奋斗史，工业产品生产许可证制度是我国改革开放初期，借鉴国外先进经验建立起来的一项准入制度，是通过要求企业必须具备并保持生产合格产品的能力，阻止不合格产品进入市场，从而保障直接涉及人身财产安全、公共安全和国家安全的重要工业产品质量的行政管理手段。

一、许可证体制建设情况

工业产品生产许可证制度起源于20世纪80年代。从新中国成立伊始实行的单一计划经济体制，直到1978年党的十一届三中全会后，社会主义市场经济体制才在我国初步建立起来。伴随着我国经济体制改革的不断深化，我国国民经济进入了高速发展阶段，企业的自主权不断扩大，工业生产也随之出现了新的问题。一些不具备基本生产条件的企业为了盈利一哄而起，致使不少质量低劣的产品流向市场，冲击了规范生产企业的正常生产经营，导致恶性质量事故时有发生。

1979年，当时的第一机械工业部通过对640家低压电器生产企业的调查，发现90%的生产企业没有产品标准、图样和工艺文件，仅有10%的企业合规生产，产品不经型式检验和产品检验就投放市场，并因此引发了一些重大安全事故。

针对这种情况，当时第一机械工业部在国家经委和国家机械委员会的指导下向国务院提交了《关于整顿低压电器产品质量，试行颁发工业产品生产许可证的报告》。1980年8月，国务院开始在低压电器、民用电度表等产品领域试行工业产品生产许可证制度管理。通过一段时间的先试先行，工业产品生产许可证制度的优势开始逐步显现，它作为一项新的产品质量监管制度，促进了企业内部管理的不断完善、管理水平的不断提高、产品质量的有效保证。1983年，在总结试行工作经验的基础上，五届人大三次会议的政府工作报告中提出了对重要工业产品实行工业产品生产许可证制度的要求。

1984年，由国务院颁布的《工业产品生产许可证试行条例》与原国家经委发布的《工业产品生产许可证管理办法》等政策的连续发布，标志着工业产品生产许可证制度的正式确立。

二、产品质量监督情况

早在20世纪50年代初，各个国家就逐步开始设立专门的质量监督管理机构，而为适应我国民营企业加工订货的需要，国家也开始在一些城市成立了质量监督机构，如工业产品检验所等，负责开展产品质量检验工作。第一个五年计划以来，国家又相继恢复和建立了药品检验所、船舶检验局、纤维检验局和进出口商品检验局等一批机构，对有关安全健康产品、进出口产品和影响国计民生的重要产品实施监督。1978 年 8 月 17 日，国务院明确指示国家标准总局督促检查标准的贯彻执行，负责管理产品质量检验工作，这表明党和政府开始把工作重点转移到经济建设上来，质量监督工作也进一步得到了国家的重视。1979 年，国务院颁布的《中华人民共和国标准化管理条例》提出要在全国开展质量监督工作，并设置全国质量监督管理机构。从此，我国的质量监督工作正式有组织、有计划地开展起来。

产品质量国家监督抽查（以下简称国家监督抽查）是由国务院产品质量监督部门，依据各种质量法规和产品技术标准等如《产品质量法》《标准化法》《计量法》的有关规定，组织有关省级质量技术监督部门和产品质量检验机构，对企业从生产、运输、储存到销售流通的整个过程的产品，依据有关规定进行抽样和检验，并对抽查结果依法公告和处理的活动。它是国家对产品质量进行监督并宏观管理的有效手段之一和主要方式，是国家对企业质量管理工作的考核，是稳定市场、引导消费、保障安全的检查，同时也是对企业能否稳定、持续地生产合格产品能力的验证。国家监督抽查的目的主要是为了增强企业质量意识，促进企业提高产品质量，并为国家加强宏观管理提供真实的产品质量信息。同时，抽查结果向社会公布，建立完善社会信用体系，为保证消费安全，及时引导消费者选购质量稳定的合格产品提供有益的参考。

1984 年第四季度到 1985 年第一季度，由于固定资产投资规模扩大，一些地方、部门盲目压任务，互相攀速度，导致部分企业没有摆正速度与质量的关系，片面追求营业利润，放松了质量管理，忽视了产品质量，个别企业甚至掺杂使假，以不合格产品冒充合格产品，极大损害了国家和消费者的利益，部分工业产品质量出现了下降的发展趋势。针对这种情况，当时的国家经委、国家质量监督管理部门、国家标准局采取了一系列措施，力图扭转产品质量下降的局面，其中之一便是深入开展工业产品质量大检查，进一步推行全面质量管理。

党中央、国务院、全国人大对产品质量下降的状况也十分关心。国家经委向国务院和全国人大常委会作了《关于扭转部分工业产品质量下降状况的报告》，提出了 9 项为加强质量工作、扭转产品质量下降而采取的措施，其中重要的一条措施便是实行产品质量国家监督抽查制度。

1985 年 3 月 7 日，国务院批复了《产品质量监督试行办法》，标志着产品质量监督抽查制度正式确立。从 1985 年第三季度起正式实行产品质量国家监督抽查制度，并授权国家标准局所属质量监督局会同有关部门，组织国家级产品质量监督检验中心具体承担此项工作。

1985 年 9 月，国家经委下发了《关于实行国家监督性的产品质量抽查制度的通知》，并于 1986 年 10 月发布了《国家监督抽查产品质量的若干规定》，对国家监督抽查工作予以规范。自此，国家监督抽查作为质量监督检查制度的一种形式被固定下来。

第二节　冶金部管理阶段

新中国成立初期，我国钢铁工业极端落后，产量及技术几乎一片空白。作为工业的基础，发展钢铁工业成为我国的当务之急。1956 年 5 月 12 日，全国人大常委会第四十次会议决定成立冶金工业部（以下简称冶金部），1956 年 6 月 1 日，冶金部成立。

一、许可证体制建设情况

（一）制度建设

1984~1988 年

为了加强质量管理，确保钢铁工业产品的质量，贯彻国务院《工业产品生产许可证试行条例》和原国家经济委员会《工业产品生产许可证管理办法》，1984 年 12 月 20 日，冶金部制定《钢铁工业产品生产许可证实施办法》，对钢铁产品的生产许可证事项作出了明确的规定。

《钢铁工业产品生产许可证实施办法》共 28 条，从颁布之日起开始实施，主要规定了：(1) 由冶金部负责钢铁工业产品生产许可证的发证，其他部门、地区和单位不得重复发证。(2) 实施钢铁工业产品生产许可证的产品，企业必须取得生产许可证才具有生产该产品的资格；没有取得生产许可证的企业不得生产该产品，有关部门不得安排生产计划，不得供应原材料、动力和提供生产资金。(3) 企业取得生产许可证必须持有工商行政管理部门核发的营业执照，产品必须达到现行国家标准或专业标准（部颁标准）；产品必须具有按规定程序批准的正确、完整的图纸或技术文件；企业必须具备保证该产品质量的生产设备、工艺装备和计量检验与测试手段；企业必须有一支足以保证产品质量和进行正常生产的专业技术人员、熟练技术工人及计量、检验人员队伍，并能严格按照图纸、生产工艺和技术标准进行生产、试验和检测；产品生产过程必须建立有效的质量控制。(4) 钢铁工业产品生产许可证办公室设在冶金部钢铁司，有关生产许可证办公室的工作由技术质量处负责。工作主要内容有：审核实施细则和考核办法；监督、检查实施细则和考核办法的执行；审核实施生产许可证的产品目录和分批实施计划；审核检验测试单位；接受企业申请并协助各专业司、局组织检查和评审；规定生产许可证的申请期限；颁发生产许可证；仲裁、调解有关颁发和注销生产许可证的争议。(5) 产品的检验测试单位按照国家标准或部颁标准对申请产品进行有关的技术、质量确认检验，提出检验报告，并对检验报告的正确性和真实性负责。(6) 有下列情况之一的取得生产许可证的企业，要注销和收回其生产许可证：降低产品质量的、经复查不符合本实施办法规定条件的、未经批准降低技术标准的、将生产许可证或产品名牌转让其他企业使用的、国家决定淘汰或停止生产的产品。(7) 还规定了工业产品检验测试单位的基本条件，需要有技术标准要求的检验手段、经过校准精度满足标准要求的仪器设备、检定合格的计量器具、具备按标准进行质量检验的检验人员和健全的质量管理制度。

1987年在各个部门、各地区的共同努力下，发放生产许可证的工作取得了一定的成绩，但突出的问题是一些单位仍在生产和销售无证产品。为解决这个问题，国家经委、国家标准局、国家工商行政管理局、商业部、国家物资局、中国工商银行、中国农业银行七个部门联合发布《关于实行严禁生产和销售无证产品的规定》，为确保重要工业产品质量，加强对国家实施生产许可证的工业产品的管理提供依据。该规定自1987年6月1日起施行，内容主要包括：（1）无证产品是在国家实施生产许可证的产品中，工业企业未取得生产许可证而擅自生产的产品。（2）任何单位或个人，不得生产和销售无证产品。（3）工业产品生产许可证的发放工作分期进行。（4）不同产品实施生产许可证管理的具体时间和取得生产许可证的企业名单，由全国工业产品生产许可证办公室审定后登报公告，并明确生效日期。（5）工业企业生产的、已取得生产许可证的产品，必须在该产品的包装或说明书上标明生产许可证的标记、编号和批准日期。（6）各有关部门和单位自规定生效之日起停止下达无证产品的生产计划、停止供应生产无证产品的原材料、停止供应生产无证产品的电力和其他能源、停止提供生产无证产品的流动资金贷款、停止接受无证产品的宣传报道和广告刊播业务，由国家经济委员会及地方各级经济委员会负责监督检查。（7）对拒不执行的部门或单位，与其同级的经济委员会同其上级主管机关追究该部门或单位负责人和有关责任人员的行政责任。（8）对违反本规定生产和销售无证产品的单位或个人，视情节轻重，追究相应的行政责任，并处以相应的罚款，具体内容为：各级质量监督机构有权责令生产无证产品的单位停止生产，并处以相当于已生产的无证产品价值15%~20%的罚款；有使用价值的，必须经生产无证产品的单位的主管机关审批后，标明“处理品”字样，方可销售；各级质量监督机构或工商行政管理机关有权责令销售无证产品的单位或个人停止销售；已经售出的无证产品，由工商行政管理机关没收其全部违法所得，并处以相当于销售额15%~20%的罚款；未售出的无证产品，由当地产品质量监督机构按照已经售出的无证产品的处理原则进行处理；生产或销售无证产品的单位的上级主管机关，应当对该单位负责人和直接责任者给予行政处分，并可扣发其奖金、工资。（9）被没收的违法所得和各项罚款，全额上缴国库。

1988~1998年

冶金部在1988年10月进行机构改革时根据国家新形势和冶金行业现状，组建了质量标准司，把实行生产许可证制度作为行业质量管理的重要手段之一，大力推进对冶金产品质量的行业监督和宏观控制，冶金产品生产许可证制度开始进入深入发展阶段。在这一阶段中，冶金部适当地扩大了冶金产品生产许可证的发证范围，加快了发证步伐；同时，为贯彻国家产业政策，需要实行生产许可证制度的产品都通过了论证，并研究制定了年度发证产品计划。冶金部在工作中不断总结经验，改进工作方法，使冶金产品生产许可证工作逐步规范化。通过国家、部委、地方三级冶金产品质量监督检测网络，加强了已取得生产许可证企业的监督和管理，培训、聘任并充实了审查、检测人员队伍。

为进一步加强工业产品生产许可证收费的管理，根据国务院《工业产品生产许可证试行条例》及有关规定，1992年国家物价局、财政部发布《工业产品生产许可证收费管理暂行规定》的通知，从1992年4月1日起执行，工业产品生产许可证收费有了明确规定，具体内容包括：全国工业产品生产许可证办公室统一组织领导工业产品生产许可证的发放，国务院各产品归口管理部门负责具体实施；工业产品生产许可证收费，包括审查费、产品质量检验费和公告费；对申请获证企业审查、检验不合格，需重新审查、检验的，属于质量保证体系不合格的，只能收取审查费；属于产品质量不合格的，只能收取产品质量检验费；对已经获得国家认证委员会认证的产品颁发工业产品生产许可证，只能收取证书费和公告费；对已经获得国家级、部级质量管理奖的企业，在有效期内颁发工业产品生产许可证，应免予审查企业的质量保证体系，免收审查费中的差旅费和资料费；对已经获得国家级、部级优质产品奖的产品，在有效期内颁发工业产品生产许可证，应免于产品质量检验，免收产品质量检验费等。

1992 年中共十四大正式提出建立社会主义市场经济体制的目标，为使生产许可证制度更好地适应社会主义市场经济的需要，实现紧密围绕国家经济发展战略，配合国家产业政策和科技政策的实施，提高产品质量，提高经济效益，维护国家、企业、消费者利益，促进社会主义经济发展等目标，按照国务院的指示精神，开始逐步缩小许可证发放范围，严格控制审批权。

1993 年 5 月，冶金部、国家经贸委、建设部、农业部、内贸部、国家技术监督局联合下发了《关于严禁生产、经销、使用假冒伪劣建筑钢材的通知》，加强了对打假工作的重视，要求对生产伪劣建筑钢材的单位进行查处，对一些重点钢材市场进行整顿，这一行动在行业内取得了明显的震慑效果。

1994 年 6 月 20 日，为保证冶金产品质量，配合冶金行业产业政策的实施，保护国家、企业和消费者的合法权益，维护社会经济秩序，冶金部发布《冶金产品生产许可证管理暂行办法》，该办法共 5 章 25 条，自发布之日起施行，冶金部 1984 年 12 月 20 日颁发的《钢铁产品生产许可证管理办法（试行）》同时废止。该办法对冶金产品生产许可证的申请、审核与颁发、管理和监督作出了详细的规定，内容包括：规定了冶金部是冶金产品实行生产许可证制度的行业归口管理部门，负责提出冶金产品实施生产许可证制度的目录，制定实施计划，以及冶金产品生产许可证的审核、颁发、管理和监督工作；冶金部下设生产许可证办公室，对实行生产许可证的产品，分别组织制定实施细则和考核办法；部生产许可证办公室委托有关国部级质检中心检验；样品由检查组在现场检查时按规定抽样和封样后交受检企业寄送；检验结果和结论意见经产品质量检测中心负责人复核签字后报部生产许可证办公室；实施生产许可证制度的冶金产品，由部生产许可证办公室按《工业产品生产许可证管理办法》统一规定标记和编号；各省、自治区、直辖市冶金主管部门负责组织对取得生产许可证企业的日常监督，实行定期和不定期的抽查，并将检查情况报部生产许可证办公室。

1998~2003 年

1998 年 3 月，第九届全国人民代表大会第一次会议批准了《国务院机构改革方案》，将冶金部改组为国家冶金工业局，成为国家经济贸易委员会管理下的主管冶金行业的行政机构。1998 年 6 月 16 日，国务院办公厅发布《关于印发国家冶金工业局职能配置内设机构和人员编制规定的通知》，明确了冶金工业局的基本职能和工作范围，其中质量监督功能交给国家质量技术监督局管理。

2003 年 3 月，十届全国人大一次会议通过了国务院机构改革方案，撤销外经贸部和国家经贸委，设立商务部。国家冶金工业局在此次改革中被撤销。

（二）实施效果

作为工业产品生产许可证的起步阶段，这一时期通过发布多项政策对生产许可证的管理有了初步的要求，国家建筑钢材质量监督检验中心作为钢铁行业技术机构，在细则和考核办法的制定、产品检验以及现场检查等多个方面的工作中提供技术支持，助力生产许可证的建设。

细则修订

为了确保重要的冶金产品的质量，根据国家经委的发证计划和《钢铁工业产品生产许可证实施办法》，冶金部开始对钢筋混凝土用变形钢筋产品实行生产许可证制度。为了搞好螺纹钢筋生产许可证的发证工作，冶金部钢铁司于 1986 年 7 月 9 日在承德钢铁厂召开螺纹钢筋生产许可证有关文件起草会。会后发布《钢筋混凝土用变形钢筋实施细则和考核办法》，对螺纹钢筋的生产许可证作出了详细的规定。1987 年起由国家建筑钢材质量监督检验中心承担冶金部组织的热轧变形钢筋生产许可证产品检验。根据冶金部生产许可证检查组对申请企业的检查和国家建筑钢材检测中心对企业产品质量的检验结果，冶金部发布了《关于颁发第一批钢筋混凝土用变形钢筋生产许可证的通知》文件，对符合要求的 90 家生产企业颁发了钢筋混凝土用变形钢筋生产许可证，对符合要求的 4 家钢坯生产企业颁发钢筋混凝土变形钢筋用钢坯的质量验收合格证。

政策执行

国家建筑钢材质量监督检验中心协助承担规则制定、资料审查、现场审核和产品检验等具体工作的实施。从原材料、生产工艺设备、产品质量、检测手段和人员素质五方面入手，全面、综合的考核企业生产能力和管理水平。通过生产许可证的检查工作，企业狠抓了质量管理、生产、工艺等方面的基础工作，淘汰落后生产设备，完善生产技术改造，提高理化检测手段，企业的质量管理水平和产品质量有了明显进步。

二、产品质量监督情况

1985 年，我国正式实行产品质量国家监督抽查制度，钢筋作为重要的工业产品，其质量监督工作由原国家标准局所属质量监督局同冶金部共同组织实施。随着组织机构的改革，1988 年，国家技术监督局组织领导质量监督工作，但冶金部仍是冶金行业的行政主管部门，钢筋产品的质量监督工作由冶金部组织实施。1998 年，冶金部改组为国家冶金工业局，不再负责质量监督工作。

（一）政策文件

1985 年第三季度，原国家标准局和冶金部向国家建筑钢材质量监督检验中心下达了建筑用钢筋和碳素钢筋国家监督抽查任务，标志着钢筋的产品质量监督抽查正式开始。

1994 年，为认真贯彻执行《中华人民共和国产品质量法》（1993 年 2 月 22 日第七届全国人民代表大会常务委员会第30次会议通过）和国务院《关于进一步加强质量工作的决定》，推动冶金行业技术进步，加强冶金行业质量监督管理，指导冶金企业正确贯彻国家和行业的质量工作的方针政策、法律、法规，认真履行质量监督职能，冶金部颁布了一系列关于质量监督的有关文件，对冶金行业质量管理作出了详细的规定。

1994年2月5日发布了《关于执行强制性和推荐性标准的冶金产品质量监督抽查（检验）的若干规定》对冶金产品质量监督抽查（检验）中的有关问题作出了规定：要求在质量监督抽查（检验）中，质量监督检验机构要统一采用国家和行业检验方法标准进行检验、测试和判定。若执行强制性国家标准或行业标准，应严格按照强制性标准进行检查、测试和判定；若执行推荐性国家标准或行业标准，质量监督检验部门要依据推荐标准的各项要求进行检查、测试和判定；对于执行企业标准的产品，质量监督检验部门首先要检查该企业标准的有效性，即是否按照《标准化法》规定已申报备案，并按该有效标准的各项要求进行检查、测试和判定。企业不执行上述规定或拒绝提供合同或样品的，按不合格判定和处理。

1994年2月14日经国务院同意，冶金部、国家技术监督局、国家工商行政管理局发布了《关于加强冶金行业质量管理的决定》，共10章，该决定中要求切实加强对冶金行业质量管理工作的领导，明确冶金部是国务院对全国冶金行业行使质量管理职能的行业主管部门，职责包括：（1）贯彻执行国家有关质量工作的方针；组织制定冶金行业的产品质量发展规划；组织冶金产品国家标准的起草工作；组织制定和修订冶金产品行业标准，并依法进行监督检查；归口管理涉及人体健康和人身、财产安全的重要冶金产品生产许可证的审核、颁发和监督工作；推动冶金行业的产品质量认证和质量体系认证；管理冶金行业产品质量监督检验机构；对冶金产品质量组织行业监督检查；会同有关部门对冶金企业和冶金产品的重大质量问题进行综合治理。（2）坚持“质量第一”的战略方针，进一步增强质量意识，充分认识质量是保证冶金工业持续、快速、健康发展和冶金企业生存发展的关键。（3）增加质量投入，推动技术进步，提高产品质量。（4）适应社会主义市场经济体制，深化标准化工作改革。加强质量管理，健全质量体系，推动质量认证。（5）加强行业质量监督，督促质量整改。（6）严格执行生产许可证制度，查处无证生产。（7）加强市场调查研究，开展质量跟踪和用户评价。（8）完善质量信息管理，为宏观决策和改善经营服务。（9）加强对钢材市场的管理，严厉打击生产和经销假冒伪劣冶金产品的行为。

1994年7月11日发布的《冶金行业质量监督管理暂行办法》共9章46条，适用于包括螺纹钢在内的中华人民共和国境内生产并用于销售的冶金相关产品的质量监督，遵循“有限范围，统一立法、区别管理，事先保证与事后监督相结合，监督与引导、服务相结合，扶优与治劣相结合”的原则，采取统一领导、分级管理的方法，对质量监督管理职能与机构、产品质量监督管理、服务质量监督管理、质量检验机构、质量责任和处理、质量监督人员守则等内容作出了明确的规定：一是规定冶金部是国务院对全国冶金行业行使质量监督管理职能的行业主管部门，冶金部质量监督司是负责质量监督管理的办事机构。二是由冶金部负责执行国家有关质量工作的方针、政策和法律、法规，制定和实施冶金行业质量工作的政策、法规；对标准的实施，依法进行监督检查；对涉及人体健康和人身、财产安全的重要冶金产品，实行生产许可证制度；负责制定实施细则和考核办法并组织实施；负责管理冶金产品质量检验机构；组织对冶金产品质量监督检查工作；对冶金企业和冶金产品市场的重大质量问题会同有关部门进行综合治理，打击生产、销售伪劣冶金产品的行为。三是规定了冶金部和省、市冶金厅（局）行使行业质量监督的重点是用于销售的关键品种钢材、金属制品和其他冶金产（成）品；各省市冶金厅（局）负责发证前的预审工作和日常监督工作；各有关冶金产品质检中心参加发证的工厂检查和承担产品检验工作。四是规定冶金产品质检机构分为国家质检中心、冶金部质检中心和地方质检站三级。冶金产品质量监督检验中心（站）是国家授权的、具有第三方公正性的冶金产品质量监督检验机构。国家和冶金部质检中心应设在冶金部直属科研单位，机构组织相对独立，行政隶属关系不变，是科研单位的二级机构。业务工作接受冶金部和国家技术监督局指导，地方质检站由省市冶金厅（局）决定。

（二）抽查结果

在冶金部管理下，1986 年组织的国家监督抽查详情见表 3-3，共抽查 71 批产品，合格率仅有 56.3%，不合格项目涉及化学成分、屈服强度、抗拉强度、尺寸、表面质量、弯曲度、表面标志等内容。

表 3-3 热轧带肋钢筋产品国家监督抽查情况

年/季度	实际抽查企业数/家	合格企业数/家	不合格企业数/家	企业合格率/%	抽查产品数/批	合格产品数/批	不合格产品数/批	产品合格率/%
1986/3	22	9	13	40.9	71	40	31	56.3

三、小结

对于重要的工业产品实行生产许可证制度是我国一项重要的技术经济政策，是一种在优化产业结构的基础上提高国民经济素质和效益的宏观调控措施，也是一种重要的行之有效的行业管理手段。1984～2003 年，冶金部在冶金产品的生产许可证以及质量监督工作中，做出了重要的贡献，其管理工作的重点内容在于建立组织机构，建立冶金产品工作队伍，扩大冶金产品生产许可证发证试点，积极打击劣质钢材生产销售，在全国开展产品质量培训提升等工作。在冶金部生产许可证办公室统一归口下，除西藏、中国台湾外，各省、自治区、直辖市及计划单列市冶金厅（局、公司）都有专人负责冶金产品生产许可证工作；同时，还组织起一支近百人的生产许可证审查、检测人员队伍，在完成热轧带肋钢筋的发证工作之外，组织钢材生产质量管理培训，开展产品质量和服务质量评价工作，面向全国从事钢材生产、流通、使用的单位提供技术质量信息。在“管、帮、促”的原则下，不断从实践中积累经验，加强了对企业的服务和监督工作。

钢筋混凝土用热轧带肋钢筋生产许可证工作是开展较早、历经时间最长、申请数量较多、发证数量较多的产品。从 1986 年制定“钢筋混凝土用变形钢筋实施细则与考核办法”到 1987 年进行发证检查，一系列政策的发布与实施和产品质量监督抽查工作，在提高热轧带肋钢筋产品质量和服务质量，加强主管部门行业宏观调控，促进结构优化，满足用户需求，增强钢铁企业在国内外市场的竞争能力等方面起到了很好的推动作用。

第三节　国家（质量）技术监督局管理阶段

为了适应商品经济的发展，加强技术质量监督工作，克服技术监督工作分散管理、重复低效和缺乏权威性的弊病，国家于 1988 年进行机构改革，根据同年 4 月第七届全国人大第一次会议批准的国务院机构改革方案，撤销国家计量局、原国家标准局，并将国家经委质量局并入，组建国家技术监督局。国家技术监督局为国务院直属机构，是国务院统一管理和组织协调全国技术监督工作的职能部门，负责管理全国标准化、计量、质量监督工作，并对质量管理进行宏观指导。

在 1998 年的国务院机构改革中，根据《国务院关于机构设置的通知》，设置国家质量技术监督局，是国务院管理标准化、计量、质量工作并行使执法监督职能的直属机构。

一、许可证体制建设情况

（一）制度建设

1988~1998 年

1988 年国家技术监督局成立，但当时的生产许可证发放工作仍沿袭过去的以行业归口部门为主、地方配合、全国工业产品生产许可证办公室宏观指导的原则，受理申请、组织审查及盖章发证等工作仍由各部委分头负责，使得这一国家宏观质量管理手段在证书形式上并不一致，有时甚至被一些部门作为部门保护的手段，对系统内和系统外的企业不能一视同仁，有的甚至定点限量发证，严重违背了市场经济条件下公平竞争的客观规律，影响了生产许可证的权威性。因此，后续政府机构改革中，国务院调整、改变了原许多部委的职能。1998 年 6 月 24 日，国务院发布《国家质量技术监督局职能配置、内设机构和人员编制规定》，这份新的“三定”方案中授权国家技术监督局管理工业产品生产许可证工作。

为了保证重要工业产品质量、制止生产和销售无证产品，保护国家、用户和消费者的利益及获证企业的合法权益，解决仍有大量企业和经销单位，无视《工业产品生产许可证试行条例》和原国家经济委员会、国家标准局、国家物资局及国家工商行政管理局、商业部、中国工商银行、中国农业银行关于《严禁生产和销售无证产品的规定》，继续生产和销售无证产品，扰乱正常的经济秩序的相关问题，国家技术监督局联合各部委发布了一系列政策文件，其中包括：

1989 年 4 月国家技术监督局会同国家工商行政管理局、财政部、国家物价局、物资部、商业部六部（局）联合发布了《关于在全国范围内查处生产和销售无生产许可证产品的通知》。

1989 年 9 月 30 日，根据国务院发布的《工业产品生产许可证试行条例》以及国家经委等七个部门发布的《严禁生产和销售无证产品的规定》，国家技监局、财政部联合发布了《查处无生产许可证产品的实施细则》的通知。该细则共27条，细则指出国家技术监督局全国工业产品许可证办公室负责审核取得生产许可证的企业名单，统一登报，公布发证，自发证之日起，企业未取得许可证的产品均属无证产品；取得生产许可证的产品，但没有在产品包装和说明书上标明生产许可证编号、标记出厂日期的，均视为无证产品，也要予以查处。同时对于生产无证产品的企业，处以相当于已生产的无证产品价值15%～20%的罚款；对经销无证产品的单位或个人，处以当日无证产品销售额15%～20%的罚款。

1990年2月全国许可证办公室发布《查处生产和销售无生产许可证产品工作程序（试行）》，开始对无证生产和经销无证产品行为进行查处，旨在进一步规范查处工作程序，提高查处工作质量。

热轧带肋钢筋自1987年实施许可证制度，1993年底开始复查换证，从1994年到1997年陆续发放钢筋生产许可证860张、钢坯（钢锭）合格证58张，有效期均截止至1999年4月30日。在860家发证企业中装备落后的小企业数量很多，但总产量很少，且因为当时市场需求的变化，1998年时，大部分持证小企业已经关停。

1998～2001年

1998～2001年是生产许可证工作实现统一管理的过渡期。1998年国家质量技术监督局成立后，发布了《关于进一步做好工业产品生产许可证管理工作的通知》，决定从1999年1月1日起，按照国务院的授权将国家经贸委各委管工业局、劳动部、建设部、原中国兵器工业总公司、原电力部等部门负责的工业产品生产许可证发放工作进行统一管理。

1999年，国家质量技术监督局决定成立全国工业产品生产许可证审查中心，是全国工业产品生产许可证办公室下设的独立运行的办事机构，业务工作受全国许可证办公室领导，承担全国许可证办公室委托的生产许可证审查工作及相关业务工作。

按照生产许可证工作进度安排，1999年10月21日国家技术监督局发布了《关于钢筋混凝土用带肋钢筋产品生产许可证换（发）证工作有关问题的通知》，设立“国家质量技术监督局全国工业产品生产许可证办公室钢筋混凝土用带肋钢筋生产许可证审查部”（简称全国工业产品生产许可证办公室带肋钢筋审查部）。经商国家冶金工业局审查部设在国家建筑钢材质量检验中心，接受全国工业产品生产许可证办公室委托，承担钢筋混凝土用带肋钢筋产品生产许可证有关事宜。除此之外，规定审查部还负责收集并总结行业质量状况，定期向国家质量技术监督局、国家冶金工业局报告；要求为保证建筑工程质量，各地应进一步加大对钢筋混凝土用带肋钢筋产品的无证查处工作，并把有关查处情况报全国工业产品生产许可证办公室。文件中还规定热轧带肋钢筋产品生产许可证的换（发）证申请一律按国家质量技术监督局质技监质发［1998］143号、184号文件规定，由各省、自治区、直辖市技术监督局受理；受理后的申请书集中寄到全国工业产品生产许可证办公室，并由全国工业产品生产许可证办公室委托审查部组织有关技术人员及各省（区、市）技术监督局派出的人员对申请换（发）证企业的生产条件进行审查；换（发）证企业的产品封样工作在生产条件审查同时由审查组组织进行，样品送指定检测单位进行检验；审查部负责汇总企业生产条件的审查结果和各检验单位对产品质量的检验报告，将符合发证条件的企业名单报全国工业产品生产许可证办公室；全国工业产品生产许可证办公室对获证企业的生产许可证证书统一编号，并委托审查部填写、寄送各省（区、市）技术监督局。

1999 年 4 月 30 日热轧带肋钢筋生产许可证有效期届满后，根据国家冶金工业局的安排，国家建筑钢材质量监督检验中心于 1998 年第四季度组织了生产许可证考核办法的修订，修订的主要原则是考虑冶金行业的技术进步及在质量管理、产品质量方面对许可证工作的更严格的要求。国家冶金工业局于 1998 年 11 月主持召开了生产许可证实施细则和考核办法研讨会，对国家建筑钢材质量监督检验中心提出的考核办法进行审定，经修改审定后待批。2000 年 2 月，国务院发布《国务院办公厅转发国家经贸委关于清理整顿小钢铁厂的意见的通知》。2000 年 4 月 5 日，按国家冶金工业局的安排，国家建筑钢材质量监督检验中心对 1998 年提出的考核办法进行修订，修订的主要依据是国办发 10 号文和当时冶金行业“压缩总量、淘汰落后、调整结构、提高效益”的产业政策，修订的主要内容是考核办法的“基本条件”部分。国家冶金工业局于 2000 年 7 月在密云召开会议，对修订稿进行了审定，审定后报国家冶金工业局待批，之后由国家建筑钢材质量监督检验中心转呈全国生产许可证办公室。

2000 年年底，根据国家质量技术监督局全国生产许可证办公室的要求，国家建筑钢材质量监督检验中心又对热轧带肋钢筋生产许可证实施细则和考核办法进行部分修订。

2000 年 11 月 30 日，国家质量技术监督局发布《国家质量技术监督局关于延长部分产品生产许可证证书有效期的通知》。该通知指出，国家质量技术监督局发出《关于进一步做好工业产品生产许可证管理工作的通知》以来，生产许可证由分散管理到集中统一管理的过渡工作取得了较大进展。但由于一些特殊原因，生产许可证正常换证工作进度受到影响，部分产品的生产许可证证书到期后未能及时换证。在国家实施生产许可证管理产品中，凡证书有效期为 2000 年 1 月 1 日至 2001 年 6 月 30 日期间到期的，证书有效期一律延长至换发新证。其中对热轧带肋钢筋补充了相关规定：国家质量技术监督局《关于钢筋混凝土用带肋钢筋产品生产许可证换（发）证工作有关问题的通知》部署了热轧带肋钢筋换（发）证工作，鉴于该产品的换证工作至今尚未开始，经研究，热轧带肋钢筋生产许可证证书继续延长至换发新证，其补证工作由各省（区、市）质量技术监督局组织冶金行业有关人员进行。

（二）实施效果

细则修订

1993 年，根据国家技术监督局全国工业产品生产许可证办公室技管许发［1993］06 号文批准，冶金部发布了《关于颁发钢筋混凝土用热轧带肋钢筋生产许可证实施细则及考核办法的通知》。该细则共五章，是根据《工业产品生产许可证换证管理办法（试行）》的有关规定制定的，适用于我国钢筋混凝土用热轧带肋钢筋的所有企业，对取得生产许可证的必备条件，申请及审批程序、管理、收费办法做出了详细的规定。

政策执行

在国家（质量）技术监督局的领导下，国家建筑钢材质量监督检验中心不断累积工作经验，提高技术服务水平，承担行业质量管理的部分工作，参与打击劣质钢材生产销售的活动，组织钢材生产质量管理培训，在宣贯国家有关政策法规和技术标准，引导企业质量提升方面起到了积极的作用。同时生产许可证发证工作，促使一大批经过整顿仍然达不到起码生产条件的企业关停并转，对钢铁生产企业的整顿，加强了基础工作，改善了必要的生产条件，提高了管理水平，从而完善了稳定生产合格产品的必要条件。

二、产品质量监督情况

（一）政策文件

1988年国家技术监督局成立后，产品质量监督工作开始由国家技术监督局负责组织领导，国家技术监督局的质量监督司具体组织实施。

1991年9月国家技术监督局根据形势变化，还专门制定并发布了《产品质量国家监督抽查补充规定》，对国家经委制定的《国家监督抽查产品质量的若干规定》作了进一步补充规定。

1993年2月22日，第七届全国人大常委会第三十次会议讨论通过了《中华人民共和国产品质量法》，明确了产品质量国家监督抽查地位，产品质量国家监督抽查制度在这部规范“在中华人民共和国境内从事产品生产、销售活动”的法律中得以确认，加强对产品质量的监督管理，提高了产品质量水平。

1998年4月，国家技术监督局更名为国家质量技术监督局，产品质量国家监督抽查工作由国家质量技术监督局负责组织领导，国家质量技术监督局监督司具体组织实施。

1999年为了全面实施《中华人民共和国产品质量法》和《质量振兴纲要（1996～2010年)》，提高我国产品质量总体水平，促进国民经济持续快速健康发展，国务院于12月30日发布了《国务院关于进一步加强产品质量工作若干问题的决定》，该决定从八个方面论述了加强产品质量工作的相关要求：一是充分认识加强产品质量工作的重要性，我国经济已由卖方市场转为买方市场，面临经济结构调整的关键时期，质量工作正是主攻方向。提高产品质量，既是满足市场需求、扩大出口、提高经济运行质量和效益的关键，也是实现跨世纪宏伟目标、增强综合国力和国际竞争力的必然要求。二是企业要面向市场，加强质量工作，以市场为导向，加快产品更新换代，制定切实可行的质量发展目标，建立完善的质量保证体系，全面推行售后服务质量国家标准。三是加强基础性工作，促进产品质量的提高，建立健全科学先进的产品质量标准，加强计量检测体系建设，抓好全面质量管理，认真开展质量培训教育，增强企业技术创新和产品更新换代能力。四是遵循市场经济规则，切实加强质量监管，实行重要产品质量监管制度，建立符合市场经济要求公平竞争机制，加强对质量中介机构的管理和监督。五是加强监督抽查工作，加大处罚力度，完善产品质量监督抽查制度，实行免检制度。六是突出重点，严厉打击制假售假违法犯罪，认真落实打击制假售假违法犯罪行为，依法打击制假售假违法行为，坚持“打击假冒、保护名优”。七是发挥舆论宣传作用，提高全民质量意识。八是加强领导，狠抓落实。

（二）抽查结果

1990~2000年，在国家（质量）技术监督局管理期间，国家监督抽查详情见表3-4，热轧带肋钢筋产品国家监督抽查共进行7次。除1993年（56家）、1997年（96家）外，各年抽查企业数量均在50家以内。抽查合格率从图3-2可以看出，波动较大，整体呈现上升态势，这10年内，热轧带肋钢筋国家标准经历两次换版，7次抽查检验依据由GB 1499—1984更新为GB 1499—1991，后更新为GB 1499—1998，产品合格率从1990年的40.7%上升至2000年的100%。从1997年开始，热轧带肋钢筋的合格率有了质的飞跃。

表3-4　热轧带肋钢筋产品国家监督抽查情况

年/季度	实际抽查企业数/家	合格企业数/家	不合格企业数/家	企业合格率/%	抽查产品数/批	合格产品数/批	不合格产品数/批	产品合格率/%
1990/2	25	6	19	24.0	59	24	35	40.7
1991/2	23	10	13	43.5	54	32	22	59.3
1993/1	56	20	36	35.7	90	38	52	42.2
1993/3	34	3	31	8.8	62	13	49	21.0
1997/3	96	89	7	92.7	252	244	8	96.8
1999/1	39	29	10	74.4	107	90	17	84.1
2000/2	43	43	0	100	83	83	0	100

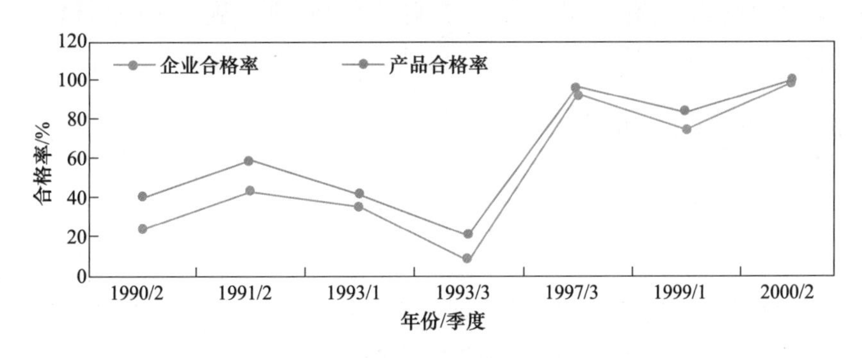

图3-2　热轧带肋钢筋产品国家监督抽查情况

三、小结

1988~2001年这一阶段历时13年是工业产品生产许可证制度的调整期。这期间，在国家（质量）技术监督局的管理下，工业产品生产许可证工作有了长足的发展，主要表现在：

一是初步健全生产许可证组织管理机构，全国除西藏自治区外，所有省、自治区、直辖市和计划单列市都成立了生产许可证办公室，各部委的生产许可证办公室也发展到35个。320个许可证检验机构获得国家技术监督局批准，承担生产许可证产品检验任务，初步建立起一支约4000人的生产许可证管理、检查和检验人员队伍。

二是加快解决发证工作突出问题。为解决发证工作进度慢、周期长的问题，充分发挥地方各省市的积极性，采取各部委的发证部（部门）统一组织审查，地方各省市积极配合工作，或者全权委托省市生产许可证办公室组织有关单位进行审查，部委发证部门抽查认可的方式，加快了发证工作的进展。另外，改变过去一种发证产品由一家许可证检验机构“独家经营”的局面，引入竞争机制，对每个发证产品确定两个或两个以上的检测单位，企业可以就近、择优送检，既减轻了企业的送样负担，又提高了产品检验速度和质量。

三是动态调整生产许可证发证目录。国务院有关部门认真对正在实施生产许可证管理的487种产品目录进行了调整，确定205种产品撤销生产许可证管理，后经进一步筛选，又撤并了150种产品。到1994年年底，国家技术监督局公布的《国家实施生产许可证管理产品工作进度情况表》中的发证产品为132种。

四是对无证生产行为进行查处。坚持对无证无照经营行为查处“零”容忍态势，维护社会主义市场经济秩序，促进公平竞争、保护经营者和消费者的合法权益，这也是治理经济环境，整顿经济秩序，促进社会主义商品经济健康发展的一项重要内容。

第四节　国家质检总局管理阶段

2001年，国务院决定撤销国家经贸委各委管国家局，成立各行业协会。同年，国家质量技术监督局与国家出入境检验检疫局合并成立国家质量监督检验检疫总局（以下简称国家质检总局），根据国家质检总局“三定”方案，生产许可证制度也随质量技术监督局职能并入国家质检总局，由国家质检总局继续管理工业产品生产许可证工作。

一、许可证体制建设情况

（一）制度建设

2001~2015年

2001年国家质检总局重新组建了全国许可证办公室，负责全国工业产品生产许可证的统一管理工作，同时成立全国工业产品生产许可证审查中心，在全国许可证办公室的领导下，承担生产许可证管理的事务性工作。工业产品生产许可证管理工作逐步实现在新时期的规范化管理。

国家质检总局批准设立了73个产品审查部，其中热轧带肋钢筋许可审查部设在国家建筑钢材质量监督检验中心，承担热轧带肋钢筋的生产许可证的技术审查工作，并指定国家建筑钢材质量监督检验中心为热轧带肋钢筋的许可证检验机构，承担生产许可证产品检验工作。全国31个省级原质量技术监督局除西藏自治区外，均设立了省级工业产品生产许可证办公室，具体负责辖区内生产许可证的申请受理、企业审查和证后监管。

为了从源头提高产品质量，保证产品安全，规范工业产品生产许可证管理工作，2002年3月27日国家质检总局出台《工业产品生产许可证管理办法》，自2002年6月1日起施行。原国家经济委员会《工业产品生产许可证管理办法》同时废止。本次修订的主要原因为：随着政府机构改革的完成和职能调整的到位，原国家经济委员会发布的《工业产品生产许可证管理办法》已远远不能适应生产许可证管理工作的新形势，其部分内容与现行的政府机构设置及职能不协调、工作机构职责不清、工作程序规定不具体等。为了进一步理顺工作关系，明确工作职责和工作程序，加强发证后的监督管理，提高生产许可证的有效性，在总结多年来生产许可证管理工作经验的基础上，对原管理办法进行修订，显得十分必要。修订后，生产许可证管理工作将更加适应我国逐步建立的社会主义市场经济体制的新要求。修订的主要内容有：

一是进一步明确了各工作机构的职责。根据国务院赋予国家质检总局的职能，进一步明确了：国家质检总局在充分尊重国务院其他部门和行业意见的基础上，统一管理全国工业产品生产许可证工作；国务院其他部门在各自职责范围内配合国家质检总局，做好相关领域的生产许可证工作；省级质量技术监督局在国家质检总局的领导下，对本行政区域内生产许可证工作进行日常监督和管理；审查部受全国许可证办公室的委托，承担生产许可证的技术审查工作；依法设置和依法授权并经批准的检验机构，承担相关产品的质量检验任务。这体现了国家质检总局在统一管理工业产品许可证工作中，充分尊重国务院其他部门和行业的意见，充分调动各方面的积极性，充分发挥社会各界的作用，努力形成合力的指导思想，为生产许可证管理工作的开展创造了良好的外部环境。

二是进一步明确了工作程序，理顺工作关系。根据职责分工，《办法》明确了：企业的取证申请由省级质量技术监督局统一受理；企业生产条件由省级质量技术监督局或审查部负责审查，具体的操作方式在产品实施细则中规定；产品质量的检验工作由依法设置和依法授权并经批准的检验机构完成，并出具科学、公正、准确的检验报告；审批发证工作由全国许可证办公室完成。为了体现政府办事高效、为企业服务的原则，对每个工作环节都确定了时限，要求各个工作机构提高工作效率，共同努力，力争在最短的时间内让企业拿到生产许可证。

三是进一步加大了查处工作力度，提高生产许可证的有效性。对无证生产企业依据《中华人民共和国产品质量法》和《工业产品质量责任条例》进行处罚；对有证生产不合格产品的企业依据《中华人民共和国产品质量法》进行处罚，直至吊销生产许可证；对未按规定使用生产许可证的企业处以一定数额的罚款，直至吊销生产许可证；对接受并使用他人生产许可证的企业，按无证论处；对企业在申请取证过程中有违法违规行为的，吊销其生产许可证，并处以一定数额的罚款；对产品质量监督抽查不合格企业的处罚与《产品质量国家监督抽查管理办法》的规定相同。对承担发证产品检验任务的检验机构的违法违规行为，按《中华人民共和国产品质量法》处罚，并取消其承检资格；对从事发证工作的机构和工作人员的违法违规行为，构成犯罪的依法追究刑事责任，未构成犯罪的，依法给予行政处分。

2005 年 6 月 29 日，为了保证直接关系公共安全、人体健康、生命财产安全的重要工业产品的质量安全，贯彻国家产业政策，促进社会主义市场经济健康、协调发展，国务院第 97 次常务会议审议通过了《中华人民共和国工业产品生产许可证管理条例》，并于

2005年7月9日以国务院第440号令予以公布，决定自2005年9月1日起施行。该管理条例共7章20条内容，对工业产品生产许可证的申请与受理、审查与决定、证书与标志、监督检查、法律责任等进行了规定。该条例施行后国务院于1984年4月7日发布的《工业产品生产许可证试行条例》同时废止。

2005年9月15日国家质检总局发布了《中华人民共和国工业产品生产许可证管理条例实施办法》，并于2006年发布了《工业产品生产许可证注销程序管理规定》，随后又制定了一系列相关规范性文件，出台了一系列相关规定，逐步形成了“统一管理，分工协作，突出重点，程序规范”的管理体制，工业产品生产许可证制度也日趋完善，更加适应社会主义市场经济的发展。

2011年，国家质检总局对原有39个规范性文件进行了整合和完善，对61类工业产品实施细则进行了全面修订，最终形成了8个规范性文件和101个产品实施细则，并以总局规范性文件和技术规范的形式面向全社会公告和实施。这标志着我国的工业产品生产许可证管理制度的进一步完善，至此，生产许可管理工作已经基本形成了一个比较系统的法律法规体系，该体系以《行政许可法》为根基，以《工业产品生产许可证管理条例》为主体，以《工业产品生产许可证管理条例实施办法》等部门规章为补充，以《工业产品生产许可证审查工作管理规定》等8个规范性文件和101个生产许可证实施细则为支撑。

本次修订后的钢筋混凝土用热轧带肋钢筋产品生产许可证换（发）证实施细则，于2011年1月19日发布，2011年3月1日起实施。其中申请书中的产品类别由钢筋混凝土用变形钢筋改为建筑用钢筋，并且增加了国家产业政策对钢筋生产企业的有关要求；明确了淘汰的工艺装备和企业取证的前置要求；明确了需提交县级以上环保部门出具的环保达标证明或污染物排放许可证的环保要求；明确了企业申请缓检的条件，不符合条件的视为审查不合格；明确了企业出厂检验项目；明确并规范抽样方法、数量、抽样单内容及检验规则，使实地核查工作更规范；明确了检查组的组成和观察员的要求，并对发证后的监督内容进行了调整。

2015~2018年

2015~2018年为深入推进工业产品许可证制度改革阶段，主要分为工业产品生产许可证制度的革新与淘汰落后化解过剩产能两个方面的工作。

（1）工业产品生产许可证制度的改革是“放管服”改革的重头戏和硬骨头，期间党中央、国务院先后推出一系列改革举措和要求，各部委为落实相关要求也发布了一系列政策文件，目的是不断加快工业产品生产许可证改革步伐、加大改革力度、增强改革实效。

2015年8月，为贯彻落实《中共中央关于全面深化改革若干重大问题的决定》精神，按照国务院关于深化行政审批制度改革的部署要求，改进工业产品生产许可管理，加快构建“放、管、治”的质量提升工作格局，保障重要工业产品质量安全，国家质检总局制定实施《质检总局关于深化工业产品生产许可证制度改革的意见》（以下简称《意见》），提出对实施生产许可证管理的所有产品，根据产业规模、技术现状、质量抽查状况以及产品自身属性，逐个进行质量安全分析研判；明确提出“三个最大限度”，即最大限度取消审批项目、最大限度下放审批权限、最大限度优化审批程序，并提出了5个重点改革方向：

一是改进企业审查方式，对申请延续许可证的企业，若生产条件无重大变化，可通过提交书面承诺，免予实地核查；企业提交有资质的检验机构的产品检验合格报告，直接换发生产许可证；同类产品在6个月内省级及以上监督抽查合格的，免予发证产品检验。二是最大限度减少生产许可前置条件内容，凡是不涉及产品质量安全必备条件和产业政策的内容一律取消；企业申请时只需提交营业执照复印件、申请书和承诺书；只对涉及产品质量安全的指标进行生产许可检验。三是推进生产许可检验市场化，放开对发证检验机构资质的要求，具备规定资质的由质检总局公告名单，供企业自主选择；企业可在实地核查后进行产品检验，也可在实地核查前委托机构进行产品检验。四是通过信息化手段提高生产许可效率，加快推进生产许可电子审批和网上审批，实现申请、实地核查、产品检验、审批发证全流程的信息化、电子化。五是改革生产许可证书。取消原证书中关于年度自查报告的相关内容；推行生产许可电子证书；结合生产许可电子审批，实现企业获证在线查询。《意见》里提出了用1年左右时间，全面实施深化生产许可证制度改革措施，审批重构生产许可管理模式，基本建立“市场配置资源、企业主体责任、政府依法监督、社会共治质量的工业产品生产许可证监管体系，有效保障重要工业产品质量安全”的工作目标；强制最大限度取消生产许可审批项目、最大限度下放生产许可审批权限、最大限度优化生产可监督审批流程、加强生产许可证事中事后监管。

为贯彻落实上述政策，进一步优化生产许可审批流程，2015年9月2日国家质检总局发布了《质检总局关于深化工业产品生产许可证制度改革 优化许可审批流程有关工作的通知》，明确了要全面压缩生产许可审批时限，由60个工作日压减至30个工作日内完成生产许可审批；简化生产许可受理环节，除与其从事生产活动相适应的营业执照复印件，工业产品生产许可证申请书，企业符合生产许可证要求自我承诺书或企业生产条件未发生变化承诺书，生产许可证实施细则要求的环保、土地等其他前置条件要求，由实地核查组在企业现场查验原件并复印件上报，无法提供相应材料的，按不予许可处理；改进企业审查方式，对于生产许可证有效期届满申请延续的企业，可以申请免于实地核查；优化产品检验环节，对于生产许可证有效期届满申请延续的企业，企业生产的同单元产品在6个月内接受省级及以上产品质量监督抽查合格的，可以申请免予产品检验。

为改革完善审查机构和发证检验机构管理机制，2015年9月21日国家质检总局发布了《质检总局关于进一步加强管理 深化生产许可证审查机构和发证检验机构改革有关工作的通知》，提出了：一是改革完善生产许可证审查机构管理。建立适度竞争的生产许可证审查机构工作机制，打破部门限制、行业垄断，引进竞争机制，对具备条件的产品设立1个以上审查机构，进一步规范审查机构管理，加强审查机构经费管理。二是改革完善生产许可发证检验机构管理，进一步推动检验机构市场化。凡获得计量认证、在质监部门检验机构分类监管工作中评为Ⅱ级及以上的检验机构，经省级质量技术监督部门或审查机构推荐，都可向总局提出承担生产许可发证检验任务的申请，不受主管部门、所属行业及所有制的限制，强化生产许可发证检验机构监督管理。

为规范工业产品生产许可证工作，2016年9月30日《质检总局关于公布工业产品生产许可证实施通则和60类工业产品实施细则的公告》。该公告自2016年10月30日起实施，将原有实施细则调整为通则和产品实施细则，通则主要适用于工业产品生产许可证的申请、受理、审查、决定等事项，产品实施细则适用于产品生产许可的实地核查、产品检验等工作，应与通则一并使用。其中，没有法律法规规定的前置条件全部取消，对实地核查判定进行了调整，取消了轻微缺陷、修改了不合格结论的判定，调整为每个条款判定为符合、建议改进和不符合，建议改进数量不作为不合格结论的依据。

2016 年 11 月 21 日，在上海召开的“放管服”改革座谈会议提出要全面清理生产许可证，围绕重点领域、关键环节继续加大放权力度；完善负面清单、权力清单、责任清单等制度，系统梳理经济建设和养老、教育、医疗等社会民生领域审批事项，提出整体改革意见，确保关联、相近类别审批事项“全链条”取消或下放，最大限度精简优化，协同配套，放宽市场准入，方便社会资本进入；探索在工程建设领域实行“多评合一”“联合验收”等新模式，推动解决程序繁、环节多、部门不衔接等问题；全面清理各种行业准入证、生产许可证和职业资格证，持续深化商事制度改革，加快推进“多证合一”“证照分离”，切实解决企业“准入不准营”问题；围绕营造公平竞争环境，强化事中事后监管，推动“双随机一公开”监管方式明年全覆盖，实行相关部门联合监管，避免重复检查、增加企业负担；加快建立完善失信惩戒制度，增强随机抽查威慑力，利用先进信息技术提高监管效能；对快速发展的新产业新业态新模式要本着鼓励创新的原则，探索适合其特点和发展要求的审慎监管方式，使市场包容有序、充满活力；“放管服”改革事关全局，利在长远，要紧密团结在党中央周围，继续大胆探索、对标先进、挖掘潜力，特别是要推广复制自贸区的改革经验，更大激发市场活力和社会创造力，推动中国经济保持中高速增长、迈向中高端水平。

2016 年 12 月，中央经济工作会议进一步强调全面清理生产许可证，向国际通行的认证制度转变。

2017 年 6 月 13 日，全国深化简政放权放管结合优化服务改革电视电话会议专门论述了生产许可证制度改革工作，要求着力推动压减工业产品生产许可有大的突破。除涉及安全、环保事项外，凡是技术工艺成熟、通过市场机制和事中事后监管能保证质量安全的产品，一律取消生产许可；对与消费者生活密切相关、通过认证能保障产品质量安全的，一律转为认证。对管理目的相同或类似的不同部门许可事项，要加快清理合并。

2017 年 6 月 24 日，国务院印发了《国务院关于调整工业产品生产许可证管理目录和试行简化审批程序的决定》，对生产许可证改革做出了新部署，确定取消、转认证和下放一批工业产品生产许可，开展简化审批程序试点，加强事中事后监管，对此次取消许可管理的产品实现抽查“全覆盖”。调整后，继续实施工业产品生产许可证管理的产品共计 38 类，其中，由质检总局实施的 19 类，由省级人民政府质量技术监督部门实施的 19 类。而对涉及质量安全的产品继续由国家质检总局实施生产许可证管理，许可管理的对象更加聚焦，生产许可保安全的作用更加凸显。

改革的核心是简化审批程序，2017 年 7 月 7 日国家质检总局发布特急文件《关于贯彻落实〈国务院关于调整工业产品生产许可证管理目录和试行简化审批程序的决定〉的实施意见》，对深入推进工业产品生产许可证制度改革作出全面部署，提出在第一批试行地区（北京市、上海市、江苏省、浙江省、山东省、广东省）从 2017 年 9 月 1 日起实行“取消发证前产品检验”“对申报材料形式审查合格即审批发证，实施证后监督性现场审查”“实行 2 个工作日受理决定制”“实行生产许可证电子证书”等系列简化审批程序重大举措。其主要目的：一是不再指定发证检验机构。总局不再指定承担产品检验任务的机构，有资质的检验机构均可为企业出具产品检验报告，用于申请生产许可证。二是简化企业申报程序。最大限度方便企业申报，全面实施电子化和无纸化网上申报，大幅删减企业申报中的“繁文缛节”，实行申报材料“一单一书一照”制，即《全国工业产品生产许可证申请单》、产品质量检验合格报告、保证质量安全承诺书、工商营业执照复印件。三是优化政府受理程序。实行 2 个工作日受理决定制，自企业申报到受理机关作出受理决定，最长不超过 2 个工作日。四是实行生产许可电子证书。电子证书与纸质证书具有同等效力，电子证书公布之日即为证书送达之日，企业可以自行打印电子证书。

为进一步加快推进工业产品生产许可证试行简化审批程序改革工作，2017 年 7 月 28 日，国家质检总局再次发布特急文件《质检总局关于加快推进工业产品生产许可证试行简化审批程序改革有关工作的通知》，部署提前开展工业产品生产许可证试行简化审批程序工作，要求将第一批试点地区的实施日期由 2017 年 9 月 1 日提前至 8 月 1 日，同时对后置现场审查作出了明确的要求：一是核查时间。获证后 3 个月内完成现场核查。二是核查组的组成。核查组由企业所在地从事生产许可证管理的行政人员和注册审查员组成，实行组长负责制，核查组长原则上由具有高级注册证书的审查员担任，应为熟悉该产品所属行业工艺、技术的专业性审查员。三是现场核查。后置现场审查主要核查企业申请产品应具备的关键设备。符合《现场审查表》要求的，现场核查结论为合格；企业任一获证产品不符合《现场审查表》要求的，核查结论为不合格。

2017 年 10 月 27 日，国家质检总局发布《工业产品生产许可证试行简化审批程序工作细则》的公告，主要内容如下：一是检验报告的要求。型式试验报告、委托检验合格报告与国家、省级监督抽查检验报告，合格的均可；签发日期在 1 年以内；委托检验合格报告的检验项目要覆盖相关细则检验项目。二是时限的要求。受理 2 个工作日，审批 10 个工作日，公示 7 个工作日，证书 10 个工作日，后置现场审查在获证后 30 日内。

2017 年 12 月 14 日国家质检总局发布了《质检总局关于同意开展第三批试行工业产品生产许可证简化审批程序的批复》，在河北省、内蒙古自治区、辽宁省、黑龙江省、河南省、广西壮族自治区、四川省、西藏自治区、陕西省、甘肃省、宁夏回族自治区等地区开展第三批试行工业产品生产许可证简化审批程序工作。

国家质检总局在总结有关地方试点改革经验基础上，于 2018 年 1 月 12 日印发《工业产品生产许可证“一企一证”改革实施方案》的公告，以保障重要工业产品质量安全为目标，以简政放权、放管结合、优化服务为核心，开展工业产品生产许可证“一企一证”改革，多种产品一并审查，颁发一张工业产品生产许可证。

至此，国家质检总局完成了对工业产品生产许可证简化程序的改革，切实减轻了企业负担，激发了市场活力。

（2）化解过剩产能是党中央、国务院做出的重大战略决策，是推进供给侧结构性改革的重中之重。2016 年以来，按照国务院的部署，质检总局就钢铁行业化解过剩产能提出了一系列要求，全系统高度重视、积极推动各项工作。

2017 年，经国务院同意，发展改革委、工业和信息化部、质检总局等 23 个部委联合印发了《关于做好 2017 年钢铁煤炭行业化解过剩产能实现脱困发展工作的意见》，明确要求严格执行生产许可证有关规定，对生产销售“地条钢”的企业撤销生产许可。

为贯彻落实党中央、国务院要求，维护生产许可证管理严肃性和权威性，加强生产许可证管理，坚决淘汰“地条钢”等落后产能，加快推进化解钢铁行业过剩产能，国家质检总局发布《质检总局办公厅关于加强生产许可证管理淘汰“地条钢”落后产能 加快推动钢铁行业化解过剩产能工作的通知》，要求对建筑用热轧钢筋生产许可获证企业进行全面排查，配备行业和技术专家，重点检查工艺、炼钢和轧钢设备，对违法违规生产“地条钢”的获证企业，立即办理撤销工业产品生产许可证书手续。明确既要抓好专项检查工作，又要结合本地实际建立长效机制，联合发改委、工信部、生态环境部、安全监管等部门，形成监管合力。

为贯彻《中共中央国务院关于开展质量提升行动的指导意见》关于提高供给质量的精神，落实中央经济工作会议关于淘汰落后产能、推动化解过剩产能的部署要求，质检总局决定在 2018 年组织全系统继续严厉打击无证生产，分类处理涉及“地条钢”的企业，持续开展生产企业监督检查，坚决淘汰落后产能、推动化解过剩产能，于 2018 年 3 月 21 日发布《质检总局关于进一步推进钢铁水泥行业淘汰落后化解产能有关工作的通知》，该通知对四方面作出了明确规定：一是严厉打击钢铁、水泥产品无证生产违法行为。积极发挥社会监督作用，组织各级质监执法部门加强对无生产许可证违法生产企业信息调查核实，加大打击力度，依法从严查处；组织钢铁、水泥行业协会和有关技术机构，加强无生产许可证违法生产企业的信息收集，及时通报相关省质监部门进行核实处理。二是分类处理涉及“地条钢”的获证企业。各省级质监部门要集中开展专项检查，重点检查企业是否严格做到“四个彻底”（彻底拆除中（工）频炉主体设备，彻底拆除变压器，彻底切割掉除尘罩，彻底拆除操作平台及轨道），拆除后是否保持获证条件要求。对于仍然没有做到“四个彻底”、不具备生产条件的，办理撤销生产许可证手续；对于不再从事列入目录产品生产的，办理注销许可证手续；对已经做到“四个彻底”、列入当地政府“四个彻底”名单，符合生产许可证要求的企业，报省级人民政府备案后，报质检总局；对于不符合以上要求的，不予办理生产许可证取证延续、变更等手续。三是严格工业产品生产许可证受理。不得以任何名义、任何方式新增产能，坚决淘汰落后生产工艺装备和产品。四是持续开展获证企业监督检查。重点检查获证企业是否存在违规产能、是否存在落后装备和工艺、是否持续保持获证条件、无炼钢能力轧钢企业钢坯来源是否合法等，着重严防“地条钢”死灰复燃。

上述一系列政策的实施，旨在正确认识淘汰“地条钢”等落后产能推进化解钢铁行业过剩产能工作的重要性和严肃性，引起行业的高度重视，督促企业落实主体责任，依法合规生产。

（二）实施效果

国家质检总局成立的18年期间，通过发布多项政策对钢铁行业的转型升级作出了要求，钢筋混凝土用热轧钢筋生产许可证审查部根据国家产业政策的不断调整，细规划重落实，多举措共实施，坚持严格贯彻国家各项产业政策，在细则修订、政策执行等方面的具体工作中大力推进生产许可证的建设。

细则修订

钢筋混凝土用热轧钢筋生产许可证实施细则在2001年、2006年、2007年、2011年、2016年先后进行了修订。

2001年，为认真贯彻冶金行业“控制总量、调整结构、提高效益”的产业政策，贯彻执行《国务院办公厅转发原国家经委关于清理整顿小钢铁意见的通知》的精神，落实对关停小钢铁厂对象和目标的规定，热轧带肋钢筋生产许可证审查部将修改后的实施细则及考核办法报国家质检总局待批。全国生产许可证办公室于2001年1月5日批准发布。

此次细则的修订从我国热轧带肋钢筋生产及质量现状出发对不同层次的企业应区别对待。具体来说，对于第二个层次的小企业，根据国务院办公厅转发文件的精神，已列入关停名单的不发证，未列入关停名单的，应在严格要求基础上予以引导和扶持；属于生产劣质钢材的企业，按国家规定属于取缔范围的，坚决不能发证。这一点通过在基本条件中强调钢筋坯料质量来体现，热轧带肋钢筋质量的好坏关键问题在于料的类型和质量。考核办法再次强调严禁使用感应炉、地条料、开口锭等材料生产热轧带肋钢筋，并在审查中严格把关。

在1993年的许可证考核办法中，对炼钢的炉型、容积没有规定，只要求近期淘汰开口锭、轧机K1K2胶木瓦轴承、简易冷床；而本次修订中，平、小电炉（10t以下）、小转炉（10t以下）感应炉、开口锭、地条料、横列式轧机、K1K2胶木瓦及简易冷床均属淘汰之列。在产量规模上，1993年考核办法只要求热轧材年产至少3000t，钢筋至少500t，而本次修订中年产钢10万吨以下（含10万吨）的小炼钢厂，不予颁发生产许可证。

2001版实施细则还以前期新发布的国家标准《GB 1499—1998 钢筋混凝土用热轧带肋钢筋》的技术内容带动钢筋整体质量水平的提高和钢筋品种的调整。该版标准在强度级别、化学成分等技术内容上有较大的变化，它反映了我国热轧钢筋标准正逐步与国际接轨，标准体系正在从生产型向贸易型转变。按照许可证考核办法进行许可证检查，实际也是对新标准的宣贯和检查实施。

2006年在《中华人民共和国工业产品生产许可证管理条例》施行后，钢筋混凝土用带肋钢筋生产许可证审查部根据《关于修订工业产品生产许可证实施细则的通知》的要求，按照最新的编写要求并结合原实施细则的内容编写了新版实施细则，同时征求了相关单位的意见。该细则经全国工业产品生产许可证办公室批准以全许办［2006］86号文公布，于2006年12月20日起实施。

2006 版实施细则与原实施细则的主要差异：一是增加了国家对产业政策等的要求，具体体现在实地核查等相关条款中。二是增加钢筋混凝土用余热处理钢筋。该产品的外形等质量要求与用途均与 400MPa 级热轧带肋钢筋（HRB400）一致，其生产工艺与热轧带肋钢筋基本相同，同属强制性标准。三是为更好地执行国家产业政策和保证建（构）筑物的质量安全，增加钢筋混凝土用热轧光圆钢筋。该产品主要用于混凝土结构配筋、楼板、墙等，之前由于带肋钢筋实行生产许可证管理，绝大多数地条钢生产企业转而生产光圆钢筋，2005 年第四季度国家建筑钢材质量监督检验中心抽查的 32 家建筑用盘条生产企业中，不合格有 12 家，合格率为 62.5%，其中有 11 家是采用地条钢生产的，占不合格总数的 91.7%。四是产品检验项目增加重量偏差检验，修改了评分规则，这与国家监督抽查的产品判定一致。五是明确了许可的时效性。细则中明确规定企业申请、受理实地核查、产品检验、上报、发证等时间规定。六是明确了在产品许可过程中，企业进行试生产、名称变化、委托加工、生产条件发生变化等情况如何处理；明确了抽样规则，指导企业准确准备样品，减少不必要的浪费；使用统一模板，改变了以前注重生产工艺、生产过程要求，制度及技术文件内容由企业根据自己情况来制定，主要考核执行有效性；明确了取证的基本要求，如工装设备、检测设备、环境保护等；增加了企业对员工劳动保护、安全的要求；将企业实地核查结论修改为只有合格、不合格两种，取消原细则中的基本合格项；明确了企业申请除填写统一格式申请书外，还应填写申请书附表，附表要求企业明示其生产工艺路线（生产条件），并作为实地核查的内容由检查组确认，但同时为维护企业的技术秘密，不要求提供工艺方法的具体参数。

2007 年由于钢筋混凝土热轧带肋钢筋产品标准发生变化，GB 1499 改为 GB 1499.2，经《关于对〈钢筋混凝土用热轧钢筋产品生产许可证实施细则〉进行补充修订的通知》批准，细则再次进行了修改，2008 版的《钢筋混凝土用热轧钢筋产品生产许可证实施细则》于 2008 年 12 月 1 日执行。

2008 版细则内容的主要变化是将产品单元进行了调整，根据生产企业的产品和申请许可证的三种情况，将产品划分为 3 个单元，明确了产品品种及相应的产品牌号，具体见表 3-5。

表 3-5　产品单元

序号	产品单元	产品品种	产品牌号	备注
1	钢筋混凝土用热轧钢筋（钢坯）	普通热轧钢筋	HRB335、HRB335E	适用单独的炼钢企业
			HRB400、HRB400E	
			HRB500、HRB500E	
		细晶粒热轧钢筋	HRBF335、HRBF335E	
			HRBF400、HRBF400E	
			HRBF500、HRBF500E	
		热轧光圆钢筋	HPB235	
			HPB300	
		余热处理钢筋	KL400	

续表 3-5

序号	产品单元	产品品种	产品牌号	备注
2	钢筋混凝土用热轧钢筋（含钢坯）	普通热轧钢筋	HRB335、HRB335E	适用于炼钢、轧钢企业
			HRB400、HRB400E	
			HRB500、HRB500E	
		细晶粒热轧钢筋	HRBF335、HRBF335E	
			HRBF400、HRBF400E	
			HRBF500、HRBF500E	
		热轧光圆钢筋	HPB235	
			HPB300	
		余热处理钢筋	KL400	
3	钢筋混凝土用热轧钢筋（不含钢坯）	普通热轧钢筋	HRB335、HRB335E	适用单独的轧钢企业
			HRB400、HRB400E	
			HRB500、HRB500E	
		细晶粒热轧钢筋	HRBF335、HRBF335E	
			HRBF400、HRBF400E	
			HRBF500、HRBF500E	
		热轧光圆钢筋	HPB235	
			HPB300	
		余热处理钢筋	KL400	

2008 版细则还增加了国家产业政策对钢筋生产企业的有关要求，明确了淘汰的工装设备和取证的前置要求；要求如企业有一个以上生产厂点（含车间）的，需在《全国工业产品生产许可证申请书》的四、六部分“使用场所”填写对应的厂点或车间，同时填写相应表格，以便于核实和确认；明确了检查组的组成和观察员的要求，要求审查组在实地核查结束前以书面形式向企业通报核查结论，并将核查结论及不合格项报告（包括对不合格项的事实描述和整改要求）告知省级许可证办公室；修改了产品抽样单；修改了产品检验质量指标和检验判定标准，明确了相关检验方法；必备的生产设备增加了制氧机装备；对申请增加产品牌号的企业产品如何取样，进一步予以明确：对已获得生产许可证后要增加产品单元、产品品种的企业，应当按照本实施细则规定的程序申报和进行实地核查及产品检验；对已获得生产许可证需要增加已取证产品品种内的产品牌号、产品规格的企业，本着简化程序的目的，改为只进行实地核查办法中否决项目的核查和产品检验；增加了“监督检查”一章，明确了县级以上质量技术监督局对本行政区域内生产许可证制度实际情况进行监督检查时的重点检查内容；针对产品的特性，明确实地核查的条款和判定原则；对实地核查内容进行了修改，明确应按产品标准要求进行型式检验，即产品标准有要求时应提供型式检验报告，没要求时不提供。

2011 年，随着许可证工作要求不断提高，审查部积极贯彻执行新的国家产业政策，结合新细则模板的要求和国家质检总局发布《国家质量监督检验检疫总局关于修改〈中华人民共和国工业产品生产许可证管理条例实办法〉的决定》，重新编写了2011版的《建筑用钢产品生产许可证实施细则（一）（钢筋混凝土用热轧钢筋产品部分）》，国家质检总局于2011年1月19日发布了《关于公布61类工业产品生产许可证实施细则的公告》，该细则于2011年3月1日起实施。

2011版细则内容的变化主要有：根据国家质检总局《关于公布实行生产许可证制度管理的产品目录的公告》《全国工业产品生产许可证申请书》中“产品类别”栏填写“建筑用钢筋”，而不再填写“钢筋混凝土用变形钢筋”；增加了国家产业政策对钢筋生产企业的有关要求，明确了淘汰的工装设备和企业取证的前置要求；增加了（国发［2009］38号和国发［2010］7号以及中华人民共和国信息化部2010年第122号公告附件《部分工业行业淘汰落后生产工艺装备和产品指导目录（2010年本）》的有关内容，淘汰的落后生产工艺装备有400m^{3}及以下炼铁高炉（铸造铁企业除外），200m^{3}及以下铁合金、铸铁管生产用高炉，用于地条钢、普碳钢、不锈钢冶炼的工频和中频感应炉，30t及以下转炉（不含铁合金转炉），30t及以下电炉（不含机械铸造电炉），化铁炼钢，复二重线材轧机，横列式线材轧机，横列式棒材及型材轧机，三式型线材机（不含特殊钢生产）；淘汰的落后产品有牌号为HRB335、HPB235的热轧钢筋；明确了环保要求，删除了原细则中企业需提交环境影响评价文件审批意见复印件的规定，新版细则规定只提交县级以上环保部门出具的环保达标证明、建设项目竣工环境保护验收批复或排放污染物许可证的任一证明均可；明确了检查组的组成和观察员的要求，要求审查组在实地核查结束前以书面形式向企业通报核查结论，并将核查报告及轻微缺陷项汇总表交观察员，由观察员报省级许可证办公室；明确了企业申请缓检的条件，不符合条件的视为企业审查不合格；明确了现场检验和检验机构出具的检验报告的要求；调整了出厂检验项目表，明确了企业出厂检验项目；明确并规范抽样方法、数量、抽样单内容及检验规则；对发证后的监督检查内容进行了调整。

2016年依据国家质检总局相关规定，结合行政审批改革的要求，立足于生产许可证是保证企业持续稳定生产合格产品能力的原则，钢筋混凝土用热轧钢筋产品审查部开始组织专家和技术人员成立修订小组，在认真研究和学习国家发改委和工信部关于钢铁产品的产业政策文件《质检总局关于深化工业产品生产许可证制度改革优化许可审批流程有关工作的通知》《关于印发钢铁水泥行业兼并重组企业优化生产许可审批工作程序的通知》和《工业产品生产许可证实施细则通则》（2016版）及编制指南等的基础上，编制了《建筑用钢筋生产许可证实施细则》（一）（钢筋混凝土用热轧钢筋产品部分）2016版。

2016版细则与2011版细则在格式和内容上有较大的变化，主要有：一是根据国家发展改革委2013年第21号令的要求，取消了属于淘汰类落后产品的牌号HRBF335、HRBF335E、HRB335、HRB335E以及牌号HPB235的申请。二是改变产品单元的划分方式，由原来的工艺流程划分改为按照产品标准及使用的特点和要求进行划分，并更新了相关产品的标准及定义。三是增加耐蚀钢筋、不锈钢钢筋两个产品品种。四是新增了平行原则，明确单元之间相互平行、盘卷和直条相互平行、普通热轧带肋钢筋和细晶粒热轧钢筋相互平行、耐工业大气腐蚀钢筋和耐氯离子腐蚀钢筋相互平行、光圆不锈钢钢筋和带肋不锈钢钢筋相互平行。五是新增了覆盖原则。明确规定：在同一产品单元中，高强度级别覆盖低强度级别，抗震钢筋覆盖非抗震钢筋，可焊接钢筋覆盖同强度级别非可焊接钢筋。六是细化了产品检验样品的抽取原则。七是去掉了原细则中关于环保、安全、土地等相关政策，增加了2011年之后出台的相关产业政策文件。八是增加了许可范围变更的详细说明，规定：出现重要生产工艺和技术变化、关键生产设备和检验设备变化、生产地址迁移、增加生产场点、新建生产线、增加产品等情况时，因企业的生产能力、检验能力和生产工艺会发生变化，企业应接受实地核查并向核查组提交相关资料。九是增加了对部分关键设备如精炼炉、加热炉炉温控制设备的最低使用要求。

为了贯彻执行国家质检总局减轻企业负担的改革要求，2016版细则有五大重要的创新举措：首先通过增加覆盖原则，比2011版细则的抽样量减少了50%~75%，实验量大幅下降；其次，现场检验项目尺寸及表面质量等从10支样品减少为5支样品，现场检验工作量也大幅下降；第三，明确延续符合免实地核查要求，在获证产品单元内增加规格时都可以免除现场实地核查，进一步减轻现场工作频次；第四，增加了6个月内省级及以上产品质量监督抽查合格检验报告可替代许可证检验报告的规定，降低了企业产品检验的频次和数量。第五，发证检验项目及重要程度对照国家监督抽查的检验项目进行了适当的调整，检验结果的判定方法也参照国家监督抽查，由评分制原则改为判定制原则，保证了使用监督抽查报告代替许可证产品检验报告的可行性和合理性。

细则的不断修订与完善，坚持以“保留适应的、废止过时的、制定空白的”为原则，是用制度不断巩固钢铁行业发展成果，推进精细管理的重要基础，是实现生产许可证管理的科学化、精细化和标准化的重要举措。

政策执行

从发证产品的范围和品种上来看，这一阶段的热轧钢筋产品发证范围更大，并且由过去的产品品种不齐全升级为淘汰落后产品、促进产品性能提升、助力节能减排，充分体现了生产许可证制度在贯彻产业结构调整、加快推进淘汰落后产能、化解钢铁行业过剩产能等方面发挥着非常重要的作用。

钢筋混凝土用热轧钢筋生产许可证审查部在组织修订细则的同时，也认真落实各项任务。在日常生产许可证的申请受理方面，及时核查企业递交的申请书及有关材料，资料合格的可进一步安排现场实地核查，不合格的则要求补充材料，材料补齐方可安排现场实地核查，材料未补齐或超过规定的补正时间不予安排现场实地核查；建立了审查工作的反馈机制，在实地核查工作结束后由钢材审查部给接受核查的企业寄送《生产许可证审查工作质量及工作纪律反馈单》，由企业对核查小组的工作情况、工作态度和工作纪律执行情况等进行评价，此项举措确保了审查工作的严肃性、公正性和可靠性。与此同时，审查部还积极配合国家化解过剩产能、打击“地条钢”相关工作，多次委派专家和技术人员参与国务院取缔“地条钢”的督查任务和省级地条钢专项调查工作任务；开展探索性的产品质量评价试点工作，有助于从生产源头上防范企业质量安全风险，强化政府的质量监督效能，提升企业的质量保障能力，在促进企业加强质量管理、提高产品质量等方面，发挥了非常重要和积极的作用。

二、产品质量监督情况

（一）政策文件

钢筋混凝土用热轧带肋钢筋是建筑工程中用量最大的钢材品种之一，也是我国产量最大的钢铁产品，其质量优劣直接影响到建筑工程质量，关系到人民群众生命财产安全。随着我国经济发展进入新常态，产品质量安全出现了一些新问题和新挑战，在供需错配、产能过剩、成本上升、市场竞争日趋激烈的形势下，少数企业铤而走险，出现低价低质竞争、以假充真、以次充好、以不合格产品冒充合格产品等质量违法行为。其中，最为突出的就是钢筋混凝土用热轧带肋钢筋产品。

2001 年 12 月 29 日，国家质检总局发布了《产品质量国家监督抽查管理办法》，自 2002 年 3 月 1 日起施行。2010 年 11 月 23 日审议通过新版《产品质量国家监督抽查管理办法》，自 2011 年 2 月 1 日起施行，原管理办法废止。

2015 年 8 月 5 日，国务院办公厅发布了《国务院办公厅关于推广随机抽查规范事中事后监管的通知》，要求在政府管理方式和规范市场执法中，全面推行“双随机、一公开”的监管模式，进一步有效提升监管能效。

2017 年 5 月，国家质检总局制定下发了《质检总局关于加强产品全面质量监管的意见》，提出质检系统作为质量主管部门，要一手抓全面提高质量，一手抓加强全面质量监管，切实做到放管结合，实现监管对象全覆盖。

为贯彻落实国务院关于化解钢铁过剩产能有关精神，根据发展改革委、工业和信息化部、质检总局等 23 部委联合印发的《关于做好 2017 年钢铁煤炭行业化解过剩产能实现脱困发展工作的意见》和《质检总局办公厅关于加强生产许可证管理淘汰“地条钢”落后产能加快推动钢铁行业化解过剩产能工作的通知》要求，同年，国家质检总局决定开展钢铁产品生产许可获证企业产品质量监督检验工作，发布了《关于开展钢铁产品生产许可证获证企业产品质量监督检验的通知》，以热轧钢筋产品、轴承钢为主要检查对象，进行监督检验。本次获证企业监督检验工作由省级质量技术监督部门、带肋钢筋产品审查部和有关技术机构组成联合检查组，自 2017 年 7 月至 9 月底对随机抽取的钢铁产品生产许可获证企业开展证后监督检验，主要是根据生产许可证有关法律法规和产品国家标准要求对企业生产的产品进行检验。在组织实施时，国家质检总局监督司委托带肋钢筋产品审查部为钢铁产品获证企业监督检验牵头单位，负责制定监督检验具体实施方案和计划，以及具体协调和技术支撑工作。联合检查组组长由被检查企业所在地省级质量技术监督部门或省级部门指定的当地质量技术监督部门工作人员担任，副组长由审查部派出的专家担任，其他检查组人员由省级质量技术监督部门和产品审查部酌情派出，负责企业生产产品的抽样和封样。在结果处理时，对于在本次监督检验中被判为不合格和拒绝监督检验的企业，由当地省级质量技术监督部门责令限期整改，拒不整改或整改复查不合格的，依法撤销其生产许可证，并报地方政府关停。

2018 年 2 月 24 日，以维护质量安全和提升质量水平为主线，以“放管服”改革为动力，以夯实质量工作基础为保障，为构建智慧监督、精准监督、全链条监督机制，助力高品质供给，助推高质量发展，维护质量诚信企业的发展权益，满足人民群众美好生活的质量需求，国家质检总局发布了《2018 年产品质量监督工作要点》，突出涉及产能过剩产品的质量安全监管，严厉打击钢铁、水泥产品无证生产违法行为。发挥行业协会、技术机构等作用，多渠道获取无生产许可证违法生产的企业信息，加大排查和打击力度，配合处理涉及“地条钢”企业；对涉及“地条钢”的获证企业开展专项检查，没有达到“四个彻底”要求的，办理撤销生产许可证手续；对于打击以后停产、转产、不再生产热轧钢筋等许可管理产品的，办理注销许可证手续。

（二）抽查结果

2001~2018 年钢筋混凝土用热轧带肋钢筋产品国家监督抽查工作统计情况见表 3-6，可以看出通过产品质量监督抽查，热轧带肋钢筋产品合格率稳步提高。

表 3-6 历年热轧带肋钢筋产品国家监督抽查情况

年/季度	实际抽查企业数/家	合格企业数/家	不合格企业数/家	企业合格率/%	抽查产品数/批	合格产品数/批	不合格产品数/批	产品合格率/%
2003/3	69	59	10	85.5	74	64	10	86.5
2004/2	51	39	12	76.5	51	39	12	76.5
2005/3	38	32	6	84.2	38	32	6	84.2
2006/3	39	34	5	87.2	39	34	5	87.2
2007/2	42	33	9	78.6	42	33	9	78.6
2007/3	24	24	0	100	24	24	0	100
2008/3	115	101	14	87.8	115	101	14	87.8
2008/4	36	33	3	91.7	36	33	3	91.7
2009/1	90	88	2	97.8	90	88	2	97.8
2010/1	45	42	3	93.3	45	42	3	93.3
2011/2	80	76	4	95.0	80	76	4	95.0
2012/3	100	97	3	97.0	100	97	3	97.0
2013/2	76	71	5	93.4	76	71	5	93.4
2014/3	107	102	5	95.3	107	102	5	95.3
2015/3	100	92	8	92	100	92	8	92
2016/1	90	87	3	96.7	90	87	3	96.7
2017/3	65	65	0	100	65	65	0	100
2018/2	118	115	3	97.5	118	115	3	97.5

历年的国家监督抽查结果显示，2007 年企业的产品合格率最高，达到了 100%，如图 3-3 所示。整体而言，热轧带肋钢筋产品的合格率存在一定起伏，2008 年以后，企业合格率和产品合格率均大于 90%，有了较大幅度的提升。

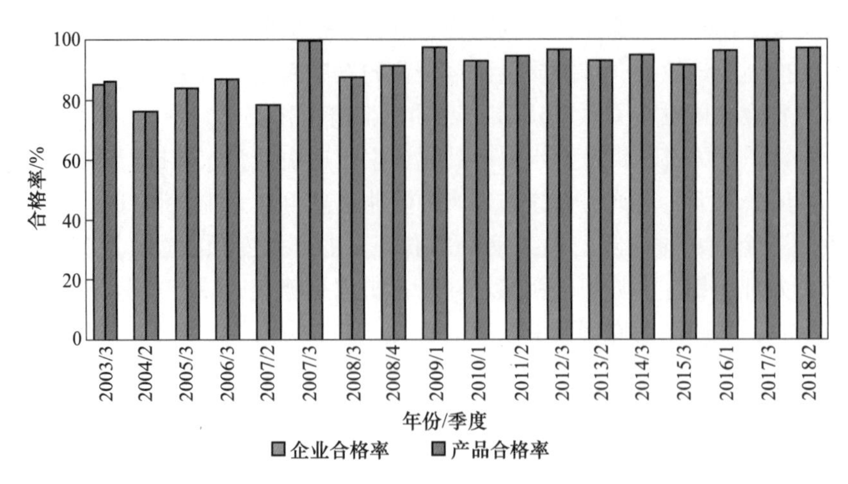

图 3-3 历年热轧带肋钢筋产品国家监督抽查情况

从 2015 年国家质检总局提出加强事中事后监管的决定后，国家质检总局于 2016 年和 2017 年组织两次热轧带肋钢筋产品的事中事后监督抽查的工作，具体抽查结果见表 3-7，整体合格率较高。

表 3-7 2016 年和 2017 年热轧带肋钢筋产品监管合格率统计表

年份	实际监管企业数/家	合格企业数/家	企业合格率/%	监管产品数/批	合格产品数/批	产品合格率/%
2016	84	82	97.6	88	86	97.7
2017	97	95	97.9	120	118	98.3

表 3-7 说明，通过对热轧带肋产品逐年多次开展国家监督抽查，生产企业增强了自身质量意识，生产技术水平有所提升，带动了行业整体质量水平的显著提升，促进了钢铁行业的健康有序发展，切实达到了质量监督的目的。

三、小结

2001~2018 年，在国家质检总局的管理下，我国的生产许可证管理工作按照“统一管理、分类监管、重心下移、层级负责”的思路，建立了“两级发展、三级操作、层级负责”的工作体系和责任追究制度，强化了各环节的责任；逐步健全了生产许可证管理机构，设立了全国工业产品生产许可证办公室，建立了全国工业产品生产许可证审查中心、70 多个审查部，指定了 420 多个承担发证检验任务的检验机构，培养了一支近 8000 名从事生产许可证实地核查的技术过硬的审查员和技术专家队伍；不断完善许可管理工作的法律法规与制度建设，先后制定了 508 个产品实施细则，发布了 1300 多个规范性文件和生产许可证公告；同时不断推进生产许可证信息化建设，建立获证企业电子档案库，逐步实现各机构生产许可证工作的互联互通，简化生产许可程序，提高办事效率，提升服务水平，使生产许可管理走上了更为科学化、规范化、法制化的发展道路。

第五节　国家市场监督管理总局管理阶段

2018年，为整合市场监管资源，形成市场监管合力，加强食品安全监管、提高市场监管水平，根据党的十九届三中全会审议通过的《中共中央关于深化党和国家机构改革的决定》《深化党和国家机构改革方案》和第十三届全国人民代表大会第一次会议批准的《国务院机构改革方案》将国家工商总局、国家质检总局、食品药品监管局食品监管部分、国务院食品安全办公室、商务部市场秩序管理、反垄断职能合并，组建国家市场监督管理总局。工业产品生产许可证统一管理工作也由国家市场监督管理总局负责，产品质量安全监督管理司负责工业产品生产许可证管理的日常工作，全国工业产品生产许可证审查部受市场监管总局委托承担相应产品生产许可证有关技术性工作。

一、许可证体制建设情况

（一）制度建设（2018~2020年生产许可证减压阶段）

2018年是贯彻党的十九大精神的开局之年，也是改革开放40周年，党中央、国务院先后提出了加快政府职能转变和市场监管体制改革，减少政府对资源配置的行政干预和对微观市场主体的行政审批，将工作重心转向加强市场监管、保障质量安全、营造公平竞争的市场环境上来，当年的《政府工作报告》中更是明确提出大幅压减工业生产许可证，强化产品质量监管。

通过上一阶段对生产许可证制度的改革和调整，本次改革之前许可的产品类别已从最高时期的487类缩减到38类，而2017年开展的简化审批程序试点改革，也从最初的6个省扩大到2017年年底的20个省，改革工作的各方面都积累了丰富的经验。

2018年9月23日，国务院印发《关于进一步压减工业产品生产许可证管理目录和简化审批程序的决定》，在前期改革基础上，为了营造更加公开透明便利的准入环境，进一步释放市场活力和社会创造力，着力于压减生产许可证管理目录、简化审批程序，对新一轮的工业产品生产许可证制度改革进行了全面部署：一是大幅压减工业产品生产许可证管理目录，取消14类工业产品生产许可证管理，由38类压减至24类，取消幅度达37%。推动部分产品由许可管理转为认证管理，下放4类产品由省级部门实施许可管理，最终仅保留7类由国家市场监督管理总局发证的产品，热轧带肋钢筋产品因其重要性作为其中一类保留了国家发证的管理模式。二是全面推动“一企一证”改革。对继续实施生产许可证管理的产品，按照“一企一证”的要求发证。凡是跨类别生产的企业，新申请许可证时，一并审查颁发一张证书；换发许可证时，将多种类别产品的许可合并到一张证书上。三是着力调整产品检验和现场审查两个关键环节。在全国范围内，将发证前产品检验，改为由企业在申请时提交符合要求的产品检验合格报告，节省了检验时间，保证证书的快速发放。四是加大证后监管力度。对通过简化程序取证的企业，加强企业“一单一书一照一报告”承诺公示，加强后置现场审查；对虚假承诺、不符合要求的，一律撤销生产许可证；

加强信用监管，运用信用激励和约束手段，督促企业落实质量主体责任。

为进一步破解“准入不准营”问题，激发市场主体活力，加快推进政府职能深刻转变，营造法治化、国际化、便利化的营商环境，在前期试点基础上，国务院决定在全国推进“证照分离”改革。2018 年 10 月 10 日，国务院发布《国务院关于在全国推进“证照分离”改革的通知》。该通知共三章，分别对总体要求、重点内容和保障措施做了详细的规定：一是要坚持以习近平新时代中国特色社会主义思想为指导，按照党中央、国务院决策部署，紧紧围绕简政放权、放管结合、优化服务，落实“证照分离”改革要求，进一步理清政府与市场关系，全面改革审批方式，精简涉企证照，加强事中事后综合监管，创新政府管理方式，进一步营造稳定、公平、透明、可预期的市场准入环境，充分释放市场活力，推动经济高质量发展。从 2018 年 11 月 10 日起，在全国范围内对第一批 106 项涉企行政审批事项，分别按照直接取消审批、审批改为备案、实行告知承诺、优化准入服务等四种方式，实施“证照分离”改革。二是明确了改革的重点内容。统筹推进“证照分离”和“多证合一”改革，有效区分“证”“照”功能，让更多市场主体持照即可经营，着力解决“准入不准营”问题，真正实现市场主体“一照一码走天下”。加强事中事后监管，加快建立以信息归集共享为基础、以信息公示为手段、以信用监管为核心的新型监管制度；贯彻“谁审批、谁监管，谁主管、谁监管”原则，避免出现监管真空；构建全国统一的“双随机”抽查工作机制和制度规范，探索建立监管履职标准；加快推进信息归集共享，进一步完善全国和省级信用信息共享平台、国家企业信用信息公示系统，在更大范围、更深层次实现市场主体基础信息、相关信用信息、违法违规信息归集共享和业务协同。三是要求各省、自治区、直辖市人民政府要加强统筹，层层压实责任，确保积极稳妥地推进“证照分离”改革。各地区、各部门要结合实际，针对具体改革事项，细化改革举措和事中事后监管措施，于 2018 年 11 月 10 日前将具体措施报送备案并向社会公开。

为更好地贯彻落实国务院《关于进一步压减工业产品生产许可证管理目录和简化审批程序的决定》，国家市场监督管理总局发布《市场监管总局关于贯彻落实〈国务院关于进一步压减工业产品生产许可证管理目录和简化审批程序的决定〉有关事项的通知》，继续深化工业产品生产许可证制度改革，督促指导各地落实好相关改革工作，采取多种形式向企业、消费者、社会做好有关的技术标准、政策措施的解读、宣传和贯彻，稳妥实施转认证管理的有关工作，做好生产许可证管理与认证管理制度的衔接工作，通知内容主要包括四个方面：

（1）坚决做好取消 14 类工业产品生产许可证管理工作。立即取消有关产品生产许可证管理，停止 14 类产品的各项生产许可证受理、审查、审批工作，不得以任何形式继续许可或变相许可。对于已经受理的企业申请，国家市场监督管理总局和相关省级质监部门（市场监督管理部门）依法终止行政许可程序。对已获证企业，生产许可证到期后，按照审批权限由国家市场监督管理总局和省级质监部门（市场监督管理部门）分别依法办理注销手续。稳妥实施转强制性产品认证管理相关工作。对其他取消生产许可证管理的产品，推动转为自愿性认证管理，鼓励和支持有条件的社会第三方机构开展认证工作。

（2）切实做好许可审批权限下放的承接和实施事宜。各省级质监部门（市场监督管理部门）要做好4类产品承接发证工作安排和部署，完善省级发证程序、文书和相关规定。国家市场监督管理总局将组织现有4类产品审查人员队伍和审查机构与省级质监部门的工作对接。具备条件的地区，各省级质监部门（市场监督管理部门）可将相关生产许可证管理权限委托下级部门实施。

（3）全面简化审批程序。对继续实施生产许可证管理的24类产品，在全国范围内立即取消发证前产品检验，改为企业在申请时提交具有资质的检验机构出具的1年内检验合格报告。检验报告应当为型式试验报告、委托产品检验报告或政府监督检验报告中一类报告，所提交型式试验报告或委托产品检验报告的项目应覆盖生产许可证实施细则规定的项目。

（4）进一步加强事中事后监管。对通过简化审批程序取证的企业，各级质监部门（市场监督管理部门）以适当方式向社会公示企业提交的承诺书、检验报告等内容，接受社会监督。对为企业出具检验报告的检验机构，各级质监部门（市场监督管理部门）要按照“双随机”的要求，开展飞行检查、比对试验等监督检查，规范检验行为。加大不合格企业退出力度。对于提交虚假检验报告、后置现场审查不合格的获证企业，由发证机关直接作出撤销证书决定。对于作出虚假承诺、隐瞒有关情况或者提供虚假检验报告等材料的获证企业，按照行政许可法相关规定予以处理。对取消生产许可证管理的产品，加大产品质量监督抽查力度，积极争取地方财政增加抽查经费，增加地方监督抽查频次。加大不合格企业后处理力度，加强跟踪抽查，推动将抽查结果纳入社会信用体系，形成有效震慑。要以本次工业产品生产许可证制度改革为契机，进一步优化职能，加强事中事后监管。要加快配套制度建设，加强有关政策的解读和宣传。

2019年9月18日，国务院发布《国务院关于调整工业产品生产许可证管理目录加强事中事后监管的决定》，对工业产品生产许可证制度改革作出新的重要部署。明确在近年来大幅压减工业产品生产许可证基础上，今年再取消内燃机、汽车制动液等13类工业产品生产许可证管理，将卫星电视广播地面接收设备与无线广播电视发射设备2类产品压减合并为1类，对涉及安全、健康、环保的产品，推动转为强制性产品认证管理，认证费用由财政负担。经过本轮调整，继续实施许可证管理的产品由24类减少至10类，调整后热轧带肋钢筋继续实施工业产品生产许可证管理。

（二）实施效果

国家市场监督管理总局成立后，不断贯彻落实《国务院关于进一步压减工业产品生产许可证管理目录和简化审批程序的决定》的精神和要求。这一阶段，钢筋混凝土用热轧钢筋生产许可证审查部以夯实质量工作基础为保障，立足于“高质量发展”的总体思路，不断完善生产许可证实施细则，加强把控，提升钢筋质量水平。

细则修订

为进一步落实深化生产许可证制度改革的要求，国家市场监督管理总局于2018年11月27日发布《建筑用钢筋产品生产许可证实施细则（钢筋混凝土用热轧钢筋产品）》，2018年12月1日实施，原工业产品生产许可证实施通则、相应实施细则以及后置现场审查要求同时废止。

2018 版钢筋混凝土用热轧钢筋产品生产许可证实施细则的修订最重要的变化是取消了发证检验及抽样的环节，增加了提交检验报告的环节，具体修订内容为：（1）增加了“按企业标准、地方标准、团体标准等生产的钢筋混凝土用热轧钢筋产品，属于本细则列出的相关国家标准和行业标准的范畴或适用范围的，企业应按相应的国家标准或行业标准取证”的规定，杜绝了企业在产品标准执行方面钻空子，逃避监管的可能性。（2）根据 2018 年新版热轧带肋钢筋产品标准的修订内容，增加了 600MPa 级热轧带肋钢筋的钢坯及产品牌号。（3）将耐蚀钢筋和不锈钢钢筋产品标准替换为新发布的国家标准《GB/T 33953—2017 钢筋混凝土用耐蚀钢筋》和《GB/T 33959—2017 钢筋混凝土用不锈钢钢筋》；将热轧带肋钢筋和热轧光圆钢筋的产品标准更新为《GB/T 1499.1—2017 钢筋混凝土用钢 第 1 部分：热轧光圆钢筋》和《GB/T 1499.2—2018 钢筋混凝土用钢 第 2 部分：热轧带肋钢筋》。（4）增加了炼钢产能置换项目需提交的产业政策文件内容；修订了已建成违规项目和易地搬迁项目需提交材料清单。（5）根据最新国家标准的要求，更新了部分设备要求，如增加了地秤、金相显微镜和反向弯曲试验机，明确了卡尺、直尺、卷尺和引伸计等相关设备的精度。（6）明确规定产品检验报告分产品质量检验合格报告、型式试验报告和政府监督检验合格报告三种形式，不同的报告有不同的期限和检验机构的要求，根据企业申请的内容按要求提供。（7）将抽样原则调整为产品检验报告取样原则，细化了极限规格和中间规格的取样原则和强度级别之间的覆盖原则，增加了生产许可证检验及型式试验项目说明表。

政策执行

在实施工业产品生产许可证的三十多年来，钢筋混凝土用热轧钢筋生产许可证审查部不断贯彻落实国家相关部委的新政策、新规定、新举措和新要求，严格执行许可证工作管理制度，提供淘汰落后和化解过剩产能过程中相关技术支持。配合完成智慧监管平台试点工作，包括实地核查监督管理、实时质量数据采集等内容，有助于提高对全国钢铁工业产品质量的监管能效，快速地对各钢铁产品生产单位质量控制的情况进行科学、智能的评估和分析提供支撑，对建筑钢材产品质量提升和行业发展起到了一定的积极作用。

二、产品质量监督情况

（一）政策文件

2018 年 3 月 21 日国家市场监督管理总局成立后，由产品质量安全监督管理司的监督抽查处组织开展产品质量国家监督抽查工作。

2018 年 6 月 6 日，国务院常务会议，在市场监督领域推进管理方式改革和创新，全面推行“双随机、一公开”市场监管方式，即随机抽取检查对象、随机选派执法检查人员、抽查情况及查处结果及时向社会公开。2019 年 9 月 12 日，国务院印发《关于加强和规范事中事后监管的指导意见》，要求全面实施“双随机、一公开”监管。

“双随机”机制防范了监管部门对市场活动的过度干预。“一公开”机制加快我国监管信息系统建设，不仅强调将抽查情况及时向社会公布，推动社会监督，将抽查结果纳入市场主体的社会信用记录，加大惩处力度，还强调在相关部门联合执法过程中打破部门间的信息数据壁垒，形成统一的市场监管信息平台，大大加快我国监管信息系统建设，有助于克服市场监管的“信息瓶颈”。

“双随机、一公开”监管机制是商事制度改革后，转变监管思路，与信用监管相对应的新监管方式，是深化简政放权、放管结合、优化服务改革的重要举措，对于提升监管的公平性、规范性和有效性，减轻企业负担和减少权力寻租，都具有重要意义。“双随机、一公开”机制的确立标志着“放管结合”进入了承前启后的关键环节，监管重心从事前行政审批转向加强事中事后监管。

为进一步提高思想认识，深刻理解生产许可证制度改革的重要意义，准确把握国务院决策部署，坚决落实各项改革任务。市场监管总局 2019 年 10 月 9 日发布了《市场监管总局关于贯彻落实〈国务院关于调整工业产品生产许可证管理目录加强事中事后监管的决定〉有关事项的通知》，要求坚决落实工业产品生产许可证管理目录调整要求，强化落实企业主体责任，对取消许可证管理产品加强事中事后监管，优化保留许可证管理产品的监管。

该通知明确规定：一是坚决落实工业产品生产许可证管理目录调整要求，立即取消有关产品生产许可证管理。二是强化落实企业主体责任，督促获证企业履行质量安全承诺。三是对取消许可证管理产品加强事中事后监管，开展质量安全风险监测，加大质量监督抽查力度，开展质量安全专项整治，发挥社会监督的作用。四是优化保留许可证管理产品的监管。严格生产许可受理把关，探索开展企业条件审查和检查环节改革，加快完善电子审批系统，强化获证企业后续监管。

（二）抽查结果

国家市场监管总局组织的国家监督抽查详情见表 3-8，合格率在 90%以上，但 2019 年合格率较 2018 年有所下降。其原因为：现行热轧带肋钢筋产品标准 GB/T 1499. 2—2018 于 2018 年 11 月 1 日开始实施，2019 年为该产品标准更新实施后的首次国家监督抽查，当时存在部分生产企业对标准中规定的新增内容如金相组织、横肋末端最大间隙等理解不清晰、不透彻，未严格按照标准组织生产和出厂检验，对生产设备及工艺技术更新不及时，生产人员及检验人员培训不到位，从而导致了不合格产品流入市场，抽查合格率降低。

表 3-8　2019 年热轧带肋钢筋产品国家监督抽查情况

年/季度	实际抽查企业数/家	合格企业数/家	不合格企业数/家	企业合格率/%	抽查产品数/批	合格产品数/批	不合格产品数/批	产品合格率/%
2019/1	179	163	16	91. 1	180	164	16	91. 1

为了进一步加强流通领域产品的质量监督管理，严厉打击销售不合格商品的违法行为，规范商品市场经营秩序，切实保护消费者合法权益，营造安全放心的消费环境，在 2018 年与 2019 年热轧带肋钢筋事中事后监管中同时开展在生产、流通两个领域的抽查，

检测结果见表3-9，对比流通领域的和生产领域的产品质量可以看出，相比于国家监督抽查，事中事后监管的整体合格率偏低，特别是流通领域的合格率显著低于生产领域，说明依然有不合格或者假冒产品存在于市场当中。

表3-9　2018~2019年热轧带肋钢筋产品事中事后监管统计表

年份	生产环节			流通领域			整体产品合格率/%
	监管产品数/批	不合格产品数/批	产品合格率/%	监管产品数/批	不合格产品数/批	产品合格率/%	
2018	85	8	90.6	10	3	70	88.4
2019	50	7	86	50	10	80	83

三、小结

国家市场监督管理总局管理时期，不断配合国家产业政策和其他有关政策，合理制定发证产品总规划，发挥宏观指导作用。考虑热轧带肋钢筋产品现状和发展趋势，收集发证工作中反馈的信息，不断简政放权，下放许可证审批层级，进一步提高企业申请许可证的效率，进一步降低时间成本，更加便捷取证；同时通过加大质量安全监管力度，强化企业质量的主体责任，优化服务，不断提高生产许可证审批效能。

开展工业产品生产许可证有关政策、标准、技术规范的宣传解读，促进热轧带肋钢筋生产企业加强质量管理，实施技术革新、技术改造，设备与工艺技术水平取得了很大的进步，对产品质量的提高提供了有力的支撑，不断加强对企业申办许可证的指导，帮助企业便利取证。

第六节　全面下放及强化监管期

中国特色社会主义进入高质量发展新时代，实施质量强国战略，是党中央、国务院做出的重大决策部署，是我国由制造大国向制造强国转变的必然选择。钢铁工业作为国民经济的重要组成部分，进一步完善市场监管体制，深化许可制度改革，开创新型监管手段，能够推动钢铁行业质量安全监管工作向纵深推进。2020年起，现有的产品生产许可证工作全面下放至省级进行审批和管理，热轧钢筋的监管迈入了新的时期。

一、许可证体制建设情况

（一）制度建设

生产许可证制度的改革作为一项深化“放管服”改革、优化营商环境的重要举措，经过2017年、2018年、2019年连续三年的改革，实施生产许可证管理的已经由60类产品压减到2020年初的10类，仅有5类产品由国家市场监管总局审批发证，总的压减幅度达到83%，惠及企业达到25000多家；但涉及产业政策，重大工程、公共安全的建筑用钢筋产品仍然由国家市场监管总局统一发证。

为更好统筹推进新冠肺炎疫情防控和经济社会发展，加快打造市场化、法治化、国际化营商环境，充分释放社会创业创新潜力、激发企业活力，2020 年 9 月 10 日国务院办公厅印发《关于深化商事制度改革进一步为企业松绑减负激发企业活力的通知》，明确将建筑用钢筋、水泥、广播电视传输设备、人民币鉴别仪、预应力混凝土铁路桥简支梁 5 类产品审批下放至省级市场监管部门。

9 月 29 日，市场监管总局印发《关于下放 5 类产品工业产品生产许可证审批权限加强事中事后监管工作的通知》，要求各省级市场监管部门充分认识生产许可证改革的重大意义，坚决做好 5 类产品生产许可证审批权限下放承接工作，优化审批服务，加强事中事后监管。

到 2020 年 9 月，国家市场监管总局已将包括钢铁产品生产许可证在内的审批权限全部下放，不再对具体工业产品生产许可证实施审批。这在许可证历史上是第一次，意味着钢铁工业产品生产许可证管理、质量安全监管思路的重大调整和变化。

未来将由重事前、轻事后向全面加强事中事后监管转变。坚持放管结合并重，更好发挥政府、市场两方面作用，创新监管方式，健全监管规则，落实监管责任，构建中国特色工业品质量安全监管体系，服务经济社会持续健康发展。

（二）实施效果

在工业产品生产许可证全面下放后，钢筋混凝土用热轧钢筋生产许可证审查部继续把握总局改革的精神及工作部署，积极协助各省级市场监管部门做好带肋钢筋产品生产许可证审批权限下放承接的具体工作，协助各省局推进专业实地核查人员队伍建设，向有需求的省局提供技术支持与支撑服务，配合监督司做好行业监管及问题处理工作中的技术支持工作，积极参与钢筋产品质量安全风险的监测工作，为热轧带肋钢筋产品的高质量发展继续保驾护航。

二、产品质量监督情况

（一）政策文件

2016 年，国务院办公厅发布《消费品标准和质量提升规划（2016~2020 年）》，要求全面加强质量监管；2017 年，中共中央、国务院印发《关于开展质量提升行动的指导意见》，要求深化“放管服”改革，强化事中事后监管，严格按照法律法规从各个领域、各个环节加强对质量的全方位监管，进一步构建市场主体自治、行业自律、社会监督、政府监管的质量共治格局。从现状来看，经过多年努力，传统产品质量安全问题已初步得到解决，而产品性能问题、非传统产品质量安全问题日益显现。

产品质量监督抽查依据的《产品质量监督抽查管理办法》早在 2011 年 2 月 1 日就开始实施，而流通领域商品质量抽查依据的《流通领域商品质量抽查检验办法》也于 2014 年 3 月 15 日实施。这两项规章实施以来，对建立健全我国产品质量监督体系，保证产品质量监督抽查科学性、有效性，提升我国产品质量水平发挥了重要作用。新一轮机构改革以来，我国市场监管体制机制深刻变革，产品质量监管内容、监管对象、监管模式、实施环境等方面都发生了巨大变化，“双随机、一公开”等新的监管政策也需要通过规章的形式加以固化和落实，两规章已不能适应新形势需要，亟须进行整合修订。

2020年，市场监管总局以第18号令的形式发布了新的部门规章《产品质量监督抽查管理暂行办法》。该暂行办法整合了原质检部门负责的产品质量监督抽查和原工商部门负责的流通领域商品质量抽查（监测）两项制度，适用范围为除了食品、药品、化妆品、医疗器械之外的其他一般工业品和日用消费品（包含食品相关产品）。该暂行办法中正式将“抽检分离”原则确立为基本工作要求，并逐级要求贯彻落实；对抽样人员不作身份（执法证件等）或资质（培训考核合格）等硬性规定，只提出“熟悉相关法律、行政法规、部门规章以及标准等规定”的基本要求；规定“组织监督抽查的市场监督管理部门应当根据本级监督抽查年度计划，制定监督抽查方案和监督抽查实施细则”，抽查方案包括“抽查产品范围、工作分工、进度要求等内容”，实施细则包括“抽样方法、检验项目、检验方法、判定规则等内容”；详细规定了抽样样品付费和保存的要求，明确了不论是生产还是销售领域，抽查的检验样品均要付费购买，而且不是以产品成本价或商品进货价结算，而是以标价或市场价格计算，这也更符合《物权法》规定和市场经济价值规律；要求组织监督抽查的市场监督管理部门应当及时将检验结论书面告知被抽样生产者、销售者或电子商务平台经营者、样品标称的生产者等，并同时告知其依法享有的权利；规定“被抽样生产者、销售者有异议的”，可以在规定期限内向组织监督抽查部门提出书面异议处理申请。

为贯彻落实《质量发展纲要（2011~2020年）》关于“制定实施国家重点监管产品目录”的要求，市场监管总局在总结《全国重点工业产品质量安全监管目录（2019年版）》实施经验，综合分析监督抽查、生产许可、风险监测、执法打假、国内召回通报、网络舆情报道等数据，并征集相关单位意见的基础上，认真分析研究防范疫情工作中反映出的新问题，坚持问题导向，聚焦监督抽查合格率低、各方面反映问题较为突出、涉及重大质量安全或国家有关政策文件要求重点监管的工业产品，制定了《全国重点工业产品质量安全监管目录（2020年版）》（以下简称《目录》），将对13大类269种工业产品实施重点监管，其中包括钢筋混凝土用热轧带肋钢筋、热轧光圆钢筋、冷轧带肋钢筋、预应力混凝土用钢材、轴承钢材、钢丝绳。

《目录》中提出：一要结合实际进一步突出监管重点。各省、自治区、直辖市及新疆生产建设兵团市场监管局（厅、委）要在贯彻执行《目录》的基础上，结合本区域监管、技术保障能力等实际情况，组织专家论证，进一步研究制定本辖区重点工业产品质量安全监管目录，基层市场监管部门要突出抓好流通领域重点产品质量安全监管。二要加强安全评估。要充分运用大数据等技术手段，从日常监管、检验检测、召回通报、投诉举报等渠道，广泛采集产品质量安全数据，加强质量安全形势分析研判，找准找实质量安全问题，推动实现精准监管。三要加强分类监管。在安全评估基础上，根据产品质量安全风险高低，分类采取加强监督抽查、生产许可、执法打假、认证认可、风险监测、缺陷产品召回等措施。特别是针对风险高、已出现区域性或行业性质量安全问题苗头的产品，要及时开展专项整治，多措并举、综合施策、严控险情。四要加强动态调整。各地市场监管部门要组织专家对产品质量安全状况进行跟踪评估，根据风险评估结果对重点监管的产品目录进行动态调整。

近两年，质量监督司在坚决贯彻执行精简优化改革要求的同时，还开展了钢铁产品质量的智慧监管探索，以信息化建设助力改革落实，目前已取得了阶段性的成果；建立了钢铁工业产品智慧监管平台，能够采集钢铁企业产品质量检测实时数据，实现了对钢铁产品从生产、检测、流通到应用进行全生命周期服务。

（二）抽查结果

2020 年国家监督抽查情况见表 3-10，产品合格率为 95. 4%，较 2019 年的合格率有小幅度提升。其原因有两方面：第一，2019 年热轧带肋钢筋国家监督抽查的后续整改促使问题企业重新学习了标准规定，及时更换了生产设备，调整了生产工艺，降低了不合格品出厂率；第二，在 2020 年事中事后监管工作中，国家市场监督管理总局通过对企业真实生产运行情况的随机抽查，倒逼企业进一步提高了对生产必备条件和稳定生产能力的重视，加强了对违规违法生产经销的震慑力，行业企业自律意识进一步提高，从而最终提升了该产品的质量。

表 3-10　热轧带肋钢筋产品国家监督抽查情况

年/季度	实际抽查企业数/家	合格企业数/家	不合格企业数/家	企业合格率/%	抽查产品数/批	合格产品数/批	不合格产品数/批	产品合格率/%
2020/3	193	184	9	95. 3	195	186	9	95. 4

在 2020 年的事中事后监管工作中（见表 3-11），整体合格率与往年事后监管合格率基本持平，生产领域合格率较好，但流通领域合格率仍处于相对低位，生产领域产品合格率与流通领域差距过大，因此应继续深化监管模式创新，加强流通领域产品的质量把控，提升产品整体质量。

表 3-11　热轧带肋钢筋产品事中事后监管情况

年/季度	生产环节			流通领域			整体产品合格率/%
	监管产品数/批	不合格产品数/批	产品合格率/%	监管产品数/批	不合格产品数/批	产品合格率/%	
2020/4	46	3	93. 5	50	11	78	85. 4

三、小结

三十年来，在行业主管部门“自上而下”地全面深化改革下，营商环境不断优化，管理制度不断完善，质量安全监管得以加强。工业产品生产许可证作为实现工业产品高质量发展的重要抓手，有效推动产品质量提升，推动钢铁行业质量变革，使热轧带肋钢筋逐渐由粗放式生产转向精细化发展，这种发展和转变对满足中国经济的快速发展、城镇化道路的不断推进具有重要意义。未来，国家市场监管总局将继续强化顶层设计，采用智慧、智能、规范、统一的市场监管规则，从深入推进“放管服”改革到建立各种保障机制，公平公正地监管各类市场主体，提高行业企业自律意识，提升监管的精准性、及时性、有效性，持续优化市场准入环境、市场竞争环境和市场消费环境，切实减轻企业负担，推动钢铁行业高质量发展，增强国内大循环内生动力，实现国内国际双循环互相促进，形成多元共治的新行业格局。

第三章　产能调控及打击“地条钢”

在产能的不断调控中，螺纹钢产量从不足走向阶段性过剩。随着国民经济及基础建设的快速发展，螺纹钢在2005年后又得到了高速发展，2013年产量超过了2亿吨，其中大量的“地条钢”未在统计之列；2016年国家实施了供给侧结构性改革，通过打击“地条钢”产能净化了市场，极大地提高了产品质量，螺纹钢再次得到了健康发展，2020年高质量螺纹钢产量达到了2.66亿吨。

第一节　产能调控

新中国成立后百业待兴，螺纹钢极度匮乏，从中央到地方对钢铁进行了总体布局，促进了螺纹钢的快速发展；改革开放后至中国特色社会主义新时代，中国螺纹钢产业由小变大、由弱变强，在快速发展中出现产能与需求的不平衡；若干年后随着工业化后期的到来，建筑用螺纹钢需求将大幅下降。在螺纹钢的整个发展过程中，产能调控起着积极的作用。

一、调控的基本目的

产能调控的主要目标：一方面是实现产能的供应，保障经济建设的基本需求（保障供应）；另一方面是当总供给大于总需求时，通过调控手段实现供需基本平衡。从新中国成立后国民经济恢复的大力支持钢铁工业发展，到新世纪后钢铁工业投资过快逐步开始限制，再到供给侧结构性改革的实施及打击“地条钢”促进落后产能的淘汰，国家根据行业的发展实际及市场需求的变化等因素，先后出台一系列产业政策来综合调控产能，以此促进螺纹钢产业供需结构的均衡，确保行业持续、健康、稳定发展。

二、出台的相关调控政策

新中国成立后，我国处于计划经济时代，更多的是行政命令主观性的引导中国螺纹钢产业的投资、建设和经营。该阶段没有专门的钢铁产业政策，主要是对旧中国约20万吨钢产能的恢复，在高度集中的计划经济体制下，重点是从国家战略布局考虑，大规模基本建设为主，以满足新中国经济建设对钢铁产品的需求，支持当时经济建设的基本需要。

改革开放后，中国经济进入快速增长时期，中国螺纹钢投资规模不断扩大，产能规模逐步提升。1988年国家计划委员会成立产业政策司，着手产业政策的研究及起草制定工作，次年发布了中国第一部以产业政策命名的政策文件——《国务院关于当前产业政策要点的决定》。1990年国务院发布《关于贯彻国家产业政策对若干产品生产能力的建设和改造加强管理的通知》，明确“凡新建、扩建和改造的项目，都要严格执行国家产业政策。凡国家产业政策规定停止生产的产品，一律不得按原产品新建、扩建和改造生产线；凡规定严格限制生产、建设和改造的产品，一般也不应按原产品新建、扩建和改造生产线”。随着钢铁行业的快速发展，为了防止盲目投资和重复建设，1994 年国务院下发了《关于继续加强固定资产投资宏观调控的通知》，要求加强项目审批。同年 4 月，国务院颁布了第一部基于市场机制的产业政策——《90 年代国家产业政策纲要》，明确产业政策的制定要“符合建立社会主义市场经济体制的要求，充分发挥市场在国家宏观调控下对资源配置的基础性作用”。1996 年进一步调整钢铁工业固定资产投资，明确 2 亿元以上的投资项目须报国务院批准。到了 1999 年，国家经贸委颁布了《关于做好钢铁工业总量控制工作的通知》，要求三年内不再批准新建炼钢、炼铁和轧钢项目。2000 年相继颁布了《关于做好 2000 年总量控制工作的通知》《关于下达 2000 年钢铁生产总量控制目标的通知》《关于清理整顿小钢铁厂的意见》。政策的出台为钢铁工业的更好发展起到了积极的指导作用。进入 21 世纪后，随着中国加入 WTO 后，出口和内需的扩大带动了行业的快速发展，市场成为主导。2002 年，党的十六大提出“在更大程度上发挥市场在资源配置中的基础性作用，健全统一、开放、竞争、有序的现代市场体系”，2003 年《中共中央关于完善社会主义市场经济体制若干问题的决定》明确“更大程度地发挥市场在资源配置中的基础性作用，增强企业活力和竞争力”。2003 年国家发改委、国土资源部等五部门出台了《关于制止钢铁行业盲目投资的若干意见》，随后国务院办公厅转发了《关于制止钢铁、电解铝、水泥等行业盲目投资若干规定的通知》，明确：“当前钢铁生产能力过剩的矛盾日益突出，国家和各地原则上不再批准新建钢铁联合企业和独立炼铁厂、炼钢厂项目，确有必要的，必须经过国家投资主管部门按照规定的准入条件充分论证和综合平衡后报国务院审批”。2004 年《国务院办公厅关于调整部分行业固定资产投资项目资本金比例的通知》提出“钢铁、电解铝、水泥行业盲目投资、低水平重复建设现象严重，钢铁项目资本金比例由 25%及以上提高到 40%及以上”。同年《国务院办公厅关于清理固定资产投资项目的通知》《国务院关于投资体制改革的决定》《政府核准的投资项目目录（2004 年）》发布，对党政机关办公楼和培训中心、城市快速轨道交通、高尔夫球场、会展中心、物流园区、大型购物中心等项目进行控制；新增生产能力的炼铁、炼钢、轧钢项目由国务院投资主管部门核准，其他铁矿开发项目由省级政府投资主管部门核准。

2005 年，国家出台了新中国成立后第一个真正意义上的钢铁产业政策——《钢铁产业发展政策》。该政策是对钢铁行业发展的一次整体的、科学的再认识，成为中国由钢铁大国向钢铁强国转型的信号，发展重点逐步开始向着技术升级和结构调整转型。该政策明确规定了鼓励、禁止和发展的内容，提出：“原则上不再单独建设新的钢铁联合企业、独立炼铁厂、炼钢厂，不提倡独立建设轧钢厂，必须依托有条件的现有企业，结合兼并、搬迁，在水资源、原料、运输、市场消费等具有比较优势的地区进行改造和扩建。新增生产能力要和淘汰落后生产能力相结合，原则上不再大幅度扩大钢铁生产能力”。同年 11 月，国务院颁布了《促进产业结构调整暂行规定》；次月，国家发改委出台了《产业结构调整指导目录（2005 年本）》，明确鼓励 400MPa 级及以上螺纹钢筋生产；同时明确“工频炉和中频炉等生产的地条钢，工频炉和中频炉生产的钢锭或连铸坯，及以其为原料生产的钢材产品”和“Ⅰ级螺纹钢筋产品（2005年）”属于落后产品。

随着经济社会及行业的发展，行业转型逐步推进，2006年出台了《关于国民经济和社会发展的第十一个五年规划纲要》，提出“节能减排”“发展低碳经济”的理念。在此基础上，又出台了《国务院关于加快推进产能过剩行业结构调整的通知》《关于加强固定资产投资调控从严控制新开工项目意见的通知》《关于钢铁工业控制总量、淘汰落后、加快结构调整的通知》，产业政策对产能的调控是基础，行业准入、投资核准等进一步加强。2007年，又出台《关停和淘汰落后钢铁生产能力责任书》，进一步强化产业政策的落实。进入2008年，全球金融危机爆发，钢铁行业发展受到严重影响，下游市场萎缩，终端需求不旺，库存积压，陷入困境。为了积极应对金融危机带来的冲击，国家将钢铁振兴作为经济发展的支撑和保障，于2009年出台了《钢铁产业调整和振兴规划》，明确按照保持增长、扩大内需、调整结构的总体要求，以控制总量、淘汰落后、企业重组、技术改造、优化布局为重点，加快推动钢铁产业由大到强的转变。在《钢铁产业调整和振兴规划》的指导下，钢铁工业逐步迈上了结构调整、转型升级的新征程。

投资过热的问题引起了国家关注，2010年出台了《关于进一步加强淘汰落后产能工作的通知》《钢铁行业生产经营规范条件》，开始压减综合产能。次年又相继出台《关于印发淘汰落后产能工作考核实施方案的通知》《产业结构调整指导目录（2011年）》《钢铁工业“十二五”发展规划》，强调对落后产能的淘汰。2013年7月、10月，国务院出台了《国务院办公厅关于金融支持经济结构调整和转型升级的指导意见》《关于化解产能严重过剩矛盾的指导意见》，均提出着力发挥市场机制作用，完善配套政策，按照“消化一批、转移一批、整合一批、淘汰一批”的要求，遏制并淘汰过剩产能；2014年3月，国务院政府工作报告首次提出具体的钢铁落后产能淘汰指标，全年计划淘汰2700万吨钢铁落后产能；2014年7月工信部印发《部分产能严重过剩行业产能置换实施办法》，就做好钢铁等行业产能置换进行了部署。

在此基础上，自2010年国家宏观调控开始收紧对房地产的投资，呈现出“总量放缓、区域分化”的房地产时代的特点。在下游行业投资增幅放缓及各方面因素综合影响下，钢铁行业出现了阶段性产能过剩矛盾，至2015年异常凸显，全行业出现亏损。为此，国家及时出台《钢铁产业调整政策》，约束、规范行业发展。2016年开始大力推进供给侧结构性改革，以化解过剩产能为主题，积极稳妥推进过剩产能有序退出，相继出台了《关于钢铁行业化解过剩产能实现脱困发展的意见》《钢铁行业产能置换实施办法》《钢铁工业调整升级规划》《2018年钢铁化解过剩产能工作要点》《产业结构调整指导目录（2019年本　钢铁工业部分）》《关于做好2020年重点领域化解过剩产能工作的通知》《2020年钢铁化解过剩产能工作要点》等一系列化解过剩产能的产业政策，依法依规退出落后产能，严控新增产能，坚决防范“地条钢”死灰复燃和已化解过剩产能复产，并持续巩固化解钢铁过剩产能成果。2020年1月23日冻结了钢铁行业产能置换和项目备案工作，直至国家发改委发布《关于钢铁冶炼项目备案管理的意见》，时隔16个月的产能置换和项目备案工作再次于2021年6月1日开始实施，目的就是更好地指导行业实现供需结构平衡，并向着高质量方向发展。

三、政策调控促进螺纹钢市场供需平衡

螺纹钢产业伴随我国钢铁工业的发展而发展，调控从总体上来看可以分为三个大的阶段，即新中国成立后国民经济恢复时期的产能不足以鼓励支持为主，到钢铁工业快速发展时期的限制，再到供给侧结构性改革淘汰落后产能，主要是辅助指导促使产能实现供需结构平衡。

（一）改革开放前国家主导，鼓励支持螺纹钢发展

新中国成立后钢铁工业发展基础较为薄弱，国民经济处于恢复调整时期，钢铁产能供给不足，为满足下游需求，以行政命令等形式积极鼓励支持发展钢铁工业，螺纹钢产业逐步发展，产能逐步提高。在第一个“五年计划”的推动和“三大、五中、十八小”两次建设高潮的推动下，国产钢材从建国时期的 14 万吨增加到了 1960 年的 1175 万吨，市场占有率从 1950 年的 50%提升到了 1961 年的 96%；棒钢产能（包括小型钢，螺纹钢产能属于棒钢产能）由 1951 年的 26.1 万吨提高到了 1957 年的 132.8 万吨，螺纹钢产量至 1957 年仍不足 15 万吨。经历第二次建设高潮，螺纹钢产量迅速增加。

1961 年，党的八届九中全会提出国民经济实行“调整、巩固、充实、提高”的方针，转变、调整了国民经济发展的方式，钢铁工业得以迅速发展，螺纹钢年产量达到新中国成立后最高，超过 25 万吨；1962 年 5 月，中央讨论批准了《关于讨论 1962 年调整计划的报告》，要求进一步做好国民经济大幅度调整的综合平衡。随着国民经济调整政策的落实，国民经济逐步好转。与此同时，受相关因素的影响，1964 年提出加快进行“三线建设”，西南、西北地区的钢铁建设成为重点，当时的建设主要还是以螺纹钢等建材生产起步发展。随后进入些许波折阶段，至 1975 年出台了《关于完成钢铁生产计划的批示》，钢铁生产形势逐步向好，1976 年再次波动后，至 1978 年党的十一届三中全会，做出“把全党的工作重点转移到社会主义现代化建设上来”的重大决策，确立了“按经济规律办事”的指导思想，提出的对经济管理体制和经营管理方法进行改革的方针，促使钢铁工业发展迈上了持续快速发展的道路。其间，国产钢材从 1961 年的 658 万吨增加到了 1978 年的 2208 万吨，但受经济建设对钢材的需求影响，市场占有率却从 96%下降到了 72%；螺纹钢产量自 1962 年降低后，呈动态增加态势，至 1978 年产量增加到 42 万吨。

从这一时期整体情况来看，中国螺纹钢产业在钢铁工业整体经历三次大规模建设高潮过程中，新建了大量小型轧机，促进了螺纹钢产能的提升，供给总量基本满足了下游需求，其产能总量基本保持在合理区间。

（二）改革开放至世纪之交市场引导和行政引导共同作用，促进螺纹钢快速发展

伴随党的十一届三中全会精神的贯彻落实，经济体制改革的不断推进，钢铁企业改革启动，从改革开放初期的推行承包制到 90 年代的“利税分流、税后还贷、税后承包”，钢铁工业发展不断向好；1981 年开始在深圳和广州成功试点商品房开发，1992 年我国房地产开发加快，市场需求加大，促使钢铁工业迅速发展。该时期我国国产钢材的市场占有率

虽有波动，但总体呈现上升趋势，从1978年的72%增长到了1995年的86%。这一时期，中国螺纹钢在中国钢铁工业整体生产规模、工艺装备技术进步，以及下游房地产等行业发展的带动下，产量大幅度提升，1992年螺纹钢产量达到1755.3万吨，较1978年的螺纹钢产量翻了40余倍，较新中国成立时期实现质的飞跃。

（三）新世纪后市场主导、行业自律约束及政策辅助，促使螺纹钢供需平衡

1. 市场拉动及“四万亿”投资等多种因素影响，产能过剩凸显

进入新世纪，国民经济快速发展，特别是加入WTO后，钢铁产品等成为当时需求最为旺盛的物资。在此情况下，钢铁工业进入产能快速增长阶段，2002年全国新增钢铁产能达2992万吨。在钢材消费高速增长，特别是2001~2003年钢铁产品供不应求、价格上涨、效益丰厚的引诱下，行业内外及国有、民营企业纷纷进入钢铁行业，争相加大钢铁固定资产投资力度，扩大生产规模，抢占消费市场，出现了投资增长速度超过消费增长速度的现象。2001~2003年国内生产总值（GDP）由110863亿元增加到了137422亿元，增长率分别为8.1%、9.5%、10.6%；钢铁工业固定资产投资由505亿元增加到了1251.99亿元，翻了2.48倍，见表3-12。

表3-12　2001~2003年GDP、投资、粗钢产量、消费量及增幅情况

年份	国内生产总值/亿元	GDP增速/%	黑色金属冶炼及压延加工业固定资产投资额/亿元	粗钢产量/万吨	表观消费量/万吨	粗钢产量增幅/%	表观消费量增幅/%
2001	110863.1	8.10	505.6	15163.44	17037.83	18	22.32
2002	121717.4	9.50	704.3	18236.61	20588.61	20.27	20.84
2003	137422	10.60	1251.99	22233.6	25888.66	21.92	25.74

（数据来源：国家统计局、中国钢铁工业年鉴）

据国内学者测算，1%的GDP增速可以带来至少1000万吨的钢材需求，钢铁市场的需求的变动会反映到钢铁价格上，价格会影响钢材的产量。2001~2003年螺纹钢表观消费量增幅高于螺纹钢产量增幅，表观消费量年均增幅达到27.5%。需求拉动螺纹钢产量呈现出高速增长态势，从2001年的3735.2万吨增加到了2003年的6016.3万吨，年均增幅达到34.37%，见表3-13。特别是2001年入世当年，螺纹钢产量同比增幅达到48.99%，增速迅猛。

表3-13　2001~2003年螺纹钢产量、消费量及增幅情况

年份	螺纹钢产量/万吨	增幅/%	螺纹钢表观消费量/万吨	增幅/%
2001	3735.2	48.99	4369.07	31.81
2002	4516.7	20.92	5192.63	18.85
2003	6016.3	33.2	6849.74	31.91

（数据来源：国家统计局）

2001 年发布的《国民经济和社会发展的第十个五年计划纲要》指出，国家应该对钢铁产业继续实施“总量控制、结构调整”的政策。然而，受到加入 WTO 的利好条件的刺激，出口和投资总量实现了强劲增长，至 2003 年表现出过热的迹象。由此引起了关注，在 2003 年国家发改委等五部门出台的《关于制止钢铁行业盲目投资的若干意见》及国务院办公厅转发的《关于制止钢铁、电解铝、水泥等行业盲目投资若干规定的通知》等政策指导下，钢铁行业固定资产投资开始减弱。2003~2006 年，黑色金属冶炼及压延加工业投资增幅持续下降，由 2003 年的 77.6%下降到了 2006 年的-2.89%（见图 3-4）；粗钢产量增幅也逐渐呈现了减弱的趋势，由 2004 年的 27.24%下降到了 2005 年的 24.86%（见图 3-5）；螺纹钢产量增幅由 2003 年的 33.2%下降到了 2004 年的-21.68%，2005 年开始，随着市场的拉动，产量增加（见图 3-6）。

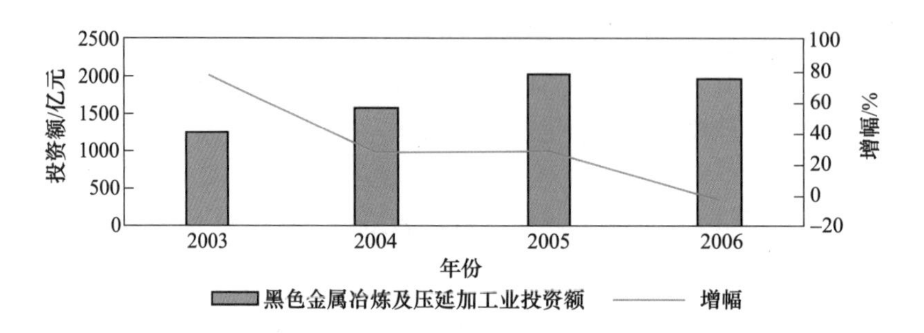

图 3-4 2003~2006 年黑色金属冶炼及压延加工业投资和增幅情况

（数据来源：国家统计局）

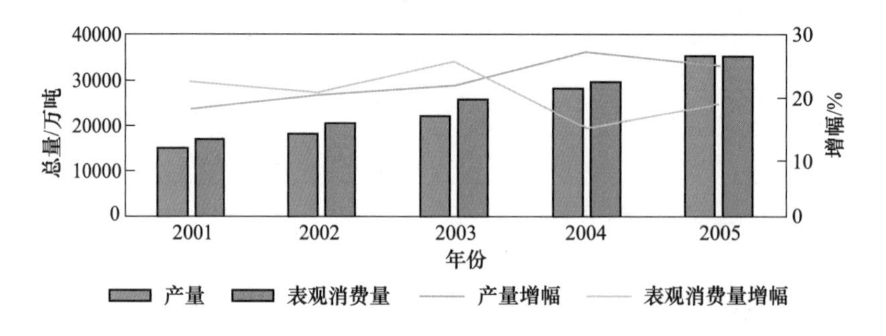

图 3-5 2001~2005 年我国粗钢产量、表观消费量及增幅情况

（数据来源：国家统计局）

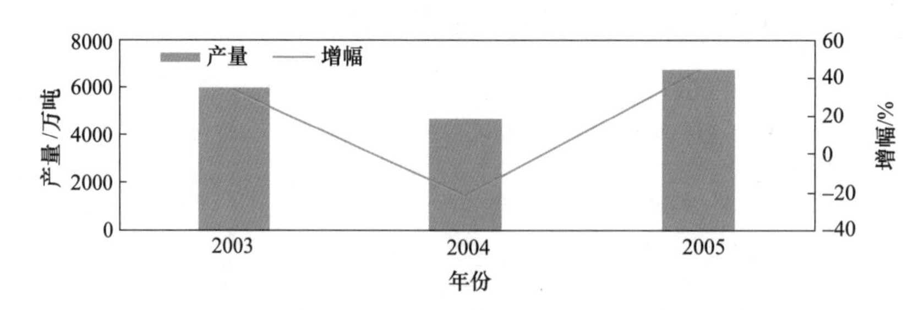

图 3-6 2003~2005 年螺纹钢产量及增幅情况

（数据来源：国家统计局）

进入“十一五”时期，经济发展方式逐步转变，更加注重节能环保质量的提升，但是“十一五”末期受全球金融危机的影响，为了促进经济发展，“四万亿”投资再次促进了投资的增长。作为国民经济的支柱性行业，钢铁工业发展逐步开始转型，“节能减排”理念逐步深入，控制新增产能、加快结构调整成为重点（见表3-14）。

表 3-14 2005~2008 年淘汰钢铁产能目标

年份	政 策 要 求
2005	发改委提出《钢铁工业控制总量、淘汰落后、加快结构调整的通知》，在“十一五”期间，钢铁产能控制在4亿吨，淘汰1亿吨炼铁产能，5500万吨炼钢产能
2006	发改委调整目标，将钢铁产能调整到5亿吨；同时，2006年淘汰全部200m³以下小高炉，2007年淘汰300m³以下小高炉和20t以下转炉
2007	淘汰落后产能签署“军令状”，目标在2010年前淘汰炼铁1亿吨、炼钢5500万吨产能：同时，实行钢材出口许可证制度
2008	发改委公布钢铁强制能耗标准，可以淘汰20%~30%落后产能

2006~2008年在宏观经济向好及下游基建、房地产等行业的带动下，黑色金属冶炼及压延加工业固定资产投资增幅提升，由2006年的-2.89%增长到了2008年的26.13%（见图3-7），螺纹钢产量由2006年的8303万吨增加到了2007年的1.01亿吨。增幅保持在22%左右。2008年受金融危机影响，产量较2007年降低427.63万吨，增幅由22.07%下降到-4.22%（见图3-8）。

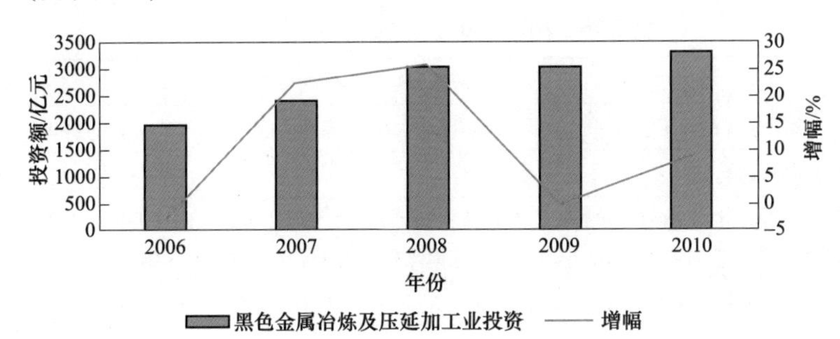

图 3-7 2006~2010 年黑色金属冶炼及压延加工业投资和增幅情况
（数据来源：国家统计局）

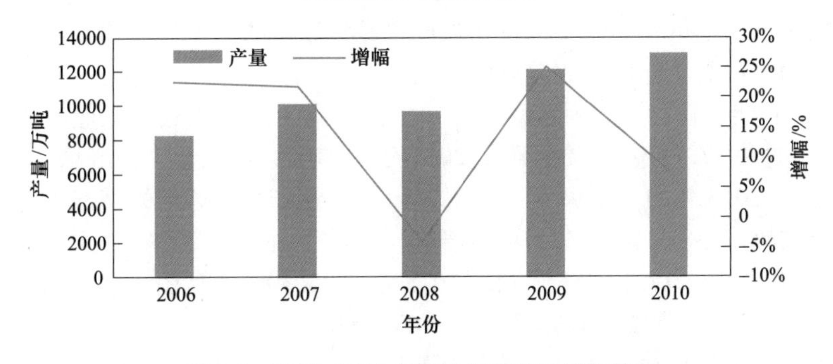

图 3-8 2006~2010 年螺纹钢产量及增幅情况
（数据来源：国家统计局）

金融危机爆发后，在“四万亿”投资刺激等因素影响下，黑色金属冶炼及压延加工业投资开始增长，螺纹钢产量快速增加，产量从2008年的9708万吨增加到了2010年的1.31亿吨，产量增幅由2008年的-4.22%增长到了2009年的25.15%（见图3-8）。2009年、2010年，在《关于进一步加强淘汰落后产能工作的通知》《钢铁行业生产经营规范条件》等政策的指导下（见表3-15），螺纹钢产量增幅逐步趋缓，由2009年的25.15%下降到了2010年的7.78%（见图3-8）。

表3-15 2009年、2010年国家淘汰钢铁落后产能相关指标

年份	政策要求
2009	在“四万亿”带动下，2009年底粗钢产能超过7亿吨；工信部下发通知全国要淘汰炼铁产能2113万吨，炼钢产能1691万吨
2010	“九大行业淘汰落后产能目标”，钢铁行业须淘汰400m^{3}以下炼铁高炉，30t以下炼钢转炉

钢铁行业投资过热的问题凸显，引起了国家的高度关注，在限制固定资产投资的基础上转向淘汰落后产能，严格规范高效产能释放，淘汰高污染、高能耗、低产出的落后产能；同时，严格执行《钢铁行业规范条件》公示制度，2013年、2014年两年时间分三批公示了符合规范条件的钢铁企业名单，共计145家。通过对规范钢铁企业的公示，积极引导行业规范发展，对于不符合规范条件要求的及时进行整改，确实整改不到位的则予以退出，对于钢铁行业规范、有序发展起到了非常重要的作用（见表3-16）。

表3-16 2011~2014年相关产能调控政策

年份	政策要求
2011	工信部制定《钢铁工业“十二五”发展规划》，淘汰炼铁产能4800万吨，炼钢4800万吨
2012	出台利好政策，发展“铁公基”，加快审批
2013	《关于化解产能严重过剩矛盾的指导意见》《坚决遏制产能过剩行业盲目扩张的通知》《首批工业行业淘汰落后产能企业名单》，2013年淘汰落后炼钢炼铁产能974.9万吨；2013年淘汰炼铁炼钢产能1044万吨
2014	工信部2014年淘汰落后及过剩产能方案，在2014年9月完成关停落后过剩产能工作

党的十八大以来，我国进入新的发展阶段，国民经济由高速增长转入中高速增长。党的十八届三中全会明确提出“使市场在资源配置中起决定性作用和更好发挥政府作用”。产业政策更加注重市场机制的作用，更加强调政府将政策的重点放在构建良好的制度环境及外部环境方面，注重功能性产业政策的应用。

“十二五”时期，在各方面因素影响下，黑色金属冶炼及压延加工业投资增幅逐步趋缓，由2012年的4947.11亿元减少到了2015年的4085.06亿元，投资增幅由2012年的26.71%下降到了2015年的-10.96%（见图3-9）；粗钢产量总体增幅情况也处于下降的趋势，粗钢产量增幅从2010年的11.37%下降到了2015年的-2.25%（见图3-10）；螺纹钢产量增幅也由2011年的17.63%下降到了2015年的-5.10%（见图3-11）。据不完全统计，“十二五”期间五年共计淘汰钢铁落后产能9486万吨。

从总体来看，虽然钢铁行业固定资产投资及产量增幅情况逐步趋缓，但是在下游房地产、基建等行业的带动下，螺纹钢行业投资总量依然在逐年增加。随着产能的不断释放，产能过剩的矛盾凸显，至2015年达到峰值，供需结构失衡，出现全面亏损的局面；螺纹钢产品成本价格倒挂严重，2015年螺纹钢均价仅为2275.36元/吨（见图3-12）。

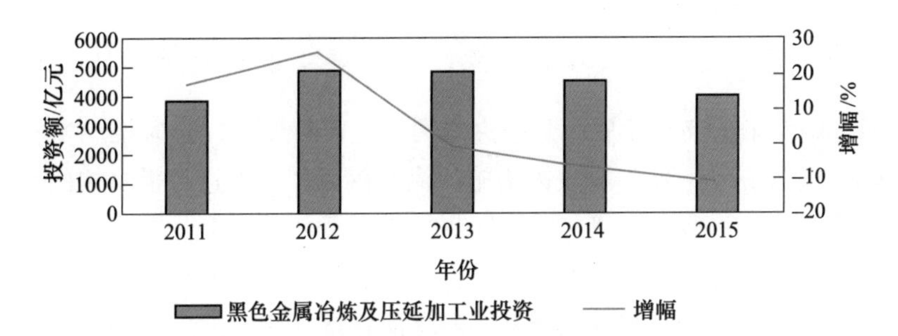

图 3-9　2011~2015 年黑色金属冶炼及压延加工业投资和增幅情况

（数据来源：国家统计局）

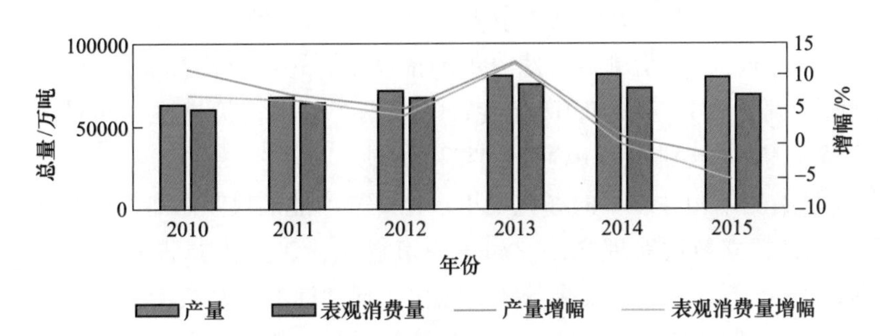

图 3-10　2010~2015 年我国粗钢产量、表观消费量及增幅情况

（数据来源：国家统计局）

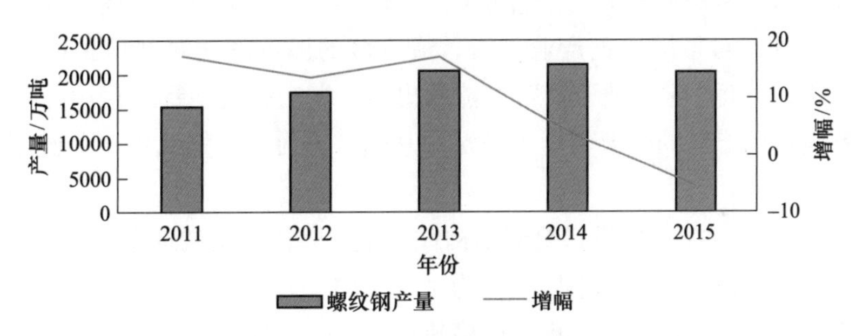

图 3-11　2011~2015 年螺纹钢产量及增幅情况

（数据来源：国家统计局）

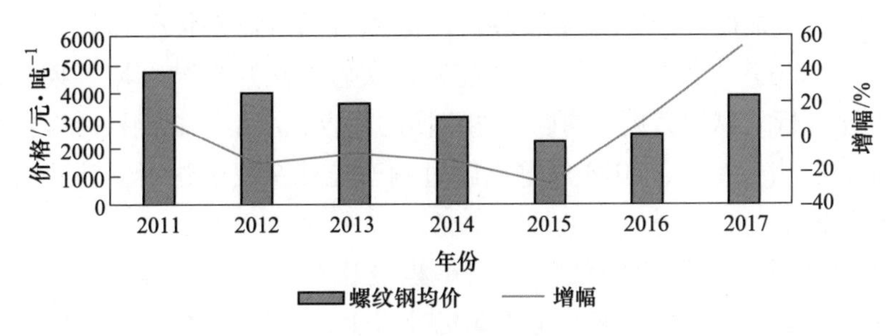

图 3-12　2011~2017 年螺纹钢销售均价及增幅情况

（数据来源：西本新干线）

2. 供给侧结构性改革淘汰落后产能，促进螺纹钢高质量发展

面对产能过剩带来的突出矛盾，党中央、国务院审时度势，及时推动实施供给侧结构性改革，采取“三去一降一补”等政策措施，淘汰落后产能促进供需结构的平衡，并实施钢铁行业规范条件动态化准入管理，严格规范行业发展，对不符合准入条件的低端产能促使其积极退出，助力推动钢铁行业向着高质量方向发展。2016 年国民经济实现 6.7%增长，粗钢产量 8.1 亿吨、同比增长 0.6%，表观消费量 7.1 亿吨、同比增长 1.7%，产量增长满足了经济中高速增长的需求，全年淘汰落后钢铁产能 6500 万吨以上，行业生产经营预期不断向好，钢材价格逐步回归合理。2016 年钢协会员钢铁企业实现利润总额超过 300 亿元，与 2015 年亏损近 800 亿元相比，大大提高；销售收入利润率由 2015 年的 -2.7% 上升为 1.1%。在供给侧结构性改革的推动下，螺纹钢产量有所减少，由 2015 年的 2.04 亿吨降低到了 2016 年的 2.02 亿吨；螺纹钢产品销售价格逐步回暖，销售均价由 2015 年的 2275 元/吨回升到了 2016 年的 2522 元/吨。

2017 年是供给侧结构性改革的深化之年，也是去产能的攻坚之年。国家明确坚持稳中求进工作总基调，树立新发展理念，主动运用市场化、法治化办法去产能，严格执行环保、质量、技术、能耗、水耗、安全等相关法律法规和标准，坚决淘汰落后产能、清理整顿违法违规产能、控制新增产能、防止已经化解的过剩产能死灰复燃，促进行业持续健康发展。在各方面的共同努力下，钢铁行业供给侧结构性改革得到积极稳步推进，落后产能逐步得到淘汰，全年撤销钢铁规范公告企业 35 家，产能过剩的矛盾逐步得到化解，产能利用率达到 75.8%；对于螺纹钢产业来讲，最直接的体现就是对“地条钢”产能的坚决打击、全面取缔，1.4 亿吨“地条钢”产能的出清，彻底解决了螺纹钢产业落后产能的长期存在，为产能过剩矛盾的化解奠定了坚实的基础，更为中国螺纹钢产业健康、可持续发展提供了支撑。

2018 年，国家继续深入推进供给侧结构性改革，坚持新发展理念，坚持用市场化、法治化手段去产能，把提高供给体系质量作为主攻方向，大力破除无效供给，扩大优质增量供给，实现供需动态平衡；同时，更加严格执行质量、环保、能耗、安全等法规标准，更加严格治理各种违法违规行为，倒逼落后产能的退出，坚决防止已经化解的过剩产能死灰复燃；将去产能与国企改革、兼并重组、转型升级、优化布局结合起来，实现新旧动能转换和结构调整；科学把握去产能力度和节奏，保障市场供需总体平衡。为此，工信部在 2015 年发布的《部分产能严重过剩行业产能置换实施办法》实施期限到期后，进一步对原产能置换办法进行了修订，更加明确产能置换的内容，严格控制钢铁产能新增。继 2017 年“地条钢”被打击取缔后，2018 年重点就过剩产能死灰复燃进行了防止，螺纹钢产业优质产能得到保留。

在政策积极落地后，供给侧结构性改革积极稳步推进，实体经济活力不断释放。2016~2020 年，全国累计压减粗钢产能 1.5 亿吨以上，粗钢产量增幅自 2017 年开始一直处于下降态势（见图 3-13），市场环境得到明显改善，行业运行、企业效益明显好转，钢铁产能逐步趋于合理，供需结构基本均衡。“地条钢”产能的取缔促进螺纹钢优质产能逐

步释放，有效利用废钢资源的螺纹钢产量逐年增加，由2016年的2.02亿吨增加到了2018年的2.11亿吨；螺纹钢的销售均价明显提高，由2016年的2522元/吨提高到了2018年的4122元/吨，较2015年翻了1.81倍，充分体现出供给侧结构性改革的成效（见图3-14）。

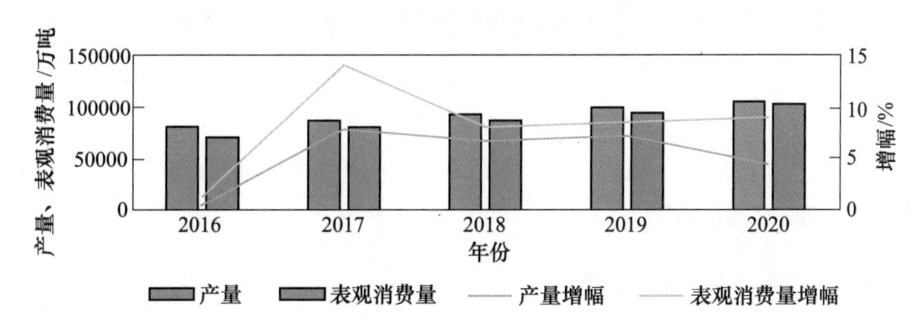

图3-13　2016~2020年我国粗钢产量、表观消费量及增幅情况

（数据来源：国家统计局）

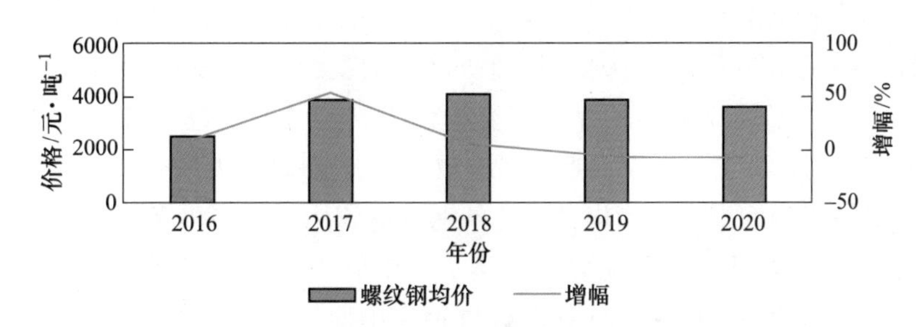

图3-14　2016~2020年螺纹钢销售均价及增幅情况

（数据来源：西本新干线）

2019~2020年，面对经济下行压力及新冠肺炎疫情的影响，进一步巩固落实供给侧结构性改革成果，以改革开放为动力推动高质量发展，促进消费、拉动市场。为了稳增长，基础设施建设进一步加大，带动螺纹钢消费量、产量也同比增长，产量由2019年的2.49亿吨增加到了2020年的2.66亿吨（见图3-15），达到历史最高；消费量与产量基本持平。

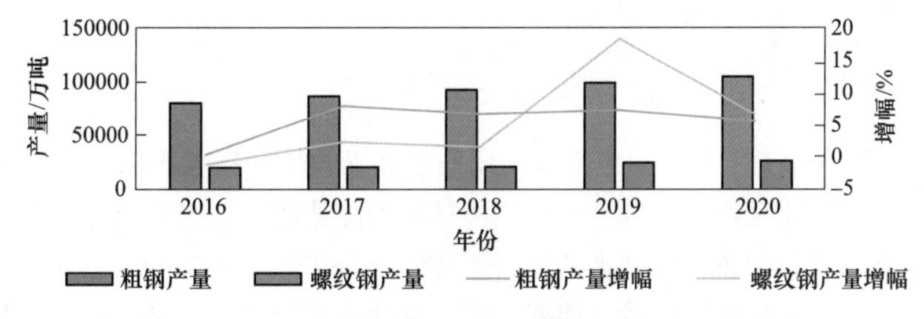

图3-15　2016~2020年我国粗钢、螺纹钢产量及增幅情况

（数据来源：国家统计局）

螺纹钢作为钢铁工业占比最大的钢材产品，在中国经济建设中发挥了重要的作用。随着我国经济发展方式向着高质量方向的转变，在市场主导下，未来产能调控的导向也将更加注重对高质量发展的指导。

第二节　打击“地条钢”

打击“地条钢”是国家实施供给侧结构性改革、淘汰落后产能的重要一环，也是促进螺纹钢产业健康发展的重要举措。由于“地条钢”通常以假冒贴牌螺纹钢产品的形式出现，打击“地条钢”对于促进螺纹钢市场健康发展有非常重要的意义。本节主要从政策要求、打击“地条钢”的过程、“地条钢”的危害，以及打击“地条钢”产能后对中国螺纹钢产业的促进作用来简要介绍。

一、打击“地条钢”的背景

钢铁行业“地条钢”问题由来已久，国家有关部委多次对打击“地条钢”提出要求，并部署相关工作。早在1999年，原国家经贸委印发《淘汰落后生产力、工艺和产品的目录（第二批）》明确指出，到2000年淘汰“生产‘地条钢’或开口锭的工频炉”。2002年，原国家经贸委又印发了《关于地条钢有关问题的复函》，再次明确对“地条钢”予以淘汰。2004年，国家发展改革委联合7部委联合印发了《关于进一步打击地条钢建筑用材非法生产销售行为的紧急通知》，要求坚决取缔“地条钢”生产企业，并对“地条钢”的概念进行了更加明确的界定，指出“‘地条钢’建筑用材和‘地条钢’建筑用材生产设备”是“以废钢为原料，采用感应炉（工频炉、中频炉）生产建筑用材的钢坯、钢锭，以及以其为原料轧制的建筑用材（线材、螺纹钢、小型材）。生产设备包括冶炼设备和轧制设备，冶炼设备是感应炉（工频炉、中频炉），轧制设备是指复二重、横列式钢材轧机”。2005年，国家发展改革委印发《钢铁产业发展政策》，再次明确提出要加快淘汰并禁止新建中频感应炉等落后工艺技术装备。此后，国家发展改革委在历次制修订的《产业结构调整指导目录》中均对淘汰“地条钢”提出了相应的要求；工信部在《部分工业行业淘汰落后生产工艺装备和产品指导目录（2010年本）》《钢铁工业“十二五”发展规划》等文件中也对淘汰“地条钢”工作提出了要求。然而，由于诸多方面原因，“地条钢”这一行业顽疾一直没有得到彻底的根除，严重困扰了行业发展。

二、“地条钢”与正常冶炼的区别、危害

“地条钢”的冶炼工艺流程较为简单，只是依靠工频炉和中频炉简单地对废钢等原料进行高温熔化，只有化钢功能，其生产过程不具备冶炼功能，无法采取有效的造渣、去除有害的磷、硫等元素，脱去钢中有害气体、正常微合金化等，其生产的钢水质量完全取决于废钢质量的好坏，无法生产出成分均衡稳定、符合标准要求的合格钢水，且炉衬使用的酸性耐火材料会产生无法去除的尖晶石类夹杂物，过多的杂质聚集在钢铁材料基体中，直接影响到产品的最终使用性能；同时，“地条钢”的冶炼生产过程不仅耗电量大，而且还会排放大量粉尘，严重污染环境，并由于自身质量问题可能带来极大的质量安全隐患。

“地条钢”作为国家明令淘汰的钢材产品，其生产不仅会严重扰乱正规钢材生产及销售秩序。

三、国家出台的相关打击“地条钢”产能的政策文件

国家出台的相关打击“地条钢”产能的政策文件见表3-17。

表3-17 国家出台的各类打击和取缔“地条钢”产能的政策文件

序号	文件	发布时间	发布部门	政策要求
1	淘汰落后生产能力、工艺和产品的目录（第二批）	1999年12月30日	原国家经贸委	2000年年底前淘汰生产地条钢或开口锭的工频炉
2	关于“地条钢”有关问题的复函	2002年	原国家经贸委	“地条钢”是指以废钢铁为原料，经过感应炉等熔化，不能有效地进行成分和质量控制生产的钢及以其为原料轧制的钢材
3	关于进一步打击“地条钢”建筑用材非法生产销售行为的紧急通知	2004年6月7日	国家发展改革委、建设部等7部门	各地要立即对本地区“地条钢”建筑用材非法生产企业进行全面清理，坚决依法取缔。对于依法取缔的地条钢非法生产企业，其生产设备必须就地销毁，不得转移；电力企业要根据当地政府通知，立即停止供电，拆除相关供电设施
4	钢铁产业发展政策	2005年7月8日	国家发展改革委	加快淘汰并禁止新建中频感应炉等落后工艺技术装备
5	产业结构调整指导目录（2011年本）修订	2013年2月16日	国家发展改革委	立即淘汰用于“地条钢”、普碳钢、不锈钢冶炼的工频炉和中频感应炉
6	立即淘汰用于“地条钢”、普碳钢、不锈钢冶炼的工频炉和中频感应炉	2016年2月1日	国务院	对生产“地条钢”的企业，要立即关停，拆除设备，并依法处罚
7	钢铁煤炭行业化解过剩产能和脱困发展工作部际联席会议办公室对江苏省新沂小钢厂违法生产销售有关情况进行通报	2016年9月12日	钢铁煤炭行业化解过剩产能和脱困发展工作部际联席会议	各地区要认真吸取该事件的教训，引以为戒，严厉打击制售“地条钢”等违法行为，对“地条钢”产能和落后产能要立即拆除，不得“淘而不汰”，防止“地条钢”和落后产能“死灰复燃”
8	钢铁工业调整升级规划（2016～2020年）	2016年10月28日	工业和信息化部	全面取缔生产“地条钢”的中频炉、工频炉产能
9	关于坚决遏制钢铁煤炭违规新增产能　打击“地条钢”规范建设生产经营秩序的通知	2016年12月5日	国家发展改革委、工业和信息化部等五部委	严厉打击“地条钢”非法生产行为，对“地条钢”生产企业，坚决实施断电措施，坚决拆除并销毁工频炉、中频炉设备

续表 3-17

序号	文件	发布时间	发布部门	政策要求
10	关于坚决遏制钢铁煤炭违规新增产能　打击“地条钢”规范建设生产经营秩序的补充通知	2016年12月26日	国家发改委办公厅等6部门	对存在“违规新增产能、违法生产销售‘地条钢’、已退出产能复产”的三类情形企业，要提供详细的名单，并对存在问题企业的处置方式、整改时间等处理意见，于2017年1月20日前一并以正式文件分别报送有关部门
11	关于进一步落实有保有压政策　促进钢材市场平稳运行的通知	2017年1月24日	国家发展改革委等五部委	严厉打击违法生产和销售“地条钢”行为，2017年6月底前依法全面取缔生产建筑用钢的工频炉、中频炉产能
12	关于利用综合标准依法依规推动落后产能退出的指导意见	2017年2月17日	国家发展改革委、工业和信息化部等十六部委	严厉打击违法生产和销售“地条钢”行为，依法全面拆除生产建筑用钢的工频炉、中频炉等装备

四、供给侧结构性改革坚决打击“地条钢”的过程

2016年2月，随着国务院《关于钢铁行业化解过剩产能实现脱困发展的意见》的印发，全面拉开了钢铁行业供给侧结构性改革的大幕。2016年11月，国务院常务会议明确：江苏新沂小钢厂生产销售“地条钢”等顶风违法违规、严重干扰正常生产经营秩序问题，部署派出调查组，予以严肃查处，对相关责任人严厉追责，并公开通报调查处理结果。2016年12月，中共中央政治局常委会听取国务院关于江苏华达钢铁有限公司违法违规行为调查处理工作的汇报，强调指出，以钢铁煤炭行业为重点推进去产能是深化供给侧结构性改革，落实“三去一降一补”任务的重要内容，针对调查发现的江苏华达钢铁有限公司生产销售“地条钢”予以严肃查处，对相关责任人严厉追责问责，并公开通报调查处理结果。中共中央政治局常委会和国务院常务会议连续研究“地条钢”问题，态度鲜明、力度空前，表明了党中央、国务院对打击“地条钢”的坚定决心。

2016年12月，国家发改委等6部委联合印发《关于坚决遏制钢铁煤炭违规新增产能　打击“地条钢”规范建设生产经营秩序的通知》《关于坚决遏制钢铁煤炭违规新增产能　打击“地条钢”规范建设生产经营秩序的补充通知》，对核查“地条钢”有关工作进行部署。2017年1月，在中国钢铁工业协会2017年理事（扩大）会议上，国家发展改革委、工业和信息化部领导均表示要彻底清除“地条钢”产能。2017年1月25日，钢铁煤炭行业化解过剩产能和脱困发展工作部际联席会议（以下简称部际联席会议）有关成员单位联合印发《关于坚决遏制钢铁煤炭违规新增产能　打击“地条钢”规范建设生产经营秩序的补充通知》，对取缔“地条钢”工作进行了部署，吹响了全面取缔“地条钢”的号角。为配合国家取缔“地条钢”相关工作，中国钢铁工业协会、中国金属学会、中国铸造协会、中国特钢企业协会、中国特钢企业协会不锈钢分会5家行业协会出台《关于支持打击

“地条钢”、界定工频炉和中频感应炉使用范围的意见》，在历次文件对“地条钢”描述的基础上，结合行业发展实际情况，对“地条钢”进行了进一步准确、清晰的界定，为取缔“地条钢”工作提供了判定依据。

为此，全国各地纷纷开展打击“地条钢”产能专项行动，坚决取缔“地条钢”落后产能。

为坚决落实国家彻底取缔“地条钢”产能要求，部际联席会议多措并举，实地督查、专项抽查相结合，2017 年 1 月赴全国除西藏自治区外的 30 个省区市和新疆建设兵团开展钢铁煤炭行业淘汰落后产能专项督查，同年 5 月赴全国除北京市、上海市外的 29 个省区市开展取缔“地条钢”专项督查，同年 8 月再赴 26 个“地条钢”企业数量较多的省区市开展取缔“地条钢”专项验收抽查。短短 8 个月时间里，部际联席会议先后 3 次密集派出督查组（抽查组）前往各地督查（抽查）“地条钢”取缔情况，行动密度之大前所未有，督查（抽查）范围全覆盖，真正做到了督查有力、督导到位，收到了良好成效。次年，部际联席会议再赴 21 个重点地区就“地条钢”产能打击取缔情况开展了专项抽查，切实杜绝、防范了“地条钢”产能死灰复燃，或者死而不灭、向外转移等情况。

五、打击“地条钢”取得的成效

在党中央、国务院的坚强领导下，部际联席会议有关成员单位、各有关地方通力合作，扎实推进全面清理“地条钢”工作，取得了显著成效。

一是净化了螺纹钢市场环境。据国家统计局数据，2017 年全国全面出清“地条钢”产能 1.4 亿吨。由于“地条钢”通常都是以假冒贴牌螺纹钢产品形式出现在市场上，全面取缔“地条钢”产能有效地净化了螺纹钢市场环境，一举扭转了困扰行业多年的“劣币”驱逐“良币”的现象，清除了行业发展的“顽疾”，进一步规范了螺纹钢产业的发展秩序，进而为钢铁行业高质量发展奠定了坚实基础。

二是助力钢铁行业脱困发展。随着“地条钢”产能的出清，为优质钢铁产能生存发展提供了空间，产能利用率逐步回归合理区间，钢材价格逐步回升，企业经营效益明显好转。2015 年，我国钢材价格指数（CSPI）从年初的 81.91 点，下跌至年末的 54.48 点；从 2015 年 12 月下旬开始上涨，2016 年末涨至 99.51 点；2017 年继续上涨，达到 121.8 点。另外，据中国钢铁工业协会数据，2017 年重点大中型企业累计实现销售收入 3.69 万亿元，同比增长 34.1%；实现利润 1773 亿元，同比增长 613.6%。

三是推动了钢铁行业结构优化。“地条钢”产能的出清，不但腾出了下游市场需求空间，也让出了大量的废钢资源，废钢市场价格逐步回落，降低了合规钢铁企业的生产成本，特别是为电炉钢发展提供了有利条件，推动了我国钢铁生产工艺流程的结构优化。在此基础上，“地条钢”的打击取缔促使关闭了中频炉，大量的废钢由原来的非正规渠道流向废钢铁加工准入企业和主流钢厂，生产冶炼过程中的废钢比明显提高，减少了铁矿石的使用量，不仅有利于节能环保，而且对进口铁矿石价格的上涨有一定抑制作用。

第四章 进出口关税引领

钢铁关税特别是与螺纹钢相关进口、出口关税的变化，在促进螺纹钢进口支持国家经济建设、扩大出口拉动行业发展、限制出口促进高质量发展等不同阶段起到了引领作用。本节主要从进口税和出口税有关政策调控，来阐述关税政策对螺纹钢发展的基本影响。

第一节 关税的基本发展过程及税率调整

新中国成立后，我国关税逐步得到完善。1949 年国家通过了《中国人民政治协商会议共同纲领》，明确规定“实行对外贸易管制并采用保护贸易政策”。次年，政务会议研究了建立新中国海关的问题，并公布了《关于关税政策和海关工作的决定》。该决定成为新中国制定海关税则的重要依据。1951 年颁布实施了《中华人民共和国海关进出口税则》《中华人民共和国海关进出口税则暂行实施条例》，成为新中国的第一部关税法则，当时的关税税率较高。1978 年，随着改革开放政策的实施，为适应经济体制改革和对外开放的需要，1980 年开始对关税制度进行改革。“六五计划”明确指出：“要适时调整关税税率，以鼓励和限制某些商品的出口和进口”，随后进行了新中国成立后范围最大的一次税率调整。

1985 年制定了新中国第二部关税税则——《中华人民共和国海关进出口关税条例》，较第一部关税法则相比，重点是对进口税率进行了大幅度的调整，对税级结构不合理的问题进行了调整。进口税率方面共计降低了 1151 个税目（约占总税目数 55%），其中的钢铁盘条税率从 35%降低到 15%。

进入 90 年代以后，对外经济贸易规模不断扩大，进出口商品结构发生较大变化，1992 年实行了以《协调制度》为基础的第三部海关关税税则。为与国际规则靠拢，随后在第三部关税税则的基础上，又开始大幅度地进行了四次自主降税，至 2000 年关税总水平降至 16.4%。

2001 年中国加入 WTO，标志着我国国民经济加快融入贸易自由化和经济全球化的步伐，我国承诺未来 10 年在全国范围内实施统一的关税制度并履行降税义务，关税总水平降至 9.8%。

党的十八大以来，关税的调节主要以注重推动产业结构转型升级为主，关税总水平基本维持在 9.8%左右的水平。

中国螺纹钢作为重要的进出口商品，不同时期关税调整对螺纹钢进出口的影响作用不同，在新中国建立后至改革开放初期主要以支持经济建设为主，中国螺纹钢在 1958 年前主要以进口为主，没有出口；1958~1975 年间出口量总体高于进口量；1976~1978 年随着经济建设的恢复，螺纹钢进口量高于出口量。改革开放后，关税总基调以下调为主，在经济建设的拉动及工业基础相对不够强的情况下，螺纹钢需要大量进口。进入21世纪初，为履行降税承诺，国家先后调整了几次税率，加之我国钢铁工业的快速发展，螺纹钢出口逐步增加，自2001年出口量大于进口量之后，直至2019年长期处于净出口状态。其间，为了限制“两高一资”产品的出口，促进我国螺纹钢产业加快转型升级，认真践行国家新发展理念，助推螺纹钢产业朝着高质量方向发展，自2005年开始国家先后多次对螺纹钢产品进出口关税进行了调整，特别是出口税率从下调出口退税比例，到取消出口退税，再到加征出口关税，一系列的调整逐步限制螺纹钢的出口，加大高附加值产品的出口比例，促使螺纹钢生产企业聚焦国内市场，倒逼企业不断转型升级、生产出更多高附加值产品。

第二节　近年来涉及螺纹钢关税政策

螺纹钢作为我国钢材消费占比最大的产品，对国民经济发展有重要的支撑作用，是我国关税政策调控的重要产品种类，在国家关税政策调控中多次被提及，由新中国成立后为满足经济建设需要降低进口关税税率增加进口，到入世后逐步降低出口税率鼓励出口，最后到促进产品转型升级加征关税，先后出台了一系列调整关税及税率的相关政策。本书简要梳理了近年来国家出台的部分螺纹钢关税政策及进出口税率（见表3-18）。

表3-18　近年来涉及进出口关税政策及税率

<table>
<tr><th>序号</th><th>政策文件</th><th colspan="2">商品名称</th><th colspan="2">进口税税率</th></tr>
<tr><td rowspan="2">1</td><td rowspan="2">国务院关税税则委员会关于2002年关税实施方案的通知</td><td rowspan="2">72142000</td><td rowspan="2">热加工带有花纹的条、杆</td><td>最惠国税率</td><td>曼谷协定税率</td></tr>
<tr><td>4.80%</td><td>4.80%</td></tr>
<tr><td>2</td><td>关于调整出口退税的通知（2004年）</td><td colspan="2">现行出口退税率15%的钢材及制品</td><td colspan="2">统一下调至13%</td></tr>
<tr><td>3</td><td>财政部、国家税务总局关于降低钢材产品出口退税的通知（2005年4月）</td><td colspan="2">税则号7213、7214项下钢材产品</td><td colspan="2">出口退税由13%下调至11%</td></tr>
<tr><td rowspan="2">4</td><td rowspan="2">财政部、国家税务总局关于调整钢材出口退税率的通知（2007年4月15日）</td><td>72131000</td><td>铁或非合金钢制热轧盘条</td><td colspan="2" rowspan="2">取消出口退税</td></tr>
<tr><td>72142000</td><td>铁或非合金钢的热加工条、杆</td></tr>
<tr><td rowspan="3">5</td><td rowspan="3">中华人民共和国海关进出口税则（2007年）</td><td rowspan="3">72142000</td><td rowspan="3">热加工带有轧制花纹的条、杆</td><td colspan="2">进口税</td></tr>
<tr><td>最惠国税率（2008年）</td><td>协定税率</td></tr>
<tr><td>3%</td><td>0</td></tr>
<tr><td rowspan="2">6</td><td rowspan="2">出口暂定税率调整表2007年6月1日实行</td><td>72131000</td><td>带有轧制花纹的热轧盘条</td><td>0</td><td>10%</td></tr>
<tr><td>72142000</td><td>热加工带有花纹的条、杆</td><td>0</td><td>10%</td></tr>
<tr><td rowspan="2">7</td><td rowspan="2">2008年出口暂定税率</td><td>72131000</td><td>带有轧制花纹的热轧盘条</td><td colspan="2">15%</td></tr>
<tr><td>72142000</td><td>热加工带有花纹的条、杆</td><td colspan="2">15%</td></tr>
</table>

续表 3-18

<table>
<tr><th>序号</th><th>政策文件</th><th colspan="2">商品名称</th><th colspan="4">税率</th></tr>
<tr><td rowspan="2">8</td><td rowspan="2">国务院关税税则委员会关于对部分进入海关特殊监管区域产品不征收出口关税的通知（2008 年 2 月 15 日起）</td><td>72131000</td><td colspan="5">带有轧制花纹的热轧盘条</td></tr>
<tr><td>72142000</td><td colspan="5">热加工带有花纹的条、杆</td></tr>
<tr><td rowspan="4">9</td><td rowspan="4">中华人民共和国海关进出口税则（2010 年）</td><td colspan="2" rowspan="2">商品名称</td><td colspan="3">进口税</td><td rowspan="2">增值税率</td></tr>
<tr><td colspan="2">最惠</td><td>普通</td></tr>
<tr><td>72131000</td><td>带有轧制过程中产生的凹痕、凸缘、槽沟及其他变形的不规则盘卷的铁及非合金钢的热轧条、杆</td><td colspan="2">3%</td><td>20%</td><td>17%</td></tr>
<tr><td>72142000</td><td>带有轧制过程中产生的凹痕、凸缘、槽沟、变形及轧制后扭曲的铁或非合金钢的其他条、杆</td><td colspan="2">7%</td><td>20%</td><td>17%</td></tr>
<tr><td rowspan="2">10</td><td rowspan="2">中华人民共和国海关进出口税则（2011 年）</td><td>72131000</td><td>带有轧制花纹的热轧盘条</td><td colspan="4" rowspan="2">2011 年暂定税率 15%</td></tr>
<tr><td>72142000</td><td>热加工带有花纹的条、杆</td></tr>
<tr><td rowspan="4">11</td><td rowspan="4">中华人民共和国海关进出口税则（2012 年）</td><td colspan="2" rowspan="2">商品名称</td><td rowspan="2">出口退税</td><td colspan="2">进口税率</td><td rowspan="2">增值税率</td></tr>
<tr><td>最惠</td><td>普通</td></tr>
<tr><td>72131000</td><td>带有轧制过程中产生的凹痕、凸缘、槽沟及其他变形的不规则盘卷的铁及非合金钢的热轧条、杆</td><td rowspan="2">9%</td><td rowspan="2">3%</td><td rowspan="2">20%</td><td rowspan="2">17%</td></tr>
<tr><td>72142000</td><td>带有轧制过程中产生的凹痕、凸缘、槽沟或其他变形及轧制后扭曲的铁或非合金钢的其他条、杆</td></tr>
<tr><td rowspan="2">12</td><td rowspan="2">2014 撤销加工商业钢材产品清单</td><td>72131000</td><td colspan="5">带有轧制花纹的热轧盘条</td></tr>
<tr><td>72142000</td><td colspan="5">热加工带有花纹的条、杆</td></tr>
<tr><td rowspan="2">13</td><td rowspan="2">关于取消加工贸易项下进口钢材保税政策的通知</td><td>72131000</td><td>带有轧制花纹的热轧盘条</td><td colspan="4" rowspan="2">首批对国内完全能够生产、质量能够满足下游加工企业需要的进口热轧板、冷轧板、窄带钢、棒线材、型材、钢铁丝、电工钢等 78 个税号的钢材产品（具体产品清单见附件），取消加工贸易项下进口钢材保税政策，自 2014 年 7 月 31 日起，征收关税和进口环节税</td></tr>
<tr><td>72142000</td><td>热加工带有花纹的条、杆</td></tr>
<tr><td>14</td><td>财政部、国家税务总局关于调整部分产品出口退税的通知</td><td colspan="6">2015 年 1 月 1 日起取消含硼钢出口退税</td></tr>
</table>

续表 3-18

序号	政策文件	商品名称		税率
15	关于调整加工贸易禁止类商品目录的公告（商务部、海关总署公告 2020 第 54 号）	72131000	铁或非合金钢制热轧盘条（带有轧制过程中产生的变形）	将《商务部 海关总署 2014 年第 90 号公告》加工贸易禁止类商品目录中符合国家产业政策，不属于高耗能、高污染的产品以及具有较高技术含量的产品剔除，共计剔除 199 个十位商品编码。2020 年 12 月 1 日起执行（螺纹钢产品属于从目录中剔除的产品）
		72142000	铁或非合金钢的热加工条、杆（带有轧制过程中产生的变形，热加工指热轧、热拉拔或热挤压）	

第三节　关税对螺纹钢进出口量的影响

在市场主导的大背景下，关税在螺纹钢进出口总量、价格、质量等方面产生一定影响，促进了螺纹钢产业不断转型升级，向着高质量方向发展。

一、关税对螺纹钢进出口总量的影响

关税政策的调整最直观的反映就是相关产品进出口总量的变化。当然进出口量的变化影响因素不单单是关税政策，还与市场竞争、经济发展、产品竞争力等其他因素有关。特别是中国加入 WTO 后，市场因素成为主导。

新中国成立后百业待兴，螺纹钢产量少，为保障经济建设需要，在新中国第一部关税法则的指导下，螺纹钢进口量逐步增加，由 1949 年的 0. 84 万吨增加到了 1950 年的 9. 1 万吨。之后国家对关税税率进行了多次调整，至改革开放前螺纹钢进口量变化较大，特别是 1962~1971 年间的进口量增幅变化十分明显；进口量最大的 1970 年共计进口螺纹钢 15. 47 万吨，进口量最小的 1962 年仅进口 0. 12 万吨。而出口方面，螺纹钢自 1958 年开始出口后，至 1978 年间的出口量基本维持在 30 万吨以下的水平，出口量最大的 1966 年出口量为 25. 83 万吨，出口量最小的 1960 年出口量仅为 2. 56 万吨（见图 3-16）。

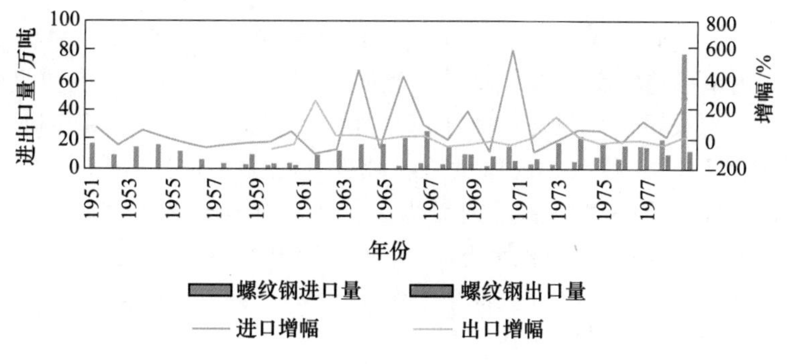

图 3-16　1951~1978 年螺纹钢进出口量及增幅情况

（数据来源：海关统计）

1978 年党的十一届三中全会作出把党和国家工作重心转移到经济建设上来，经济体制从高度集中的计划经济体制逐步转到全方位开放，市场化节奏加快，螺纹钢进口量大幅度提升，从 1978 年的 78. 34 万吨增加到了 1985 年的 484. 20 万吨，翻了 6 倍；出口方面，在改革开放政策出台后，出口量增加，由 1978 年的 12. 22 万吨增加到了 1982 年的 34. 25 万吨，之后因国内需求影响税率调整，出口量减少（见图 3-17）。

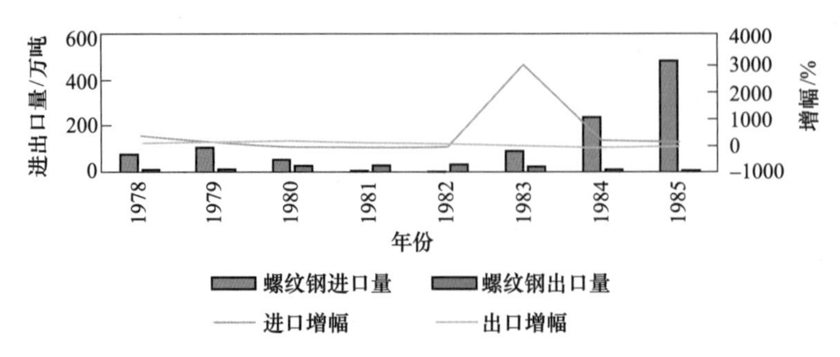

图 3-17 1978~1985 年螺纹钢进出口量及增幅情况

（数据来源：海关统计）

自 1985 年我国第二部关税税则出台，在降税的基础上完善了商品从免税到征收等 18 级税级，我国螺纹钢进口量逐步减少，由 1985 年的 484. 20 万吨降低到了 1990 年的 36. 91 万吨；出口方面有所增加，由 8. 57 万吨增加到了 40. 25 万吨（见图 3-18）。

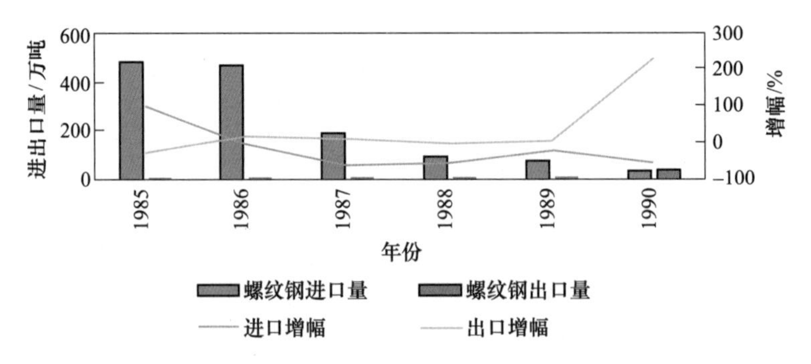

图 3-18 1985~1990 年螺纹钢进出口量及增幅情况

（数据来源：海关统计）

90 年代后，党的十四大确立社会主义市场经济体制为经济改革的目标模式，生产资料价格双轨制并为市场单轨制、国有大中型企业公司股份制改革、分税制改革的推进，对外贸易逐步扩大，螺纹钢进口量开始大幅度增加，由 1991 年的 10. 44 万吨增加到了 1993 年的 576. 15 万吨，1994 年税改后进口量逐步减少（见图 3-19）。出口方面，改革开放初期经济发展迅速，螺纹钢还是以满足内需为主；1994 年确定钢材产品出口退税为 17%，随后于 1995~1996 年下调出口退税至 9%，1998~1999 年为了摆脱亚洲金融危机的影响，增强钢材产品的国际竞争力，出口退税率上调至 15%。该阶段的螺纹钢出口量虽有波动，但总体出口增幅波动不大（见图 3-19）。

进入 21 世纪后，随着我国加入 WTO，增加了关税的调整频次。2002 年出台的《国务院关税税则委员会关于 2002 年关税实施方案的通知》对螺纹钢的关税确定为 4. 8%。在市

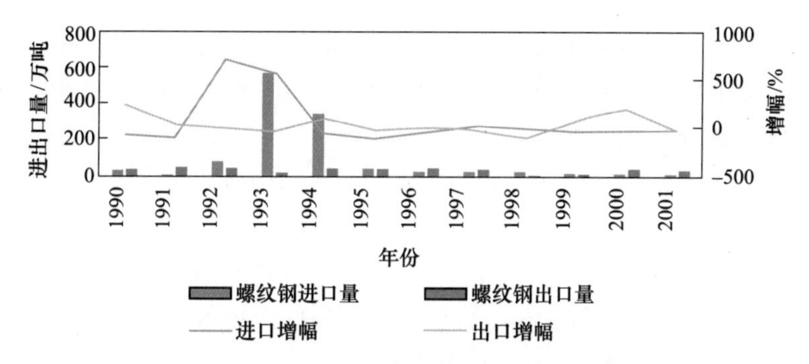

图 3-19　1990~2001 年螺纹钢进出口量及增幅情况

（数据来源：海关统计）

场的拉动下，螺纹钢进出口量大幅度增加，进口量由 2001 年的 15.73 万吨增加到 2003 年 75.15 万吨，翻了近 5 倍；出口量更是由 2001 年的 36.36 万吨增加到了 2007 年的历史最高值，达到 590.39 万吨（见图 3-20），翻了 16 倍。在国内产能迅猛扩张的带动下，我国于 2006 年首次由钢材净进口国转为净出口国。进入 2007 年 4 月份以后，先后 4 次大规模调整钢铁产品出口退税和出口关税，并对部分产品实行出口许可证管理。钢材出口增势逐步趋缓，全年共出口 6264.6 万吨，增幅回落 63.7%；同年进口钢材 1687.1 万吨，下降 8.8%（见表 3-19）。

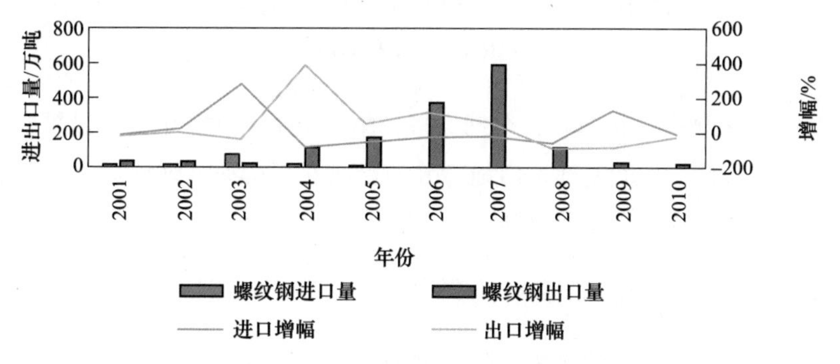

图 3-20　2001~2010 年螺纹钢进出口量及增幅情况

（数据来源：海关统计）

表 3-19　2007 年我国钢材分品种进出口情况

钢材品种	出口		进口	
	数量/万吨	增幅/%	数量/万吨	增幅/%
钢材	6264.6	45.8	1687.1	-8.8
其中：钢铁棒材	1624.8	46.8	106.3	-5.4
角钢及型钢	559.7	104	32.6	-7.8
钢铁板材	2831.8	39.1	1429.1	-8
钢铁线材	132.9	29	25.5	-21.5
钢铁管配件	142.3	24.7	4.7	14

（数据来源：海关统计）

2007年国家加征了螺纹钢10%的关税，2008年再次提高了螺纹钢出口关税到15%；加之，国际金融危机影响，螺纹钢出口量迅速减少，由2007年的590.39万吨减少到了2010年的22.48万吨（见图3-20）。

2010年后，随着我国经济发展方式的转变，产业结构转型升级的步伐加快，高质量发展的新理念不断深入落实，螺纹钢进出口总量总体较低。进口量从2011年到2019年基本维持在8万吨以内。出口量从2011年到2015年基本保持在20万~30万吨之间，2015年取消了含硼钢材出口退税率，螺纹钢出口量有小幅降低；2018年、2019年虽有小幅上涨，但出口总量依然维持在不足50万吨（见图3-21）。

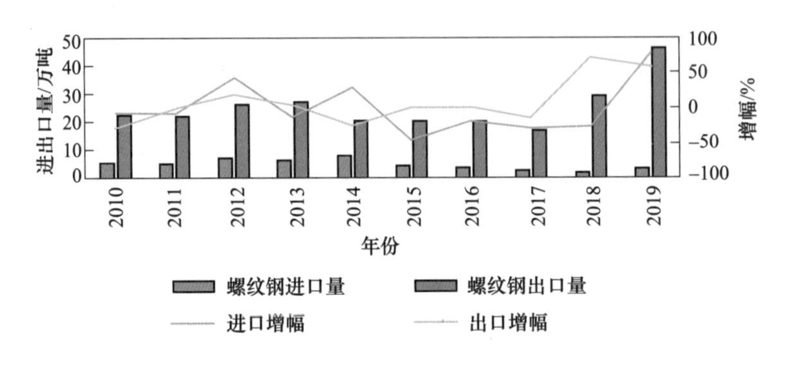

图3-21 2010~2019年螺纹钢进出口量及增幅情况

（数据来源：海关统计）

2020年，受新冠肺炎疫情影响，全球经济大幅度下滑。在党中央坚强领导下我国成为全球唯一正增长经济体，下游基建、房地产等的全面开工拉动，螺纹钢出口量较少，进口量增加明显，全年进口螺纹钢137万吨。

二、关税对螺纹钢进出口价格的影响

上调螺纹钢产品的出口关税不利于降低钢铁企业出口成本。假设螺纹钢含关税的价格是4300元/吨，当关税税率为15%时，螺纹钢的完税价格是3739元/吨；当关税税率为20%时，螺纹钢的完税价格是3583元/吨。关税税率对螺纹钢完税价格的敏感系数是−0.83，说明关税税率与螺纹钢完税价格是反比关系，税率越高，螺纹钢完税价格越低，并且关税税率对螺纹钢的完税价格的影响程度较高。

三、关税对螺纹钢产能的影响

加征关税后在完税价格的影响下，螺纹钢生产企业迫于生产成本的考虑，会将产品销售放在国内市场而减少出口。但是，在国内螺纹钢产量释放、消费市场逐渐饱和且出口利润有限的情况下，供需结构矛盾将逐步凸显。为了确保利润，螺纹钢生产企业一方面会减少螺纹钢产能的释放，降低产量，以便确保供需平衡；另一方面会不断提升螺纹钢产品的质量和性能，加快转型升级的步伐，生产更高质量、更有效益的产品。

四、关税对螺纹钢质量的影响

根据统计，近 5 年我国螺纹钢净出口数量保持在 16 万~50 万吨之间，而产量则保持在 2 亿吨左右。其中，2019 年，我国螺纹钢净出口量为 46.3 万吨。当关税降低时，国内螺纹钢生产企业为满足国际市场的需要，会增加英国标准、美国标准、日本标准等国外螺纹钢标准产品的生产，以此迎合市场，并促进企业实现新的效益增长点。其生产过程，不仅会促进我国螺纹钢生产企业对国外螺纹钢标准的研究和探讨，生产更多适销对路的国外标准的螺纹钢产品；而且也能间接促进国内螺纹钢产品不断朝着国际标准、朝着高附加值方向转变，促使螺纹钢产业实现高质量发展的同时，也为助推我国打造钢铁强国目标奠定坚实基础。

第五章 环保推进螺纹钢可持续发展

螺纹钢是国家基础设施建设的重要支柱，对国家经济建设具有很大的推动作用，同时螺纹钢的生产过程也产生了一些环保方面的问题。近年来，随着国家对能源、资源和环境等方面的约束日趋强化，相关环保、节能减排等方面的政策标准不断提升，促使螺纹钢不断朝着绿色、环保、可持续的高质量方向发展。

第一节 生产过程中产生的污染物

热轧螺纹钢在生产过程中伴随产生水污染物、大气污染物、噪声、固体废物等污染（见图 3-22）。其中主要污染物有以下几种。

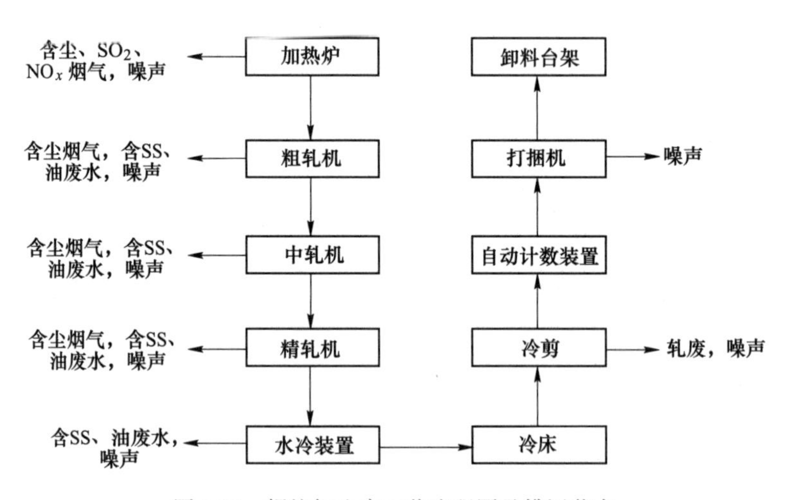

图 3-22 螺纹钢生产工艺流程图及排污节点

大气污染物：主要是少量的燃烧废气（烟尘、二氧化硫、氮氧化物等）、粉尘、油雾、酸雾、碱雾和挥发性有机物等。

水污染物：热轧螺纹钢废水主要为轧钢过程中的直接冷却水，其中含有大量氧化铁皮及石油类污染物、含磷物等，且温度较高，还包括设备间接冷却水、带钢层流冷却废水和侧喷冷却废水等。

噪声污染：轧钢厂噪声可能高达 100dB 以上，对于在生产车间的工作人员来说，长期暴露在高分贝噪声环境中对听觉会造成严重的伤害，甚至会影响到生产工人身体内其他器官健康。噪声超标，也会影响周边市民的正常生活，因此生产线上的噪声控制不能忽视。

第二节　环保标准演变

以我国环保主管部门的建立、升格等历史节点为主线，对螺纹钢环境保护发展进程进行了阶段划分，具体可分为螺纹钢环境保护起步阶段、发展完善阶段、迅速拓展阶段、绿色可持续发展阶段四个阶段。

（1）螺纹钢环境保护起步阶段：随着我国社会主义建设事业的发展，工业化、现代化、城市化进程加快，大气污染、水质污染、固体废弃物污染等发达国家上百年工业化进程中分阶段出现的各种环境问题在我国集中显现。

（2）螺纹钢环境保护发展完善阶段：逐步形成了强调环境与经济发展同步、全面协调可持续的发展战略，以解决前期已积累的经济发展与环境污染之间的尖锐矛盾，解决区域范围内部分污染物排放总量超过环境承载力的现实问题。

（3）螺纹钢环境保护迅速拓展阶段：进入21世纪以来，执法力度空前加大，产业政策紧扣节能减排、行业清洁生产和环境管理体系建设全面铺开，环保监督执法体制进入实施阶段。

（4）螺纹钢环境保护绿色可持续发展阶段：从党的十七大提出生态文明建设以来，关于绿色发展的认识日益深化，绿色化的理论体系更加完善。

一、螺纹钢环保排放标准的革新

无论是螺纹钢水污染物排放标准，还是螺纹钢大气污染物排放标准，都经历了一段漫长的积淀过程，涵盖内容变得越来越详实，限值标准也越来越严格（见表3-20）。

表3-20　螺纹钢历年执行标准名称及发布时间

序号	标准名称	发布时间
1	《钢铁工业污染物排放标准》（GB 4911—1985）	1985年
2	《钢铁工业水污染物排放标准》（GB 13456—1992）	1992年
3	《钢铁工业水污染物排放标准》（GB 13456—2012）	2012年
4	《工业窑炉大气污染物排放标准》（GB 9078—1996）	1996年
5	《轧钢工业大气污染物排放标准》（GB 28665—2012）	2012年
6	《关于推进实施钢铁行业超低排放的意见》（环大气［2019］35号）	2019年

螺纹钢水污染物排放标准历程：1985年《钢铁工业污染物排放标准》（GB 4911—1985）中正式提及轧钢废水污染物排放标准，1992年单独发布钢铁工业水污染物的排放标准，2012年进行了修订，现执行标准为《钢铁工业水污染物排放标准》（GB 123456—2012）。污染物排放因子从三项增加至二十一项，污染物排放标准大幅度降低（见表3-21）。

螺纹钢大气污染物排放标准历程：1985年发布《钢铁工业污染物排放标准》（GB 4911—1985），标准只涉及热处理炉颗粒物的排放浓度。1996年起执行颁布的《工业窑炉大气污染物排放标准》（GB 9078—1996），第一次针对钢铁行业各工序的炉窑配套排放标准。2012年，第一次单独发布钢铁行业轧钢工序的标准《轧钢工业大气污染物排放标准》（GB 28665—2012）。2019年，生态环境部等五部委联合印发《关于推进实施钢铁行业超低排放的意见》，其中涵盖轧钢加热炉，进一步加严了轧钢工业加热炉的排放标准要求（见表3-22）。

表3-21 螺纹钢水污染物历年执行标准

序号	污染物项目	1985年标准	1992年标准		2012年标准	
		轧钢废水	直接排放	间接排放	直接排放	间接排放
1	pH值	6~9	6~9	6~9	6~9	6~9
2	悬浮物/mg·L^{-1}	200	150	400	30	100
3	COD/mg·L^{-1}		—	—	50	200
4	氨氮/mg·L^{-1}		—	—	5	15
5	总氮/mg·L^{-1}		—	—	15	35
6	总磷/mg·L^{-1}		—	—	0.5	2.0
7	石油类/mg·L^{-1}	10	10	30	3	10
8	挥发酚/mg·L^{-1}		—	—	—	1.0
9	总氰化物/mg·L^{-1}		—	—	0.5	0.5
10	氟化物/mg·L^{-1}		—	—	10	20
11	总铁/mg·L^{-1}		—	—	10	10
12	总锌/mg·L^{-1}		—	—	2.0	4.0
13	总铜/mg·L^{-1}		—	—	0.5	1.0
14	总砷/mg·L^{-1}		—	—	0.5	0.5
15	六价铬/mg·L^{-1}	0.5	—	—	0.5	0.5
16	总铬/mg·L^{-1}		—	—	1.5	1.5
17	总铅/mg·L^{-1}		—	—	—	1.0
18	总镍/mg·L^{-1}		—	—	1.0	1.0
19	总镉/mg·L^{-1}		—	—	0.1	0.1
20	总汞/mg·L^{-1}		—	—	0.05	0.05

表3-22 螺纹钢大气污染物历年执行标准

序号	生产设施	污染物项目	1985年标准	1996年标准	2012年标准	35号文要求
1	热处理炉	基准含氧量/%	—	—	8	8
		颗粒物/mg·m^{-3}	—	300	20	10
		二氧化硫/mg·m^{-3}	—	—	150	50
		氮氧化物/mg·m^{-3}	—	—	300	200
2	热轧精轧机	颗粒物/mg·m^{-3}	150	—	30	—
3	其他生产设施	颗粒物/mg·m^{-3}	150	—	20	—

二、螺纹钢环保技术的革新

螺纹钢生产过程产生的水、气、声、固体废物污染，其环保治理经历了从无到有、从粗到细、从简到精的过程。

（一）废气控制

加热炉通过采用快速强化传热、高效余热回收、节能优化燃控、低氮燃烧等节能环保技术，有效缩短加热炉加热时间、节省燃气、降低氧化烧损和烟气中 NO_x 排放浓度，源头控制和末端治理双管齐下。

螺纹钢在生产过程中会产生大量的烟尘，会对周围的环境产生污染，既危害工作人员健康，又会对电机、减速机、大型仪表造成威胁影响生产，特别是轧制机组因轧制道次多、可逆轧制、轧制时间长等原因，产生的烟气大、粉尘颗粒小、粉尘外溢现象严重。轧机除尘从粗放型无环保设施半封闭厂房内生产，到全封闭厂房内生产，再到轧机两侧设置集尘罩，收集后净化处理。根据轧机特点配置不同的环保设施，粗轧机组废气特点是烟气量大且富含水蒸气，故采用湿法除尘的方式为宜，精轧机组废气特点是粉尘粒径小且含油率大，不宜采用常规的袋式除尘、电除尘等设施。

（二）废水治理

通过不断提高水的重复利用率，从直接排放到间接排放再到零排放转变。轧机液压、润滑系统、电机及加热炉等设备冷却用水，使用后仅温度升高，水质未受污染，经冷却塔冷却后循环使用。为保持水质稳定，该系统有少量排污，该排污水可作为浊环系统补充水使用。轧辊冷却、高压水除鳞、水冷装置及冲氧化铁皮等用水，使用后不仅水温升高，而且受氧化铁皮及少量油的污染，经旋流沉淀池沉淀后，部分返回冲氧化铁皮，其余水经稀土磁盘磁力除渣、隔油池除油、冷却塔冷却后循环使用。

（三）固体废物处置和综合利用

轧制过程产生的氧化铁皮，收集后可全部送烧结配料利用；轧线产生的切头尾及轧废、废轧辊等，全部送炼钢作为原料使用；液压、润滑站定期更换下来的废液压油、润滑油，统一外送有资质的单位处理；加热炉修砌的废耐火材料，回收其中可用部分，其余送耐火材料厂作为骨料使用或用于填坑、铺路。

（四）噪声控制

选用低噪声设备，并对生产过程中可能产生的噪声源采取相应的隔声、消声措施。加热炉助燃风机置于密闭的风机房内，进口设消声器；加热炉汽化冷却装置的汽包、蓄热器和除氧器排气放散口均设消声器；轧制设备产生的噪声及钢坯在上料、转运等过程中产生的碰撞声，均利用厂房隔声降噪；各类风机、泵等均设置在独立的建筑物内隔声，以减轻其在生产过程中产生噪声对环境的影响。

第三节　企业环保水平提升

随着环保技术的更新升级，螺纹钢污染物排放标准将会有进一步加严的趋势，同时实行新排污许可“一证式管理”，企业需要具备自证清白的能力。从环保部门检查合规性，到企业通过上传季度及年度执行报告以自证守法，体现了环境管理模式上的根本性转变。2015 年 1 月起新《环境保护法》开始实施，与新《环境保护法》配套的《环境保护主管部门实施按日连续处罚暂行办法》《环境保护主管部门实施限制生产、停产暂行办法》同时实施，超标排放等环境违法行为将受到“按日计罚、上不封顶、行政拘留、刑事责任”等手段的严惩。

未来将实现排污许可制度与各部委监管联动的发展模式，一旦企业未能满足许可要求或存在瞒报、谎报数据行为，将造成严重环境违法，面临按日连续处罚、限制生产、停产整治、停业、关闭等惩罚。

2019 年，国内主要螺纹钢企业 SO_2、烟粉尘排放总量分别比 2018 年同比减少 2.34% 和 25.9%。COD、氨氮排放总量较 2018 年同比减少 12.9% 和 19.6%，在螺纹钢产量较上年度提高 12.3%的大背景下，废水排放总量也随着企业高负荷生产而迎来少许增幅，废水排放总量则较 2018 年同比上升 3.6%。烟粉尘降幅较大，接近 30 个百分点，COD 和氨氮排放总量也实现了同比 12%以上的降幅。尽管 SO_2 排放总量降幅最小，但也在 2%以上（见表 3-23）。

表 3-23 螺纹钢重点企业污染物排放总量

序号	污染物名称	排放总量变化情况		
		2019 年/万吨	2018 年/万吨	增减/%
1	SO_2	11.7	11.98	-2.34
2	烟粉尘	12.44	16.78	-25.9
3	废水	15354.68	14818.52	3.62
4	COD	0.317	0.36	-12.9
5	氨氮	0.0303	0.0377	-19.6

2019 年较上一年吨钢污染物排放各指标均有大幅度降低，吨钢粉尘排放量与氨氮排放减幅超 30%，螺纹钢企业污染综合治理水平显著提升，废水排放总量也随着企业高负荷生产而迎来少许增幅。但随着钢铁企业综合污水处理站的配套完善，全厂废水深度处理工艺已在行业内越来越多地得到应用，特别是超滤、纳滤、反渗透等工艺组合成为企业提高废水回用率、保证外排水稳定达标的重要手段，如此使得 2019 年废水排放总量虽小幅增加，但废水中 COD 和氨氮两个主要污染因子排放总量与强度均较 2018 年有了大幅降低（见表 3-24）。部分螺纹钢生产企业已经实现工业废水零排放，做到闭路循环。

表 3-24 吨钢污染物排放量

序号	污染物名称	2019 年/$kg \cdot t^{-1}$	2018 年/$kg \cdot t^{-1}$	增减/%
1	SO_2	0.53	0.6	-11.67
2	烟粉尘	0.56	0.84	-33.33
3	废水	$0.69m^3/t$	$0.74m^3/t$	-6.76
4	COD	0.014	0.018	-22.22
5	氨氮	0.0013	0.0019	-31.58

第四节　螺纹钢产业的节能降耗

能耗的水平和环境的保护也有着相当大的直接影响，我国能源结构以燃油煤炭为主，煤炭的大量使用也会带来环境问题。钢铁工业在我国是能耗大户。螺纹钢虽然是我国钢材消费占比最大的品种，但其工序能耗与其他品种相比，总体上相对较低。

一、重点企业能耗现状

近年来，我国钢铁工业能耗增幅远低于钢产量的增幅（2018 年能源增幅-1.25%，钢产量增幅 6.59%），这说明我国钢铁工业节能工作不断取得新进展。行业吨钢综合能耗、部分工序能耗逐步下降，螺纹钢在生产过程中的热轧工序能耗也显著降低（见表 3-25）。

表 3-25　钢协会员企业近年来生产工序能耗情况　（标煤，kg/t）

年份	吨钢综合能耗	吨钢可比能耗	烧结	焦化	炼铁	转炉	电炉	热轧
2015	574.11	530.75	49.4	96.87	390.9	-11.39	59.31	59.91
2016	585.66	535.84	49.88	100.12	396.6	-13.97	58.48	56.71
2017	567.35	512.86	48.5	99.67	390.75	-13.93	58.11	56.89
2018	555.24	496.84	48.6	104.88	392.13	-13.39	55.7	54.32
2019	551.78	491.58	48.34	104.63	385.17	-14.01	56.10	54.26
2020	545.27	484.99	48.08	102.38	385.17	-15.36	55.92	54.75

（数据来源：网络收集整理）

钢铁流程主要分为高炉-转炉长流程和电炉短流程，我国长流程粗钢产量约占总产量的 90%，大多数钢材都是以铁矿石为原料，通过高炉→转炉→连铸→连轧，最终形成产品。

2020 年钢协会员企业的热轧能耗（标煤）为 54.75kg/t，较 2015 年下降 8.61%，但与上一年的 54.26kg/t 相比略有上升（见图 3-23）。

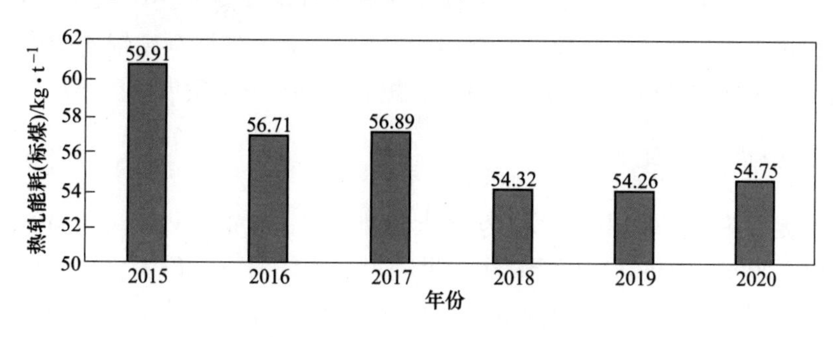

图 3-23　重点企业热轧工序能耗

二、未来节能趋势

（一）短流程趋势

螺纹钢生产时主要的耗能环节为前期冶炼环节，如果省去高炉还原铁的过程，就大大降低了能源消耗。2018 年中国的铁钢比为 0.83，世界平均为 0.70（扣除中国后为 0.55），美国为 0.27，法国为 0.65，德国为 0.68，日本为 0.67（见图 3-24）。据统计，铁钢比每降低 0.1 个点，则吨钢综合能耗（标煤）降低约 50kg/t。由此可以看出，我国铁钢比高是导致我国吨钢综合能耗高的主要原因。

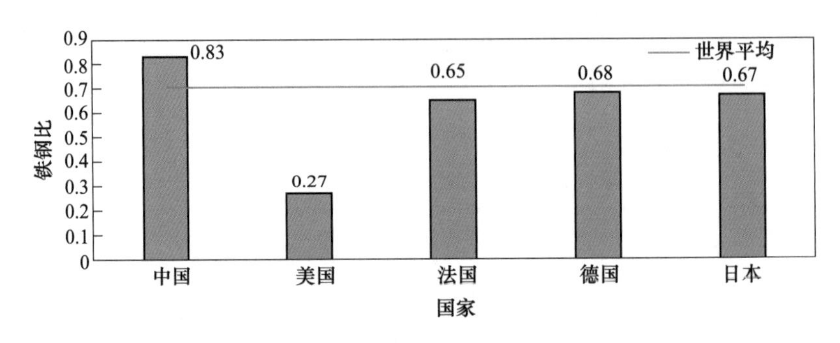

图 3-24 中国、美国、法国、德国、日本的铁钢比

另外，据了解：2018 年世界电炉钢产量比例为 25.1%；同期，美国电炉钢比例为 62.7%，欧洲电炉钢比例为 39.4%，韩国电炉钢比例为 30.4%，日本电炉钢比例为 22.9%，而我国电炉钢比例仅为 6.1%。

相比基础设施建设较发达的国家，我国以废钢为主原料的电炉短流程炼钢生产工艺运用较少：一方面是因为欧美等西方国家，将污染严重的长流程炼铁产业转移出国；另一方面，由于工业发展起步较早，积累了大量的废钢资源。而我国目前正处于基础设施建设的历史高峰，若仅用废钢铁为原料，难以满足建设需求。

有关数据显示：2020 年中国废钢资源量为 2 亿~2.25 亿吨，2025 年为 2.50 亿~2.85 亿吨，2030 年为 3 亿~3.4 亿吨。可以预见：随着中国钢铁蓄积量和废钢资源量的增加以及废钢价格优势的凸显，在未来 20 年内，中国废钢资源短缺的局面将彻底改变，废钢资源总量将非常充足。中国“十三五”《钢铁工业调整升级规划（2016~2020 年）》也明确指出“注重以废钢为原料的短流程电炉炼钢的发展”。大力发展全废钢连续加料电弧炉短流程是钢铁工业实现“脱碳化”的重要途径，短流程将是未来发展的重要趋势。

（二）无加热直接轧制

近年来，无加热直接轧制在螺纹钢生产上快速发展，轧钢工艺所消耗的能源占钢铁生产耗能的 15%~20%，而热轧工序能耗中，燃耗占总能耗的 70%以上，且燃耗仅在加热炉的加热工序中产生。因此，加热炉的节能是轧制过程中节能的关键。与传统的冷装相比，采用连铸直接轧制工艺省去了加热炉加热工序，利用连铸坯本身的物理热能，也无须补热，可以大幅度节省能源，达到减少燃料消耗节能减排的目的。以 100 万吨/年螺纹钢车间为例：传统冷装与连铸直轧加热炉能耗对比，取消加热炉加热采用直接轧制能节省 4.5 万吨标煤（见表 3-26）。

表 3-26　冷装与连铸直轧环保参数对比

工艺名称	燃料消耗（标煤）/万吨	粉尘/万吨	氮氧化物/万吨	二氧化碳/万吨	碳排放/万吨	二氧化硫/万吨
冷装	4.5	3.06	0.19	11.21	3.06	0.34
无加热直轧	0	0	0	0	0	0

直接轧制能够充分利用连铸冶金热能，降低能源消耗，节能减排；减少加热炉设备、耐材、厂房、生产人员的投资；减少氧化铁皮烧损，提高成材率，缩短生产周期，减少钢坯堆放厂房、运输设备投资，钢坯断面温度外低内高，有利于变形深入。以 2020 年螺纹钢产量 2.66 亿吨来计算，对于热送热装还有红送等节能工艺，年折算标准煤约 2.5 万吨，则采用无加热直接轧制技术可节约标准煤 650 万～1170 万吨。另外，还可以大大降低成本，双蓄热步进式加热炉设备吨钢运行费用约 14 元，主要为软水、耐材、电力等，采用无加热直接轧制技术则可减少该部分的成本，节约大量的能源消耗、耐材消耗、水耗、电耗等。

参考文献

[1] 阳勇. 毛泽东与新中国钢铁工业研究 [D]. 湘潭：湘潭大学，2014.

[2] 郭振中，雷婷. 中国钢铁产业布局政策的价值取向辨析 [J]. 东北大学学报（社会科学版），2012，14（6）：516~520.

[3] 吴俊熠. 产业集中度对钢铁行业产能过剩的影响研究 [D]. 昆明：云南财经大学，2018.

[4] 李新创. 中国钢铁未来发展之路 [M]. 北京：冶金工业出版社，2018.

[5] 冶金工业部质量标准司. 质量、标准、计量文件汇编 [M]. 北京：冶金工业出版社，1991.

[6] 赵晓光，刘兆彬，纪正昆，等. 中华人民共和国工业产品生产许可证管理条例释义 [M]. 北京：中国标准出版社，2005.

[7] 国家质量监督检验检疫总局，全国工业产品生产许可证办公室. 工业产品生产许可证教程 [M]. 2版. 北京：中国标准出版社，2003.

[8] 纪正昆. 中华人民共和国工业产品生产许可证管理条例实用问答 [M]. 北京：中国计量出版社，2005.

[9] 国家质量监督检验检疫总局，全国工业产品生产许可证办公室. 工业产品生产许可证教程 [M]. 3版. 北京：中国标准出版社，2006.

[10] 国家质量监督检验检疫总局产品质量监督司. 产品质量国家监督抽查分析报告 [M]. 北京：中国标准出版社，2015.

[11] 江飞涛，李晓萍. 改革开放四十年中国产业政策演进与发展——兼论中国产业政策体系的转型 [J]. 管理世界，2018，34（10）：73~85.

[12] 邱兆林. 中国钢铁产业政策变迁及实施效果研究 [J]. 湖北经济学院学报，2015，13（3）：21~29.

[13] 张训毅. 中国的钢铁 [M]. 北京：冶金工业出版社，2012.

[14] 张卓元. 中国经济转型论 [M]. 北京：中国社会科学出版社，2013.

[15] 张雅楠. 改革开放以来我国钢铁产业政策演进及影响因素研究 [D]. 南昌：江西师范大学，2015.

[16] 建设部办公厅. 中华人民共和国建设部文件汇编（2004年）[M]. 北京：中国建筑工业出版社，2005.

[17] 中国钢铁工业协会. 中国钢铁工业改革开放40年 [M]. 北京：冶金工业出版社，2019.

[18] 范剑飞. 宏观调控与产业政策对我国钢铁产业影响的效应分析 [D]. 杭州：浙江工商大学，2015.

[19] 曹泉. 中国关税政策效应分析 [D]. 济南：山东大学，2005.

[20] 金祥荣，林承亮. 对中国历次关税调整及其有效保护结构的实证研究 [J]. 世界经济，1999，4（8）：28~34.

[21] 符圆圆. 中国关税的现状及研究分析 [J]. 中国商论，2021（12）：99~101.

[22] 谢孟军. 中国对外贸易概论 [D]. 杭州：浙江大学，2017.

[23] 黄晓军. 从关税征管走向关税治理——中国海关关税管理的制度变迁研究 [M]. 北京：中国海关出版社，2008.

[24] 杨瑞. 新中国关税政策的变迁及其经济效应分析 [D]. 昆明：云南财经大学，2012.

[25] 李鹏飞，葛建华，王明林，等. 连铸坯热送热装在节能减排中的应用 [J]. 铸造技术，2018，39（8）：1768~1771.

[26] 李勇. 棒线材连铸无补热直接轧制技术分析 [J]. 现代冶金，2017，45（6）：44~48.

[27] 王贺龙，房金乐，张朝晖，等. 棒线材轧制节能技术发展对能耗的影响 [C]. 中国金属学会能源与热工分会、东北大学. 第十届全国能源与热工学术年会论文集，2019.

第四篇

螺纹钢未来发展方向

螺纹钢未来发展会受到经济社会高质量发展的影响，也将会受到绿色化、智能化等重大战略的影响，螺纹钢企业从组织形态上将发生变化，螺纹钢需求从量上发生变化，同时随着理论研究的深入、工艺技术的创新、装备的完善，螺纹钢产品不断向“五化”发展。希望本篇的观点和论述能为相关企业谋划未来开展螺纹钢发展研究提供参考和借鉴。

第一章　外部环境变化对螺纹钢发展的影响

第一节　绿色化、智能化对螺纹钢发展的影响

绿色化、智能化是钢铁行业的发展主题，也是螺纹钢产业的发展主题，必须进行认真思考、探索和实践。在绿色化方面，不但要从工艺流程、技术装备方面进行升级改造和完善，还要从螺纹钢耐久性及减少资源消耗方面进行探索和发展；在智能化方面，首先不断升级智能化的装备，例如无人天车、工业机器人、在线物料识别、AI 加热等，更重要的是要破解螺纹钢组织、性能的“黑匣子”，通过信息化实现数字化，智能化。

一、绿色发展

螺纹钢作为产量最大的钢铁产品，据统计 2020 年产量为 2. 66 亿吨。螺纹钢产业是能源密集型产业，具有高碳排放特征，因此螺纹钢企业的绿色低碳是工业绿色化的重要一环。据调研，轧钢工序总能耗约占钢铁联合企业能源消耗总量的 10%，是钢铁企业重点用能工序之一。为了在 2030 年实现碳达峰，2060 年前实现碳中和战略目标，产量上进行减量化应是必然趋势，同时还必须做到生产过程中 CO_2 大幅度减排。为此必须从现在开始持之以恒地进行工艺、技术、装备的改进、创新、升级。

在螺纹钢轧制过程中，节能降耗措施很多，但是为了实现碳达峰的目标，仅仅靠小改小革是不够的，必须从工艺和装备着手，瞄准技术关键点和生产瓶颈问题，努力开发颠覆性技术，更重要的是加大推广和应用已突破的技术及工艺的力度，使其发挥应有的作用。未来轧钢工序的节能降耗可以通过直接和间接两种方式实现。

（一）螺纹钢生产过程直接节能减排技术措施

螺纹钢热轧过程中产生 CO_2 主要是轧钢加热炉的燃料消耗（主要是煤气）约占 74%，其次是电力消耗约占 23%。传统加热炉是轧钢系统内耗能量最大的一种大型设备，其煤气消耗占到整个轧钢工序能耗的 80%左右。因此，未来在螺纹钢工序上实现绿色生产，必须从根源上寻找直接节能的办法。

棒线材无头补热直接轧制技术的推广

无头补热直接轧制技术是不通过加热炉（需要通过补热装置进行补热）直接将连铸坯连续不断地进行轧制的技术（如图 4-1 所示）。此技术可使企业获得直接经济效益，同时实现节能减排。与传统流程相比，省去了加热炉工序，从而显著降低能源消耗和碳排放量；与焊接型无头轧制相比，没有焊缝从而明显提高产品性能稳定性。该技术最大程度地降低了轧钢流程的能耗、减少了废气污染、彻底消除了非定尺产品，可实现全定尺交货，提高了成材率。据统计，钢坯在加热炉内二次加热产生 1. 0%～1. 5%的氧化烧损，理论上

无头直接轧制可以完全避免烧损，且缩短了生产周期。这种紧凑的布局方式未来将取代传统的螺纹钢轧制工艺布局。

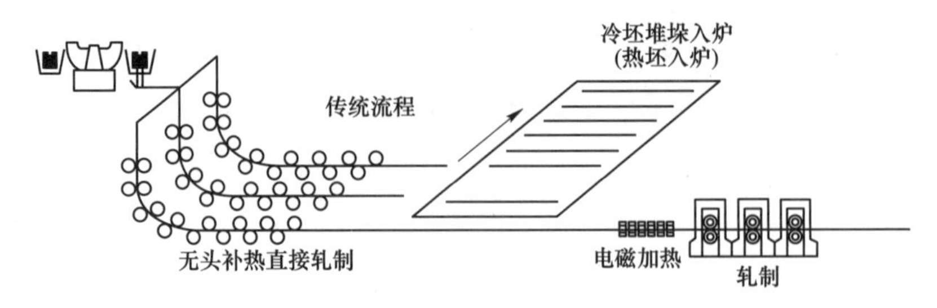

图 4-1 无头补热直接轧制与传统流程轧制的比较

无头补热直接轧制技术由于用电磁感应补热取代了传统的轧钢加热炉，大幅度降低了煤气消耗与污染排放，并降低了轧制成本。与常规钢坯热装热送、冷装和入炉加热相比，无头补热直接轧制技术吨钢节能分别达到了 20kg 和 40kg 标准煤。一般 1t 标准煤约排放二氧化碳 2. 66~2. 72t，排放二氧化硫 8. 5kg 左右。按年产 120 万吨的棒材生产线算，每年节约标准煤可以达到 2. 4 万吨以上，减排二氧化碳 6 万吨以上，减排二氧化硫 1. 02 万吨以上。目前国内各种棒材产线逾 1500 条，大多数产线仍旧停留在红送、热装，甚至冷装技术上，无头补热直接轧制技术并没有大面积推广应用，其占比不到 5%。表 4-1 列出以 2020 年棒材生产量 4. 12 亿吨计算，对无头补热直接轧制技术未来占比分别达到 10%、30%、50%、80%作假设情况下，CO_2、SO_2减排量。

表 4-1 无头补热直接轧制不同占比下 CO_2、SO_2减排量

无头补热直接轧制技术占比/%	CO_2减排量/万吨	SO_2减排量/t
10	206	350200
30	618	1050600
50	1030	1751000
80	1648	2801600

采用无头补热直接轧制，还将减少堆钢事故并提升企业经济效益，对中国 2030 年实现碳达峰目标有重要的现实意义。无头补热直接轧制未来会基于区域性废钢资源的本地化利用，向着综合型处理加工中心方向发展。

电磁感应加热代替传统加热炉

螺纹钢最理想的轧制方式为无头无加热直接轧制，但在实际生产中，无头无加热直接轧制技术存在一些问题，如连铸坯到轧钢粗轧运输过程造成的钢坯各处温度不均匀，钢坯表面和心部温差可达 100℃以上、连铸机不同流线出来的钢坯温差可达 20℃以上等，从而影响金相组织，影响产品性能稳定性。这类问题可以通过在粗轧前安装电磁感应加热设备（见图 4-2 和图 4-3）得到解决。感应加热技术具有可控性好、可靠性高、加热速度快、易于自动化等优点，螺纹钢轧制可以免去末端治理。

另一方面，连铸坯在加热炉内二次加热会消耗大量的煤气、天然气、煤粉等，加热费

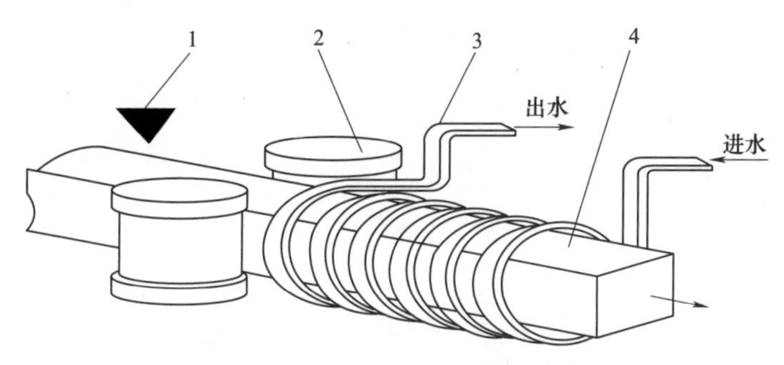

图 4-2　钢坯电磁感应加热示意简图

1—测温定位仪；2—夹持辊；3—感应圈；4—钢坯

图 4-3　钢坯粗轧机架前电磁感应加热现场

用在 20 元/吨以上，生产成本高、能源消耗大。据计算，加热炉与感应加热装置的固定资产投资比大于 12：1，相较传统的加热炉 180～200kW·h/t 的能耗，感应加热的能耗量为 15～45kW·h/t，节约大约 $15m^3/t$（净值）的天然气用量，相当于 150kW·h/t，CO_2 排放量相应地减少约 100kg/t，节能 75%～93%。

根据国家市场监督管理总局信息中心统计数据，2020 年年底，我国螺纹钢（具有生产许可证）生产线所使用的加热炉共 747 座，共生产螺纹钢约 2.6 亿吨，算下来能耗总量为 468 亿～520 亿千瓦时。而电磁感应加热技术目前在国内螺纹钢企业鲜有应用，如果未来能用电磁感应加热炉代替 50%的传统加热炉，分别取传统加热炉和感应加热能耗量最大值，则总能耗可降低到 318.5 亿千瓦时，CO_2 排放量相应地减少约 1300 万吨；如果未来能用电磁感应加热炉代替 80%的传统加热炉，则总能耗可降低到 197.6 亿千瓦时，CO_2 排放量相应地减少约 2080 万吨。

综上所述，在当前形势下，电磁感应加热以其零污染绿色环保、极高的热转换效率、精准的温度自动控制且感应加热没有热惯性等特点，使该技术有极大的发展前景。

（二）螺纹钢生产间接节能减排技术措施

由于轧钢工序是由原料、设备、工艺、产品四大要素按特定的结构方式相互联系而形成的统一的耗能体系。因此为了进一步推动轧钢工序节能，工作应向深度和广度发展，所以未来除了以加热炉为突破口探寻直接减排措施外，必须从轧钢设备、轧制工艺、产品自身出发实现间接节能减排。

1. 降低合金含量、提高成材率

由于绿色发展理念的普及，近年来各个螺纹钢企业都深切明白热轧棒材技术未来进步的主要方向必须向短流程、低排放、减量化、高性能迈进，同时大力开发与之配套的核心装备。各企业也在积极追求在实现节能减排的同时，可以降低合金含量、提高成材率的工艺和装备。

近年，国内研发了设计轧制速度为 45m/s 的高速棒材生产线核心技术与装备（见图 4-4)，实现了精准控轧控冷，提高了棒材尺寸精度与性能均匀稳定性，提高了生产效率，降低了生产成本。

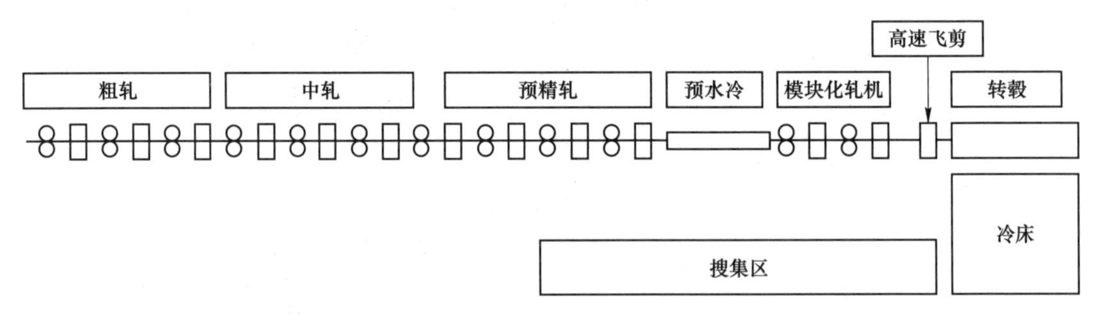

图 4-4 高速棒材主轧线工艺布置图

第一，由于高速棒材可以实现多道控轧控冷，晶粒度等级提高，合金元素使用量大大降低。国内某钢厂在轧制 ϕ10~14mm 螺纹钢时钒氮合金为零，锰的含量为 0.95%，减小了合金资源的消耗及生产成本。

表 4-2 为另一钢厂采用切分技术轧制 ϕ12mm 螺纹钢的检测结果。如果此钢厂采用高速棒材生产技术，吨钢可节约钒氮合金 0.005%，锰 0.4%，按市场价计算，吨钢成本节约 35 元以上。这对于企业而言，提高了金属收得率，提升了经济效益，同时可以解决新国标热轧钢筋合金减量化绿色生产的难题。

表 4-2 HRB400E ϕ12mm 规格化学成分检测结果

产品牌号	国标和检测规格	化学成分（质量分数）/%				
		C	Mn	Si	P、S	VN
HRB400E	GB 1499.2—2018	≤0.25	≤1.60	≤0.80	≤0.045	
	ϕ12mm	0.23	1.35	0.4	0.030	0.005

第二，高速棒材由于采用高精度的模块轧机，可以轧制负差下限，使得理论成材率大幅提高，平均可达到 102%，比传统切分轧制成材率高 1 个百分点。国内某钢企采用高棒技术后，实物成材率稳定在 98%以上，吨钢增加效益 40 多元，提高了设备的生产能力，减少了能源、资源的浪费，且成功解决小规格棒材产品多线切分轧制生产中产品质量精度低的问题。

第三，单线高速棒材的生产量比切分棒材工艺低，最多达到 80 万吨/年，而双高棒工艺产量理论上可以达到 200~250t/h，不低于切分轧制。双高棒工艺唯一的缺点是：吨钢电耗会比切分工艺高 40kW·h，估计该项的吨钢成本在 20 多元。

目前国内新研发的高速棒材生产线已可以将模块轧机改为单独传动，并进一步改善轧机刚性，使其具有更好的性能，且产品表面质量较市场同类产品有明显提升。双高棒在国内还没有大面积推广，2020 年年底国内投产近 20 条高速棒材生产线和 10 多条在建生产线，而据统计 2020 年年底螺纹钢生产线 476 条，双高棒占比不到 10%。按 2020 年螺纹钢产量 2.6 亿吨计算，如果未来双高棒占比达到 50%，将对螺纹钢降钒降锰、节约成本有突出作用，理论上每年可以节约成本 71.5 亿元。由于以上显著优势，企业新建产线应优先考虑双线高速棒材，或者将切分线工艺改成双高棒工艺。

2. 增加机时产量

钢企在轧制热轧带肋钢筋时广泛采用多切分工艺技术以提升产量和降低成本。多切分轧制因其“以切代轧”的工艺特点可明显降低能源消耗。

国内多线切分的生产方式经过多年的发展有了较大提升，据调研，当前国内钢企轧制 ϕ16mm 以下规格的螺纹钢仍以四线切分为主，机时产量平均在 200~210t/h。六切分在国内也有所尝试，新疆八钢公司六切分机时产量稳定在 220~250t/h（见图 4-5）。与四线切分相比，六线切分产能提高 15%左右，单位能耗也随之大幅改善，这为未来六切分轧制的大力推广提供了宝贵经验。

图 4-5 新疆八钢公司六切分轧制现场

切分轧制未来需要解决的问题在于，切分轧制预切料较宽，轧件边部较中间冷却快。随着切分线数的增加，预切料越宽，温差越大，最终造成切分后两边线抗拉强度和屈服强度较高，强屈比在下限，中线虽然强屈比较高，但抗拉强度和屈服强度在下限，两边线与中线强度性能有时甚至相差 50~60MPa，产品性能稳定性无法保障。相信在不久的将来，通过不懈的努力可以解决这一问题，使五切分甚至六切分得以大面积推广，助推企业提高产量、节能减排。

3. 提升螺纹钢自身质量

（1）提升钢筋强度。我国建设工程主要是以钢筋混凝土结构为主，钢筋消耗量很大。HRB500 钢筋在强度、延性、耐高温、低温性能、抗震性能和疲劳性能等方面均比 HRB400 有很大的提高，主要用于高层、超高层建筑、大跨度桥梁等高标准建筑工程，是国际工程标准积极推荐使用的产品。

HRB500 钢筋工程应用实践表明，如果采用 HRB500 级高强钢筋代替强度等级低的钢筋，可以大大节省钢筋用量，减少生产钢材所需的能源消耗，具有明显的经济效益和社会效益。在高层或大跨度建筑中应用高强钢筋，效果更加明显。据测算，钢筋强度从 400MPa 提高到 500MPa，可减少 6%~15%用量。2020 年我国螺纹钢表观消费量 2.66 亿吨（500MPa 及以上钢筋使用量较小，此处忽略不计），按节约钢筋用量 10%计算，其可降低螺纹钢用钢量 2660 万吨。按吨铁消耗矿石 1.6t、铁钢比 1.2、产品成材率 97%计算，年减少矿石消耗 5265 万吨；按吨钢能耗 572kg 标煤计算，年减少标煤消耗 1522 万吨；同时，降低钢材用量，可相应减少废弃物排放，以 2019 年中国钢铁工业协会会员企业平均水平，少生产 2660 万吨螺纹钢，年可降低二氧化硫排放 31654t，降低烟粉尘排放 17238t，降低 COD 排放 5852t，降低新水消耗 0.87 亿立方米。高强钢筋作为节材、节能、环保产品，未来在建筑工程中用量必将增加。这也是建设资源节约型、环境友好型社会的重要举措，对推动钢铁工业绿色发展和建筑业结构调整、转型升级具有重要意义。

我国先后淘汰了 Q235MPa 级和 335MPa 级螺纹钢，目前主要以生产 400MPa 级钢筋为主，500MPa 级钢筋的产量占比较小，600MPa 级及以上高强钢筋处于深入研究和探索当中（见图 4-6）。与 HRB400、HRB500 钢筋相比，HRB600 钢筋具有强度高、综合性能优良、使用寿命长、安全性高等优点，并可解决建筑结构肥梁胖柱问题，增加使用面积，使结构设计更灵活，是未来体型庞大、功能复杂工程项目及大型设施的主体用材。

（2）提高钢筋耐久性。随着沿海的港口码头、跨海大桥等钢筋混凝土建筑的增加，更多的建筑面临氯盐腐蚀的严峻挑战。钢筋腐蚀是混凝土结构失效的主要原因，虽然混凝土对钢筋具有保护作用，但在实际应用过程中，特别是在苛刻的腐蚀（如海洋）环境中，钢筋将受到严重腐蚀，进而使钢材的疲劳强度降低、抗冷脆性能下降。这影响了钢筋混凝土的握裹力，大幅度降低其使用寿命。交通运输部等单位曾对华南地区码头进行调查，结果显示，有 80%以上均发生严重或较严重的钢筋锈蚀破坏，出现破坏的码头有的距建成时间仅 5~10 年，造成了严重经济损失。国内研究结果表明，氯离子渗透到钢筋造成生锈一般在 3~12 年，钢筋（20MnSi）生锈到混凝土构件角部钢筋锈胀开裂一般在 3~6 年。由此，使用普通低合金钢筋的混凝土建筑在 5~18 年开始出现局部锈胀开裂问题。

未来如何增强钢筋耐久性，提高海洋工程的服役寿命，从钢筋自身解决问题已引起世界各国的普遍关注。为满足我国节能减排及低碳环保的要求，开发低成本、高强度、长寿

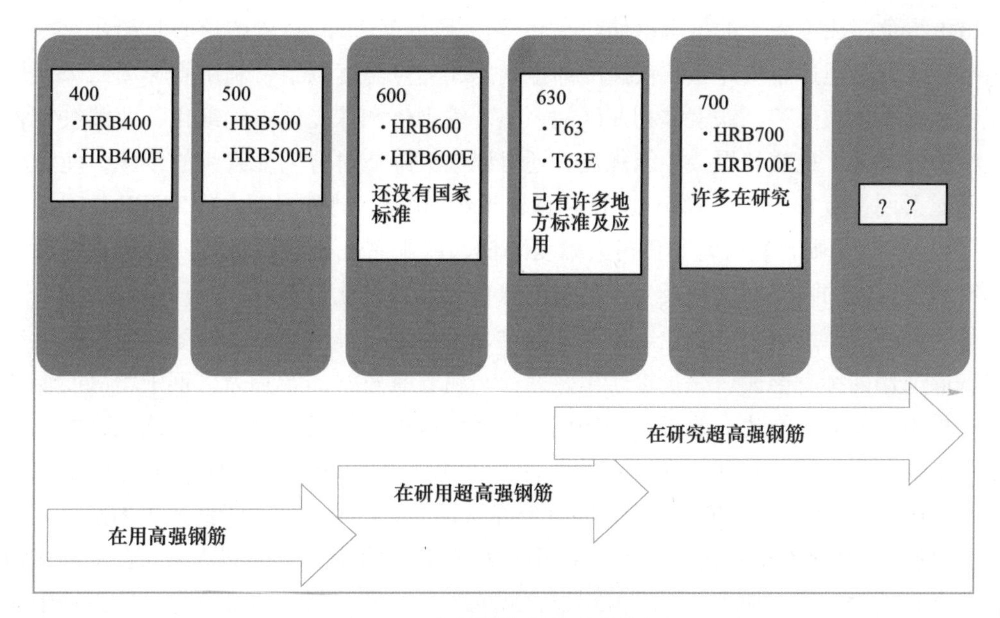

图 4-6　中国螺纹钢强度的发展

命耐蚀钢筋是螺纹钢绿色化发展的新趋势。合金元素铬能够促进钢的钝化，产生的钝化膜能显著降低钢的腐蚀速率；钼元素的加入在改善钢耐蚀性的前提下抑制点蚀倾向的发生。基于此，江苏沙钢集团研发出 ϕ10~25mm 显微组织为铁素体+贝氏体为主的高强度长寿命耐腐蚀钢筋——HRB400M，其合金元素铬、钒、钼总含量不大于 13%，合金成本小于不锈钢钢筋，成功实现批量生产供货并形成 400~700MPa 系列强度等级，其耐腐蚀性达到普通钢筋的 5 倍以上，设计使用寿命超过 100 年。

耐蚀钢筋是绿色高性能产品，提升了钢筋的使用寿命，降低了建筑物全生命周期成本，并可大幅降低相关物流费用，符合国家“低碳、绿色、循环”经济理念和可持续发展的战略方针。目前国内为了解决钢筋的锈蚀问题，正在研究蓝膜新一代 TMCP 技术，通过探索螺纹钢氧化膜的形成机理，揭示氧化膜的厚度、组成及形态对螺纹钢耐蚀性的影响规律，旨在将来生产出具有氧化膜的耐蚀性钢筋，以提高螺纹钢的耐久性。耐蚀钢筋的大面积工业化批量生产，将带来巨大的社会效益和节能环保效果。

（3）生产资源消耗更少的“素钢筋”。新国标实施后，各钢厂为了满足需求，通常采用 V/V-N、Nb/Nb-V、Ti/V-Ti 等微合金化技术，综合获得析出强化和细晶强化的效果，钢筋性能稳定，但合金成本较高，且容易造成资源浪费，合金氧化后如氧化钒、氧化钛不利于废钢的循环利用。钢铁是钒的最大用户，占其总消费量的 90%以上。降低合金成本和生产难度，形成稳定的工业化生产技术，生产出不带合金或者少带合金的“素钢筋”也是未来的重要发展方向。

钢筋在满足超高层建筑钢筋对抗震性能与弯曲性能要求的同时，还要具备良好的塑性以吸收地震能。主流的 TMCP 工艺选择在钢中加入铬、镍、钼、铌、钒、氮、铜、铝等元素中的 5~8 种元素微合金化，由公式碳当量 $C_{eq}=C+Si/24+Mn/6+Ni/40+Cr/5+Mo/4+V/14$ 可知，这必然会提高钢筋的碳当量，且会造成资源的浪费。因此利用新一代 TMCP 工艺生产出更绿色、成本更低的抗震钢筋势在必行。新一代 TMCP 技术的核心是超快速冷却技术与装备，轧后通过超快冷系统快速冷却至动态相变点温度以下，利用高速率冷却，使得硬化状态奥氏体被保存至铁素体相变区间，实现铁素体和珠光体组织细化，使螺纹钢强度提高、塑性改善、抗震和焊接性能优良。还可以大大降低对合金元素钒的依赖，使钢中主要合金元素用量节省 20%~30%，降低吨钢成本约 50 元。此外，新一代 TMCP 技术避免了“低温大压下”原则，轧机轧制负荷大幅度降低，减少了轧机建设投资，对节省资源和能源，有利于钢筋的再循环利用及生产过程的绿色化、减量化。

另一方面，螺纹钢生产企业未来应通过“增氮降钒”来实现钒的减量化生产，形成企业可普遍适用的稀有金属钒减量提质工艺。氮与钒具有较强的亲和力，钢中增氮能促使钒第二相析出，使晶粒细化，改善钢的韧性，进而大幅度降低钒的消耗量，这在降本增效方面发挥重要作用。研究发现，在一定的条件下，含钒钢中每增加 0.001%的氮可提高钢筋强度 8MPa，可节约 20%~40%的钒，能有效降低钢筋生产成本。基于此，国内某企业采用新工艺钒微合金化+增氮强化工艺生产 HRB400E 热轧带肋钢筋：钒以 VN16 合金形式加入进行合金化处理，氮以加入特制增氮剂配合底吹氮气共同控制其质量分数。使钢筋中钒的质量分数减少了 0.020%~0.025%，氮的质量分数增加了 0.009%~0.010%。在降低钒质量分数、节约生产成本的同时，屈服强度和抗拉强度均略高于原钒微合金化工艺产品，其中平均屈服强度高 7.17MPa，平均抗拉强度高 3.83MPa。

未来通过新一代 TMCP 技术生产出高品质钢筋，通过“增氮降钒”来实现钒的减量化，这对实现我国建筑行业结构优化，实现“微晶强化+废钢循环利用”意义重大，为社会节约资源、保护环境、减少污染，同时也保护了人民的生命财产安全。相信在不久的将来，这些技术将在实践中大面积应用到工业生产中。

二、智能制造

2008 年的国际金融危机和欧债危机使得西方国家重新认识到实体经济的重要性，纷纷检讨过去“去工业化”战略所导致的实体经济空心化的后果。世界各国纷纷意识到，以制造业为核心的实体经济才是保持国家竞争力和经济健康发展的基础，特别是为了更好应对客户个性化需求、惨烈的同质化竞争、迅速变化的市场、提高资源利用率等一系列挑战，各国先后提出了应对挑战的智能制造战略。无论是德国的“工业 4.0”，美国的“工业互联网”，还是日本的“智能制造系统”都是根据自身情况为本国制造业制定的战略规划。全球加速进入大国间的数字经济竞争时代，世界正经历一场以智能制造为核心的更大范围、更深层次的科技革命和产业变革。

作为世界第一制造大国，我国制造业目前面临着高附加值、高科技含量的高端制造业向发达经济体回流及劳动密集型产业向其他成本更低的发展中国家转移的“双向挤压”，所以必须采取有力的措施，大力提高生产效率。我国因此也提出了“中国制造 2025”的国家战略，加快从制造大国转变为制造强国，其中将发展智能制造定位成中国制造业转型的主攻方向，旨在解决中国制造业面临的长期挑战：在供应链中承担更多高价值活动，最终建立能够稳步盈利的全球品牌。智能制造是实现“中国制造 2025”国家战略的重要抓手，要将移动互联网、云计算、大数据和物联网（IT，Internet of Things）等技术与现代制造业融为一体，实现“中国智造”和“中国创造”。

（一）对智能制造的再认识

智能制造理论体系架构体现了从基础到应用、从理论到实践、从技术到实现、从任务到目标等系统化、层次化的特点，其架构图如图 4-7 所示。

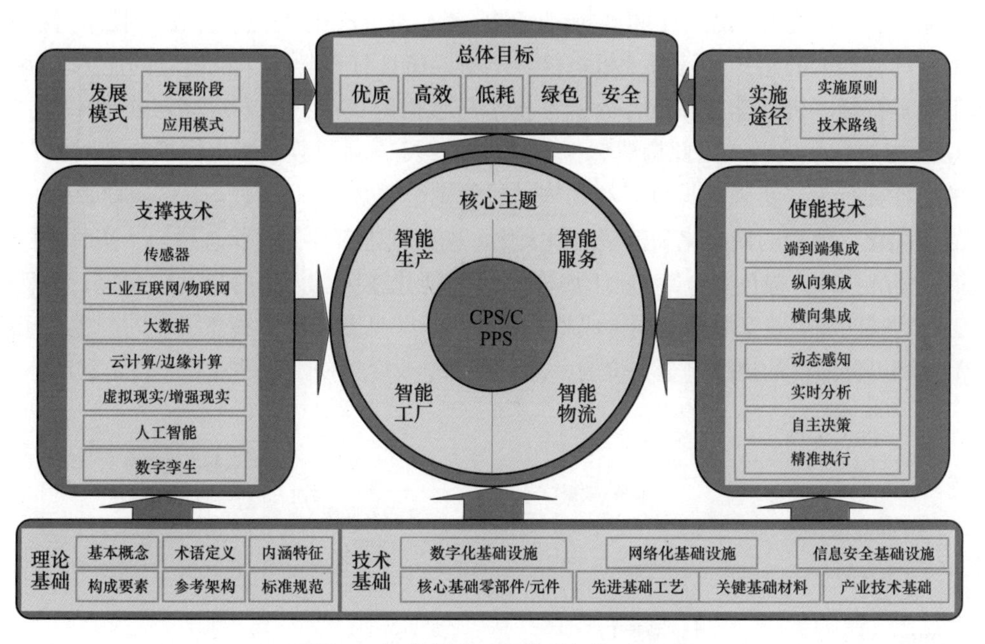

图 4-7　智能制造理论体系架构示意图

工业智能制造是在设备上加传感器，使设备可感知、可预测，并且将感知到的信息由转换元件按一定规律和使用要求变换成为电信号或其他所需的形式并输出，在这个过程中会产生大量的数据，形成信息系统。这些数据需要通过存储层先存储下来，定制数据达到一定的数量级，就可以建立数据模型体系，实现大数据应用。利用这些大数据进行分析，将带来仓储、配送、销售效率的大幅提升和成本的大幅下降，并将极大地减少库存，优化供应链。但是信息系统之间存在大量数据孤岛，不同系统的数据无法共享，难以互联互通，无法通过全流程智能分析提高业务管理运营效率，这成为从规模型制造向柔性生产转型的技术瓶颈。云计算深入渗透到制造企业的所有业务流程，能够根据用户的业务需求，经济、快捷地进行 IT 资源分配，实现实时、近实时 IT 交付和管理，快速响应不断变化的个性化服务需求。实现智能制造的前提之一是强大的网络通信系统支持，信息通信系统升级是智能制造中很重要的一环。5G 网络在低时延、工厂应用的高密度海量连接、可靠性及网络移动性管理等方面优势凸显，强大的网络能力能够极大满足智能工厂对低时延和可靠性的挑战。

（二）钢铁工业在智能制造领域的目标

在新一轮科技革命和产业变革的大背景下，智能制造已成为引领制造业发展的重要举措，并且已经成为钢铁行业转型升级和高质量发展的关键，更关系到市场竞争的主动权和价值分配的话语权。

钢铁工业智能制造的核心目标是创造跨工序协同价值链。在钢铁企业信息化系统基础上，通过业务+数据的方式，将各个独立的信息系统进行整合，构成工业互联网；现场设备通过多种数据通信技术（如5G）进行连接，实现万物互联，构成工业物联网。

随着工业互联网和工业物联网的深入发展，在此基础上增加了基于人工智能技术的学习认知部分，它研究开发用于模拟、延伸和扩展人类智能的理论、方法、技术及应用系统，不仅具有强大的感知、计算分析与控制能力，还具有自学习、自适应的能力。例如人们基于人工智能、机器学习和软件分析等技术与数据的集成，引入更高层次的CPS技术。利用CPS构造一个模型，以此构建虚拟与现实的连接，利用数字孪生模拟物理对象在现实环境中的各种行为，实现虚拟世界和物理世界的完全融合，以实现全生命周期管理，达到生产的最优化、流程的最简化和效率的最大化，进而打造出具备“状态感知、实时分析、自主决策、精准执行、绿色安全”特点的钢铁工业智能化系统。设备的自动化系统、信息化系统、工业物联网和工业互联网共同构成整个智慧工厂（见图4-8）。智慧工厂的产生对于生产的灵活性和可伸缩性的挑战是全方位的，甚至将完全改变钢铁工业的流程、技术和产业链。

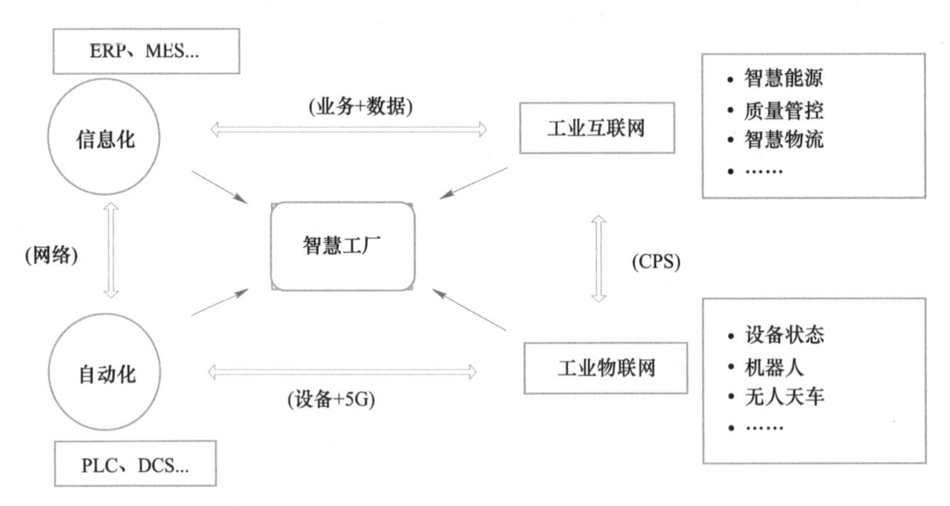

图4-8 钢铁智慧工厂构成

智能制造整个过程并非由一家钢铁厂商集中完成，而是由产业链上下游组成的“钢铁联盟”共同协作达成，这样就在工厂的数字化、网络化、智能化的基础上形成更庞大的工业互联网。这庞大的工业互联网是在智能制造的基础上搭建全产业链的互联互通的平台，目的是把钢材的制造过程和制造钢材所需要的供应链能够全要素、全链条的打通，通过企业内、企业间的协同和各种社会资源的共享与集成，通过重新分配的方式重塑制造业的价值链，把供给侧和需求侧通过互联网的手段连起来，根据需求状况安排生产，以达到制造资源的优化配置，达到智能制造+工业互联网新生态的打造，以此推动钢铁工业从自动化向数字化、智能化转变。相比于目前的企业资源计划，新一代智能制造未来将给钢铁行业带来革命性变化，实现真正意义上的“智能制造”。

（三）螺纹钢的智能制造

随着钢铁工业的快速发展，螺纹钢生产线的轧制速度提升，产量大幅度提高。与此同时，很多问题也显现出来，如传统精整处理钢筋的能力不足、工人的劳动强度增大、安全风险增大、人工成本增高、产品超负差、剪切质量差、计数不准确、打捆质量不能够满足市场的要求、天车运输管理混乱、码垛不规范、出库效率低下等问题急需解决；螺纹钢企业同时面临着客户需求高度个性化、产品开发周期缩短等问题，客户和社会对产品的运输效率、安全、智能化、噪声、灰尘等环保要求也越来越高，企业经济指标不能得到保证，市场竞争能力降低；2018 年后强穿水冷却工艺受限，要适应新国标下控轧控冷螺纹钢筋的合金减量化需要，亟须开发新型、有效、精确的控冷系统等。

要解决这些问题，就必须依托智能制造，生产线轧后工序增加必要相关设备、提高螺纹钢生产线精整设备、提高智能化控制水平等。下文主要从螺纹钢的加热工序和轧制工序方向来探讨企业通过智能制造的手段未来可能产生的应用价值。

加热炉-AI 集控燃烧

加热炉作为轧钢工序主要的耗能设备，其能耗占轧钢工序总能耗的 70%左右，其性能直接影响到产量、质量、能耗等技术经济指标。当前，冶金企业的加热炉工艺设计仍然是以工程人员的经验为主。加热炉的节能环保需求以及自身结构的复杂性都对加热炉的分析与优化提出了严峻挑战。因此如何有效合理地利用智能化手段、基于工业大数据的节能潜力分析，来提升钢铁加热炉能效水平被企业逐渐重视。

表 4-3 为 AI 集控燃烧与传统燃烧、自动燃烧、智能燃烧在稳定性、加热工艺、生产信息、设备管理四个方面的对比。AI 集控燃烧是用大数据方式根据模拟数据精准模拟燃烧温度，积累丰富燃烧数据，智能生成最优加热工艺。加热炉智能燃烧控制系统，通过加热计划编排、炉温优化设计、动态工艺优化、智能燃烧控制实时计算钢坯温度，进而设定最优炉温来控制钢坯的加热过程，以达到提高加热质量与稳定性的目的。AI 智能燃烧技术具有极大的推广应用价值，据推算全国年效益可达数百亿元。

表 4-3　AI 集控燃烧的优越性

燃烧方式	传统燃烧	自动燃烧	智能燃烧	AI 集控燃烧
燃烧稳定	依靠人工经验调节温度	加热温度以人工经验设定，设备自动调节空燃比	依靠人工智能加热模型设定，精准温度控制范围	依靠人工智能加热模型设定，精准温度控制范围
加热工艺	以人为经验为主，粗犷式加热工艺	以人工经验为主，粗犷式加热工艺	根据不同钢坯信息，智能生成最优加热工艺	自学习各条产线最优加热工艺，依靠云平台生成动态加热工艺
生产信息	人工设定计划与手抄核对	人工录入生产信息，人工现场核对	由生产计划系统自动导入生产信息	智慧识别系统与生产计划系统自动核对
设备管理	人工巡检，事后发现故障	传统传感器+纸质设备档案+人工巡检	传统传感器+设备电子档案+人工巡检	新型传感器+设备云平台+故障预警+远程巡检

生产信息智慧跟踪识别系统

通过光电一体化的手段使机器具有视觉的功能。将机器视觉引进检测范畴，检测动态产品（坯料）的位置、质量、编码等信息，从而达到智能控制、产品质量检测报警、产品物料自动跟踪等效果。识别系统安装于加热炉入炉前辊道处，当传感器检测到辊道上有钢时，进行强制照核，匹配数据，准确解码钢坯长度、宽度、坯号、铸坯异常等信息，并将数据传送给生产控制计算机系统，实现成品一一对应及质量闭环控制，实现问题追溯。这解决了“坯料入炉前没有经过质量检测，容易使有缺陷的钢坯混入”等问题。

棒材表面检测系统的开发

传统的红外表面探伤单元可以检测棒材的表面缺陷，最大检测速度为1m/s，已逐渐不能满足螺纹钢高速轧制的特性，开发高速、高效的检测系统迫在眉睫。传统表面检测系统的原理见图4-9。

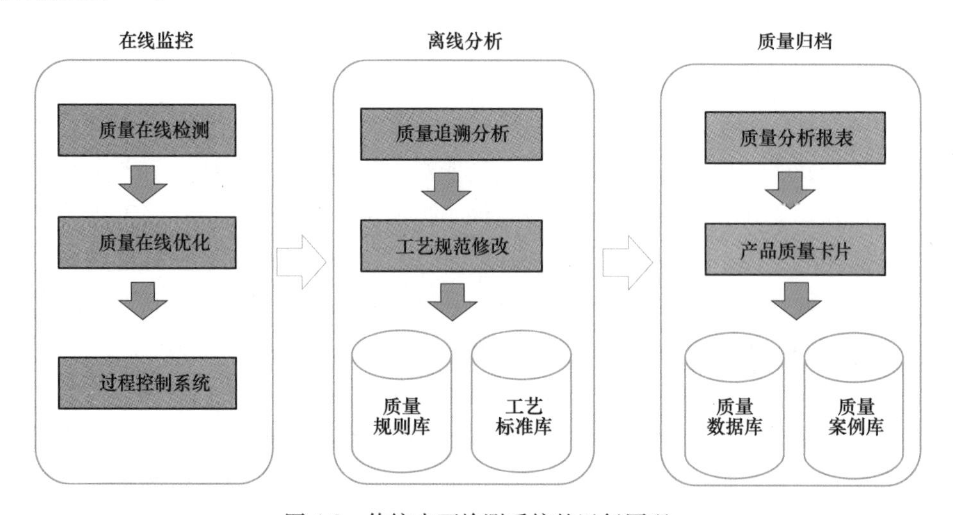

图4-9 传统表面检测系统的运行原理

国内研发的BKVision表面检测系统可以检测棒材在轧制过程中的表面缺陷，检测速度为0~20m/s，该系统使用一台带有独特绿色光源的工业摄像机对移动的棒材进行全扫描，详见图4-10。棒材表面缺陷区和非缺陷区的光反射不同，缺陷区会有不同的特征。捕获的图片将被提取、分析和模式识别，以确定它是否是缺陷并显示在系统中。通过实时监控与产品质量相关的KPI，该系统可以检测出裂纹、折叠、划伤、翘皮、凹坑、压痕等常见缺陷；及时发现当前产品质量存在的问题，追溯原因，进行动态局部调整和整体优化，实现质量精益管理和控制；该检测系统适用于ϕ40~130mm的棒材，横向检测精度0.14mm/pixel，纵向检测精度0.8mm/pixel，检测率不小于94%，识别率不小于84%，检测温度100~1100℃。这项技术目前已在马钢和淮钢的大中型棒材生产线上使用两年多，取得了良好的效果，能够更好地反馈棒材产品的缺陷，及时处理问题，提高产量。此系统目前在摸索经验阶段，未来如果检测范围扩展到中小规格，将有广阔的市场和应用前景。

在线测径仪的选择

采用在线检测技术可以解决人工抽样检查中存在的漏检、反馈缓慢、操作安全隐患等

- 能检测棒材生产线如裂缝、折叠、划伤、翘皮、凹坑、压痕等常见缺陷。
- 适用棒材尺寸：ϕ40～130mm
- 横向检测精度：0.14mm/pixel
- 纵向检测精度：0.8mm/pixel
- 检出率≥94%
- 识别率≥84%
- 检测温度100～1100℃，速度0～20m/s

图 4-10　棒材 BKVision 表面检测系统的应用现场及模拟简图

（图片来源：北科工研）

问题，对产品精度控制有益。在线检测即在生产过程中对坯料进行自动测量和检查，经过装置连续、逐一地检查反馈问题，系统接收后可迅速响应，对设备进行调整，保证成品质量合格。能适应高速棒材在线测径的是专门用于棒材外径检测的在线全数字化测量设备，测量的数据客观、实时性好，测量结果保存完整，适用于在线质量监测、跟踪和生产工艺分析，其现场应用见图 4-11。

图 4-11　棒材在线测径仪的应用现场

棒材在线测径仪的工作原理是采用八组 CCD 照相机摄取所检测的棒材图像，将其转化为数字信号，采用先进的计算机硬件与软件技术进行处理，从而得到所需的各种目标图像特征值，并在此基础上实现坐标计算、模式识别、灰度分布图等功能。通过测量车内同平面的摆动测头可完整地测量同一截面的形状参数、现场大屏幕实时显示、报警器报警等多种途径监控产品质量，实现连续质量跟踪、及时了解尺寸超差和轧机的异常状况，以加快生产节奏。根据不同品种，对测径仪进行设定，通过现场 LED 显示屏提醒操作者关注反馈的信息，与生产线二级保持通讯联系，从而提高产品质量，降低人工成本。

工业机器人在棒材生产线的应用

将机器人嵌入生产线，代替人去完成高强度、重复性乃至有危险性的劳动，是国内钢铁行业迈向智能制造的重要一步。这些自动化设备不仅降低了工人的劳动强度，还提升了工作的准确度，节省了许多成本。合理引入人工智能机器人不仅能够优化工业生产模式，还可以完成更高精度的生产任务，可以说人工智能背景下的工业机器人会成为工业领域发展的必然趋势。在螺纹钢生产线，图像自动识别机器人、自动去除棒材毛刺机器人、自动拆捆机器人、自动喷号贴标签机器人等专用机器人其工业价值很高，都是非常值得研究和探讨的。

以自动贴标签为例，国内棒材轧制的生产中目前很少有全自动的焊牌机器人。但是焊接标牌是非常关键的环节，标牌上需要标明关于成品钢的信息，然后才能入库并外销。传统的焊牌方式效率非常低，并且工作强度很高，难免出现漏焊、错焊等问题，还可能因焊接不牢固而在运输过程中掉落标牌。为实现全部生产的自动化，实现计量系统和生产线的连接，国内开发了全自动焊牌机器人系统，即在原来的焊接机器人系统上增加焊牌信息跟踪系统。焊牌信息跟踪系统可以跟踪全部没有焊牌的钢捆，自动地开启焊牌流程，在焊牌结束之后，还能把焊好的标牌识别号传给计量系统，计量系统自动进行入库处理。这样的计量过程实现了无人化，提高了计量效率和焊接准确性。

无人天车与智能库管技术

由天车的电磁吊等吊具将成捆的棒材吊入单方向固定架子堆放场进行分区管理，对发货汽车待发货位置进行定位，使多台天车具备学习能力，分别承担智能卸货和装货，从而实现高效运输。每个棒材堆放架子均做定位，每吊棒材也有定位，做到棒材全流程跟踪。北科工研研发的无人天车与智能库管系统，基于先进传感和无线通信技术收集行车、运输链、过跨车等设备的位置和状态等实时信息，并通过软件接口与工厂管理系统进行数据集成，贯通进料、上料、生产、下线、储存、发货等多环节信息流，以此实现生产信息与物流信息的实时交互。借助作业调度和路径优化算法，系统根据当前任务和设备状态自动生成最高效、最安全的作业方案，并通过多级联动控制驱动行车的自动吊运。同时，在机器视觉等辅助技术的帮助下，行车可以实现更加精确的定位和稳定行驶。该系统是由智能调度排程系统、智能库管系统、无人天车控制系统、智能识别系统、数据分析优化系统等构成的智能化、信息化、标准化、自动化相融合的综合系统。

利用 GPS 以及 RFID 等技术能够对钢铁运输的车辆进行远程定位以及控制管理，这为钢铁行业智能物流打下了坚实的基础。此前，中国钢铁科技与河冶科技联合开发了钢铁企业智能物流管理系统，能够对钢铁运输需要、调度、计划以及钢铁物流跟踪仓储管理等进行一体化的实时同步管理，并且能够实现多平台协同与智能化运行管理，使得物流系统的运行更加高效，成本更加低廉。钢铁企业智能物流管理系统的推出使得钢铁企业的物流运输效率大大提升，提高了钢铁企业的运行效率。

珠海粤裕丰钢铁有限公司智能化仓库项目通过10台无人天车完成棒材的入库、移库、出库等自动化操作，达到10万吨螺纹钢的仓储量，以及每年400万吨的物流能力。本项目在2019年7月已经完成热负荷试车，其可以根据供货合同实行方圆400km的建筑等项目棒材无缝配套供货，直接成为项目的棒材暂存库，减少了中间棒材供应环节，经济效益、社会效益显著。智能物流在智能制造工艺中有承上启下的作用，是连接供应、制造和客户的重要环节。因此，以无人天车为代表的智能物流系统有助于创立冶金行业智能无人天车及冶金智能物流信息化标准，高效利用库区空间，降低人力成本，延长设备寿命，实现生产效率和效益的提升，为企业安全生产和效益提升提供强劲助力。

控轧控冷设备智能化

控轧控冷智能化装备可实现合金减量化生产螺纹钢筋节约生产成本，多层网络通信使各个设备连在一起并具备人工智能，实现生产线自主调节、全自动轧钢，并为轧材企业实现异地、远程集控提供生产线端的技术支持和保障。把这些创新技术有机贯穿起来，融入到工艺过程中，形成新的轧钢智能化控制体系。如轧线采用由测温仪、红外线检测仪、计算机系统操控的控轧控冷技术，抑制高温相变，细化组织，提高钢的强度和塑性。在常规工艺轧制后快冷实现余热处理工艺，中轧后轧件表面温度为1000~1050℃，通过水冷，可控制轧件进精轧机入口轧件温度在950~1050℃范围。并将钢筋上冷床温度控制在（900±20)℃，此工艺条件下的钢筋强度富余量适中，金相组织为铁素体+珠光体，完全满足国标的技术要求。

在智能工厂里，螺纹钢还在被制造的时候就知道自己在整个制造过程中的细节。这意味着螺纹钢能够在半自动状态工作时设定自身在生产中的各个阶段。不仅如此，螺纹钢还可以确保在成为成品之后其组织和性能能够按照最优参数发挥作用，并且还能在整个生命周期内了解自身的磨损和消耗程度。这些信息将被汇集起来，从而让智能工厂能够在物流、部署和维护等方面采取相应的措施，达到最优的运行状态。

第二节　螺纹钢未来需求量分析

螺纹钢作为钢材消费占比最大的产品，影响其未来需求量的因素有很多，既有经济发展的拉动等有利因素，也有新材料的替代等不利因素。本节主要从国家政策如内循环、西部大开发和随着时间的推移国家“后”城镇化时代的到来、建筑结构类型的转变等方面介绍了螺纹钢未来需求量的部分影响因素。

一、新发展格局对螺纹钢未来需求量的影响

国内大循环立足于内需，内需的重点在于新基建、制造业、消费需求等。近年来，国内房地产市场持续宏观调控，对建筑业影响日益显现。国家积极扩大内需、加大投资力度、推进新基础设施建设，从而在消费端对螺纹钢的未来需求带来了新的机遇。

城镇化率突破60%意味着中国城镇化进程已进入下半场，即以新型城镇化为依托，中心城市带动城市群和区域经济的发展阶段，城市群作为新型城镇化主体形态的轮廓更加清晰。据专家预测，至2042年新增城市人口中约60%将分布在长三角、珠三角、京津冀、长江中游、成渝、中原、山东半岛七大城市群。这些城市群承担着积聚城市人口、扩大城市产业、优化乡村空间的重要责任，实现高产业发展质量、多创新产业成果的中枢所在，辐射带动中西部、北部地区发展。目前北京、天津、成都等崛起型都市圈，以及哈尔滨、南昌、长吉等起步型都市圈中心城市对周边城市的带动作用不足，一体化建设仍需加强，对中心城市、城市群地区加大投资力度可以发挥各地比较优势，提高中心城市、都市圈、城市群的带动引领作用。城市群一体化交通网，铁路、城市轨道交通融合发展，城市道路与公路衔接，城市轨道交通与其他交通方式衔接，将为螺纹钢需求注入强劲动力。

另一方面，根据国家统计局住户抽样调查数据，2019年收入最低的40%家庭月人均可支配收入为965元。这部分人大多集中在农村地区，中西部地区和东北地区。为了实现“共同富裕”，国家出台了“乡村振兴”“西部大开发”“扶贫战略”“东北振兴计划”等战略和政策，不断扩大乡村消费，加快补齐基础设施、市政工程、农业农村、公共安全、生态环保、公共卫生、物资储备、防灾减灾、民生保障等领域短板，将带来新的城镇化建设需求和新的消费增长点。民生工程“补短板”、公共服务类项目的建设、人居环境的打造，以及一、二线城市的新区建设和特大工业镇的发展，交通水利等重大基建设施建设，都需要大量螺纹钢、线材等建筑钢材。在新建的综合水利工程中，钢筋的投资占工程总投资的3%~5%，且水与电紧密相关，加快水利发展，必将带动水电工业的发展，同样将拉动螺纹钢需求。

二、西部大开发对螺纹钢未来需求量的影响

2020年5月《关于新时代推进西部大开发形成新格局的指导意见》（以下简称《意见》）颁布，国家政策向西部倾斜，将加快形成西部地区优势资源开发利用的新格局。西部大开发是在东部资源开发接近极限、各种成本都在上升的背景下，西部产业在价值链上的相对滞后特征可转化为后发优势，可承接东中部产业转移，进入国内大循环。

当前城市房地产市场分化加剧，投资重心更加向具备长期需求支撑力的热点城市聚焦，在国家强力推动西部大开发政策背景下，西部核心城市房地产市场规模具备持续恢复的基础。西部大开发目前正处于加速发展阶段，无论是在交通、水利、能源等基础设施建设方面还是新型城镇化建设方面，都离不开钢材的支撑，这将为螺纹钢需求提供长期动力。城镇化带来的螺纹钢需求的增加主要体现在两个方面：第一，房地产建筑用钢的增加；第二，城市配套设施的建设。

（一）房地产方面对螺纹钢的需求

此次《意见》明确提到，要加强西北地区与西南地区合作互动，促进成渝经济圈、关中平原城市群协同发展，打造引领西部地区开放开发的核心引擎。目前成渝、关中、呼包鄂、北部湾等四个城市群已经成为支撑西部发展的主要支点。这些城市是国家战略发展的中心城市，这些中心城市已经形成国家级城市群，可以带动周边发展，实现发达地区对欠

发达地区的反哺。空间布局的完善还有两个亮点没有点亮：一是兰（州）西（宁）城市群，二是天山北坡城市群。作为“十四五”规划期间的重要战略任务，点亮这两个城市群，使之成为西部大开发的第五和第六支点，拉动云南、广西和贵州与东盟的进出口经贸来往。这些城市群的逐步崛起，将会带动西北地区的房地产行业投资稳定增长，西部核心城市房地产市场规模具备持续恢复和进一步扩大的基础，房企投资重心将继续向热点城市聚焦，为螺纹钢需求提供动能。

在建筑用螺纹钢方面，未来新增的房屋建设需求是螺纹钢消费增长的潜在动力，决定了螺纹钢消费的容量空间。随着国家“房住不炒”等调控政策的提出，影响螺纹钢消费的新开工面积和施工面积都将有所下滑。虽然未来房地产对螺纹钢整体的消费刺激作用有限，但由于存在供需错配的情况，部分区域房屋用钢需求仍存在一定空间。根据对近十年全国各省份螺纹钢供需平衡测算后发现，部分地区螺纹钢消费的保持较高增速仍旧可期。因此，未来应重点关注螺纹钢消费的区域性差异。

以西南地区为例，近年来西南地区的房屋销售面积增速呈现逐年加快趋势，且复合增长率高于全国水平，近十年来螺纹钢消费量的复合增长率为 6.7%。随着城市化的不断提升，新兴城市群中心城市的房地产市场将首先迎来发展的契机，随后带动周边城市房地产市场的发展，从而进一步带动全国市场规模的不断扩大。核心城市如成都和重庆中心城区，因区位优势显著，集聚经济、人口、产业等多重优势，产生“虹吸效应”，房地产市场领先一步发展，伴随着需求的逐渐外溢，周边市场亦将渐次崛起。

根据国家统计局数据显示，2019 年东部地区房地产开发投资 69313 亿元，比上年增长 7.7%，增速比 1~11 月份回落 0.6 个百分点；中部地区投资 27588 亿元，增长 9.6%，增速回落 0.1 个百分点；西部地区投资 30186 亿元，增长 16.1%，增速加快 0.8 个百分点；东北地区投资 5107 亿元，增长 8.2%，增速回落 0.7 个百分点。2020 年 1~6 月重庆市、四川省、云南省、贵州省四大区域商品房销售额已达 0.94 万亿元，在全国楼市中市场占有率达 13.98%。如图 4-12 和图 4-13 所示，十余年来西南地区房地产市场保持较快增长，商品房销售额全国占比增长、长材流入量增幅较大，为螺纹钢消费提供了充足保障。

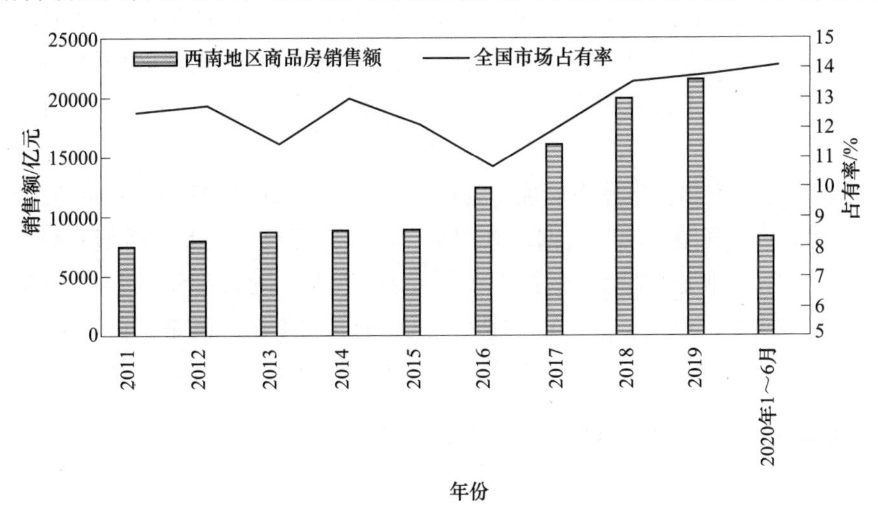

图 4-12　近十年来西南地区商品房销售额全国占比

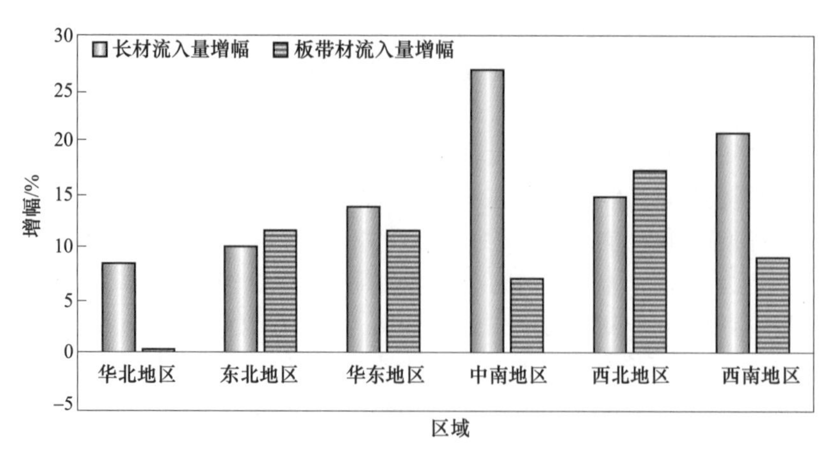

图 4-13 2019 年各区域长材流入量增幅、板带材流入量增幅

（二）基础设施建设方面对螺纹钢的需求

交通基础设施不完善是很多地区经济落后、发展缓慢、抑制生产性工业企业建立的原因。西部地区交通基础设施的完善程度，在一定程度上决定了西部经济能否保持持续较快增长，决定了西部经济发展的体量空间。《意见》第六条强调要加强横贯东西、纵贯南北的运输通道建设，拓展区域开发轴线，提出了川藏铁路、沿江高铁、渝昆高铁、西（宁）成（都）铁路等重大工程项目，以支持新疆加快丝绸之路经济带核心区建设，支持重庆、四川、陕西打造内陆开放高地和开放枢纽，支持内蒙古深度参与中蒙俄经济走廊建设。

随着“升级版”西部大开发战略决策出台，西部地区有望进入又一个快速增长的通道。其利好交通基础设施建设领域，建筑、家电、机械等钢铁相关产业将明显受益。随着新一轮政策对西部倾斜力度加大、西部与共建“一带一路”更深度融合，将给相关行业带来巨大机遇。铁路、公路、机场、水利等大型工程的建设需要消耗大量钢材，将对螺纹钢形成直接的需求拉动：铁路建设中桥梁、隧道、车站和沿途变电所等的建造也都将消耗大量螺纹钢；高速公路所需钢材包括钢绞线、螺纹钢、型钢、工字梁和防护栏、防护网、钢架棚所用的板材等；而水利工程所用钢材，主要包括高强度螺纹钢筋、线材、圆钢等建筑用钢。

随着西部部分城市和基础建设的加速发展，西部沿边城市将迎来又一轮建设红利，国家政策的倾斜将从投资端拉动螺纹钢未来用量，为地区螺纹钢企业的转型升级提供 5~10 年的缓冲期。西部大开发战略带来的西部改革发展新格局，对西部钢铁企业特别是螺纹钢生产企业是重大的战略机遇。未来几年时间是重要的时间窗口，既是螺纹钢生产企业抓住市场机遇获取效益的重要时机，又是西部钢企实现转型升级、提升竞争力的战略缓冲期。

三、城镇化发展对螺纹钢未来需求量的影响

一个国家的钢铁消费量和产量的峰值大都在较高的城镇化率背景下出现。当前，钢铁下游行业整体增速放缓，钢材需求已经处于顶部，行业面临关键转型节点。

参考发达国家的经验，越来越多的业内人士在考虑我国钢铁行业包括螺纹钢的峰值问题。2020 年中国的粗钢产量高达 106476.7 万吨，同比增长 7.0%，在如此高的生产水平上保持这么高的增速是不可持续的。据国家统计局发布的第七次全国人口普查公报，中国城镇化率为 63.89%。选用时间序列预测法，计算出中国城镇化率将以大约年均 1 个百分点的速度推进。国内有学者认为城镇化率达到 65%进入稳定阶段，也有学者认为达到 70%进入稳定阶段，无论哪种观点正确，国内钢铁消费量在未来 5~10 年进入稳定阶段是必然趋势，分析螺纹钢未来的市场需求方向非常有必要。

从下游行业来看，螺纹钢作为建筑用材，主要应用于建筑及基建两大领域。2019 年，我国建筑业螺纹钢消耗量约占总消耗量的 71%，是螺纹钢最大应用领域，基建领域螺纹钢消耗量约占 22%。“十三五”期间虽然城镇化依然是发展重点，但城镇化的重点将由速度型转变为质量型，房地产投资增速明显放缓。此外，第二产业的固定资产投资增速有所降低，如图 4-14 所示。据国家统计局统计，2020 年 1~10 月份全国固定资产投资（不含农户）增长 1.8%，房地产以外的工业建筑投资增速趋于平稳。

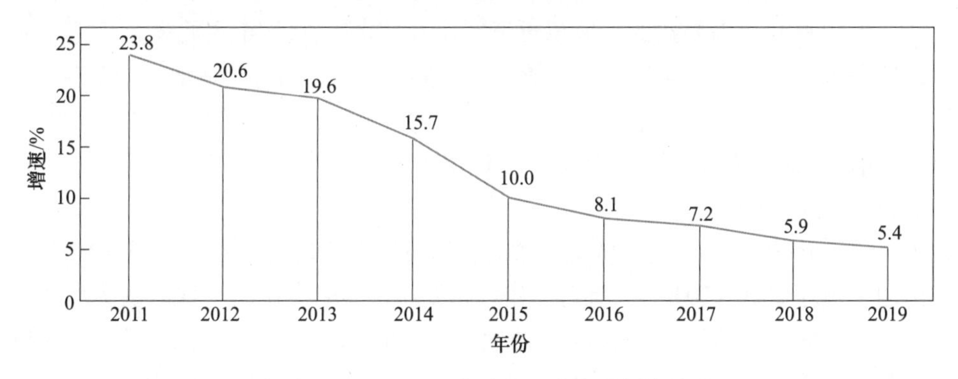

图 4-14　2011~2019 年中国固定资产投资增速

（一）房地产对螺纹钢需求量的预测与展望

房地产是螺纹钢最重要的下游行业。从 2019 年螺纹钢市场需求来看，55%以上的螺纹钢都用于房地产行业，基建所消耗的螺纹钢占 20%~30%。作为螺纹钢消耗量最大的下游用户，房地产行业的波动对螺纹钢的需求影响重大。因此，研究房地产周期的客观波动规律，能更好地预测房地产行业的趋势，也能更好地判断螺纹钢的需求情况和价格变动。

2020 年以来，在房地产融资大幅收紧、棚改货币化大幅下降的大背景下，房地产市场降温趋势明显。2020 年 7 月 30 日，国家在提出新发展格局的情况下再次强调坚持房子是用来住的、不是用来炒的定位，要求落实房地产长效管理机制，提出不将房地产作为短期刺激经济的手段。同时，国家开始大力推进绿色建筑，钢结构建筑代替钢筋混凝土结构建筑，全面推进建筑结构用钢的产品换代。在《“十三五”装配式建筑行动方案》中，要求 2020 年装配式建筑在新建建筑中的比例达 15%以上，2025 年达 30%，以实现建筑的减量化设计，因此钢筋在建筑结构用钢中的占比将逐渐降低。

虽然如此，从市场前景分析，伴随着城镇化建设的进行，中国建筑用钢市场仍将存在较大增长潜力，螺纹钢仍将有一定的空间，主要原因是钢筋混凝土建筑成本较低。综合来看，预计在“十四五”期间，中国民用住宅建筑将以钢筋混凝土结构为主，建筑领域螺纹钢消耗将保持稳定发展趋势，但同时伴随着装配式建筑的快速崛起，增幅将维持在较低水平。

从需求端看，城镇常住人口增加、城市更新改造和居住条件改善需求是影响房地产行业螺纹钢需求的三大要素；据预测，它们分别占总需求的41.4%、5.4%和53.2%。

我国2021年城镇化率为63%，仍有较大增长空间。城镇化率每提高1个百分点，意味着约1300万农村人口转入城镇，城镇常住人口增长住房需求中99.8%来自于快速城镇化阶段下大量农村人口进城，仅0.2%来自于城镇常住人口自然增长。由于人口增速和城镇化率提升速率均持续回落，未来城镇常住人口增长产生的自住房需求呈平稳下降趋势。

我国城市更新和住房质量改善空间依然较大。2021年“城市更新”首次写入政府工作报告，并成为“十四五”力推的重要举措，这将催生一个万亿级市场，此举也推动着房地产行业从增量扩张向存量更新转向。地下管网、道路翻新和停车场建设等都离不开螺纹钢；居住条件改善方面，根据2015年人口普查，城镇家庭住房成套率仅85%，有20%是平房、41%是1999年以前修建的。城市更新需求在2019~2020年主要来自于棚改货币化安置，2021年开始以旧城改造为主，并随城市存量面积增长而持续增加。随着存量住宅面积增长，每年拆迁面积重回持续上升通道，居住条件改善需求在未来十年持续增加，估计2021~2030年城市旧改产生自住房需求5.7亿平方米，并从2020年开始成为最主要需求来源，市场进入改善时代。

从区域结构形态来看，“优化城镇化布局，加快城市群发展”是《“十三五”规划纲要》提出的，预计2020~2030年，商品住房需求将分别集中在三个梯队的大城市群：第一梯队包括长三角、长江中游、京津冀、成渝、珠三角、山东半岛6大城市群，其中有2/3为东部沿海城市群；第二梯队包括中原、滇中、关中平原、北部湾、黔中、海峡西岸、兰西、晋中8大城市群，其中有5个为中部和西南部城市群；第三梯队包括哈长、天山北坡、呼包鄂榆、辽中南、宁夏沿黄5大城市群，全部为东北和西北部城市群。整体而言，全国住房需求分布有两个特征：（1）需求向重要城市群集中，地区分化显著；（2）需求集中于东部沿海、中部和西南部城市群，从沿海向内陆逐步减少。这19个城市群将提供我国绝大部分房地产市场，根据国家发改委预计，其未来常住人口占比将进一步提升至80%以上。

综上所述，未来房地产消费市场为螺纹钢的后续发展和企业转型提供了一定的缓冲时间。

（二）以地下管廊为代表的基建对螺纹钢需求量的影响

随着国家提出不将房地产作为短期刺激经济的手段，由于土地购置面积的同比下降（见图4-15），以及新开工面积的减少（见图4-16），之后一段时间基建将支撑经济增长，保持经济的平稳运行。

近年来，随着城市地下空间利用的增加，在使用过程中存在的有效空间不足、不同类型工程在地下空间使用上存在竞争等问题逐渐增多。优化城市地下空间格局、提高城市地

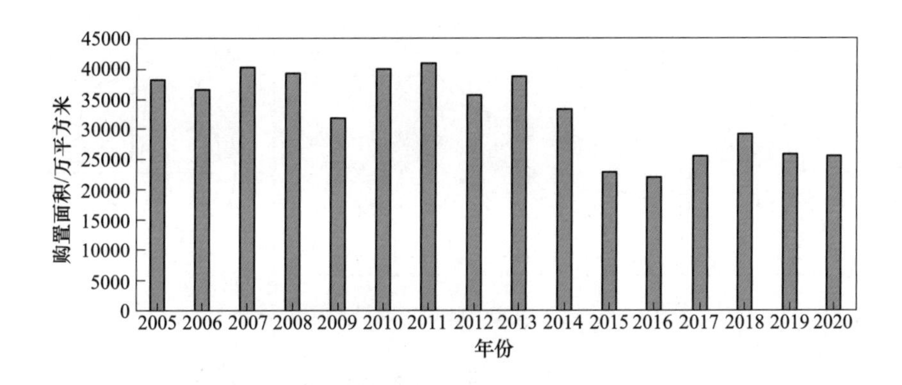

图 4-15　2005~2020 年我国房地产土地购置面积

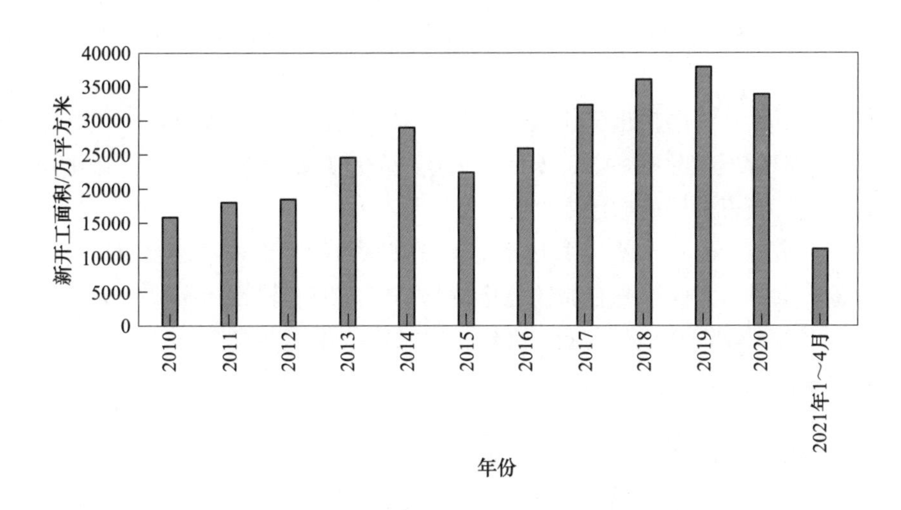

图 4-16　2010~2021 年我国建筑业新开工面积

下空间的利用效率已成为地下空间综合开发利用的主要发展方向。加强地下空间有效开发利用是市政基础设施现代化建设的重要研究方向。常见的地下综合管廊形式包括矩形断面与圆形断面两类，通过在管道内进行分仓设计，将电力管道、给排水管道与热力管道等分别布设形成综合管廊。常见地下综合管廊形式如图 4-17 所示。通过将多种市政管线集中布设以提高城市公共管线的服务水平，降低养护维修难度。随着我国城镇化进程的加快，综合协调轨道交通地铁车站与地下综合管廊建设，使其进行同期设计、施工已成为地下空间开发利用的一种新的工程实践趋势。

地下综合管廊作为提升市政配套设施的安全可靠性，有效减少管线事故发生、提高管线运营维护水平及城市抗灾能力，降低由于道路频繁开挖及检查对行车质量的破坏和环境影响，提升城市服务水平的重要基础设施，拥有不可替代的优势，也是城市基础设施建设的重要一环。据统计，城市管道里程美国有 160 万千米，中国仅有 7 万千米，还有很大的空间。

在国家政策的激励下，我国的综合管廊建设在试点城市及非试点城市中均取得了极大的发展。据不完全统计，已建成的综合管廊达 900km，根据测算，未来地下综合管廊需建

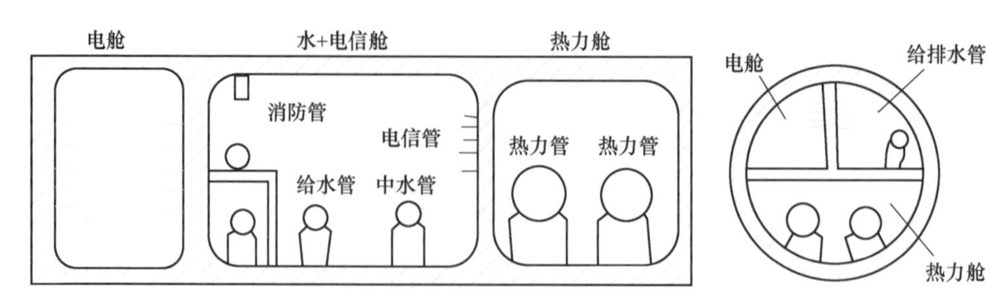

图 4-17　地下综合管廊矩形与圆形断面分仓

8000km。根据已建及拟建城市地下综合管廊建设项目设计，主干线综合管廊设计主要为2仓，以此测算，每千米综合管廊本体钢材消耗3000t左右，钢筋为主要消费钢材品种。综合管廊的钢筋基本采用HRB400钢筋，预计未来地下管廊还需要大约HRB400钢筋2400万吨。

目前我国地下综合管廊推进工作遇到一些瓶颈，主要是建设费用高、权属单位建设意愿薄弱、运营维护管理经验不足等，如何解决这些问题是推进地下综合管廊建设的重中之重，也是我国未来城市发展的必经之路。

综上所述，房地产的“改善”和包括地下管廊在内的基础设施建设的需求是未来支撑螺纹钢消费量的重要因素，将来在城镇化率达到70%左右和钢铁产量稳定的形势下，制造业用钢增长将倒逼螺纹钢减量化发展。螺纹钢需求不会出现断崖式下跌。螺纹钢将维持一定的产量，实现绿色化、减量化生产。

四、建筑结构类型的转变对螺纹钢需求量的影响

随着社会的发展和房地产需求的转变，同时伴随着政策的支持，我国建筑结构类型也相应地发生了转变。下面主要介绍我国未来可能出现的几种建筑类型和新材料的出现对螺纹钢产能的可能影响。

（一）装配式建筑与钢结构住宅的崛起

建筑行业是我国经济发展的重要动力，但是目前以浇筑建造方式为主的建筑行业仍属于劳动密集型产业，这种相对传统的建造方式已经逐渐无法满足社会高质量发展的需求。

在这样的背景下，装配式建筑出现在了人们的视野中。我国对于装配式建筑进行大力发展，并将其作为供给侧结构性改革的重要推动力，实现产业顺利转型和升级。2020年8月，住房和城乡建设部联合13部委出台了《关于推动智能建造与建筑工业化协同发展的指导意见》，之后又联合9部委出台了《关于加快新型建筑工业化的若干意见》，明确提出大力发展钢结构建筑。2021年3月《国民经济和社会发展第十四个五年规划和2035年远景目标纲要》明确提出要发展装配式建筑和钢结构住宅。装配式建筑、钢结构住宅和新型建筑工业化是未来建筑业转型升级和创新发展的基本方向和主要任务。

装配式建筑

装配式建筑是将建筑所需要的墙体、叠合板等PC构件在工厂按标准生产好后，直接

运输至现场进行施工装配，实现从“建造”到“制造”的转变。由于构件可以工厂化制作，现场安装，因而大大减少工期。由于钢材的可重复利用，可以大大减少建筑垃圾，更加绿色环保，因而被世界各国广泛应用在工业建筑和民用建筑中。与传统现场浇筑的生产方式相比，装配式建筑具有提高施工质量和效率、环境友好、缩短工期、提高施工安全等优势，发展装配式建筑符合国家新时代的绿色、低碳、高质量发展的新理念和新要求。火神山医院、雷神山医院从动工到完工仅仅用了十几天，速度之快，得益于装配式建筑。目前装配式建筑的发展已经成为了我国当前建筑业发展基本战略的重要组成部分，并成为我国开展建筑业供给侧结构性改革的重要推动力。装配式建筑的发展，能够推动我国建筑行业向着信息化、智能化、节能化的方向发展，加速产业链整合的速度，显著提升建筑质量，这对于推动我国建筑业供给侧结构性改革、积极化解建筑材料、用工供需不平衡的矛盾有着十分重要的作用。

2020 年 1 月 25 日，住房和城乡建设部标准定额司发出了开展 2019 年度装配式建筑发展情况统计工作的通知。根据调查结果（见图 4-18）显示，2019 年全国新开工装配式建筑 4.2 亿平方米，较 2018 年增长 45%，占新建建筑面积的比例约为 13.4%。近 4 年年均增长率为 55%。其中浙江省、四川省、上海市等地规模靠前。据住建部统计 2020 年全国新开工装配式建筑共计 6.3 亿平方米，较 2019 年增长 50%。

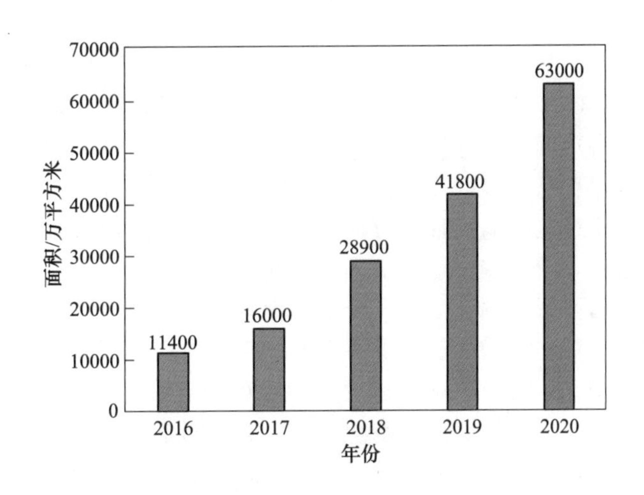

图 4-18　2016~2020 年全国装配式建筑新开工建筑面积

虽然预制混凝土建筑、木结构建筑和钢结构建筑同为装配式建筑，但三者对环境的影响仍存在较大的差异。例如，由于预制混凝土建筑的主要建筑材料仍然是水泥、砂等不可回收的建筑材料，所以拆除预制混凝土建筑仍会产生大量难以降解的建筑垃圾，增加了环境治理的压力；木结构建筑由于木材本身的木材性质，不能大量使用；而钢结构从主体结构到墙体、屋顶结构都是由可回收或可降解的材料制成，不仅资源利用率高，还可以减少建筑垃圾对环境的影响。据统计，钢结构建筑在生产建设过程中比传统混凝土技术节能 1/3，在使用过程中比传统建筑节能 10%，节水率可达 30%，粉尘排放量减少 80%，建筑垃圾减少 80%。2019 年，我国新开工装配式混凝土结构建筑 2.7 亿平方米，占新开工装配式建筑的比例为65.4%；钢结构建筑1.3亿平方米，占新开工装配式建筑的比例为30.4%；木结构建筑242万平方米，其他混合结构形式装配式建筑1512万平方米（见图4-19）。同年，住房和城乡建设部批复了浙江省、山东省、四川省、湖南省、江西省、河南省、青海省7个省开展钢结构住宅试点，明确了试点目标、范围以及重点工作任务，组织制定了具体试点工作方案，落实了一批试点项目，为装配式钢结构住宅发展奠定良好基础。

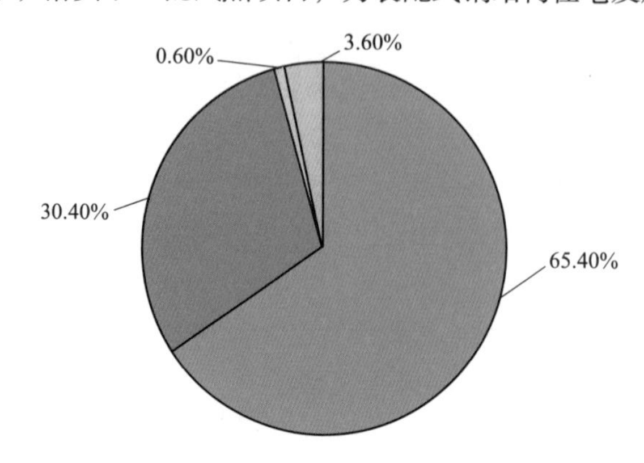

图4-19　2019年新开工装配式建筑按形式分类占比情况

钢结构住宅

抗震性能优越是钢结构建筑的主要优点之一。改革开放以来，钢结构建筑推广步伐加快，除了厂房、多层房屋领域，还扩展至超高层建筑、大跨度会展中心、体育场馆、大型交通建筑等，目前在建和已建成的200m以上钢结构超高层建筑已达千余座。随着钢结构建筑在高层、超高层建筑上的运用日益成熟，钢结构工艺逐渐成为主流的建筑工艺，是未来建筑的发展方向之一。但是在住宅建筑领域，我国的钢结构应用则一直在艰难摸索中。

随着中国老龄化的不断加剧，劳动力资源逐渐减少、劳动力成本不断提高，国家的产业政策也在逐步调整，对钢结构住宅的支持力度不断加强。国家相继出台各种政策鼓励装配式钢结构的推广应用，《住房和城乡建设部建筑市场监管2019年工作要点》中明确指出，开展钢结构装配式住宅建设试点，推动建立成熟的钢结构装配式住宅建设体系。与此同时，国家制定了一系列钢结构住宅设计、施工、验收规范，目的是解决传统建筑方式普遍存在的渗漏、不隔音、不隔热、精度差等“质量通病”。随着国务院的大力推行、地方政府政策的相继出台，装配式住宅逐渐进入人们的视野。

钢结构有先天装配优势，实现干法施工，对现场砂石、水、电资源消耗少、对架设工具、周转材料占有少，使用人员少，施工效率高。在建造过程中可大幅减少用水及污水排放、降低噪声和粉尘污染，较传统混凝土垃圾排放量减少约60%。行业研究数据表明，钢结构建筑与传统建筑相比，在建筑耗材方面，钢结构民用高层建筑自重为900～1000kg/m^2，传统混凝土为1500～1800kg/m^2，自重减轻约40%，可大幅减少水泥、砂石等资源消耗，从而大幅减少矿物开挖、冶炼及运输过程中的碳排放，符合“节能环保，绿色生活”的主题，将成为我国建筑领域的新热点、新应用，有广阔的应用前景。另外，钢结构民用建筑主体结构材料回收率在90%以上，发展钢结构住宅可以“藏钢于民”，在一定程度上可以作为国家战略用钢储备。

钢结构虽然在抗震、跨度、高度、环保、工期上的优越性表现明显，但是现如今建筑结构施工主流依然是现浇混凝土结构，在住宅等领域渗透率相对较低。我国钢结构住宅发展稍显缓慢，我国最早的钢结构住宅是1994年建于上海北蔡的8层钢结构住宅，其后20余年内建成的钢结构住宅数量与钢结构公共建筑的数量相差甚远，目前占比不足5%。2018年我国完工钢结构项目中，工业厂房、高层和超高层建筑、大跨度场馆类建筑等三类项目合计用钢量和建筑面积占全体钢结构比重分别达到79%和81%，而同期住宅用钢量和建筑面积比重仅2.3%和3.7%。钢结构建筑产值占建筑行业总产值比重仅约2.87%，其中钢结构住宅产值比重不到2%，远低于美国（20%）和日本（70%）水平。中国建筑金属结构协会对全国新建、在建钢结构住宅试点情况进行了调研和数据采集，共采集2018~2020年在建钢结构住宅项目162项，总建筑面积为1151.32万平方米。162项钢结构住宅项目分布在22个省、直辖市。其中，浙江省、安徽省、四川省、江苏省、上海市、海南省、广东省（含深圳市）、山东省分别为39个、30个、25个、13个、8个、8个、7个、5个项目。162项钢结构住宅中，10层以上高层住宅占61.11%；4~9层多层住宅占16.67%；1~3层低层占20.37%；未填报层数的项目占1.8%。高层住宅结构体系采用钢框架+支撑体系的有40项，占24.7%，钢框架+钢板剪力墙结构体系有35项，占21.6%；低层结构为冷弯薄壁型钢体系有20项，占12.35%。表4-4为国家对钢结构住宅的各种结构体系的最大高度做出规定。

表4-4　多高层装配式钢结构住宅适用的最大高度　（m）

结构体系	6度（0.05g）	7度		8度		9度（0.40g）
		0.10g	0.15g	0.20g	0.30g	
钢框架结构	110	110	90	90	70	50
钢框架-中心支撑结构	220	220	200	180	150	120
钢框架-偏心支撑结构、钢框架-屈服约束支撑结构、钢框架-延性墙板结构	240	240	220	200	180	160
筒体（框筒、筒中筒、桁架筒、束筒）结构、巨型结构	300	300	280	260	210	180
交错桁架结构	90	60	60	40	40	
低层冷弯薄壁型钢结构	适用于不大于3层且檐口高度不大于12m的建筑					

目前，钢结构住宅深入推广还有很多问题需要解决：一是装配式钢结构建筑从设计、审批、工程施工到验收阶段并没有全国统一性的规范标准，即装配式钢结构建筑设计、施工规范、施工法及安全规程尚不健全，甚至与国内部分传统建筑技术标准不兼容。我国在装配式建筑用钢方面产品标准不如国外完善，产品技术指标与设计规范要求不一致，表4-5为国内外建筑结构用钢情况。二是钢结构建筑造价一直高于现浇混凝土结构造成的。钢结构主体钢材用量多，比现浇钢筋混凝结构高约65kg左右，钢材耗量高，根据目前钢材实际采购价格在4500~5000元/吨，钢结构工程的钢材成本比现浇混凝土工程高

290~320元/平方米。钢结构构件需在加工厂预制，常规钢结构构件加工及运输造价通常在2500~3400元/吨（因构件类型及复杂程度不同，加工费偏差较大），预制构件加工费用折算成建筑面积单位造价250~340元。综合分析，钢结构主体在预制构件首先在花费上要比钢筋混凝土结构需多出540~660元/平方米；其次装配式钢结构建筑中常遇到轻质隔墙开裂、外墙渗水、构件连接等质量问题以及进度慢等发展难题；最后由于钢结构易腐蚀、耐火性差，社会关注度高，在有腐蚀气体的环境下就需作防腐处理，应根据钢结构形式、耐火等级及环境要求选用合适技术、材料及涂层厚度。

表4-5 国内外钢结构建筑用钢情况对比

项目	地区	强度等级和比例	规格或连接方式	应用现状	标准及规范情况
钢结构	发达国家	钢结构建筑用钢占总用钢量的比例达30%以上，高强度、特殊性能钢应用广泛	特厚钢板厚度达180mm，超厚H型钢翼缘厚度达125mm	广泛应用耐候、抗震、耐火钢等	完善
	中国	钢结构建筑用钢占钢材消费量的比例为5%~6%，以应用Q235+Q345钢为主，强度最高为420MPa级钢	特厚钢板厚度为135mm，H型钢翼缘最厚达40mm	在普通钢表面喷涂涂料，实现耐候、耐火性能，以结构抗震为主，不使用抗震钢	产品标准不完善，产品技术指标与设计规范要求不一致

上述原因成为阻碍钢结构建筑尤其是装配式钢结构大面积推广应用的一大障碍。但发展装配式建筑不能只关注增量成本，还应该看到装配式建筑的发展是建筑业升级转型的需要，同时也是环保、节能以及应对劳动力短缺的需要。随着钢结构建筑建造工业化、智能化水平的不断提升，装配式钢结构建筑与现浇钢筋混凝土结构建筑造价的差距将逐步缩小。

（二）型钢混凝土结构的发展

型钢混凝土（Steel Reinforced Concrete，简称SRC）组合结构是把型钢埋入钢筋混凝土中的一种独立的结构型式。在钢筋混凝土中增加了型钢，型钢有其固有的强度和延性。型钢、钢筋、混凝土三位一体地工作使型钢混凝土结构具备了比传统的钢筋混凝土结构承载力大、良好的耐久性和耐火性、刚度大、抗震性能好的优点，其对我国高层建筑的发展、优化和改善结构抗震性能都具有极其重要的意义。

随着我国城镇化的发展，高层、大跨度、转换层等复杂建筑结构更加常见。相关研究结果表明，型钢混凝土结构所适用高层建筑最大高度较高，且当全部构件均采用型钢混凝土结构时，建筑最大适用高度会相应提升40%左右。此外，型钢混凝土结构抗震性能和承载能力更强，在框架柱、剪力墙、楼盖、错层等部位均广泛应用。通过对高层大跨度建筑型钢混凝土结构设计实例的分析发现，型钢混凝土结构的应用能使框架梁高减小30%，柱截面积减小至少 30%，在层高无法提高的情况下，能有效控制建筑净高和柱截面。近年来我国应用 SRC 结构的民用建筑物和桥梁实例逐渐增加，理论基础及实践的指导也相对成熟。随着科学研究工作的深入，设计规范规程的不断建立，型钢混凝土结构以其独特的优势，将在工程建设中占据越来越重要的地位。

（三）钢筋混凝土建筑类型的延续

观察近 20 年来新开工住宅数据，日本住宅建筑中钢筋混凝土住宅比例稳中有升，钢结构住宅占比基本稳定，2019 年在非木结构住宅中，钢筋混凝土结构和钢结构分别占 62%和 36%。在日本的超高层钢筋混凝土结构中使用的纵向钢筋的最大屈服强度为 685MPa（USD685），箍筋的最大屈服强度达 1275MPa（KSS1275），表 4-6 为在日本使用的高强钢筋的基本指标。得益于日本高强和超高强度混凝土的生产管理技术不断发展和完善，混凝土轴心抗压强度设计值 FC 达 120MPa（相当于 C150）的超高强混凝土已得到实际应用，超高层钢筋混凝土（RC）建筑物的高度也达到 200m 左右。2008 年竣工的 The Kosugi Tower 采用的最高混凝土标准强度已达 150MPa。日本大成建设公司称其开发的标准强度达 200MPa 的超高强混凝土制造和施工技术已经通过日本建筑法定技术审查机关的技术认定，将以预制超高强混凝土的方式应用到今后的建筑物建造中。

表 4-6　日本高强钢筋的基本性能指标

<table>
<tr><th rowspan="2">用途</th><th rowspan="2">记号</th><th rowspan="2">屈服点应力/MPa</th><th rowspan="2">屈服比/%</th><th rowspan="2">伸长率/%</th><th colspan="2">弯曲性能</th></tr>
<tr><th>弯曲角度</th><th>内侧半径</th></tr>
<tr><td rowspan="3">纵向钢筋</td><td>USD685A</td><td>685~785</td><td>≥85</td><td rowspan="2">≥10</td><td rowspan="3">90°</td><td rowspan="3">2d</td></tr>
<tr><td>USD685B</td><td>685~755</td><td>≥80</td></tr>
<tr><td>USD980</td><td>≥980</td><td>≤95</td><td>≥7</td></tr>
<tr><td rowspan="2">横向钢筋（箍筋）</td><td>KSS785</td><td>≥785</td><td>≥930</td><td>≥8</td><td rowspan="2">180°</td><td rowspan="2">4d</td></tr>
<tr><td>KSS1275</td><td>≥1275</td><td>≥1420</td><td>≥7</td></tr>
</table>

（注：d 为钢筋的公称直径）

我国目前主要为大部分 400MPa 和少部分 500MPa 高强钢筋，其根本原因在于 500MPa 以上高强钢筋与现阶段混凝土性能的不匹配。从工程应用情况来看，高强和超高强混凝土的使用率相对较小，在民用建筑中 C80 混凝土应用最为广泛，且单一工程混凝土使用量大于 10000m^3的工程极少，对于 C100~C150 强度等级的混凝土虽有报道，但实际工程应用量极少。阻碍其发展的原因在于：首先，我国高强和超高强混凝土的耐火性不如普通混凝土，是因为超高强混凝土密实度太高，高温时其内部的自由水和 C-S-H 及 $Ca(OH)_2$受热分解产生的水蒸气无法排出，形成很高的蒸汽压，这足以使混凝土爆炸。另外，高强混凝土的脆性较大，如何改善其韧性，提高混凝土的抗震性能是目前需要解决的问题。其次，由裂缝控制的混凝土结构一般难以采用高强度钢筋，钢筋混凝土结构中，非受力侧由构造要求控制配筋时，最小配筋率要求确定了钢筋用量，与钢筋的强度无关，按混凝土规范计算，节约钢筋并不明显，难以使用高强度钢筋。最后，高强钢筋作为主筋的混凝土梁并未进行过试用阶段的试验研究，对于裂缝、挠度等没有相关的计算方法；在所查到的论文中，同时配置超高强钢筋（主筋）和超高强箍筋的研究还很少，有待进一步研究；超高强箍筋对偏心受压、压弯剪构件混凝土的约束作用的定量计算还需进一步研究。

随着科技的进步和时代的发展，我国学者将会突破瓶颈解决困难，应该对我国螺纹钢未来的发展、更好应用增强信心。

五、新材料 FRP 筋的出现

节能减排、清洁生产、绿色发展的理念正逐渐被更多的钢铁企业接受和付诸实践，新材料具有高度的知识密集性和技术密集性，也是国民经济的先导产业和基础产业。近年来，能够代替螺纹钢的新材料进入人们的视野。

纤维增强复合材料（Fiber Reinforced Polymer，简称 FRP）是由连续纤维和基体树脂复合而成。自 20 世纪 60 年代开始，随着复合纤维材料的出现，其耐腐蚀的特点为解决钢筋锈蚀问题提供了理想的途径。近年来，FRP 材料在新建结构中的研究和应用也已成为建筑领域的研究热点。目前广泛应用的 FRP 材料有 CFRP（碳纤维）和 GFRP（玻璃纤维）。FRP 筋在混凝土结构中代替钢筋，可以发挥其轻质高强、耐腐蚀、抗疲劳、无磁性等优点，在高腐蚀、防电磁干扰环境中具有不可替代的作用。同时随着材料技术、制作工艺的发展，其经济性也在逐步提升，不仅体现在材料价格逐渐降低，其轻质的特性也有助于劳动力的解放，具有较高的应用价值。

FRP 筋的优点

由于 FRP 筋不同于传统建筑材料的物理和力学特性，其具有很大的技术优势和发展空间。

（1）抗拉强度大。FRP 筋抗拉强度明显高于普通螺纹钢筋，与高强钢丝或钢绞线相近，弹性模量约为钢筋的 25%。但由于材料的应力-应变关系始终为直线，没有明显的屈服点，因此破坏模式呈脆性破坏。研究表明，CFRP 的抗拉强度大于 1200MPa，GFRP 的抗拉强度大于 600MPa。

（2）耐腐蚀性好。根据研究 FRP 筋在 pH 值为 3～13 的盐、碱环境中不会出现腐蚀，因此对于港口、海洋工程中长时间处于潮湿环境中的建筑，是较为理想的混凝土钢筋替代材料。由于 FRP 筋耐久性远远优于钢筋，可大大减少腐蚀问题，降低维修成本。良好的耐腐蚀性，使其可用于港口工程、地下工程、桥梁、化工建筑等有特殊环境要求下的建筑物。

（3）高强度质量比（High Strength-to-Weight Ratios）。FRP 筋为人工合成材料，密度小。FRP 筋的密度一般在 1.3～1.7kg/m^3 之间，仅为钢筋密度的 20%左右，如果将其代替钢筋使用可有效减轻结构自重，使得运输成本大大降低，同时便于施工，减少安装时间。其适合应用到多高层或大跨度建筑中。

（4）结构稳定，开裂少（Less Cracks）。FRP 添加预应力使结构在正常使用的情况下不产生裂缝或者裂得比较晚，提高了构件自身刚性（Stiffness），减少了振动和弹性变形。这样做可以明显改善受拉模块的弹性强度，使原本的抗性更强，对于承受较大动载和冲击荷载的结构较为有利。

（5）热膨胀系数。FRP 复合材料热膨胀系数与混凝土相近，当环境温度发生变化时，FRP 与混凝土协调工作，两者间不会产生大的温度应力。

（6）电磁绝缘。FRP 筋由树脂、复合纤维组成，无磁感应，代替钢筋使用后可使结构满足特殊要求。

FRP 筋的缺点

FRP 筋有以下缺点：

（1）抗剪强度低。FRP 筋的抗剪强度一般不超过其抗拉强度的 10%，容易发生弯折和剪切破坏。

（2）弹性模量低。FRP 筋的弹性模量最大不超过钢筋的 75%，因此在同等荷载情况下，FRP 筋将比钢筋产生更大的应变，从而使构件出现较小变形。

（3）存在老化和徐变现象。在较差的环境中长时间承受较大荷载时，FRP 筋中的基底材料会产生徐变从而导致 FRP 筋的破坏，减少 FRP 筋的使用寿命。

（4）纵横向线胀系数差异大。由于 FRP 材料横向热胀系数较大而纵向系数小，因此在温度差异大的环境中，FRP 筋将会产生较大的纵横向变形差，从而对 FRP 筋的性能产生影响，还会造成与混凝土之间黏结破坏问题。

FRP 筋的应用及探索

钢筋混凝土虽被普遍使用，但钢筋锈蚀所带来的巨大损失，维护费用高昂，成为世界难题。比如高铁沿线都有专门的维护人员，定期查看轨道板的锈蚀损伤情况。因复合材料 FRP 纤维筋材料的优异特性，使其在一些特定环境的结构设计上具有不可替代的作用。适用于地铁隧道、高速公路、桥梁、机场、矿山、码头、车站、水利工程、地下工程等领域，适用于污水处理厂、化工厂、海防工程等腐蚀环境，以及军事工程、保密工程、特殊工程等需绝缘脱磁环境。但 FRP 纤维筋受挤拉技术的限制，产量较小，需求大于供给，属蓝海市场。国内外有较大需求的用户都在积极寻找产品指标高并有规模的生产商，建立长期供货关系。

上海洋山港是全球最大的智能港口，它的核心关键技术就是地面采用高强度 FRP 筋代替钢筋，由于 FRP 筋“不锈蚀”“不吸磁”，既满足了智能装载车定位信号的需求，同时又提高了工程使用寿命数倍。

上海某公司在 2019 年 10 月开发的新型结构材料碳纤维筋（CFRP）成功替代钢筋，在青岛某科教园工程项目中首次投用，这为碳纤维复合材料在海洋环境下的工程应用拓展了新空间。据工程人员介绍，由于青岛某科教园工程项目紧靠黄海，用 FRP 筋替代钢筋不但能降低构筑物自重，还增强了混凝土筋结构的耐海洋腐蚀性、耐水泥碱性等，可提高建筑物的耐久性能，降低维护成本，延长使用期限。

FRP 筋独特的性能，使之成为混凝土结构中替代钢筋的一种实用建筑材料。但同时作为一种人工合成新材料，要想完全替代钢筋，仍需要大量的理论研究、工程实践作为支撑。用碳纤维筋替代钢筋直接作为筑造本体，由于涉及结构设计、施工质量、制造成本等诸多难题，尚处于起步探索阶段。目前国内建筑行业对 FRP 材料的理解仍主要集中在一些简单的应用上，由于FRP土木工程应用研究的技术门槛较高，而且对结构全寿命周期的经济性的认识也不够深入，目前的相关工程应用也较少。随着国家重大基础设施建设和各行业的建构筑物建设对结构的安全性和使用寿命的要求越来越高，对以FRP为代表的新型高性能建筑材料的需求也愈发迫切，相信在不久的将来，FRP在新建结构中的应用将成为一个发展势头强劲、市场容量巨大的新兴产业。

第二章 螺纹钢产品发展方向

螺纹钢产量在我国钢铁总产量中占较大比例，主要用于房地产和基础设施建设。其中用于房地产建设的占比为总产量的55%以上。2020年是“十三五”规划的收官之年，根据国家统计局数据显示，2020年第七次人口普查时我国城镇化率已达到63.89%。2020年8月17日，中国社会科学院农村发展研究所、中国社会科学出版社联合发布《中国农村发展报告2020》，预测2025年我国城镇化率将达到65.5%；国家“十四五”规划和2035年远景目标纲要提出，“十四五”时期常住人口城镇化率提高到65%。从以上统计数据和相关部门的预测可看出，螺纹钢对我国国民经济的发展起着举足轻重的作用。目前，我国螺纹钢年产量已达2.6亿吨，出现了低端产品过剩、不锈钢钢筋等高端产品供应不足的现象，加上国际市场的不稳定、原燃料价格大幅上涨以及下游用户的个性化需求，倒逼螺纹钢企业主动转型升级，寻求符合新时代发展的新思路和新理念。

螺纹钢的发展要符合我国钢铁工业高质量发展新要求，在产品生产工艺方面，要加强理论研究和工艺技术创新，要优化成分设计、缩短生产流程，降低生产成本；在产品性能方面，要加强质量升级，研究更高强度、更高韧性和更高性能稳定性的高端产品；从产品应用发展方面，要丰富产品系列，开发应用于特殊环境领域的功能性产品，如耐火钢筋、耐低温钢筋和耐蚀钢筋等；在产品服务方面，要转变销售理念，从“产品为中心”向“用户为中心”转变，与下游用户协同发展，做到了解用户、服务用户和满足用户。总之，螺纹钢未来的发展要坚持“十四五”精神，以推动高质量发展为主题，以深化供给侧结构性改革为主线，以改革创新为根本动力，有向高强化、高韧化、性能稳定化、功能化、用户化“五化”发展的趋势。

第一节 螺纹钢产品强度发展方向

目前，国家大力提倡绿色建筑。绿色建筑的评价标准是“四节一环保”，即“节能、节地、节水、节材和环境保护”。国家也明确提出2030年前达到碳达峰、2060年前达到碳中和，为实现这一目标，开发和应用更高强度等级的螺纹钢是其未来发展的方向之一。研究表明，提高强度能减少钢筋用量，从而节约资源，降低碳排量。相比400MPa级和500MPa级钢筋，600MPa级钢筋可分别节约钢材用量44.4%和19.4%。数据显示，节约1000万吨钢材，相当于节约1800万吨铁矿石，节约650万吨标准煤，同时可减少大量废气和粉尘排放。我国螺纹钢强度级别的升级较缓慢，2018年发布实施的国标GB/T 1499.2—2018《钢筋混凝土用钢　第2部分：热轧带肋钢筋》中纳入了

600MPa 级钢筋，但实际生产和应用还是以 400MPa 级钢筋为主，其占比高达总产量的 80%以上，500MPa 级钢筋占 10%左右，而 600MPa 级钢筋处于深入研究和推广阶段。为了响应钢铁产业绿色发展和螺纹钢的高质量发展，我国也开发出了 700MPa 级和 800MPa 级超高强热轧钢筋，以降低建筑的钢筋用量、减少企业的冶炼产量。目前，生产高强钢筋的技术有细晶粒技术和余热处理技术、微合金化技术。这些技术在螺纹钢未来高质量发展过程中具有其特殊的发展方向，即细晶粒技术以微米级超细晶发展来获得高品质产品、余热处理技术以节约资源型发展来促进螺纹钢产品的提质增效、微合金化技术以多元化发展来保证产品的高强度质量。

一、细晶粒超细晶粒高强螺纹钢向微米级发展

（一）细晶粒超细晶粒高强螺纹钢的未来发展优势

细晶粒超细晶粒螺纹钢是通过控轧控冷工艺形成的、晶粒度不小于 9 级的热轧带肋钢筋。由于晶粒尺寸的超细化，可在不添加或少添加微合金元素的情况下使强度达到 400MPa 级及以上，不仅具有高的强度，还能获得良好的韧性。另外，细晶粒轧制技术的轧制温度普遍低于传统的热轧温度，因此可以明显的节约能源，在螺纹钢未来发展过程中具有显著的发展优势。

成本优势

开发超细晶粒钢筋最主要目的是节约有限资源，降低企业的生产成本。采用钒微合金化技术生产 400MPa 级钢筋时添加 0.02%~0.05%的钒，生产 500MPa 级钢筋时添加 0.05%~0.10%的钒，生产 600MPa 级钢筋时添加 0.12%~0.20%的钒。与之相比，超细晶粒轧制技术在不加入（或少添加）微合金化元素的情况下，能获得较高的强度和较好的韧性，降低螺纹钢企业的生产成本。

性能优势

晶粒细化是提高钢材强度的同时不损失韧性的唯一方法，这也是世界各国积极研究细化晶粒技术来获得高综合性能产品的主要原因。通过晶粒尺寸的微米级发展，在满足强度要求的情况下可以获得良好的塑性、韧性和焊接性能。

环保优势

从能耗与收得率的角度来看，目前国内普遍采用的微合金化热轧工艺属于高温轧制，其钢坯加热温度≥1150℃、开轧温度≥1000℃、精轧温度≥900℃，吨钢加热能耗达 540kW·h/t，是典型的高能耗生产过程。而超细晶粒高强钢筋的生产是低温轧制，整条生产线的轧制温度均明显低于微合金化钢筋，同时低温加热能减少钢坯的热损耗，所以在节能减排绿色发展方面超细晶粒轧制技术具有明显的优势。

（二）超细晶高强螺纹钢的应用研究方向

国家“973”项目“新一代钢铁材料的重大基础研究”的设立开启了我国对超细晶粒

轧制技术的深入研究，其中“400MPa 长型材微米级组织形成理论及控制技术”课题是主要研究螺纹钢的超细晶粒技术，通过控轧控冷来细化晶粒尺寸，使 Q235 或 20MnSi 普碳钢的强度提高到 400MPa 级及以上。2001 年钢铁研究总院研发出 400MPa 级超细晶粒钢筋，从力学性能和工艺性能方面做了全面的检验，均满足标准要求；1999 年首钢首次生产 400MPa 级超细晶粒钢筋，用在了河北生产基地建设，同年 8 月生产 3000t 钢筋用在了国家大剧院、西直门交通枢纽工程、CBD 商圈摩根大厦等工程建设中，另外生产的 1000t 500MPa 级超细晶粒钢筋出口到了新加坡。2003 年水城钢厂用 Q235 低碳钢开发了 400MPa 级超细晶粒钢筋；济钢、酒钢、陕钢、昆钢、石横钢铁等企业也相继应用超细晶轧制技术试制了 400MPa 级及以上钢筋。

在实际生产中，小规格高速线材的压缩比较大、钢筋截面变形较为均匀、截面温度差较小，容易获得符合国家标准、满足用户性能需求的产品。但大规格棒材的生产，因其压缩比相对较小，截面变形程度相差较大而出现表层组织细小、心部组织粗大的不均匀组织。该现象产生的主要原因是精轧机组内冷却不均匀导致，这也是超细晶粒轧制技术受轧制设备限制的原因。为了推动超细晶粒钢筋的生产使用，获得更稳定的性能，2011 年开始陕钢集团对超细晶粒棒材生产工艺技术进行了深入的研究，分别对现有设备的布置改造和新生产线的建设提出了有效建议。图 4-20 和表 4-7 是陕钢集团提出的冷却工艺方案和具体说明。

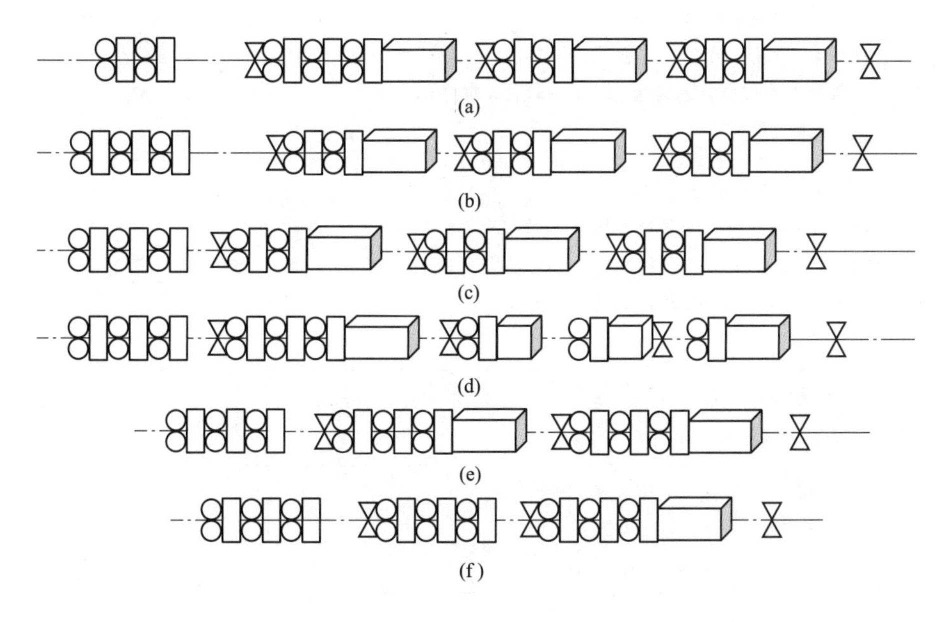

图 4-20　6 种比较典型的工艺方案示意图

从图 4-20 可看出，轧制线不同阶段的冷却段布置导致不同的冷却效果。推荐新生产线应用的图 4-20（a）和（b）设计方案，通过水箱的合理布置，可以很好地控制钢筋的冷却速度，更有利于整个轧线的温度控制。而图 4-20（e）和（f）方案是在传统的生产线布置上增加冷却设备以控制轧制温度，将发生形变诱导铁素体相变的精轧段轧机连续分布，冷却设备在精轧出口处设置，这导致不能很好地控制精轧过程的轧制温度，尤其生产大规格的棒材时，可能出现表面晶粒细小、心部晶粒粗大的晶粒分布不均匀现象。所以，在未来发展过程中，螺纹钢企业根据现有设备和企业发展目标，可以布置适当的轧制线冷却段，获得最佳的冷却效果，以低的生产成本，生产优质的螺纹钢产品。

表 4-7 细晶钢筋生产线的设计方案分析表

机架及水箱布置形式	设计关键点	主要特点	细晶效果	使用情况	示意图图号
4（脱头）+6s+4s+4s	粗轧 4 道后脱头，开轧速度提高到 2 倍以上，粗轧基本不降温；中轧、预精轧、精轧后分别配备冷却段（水箱），以稳定轧制过程温度	加热、开轧温度低，加热时晶粒长大少；含粗轧的整个轧制过程温度均衡可控；适应较长坯料的轧制	好	新建	图 4-20（a）
6（脱头）+4s+4s+4s	粗轧 6 道后脱头，开轧速度提高到 2 倍以上，粗轧基本不降温；中轧、预精轧、精轧后分别配备冷却段（水箱），以稳定轧制过程温度	加热、开轧温度低，加热时晶粒长大少；含粗轧的整个轧制过程温度均衡可控；适应较长坯料的轧制	好	新建	图 4-20（b）
6+4s+4s+4s	传统的中轧和精轧被拆分为 4+4+4；中轧、预精轧、精轧分别配备冷却段（水箱），以稳定轧制过程温度	中、精轧温度均匀可控；适应较长坯料的轧制	较好	新建/改造	图 4-20（c）
6+6s+2s+2s+2s	传统的精轧被拆分为 2+2+2；精轧每两架间分别配备温度均衡段，中轧、精轧后分别配冷却段（水箱），以稳定轧制过程温度	原有设备改动少，中、精轧温度均衡可控，适应较长坯料的轧制	较好	改造	图 4-20（d）
6+6s+6s	适当降低开轧温度，中、精轧温升较高时进行大幅降温	轧线温度波动大，改造量较小	尚可	改造	图 4-20（e）
6+6+6s	适当降低开轧温度，中、精轧温升较高，轧后进行大幅降温	一直处于升温轧制中，轧后控温，改造量较小	一般	改造	图 4-20（f）

注：s 代表水箱。

400MPa 级超细晶粒钢筋

目前我国大多数企业均具备生产 400MPa 级超细晶粒高强钢筋（其牌号为 HRBF400）的能力。与微合金化钢筋相比，其冶炼工艺相差不大，只是化学成分的控制不同。生产超细晶粒钢筋时基本上不添加微合金元素，轧制工艺最大的区别是轧制工艺参数的控制。表 4-8~表 4-10 是几家螺纹钢企业生产 HRBF400 钢筋的经验数据，以供参考。

表 4-8　国内几家螺纹钢企业生产 HRBF400 钢筋的化学成分　（%）

企业	C	Si	Mn	P	S
青岛钢铁	0. 20~0. 25	0. 20~0. 50	0. 90~1. 20	≤0. 040	≤0. 040
安阳钢铁	0. 18~0. 24	0. 30~0. 50	1. 30~1. 50	≤0. 035	≤0. 035
陕西钢铁	0. 21~0. 23	0. 40~0. 50	1. 15~1. 25	≤0. 045	≤0. 045
石横钢铁	0. 20~0. 25	0. 15~0. 35	0. 80~1. 10	≤0. 045	≤0. 045
山西建邦	0. 21~0. 25	0. 40~0. 55	0. 90~1. 10	≤0. 045	≤0. 045

表 4-9　国内几家螺纹钢企业生产 HRBF400 钢筋的轧制工艺参数　（℃）

企业	开轧温度	精轧温度	减定径温度	吐丝温度
青岛钢铁	920~1000	780~900	750~850	680~750
安阳钢铁	930~980	880~920	860~900	700~850
陕西钢铁	950~1000	790~880	780~850	730~840
石横钢铁	920~980	780~880	750~850	650~750
山西建邦	960~980	780~830	730~780	680~730

表 4-10　国内几家螺纹钢企业生产 HRBF400 钢筋的力学性能

企业	下屈服强度 R_{eL}/MPa	抗拉强度 R_m/MPa	断后伸长率 A/%	R_m^o/R_{eL}^o
青岛钢铁	428~461	573~606	28. 1~33. 5	1. 31~1. 34
安阳钢铁	420~500	590~670	26. 5~33. 0	1. 35~1. 44
陕西钢铁	432~476	613~635	25. 2~30. 4	1. 31~1. 33
石横钢铁	435~450	575~590	26. 5~29. 5	1. 31~1. 34
山西建邦	430~450	590~600	—	1. 33~1. 37

从 HRBF400 钢筋的生产经验来看，其力学性能和工艺性能均满足国标要求，在实际应用中也得到了市场一定的认可。在企业的发展道路上促进了降本增效，在钢铁行业绿色发展方面减轻了环保压力。

500MPa 级超细晶粒钢筋

500MPa 级是国标 GB/T 499. 2—2018《钢筋混凝土用钢　第 2 部分：热轧带肋钢筋》中最高的细晶粒钢筋强度级别，自 2010 年将 500MPa 强度级别纳入 GB 50010—2010《混凝土结构设计规范》后，激发了各企业和研究机构对低成本、高强度钢筋的开发和应用。而 1998~2003 年实施的“新一代钢铁材料重大基础研究”项目，促进了超细晶粒钢筋的快速发展。如 2009 年，石横钢厂在成功开发 400MPa 级超细晶粒钢筋的基础上，通过轧制工艺的控制，分析了纯 20MnSi 钢筋和微合金钢筋的力学性能，结果表明，可以通过控轧控冷工艺来达到 500MPa 级超细晶粒钢筋的性能要求，其晶粒度达到了 13. 5 级，具体化学成分、工艺参数和力学性能的控制见表 4-11~表 4-13。

表 4-11 500MPa 级超细晶粒钢筋的化学成分

钢种	直径/mm	化学成分/%						碳当量 C_{eq}/%
		C	Si	Mn	P	S	V	
20MnSiV	12	0.22	0.43	1.47	0.03	0.026	0.071	0.47
	6	0.23	0.47	1.47	0.021	0.013	0.070	0.48
20MnSi	12	0.24	0.65	1.47	0.026	0.037	—	0.49
	6	0.23	0.65	1.48	0.035	0.031	—	0.48

表 4-12 500MPa 级超细晶粒钢筋的轧制工艺参数

钢种	直径/mm	开轧温度/℃	精轧前温度/℃	减定径前温度/℃	吐丝机温度/℃	辊道速度/$m \cdot min^{-1}$
20MnSiV	12	920~960	780~820	780~820	700~720	60
	6	920~965	820~830	845~855	750~760	
20MnSi	12	920~960	760~810	760~810	660~675	
	6	920~960	800~850	800~850	710~720	

表 4-13 500MPa 级超细晶粒钢筋的力学性能

钢种	直径/mm	R_{eL}/MPa	R_m/MPa	A/%	R_m^o/R_{eL}^o
20MnSiV	12	530~551	685~710	22.5~24.0	1.29~1.32
	6	530~560	700~725	24.0~27.0	1.29~1.32
20MnSi	12	530~545	685~700	22.5~24.0	1.28~1.30
	6	520~550	705~725	25.0~29.0	1.32~1.36

总之，在细晶粒螺纹钢的应用方面，虽然多数企业具有生产条件，但其市场占比较小，在未来工作中需要进一步研究适合细晶粒螺纹钢生产的轧制设备，设计合理的轧制工艺，以促进细晶粒螺纹钢的市场应用。

（三）超细晶粒高强螺纹钢未来发展方向

我国在细晶粒轧制技术方面积累了一定的经验，未来在强屈比的控制、大规格产品的断面性能均匀性控制、钢筋腐蚀问题等方面均有优化的空间，这也是超细晶未来发展的突破口和发展方向。

（1）超细晶轧制技术的强化机理是细化晶粒，随着晶粒尺寸的减小，钢筋的屈服强度和抗拉强度均提高，其中晶粒细化对屈服强度的贡献更明显，导致超细晶钢筋的强屈比偏低，出现强屈比不满足抗震要求的现象。所以，在未来发展过程中，要着重研究超细晶螺纹钢的抗震性能，采用节约型的成分设计和减量化的生产方式，获得高附加值、可循环的螺纹钢产品。

（2）细晶粒轧制技术属于低温轧制，生产大规格钢筋时，钢筋表面和心部的冷却速度不同而出现断面晶粒大小不均匀的现象，即中边比值小于 1（中边比为轧件断面心部和边部的晶粒度比值），这会导致产品的横向性能不均匀。所以，螺纹钢企业结合现有生产线，合理布置冷却装置，深入研究超细晶粒技术的冷却工艺，达到稳定产品质量、提质增效的目的。

（3）钢筋表面浮锈问题。超细晶粒热轧钢筋的表面氧化铁皮较薄，与微合金化热轧钢筋相比，表面容易生锈，从而影响钢筋表面质量和使用性能。所以，在未来发展过程中，加强控轧控冷工艺研究，钢筋表面形成耐蚀性高的蓝膜氧化膜，在不添加微合金元素的情况下满足产品的各项性能要求。

（4）螺纹钢产品量大面广，在合金资源的消耗上占据较大比例。所以，在未来发展过程中，螺纹钢企业应重视控轧控冷技术的工艺研究，开发满足性能要求的、不添加微合金元素的素钢筋；科研院校应积极研发符合螺纹钢未来高质量发展要求的新技术、新工艺，与企业紧密合作，促进新工艺新技术的应用。

（四）超细晶高强螺纹钢的未来等级划分

目前，各界对超细晶粒尺寸等级的判定标准不一，有的将 10μm 以下的晶粒尺寸判定为超细晶粒，有的将 5μm 以下晶粒尺寸判定为超细晶粒。综合考虑螺纹钢研究现状和细化晶粒对钢筋力学性能的影响（晶粒尺寸细化到 1μm 以下时对强韧性的影响不再明显），本书中将用控制轧制与控制冷却工艺形成的、晶粒尺寸为 11 级及以上（平均晶粒尺寸不大于 7.9μm）的钢筋定义为超细晶粒钢筋。国内多家企业具备生产超细晶粒钢筋的技术条件，如陕钢生产的 400MPa 级和 500MPa 级超细晶粒钢筋的晶粒度已达到了 12 级及以上；山东石横特钢厂生产的 400MPa 级超细晶粒钢筋，其晶粒尺寸也达到了 12 级及以上，获得了可观的社会和经济效益。因此，随着超细晶粒钢筋晶粒尺寸的微米级发展，精确划分晶粒尺寸等级是未来值得探讨的问题，是促进超细晶高强钢筋规模化、标准化、品牌化发展的动力。

二、余热处理高强螺纹钢向节约资源型发展

（一）余热处理高强螺纹钢的发展优势

余热处理高强螺纹钢是利用 20MnSi 或 Q235 类普碳钢，通过轧后在线热处理的方法来生产 400MPa 级及以上的螺纹钢。余热处理轧制技术在不添加微合金元素的条件下，通过控制轧制和轧后冷却速度的控制，获得满足性能要求的螺纹钢，因此具有节约资源、降低成本等优点。基于以上优点，余热处理钢筋在国外的应用非常广泛，尤其在发达国家，将余热处理技术成为了高强螺纹钢绿色发展的重要技术手段。但余热处理高强螺纹钢在我国的推广应用不够理想，从 20 世纪 80 年代引进该技术以来，大部分产品都销往国外，国内市场占比非常小。分析其原因是产品的性能波动大、焊接性能差、强屈比低等。随着工艺设备的更新换代、科学技术的创新发展，将计算机自动化控制技术和智能制造技术应用于余热处理技术中，可以很好地解决性能稳定性问题。为了解决焊接问题，国外设计出了几十种连接余热处理钢筋的方法。

经过近半个世纪的努力，我国已经具备了稳定生产余热处理高强螺纹钢的能力。轧后余热处理工艺具有工序简单、节约资源、降低成本等一系列优点，在激烈的资源竞争下，余热处理技术在螺纹钢未来发展过程中具有较大的推广价值。

（二）余热处理高强螺纹钢的研究与应用方向

（1）20 世纪 80 年代中期，马鞍山钢铁股份有限公司（以下简称马钢）在小型轧机上进行热轧钢筋余热处理研究与试验，并取得了阶段性成果，1999 年全套引进意大利 POMINI 公司 18 架棒材连续轧机，并配备 THERMEX 余热处理装置和工艺。由于国内限制余热处理钢筋的使用，马钢生产的余热处理钢筋主要销往国际市场。目前马钢生产的钢筋牌号有 BSG460、BSG460B 和 B500B，其中 BSG460 钢筋主要销往香港市场；BSG460B 钢筋主要出口新加坡市场；B500B 钢筋主要出口英国市场。表 4-14 和表 4-15 是马钢余热处理钢筋的具体牌号和相关力学性能要求。

表 4-14 马钢余热处理钢筋化学成分

牌号	化学成分（不大于）/%					碳当量 C_{eq}（不大于）/%
	C	Mn	Si	P	S	
BSG460	0.25	0.8	1.6	0.045	0.045	0.51
BSG460B	0.25	0.8	1.6	0.045	0.045	0.51
B500B	0.22	0.8	1.6	0.045	0.045	0.50

表 4-15 马钢余热处理钢筋力学性能

牌号	力学性能				工艺性能	
	R_{eL}/MPa	R_m/MPa	A/%	A_{gt}/%	冷弯	反弯
BSG460	>500	>605	>16	—	$d=3a$	$d=5a$
BSG460B	>500	>605	>16	>5.0	—	$d=7a$（$a>16$）
B500B	540~650	594~715	—	>8.0	—	$d=7a$（$a>16$）

马钢使用的冷却装置配备五个冷却段，通过冷却水量、冷却段数和水压来控制自回火温度，从而获得不同强度级别的钢筋。其他条件不变的情况下，可通过不同冷却段数来获得不同的强度值，如 ϕ25mm 规格的 20MnSi 钢筋，将冷却段分为 3 段、4 段和 5 段，3 段冷却或 4 段冷却时的各段水压均为 2.0MPa，而 5 段冷却的水压分配如表 4-16 所示，以上不同冷却段余热处理钢筋的力学性能如表 4-17 所示。

表 4-16 5 段冷却段的水压分配表

冷却段	第一段	第二段	第三段	第四段	第五段
水压/MPa	2.0	2.0	1.8	1.6	1.2

从表 4-17 可看出，在实际生产中可以通过调整冷却装置的工艺参数来灵活生产不同强度级别的钢筋，这是余热处理技术的一大优势。马钢余热处理钢筋的自回火温度通常控制在 650℃以下。

表 4-17 不同冷却段余热处理钢筋的力学性能

冷却段数	R_{eL}/MPa	R_m/MPa	A/%	R_m^o/R_{eL}^o
前 3 段	450	574	29	1.28
前 4 段	482	610	25	1.27
前 5 段	556	672	23	1.21

（2）广东华美钢铁有限公司（简称广东华美），从 1989 年开始按英国标准 BS4449 生产余热处理螺纹钢，产品全部销往香港地区，并获得了香港土木工程颁布的产品质量免检证书。广东华美的冷却装置是传统的 3 节冷却段，冷却器每节长为 6m，每节设有 2 个喷嘴，每个喷嘴的水量为 10~100m^3/h，按生产需要进行调节。广东华美用 20MnSi 和 Q235 为原材料进行余热处理钢筋的生产，表 4-18 是 ϕ22mm 规格钢筋的工艺参数和性能指标。

表 4-18 ϕ22mm 规格余热处理钢筋工艺参数和力学性能

钢种	水量 /$m^3\cdot h^{-1}$	自回火温度 /℃	冷却时间 /s	R_{eL} /MPa	R_m /MPa	A/%
20MnSi（普通热轧）	—	—	—	400	585	29.5
20MnSi	139	716	1.9	465	625	28.0
	153	683		485	645	26.0
	164	676		495	665	25.4
	194	655		530	685	23.4
Q235	170	670		465	570	25.1
	200	675		480	575	25.0
	250	648		500	605	24.0
	263	623		510	610	23.3

从表 4-18 可看出，通过冷却工艺参数的调整，可以获得不同强度级别的钢筋。随着冷却水量的增多，余热处理钢筋的自回火温度随之降低，屈服强度和抗拉强度得到提高，而断后伸长率则有所下降，但均满足性能要求。对于余热处理螺纹钢的生产，通过冷却系统来控制自回火温度是核心控制要点，因为自回火温度将影响钢筋的金相组织，从而影响产品的最终性能。

（3）江苏常铝铝业股份有限公司与徐州工学院合作开发了余热处理高强螺纹钢。他们采用的基材是 20MnSi，用相同工艺条件的基材生产出了不同规格不同强度的钢筋。表 4-19 和表 4-20 是其化学成分和工艺参数。

表 4-19 余热处理钢筋的化学成分

牌号	化学成分/%				
	C	Si	Mn	P	S
	不大于				
RRB400 RRB500	0.22	0.6	1.53	0.030	0.030

表 4-20　余热处理钢筋的工艺参数

直径/mm	牌号	加热温度/℃	出水箱温度/℃	自回火温度/℃
16	RRB400	1050～1100	630～680	730～780
20	RRB500	1050～1100	450～500	650～700

RRB400

采用上述化学成分和工艺参数生产出的 RRB400 钢筋的力学性能和金相组织形貌如表 4-21 和图 4-21 所示。

表 4-21　RRB400 钢筋的力学性能

试样编号	R_{eL}/MPa	R_m/MPa	A/%	R_m^o/R_{eL}^o
1	455	585	27	1.29
2	480	625	26	1.30

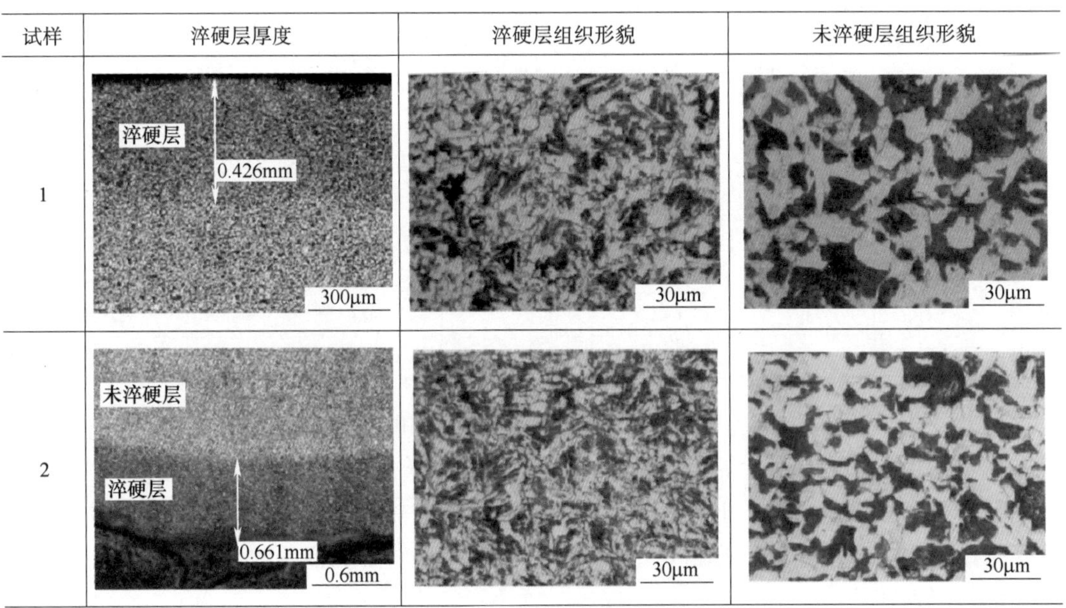

图 4-21　RRB400 钢筋的金相组织形貌

从图 4-21 可看出，1 号钢筋和 2 号钢筋都满足性能要求。其中 1 号钢筋的淬硬层厚度为 0.426mm，而且淬硬层与未淬硬层分界明显，淬硬层是由回火屈氏体+多边形铁素体组成，而未淬硬层是由珠光体+多边形铁素体组成；2 号钢筋淬硬层的厚度为 0.661mm，大于 1 号钢筋的淬硬层厚度。也就是说淬硬层厚度越大，钢筋的硬相组织越多，则钢筋的强度就越高。

RRB500

生产 RRB500 钢筋所采用的化学成分和工艺参数如表 4-19 和表 4-20 所示，其产品性能和金相组织形貌见表 4-22 和图 4-22。

表 4-22　RRB500 钢筋的力学性能

试样编号	R_{eL}/MPa	R_m/MPa	A/%	R_m^o/R_{eL}^o
3	545	665	17	1.22
4	605	690	16	1.14

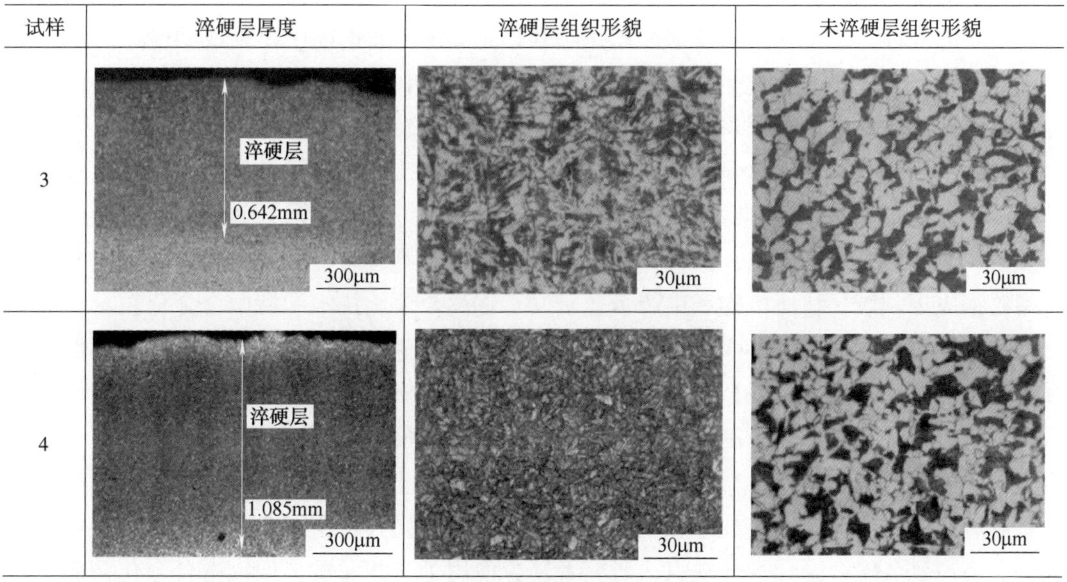

试样	淬硬层厚度	淬硬层组织形貌	未淬硬层组织形貌
3	淬硬层 0.642mm 300μm	30μm	30μm
4	淬硬层 1.085mm 300μm	30μm	30μm

图 4-22　RRB500 钢筋金相组织形貌

由于 RRB500 钢筋的自回火温度较低，产品的强度也会高一些。与 RRB400 相比，虽然 3 号钢筋和 2 号钢筋的淬硬层厚度相仿，但强度却明显提高，这主要与 RRB500 钢筋的组织变化有关。从图 4-22 可看出，3 号钢筋的淬硬层显微组织主要以硬相回火屈氏体为主，多边形铁素体的含量较少，即回火屈氏体量多于 2 号钢筋。所以，除了淬硬层厚度，淬硬层组织也是影响余热处理钢筋强度的重要因素。

（三）余热处理高强螺纹钢未来发展展望

从国外的生产经验来看，余热处理技术是降本增效的螺纹钢生产方式，并获得多个国家的生产许可，成为了绿色建筑的发展方向。从我国生产应用情况来看，多数产品销往国外，在国内的市场占比非常小。在资源极度紧张的状态下，加大国内产品种类，增加国际市场竞争力，加强低成本高效率技术的引用是我国螺纹钢发展的必然趋势。经过近半个世纪的研究和开发，我国已经具备了稳定生产余热处理热轧钢筋的能力，其力学性能和工艺性能均满足国家标准。所以在未来发展过程中，一方面根据我国的地理特点，相关部门可以合理地推广余热处理钢筋的应用，充分发挥其低成本优势，从而有效利用有限资源，丰富我国螺纹钢产品种类，增强国际市场竞争力。另外，余热处理钢筋生产企业和研究机构加强计算机技术和智能制造现代化技术在余热处理钢筋生产中的应用，从而有效控制生产工艺参数，提高产品的性能稳定性。

三、微合金化高强螺纹钢向多元化发展

（一）微合金化热轧钢筋的新发展理念

微合金化技术是在普通 C-Mn 钢中添加微量的合金元素（如 V、Nb、Ti 等），通过微合金元素的细晶强化、沉淀强化、固溶强化机制，再结合适宜的轧制工艺来提高钢筋综合力学性能的一种工艺技术。该技术首先在西欧和北美生产的钢筋中得到成功应用。我国从 20 世纪 60 年代开始将微合金化技术引用到螺纹钢生产中，目前已经形成了具有特色的产品系列，并不断地进行开发和创新。现有的微合金化技术主要有钒微合金化、铌微合金化、钛微合金化和复合微合金化技术，其中钒微合金化技术是应用最早、生产工艺最成熟的技术，能稳定生产 400MPa、500MPa 和 600MPa 级的高强螺纹钢。单一添加钒合金来提高强度，虽能达到强度要求，但存在成本高、抗震性能不理想等问题。为了降低成本，扩大螺纹钢应用领域，科研机构和生产企业研发了铌微合金化技术和钛微合金化技术。其中铌微合金化技术能稳定生产 400MPa 级高强钢筋，并且显著提高产品的抗震性能，但更高强度的产品还处在研发阶段；研发钛微合金化技术的主要目的是降低成本，由于钛本身的活泼性质，对工艺参数的控制带来了一定的挑战，导致很难保证产品性能的稳定性，目前也处于研发阶段。

随着螺纹钢生产工艺、技术和装备的更新升级，对充分发挥微合金元素的价值创造了条件。考虑到各微合金元素优缺点，研究者复合使用了这些元素，如钒微合金化钢筋中以增氮的方式增加钒的析出强化效果，这样不仅降低钒合金的使用量，还达到了性能要求，即 V-N 微合金化技术；钒微合金化钢筋中添加铌元素，提高了产品的强屈比，满足了抗震性能，即 V-Nb 复合微合金化技术；钒微合金化钢筋中添加钛，用廉价的钛元素部分替代昂贵的钒元素，有效降低了生产成本，即 V-Ti 复合微合金化技术；在 C-Mn 基础钢中添加 Nb 和 Ti 元素，再搭配适量的 Mo、Cr、B、Cu 等元素，生产出了高达 800MPa 级的低合金钢筋。所以，螺纹钢企业和研究机构在未来发展中，要充分发挥微合金元素的潜力，以“绿色、环保、减量、创新、低碳”为新发展理念，开发出满足市场需求和具有竞争力的低成本、高性能、功能优的高质量绿色产品。

（二）影响微合金化高强螺纹钢未来发展的因素

目前，微合金化是螺纹钢产品的主要生产工艺，通过微合金元素的析出强化和细晶强化作用能生产出强度高达 800MPa 的螺纹钢。但随着钢铁产业的绿色高质量发展，节能减排和降本增效给螺纹钢企业发展带来了一定的挑战，其中生产成本、微合金化机理和循环利用成为了微合金化螺纹钢未来发展的主要影响因素。

（1）生产成本较高。钒氮合金、钒铁合金是生产高强螺纹钢的主要强化要素，随着钒含量的提高，钢筋的强度也会随之提高，对铌微合金化钢筋亦是如此。所以，钒合金、铌合金的价格波动影响着企业的成本控制。近几年钒铁合金和钒氮合金的价格大幅上涨，2021 年 8 月份的钒氮合金价格高出了 2020 年的 30%以上，这对企业的成本控制带来了极

大的挑战。再者，铌合金不是我国的富有资源，若大力推广铌微合金化技术，则需要依靠进口资源，这样必然导致螺纹钢价格的上涨。因此，微合金化螺纹钢的成本控制是其未来发展的主要影响因素之一。

（2）钛微合金化工艺不成熟。我国钛资源丰富，储量占世界之首。与钒合金和铌合金相比，钛微合金化技术在螺纹钢生产中的研发和应用具有较高的价格优势。但是钛元素对螺纹钢性能的影响机理有待进一步研究，由于钛本身的活性特征，在高温下易被氧化或形成化合物而对钛含量的控制带来了困难，尤其钛含量过高时会产生连铸絮流，使钢水液面不稳定而导致卷渣、纵裂、黏结等缺陷，影响钢坯质量。所以，明确钛微合金元素对螺纹钢性能的影响机理，并掌握钛微合金化螺纹钢在生产过程中的控制要点是微合金化钢筋未来发展中亟须解决的问题。

（3）微合金化钢筋在回收再次应用时，在冶炼过程中易于氧化，这不利于绿色循环发展，更不利于循环再利用。

（三）微合金化高强螺纹钢的未来发展趋势

随着钢铁产业的低碳、环保、绿色发展，提高钢筋强度成为了螺纹钢企业高质量发展的新势态。目前，我国螺纹钢生产标准中主要有 400MPa、500MPa 和 600MPa 三个强度等级，在本次编纂工作中，对国内重点螺纹钢企业（宝武系六家企业、长乐系企业、首钢、沙钢、承钢、陕钢等）进行了不同牌号钢筋的生产占比统计，其结果表明我国螺纹钢的生产和应用还是以 400MPa 级钢筋为主。图 4-23 显示了 2020 年度螺纹钢生产情况。

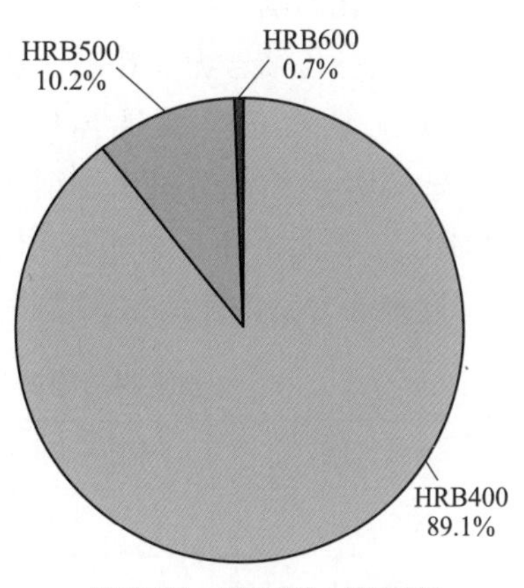

图 4-23　2020 年国内重点螺纹钢企业不同牌号螺纹钢的生产占比

从图 4-23 可看出，我国高强钢筋的推广和应用比较滞后，虽然具备生产 500MPa 级和 600MPa 级螺纹钢的能力，但其市场占比较小。所以，积极推广 500MPa 级钢筋的应用和研发更高强度级别的钢筋是螺纹钢未来发展的重要内容。为了积极推动螺纹钢的高质量发展，国内部分企业以多元化发展为方向，采用复合微合金化技术，开发出了 700MPa、800MPa 等超高强螺纹钢，以扩大螺纹钢的应用领域，促进产品的提质升级。

500MPa 级螺纹钢

500MPa 级螺纹钢是国家大力推广的钢筋牌号。与 400MPa 级钢筋相比，一方面 500MPa 级钢筋强度提高了 25%，节约钢筋用量 10%以上；另一方面，HRB500 钢筋的材料性能分项系数为 1.15，大于 HRB400 钢筋的分项系数（其值为 1.11），说明建筑结构按相同的载荷效应组合设计时，HRB500 钢筋提供的抗力更大，建筑结构的安全度更高，这也是国家工业和信息化部、住房和城乡建设部等相关部门推广应用 500MPa 级钢筋的原因。

钒微合金化技术结合控轧控冷工艺是生产 HRB500 钢筋的主要方式。还有一些学者在研究 V-Ti、V-Mo、V-Cr、V-Nb 等复合微合金化技术，以获取更低成本、更优性能的产品。河钢集团承钢公司是研究钒微合金化技术较早的企业，2004 年开始研发 500MPa 级含钒螺纹钢，2006 年成功开发，2007 年批量生产。陕西钢铁公司、华菱钢铁公司、安阳钢铁公司等企业也成功开发含钒 HRB500 钢筋，应用在超高层建筑、铁路、公路、大跨度桥梁、机场等建筑工程，得到了市场的良好响应。在此主要介绍一下采用钒微合金化技术生产 HRB500 钢筋的经验数据（见表 4-23），以供参考。

表 4-23 国内几家螺纹钢企业生产 HRB500 钢筋的化学成分控制 （质量分数，%）

企业	C	Si	Mn	P	S	V	C_{eq}
陕西钢铁	0.20~0.25	0.50~0.70	1.35~1.60	≤0.045	≤0.045	0.035~0.095	≤0.55
华菱钢铁	0.22~0.25	0.48~0.75	1.28~1.55	≤0.040	≤0.040	0.060~0.10	≤0.55
安阳钢铁	0.19~0.24	0.40~0.70	1.40~1.60	≤0.040	≤0.040	0.080~0.110	≤0.55
河钢承钢	0.20~0.25	0.40~0.60	1.30~1.55	≤0.035	≤0.035	≤0.120	≤0.55

除了控制炼钢工序的化学成分外，轧钢工艺也至关重要。在轧制过程中要合理确定加热制度、开轧温度、轧制速度、变形量以及冷却工艺等工艺参数，充分发挥细晶强化和形变强化功能；再结合无头轧制、低温轧制等新工艺来提高产品的性能稳定性、降低合金元素的用量，从而获得满足客户需求和国家标准的低成本高质量产品。在国标 GB/T 1499.2—2018《钢筋混凝土用钢 第 2 部分：热轧带肋钢筋》中规定了对 HRB500 钢筋力学性能、宏观金相和显微组织形貌的要求。表 4-24 列举了国内几家螺纹钢生产企业的 HRB500 钢筋力学性能数据，以供参考。

表 4-24 国内几家螺纹钢企业生产 HRB500 的力学性能

企业名称	下屈服强度 R_{eL}/MPa	抗拉强度 R_m/MPa	断后伸长率 A/%
陕西钢铁	535~565	690~730	19.0~27.5
华菱钢铁	525~565	680~720	19.5~25.5
安阳钢铁	530~601	676~747	18.5~27.5
河钢承钢	535~560	685~725	18.0~26.5

总之，用钒微合金化技术生产的 500MPa 级螺纹钢，其化学成分和轧制工艺均可以稳定控制，并且能获得满足国家标准和市场需求的力学性能。但是与 400MPa 级钢筋相比，其市场份额较小，没有得到广泛应用。这主要与市场需求、产品质量和生产成本等有关。所以，在未来发展过程中，要加强 500MPa 级螺纹钢的推广，提高市场认可度，降低建筑钢筋用量，促进建筑业绿色发展。

600MPa 级螺纹钢

我国高强钢筋的发展离不开国家政策的支持和相关部门的大力推广。在“十二五”发展规划中曾明确提出“适应减量化用钢趋势，升级热轧螺纹钢标准”，基于国家发展需求，

2011 年工信部与相关部门联合搭建了推进高强度钢筋应用平台，随着该机制的实施，螺纹钢企业和科研院校着手开发更高强度的螺纹钢。2011 年河钢承钢依靠丰富的钒资源优势，在生产 500MPa 级钢筋的经验基础上研发出了 600MPa 级钒微合金化高强钢筋，其各项性能均满足了行业要求，但缺点是钒价格较高，提高了生产成本。为降低成本，济钢通过在钒钢中增氮的方式，转变了钒在钢中的存在形式，即利用氮的活性特质，使其与钒元素形成碳氮化钒析出物，将部分固溶态的钒转变为钒的碳氮化物析出态，增强了沉淀强化作用，在降低钒合金使用量的同时也满足了钢筋的强度要求。陕钢、萍钢、马钢等企业也相继用钒微合金化技术开发 600MPa 级高强钢筋，均取得了良好的成果。基于钒的价格波动大，各大企业另辟蹊径，试用复合微合金化技术来开发高强钢筋，达到提质增效的目的。如 2014 年武钢用 V-Nb 复合微合金化技术开发了 HRB600 钢筋；2016 年沙钢在含钒 600MPa 级钢筋的基础上研究了 Cr、Cu 和 Nb 元素对其组织和性能的影响，结果表明这些元素均提高 HRB600 的强屈比，其中 Nb 的作用较为明显；2016 年武钢用高氮钒铬微合金化工艺生产了 600MPa 级高强抗震钢筋，取得了较好的成果；2020 年沙钢用 V-Ti 复合微合金化技术生产了 600MPa 级高强钢筋，其性能均达到了国标要求。

目前，V/V-N 微合金化技术结合控轧控冷是稳定生产 HRB600 钢筋的主要方式，其他复合微合金化技术还处于研发和试验阶段，是未来生产低成本、高质量螺纹钢的发展方向。

（1）采用 V/V-N 微合金化技术生产 HRB600 钢筋。V/V-N 微合金化技术是目前我国应用最广的生产方式，国内很多企业均具备生产条件。与 HRB400 和 HRB500 相比，HRB600 钢筋的生产工艺流程基本相似，只是炼钢要求更高，必要时需要经过精炼工序，严格控制夹杂物和化学成分等影响产品性能稳定性的要素。具体操作要点不做赘述，表 4-25 和表 4-26 列举了国内几家螺纹钢企业生产 HRB600 钢筋的化学成分控制和力学性能情况，以供参考。

表 4-25　国内几家螺纹钢企业生产 HRB600 钢筋的化学成分控制　（质量分数,%）

企业	C	Si	Mn	P	S	V	N
济钢	0.20~0.24	0.40~0.60	1.40~1.55	≤0.040	≤0.040	0.12~0.20	0.02~0.04
马钢	0.22~0.28	0.60~0.90	1.30~1.50	≤0.035	≤0.035	0.10~0.20	0.02~0.04
萍钢	0.22~0.25	0.60~0.75	1.40~1.55	≤0.040	≤0.040	0.12~0.15	0.02~0.03
陕钢	0.22~0.28	0.45~0.60	1.45~1.55	≤0.040	≤0.040	0.14~0.16	0.02~0.035

表 4-26　国内几家螺纹钢企业生产 HRB600 钢筋的力学性能

企业名称	下屈服强度 R_{eL}/MPa	抗拉强度 R_m/MPa	断后伸长率 A/%	最大力总伸长率 A_{gt}/%
济钢	659~681	792~807	18.9~20.4	10.8~11.7
马钢	620~700	795~877	17.2~22.0	9.0~11.2
萍钢	625~673	776~832	17.5~20.9	10.2~12.2
陕钢	620~665	765~805	18.5~23.6	10.3~12.4

（2）采用V-Nb复合微合金化技术生产HRB600钢筋。V-Nb复合微合金化技术是生产高强螺纹钢的新方向。2014年武钢在含钒HRB600钢筋的基础上，添加0.02%~0.04%的铌元素，进行了试探性小炉试验；2017年安徽工业大学系统研究了铌元素对HRB600钢筋组织与性能的影响，发现铌元素能显著细化晶粒，其含量小于0.04%和冷却速度小于3℃/s时可获得良好的综合力学性能；2018年马钢将V-Nb复合微合金化技术与轧后快速冷却工艺相结合，试生产了600MPa级高强抗震钢筋，产品的各项性能均满足相关标准要求，如图4-24所示。

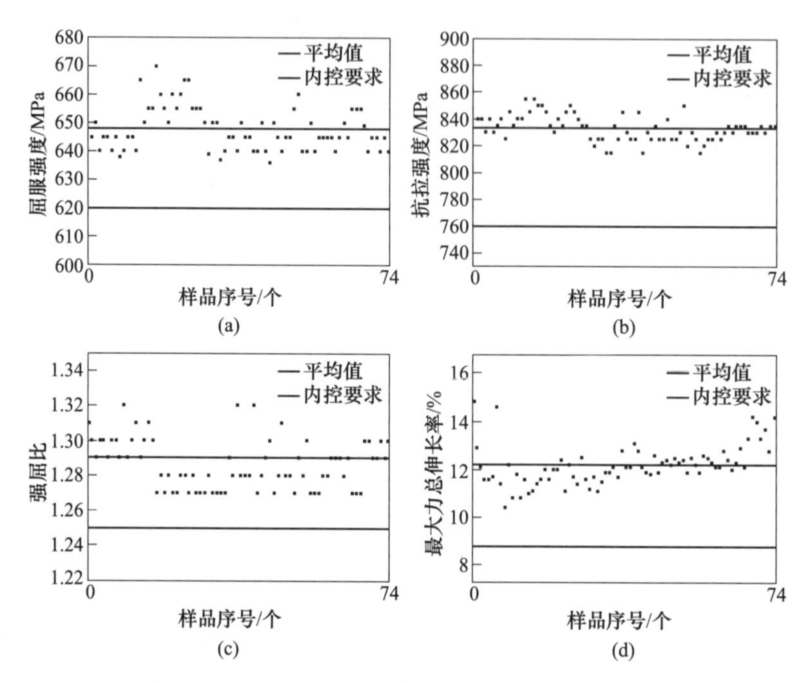

图4-24 马钢600MPa级V-Nb复合微合金化高强抗震钢筋力学性能分布图
（a）屈服强度；（b）抗拉强度；（c）强屈比；（d）最大力总伸长率

（3）采用V-Cr复合微合金化技术生产HRB600钢筋。虽然600MPa是国标中最高的强度等级，但对其抗震性能没有进行说明。生产实践中发现，HRB600钢筋常出现屈服平台不明显现象，这很难满足抗震钢筋强屈比（抗拉强度与屈服强度比值大于1.25）的要求。对于铁素体-珠光体型热轧钢筋，软相组织铁素体晶粒尺寸的降低可提升屈服强度，硬相组织珠光体比例的增加可提高抗拉强度。铬能使共析相变点左移，增加珠光体含量，从而提高钢筋的抗拉强度。2016年武汉钢铁公司、玉溪新兴钢铁公司和红河钢铁公司合作，采用V-Cr复合微合金化技术开发了600MPa级高强抗震钢筋，所得产品性能为屈服强度627~636MPa、抗拉强度792~803MPa、断后伸长率不小于20.0%、最大力总伸长率不小于10.0%、强屈比不小于1.25，均满足螺纹钢强度和抗震要求。

（4）采用V-Ti复合微合金化技术生产HRB600钢筋。V-Ti复合微合金化技术的开发主要是为了降低高强钢筋的生产成本。2020年沙钢用V-Ti复合微合金化技术开发了600MPa级高强钢筋，用廉价的钛替代部分钒，预期可实现吨钢合金节约50元。研究中发现，V-Ti 钢筋的强化机制是析出强化和细晶强化，其中含钛析出相 TiN 的完全溶解温度为 1510℃，高于典型的析出相 V(C,N) 相，在钢坯加热和保温过程中 V(C,N) 相完全固溶而硬质 TiN 粒子能基本保留，这有效阻碍了奥氏体晶粒长大，有助于后续获得细小铁素体晶粒。同时在 V-Ti 钢筋中出现了 V(C,N)+TiN 复合相，该相具有强烈的钉扎位错、抑制奥氏体再结晶的作用，有效细化了轧后铁素体晶粒。钒和钛的这种复合作用，在降低钒含量的同时获得了良好的力学性能。

700MPa 级螺纹钢

我国对 700MPa 级高强钢筋的开发主要是为了满足国防建设、能源开发、海洋工程和其他严峻环境下服役的建筑对高强钢筋的特殊要求。2012 年钢铁研究总院和中天钢铁公司联合开发了一种 700MPa 级抗震耐候高强热轧钢筋，取得了屈服强度不小于 700MPa、抗拉强度不小于 900MPa、断后伸长率为 12.5%～18.0%、强屈比为 1.27～1.45 的力学性能，完全满足了抗震要求。但该品种的 Cr 和 Ni 等合金元素含量较高，存在成本高、碳当量难以控制和焊接困难等问题。2014 年沙钢用 V-Nb-Ni 复合微合金化技术研究出了另一种低成本、易焊接的 700MPa 级高强热轧钢筋。目前成功研发 700MPa 级高强钢筋的还有山钢莱芜钢铁集团有限公司（简称山钢莱钢）、江苏天舜金属材料集团有限公司（简称江苏天舜）、河钢集团承钢公司（简称河钢承钢）和马鞍山钢铁集团有限公司（简称马钢）等，这些企业在选用合金成分和技术控制方面略有不同，表 4-27 和表 4-28 列举了主要厂家生产 700MPa 级螺纹钢的化学成分和一些生产要素的控制情况，以供参考。

表 4-27 HRB700 钢筋的化学成分控制 （质量分数,%）

企业	C	Si	Mn	P	S	V	N	Nb	Cr	Ni	B
山钢莱钢	0.20～0.28	0.30～0.80	1.50～1.80	≤0.030	≤0.030	0.08～0.12	0.02～0.04	—	—	—	—
天舜钢铁	0.18～0.30	0.60～0.90	1.30～1.90	≤0.023	≤0.023	0.10～0.20	0.02～0.04	0.01～0.05	0.05～0.10	0.01～0.03	0.002～0.004
沙钢	0.28～0.32	0.40～0.80	1.20～1.60	≤0.040	≤0.040	0.18～0.24	0.02～0.03	0.02～0.06	—	0.02～0.10	—
河钢承钢	0.26～0.31	0.50～0.80	1.40～1.60	≤0.040	≤0.040	—	0.02～0.035	0.01～0.02	—	—	0.0008～0.004
马钢	0.25～0.35	0.80～1.20	1.00～1.20	≤0.025	≤0.001	0.15～0.25	0.015～0.025	0.01～0.03	0.80～1.00	—	—

表 4-28 HRB700 钢筋的力学性能

企业	下屈服强度 R_{eL}/MPa	抗拉强度 R_m/MPa	断后伸长率 A/%	最大力总伸长率 A_{gt}/%
	不小于			
山钢莱钢	700	875	15	—
天舜钢铁	700	850	14	—
沙钢	700	850	14	—
河钢承钢	700	850	14	7.5
马钢	700	875	14	9.0

（1）2012 年山钢莱芜钢铁集团有限公司用钒微合金化技术成功研发了 700MPa 级高强螺纹钢。

冶炼工艺：采用转炉或电炉冶炼钢水，出钢 1/4 时依次加入硅铁、硅锰和钒氮合金，保证出钢 3/4 前完成操作；在精炼工序中，待炉渣变白后加入微氮合金如氮化硅、氮化硅锰等进行成分微调，使白渣或黄白渣保持 15~30min，软吹时间为 8~20min，达到氮含量 0.020%~0.040%、钒含量 0.08%~0.12%的成分要求。

轧制工艺：开轧温度 1050~1150℃、终轧温度 900~980℃，轧后自然冷却。实际生产中可优选开轧温度 1100℃，并确保微合金元素的充分溶解，终轧温度优选 950℃，充分发挥细晶强化作用。

（2）2013 年江苏天舜材料集团有限公司用热处理技术开发了 700MPa 级高强螺纹钢。

冶炼工艺：冶炼工艺经历传统的转炉→精炼→连铸工序，该工艺中添加了元素 Cr、Ni、B 和微合金化元素 Nb。其中 Cr 能降低钢的临界淬火冷却速度而增加钢的淬透性，还能与钢中的碳形成碳化物而显著提高钢筋的强度、硬度和耐磨性等，另一方面形成致密的氧化膜而增加钢的耐蚀性和抗氧化能力；Ni 不仅提高钢筋的强度，还形成奥氏体形成结构而改善钢材的可焊性和塑韧性，在腐蚀和高温环境下形成致密的含镍氧化膜而具有较高的耐蚀和耐热能力；B 可改善钢筋的致密性和热轧性能；Nb 是常用的微合金化强化元素，能显著细化晶粒，降低钢的过热敏感性及回火脆性，可防止晶间腐蚀。

轧制工艺：加热炉的预热段温度控制在 700℃以下，加热温度为 950~1200℃，时间为 1~3h；将加热好的钢坯送入粗轧机，开轧温度为 945~1200℃，终轧温度为 870~895℃，终轧后弱冷至 830~940℃后自然冷却。

热处理工艺：将上述冷却后的钢筋送入加热炉加热到 840~920℃，出炉后先采用水冷以 3.8~4.30℃/s 的冷却速率将钢筋冷却至 390~420℃，然后空冷至 200~310℃，再采用水冷以 2.7~3.5℃/s 的冷却速率将钢筋冷却至 175~190℃，最后空冷至室温；将上述冷却好的钢筋经过回火感应加热器加热到 550~610℃，保温 6~9s 后，在冷却床上对钢筋进行控冷，先以 3~7℃/s 的冷却速度将钢筋冷却到 490~560℃，然后再缓慢冷却到室温；将上述冷却后的钢筋加热到 390~420℃，保温 50min 以上，进行晶粒稳定化处理，然后冷却至室温。

（3）2014 年沙钢钢铁研究院有限公司用 V-Nb-Ni 复合微合金化技术研发了 700MPa 级高强螺纹钢。

冶炼工艺：转炉炼钢用石灰、白云石、菱镁球进行造渣，将终点碳控制在不大于 0.06%，出钢温度要小于 1690℃，出钢时采用渣洗及全程底吹氩，当钢包的钢水量大于 1/4 时，向钢包中加入脱氧剂、高碳锰铁、硅铁等，在钢包的钢水量达到 3/4 时加完；将钢水送至 LF 炉进行精炼，吹氩 3min，然后进行电极化渣，加入石灰，控制渣碱度为 6.0~8.0，精炼结束后加入合金，对钢水吹氩 10min；加热使钢水温度为 1570~1600℃后，加入常规覆盖剂，送连铸工序；除了表 4-27 中的元素，还可选成分 Ti：0.001%~0.020%，Mo：0.01%~0.05%，Cu：0.02%~0.10%中的任意一种或两种以上的组合。其中钛能改善焊接性能；钼固溶于铁素体中，具有固溶强化作用，同时也提高碳化物的稳定性，改善钢的延展性、韧性和耐磨性。

轧制工艺：将连铸坯送入加热炉，加热 80~120min，加热至 1150~1250℃后进行轧制，开轧温度为 1050~1120℃，精轧温度控制在 950~1000℃，上冷床温度控制在 950~980℃。

（4）2018 年河钢集团承钢公司用复合微合金化搭配轧后热处理技术开发了 700MPa 级高强螺纹钢。

冶炼工艺：炼钢工艺经过传统的转炉→精炼→连铸工序，其中精炼时添加 B 元素，该元素能够增加淬透性，强化轧后冷却效果；但过高的 B 元素，会降低钢筋塑韧性，在实际生产中控制在 0.0008%~0.0040%。

轧制工艺：将连铸坯送入加热炉，出炉温度控制在 1100~1200℃；轧后用水压 1~3MPa、流量不小于 $300m^3/h$ 的高压水快速冷却至 550~650℃；堆冷 24h 后再进行热处理，条件为加热温度控制在 150~450℃，保温 10~30h，充分去除残余应力，提高钢筋塑性；最后获得钢筋表层为环状回火组织，内部为铁素体+珠光体的金相组织。

（5）2018 年马鞍山钢铁集团有限公司用复合微合金化技术开发了 700MPa 级高强抗震螺纹钢。

冶炼工艺：采用转炉或电弧炉炼钢，出钢 1/4 时，先加入脱氧剂进行脱氧，脱氧完成后依次加入铌铁、钒氮合金，出钢 3/4 时加完，控制终点 C≥0.05%、P、S≤0.015%，并挡渣出钢；LF 炉中吹入氩气，加入造渣剂造渣，吹氩弱搅拌，弱搅拌时间不小于 15min，氩气流量 30L/min；连铸全程采用保护浇铸，中间包钢液过热度不大于 30℃，二冷区进行弱冷，铸坯拉矫温度不低于 950℃。

轧制工艺：将连铸坯送入加热炉，加热温度控制在 1050~1200℃，对加热好的钢坯进行轧制，精轧温度控制在 1020~1100℃，上冷床温度控制在 850~950℃。

800MPa 级螺纹钢

开发应用更高强度的钢筋已成为螺纹钢的发展方向，因为提升螺纹钢强度可以减少其使用量，降低钢筋密度，节省建筑空间，这有利于降低能耗和改善环境。虽然我国已将 600MPa 级钢筋牌号纳入国家标准中，并且开发出 700MPa 级的螺纹钢，但与发达国家相比还有一定的距离。日本目前已开发出 USD685~USD1275MPa 系列超高强钢筋，主要用于高层建筑的柱纵向配筋，以加强箍筋的约束作用，并要求搭配的混凝土强度不低于 60MPa。韩国 2007 年将 SD600 和 SD700 牌号加入国家标准中，并致力开发 1000MPa 级以上的超高强钢筋。澳大利亚也将 800MPa 级钢筋作为主要研究方向。可见，我国在超高强钢筋领域处于滞后状态。

2019 年沙钢在 700MPa 级钢筋的研究基础上，用复合微合金化技术+高温加热+低温轧制的技术路线成功开发出 800MPa 级螺纹钢，拉近了与发达国家的距离。800MPa 级螺纹钢的控制要点有：化学成分是在 C、Mn 和 Si 的基础上添加微量的 Nb 和 Ti 微合金化元素，再搭配适量的 Mo、Cr、B、Cu，使各元素充分发挥其优化作用；轧制工艺采用 1150~1250℃的均热温度、1000~1100℃的开轧温度和 650~800℃的上冷床温度，最终获得铁素体+粒状贝氏体的金相组织，其中贝氏体相占 75%以上，力学性能达到了下屈服强度不小于 800MPa，抗拉强度不小于 960MPa，断后伸长率不小于 12%，最大力总伸长率不小于7.5%。

总之，微合金化高强螺纹钢要以高质量发展为目标，向多元化方向发展，充分发挥微合金元素的强化作用，研究复合微合金化技术在螺纹钢高强度发展中的应用，从而合理分配合金资源，促进螺纹钢产业的高质量发展。

第二节　螺纹钢产品韧性发展方向

随着我国钢铁产业的高质量发展，螺纹钢强度级别已经达到了600MPa级及以上，在高层建筑、桥梁、海洋工程等领域发挥了关键作用，但在实际应用和抽检中仍存在脆断问题，尤其发生地震时，钢筋的吸收载荷能量的能力关系着人们的生命和财产安全，这督促人们除了强度设计外，还要寻找脆断的原因和解决方案，即要考虑建筑物的韧性设计。

一、影响高韧性螺纹钢未来发展的因素

（一）螺纹钢的断裂行为特征

韧性是材料在塑性变形和断裂过程中所需能量的参量，对断裂过程（包括裂纹的形成、伸展和断裂）的了解是研究断裂韧性的关键。螺纹钢的断裂失效过程是金属在外加载荷时，材料的微观缺陷和夹杂物的存在加剧应力集中，而应力扩散不了时形成微裂纹，在持续的负载情况下，微裂纹进行扩展，最终导致材料的宏观脆性断裂。简单来说螺纹钢的失效断裂经历微裂纹的形成、裂纹扩散、产生断裂等过程，而产生断裂的裂纹形成机理可分为脆性断裂和韧性断裂。

螺纹钢脆性断裂具有解理断裂、准解理和沿晶断裂等微观特征。解理断裂是沿特定界面发生的脆性穿晶断裂，其微观特征是如图4-25（a）所示的极平坦的镜面形貌。解理台阶、河流花样、舌状花样是解理断裂的基本微观特征。准解理断裂也属于穿晶断裂，是解

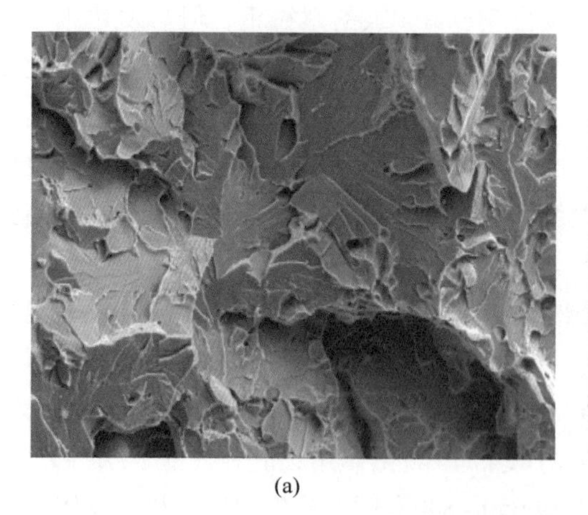

(a)

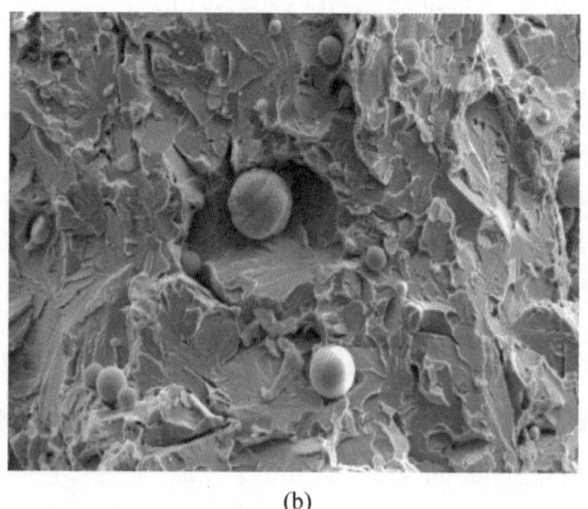

(b)

图4-25　螺纹钢脆性断裂微观断口形貌图

（a）解理断裂；（b）准解理断裂

理断裂的变异。螺纹钢内部弥散分布着细小的碳化物、氮化物或碳氮化物，它们在外载荷作用下产生应力集中而成为裂纹源，进而影响微裂纹的形成和扩展。当裂纹在晶粒内扩展时，由于析出物的存在和外力变形作用，很难像解理断裂一样出现极平坦的镜面特征，而是出现如图 4-25（b）所示的似河流状解理但又非真正解理的微观特征，称这种断裂为准解理断裂。

螺纹钢韧性断裂的微观特征为韧窝状（见图 4-26），影响韧窝大小和深度的因素主要有第二相质点的大小、基体材料的塑性变形能力、外加应力的大小等。其中第二相质点的密度越大、质点间距越小，则钢筋的韧窝尺寸越小；基体材料的变形能力越好，越容易产生塑性变形，则断裂时的韧窝深度就越深；外加应力是通过影响钢筋的塑性变形能力而间接影响韧窝深度，当钢筋受到静压时易产生轴向塑性变形，其断口韧窝深度较深，而当钢筋受到多向拉应力时，其断口韧窝深度就较浅。

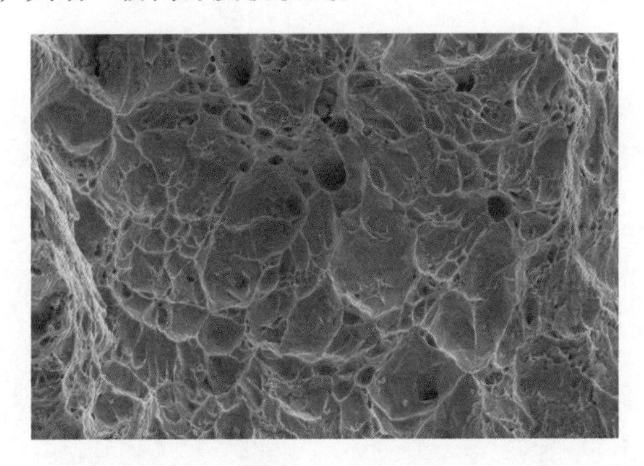

图 4-26　螺纹钢韧性断裂微观断口形貌图

（二）影响螺纹钢韧性的因素

化学成分的影响

碳、锰和硅是螺纹钢的三大强化元素，这些元素显著提高钢筋强度的同时一定程度的降低其韧性。在标准 GB/T 1499. 2—2018《钢筋混凝土用钢　第 2 部分：热轧带肋钢筋》和 GB/T 13014—2013《钢筋混凝土用余热处理钢筋》中对螺纹钢不同强度级别的成分进行了说明，其中每种元素的含量均影响着产品的质量，在螺纹钢的生产过程中要严格控制其含量，将化学成分与轧制工艺完美结合，达到既节约成本又获得良好综合力学性能的效果。

微合金元素钒、铌、钛等对螺纹钢具有析出强化和细晶强化作用，这些微合金元素与钢中的碳、氮形成析出物而显著提高螺纹钢强度。由于强度和韧性指标相矛盾，微合金化元素的添加一定程度上会降低螺纹钢韧性。当晶粒细小，析出相弥散分布时会减小微合金元素对韧性的不利影响。

钢中的硫、磷、氧、氮、氢是有害元素。随着钢中含硫量的增加，硫化物夹杂的含量也随之增多，从而降低钢的韧性，其中球状硫化物对钢材韧性的有害程度低于长条状硫化物的影响；磷元素急剧提高钢的脆性转变温度，提高钢的冷脆性（低温变脆），从而降低韧性；氧元素对钢材力学性能的作用是通过其形成的氧化物夹杂来影响的，螺纹钢的韧性随着钢中含氧量增加而降低；氮元素与微合金元素形成化合物而提高螺纹钢强度，从而一定程度的降低韧性，尤其存在游离态氮元素时严重影响螺纹钢韧性；氢元素溶到钢中引起氢脆而降低钢材韧性。

非金属夹杂物的影响

非金属夹杂物是碳基钢铁冶炼过程中的必然产物，其种类主要有氧化物和硫化物，这些夹杂物不同程度地影响着钢材的拉伸性能、疲劳性能、焊接性能和加工性能等。螺纹钢中存在的非金属夹杂物是影响其韧性的主要因素，非金属夹杂物的膨胀系数比金属基体小，在外载荷状态下与钢基体的结合力较差，相当于把钢基体穿一个洞，破坏了钢基体的协调性（见图 4-27（a））。这些应力在外加载荷条件下易形成微裂纹，微裂纹再不断聚合长大，最终沿一定的晶界面发展成解理面（见图 4-27（c）），以河流花样状不断发展，直到发生宏观断裂。

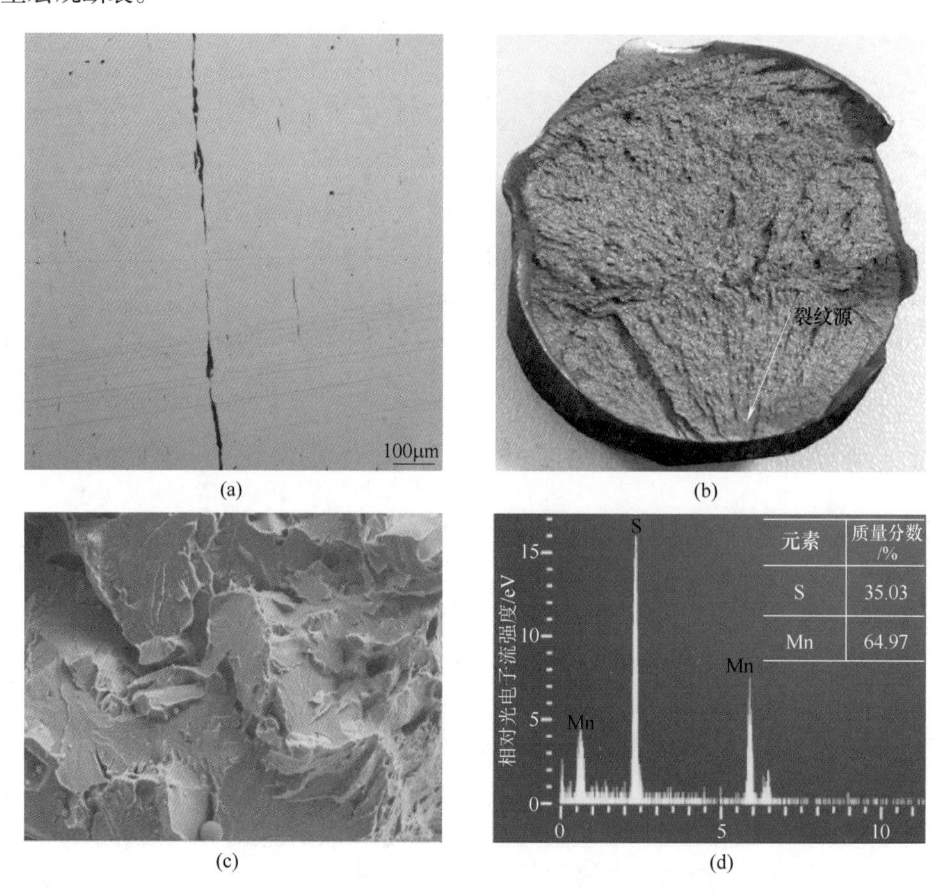

图 4-27 螺纹钢非金属硫化物对断裂韧性的影响

（a）夹杂物纵向截面图；（b）脆断断口形貌图；（c）解理脆断；（d）断裂处夹杂物能谱图

晶粒尺寸的影响

晶粒的精细化是高品质钢的四大特点之一。晶粒尺寸对螺纹钢韧性的影响主要有两个方面：其一，随着晶粒尺寸的细化，晶界总面积会增多，晶界能阻碍位错的运动，并阻止裂纹的进一步扩展，从而增加位错和微裂纹越过晶界所消耗的能量，提高钢材的断裂韧性；其二，当晶粒尺寸细小时，晶界面积增多，碳化物、碳氮化物等在晶界上的偏聚量减少，从而降低析出物对钢材韧性的不利影响。所以，细化晶粒尺寸可以提高钢材的韧性。

第二相粒子的影响

螺纹钢的第二相粒子是合金元素在生产过程中形成的化合物粒子，常见的有碳化物、硫化物、氧化物、氮化物和碳氮化物等。这些化合物粒子是螺纹钢的强化相，但是其本身特征（如脆性）、体积分数、尺寸大小、分布形式以及与基体的附着能力均影响钢的韧性。当第二相粒子具有塑性特征、尺寸细小、弥散分布、与基体的附着力较强时会降低对钢筋韧性的不利影响。

显微组织的影响

性能是金属材料内部组织在给定外界条件下所表现出来的结果，在冶炼过程中的成分均匀性和轧制过程中的组织均匀性严重影响着螺纹钢的韧性，也就是说化学成分和组织结构是影响韧性的内因。在实际生产应用中，通常因钢坯的内部缺陷和轧后异常组织而出现钢筋的脆断事件。钢水在凝固过程中，冷却速度的控制不当会引起成分的不均匀现象，这导致成分的晶内偏析、区域偏析、晶界偏析或夹杂物的偏聚等（见图 4-28（a））。成分偏析是钢筋各向异性的主要原因，在拉伸试验过程中，偏析处因组织成分不均匀而其变形能力也不同，从而成为应力集中点，当外加应力大于偏析处组织的协调能力时则产生裂纹，当偏析面积过大时会导致钢筋的脆断（见图 4-28（b））。

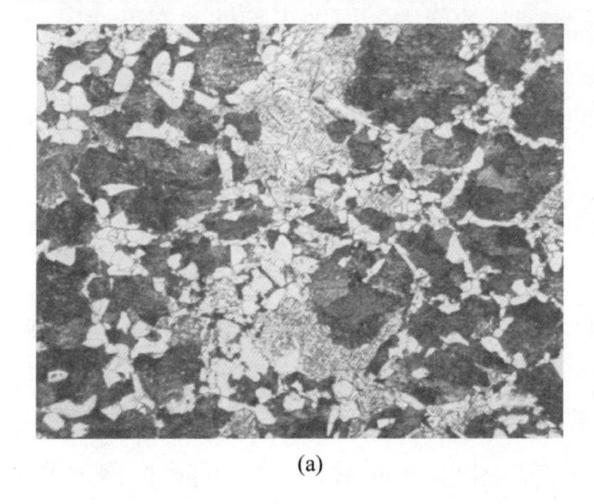

(a)

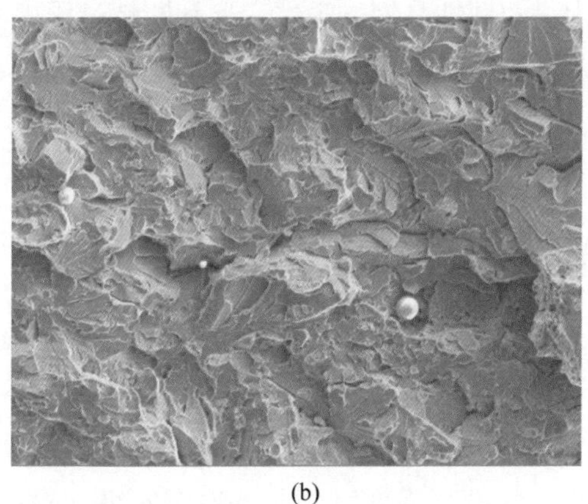

(b)

图 4-28　螺纹钢成分偏析

（a）成分偏析；（b）脆性解理断裂

魏氏组织是螺纹钢常见的异常组织，是指高温粗晶奥氏体在快速冷却条件下，从晶界向晶内生长形成的片状或针状铁素体，也称魏氏铁素体（见图 4-29（a））。魏氏体除了片状和针状形态外，还呈现相互平行的、粗大且末端较尖细的羽毛状，而不同方向的羽毛状魏氏体相互交割后则呈现出三角形形态。这些形态的魏氏组织在受力变形过程中引起应力集中，成为裂纹源，从而加速钢筋的断裂。在工业应用中，不允许出现或其级别不能大于 2 级的魏氏体组织，若超过标准要求，会加剧脆性断裂的产生（见图 4-29（b））。

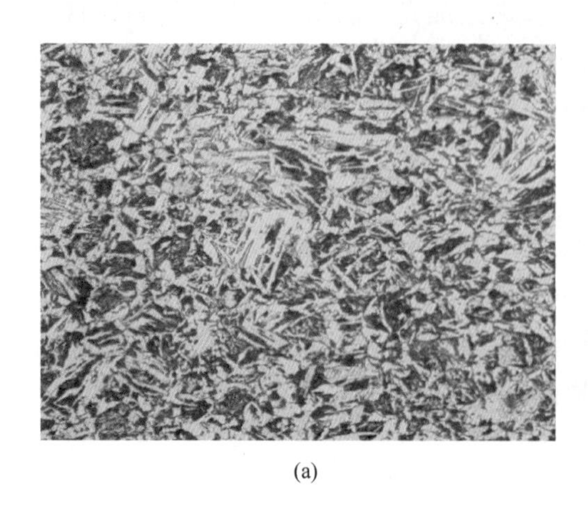

(a)

(b)

图 4-29 螺纹钢魏氏体组织形貌图
（a）魏氏体组织；（b）脆性解理断裂

二、高韧性螺纹钢未来发展的关键指标

关于螺纹钢的韧性指标，在国标 GB/T 1499. 2—2018《钢筋混凝土用钢 第 2 部分：热轧带肋钢筋》中没有提出要求，只是在用户要求时可做疲劳试验。在实际应用中出现的脆断问题，通常用冲击韧性和韧脆性转变温度等指标来表征螺纹钢的韧性性能。但严格意义上讲，韧性是钢材塑性变形和断裂过程中吸收能量的能力，而冲击韧性和韧脆性转变温度不是材料的本质性指标，容易受缺口形状、试样尺寸、冲击速度等外界条件的影响。所以，在钢铁产业高标准引领高质量发展趋势下，制定合适的韧性指标对螺纹钢未来发展具有重要意义。

（一）强塑积

钢筋断裂是能量降低的过程，可以用钢筋在塑性变形和断裂过程中吸收能量的高低来表示韧性，其值与材料抗拉强度和断后伸长率的乘积相近，也称为强塑积。

目前，在国标 GB/T 1499. 2—2018《钢筋混凝土用钢 第 2 部分：热轧带肋钢筋》中规定的最高强度级别是 600MPa 级，对应的抗拉强度和断后伸长率不能小于 730MPa 和 14%，也就是说 600MPa 级高强钢筋的强塑积不能低于 10. 22GPa%。在强度级别不变的条件下，提高断后伸长率是提高钢筋韧性的一种方法。虽然国内很多螺纹钢企业具备生产 600MPa 级钢筋的能力，但 600MPa 级钢筋的市场占比非常小，在我国《混凝土结构设计规范》中也没有纳入 600MPa 级钢筋，没有真正发挥出 600MPa 级钢筋的经济和质量优势。强塑积是表征螺纹钢韧性的重要指标，在保证钢筋强度的条件下通过工艺优化来提高其韧性，将 600MPa 级钢筋的断后伸长率最低标准可以提高到 18%或 22%以上，制定韧性指标等级（见表 4-29），从而以高标准来生产高质量产品，满足市场的个性化需求。

表 4-29　螺纹钢韧性指标等级

指标	等级		
	Ⅰ级	Ⅱ级	Ⅲ级
强塑积/GPa%	20.00～30.00	10.00～20.00	1.00～10.00

（二）疲劳性能

疲劳性能是抗震钢筋典型的检验项目，是因为地震时混凝土构件主要以低周疲劳形式失效。据统计在钢筋破坏中，九成以上属于疲劳破坏，疲劳破坏是钢筋在交变载荷的作用下，经过多次反复作用而产生的破坏行为。除了抗震建筑，许多钢筋混凝土结构也要承受车辆、风吹、波浪等反复荷载作用，这个作用力虽然低于静压强度，但也会发生破坏，因此良好的疲劳性能对螺纹钢具有十分积极的作用。我国对钢筋疲劳性能的研究较晚，2018年发布实施的国标 GB/T 1499.2—2018《钢筋混凝土用钢　第 2 部分：热轧带肋钢筋》中将疲劳性能纳入其中，根据需方要求做相应检验。

近几年，国内做了大量的螺纹钢疲劳试验，多数集中在 400MPa 级和 500MPa 级钢筋，如孙嘉等研究了 400MPa 级细晶粒高强钢筋的疲劳性能，计算出了疲劳寿命，方程和相应的应力水平-疲劳寿命曲线（*S-N* 曲线）；吕品研究了 HRB500 钢筋在低周循环荷载作用下的疲劳试验；但 600MPa 级及以上钢筋的疲劳性能试验报道却很少。研究高强钢筋的疲劳性能，通过试验参数来获得 *S-N* 曲线是关键步骤，国内外标准中采用的 *S-N* 曲线模型主要有单对数线性模型、双对数线性模型、双对数折线模型和双对数三参数幂函数模型。我国主要采用前两种模型，其应力循环次数为 200 万次，*S-N* 曲线表现为线性关系。但研究表明，在长寿命区（200 万次以后的区段），疲劳强度与对应的疲劳寿命不再呈线性关系，这时候不适合用单一的线性模型描述长寿命疲劳问题的 *S-N* 曲线。张少华等人分别用 200 万次、500 万次和 1000 万次应力循环次数研究了铁路用 HRB500 高强钢筋疲劳性能，发现 500 万次前后钢筋的 *S-N* 曲线方程式不同。在钢铁材料领域，有学者通过超声波疲劳试验或高频率常规疲劳试验的方法来研究材料的超高周疲劳性能（循环周次为 10^8～10^{12}）。所以，为了全面表征不同条件下钢筋的疲劳性能，可以采用中、长寿命的 *S-N* 曲线，将疲劳循环次数提高至200 万次以上，如 500 万次和 1000 万次，甚至 1 亿次以上的超高周疲劳循环，从而更好的显示高强钢筋的韧性性能。

（三）最大力总伸长率

最大力总伸长率（A_{gt}）是钢筋拉断时的平均变形量，是钢筋真实的延性伸长率指标。钢筋的变形能力一定程度上能表征其受力过程中吸收能量的能力，当钢筋的流变应力增加速度小于其断裂抗力的增加速度时就处于完全韧性状态，所以最大力总伸长率的提高有利于钢筋韧性。国标 GB/T 1499.2—2018《钢筋混凝土用钢　第 2 部分：热轧带肋钢筋》中规定普通高强钢筋的最大力总伸长率（A_{gt}）不能低于 7.5%，抗震高强钢筋的 A_{gt} 不能低于 9%。某企业对 ϕ32mm 的 HRB400E、ϕ40mm 的 HRB500E 和 ϕ20mm 的 T63E 钢筋随机抽取

50个样品，进行了最大力总伸长率数据统计（见图4-30）。结果表明，HRB400E钢筋的A_{gt}最小值和最大值分别为14.2%和16.5%，HRB500E钢筋的A_{gt}最小值和最大值分别为12.1%和15.8%，T63E钢筋的A_{gt}最小值和最大值分别为11.8%和14.3%。也就是说，目前不同牌号螺纹钢的最大力总伸长率数值远高于国家标准。另外对比国外标准可知，澳大利亚和新西兰通用的生产标准中，2001年时就要求抗震钢筋的A_{gt}不能小于10%。所以，在保证产品强度的前提下，提高钢筋的塑性指标，从A_{gt}为9%的抗震指标升级到10%及以上级别，不仅拉近与国外标准的距离，还能促进螺纹钢更高强度更好韧性的高质量发展。

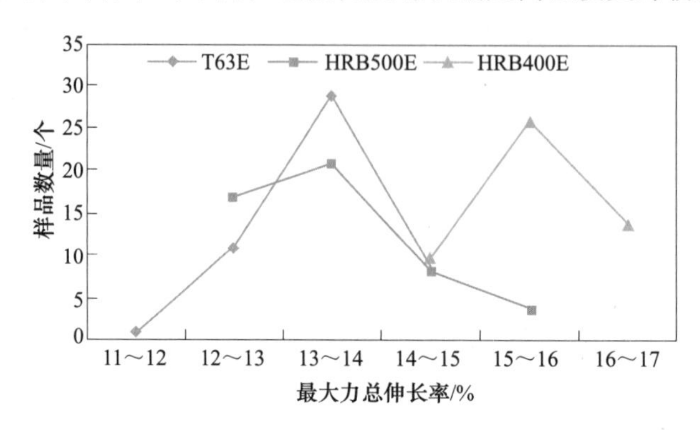

图4-30 螺纹钢最大力总伸长率数值

材料的性能是其在一定外界条件下的内部显微组织的外在表现。陕钢在统计产品最大力总伸长率指标的同时，对HRB400E钢筋不同A_{gt}下的宏观和微观断口形貌进行了对比分析（见图4-31）。A_{gt}不合格钢筋的宏观断口是明显的脆性断裂，其微观断口形貌为典型的解理断裂，说明塑韧性很低；A_{gt}为8.4%的钢筋具有明显的缩颈宏观断口形貌和韧窝状韧性断裂形貌，说明该试样在断裂前产生了一定的塑性变形，如图4-31（b）所示；相比之下，A_{gt}为14%的钢筋的缩颈很明显，宏观断口上能观察到明显的中心纤维区和外围的剪切唇，微观断口的韧窝细小且有一定的深度，是典型的韧性断裂（见图4-31（c）），其塑韧性明显高于前两个试样。所以，最大力总伸长率的提高能在一定程度上改善钢筋的断裂行为，从而提高产品的韧性。

三、韧性螺纹钢未来发展方向展望

钢材的性能是由化学成分和显微组织结构决定，而生产工艺又决定了成分和组织结构（广义的结构），所以只有不断优化生产工艺，才能生产出满足断裂韧性要求的螺纹钢。从螺纹钢的生产与应用来看，产品的设计是主导、材料是基础、工艺是保证，产品设计中又包括了工作应力、材料性能和工艺规范等。所以，加强研究螺纹钢的韧化机理、制定相关的检验标准、明确对螺纹钢韧性的要求等是未来的重要工作，有必要进行系统研究，从而提高螺纹钢的综合力学性能。

（一）检验标准的升级

标准决定质量，有什么样的标准就有什么样的质量，用高标准推动高质量发展已成为

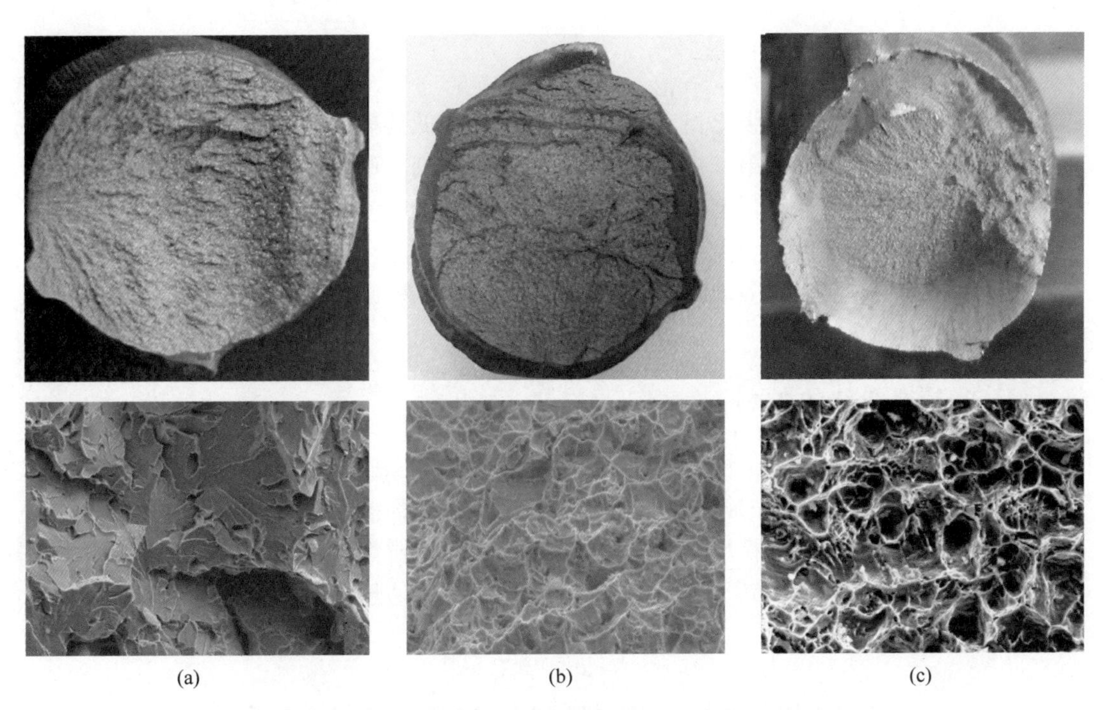

图 4-31　HRB400E 钢筋不同最大力总伸长率（A_{gt}）下的宏观和微观断口形貌图

（a）A_{gt}为 6.9%；（b）A_{gt}为 8.4%；（c）A_{gt}为 14.0%

制造业的共识。与螺纹钢高强度发展相比，其韧性指标的基础研究与标准化过程处于滞后状态。所以在螺纹钢未来发展过程中，系统研究其韧化机理，确定科学的韧性指标，并将其纳入标准，以高标准来引领螺纹钢高质量发展。

（二）冶炼工艺的优化

冶炼的目的是获得成分均匀和气体、夹杂物尽量少的液态金属。20 世纪 80 年代，生产纯净钢是国际钢铁会议的重要议题，会议提出"纯化"是冶炼工艺中重要的韧化工艺。因为冶炼过程中产生的夹杂物、成分偏析、缩孔、气孔等加快钢材裂纹的形成，降低钢材的韧性。国内对螺纹钢冲击断口和脆断试件进行了大量研究，发现螺纹钢的断裂失效是钢中非金属夹杂物、钢的微观组织异常、成分偏析、钢的过热度较高等多种原因综合作用的结果。也就是说，通过控制冶炼过程，使化学成分均匀化、钢水洁净化、元素分布均质化能有效提高钢筋的韧性。

（三）晶粒尺寸的控制

在螺纹钢生产中，主要用微合金化技术和控轧控冷技术来细化晶粒，提高产品的综合力学性能。除此之外，还可以采用细晶粒超细晶粒轧制技术，控制好轧制温度、轧制速度、轧后冷却速度，获得高强韧性微米级超细晶粒钢筋。所以在未来工作中，优化螺纹钢的轧制工艺，与微合金化技术相结合，通过控制晶粒尺寸来获得兼具高强韧性的高质量产品。

（四）第二相粒子的控制

第二相粒子是螺纹钢的强化相，但会一定程度的降低其韧性。通过对夹杂物形态、分布和尺寸的控制，可以降低第二相粒子对韧性的不利影响。通过轧制工艺的控制，将第二相粒子弥散分布在晶内或晶界上，获得均匀分布的第二相粒子，从而提高产品的强韧性；还可以开发新工艺来降低微合金使用量，即深入研究超细晶粒轧制技术，一方面通过细化晶粒来降低第二相在晶界或晶内的析出量，另一方面提高轧制过程的细晶强化效果而降低合金元素的添加量。

（五）显微组织的控制

显微组织是影响钢筋力学性能的内在因素，也是冶炼工序和轧制工序的控制目标。在生产过程中，通过冶炼过程的控制获得均匀的化学成分和弥散分布的夹杂物形态，通过轧制过程的控制获得细小的晶粒尺寸、弥散分布的第二相，避免异常组织的出现，减少影响螺纹钢韧性的不利因素。在满足产品强度要求的前提下，通过显微组织的控制来获得最佳的韧性指标。

第三节　螺纹钢产品性能稳定性发展方向

高质量的钢铁产品具有组织均匀、性能稳定、尺寸误差小、表面质量好等特点。螺纹钢产品作为中国钢铁产量最多、应用最广的品种，广泛应用于国家基础设施、房屋、桥梁、道路及水利工程等建设领域，年消耗量已达 2.6 亿吨。随着国家标准的政策引领和下游客户对产品质量的更高要求，螺纹钢的强度级别逐步升级，在 2018 年发布实施的国标 GB/T 1499.2—2018《钢筋混凝土用钢　第 2 部分：热轧带肋钢筋》中增加了 600MPa 级钢筋，成为我国标准里最高的强度级别。此外，国内企业自主研发了 630MPa 级高强抗震钢筋，并得到了市场的认可。还有一些企业和科研院校研究了 700MPa 级及以上的热轧钢筋。但是随着高强钢筋的广泛应用，对其性能稳定性也提出了更高的要求，即不仅具有高的强韧性，还要具备高的性能稳定性。

性能稳定性是高端产品的特征之一，高的性能稳定性超越了产品是否合格或符合相应标准要求的范畴，它体现了供给方最大程度地满足用户更高质量的要求，同时也体现了企业自身装备和技术档次。螺纹钢产品的性能稳定性主要表现在产品的通条性、钢筋同圈性、性能的离散性、产品的表面质量等方面。这些稳定性问题与钢水的冶炼技术和钢坯的轧制工艺控制息息相关。虽然螺纹钢的生产工艺越来越成熟，但随着其应用领域的多样化以及国家对钢铁行业的高质量发展越发重视，螺纹钢企业有必要在满足高强高韧性条件下，通过优化生产工艺、加严生产标准、升级生产设备、提高检测水平等措施来提高产品的性能稳定性，加速从低中端产品向高端产品的转型升级，达到高质量发展的目的。

一、高稳定性螺纹钢未来研究方向

产品的提质升级以及生产稳定性是企业生存和发展的根本。螺纹钢产品的性能稳定性与企业内控标准的制定和实施息息相关，包括炼钢过程的窄成分控制、轧制过程的组织形貌控制、检验产品质量的标准化等。随着钢铁企业的供给侧结构性改革以及高质量发展战略的实施，钢铁企业和下游用户越来越注重产品的性能稳定性，尤其螺纹钢下游深加工企业，要求原料产品具有良好的性能稳定性，以保证企业的成材率。螺纹钢产品的性能稳定性研究主要集中在产品的通条性、盘条的同圈性、产品性能的离散性以及其他质量情况等方面。

（一）通条性

通条性是指钢筋沿纵向方向的力学性能满足国家标准，且数值相差不能太大，通常将屈服强度控制在50MPa以内，以保证产品的通条性指标。螺纹钢企业常测量整条钢筋的头部、中部和尾部的屈服强度值来评判其通条性，是生产企业和下游客户判定产品性能稳定性的重要指标之一。如某企业生产的ϕ8mm规格的HRB400E钢筋，因其尺寸负偏差而产生了性能波动现象，以致产品的通条性能不佳，见表4-30。

表4-30　HRB400E钢筋整包盘条尺寸分布和性能数值

部位	头部	头部20~30圈	中部	尾部
内径/mm	7.75	7.45	7.66	7.75
屈服强度/MPa	430	400	425	437

从表4-30可看出，螺纹钢通条的尺寸差异会引起性能的波动。在钢筋的轧制过程中，出现设备的自动化灵敏性和张力可控性不当等原因而产生钢筋头尾部尺寸偏差大的情况，从而导致力学性能的波动。除了螺纹钢的尺寸偏差，其显微组织也会影响产品的通条性。某企业对螺纹钢通条性问题进行了技术攻关，在生产过程中，随机抽取30卷ϕ10mm规格的HRB400E钢筋，对其头部、中部、尾部进行力学性能检测，观察钢筋通条性，其结果如图4-32所示。

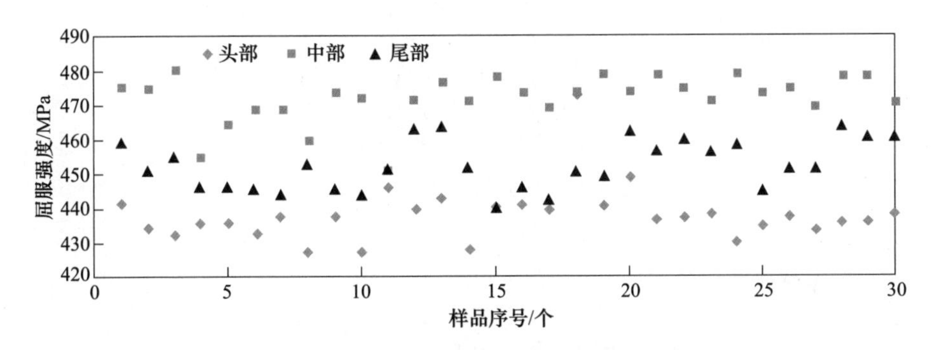

图4-32　HRB400E钢筋不同部位的性能分布图

从检验结果可知，头尾部的屈服强度较低，而中部的性能偏高（见图4-32）。为了分析其原因，对钢筋的不同部位进行了金相组织观察，结果如图4-33所示。

从图4-33可看出，同一卷钢筋不同部位的金相组织形貌不同，头部和尾部位置存

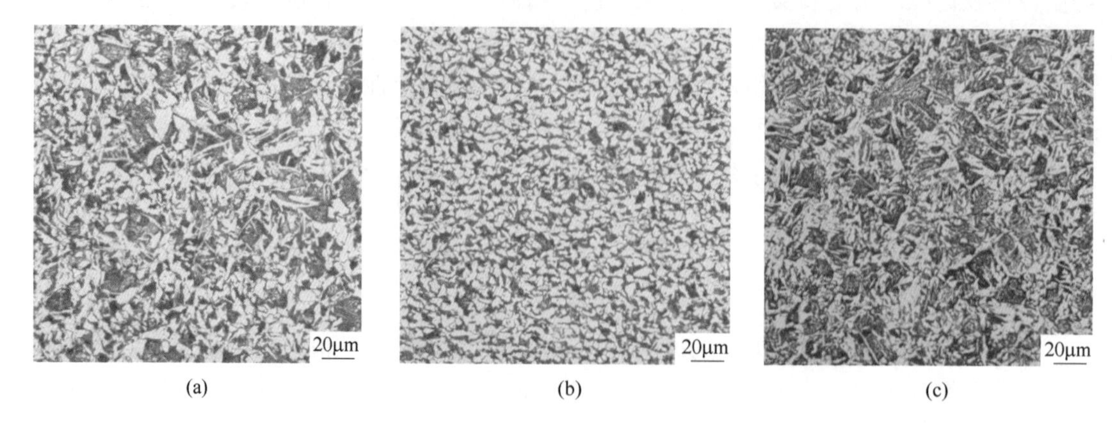

图 4-33 HRB400E 钢筋不同部位的金相组织形貌图
（a）头部（魏氏体 1.5 级）；（b）中部；（c）尾部（魏氏体 2.0 级）

在魏氏组织，其级别分别为 1.5 级和 2.0 级，而中间部位的显微组织是均匀的铁素体+珠光体组织，没有出现异常组织。魏氏体是有害组织，试样在拉伸过程中，针状魏氏体引起应力集中而促进微裂纹的形成，加速钢筋的脆断，导致了钢筋头尾部与中部的性能差异。

（二）同圈性

产品的同圈性能差主要表现在盘螺搭接点和非搭接点的力学性能差异上（见图 4-34），即热轧钢筋经过吐丝机后，盘螺非搭接点处的冷却速度快，其晶粒尺寸较细小，而搭接点处因钢筋的相互接触而冷却速度较慢，其晶粒相对粗大，最终因组织不均匀而产生同圈性能的差异。

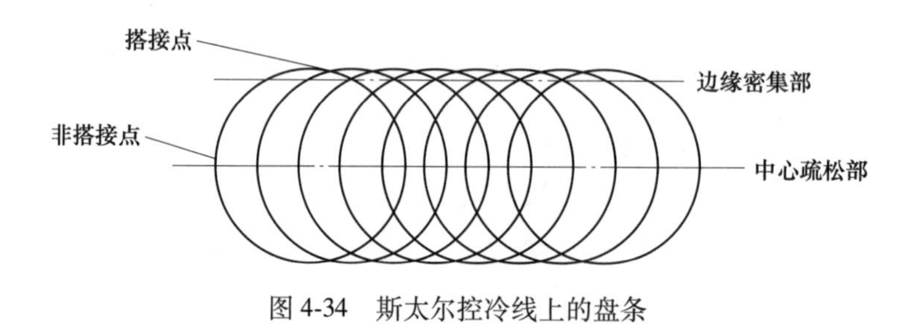

图 4-34 斯太尔控冷线上的盘条

（三）离散性

螺纹钢的离散性是指钢种、规格和工艺相同条件下，出现产品性能波动大的现象。产品的性能波动与炼钢工艺的成分和夹杂物控制、轧钢工艺的组织控制以及检测设备和检测人员的水平有关，整个生产线工艺参数的精确控制决定着产品性能的稳定性。某企业对 ϕ20mm 规格的 HRB400E 钢筋进行了性能离散性试验，结果如图 4-35 所示，100 个样品的屈服强度最大值和最小值分别为 475MPa 和 425MPa，极差为 50MPa。

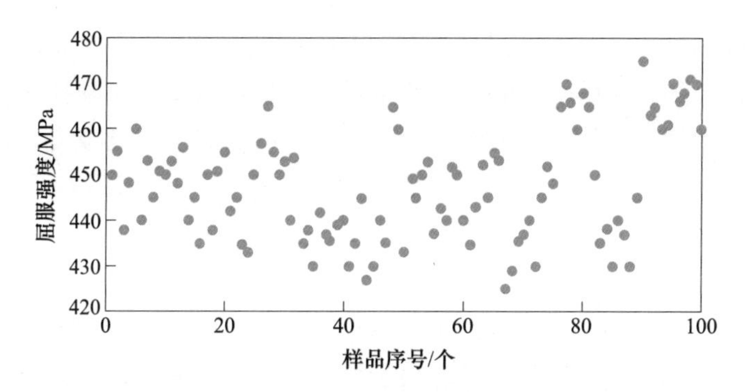

图 4-35 HRB400E 钢筋的性能离散性分布图

（四）产品表面质量

螺纹钢主要以原材料的形式应用于建筑工程中，除了对化学成分和力学性能有严格的要求外，对其表面质量也有相应的规定，即要求其表面不得有结疤、折叠、裂纹、凹坑、凸块、麻点、表面夹杂物、划痕等缺陷。这些缺陷在产品性能检验中会成为产品失效的根源，从而影响产品性能的稳定性，更为重要的是这些缺陷在混凝土工程中，尤其在抗震建筑和海洋工程中，会成为裂纹源，导致钢筋的腐蚀和失效，缩短建筑的使用寿命，危及人类的生命和财产安全。所以，螺纹钢产品的质量控制对保证产品性能稳定性具有重要意义。

二、高稳定性螺纹钢未来发展的工艺研究方向

（一）窄成分控制

化学成分的精确控制是保证产品性能稳定性的关键，通过减小炉次间的化学成分波动，进而减小钢筋性能波动范围。这样不仅提高产品的性能稳定性，还能通过合金元素的合理设计而降低合金的用量。窄成分控制关系到炼钢过程的各个工序，如转炉装入量与出炉量的稳定控制、转炉终点成分的稳定控制、精炼炉的成分控制、钢包吹氩系统的管理、操作人员的标准化作业等。某钢厂从 2012 年开始推行窄成分控制，获得了显著的质量提升和经济效益，表 4-31 和表 4-32 是该公司窄成分控制技术攻关及实践效果。

表 4-31 HRB400E 钢筋内控及窄成分控制范围 （%）

控制范围类别	C	Mn	Si	P、S	V
内控范围	0. 20~0. 25	1. 18~1. 28	0. 40~0. 60	≤0. 045	0. 030~0. 040
窄成分控制范围	0. 23~0. 25	1. 13~1. 21	0. 40~0. 50	≤0. 045	0. 030~0. 040

表 4-32 HRB400E 钢筋在不同条件下的力学性能极差值

极差值类别	R_{eL}/MPa	R_m/MPa	A/%
内控范围极差值	103	114	7
窄成分控制极差值	75	90	6. 5

从表4-31和表4-32可看出，通过化学成分的精确控制能缩小性能极差值，有效提高产品的性能稳定性。随着螺纹钢产品的高质量发展，目前诸多企业都在用该方法来提高产品质量，如陕钢、承钢、宝钢、沙钢等，不仅提高了产品的市场竞争力，还获得了可观的经济效益。

（二）分流轧制

分流轧制是根据产品的尺寸效应和工艺手段，设计不同的化学成分，达到稳定产品性能的技术手段。螺纹钢的力学性能主要取决于化学成分、轧制工艺、钢筋规格等因素，在轧制工艺相对稳定的条件下，化学成分和轧制规格对力学性能影响尤为突出。换言之，相同的化学成分轧制不同规格的产品，其性能会有所波动。为了提高产品的性能稳定性，近年来诸多企业研究并制定产品规格与化学成分相匹配的轧制工艺，即将企业内控标准细化到每个规格对应的成分范围，把生产出来的钢坯按化学成分进行分级，根据成分范围再进行分流轧制。经过多年的生产实践和工艺优化，分流轧制成为稳定产品性能、降低生产成本和提高生产效率的关键技术。

（三）顺应环境温度

螺纹钢的生产过程中，加热温度、轧制温度和冷却速度的控制是获得理想室温组织的关键。除此之外，生产环境的温度变化通过影响轧后冷却速度而引起产品的性能波动。例如同钢种、同规格、同工艺的产品在冬季和夏季生产时的性能会有明显的差异，这种现象在北方钢企中尤为明显。其主要原因在于冬季的低温环境会强化轧后冷却效果，导致其强度略高于夏季时的数值。所以在实际生产中，通过力学性能的大数据分析，找出不同季节产品性能的变化趋势，并分析其原因，及时调整化学成分和生产工艺，以保证产品的性能稳定性。

（四）提升表面质量

表面质量是下游企业最关注的产品指标之一。线材的压缩比较大，炼钢过程中产生的铸坯皮下气泡、表面裂纹和内部缺陷，在轧制过程会导致产品出现结疤、折叠、裂纹等质量缺陷。这些质量缺陷在拉伸试验过程中成为应力集中点，易引起产品的断裂，从而出现性能的差异；在工程应用过程中这些缺陷影响钢筋与混凝土的结合力，尤其在地震区域、海洋工程或桥梁等特殊场所应用时会影响钢筋抗震性能、疲劳强度、耐蚀性能等指标。所以有必要在炼钢工序中加强铸坯质量，避免裂纹、长形缩孔、偏析、结疤（修磨不净）、外部夹杂等质量缺陷；在轧制工序中加强加热炉控制（防止钢坯温度过高或过低）、注意除鳞效果（避免轧件附带氧化铁皮）、检查轧线设备（保证轧辊、导卫、轧槽等的质量）、控制冷却效果（要求冷床平整、移钢齿条整齐、成品冷却均匀）以及其他特殊情况。总之，在实际生产中，应极力避免上述缺陷的出现，提升表面质量，从而提高产品的性能稳定性。

三、高稳定性螺纹钢未来发展之路

高的性能稳定性是高端钢材产品的指标之一，能体现一个企业标准化操作和过程质量管理与控制水平。随着螺纹钢高强度、高韧性和高稳定性发展趋势，通过加强企业的内控标准、提高生产过程的标准化水平和强化产品的检验要求来提高产品的性能稳定性是螺纹钢未来发展的重要方向。

（一）提高产品的生产标准

我国已进入高质量发展阶段，其发展方式有别于传统的产品到标准的模式，不是从粗放开始，逐步制订标准再发展产业，而是用高标准引领高品质产品的新发展模式。2018年，国家市场监督管理总局等八个部门印发了《关于实施企业标准“领跑者”制度的意见》，明确指出企业标准要严于国家标准，提高企业标准的比例，形成良好的企业标准“领跑者”制度环境。对于螺纹钢的高质量发展，企业标准的制定和实施尤为重要。结合企业的生产装备和工艺技术，建立产品性能大数据和用户体验大数据，对不同规格、不同钢种、不同用户要求进行分类，进而制定符合企业生产能力的内控标准，即对产品进行质量分级，从而保证产品的性能稳定性。2020 年 11 月工信部安排制定了《钢筋混凝土用热轧带肋钢筋质量分级》行业标准，该标准的制定、推广和实施将促进螺纹钢产品的高质量发展。所以，在未来工作中，各企业和相关部门积极响应国家颁布的标准，主动参与其中并充分发挥自主创新能力，以严格的高标准引领螺纹钢产品的高质量发展。

（二）加强生产线的标准化作业

螺纹钢产品的性能稳定性与冶炼过程的成分控制和铸坯质量、轧制过程的控轧控冷以及成品检验标准相关。所以，基于严格的企业内控标准，在冶炼方面严格实施窄成分控制，稳定转炉装入量和出炉量，控制精炼成分的稳定和出钢温度，减少铸坯的质量缺陷；在轧制方面控制好加热温度、轧制温度、轧制速度、冷却速度和压缩比的稳定，降低产品的尺寸偏差。在未来工作中，进一步加强生产过程中的操作要点规范化和标准化，达到“一个标准，一致操作，一次检验”的效果，从而提高产品的性能稳定性。

（三）进一步强化质量检验要求

螺纹钢产品的质量检验项目主要有力学性能、工艺性能、表面质量和金相组织等，实践表明检验人员的专业知识和技术水平以及产品的检验标准对检测结果有较大影响。如金相组织的检验，产品的晶粒度、脱碳层和夹杂物等通常用人工去评定级别，而不同的检测人员对试样的制样、设备的操作以及检测结果的获取均略微不同，这会导致产品性能数据的波动，严重时会导致检测数据的失真。所以，检测人员要充分了解检测设备的工作原理，结合产品种类选择合适的检测方法，记录检测中每一次出现的问题并积极解决问题，积累工作经验，得到精确数据，为产品的工艺优化提供数据参考，为生产及新产品开发提供准确验证。

（四）实施“一企一标”制度

随着钢铁产业的高质量发展，其经营模式也在逐步发生变化，从以“产品”为主的模式向以“用户”为主转变、从传统的“售后服务”向“售前、售中、售后全程服务”转变，即“产品+服务”模式成为螺纹钢企业未来发展的新趋势。企业通过充分了解用户的需求，以用户的个性化需求来研发和生产出用户满意的产品。也就是说，在企业内控标准的基础上，通过与用户协同合作方式生产出符合用户要求的、性能更加稳定的产品。陕钢供应三峡工程用螺纹钢时，对产品制定了十项性能要求，如屈服强度不能低于 430MPa、钢材表面要呈天蓝色、钢材表面氧化铁皮不能起泡、钢筋切口不能发蓝、钢筋端头不能切扁、月牙不能一边大一边小、纵肋不能一边大一边小、纵肋不能旋转、边部打捆必须双道等。这些生产标准的制定和实施提高了产品的稳定性，也很好地满足了用户要求。所以，在未来工作中，为了促进企业的高质量发展，提高市场竞争力，可以实施“一企一标”制度，以市场为导向，加速企业的转型升级。

第四节　螺纹钢产品应用功能化发展方向

随着螺纹钢的高质量发展和应用领域的越来越广泛，对螺纹钢在不同环境下服役的功能性要求越来越高。如高延伸性，在保证强度指标的前提下提高伸长率可增强钢筋混凝土结构在地震时吸收能量的能力，这也是抗震钢筋的性能要求之一；如耐火性能，建筑高度大于一定高度的住宅建筑、非单层厂房、仓库等要具备较高的耐火能力；如耐低温性能，在低温或超低温环境下的钢筋混凝土建筑物，钢筋要具有耐低温性能，以克服钢筋在寒冷条件下的脆性断裂；如耐蚀性能，在沿海沿江或在污染环境下的建筑物要具备高的抗腐蚀能力，锈蚀是普通钢筋面临的最大挑战，通常因钢筋生锈而影响钢筋混凝土结构的使用寿命。随着螺纹钢功能性应用越来越强，对现有的钢筋进行质量分级，延伸出精细化的功能性钢筋和更具有经济效果的素钢筋。不添加微合金化元素的素钢筋，能节约有限资源而在螺纹钢未来具有一定的发展空间，有助于螺纹钢的绿色发展。

未来，我国功能性钢筋在合金元素的影响机理、生产工艺的控制、生产经验的积累、显微组织与性能的关系等方面均存在较大的发展空间。

一、抗震钢筋

我国对抗震钢筋的研究较晚。在 1987 年出台的《地震区高层结构房屋设计规定》中仍选用 A3（235MPa 级）、16Mn（强度级别属于 343MPa 级）和 15MnV（390MPa 级）三种钢（现已被淘汰），其中 A3 和 16Mn 钢由于较大的时效敏感性，早在 70 年代研究人员提出不能将其应用于地震区。后来根据国外研究经验和我国地震区域特点，对抗震钢筋提出了伸长率大于 20%、钢材强屈比为 1. 2~1. 8、要有明显的屈服平台、具有良好的焊接性能等要求。经过十多年的探索和研究，在 2007 年发布实施的 GB/T 1499. 2—2007《钢筋混凝土用钢　第 2 部分：热轧带肋钢筋》标准中详细说明了对抗震钢筋的概念和性能要求，并在 2018 年发布实施国标 GB/T 1499. 2—2018《钢筋混凝土用钢　第 2 部分：热轧带肋钢筋》时增加了抗震热轧带肋钢筋的牌号，形成了 HRB400E、HRB500E、HRBF400E 和 HRBF500E 的高强抗震钢筋牌号，要求抗震钢筋的实测抗拉强度与实测屈服强度之比不小于 1. 25、实测屈服强度与屈服强度特征值之比不大于 1. 3、最大力总伸长率不小于 9. 0%。

经过多年的发展，我国大部分螺纹钢企业均能稳定生产抗震钢筋，实际应用中以400MPa 级抗震钢筋为主，500MPa 级抗震钢筋的占比较小。在未来，推广 500MPa 级抗震钢筋的应用、开发更高强度级别的抗震钢筋、降低生产成本、通过调整显微组织提高抗震性能是发展方向。

（一）500MPa 级抗震钢筋

目前，国家标准 GB/T 1499.2—2018《钢筋混凝土用钢　第 2 部分：热轧带肋钢筋》中规定的抗震钢筋级别有 400MPa 级和 500MPa 级，国标里对抗震钢筋化学成分、力学性能和抗震性能的要求见表 4-33 和表 4-34。

表 4-33　抗震钢筋的化学成分

牌号	化学成分/%					碳当量 C_{eq}/%
	C	Si	Mn	P	S	
	不大于					不大于
HRB500E HRBF500E	0.25	0.80	1.60	0.045	0.045	0.55

表 4-34　抗震钢筋的力学性能

牌号	下屈服强度 R_{eL} /MPa	抗拉强度 R_m /MPa	最大力总伸长率 A_{gt}/%	R_m^o/R_{eL}^o	R_{eL}^o/R_{eL}
	不小于				不大于
HRB500E HRBF500E	500	630	9.0	1.25	1.3

注：R_m^o 为钢筋实测抗拉强度；R_{eL}^o 为钢筋实测下屈服强度。

500MPa 是国标里最高级别的抗震钢筋强度，国内大部分企业都具备了生产 500MPa 级抗震钢筋的能力。但是在实际应用过程中常出现小规格产品的强屈比低，导致一次检验合格率较低。分析其原因，化学成分、金相组织、冷却速度和尺寸规格是影响钢筋抗震性能的主要影响因素。东北大学与莱钢合作对不同规格尺寸的 HRB500E 钢筋进行了系统的研究，通过合理的成分设计、冶炼控制和轧制控制，获得了满足不同规格产品要求的工艺参数。表 4-35～表 4-37 是化学成分设计和关键参数控制。

表 4-35　500MPa 级不同规格抗震钢筋的化学成分

直径 /mm	化学成分/%							碳当量 C_{eq}/%
	C	Si	Mn	P	S	Cr	V	
10～14	0.20～0.24	0.39～0.47	1.43～1.50	0.020～0.025	0.019～0.027	0.145～0.354	0.049～0.067	0.50～0.55
16～18	0.20～0.23	0.40～0.43	1.45～1.48	0.017～0.022	0.018～0.021	0.146～0.151	0.060～0.065	0.50～0.52
20～25	0.21～0.23	0.42～0.48	1.46～1.52	0.017～0.029	0.015～0.024	0.145～0.168	0.065～0.087	0.50～0.53
28 以上	0.19～0.23	0.42～0.48	1.35～1.49	0.014～0.024	0.017～0.033	0.079～0.178	0.082～0.110	0.47～0.55

表 4-36 500MPa 级不同规格抗震钢筋的力学性能

直径/mm	下屈服强度 R_{eL}/MPa	抗拉强度 R_m/MPa	强屈比 R_m^o/R_{eL}^o	断后伸长率 A/%	最大力总伸长率 A_{gt}/%
10~14	523~605	689~741	1.30~1.44	23.5~28.0	11.5~14.0
16~18	522~537	666~682	1.26~1.29	21.0~22.5	12.5~13.5
20~25	524~616	691~747	1.25~1.30	17.5~25.0	11.5~16.5
28 以上	539~563	689~715	1.25~1.29	20.0~22.0	11.0~12.5

表 4-37 500MPa 级不同规格抗震钢筋的轧制工艺参数

直径/mm	开轧温度/℃	终轧温度/℃	上冷床温度/℃	轧制速度/m·s^{-1}
10~14	1040~1070	1000~1030	980~1000	10.0~12.5
16~18	1060~1080	1010~1050	990~1010	10.5~13.5
20~25	1080~1100	1010~1040	950~990	10.5~12.5
28 以上	1050~1080	1010~1040	980~1010	7.5~9.0

诸多研究人员分析了小规格抗震钢筋的强屈比低的原因，主要有两点：一个是小规格钢筋的压缩比大，晶粒细化效果更明显，而细化晶粒对屈服强度的贡献强于抗拉强度，因此随着尺寸规格的变小，抗震钢筋的强屈比会降低；另一个原因是小规格的钢筋，上冷床后的冷却速度较快，易产生贝氏体组织，同时提高抗震钢筋的屈服强度和抗拉强度，因此拉伸试验时出现屈服平台不明显状况。一种产品能否被市场接受，与其生产成本、质量稳定性和市场需求相关。500MPa 级钢筋处在我国极力推广阶段，但其市场应用占比不容乐观。据统计，2020 年螺纹钢不同牌号钢筋的生产占比中还是以 400MPa 级钢筋为主，500MPa 级钢筋只占 10%左右。

（二）600MPa 级抗震钢筋

600MPa 级是我国建筑用螺纹钢标准中最高的强度级别，基于 600MPa 级钢筋的强度优势，为了扩大其应用领域，国内外研究人员对其抗震性能做了大量的研究，如日本已开发出屈服强度大于 685MPa 的超高强抗震钢筋，并在高层建筑建造中得到了应用。我国对 600MPa 级高强抗震钢筋的研究较晚，河钢承钢从 2011 年年初开始开发 600MPa 级高强螺纹钢，在研制与开发过程中，充分发挥钒钛资源优势，完成了钒微合金化钢筋的成分设计和轧制工艺设计，并成功研发出了 600MPa 级高强抗震钢筋，各项指标满足设计要求。有学者以 HRB500E 钢筋的生产经验为基础，参考国标中 600MPa 级的化学成分，用钒-氮和铌复合微合金化技术对 600MPa 级抗震钢筋进行了系统的研究，试生产的化学成分见表 4-38，其性能均达到 GB/T 50011—2010《建筑抗震设计规范》要求。

表 4-38 600MPa 级（ϕ18~32mm）抗震钢筋化学成分

牌号	化学成分（质量分数）/%							碳当量 C_{eq} /%
	C	Si	Mn	P	S	V	Nb	
HRB600E、HRBF600E	0.25~0.28	0.50~0.70	1.40~1.60	≤0.045	≤0.045	0.130~0.160	适量	0.51~0.58

马钢以高强、抗震和防锈为研究重点，系统开展了微合金化、控轧控冷工艺研究，重

点解决了强屈比、伸长率偏低及“青皮”防锈等技术难题，实现了 HRB600E 抗震钢筋的批量生产，并获得了一定的经济效益。总结 600MPa 级高强抗震钢筋的生产过程，有以下几个方面的技术难点：

（1）提高强屈比和最大力总伸长率是 600MPa 级高强抗震钢筋最主要的技术难点，尤其是强屈比。抗震钢筋是在普通钢筋的基础上增加了强屈比不小于 1.25、最大力总伸长率不小于 9%的技术要求。钢筋的强度越高，其塑韧性越差，从而抗震指标越不易达标。

（2）螺纹钢从生产到应用往往要经历一段时间，在多雨地区，露天堆放的螺纹钢易产生锈蚀而影响其使用性能。为了提高耐蚀性能，需要向钢中添加 Cr、Cu 等耐蚀元素，这会造成合金资源的消耗。所以，如何在螺纹钢表面形成致密的氧化铁皮保护层，从而提高其耐蚀性能也是一个技术难点。

（3）600MPa 级高强抗震钢筋的应用技术还不成熟，其连接、锚固等技术也是推广应用的难点之一。

（三）630MPa、635MPa 和 650MPa 级抗震高强钢筋

630MPa 级抗震钢筋

T63E 是屈服强度大于 630MPa，具有抗震性能的热轧钢筋。该产品是江苏天舜金属材料集团有限公司（简称江苏天舜）的专利产品，并在江苏、陕西等省份工程建设标准站公告《T63E 热处理带肋高强钢筋混凝土结构技术规程》，具备了建筑行业的应用条件。T63E 钢筋主要应用于大型重点建筑工程、桥梁等领域，属于新型热处理高强抗震钢筋系列，其化学成分和力学性能要求见表 4-39 和表 4-40。

表 4-39　T63E 抗震钢筋的化学成分

牌号	化学成分（质量分数）/%					碳当量 C_{eq}/%
	C	Si	Mn	P	S	
	不大于					不大于
T63E	0.28	0.80	1.60	0.035	0.035	0.58

表 4-40　T63E 抗震钢筋的力学性能

牌号	下屈服强度 R_{eL} /MPa	抗拉强度 R_m /MPa	断后伸长率 A /%	最大力总伸长率 A_{gt}/%	R_m^o/R_{eL}^o	R_{eL}^o/R_{eL}
	不小于					不大于
T63E	630	790	15	9.0	1.25	1.3

635MPa 级抗震高强钢筋

2020 年安徽吾兴新材料有限公司成功开发了 635MPa 级高强抗震钢筋。该公司将冶炼终点 P 和 S 含量控制在 0.025%以下，出钢温度 1660～1710℃，出钢过程中在钢包内进行脱氧和合金化。化学成分配比为 C：0.24%～0.29%，Si：0.70%～0.80%，Mn：1.50%～1.60%，P：≤0.025%、S：≤0.025%，V：0.100%～0.160%，Nb：0.010%～0.030%。产品的力学性能如表 4-41 所示。

表 4-41 635MPa 级高强抗震钢筋的力学性能

项目		屈服强度 R_{eL}/MPa	抗拉强度 R_m/MPa	断后伸长率 A/%	最大力总伸长率 A_{gt}/%	强屈比 R_m^o/R_{eL}^o
标准		≥635	≥795	≥15	≥9.0	≥1.25
实测范围	ϕ12mm	675~690	850~870	18.5~20.0	9.5~11.5	1.25~1.26
	ϕ16mm	660~665	825~860	18.0~20.6	9.5~12.0	1.25~1.29
	ϕ20mm	660~665	845~850	18.0~19.5	9.2~11.2	1.28~1.29
	ϕ25mm	655~665	845~855	17.5~21.7	9.2~11.7	1.28~1.29

650MPa 级高强抗震钢筋

2020 年陕西钢铁集团有限公司开发出了 650MPa 级高强抗震钢筋，该产品的屈服强度达到 650MPa 以上，抗拉强度达到 815MPa 以上，满足了抗震要求。650MPa 级高强抗震钢筋的化学成分控制和钢坯加热工艺见表 4-42 和表 4-43，控制冷却参数为：控制冷却水量 50~80m^3/h，控制冷却水压 1.20~1.80MPa，钢材表层冷却速度大于 100℃/s，初冷后钢材表面温度控制在 650~750℃，确保钢材温度均匀后温度为 960~990℃。

表 4-42 陕钢 650MPa 级高强抗震钢筋的化学成分控制 (%)

元素	C	Si	Mn	V	Nb	S	P
范围	0.23~0.28	0.50~0.80	1.30~1.60	0.100~0.180	0.01~0.04	≤0.035	≤0.035

表 4-43 陕钢 650MPa 级高强抗震钢筋的钢坯加热工艺

加热工艺	预热段/℃	加热段/℃	均热段/℃	加热时间/min
控制范围	950~1050	1150~1200	1150~1200	100~140

（四）抗震钢筋的未来发展趋势

钢筋的抗震性能关系到建筑物的使用寿命和人民的生命安全。目前，国内大部分螺纹钢企业均具备生产 400MPa 级和 500MPa 级抗震钢筋的能力，但是生产更高强度级别的企业却不多。所以，提高抗震钢筋的强度级别、提高产品的性能稳定性和加强高强抗震钢筋的理论研究是其未来发展方向。

（1）加强抗震钢筋的理论研究，提高强度级别。高强度是螺纹钢的发展方向，目前国标里最高级别的抗震钢筋强度为 500MPa，这与发达国家具有一定的差距。提高钢筋强度不仅提升建筑的安全系数，还能减少钢筋用量而节约资源，这有利于碳排放的控制、有利于螺纹钢的高质量发展、有利于资源节约型和环境友好型企业的建立。所以，在未来工作中，应该加强高强抗震钢筋的理论研究，提高强度级别，并保证产品性能的稳定性。

（2）合理设计化学成分，降低生产成本。目前，高强抗震钢筋主要添加钒、铌微合金化元素和铬、钼、镍合金元素来保证产品的强韧性、焊接性和抗震性要求，但这些元素均是高成本元素，会显著提高产品的生产成本。因此，在未来工作中，将化学成分的合理设计与控轧控冷技术紧密结合，力争获得经济有效的产品。

（3）深入研究显微组织与工艺控制，提高螺纹钢的抗震性能。高强抗震钢筋的典型显微组织是多边形铁素体、珠光体、少量贝氏体和针状铁素体，这种组织的钢具有较高的强度和良好的韧性。但是，抗震钢筋不同相组织含量与性能之间的定量关系还有待深入研究，所以研究显微组织与性能之间的关系对高强抗震钢筋的发展具有现实意义。

（4）严格控制生产过程，提高抗震钢筋的耐蚀性能。钢筋在服役过程中，因使用环境的作用会出现表面锈蚀现象，从而影响其使用寿命。所以，在研发高强抗震钢筋时，尽量减少钢中的外来杂质和非金属夹杂物，控制好轧制工艺，在螺纹钢表面形成以 Fe_3O_4 为主的青色氧化铁皮，提高螺纹钢的防锈性能。

二、耐火钢筋

耐火钢筋是指在钢中加入适量的耐火合金元素，如 Mo、Cr、Ni、Nb、V 等元素，使其在 600℃高温下具有屈服强度不低于常温屈服强度的 2/3 的耐火性能，并按热轧状态交货的钢筋。

宝钢、武钢和马钢等企业对建筑用耐火钢进行了一系列研发。宝钢开发的含铌建筑用耐火钢在 600℃时的屈服强度达到了室温屈服强度的 2/3 以上。马钢与北京钢铁研究总院合作，通过微观组织的调控，开发出了具有多边形铁素体、珠光体和少量贝氏体混合多相组织的建筑用耐火钢。之后，鞍山钢铁公司、攀枝花钢铁公司、舞阳钢铁公司、济南钢铁公司等企业开发出了高强耐火钢筋。2019 年 6 月 4 日，国家市场监督管理总局和国家标准化管理委员会结合国内外研究成果联合发布了国家标准 GB/T 37622—2019《钢筋混凝土用热轧耐火钢筋》，该标准中将热轧带肋耐火钢筋按屈服强度特征值分为 400MPa 级和 500MPa 级，其牌号由 HRB（hot rolled ribbed bars，热轧带肋钢筋的缩写）+屈服强度特征值+FR（fire resistant，耐火的缩写）组成，即 HRB400FR 和 HRB500FR 钢筋。我国对耐火钢筋的研究处于初级阶段，主要通过化学成分的合理设计、控轧控冷、显微组织控制来达到耐火效果。其中合金元素对耐火钢筋的影响机理、生产过程的控制、生产成本的降低等方面需要系统的研究和探索。

（一）影响耐火钢筋性能的因素

Cr 和 Mo 的影响。Cr 元素能提高钢筋的自腐蚀电位，在钢筋表面形成致密的氧化膜而有效提高钢的高温抗氧化性和抗蠕变性能，进而提高钢的高温强度。Mo 元素是铁素体形成元素，高温下在铁素体中的扩散速度较慢，所以在高温条件下，钼元素能一定程度地延缓钢筋的软化，延长混凝土结构的服役时间。另外，Mo 元素降低碳化物的析出驱动力，推迟碳化物的形成过程，使碳化物更细小弥散的分布在基体中，从而有效提高钢筋的高温屈服强度。

V、Ti、Nb 的影响。微合金元素主要通过固溶强化、析出强化和细晶强化机制来提高螺纹钢强度。其中 V 元素在奥氏体中的固溶度较大，易与 C、N 元素形成碳氮化合物，随着钢中氮含量的增加，会析出纳米级的 V(C、N）而有效提高钢筋的高温强度；Ti 元素主要通过沉淀强化来提高钢的高温强度，在钢水凝固过程中形成的含钛氮化物不固溶于奥氏体，从而在钢的加热过程中有效防止奥氏体的晶粒长大；Nb 元素在不同的热处理制度下铌碳氮化合物具有良好的稳定性，高温下不易发生溶解和聚集长大，从而增加钢在高温下的组织稳定性。

合金化是提高钢筋耐火性能的主要技术手段，通过形成稳定的化合物、生成致密的氧化膜、推迟碳化物的扩散速度等方式来增强钢筋的耐火性。但是，合金元素对钢筋耐火性能的影响机理、合金元素与微观组织的关系等内容还不太完善，在未来工作中需要系统的研究，以形成开发和应用高强耐火钢筋的技术储备。

（二）高强耐火钢筋的应用研究进展

我国对耐火钢筋的研究比较晚，在研发和实践过程中主要采用微合金化技术和控轧控冷工艺相结合的方式来达到性能要求。结合国内外研究发现，要达到耐火钢筋的性能要求，除了添加 V、Nb、Ti 微合金元素外，还可以加入适量的 Mo、Cr 和 Re 等元素，但这些合金元素的价格昂贵，会增加其生产成本。为了降低生产成本，研究人员开发出了以红土镍为原料的低成本高强耐火钢筋，并获得了良好的成果。

（1）2018 年山钢莱钢研制出了 500MPa 级的高强耐火钢筋，其化学成分设计为 C：0.20%～0.25%，Si：0.50%～0.75%，Mn：1.45%～1.50%，P：0.008%～0.020%，S：0.005%～0.015%，V：0.06%～0.10%，Cr：0.10%～0.20%，Nb：0.020%～0.045%，Ni：0.10%～0.40%，Mo：0.25%～0.60%。该公司采用的合金化工序为转炉出钢过程中，用硅钙钡、复合脱氧剂进行脱氧，用硅铁、硅锰、钒氮、铌铁、铬铁、钼铁、镍铁进行合金化，当钢水出至 1/4 时开始均匀加入，钢水出至 3/4 时加完，具体工艺流程如图 4-36 所示。

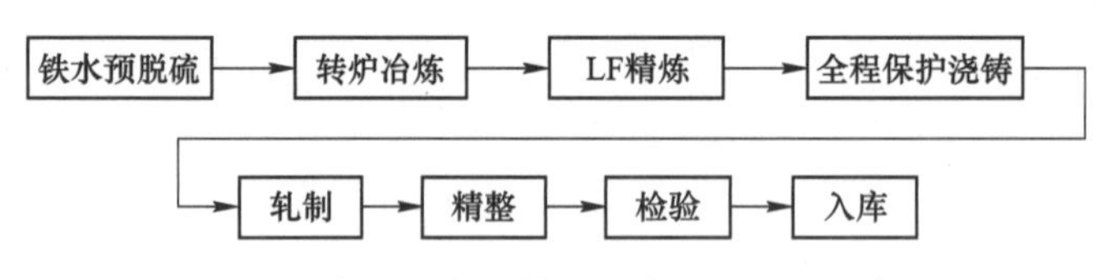

图 4-36 高强耐火钢筋的生产工艺流程示意图

在轧制工序中，加热炉的均热温度控制在 1230～1285℃，方坯经过粗轧→中轧→精轧机组共 12 个轧制道次，开轧温度控制在 1060～1180℃；精轧终轧温度为 940～960℃，控轧控冷时应保证上冷床温度不高于 830℃，下冷床的温度不高于 350℃。成品的力学性能见表 4-44。

表 4-44 山钢 500MPa 级高强耐火钢筋力学性能

项 目	下屈服强度 R_{eL}/MPa	600℃下屈服强度 $R_{p0.2}$/MPa
标准要求	≥500	≥350
实测范围	509～521	360～371

（2）2017 年钢研晟华科技股份有限公司成功开发了低成本高强度耐火钢筋，即以红

土镍矿、海砂矿、煤粉为原料，经过干燥、破碎、筛分、配入溶剂、压球处理等工序，获得镍铬钒钛铜铁合金。该合金可直接用于低成本的高强耐火钢筋生产，成品化学成分为C：0.16%～0.25%，Si：0.30%～0.65%，Mn：0.95%～1.35%，P≤0.035%，S≤0.035%，Ni：0.35%～0.65%，Cr：0.30%～0.75%，V：0.02%～0.15%，以及Mo：0.20%～0.60%或Nb：0.020%～0.10%或Ti：0.020%～0.10%中的一种或几种。其中Ni元素和Cr元素的原料为红土镍矿，V元素和Ti元素的原料为海砂矿。

轧制工艺为加热温度：(1150±10)℃（含铌系）、(1050±10)℃（不含铌系）；加热时间：60～90min；开轧温度不低于950℃，终轧温度不低于850℃。通过冶炼和轧制工艺的精确控制可获得400MPa级和500MPa级不同合金系列的高强耐火钢筋。

1）Ni-Cr-V-(Ti)-Nb系耐火钢筋室温与600℃高温的力学性能见表4-45。

表4-45 Ni-Cr-V-(Ti)-Nb系耐火钢筋的力学性能

项目	下屈服强度 R_{eL}/MPa	抗拉强度 R_m/MPa	断后伸长率 A/%	最大力总伸长率 A_{gt}/%	强屈比 R_m^o/R_{eL}^o	600℃下屈服强度 $R_{p0.2}$/MPa
标准要求	≥400	≥540	≥16	≥9.0	≥1.25	≥270
实测范围	436～460	880～917	17.0～19.5	11.0～20.0	1.25～1.33	275～320

2）Ni-Cr-V-(Ti)-Mo系耐火钢筋室温与600℃的高温力学性能见表4-46。

表4-46 Ni-Cr-V-(Ti)-Mo系耐火钢筋的力学性能

项目	下屈服强度 R_{eL}/MPa	抗拉强度 R_m/MPa	断后伸长率 A/%	最大力总伸长率 A_{gt}/%	强屈比 R_m^o/R_{eL}^o	600℃下屈服强度 $R_{p0.2}$/MPa
标准要求	≥500	≥630	≥15	≥9.0	≥1.25	≥330
实测范围	528～572	901～988	19.0～23.0	9.0～13.0	1.25～1.37	335～410

3）Ni-Cr-V-Ti系耐火钢筋室温与600℃的高温力学性能见表4-47。

表4-47 Ni-Cr-V-Ti系耐火钢筋力学性能

强度级别	下屈服强度 R_{eL}/MPa	抗拉强度 R_m/MPa	断后伸长率 A/%	最大力总伸长率 A_{gt}/%	强屈比 R_m^o/R_{eL}^o	600℃下屈服强度 $R_{p0.2}$/MPa
400MPa	440～488	917～953	17.5～19.0	11.0～12.0	1.27～1.29	275～310
500MPa	533～577	986～1035	18.5～24.0	11.0～14.0	1.25～1.29	335～355

目前，国内一些企业已经研究出了耐火钢筋，但其推广应用不太理想。这与耐火钢筋的市场需求、产品质量、生产成本等有关。在未来工作中需要加强产品的应用研究，将理论与实践相结合，保证产品质量的同时降低生产成本，促进产品的推广应用。

（三）高强耐火钢筋的未来发展方向

高层建筑的发展、火灾事故和地震灾害的发生，促进了高强耐火钢筋的发展。据统计，2019年高层建筑发生的火灾多达6974起，比2018年同比上升10.6%。从CTBUH（世界高层建筑与都市人居学会）公布的数据可知，到目前为止我国150m以上已建成建筑有2215个，占全球的44.37%；200m以上已建成建筑有779个，占全球的

45.16%；300m以上已建成建筑有97个，占全球的42.92%；400m和500m以上已建成建筑分别为20个和7个，占全球的44.44%和41.18%。如此迅速的高层建筑发展，其安全性得到了极大的关注。混凝土和钢筋作为建筑物的承重部分，其性能和品质直接影响建筑工程的质量和使用安全。所以，高强耐火钢筋的开发和应用研究势在必行。在未来发展过程中要注意以下几个方面：

（1）提高耐火钢筋强度，以扩大其应用领域。高强钢筋能减少钢筋用量，降低冶炼产量，促进建筑绿色发展而成为螺纹钢的发展方向。在国标GB/T 1499.2—2018《钢筋混凝土用钢 第2部分：热轧带肋钢筋》中最高的强度级别为600MPa级，而在耐火钢筋标准GB/T 37622—2019中最高的强度级别是500MPa级，并且应用开发还处在初级阶段。所以，随着高层、超高层建筑的日趋增多，开发更高强度、更具安全性能的耐火钢筋是螺纹钢未来发展方向。

（2）开发低成本耐火钢筋，以达降本增效目的。降低生产成本是企业永恒的主题，在耐火钢筋中添加的镍铁合金、铬铁合金、钼铁合金、铌铁以及钒铁合金或钒氮合金的制备属于原材料加工制造领域，而这些铁合金加工制造过程，需要高品位的精矿，这些精矿却是我国比较缺乏的资源。此外在铁合金制造过程需要消耗大量的能源，因此这些合金价格十分昂贵，显著增加了耐火钢筋的生产成本。所以，开发低成本的新工艺是耐火钢筋的另一个发展方向。

（3）深化耐火钢筋的基础理论研究，以开发更高质量的产品。我国对耐火钢筋的研究较晚，关于合金元素、冶炼工艺和轧制工艺对钢筋性能的影响研究还没有形成完整的体系。所以，在未来工作中，各企业和研究机构应加强对耐火钢筋的基础理论研究，以严谨的理论为依据，开发低成本、性能优的高质量产品，从而满足市场需求。

三、耐低温钢筋

耐低温钢筋主要应用在液化天然气储罐双容罐外罐和底部事故收集槽的建造。在低温环境下，要求建筑材料的使用温度要高于其韧-脆转变温度，这要求钢筋具有稳定的组织结构、具备优异的焊接性和成型加工性能，还要满足力学性能要求以及一些特殊功能（如极低的磁导率和冷缩力等），而普通钢材无法满足这些要求。国外对耐低温钢筋的研究和应用有30多年的历史，生产厂家有安赛乐米塔尔、日本原住友金属等。其中安赛乐米塔尔处于全球领先水平，其产品被全球300多个液态天然气（LNG）储罐项目采用。我国对耐低温钢筋的研究比较早，黑龙江省低温建筑科学研究所从20世纪80年代开始研究钢筋在低温下的性能和应用，但是应用较晚。从2000年开始，随着我国能源战略的实施，大量LNG储罐建设在沿海城市。建设过程中的耐低温钢筋一直依赖进口。由于进口产品的价格昂贵，国产化的需要督促了各大院校、科研机构和企业对耐低温钢筋的研究。在大量的工业研究和应用基础上，2018年2月工信部发布了冶金行业标准YB/T 4641—2018《液化天然气储罐用低温钢筋》，该标准中规定了一个牌号，即HRB500DW，“HRB”是热轧带肋钢筋的英文字母缩写，“500”是屈服强度特征值，“DW”是“低温”的拼音首字母。

目前，能稳定生产耐低温钢筋的厂家主要有南京钢铁有限公司、马鞍山钢铁有限公司和太原钢铁有限公司，在耐低温钢筋的生产工艺、应用研究等方面具备了一定的经验。但是在产品品种的丰富、理论研究的加强、生产工艺的优化、标准体系的建立、应用领域的扩展等方面需要进一步的探索，是耐低温钢筋未来发展的方向。

（一）耐低温钢筋的生产工艺技术研究

耐低温钢筋的生产工艺流程

根据南钢的生产经验，热轧 HRB500DW 耐低温螺纹钢的生产工艺流程如图 4-37 所示。

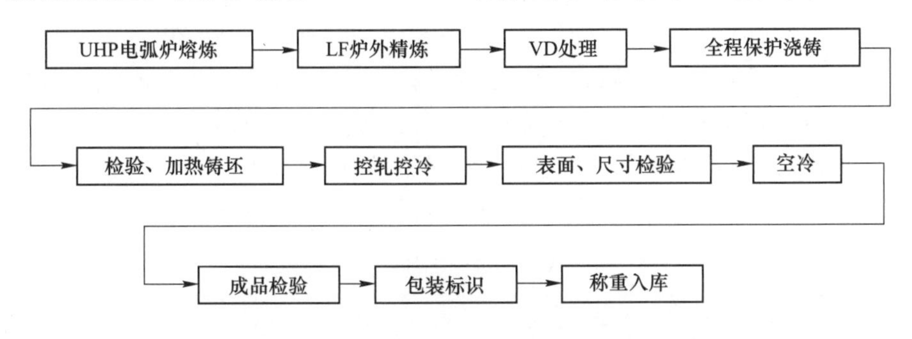

图 4-37　HRB500DW 低温钢钢筋生产工艺流程

从图 4-37 可看出，耐低温钢筋的冶炼要求较高，除对钢水进行 LF 炉外精炼外，还需要进行 VD 真空脱气处理，使得钢坯质量明显提高，不仅降低影响产品低温脆性的夹杂物，还能降低有害元素硫和磷的含量。所以，冶炼工艺的控制是耐低温钢筋未来发展的重要突破口。

耐低温钢筋的金相组织

500MPa 级耐低温钢筋的室温金相组织形貌与冷却速度相关，有学者系统研究了不同规格的耐低温钢筋组织形貌，发现耐低温钢筋的表层显微组织主要以粒状贝氏体和极少量板条贝氏体为主，当冷却速度较快时还伴有少量回火马氏体组织；心部组织因冷却速度的不同，会有针状铁素体/准多边形铁素体、粒状贝氏体和少量珠光体的复合组织。其晶粒度为 9~11 级，晶粒尺寸随着钢筋直径的减小而变小。典型的耐低温钢筋金相组织如图 4-38 所示。

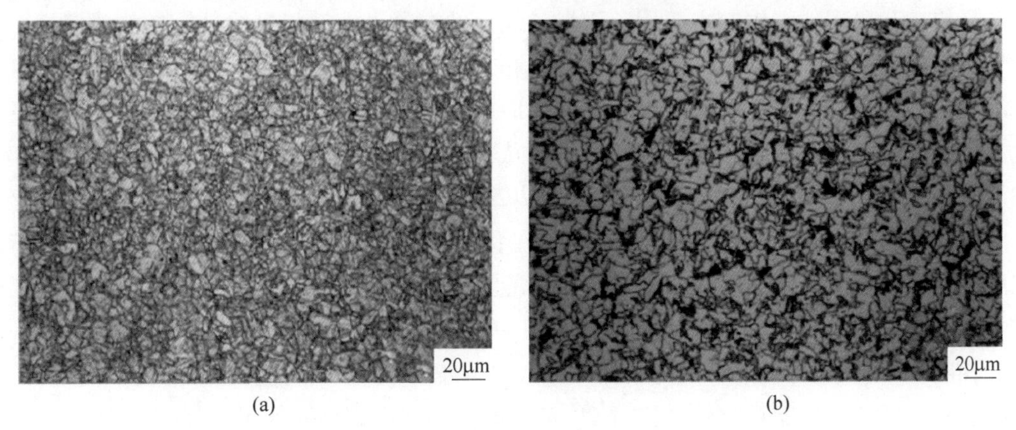

图 4-38　500MPa 级耐低温钢筋的金相组织形貌

（a）边部组织；（b）心部组织

从图4-38可看出，耐低温钢筋的显微组织是影响钢筋耐低温性能的重要因素。轧制过程的奥氏体晶粒控制、轧后冷却速度的控制均影响着产品的晶粒大小、贝氏体等低温组织的含量，进而影响着产品的耐低温性能。所以，控轧控冷是获得优质耐低温钢筋的关键。

（二）耐低温钢筋的生产应用研究

2014年马钢生产了首批液化天然气储罐建设工程专用耐低温钢筋 HRB500DW，并通过了中石化工程建设方考察和“-165℃”试验检测，填补了国内空白，实现了耐低温钢筋的国产化，扭转了被国外垄断的局面。同年12月，马钢发布了生产耐低温钢筋的企业标准，即Q/MGB 501—2014《HRB500DW耐低温热轧带肋钢筋》。

目前，国内生产耐低温钢筋的厂家主要有马钢、南钢和太钢，其中马钢和南钢的产量可达到每年5000吨以上。国内耐低温钢筋生产应用情况如表4-48所示。

表4-48 国内耐低温钢筋生产应用情况

厂家	化学成分（质量分数）/%	规格/mm	工程应用情况
马钢	C：0.05~0.15、Si：0.15~0.40、Mn：1.40~1.60、S≤0.010、P≤0.010、Ni：0.50 ~ 2.00、Cu：0.10 ~ 0.80、V：0.02~0.08	ϕ16、ϕ18、ϕ20、ϕ22、ϕ25、ϕ32	已在广西中石化、天津LNG项目、福建中海油LNG项目以及国外俄罗斯北极天然气项目上得到应用
南钢	C：0.05~0.08、Si：0.20~0.30、Mn：1.50~1.60、S≤0.006、P≤0.010、Ni：1.0~1.2、Cu：0.10~0.15、Al≥0.02	ϕ12、ϕ16、ϕ20、ϕ25	应用于国内多家中石油、中石化和中海油LNG项目，还研发出耐低温钢钢筋配套的专用套筒
太钢	C：0.059、Si：0.31、Mn：1.59、S：0.006、P：0.008、Ni：0.98、Cu：0.13、Al≥0.047、Nb：0.02、N：0.004	ϕ10、ϕ12、ϕ16、ϕ20、ϕ22、ϕ25	已经完成工业生产

（三）耐低温钢筋未来发展方向

目前，我国耐低温钢筋主要用于天然气储罐的混凝土外罐和事故收集槽的建造中。天然气是一种清洁能源，在多样化的全球能源和日趋重视环境保护的条件下，其应用越来越广泛。耐低温钢筋的发展，与我国天然气的应用，尤其液化天然气（LNG）的发展息息相关。近十年来我国天然气的产量持续上升，从2010年的900多亿立方米提高到2019年的约1603亿立方米，再加上每年的进口量，从2016年到2019年，天然气进口量由746亿立方米提高到了1345亿立方米，可见天然气在我国能源体系中所占比例越来越大。据有关能源机构估计，未来十年左右，天然气有可能取代石油成为主要能源。随着天然气的大量使用，天然气的液化成为必然趋势。

我国从1999年开始建设液化天然气接收站，于2006年顺利建设完成并投产使用第一座接收站，即广东大鹏接收站。经过20年发展，现在国内液化天然气项目已遍布全国各省份。从耐低温钢筋的市场需求来看，可以用供不应求来形容。在国家大力推进高品质、高附加值产品的趋势下，螺纹钢企业应抓住契机，加速产品的转型升级，扩大产品种类，提高市场竞争力。此时，开发应用耐低温钢筋是一个新的方向，不仅满足市场需求，还可以解决螺纹钢产品同质化问题。重要的是耐低温钢筋具有良好的经济和社会效益，马钢从2014年开始生产耐低温钢筋到2020年10月，新增产值已达1.52亿元。目前，耐低温钢筋的开发应用还处在初级阶段，为了更好地满足市场需求，各企业和科研院校要加强对耐低温钢筋的理论研究，提高产品质量的稳定性，优化产品的生产工艺，扩大产品的应用领域。

（1）进一步加强理论研究。国外耐低温钢筋品种繁多，质量优异，已形成完整的理论体系。而我国还处在初级研发和推广阶段，理论基础研究薄弱。为了开发高品质、多品种、更稳定的耐低温钢筋，研发机构和螺纹钢企业应加强理论研究，研究高强钢筋的耐低温原理、研究更优的耐低温合金体系、研究更优的低温钢冶炼工艺和轧制工艺、研究更优的金相组织形貌、研究耐低温钢筋与混凝土黏结性能、研究超低温下的力学性能和工艺性能，从而形成符合我国国情的完整理论体系。

（2）进一步完善标准体系。目前我国关于耐低温钢筋的标准只有冶金行业标准YB/T 4641—2018《液化天然气储罐用低温钢筋》，该标准适用于液化天然气储罐最低设计温度为-165～-170℃的钢筋，而满足其他适用条件的耐低温钢筋标准还没有制定。所以在标准引领高质量发展趋势下，国家相关部门应完善适用于各个领域的耐低温钢筋生产标准，以高标准来促进功能性钢筋的高质量发展。

（3）进一步扩大应用领域。根据资料显示，我国对耐低温钢筋的研究大部分集中在液化天然气储罐的应用上，但是随着科学进步和社会发展，会有越来越多的工程建设延伸到低温和超低温领域，如东北、西北、华北和青藏高原等寒冷地区的工程建设、极地（南极和北极）科学考察站和低温冷藏仓库等混凝土工程的建设。所以，在未来工作中，螺纹钢企业应研发不同低温下的低温钢钢筋，扩大产品系列以满足不同领域的市场需求。

四、不锈钢钢筋

不锈钢钢筋是由不锈钢钢坯轧制而成的钢筋，在大气、淡水等弱腐蚀介质及海水、酸性、碱性等强腐蚀介质中都具有非常好的耐腐蚀性能，是一种特殊的耐蚀钢筋。

改革开放以来我国沿海经济的飞速发展，促进了高强耐蚀不锈钢钢筋的开发和应用。2004年5月国家提出，在特别严重的腐蚀环境下，要求确保百年以上使用年限的特殊重要工程，可选用不锈钢钢筋。为了满足工程结构耐久性的实际需要，2018年4月1日国家质量监督检验检疫总局与国家标准化管理委员会联合发布了国家标准GB/T 33959—2017《钢筋混凝土用不锈钢钢筋》，该标准中详细规定了钢筋混凝土用不锈钢钢筋的定义、分类、级别、技术要求、检验规则等。热轧带肋不锈钢钢筋按屈服强度特征值分为400MPa级和500MPa级，其牌号用HRB+屈服强度特征值+S构成，即HRB400S和HRB500S，按其组织类型分为奥氏体型、奥氏体-铁素体型和铁素体型不锈钢钢筋。

我国对不锈钢钢筋的系统研究较晚，由于昂贵的生产成本和钢筋的生产特点，国内少有企业能批量生产不锈钢钢筋。虽然耐蚀钢筋的市场需求量大，但不锈钢钢筋的市场份额非常小，这是影响其未来发展的重要因素。但加强理论研究、合理设计化学成分、降低生产成本、推广市场应用是不锈钢钢筋发展的必然趋势。

（一）影响不锈钢钢筋未来发展的因素

不锈钢是含有多种合金元素的高合金钢，除了碳、硅、锰、硫、磷五大基本元素外，不锈钢中可选择性地添加钒、钛、铌等微合金元素和铬、镍、钼、铜、铝等合金元素。

铬是不锈钢的主要合金元素，其含量不小于12%时，在钢筋表面形成致密的富铬氧化膜而显著提高钢基体的抗蚀性，使不耐蚀的普碳钢过渡到耐腐蚀状态。

镍也是不锈钢的主要合金元素，其耐蚀作用仅次于铬的合金元素。在实际生产中通常将镍与铬元素搭配使用，获得更佳的耐蚀效果。除了耐蚀作用，镍元素还能提高钢筋的高温抗氧化性、焊接性能和力学性能。

钼是促进铁素体形成元素，在不锈钢钢筋中加入钼可以强化基体的耐蚀能力，使钢筋在高温下能具有高的强度和蠕变性能。

（二）不锈钢钢筋研究方向

我国对不锈钢钢筋的系统研究始于21世纪初，2000年以前研究较少。最近几年，随着国家政策的推广和海洋工程的不断建设，许多高校、科研机构和生产企业开始对不锈钢钢筋及其构件进行了系统深入的研究。

对不锈钢钢筋的研究分两个阶段，第一阶段是吸收国外经验，研究不锈钢钢筋本身的抗腐蚀性能，研究表明不锈钢钢筋因形成致密的氧化膜而具有良好的耐蚀性能，其抗腐蚀性能远优于普通碳素钢钢筋，钢筋混凝土构件寿命能达百年以上。第二阶段是研究者们对不锈钢钢筋耐蚀性和不锈钢钢筋混凝土构件性能进行了研究，结果表明不锈钢钢筋混凝土构件具有良好的抗震性能，可以用于抗震设计中；不锈钢钢筋具有优良的抗疲劳性能和优异的力学性能，如高强度、大的断后伸长率、良好的冷弯性能等。这些研究成果为不锈钢钢筋在我国的推广应用奠定了理论基础，目前国内常用的不锈钢钢筋牌号及物理特性见表4-49和表4-50。

表4-49 常用不锈钢钢筋的化学成分及力学性能

牌号	化学成分/%					力学性能指标		
	Cr	Ni	Mo	$C_{(max)}$	N	抗拉强度/MPa	屈服强度/MPa	断后伸长率/%
304	19	9.5	—	0.08	—	584	240	55
304L	19	10	—	0.03	—	550	296	55
316	17	12	2.5	0.08	—	584	240	60
316L	17	12	2.5	0.03	—	536	296	55
2205	22	5	3.0	0.03	0.14	721	508	30

表 4-50 不锈钢钢筋物理性能对比

类型	膨胀系数 /℃	导热系数 /W·(m·K)$^{-1}$	抗拉强度 /MPa	屈服强度 /MPa	断后伸长率 /%	弹性模量 /GPa
奥氏体不锈钢	16×10^{-6}	15	520~720	250	45	200
双相不锈钢	13×10^{-6}	15	700~950	460	25	200
铁素体不锈钢	10.5×10^{-6}	30	400~600	230	17	220

奥氏体不锈钢钢筋

奥氏体不锈钢钢筋是指在常温下具有奥氏体组织的不锈钢钢筋，常见的有 304、316、2205、2304、TDS2102、T4003 等一系列不锈钢钢筋，这些钢种具有优良的耐腐蚀性能，但生产成本昂贵。

国外学者对低碳钢筋、304 和 316 型不锈钢钢筋的电化学性能进行了研究，发现埋在含有氯化物砂浆中的不锈钢钢筋，其抗腐蚀界限比低碳钢筋大 10 倍，奥氏体不锈钢钢筋具有很高的抗蚀性，并且 316 型不锈钢钢筋的抗蚀性能略优于 304 型不锈钢钢筋。

双相不锈钢钢筋

双相不锈钢钢筋是以太钢为代表，自主开发的新钢种，通过了英国 CARES 认证机构的认证。太钢是国内首家具备该资质的双相不锈钢钢筋生产企业，在港珠澳大桥建设中应用了 8200t 双相不锈钢钢筋。太钢生产双相不锈钢钢筋的工艺流程如图 4-39 所示。

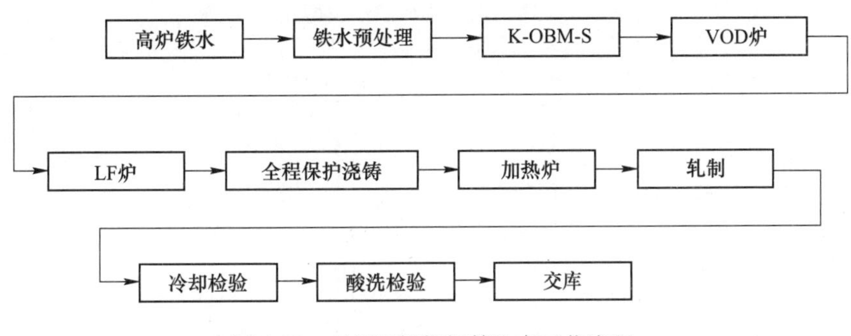

图 4-39 双相不锈钢钢筋生产工艺流程

双相不锈钢钢筋的工艺控制要点为：金相组织中铁素体与奥氏体各占约 50%，铁素体基体上分布着白色的奥氏体，晶粒度控制在 10~11 级，组织均匀、晶粒较细。实践证明，不锈钢钢筋生产最佳轧制工艺为开轧温度为 960~980℃，精轧温度为 780~820℃，上冷床温度为 620~650℃，轧制速度为 4.5~10.2m/s。奥氏体不锈钢钢筋和双相不锈钢钢筋的金相组织形貌如图 4-40 所示。

2018 年浙江富钢金属制品有限公司和湖州盛特隆金属制品有限公司联合发布了双相不锈钢钢筋的团体标准，即 T/ZZB 0591—2018《奥氏体-铁素体双相不锈钢钢筋》，该标准中规定了奥氏体-铁素体双相不锈钢钢筋的术语、定义、分类、级别、基本要求、技术要求、试验方法、检验规则等内容。2019 年 4 月 13 日，富钢的双相不锈钢钢筋通过了“品字标浙江制造”产品认证。

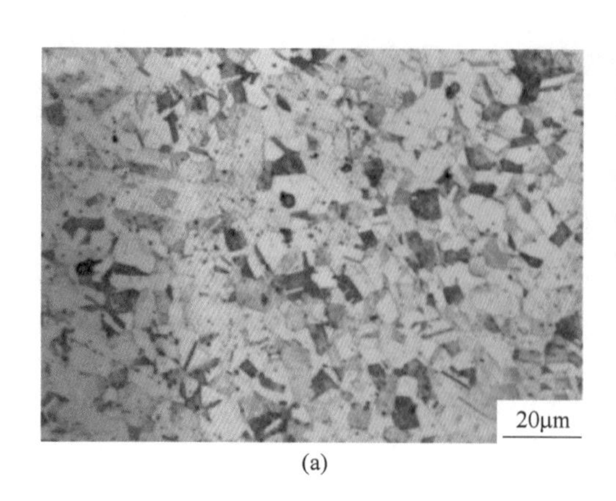

(a)

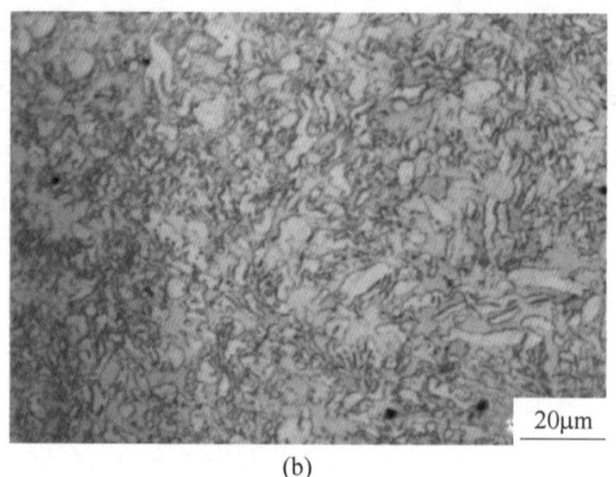

(b)

图 4-40　不锈钢钢筋金相组织形貌图

（a）奥氏体不锈钢钢筋；（b）双相不锈钢钢筋

铁素体不锈钢钢筋

铁素体不锈钢钢筋是指在常温下具有铁素体组织的不锈钢钢筋，在国标中纳入了一个牌号，即 022Cr12。铁素体不锈钢钢筋中添加的合金元素含量少于奥氏体不锈钢钢筋和双相不锈钢钢筋，因此其耐点蚀当量（Pitting Resistance Equivalent，以下简称 PRE）也相对低（见表 4-51），在相同条件下铁素体不锈钢钢筋的耐蚀性不如其他两种钢筋，在国内的研究和应用也比较少。

表 4-51　不锈钢钢筋金相组织类型和 PRE 值

金相组织类型	统一数字代号	钢号	PRE
奥氏体型	S30408	06Cr19Ni10	19.00
	S30453	022Cr19Ni10N	21.08
	S31608	06Cr17Ni12Mo2	25.25
	S31653	022Cr17Ni12Mo2N	27.33
奥氏体-铁素体型	S22253	022Cr22Ni5Mo3N	34.14
	S23043	022Cr23Ni4MoCuN	26.07
	S22553	022Cr25Ni6Mo2N	33.51
	S25073	022Cr25Ni7Mo4N	42.68
铁素体型	S11203	022Cr12	12.25

复合不锈钢钢筋

复合不锈钢钢筋是一种新产品，是将表面处理后的碳素钢与内表面处理后的不锈钢钢管进行装配，制出两种金属的复合钢坯，通过协同工艺进行轧制，最终获得外部为不锈钢、心部为碳素钢的复合钢筋，如图 4-41 所示。

2018 年国家市场监督管理总局和国家标准化管理委员会联合发布了国家标准 GB/T 36707—2018《钢筋混凝土用热轧碳素钢-不锈钢复合钢筋》，将热轧带肋复合不锈钢钢筋按其屈服强度特征值分为 400MPa 级和 500MPa 级，用 HRB400SC 和 HRB500SC 表示牌号。覆层牌号为 S30408、S30403、S31608、S31603 和 S22053，要求不锈钢完全包覆碳素钢并

(a)

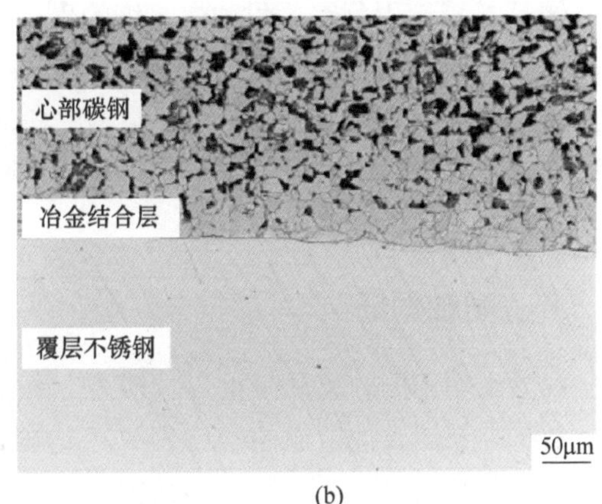

(b)

图 4-41　复合不锈钢钢筋

（a）复合不锈钢钢筋宏观图；（b）复合界面金相图

符合冶金结合面要求，外层不锈钢为总质量的 10%左右，其厚度不应低于 180μm，产品最终价格约为纯不锈钢钢筋的 25%。

2020 年 5 月柳钢棒线型材厂轧制出了首批 ϕ25mm 不锈钢复合钢筋，经性能检测，成品表面质量良好，屈服强度、抗拉强度、最大力总伸长率等均满足国家标准要求。2020 年宝武集团广东韶钢松山股份有限公司与湖南三泰新材料股份有限公司合作成功研发出不锈钢覆层螺纹钢，产品性能良好，完全满足标准 GB/T 36707—2018《钢筋混凝土用热轧碳素钢-不锈钢复合钢筋》的质量要求。

总之，不锈钢钢筋具有优异的耐蚀性能和力学性能，可以从根本上解决混凝土结构中钢筋的腐蚀问题，在减少混凝土结构后期维护的同时能大大降低附加成本。

（三）不锈钢钢筋的未来发展趋势

我国不锈钢钢筋的开发和应用处于起步阶段，考虑到国家钢铁行业绿色环保政策和节能减排高质量发展趋势，不锈钢钢筋的进一步研发生产是螺纹钢未来发展的一个重要方向。

（1）加强理论研究。不锈钢钢筋的力学性能、焊接性能、抗震性能良好，能满足混凝土结构对钢筋的要求。但是不锈钢钢筋的基本力学性能和应力-应变关系与普通钢筋存在明显差异，因此，迫切需要对不锈钢钢筋混凝土结构的受力性能和计算理论进行研究。

（2）缩短生产流程。目前，螺纹钢的生产以长流程为主，这是提高生产成本的主要因素，再加上长材规格多，对产品精细程度要求又高，因此生产周期长和产能低限制了不锈钢钢筋的发展。所以，在后续开发应用过程中，结合现代新技术（如无头轧制技术）、新设备（连铸连轧机）、新工艺，致力缩短生产周期，降低生产成本。

（3）强化标准引领。一方面，完善国家标准，与英国不锈钢钢筋生产标准相比，我国标准的强度指标最高为 500MPa 级，而英国的是 650MPa 级，并且我国标准中没有对不锈钢钢筋的抗震性能做说明。另一方面，国家相关部门应加强不锈钢钢筋在不同领域中的推广应用。

（4）拓展应用范围。耐蚀螺纹钢的生产比例较小，再加上价格昂贵，一般应用于百年工程或服役环境恶劣的建筑工程中，在普通房屋建筑和基础建设中的应用较少。但随着钢筋混凝土建筑物的逐渐老化，尤其是钢筋锈蚀带来的经济损失越来越严峻，有必要拓展不锈钢钢筋在一般建筑物中的应用，即在容易锈蚀的部位可采用不锈钢钢筋，以减少后期的维护，提高整体建筑的使用寿命。

五、耐蚀钢筋

混凝土用钢筋的腐蚀是世界性难题，给各国的国民经济带来了重大损失。有数据表明，每年因金属腐蚀造成的经济损失可达国民经济总产值的3%～10%，我国对于耐蚀钢筋的研究起步较晚，在耐海水腐蚀钢的研究基础上，从20世纪末开始着重进行了耐蚀钢筋的腐蚀行为研究和应用推广。2000年国务院发布了《建设工程质量管理条例》，首次以政令形式规定了“设计文件应符合国家规定的设计深度要求，注明合理使用年限”，即对基础设施工程的耐久性提出了明确要求。2012年广西出台实施了首个地方标准DB45/T 890—2012《混凝土用耐腐蚀含镍铬钢筋》，2014年开始实施了行业标准YB/T 4361—2014《钢筋混凝土用耐蚀钢筋》，2017年发布了国家标准GB/T 33953—2017《钢筋混凝土用耐蚀钢筋》，从标准的出台可以看出国家正在提高对钢筋腐蚀问题的重视以及对耐腐蚀钢筋的推广力度。

随着海洋工程的不断建设，耐蚀钢筋的开发和应用成为螺纹钢发展的必然趋势。2013年国家海洋局发布的“十二五”规划中明确指出，要加大海洋开发力度（包括海洋空间资源、矿产资源、生物资源、化学资源以及海洋能源等），将开发和发展海洋确定为我国经济发展的新增长点和重要推动力。另外，为了解决河沙日益匮乏的问题，各国着力开发海沙在建筑工程上的应用，如今英国和日本的海沙开采和利用量已占其总需求量的一半以上。海洋工程的建设和海沙的应用均对混凝土用钢筋带来极大的挑战，普通碳素钢筋根本抵抗不了氯离子的侵蚀，所以加快耐蚀钢筋的深入研究和应用推广成为螺纹钢发展亟须解决的问题。目前，除了高Cr、高Ni的不锈钢钢筋以外，通常采用合金化、环氧涂层、热镀锌、添加稀土来提高钢筋的耐腐蚀性能。低合金耐蚀钢筋是新型品种，不仅具有与不锈钢钢筋相媲美的耐蚀效果，成本也相对较低，是耐蚀螺纹钢未来发展的重点方向。环氧涂层耐蚀钢筋和热镀锌耐蚀钢筋具有较低的成本而得到广泛应用，但其耐蚀效果一般，在提高耐蚀效果方面还有一定的发展空间；稀土耐蚀钢筋的稀土元素不仅形成致密的氧化膜而提高钢筋的耐蚀性能，还能净化钢水、改性夹杂物而提高钢筋的综合性能，是耐蚀螺纹钢未来发展中具有较大潜力的品种。

（一）低合金耐蚀钢筋

混凝土钢筋的耐蚀研究主要有两方面：一个是从钢筋基体入手，改变钢筋材料特性，提升钢筋自身的抗腐蚀能力，如不锈钢钢筋和低合金耐蚀钢筋等；另一个是从钢筋外围入手，避免钢筋接触大气环境和含氯离子介质，即提高混凝土密实性、添加钢筋阻锈剂、阴极保护法、钢筋环氧涂层、热浸镀锌法、电化学除盐等。

总结钢筋的锈蚀原因，认为内因是钢筋基体自身的抗腐蚀性差，外因是钢筋周围环境的侵蚀物质作用及其他因素的影响。所以，解决钢筋腐蚀的内因是根本，低合金耐蚀钢筋生产技术是继不锈钢钢筋之后的另一个新技术、新思路。众所周知，不锈钢钢筋具有较高的强韧性，还因为形成致密的锈层而大大提高钢筋的耐腐蚀性能，但不锈钢钢筋的 Cr 含量在 12%以上，Cr 和 Ni 元素总含量高达 20%。这显著提高了生产成本，对其应用推广带来了一定困难。而 MMFX 低合金耐蚀钢筋的问世，解决了耐蚀钢筋生产成本高和治标不治本等问题。MMFX 低合金耐蚀钢筋是 MMFX 钢铁公司开发的 Cr 含量约为 9%的低合金耐蚀钢筋，其耐蚀效果主要源于特殊的显微组织结构，该钢筋的金相组织由板条马氏体和板条马氏体之间的片状奥氏体组成，与传统的铁素体+渗碳体组织相比，显著降低形成腐蚀微电池的几率，从而提高钢筋的耐蚀性能。除此之外，MMFX 低合金钢筋因富含合金元素而其强韧性均优于普通低碳钢筋，并且该钢筋的 Cr 和 Ni 含量明显低于不锈钢钢筋，所以 MMFX 钢筋具有良好的力学性能、优质的耐蚀效果和较低的生产成本。MMFX 耐蚀钢筋与不锈钢钢筋的成分对比如表 4-52 所示。

表 4-52　MMFX 耐蚀钢筋与双相不锈钢钢筋成分对比　（%）

钢种	C	Si	Mn	P	S	Ni	Cr	Mo	Cu
S23043	0.030	1.00	2.00	0.035	0.030	3.00~5.50	21.50~24.50	0.05~0.60	0.05~0.20
MMFX	0.07	0.14	0.45	0.01	0.012	0.090	9.980	0.009	0.08

低合金耐蚀钢筋的研究进展

钢筋的腐蚀程度和腐蚀产物与其周围的腐蚀环境息息相关，当环境溶液 pH 值大于 10 时，在普通低碳钢筋表面生成一层厚度约 10nm 的氧化膜，该膜具有双层结构，内层以氧化不充分的混合氧化物 Fe_3O_4为主，外层是氧化程度较高的 γ-Fe_2O_3（见图 4-42（a））。具有高 Cr 含量的不锈钢钢筋表面在腐蚀环境下也会形成双层氧化膜，内层是富 Cr 氧化物，外层主要是铁氧化物（见图 4-42（b））。

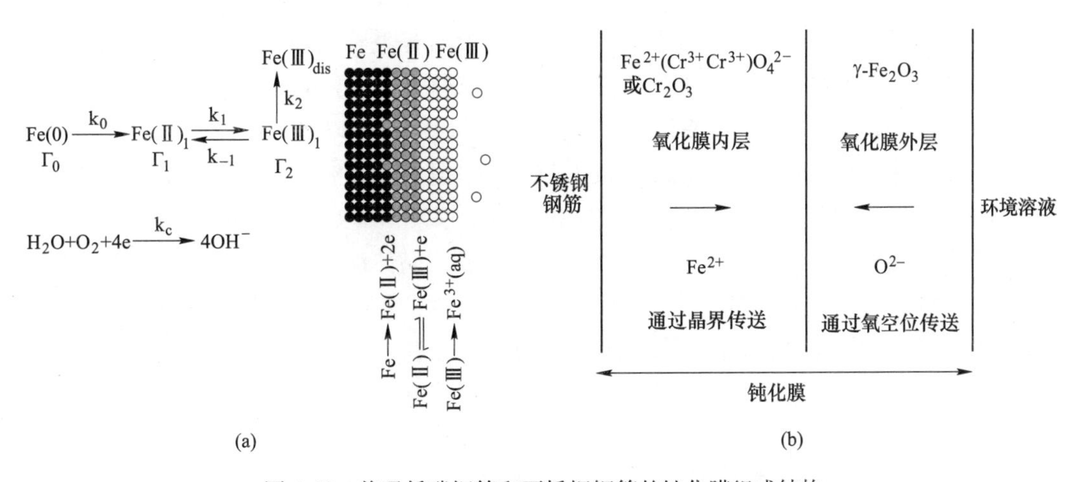

图 4-42　普通低碳钢筋和不锈钢钢筋的钝化膜组成结构

（a）普通低碳钢筋；（b）不锈钢钢筋

Mancio 等人系统研究了含 9%Cr 耐蚀钢筋的腐蚀行为，发现低合金耐蚀钢筋也有双层结构，内层为 $Cr(OH)_3$，外层主要是 Fe_3O_4、γ-Fe_2O_3、α-FeOOH。内层的 $Cr(OH)_3$能显著延缓耐蚀钢筋的破钝时间，提高其腐蚀临界氯离子浓度，保护基体不被侵蚀，使得耐蚀钢筋极化电阻在环境 pH 值降低到 11 时也没有明显的变化。也有研究表明，锈层中 α-FeOOH 相的含量越多，锈层组织越致密，耐腐蚀性能越好。

目前，国内外对低合金耐蚀钢筋的腐蚀机理研究处于初级阶段，还没形成完整的理论体系。但从钢筋钝化、破钝（腐蚀诱发）、腐蚀扩展等腐蚀行为特征角度来说，有以下几点共同认识：

（1）钢筋的钝化和维钝阶段。在混凝土碱性环境中，低合金耐蚀钢筋表面快速形成具有碳素钢筋和不锈钢钢筋双重特点的双层钝化膜，外层类似于碳素钢筋的 Fe_3O_4和 γ-Fe_2O_3氧化物，内层类似于不锈钢钢筋钝化膜的含铬氧化物或 $Cr(OH)_3$，与二者不同的是钝化膜内出现了 α-FeOOH 新相。这种特殊双层钝化膜显著提高钢筋的耐蚀性，耐蚀效果明显优于普通碳素钢筋。另外，合金元素能提高钢筋基体的自腐蚀电位，促进阳极的钝化，还因特殊的显微组织结构而降低了形成腐蚀原电池的几率，从而提高了钢筋的耐腐蚀性能。

（2）钢筋的破钝和腐蚀扩展阶段。低合金耐蚀钢筋破钝后的锈蚀类型主要是点腐蚀，在腐蚀前期钢筋表面的大部分区域还是保持钝化状态，由于点蚀面积小，只有微小区域产生阳极溶解，很难形成大面积的腐蚀。在腐蚀过程中 Cr 等合金元素取代铁锈中的铁元素而形成富 Cr 的致密氧化物内层，这些致密氧化物具有细化锈层颗粒的作用，能抑制外部环境中氧气和水的供给，从而减缓钢筋的腐蚀速率。另外，富含合金元素的锈层有阳离子选择性，对 Cl^-和 SO_4^{2-}离子的侵入具有抑制作用，从而进一步阻碍氯离子对钢筋基体的腐蚀。还有富含合金元素的腐蚀产物的膨胀系数较小，能减小钢筋锈胀对腐蚀产物开裂的不利影响，从而延长钢筋的使用寿命。

低合金耐蚀钢筋的发展方向

目前，国内对低合金耐蚀钢筋的研究处于试验探索阶段，还没得到广泛的应用。但鉴于低合金耐蚀钢筋在耐蚀性、工艺性能和生产成本上均有明显优势，将来会有广阔的应用前景和市场潜力。国内外的大量理论研究，为未来的研发工作开启了良好开端。钢铁研究总院研制了 Cu-P 系和 Cu-Cr-Ni 系钢筋，验证了该系列钢筋可以满足海洋工程混凝土结构 30~50 年的设计寿命要求。马钢正在开发以 9Cr 耐蚀钢为基础成分，适用于海洋岛礁环境下的 500MPa 级高耐蚀性钢筋的合金体系，该项目欲系统研究显微组织对力学性能、耐蚀性能（包括点蚀电位、点蚀率、临界点蚀温度、耐晶间腐蚀性能、临界缝隙腐蚀温度、耐应力腐蚀性能、均匀腐蚀性能、耐氯离子腐蚀性能等）的影响及冷弯加工加速应力腐蚀的控制机制；研究钢筋显微组织控制技术及耐蚀机理、强韧化机理；研究各项性能的检验评估分析及建立新型高耐蚀性钢筋性能技术指标。所以，低合金耐蚀钢筋是螺纹钢未来发展的一个方向，在未来工作中要加强以下几个方面研究：

（1）完善低合金耐蚀钢筋的评价体系。目前低合金耐蚀钢筋的腐蚀行为研究还在沿用碳素钢筋所用的评价指标，即 Cl^-浓度。但是低合金耐蚀钢筋具有自身的腐蚀行为特点，应该考虑从钢筋钝化至钢筋锈蚀临界状态的全程相关参数指标，如腐蚀扩展速率、临界锈蚀量等，从而建立全面的耐腐蚀评价体系。

（2）做好混凝土用低合金耐蚀钢筋的使用寿命预算。目前低合金耐蚀钢筋的寿命预算缺乏严谨的分析和论证，其临界锈蚀量还是在参照普碳钢的经验值，这会严重影响钢筋混凝土结构锈胀开裂时间的计算。因为混凝土结构的使用寿命分为腐蚀诱导期和腐蚀扩展期两个阶段，这两个阶段的分析和计算精度直接关系到该钢种的应用前景，所以要加强这一理论计算领域的攻关突破。

（3）提高低合金耐蚀钢筋的检测精度。现有的电化学检测数据都来源于线性极化、自然电位法和动电位法等传统检测方式，这些方式适合应用于阳极腐蚀面积较大的情况。而低合金耐蚀钢筋的腐蚀属于点腐蚀，阳极腐蚀面积非常小，所以在这种情况下采用传统方式检测，其数据会有所失真。所以，在未来研究工作中采取适合的检测方法（如电磁通量测试方法），提高检测精度，为新产品的开发提供准确数据，反映材料性能的真实性。

（4）深化低合金耐蚀钢筋的腐蚀机理研究。耐蚀钢筋的腐蚀机理为低合金耐蚀钢筋的腐蚀机理研究提供了理论依据，包括很多观点是在试验测试结果的基础上推测出来的。而至于低合金耐蚀钢筋双层钝化膜的具体组成物、形成锈层的动力学和热力学原理、锈层在腐蚀环境下的微观过程等诸多问题都有待探明。所以，在未来工作中深入研究低合金耐蚀钢筋的腐蚀机理，形成完整的理论体系，为其优化工艺和应用推广均有重大意义。

（二）环氧涂层耐蚀钢筋

环氧树脂涂层钢筋是将普通钢筋表面进行除锈、打毛等处理后加热到230℃左右，再将带电的环氧树脂粉末喷射到钢筋表面。由于粉末颗粒带有电荷，易吸附在钢筋表面，并与其熔融结合，经过一定养护、固化后便形成一层完整、连续、包裹住整个钢筋表面的环氧树脂薄膜保护层，涂层厚度为0.15~0.30mm，成品形貌如图4-43所示。

图4-43　环氧树脂涂层螺纹钢

我国从20世纪90年代开始引用环氧涂层钢筋，1997年参照美国标准ASTM A775M-95a和ASTMA934M-95、英国标准BS7295：1992以及国际标准化组织ISO 14654等相关内容，再结合我国国情，制定了建筑工业行业标准JG 3042—1997《环氧树脂涂层钢筋》。经过多年的生产实践，我国积累了丰富的研发和生产经验，2016年国家住房和城乡建设部重新修订了标准JG 3042—1997，并于6月14日发布了新标准JG/T 502—2016《环氧树脂涂层钢筋》，该标准中增加了环氧涂层钢筋的分类、对环氧树脂粉末的要求、锌合金的要求等内容。为了充分发挥环氧涂层技术的低成本、易操作等优势，中国科学院金属研究所自主研发了高性能环氧涂层钢筋，可以将钢筋混凝土结构的寿命提高至100年以上，并制定了《混凝土用高性能环氧涂层钢筋技术规范》相关标准。

环氧涂层钢筋的应用研究

我国应用环氧涂层钢筋的时间较晚，1994年国内第一家引用涂层技术的厂家正式投产，该公司是设在广东的香港宏利工业有限公司。1997年，环氧涂层钢筋在北京西站南广场隧道建设中得到了首次应用，此后在杭州湾跨海大桥、深圳湾公路大桥、浙江宁波大桥、港珠澳大桥等重大工程中也应用了环氧树脂涂层钢筋，如图4-44所示。

(a)　(b)　(c)　(d)

图4-44　环氧涂层钢筋应用实例

（a）胶州湾隧道；（b）杭州湾跨海大桥；（c）盘山大浦口码头；（d）港珠澳大桥

目前，我国环氧涂层技术的开发和应用已趋于成熟，因其简单的生产工艺和较低的生产成本，在使用寿命要求不高的工程建筑中得到了广泛的应用。通常采用的生产工艺流程为：钢筋表面预处理（喷砂除锈）→钢筋加热（约230℃）→静电喷涂→静水冷却→质量检查→捆扎包装→成品入库。其中原料钢筋表面不得有尖角、毛刺或影响表面质量的缺陷，同时避免油漆等的污染，这些技术条件和应用过程存在的问题对环氧涂层钢筋未来发展带来了一定挑战。主要有以下几点：

（1）钢筋与混凝土的黏结力差、应用受限。环氧涂层钢筋与普通钢筋相比，其表面较光滑，与混凝土的黏结力较差，在使用过程中受到冲击或外力载荷时容易产生与混凝土的脱离，导致结构失效。所以，环氧涂层钢筋的应用受到一定的限制，一般具有大的冲击载荷或钢筋密集的混凝土结构不推荐使用环氧涂层钢筋。

（2）易受外部条件影响、降低钢筋总体质量。涂层耐蚀钢筋的使用寿命受到两个因素的影响。一个是钢筋在运输、装卸、施工等过程中，因碰撞等外部因素破坏涂层的完整性；另一个是涂层过程中不可避免的缺陷，如涂层不完整、有孔洞、破伤或膜层太薄等在腐蚀环境下易引起局部腐蚀，而这种局部腐蚀发展速度比无涂层钢筋快。虽然允许修补涂层缺陷，但修补后的钢筋涂层质量不如原涂层，降低钢筋涂层的总体质量。

（3）附加成本高。环氧涂层钢筋在运输和应用过程中，容易产生涂层的破损或退化，为了保证产品质量，一方面采用吊绳、塑料布、布毡、专用套管等来防护钢筋涂层不被损坏；另一方面对已经产生损坏的涂层采用专用的修补液来进行修补，这些运输过程中的防护和使用过程中的修护提高了环氧涂层钢筋的附加成本。

（4）无损检测能力薄弱。环氧涂层钢筋与不锈钢钢筋和低合金耐蚀钢筋相比，环氧涂层与钢筋的结合力较差而在运输和使用过程中容易产生涂层的破坏，这些缺陷如果不能及时发现的话，在钢筋混凝土结构的应用过程中会带来极大的损失。所以，环氧涂层钢筋的无损检测至关重要，目前虽然能够对涂层破损进行无损识别检测，但多数检测技术是针对金属管道展开的，对于环氧涂层钢筋的涂层破损检测还在探索中。因此环氧涂层钢筋的无损检测能力相对薄弱，亟须在未来工作中开发适应于不同环境下的无损检测技术。

环氧涂层耐蚀钢筋的发展方向

（1）在工程中与其他种类耐蚀钢筋搭配使用。环氧树脂涂层钢筋因其生产工艺简单、成本相对低廉而在短、中寿命工程中得到了广泛的应用。但是随着社会的发展和科技的进步，对建筑工程耐久性的要求越来越高，尤其对百年工程和海洋工程的寿命要求更高。根据耐蚀钢筋的分类，在恶劣腐蚀环境下推荐使用不锈钢钢筋，该钢筋的耐腐蚀性能极强，优于普通钢筋的10倍以上，但其造价成本昂贵，会显著提高初期投资成本。为了获得经济而又高耐久性的效果，通过对建筑工程的环境评价，可以搭配使用不同种类的耐蚀钢筋，以平衡其投资成本和应用效果。

（2）进一步发展环氧涂层钢筋的无损检测设备。环氧涂层钢筋在服役过程中的涂层破坏会严重影响其使用寿命，因此及时准确地检测钢筋涂层的完整性至关重要。但目前应用的检测方法主要用于金属管道的检测，而对于环氧涂层钢筋的涂层破损检测还有待进一步开发和完善。所以随着海洋工程的快速发展，亟须发展环氧涂层钢筋的无损检测技术。

（3）提高环氧涂层钢筋的耐冲击能力。环氧涂层钢筋是环氧树脂粉末与钢筋在一定温度下，经过熔融、养护和固化而制成的，因此固化后的钢筋涂层交联密度高，质脆易开裂，抗冲击性差，在要求高抗冲击和耐断裂性能的工程应用中受到了较大限制。所以，在未来工作中，加强钢筋本身和涂层的韧性研究，提高环氧涂层钢筋的耐冲击能力，扩大在更严峻工作环境下的应用。

（三）热镀锌耐蚀钢筋

热镀锌工艺是将表面进行清洗和活化后的钢材，浸入到450~460℃的液态锌浴中，在钢材表面形成铁锌合金层的过程，浸镀时间1.5~5min。通常使用的工艺流程为：镀前检查→除油→热水冲洗→酸洗除锈→冷水冲洗→助镀→烘干预热→浸镀→冷却→干燥→检验→成品。其中除油是酸洗和浸镀的准备工作，通常用碳酸钠或氢氧化钠来充当除油剂；助镀是使钢材活化的过程，目的是增强热浸镀锌的结合力，经常采用150g/L的氯化锌铵水溶液来当助镀剂。

将钢材浸入熔融的锌浴时，钢基体与液态锌发生剧烈反应。首先固态铁溶解于液态锌中，然后在钢基体表面形成Fe-Zn金属间化合物，最后自由锌层在Fe-Zn相层表面生成。从Fe-Zn相图可知，钢铁镀锌层中存在的Fe-Zn化合物有Γ相、Γ_1相、δ相、ζ相以及自由锌η相。镀锌层中形成的组织从铁基起依次为Γ相、Γ_1相、δ相、ζ相和η相，这些化合物的特征见表4-53。

表4-53 钢铁镀锌层相层结构参数及特点

相层	晶格参数	备注
Γ相（Fe_3Zn_{10}）	体心立方晶格，晶格常数为0.897nm	450℃下，含铁量为23.5%~28.0%
Γ_1相（Fe_5Zn_{21}）	面心立方晶格，晶格常数为1.796nm	450℃下，含铁量为17.0%~19.5%，是Fe-Zn合金相中最脆、最硬的相，Γ相和Γ_1相极薄，且很难分辨，其最大厚度能达1μm左右
δ相（$FeZn_7$）	六方晶格，$a=1.28$nm，$c=5.77$nm	450℃下，含铁量为7.0%~11.5%
ζ相（$FeZn_{13}$）	单斜晶格，$a=1.3424$nm，$b=0.7608$nm，$c=0.5061$nm，$\beta=127°18'$	—
η相	晶体结构和晶格常数与锌相同	镀层表面凝固形成的自由锌层，铁含量一般小于0.035%

热镀锌耐蚀钢筋的耐蚀机理

从19世纪30年代开始，热浸镀锌技术就被用于钢筋混凝土结构的腐蚀防护中，是通过对钢筋表面进行改性处理而提高其耐蚀性能的传统方法。热镀锌工艺的特点是液态锌与钢筋基体产生冶金学反应，在两种金属发生化学反应过程中形成结合力强的界面，即钢筋表面形成满足力学性能要求的覆盖层，该层能完全覆盖钢筋表面。除了物理防腐作用外，锌还能产生阴极保护作用，即在镀锌层受到损坏或少量不连续时，通过牺牲阳极而延迟钢筋的继续腐蚀。

镀锌层的物理保护作用：在腐蚀前期，热镀锌钢筋表面形成一层致密的腐蚀产物，防止腐蚀离子对钢筋的侵蚀，减缓钢筋的腐蚀速率。另外，热镀锌钢筋与水泥作用时，在镀层表面形成具有钝化作用的锌腐蚀产物保护膜，这层膜具有较高的耐蚀性能。

镀锌层的阴极保护作用：热镀锌钢筋在混凝土孔隙电解质溶液中，由于溶液pH值的变化或环境因素，锌会逐渐被消耗。当钢基体出现裸漏区域时，锌可以消耗阳极而保护阴极，直至邻近的锌都被消耗完，从而延缓钢筋的腐蚀。

在碱性混凝土或模拟混凝土孔隙液中，锌层的腐蚀溶解及保护层的生成主要有如下反应：

$$Zn + 4OH^- \longrightarrow Zn(OH)_4^{2-} + 2e$$

$$Zn+2OH^- \longrightarrow ZnO+H_2O+2e$$

$$2H_2O+2e \longrightarrow H_2+2OH^-\text{（析氢）}$$

$$ZnO+H_2O+2OH^- \longrightarrow Zn(OH)_4^{2-}$$

$$2Zn(OH)_4^{2-}+Ca^{2+}+2H_2O \longrightarrow Ca(Zn(OH)_3)_2 \cdot 2H_2O+2OH^-\text{（有钙）}$$

$$Zn(OH)_4^{2-} \longrightarrow Zn(OH)_2^{2-}+2OH^-\text{（无钙）}$$

锌是典型的两性金属，当镀锌层周围没有 CO_2 时，锌在混凝土的高碱性环境中生成致密的锌酸钙［$Ca(Zn(OH)_3)H_2O$］而沉积在钢筋表面，对钢筋有良好的保护作用；但是热镀锌钢筋周围有 CO_2 时，CO_2 渗入混凝土孔隙，降低钢筋表面的 pH 值，当 pH 值低于临界值时，提高锌与孔隙液的反应速率，减缓镀锌钢筋的腐蚀。

氯离子是加速钢筋腐蚀的主要原因之一，当氯离子浓度超过临界值时，迅速降低 pH 值，破坏钢筋的钝化膜，加速钢筋的腐蚀。而热镀锌技术能有效提高钢筋氯离子浓度的临界值，缓解氯离子的腐蚀作用，这也是热镀锌技术的一大优势。研究表明，普通钢筋在氯离子浓度超过 0.08mol/L 时就开始腐蚀，而热镀锌钢筋在氯离子浓度接近 0.45mol/L 时才发生腐蚀，也就是说热镀锌技术能提高钢筋氯离子临界值 5～6 倍。在实际的混凝土环境中，这个临界值是个变量，与钢筋的耐蚀程度相关。数据显示，在相同的腐蚀环境下，镀锌钢筋的氯化物临界值是普通钢筋的 2.0～2.5 倍，最高可达 8～10 倍。氯离子环境下的热镀锌钢筋腐蚀形貌如图 4-45 所示。

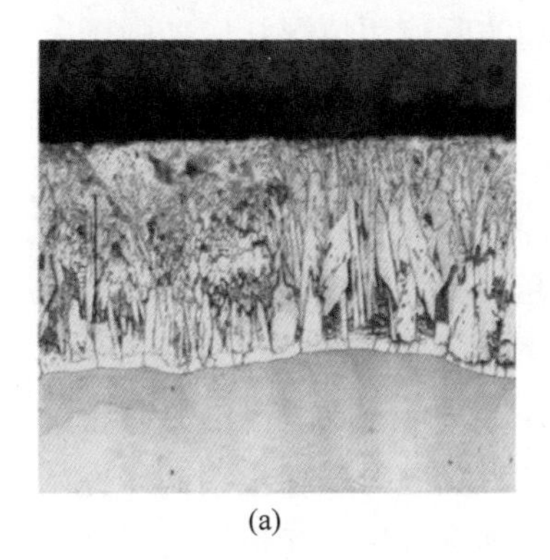

(a)

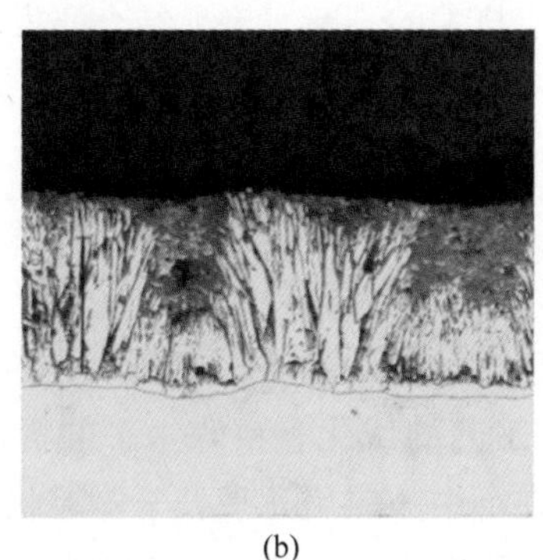

(b)

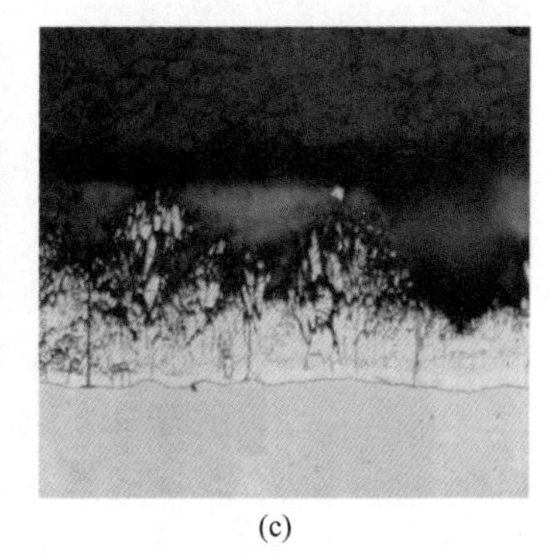

(c)

图 4-45　混凝土钢筋镀锌层界面 SEM 图片

（a）埋入混凝土之前原始镀层（180μm）；（b）无氯化物侵蚀下的镀层（164μm）；（c）氯化物侵蚀下的镀层（110μm）

从图 4-45 可看出，在相同腐蚀条件下，有氯化物侵蚀的钢筋腐蚀程度明显严重。总之，热浸镀锌钢筋最大的优势是成倍提高未镀锌钢筋锈蚀所对应的氯离子浓度临界值，从而缓解氯离子的破坏，延长钢筋的服役时间。

热镀锌耐蚀钢筋的发展方向

热镀锌耐蚀钢筋的发展方向如下：

（1）优化工作环境。由于热浸镀锌过程是在高温下进行，将钢材浸入液锌池或烘干成品时会析出氯化氢气体；另外，锌池长时间处于高温时，锌池表面产生锌蒸气，导致工作环境的污染。所以，在未来工作中注重生产环境的安全性，应优化生产工艺，进一步减少对环境的污染。

（2）开发新型镀锌层。我国现有镀锌层钢筋只能满足一般大气条件下的轻微耐蚀要求，不能在恶劣环境的建筑工程中广泛使用，其原因是镀层厚度不均或结合面成分不均匀，这导致原电池腐蚀的产生，影响其使用寿命。所以，开发耐蚀性更好的锌基合金镀层是未来发展的重要方向。日本开发的 Zn-Al-Mg 系镀层（ZAM），被称为是第四代高耐蚀性材料，因具有均匀的显微组织而在钢板领域得到了广泛的应用，其耐蚀性比传统镀锌涂层提高了十多倍。在未来工作中可以应用更高耐蚀性的涂层，加强与钢筋基体的结合面研究，提高镀锌钢筋的耐蚀性，扩大其应用领域。

（3）优化镀锌钢筋性能。热镀锌工艺相比其他类型的涂层工艺，镀层与钢筋基体的冶金学结合是一大优势。对于 500MPa 级以下的混凝土钢筋来说，热浸镀过程对结合强度没有明显的影响；但是在使用高强度混凝土的情况下，结合强度会明显下降。因此，随着螺纹钢强度级别的不断提高，有必要开发与钢筋基体性能相符合或更高性能的镀锌涂层。

（4）加强标准引领。目前，热镀锌钢筋的生产标准和应用规范在国外非常成熟，如国际标准 ISO 14657《混凝土配筋用镀锌钢》、意大利标准 UNI 10622《钢筋混凝土用镀锌钢棒和钢线》、美国标准 ASTM A767《混凝土加筋用覆锌（镀锌）钢棒》等。而我国与镀锌钢筋相关的标准有 GB/T 32968《钢筋混凝土用锌铝合金镀层钢筋》和地方标准《福建省建筑用镀锌钢筋应用技术规程》，还没有出台统一的、专用的镀锌钢筋国家标准。所以，随着镀锌涂层的不断更新和涂层技术的不断发展，结合研发和实际应用情况，应加强国家标准的引领作用。

（四）稀土耐蚀钢筋

稀土在钢铁中的应用研究始于 20 世纪 70 年代的美国，起初研究的目的是提高钢水的纯净度、降低有害杂质，之后世界各国纷纷着手研究稀土在钢中的作用机理。到了 20 世纪 80 年代后期，随着钢铁冶炼工艺的优化、精炼水平的提高，大大降低了钢中的有害杂质，因此国际方面对稀土元素在钢中的应用几乎处于停滞状态。我国对于稀土钢的研究始于 20 世纪 70 年代后期，目前已研发出了含稀土元素的铜磷系列耐候钢、锰铌系列低合金高强度钢、重轨钢、齿轮钢、轴承钢、弹簧钢、模具钢、工程机械用钢、低碳微合金深冲钢、不锈钢和耐热钢等多个稀土钢号。

“十三五”时期是中国稀土行业转型升级、提质增效的关键时期。工信部发布的《稀土行业发展规划（2016~2020 年）》指出：以《中国制造 2025》国家战略的实施为契机，在继续落实好《国务院关于促进稀土行业持续健康发展的若干意见》文件要求的基础上，要重点围绕与稀土产业关联度高的《中国制造 2025》十大重点领域，大力发展稀土高端应用，加快稀土行业转型升级。因此在稀土钢领域，通过研发思路的创新，要加强稀土添加技术的研究，充分发挥稀土在钢中的作用。

稀土元素对钢筋耐蚀性的影响

（1）净化钢水。高温下稀土元素与钢液中的氧、硫等杂质元素具有较大的亲和力，与之形成稀土氧化物、硫化物或氧硫化物，并且这些稀土化合物的脱氧和脱硫平衡常数接近于或低于脱氧剂。另外，稀土氧化物的标准自由能较低，稀土硫化物的熔点较高，所以稀土元素在钢水中具有强脱氧和强脱硫作用而净化钢水，提高钢水质量。

（2）变质夹杂物。普碳钢的主要非金属夹杂物为长条状的硫化物，属于塑性夹杂物，在轧制过程中，随着金属的变形，这些夹杂物也会沿着轧制方向被拉长，从而导致产品的各向异性。稀土元素在钢水中，与硫和氧元素的亲和力高于锰等元素，优先形成高温稀土化合物，成为非均质核心，具有细化晶粒的作用，同时这些稀土化合物属于球状硬质化合物，在轧制过程中不容易变形。因此，稀土元素在螺纹钢中具有改质夹杂物的作用。

（3）改进锈层组织。稀土元素在钢中主要以稀土化合物的形式存在，因稀土属于碱性金属，所以其化合物也呈碱性。在腐蚀环境中，稀土化合物产生水解而提高锈层内微区域的 pH 值，加速 $\gamma\text{-}Fe_2O_3$或 γ-FeOOH 向 α-FeOOH 的转变。研究表明，锈层中 α-FeOOH 相的含量越多，锈层组织越致密，耐腐蚀性能越好。所以，稀土元素能够改进钢材的锈层组织，形成稳定的具有保护性的 α-FeOOH 相而提高其耐蚀性。

（4）合金化作用。稀土元素在钢中有一定的固溶度，尤其在高碳钢和高合金钢中，其固溶度达到万分之几。固溶于钢基体中的稀土元素，一方面提高钢基体的极化电阻和自腐蚀电位，降低腐蚀电流密度，从而减缓电化学腐蚀速度；另一方面，在钢表面形成稳定的、致密的稀土氧化膜而防止钢筋被腐蚀，延缓其腐蚀速度。

稀土耐蚀钢筋的研究进展

稀土在混凝土用钢筋中的应用处于起步阶段。近十年来，在国家政策的出台、国内外对稀土钢的研究成果以及混凝土用耐蚀钢筋的迫切需求下，国内科研院校和企业开始研究稀土元素对钢筋耐蚀性能的影响。其中拥有全国最大稀土储量的白云鄂博矿的包钢公司系统研究了稀土元素对高强钢筋耐大气和耐氯离子腐蚀性能的影响，并得出稀土元素能有效提高钢筋耐蚀性的结论。2014 年江苏天舜集团开发出含稀土高强耐蚀钢筋，并发明了专利，该专利表明稀土元素不仅提高钢筋的耐腐蚀性，还提高其强度、抗氧化性和耐高温性能。马钢也研究出含稀土微合金钢筋，证明稀土能净化钢水，将长条状的硫化物改质成球状稀土夹杂物，明显提高钢筋的耐腐蚀性能。近年来，上海大学用廉价的低成本镧铈钇稀土来提高螺纹钢的耐腐蚀性能，重点研究低成本的稀土合金，以摆脱对稀土传统的“昂贵”概念。

目前，较成熟的稀土耐蚀钢筋的生产工艺流程为高炉铁水→铁水预处理→转炉炼钢→LF 炉外精炼→全程保护浇铸→检验、加热铸坯→轧制→空冷→成品检验。其中稀土的加入方式对钢材性能具有直接影响，将稀土元素的加入方式按加入位置可分为钢包加入法、模铸中注管加入法、模铸钢锭模内加入法、连铸结晶器加入法、电渣重熔过程加入法等；按稀土的加入方式可分为压入法、吊挂法、喂丝法、喷吹粉剂法、渣系还原法等。在实际生产中，通常采用钢包压入法（如鞍钢）、连铸中间包喂稀土丝法（如包钢）、模铸钢锭模内吊挂法（如上海第三钢厂）、钢包喂稀土丝法（如包钢，精炼后喂稀土丝）等来加入稀土合金，具体工艺原理见表 4-54。

表 4-54　主要稀土加入工艺原理

工艺类型	原　理　图	工艺类型	原　理　图
钢包压入法	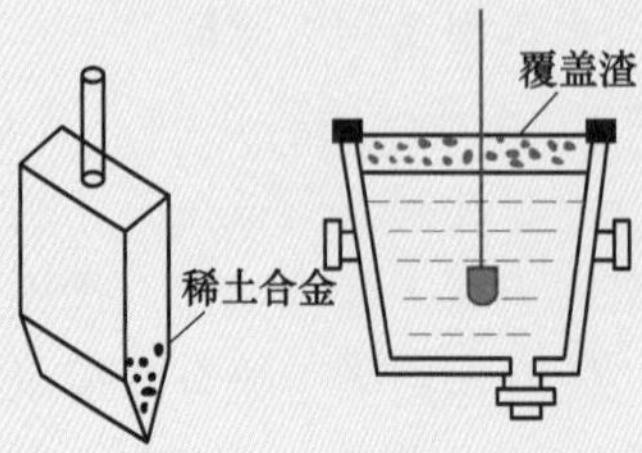 覆盖渣 稀土合金	钢包喷吹粉剂法	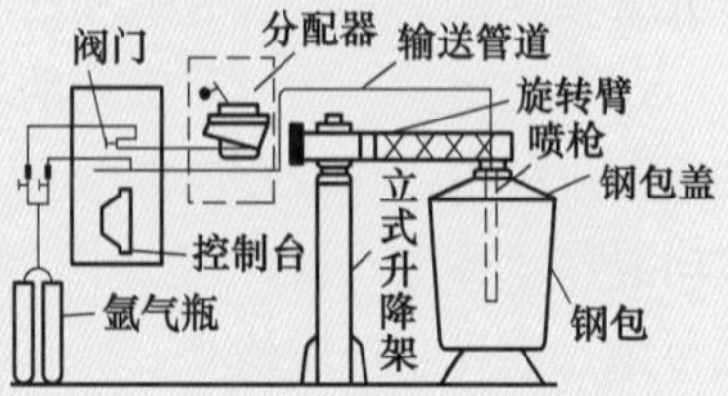 阀门 分配器 输送管道 旋转臂 喷枪 钢包盖 立式升降架 控制台 氩气瓶 钢包
连铸中间包喂稀土丝法	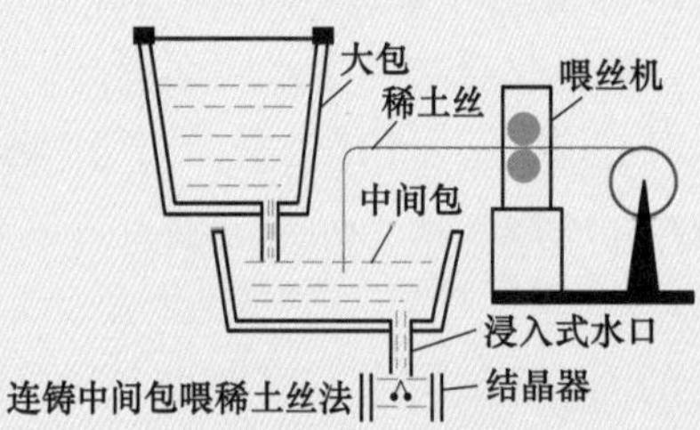 大包 稀土丝 喂丝机 中间包 浸入式水口 结晶器 连铸中间包喂稀土丝法	连铸坯结晶器喂丝法	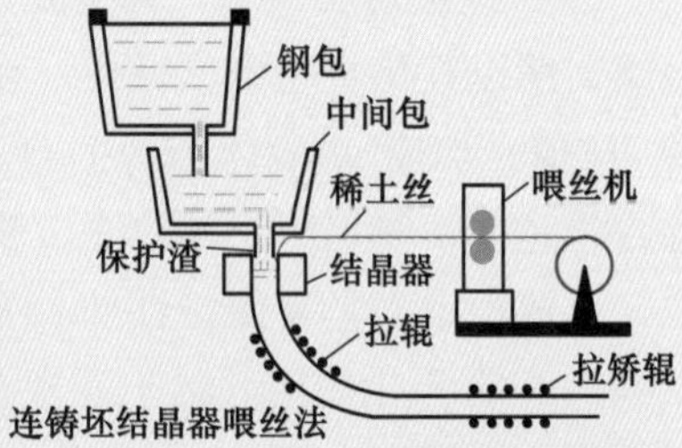 钢包 中间包 稀土丝 喂丝机 保护渣 结晶器 拉辊 拉矫辊 连铸坯结晶器喂丝法
模铸钢锭模内吊挂法	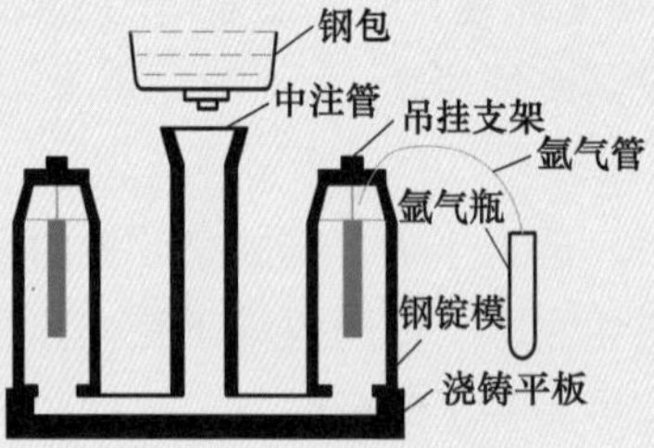 钢包 中注管 吊挂支架 氩气管 氩气瓶 钢锭模 浇铸平板	模铸中注管喂丝法	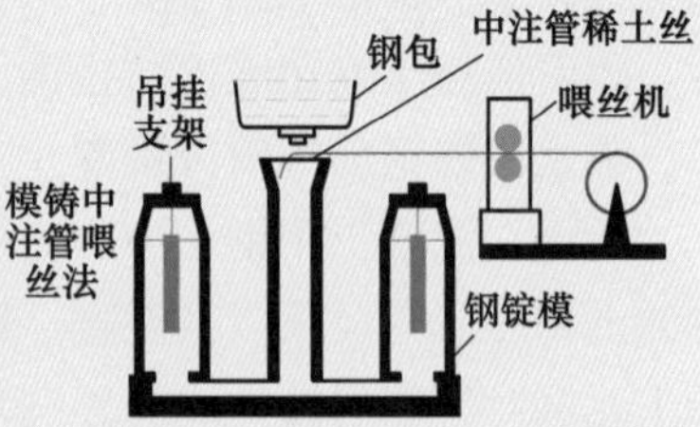 中注管稀土丝 钢包 喂丝机 吊挂支架 模铸中注管喂丝法 钢锭模

稀土耐蚀钢筋的成分设计思路来源于传统高强钢筋的基本成分，即在 20MnSi 成分设计基础上，进行微合金化以满足钢筋的强度要求，加入 Cu 和 P 低成本元素来加速钢的均匀溶解与锈层的形成，再添加 Cr、Ni、Re 来提高钢筋的耐腐蚀性能。包钢生产的稀土耐蚀钢筋的成分设计见表 4-55。

表 4-55　稀土耐蚀钢筋的成分设计　（%）

钢种	C	Si	Mn	P	S	Cr	Ni	Cu	V	Re
HRB400（耐大气腐蚀）	0.20	0.44	1.15	0.097	0.024	0.27	0.25	0.26	0.035	0.018
HRB500（耐氯离子腐蚀）	0.19	0.40	1.15	0.025	0.024	0.80	0.24	0.25	0.085	0.020

稀土耐蚀钢筋的成分设计，不仅要满足 GB/T 1499.2—2018《钢筋混凝土用钢 第2部分：热轧带肋钢筋》的力学性能要求，还要满足 GB/T 33953—2017《钢筋混凝土用耐蚀钢筋》的耐腐蚀性能要求，即相对腐蚀速率要低于 70%。

稀土耐蚀钢筋的发展方向

随着国家政策的推广以及稀土元素的高附加值，稀土在钢筋中的应用成为了制备高强度、高品质绿色钢筋的发展方向。在未来研究和应用过程中要强化以下几方面工作：

（1）优化成分设计。稀土元素的化学性质活泼，能与钢中很多杂质和合金元素发生反应，导致钢液中的化学反应非常复杂，给成分设计带来极大的挑战。所以，采用高通量第一原理与热力学计算，从理论上对稀土元素复杂的化学反应进行判断和预测，从而缩短优化周期、精确控制化学成分。

（2）深化标准引领，进一步加强稀土在耐蚀钢筋中的推广应用。制定稀土耐蚀钢筋的相关标准，做到由标准来引领其发展，促进钢铁行业高质量绿色发展。

（3）开发廉价稀土合金，降低生产成本。稀土合金能净化钢水、提高钢材力学性能是其公认的价值，但是稀土的添加方式和稀土合金的配制关系到产品的质量和生产成本。所以，在未来研发和应用工作中应致力于开发低成本的稀土合金，如廉价的低成本镧铈钇稀土的应用开发等。

（4）开发稀土耐蚀钢筋的关键在于冶炼工艺的控制。基于稀土元素的活泼性质，容易与钢中其他元素形成化合物，降低钢水中的固溶量，从而影响稀土元素的耐蚀效果。因此，在未来工作中，研究稀土的加入部位、研究稀土的赋存状态、研究适合于稀土钢冶炼的保护渣、研究适合于稀土钢浇铸的水口是重中之重。

第五节 螺纹钢的用户化发展方向

近年来，我国螺纹钢得到了长足的发展，品种和质量的不断提升、自主研发能力的不断增强、装备水平的不断提高、节能减排的成效显著等有目共睹。但在生产的规模化、产品的高质量化和用户的高要求下，出现了不容忽视的一系列问题。如企业产能方面：随着我国西部大开发政策的实施和城镇化建设的推进，螺纹钢在建筑业、公路、铁路、港口、机场等领域得到了广泛的应用，2020 年的表观消费量已达到了 2.6 亿吨。生产成本方面：近年来铁矿石和废钢价格大幅上涨，个别企业钢坯成本一度达 5500 多元，即出现了企业生产成本的提高和经济效益的萎缩。技术革新方面：螺纹钢产品升级缓慢、缺乏国际竞争力，我国功能性螺纹钢的开发应用存在一定的差距，如液态天然气领域应用的大部分耐低温钢筋依赖进口、国家标准里规定的抗震钢筋最高强度级别为 500MPa 级、海洋工程用耐蚀钢筋和高温用耐热钢筋的开发应用滞后等。经营理念方面：部分螺纹钢企业意识到从“产品”为中心向“用户”为中心转变的重要性，并建立了相应的部门来解决用户问题，为用户提供差异化、个性化的服务，提高企业的满意度和忠诚度，但这种意识相对薄弱，国内没有形成整体的、系统性的管理运营体系。加工配送方面：螺纹钢产品的深加工处于起步阶段，大部分企业还是以原材料形式供给经销商，只有少数大型钢企具有配套的加工中心，为建筑商提供商品钢筋，物流方面存在配送不够畅通、与下游客户沟通不充分、发货配送不完善等问题。用户服务方面：传统的企业服务聚焦于售后，而随着下游用户对产品需求的变化，逐渐向包含质量保证、技术服务（售前+售后）、材料深加工、物流配送等全方位的服务升级。

随着我国经济逐步向高质量发展，单位 GDP 的钢材消费强度在呈下降趋势。在 2020 年钢铁发展论坛上，有报告显示中国钢材将出现需求端收缩，供给端保持增长的局面。同时国家信息中心专家最新预测显示，到 2025 年，我国第三产业比重将增长至 58%，第二产业比重下降至 36%。在如此严峻的发展趋势下，如何进行转型升级是所有螺纹钢企业必须面对并解决的课题。根据钢铁行业整体发展趋势和螺纹钢存在的问题，以“企业”为基础，以“用户”为导向，实施“企业+”模式，“品牌+服务”两手抓，是螺纹钢企业转型升级的突破口。如此一来，不仅提高产品的质量，还能为用户创造价值，与用户建立紧密、长期、稳定的战略合作关系，最终形成难以复制的用户化管理模式。

一、企业做好产业链延伸，与用户建立互惠互利的纽带关系

钢铁企业传统的营销模式是企业→分销商→终端用户，这种模式导致企业与终端用户的脱节，企业注重产品质量的保证和生产的稳定性，而忽略用户对产品的满意度和个性化需求，弱化了用户需求对产品升级的导向作用。随着中国经济的发展和企业运营模式的优化，近年来一些企业开始加强产业链延伸，注重产品的深加工，为终端用户提供初级产品、半成品或商品钢筋，而不是原材料形式转入经销商。这样逐渐形成了企业到终端用户的新运营模式，不仅为终端用户节约时间，创造时间和空间利润，还增加了企业产品的附加值，形成了企业与用户双赢的格局。

国外产业链延伸最典型的例子是德国的巴登钢厂。巴登钢厂生产的棒线材全部用于支架和焊网的深加工，并将成品直接运送到建筑工地。如此，在增加自身产品附加值的同时，提高了建筑商的施工效率，获得了更高的经济效益。国内产业链延伸典型的例子是邢钢，北京新光凯乐汽车冷成型件有限责任公司是邢钢和德国艾伊凯乐公司为充分发挥高端线材专业化生产优势、延伸线材产业链而建设的合资企业。该企业的成立不仅扩大了产品的销路，而且有效提高了产品的附加值。

产业链的延伸会提高产品的附加值，便于企业和用户的高质量发展。所以，螺纹钢在未来发展过程中，应吸收国内外的成功经验，以满足用户需求为导向，加强产品的深加工业务，与用户建立互惠互利的长久稳定合作关系。

二、企业建立物流配送中心，为用户创造利润空间

物流是衔接钢铁企业与整个上下游产业链的节点，也是整体产业链运行的加速器。据统计，我国钢铁产量与物流量的比值为 1∶5，也就是说生产 1t 钢，就会伴随 5t 的物流量。所以，企业的物流配送管理对企业与下游用户双方的运营效率具有支撑作用。目前钢企的物流配送模式主要有提供原材料的采购和仓储运转的物流与贸易相结合模式、配套发展现代物流、金融保险、商务服务、信息服务、科技服务等产业的物流园区模式、借助互联网

和电子商务的互联网与物流相结合模式，其中互联网与物流相结合模式是未来发展趋势。

沙钢耗资300亿元建立了一个集钢材加工、商贸交易、金融服务、电子商务、产品会展、休闲娱乐等为一体的多功能商务区——玖隆物流园，在不大量消耗能源和资源，不污染环境的情况下创造了可与生产环节媲美的利润。这种新型物流园的建立，不仅给公司带来利润，还为用户提供了快捷、系统、全面的服务，形成了互惠互利的双赢模式。螺纹钢企业在激烈的同质化市场竞争中，注重物流配送模式的优化对企业和用户带来的效益，结合自身产品特点和企业发展方向，设定合理的物流配送模式，充分利用互联网平台，建立区域物流配送中心，将其成为企业发展战略，促进企业的高效、稳定、长久发展。

三、注重产品质量，引领用户技术升级

我国经济已从高速增长阶段转向高质量发展阶段，钢铁行业作为支撑经济发展的基础制造业，多年来从规模上、工艺上、设备上、管理上取得了长足的发展，产品质量逐渐从中低端向高端转变，但是引领下游发展方面较薄弱。随着对高端产品和设备生产商的利好政策出现，诸多下游行业开始转型升级，继而对螺纹钢产品提出了高强、高韧、高稳定性和功能化产品升级的更高要求。能否生产出高质量的产品，决定于生产过程的设备、工艺和管理，取决于人员的技术水平。当今螺纹钢企业的生产设备大同小异，带来差别的是人才和企业的高质量意识。

目前，我国螺纹钢产品的应用还是以400MPa级为主，虽然具备生产更高级别产品的能力，但其市场占比非常小。为了促进螺纹钢高质量发展，各企业应主动加强高端产品的开发和推广应用，以高品质、更环保理念来引领下游用户的高质量发展。

四、企业优化服务功能，与用户协同发展

服务是企业和下游用户信息传递的桥梁，通过服务环节，了解用户的理念、对产品的评价和需求，将这些信息引入到企业产品的设计研发当中，提高产品质量，满足用户个性化需求。可以说服务质量决定着用户信息的准确性，继而影响着企业的技术升级，这是一个循环作用的过程（见图4-46），对企业的发展具有决定性作用。

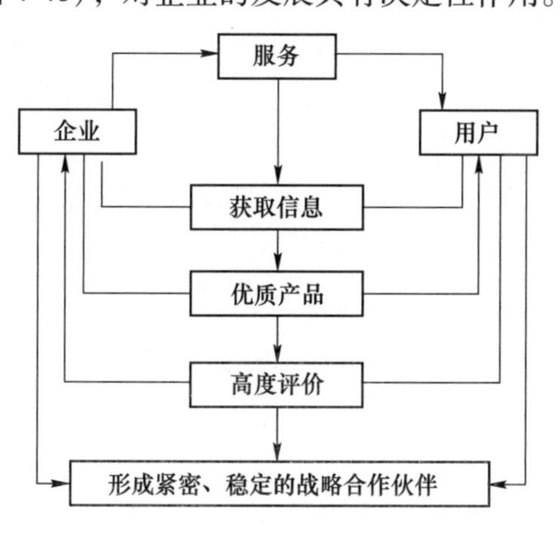

图4-46　企业与用户的合作关系

螺纹钢企业对下游用户服务工作的重点是搜集用户信息，建立用户数据库。销售服务人员通过两种方式获取用户信息以建立优质有效的数据库：（1）线下服务，一方面服务人员外驻在销售区域，搜集区域市场信息、把握市场动态，加强与客户沟通、及时解决质量异议，做好市场调研、开拓新的市场；另一方面服务人员驻点在客户公司，与客户深化交流、加强合作，跟踪产品应用情况，搜集用户需求信息，协助公司研发更具竞争力、满足客户差异化需求的产品，同时根据终端用户的需求，协助公司的产业链延伸。（2）线上服务，通过互联网平台，依据用户的浏览足迹、关注产品、收藏记录、购买种类、评价信息及社交情况，进行分类、筛选和预测，从而确定下游用户的需求方向。最终结合线上和线下信息的整理，根据用户的需求偏好进行分类，按需求种类可以分为大众类和精益类，按其需求规模分为大、中、小（依据下游用户企业规模和需求量而定）不等，按其供货方式可分为原材料型和商品型等，即建立下游用户的数据库。这个数据库将成为企业为用户推送新产品和提供售前售后服务的数据资产，并且其精确性、完整性、及时性决定了企业开发产品的应用前景、企业技术升级的时效性和企业与用户合作的稳定性。也就是说服务以虚拟生产要素的形式加入到企业的全要素生产率计算中，提高企业的经济效益。

螺纹钢企业与下游用户的协同合作是推动双方快速发展的有效途径。合作方式可采用单独投资或相互参股的形式，这种直接合作是上下游产业高层次协同发展的体现。另一种是研发产品上的合作，钢厂确定自己的战略产品，围绕战略产品建立相应的合作平台，形成产学研一体化，以用户需求为中心，进行深度合作，建立长期的合作关系，引领下游用户的技术升级，例如供应商早期介入（EVI）研发模式的应用。

EVI（Early Vendor Involvement）是指钢铁制造企业介入下游用户的早期研发阶段，充分了解用户对原材料性能的要求，从而为用户提供更高性能的材料和个性化的服务。宝钢集团最早将EVI模式应用在了汽车板的开发上，经过一定时间的发展，宝钢汽车板已经替代了进口。现将EVI服务模式延伸到了家电、电工钢和金属包装等领域，均获得了极大的经济效益和良好的市场反应。但是螺纹钢企业应用EVI模式与用户合作的案例鲜有报道，在未来发展过程中，可以将EVI模式应用在功能性螺纹钢的开发，深入了解用户需求，共同研发个性化产品，降低螺纹钢同质化现象，开拓新的市场，发掘潜在用户，与用户建立长久、稳定、紧密的合作关系。

第三章　直接轧制工艺在螺纹钢未来发展中的应用

随着“双碳”时代的到来，直接轧制工艺因没有加热炉工序而减少了轧制工艺70%的能耗，做到了“七个零、一个一”，可以创造直接轧制模块车间，更适合于智能化、数字化的炼钢-轧钢一体化控制，其优势愈来愈明显。

目前节能、控煤、减碳、循环是实现螺纹钢绿色、和谐发展的重要标志。随着我国经济的快速发展和生活水平的不断提高，中国 CO_2 排放总量已位于世界前列，人均 CO_2 排放量已超过世界平均水平。面对减排、减碳压力，低碳发展已经是必须认真对待的十分紧迫的问题。

第一节　“双碳”目标对螺纹钢产业发展的要求

“双碳”是中国提出的两个阶段碳减排奋斗目标。二氧化碳排放力争于2030年达到峰值，努力争取2060年实现碳中和，据相关数据，我国钢铁工业碳排放量占全国15%左右，是落实碳减排目标任务的重要责任主体之一。

螺纹钢作为钢铁第一大产品，落实“双碳”目标要求责无旁贷，但重要的是要找到一个合理的思路。直接轧制技术能促进节能减排、提高产品质量、降低生产成本而在螺纹钢高质量发展中具有关键作用，是实现螺纹钢未来绿色发展的重要工艺技术。

第二节　螺纹钢直接轧制技术的发展优势

直接轧制技术是将连铸后的铸坯不通过再加热工序，直接送入轧线进行轧制的技术。钢坯不经加热炉，也无需补热（有的经电磁感应装置对边角部位补热，需要时可用均温炉补热），完全省去了加热炉的燃料消耗，可以大幅度的节省能源，降低二氧化碳的排放（见图4-47）。陕钢集团从2005年开始研究直接轧制技术，获得多项专利，通过免加热直接轧制的应用开发，实现了大幅度的节能减排效果。近年来东北大学、宝钢昆钢等科研院校和企业也着手研究直接轧制技术，获得了良好的应用效果和科研成果。

螺纹钢生产采用直接轧制技术，优点非常突出，在工艺和政策上支撑“双碳”，节能减排，有利于实现炼钢—轧钢一体化，也有利于智能化、数字化的发展；并且直接轧制工艺没有加热炉而缩短了产业链，减短了加工后期、减少了企业投资、降低了能耗和碳排放，从而具有明显的产业链优势。按照未来钢铁产业节能、减排、绿色循环发展来看，前景光明，实现了“双碳”对螺纹钢的期望，实现了政府与市场对螺纹钢发展的要求。

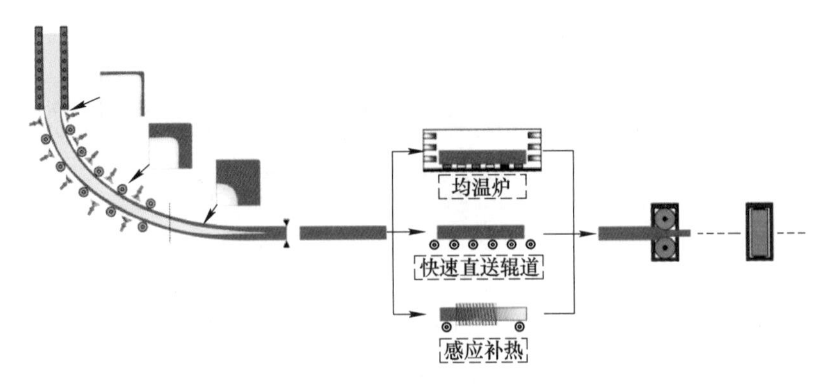

图 4-47 直接轧制过程示意图

第三节 螺纹钢直接轧制技术的节能减排与政策分析

直接轧制彻底消除连铸坯二次加热工艺，将炼钢和轧钢合二为一（见图 4-48），降低了轧制过程的碳排放、能耗、烟尘、氧化烧损等，提高钢材性能的同时降低了生产成本。螺纹钢直接轧制工艺无加热炉而减少多项排放（详见表 4-56），炼钢—轧钢一体化的模块车间能做到高效、节能、减碳、绿色、循环。

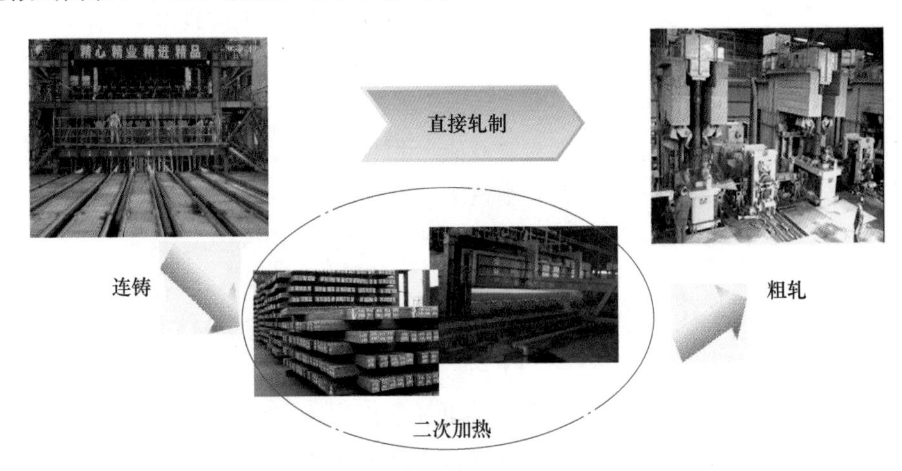

图 4-48 直接轧制彻底消除连铸坯二次加热示意图

表 4-56 无加热直接轧制排放对比表

项目	新标准（或企业值）	行业较优值	实施效果
CO_2/kg · t^{-1}	—	150	零排放
烟尘/kg · t^{-1}	—	0. 026	零排放
SO_2/mg · m^{-3}	150	143	零排放
氮氧化物（以 NO_2计）/mg · m^{-3}	300	296	零排放
氧化烧损/kg · t^{-1}	8（某钢厂）	10	零排放
加热燃料消耗（标煤）/kg · t^{-1}	40（某钢厂）	60	零排放

螺纹钢直接轧制车间根据实际情况可以配置不同的产量，详见表4-57。

表 4-57　直接轧制工艺多样化配置表

配置形式	年产能	配合发展要点
四流连铸对一条轧线 八流连铸对两条轧线 双炉对四条轧线 多炉对多条轧线	100万吨以上甚至800万吨	1. 钢坯长度向大于12m、18m努力。 2. 方坯适当放大。 3. 拉速适当提高。 4. 减少流数
无头直接轧制 一流连铸对一条轧线	100万吨	1. 钢坯放大到170mm×170mm～200mm×200mm。 2. 异形坯：多角坯等。 3. 超高拉速：拉速5～7m/s。 4. 高速换中包：40min、30min（不断减小）
无头直接轧制 一流连铸对双轧线	150万吨	1. 大尺寸钢坯：300mm×300mm（或其他尺寸）粗轧切分，配双高棒，双高线。 2. 大方坯高拉速
无头直接轧制 双流连铸对双轧线	200万吨	1. 每流产量大于100万吨/年。 2. 工艺适配性更高

第四节　直接轧制技术在未来钢厂发展中的应用前景分析

随着工业化后期的到来，钢铁需求量和产量可能会出现较大下降，同时长流程钢厂比例进一步下降，矿石需求进一步萎缩，一部分长流程钢厂虎踞沿海，一部分长流程钢厂靠近自有矿山，占据靠近原料的优势；一部分短流程钢厂则围绕废钢资源或消费市场，灵活分布。直接轧制技术的应用可以降低企业的环保压力、提高产品质量、降低生产成本，具有广泛的应用前景。据统计，采用直接轧制技术，可以节约100元/吨钢，详细如图4-49所示。

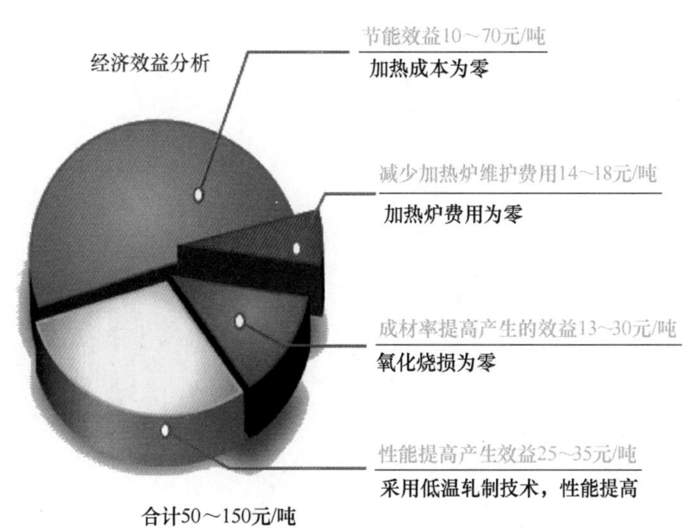

图 4-49　直接轧制经济效益分析

未来，直接轧制技术在沿海长流程、内陆矿山型、现有长流程加废钢型和短流程钢厂等不同类型企业中都能应用，可显著降低轧制过程的能耗和碳排放，减少加热炉设备、耐材、厂房、生产人员的投资，减少钢坯堆放厂房、运输设备投资，推动企业的低碳绿色高质量发展。

第四章　螺纹钢企业未来发展方向——企业战略协同

面对日趋激烈的市场竞争形势，面对打造钢铁强国目标，面对“十四五”规划的战略要求，螺纹钢生产企业纷纷寻求战略转型，将目光焦点从企业自身的发展逐步转移到了企业与企业间的战略协同方面，通过战略协同实现资源整合、互动交流、协调发展，进而形成良好的产业生态发展体系，不断提升企业的核心竞争力，区域协同、产业链协同、产业生态圈等战略协同发展成为未来发展的重要方向。

第一节　区域协同及产业链协同

在国内钢铁行业部分区域处于饱和竞争的状态下，需要一种“软联合、软约束”来实现企业间由无序竞争到“竞合”发展，特别是螺纹钢产业竞争异常激烈，协同发展、共建公平公正共赢的市场环境成为螺纹钢产业高质量发展的战略方向。

一、区域协同

通过区域内螺纹钢企业在市场、产量、销售、价格、技术等全方位的协同发展，实现钢企间的合作共赢、减少盲目无序竞争，最终实现可持续发展。陕钢集团作为全国最大的螺纹钢单体生产企业，主动联合区域内兄弟单位自发成立了“陕晋川甘高峰论坛”，在异常低迷的市场形势下为企业抵御市场风险起到了重要作用。

（一）未来螺纹钢区域协同的概念将逐步得到认可

所谓协同发展，就是指协调两个或者两个以上的不同资源或者个体，相互协作完成某一目标，达到共同发展的双赢效果。目前，已被当今世界许多国家和地区确定为实现社会可持续发展的基础，我国也将协同发展作为高质量发展的战略支撑。党的十九届五中全会通过的《中共中央关于制定国民经济和社会发展第十四个五年规划和二〇三五年远景目标的建议》提出，坚持实施区域重大战略、区域协调发展战略、主体功能区战略，健全区域协调发展体制机制，完善新型城镇化战略，构建高质量发展的国土空间布局和支撑体系。

钢铁行业作为国民经济的支柱，随着国家供给侧结构性改革及高质量发展的推进，用钢产业与区域钢铁深化改革的步伐不断加快，保持各钢铁企业之间公平竞争、促进区域钢铁产业协调发展、综合提高我国工业的核心竞争力等成为钢铁行业发展的基本趋势，行业间纷纷采取措施，通过市场、产量、价格、销售、技术等方面的协同发展，解决行业间盲目竞争、产品同质等恶性竞争的问题，提升行业自律水平，共同营造一个公平、公正、共赢的市场环境，促进行业健康可持续发展。螺纹钢产业在激烈竞争的大背景下，也在积极探索尝试推进区域协同发展。

（二）区域协同的主要形式

从目前发展实践探索情况来看，区域协同主要体现在市场协同、产量协同、价格协同、销售协同和技术协同等方面。

（1）市场协同。螺纹钢产业主要以长流程为主，其涉及产业链较长，既有上游原燃材料的采购，又有下游产品的终端销售，与市场紧密相连，直接决定着效益的体现。传统的企业发展模式以单打独斗为主，更多的是企业间的相互竞争，区域协同发展则更多的是竞合关系，协同发展。区域协同发展通过市场的协同则能够有效解决市场盲目的问题，既对上游的铁矿石、煤炭、电力等资源采购实行协同，又通过下游产品销售进行协同，抢占市场机遇，提升企业发展的竞争力。

（2）产量协同。由于螺纹钢产业集中度还比较低，虽然目前供需基本平衡，但是随着未来减量化、集约化、高质化、智能化的到来，企业间的激烈竞争将更加凸显。通过产量协同发展可以强化区域间的协作，以市场为导向，合理调控总体供给，避免企业间的恶性竞争，确保企业的合理利润空间，共同维护市场的良好秩序。

（3）价格协同。产品价值体现最直观的就是产品的价格。企业经营效益的实现一方面是降低企业产品生产成本，向过程控制要效益，实现产品的最优化；另一方面就是要着力提高产品的终端销售价格。区域协同发展通过价格协同的方式引领区域内同一产品的市场价格，形成合理的品牌价差、区域价差，避免企业间同质产品的盲目竞争。

（4）销售协同。产品价值的实现依靠的是市场终端销售，尽管企业采取了各种方式提升产品的销售价值，但是传统的模式基本都是“各自为战”，最终的结果是市场好的时候各自收益，一旦遭遇市场低迷形势，企业间便纷纷采取“价格战”的方式抢夺市场。区域协同通过销售协同的方式统一产品的销售方式和价格，共同向市场要效益，进而有效抵御市场风险。

（5）技术协同。传统的竞争模式状态下不利于企业技术的创新和发展，区域协同可以有效发挥竞合的优势，实现技术的共享并实现差异化生产，促进技术创新、研发协同，以此更好地规避产品趋同、恶性竞争的问题。

（三）区域协同发展的成功实践案例

受国际经济形势错综复杂、国内经济下行压力加大，以及钢铁产能严重过剩、供需结构失衡等因素共同影响，“十二五”末期，我国钢铁行业出现全面亏损的局面，企业生产经营异常艰难，部分企业甚至被迫停产。在此严峻形势下，陕钢集团主动联合陕晋川甘钢企自发成立了陕晋川甘高峰论坛，以此形成合力，抱团取暖，共抗风险，取得了显著成效。陕晋川甘高峰论坛的成功推动是区域协同发展的结果。

陕晋川甘高峰论坛成立的背景

2011~2015年，国内外经济形势急转直下，供需矛盾加剧，众多企业面临严重亏损，钢铁行业产能过剩问题愈加凸显。陕晋川甘区域内的大小30余家共计产能约9000万吨的钢铁企业，由于其产品基本都以建筑用钢材为主，受区域内需求萎缩、产品同质化竞争异常激烈等因素的影响，生产经营十分艰难。加之，地处内陆，物流成本居高。无论是国企还是民企，均处在产品同质化品种单一区、发展分化的价格低洼区、融资成本的高利率区、物流运输费用高位区、转型升级的滞后区、停工停产的高发区，求生图存形势异常严峻。

陕晋川甘四省区域内钢铁企业产品以建筑钢材为主，同质化竞争激烈，企业综合竞争力较差。随着国家产业结构的调整，对西部钢铁业的健康发展提出了更高的要求，需要一个论坛组织，充当陕晋川甘四省钢铁企业“娘家人”的角色，积极在环保技术、智能制造、供应链整合、物流信息化、金融创新等方面为论坛区域内钢铁企业的健康发展提供技术支持并提供交流的平台。

在此背景下，2015年陕钢集团联合甘肃酒钢集团、山西立恒集团、四川德胜钢铁等18家建筑钢材生产企业，共同发起成立了陕晋川甘建筑钢企市场与发展高峰论坛。

陕晋川甘高峰论坛运行模式与职能

论坛的宗旨：一是积极响应并紧抓国家“一带一路”战略机遇，促进钢铁企业转型发展，服务于国家及地方工程项目建设及经济发展；二是立足西部，促进建筑钢材生产企业共同维护市场秩序、规范市场行为；三是为西部钢铁企业提供一个共商合作、共谋发展的高层会见与对话平台；四是搭建西部建筑钢材企业与钢铁行业协会之间的桥梁和纽带，为企业提供信息交流服务平台。

建立论坛会议制度：论坛会议分为高峰论坛会议及分论坛会议。高峰论坛会议每半年召开一次，由理事长单位组织召开，论坛休会期间，理事长单位负责收集各成员单位的市场运行及生产经营信息，进行交流通报；了解存在的问题及分论坛协调情况；监督论坛决议执行情况；开展对标交流。分论坛会议按照区域分为西安、成都、兰州、临汾四个分论坛会议，每月轮流召开一次，主要针对当期市场运行进行通报分析。

论坛发挥的作用：一是服务企业作用，论坛以服务会员企业的发展为根本宗旨；二是桥梁纽带作用，论坛为企业与中钢协之间、企业与企业之间、企业与客户之间、企业与政府之间、企业与社会各界之间，搭建学习、交流、沟通的平台，拓展合作的渠道，拉近企业家心与心的距离；三是协调自律作用，论坛发挥积极的协调作用，主要从国家政策、市场秩序、产量调控、产品优化、绿色环保、经营模式等方面促进论坛各成员间的合作；四是调查研究作用，论坛聚焦各个企业机制体制改革方面的成果，提炼经营、管理、生产等方面的优点和做法，形成调研报告，实现成果共享。

陕晋川甘高峰论坛协同发展的具体成果

（1）落实国家政策，加快供给侧结构性改革：

1）配合地方政府打击地条钢。在落实打击“地条钢”制售过程中，论坛对区域内“地条钢”生产企业的情况进行摸底调研，从生产设备、销售渠道、利益链等方面掌握第一手资料，及时形成汇报材料，论坛企业分别同各省钢协、政府沟通协调，积极推动区域内“地条钢”等不合规企业的出清工作。

2）配合地方政府淘汰落后产能。区域内论坛成员钢铁企业部分产能不符合国家产业政策，成员企业能够积极配合地方政府，对不符合国家产能政策的设备坚决关闭、淘汰、拆除，先后淘汰落后产能合计达2000万吨。

3）积极推进绿色环保节能生产。积极响应国家政策，论坛先后10余次组团到先进企业实地考察，将行业先进做法向论坛成员企业进行推广应用，并结合自身的实际，扬长避短，加快推动绿色环保节能生产工作。

4）配合供给侧结构性改革，确保区域市场供需的均衡性。在国家强势推进供给侧结构性改革后，区域内部分产能退出、“地条钢”的出清，市场需求有部分缺口，论坛合规产能及时释放，填补市场空白，确保区域市场的供需平衡，保证区域经济建设用钢的稳定性和持续性。

5）推动论坛钢企错位发展，优化区域产业结构。对比分析四省钢企产品的特点，依托当地市场实际，充分沟通后，积极实现错位发展，优化区域产品规格。最终形成了：陕西以钢筋为主同时生产部分精品带钢；晋南以线盘为主，钢筋和带钢为辅；四川以钒钛产业为主，钢铁产品为辅；甘肃以板材为主，建材为辅的基本格局。

（2）加强交流，提升区域内管理技术水平：高峰论坛会议每半年组织召开一次，会议对论坛成员企业生产经营技术指标进行对比分析，寻找同区域内先进企业的差距、同全国先进水平差距；同时，对当期生产技术热点问题进行专题分析，从中找出解决方案，为论坛企业提供借鉴，积极推动论坛企业经营管理水平。

1）定期开展技术交流，取长补短、共同提升。论坛先后举办经验交流技术会10余次，在高峰论坛会议中进行专题经验分享和汇报，先后有40余个项目进行了专题汇报，涉及经营模式、生产技术、环保节能、物流信息化、电商平台应用、智能制造、市场分析等内容。

2）对比分析经济技术指标，形成追赶超越氛围。开展经验技术交流会议，选取生产经营的核心指标，分享先进经验技术、管理与科技成果，形成优势互补。高峰论坛会议技术交流部分主要从企业利润、产量、生铁成本、期间费用、吨钢工序能耗等核心竞争力指标及吨产品耐材费用、吨钢维修费用、吨产品加工费用等主要内控指标进行对比分析，对指标进行排序，同全国先进水平对比、同全国平均水平对比、同区域内的先进水平对比。通过分析，能够让企业清晰地看到自身的优势和劣势，明确下一步工作方向。

3）交流经营管理经验，实现经营效益最佳化。销售方面组织召开了20余次销售分论坛会议，分别在西安、成都、兰州、临汾组织召开，会议主要针对当期市场运行情况及后期市场走势进行分析，要求在区域市场各自保持理性态度，维护自己的品牌，并在资源品种规格销售配置上尝试实现突破和互补。加强相互之间存在问题的沟通，帮助解决存在的问题。供应方面更多的是交流先进的采购定价模式，降低区域内钢厂之间的竞争损耗。

（3）探索新经营理念，服务论坛企业发展：从经营模式来看，钢铁行业进入了一个转型升级、全面提升的阶段，供应链整合、电商平台、物流信息化、期现货模式的应用，以及金融创新、智能制造等，正在对钢铁行业经营模式形成助力和挑战，大数据时代的到来，更是加速了经营模式的整合升级。

论坛积极发挥服务功能，先后同产业链上下游优秀的企业展开合作，确立战略合作关系，例如：邀请上期所、南钢、永安期货的优秀人才对论坛企业进行培训；积极开展电商平台、物流信息化的尝试和推广工作；陕钢集团和唐宋网合作建立了陕钢大数据中心；尝试推进西部钢铁基金的建立，进一步推动论坛企业由“软联合”向实质性合作过渡。

（4）促进区域止亏创效，经济效益显著：陕晋川甘钢企高峰论坛的成立，打开了四省钢铁企业自我封闭之门，形成了开放式办企业的思想观念，搭建了对标学习和合作交流的平台，维护了区域市场竞争秩序，促进了西部钢企供给侧结构性改革、转型升级工作，达到了合作共赢、抱团过冬的目标。陕晋川甘建筑钢材市场与发展高峰论坛从无到有，由虚转实，已经发展成为论坛成员值得信赖的社团组织；论坛峰会从西到东，由北向南，四年一个轮回，每届峰会嘉宾云集、影响深远、成果丰硕；论坛各理事单位从封闭到开放，由竞争到竞合，形成了合作共赢、携手同行的发展格局。

二、产业链协同

（一）产业链协同的概念

产业链协同是指如何通过价值链、企业链、供需链和空间链的优化配置和提升，使产业链上下游间实现提高效率、降低成本的多赢局面。钢铁行业是一个典型的以原材料生产和加工的流程型制造行业。钢铁产业链一般指纵向产业链条，其包含上游矿石、焦炭等资源或原材料生产，中游的生产冶炼，以及下游产品的销售等整个采购、供应、生产、销售的全过程。螺纹钢生产目前主要以长流程炼钢为主，产业链条较长，且环环相扣、分工越来越细，任何一个环节出现问题，则上下游企业的运转就无法正常进行。随着行业竞争形势日趋激烈，为了促进行业间的快速、高质量发展，上、中、下游之间全产业链的共融发展、互利共赢显得尤为必要。

（二）产业链协同发展的意义

（1）产业链协同有利于链上各产业的健康、可持续发展。由于产业链上下游各种产业之间的相关性和紧密性，进而形成了“你中有我、我中有你”的唇齿相依的关系，所以产业链上的任何一个环节或者一个“链条”发生变化或者出现问题，甚至某个环节或者某个“链条”为抢夺市场而采取盲目竞争的手段，都会导致整个产业链条的发展受到影响，特别是螺纹钢产业竞争异常激烈。产业链协同发展从上下游的“各自为战”到协同共生，不仅能够大大增强产业链条上各产业的合作共赢，促进各产业的健康、可持续发展，而且能够有效解决各产业间的盲目竞争、无序竞争。

（2）产业链协同有利于进一步优化资源配置。传统的发展模式是产业链上下游行业间的自我发展，产业链协同则是上下游企业通过建立与相关行业的交流沟通，建立一种战略联盟的方式，从竞争到竞合的发展模式，进而实现资源的进一步优化配置，更好地促进产业链上下游企业实现“共赢”发展。

（3）产业链协同有利于提升企业的核心竞争力。产业链条上各产业的发展状况参差不齐，有的企业发展较快而处于行业领先，有的企业发展速度相对较慢，产业链协同促使上下游企业在企业管理、技术创新、产品结构、市场营销等方面进行对标交流，取长补短，能够有效促进企业间产业结构的不断优化升级，进而促进企业不断提升自身的核心竞争力。

（三）产业链协同发展的具体实践

近年来，我国钢铁企业也在不断尝试、探索建立上下游产业链协同发展的战略发展布局，以此促进钢铁工业更好的发展。湖南华菱钢铁集团公司（以下简称华菱集团）就是成功的实践，其打造的产业链协同制造与营销服务云平台上榜“工信部公布2019年企业上云典型案例名单”。据中国钢铁新闻网报道，华菱集团建设的互联网平台主要是借助物联网、大数据等先进技术，构建产业链上的高效协同关系，提升集团的核心竞争力。一方面是通过连接钢厂的制造和业务系统，建立面向客户的敏捷制造体系，以此来达到管理好现场的目的；另一方面是连接上下游的加工、配送、仓储建、金融服务等区域资源，建立覆盖区域市场的“端到端”服务平台，从而促进营销模式创新，进而达到服务好市场的目的。华菱集团互联网平台自2018年投入运行以来，以大宗钢铁产品及相关原辅材料交易为核心，系统推进协同制造、钢铁交易、物流配送、供应链金融等业务板块，形成了集资讯、物流仓储、加工配送、交易结算、供应链金融等功能为一体的服务平台，同时创新性地推出了县域市场服务、重点工程服务等特色服务模式。由此也于2019年被湖南省评为“八大工业互联网平台”。

华菱集团积极探索构建产业链协同发展的新模式，为螺纹钢生产企业未来高质量发展提供了重要的借鉴意义，成为螺纹钢生产企业未来发展的重要战略方向。

（四）关于产业链协同发展的有关建议

为了更好地促进产业链协同发展，业内人士在关键共性技术、创新生态体系、资源整合、结构优化等方面也提出了相关建议。

（1）关于产业链协同发展关键共性技术方面的建议。要加大螺纹钢产业关键共性技术的布局和支持，在矿产资源开发、工艺设备、新材料、用户应用技术等领域实施产业基础再造工程，整合一批基础较好的国家工程技术研究中心、创新平台等关键共性技术研发战略联盟，使其成为行业关键基础材料、先进生产工艺、产业技术基础的研究和产业化创新基地，并设立关键共性技术研发专项基金和专项人才计划，为其提供稳定的资金和人才支持，形成长效攻关机制，促进螺纹钢产业关键技术的突破。

（2）关于产业链协同发展创新生态体系建设方面的建议。要积极打造多主体、多要素高效协同的全产业链创新生态体系，鼓励优势螺纹钢生产企业与科研院校、设计单位和下游用户的协同创新，集各方资源和财力，推动产学研用一体化模式向深层次合作发展；同时，应充分发挥现有的自动化和信息化基础优势，集聚技术、资本、人力等多种要素，依靠大数据支撑、网络化共享、智能化协作，推进钢铁制造、运营和商业模式等各个环节相互融合，形成资源高效配置、快速响应市场、共同迭代演进的良好产业生态。

（3）关于产业链协同发展资源整合能力方面的建议。要着力推动螺纹钢产业与世界经济和创新体系在更高层次上深度融合。以“一带一路”沿线资源条件好、配套能力强、市场潜力大的国家为重点，鼓励优势钢铁企业到海外建设钢铁生产基地和加工配送中心，以“产业链协同+工程建设+技术管理+资本输出”等方式，带动装备、技术、管理和服务全体系合作。进一步放宽市场准入门槛，营造内外资企业一视同仁、公平竞争的市场环境，鼓励境外优势企业通过参股、控股、独资经营等方式，参与兼并重组、布局优化和技术创新。加快与国际通行经贸规则对接，成立专门的职能部门专项研究国际市场中的贸易变化规律和潜在风险因素，构建跨国开放式合作研发模式，积极联合国外企业或参与国际共性技术研发活动。

（4）关于产业链协同发展结构优化方面的建议。要促进我国螺纹钢产品的结构优化，打破我国钢铁企业“大量进口铁矿石—国内加工—出口中低档钢铁产品”的运作模式，通过物质支持、税收优惠等措施提高我国钢铁产品的附加值。例如，从近年来我国钢材出口政策调整来看，针对低附加值产品调低出口退税优惠以及提高出口税率，针对高附加值产品则反之，未来需进一步加大相关政策力度。引导企业由生产型制造向服务型制造转型，向设计、研发、品牌等价值链高附加值环节拓展。积极对接欧美等国家标准，在特色优势领域加快推动我国自主标准国际化，与主要贸易国开展标准化合作，以标准化推动产品、装备、技术、服务向高端化发展。

螺纹钢作为钢材消费占比最大的产品，主要以传统长流程冶炼为主，产业链条较长，在钢铁工业高质量发展的引领下，未来螺纹钢生产企业在上、中、下游要积极探索建立合作共赢机制，通过对价值链、企业链、供需链、空间链等资源的优化配置，促进产业链上下游间的共生共赢。

第二节　共建钢铁产业高质量生态圈

在推动钢铁工业高质量、可持续发展的大背景下，韩国浦项钢铁、中国宝武、鞍钢集团、山钢集团等探索性的建立了钢铁产业高质量生态圈的发展模式，都是以钢铁制造业为基础，并发展了新材料产业、智慧服务业、产业金融业等方向，为螺纹钢生产企业未来更好发展起到了很好的借鉴意义。陕晋川甘高峰论坛等积极探索推动形成的区域协同发展，也为螺纹钢生产企业积极构建钢铁产业高质量生态圈建设奠定了基础。

一、钢铁产业生态圈的概念

钢铁产业生态圈是以钢铁产业为龙头，聚合上下游产业链上的多种产业或产业集群，集聚技术、资本、人力等多种要素，依靠大数据支撑、网络化共享、智能化协作，在多个区域进行分工和布局所形成的复杂的产业空间网络体系。在这个空间网络体系中，各个产业和要素，包括一条条企业供应链，可以在多个地域、多个产业间实现互动交流、开放合作、互惠互利，从而促进形成资源高效配置、快速响应市场、协同创新迭代演进的良好产业生态。

二、建立钢铁产业高质量生态圈的必要性和意义

建立钢铁产业生态圈能给予产业链更强韧性、更大潜能、更抗险性和更高质量的发展，在经济全球化的大背景下，构建钢铁产业生态圈是有效化解行业当前存在的一些突出矛盾和问题、全面提升企业的核心竞争力的必然选择和有效手段，对我国经济高质量发展的转型有很大的促进作用。

（1）建立钢铁产业高质量生态圈是我国经济高质量发展的必然要求。作为我国钢材消费占比最大的产品，螺纹钢企业积极构建钢铁产业高质量生态圈，不仅能够直接促进我国钢铁工业的高质量发展，而且也能够间接促进国民经济的高质量发展。

（2）建立钢铁产业高质量生态圈有助于建立良好的生态体系。螺纹钢产业发展的特征为“区域集中、产能分散、发展不平衡”，钢铁产业生态圈的建立是以新生态理念为引领，能够有效解决区域各自为政、盲目无序竞争等问题，有助于实现跨区域、跨产业的协同发展，建立起良好的生态体系。

（3）建立钢铁产业高质量生态圈有助于打造钢铁强国的目标。螺纹钢产品工艺技术水平虽然一直在提升，但仍需朝着高强、高韧等方向发展。建立钢铁产业高质量生态圈通过建立集产业竞争力、技术水平和创新文化等为一体的产业生态网络，能够聚合优势资源更好地发挥企业的研发创新能力，助推我国钢铁强国目标的实现。

（4）建立钢铁产业生态圈有助于推动行业不断进行创新变革。创新是引领钢铁工业发展的第一动力和核心，钢铁产业生态圈的建立是一个全新的发展理念和发展方式，其基础是全过程、全链条、全环节的绿色发展，内生动力是创新驱动、技术、管理、商业模式的迭代演进，这必将推动螺纹钢产业不断进行创新变革，提升自身的核心竞争力。

三、建立钢铁产业高质量生态圈的成功实践

中国宝武构建生态圈的实践

中国宝武作为我国也是世界上最大的钢铁企业集团，通过自身竞争实力的不断提升，着力将“共建高质量钢铁生态圈”作为企业使命，不断将生态圈建设与公司发展战略紧密结合。近年来，中国宝武大力开展行业内联合兼并重组，使生态圈进一步扩大，初步实现了沿海、沿江的产业布局，企业规模和综合实力进一步提升。据国资委研究中心信息：中国宝武围绕钢铁“智慧制造+智慧服务”，依托物联网、云计算等新一代网络信息技术，以大数据为核心通过人工智能实现钢铁制造及钢铁服务各个环节的连接协同和智慧决策，形成一个和谐共生的生态链，共同催生钢铁领域智能化生产、网络化协同、服务化延伸、个性化定制等新模式、新业态及新产业。一是产品创新和流量实现行业领先，2018 年欧冶云商 GMV 业务量达到 1.2 亿吨，基本完成钢铁全供应链服务产品布局；二是全面构建与提升线下能力，对接系统合作仓库超过 2000 家，合作承运车辆超过 2 万辆，合作加工厂超过 600 家，初步形成了多层次的物流基础设施网络和覆盖全国的仓储网络；三是创新生态圈金融服务体系，推出基于区块链技术的通宝服务产品，并加快促进通宝在供应链中的开立和多级流转，为生态圈用户和合作伙伴创造共享价值。

中国宝武以“智慧制造+智慧服务”两轮驱动，着力打造“大制造、大交易、大物流、大原料、大金融、大数据、大技术和大园区”八大业务体系，形成“一基五元”产业组合体系钢铁生态圈，具有“开放共享、连接协同、智慧敏捷、创新迭代”的特点。

鞍钢集团构建生态圈的实践

鞍钢集团被誉为我国钢铁工业的摇篮，秉承“创新驱动、智能制造、绿色发展”理念，提出了共同构建“绿色共赢的产业生态圈”，聚合钢铁产业上下游供应商和顾客资源，充分发挥协同优势，做精做强钢铁产业，着力构筑钢铁产业与相关产业协调发展的生态圈。据鞍钢日报消息：2017 年，鞍山钢铁制定了“1+6”产业结构调整规划，以调整升级为重点，依托稳定的钢铁产业链资源优势，以完善产业链、提升价值链为发展主线，构建产业结构新格局。其中“1”是指钢铁产业，“6”是指重点要发展现代互联经济、清洁发电、化学科技、绿色能源、冶金炉材及高端汽车零部件等六大相关产业。鞍钢股份成功收购朝阳钢铁，实现钢铁主业优质资产整体上市，形成多基地制造协同，基地内集中一贯的管控模式；鞍山钢铁收购德邻陆港，电子商务公司化改革，整合汽运、物流园区等资源，打造供应链服务平台，发展现代互联经济产业。鞍钢股份与工程板块气体公司合资打造绿色能源产业，对能源、气体、水资源进行开发利用。

2021 年，鞍山钢铁集团与本溪钢铁集团重组成立鞍本钢铁集团，形成 6300 万吨钢产能规模，成为继中国宝武后中国第二大钢铁生产企业，开创了中央企业与地方国有企业重组的“先河”，对中国东北地区棒线材等钢铁产业布局的调整和优化起到重要作用，能够助推中国东北地区共建形成新的钢铁产业高质量发展生态圈。

河钢集团构建金融产业生态圈的实践

河钢集团以“智能化、网络化、服务化”为契机，积极打造互利共赢、连接上下游的产业生态圈，发展数字平台经济（见图 4-50）。一方面依托集团丰富的供应链资源，成立河钢集团供应链管理有限公司，通过新一代信息技术推进供应链资源线上化、垂直化、数据化配置，打造从采购到销售全流程的价值链、创效链；另一方面以产融结合为主线，加

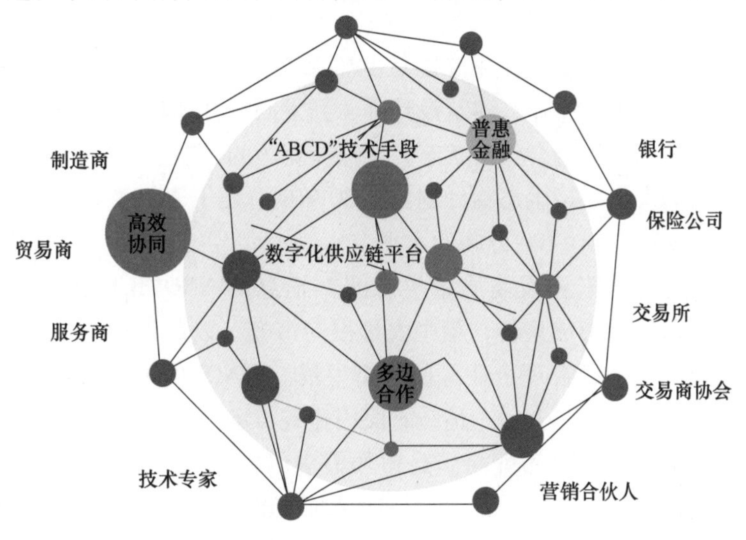

图 4-50　河钢集团产业生态圈图谱

快推进物联网、大数据、云计算等新技术在传统钢铁产业供应链领域的广泛应用，推动经营资源和经营行为平台化、数据化、互联网化，进而不断向外部跨界发展，打造“互联互通、共享共赢”产业生态圈。

河钢集团旗下设有“铁铁物联”和“铁铁智运”两个子平台，分别负责运营网络化供应链采购、智能化物流服务两大平台及相关业务，致力于建设钢铁行业工业品“在线超市”和成为大宗商品物流服务引领者。同时与河北钢铁交易中心协同发展，打通采购、物流、销售、金融全链条，拓宽产业链条深度和广度，最大限度集聚产业链资源。

产业链金融是集物流、商业、信用、金融为一体，并将贸易中买方、卖方、金融机构、物流等参与方和要素紧密联系、融为一体，用产业链模式盘活资金，同时依托资金和信用拉动产业链发展，互相促进，共同发展。

河钢作为产业链条中的核心企业，借助银行资金并依托自身信用，积极向上游不断推动和延伸，以参与各方实现协同共赢为目标，着重从采购端出发，按照反向保理的业务逻辑，对银行系统反向保理业务进行创新改造，将核心企业在保理业务中的关键凭证“债权确认函”设计成电子化、标准化的“河钢铁信”，并嵌入供应链金融系统，实现核心企业信用向上游供应商的多级流转。

“河钢铁信”成为国内首例数字化在线结算金融产品，深度对接光大、建行等十余家金融机构，积极为中小企业提供相关融资服务，已累计开具“河钢铁信”超过500亿元。“河钢铁信”也荣获了2019年度国家现代化管理创新成果二等奖。

韩国浦项钢铁生态圈建设实践的借鉴

韩国的浦项钢铁公司是钢铁产业生态圈建设最成功的企业之一，近年来浦项钢铁推出了“INNOVILT”高级建筑材料品牌，并致力用一种新的生态系统来推进品牌建设。据《钢铁企业拿什么来建设高质量生态圈》消息：“INNOVILT”是创新（Innovation）+价值（Value）+建造（Build）的复合词，包含可持续性（将钢铁产品更友好、更环保地应用于工业生产和人们生活）、合作伙伴关系（与用户协同发展）、创造力（提高产品质量、实现价值创新）、高科技（将现代智能化技术、5G、物联网、云计算等应用于实际生产中，增强竞争力）四大价值观。该生态圈是由浦项制铁产品研发与建筑设计企业、钢铁建筑产品加工企业、建筑施工企业、建筑设计师、开发商、其他建材供应商、终端用户等组成的动态经济联合体，既保持合作的状态，又保持竞争的状态，其目的都是为了共同的高质量发展目标而协同发展。该生态圈计划到2030年时，将INNOVILT产品的年销量以平均每年100万吨的速度提高到1400万吨的水平。

据《钢铁企业拿什么来建设高质量生态圈》消息：INNOVILT生态圈总的“价值创造”通过将本企业的产品形成集群，集中大量推向市场，以此带动一大批建材加工企业、建筑施工企业、建筑维护和管理企业等的转型发展。INNOVILT的参与者或影响者多达9类。其具体的价值创造点有3个：一是针对民用建筑市场广阔的实际，通过与合作伙伴一道，共同创建优质的钢铁建材品牌与满足市场需求的钢铁材料应用服务，既满足下游需求，又满足生态圈内各参与者的需求；二是针对绿色建筑成为未来发展趋势的实际，与韩国某大型建筑企业通过采用代替大理石和木材的喷墨打印钢板及可循环使用的钢制模块化施工方法应对建筑废弃物、粉尘等施工中的环境问题；三是像消费品一样打造工业品并产生明显的品牌效应。

我国住房和城乡建设部联合多部委出台《关于推动智能建造与建筑工业化协同发展的指导意见》和《住房和城乡建设部、国家发展改革委教育部、工业和信息化部、人民银行、国管局、银保监会关于印发绿色建筑创建行动方案的通知》要求，与浦项制铁 INNOVILT 生态圈的发展目标高度契合，这对我国建筑用钢企业建立产业生态圈有很大的推动作用。

四、构建钢铁产业高质量生态圈的发展方向

建立钢铁产业生态圈是新时代背景下的新理念，尽管国内外有很多大型钢铁企业均在积极打造构建钢铁产业高质量发展生态圈，并取得了成功。但从总体来看，目前仍处于探索发展阶段，具体构建的内容和形式还在不断实践总结。因此，为了更好打造高效、安全的高质量产业生态圈，业内人士也在纷纷建言献策，大型钢铁企业也极力推广产业生态圈新理念，这也将成为未来螺纹钢企业高质量发展的战略方向。

（1）关于构建钢铁产业高质量生态圈着力点方面。中国钢铁工业协会在 2020 年钢铁产业链发展形势高峰论坛上就构建长期繁荣的钢铁产业生态圈，提出要从三方面发力：一是坚持“全国一盘棋”，深度调整钢铁工业布局，推进横向和纵向兼并重组，提高产业集中度；二是加强产业集成创新合作攻关，提升产业链整体水平；三是推进上下游产业链协同合作，加速产业融合，实现上下游合作攻关，打造服务型钢铁。高质量生态圈建设的核心就是要整合优势资源，形成重点突出、优势明显、技术领先、协同发展的良性可持续发展格局，能够有效解决螺纹钢产业目前产品同质、各自为战、恶性竞争的局面。螺纹钢产业的集中度目前还相对较低，构建高质量生态圈建设的首要任务就是提升行业的集中度，积极寻求企业间的战略合作，优化资源配置，突出优势资源，集中精力进行科技创新，提高企业的核心竞争力，实现长远发展。中国宝武已成为全球最大的钢铁集团，其螺纹钢产量占比也是国内最高；鞍本集团重组及西北联钢等的成立，都是为推动高质量发展生态圈建设的基础。

（2）关于构建钢铁产业高质量生态圈业态创新方面。国内领先的大型管理研究与咨询机构仁达方略对构建钢铁产业高质量生态圈业态创新方面提出了六点建议，即：营造利益共享氛围，共建行业发展新生态；要正视生态圈协同共生作用，合理分配产业链利益；钢铁龙头企业要发挥引领作用，重构价值链、利益链；要利用现代科技重构产业生态圈；要淘汰落后与不规范企业，净化生态环境；钢铁流通企业要强化自律，自我转型提升。高质量生态圈建设是一项系统工程，不是一朝一夕的简单整合，而是产业链上下游企业间的价值认同、利益共享、协同创新的结果。螺纹钢企业未来在构建高质量发展生态圈建设的过程中也应积极关注以上六个方面。

（3）关于构建钢铁产业高质量生态圈企业自身方面。构建钢铁产业高质量生态圈重点和难点在企业。山钢集团提出，钢铁行业未来的发展不仅要建立稳定的产业供应链，还要建立安全高效的钢铁产业生态圈，这是一个多方主体共同构建的共赢生态系统，是一项系

统工程，要摒弃“大院思维”和“独享思维”，打破传统公司经营的边界和资源掌控方式，实现跨产业、跨区域的协同创新，形成开放的业务边界、资源聚合为导向的发展模式。建龙集团提出，构建钢铁产业高质量生态圈，企业自身必须要坚持眼睛向内，通过科技创新，不断提升自身的核心竞争力；要不断加强与高端供应商的合作，通过加强内外部协调联动，优化供应链管理，提升供应链的稳定性；要以客户为导向，深入研究市场需求和客户需求，精准定位服务的方向。构建高质量发展生态圈的最终落脚点是企业，企业与企业之间难免会存在文化、装备、技术、管理等方面的差异，特别是螺纹钢生产企业间的竞争异常激烈，未来的发展要打破传统的思维模式，发挥协同联动作用，实现利益共享。

（4）关于构建钢铁产业高质量生态圈上下游产业链方面。冶金工业规划研究院在2020年11月12日召开的钢铁冶金工业博览会暨“全链聚合，产业跃升”钢铁全产业链集群化发展高峰论坛上，就进一步优化我国钢铁产业生态圈，从上游、中游、下游三个方面提出建议：上游要加强原材料保障体系建设，通过“内、外”矿共同利用、形成战略供应链、保证一定权益矿比例、加强海外多资源基地建设、建立高附加值短缺矿种资源储备制度、加强铁矿运输通道风险防范、利用并完善原料金融贸易体系及相关衍生品等路径，建立多维度、多元化的资源保障渠道；中游要以严控新增钢铁产能、加快兼并重组、强化绿色发展、调整流程结构、开发先进材料、推进智能制造、推动低碳发展、激发标准活力、优化品种结构、促进国际产能合作为着力点，推动钢铁制造迈向中高端；下游要拓展用钢产业市场，延伸钢材深加工产业链条，适度开展相关多元发展。虽然螺纹钢生产企业近年来在工艺技术、产品等方面也在不断提升，但是随着高质量发展的引领，减量化、集约化、绿色化、智能化、高质化等将成为未来螺纹钢产业发展的方向，在行业竞争异常激烈的大环境下，螺纹钢企业在提升自身核心竞争力的同时要不断强化上下游的协同发展，共同为构建行业高质量生态圈建设做出努力。

从总体来看，共建钢铁产业高质量生态圈是以钢铁为中心，通过研发、生产、流通、应用及外部环境等优势资源的整合，实现价值传递和再创造的过程，以此达到产业链的深度融合、企业间的互补发展，以及钢铁产业布局、产业组织等方面的优化调整，最终实现高质量发展的目标。螺纹钢作为我国钢材消费占比最大的产品，生产企业众多，未来在高质量发展的引领下，不仅不会缺位，而且也将为积极探索构建钢铁产业高质量生态圈建设作出重要贡献。

第五章 后工业化期螺纹钢发展趋势

我国螺纹钢发展过程中存在的问题，是其发展中必然会遇到的阶段性问题。一个国家城镇化率在30%~70%阶段，往往是房地产行业爆发和高速增长的阶段，也是螺纹钢需求高涨的重要参考指标之一。工业化完成之后，城镇化达到了较高的水平，基础设施建设已基本完成，对钢铁的刚性需求逐渐减少。虽然国情和发展阶段都有差异，发达国家钢铁工业的成功发展有其历史环境和条件，不可复制，但还是可以多维度比对参考的。分析发达国家高强钢筋的发展、钢筋产能演变和粗钢峰值之后城市群的发展，对中国螺纹钢发展及预测具有一定的借鉴意义。

第一节 欧美等国高强钢筋的发展对中国的启示

从国外钢筋标准的修订和更新历程来看，钢筋的更高强化、更高韧性、抗震性的标准完善是主要发展趋势。高强钢筋的屈服强度通常在400MPa及以上，它具有强度高、抗震性能好、减少钢材消耗量、综合性能优等特点。20世纪80年代初期，强度高、焊接性能好的390~460MPa级钢筋已经在国外被广泛应用，并在混凝土结构中作为主要受力钢筋。

一、美国高强钢筋的使用情况

美国建筑用钢筋在使用标准上有ASTM A615和ASTM A706，A CI318三个钢筋标准。对于ASTM A615，2016年版包括5个等级的钢筋：40级（280MPa）、60级（420MPa，60级及以上强度钢筋为高强钢筋）、75级（520MPa）、80级（550MPa）和100级（690MPa）。ASTM A706是美国混凝土配筋用低合金钢筋标准，是根据钢筋的可焊性和高等级抗震弯曲性和延展性制定的。性能上，低碳合金钢筋由于加入了许多合金元素（锰、钒、钛等），使得钢筋的强度有了明显的提高，并且具备良好的抗压、抗拉、抗弯和延展性。与普通低碳钢钢筋相比，质量和力学性能更加牢固，强屈比大于1.5，并具有较高的延展性。因此，合金钢筋被广泛适用于地震较为频繁的地区，为房屋抗震起到了显著的作用。规范中的箍筋与构造配筋均要求采用带肋钢筋，能够为建筑物整体稳固性带来较好的锚固功能，从而更好地控制变形缝、裂缝等，为建筑物的整体结构带来安全保障。

二、韩国高强钢筋的使用情况

韩国借鉴美国标准，制订了钢筋标准《钢筋混凝土用热轧棒钢》规范，明确了钢筋的性能指标、规格、外形、生产工艺等。在韩国的钢筋等级标准规范《钢筋混凝土热轧钢》中，设立了SD300、SD350、SD400、SD500、SD600、SD700共6个强度等级的钢筋，其中

SD600、SD700是当年就能够在生产中投入使用的高强钢筋。在高强钢筋的使用上，按用途分为一般用、焊接用和抗震用。韩国房屋建筑采用400MPa级钢筋作为主要受力筋，其消耗量也巨大；小型房屋建筑使用的是300MPa级钢筋；大型结构和高层建筑则使用的是500MPa级钢筋，在抗拉抗压抗剪部位的钢筋使用量占总用量的6%~11%。据调查，韩国住宅类建筑在2012年900万平方米的房屋建筑中使用的是500MPa级钢筋，共节省钢筋用材量24000多吨，减少温室气体排放量8600多吨，这一数据在世界绿色环保建筑中位于领先地位。

三、澳大利亚高强钢筋的使用情况

澳大利亚在建筑行业专门制定了建筑业行业规范，这为完善建筑行业的整体有序、保障建筑的安全实用性、建设工程的发展奠定了良好的基础。其在建筑标准规范中详细制定了《钢筋的质量标准》，其中包含钢筋的规格、物理性能、外形标准和生产工艺等，作为钢筋的生产和检验的规范。澳大利亚在城市建筑中使用的是400MPa和500MPa两个强度等级的钢筋，房屋纵向分布筋采用500MPa级，房屋箍筋和构造筋采用400MPa级。节点区域的钢筋配置采用的是传统技术弯折锚固技术与机械锚固技术，为便于浇筑混凝土，保证工程的质量。

四、日本高强钢筋的使用情况

日本处于地震多发带，因此有着被公认为最为严格的建筑抗震设计体系。由于建筑结构在强震下表现出明显的非线性行为，日本在设计的时候考虑了内力重新分布后构件受力状态，对大震下建筑结构承载力有计算规定，这更有利于使建筑结构在大震下达到预期的破坏模式。而我国目前没有相应要求，对一般建筑仅凭经验和构造措施保证。

日本与我国目前钢筋标准体系一致，均参考国际ISO标准体系，但钢筋等级是按本国的使用要求规定的，在一些具体的指标上也有一些不同的规定。

日本JIS G3112：2010《钢筋混凝土用光圆和带肋钢筋》规定了235MPa、295MPa、345MPa、390MPa、490MPa共5个强度等级钢筋。为满足建筑物的抗震要求，日本开发出了超高强度钢筋，其屈服强度已达到600MPa以上，如USD685和USD980。

超高强度钢筋已广泛应用在日本的高层建筑中，但尚未列入标准。

第二节 欧美等国螺纹钢产能演变对中国的启示

在良好的产业政策引导下，美国与日本钢铁行业实现了从“量的提升”到“质的转变”这一发展历程：第一阶段，普钢依托工业化和城市化进程而快速发展，特钢依托于普钢逐渐发展；第二阶段，经济疲弱，需求下滑，制造业向高附加值产品转型，普钢步入成熟阶段，而以特钢为代表的板材进入迅速发展期。日本在钢铁峰值的之后十年间，粗钢产量下滑约18.6%。在建筑用材用钢占比方面，日本由经济起飞时的40%降到现在的20%，螺纹钢产量下滑严重，而特钢产量则大幅增长41.46%，特钢产量占比由7.96%增至

13.82%。美国粗钢产量在1973年达到最高点后，虽然数量不再增长，但钢铁工业并非不再发展，通过产业结构调整，优、特钢产量仍然呈增长趋势，特钢占比在1981年达到顶峰16%（见表4-58），发达国家在发展后期国家板材占钢铁行业的比重至少在60%以上。

表4-58　2004~2015年发达国家及地区板材占钢铁行业产量占比　（%）

年份	2004	2005	2006	2007	2008	2009	2010	2011	2012	2013	2014	2015
欧盟	61.8	62.2	61.4	60.7	60.0	57.8	61.9	61.5	61.3	61.4	62.1	60.6
美国	72.7	72.6	72.2	70.9	69.7	71.5	73.1	74.4	73.2	73.2	72.9	71.8
日本	66.3	66.6	65.8	66.4	67.6	69.4	70.7	69.3	69.3	68.5	68.6	67.4

从表4-59可以得出，中国近10年板带材消费在钢铁行业占比在40%左右，参考发达国家经验，在粗钢峰值后板材占钢铁行业的比例至少在60%以上。因此随着第三产业比重的提升，工业用钢增加，板材占比会上升；或者由于螺纹钢产量的降低，板材的产量即使不增加，板材占比也会相应增大。

表4-59　2010~2020年中国板带材消费及板带材消费占钢铁行业比重

年份	2010	2011	2012	2013	2014	2015	2016	2017	2019
板带材消费/万吨	26939	27945	27170	29528	29229	29199	28689	31871	37975
板带材消费占比/%	41.6	39.9	37.3	36.6	36.5	38.6	38.7	38.3	38.1

表4-60中，中国在近五年混凝土钢筋占粗钢产量比例在25%左右，对比发达国家占比，美国在7%左右，德国在6%左右，欧盟在5%左右，日本在9%左右，因此减量化是螺纹钢行业发展的必然趋势，减量化不仅仅是化解过剩产能，而且随着粗钢峰值的到来要减少钢铁产量，这是控制增量、盘活存量的必然选择。螺纹钢减量化发展将是一个较长时期的过程、流程调整的过程、优胜劣汰的过程、产品结构优化的过程和创新发展的过程。

表4-60　1990~2019年美国、德国、欧盟和中国混凝土钢筋的产量及占比

国家	1990年		1995年		2000年		2005年		2010年		2015年		2019年	
	产量/万吨	占粗钢比/%	产量/万吨	占粗钢比/%	产量/万吨	占粗钢比/%	产量/万吨	占粗钢比/%	产量/万吨	占粗钢比/%	产量/万吨	占粗钢比/%	产量/万吨	占粗钢比/%
中国	1335	8.3	1459.2	15.30	2507	19.5	7123.2	20.02	13096	20.50	20430	25.42	24916.2	25.01
美国	481.3	5.36	457.9	4.81	626.6	6.16	635.1	6.69	574	7.13	583.7	7.40	652.8	7.44
德国	184.5	4.50	170.9	4.10	143.2	3.10	209.4	4.70	173.6	3.96	250	5.85	274.2	6.90
欧盟27国	1998年		2001年		2004年		2007年		2010年		2013年		2016年	
	13163	6.89	9508	5.07	14881	7.35	16836	8.01	9255	5.36	8955	5.39	8067.53	4.82
日本	1990年		1993年		1996年		1999年		2003年		2006年		2009年	
	1375	12.46	1042	10.46	1145	11.59	1074	11.40	1070	9.68	1120	9.64	786	8.98

第三节 发达国家后城市化时代城市群发展对中国的启示

发达国家大体上是城镇化率达到70%之后，钢铁工业到达了峰值区后然后开始衰减，我国目前城镇化率刚过60%，市民化率约43%，均有继续提升的空间，居住在100万城市人口占比依然相对落后（见图4-51）。如图4-52所示，房屋施工面积总量在增长，但是增速在明显下滑，近几年房地产各项指标都在高位上有所萎缩。随着国家政策的管控，土地购置面积、开发投资全面减少，房地产在未来将不再是拉动钢铁消费的主力军，螺纹钢未来市场挑战严峻，而真正拉动钢材消费的是城镇化建设的其他需求。新型城镇化是我国螺纹钢当前最大的内需，参考国外发展经验，世界上最发达的城市群无不在大河入海口的大湾区，如日本的东京湾、美国的旧金山湾、纽约湾区、英国伦敦泰晤士河、欧洲的莱茵河和荷兰的鹿特丹等。我国长三角、粤港澳大湾区作为近150年来对中国近代化建设的引领将演变为对中国城镇化建设的引领。

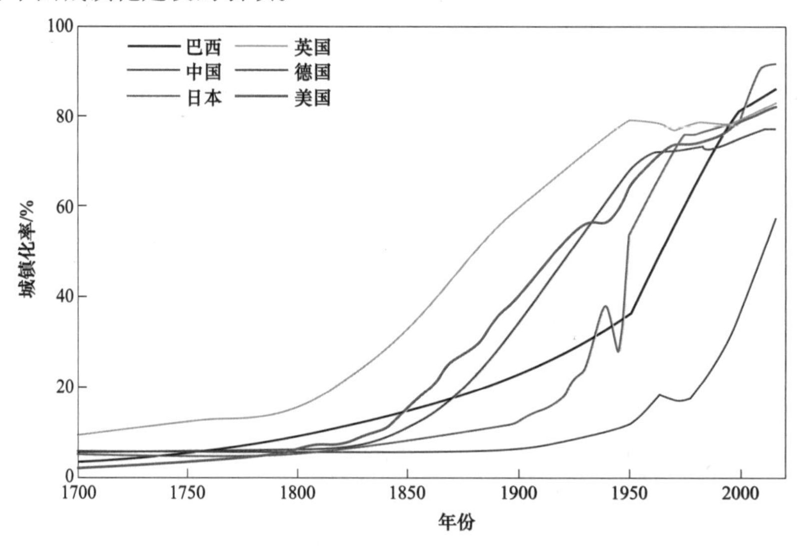

图4-51 世界主要国家城市化率变化

（数据来源：UN，HYDE3.1，贝壳研究院整理）

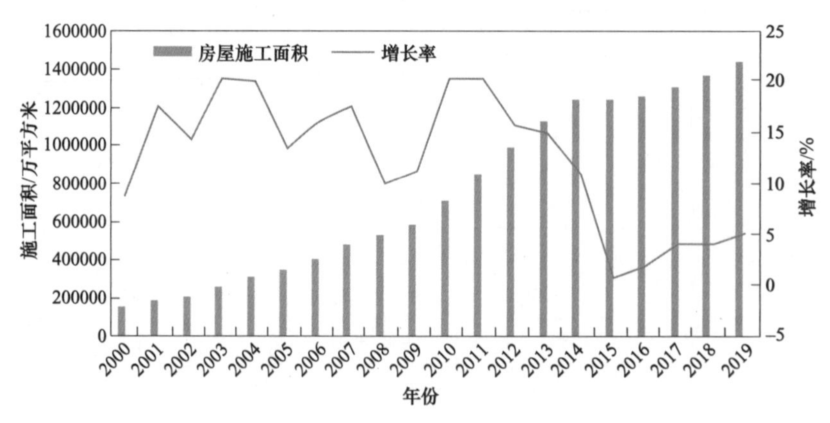

图4-52 2000~2019年房屋施工面积及增长率

我国目前人均基础设施存量相当于西方发达国家的20%~30%，并且在交通、水利、能源、生态环保、社会民生等基础设施领域仍存在不少短板，螺纹钢在基础设施领域投资仍有较大空间和潜力。国内相对发达的大都市圈（如珠三角、长三角都市圈）对比国际大都市圈，人口密度、人均产出、单位面积产出等指标依然存在显著差距（例如粤港澳大湾区相比纽约都市圈、旧金山湾区和东京都市圈，人均GDP仅是这三者的20%~50%，人口密度是30%~50%，单位面积产出是10%~20%，第三产业占比66%低于三者的80%），因此对我国的大都市圈进行优化产业与空间布局依然大有可为，在新型城镇化建设过程中的基础设施建设将弥补房地产市场下滑出现的空缺，也为螺纹钢企业的技术改造及产品转型提供5年左右的缓冲期。

参 考 文 献

［1］程潇，朱泽儒，钱潇潇，等．国内外高强钢筋标准化对比研究［J］．质量探索，2019，16（2）：17~26.

［2］吕俐．高强钢筋：撑起节能减排一片天［J］．中国勘察设计，2012（5）：9~11.

［3］李桂荣，王宏明．连铸坯热送热装和直接热轧新技术及其效益分析［J］．中国冶金，2002（4）：30~33.

［4］丁波，罗荣，陈其安．2015 年度我国轧钢技术的主要进步［J］．轧钢，2016（3）：1~7.

［5］张树堂．连铸坯热送热装类型及相关的冶金学问题［J］．轧钢，1998（5）：3~19.

［6］许宏安．直接轧制的关键技术及工艺问题解决实践［C］．2016 年全国轧钢生产技术会议论文集．

［7］Tang J，Chu M S，Li F，et al. Development and progress on hydrogen metallurgy［J］．Int. J. Miner. Metall. Mater.，2020，27（6）：1.

［8］Zhang Q，Li Y，Xu J，et al. Carbon element flow analysis and CO_2 emission reduction in iron and steel works［J］．J. Clean. Prod.，2018，172：709.

［9］毛晓明．宝钢低碳冶炼技术路线［C］．第十二届中国钢铁年会炼铁与原料分会场报告，北京：中国金属学会，2019.

［10］中华人民共和国工业和信息化部．智能制造发展规划（2016~2020 年）［EB/QL］．2016-12-08.

［11］中华人民共和国工业和信息化部．钢铁工业调整升级规划（2016~2020 年）［EB/QL］．2016-11-14.

［12］李新创．中国钢铁未来发展之路［J］．北京：冶金工业出版社，2018：272.

［13］徐言东，张华鑫，等．棒材生产线轧后工序的智能改造研究与技术开发［C］．第十二届中国钢铁年会论文集．北京：冶金工业出版社，2020：1~5.

［14］孙明华，王继勇，董雷，等．内循环大解析［J］．国企管理，2020（19）：30~37.

［15］刘东，吉年丰．模块化轧机控制系统在高速棒材生产线中的应用［J］．冶金自动化，2020，44（6）：84~92.

［16］孙玉平．日本高强与超高强钢筋混凝土结构的应用与研究现状［C］．中国土木工程学会高强与高性能混凝土委员会．高强与高性能混凝土及其应用——第七届全国高强与高性能混凝土学术交流会论文集，2010.

［17］张守峰．钢结构住宅的技术体系与发展趋势［J］．建筑，2021（11）：21~25.

［18］韩叙，武振，冯仕章．日本钢结构住宅发展现状与经验借鉴［J］．住宅产业，2020（3）：21~27.

［19］钱伯章．上海石化新型碳纤维材料成功替代钢筋［J］．合成纤维工业，2019，42（6）：32.

［20］刘富贵．HRF400 耐火钢筋的研制［J］．金属材料与冶金工程，2020，48（1）：14~18，31.

［21］王贺龙，房金乐，张朝晖，等．棒线材轧制节能技术发展对能耗的影响［C］．中国金属学会能源与热工分会、东北大学、中国金属学会能源与热工分会，第十届全国能源与热工学术年会论文集，2019：6.

［22］王健．浅析螺纹钢生产工艺技术及发展趋势［J］．河南冶金，2020，28（2）：31~34.

［23］李国鹏．浅谈地下综合管廊的可持续性发展若干问题［J］．水电站设计，2020，36（3）：77~79.

［24］南恺．供给侧结构性改革背景下房地产对需求和价格的影响［N］．期货日报，2018-9-3.

［25］刘瑜，覃琳．我国绿色建筑评估标准的发展演变［J］．室内设计，2012，27（6）：33~37.

［26］张婧．600MPa 级高强钢筋用钢成分与控冷工艺的研究［D］．北京：北京科技大学，2016.

［27］Rodrigues P C M，Pereloma E V，Santos D B. Mechanical properties of an HSLA bainitic steel subjected to controlled rolling with accelerated cooling［J］．Materials Science and Engineering：A，2000，283（1）：136~143.

[28] 龙莉，罗安智．国内外高强钢筋发展和研究现状［J］．冶金管理，2012（11）：38~43.

[29] 梁龙飞．铌微合金化 HRB400 热轧带肋钢筋的研制［J］．钢铁研究，2002（3）：42~46.

[30] 邓保全，赵自义，范银平，等．铌微合金化 HRB400 钢筋控轧控冷工艺实践［J］．研究与开发，2004（6）：45~47.

[31] 翟有有，张有余．铌微合金化技术生产 HRB400 钢筋［J］．酒钢科技，2005（4）：1~4.

[32] 陈建民，王连军，孙志溪，等．邯钢铌微合金化 HRB400 热轧带肋钢筋的研制与开发［C］．河北：河北省轧钢技术与学术年会论文集，2008.

[33] 张正云．铌微合金化高强度抗震钢筋的组织和拉伸变形行为研究［D］．昆明：昆明理工大学，2014.

[34] 甘晓龙．Ti 微合金化Ⅳ级螺纹钢的开发和研究［D］．武汉：武汉科技大学，2010.

[35] 向往．钛微合金化高强度钢筋的生产实践［J］．涟钢科技与管理，2019（6）：12~14.

[36] 余剑，祝俊飞．钛微合金化在热轧带肋钢筋上的应用［J］．山西冶金，2020，188（6）：38~43.

[37] 李成军．600MPa 级钒氮微合金化热轧高性能钢筋的研制［J］．天津冶金，2012（2）：8~10.

[38] 徐志东．V-Nb 微合金化热轧带肋高强度钢筋 HRB600 的连续冷却转变曲线［J］．天津冶金，2014，35（2）：54~56.

[39] 汪波，雍岐龙，敖进清．钒钛复合微合金化钢筋及其生产方法：中国，CN201210215588.3［P］. 2012.

[40] 杜绍彦．HRB500 Ⅳ级热轧带肋钢筋的应用［J］．河南水利与南水北调，2017，46（8）：78~79.

[41] 王洪利，李义长，赵如龙，等．VN 及 VN+Mo 复合微合金化 HRB500E 高强抗震钢筋生产实践［J］．钢铁钒钛，2014，35（1）：59~63.

[42] 徐斌．高强度抗震钢筋 V-Cr 复合微合金化的实验研究［D］．武汉：武汉科技大学，2012.

[43] 钟仲华，曹建春，周晓龙，等．应变速率对 V-Nb 微合金化钢筋抗震性能的影响［J］．材料热处理学报，2015，36（2）：108~113.

[44] 范银平，李璟，杨陈莉．HRB500E 抗震钢筋生产工艺及性能优化［J］．河南冶金，2017，25（1）：32~34.

[45] 谭学余．高强钢筋生产技术指南［M］．北京：冶金工业出版社，2013.

[46] 郭跃华．钒氮微合金化 HRB500E 热轧带肋钢筋开发［J］．钢铁钒钛，2019，40（6）：113~117.

[47] 佚名．承钢成功轧制 HRB600 高强抗震钢筋［J］．钢铁，2012，47（2）：33.

[48] 胡煜，韩建鹏，郭红民，等．600MPa 级高强钢筋的生产实践［J］．山西冶金，2017，166（2）：17~18.

[49] 刘建萍．萍安钢 HRB600 高强钢筋开发实践［J］．江西冶金，2017，37（5）：18~21.

[50] 潘红波，汪杨，阎军，等．钒微合金化 600MPa 级高强钢筋的组织与性能［J］．材料热处理学报，2016，37（3）114~121.

[51] 李阳，左龙飞，张建春，等．合金元素对 HRB600 钢筋强屈比性能的影响［J］．材料热处理学报，2016，37（S1）：61~67.

[52] 陈伟，吴光耀，张卫强，等．高氮钒铬微合金化工艺试制 600MPa 级高强抗震钢筋［J］．钢铁钒钛，2016，37（2）：66~72.

[53] 杨晓伟，陈焕德，周云．V-Ti 微合金化 HRB600 高强钢筋组织及强化机制分析［J］．钢铁钒钛，2020，41（3）：110~115.

[54] 余良其，汪开忠，郭湛，等．600MPa 级高强抗震钢筋轧后控冷工艺研究［J］．安徽冶金，2018（3）：1~4.

[55] 李光瀛，刘宪民，张江玲，等．抗震耐候高强度 YS700MPa 级热轧钢筋：中国，CN201210326669.0 [P]. 2012.

[56] 李阳，麻晗，黄文克，等．一种 700MPa 级螺纹钢筋及其生产方法：中国，CN201410034969.0 [P]. 2014.

[57] 杜传治，梁辉，郭锟，等．HRB700 钢筋及其生产方法：中国，201210381085.3 [P]. 2012.

[58] 吴海洋，姚圣法．一种 700MPa 级绿色热处理高强度钢筋的加工方法：中国，CN103643167B [P]. 2015.

[59] 白瑞国，张春雷，褚文龙，等．一种低成本热轧 700MPa 级热轧高强抗震钢筋及其制备方法：中国，CN201910804154.9 [P]. 2019.

[60] 汪开忠，郭湛，吴坚．一种 Nb、V 复合 700MPa 级高强抗震钢筋用钢及其生产方法：中国，CN201910680256.4 [P]. 2019.

[61] 王有铭，李曼云，韦光．钢材的控制轧制和控制冷却 [M]. 北京：冶金工业出版社，1995.

[62] 张红雁．500MPa 级 6~12mm 超细晶粒碳素钢筋开发 [D]. 济南：山东大学，2009.

[63] 杨忠民，王瑞珍，车彦民，等．普通碳素钢钢筋超细晶变形工艺的研究 [C]. 中国钢铁年会论文集（下册），2001.

[64] 杨忠民．普通碳素钢生产超细晶粒Ⅲ、Ⅳ级钢筋的工艺技术及应用 [C]. 全国炼钢、轧钢生产技术会议文集，2004.

[65] 吕良刚．超细晶粒化钢筋生产的研究与实践 [J]. 冶金标准化与质量，2003 (5)：22~23.

[66] 肖立军，王长生，周志军，等．400MPa 级 ϕ6~10mm 超细晶粒碳素钢筋工艺技术持续创新与实践 [Z]. 山东石横特钢集团有限公司，2016.

[67] 曹树卫．高速线材生产中的控轧控冷 [J]. 金属制品，2005 (5)：26~27.

[68] 韦武强，许宏安，杜忠泽，等．棒材线细晶粒高强度钢筋生产工艺的研发 [J]. 山西冶金，2011，132 (4)：30~32.

[69] 赵东记，侯建伟，袁相坤，等．HRBF400 细晶粒热轧带肋钢筋的开发 [J]. 山东冶金，2015，37 (4)：17~18.

[70] 李飞，范银平．400MPa 级细晶钢筋盘条工业化生产实践 [J]. 冶金丛刊，2007，168 (2)：10~12.

[71] 支旭波，房金乐．低成本细晶粒 HRB400E 盘螺钢筋的研制 [J]. 山西冶金，2016，160 (2)：14~16.

[72] 陈立勇，李晓光，高磊，等．HRBF400 细晶粒钢筋盘条的工业化试制 [J]. 轧钢，2011，28 (3)：31~33.

[73] 马正洪，张玺成，钱萍．控轧工艺对无微合金低锰高强度钢筋晶粒细化的影响 [J]. 金属热处理，2015，40 (4)：146~148.

[74] 苏世怀，孙维，汪开忠，等．高效节约型建筑用钢热轧带肋钢筋 [M]. 北京：冶金工业出版社，2010.

[75] 完卫国，杨仁江．英标 460MPa 级钢筋余热处理工艺研究 [J]. 山东冶金，2005，27 (5)：35~37.

[76] 完卫国，奚铁，孙维．钢筋轧后余热处理的研究 [J]. 钢铁研究，2010，38 (5)：16~25.

[77] 孙莹，赵彦军，于庆波，等．余热处理钢筋的组织性能研究 [J]. 热加工工艺，2013，42 (8)：214~217.

[78] 赵双廷，何云雪．用轧后余热处理工艺生产不同强度级别螺纹钢筋的生产实践 [J]. 天津冶金，2002，110 (S1)：7~9.

[79] 肖纪美．金属的韧性与韧化 [M]. 上海：上海科学技术出版社，1980.

[80] 杨中桂．金属材料冲击功影响因素分析．

[81] 刘桂生，郑永瑞．化学成分对钢的低温冲击韧性的影响 [J]. 轧钢，2011 (28)：8~11.

[82] 冯英育．工模具钢的韧性和延展性 [J]. 汽车工艺与材料，2011 (12)：11~16.

[83] Hahn G T. The influence of microstructure on brittle fracture toughness [J]. Metall. Trans., 1984, A15: 947~959.

[84] 束德林．工程材料力学性能 [M]. 北京：机械工业出版社，2003：21.

[85] 孙嘉，王硕，刘鹏享，等．400MPa 级细晶高强钢筋的疲劳 S-N 曲线研究 [J]. 工业建筑，2014，44 (S1)：951~953.

[86] 吕品．HRB500 高强钢筋低周疲劳性能研究 [D]. 大连：大连理工大学，2011.

[87] 徐升桥，林辉．高强钢筋疲劳性能试验研究 [J]. 铁路工程学报，2016，218 (11)：69~75.

[88] 张少华，王起才，张戎令，等．16mm HRB (F) 500 级高强钢筋疲劳性能研究 [J]. 工业建筑，2017，47 (6)：40~43.

[89] 庄浩，王晓蕾，刘雪娜．HRB400E 钢筋窄成分控制实践 [J]. 吉林冶金，2017 (1)：1~4.

[90] Samil J S, Keown S R, Erasmus L A. Effect of titanium addition on strain-aging characteristics and mechanical properties of carbon-manganese reinforcing steel [J]. Metal Technology, 1976, 3 (1): 194~201.

[91] Erasmus L A, Pussegoda L N. The strain aging characterization of reinforcing steel with a range of vanadium contents [J]. Metallurgical Transactions A, 1980, 11 (2): 231~237.

[92] Erasmus L A, Pussegoda L N. Strain age embrittlement of reinforcing steels [J]. New Zealand Engineering, 1977, 32 (8): 178~183.

[93] Kuroda N, Yoshikawa M. High production capacity steel bar mill of high strength steel bars for concrete reinforcement [J]. Research and Development Kobe Steel Engineering Reports, 2008, 58 (2): 7~11.

[94] 郭湛，完卫国，孙维，等. 功能性建筑用钢筋的研究现状及发展趋势 [J]. 安徽冶金科技职业学院学报，2010，20 (1)：3~6.

[95] 周炳章. 20 年来我国高层建筑结构及抗震技术的发展 [J]. 建筑技术，1994，21 (1)：36~39.

[96] 刘艳林．莱钢 HRB500E 抗震钢筋的研究开发 [D]. 沈阳：东北大学，2016.

[97] 夏一涵，郝飞翔．影响小规格 HRB500E 抗震性能的探究 [J]. 南方金属，2020，237 (6)：46~49.

[98] 马庆水．铌钒微合金 HRB500E 小规格 (ϕ12~14mm) 抗震直条钢筋开发 [J]. 冶金管理，2019 (19)：24，29.

[99] 乔国平，张崇民，靳刚强，等．HRB600E 高强抗震钢筋试制开发 [J]. 工艺材料，2018 (7)：11~14.

[100] 白瑞国，乔国平，王宝华，等．一种 630MPa 级热轧高强抗震钢筋及其生产方法：中国，201810027594.3 [P]，2018.

[101] 魏滔锴，黄华．一种 635MPa 级高强抗震钢筋及其制备方法：中国，202010888741.3 [P]. 2020.

[102] GB/T 37622—2019. 钢筋混凝土用热轧耐火钢筋 [S].

[103] Sha W, Kirby B R, Kelly F S. The behavior of structural steels at elevated temperatures and the design of fire resistant steels [J]. Materials Transactions, 2001, 42 (9): 1913~1927.

[104] Assefpour-Dezfuly M, Hugaas B A, Brownrigg A. Fire resistant high-strength low-alloy steel [J]. Materials Science and Technology, 1990, 6 (12): 1210~1214.

[105] Otani K. Recent trend of technology for steel plates used in building construction [J]. Nippon Steel Technical Report, 1992, 54: 27~36.

[106] 完卫国．建筑用耐火钢的研制和实际应用［J］．钢铁译文集，1996，2：29~40.
[107] Sha W. Fire resistance of floors constructed with fire resistant steels [J]. Journal of Structural Engineering, 1998, 124 (6): 664~670.
[108] Panigrahi B K. Microstructures and properties of low-alloy fire resistant steel [J]. Bulletin of Materials Science, 2006, 29 (1): 59~66.
[109] 陆匠心，李爱柏，李白刚，等．宝钢耐候钢产品开发的现状与展望［J］．中国冶金，2004（12）：23~28.
[110] 张善业，高怡斐．耐火 H 型钢 MGFR490B 和 Q345B 高温性能对比试验研究［J］．物理测试，2011，29（2）：10~16.
[111] 陈晓，刘继雄，董汉雄，等．大线能量焊接耐火耐候建筑用钢的研制及应用［J］．中国有色金属学报，2004，14（S1）：224~228.
[112] Zhang S M, Liu K, Chen H, et al. Effect of increased N content on microstructure and tensile properties of low-C V-microalloyed steels [J]. Materials Science and Engineering A, 2016, 651: 951~960.
[113] 刘福明．抗震耐火建筑用钢的组织与性能研究［D］．沈阳：东北大学，2019.
[114] 刘志勇，杨才福，沈俊昶，等．建筑用耐火钢组织与性能的研究［J］．钢结构，2005（4）：75~79.
[115] Uemori R, Chijiwa R, Tamehiro H. AP-FIM analysis of ultrafine carbonitrides in fire-resistant steel for building construction [J]. Nippon Steel Technical Report, 1996 (69): 23~28.
[116] Lee W B, Hong S G, Park C G. Influence of Mo on precipitation hardening in hot rolled HSLA steels containing Nb [J]. Scripta Materialia, 2000, 43 (4): 319~324.
[117] 王培文，闫志华．一种钢筋混凝土用耐火钢筋及其制备方法：中国，201811123022.1［P］. 2018.
[118] 周和敏，武兵强，王长城．一种高强度耐火抗震钢筋及其低成本制备方法：中国，201711486056.2［P］. 2017.
[119] 黄一新，程维玮，范鼎东，等．热轧低温带肋钢筋工艺研究及产品开发［J］．中国冶金，2015，28（1）：78.
[120] 黑龙江省低温建筑科学研究所．钢筋在低温下的性能及应用［C］．钢筋混凝土结构研究报告选集，北京：中国建筑工业出版社，1985：87~103.
[121] 王元清，武延民，石永久，等．低温对结构钢材主要力学性能影响的试验研究［J］．铁道科学与工程学报，2005，2（1）：1~4.
[122] 张玉玲．低温环境下铁路钢桥疲劳断裂性能研究［J］．中国铁道科学，2008，29（1）：22~25.
[123] 武延民，王元清，石永久，等．低温对结构钢材断裂韧度 JIC 影响的试验研究［J］．铁道科学与工程学报，2005，2（1）：10~13.
[124] 刘爽，顾祥林，黄庆华．超低温下钢筋力学性能的试验研究［J］．建筑结构学，2008，29（S1）：47~51.
[125] 刘爽，顾祥林，黄庆华，等．超低温下钢筋单轴受力时的应力-应变关系［J］．同济大学学报，2010，38（7）：954~960.
[126] 刘德祥．热轧低温带肋钢筋的开发［D］．西安：西安建筑科技大学，2018.
[127] 程维玮，韩玉梅，李杰，等．热轧 N500B 钢耐寒带肋钢筋的研制［J］．上海金属，2018，40（2）：33~37.
[128] 张珍秀，郑琦．抗腐蚀的不锈钢筋［J］．国外桥梁，1997（4）：48~50.
[129] Cui F, Krauss P D. Corrosion resistance of alternative reinforcing bars: an accelerated test [J]. Wiss, Janney, Elstner Associates/Concrete Reinforcing Steel Institute, 2006 (773): 1~11.
[130] García-Alonso M C, Gonzalez J A, Miranda J, et al. Corrosion behaviour of innovative stainless steels in

mortar [J]. Cement and Concrete Research, 2007, 37 (11): 1562~1569.

[131] García-Alonso M C, Escudero M L, Miranda J M, et al. Corrosion behavior of new stainless steels reinforcing bars embedded in concrete [J]. Cement and Concrete Research, 2007 (37): 1463~1471.

[132] Sederholm B. Corrosion Properties of Stainless Steels as Reinforcement in Concrete in Swedish Outdoor Environment [C]. Corrosion 2009.

[133] 梁爱华, VandenBerg G J. 海洋环境下不锈钢筋耐腐蚀性能研究 [J]. 建筑技术, 2000 (2): 105~107.

[134] 王保勤, 李颖, 王朝辉, 等. 不锈钢钢筋的生产实践 [J]. 轧钢, 2018, 35 (1): 88~89.

[135] 凌佳燕. 新型不锈钢筋耐蚀性及不锈钢筋混凝土构件力学性能研究 [D]. 杭州: 浙江大学, 2018.

[136] 鲍崇高, 潘继勇. 双相不锈钢 2605N 与铁素体不锈钢 Cr30 的腐蚀性能 [J]. 铸造, 2010, 59 (10): 1024~1026.

[137] 李承昌, 穆明浩, 聂昌信, 等. 不锈钢筋的力学及工艺性能 [J]. 公路交通科技, 2016, 33 (12): 1~5.

[138] 黄志明. 钢筋混凝土中钢筋锈蚀原因及防治措施 [J]. 科教论坛, 2006 (6): 122.

[139] 李清富, 王进伟. 不锈钢筋的研究进展及其应用 [J]. 河南科技, 2017, 621 (10): 107~109.

[140] 陆世英. 不锈钢概论 [M]. 北京: 化学工业出版社, 2013.

[141] 严彪. 不锈钢手册 (精) [M]. 北京: 化学工业出版社, 2009.

[142] 耿会涛. 桥梁用不锈钢筋与构件受力性能试验研究 [D]. 郑州: 郑州大学, 2013.

[143] 李承昌, 穆明浩, 聂昌信, 等. 不锈钢筋的力学及工艺性能 [J]. 公路交通科技, 2016 (12): 1~5.

[144] 李承昌, 何伟南, 芦杰, 等. 不锈钢筋与混凝土的黏结性能 [J]. 公路交通科技, 2016 (12): 15~20.

[145] 李承昌, 耿会涛, 李清富, 等. 不锈钢筋混凝土梁试验研究 [J]. 公路交通科技 (应用技术版), 2017 (1): 15~18.

[146] 张国学, 吴苗苗. 不锈钢钢筋混凝土的应用及发展 [J]. 佛山科学技术学院学报, 2006, 24 (2): 10~13.

[147] 舞云朋. 浅谈不锈钢钢筋的类型、性能、成本和应用 [J]. 南方金属, 2018 (222): 43~47.

[148] 黄超. 不锈钢钢筋在地铁混凝土结构中的应用分析 [J]. 市政技术, 2021, 39 (2): 106~109.

[149] 百度文库. https: //wenku. baidu. com/view/f74f44f79e3143323968933a. html.

[150] Mehta P K. Durability of Concrete-fifty Years of Progress [J]. Corrosion Science, 1991, 126: 1~32.

[151] Akhoondan M, Sagüés A A. Cathodic behavior of ~9% Cr steel reinforcement in concrete [J]. Corrosion, 2011 (11010): 1~14.

[152] 艾志勇, 孙伟, 蒋金洋. 低合金耐蚀钢筋锈蚀研究现状及存在的问题分析 [J]. 腐蚀科学与防护技术, 2015, 27 (6): 526~536.

[153] Moreno M S, Takenouti H, Garcia-jareno J J, et al. A theoretical approach of impedance spectroscopy during the passivation of steel in alkaline media [J]. Electrochim. Acta, 2009, 54: 7222.

[154] Hakiki N E, Montemor M F, Ferreira M G S, et al. Semiconducting properties of thermally grown oxide films on AISI 304 stain-less steel [J]. Corros. Sci., 2000, 2 (4): 687.

[155] Mancio M, Kusinski G, Montciro P J M, et al. Electrochemical and in-situ SERS study of passive film characteristics and corrosion performance of 9% Cr microcomposite steel in highly alkaline environments [J]. J. ASTM Int., 2009, 6 (5): 1~10.

[156] 胡敏. 腐蚀环境结构中采用环氧树脂涂层钢筋的成本分析 [J]. 江西化工, 2009 (4): 175~176.

[157] Zhou C, Li Z, Li J, et al. Epoxy composite coating with excellent anticorrosion and self-healing perform-

ances based on multifunctional zeolitic imidazolate framework derived nanocontainers [J]. Chemical Engineering Journal, 2020, 123835 (385): 1~17.

[158] 陈锦虹，卢锦堂，许乔瑜，等．硅镇静钢热浸镀 Zn-Ni 合金 [J]. 金属热处理，1996，11：12~15.

[159] 汤酞则．热浸镀锌及其工艺 [J]. 新技术新工艺，1994，4：35~36.

[160] Marder A R. The metallurgy of zinc-coated steel [J]. Progress in Materials Science, 2000, 45 (3): 191~271.

[161] 孔纲，卢锦堂，许乔瑜．热浸镀技术与应用 [M]. 北京：机械工业出版社，2006.

[162] Yeomans S R. Chapter 1—Galvanized Steel in Concrete: An Overview [M]. Galvanized Steel Reinforcement in Concrete. Amsterdam: Elsevier Science, 2004: 1~289.

[163] Andrade C, Alonso C. Chapter 5—Electrochemical Aspects of Galvanized Reinforcement Corrosion [M]. Galvanized Steel Reinforcement in Concrete. Amsterdam: Elsevier Science, 2004: 111~144.

[164] Figueira R B, Silva C, Pereira E V, et al. Corrosion of hot-dip galvanized steel reinforcement [J]. Corros. E Prot. Mater, 2014, 33: 51~61.

[165] Ghosh R, Singh D D, Kinetics N. Mechanism and characterisation of passive film formed on hot dip galvanized coating exposed in simulated concrete poresolution [J]. Surface & Coatings Technology, 2007, 201 (16~17): 7346~7359.

[166] 汪燃原，孔纲，卢锦堂．混凝土中热浸镀锌钢筋的研究及应用 [J]. 电镀与涂饰，2009，28 (10)：22~25.

[167] Yeomans S R. Galvanized steel reinforcement in concrete [M]. Oxford: Elsevier, 2004.

[168] 郭湛，完卫国，孙维，等．含稀土高强度耐腐蚀钢筋的研究 [J]. 钢铁，2010，45 (12)：53~58.

[169] 赵晓敏，吕刚，银志军，等．400MPa 级稀土耐大气腐蚀抗震钢筋研发 [J]. 包钢科技，2019，45 (6)：66~70.

[170] 赵晓敏，吕刚，白月琴，等．低成本 500MPa 级稀土耐氯离子腐蚀钢筋研发 [J]. 鞍钢技术，2018，414 (6)：28~31.

[171] 姚圣法，吴海洋．一种含稀土元素的高强度耐腐蚀钢筋用钢及其热处理工艺：中国，CN201410622078.7 [P]. 2014.

[172] 孙蓟泉，唐荻，米振莉，等．服务化转型助推钢铁行业供给侧改革 [J]. 钢铁，2017，52 (3)：1~8.

[173] 刘长庆．钢铁物流：铁流滚滚势头强劲 [J]. 中国储运，2011 (3)：44~46.

[174] 王廷臣，高飞．关于钢铁企业提升用户服务的思考 [J]. 中国冶金，2014 (24)：251~255.

[175] 百度文库 https://wenku.baidu.com/view/b2a66105f80f76c66137ee06effqaef8951e4838.html.

[176] 康建光，战东平，王荣健，等. HRB400E 热轧带肋钢筋增氮强化的生产实践 [J]. 辽宁科技大学学报，2020，43 (6)：405~409.

[177] 陈焕德，麻晗，张宇，等. 海洋工程用长寿命耐蚀钢筋 HRB400M 的工业试制 [C]. 第九届中国金属学会青年学术年会论文集，中国金属学会 (The Chinese Society for Metals)、中国金属学会青年工作委员会：中国金属学会，2018：220~223.

[178] 付常伟. 建筑结构用钢产品升级和应用及其对节能减排的影响 [J]. 轧钢，2020，37 (3)：65~70.

[179] 张国才. 中日钢筋混凝土框架结构抗震破坏模式控制方法对比 [D]. 重庆：重庆大学，2012.

[180] 于勇．钢铁轨迹——一部关于钢铁与人类文明发展的简史 [M]. 北京：冶金工业出版社，2021.

第五篇

螺纹钢重点企业工艺技术装备

本篇收集了国内三分之二以上重点螺纹钢企业的简介、工艺、技术、装备及产品研发等情况，收录了螺纹钢标准及检测单位，部分钢铁冶金设计院、配套装备制造单位、冶金院校及建筑设计单位、螺纹钢深加工企业、下游重点用户、上海期货交易所等的相关业务、装备服务、技术开发等情况。

第一章　螺纹钢重点生产企业

中国宝武钢铁集团有限公司

马钢（集团）控股有限公司

马钢（集团）控股有限公司（以下简称马钢）是中国宝武钢铁集团有限公司控股子公司，拥有 A+H 股上市公司 1 家、新三板上市公司 2 家，具备 2000 万吨钢配套生产规模。马钢的前身是成立于 1953 年的马鞍山铁厂；1958 年马鞍山钢铁公司成立；1993 年成功实施股份制改制，分立为马钢总公司和马鞍山钢铁股份有限公司；1998 年马钢总公司依法改制为马钢（集团）控股有限公司；2011 年 4 月，马鞍山钢铁股份有限公司与安徽长江钢铁股份有限公司实施重组，成为长钢的控股公司，长钢公司进入马钢总体发展规划；2019 年 9 月 19 日，安徽省国资委和中国宝武签订了《关于重组马钢集团相关事宜的实施协议》，马钢集团成为中国宝武控股子公司。

在 60 多年艰苦创业、自我积累和滚动发展的历程中，马钢创造了我国钢铁行业的诸多第一：我国第一个车轮轮箍厂、第一套高速线材轧机、中国钢铁第一股（A+H 股上市公司）、第一条大 H 型钢生产线、第一条重型 H 型钢生产线先后诞生在这里。马钢是多元协同发展的集团化企业，构建了钢铁及产业链延伸产业、战略性新兴产业协同发展的产业格局。钢铁产业拥有马钢股份公司本部、长江钢铁、合肥公司、瓦顿公司四大钢铁生产基地，冷热轧薄板、彩涂板、镀锌板、H 型钢、高速线材、高速棒材、特钢棒材和车轮轮箍等先进生产线，形成了独具特色的“板、型、线、轮、特”产品结构。车轮、H 型钢、冷镦钢、管线钢、特钢等产品拥有自主知识产权和核心技术，车轮和 H 型钢产品获得“中国名牌”称号，马钢股份公司荣获“全国质量奖”，长钢 2019 年获得了人社部和中钢协联合颁发的“全国钢铁工业先进集体”“安徽省绿色工厂”荣誉称号，2020 年获得了工信部“国家绿色工厂”殊荣。公司多元产业拥有矿产资源、工程技术、再生钢铁原料、化工能源、贸易物流、金融投资、节能环保、信息技术、新材料等板块。

马钢是我国精品螺纹钢生产基地，长期以来一直致力于螺纹钢新产品的开发，采用 Nb、V、Ti 等多种微合金化以及控轧控冷工艺，相继开发出 HRB400(E)、HRB500(E)、HRB600(E)、HTRB600(E)、HRB635(E)、HRB500DW 等热轧、抗震、耐低温螺纹钢及盘螺产品、出口英标 BSG460、B500B 等产品，规格为 ϕ12～40mm 直条、ϕ6～12mm 盘条，形成了完整的质量管理体系，产品质量稳定、性能可靠，取得了国家质检总局颁发的生产许可证，获得了行业协会颁发的质量金杯奖。

目前，马钢具有 4 条热轧螺纹钢生产线，长钢具有 4 条热轧螺纹钢生产线，产品规格

实现 ϕ6~40mm 全覆盖，产能达700万吨/年，可生产高强、抗震、耐低温以及耐蚀螺纹钢等多种产品。

马钢棒材轧机采用的新工艺技术有控轧控冷技术，即通过控制轧件在加热、轧制、冷却各阶段的温度、变形制度等加工条件，进一步提高螺纹钢的品质；切分轧制技术，即在轧制过程中，将轧件沿纵向剖分成两条轧件，可大幅度提高产量，扩大小规格产品的范围，减少轧制道次，降低加热温度，降低能耗；低温轧制和低温控轧技术，即低温轧制，利用连轧机轧件温降很小或升温的特点，把开轧温度从1000~1100℃降低至850~950℃，终轧温度与开轧温度相差不大，提高轧机强度，增加电机功率和电耗。低温控轧是在精轧的最后两道次或四道次，在 A_{c3}±30℃的温度范围内，终轧温度为750~760℃时配合40%~50%的变形量，以完成变形热处理过程。低温轧制的产品具有高强度、高韧性，普通热轧无法达到这两者兼备的性能。

马钢高速棒材生产线以全无扭、全红送作业方式生产，整个轧线共设22架短应力线轧机，分6架粗轧机组、6架一中轧机组、4架二中轧机组，精轧机组为达涅利6机架侧交无扭精轧机组。产品规格为 ϕ12~16mm 热轧带肋钢筋。马钢大棒生产线主要工艺设备从意大利POMINI公司和瑞典ABB公司引进，综合技术装备水平达到国际上第5代全连续小型轧钢厂的水平，拥有高刚度短应力线红圈轧机、二线切分轧制工艺、计算机过程控制和跟踪系统、交流调速控制及无张力控制轧制等，产品规格为 ϕ16~40mm 热轧带肋钢筋。长钢双棒生产线共有18架短应力线轧机，分别由6架平立交替布置的粗轧机组、6架平立交替布置的中轧机组以及6架精轧机组组成。产品规格为 ϕ10~22mm 热轧带肋钢筋采用切分法生产、ϕ25~40mm 热轧带肋钢筋采用单根轧制。

马钢特钢高线始建于1987年，是我国首条引进的高速线材生产线。2003年通过升级改造，建成了一条世界首创的具有单线多通道柔性切换技术，可实现热机轧制的生产线。2015年，对现有线材生产线又进行全面升级改造，实现了真正意义上的 ϕ5.5~25mm 平立交替无扭控冷控轧以及TMCP热机轧制。

中国宝武钢铁集团有限公司

宝钢集团新疆八一钢铁有限公司

宝钢集团新疆八一钢铁有限公司（以下简称八钢）始建于1951年9月，曾是全国地方钢铁“十八罗汉”之一。2007年4月加入宝钢集团，成为宝钢集团控股的子公司，现为中国宝武钢铁集团有限公司旗下子公司，是新疆产能最高、产业链最长、产品品种最全的钢铁企业。建厂近70年来，为新疆的经济建设和社会发展作出了重要贡献。

八钢本部坐落于乌鲁木齐市头屯河区，现有年产钢能力800万吨。其中螺纹钢生产线有两条棒材生产线、两条高速线材生产线。产品覆盖优棒、棒材、线材以及金属制品等多个品种。在资源产业方面，八钢拥有雅满苏矿业公司、富蕴蒙库铁矿公司、敦德矿业公司等矿山企业，拥有艾维尔沟和阜康两个焦煤生产基地，具有一定的自有资源保障能力。

进入“十三五”以来，八钢深入贯彻落实新发展理念，按照供给侧结构性改革的要求，全面推进企业改革与转型发展，实施“双轮驱动”战略，推进产品和产业“两个转型”，延伸产业链，提升价值链。在产品转型上，持续提升板材型材优钢高附加值产品比重，2019 年板型优产品销量占比达到 70%，产品差异化竞争优势不断增强。在产业转型上，加快实施“深耕新疆”战略，积极拓展城市新产业，社会化业务产值不断增长。紧紧抓住“一带一路”倡议带来的机遇，依托陆港区和宝武班列，推进物流贸易产业协同发展，2019 年国际贸易产业收入超过 50 亿元。环塔拉力赛通过多年的精心打造，现已成为亚欧大陆同类体育赛事中影响力最大的国际知名汽车赛事品牌之一。

目前，八钢螺纹钢的产能为 300 万吨/年，具有两条高速棒材生产线和两条高速线材生产线，棒材主要生产 ϕ10~40mm 的热轧直条，线材主要生产 ϕ6~16mm 盘条，其工艺主要采用 Ti，Nb，V-Fe，V-N 微合金化冶炼来生产 HRB400E 和 HRB500E 产品。

轧钢方面采用的主要技术有连铸坯热装热送技术，即对小型材轧钢厂的上料系统进行了改进，加热炉燃耗由改造前的吨钢 55~56kg（标煤），降低到 33~34kg（标煤）；加热炉的加热能力由冷装时的 80t/h，提高到热装时的 105t/h，提高了 31%，省去了冷装时连铸坯冷却和再加热的过程，减少了氧化铁皮的烧损；无孔型轧制技术，即充分利用无孔型轧制的优点，通过设计无孔型轧制的专用导卫 1 号剪流槽的改进、轧机水管的改进，辅助无孔型轧制在小型机组的推进；开发了螺纹钢切分技术，原意大利 DANIELI 公司提供给小型机组设计的切分孔型系统中，仅包括 2×ϕ10mm 和 2×ϕ12mm 的螺纹钢。在 2×ϕ10mm 和 2×ϕ12mm 的圆钢切分轧制开发成功后，相继投入到同规格的螺纹钢生产中，在设备具备条件的基础上，2002 年初小型机组又开发了 2×ϕ14mm、2×ϕ16mm 螺纹钢的切分生产；硬质合金辊环技术的应用大幅提高了轧槽寿命，即 ϕ16mm 螺纹钢成品槽轧制量由使用前的 150t/槽提高到 2000t/槽以上；ϕ18mm 螺纹钢成品槽轧制量由使用前的 200t/槽提高到 2500t/槽以上；ϕ20mm、ϕ22mm、ϕ25mm 三种螺纹钢成品槽轧制量由使用前的 250t/槽左右，提高到 2800t/槽以上；QTB 控制冷却工艺方面，2003 年八钢小型机组在国外设备和资料的基础上，经过近两年的不断试验摸索，掌握了常用规格螺纹钢的 QTB 工艺的控制参数，生产中已能使用 HRB335/20MnSi 的Ⅱ级钢筋为母材采用 QTB 工艺生产 ϕ16~25mm 规格的 HRB400 Ⅲ级钢筋。

2008 年 5 月八钢在国内首次实现了预精轧 16 号、精轧 19 号、21 号轧机辊环的无孔型轧制，在无孔型延伸轧制的技术上有了新的突破。

主要装备包括两条高速线材、两条高速棒材生产线。产品主要覆盖优特钢、棒材、线材以及金属制品等多个品种。

目前，八钢螺纹钢的产能、质量、品种、工艺、装备等均处于稳定生产期，比较突出的工艺技术是无孔型轧制的应用和切分轧制的拓展。八钢所有规格的螺纹钢实现了无孔型轧制，规格 ϕ25mm 以下实现切分轧制，其中 ϕ12mm 螺纹钢具备六切分的轧制生产技术。

中国宝武钢铁集团有限公司

宝武集团广东韶钢松山股份有限公司

宝武集团广东韶钢松山股份有限公司（以下简称韶钢）是原广东省韶关钢铁集团有限

公司（以下简称韶关钢铁）的子公司，始建于 1966 年 8 月 22 日，位于广东省韶关市南郊，占地面积 9.8km^2，其中生产区占地 6.6km^2，生活区占地 3.2km^2，有粤北“十里钢城”之称，是广东省重要的钢铁生产基地。2011 年 8 月 22 日，宝钢集团和广东省国资委签订股权划转协议，韶关钢铁由原宝钢集团直接持股 51%。2012 年 4 月 18 日，宝钢集团广东韶关钢铁有限公司挂牌成立。2016 年 12 月 1 日，宝钢集团与武钢集团联合重组成立中国宝武钢铁集团有限公司，韶关钢铁成为中国宝武的子公司。2020 年 11 月 18 日，宝武集团广东韶关钢铁有限公司正式更名为宝武集团中南钢铁有限公司（以下简称中南钢铁）。

韶钢年产钢能力 700 万吨，立足钢铁业，工、科、贸并举，多元化经营，主要产品有板材、线材、棒材、优特钢棒材等四大类，产品广泛应用于汽车、石油化工、机械制造、能源交通、航天航空、建筑、核电等行业，主要在珠江三角洲、华东地区及广东邻近省销售，部分出口。“韶钢牌”钢材品牌获首届广东省优秀自主品牌，“韶钢牌”商标被认定为广东省著名商标，船体用结构钢板通过九国船级社工厂认可，多个产品获冶金产品实物质量“金杯奖”和“广东省名牌产品”称号。2007 年韶钢被认定为第一批广东省高新技术企业，2009 年韶钢被认定为全国高新技术企业。

中国宝武愿景是“成为全球钢铁业引领者”，使命是“共建高质量钢铁生态圈”，核心价值观是“诚信、创新、协同、共享”。韶钢作为中国宝武的下属子公司，积极践行中国宝武优秀文化，努力实现企业高质量发展。2015 年以来，韶钢始终坚持“三个不动摇”（加快推进改革创新力度不动摇、加快转型升级步伐不动摇、加快提升基层基础管理能力不动摇）工作主线，深入开展“三岗”（岗位找茬、岗位对标、岗位提升）活动和“全员改善日”活动（6S 促进行为养成、三岗活动促进标准化作业、专项整治促进环境改善），加强企业基层基础管理，推动企业改革创新和转型发展，迈入了高质量发展的快车道。2020 年《财富》中国 500 强排名中，韶钢位列第 332 位。

目前，韶钢螺纹钢的产能为 500 万吨/年，其产品以“韶钢牌”HRB400E 为主，还有部分 HRB500E、HRB400 以及少部分英标 BS460、B500B、500B 和澳标 A400、A500 等，盘螺规格覆盖 ϕ6～12mm 范围，直条规格覆盖 ϕ12～40mm 范围。典型的产品有 2016 年自主成功开发的高品质、高附加值的新一代液化天然气（LNG）储罐用低温钢筋和 HRB600 高强钢筋，还有 2020 年与湖南三泰新材料股份有限公司合作成功研发的不锈钢复合螺纹钢筋，钢筋性能良好，完全满足标准《钢筋混凝土用热轧碳素钢—不锈钢复合钢筋》（GB/T 36707—2018）的质量要求。

经过多年的快速发展，韶钢螺纹钢生产工艺技术水平不断提高，现具备了大高炉、大转炉、全连轧棒材轧机、高速线材轧机，并配套相关的先进生产工艺技术和设备。轧钢方面，有 3 条棒材生产线和 2 条高速线材生产线。棒一线和棒三线是 18 机架全连续小型棒材连轧机生产线，分别于 1996 年、2010 年建成投产；棒一 2 线是 19 机架全连续小型棒材连轧机生产线，2005 年建成投产；高一线是 30 机架高速线材轧机生产线，2005 年建成投产；高二线是 28 机架高速线材轧机生产线，2008 年建成投产。

轧钢主要的先进生产工艺技术有：钢坯热送热装技术、步进梁式三段连续加热炉加热技术、采用低 NO_x 无焰烧嘴技术、轧机平立交替，无扭全连续、高速、微张力或无张力轧制技术、粗中轧采用无孔型轧制技术、线材轧机张力补偿及微张力控制技术、线材轧机在线测径技术、斯太尔摩风冷线技术、计算机全程在线温度监控技术、机械自动打包技术等。2016 年 3 月，韶钢有效利用现有生产设备，采用新技术、新工艺，以精品钢生产为目标，首次自主成功开发出高品质、高附加值的新一代液化天然气（LNG）储罐用低温钢筋。生产信息系统技术方面，2015 年以来，韶钢积极探索，全力组织打造“数字韶钢”“智慧制造”，推进完成了经营管控系统和经营决策支持系统应用，打造智能制造“五位一体”核心信息系统，自动集成生产全过程、生产管理各工序，动态监控参数变化，全过程质量跟踪，实现各工序参数自动采集、判定和可追溯，支撑韶钢精益经营，为韶钢有效掌控生产经营提供强力支撑，韶钢用数据说话氛围已经形成，数字化经营能力正在不断提升。同时，以“全面创新，引领标杆”的要求，先后启动或完成了铁区动态管控系统、物流动态管控系统、能源管控系统、炼钢集控系统、轧钢一体化管控系统等建设，逐步形成了“智能制造、数字韶钢”的信息系统体系，全力支撑韶钢管理跨越和转型升级。

中国宝武钢铁集团有限公司

宝武集团鄂城钢铁有限公司

宝武集团鄂城钢铁有限公司（以下简称鄂钢）坐落于长江南岸、武汉“8+1”城市圈中最具魅力的城市——鄂州市。鄂钢始建于 1958 年，其前身是湖北省地方钢铁骨干企业——鄂城钢铁厂，是新中国成立后建设的 18 家地方钢铁骨干企业之一。1997 年 5 月，整体改制为鄂城钢铁集团有限责任公司。2004 年 11 月经国务院国资委批准与武钢联合重组，成为武钢集团控股子公司。2014 年成为武钢集团全资子公司。2018 年 1 月纳入中国宝武一级子公司直接管理。2020 年 5 月更名为宝武集团鄂城钢铁有限公司。

鄂钢在中国宝武被定位为“一基五元”中的钢铁制造板块，钢铁主体装备达到国内一流水平，宽厚板生产线达到国际先进水平，是集团公司在华中区域精品建材、优质工业材和高端板材制造基地。主要产品有：4300mm 宽厚板生产线生产的各强度级别船板、桥梁钢、管线钢、容器板、高层建筑用钢、工程机械用钢等；棒线材生产线生产的优质碳素结构钢、合金结构钢、弹簧钢、轴承钢、连铸圆管坯等 200 多个品种，广泛用于水利水电、道路、机场、桥梁、房屋建筑等基础工程建设以及机械、汽车、船舶、家电、金属制品、海洋平台等行业和领域。

鄂钢产品有较好的影响力和市场占有率，“鄂钢牌”入选中国品牌数据库。螺纹钢获“国家免检产品”称号。其中螺纹钢、高速线材产品获“湖北名牌产品”称号。在 1994 年到 1996 年间成为国内首家进入三峡工程的螺纹钢生产企业；1999 年螺纹钢被评为国家冶金产品实物质量“金杯奖”；2001 年获得国家首批免检产品；2021 年成为国内首批获得 HRB600 生产许可证企业。鄂钢根据企业发展战略规划，聚焦“绿色、精品、智慧”，着力打造国内一流的绿色智慧型城市钢厂典范，2020 年先后被国家授予“绿色工厂”“高新技术企业”，致力于成为以钢铁为价值载体的现代高科技企业。

目前，鄂钢公司具备 600 万吨/年产能，其中“鄂钢牌”螺纹钢主要包括：HRB400E、

HRB400、HRB500E、HRB500、HRB600 等牌号，盘条螺纹钢规格覆盖 φ6～16mm 范围，直条螺纹钢规格覆盖 φ12～40mm 范围。

经过近几年的“绿色、精品、智慧”发展，鄂钢螺纹钢生产工艺技术水平不断提高，现具备了大高炉、大转炉、全连轧棒材轧机、高速线材轧机，并配套相关的先进生产工艺技术和设备。

目前鄂钢在轧钢工序具有多条棒材生产线和 1 条高速线材生产线。其中一条棒材生产线的轧机由 7 架粗轧、6 架中轧和 6 架精轧机组成，粗轧机和中轧机采用牌坊式轧机，而精轧机采用短应力线轧机；其他棒材生产线是 18 机架全连续小型棒材连轧机生产线；高速线材共设 27 架轧机，轧机由 7 架粗轧、6 架中轧、4 架预精轧、10 架精轧机机组组成。

轧钢具有轧机平立交替，无扭全连续、高速、微张力或无张力轧制技术、轧机张力补偿及微张力控制技术、斯太尔摩风冷线技术、计算机全程在线温度监控技术、机械自动打包技术等。先进生产工艺技术有：（1）钢坯热送热装技术，目前除了一条棒材生产线采用汽车热送外，其他几条生产线陆续配置了钢坯红送辊道，从而减少钢坯热量损失，降低煤气消耗和钢耗。（2）加热炉智能燃烧技术，棒材生产线加热炉的操作模式分别于 2019 年、2020 年升级为智能燃烧模式。智能燃烧模式可以实现每根钢坯加热过程信息可追溯，空燃比自动调节，确保了煤气的充分燃烧，既降低了煤气消耗和尾气中 CO 的浓度，同时也可减少钢坯氧化烧损，提升钢坯加热质量。（3）高强抗震钢筋技术开发：鄂钢公司从 2019 年开始对 600MPa、630MPa 级别高强度抗震系列螺纹钢进行研发，并成功开发了不需要经过轧后热处理就能达到抗震级别的 630MPa 级抗震钢筋。2020 年参与了上海市工程建设团体标准 T/SCDA 042—2020《630MPa 级带肋高强钢筋应用技术标准》的编制，为高强钢筋的推广应用，从技术标准方面取得了突破。

中国宝武钢铁集团有限公司

重庆钢铁股份有限公司

重庆钢铁股份有限公司（以下简称重钢），是中国最早的钢铁企业，至今已有 130 余年历史。前身为 1890 年张之洞办洋务时创立的汉阳铁厂，于 1938 年西迁至重庆大渡口，曾为中华民族工业发展和新中国建设作出重要贡献，享有“北有鞍钢、南有重钢”和“三朝国企”的美誉。重庆钢铁股份有限公司于 1997 年 8 月 11 日成立，同年 10 月 17 日在香港联合交易所有限公司上市发行 H 股 41394.4 万股，1998 年 12 月 7 日经中华人民共和国对外贸易经济合作部批准，成为外商投资企业，2007 年 2 月 28 日又在上海证券交易所上市发行 A 股 35000 万股，注册资本为人民币 173312.72 万元。公司主要生产销售中厚钢板、热轧卷、线材、棒材、商品钢坯、焦化副产品及炼铁副产品。

目前，重钢螺纹钢的产能为 410 万吨/年，其中棒材生产能力为 180 万吨/年，其规格为 φ16～50mm 的螺纹钢，主要钢种为普通热轧钢筋、细晶粒热轧钢筋等；高速线材生产能力为 90 万吨/年，其规格为 φ5～28mm 的光面盘条工业材及 φ6～12mm 建筑盘条，主要钢种为 Q195、HPB300、HRB400(E)/500(E)、30～80、82B、H08A、72A/B、77A/B、

SWRC45K、55SiCr 等；双高棒生产能力为 140 万吨/年，其规格为 ϕ8～22mm 的螺纹钢，主要钢种为普通热轧钢筋、细晶粒热轧钢筋等。

重钢棒材生产线、高速线材生产线、双高棒生产线所采用的生产工艺和装备成熟可靠，其主要工艺技术特点有：（1）连铸-直接轧制技术，双高棒运用连铸-直接轧制技术，采用铸轧紧凑式地坪布置方式，实现高温连铸坯不经过提升、不经过加热炉加热，通过快速辊道送入轧机进行轧制；棒材和高线也考虑了连铸-直接轧制技术，设计预留了热送直轧基础，为实现高温连铸坯经提升上 5m 平台，不经过加热炉加热，通过快速辊道送入轧机进行轧制；此项技术使铸坯进入粗轧机温度不低于 920℃以达到节约能源消耗，降低金属损耗，减少废气排放，降低生产成本，提高市场竞争力的目的。(2) 热送热装技术，除预留连铸直接轧制技术以外，棒材生产线、高速线材生产线和双高棒生产线均可采用热送热装技术，当来料温度不满足直轧技术要求时，坯料经热送辊道送至加热炉内进行热送热装，可节约能源，实现清洁生产。（3）无头焊接轧制技术，为提高产量、作业率及成材率，在粗轧前预留无头焊接位置。该技术主要是通过焊接的方式连接前后钢坯，实现无头轧制，降低轧制过程中的切头尾损耗，可以提高成材率、定尺率，降低故障率。(4) 棒材倍尺智能控制技术，通过出炉实时称重、截面仪实测米重、在线空载压下实现负偏差闭环控制等技术实现棒材倍尺生产，使收集区将不出现或少出现非定尺材，在提高定尺率、成材率的同时降低收集区劳动负荷，提高收集区自动化程度并提高成材率，提高产品竞争力。

重钢双高棒全线共设置 32 架轧机，轧机由 6 架粗轧、4 架中轧、6 架预精轧、2×4 架单传悬臂精轧机组Ⅰ、2×4 架模块精轧机机组Ⅱ轧机组成；棒材轧机由 6 架粗轧、4 架中轧、6 架预精轧、2 架精轧共 18 架轧机组成，根据不同规格选用不同道次，实现灵活的生产；高速线材轧机由 6 架粗轧机组、6 架中轧机组、6 架预精轧机组、8 架精轧机组、4 架减定径机组组成，全线配置闭环水冷装置，在成品机组实现 780～860℃范围内轧制，满足无钒低锰合金添加生产新国标（GB/T 1499. 2—2018）热轧钢筋要求，实现建筑用钢棒材的低成本轧制。

中国宝武钢铁集团有限公司

昆明钢铁控股有限公司

昆明钢铁控股有限公司（以下简称昆钢）始建于 1939 年 2 月，前身是诞生于抗日战争烽火中的中国电力制钢厂和云南钢铁厂，坐落于云南省安宁市，距云南省会昆明市 32km，紧邻昆安高速、安楚高速和成昆铁路，交通十分便利。2007 年 7 月经国务院国资委、云南省人民政府批准，武钢集团对昆钢实施战略重组，成立武钢集团昆明钢铁股份有限公司。2021 年 2 月 1 日，云南省政府、云南省国资委与中国宝武签订合作协议和托管协议，昆钢正式进入中国宝武集团，成为中国宝武钢铁集团有限公司控股子公司。

昆钢有安宁本部、安宁草铺新区、红河、玉溪 4 个钢铁生产基地，具有 1000 万吨钢的综合生产能力（2016 年公司融入国家供给侧结构性改革，化解钢铁过剩产能，其中钢产能 280 万吨，铁产能 125 万吨）。2019 年全年产铁 712 万吨、钢 773 万吨、材 774 万吨，实现主营业务收入 457 亿元，利润 9.5 亿元。

昆钢主导产品有棒材、线材、热轧板带、冷轧板带、镀锌板、彩涂板、焊接钢管及冷弯型钢、热轧型材、铸锻件共 9 大类、70 多个牌号、800 多个规格的系列产品，生产的“昆钢牌”钢材产品在云南省和西南地区享有较高声誉，特别是建筑钢材，是全国首批获得抗震钢生产许可证的企业，也是全国高性能抗震钢筋品种较齐全、数量较多的生产企业。昆钢具有健全完善的质量、计量、环境、职业健康安全、两化融合、知识产权等管理体系，通过了国家相应认证机构的认证。昆钢先后荣获了“中国十大卓越建筑用钢生产企业”“全国市场质量信用 A 等用户满意企业”“全国冶金行业质量领军企业”“全国质量效益型先进企业”“全国 50 家用户满意企业”“中国质量诚信企业”“中国企业信息化 100 强企业”“云南省创新型企业”等荣誉称号。

目前，昆钢有 7 条螺纹钢生产线（5 条棒材生产线和 2 条高速线材生产线），具备 800 万吨/年的产能，覆盖 ϕ6～40mm 规格。昆钢螺纹钢的生产是在工艺技术、装备的不断升级中发展起来的，是国内最早生产螺纹钢的企业之一，昆钢注重开展细晶粒高强钢筋、高强抗震钢筋等研发，在螺纹钢生产方面拥有较多的自主知识产权。

1987 年 10 月 29 日，昆钢成为冶金部首批取得钢筋混凝土用变形钢筋生产许可证的企业，产品许可范围为 ϕ14～25mm，牌号为Ⅱ级钢筋。昆钢从 2002 年开始批量试制 HRB400(E) 钢筋，对高强抗震钢筋做了全面系统的研究工作，2008 年取得抗震钢筋生产许可证，成为全国首家获证企业。2008～2010 年 12 月，昆钢累计生产销售 ϕ12～40mm 规格的 HRB500(E) 高强度抗震钢筋 29 万吨，产销量居全国第一。2005 年 7 月起，昆钢和重庆大学合作，研究开发细化晶粒工艺生产符合国家标准要求的热轧带肋钢筋。根据带肋钢筋热模拟试验研究结果，在化学成分设计和控制冷却工艺之间形成一个合理的匹配，确定了细晶粒钢筋合理的控冷工艺参数，对细晶粒钢筋的可焊性、时效性能、抗震性能和焊接性能进行研究和分析，制定了《HRB400(E)、HRB500(E) 热轧带肋钢筋闪光对焊作业指导书》，解决了细晶粒钢筋在建筑施工中的运用技术问题。昆钢对细晶粒带肋钢筋研发技术不断优化改进，细晶粒带肋钢筋综合性能得到改善，生产成本不断降低，钢筋的综合性能合格率达到 99.89%，抗震合格率为 96.48%，年产实现 300 万吨以上，形成了大批量、稳定、均衡的产业化生产。2008 年以来，昆钢采用连铸坯热送热装、蓄热式加热、全线连续无扭轧制、在线测径、控冷控轧、切分轧制等一系列先进装备和技术应用于抗震钢筋的生产，迅速提升了整体控制水平，固化了工艺路线。实现了抗震钢筋低成本集成制造技术、连接技术集成创新，解决了抗震钢筋强韧化机理研究、化学成分设计、炼钢制造技术、轧钢制造技术、钢筋性能研究、钢筋连接技术、钢筋施工技术规范等多学科交叉与集成技术难题且成为国内首家取得抗震钢筋生产许可证企业。2010 年，昆钢率先主导制定实施了国内第一个高性能抗震钢筋建筑设计规范——云南省地方标准《建筑工程应用 500MPa 热轧带肋钢筋技术规范》，为国内高强抗震钢筋的推广应用提供了很好的技术平台。2012 年，昆钢开始进行 600MPa 级高强抗震钢筋生产技术的研究，2013 年在全国率先成功开发出了 600MPa 级高强抗震钢筋，并进行了小批量生产。

昆钢5条棒材生产线均为全连轧生产线，轧线主要由18架轧机构成（安宁公司本部ϕ650mm棒材生产线为20架轧机），其中粗轧6架（安宁公司本部ϕ650mm棒材生产线为8架轧机）、中轧6架、精轧6架，配有相应的控制冷却设备，产品以HRB400E为主，还有HRB500E以及少部分HRB600(E)，产品规格为ϕ12～40mm。2条高速线材生产线由6架粗轧机组、6架中轧机组、6架预精轧机组、10机架重载荷45°轧机的精轧机组共28个机架组成，配有相应的控制冷却设备，产品以HRB400E、HPB300为主，产品规格为ϕ6～12mm。

首钢集团有限公司

首钢集团有限公司（以下简称首钢）始建于1919年，是我国钢铁工业的缩影、改革开放的一面旗帜，参与和见证了中国钢铁工业从无到有、从小到大、从大到强的历史跨越，参与和见证了中国人民从站起来、富起来到强起来的伟大飞跃。目前已发展成为跨行业、跨地区、跨所有制、跨国经营的综合性企业集团，全资、控股、参股企业600余家，总资产5000多亿元，职工近9万人，2011年以来8次跻身世界500强。

新中国成立以来，党和国家高度重视首钢发展，先后有几十位党和国家领导人到首钢视察指导工作，为首钢高质量发展注入了强大动力。

首钢人传承发扬“敢闯、敢坚持、敢于苦干硬干”“敢担当、敢创新、敢为天下先”的精神。1961年首钢建成了我国第一台全连续棒材轧机，由苏联引进，原设计年产能力为30万吨，后经多次技术改造和改进操作，实际年产能力达到82万吨；中国第一座30t氧气顶吹转炉于1964年12月诞生在首钢集团的前身——石景山钢铁厂，这是首钢在没有购置任何国外技术装备，没有聘请任何外国专家的条件下，完全依靠自己的力量自主创新、自主建设的当时最先进的炼钢转炉。它的出现引领了我国炼钢史上的一场革命。首钢2号高炉（1327m^3）是我国第一座采用无料钟炉顶布料设备的高炉，它采用皮带上料，于1979年12月15日投产，并取得了良好效益。2号高炉无料钟炉顶，是我国自行设计、制造、安装投产的第一套无料钟炉顶，首钢依靠自己的技术团队，设计出了具有自身特色的无钟炉顶，当时全世界几十座无钟炉顶都是购买卢森堡的技术，唯独首钢是自主研制。该技术具有布料灵活、充分利用高炉煤气能量、密封可靠、设备重量轻、便于更换等优点，对我国高炉的技术改造起到良好示范作用。1979年12月首钢2号高炉顶燃热风炉技术，是首钢独创的新技术，也是世界上第一套投入生产使用的高风温大型顶燃热风炉，为在高炉上的工业化应用创造了良好开端。这种新型热风炉具有布置合理、便于设备更换、火焰稳定、气流分布均匀、热效率高，能满足高炉高风温、高风压的要求等优点。当时，国际上采用的先进热风炉是外燃式热风炉，顶燃式热风炉克服了外燃式热风炉的缺点，具有更优良的技术性能。此外，首钢还是第一家被国家赋予投资立项权、资金融通权和外贸自主权；第一家由工业企业创办银行，1992年独资创办的华夏银行，现已成长为全国性股份制商业银行；第一家走出国门收购海外矿产。

首钢积极开展国际化经营，不断为“一带一路”加油助力。先后在香港收购4家上市公司，在欧美成立多家海外企业。京西重工成功收购美国德尔福公司，全球拥有7个工厂、6个技术研发中心，成为世界领先的汽车减震器和制动业务提供商；具有670km^{2}永久开采权的秘鲁铁矿完成新区建设，成为中国企业进入南美的“桥头堡”。目前，首钢境外资产达近千亿元，成为具有国际影响力跨国经营的大型企业集团。

首钢型材轧钢厂1961年建成投产，至2010年停产前是当时我国规模较大的钢筋生产基地。拥有三条全连续小型轧钢生产线，其中：一作业区是1961年引进苏联的我国第一套全连续小型轧钢生产线，产能90万吨/年，产品规格ϕ10~32mm（2010年停产）；二作业区是1994年从美国引进的20世纪50年代二手棒材生产设备，产能70万吨/年，产品规格ϕ16~40mm（2008年停产）；三作业区是1993年建成投产的全部为首钢自行设计制造的棒材生产线，产能140万吨/年，产品规格ϕ20~40mm（2010年停产）。

首钢在20世纪80年代参加了400MPa钢筋的研究，在1999年工业生产V-N微合金化HRB400钢筋，为我国的高强度钢筋闯出一条低成本路线；“863”研究计划中超细晶钢筋在首钢实现工业生产；最早在国内推进HRB500钢筋的工程应用，成为国内第一栋HRB500钢筋使用示范工程的钢筋提供企业；研究开发生产了英标460钢筋，出口地区遍布亚洲、美洲和非洲等16个国家和地区；2005年开展以Nb代V降低HRB400钢筋生产成本，保证产品质量的前提下，成本得到有效降低；2006年采用一火成材工艺生产出应用于高速公路桥梁、边坡锚杆等工程的PSB785高强精轧螺纹钢筋。

借助北京举办2008年奥运会的契机，首钢实施史无前例的钢厂大搬迁，成为我国第一个由中心城市搬迁调整向沿海发展的钢铁企业。企业螺纹钢目前已经全部停产。

首钢实施搬迁调整战略的同时，并跨地区联合重组水钢、贵钢、长钢、通钢、伊钢等地方骨干钢铁企业，把首钢近50年的螺纹钢生产经验和技术向首钢外埠钢铁企业进行注入和转移，延续了首钢螺纹钢的生产。目前首钢外埠钢铁企业共拥有螺纹钢产线12条，产能达到785万吨，产品规格为ϕ6.5~40mm，产品牌号有HRB400(E)、HRB500(E)、HRB600、MG335~MG500、MG335Z/Y~MG500Z/Y、HRB500Z、PSB785、PSB830等。

首钢长治钢铁有限公司

首钢长治钢铁有限公司（简称首钢长钢公司）始建于1946年，是中国共产党在太行山革命根据地建设的第一个钢铁企业（故县铁厂）。2009年，首钢长钢公司成功实现与首钢集团的联合重组。

首钢长钢公司地处晋冀豫三省交界处，交通便利：太焦、邯长铁路，太焦高速铁路，G55、G22高速公路，207、208、309、长邯公路贯穿南北西东；作为山西省第二大空港，长治已开通至北京、上海、广州等多条航线。首钢长钢公司具有发展钢铁工业的良好条件：长治煤炭储量243亿吨，铁矿探明储量1.4亿吨，石灰石探明储量5亿吨，白云石探明储量6000万吨，水资源为山西人均水资源的1.5倍。且首钢长钢公司远离市区，位于当地主导风向的下风向，地理位置优越。

经过70多年的发展，目前已形成集采矿（煤、石灰石等）、炼焦、炼铁、炼钢、轧材、水泥制造、工程建设、锻压机械制造于一体的钢铁联合企业。主要产品有热轧带肋钢筋、热轧光圆钢筋、热轧圆钢、锚杆钢、热轧 H 型钢、冷镦钢、硬线钢、焊线钢、矿渣硅酸盐水泥、卷板机、弯管机、型弯机、校平机等。首钢长钢公司积极参与热轧带肋钢筋标准制修订，是 GB/T 1499. 2—2018 热轧带肋钢筋新国标的主要起草单位。主导产品热轧带肋钢筋荣获国家冶金产品实物质量“金杯奖”“国家免检产品”“山西省标志性名牌产品”等荣誉称号。

首钢长钢公司多年被评为“AAA”“重合同守信用”企业，是全国厂务公开民主管理先进单位，荣获山西省“双百强企业”称号，被中华全国总工会授予“全国五一劳动奖状”，被省总工会授予“省级模范职工之家”荣誉。公司“三清晰三到位岗位责任体系构建与实施”获全国国企管理创新成果一等奖。

新时代开启新征程，新征程肩负新使命。首钢长钢公司深入学习贯彻习近平新时代中国特色社会主义思想，依托首钢集团大平台，确立了“红色长钢永续生存”企业愿景，致力于“建设具有区域竞争力的钢铁综合企业”战略目标，秉持“诚信、共赢、忠诚、品牌”企业核心价值观，大力传承发扬“艰苦奋斗、勤俭办企、敢于担当、改革创新”长钢精神，创新发展、惠泽社会、造福职工，展示出“红色长钢、自强长钢、创新长钢、绿色长钢、文化长钢”新形象，为首钢集团和地方经济社会发展做出新的更大的贡献!

2011 年、2013 年首钢长钢公司在新区投产一条年产 100 万吨棒材产线和两条年产 55 万吨高速线材产线，采用高效双蓄热燃烧、低温轧制、无扭轧制、切分轧制等先进技术。2013 年开发成功低成本多线切分 HRB400E 带肋钢筋控轧控冷工艺，目前控轧控冷主要用于高强锚杆钢生产。

2018 年将 55 万吨×2 高速线材产线的其中一条产线改造为棒线复合高速棒材产线，解决了小规格钢筋单线轧制产量低和切分轧制精度差的问题，ϕ12mm、ϕ14mm、ϕ16mm 热轧带肋钢筋理论成材率规格分别稳定在 103%、102%、102%以上。

2020 年 9 月实现 7 号连铸机-高棒连铸坯直接轧制，达到节省煤气、减少排放、减少钢坯氧化烧损、提高生产效率的目的。下一步将在钢筋产线全部推广连铸坯直接轧制技术。

首钢长钢公司直条钢筋生产线分别为旧区二轧产线、四轧产线、一轧产线（均停产）以及新区 100 万吨棒材产线、55 万吨高速棒材产线。新区 100 万吨棒材产线 2011 年 9 月建成投产，设计年产量为 100 万吨，坯料为 12m 的断面 150mm×150mm 的连铸坯，产品规格为 ϕ12~50mm。新区 55 万吨高速棒材产线属于棒线复合生产线，是对在 2013 年 9 月投产的 55 万吨×2 双高线的其中一条产线进行改造的，2018 年 9 月建成投产。该产线与高线共用加热炉、粗中轧、预精轧设备，以生产高速棒材产品为主，同时保留高线生产工艺。设计年产量为 55 万吨，坯料为 12m 的断面 150mm×150mm 的连铸坯，产品规格为 ϕ12~22mm 钢筋。

首钢长钢公司盘条钢筋生产线分别为旧区三轧产线（停产）和新区瑞奇产线（停产）、55 万吨高速线材产线。新区 55 万吨高线产线 2013 年 9 月建成投产，设计年产量为 55 万吨，坯料为 150mm×150mm×12000mm 连铸坯，产品规格为 ϕ6~16mm 线材。粗中轧、预精轧设备与另一条高速棒材产线相同。

首钢长钢公司为 GB/T 1499. 2—2018 热轧带肋钢筋新国标的主要起草单位，全程参与了 GB/T 1499. 2—2018 热轧带肋钢筋新国标的修订工作。钢材产品先后被毛主席纪念堂、南京长江大桥、太原市政工程、北京奥运会场馆、青藏铁路、深圳湾跨海大桥、三峡工程、上海杨浦大桥、秦山核电站、小浪底工程、南水北调工程、山西博物馆、深圳跨海大桥、长临高速、阳蟒高速、太焦高铁、太原地铁二号线、雄安新区、静兴高速、京雄高速、黄蒲高速等重点建设工程采用，同时对全国几十个重点省市地铁、高铁项目供应钢材。

首钢通化钢铁股份有限公司

首钢通化钢铁股份有限公司（以下简称通钢），是吉林省最大的钢铁联合企业，国家创新型企业试点单位，国家振兴东北老工业基地重点支持企业，先后荣获全国先进基层党组织、全国创四好班子先进集体、全国思想政治工作优秀企业、全国五一劳动奖状、全国精神文明建设工作先进单位等荣誉称号。通钢始建于 1958 年 6 月，前身为通化钢铁厂，系国家“一五”时期重点建设项目，为共和国建设作出了巨大贡献，是当时新中国钢铁业的“十八罗汉”之一。2010 年 7 月首钢重组通钢，通钢成为首钢旗下的外埠重点企业。截至 2020 年 9 月末，资产总额 180 亿元，在岗职工 8031 人。

经过六十多年的发展建设，通钢现已成为集采矿、选矿、烧结、焦化、炼铁、炼钢、轧钢于一体的大型钢铁联合企业，2014 年进入第三批国家《钢铁行业规范条件》准入名单，至 2020 年企业具备了生铁 440 万吨、钢 460 万吨、钢材 540 万吨的生产能力。

通钢主要产品有：板材、建材、优特钢、型材、管材 5 个系列，主要应用于建筑、交通、电力建设、水利工程、汽车、机械加工、石油开采等行业。产品立足东北，辐射华东、华南和华北，出口至巴西、印度、韩国等十几个国家。

通钢“长白山”牌是全国驰名商标，是上海期货交易所交割品牌。“长白山”牌热轧带肋钢筋是国家免检产品、吉林省著名商标，产品曾多次获得全国用户满意产品、冶金产品金杯奖、冶金行业品质卓越产品称号，被评为“中国质量过硬服务放心信誉品牌”，在国内外享有盛名，广泛应用于高铁、地铁、机场、隧道等重点工程建设。

近年来通钢承担省部级及首钢科技项目 67 项，获得冶金科学技术三等奖 1 项，中国机械工业科学技术二等奖 1 项，吉林省科学技术二等奖 2 项，三等奖 3 项。

站在新的历史起点，通钢确立了建设自强通钢、创新通钢、绿色通钢、文化通钢，创建高效、清洁、绿色、循环、智能制造的现代化钢铁企业的奋斗目标，全面推进通钢高质量发展。

棒材生产线于 1999 年 8 月建成，11 月正式投产。其轧钢机组由 ϕ550mm×4+ϕ450mm×3/ϕ380mm×4/ϕ380mm×2+ϕ320mm×4 共 17 架轧机组成，设计产能 35 万吨，产品为 ϕ12~40mm 圆钢、带肋钢筋及矿用锚杆钢。棒材线投产后，陆续进行加热炉数字化自动控温改造、轧机自动控制系统升级改造，全规格螺纹钢均实施了负差控制。2009 年 5 月，对 3 号飞剪、打捆收集系统、电控系统等实施增能改造，借助于剪前辊道、转辙器倍尺剪切控制，使棒材线最高轧制速度达到了 17m/s，由 35 万吨/年的设计产能提高到 70 万吨/年。

通钢新高线生产线 2009 年 5 月开工，11 月建成投产，年设计产能 60 万吨，产品为 ϕ5.5~16mm 光圆钢筋和 ϕ6~16mm 螺纹钢筋，涵盖普碳钢、优碳钢、低合金钢、弹簧钢、焊条（丝）钢、冷镦钢等钢种，其中 ϕ8mm 及 ϕ10mm 规格 HRB400E 盘螺为主要产品，最高轧制速度 90m/s。轧机为 28 架次单线全无扭轧机，粗、中、预精轧机组为短应力轧机，精轧机组为 45°V 型超重精轧机组。预精轧前设置预水冷水箱，精轧后设置 4 段冷却水箱及恢复段，线材吐丝后在斯太尔摩散卷运输辊道风冷，然后集卷收集，进行 PF 链输送及空冷、包装。2009 年 11 月 15 日，全线进行热坯热送热连轧取得成功。

1984 年通钢对初期建设的 ϕ400mm×1/ϕ250mm×5 轧机进行改造，成品轧机改造为短应力线轧机，产品扩大到 ϕ25mm 规格，提高了产品质量及产量。

1999 年 11 月棒材线正式投产，通钢螺纹钢生产步入连轧时代。2001 年开发 HRB400 直条钢筋，实现向生产高强度钢筋的过渡。2001 年研究高线生产盘螺钢筋技术，2003 年开发 HRB400 盘螺钢筋。

2012 年通钢研究抗震钢筋生产技术，与大学合作进行抗震钢筋机理研究，2014 年通钢 400MPa 级钢筋全部实现抗震钢筋替代。

2018 年通钢实现 500MPa 级别抗震钢筋全规格覆盖，完成 600MPa 级别抗震钢筋技术储备。

螺纹钢历史沿革分为二级 HRB335、三级 HRB400(E)、四级 HRB500E 三个牌号，至 2018 年已发展至 HRB600E 牌号。

2002 年高线采用降低开轧温度、入精轧温度、吐丝温度、采用风机强化冷却等控轧控冷技术生产盘螺钢筋。与东北大学开展联合研究，棒材线应用控轧控冷技术生产 HRB335 和 HRB400 钢筋，通过适度降低开轧温度、采用轧后穿水冷却工艺，并采用湍流式冷却器，实现全牌号、全规格螺纹钢的控冷工艺生产。

河钢集团承钢公司

河钢集团承钢公司（以下简称河钢承钢）1954 年建厂，是国家“一五”期间苏联援建的 156 个项目之一，是河钢集团的一级骨干子公司。河钢承钢是依托承德地区丰富的钒钛磁铁矿资源，依靠自主创新建设发展起来的大型钒钛钢铁材料企业，是中国钒钛磁铁矿高炉冶炼和钒提取加工技术的发祥地，钒钛资源综合开发利用产业化技术处于世界领先水平，被誉为中国北方钒都。

建厂 60 多年来，河钢承钢人抢抓发展机遇，积极做大做强钒钛产业。1958 年产出了中国第一炉用钒钛磁铁矿冶炼的铁水；1960 年产出了中国第一炉钒渣；1965 年中国高钛型钒钛磁铁矿高炉冶炼试验在河钢承钢 1 号高炉取得成功，该技术填补了世界高钛型钒钛磁铁矿冶炼的技术空白，解决了西方国家一百多年来悬而未决的技术难题，在世界冶金史上写下了光辉一页。这项工艺技术于 1979 年获得国家科技发明一等奖；20 世纪 80 年代以来，河钢承钢按照国际先进标准，率先研发生产了燕山牌系列含钒高强度螺纹钢筋，率先生产、推广应用新Ⅲ级、Ⅳ级螺纹钢筋，多次填补国内空白；2003 年，河钢承钢用钒微合金化工艺，率先在国内成功研制 HRB500 钢筋；2011 年，河钢承钢又成功研制 HRB600 钢筋和替代进口产品的精轧钢筋 PSB830，从而具备了生产 PSB785～PSB1080 级别高强贝氏体精轧螺纹钢筋能力，成为国内独家贝氏体精轧钢筋生产企业；2016 年 3 月，河钢承钢与中国科学院联合研发的国家“973”计划项目课题“高铬钒渣亚熔盐法钒铬高效提取分离与污染控制技术”实现产业化转移，世界首条亚熔盐高效提钒产业化示范项目在河钢承钢成功落地。该项目使钒铬资源的利用率提高 15%～20%以上，大幅降低能源消耗，可从源头上控制“三废”的产生，实现高效清洁生产；目前，更高强度的钢筋正在引领新的升级，拥有世界最大的钒钛磁铁矿冶炼高炉、世界一流的提钒炼钢转炉、世界最大的提钒回转窑、世界首条亚熔盐法清洁提钒生产线和不断延伸的高端产品产业链。

截至目前，河钢承钢拥有近 150 余项具有自主知识产权的钒钛技术专利。其中，亚熔盐法清洁提钒技术、含钒炉渣增钒精炼技术、电铝热法冶炼钒铝合金技术、商用钒电池电解液制备方法等专利技术达到国际先进水平，不仅推动了企业持续发展，更为我国乃至世界钒钛钢铁产业发展做出了重要贡献。到如今，河钢承钢已成为世界最著名的三大钒钛钢铁工业基地之一，是中国两大钒产品生产企业之一。

河钢承钢的主要产品包括含钒合金钢铁产品和钒钛产品两大类。含钒合金钢铁产品具有强度高、韧性好、耐腐蚀、易焊接、深冲性优等优良特性，多个产品被评为全国冶金产品实物质量“金杯奖”、冶金行业品质卓越产品、河北省名牌产品。河钢承钢的全规格、全等级含钒螺纹钢筋产品全部荣获全国冶金产品实物质量“金杯奖”。“燕山牌”钢筋广泛应用于三峡大坝、北京城市副中心、港珠澳大桥、“中国尊”、迪拜帆船酒店、卡拉奇核电，还有鸟巢、国家大剧院、中央电视台新址、东方明珠电视塔等世界级标志工程。热轧卷板产品广泛应用于汽车、家电、食品包装、工程机械、集装箱以及工程建筑等领域。高端钒产品销往全球 20 多个国家和地区。钒产品产量占国内的 19%、全球的 11%，位居世界三甲。

（1）小型轧钢厂棒材生产线 1968 年开始投产，原设计生产能力为 4.5 万吨/年，生产品种规格有：ϕ16～40mm 热轧带肋钢筋，ϕ16～45mm 圆钢。截止停产前的 2003 年，生产能力为年产螺纹钢 18 万吨。主要设备有三段连续式加热炉 1 座，ϕ550mm 轧机 1 架，ϕ400mm 横列式轧机 2 架，ϕ300mm 轧机 5 架，斜辊式冷床 1 座，150t 冷剪 1 台。主要产品有：ϕ20mm、ϕ22mm Ⅱ级、Ⅲ级螺纹钢筋。

小型轧钢厂棒材生产工艺流程：钢坯检验→入炉加热→ϕ550mm 轧制→热定尺→ϕ400mm 轧制→ϕ300mm×5 轧制→控冷→冷床冷却→成品定尺→打包入库。

（2）原连轧厂棒材生产线主体设备是从联邦德国莎士给特派纳（Peine）钢铁公司购进的二手设备。连轧厂初建时的主要设备有：端进侧出三段连续加热炉（加热能力为 80t/h）1 座；ϕ420mm×4 机组，ϕ380mm×6、ϕ330mm×4、ϕ350mm×4 半连轧轧机机组及 ϕ300mm×4 南北两组精轧机组，中间切头飞剪 2 台，倍尺飞剪 2 台，111m×8m 冷床 2 座，350t 冷剪 2 台，检验台架 1 座。

（3）棒材生产线主要有一棒材和二棒材两个生产线。一棒材生产线于2003年4月26日开工建设，同年12月26日投产。主要生产ϕ25~60mm大规格螺纹钢筋和ϕ18~60mm圆钢，设计能力为年产120万吨。二棒材生产线于2006年5月开始启动建设，2007年2月16日正式投产，主要生产ϕ16~40mm小规格螺纹钢，设计能力为年产120万吨。一棒材生产线机械设备和工艺技术引进于意大利DANIELI（达涅利）公司，电气设备和控制系统引进于意大利ASIROBICON（安萨罗宾康）公司，全线采用交流变频调速技术。该生产线是河钢承钢当时从国外引进的最高装备水平的生产线，工艺技术及设备均为国内先进水平。二棒材生产线机械设备、电气设备和控制系统均为国产，轧线采用交流变频调速技术。

一棒材、二棒材生产线以河钢承钢转炉系统自产连铸坯为原料进行生产，坯料规格为165mm×165mm方坯，长度约为12m。两条生产线均具备与100t转炉系统连铸机进行热装热送能力，热连铸坯可通过辊道直接送至加热炉加热。一棒材生产线主要采用单线轧制工艺；二棒材生产线主要采用切分轧制工艺，其中ϕ10~14mm为四切分、ϕ16mm为三切分、ϕ18~22mm为二切分。

截至2018年底，一棒材、二棒材两条生产线共有36套轧机，各配有150t/h双蓄热式步进梁加热炉1座，总设计生产能力为年产棒材200万吨。

鞍山钢铁集团有限公司

鞍山钢铁集团有限公司（以下简称鞍山钢铁）是鞍钢集团最大的区域子公司，始建于1916年，前身是鞍山制铁所和昭和制钢所。鞍山钢铁成立于1948年12月，是新中国第一个恢复建设的大型钢铁联合企业和最早建成的钢铁生产基地，被誉为“中国钢铁工业的摇篮”“共和国钢铁工业的长子”，是“鞍钢宪法”诞生的地方，是英模辈出的沃土，为新中国钢铁工业的发展壮大做出了卓越的贡献。

目前，鞍山钢铁已形成从烧结、球团、炼铁、炼钢到轧钢综合配套，以及焦化、耐火、动力、运输、技术研发等单位组成的大型钢铁企业集团。具有热轧板、冷轧板、镀锌板、彩涂板、冷轧硅钢、重轨、无缝钢管、型材、建材等完整产品系列。

鞍山钢铁是中国国防用钢生产龙头企业，中国船舶及海洋工程用钢领军者，已经成为我国大国重器的钢铁脊梁。鞍山钢铁引领中国桥梁钢发展方向，是中国名列前茅的汽车钢供应商，是中国核电用钢领跑者，是铁路用钢、家电用钢、能源用钢的重要生产基地。

鞍山钢铁生产铁、钢、材能力均达到2600万吨/年，拥有鞍山、鲅鱼圈、朝阳等生产基地，在广州、上海、成都、武汉、沈阳、重庆等地，设立了生产、加工或销售机构，形成了跨区域、多基地的发展格局。

在深入推进供给侧结构性改革的新形势下，鞍山钢铁将聚焦提升竞争力，努力“跑赢大盘、跑赢自身”，保持战略定力，坚定发展信心，落实鞍钢集团“践行新发展理念，全方位扩大开放，深化改革创新，加快转型升级，做强做优做大”的部署，加快鞍山钢铁“1+6”产业规划实施，实现企业振兴发展。全面落实企业市场主体地位，全面推进契约化管理，推进从“内部生产型”向“市场经营型”转变。坚持品牌引领，追求卓越产品品质，制造更优材料，创造更美生活，让“鞍钢制造”成为最信赖的伙伴。突出科技创新，加快形成以创新为引领的发展模式，深化科技体制机制改革，加快创新驱动发展战略落地，打造行业创新高地。坚持推进智慧制造，重点推进智慧运营与智能工厂建设，通过“管理与信息化整体提升项目”建设，实现集约化管理。

鞍山钢铁始终以发展绿色、低碳经济为己任，不断拓展钢铁行业“清洁、绿色、低碳”的发展内涵。2008 年在渤海湾畔建成了引领世界钢铁工业发展的绿色样板工厂——鲅鱼圈钢铁新区，成为钢铁企业利用清洁能源的“示范基地”。

鞍山钢铁拥有悠久的企业文化，在各个历史时期都涌现出时代典型。如老英雄孟泰、从鞍钢走进军营的伟大共产主义战士雷锋、“当代雷锋”郭明义、全国时代楷模李超等，彰显了“创新、求实、拼争、奉献”的鞍钢核心价值观，为企业发展提供了强大的精神动力。

鞍山钢铁有两条螺纹钢生产线，分别为小型线，可生产规格 ϕ12~50mm 直条螺纹钢，设计产能 100 万吨/年；线材 1 号线，可生产规格 ϕ6~12mm 盘螺，设计产能 100 万吨/年。

小型线前身为鞍山钢铁小型厂，始建于 1934 年，正值“九一八”事变之后，日本政府出于军事需要，遂对鞍山地区进行掠夺性的经济开发。正是在这种情况下，日本昭和制钢所开始第二期工程，兴建小型轧钢厂，两个生产车间称为一小型、二小型。

一小型于 1934 年 4 月动工兴建，1935 年 6 月建成投产。其设备为德国施莱曼公司制造，设计年产量 7 万吨。二小型于 1936 年动工兴建，1937 年 7 月建成投产。设备为德国德马克公司制造，设计年产量 10 万吨。初建的小型厂设备陈旧，工艺落后，工人操作环境恶劣，1952 年 9 月 21 日，老工人张明山创造“反围盘”成功，结束了小型棒材生产精轧机组用人工夹钳的历史，开始了精轧机组的自动喂钢，在我国冶金企业发展史上写下了光辉的篇章，这一创举使全世界为之瞩目。张明山于 1952 年 9 月 28 日入京参加国庆观礼。1953 年 4 月，张明山随中国工人代表团去莫斯科参加“五一”观礼，荣获斯大林勋章。1954 年，张明山当选为全国第一届人大代表。

小型厂螺纹钢的生产历史可追溯至 1955 年，是新中国第一根螺纹钢生产企业。1955 年，第一个五年计划期间，国民经济建设开始正式起步，并逐渐掀起建设新高潮。苏联援建项目的基础设施建设均需要使用螺纹钢，但当时中国不能生产螺纹钢，只能生产光面圆钢筋，鞍山钢铁经过攻关，从 1955 年 5 月到 1956 年 6 月，在小型厂一车间陆续试制成功了 18 号、20 号、22 号、25 号、28 号、32 号 6 个规格材质，为“钢五”螺纹钢。1957 年到 1958 年又采用相同工艺相继生产了 20 号、22 号、25 号、28 号低合金人字螺纹钢。鞍山钢铁在工艺优化的历程中二车间于 1958 年和 1961 年先后试制成功了 36 号、40 号螺纹钢。1969 年用 16Mn 轧制了 ϕ12~40mm 的螺纹钢；1974 年 5 月采用 20MnSi 生产螺纹钢；1999 年鞍山钢铁研制的立式轧机切分轧制工艺于 8 月 31 日试轧成功。

随着型材市场形势变化以及鞍山钢铁定位为精品板材生产基地，小型厂先于 1997 年与型材厂合并为小型型材厂；又于 2003 年与中型轧钢厂整合为型材厂。2006 年 4 月，为落实国家钢铁产业政策，淘汰落后工艺，加速技术改造，型材厂小型线永久停产。2013 年鞍山钢铁大型厂小型线进行了技术升级改造，2014 年恢复 100 万吨螺纹钢生产能力。

线材厂 1 号线于 1987 年建成投产，是国内第一家投产的高速线材厂，主体设备是从美国引进的二手摩根高速线材轧机，精轧机组为哈飞制造，原设计能力为年产 50 万吨，经工艺装备升级后，现年产量可达 100 万吨，产品规格尺寸 ϕ5. 5～13. 0mm，卷重 2. 3t，最大轧制速度 75m/s；主要产品为碳素冷镦钢、钢丝绳用钢、优质碳素钢、预应力用钢，热轧带肋钢筋（盘螺）等。

攀钢集团有限公司

攀钢集团有限公司（以下简称攀钢）本部位于四川省攀枝花市，是我国西部重要的钢铁生产基地，中国最大的钒制品和铁路用钢生产基地，中国最大的钛原料生产基地和世界第二大产钒企业。攀钢以其世界领先的钒钛磁铁矿冶炼工艺技术，在我国钢铁工业中享有独特地位，被誉为“中国钢铁工业的骄傲”。

攀钢始建于 1965 年，1970 年出铁，1971 年出钢，1974 年出材，结束了我国西部没有大型钢铁企业的历史。攀钢 1986 年开始建设二期工程，到 1997 年基本完成，实现品种规模上台阶。2001 年以来，攀钢积极推进“材变精品”技术改造，实施跨区域联合重组，建设西昌钒钛资源综合利用新基地。攀钢依托资源优势和工艺技术优势，形成了以重轨、310 乙字钢等为代表的大型材，以汽车大梁板、冷轧镀锌板、IF 钢等为代表的板材，以高钒铁、钒氮合金、高品质钛白粉为代表的钒钛制品，优质棒线材以及特殊钢等六大系列标志性产品。

攀钢集团攀枝花钢钒有限公司（以下简称攀钢钒）是攀钢旗下主要的分子公司，是攀钢集团的创始企业。目前攀钢钒已形成从烧结、炼铁、炼钢到轧制成品钢材的钢铁冶金产品，成材厂有轨梁、热轧板、冷轧板和棒线材产品。

截至 2020 年，攀钢旗下的螺纹钢生产线有棒材连轧线和高速线材生产线各 1 条，公司名称是攀钢集团攀枝花金属制品有限公司，位于四川省攀枝花市。这两条生产线均由攀钢集团成都钢钒有限公司的产线搬迁还建而成。此外，攀钢历史上的攀钢集团西昌新钢业有限公司还存在有 1 条棒材连轧生产线，位于四川省西昌市，于 2004 年建设，设计年产量 60 万吨，于 2014 年关停。

目前，攀钢钒正通过转型升级、技术创新、管理变革、智能制造、绿色制造，努力将棒线材产品打造成为西南地区最具竞争力的产品及服务供应商。

截至 2020 年，攀钢旗下螺纹钢生产线有棒材连轧线和高速线材生产线各一条，两条生产线隶属攀钢集团攀枝花金属制品有限公司，位于四川省攀枝花市。

棒材螺纹钢生产工艺路线为：铁水预处理→120t 转炉冶炼→LF 精炼→方坯连铸（160mm×160mm）→铸坯加热→18 机架棒材机组连轧→冷床冷却→剪切→包装→成品入库。设计年产量 50 万吨，规格 ϕ12～40mm，其中 ϕ12mm 采用三切分，ϕ14～18mm 两切，ϕ20mm 及以上规格单线，根据不同规格组距来增加（减少）轧机投用架次，产品牌号为 HRB400E、HRB500E。生产线采用轧后无穿水工艺，为了保证钢筋强度，采用钒微合金化技术和根据规格组距确定钒合金添加量，使抗震钢筋断面组织均匀，力学性能稳定，产品兼具低时效、易焊接、耐锈蚀等诸多优点，生产工艺窗口宽。

棒材螺纹钢主要生产工艺装备为：端进侧出蓄热式推钢式加热炉，18 架轧机（ϕ550mm×3+ϕ450mm×3+ϕ380mm×6+ϕ320mm×6，其中 1~12 架为平立交替牌坊式，13~14 架为平立交替短应力，15~18 架为全水平短应力），3 台飞剪（其中 1 号、2 号飞剪有切头尾和事故碎断功能；1 号前为 6 架粗轧机组，1 号、2 号飞剪之间为 6 架中轧机组，2 号飞剪后为 6 架精轧机组；3 号飞剪为倍尺剪），1 台冷床，1 台 850t 冷剪机，4 台自动打包机。

高线螺纹钢生产工艺流程为：铁水预处理→120t 转炉冶炼→LF 精炼→方坯连铸（160mm×160mm）→铸坯加热→30 机架高线机组连轧→斯太尔摩散卷冷却线→头尾剪切→包装→成品入库。设计年产量 50 万吨，规格 ϕ8~12mm，牌号 HRB400E、HRB500E。生产线采用控制轧制和控制冷却+钒微合金化技术，根据规格组距确定钒、锰合金添加量，保证高线螺纹钢产品断面组织均匀，力学性能稳定。

高线螺纹钢主要生产工艺装备为：侧进侧出蓄热式步进梁式加热炉，高速线材生产线全线共 30 架轧机，其中粗轧机组 ϕ550mm×4+ϕ450mm×2，中轧机组 ϕ450mm×4+ϕ350mm×2，预精轧机组前 2 架 ϕ350mm，以上机架均为平立交替短应力线轧机；预精轧机组后 4 架为 ϕ285mm 平立交替悬臂辊环式紧凑型机架；精轧机组由 8 架 ϕ212mm 轧机组成，顶交 45°超重型无扭轧机（达涅利引进），不同规格的高线螺纹钢产品通过精轧机增加（减少）轧机投用架次来实现；减定径机组由 2 架 ϕ212mm 减径机和 2 架 ϕ150mm 定径机组成，顶交 45°超重型无扭轧机（达涅利引进），轧制螺纹钢时从减径机出成品。1 套高压水除鳞装置、5 台控冷水箱、3 台测径仪、3 台飞剪、1 台吐丝机及夹送辊、1 套斯太尔摩散卷冷却线、1 套集卷站积放式钩式运输机、压紧打捆机、卸卷站。

山东钢铁股份有限公司莱芜分公司

山东钢铁股份有限公司莱芜分公司（以下简称莱芜分公司）地处济南市钢城区，前身是莱钢集团的钢铁主业部分。莱钢始建于 1970 年 1 月，在莱芜地区突击建设的三线工程项目，最初设计规模是年产钢 50 万吨。

2008 年 3 月，山东钢铁整合重组，莱钢成为山东钢铁集团公司旗下子公司。2012 年 2 月，山钢集团通过换股吸收合并方式，在莱钢股份和济钢股份基础上成立了山东钢铁股份有限公司。

2014 年 7 月，推动上市公司规范运作，莱芜分公司完全脱离莱钢集团独立运营。现拥有总资产 500 亿元，职工 1.8 万人，钢铁产能 1290 万吨，产品主要有型钢、板带、优特钢、棒材（螺纹钢）四大系列。莱钢是中国冶金行业首批通过 ISO9001 质量体系、ISO14001 环境管理体系和 OHSAS18001 职业安全健康管理体系国家认证企业，先后被授予全国用户满意企业和全国质量管理先进企业。

目前，山钢股份莱芜分公司具有 4 条热轧螺纹钢生产线，产品规格实现 ϕ10~50mm

全覆盖，产能 310 万吨/年，可生产 HRB400E、HRB500E、HRB600E 级别。另外，还可生产预应力钢筋、矿用树脂锚杆钢筋及符合英、美、日、韩、澳、欧等国家标准的十大系列产品，共计 170 余个规格品种的螺纹钢筋。

山钢股份莱芜分公司螺纹钢轧制工艺以微合金化传统热轧工艺为主，辅助中间控制轧制，即开轧温度 950~1050℃，出炉后经高压水除鳞，进入粗、中轧机组，中轧后经控冷水箱，将温度降至 850~900℃，进入精轧机组轧制成成品，精轧后辅助轻穿水，上冷床温度控制在 980℃以下。该工艺解决了轧制过程增温带来的晶粒长大，符合《钢筋混凝土用钢　第 2 部分：热轧带肋钢筋》（GB/T 1499.2—2018）标准要求，即细晶粒热轧钢筋实际晶粒度为 9 级或更细、钢筋的金相组织应主要是铁素体加珠光体，基圆上不应出现回火马氏体组织。ϕ25mm 规格以下螺纹钢采用切分轧制工艺，即在轧制过程中，将轧件沿纵向剖分成多条轧件，可大幅度提高产量，减少轧制道次，降低能耗。

山钢股份莱芜分公司中小型线是 1996 年从意大利达涅利公司引进的全连轧设备，电气设备由瑞典 ABB 公司配套。主要设备加热炉为三段步进式连续加热炉，燃料采用高炉和焦炉混合煤气；生产线共 18 架轧机，分粗、中、精轧三部分，采用 6+6+6 形式平立交替布置，其中 14、18 架轧机为平立可转换轧机，实现了轧件在轧制过程中无扭转；在 1~8 架轧机之间采用微张力轧制，8~18 架轧机之间采用活套轧制，实现了无张力和微张力控制；全线共有 4 台飞剪，1 号剪曲柄剪用于切头、切尾和事故碎断，2 号剪回转剪用于分段、修尾和事故碎断，曲柄回转式组合剪用于分段和事故碎断、取样，4 号剪事故碎断剪，用于小规格钢材的事故碎断。冷床为 120m×10.6m 步进式冷床，可以实现轧件编组剪切，定尺剪为 450t 摆剪，可以实现运行中不间断剪切。中小型线以生产 ϕ18~50mm 螺纹钢为主，ϕ18~22mm 热轧带肋钢筋采用切分法生产、ϕ25~50mm 热轧带肋钢筋采用单根轧制。

为适应出口创汇，又相继开发了美标 GR40、GR60 级 3~8 号，英标 460MPa 级 ϕ10~16mm 规格产品，SD390 级日标 D10~D22mm 等系列热轧带肋螺纹钢。2004 年 5 月，轧钢车间粗轧机连轧改造项目竣工，改造的主要内容包括：3 架 ϕ550 和 3 架 ϕ450 轧机取代了原 ϕ550 横列式轧机，改造完成后，全线 18 架轧机形成了连续轧制工艺。设计产能 70 万吨，产品规格 ϕ10~22mm；2006 年初，莱钢股份组建棒材厂，该线成为棒材厂第一轧钢车间，2015 年 3 月，实施轧线取直改造，延长了车间长度，取消了中、精轧之间的半圆形过跨辊道，方坯长度由 6m 增加到 10m，设计产能 80 万吨，品种以 HRB400E、HRB500E 为主，已成功开发 HRB600E，规格以 ϕ12mm、ϕ14mm 为主，兼顾 ϕ16mm 螺纹钢生产。截止到 2020 年，该线产能达到 100 万吨。

江苏沙钢集团有限公司

江苏沙钢集团有限公司（以下简称沙钢集团）现有总资产 3000 亿元，职工 4 万余名。年产钢能力超 4000 万吨，为江苏省重点企业集团、国家特大型工业企业、国家创新型企业。沙钢集团现主要成员企业有江苏沙钢集团有限公司、东北特殊钢集团股份有限公司、淮钢特钢股份有限公司、安阳永兴特钢有限公司、江苏沙钢集团投资控股有限公司、Global Switch Holdings Limited（以下简称 GS）、江苏沙钢国际贸易有限公司、沙钢物流运输管理公司等。

沙钢集团本部江苏沙钢集团有限公司是全国最大的电炉钢生产基地，也是世界单体规模最大的钢铁企业；东北特钢集团是我国高科技领域所需高档特殊钢材料的研发、生产和供应基地。同时，沙钢集团已发展成为以钢铁为主，包括拥有资源能源、金属制品、金融期货、贸易物流、风险投资、大数据等板块在内的跨国企业集团，连续 12 年跻身世界 500 强，2020 年位列第 351 位。

沙钢集团主导产品为棒材、线材、宽厚板、热卷板、冷轧延伸加工等系列产品，已涵盖普钢、优钢和特钢各大类产品，形成 150 多个系列，14000 多个品种，6000 多个规格，广泛应用于基础建设、机械装备、汽车船舶、航空航天、国防军工、核电、石油化工、轨道交通等领域。

一直以来，沙钢集团坚持以科技领航，瞄准国际先进工艺装备水平，实施引进、消化、吸收与创新改造提升并举，实现了装备大型化、产线专业化、生产自动化、管理信息化，主要工艺技术装备水平跻身世界一流钢铁企业行列。

2020 年，沙钢集团完成炼铁 3389 万吨、炼钢 4110 万吨、轧材 4079 万吨，较上年同比分别增长 2%、下降 0.7%、增长 0.7%；实现营业收入 2668 亿元，利税 196 亿元，同比分别增长 5.8%、15.6%，效益水平在全国钢铁同行中继续名列前茅。

沙钢集团先后荣获“中国钢铁行业改革开放 40 年功勋企业”“全国用户满意企业”“中国质量服务信誉 AAA 级企业”“中国诚信企业”“国家创新型企业”“中国环境保护示范单位”“国家能效四星级企业”“全国钢铁行业清洁生产先进企业”“中华慈善奖企业”“中国工业大奖表彰奖”“中国钢铁‘A+’级竞争力极强企业”等荣誉称号。

目前，沙钢集团具有年产量 500 万吨的螺纹钢产能，覆盖 ϕ6~40mm 全尺寸规格，生产工艺采用长、短流程结合的模式，长流程指的是：高炉炼铁—转炉炼钢—小方坯连铸—全连续轧制；短流程指：电炉炼钢（热装铁水）—精炼—小方坯连铸—全连续轧制。

沙钢集团在生产工艺技术方面的主要特点有：（1）采用并吸收国内外电炉现有技术特点，结合沙钢集团实际，采用短流程电弧炉组织生产，该短流程电弧炉炼钢具有生产效率高、故障低，成分控制均匀等特点。（2）为控制钢中残余元素，实行热装铁水、优质废钢的合理搭配。由于热装铁水的综合能源效应，大大降低了电炉钢的制造成本。（3）采用泡沫渣冶炼，留钢留渣操作，高阻抗电弧运行，计算机控制冶炼过程，偏心炉底出钢等先进工艺，电炉终点碳含量要求在 0.06% 以上，防止钢水过氧化，减少钢中夹杂物的产生。（4）保证精炼出钢的软搅拌时间，给夹杂物充分的上浮时间。（5）连铸全过程保护浇铸，并采用计算机控制，确保质量稳定。（6）采用并改进棒材多线切分轧制，沙钢在 2007 年首次实现了螺纹钢小规格五切分轧制，更大发挥现有产能，并结合轧机之间的导向装置及切分辊等专利，更大地发挥了切分的均匀性，使得成品尺寸精度高，表面质量好，力学性能波动较小。（7）采用棒材打捆夹紧及在线计数拍摄装置，在减少人工误差的同时，提高效率及打包质量。（8）在螺纹钢质量升级方面：2011 年沙钢自主创新首次成功开发了600MPa及以上高强钢筋；2013年沙钢自主创新首次成功开发了海洋工程混凝土用高耐蚀性合金螺纹钢；2019年沙钢用复合微合金化技术+高温加热+低温轧制技术成功开发了800MPa级高强螺纹钢。

全连续切分轧制带肋钢筋生产线5条，主要装备为蓄热式加热炉、平立交替布置轧机、冷剪机、冷床等，主要规格为ϕ6~40mm，其中ϕ10mm、ϕ12mm、ϕ14mm、ϕ16mm、ϕ22mm带肋钢筋采用切分轧制工艺。

高速线材生产线9条，主要装备为26机架平立交替无扭控冷全连续轧机，采用斯太尔摩控冷线，全套ABB公司电控设备，为了确保轧制精度，在精轧机前后各有ORBIS测径仪，涡流探伤仪，均实行自动控制，有效地保证了轧制质量。主要产品为碳素结构钢、优质碳素结构钢、低合金钢、焊条钢、冷镦钢、帘线钢等圆钢盘条，规格为ϕ5.5~16mm。另有大盘卷多功能生产线1条，采用平立交替的布置形式，实现单线无扭轧制，采用无张力和微张力控轧技术，采用低温轧制和在线水冷风冷的控冷技术，以获得尺寸精度高、综合性能好的优质产品。

江西方大钢铁集团有限公司

江西方大钢铁集团有限公司（以下简称方大钢铁集团）是辽宁方大集团实业有限公司（以下简称方大集团）的全资子公司，是方大集团战略规划中确定的主营业务板块之一，旗下控股方大特钢科技股份有限公司（上市公司，以下简称方大特钢）、江西萍钢实业股份有限公司（以下简称萍钢公司）。2020年5月25日，四川省达州钢铁完成司法重整程序，方大钢铁集团依法依规成为达州钢铁的第一大股东。达州钢铁加盟后，方大钢铁集团产能达2000万吨，目前有员工26000余人。

方大钢铁集团是一家以钢铁为主业，并成功向汽车弹簧、矿业、国内外贸易、房地产、建筑安装、工程技术等行业多元发展的大型钢铁联合企业。旗下方大特钢、萍钢公司分别是中国弹簧扁钢和汽车板簧生产基地之一、中国建筑用钢生产基地之一。方大特钢产品包括汽车零部件用钢和建筑用材，萍钢公司产品涵盖螺纹钢筋、高速线材、小型材、中厚板多个系列，所属企业有萍乡萍钢安源钢铁有限公司、九江萍钢钢铁有限公司等。达州钢铁主要产品有螺纹钢筋、高速线材和热轧圆钢系列，冶金焦炭、炭黑、工业萘、纯苯、硫酸铵等20余种煤化工产品系列，甲醇、二甲醚等新型能源化工产品系列等。

方大钢铁集团积极顺应国家政策和标准导向，一直致力于提高产品质量等级和生产水平，创新生产技术，推进钢筋产品的升级换代，继2013年淘汰HRB335和HPB235等低强度等级钢筋产品后，又积极倡导和推动HRB400E抗震钢的生产应用，2019年底基本实现江西省、四川省内400MPa级钢筋全抗震化，促进钢筋产品质量等级全面提升，为重大工程技术进步、提高建筑结构安全性、促进钢铁产业结构调整和节能减排提供有力支撑。同时不断开发和储备高强钢筋生产技术，成功开发HRB500E高强钢筋并实现批量生产供货，开展HRB600等更高强度级别钢筋的开发和技术储备，为建筑行业未来高质量发展和技术升级提供原材料保障。

方大钢铁集团旗下的萍安钢铁在技术创新上大胆革新，最早引入北岛能源燃烧高炉煤气的高效蓄热式加热炉用于螺纹钢筋生产，将之前放散无用的高炉煤气利用起来的同时还改善了环境，实现经济和社会效益双赢。方大钢铁至今在切分轧制工艺、超细晶粒钢、蓄热式加热炉保持行业引领的地位，方大钢铁螺纹钢生产历程是中国螺纹钢发展和进步历史的缩影，见证了中国螺纹钢的崛起。

方大钢铁集团旗下产品方大特钢“海鸥牌”、萍钢股份“博升牌”、达州钢铁“巴山牌”建筑钢材均获得了国家产品实物质量“金杯奖”，三大品牌均获国家首批“免检产品”，均通过质量、环境、职业健康安全管理体系认证。

方大钢铁集团螺纹钢筋产品规格为直螺 ϕ12 ~ 40mm，盘螺 ϕ6 ~ 12mm，钢种为HRB400、HRB400E、HRB500、HRB500E 等。在螺纹钢产品的生产过程中试验试制了诸如高炉高锌负荷冶炼工艺、转炉低碳绿色冶炼技术、多线切分轧制技术、钢筋细晶强化控制技术、高效蓄热式燃烧技术、无槽轧制等新工艺、新技术、新材料。其中，在螺纹钢生产过程中采用的主要工艺技术有：（1）为降低 HRB400 钢生产成本，引进添加一定量的氮化硅铁冶炼 HRB400 钢，减少了钒铁的加入量，并在钢水中加入一定的氮化硅铁，从而在钢中形成大量的 V(C,N) 化合物，增加了钒的沉淀强化和细化晶粒的作用，比单纯加入钒铁冶炼 HRB400 钢成本节约 50 元/吨左右，降低了生产成本；（2）引进高线、高棒生产线粗轧机推广无槽轧制技术生产；（3）同时进一步推进螺纹钢多个规格的切分升级，配合热送热装工艺研究攻关，大幅提高了螺纹钢的生产效率，截至 2020 年已实现 ϕ12 ~ 14mm 规格五切分、ϕ16mm 规格四切分、ϕ18 ~ 20mm 规格三切分、ϕ22 ~ 25mm 规格两切分。

方大钢铁集团具备生产螺纹钢筋的生产线有棒材轧机九条、高速线材轧机六条。

北京建龙重工集团有限公司

北京建龙重工集团有限公司（以下简称建龙集团）是一家以钢铁为核心的大型重工产业集团，拥有完整的产业链条。2020 年，集团控股公司完成钢产量 3647 万吨，实现主营业务收入 1956 亿元，完成利润总额 64 亿元，累计上缴税金超 450 亿元。至 2020 年末，集团总资产规模超过 1545 亿元，2019 年国内外员工合计 53000 人，2020 年合计 61300 人，拥有 4 家院士专家工作站、3 家博士后工作站和 1 家博士后创新实践基地。建龙集团在 2020 年度冶金工业规划院主办的《钢铁企业发展质量》评价工作中综合竞争力评估为 A+(最高级)，2020 年度联合资信评估有限公司对建龙集团的信用评级为 AA+。

建龙集团下属 14 家钢铁子公司，集团钢铁产业目前共有唐山建龙特殊钢有限公司、承德建龙特殊钢有限公司、黑龙江建龙钢铁有限公司、吉林建龙钢铁有限责任公司、吉林恒联精密铸造科技有限公司、抚顺新钢铁有限责任公司、唐山市新宝泰钢铁有限公司、山西建龙实业有限公司、建龙北满特殊钢有限责任公司、建龙阿城钢铁有限公司、马来西亚东钢集团有限公司、建龙西林钢铁有限公司、内蒙古建龙包钢万腾特殊钢有限责任公司、宁夏建龙龙祥钢铁有限公司等 14 家公司，具有 4200 万吨生产能力，规模位居全球钢铁企业第 8 位（2019 年排名），2020 年以 3572 万吨钢产量（不含马来西亚东钢）位居全国钢铁企业第 5 位，全国民营钢铁企业第 2 位。建龙集团营业收入连年持续增长，截至 2020 年，位居中国企业 500 强第 137 位。

2019 年，集团控股公司完成钢产量 3119 万吨，位居全球 50 大钢厂粗钢产量排名第 8 位。截至 2019 年年底，集团钢铁产业规模在全国钢铁企业排名中居第 5 位，在全国民营钢铁企业排名中居第 2 位，建龙集团是中国钢铁工业协会副会长单位、全联冶金商会会长单位。

2021 年，建龙集团将紧紧围绕“打造‘2 个 5000 万吨’规模平台，基于工业 4.0 理念的数字化转型，向建筑业综合服务商和高端专业优质的工业用钢供应商转型”三大战略目标，继续坚定不移地以员工为中心，以客户为导向，构建科研生态圈和产业生态圈，全力推进美好企业建设，打造具有国际竞争力、区域号召力、专业影响力的头部钢铁企业集团，力争 2021 年实现粗钢产量 4036 万吨，销售收入 2196 亿元，利润总额 78 亿元，上缴税金 50 亿元。

本钢集团有限公司

本钢集团有限公司（以下简称本钢）始建于 1905 年，是新中国最早恢复生产的大型钢铁企业，被誉为“中国钢铁工业摇篮”“共和国功勋企业”。本钢是辽宁省省属大型国有企业集团，资产规模超 1500 亿元，具有粗钢产能 2000 万吨；是中国十大钢铁企业之一，世界钢铁企业排名第 17 位。2020 年，本钢位列中国企业 500 强第 317 位，中国制造企业 500 强第 127 位。

本钢地处辽宁省本溪市，位于辽宁省中部经济带核心区域，矿产资源丰厚，是世界著名的“人参铁”产地。本钢是以钢铁产业为基础，金融投资、贸易物流、装备制造、工业服务、城市服务等多元产业协同发展的特大型钢铁联合企业。改革开放以来，本钢大力推进企业科技进步与技术创新，依托自身优势，采用世界先进技术对主体生产工艺及其关键设备进行了大规模改造，目前已经发展成为拥有采矿、选矿、炼焦、烧结、炼铁、炼钢、热轧、酸洗、冷轧、镀锌、彩涂、特殊钢、不锈钢冷轧、高速线材、螺纹钢、球墨铸管等世界先进水平的现代化工艺和装备的特大型企业集团。本钢北营公司高速线材品种包括帘线钢、硬线、焊接用、预应力钢丝及钢绞线用、冷镦用、预应力钢棒用、低碳拉丝用等光圆盘条以及螺纹钢盘条，螺纹钢以国标 400MPa 级别抗震钢筋及英标系列 500MPa 级别钢筋为主。

本钢严格遵循全球最高的质量和安全标准，全面通过 ISO9001（质量管理体系）、ISO14001（环境管理体系）、OHSMS18001（职业健康安全管理体系）和 ISO/TS 16949（汽车板质量管理体系）认证，是中国冶金行业首家质量管理创新基地。

面向未来，本钢将紧紧抓住“振兴东北”、供给侧结构性改革和深化国企改革发展机遇，充分发挥本钢资源、区位、政策等优势，以提高竞争力为核心，围绕高质量发展，聚焦钢铁材料制造与服务，不断提高产业协同创新发展能力，致力于成为精品、绿色、智能、共享的世界一流钢铁企业。

本钢集团主要工艺技术有：（1）孔型优化工艺：2002年，一棒通过孔型系统优化提高粗轧机组和中轧机组产能，对精轧机组直流电机及自动控制系统进行改造，产品规格为ϕ22~32mm，产能提升至55万吨；（2）热送热装工艺：2001年，一棒材进行了热送热装技术改造，增加了热送辊道、钢坯提升装置、热装台架及操作室，实现了连铸方坯热送热装。2002年，二棒材投产。2004年9月，二高线投产，均采用了热送热装工艺技术；（3）超快速冷却工艺技术：2006年，二棒材精轧机组后增设超快速冷却装置，2008年，冷却水管由直管改为湍流管。2018年10月，一高线改造为高速棒材（即三棒材），精轧机组后增设超快速冷却装置。超快速冷却工艺主要通过轧后快速冷却细化晶粒，通过细晶强化提高钢筋的强度，主要用于生产出口钢筋（执行英国、马来西亚、新加坡、香港等国家和地区标准、企业标准等）；（4）螺纹钢热机轧制工艺研究与生产实践：2006~2008年一高线生产线生产HRB400盘螺通过降低开轧温度、进精轧温度和终轧温度（≤850℃），采用了低温轧制工艺细化晶粒提高强度，降低合金成本；（5）无孔型轧制工艺技术：2009年，二棒材粗轧机组、中轧机组采用了无孔型轧制工艺。2010年，在四高线粗轧机组生产盘螺时采用无孔型轧制，提高了生产效率且降低了生产成本；（6）棒线切分轧制工艺：2005~2007年，二棒材公称直径ϕ12~22mm先后采用了二切分轧制工艺。2015~2017年，二棒材公称直径10mm、12mm采用了四切分轧制工艺，公称直径14mm采用了三切分轧制工艺，极大地提高了生产力，同时降低了生产成本；（7）生产线改造工艺：2018年10月，原一高线改造为高速棒材生产线。最大轧制速度40m/s，设计规格ϕ10~18mm，设计生产能力60万吨/年；（8）抗震钢筋HRB400E微合金化工艺：主要采用钒氮微合金化工艺生产，2018年12月~2019年5月采用铌钒复合微合金化工艺生产HRB400E。2019年试制成功抗震钢筋HRB400E铌氮微合金化工艺。2020年研究试制成功“钒氮合金增氮”微合金化工艺生产HRB400E。本钢制定不同的微合金化工艺，根据市场合金价格变化选用成本低的微合金化工艺；（9）高强度抗震钢筋HRB500E微合金化工艺：2020年研究并进行了工业化试制HRB500E“钒氮合金+铬+增氮”微合金工艺，通过加铬、增氮、优化化学成分，解决了抗震钢筋HRB500E强屈比较低问题，降低了合金成本，解决了加热温度较高，工艺控制难度大的难题。

本钢集团北营公司其中原一高线生产线装备布置：推钢式加热炉、粗轧机组（7架、全水平布置）、切头剪、中轧机组（4架、全水平布置）、切头剪、预精轧机组（4架，平立交替）、预水冷箱、精轧机组（10架，进口达涅利设备）、冷却水箱（3组）、夹送辊、吐丝机（进口达涅利设备）、风冷运输线、集卷站、PF运输线、打包机等，最大轧制速度100m/s。后经改造成为本钢集团北营公司三棒材生产线，主要工艺装备有粗轧机组（8架、全水平布置）、切头剪、中轧机组（4架、全水平布置）、切头剪、预精轧机组（4架，平立交替布置）、冷却水箱、精轧机组（10架，原达涅利引进）、冷却水箱（四组）、夹送辊（冷却水箱之间，夹送辊前）、倍尺剪、冷床、定尺剪、检查收集台架、打捆机等，最大保证轧制速度40m/s。

陕西钢铁集团有限公司

陕西钢铁集团有限公司（以下简称陕钢集团）成立于2009年8月，是陕西省委、省政府为振兴钢铁产业而组建的钢铁企业集团，2011年12月重组加入世界500强企业陕煤集团，成为其控股子公司，属于陕西省国资委监管的重要子企业，是陕西省唯一国有大型钢铁企业。

陕钢集团目前总资产416亿元，钢铁产能1000万吨，员工1.8万人。拥有西安集团总部和龙钢公司、汉钢公司、龙钢集团、韩城公司、产业创新研究院公司5个权属子公司。其中龙钢公司、汉钢公司为钢铁主业生产企业，产能规模分别为700万吨和300万吨；龙钢集团为非钢多元产业；韩城公司是大宗原燃料采购、钢材销售及物流运输等经营板块；产业创新研究院公司为科技创新和新产品研发平台。

陕钢集团现有3座1280m^3高炉、3座1800m^3高炉、1座2280m^3高炉，3台265m^2烧结机、1台400m^2烧结机、1台450m^2烧结机，4座120t转炉、4座60t转炉及配套轧钢系统，所有设备全部符合工信部钢铁行业规范条件，在中国西部同类型企业中处于领先水平。

陕钢集团主要产品为“禹龙”牌系列建筑钢材和精品板带，广泛应用于国家及省级重点项目工程，在西安、成都、兰州等市场具有较高的知名度，先后荣获“陕西省著名商标”“国家冶金实物质量‘金杯奖’”“全国免检产品”等荣誉称号。

陕钢集团2018年粗钢产量1138万吨，实现利税50亿元，荣获“全国五一劳动奖状”，综合竞争力进入全国钢铁企业A类（特强）。2019年粗钢产量1245万吨，位列全国钢铁企业第16位，全球钢铁企业第33位，实现利税41亿元，综合竞争力蝉联全国钢铁企业A类（特强）。2020年，陕钢集团克服疫情影响，生产粗钢1318万吨，同比增长5.83%，实现利润7.51亿元，呈现出持续盈利的良好发展态势。

陕钢集团树立“发挥国企优势、学习民营机制”改革理念，深化市场化经营机制改革，实施职业经理人制度；建立“党建领航、班子引领，干部走在前列”工作机制；健全各级法人治理结构，深化三项制度改革。2018年，陕钢集团入选国务院国企改革“双百行动”，改革成果入选国务院国企改革案例集，三项制度改革被国务院国资委评为A级，并在省国资委改革考核评价中被评为A级，荣获陕煤集团2019年“改革先锋”荣誉称号。2020年12月9日，国务院国资委在北京召开《改革样本》新书发布会，陕钢集团做了现场交流发言，此次交流发言仅有5家单位，其中中央企业所属“双百企业”3家，地方“双百企业”2家。

面向未来，陕钢集团将以党的十九大精神为引领，着力构建“陕西千万吨钢千亿产业集群”，重点打造三大基地，即韩城“煤焦电钢化”循环产业生态圈，汉中钢材制品产业集群，西安钢材仓储物流、加工配送和供应链金融基地，真正将陕钢集团打造成为我国西部最具竞争力的高端钢铁材料服务商，建成美丽幸福新陕钢。

陕钢集团现共有棒、线材生产线11条。其中棒材生产线8条，分别为1条全国产化双高棒线和7条全连轧棒线；高速线材生产线3条，分别为2条双高线和1条单高线，实际总产量可达到1100万吨/年，产品规格覆盖ϕ6~50mm全规格。

陕钢集团轧制工序主要工艺技术有：(1) 控制轧制技术。在调整化学成分的基础上，通过对钢坯加热温度、轧制过程中各关键点温度，以及轧制道次压下量等轧制参数的控制与优化，得到细小相变组织提高钢筋品质。(2) 控轧控冷技术。通过形变过程中对再结晶和相变行为有效控制，轧后快速冷却以达到细化铁素体晶粒提高钢筋的强度及韧性。(3) 多线切分轧制技术。先后实施了25规格2切分、22规格2切分、20规格3切分、18规格3切分、16规格4切分、14规格4切分、12规格5切分工艺应用，极大地促进了棒材螺纹钢提产降本增效工作。(4) 棒线材无孔型轧制技术。陕钢集团是国内钢铁行业里应用棒材无孔型轧制技术较早的企业，早在2012年便开始了这方面技术的探索和应用，有着较多的成果和经验，并自主设计实施了高速线材生产线粗中轧的无孔型轧制工艺改造，有效降低了备品备件库存量和轧机轧辊消耗等，助推了企业降本增效。(5) 大断面方坯轧制技术。提高单坯重量是提升生产技术指标极其重要的一项措施，近两年，陕钢集团先后自主设计实施了165mm、170mm大断面方坯轧制技术改造，炼钢、轧钢产量同步提升近5%，促进了集团公司效益提升。(6) 2012年陕钢集团和湖北立晋钢铁集团合作完成了“高强度抗震钢筋直接轧制技术研究及产业化应用”，率先实现了长材生产领域无加热直接轧制技术产业化应用。(7) 高强钢筋开发与应用。近几年，陕钢集团利用微合金化生产工艺，成功开发并在市场推广了HRB500E、HRB600(E)、630MPa级高强度热轧带肋抗震钢筋，开展了650MPa级以上高强度抗震钢筋技术研究。(8) 细晶粒技术应用。2016年，陕钢集团开展了钢筋细晶粒轧制生产技术的探索，尤其是对高线盘螺钢筋的控轧控冷技术进行了深入研究并进行了实践应用，通过细晶粒轧制技术的应用与创新，在保证钢筋质量要求的基础上，节约了贵重金属消耗，实现了绿色发展。

陕钢集团的高速线材生产线为全连轧工艺布置，精轧机组、减定径机组、吐丝机采用全进口摩根六代设备、斯太尔摩风冷线、森德斯打包机等关键设备均属于国际领先装备，全线采用连续无扭轧制，线材保证最大轧制速度120m/s。粗轧机组、中轧机组及预精轧前两架均选用高刚度短应力轧机，平立交替布置，实现无扭轧制。以上工艺设备配置可提高产品精度和表面质量，减少表面缺陷，提高产品质量和成材率。全连轧棒材生产线，全线采用18架短应力线轧机（2号生产线预留2架），全连续无扭轧制（切分轧制除外），每架轧机均采用交流变频调速电机单独传动，保证单线最大轧制速度18m/s。

包头钢铁（集团）有限责任公司

包头钢铁（集团）有限责任公司（以下简称包钢）于1954年成立，是国家在“一五”期间建设的156个重点项目之一，是新中国在少数民族地区建设的第一个大型钢铁企业。包钢集团是最早的八大钢厂之一。经过60多年的发展，目前已成为世界最大的稀土工业基地和我国重要的钢铁工业基地，拥有“包钢股份”“北方稀土”两个上市公司，资产总额达1800亿元以上，有在册职工4.8万人。

拥有的白云鄂博多金属共生矿是中国西北地区最大铁矿，稀土储量居世界第一位、铌储量居世界第二位。同时，包钢控制铁矿资源 11.4 亿吨、有色金属量 111 万吨、煤炭资源 19.29 亿吨。白云鄂博矿铁与稀土共生的资源特色，造就了包钢独有的“稀土钢”特色，产品在延展性、高强韧性、耐磨性、耐腐蚀性、拉拔性方面独具优势，对提高汽车用钢、家电用钢、结构用钢等的冲压性能具有特殊作用，能够满足耐磨、耐蚀等钢材特殊性能需求，广受用户欢迎和好评。

稀土产业。国家六大稀土集团之一的“中国北方稀土集团”，所属企业 39 家，是集稀土生产、科研、贸易、新材料于一体的跨地区、跨所有制的行业龙头企业。目前已形成以冶炼为核心、新材料领域为重点、终端应用为拓展方向的产业结构。冶炼产能产量全球第一。稀土五大功能材料产业实现全覆盖，磁性、抛光、贮氢材料产能位居世界前列，功能材料和应用产品收入比重超过 30%。

多元产业。矿业资源产业在拥有白云鄂博矿等自有矿山基础上，大力发展资源深加工产业，正在形成煤焦化工、氟化工、有色金属等新产业格局。物流产业在打造全流程智慧物流服务体系的同时，积极拓展钢材现货销售、钢材深加工、产品贸易等，竞争实力不断增强。金融产业全面开展投资、贷款延伸业务，依托融资租赁、商业保理等平台，促进产融结合。文化产业面向社会，开展酒店旅游、文体培训、影视传媒、体育场馆租赁等业务，影响力不断扩大。

钢铁产业具备 1650 万吨以上铁、钢、材配套能力，是世界装备水平最高、能力最大的高速轨生产基地，是我国品种规格最为齐全的无缝管生产基地，是我国西北地区最大的板材生产基地和高端线棒材生产基地。可生产高速钢轨、石油套管、管线管、汽车板、高级管线钢、高强结构钢等高端产品。产品广泛应用于京沪高铁、青藏铁路、上海浦东机场、鸟巢、三峡工程、江阴大桥等重点工程和建筑，并远销欧美等 60 多个国家和地区。

螺纹钢产线作为包钢的四大精品线之一，虽产能不大，但却是包钢创效的组成部分。为改善小型钢钢材的产品结构，冶金部批准了钢坯连轧机、棒材轧机及线材轧机的三套轧机建设方案。

面向未来，包钢将扎实推进高质量发展，深化供给侧结构性改革，立志在新时代振兴崛起，全面建设现代化新包钢，打造具有全球竞争力的行业一流企业。

包钢现设立线材、棒材两个作业区，拥有两条高速线材生产线，一条棒材生产线。主要可以生产棒材、线材两大类产品，主要品种有热轧带肋钢筋、高碳硬线、冷镦钢、焊丝焊条钢、抽油杆用圆钢等，具备年产能 200 万吨的生产能力。包钢长材厂以精细化管理为主线，以特色产品、优质服务、提升效益为支撑，不断优化线、棒系列精品线，做精线棒，把长材厂打造成西部地区优质线、棒精品基地。

包钢新高线生产线，于 2007 年 12 月投产，采用国产高速线材生产线，年产能 60 万吨，生产的钢种包括热轧光圆钢筋、热轧带肋钢筋、冷镦钢、低碳钢、预应力钢筋、优质碳素钢等，产品规格包括 ϕ6.5～16mm 盘条和 ϕ8～14mm 热轧带肋钢筋。

包钢棒材生产线，于 1988 年投产，在 2008 年又引进了意大利达涅利公司的大盘卷卷曲线。棒材生产线的年产总量超过 70 万吨，生产的钢种包括热轧带肋钢筋、热轧盘卷钢筋、冷镦钢、抽油杆用圆钢等多个品种，产品规格包括 ϕ16～40mm 热轧带肋钢筋、ϕ16～

22mm 热轧光圆钢筋。目前主要以螺纹钢为主，少量生产圆钢。棒材轧机采用 6—6—6 串列式全连续工艺布置，全线共 18 架轧机，轧机均为平立交替布置，全线实现无扭轧制。粗、中轧实现微张力轧制，中轧机组和精轧机组之间实现无张力轧制。

包钢集团螺纹钢主要工艺技术有：（1）控制轧制技术：在调整化学成分的基础上，通过对加热温度、轧制过程中各关键点温度及轧制道次压下量等轧制参数的控制与优化进行奥氏体状态稳定控制，得到细小相变组织提高钢筋品质；（2）控轧控冷技术：通过形变过程中对再结晶和相变行为有效控制，轧后快速冷却以达到细化铁素体晶粒提高钢筋的强度及韧性；（3）高强钢筋开发与应用：近几年，包钢集团利用微合金化生产工艺，成功开发并市场推广了 HRB500E、HRB600 高强度热轧带肋抗震钢筋，开发了 HRB400aE 耐腐蚀抗震钢筋。

酒泉钢铁（集团）有限责任公司

酒泉钢铁（集团）有限责任公司（以下简称酒钢），酒钢始建于 1958 年，是国家“一五”时期规划建设的钢铁联合企业，也是我国西北地区建设最早、规模最大、黑色与有色并举的多元化现代企业集团。经过 60 余年的建设发展，酒钢集团已初步形成钢铁、有色、电力能源、装备制造、生产性服务业、现代农业六大产业板块协同发展的新格局。钢铁产业具备年产粗钢 1105 万吨（其中本部 825 万吨、榆钢 280 万吨）的生产能力；有色产业已形成年产电解铝 170 万吨、铝板带铸轧材 60 万吨的生产能力，跨入国内大型铝企业第六位；电力能源产业已形成电力总装机 3446MW 的自备火电装机容量。2019 年位列中国企业 500 强第 199 位、中国制造企业 500 强第 85 位。

甘肃酒钢集团宏兴钢铁股份有限公司是酒钢集团控股的上市子公司，拥有镜铁山矿和西沟石灰石矿两座矿山，形成了从采矿、选矿、烧结、焦化到炼铁、炼钢、热轧、冷轧完整配套的碳钢和不锈钢现代化工艺生产线，主要装备达到国内先进和西北领先水平。主要产品有碳钢系列的高速线材、高速棒材、中厚板材、热轧卷板、冷轧板、镀锌板、合金镀层板以及不锈钢系列的热轧卷板、冷轧薄板、中厚板等上百个品种。酒钢集团是国内第三家拥有从炼钢、热轧到冷轧完整配套的全流程不锈钢生产企业，具备年产 120 万吨不锈钢的生产能力。酒钢集团钢铁产品和生产系统已通过 ISO9001 质量管理体系和 ISO14001 环境管理体系认证，“酒钢”品牌是全国“驰名商标”。产品主要销往国内市场及欧美、日本、韩国等国外市场。不锈钢、碳钢冷轧板等高附加值产品已进入国内家电、汽车、电子、太阳能、石油石化、核电等中高端领域。

有色产业拥有嘉峪关、陇西两个电解铝生产基地和牙买加阿尔帕特氧化铝生产基地、酒钢天成彩铝深加工基地。建有 240kA、400kA、500kA 多条大型电解铝生产线，形成年产氧化铝 165 万吨、电解铝 170 万吨、铝板带铸轧材 60 万吨、铝板带冷轧材 18 万吨的生产能力，是甘肃省最大的铝冶炼加工企业。

电力能源产业拥有 32 台（套）自备火力及余能回收发电机组，85 座 6~330kV 变电站、输配电网及相应的电力传导设施，为集团公司钢铁、有色等产业提供电力支撑，同时承担了嘉峪关市 93%的采暖供热。

装备制造产业涵盖了冶金装备、风电装备、光伏装备、光热装备、电气设备及相关非标设备的设计、制造、安装、调试等领域，拥有嘉峪关本部、酒泉天成、酒泉瓜州、兰州榆中、洛阳伊川等5个生产基地，年制造加工总能力17万吨，2017年在“新三板”挂牌上市。生产性服务业主要有物流、建筑工程技术、循环经济、耐火材料、金融服务、房地产、旅游酒店、医疗服务、教育培训等在酒钢60年发展历程中逐步形成的业态。其中物流产业拥有自备铁路782km（嘉策铁路全长459km），自备铁路敞车1500辆；酒店产业在嘉峪关、北京、上海布局6家酒店，共有各类客房1500余间。

目前，酒钢螺纹钢总产能达到450万吨/年，具有3条棒材生产线、1条高速棒材生产线和2条高速线材生产线，能够生产400～600MPa级别，直径ϕ8～40mm规格螺纹棒线材。

酒钢现有的生产线所采用的生产工艺和装备成熟可靠，其主要工艺技术特点有：（1）低成本高强钢筋生产工艺。通过开展螺纹钢低成本生产技术研究，通过优化合金配比，研究钢中组织形态与轧制工艺及力学性能之间的关系，确定最佳轧制工艺参数，实现了高强钢筋成本的降低。根据不同的合金价格，选择性价比最高、成本最低的合金进行生产，大幅降低原料成本。（2）无孔型轧制工艺。棒材生产线均采用无孔型轧制，轧辊辊面利用率增加，轧辊使用寿命增加1倍，节约了大量轧机换辊时间，且由于轧辊具备了共用性，大大减少了轧辊的储备。（3）热装热送工艺。钢坯热装温度达到500～750℃，热装比80%以上，煤气消耗达到吨坯1.2GJ，大幅度降低煤气消耗。随后建设的翼钢棒材生产线、榆钢线棒材生产线、炼轧厂棒材技改项目均采用了短流程热装工艺，取得了显著经济效益。（4）蓄热式燃烧技术。使用先进的陶瓷蜂窝体进行蓄热，极大地提高了换热效率，利用纯高炉煤气作为燃料，使高炉煤气得到合理利用，置换出来的高热值焦炉煤气供城市民用，物尽其用，为企业增加效益。2004年6月酒钢将高棒生产线加热炉改造为蓄热式加热炉，并在其后新建线棒各产线，加热炉均采用了蓄热式燃烧技术。

1994年建成的酒钢首条螺纹钢生产线，为横列式轧机，主要设备有：三段连续式加热炉1座、ϕ420mm×2轧机列（粗轧）、ϕ310mm×2轧机列（中轧）、ϕ250mm×5轧机列（精轧）、160t热剪、250t成品剪、6m×48m步进齿条式冷床。

2001年10月，酒钢公司在一高线厂房成品跨增加大规格棒材精轧机及棒材精整设备，使其成为既具备盘卷线材生产能力，又具备直条棒材生产能力的线、棒复合生产线。新建的高速棒材生产线关键设备达到世界领先水平，是国内第一条速度超过30m/s的单线棒材生产线，其关键设备由意大利西马克公司引进，电控系统从德国西门子公司引进。

2002年起，酒钢陆续建成了二高线、榆钢高线、榆钢棒材及翼钢棒材生产线，新建生产线主要工艺技术装备达到了当时国内外先进水平，做到了工序顺畅、配置合理，劳动生产率得到大幅度提高。

中天钢铁集团有限公司

中天钢铁集团有限公司（以下简称中天钢铁）位于江苏省常州市，成立于2001年9

月，历经近20年跨越发展，已成为年产钢1300万吨，营业收入超1400亿元，业务涵盖现代物流、国际贸易、教育、体育等多元板块的国家特大型钢铁联合企业，是工信部公示符合《钢铁行业规范条件》的企业之一。已连续十六年荣列中国企业500强，位居2020年中国企业500强第161位，制造业500强第65位，江苏省百强民营企业第7位，荣获全国十大卓越品牌钢铁企业、钢铁行业改革开放40周年功勋企业、中国质量诚信企业等荣誉称号。

近年来，中天钢铁致力于转型升级，坚定不移走优特钢发展之路，拥有国际一流的先进装备，包括德国西门子-奥钢联连铸机、美国摩根轧机、德国考克斯轧机、美国摩根减定径机组、棒材自动精整线等，设有4个省级示范智能车间，以及钢铁研究总院-研究应用基地、中天钢铁研究院、中天钢铁汽车用钢研究所、国家级实验室、省级企业技术中心等高层次科研平台，并与北京科技大学、上海大学、东北大学、洛阳轴承研究所、ABB瑞典研究中心等多所高校、科研院所进行产学研合作，配套全流程ERP、MES、NC等信息化系统，持续推进技术创新和产品提升。

目前，中天钢铁已形成建筑用钢、工业棒材、工业线材、热轧带钢四大产品系列，产品主要涵盖轴承钢、帘线钢、齿轮钢、弹簧钢、工程机械用钢、易切削非调质钢、锚链钢、焊丝钢、冷镦钢等高技术含量、高附加值钢种600余种，并远销全球近70个国家和地区，广泛用于铁路轨道、汽车轴承、船舶锚链、石油化工、海洋工程、核电风电等领域，荣获中国驰名商标、国家标准创新贡献奖、冶金产品实物质量“金杯奖”、江苏“双百品牌”产品等多项荣誉称号。

中天钢铁遵循“坚持自主创新、发展循环经济，建设绿色工厂”的发展方针，将绿色发展、环保发展作为企业底线，实施城市中水回用、综合污水处理站、能源管控中心、全工序超低排放、全封闭料场、长江流域首条千吨级纯电动运输船等120余项节能减排、循环利用工程，主要环保指标均达到行业领先水平，成为省内首家矿粉、焦炭、煤炭等所有原辅料全部实现封闭式管控的钢铁企业，成功入选为国家级“绿色工厂”、绿色发展标杆企业、常州市首批低碳示范单位，真正实现“用矿不见矿、用焦不见焦、运料不见料、出铁不见铁”。同时，多年来，中天钢铁用于修桥铺路、帮困助学和其他慈善、公益事业等各类社会捐助超7亿元，获评中国公益慈善十大影响力企业、履行社会责任十大典范企业等荣誉。

目前，中天钢铁高强钢筋年产能约650万吨，其中HRB400、HRB400E、HRB500、HRB500E、HRB700高强钢筋5个牌号，HRBF400、HEBF400E、HRBF500、HRBF500E细晶粒高强钢筋4个牌号，可生产ϕ6~12mm盘条和ϕ10~50mm直条带肋钢筋。

高强钢筋所采用的生产工艺技术有微合金化、余热处理和晶粒细化或组织细化3种。其中微合金化技术是生产400MPa级、500MPa级螺纹钢采用的主要技术路线。2012年中天钢铁公司和钢铁研究总院用钒微合金化技术成功研发了700MPa级高强螺纹钢。通过在钢中加入微量V、Nb、Ti等元素，利用微合金化元素的强化作用，以及与之相结合的控轧控冷工艺，使钢在热轧状态获得高强度、高韧性、高可焊接性以及良好的成型性能，产品表面不易生锈，在保证其高质量的同时，产品成本也得到有效控制。

中天钢铁钢轧一分厂高线生产线由4架珠光体球墨铸铁粗轧机组、4架珠光体球墨铸铁+4架铬钼球墨铸铁中轧机组、4架悬臂辊环式轧机预精轧机组和10架摩根Ⅲ代45°无扭机组精轧机组组成；钢轧二分厂3线由6架短应力线轧机粗轧机组、6架短应力线轧机中轧机组和4架精轧机组组成；钢轧三分厂5线由6架短应力线轧机粗轧机组、6架短应力线轧机中轧机组和6架精轧机组（前2架为短应力线轧机，后4架为悬臂轧机）组成。

福建省三钢（集团）有限责任公司

福建省三钢（集团）有限责任公司（以下简称三钢）前身为福建省三明钢铁厂，建于1958年。2000年3月，经福建省人民政府批准改制设立福建省三钢（集团）有限责任公司，控股股东为福建省冶金（控股）有限责任公司，占三钢总股本的94.4906%。目前，三钢已成为年产钢超1200万吨和以钢铁业为主、多元产业并举的跨行业、跨地区、跨所有制的大型企业集团，旗下拥有三明本部、泉州闽光、罗源闽光、漳州闽光4个钢铁生产基地。三钢已形成“中高等级建筑用材、中高等级制品材、中厚板材、优质圆棒、合金窄带、H型钢”六大版块钢主业产品。三钢集团现有职工1.76万人，总资产547.61亿元，全资及控股子公司17家（其中福建三钢闽光股份有限公司为上市公司），紧密型企业1家。

三钢先后获得全国五一劳动奖状、全国文明单位、全国先进基层党组织、全国模范劳动关系和谐企业、全国质量管理先进企业、第一批国家级知识产权优势企业、中国钢铁工业科技工作先进单位、全国钢铁工业先进集体、首届“福建省政府质量奖”、福建省企（事）业信息化应用先进单位、福建省企业文化建设示范单位、福建省用户满意企业、福建省工商信用优异企业（AAA级）、国家级“AAA旅游景区”和省级观光工厂等荣誉称号。

2020年，受新冠肺炎疫情影响，三钢集团累计产钢1137.15万吨，实现营业收入535.76亿元，利税合计54.90亿元，主要技术经济指标持续保持同类型企业先进水平。到“十三五”末，三钢所有工艺装备全部实现大型化、现代化、自动化、绿色化和部分智能化，进入钢铁行业竞争力极强方阵。三钢作为省属国有企业的一面旗帜，将继续以“打造全行业最具竞争力的一流企业”为目标，坚持绿色低碳发展，不断提升智能制造水平，奋力开创新时代三钢高质量发展的新局面。

1995年，三钢建成我国第一条以国产设备为主的现代化棒材生产线。目前，三钢拥有4个生产基地，总产能达1200万吨。其中螺纹钢有3个生产基地，分别为：三明本部，有2条年产各80万吨高速线材盘螺生产线和3条年产各100万吨的全连轧棒材生产线；泉州闽光，有1条年产100万吨棒材生产线、1条年产60万吨高速线材生产线和1条具有国际先进水平的年产60万吨高速棒材生产线；罗源闽光，有1条88万吨高速线材轧钢线和1条具有国际先进水平的年产50万吨高速棒材轧钢线；小蕉实业，有3条年产各80万吨全连轧棒材生产线。

工艺技术方面主要采用：（1）连铸坯热装热送技术，即三钢自20世纪90年代中期棒材和高线生产螺纹钢开始采用输送辊道或汽车热装热送工艺，减少了冷装时连铸坯冷却和再加热的过程，有效提高了加热炉的加热能力和轧线成材率，降低加热炉煤气消耗，其中各轧线热装率分别提高至40%～90%，对比全冷坯生产，加热炉吨钢燃耗降低9～27kg（标煤），同时减少了氧化铁皮的烧损，成材率可提高1.0%～2.5%。（2）无孔型轧制技术，2004年三钢高速线材厂率先在高速线材生产线11架粗中轧机组实现了无孔型轧制工艺，并依次在三钢各棒材、高线、高棒的粗轧机组推进并成熟运用。（3）螺纹钢切分技术，目前棒材生产线ϕ16～25mm规格采用两线切分，ϕ14mm采用三切分技术，ϕ12mm采用四切分技术出成品。三钢也系国内第二个掌握螺纹钢直条三切分立式出成品的生产厂家，通过改进切分导卫装置、重新设计5号、6号活套器与K1进出口立交导管等自主创新，2008年ϕ14mm螺纹钢三切分生产日产量达2200t，作业率同比提高2.47%。（4）转炉控渣出钢工艺技术，该项目属国内首创，具有国际先进水平。其技术原理是在转炉出钢口末端设计闸阀系统，与自动下渣检测系统相结合，通过执行系统，采用液压控制的方式开启或关闭出钢口，达到控渣出钢的目的，实现少渣、无渣出钢。挡渣工艺出钢过程自动化，挡渣成功率100%，实现转炉少渣、无渣出钢，为高强度抗震钢筋等高等级螺纹钢开发提供有利条件。

三钢现有螺纹钢产线13条，主要有：（1）6条普通及大规格螺纹钢直条生产线均采用先进的无扭连轧技术，自动控制加热、控制轧制、在线测径、自动打捆等先进装备技术并实现生产全过程监控管理，可生产至ϕ50mm最大规格。（2）盘螺和盘圆在4条先进的高速线材轧制生产线生产。三钢国产的高速线材生产线有3条，引进意大利全线计算机控制系统和直流传动装置、瑞典全自动打包机等先进设备，最高轧制速度可达65m/s；三明本部1条品种钢生产线，从预精轧到PF线引进意大利达涅利公司设备和技术，最高轧制速度可达110m/s。可生产ϕ6～12mm螺纹盘条及ϕ6～20mm光圆钢筋。（3）2条高速棒材生产线。三钢高速棒材生产线分别在泉州闽光和罗源闽光建成投产，高速飞剪、夹尾装置、快速转鼓等高速上钢系统引进意大利西马克·梅尔公司，轧制速度最高可达40m/s或45m/s。可生产的品种规格为ϕ10～20mm的热轧带肋和ϕ10～22mm光圆直条钢筋。（4）无头轧制及高速上钢生产线。该生产线采用无头轧制、热机轧制等国内外领先技术；集裙板上钢和高速上钢双上钢模式；双冷剪工艺；精整采用双检查台架、打包工序、集捆台架并行模式等先进装备，结合螺纹钢轧制控制细晶工艺技术，可实现轧线产品性能闭环控制，节约成本，优化品种规格；同时，大大减少了因设备或工艺故障造成的作业率损失，有效提升产量和质量，提高产品效益和市场竞争力。可生产ϕ18～40mm规格产品。

石横特钢集团有限公司

石横特钢集团有限公司（以下简称石横特钢）地处山东省泰安市肥城市境内，是一家集焦化、炼铁、炼钢、轧钢、发电、机械制造、民间资本、钢铁物流于一体的大型钢铁联合企业。目前，公司注册资本10.1亿元，具有年钢材300万吨的生产能力，已形成棒材、线材、型材三大产品体系，综合经济实力连续多年跨入中国企业500强、中国制造业企业

500强、中国民营企业500强，获得全国管理模式杰出贡献奖、山东省节能奖、全国第一批绿色工厂。

多年来石横特钢吨钢利润、吨钢税金始终居同行业前三名，2019年实现营业收入290亿元，上缴税金17.5亿元，利润42亿元，产品钢材每吨利润位列全国钢铁行业第一位。石横特钢多年来坚定不移的贯彻“差异化+精细化”的企业战略和“五化”方针，紧抓环保、安全两条红线不放松，企业综合竞争力显著提高：被国务院授予“全国再就业先进企业”荣誉称号，被科技部认定为高新技术企业，钢筋混凝土用热轧带肋钢筋作为国内知名品牌，获评“2017年度中国钢筋品牌‘科技创新榜样’”，在中国钢铁企业综合竞争力评级中连续多年获评竞争力特强A级，被山东省经信委和财政厅评为“山东百年品牌重点培育企业”，荣登2019年全国优质钢铁企业评审委员会确认的“全国优质建筑用钢品牌”综合榜，获“卓越建筑用钢生产企业品牌”“山东省重大工程优质品牌”，公司品牌价值位居全国冶金行业第4位、山东省民营企业品牌第12位，入选2019年山东省制造业高端品牌培育企业名单，2020年获“钢筋品牌计划——重大工程建设榜样”；被山东省委省政府及各级社会组织授予“山东百年品牌重点培育企业”“山东省和谐劳动关系优秀企业”“山东省节能先进企业”“山东省循环经济示范企业”“山东省管理创新优秀企业”“山东省履行社会责任示范企业”“山东富民兴鲁劳动奖状”“山东省民营企业品牌价值100强”等荣誉称号。稳定可靠的产品质量得到了广大客户的认可，形成了良好的品牌效应，锚杆用热轧带肋钢筋、钢筋混凝土用热轧带肋钢筋和预应力混凝土用螺纹钢筋获“山东名牌产品”称号。热轧型钢、锚杆用热轧带肋钢筋、钢筋混凝土用热轧钢筋荣获“山东优质品牌产品”。

石横特钢将“质量是第一信誉”作为企业理念，建立健全了产品质量保证体系，在产品、技术及服务方面不断追求卓越。1998年以来，钢材产品及机械产品先后通过质量管理体系认证，2007年7月通过国家质量实验室认证，2009年通过了环境管理体系和职业健康安全管理体系认证，2011年通过了国家“AAAA级标准化良好行为企业”社会确认，2012年通过质量/环境/职业健康安全管理体系整合认证，2016年12月，通过山东省省级企业技术中心认定，2018年10月，通过省级企业技术中心评价，2017年4月，通过山东省院士工作站申报备案。

石横特钢从1994年开始投产第一条螺纹钢生产线，目前运行3条螺纹钢生产线，分别为高线生产线、一棒生产线、二棒生产线，期间淘汰了小型生产线、普线生产线2条生产线。经过20多年的发展，石横特钢螺纹钢的工艺技术由常规1050℃以上的高开轧温度、高能耗、高烧损阶段发展到1000℃以下低开轧温度、低能耗、低烧损阶段，从常规无控轧控冷技术发展到全程控制轧制技术，由单线轧制发展到两切分、多切分轧制，由粗放式发展到精细化，由非系统、碎片化管控到系统化、专业化管控。

2004年9月投产的高线生产线是工艺装备非常先进的一条线。加热炉为侧进侧出双蓄热步进式，轧机为全连轧布置，从预精轧到吐丝机全部为美国摩根制造，采用摩根6代“8+4”8架精轧+4架减定径布置，传动和自动化全部采用西门子控制系统，同时采用摩根闭环控制的增强型温度控制系统。2006年先后完成了P/F线控制系统优化改造、集卷站运卷小车西门子控制系统优化改造、上料系统优化改进、NTM、RSM轧机辊箱油膜轴承温度在线监控改造。

2005 年，石横特钢与钢铁研究总院合作，在摩根“8+4”高线机型上采用临界奥氏体区控轧和轧后控冷的工艺，利用形变诱导铁素体和铁素体再结晶机制细化组织，在国内外率先成功开发了不加铌、钒、钛等微合金元素的 400MPa 级 ϕ6~10mm 超细晶粒碳素钢筋并形成大规模工业化批量生产。

一棒生产线于 2005 年 5 月投产，是石横特钢的第一条全连轧棒材线。加热炉为双蓄热步进梁式；轧区采用国内典型的“6+6+6”18 架全连轧布置形式，1~18 架采用平立交替高刚度短应力线轧机，其中 16 架、18 架为平立可转换轧机；控冷装置为巴登形式；冷床宽度 99m；冷剪为 8500kN。

二棒生产线于 2010 年 12 月投产，在一棒生产线的基础上，工艺装备进行了系统优化。加热炉为双蓄热步进梁式；轧机为“6+6+4+4”20 架布置形式，全线采用平立交替高刚度轧机，其中第 16 架/18 架/20 架轧机为平立可转换轧机；增加了控轧预穿水段，同时轧机电机功率均得到了提升；冷床宽度为 108m。

敬业集团有限公司

敬业集团有限公司（以下简称敬业集团）是以钢铁为主业，下辖总部钢铁、乌兰浩特钢铁、英国钢铁、云南敬业钢铁、广东敬业钢铁，兼营钢材深加工、增材制造 3D 打印、国际贸易、旅游、酒店的跨国集团，现有员工 31000 名。2020 年集团销售收入 2244 亿元，实现税金 39 亿元，全国 500 强企业名列第 166 位，中国制造业企业 500 强第 68 位。2017 年入选工信部第一批绿色工厂，荣膺“钢铁行业改革开放 40 周年功勋企业”“2017 京津冀最具影响责任品牌”“钢铁企业 A 级竞争力特强企业”。“敬业”商标是中国驰名商标，品牌价值 505.68 亿元人民币。

敬业集团本部现有 6 座 1260m^{3}高炉、3 座 1080m^{3}高炉、2 座 580m^{3}高炉，2 台 260m^{2}烧结机、3 台 230m^{2}烧结机，3 座 150t 转炉、2 座 80t 转炉及配套轧钢系统，所有设备全部符合国家工信部钢铁行业规范条件。主要产品有螺纹钢、中厚板、热卷板、冷轧板、镀锌板、彩涂板、圆钢、异型钢、型钢、线材、钢轨，是全球大型螺纹钢生产基地，国家高强钢筋生产示范企业、国家高新技术企业。产品先后通过了 ISO9001、ISO14001 认证、四国船级社认证、欧盟 CE 认证，螺纹钢产品荣获中国钢铁工业协会冶金产品实物质量认定“金杯奖”。集团实施国际化战略，做全球钢材和金属制品供应服务商，在全球 22 个国家设立分公司和办事机构，产品出口到 80 多个国家和地区，应用于北京大兴国际机场、世博会中国馆、三峡工程、南水北调、石家庄地铁、呼市地铁、雄安市民服务中心、文莱跨海大桥等国内外重点项目工程，被中国中铁、中国电建、中国路桥、中国建筑等多家央企列为优秀供应商，获“中国钢筋品牌计划‘科技创新榜样’”“2018 年度十大卓越建筑用钢生产企业品牌”“2018 年‘百年匠星’中国建筑业特色品牌”等荣誉称号。

为积极响应国家“鼓励有条件的企业实施跨区域、跨所有制兼并重组，加快钢铁行业转型升级”号召，做大做强钢铁主业的同时，敬业集团开始在全球进行战略布局。2014

年重组乌兰浩特钢铁厂，6年时间使乌钢产能由50万吨发展为200万吨，使昔日的草原明珠焕发出新的生机和活力。为加快走出去步伐，推进高质量发展，2020年3月，正式收购英国第二大钢铁企业——英国钢铁公司，成为跨国企业集团，向世界钢铁业展现了中国钢铁的影响力和竞争力。2020年3月、9月相继接手云南永昌钢铁公司、广东泰都钢铁公司，积极开拓西南、华南市场，并向东南亚辐射。

敬业集团视环保为企业生命，在环境保护、节能减排、循环经济方面的投入超80亿元，坚决执行“环保不达标必须停产”的理念，所有指标达到国家排放标准；大力绿化厂区，植被覆盖率达50%，被评为“河北省工业旅游示范企业”。

敬业有6条棒线和1条高线生产线，分别为乌钢1条100万吨/年的双高线、1条60万吨/年的单高线，2条80万吨/年的棒线；云南敬业1条120万吨的棒材线，1条60万吨的棒材线；广东敬业1条120万吨棒材线。

敬业生产工艺方面主要采用：（1）多线切分技术，目前能完成ϕ18mm、ϕ20mm规格两切分技术、ϕ14mm和ϕ12mm规格四切分、ϕ16mm三切分轧制技术、ϕ12mm规格五切分轧制技术、ϕ18mm三切分、ϕ22mm、ϕ25mm规格两切分技术。（2）微合金化技术，为减少钢材使用量，2010年淘汰Ⅱ级螺纹钢筋，2013年全部生产HRB400E抗震螺纹钢，同时开展HRB500E高强螺纹钢工艺研究。通过采用控轧控冷工艺，满足钢筋性能要求，先后解决了HRB500E强屈比不合、盘螺伸长率低、无屈服平台、表面氧化铁皮等问题，2019年完成了加钛螺纹钢加热工艺研究，解决钢水的流动性问题，采用钛铁替代钒氮合金，降低成本24元/吨。（3）无头轧制技术，2019年引进无头轧制技术，由于消除了每根轧件在各机架咬入瞬间引起的动态降速，连轧过程稳定，张力波动减小，从而为进一步提高轧制速度创造了条件，可大幅度提高产量；消除了两根坯料之间的间隙时间，轧机利用率提高，除换辊和检修外，无其他停机，轧机作业率可达到90%以上，生产能力提高10%~20%；消除了咬入时因堆拉关系造成的红坯断面尺寸超差和中间轧废，减少切头切尾消耗，产品质量得到提升，同时产品成材率提高1.5%以上；减少坯料头、尾温度低对轧辊、导卫装置的频繁冲击，减少了轧辊磨损，有利于轧机及其传动装置的平稳运转。（4）直接轧制技术，2015年一车间引进直轧技术，省去了加热炉，没有了加热炉燃料消耗，实现了节能减排，经济效益、环境效益及社会效益得到增强；避免了铸坯因在加热炉长时间停留造成的烧损，提高了钢材成材率；减少了加热炉运行成本和维护成本。

敬业钢铁现有7条轧钢生产线，敬业1号棒线的前12架为牌坊式轧机，后6架为短应力轧机，年轧棒材120万吨，敬业2号棒线的前12架为牌坊式轧机，后4架为短应力轧机，年轧棒材120万吨，敬业3号线前14架为短应力轧机，中间4架为悬臂式轧机，后10架为哈飞仿摩根5代顶交45°轧机，年产线材70万吨，敬业4号棒1~18架为短应力轧机，年轧棒材120万吨，敬业5号/6号棒1~19架为短应力轧机，年轧棒材120万吨，敬业7号棒1~18架为短应力轧机，年轧棒材120万吨，6条全连轧棒材生产线产能720万吨/年，覆盖ϕ12~50mm各个规格，1条全连轧线材生产线产能70万吨/年，配套苏冶短应力线轧机和国产全自动打捆机。

安阳钢铁集团有限责任公司

安阳钢铁集团有限责任公司（以下简称安钢）始建于1958年，位于河南省北部古城安阳市殷都区。东临京广铁路、京港澳高速公路和京汉高铁，西临107国道和南水北调河道，交通运输便利。经过60年发展，已成为集采矿选矿、炼焦烧结、钢铁冶炼、轧钢及机械加工、冶金工程、信息技术、物流运输、国际贸易、房地产等产业于一体，年产钢能力1000万吨的现代化钢铁集团，是中原地区最大的精品板材和优质建材生产基地。

安钢拥有4800m^{3}大型高炉、500m^{2}烧结机、150t转炉、热连轧、炉卷、冷轧等一大批国内领先、国际先进的高端装备和高效生产线。产品定位“中高端”，形成了中厚板、热轧和冷轧卷板、高速线材、型棒材、球墨铸管等产品系列，广泛应用于国防、航天、交通、装备制造、船舶平台、石油管线、高层建筑等行业。高强板成功应用于郑煤机8.8m世界最大矿用液压支架；汽车轻量化用钢享誉业界，700MPa级以上热轧汽车轻量化用钢全国市场占有率70%左右；桥梁板、胶管钢丝用热轧盘条、汽车大梁钢等24个产品获得中钢协“冶金产品实物质量‘金杯奖’”；船体结构用钢板等10种产品获“河南省名牌产品”；安钢产品多次通过CE、FPC年度审核认证，船板通过九国船级社认证。安钢产品行销全国，远销日本、韩国、东南亚、欧洲、南非等国家和地区，产品广泛用于“神六”飞船、“嫦娥一号”航天工程、西气东输二线石油天然气输送管道工程、北京奥运会主会场鸟巢工程、首都国际机场、长江三峡大坝水利枢纽工程、郑州黄河特大桥、上海101环球金融中心、胶州湾跨海大桥、京沪高铁等国家大型重点工程项目。安钢技术实力雄厚，拥有国家级企业技术中心、国家级实验室、博士后科研工作站、河南省工程技术研究中心、院士工作站，被权威媒体评为“中国钢铁企业竞争力特强企业”。近年来，安钢先后获得了全国实施卓越绩效模式先进企业、全国质量管理先进企业、全国优秀企业金马奖、国家标准化良好行为4A企业、河南省创新性企业、河南省突出贡献企业、河南省功勋企业、河南省对外开放先进企业、河南省思想政治工作先进单位、河南省省长质量奖、全国质量奖、中国卓越钢铁企业品牌等多项荣誉称号。

安钢坚持绿色发展，实现生态转型。一是主动融入殷墟国家遗址公园规划，分步推进“公园式、森林式”园林化工厂建设，致力打造一流遗址公园与一流钢铁强企融合共生的发展格局，2019年成功挂牌“国家3A级旅游景区”，树立了绿色发展的行业标杆。二是坚持既要企业发展，更要碧水蓝天，近年来，先后投资70多亿元，采用世界最先进的技术、最成熟的工艺、最高的装备配置，成为国内首家全工序干法除尘并实现脱白的钢铁联合企业，生产工序全部实现超低排放，大气污染治理达到世界一流、国内领先水平。2021年3月安钢被生态环境部认定为“长流程钢铁A级环境绩效企业”。企业荣获“全国绿色发展标杆企业”“中国钢铁工业清洁生产环境友好型企业”等多项殊荣。

为适应新的形势，提高企业生存力和产品市场竞争力，安钢在本省周口地区建立了新的钢铁基地。突出环保、节能、优质、高效的发展思路，充分利用螺纹钢生产的新技术、新材料，目前在轧钢系统建全连续棒材生产线2条，总产量为166万吨。两条棒材生产线分别为1条普通棒材生产线和1条高速棒材生产线，2021年6月可建成投产。普通棒材生产线建设规模为年产96万吨优质精品建材。钢种为低合金钢、碳素结构钢、优质碳素结构钢、锚杆钢筋等。产品规格为ϕ18~40mm带肋钢筋、ϕ18~40mm圆钢、ϕ18~25mm锚杆钢筋。高速棒材生产线建设规模为年产70万吨优质精品建材。钢种为低合金钢、碳素结构钢、优质碳素结构钢、锚杆钢筋等。产品规格为ϕ10~22mm带肋钢筋、ϕ16~22mm圆钢。

安钢高速线材生产线是2001年8月投产的一条高水平的线材生产线。装备水平和自动化程度具有20世纪90年代后期国际水平，引进美国摩根公司最新型线材轧机，采用8+4精轧机和减定径机方案，并采用了优质高效的步进梁式加热炉，全线控轧控冷，轧机采用了一整套先进的自动化控制系统，全线生产过程和操作监控均由计算机控制实施。机组产品曾用在“神六”飞船、“嫦娥一号”航天工程。

安钢260mm机组是引进意大利达涅利部分关键设备和国内配套设计的1条较高水平的棒材半连轧生产线，主要产品为ϕ12~40mm螺纹钢筋和ϕ18~22mm旋锚杆钢。该机组1985年11月正式投入生产，原设计生产能力年产20万吨，现具备年产130万吨的生产能力。

安钢除生产常规热轧带肋钢筋外，2008年以来开发生产了左、右旋矿用锚杆钢。主要规格有ϕ18mm、ϕ20mm和ϕ22mm。强度级别有MG335、MG400、MG500和MG600。形状主要有左、右旋无纵筋型（Z/Y）和右旋等高肋型（Y）3种。另外还开发生产过AGCRM500、AGCRM600热处理锚杆钢。

陕西略阳钢铁有限责任公司

陕西略阳钢铁有限责任公司（以下简称略钢）是陕西省最早建立的省属国有钢铁联合企业，前身为略阳钢铁厂，1969年10月1日冶炼出陕西省第一炉铁水，结束了陕西手无寸铁的历史，是全国地方骨干企业56家之一，被誉为“陕西钢铁工业的摇篮”，为陕西工业经济发展做出了重要贡献。

略钢经过2003年、2016年两次改制，组建成由中国500强企业东岭集团控股，略阳县经贸委、陕西省技术进步投资公司和略钢工会参股，集矿石采选、钢铁冶炼、建材轧制到销售服务为一体的钢铁联合企业，截至2020年，公司已具备年产100万吨铁、190万吨钢、180万吨材的能力，在岗职工2100余人。

略钢地处秦岭南麓嘉陵江畔陕甘川交界的略阳县，境内铁矿资源丰富，自有矿山3处，铁矿储量1.57亿吨，资源优势得天独厚；公司3.5km专运线与宝成铁路略阳站接轨，十堰至天水高速公路、345国道邻厂通过，交通十分便利。

公司主要设备有100m^{2}烧结机1台，14m^{2}球团竖炉1台，415m^{3}高炉1座，425m^{3}高炉1座，600t混铁炉一座，KR脱硫站一座，60t氧气顶吹转炉2座，R8m 6机6流高效连铸机1台，全连续棒材生产线2套，6500m^3/h制氧机1台，15000m^3/h制氧机1台，25MW高温超高压发电机组1套。

公司坚持“质量第一、科学管理、持续改进、顾客满意”的质量方针，通过ISO 9001国际质量体系认证；重视企业生产环境治理及职业健康安全管理，通过了ISO 14001国际环境管理体系认证及GB/T 28001国家职业健康安全管理体系认证，企业环境质量不断提升。

公司主要产品有：螺纹钢、圆钢、连铸坯。“建友”品牌为陕西省著名商标，“建友”牌热轧圆钢为陕西省名牌产品。HRB400、HRB400E、HRB500、HRB500E ϕ12～32mm螺纹钢获国家质量监督检验检疫总局颁发的生产许可证，产品畅销国内10多个省、市、区，并在多项国家重点项目使用。略钢公司2014年被工信部评定为钢铁行业规范企业。

近年来，略钢公司致力“打造区域最具竞争力的钢铁企业”愿景目标，积极推进绿色、环保、智能化发展，提升工艺装备水平和环境质量，加快矿山资源开发利用，使企业市场竞争力不断增强。

1999年小型车间通过对上料系统的改进，采用热装热送工艺后，加热炉的加热能力产量由冷装时的35t/h，提高到热装时的50t/h，提高了42%。减少了冷装时连铸坯冷却和再加热的过程，减少了氧化铁皮的烧损，成材率提高0.3%～1%。

2010年轧钢工程技术人员和八钢相关的专家一起对无孔型轧制的优点、开发无孔型轧制的理论依据、无孔型轧制的宽展、轧件在简单轧制条件下受力、去除氧化铁皮原理进行论证和实验，制定了无孔型轧制技术方案，并通过设计无孔型轧制的专用导卫1号剪流槽的改进、轧机水管的改进，辅助无孔型轧制在小型机组的推进。

粗轧6机架及中轧6机架无孔型轧制技术的研制开发成功，标志着无孔型轧制技术已由单纯的理论研究转向了生产实用领域，并能够成熟地应用于连续式轧机的生产。为进一步在精轧机组上开发无孔型轧制技术提供了理论和试验依据。

2000年5月首次采用低合金钢20MnSi轧制ϕ16mm HRB335螺纹钢获得成功，2009年5月采用低合金钢20MnSi试轧制的HRB335E ϕ12～32mm，采用20MnSiV轧制的HRB400、HRB400E ϕ12～32mm获得成功，2012年7月19日企业又成功用20MnSiV研发出HRB500、HRB500E ϕ12～32mm，经国家建筑钢材质量监督检验中心的检测和型式试验，均达到国标规定要求。

原设计院提供给60万吨/年棒材生产线的切分孔型系统中，仅包括2×ϕ12mm和2×ϕ14mm的螺纹钢。在2×ϕ12mm和2×ϕ14mm的螺纹钢切分轧制开发成功后，相继在3×ϕ12mm和3×ϕ14mm的螺纹钢中进行切分轧制开发，也取得成功，随后3×ϕ16mm和3×ϕ18mm、2×ϕ20mm和2×ϕ22mm螺纹钢的切分也投入生产，2021年年初对4×ϕ12mm和4×ϕ14mm的螺纹钢切分轧制进行研究开发，也分别取得成功。目前，企业在继续研究ϕ12mm螺纹钢五切分轧制及无头轧制等新技术。

2003年前轧钢厂由开坯车间和小型车间组成，轧制工艺实行“二火成材”技术，经过几年的技术创新及学习，终于2003年为了降低成本对开坯生产线及小型生产线进行“一火成材”改造，实现全连续轧制，产品规格为ϕ12～20mm螺纹钢及圆钢；2004年对生产工艺调整，增设开发了ϕ22mm、ϕ25mm、ϕ28mm、ϕ32mm螺纹钢；2008年略钢 60 万吨/年棒材全连续生产线投产，产品规格为 ϕ12～32mm 螺纹钢及 ϕ12～40mm 圆钢，期间分别对 ϕ12mm、ϕ14mm、ϕ16mm、ϕ18mm 三切分，ϕ20mm、ϕ22mm 二切分工艺技术改造，2021 年又对 ϕ12mm、ϕ14mm 四切分进行技术改造，二轧生产线年产钢材达到 120 万吨生产能力，由于炼钢能力的提升，2019 年略钢对一轧生产线进行改造，坯料设计年产能 50 万吨，现已投产。2021 年略钢公司年产钢材达到 170 万吨。

新余钢铁股份有限公司

新余钢铁股份有限公司（以下简称新钢）是江西省省属国有控股的大型钢铁联合企业，江西省工业骨干企业，公司专注于钢铁业，同时从事与钢铁主业相关的资源综合利用、钢材延伸加工、贸易物流、金融投资等业务，公司致力于打造钢铁精品、提供一流服务，努力建成我国独具特色的绿色钢铁强企。2019 年，公司产钢 915. 58 万吨，实现营业收入 579 亿元、净利润 34. 29 亿元，盈利能力位列钢铁行业前列，2019 年中国企业 500 强排名第 297 位。

2007 年 10 月，新钢公司借壳新华股份有限公司实现钢铁主业资产整体上市，自此，公司踏上了借助资本市场发展的快车道。经过三轮全流程大规模的技术改造，公司具备年产近 1000 万吨粗钢的生产能力，从制造、研发、营销、服务四大维度聚焦核心战略产品群，形成了冷热轧卷板、中厚板、电工钢、棒线材、金属制品等战略产品群，是我国南方重要板材精品基地。新钢公司产品覆盖优质普钢、金属制品、钢结构、化工制品等多个领域，被广泛应用于建筑、汽车、家电、石油化工、机械制造、能源交通等行业。

新钢公司始终坚持走“创新、协调、绿色、开放、共享”的发展之路，持续实施以技术领先为特征的钢铁精品开发战略，拥有一批具有自主知识产权的钢铁生产核心技术，整体装备技术达到国内领先水平，部分装备技术处于国际先进水平，公司产品市场竞争力较强，拥有较高的品牌知名度，连续多年获得国家级及省部级科技进步奖。新钢公司紧密关注中国高端制造业如军工、核电、高铁、海工装备、精密材料、新能源汽车等产业研发储备更高端新材料技术，集中力量“从钢铁到材料”。新钢公司聚焦“从制造到服务”和“从中国到全球”，积极为客户提供一流的产品、技术和服务。产品行销全国各地，在满足国内市场需求的同时，远销亚洲、欧洲、南北美洲等 20 多个国家和地区。

进入新时代，新钢公司把握供给侧结构性改革的历史机遇，按照“主业提质、节能减排、智能制造、相关多元”的总体发展思路，以赶超者和自我超越的积极姿态，强化自我进化、全面协同、降本增效、技术领先、提升服务、智慧制造能力建设。大力践行“让企业更有竞争力、让员工更有幸福感”的新时代新使命，持续推进转型升级和高质量发展，致力于打造绿色钢铁强企，努力实现“成为具有较强竞争力的钢铁企业、成为最具投资价值的上市公司”的愿景。

目前，新钢共有高线、棒一、棒二 3 条螺纹钢生产线，产品规格实现 ϕ6～40mm 全覆盖，年螺纹钢设计生产能力 220 万吨，实际生产能力 300 万吨。2002 年 12 月，高速线材生产线投产，首次生产螺纹钢盘条，精轧前后都采用水箱喷水冷却，吐丝后由斯太尔摩风冷线进行冷却。2013 年 9 月，棒二生产线建成投产，为高等级热轧钢筋全连轧生产线，精轧前、精轧后控轧控冷，最高终轧速度为18m/s。2020年3月，棒二生产线建成投产，为螺纹钢高速全连轧生产线，精轧前、精轧中、精轧后全程控轧控冷，尤其是一精轧至二精轧之间相隔86m的工艺布置，可精准控制终轧温度，提高了产品性能的稳定性。

新钢线棒材厂高速线材生产线是一个新建生产线，该生产线由武汉钢铁设计研究院负责整体设计，粗、中轧机由国内设计制造，预精轧机、精轧机、吐丝机、夹送辊由意大利达涅利（Danieli）公司设计制造，打捆机由瑞典桑德斯（Sund Birsta）公司设计制造，在线测径仪由瑞士仲巴赫公司设计制造，交、直流传动及自动化控制系统由意大利安萨尔多（Ansaldo）公司设计制造，并预留了无头轧制和双模块机组，装备水平在国内属领先水平，在国际上也属先进水平。主要设备有：（1）侧进侧出燃气步进梁式加热炉，蓄热式燃烧方式，燃料采用高炉煤气。（2）粗轧1H～3H为ϕ550mm轧机、粗轧4V～6V为ϕ450mm轧机、中轧7H～14V为ϕ400mm轧机。型式均为两辊闭口式轧机，平、立布置。（3）预精轧机组为二辊紧凑型悬臂辊环式、辊径4×ϕ288mm轧机，平、立布置。（4）精轧机组为45°顶交无扭、悬臂辊环、辊径10×ϕ212mm轧机。（5）悬臂式气动夹紧夹送辊，辊径ϕ320mm，最大夹紧力为4kN，设计最大速度140m/s，保证速度110m/s。（6）卧式吐丝机，最大倾角20°，设计最大速度为140m/s，保证速度为110m/s；标称圈径为1080mm。（7）斯太尔摩冷却线，可实现标准冷却和延迟冷却；输送辊道总长度为112m，保温罩有31个；保温罩总长度为93m；冷却风机有20台；冷却速度为0.2～30℃/s；速度范围为0.07～2m/s。（8）2台PCH-4KA/460打捆机。

新钢线棒材厂棒一生产线是一个线改棒工程，即淘汰了落后的半连轧堆冷线材生产线，改造成为先进的多切分轧制技术的棒材生产线，车间采用高架式布置。ϕ12mm螺纹钢采用五切分轧制工艺，ϕ14mm螺纹钢采用四切分轧制工艺，ϕ16mm和ϕ18mm螺纹钢采用三切分轧制工艺，ϕ20mm和ϕ22mm螺纹钢采用二切分轧制工艺。ϕ25mm、ϕ32mm、ϕ36mm、ϕ40mm螺纹钢采用单根轧制工艺。所有设备均为新建设备，主要设备简介如下：（1）步进梁式加热炉，侧进侧出料方式，使用高炉煤气，采用蓄热式燃烧技术。（2）主轧机共18架，选用短应力线轧机，平立交替布置，分三大机组，粗轧机组6架轧机，中轧机组6架轧机，精轧机组6架轧机（其中第16和第18架为平-立可转换轧机）。（3）多级的控温控轧装置。（4）步进齿条式冷床。（5）双工位打捆系统和双工位收集系统。

新钢线棒材厂棒二生产线，设备为全连续式高速棒材轧机，最高终轧速度为45m/s。主要装备有：（1）步进梁式加热炉，使用高炉煤气，采用蓄热式燃烧技术。（2）主轧机共24架，平立交替布置，分四大机组，粗轧机组6架轧机，中轧机组8架轧机，预精轧机组4架轧机（悬臂式），精轧机组6架轧机（模块轧机）。粗中轧采用微拉轧制，预精轧采用活套轧制，预精轧及精轧机组采用辊环。（3）多级的控温控轧技术。（4）转鼓式上钢装置。（5）双工位打捆系统和双工位收集系统。（6）2台自动点支数机，以及6台全自动打包机、2台机器人焊标牌机。

山西晋南钢铁集团有限公司

山西晋南钢铁集团有限公司（原山西立恒钢铁集团，以下简称晋南钢铁）成立于2002年12月，是一家集钢铁、焦化、铸造、高端化工、电商云平台、国际贸易、光伏示范农业等为一体的全循环全利用综合性企业。晋南钢铁集团位于省政府布局规划的曲沃县经济技术开发区，现有员工6000余人，已具备年产500万吨铁、700万吨钢、700万吨材、370万吨焦炭、360万吨水泥、45万吨高端化工产品的生产能力。

晋南钢铁先后荣获“中国卓越钢铁企业品牌”“中国钢铁A级竞争力特强企业”“全国质量诚信优秀企业”“中国钢铁行业改革开放40年功勋企业”等荣誉，连续多年被评为“中国民营企业500强”（2020年位列第277位）、“中国民营企业制造业500强”（2020年位列第153位）、“山西省百强民营企业”（2020年位列第2位）。

晋南钢铁聚焦“六新”重点突破，以“转型为纲、项目为王”引领高质量发展，先后投资上百亿元建成投产了2座1860m^{3}高炉及配套2座150t转炉，焦化二期170万吨，30万吨乙二醇联产15万吨LNG，晋南工业服务综合体等一批“六新”项目，正在建设1座1860m^{3}高炉及配套1座150t转炉，均配套建设了先进的烧结活性炭脱硫脱硝、高炉煤气精脱硫等环保设施，增强企业创新能力和核心竞争力，推动传统产业转型升级，在转型发展上率先蹚出一条新路来。

晋南钢铁投资建设的沃能化工年产30万吨乙二醇联产15万吨LNG项目，引进日本先进的专利技术，是利用焦炉煤气、转炉煤气生产乙二醇精细化工产品的企业，改变了传统的工艺流程，具有成本、环保、技术优势，对推动山西能源革命、重塑产业生态和实现行业转型升级具有示范作用。

晋南钢铁与太原理工大学、山西工程职业技术学院等建立长期稳定校企联合战略合作关系，创办了“现代冶金研究院”“大专班立恒教学点”“晋南产业学院”。公司拥有1个省级企业技术中心和1个博士工作站，现有高级工程师12名、工程师39名、助理工程师100名，博士12人、研究生7人、本科378人、大专学历1482人。2019年有5人入围“三晋英才”榜单。

未来，晋南钢铁将在各级党委、政府的领导下，树立以“立德为本、恒之行事”为核心理念，以“挑战、忠诚、快乐、专业化、团队合作”为核心价值观，进一步完善从矿产到钢铁、化工的全产业链；整合优势资源，实现企业合作重组，最终打造成为国内钢铁企业前20名和改善员工生活品质、实现人生价值的卓越平台，为区域经济高质量发展做出更大贡献。

2017年11月，二高线定制的哈飞迷你轧机轧制ϕ6mm盘螺，轧制速度能提高到95m/s，成为国内首家使用迷你轧机轧制ϕ6mm盘螺的钢铁企业，同时还对吐丝机、穿水箱水梁和跑槽、轧机电机、自动化调控系统进行了配套升级。不仅提高了产品产量，而且还提高了产品的精度、力学性能，使产品具有更高的市场竞争力。

2018年引进高速棒材新装备，可生产所有规格（覆盖ϕ12~32mm直条螺纹和圆钢）均不切分且无穿水箱及穿水装置，解决了切分轧制精度差的问题，同时主要通过添加微量合金（如钒等）提高产品的性能和强度，确保产品质量可以完全满足新国标GB/T 1499.2—2018《钢筋混凝土用钢　第2部分：热轧带肋钢筋》；目前随着装备的不断完善和新技术的应用（如提高热装比例、低氮燃烧等技术），逐步适当调整轧制速度确保满足质量标准的前提下进行提产增效、降低能耗，目前年产已可达 70 万吨。

晋南钢铁早在 2013 年 1 月，就已经实现了国内首次高强度抗震钢筋直接轧制技术的产业化应用。2021 年 1 月开始攻关开发 HRB500E 钢种，经过前后三次讨论和工艺修订，最终于 2021 年 2 月 26～28 日一次性分别试轧了 ϕ6～14mm HRB500E 盘条、ϕ12～32mm HRB500E 直条，产品所有项目检验自检均合格，且经过国家建筑钢材质量监督检验中心常规检验和型式检验合格，这是晋南钢铁不断丰富品种结构的又一个新品种。

棒材车间为单线设计，主要设备由 21 架轧机，一座蓄热步进式加热炉，一座步进齿条式冷床组成，使用原料：150mm×150mm×12000mm/160mm×160mm×12000mm，年设计产量能力为 80 万吨，主要生产 ϕ12～32mm 的钢筋混凝土用热轧带肋钢筋。螺纹钢筋最大保证轧制速度 40m/s，工艺流程包括坯料热送（加热）、轧制、控制冷却、高速倍尺剪和高速上钢系统、步进齿条式冷床冷却、定尺、收集和打捆装置等。

线材车间为双单线设计，每条线设备由 29 架轧机组成，一座高效蓄热式端进侧出推钢式连续加热炉，92m 长斯太尔摩风冷线组成。使用原料：150mm×150mm×(11000～12000)mm，年设计产量能力为 120 万吨，主要生产 ϕ5.5～16mm 的热轧光面圆钢及 ϕ6～14mm 螺纹钢盘卷。

线材车间全连轧机组由两座高效蓄热式端进侧出推钢式连续加热炉、58 架轧机、斯太尔摩风冷线、PF 链、全自动打包机等设备组成。

车间单条线轧机共 29 架，分为粗轧、1 号剪切头尾、中轧、2 号剪切头、预精轧、3 号剪切头、精轧机组、迷你轧机组。轧件依次进入各机组轧制，并形成连轧关系，全线共 29 个轧制道次，实现无扭转轧制。

山西建邦集团有限公司

山西建邦集团有限公司创建于 1988 年（以下简称建邦），资产总额 139 亿元，现有职工 5000 余人，是国家高纯生铁和四面肋热轧钢筋标准制定成员单位、中国企业信用 500 强、中国民营企业信用 100 强、中国民营企业 500 强、中国制造业 500 强、中国对外贸易民营企业 500 强、工信部第二批符合钢铁行业规范条件企业、全国节能减排示范企业、全国环境守法示范企业、国家两化融合试点单位。

企业取得了“环境管理体系、质量管理体系、职业健康安全管理体系”三体系认证，连续获得“AAA 级重合同守信用单位”“山西省优秀民营企业”“山西省循环经济试点企业”“山西省绿色生态单位”“山西省高新技术企业”“国家工信部和省经信委两化融合试点企业”等荣誉称号，位居“山西省民营企业 100 强”和“山西省民营制造业 20 强”第 4 位。企业拥有“省级企业技术中心”，取得发明专利 9 项，实用型专利 80 项。

公司下设建邦铸造、通才工贸、澳洲矿业等 10 个实体和北京、四川、重庆、西安等 17 个驻外分公司，是一家集进出口贸易、炼铁、炼钢、轧材、铸造、清洁发电、新型建材、矿山开采、铁路运输、物流服务、电子商务、金融投资、房地产开发、钢材深加工、教育培训为一体的跨区域经营、跨行业发展的安全、绿色、低碳型钢铁联合企业。

公司生产的“JB”牌铸造球墨生铁、铸造用高纯生铁和钢筋混凝土用热轧带肋钢筋连续五届被评为“山西省名牌产品”，“JB”牌商标连续两届被山西省工商局评为“山西省著名商标”，并在欧盟、东南亚等50多个国家注册。广泛应用于汽车、高铁、风电、机场、隧道、桥梁、轨道交通等重点领域。

公司产品通过国家“MC”产品认证，被评为“中国民营钢厂优质建筑用钢品牌”，并进入蒙西高铁、渝万、西成、渝黔铁路和太原、西安、重庆、成都等城市高架、轨道交通、机场、隧道重点建设项目，成为优秀诚信供应商。

公司坚持“安全发展、绿色发展、低碳发展、循环发展”的生存理念，稳步推进“森林中的钢铁企业”建设步伐，综合绿化面积达48%以上，到2030年将实现产品综合能耗降到行业最低，碳排放达到国际标准，自身碳排放为“零”的目标。

海纳百川，有容乃大。只有倒闭的企业，没有倒闭的行业。未来的建邦集团将在党的“十九大”精神指引下，坚持“安全发展，低碳发展，绿色发展、循环发展”，弘扬“创新、求实、拼搏、奉献”的企业精神，把管理做细，把产品做精，把品牌做优，把市场做大，把实力做强，打造国际知名钢铁企业，积极承担社会责任，为实现中华民族伟大复兴的“中国梦”和百年建邦辉煌而努力奋斗。

目前，建邦螺纹钢生产线有1条棒材生产线和1条双高线，产品规格实现ϕ6~40mm全覆盖，产能达270万吨/年。采用的生产新工艺技术如下：（1）直接轧制技术。通过中间包大容量、高寿命设计优化，连铸冷却优化，连铸坯切割方式优化以及合理设计保温措施等工序/设备的协调搭配，实现了连铸高拉速生产，铸坯高温出坯、恒温出坯，达到连铸坯免加热直接轧制成材，减少了能源消耗与污染物排放，获得的成品具有较优的微观组织及力学性能。（2）控轧控冷技术。通过控制轧件在加热、轧制、冷却各阶段的温度、变形制度等加工条件，进一步提高螺纹钢的品质。（3）多线切分轧制技术。在轧制过程中，将轧件沿纵向剖分成2条及以上轧件，从而将所需的延伸系数减少到原来的1/2，并变单条轧制为2条或多条轧制，可大幅度提高产量，扩大小规格产品的范围，减少轧制道次，降低加热温度，降低能耗。（4）低温轧制和低温控轧技术。低温轧制是利用连轧机轧件温降很小或升温的特点，把开轧温度从1000~1100℃降低至850~950℃，终轧温度与开轧温度相差不大，提高轧机强度，增加电机功率。低温控轧是在精轧的最后两道次或四道次，在A_{c3}±30℃的温度范围内，终轧温度约750~760℃配合40%~50%的变形量，以完成变形热处理过程。低温轧制的产品具有高强度、高韧性，普通热轧无法达到这两者兼备的性能。

全连续棒材生产线于2010年建成投产，设计年产量120万吨，现实际年产量达140万吨。可以生产ϕ12~40mm各种规格螺纹钢。产品表面质量好、尺寸精度高、定尺率高。该类轧机是生产热轧螺纹钢的理想设备。该生产线粗、中、精轧机1~10架采用闭口式轧机，11~18架采用短应力线无牌坊轧机。18架粗、中、精轧机组采用平立交替布置，实现无扭轧制。生产小规格螺纹钢采用切分轧制技术。全部轧机由直流电机单拖。粗、中轧采用微张力轧制，中轧、精轧是立活套无张力轧制。整个生产线用计算机自动控制，实现从原料上料到成品收集的全线自动化。

双高线建于2012年，设计年产量180万吨。由中冶赛迪设计，高速区主要设备引进意大利达涅利，可实现热机轧制。开发的工业用盘条质量优良，优质碳素结构钢、预应力钢丝及钢绞线用热轧盘条、预应力混凝土钢棒用热轧盘条及焊接用钢盘条等产品，全线采用控轧控冷技术及减定径机组，产品质量优良，尺寸稳定，采用的生产工艺技术有超细晶轧制技术、直接轧制技术，产品规格范围：ϕ5.5~20mm。

涟源钢铁集团有限公司

涟源钢铁集团有限公司（以下简称涟钢）地处湖南省地理几何中心——娄底市，距离湖南省省会长沙市100km。

涟钢是华菱集团旗下核心骨干企业，是我国中南地区1000万吨优特钢制造基地，是我国南方重要的板材和建材生产基地，也是亚洲最大的高中端薄规格热处理板材生产基地。

涟钢于1958年9月17日正式建成投产。历经60多年的发展，涟钢人始终艰苦奋斗、砥砺前行，从白手起家、调整整顿，到改革创新、转型升级，再到高质量发展，企业迈上了一个又一个台阶，奏响了迎难而上、敢为人先的现代钢铁工业进行曲。

涟钢曾获得“全国质量效益型先进企业”“全国五一劳动奖状”“全国质量管理奖”“全国精神文明建设先进单位”“全国钢铁工业先进集体”“守合同重信用单位”等荣誉称号，是湖南省首家支部“五化”建设示范基地。

历经三代涟钢人的长期艰苦奋斗，涟钢与时俱进，快速发展，具备了年产1000万吨钢、材的配套生产规模，技术装备总体达到行业先进水平。全面实现装备大型化、工艺现代化、操作自动化。拥有从炼焦、烧结、冶炼到轧钢全流程现代化工艺装备，包括42~60孔焦炉3座，130~360m^2烧结机4台，2200~3200m^3高炉3座，100~210t转炉5座，以及1750mm CSP热轧生产线1条、2250mm常规热轧生产线1条、1720mm冷轧薄板生产线1条、热镀锌生产线1条、横切生产线1条、热处理线7条、棒材生产线3条。涟钢坚持质量效益型战略，与世界最大钢铁企业安赛乐米塔尔公司开展技术合作，建立了完善的IPD集成产品研发体系。设有国家示范院士专家工作站、国家级博士后科研工作站、省级企业技术中心、与科研院校共建国家重点实验室。

涟钢坚持新发展理念，打造生态钢城，致力建设更高水平的资源节约型、环境友好型钢厂。坚持以严于国家标准控制各项环保指标，厂区PM10、二氧化硫、二氧化氮等指标均优于环境空气质量二级标准。获得湖南省“绿色工厂”称号。

现有热轧板材、冷轧板材等8大类600余个牌号，其中高附加值品种钢比例达到75%。主要系列产品有螺纹钢系列、高强及工程机械用钢系列、中高碳钢系列、热轧汽车板系列、冷轧汽车板系列、电工钢系列、镀锌钢系列、VAMA基板系列。广泛进入工程机械、汽车、家电、船舶、桥梁、超高压变压器、建筑等100余家行业重点企业，出口欧美等40多个国家和地区。

2008年12月，根据生产经营发展和产品结构调整的需要，整合成立棒带材厂。其中棒一线是在充分利用原六轧钢厂的工艺和设备的基础上，对原型材线进行改造，于2009年3月投产。年设计生产能力30万吨，后经多次改造，产能逐步提升到100万吨以上。棒二线是2001年3月投产，采用先进工艺、设备和管理模式的棒材生产线。年设计生产能力60万吨，后经多次改造，产能逐步提升到120万吨以上。

轧制工艺装备：3条棒材生产线，2条普棒（棒一、棒二），设计产能160万吨/年，1条高棒（棒三），设计产能140万吨/年，产品规格覆盖 ϕ12~50mm。通过工艺优化和技术改造，现已具备年产360万吨螺纹钢的生产能力。

轧制主要工艺技术特点：（1）直接轧制技术：高拉速方坯经快速辊道进入轧机直接轧制，通过成分优化、细晶奥氏体轧制及累计形变细晶控制技术，获得优异的抗震性能和表面质量；（2）控轧控冷技术：通过形变过程再结晶和相变行为的有效控制，实现粗轧、中轧、精轧热机轧制，轧后控制（气雾）冷却，获得理想的力学性能、焊接性能以及防锈型氧化铁皮；（3）多线切分轧制技术：先后实施了 ϕ12mm 规格五切分、ϕ14mm 规格四切分、ϕ16~18mm 规格三切分、ϕ20~25mm 规格两切分的工艺应用，达到提升产量、降低成本的目的；（4）无孔型轧制技术：涟钢是应用棒材无孔型轧制技术较早的企业，无孔型轧制技术的应用可以提升产品质量、降低备品备件库存量和轧辊消耗；（5）高棒线无加热直接轧制；（6）高强钢筋开发与应用：2014年开始全面推广 HRB400E、HRB500E，2020年进入核电站；开发 HRB600 级高强度螺纹钢和耐腐蚀钢筋。

涟钢高棒线采用全连续轧制，粗轧机组及中轧机组采用微张力轧制，预精轧机组、精轧机组和减径机组之间均设置立活套，实行无张力控制轧制，保证轧件的尺寸精度。另外，为便于轧件顺利咬入轧机及事故处理，在中轧机组、预精轧机组前及每条分支线的精轧机组前分别设一台飞剪对轧件进行切头、切尾及事故碎断。轧件经预精轧轧制成切分轧件，分别经预水冷后进入各自轧线的精轧机组进行轧制，根据不同产品规格经精轧机组轧制后进入水冷箱，经均温后最后进入减径机组轧制成最终产品。轧线粗轧、中轧机以及预精轧机组采用短应力线轧机，其刚性大、弹跳小、有利于确保产品的尺寸精度；轧辊轴承寿命长、可整机架更换，换辊时间短，作业率高；精轧机组和减径机组采用顶交45°V 型的模块化轧机，碳化钨辊环轧机，轧件实行单线无扭转的微张力轧制，将轧件轧成高尺寸精度、高表面质量的产品。模块轧机的锥箱、辊箱均可灵活互换，空过部分轧机时可不启动电机，可以有效提高轧辊利用率，降低电耗、辊耗。成品最大轧制速度为40m/s。

河北鑫达钢铁集团有限公司

河北鑫达钢铁集团有限公司（以下简称河北鑫达钢铁）成立于2002年，位于河北省迁安经济开发区，隶属于河北鑫达集团钢铁事业部，注册资本16.8亿元，总资产289亿元，员工9000余人。

河北鑫达钢铁依托本地区和集团丰富的矿产资源，不断优化产业结构、整合资源。目前已拥有完备的烧结、炼铁、炼钢、轧钢、制氧、发电、污水处理等系列生产线以及配套的环保节能设施，所有装备具有行业领先水平，生产过程实现计算机智能化控制，检测手段齐全，工艺设备先进。现已全面完成了“十三五”化解过剩钢铁产能339万吨的目标任务。形成了年产750万吨钢、1100万吨材的生产能力。

河北鑫达钢铁产品过硬，认证权威。该公司非常重视产品质量管理和研发投入，被评为“国家高新技术企业”，河北省工业企业研发机构鑫达技术中心拥有自主知识产权和专利17项。系列产品热轧带肋钢筋、圆钢、H型钢、带钢产品通过并取得了《全国工业产品生产许可证》、ISO 10144体系认证、韩国KS认证、国家冶金产品MC认证、全国钢铁行业质量领先品牌、全国质量检验稳定合格产品、全国质量信得过产品等证书和称号。该公司管理规范，体系健全，致力强基固柢，唱响转型发展主旋律。河北鑫达钢铁是通过工信部钢铁行业规范条件准入公告的企业，是全国钢铁工业先进集体、国家级高新技术企业（编号：GR201913001562）。已通过质量、环境、职业健康和安全、能源、测量等基础管理体系方圆认证并取得证书，获得“全国钢铁行业质量领军企业”“全国质量诚信标杆企业”“全国质量诚信示范企业”“全国质量诚信标杆典型企业”荣誉。公司超低排放，生态绿色。

河北鑫达钢铁热心公益，彰显担当。在大发展的同时不忘实业报国初心，积极回馈社会。成立至今，赈济灾区、捐资助教、扶危济困等捐款7000余万元，荣获“唐山市十大公益企业”称号；是中国节能协会“常务副主任单位”，被中国环境报社评为“环保社会责任企业”；充分利用水渣余热供暖，除公司供暖外，还为木厂口镇及管路沿线周边村民、师生、医患集中供热。先后与东北大学、东北师范大学人文学院、华北理工大学、迁安职业技术教育中心（技师学院）等院校签约，成为多家高校的产学研合作企业。公司坚持绿色高质量发展，实施精益管理打造精品，产品附加值高。H型钢系列产品已远销国内各大市场并出口新加坡、印度尼西亚、马来西亚、菲律宾等10多个国家和地区。精品抗震螺纹钢等产品应用于北京大兴国际机场、杭绍城际高铁、山西太原水利工程等大型重点工程。因产品质量稳定，“鑫达”牌螺纹钢被列入雄安新区建设准入品牌。

公司现有四条精品螺纹钢生产线，生产HRB400E、HRB500E抗震钢筋，产品涵盖ϕ10~32mm系列。河北鑫达钢铁螺纹钢生产线主要采取150mm×150mm小方坯进行轧制，可轧制ϕ10~40mm规格HRB400、HRB400E、HRB500牌号直条钢筋，棒材1线、2线生产线设计年产能可达200万吨。

2013年河北鑫达钢铁棒材厂对切分工艺进行改造，ϕ12mm规格由原来的三切分轧制改为四切分轧制；ϕ14mm规格由原来的两切分轧制改为四切分轧制；ϕ16mm规格由原来的两切分轧制改为三切分轧制；ϕ18mm规格由原来的单线轧制改为三切分轧制；ϕ20mm、ϕ22mm规格由原来的单线轧制改为两切分轧制。同步对冷床动齿齿间距由原来的80mm改为120mm，冷却效果更好。2020年ϕ12mm规格由四切分改为五切分轧制，为公司提产增效奠定了坚实的工艺基础，为公司创造了显著的经济效益。

河北鑫达钢铁棒材厂目前整个生产过程采用多功能的完善的自动化控制系统，保证产线的高产量、高效率、低成本和产品的高质量。

广西盛隆冶金有限公司

广西盛隆冶金有限公司（以下简称盛隆）位于防城港市港口区，三面环海，南濒北部湾、东邻粤港澳、西与越南隔海相望，形成以港口、铁路、公路、水路为主构架的立体式交通网络；位于中国-东盟自由贸易区、泛珠三角经济圈和广西北部湾经济区的结合部，是中国连通东盟各国最重要的中转基地，也是大西南最便捷的出海通道。盛隆地理环境之优越，区位优势之突出不言而喻。

盛隆成立于2003年，是由福建吴钢集团联合闽籍民营企业家在防城港市投资创办的股份制民营企业，是在西部大开发浪潮中由广西壮族自治区招商局引进的“百企入桂”重点企业。截至2019年年底，盛隆总占地面积8000多亩，总资产370亿元，主营业务年收入285亿元，利润总额13亿元，具备年产超1000万吨钢的能力。主要产品包括含镍铬热轧带肋钢筋、热轧光圆钢筋、1780mm热轧卷板等，销售市场以广西、海南、广东、贵州、云南为主，并着力发展和深化核心市场，产品广泛应用于广西南宁市科技馆、广西南宁博物馆、广西南宁国际会展中心、广西南宁富雅国际金融中心等国家自治区重大工程。未来，盛隆将实现1500万吨的年产能规模，并形成高端工业板材、建筑钢材齐头并进，各占50%的生产格局，以优质建筑用钢、节能与新能源汽车板、高强度耐磨新材料、耐海洋腐蚀钢铁材料以及相应的解决方案服务用户，致力于成为“资源节约型、环境友好型、设备智能型”综合性钢铁企业，逐步实现从普通建筑用钢升级为中、高端工业材料综合服务商，与客户共生、共享、共赢。2014年，盛隆与北部湾港务集团合作在马来西亚关丹产业园创建年产350万吨的钢铁项目，成立“联合钢铁（大马）集团有限公司”，并于2018年5月实现全线投产。该项目是盛隆积极响应国家“一带一路”倡议的具体实施，有力推动了中马双边经济贸易。

在环境保护方面，盛隆积极履行社会责任，按照《关于推进实施钢铁行业超低排放的意见》（环大气［2019］35号）制定了生态环境保护规划，实现全流程超低排放，吨钢颗粒物、SO_2、NO_x排放低于2018年重点大中型钢铁企业平均水平，是西南地区第一家全面实施生态环境部超低排放标准的钢铁企业。盛隆先后通过环境管理体系认证、职业健康安全管理体系认证和能源管理体系认证，多次被评为地市级“五美企业”“园林式单位”，并荣获“绿色工厂”“清洁生产企业”称号。

目前盛隆具有980万吨/年的产能，其产品规格覆盖ϕ6~50mm全规格，主要产品有HRB400、HRB400E、HRB500、HRB500E等。

盛隆在冶炼工艺技术方面，充分发挥自身在低成本高耐蚀钢筋生产方面具有自主知识产权的技术优势，利用低价的红土镍矿资源全部或部分替代铁矿石资源用以制备合金钢及钢筋，不仅使红土镍矿中大量的铁得到了有效利用，更充分利用了红土镍矿中的镍、铬等元素，还开展了高强度耐火抗震钢筋、复杂海洋环境用高耐蚀钢筋的生产与示范应用，以及石墨烯防锈涂层与钢筋结合防腐蚀技术的研发与应用，钢筋耐腐蚀性能有了明显的提升。轧制工序主要采取切分轧制和无孔轧制、控温控轧等工艺技术，实现钢筋产能提升的同时保证产品质量，切分轧制能完成ϕ12mm规格四切分、ϕ14mm规格三切分、ϕ16mm规格三切分、ϕ18mm规格两切分工艺技术，ϕ20mm规格和ϕ22mm规格两切分工艺技术，ϕ14mm规格四切分工艺技术，ϕ12mm规格五切分、ϕ16mm规格四切分、ϕ18mm规格三切分工艺技术，ϕ25mm规格两切分工艺技术。2009年，高线粗、中轧使用无孔型轧制技术。2017 年，部分棒材车间粗轧将有孔型轧制改为无孔型轧制。

盛隆的高线生产线轧机装备由 6 架短应力线粗轧机组、6 架短应力线中轧机组、4 架预精轧机组、10 架 V 型 45°顶交精轧机组和 4 架 V 型 45°顶交线材减定径机组组成；高棒生产线轧机装备由 6 架粗轧机组、6 架中轧机组和 6 架精轧机组组成，还有配备的精整和其他辅助设备。

山西晋城钢铁控股集团有限公司

山西晋城钢铁控股集团有限公司（以下简称晋钢集团）位于山西省晋城市巴公工业园区，成立于 2002 年，目前已发展成为一个集钢铁、精密制造、矿渣超细粉及发电、物流为一体的山西省钢铁联合企业。集团总占地面积 5.38km^2，拥有总资产 177 亿元，现有员工 10700 余人，其中，中高级技术人员 520 人、专业技术研发人员 196 人，带动周边上、下游等相关产业就业 3 万余人。

晋钢集团福盛钢铁公司具有年产 600 万吨铁、钢、材的能力。2011 年，公司注册商标“兴晋钢”被国家工商总局认定为“中国驰名商标”，公司通过了质量、环境、职业健康安全管理体系认证。2012 年底，“兴晋钢”牌热轧带肋钢筋在上期所成功注册，成为上期所螺纹钢标准合约的履约交割产品。“兴晋钢”产品连续三届荣获国家冶金产品实物质量“金杯奖”。

晋钢集团现为中国钢铁工业协会会员单位，先后荣获“全国钢铁工业先进集体”“中国民营企业 500 强”“中国制造业企业 500 强”“中国对外贸易民营 500 强”“中国卓越钢铁企业品牌”“全国钢铁生产链热轧带肋钢筋优秀制造商 A 级企业”“中国钢铁企业竞争力 A 特强”“全国质量诚信标杆典型企业”“山西省功勋企业”“2020 山西省民企 100 强第 5 名”“晋城市市长质量奖”“晋城市工业高质量发展优秀企业”等荣誉称号。

面对钢铁行业发展的新常态，晋钢集团将秉承“创新晋钢、绿色晋钢、开放晋钢、智慧晋钢”的发展理念，加快企业转型升级步伐，走绿色发展、可持续发展道路，为打造中西部最具竞争力的现代化钢铁企业集团，建设精品晋钢、实力晋钢、绿色晋钢、美丽晋钢而不懈努力奋斗。

螺纹钢是晋钢集团的主要产品之一，已有 18 年的生产历史，晋钢经历了从横列式轧机到平立交替棒材轧机和高速线材轧机生产工艺，从强度较低级别螺纹钢到具备生产微合金化、余热处理、细晶粒钢筋生产技术，目前已经具有 4 条棒材生产线、1 条 45m/s 高速棒材生产线和 2 条高速线材生产线，能够生产 400MPa、500MPa 级别，直径 ϕ8～40mm 规格螺纹棒线材，产能突破 600 万吨。

晋钢集团高速棒材生产线是国内第一家采用“柔性化 45m/s 高速棒材关键技术与装备”的生产线，该项技术与装备荣获了 2020 年冶金科学技术一等奖。这项成果填补了国内技术空白，推动了高速棒材生产线向柔性化、高速化方向发展，为钢厂实现生产线高质量、高效率、低消耗、低成本生产运行提供了可靠的保障。这项技术与装备经中国金属学会鉴定，技术成果达到国内领先、国际先进水平。其技术成果与特点主要体现在以下几个方面：（1）运用高速棒材柔性化、模块化轧制理念，首创单一孔型高速棒材轧制技术，采用高速高承载力模块化轧机核心装备，降低了生产成本。传统单线高速轧制工艺孔型数量多，产品规格更换时间长，生产灵活性低。该技术基于孔型设计理论及 CAE 仿真技术，采用高速棒材单一孔型技术，改变了生产模式，实现了柔性化轧制生产，有效提高了作业率。基于模块化设计理念，将每个相邻机架的“椭圆-圆”孔型组成一个模块单元，采用 CMm~230/250 系列化的模块化轧机装备，提高了孔型自由度，满足了高速棒材单一孔型工艺的需要。为满足高强钢筋生产所需更高的轧制力，采用了新型的辊箱，承载能力提升了 40%。实现了轧件头尾动态变延伸轧制，消除了头尾超差问题，提升了产品质量。（2）采用以高速倍尺飞剪、夹尾器及伺服转毂为核心的一整套高速上钢装备，使高速上钢系统的稳定运行速度达 45m/s，大幅提高了生产效率。采用轧件精确导向设计方法，配备高精度伺服转辙倍尺飞剪，解决了轧件倍尺弯尾问题，提高了产品的成材率。采用连杆对称设计理念，配备对称可调夹持力的高速棒材夹尾器，解决了轧件波浪弯问题，提高了上钢系统的稳定性。采用伺服 Dri-down 设计，有效提高了转毂上钢装置系统的稳定性，实现了 ϕ12mm 规格 45m/s 的高速轧制。（3）开发了一整套高速棒材生产线电气控制技术，使轧线运行稳定性提高，倍尺精度高，提升了高速棒材电气控制水平。采用 i-DCAE 控制技术，配备高性能工艺控制器 TCU，结合冲击补偿与级联补偿模型，实现了轧制的动态补偿变延伸控制。采用 i-PEDM 控制技术，消除速度波动引起倍尺测长精度低的问题，使轧件倍尺精度小于±60mm，提高了倍尺剪切的精度。采用 i-SASG 控制技术，结合高速棒材制动控制模型及自适应上钢控制模型，提高了高速上钢控制系统的稳定性。（4）采用高速棒材低温精轧和轧后分级水冷的控轧控冷工艺，实现了热轧钢筋的低锰无钒生产，有效降低了资源的消耗。采用在两相区完成低温精轧，轧后采用多级精确控制冷却的控轧控冷工艺，细化晶粒提高强度，实现了无钒低锰生产。

晋钢集团的高速线材生产线共设 27 架轧机，轧机由 5 架粗轧、8 架中轧、A/B 线各 4 架预精轧、A/B 线各 10 架精轧机机组组成，其中粗轧机和中轧机采用闭口轧机，预精轧采用悬臂轧机，精轧采用 V 型 45°顶交轧机；45m/s 高速棒材生产线共设 24 架轧机，轧机由 6 架粗轧、8 架中轧、4 架预精轧、6 架精轧机机组组成，其中粗轧机和中轧机采用短应力线轧机，预精轧采用 285 悬臂轧机，精轧采用重型高速无扭模块机组。

江苏省镔鑫钢铁集团有限公司

江苏省镔鑫钢铁集团有限公司（以下简称镔钢集团）成立于 2008 年 2 月，坐落于亚欧大陆东方桥头堡——连云港市赣榆区柘汪临港产业区。经过 12 年发展，镔钢集团已成为年产钢 600 万吨大型综合钢铁企业。公司秉承“以德治业，共创和谐”的企业核心价值观，践行“让更多的人过上更加美好的生活”的企业使命。

目前公司拥有员工 6000 余名，占地 5000 亩，以钢铁生产为主业，横跨工业气体制造、超高压煤气发电开发投资、综合贸易、物流及房地产等领域。钢铁产品涵括建筑用钢、工业用材等，覆盖华北、华东、中南各地，广泛应用于铁路、桥梁、港口、机场、核电站以及高等级公路等重点工程建设。

公司坚持科技创新战略，建造国内首家利用最新钢渣处理技术的钢渣处理厂；投资超18亿元建造国内第一个集“环保、节能、自动化、智能化”为一体的大型智能化全封闭原配料综合处置中心；作为行业中第一家引进陕鼓SHRT技术并将之推广应用于生产实践的钢企，在此基础上升级的SHRT+专利技术，使设备运行的稳定性及能量回收利用率再次得到提升，产品转型升级方面走在了同行业的前列。获批省级企业技术中心和江苏省高性能钢材短流程加工技术工程研究中心，多次被评为“江苏省高新技术企业”“江苏省企业技术中心”“江苏省民营科技企业”“江苏省管理创新优秀企业”等称号。

公司目前拥有2个省级技术中心，引进江苏省双创人才4名，市级双创人才1名，获得授权核心专利90项。公司连续6年跻身中国民营企业及民营企业制造业双500强，2020年排名“中国民营企业500强”第347位、“民营制造业企业500强”第195位。“鑫涌特钢XYTG”牌钢筋获得“江苏精品”认证证书、中国钢铁工业协会“金杯优质产品”、北京中冶集团“中冶认证”等奖项，公司中心化验室通过国家认可委实验室（CNAS）认可。

镔钢集团以“引领潮流，勇攀高峰，铸造现代化钢铁长城”为目标，以“炼就最坚韧的钢铁，支撑最伟大的梦想”为信念支撑，努力打造现代化钢铁基地，夯实企业“美好生活工程”建设。

镔钢集团双高棒生产车间为全连续式热轧钢筋双高棒生产线，年设计产能150万吨合格棒材。该双高棒采用控冷控轧工艺，在不增加或者降低钒等微合金元素添加量的前提下，满足生产符合国家标准的产品。双高棒钢筋控冷控轧工艺特点如下：（1）轧后分级控冷工艺，该工艺粗中精轧采用常规轧制，通过在精轧机出口设置1套新型的控冷装置，实现轧后采用“分级冷却+中间回温”的多级控冷工艺，使轧件表面温度在马氏体和贝氏体相变点以上，充分利用细晶强化、位错强化和沉淀强化的作用，减少组织相变强化；（2）轧制控轧工艺或称为两相区轧制工艺，是采取1000~1050℃常温开轧，粗中轧为常规轧制，通过精轧前预水冷将轧件温度冷却至两相区温度区间（800~830℃），精轧道次施以足够的总变形量，通过形变诱导铁素体相变和形变强化相变机制，来实现细晶轧制。轧后通过设置1组水箱，轧件通过分级冷却尽快冷却至相变区域附近，避免铁素体晶粒长大，改善内部组织，提高钢筋的强度。

镔钢集团线材厂双高线主要采用国内自主设备。两座步进式加热炉与上游钢坯匹配度高，热装热送率达95%以上，加热炉控制采用国内先进的BCS智能控制燃烧技术，该技术可实现加热炉炉压稳定、加热温度均匀、氧化烧损率低、高炉煤气消耗低于130m^3/t。轧制工艺采用共用孔型，双线共用性强，物料准备简单高效；预精轧使用侧活套，极大减少轧制事故，节约备件消耗，保证了螺纹钢的通条性，提升产品品质。采用先进的电动送线打包机，双道次打捆只需要35s，打包效率极高，圈形整洁。

云南玉溪玉昆钢铁集团有限公司

云南玉溪玉昆钢铁集团有限公司（以下简称玉昆集团）成立于2000年，是一家集矿产、焦化、球团、烧结、炼铁、炼钢、轧钢、制氧、水泥、发电、物流等为一体的大型民营钢铁生产企业，总资产超过115亿元，员工队伍达12000人，2019年玉昆集团完成工业总产值207亿元，完成利税12.53亿元，完成工业增加值35.17亿元，完成固定资产投资27.58亿元。公司拥有先进的生产、检测和研发设备，通过了ISO9001质量管理体系、ISO14001环境管理体系和OHSAS18001职业健康认证，取得了资源综合利用证书，2002年，玉昆集团成为首批获得国家质量总局颁发的全国工业产品生产许可证，是云南钢铁行业唯一、全国冶金行业第十一家获得“绿色产品认证”的钢铁企业，也是云南钢铁行业首家获得“安全生产标准化二级企业”殊荣的企业。2018年荣获国家三部委颁发的“全国就业与社会保障先进民营企业”荣誉称号。

目前，玉昆集团有两个主要生产基地：玉昆基地和汇溪基地，汇溪基地主要生产带钢和工字钢，玉昆基地主要生产线材和棒材。其中，生产线材和棒材主要产品有：钢筋混凝土用钢热轧带肋钢筋（含钢坯）HRB400、HRB400E、HRB500、HRB500E，规格为：ϕ6~12mm（盘卷）、ϕ12~40mm（直条）；热轧光圆钢筋HPB300，规格为：ϕ6~12mm（盘卷）；公司产品覆盖除云南外，还远销广东、广西、四川、贵州、重庆及东南亚国家等地，同时参与了昆明长水国际机场、玉磨铁路、棚户区改造、云南省内多条高速公路等省、市重点工程建设等，是全球在建最大水电站——白鹤滩水电站主供用材单位。

玉溪打造“绿色能源牌”的重点项目，也是玉溪钢铁产业整体转型升级的龙头项目，被列为省级“四个一百”重点建设项目和玉溪市产业转型升级的“一号工程”。项目主体建设工程为4座高炉、4座转炉、8条轧钢线（包括中型钢1条、小型钢1条、普棒1条、单高棒2条、双单高线1条、单高线1条、中宽带1条）以及与之相配套的铁前、钢轧、大公辅和相关环保设施，总投资212亿元，占地总面积12000亩，建成后将实现年产铁水456万吨、粗钢515万吨，预计实现年产值360亿元，利税35亿元，促进就业2万人，并带动上下游产业链的迅速发展。项目将于2023年12月前建成并通过国家验收，建成后将成为我国西南地区行业技术水平国内领先的民营钢铁企业集团，同时还是集智能化、循环节能化、AAAA景区型为一体的现代化花园式钢铁工厂，并与新平县大开门仙福钢铁连片集中集聚发展，形成产能规模超千万吨，工业产值过千亿的钢铁产业带。

玉昆集团螺纹钢轧钢产能340万吨/年，型钢产能40万吨/年，带钢产能80万吨/年，其中，螺纹钢轧钢分5条轧钢线，玉昆一轧产能60万吨/年，生产ϕ12~18mm规格的HRB400、HRB400E、HRB500和HRB500E产品；玉昆二轧产能80万吨/年，生产ϕ12~14mm和ϕ25~40mm规格，钢种为HRB400、HRB400E、HRB500和HRB500E产品；玉昆三轧产能70万吨/年，生产ϕ16~22mm规格的HRB400、HRB400E、HRB500和HRB500E产品；玉昆高线产能80万吨/年，生产ϕ6~12mm规格的HRB400、HRB400E、HRB500和HRB500E产品；汇溪二轧产能50万吨/年，规格HPB300 ϕ6~10mm，HRB400 ϕ6~10mm。

2012年投产现代化棒材和高线生产线，全线采用计算机控制，轧钢生产稳定运行，产品质量大幅提高，标志玉昆集团螺纹钢生产和产品上了一个大台阶，同时开展ϕ12~14mm四切分轧制技术攻关，切分轧制达产达标，并且生产指标达到同行先进水平；

2013年开发HRB500高强度钢筋，采用铌钒组合化学成分，产品成本低且物理性能稳定，当年底 HRB500E 投入批量生产；

2018 年在执行新国标的同时，进行了控温控轧研究，玉昆二、三轧棒材投入 1000 万元进行控温设备改造，最终达到降低合金成本，产品金相达到国标要求的铁素体+珠光体组织；

2019 年，高线精轧后增加 2 架 Mini 轧机进行改造及控冷改造，实现控温控轧，不采用含 V 合金生产 HRB400E 产品，产品性能改善，性能和金相组织符合国标要求。2019 年底，玉昆一轧改造成高棒生产线，产品外观质量大幅提高，吨钢生产成本比普棒降低 50 元以上。

湖北金盛兰冶金科技有限公司

湖北金盛兰冶金科技有限公司（以下简称金盛兰公司）成立于 2013 年，是由湖北金盛兰集团整合省内 6 家企业，异地减量置换设立的现代化钢铁企业，拥有年生产铁 300 万吨，钢 325 万吨，钢材 300 万吨的生产能力，是湖北省重点建设项目，全省五家长流程炼钢企业之一，省内规模最大的高强度螺纹钢筋生产企业。目前，公司“金罡”牌螺纹钢形成了以棒材 ϕ12～40mm HRB400E 和线材 ϕ6～10mm HRB400E 盘螺钢筋为主，以 ϕ6～10mm HPB300 光圆钢筋为辅的多品种、多规格的钢材产品系列品种，其中热轧盘条和热轧带肋钢筋被列入国家高新技术产品目录。2020 年，公司位居中国民营企业制造业 500 强第 386 位，湖北省民营企业 100 强第 28 位，湖北省民营企业制造业 100 强第 11 位。

公司自成立以来，严格执行螺纹钢生产新标准，不断提高技术水平，大幅提升工艺装备，产品质量更加稳定，综合合格率一直保持在 99. 8%以上。先后通过 ISO 质量管理、环境管理、职业健康与安全、能源管理、测量管理五大管理体系认证，中冶 MC 认证，获评安全标准化二级企业。“金罡”牌螺纹钢产品具有品种规格多，盘重定尺覆盖范围广，可根据客户要求灵活调整等特点，被广泛应用于湘鄂赣川苏京沪等省份地区的高层建筑、桥梁、高速公路、地铁、隧道等国家重点工程建设项目，深受市场欢迎和客户好评。

为建设成资源节约型和环境友好型企业，公司始终将环境保护节能减排，放在发展首位，先后荣获全国节能减排先锋企业、全国绿色发展典范企业、中国绿色发展联盟理事单位等荣誉。依托在鄂央企中冶南方技术力量，提高资源能源利用效率，实现“双碳”控制目标，同时与高校院所建立全面合作，不断提升产品科技含量。

目前，公司正按照多种经营、产业配套、集群发展的思路，陆续追加投资新建产业链集群项目，加快产业集聚发展，新建 200 万吨高强度抗震螺纹钢项目，形成长短流程协同发展，为公司实现“高端化、智能化、绿色化”千万吨级精品钢铁基地目标打下坚实基础。

目前，金盛兰公司有 5 条螺纹钢生产线（3 条棒材生产线、2 条高线生产线），已形成年产棒材螺纹钢 180 万吨，线材盘螺 150 万吨的能力，“金罡”牌螺纹钢产品覆盖 ϕ6～40mm 规格。

2015 年以来，金盛兰公司全面执行螺纹钢国家标准，主要生产 ϕ10～40mm 规格的

HRB400、HRB400E 钢筋，采用硅、锰、钒合金化工艺，轧钢采用全热轧生产工艺。2016 年金盛兰公司一期二步工程建成投产后为降低螺纹钢生产成本，公司采用连铸连轧新工艺，轧钢系统采用先进的控轧控冷工艺技术，实施控轧控冷工艺生产螺纹钢筋；为进一步降低螺纹钢锰、钒含量，在三轧、四轧棒材线投产之初就采取低温轧制工艺，针对 ϕ20mm 和 ϕ12mm 螺纹钢筋生产过程中率先采用三切分和四切分工艺，产品产量和质量进一步提升；2018 年随着公司 4 座 LF 精炼炉的全面建成，11 月开始全面执行 GB/T 1499. 2—2018 螺纹钢新标准，并采用硅、锰、钒、铌合金化工艺，钢水 100%全部通过精炼工序，钢水全程保护浇铸，实行钢坯全热轧生产工艺，螺纹钢生产工艺和产品质量更加稳定。

经过几年的快速发展，金盛兰公司螺纹钢生产工艺技术水平不断提高，工艺装备水平大幅提升和发展，整个生产系统现已形成 360m^{2}烧结机 1 台，年产 120 万吨链篦机回转窑生产线 1 条、1350m^{3}高炉 2 座，120t 顶底复吹转炉 2 座、LF 精炼炉 4 座，8 机 8 流连铸机 3 台，轧钢系统配套 2 条高线，3 条棒材的螺纹钢筋生产装备体系，螺纹钢轧制工艺方面全面采用控轧控冷工艺技术，目前针对 ϕ22mm 和 ϕ12mm 螺纹钢筋生产过程已采取五切分和三切分生产工艺；企业先进的装备优势，配套的先进生产工艺技术，使得公司螺纹钢产品质量更加稳定，产品市场竞争力大幅提升。

关于金盛兰公司的生产装备，高一线、高二线生产线布置形式基本相同，均共设 28 架轧机，轧机由 6 架粗轧、6 架中轧、6 架预精轧、10 架精轧机机组组成，其中粗轧机和中轧机采用短应力线轧机，预精轧采用 2 架短应力线轧机+4 架悬臂辊环轧机，精轧采用 V 型 45°顶交轧机；棒一线、棒二线生产线布置形式基本相同，均共设 18 架轧机，轧机由 6 架粗轧、6 架中轧、6 架精轧机机组组成，所有机组均采用短应力线轧机。

江苏徐钢钢铁集团有限公司

江苏徐钢钢铁集团有限公司（简称徐钢集团）2018 年 10 月由原徐州东南钢铁工业有限公司更名而来，公司最早成立于 2003 年，是一家实力雄厚、发展迅猛的民营企业。现有职工 4000 人，主要生产特钢棒材和螺纹钢产品，营业收入过百亿。因为在转型升级方面的优秀表现，企业被市委、市政府列为重点支持保留的三家优势企业。

实力铸就品牌，提质永无止境。江苏徐钢钢铁集团拥有 2120m^{3}高炉 1 座、1280m^{3}高炉 1 座、150t 转炉 1 座、120t 转炉 1 座、120tLF 精炼炉 1 座，以及相配套的轧钢、烧结、制氧、石灰、球团、发电等先进生产设施。其中，2120m^{3}高炉是淮海地区最大的炼铁设备，采用了国内乃至国际上最先进的工艺技术和装备。150t 转炉也是徐州地区最大的炼钢装备，能够保证生产出完全符合国家标准的优质钢水。

打造百年钢企，奔梦永不停息。十几年来，集团实现了跨越式发展，创造了徐州地区多项第一：公司是徐州唯一一家连续三届荣获全国钢铁工业先进集体称号的企业；徐州首家获得钢铁生产许可证企业；徐州首家营业收入过百亿的钢铁企业；建成徐州首座 1200m^{3}以上炼铁高炉、120t 以上炼钢转炉的钢铁企业；企业改变了徐州地区有铁无钢的历史；徐州唯一一家荣获省节能先进单位称号的企业；徐州唯一一家曾经荣获国家免检资格认证的企业；徐州首家建成烧结脱硫的企业；徐州唯一一家荣获市长质量奖的钢铁企业；徐州地区公益支持最多的钢铁企业等等。

追求卓越，永不止步。在当前钢铁行业以去产能为核心的供给侧改革的新常态下，徐钢集团认真学习十九大精神，将“转型升级、环保节能、绿色发展、做精做优”作为“十四五”期间的战略目标。2019 年，徐钢集团投资 100 亿元，以一期建设的 2 座 550m^{3}高炉和 2 座 60t 转炉为基础，并重组了荣阳钢铁和龙远钢铁 2 家公司的 2 座 450m^{3}高炉，实施了三期装备技改项目。项目建设 1 座 2120m^{3}高炉、1 座 120t 转炉、1 座 120t 精炼炉、4 条特钢轧制生产线，配套先进的烧结、球团、制氧发电等生产设施，发展特钢产品。三期项目建成后，企业环保、节能、安全、质量、效益、智能制造水平都将大幅提高，坚定不移地走高质量绿色发展道路。未来，徐钢集团将培育“徐钢品牌”，铸就“百年企业”作为企业核心工作，把徐钢集团培育成徐州钢铁行业一张靓丽的名片，打造绿色企业，努力实现基业长青的宏伟目标。

自 2005 年，徐钢集团一期项目第一条螺纹钢生产线建成投产以来，徐钢集团螺纹钢生产工艺技术紧跟行业发展步伐，并不断得到改进、提升和完善。

小坯料向大坯料升级技术：钢坯的外观尺寸及单重的提升可减少间隙时间，提高作业率，提升产量；减少切损，提高成材率；减少轧件头部撞击，降低事故。2005 年一期项目螺纹钢生产线投产以来一直使用的是外观尺寸为：150mm×150mm×6000mm 的连铸坯，单重为 1t 左右；随着冶炼、连铸设备的更新换代与技术的进步，坯料升级势在必行。2019 年二期项目投产钢坯外观尺寸升级为：150mm×150mm×12000mm 的连铸坯，单重为 2t 左右；2020 年通过技术改造，钢坯外观尺寸升级为 165mm×165mm×12000mm，单重为 2. 5t 左右。三期项目将延续使用 165mm×165mm×12000mm 坯料。随着第一轧钢厂两条建材生产线永久关闭，小坯料生产将成为历史。

落地检测到热送热装技术：一期项目螺纹钢生产线因受连铸及检测技术的制约，一直采用的是钢坯落地检测的方式，钢坯入炉温度低、燃料消耗大。二期项目螺纹钢切分生产线投产，随着无缺陷连铸坯的生产技术与在线检测设备的发展，热送热装技术逐步成熟，钢坯采用辊道输送、直接装炉的方式，钢坯入炉温度在 600℃以上，节约燃料、减少氧化烧损、缩短了加热周期。三期项目双高速棒材生产线将继续采用辊道输送、直接装炉的方式。

持续优化轧机布置：

一期项目螺纹钢生产线轧机布置形式为 7+4+8 的布置形式，即粗轧机组 7 架轧机、中轧机组 4 架轧机、精轧机组 8 架轧机，共 19 架轧机。轧机采用全平布置，轧件通过扭转导卫扭转 90°后，进入下一架轧机。粗中轧之间采用脱头轧制的方式。粗轧前三架共用 1 台电机，其余均为 2 架共用 1 台电机。

二期项目螺纹钢切分生产线轧机布置形式为 6+6+6 主流布置形式，即粗轧机组 6 架轧机、中轧机组 6 架轧机、精轧机组 6 架轧机，共 18 架轧机全连续轧制。精轧机组间设有活套，可实现微张力轧制。轧机采用平立交替布置，其中 16、18 架为平立可转换机架，实现无扭轧制，改善钢材通条尺寸差及因轧件扭转产生的缺陷。

三期项目双高速棒材生产线轧机布置形式为6+6+4+4的布置形式，即粗轧机组6架轧机、中轧机组6架轧机、预精轧机组4架轧机、精轧机组4架轧机，共20架轧机。增加预精轧机组，同时精轧4架轧机采用模块轧机。粗轧、中轧、预精轧机组轧机采用平立交替布置，精轧机组采用模块轧机，采用V型-顶交45°形式，实现无扭轧制。

云南曲靖呈钢钢铁（集团）有限公司

云南曲靖呈钢钢铁（集团）有限公司（以下简称云南呈钢集团）成立于2004年，迄今总投资近百亿元，占地面积3100多亩，在职员工4500人，年产钢材300万吨，属工信部公告的全国《钢铁行业规范条件》企业。2020年完成工业产值117亿元。连续9年入选云南省双百强企业，入围中国民营企业制造业500强，2020在云南省非公百强企业排名第7位，云南省非公制造业50强第4名。被授予“国家高新技术企业”“全国钢铁工业先进集体”等殊荣。“呈钢”牌产品广泛应用于白鹤滩水电站、沪昆高铁、长水国际机场、昆明南站等多个国家、省、市重点工程项目。并荣获“白鹤滩水电站钢筋质量检测比对试验竞赛一等奖”“中国著名品牌”“全国质量检验稳定合格产品”“云南省名牌产品”等荣誉称号。

为贯彻新理念，构建新格局，促进新发展，落实国家“碳达峰、碳中和”决策部署，云南呈钢集团加快企业转型升级步伐，委托中国冶金规划研究院编制碳达峰碳中和行动方案。坚持“安全环保清洁生产、装备超前工艺领先、科技引领智能制造、园林工厂绿色发展”的原则，提升装备制造水平，促进新旧动能转换，目前产能置换任务已完成，投资86亿元的转型升级建设项目基本建成。包括240m^{2}烧结机1台（套）、1200m^{3}炼铁高炉2座、100t炼钢转炉2座、进口意大利ϕ650mm高速棒材生产线2条，于2021年底全部投产。其中环保节能设施设备投入15亿元，占总投资的17.5%。本次转型升级严格按照钢铁行业超低排放标准设计，煤气、余热、余压及固废实现100%回收利用，生产生活废水零排放，实现“超低排放，增产减污”目标，成为全省第一家超低排放的钢铁企业。

未来，云南呈钢集团聚焦钢铁主业，深度融入工业互联网、物联网等新技术，到2021年构建以年产400万吨钢铁冶金为核心，以100万吨煤焦化到冶金固废循环经济建材研发生产、钢铁冶金能源回收开发利用、国内国际贸易、3000万吨/年公铁联运智慧物流园为辅的现代化全产业链、全生态链的钢铁产业集群。努力把云南呈钢集团建成天蓝、地绿、水净、景美、人和的绿色智能钢铁企业，打造云南省AAA工业旅游景区，为助推打赢蓝天保卫战、促进经济社会高质量跨越发展贡献力量。

云南呈钢集团轧钢工序主要装备包括：产品生产线共4条（ϕ650mm高速棒材生产线2条、意大利-达涅利进口ϕ650双高速棒材生产线1条、双高速线材生产线1条）。粗钢生产能力可达300万吨/年、轧材生产能力400万吨/年、物流量3000万吨/年。

云南呈钢集团进口ϕ650mm高速棒材生产线2条，其中1条由4架ϕ650mm轧机和2架ϕ550mm轧机的粗轧机组、2架ϕ550mm轧机和2架ϕ450mm轧机的中轧机组、2架ϕ450mm轧机和4架ϕ350mm轧机的预精轧机组、2架ϕ350mm轧机的精轧机组构成。

产品规格为热轧带肋钢筋 HRB400、HRB400E ϕ6～12mm（盘卷）HRB400、HRB400E、HRB500、HRB500E ϕ12～40mm（直条）；热轧光圆钢筋 HPB300 ϕ6～12mm（盘卷）。

云南曲靖呈钢钢铁（集团）有限公司技术部组织炼钢厂、一轧钢厂、质检部和相关工程技术人员进行了方案讨论，对铁路标准用热轧带肋钢筋轧制工艺进行分析研究。于2020年8月15日确定了试生产方案，并组织了产品试制并于10月13日通过了国检中心合格检测。此次铁路标准用热轧带肋钢筋的顺利轧制，不仅可进一步满足市场需要，填补了云南曲靖呈钢钢铁（集团）有限公司铁标产品的空白，也为云南曲靖呈钢钢铁（集团）有限公司增强市场竞争力奠定了基础，赢得了先机。

亚新钢铁集团

亚新钢铁集团自2003年成立以来，伴随国家钢铁行业发展趋势，一直深耕钢铁行业上下游，现拥有江苏省、河南省、山西省、内蒙古自治区、福建省等五大生产基地，销售区域辐射全国、连接世界。经过近20年的励精图治，亚新钢铁集团目前已发展成集烧结、炼铁、炼钢、轧钢、运输、深加工为一体的大型钢铁联合企业，以及集线、板、管、棒为一体的全钢材品类企业，产品通过ISO9001：2015质量体系认证和MC中冶产品认证。

亚新钢铁集团具有五大生产基地，秉承“承东、启西、接南、连北、贯中”的战略布局，分布其生产线。“承东”是连云港亚新钢铁，地处“一带一路”交汇点、新亚欧大陆东方桥头堡的江苏省连云港市。拥有多座万吨级及千吨级泊位码头，可实现“海河联运”，交通深及内陆、通达远洋，是集烧结、球团、炼铁、炼钢、轧钢、运输为一体的现代化钢铁企业。公司连续多年跻身“全国民营企业500强”和“全国民营企业制造业500强”双榜单，先后荣获“全国钢铁行业竞争力优强企业”“全国红十字模范单位”“江苏省百亿规模企业”等荣誉称号。“启西”是山西中升钢铁，公司总投资30余亿元，具备年产铁120万吨、钢190万吨、棒材100万吨及高速线材100万吨的生产能力。“接南”是福建鼎盛钢铁，公司总占地面积3000余亩，一期投资70余亿元，产能200万吨。公司装备世界最先进、国内首家量子电炉2座，世界最先进的ESP薄板热轧机组1套，冷轧、酸洗、平整生产线1条，型钢生产线1条及配套白灰厂、制氧厂、万吨级码头等公辅动力设施。“连北”是内蒙古亚新钢铁，公司总投资30余亿元，具备年产近200万吨螺纹钢的生产能力，实现了“全富氧、全喷煤、全连铸、全连轧”的工艺技术路线。“贯中”是河南亚新钢铁，公司总投资20余亿元，占地1500余亩，员工3000余人，各类专业技术人员300余人，生产装备精良，技术力量雄厚，管理体系完善，检测设施齐全，主要生产各种规格特种优质钢材，钢、材年生产能力300万吨。公司连续多年跻身“河南民营企业百强”和“河南民营企业制造业百强”双榜单，先后荣获“河南省2012年度钢铁工业十强”“2017年‘百年匠星’中国建筑业特色品牌——优秀材料设备供应商”等荣誉称号。

目前，亚新钢铁集团生产的螺纹钢产品主要有钢筋混凝土用热轧带肋钢筋盘卷及棒材，品种有HRB400、HRB400E、HRB500、HRB500E等，盘卷规格涵盖ϕ6～12mm，棒材

规格涵盖 ϕ12~32mm。亚新钢铁的工艺技术方面，螺纹钢盘卷主要采用钒氮微合金化技术，轧制工艺采用控轧控冷工艺，即 ϕ12~16mm 螺纹钢低温多切分轧制工艺、ϕ18~32mm 单线低温轧制工艺等，此工艺细化晶粒而保证了钢筋的各方面力学性能。为了进一步提高螺纹钢盘卷的质量，逐步完善了控轧控冷工艺，于 2018 年在螺纹钢盘卷生产线建设迷你轧机，该设备投产后使得螺纹钢盘卷的轧制实现了非再结晶区轧制，钢的晶粒进一步细化，产品质量进一步提高的同时，生产效率也进一步提高，实现了优质高产。同时，公司生产的主要设备有双蓄热式端进侧出推钢式加热炉、高刚度短应力轧机配高速钢轧辊、步进式冷床、自动打捆机等。

盐城市联鑫钢铁有限公司

盐城市联鑫钢铁有限公司（以下简称联鑫钢铁）成立于 2000 年 6 月，是由原盐城市钢铁厂破产改制重组后创建的专业从事建筑钢材、特种钢材生产的民营钢铁企业。公司注册资金 4.9 亿元人民币，占地面积 210.24 公顷（1 公顷 = 1 万平方米）。公司位于黄海之滨大丰港二期码头西侧，大丰港经济区临港工业园内，厂区两面环水、两面环路，水、陆、海交通十分便利，区位优势明显，具有发展钢铁工业得天独厚的条件。

公司经营范围是钢材、铸钢件制造和加工、机械加工；金属材料、炉料批发、零售；普通货物仓储；炼钢、轧钢（轧制热轧带肋钢筋棒材）、盘卷生产；生产性废旧金属收购；煤炭批发零售；利用余热、余气发电。

主导产品为具有品牌优势和成熟核心技术的 HRB400、HRB400E、HRB500、HRB500E 热轧带肋钢筋、HPB300 热轧光圆钢筋等建筑用钢。

联鑫钢铁始终坚持绿色生产理念，走创新、转型、提升的发展道路，先后与中钢集团工程设计研究院、中冶京诚工程技术有限公司、南京大学、北京科技大学、上海大学、南京工程学院等科研院所进行深度合作，高起点规划，严标准设计，成功实施工程项目和研发项目近 20 项。借此，公司的生产工艺和设备装备处于行业前列，环保、能耗、成本、资源利用等指标达到行业先进水平。

公司高度重视系统化管理工作，先后通过了 ISO9001 质量管理体系、ISO14001 环境管理体系、OHSAS18001 职业健康安全管理体系、ISO50001 能源管理体系、ISO10012 测量管理体系认证，坚持质量兴企，走品牌化发展道路。公司理化检测设备配备齐全，质量管理运作规范，自 2002 年以来，国家、省、市产品质监抽查合格率均为 100%。“黄海”牌系列钢筋产品通过了 MC 产品认证，取得了冶金实物“金杯奖”，获得“江苏省名牌产品”称号，被评为“白玉兰”杯最受欢迎的优质用钢品牌、中国民营钢厂优质建筑用钢品牌，获评中国钢筋品牌计划“科技创新榜样”，产品品牌效应不断提升。

公司围绕“建设精品基地，打造百年联鑫”的长期战略，坚持创新、转型、提升的发展思路，大力推进转型升级、结构调整和节能减排，努力打造具有强大核心竞争力和鲜明特色的优质钢材生产基地，成为用地集约、生产洁净、资源高效利用，生产与环境、企业与社会和谐友好，具有联鑫钢铁特色的绿色钢铁之城。

“联鑫钢铁，志在超越”，公司将始终秉承这一理念，竭诚为广大新老客户提供优质的产品和服务，为社会经济发展贡献力量，努力将联鑫钢铁打造成国际一流的钢铁企业。

目前，联鑫钢铁有限公司实际产能为320万吨/年。其中公司有两条普通棒材线、1条高棒、1条棒线复合线，产品规格覆盖 ϕ6~40mm 全规格。

联鑫钢铁有限公司主要工艺技术有：

（1）自动控温加热技术：加热炉自动控温加热技术通过设定空煤比和各段温度标准，通过PLC自动控制炉内温度达到设定范围，通过设定空煤比控制炉内气氛和烟气残氧量，提高产品加热质量和煤气利用效率，降低煤气消耗；（2）钢坯热送热装技术：通过快速辊道把炼钢钢坯热送至轧钢加热炉加热，热装率达到90%以上，大幅度减少轧钢加热煤气消耗，降低生产成本提升公司产品效益；（3）控轧控冷技术：通过形变过程中对再结晶和相变行为有效控制，轧后快速冷却以达到细化铁素体晶粒提高钢筋的强度及韧性；（4）多线切分轧制技术：先后实施了 ϕ25mm、ϕ22mm、ϕ20mm 三个规格二切分，ϕ18mm 和 ϕ16mm 两个规格三切分，ϕ14mm 规格四切分，ϕ12mm 和 ϕ10mm 两个规格五切分工艺应用，极大的促进了棒材螺纹钢提产降本增效工作；（5）棒线材无孔型轧制技术：自主设计实施了棒材生产线粗中轧的无孔型轧制工艺改造，有效降低了备品备件库存量和轧机轧辊消耗等，助推了企业降本增效；（6）大断面方坯轧制技术：提高单坯重量是提升生产技术指标极其重要的一项措施，近两年，自主设计实施了165大断面方坯轧制技术改造，炼钢、轧钢产量同步提升近5%，促进了公司效益提升；（7）双线高速特种合金棒材轧制生产线引自德国西马克集团，西马克的TMbaR技术；（8）2018年4月~2019年5月，公司与钢铁研究总院合作开展了耐火钢筋的研发试制工作并取得成功。主导编制的《钢筋混凝土用热轧耐火钢筋》（GB/T 37622—2019）国家标准于2019年6月发布，并授权2件耐火钢筋核心技术发明专利；（9）2018年7月~2020年8月，联鑫钢铁开展了HRBF400E细晶粒钢筋轧制的研发工作并取得成功，产品金相组织符合国家标准要求，晶粒度达到10级以上，力学性能和型式实验等检测合格，产品核心技术授权2项发明专利；（10）2019年6月~2020年8月，开展了HRB600高强钢筋的研究开发取得了成功，产品力学性能和型式实验等检测合格，并申报了1项专利；（11）2019年5月~2020年9月，公司开展了HRB400cE耐氯离子腐蚀钢筋的研发工作并取得成功，产品力学性能和型式实验等检测合格，申报了1项专利；（12）2020年5月至今，公司开展了稀土耐蚀热轧钢筋的研发工作，样品试制成功，产品各项力学性能指标符合国标要求，耐蚀性能明显优于普通热轧钢筋，同时具有良好的耐高温性能。后续还需进一步探索研究稀土耐蚀钢的性能，优化稀土配比和生产工艺，使产品具有推广意义。

扬州市秦邮特种金属材料有限公司

扬州市秦邮特种金属材料有限公司始建于2001年。位于江苏省高邮经济开发区外环北路。

公司是中国民营企业制造业500强企业。具有年产铁水240万吨、钢坯280万吨、螺纹钢棒材 300 万吨、高速线材 120 万吨、中厚板材 100 万吨、废钢加工处理 60 万吨、钢（铁）渣微粉 100 万吨生产能力。是一家集烧结、炼铁、炼钢、轧钢、制氧、动力、机修、发电、码头、物流运输、废钢回收加工、钢（铁）渣处理为一体，工艺流程完整、技术设备先进、管理制度规范、企业文化优秀，环保、能耗、质量、安全、技术等各方面都符合国家产业政策和要求，有较强可持续发展能力的资源节约型、环境友好型民营钢铁联合企业。

公司所属全资子公司 2 个，分别是江苏扬钢特钢有限公司和源胜达物资回收有限公司，工业和信息化部符合《废钢铁加工行业准入条件》企业（第七批），负责公司废钢回收加工。

公司是国家工信部（第二批）公告的“符合钢铁行业规范条件”企业。2015 年 6 月经国家发展改革委、工业和信息化部联合审核符合国家产业政策、准入规范、环保要求。2015 年 9 月江苏省发展改革委、省经济和信息化委同意予以备案。

公司获得了国家质检总局颁发的钢筋混凝土用热轧钢筋全国工业产品生产许可证。取得了《质量管理体系认证证书》（GB/T 19001—2016）、《环境管理体系认证证书》（GB/T 24001—2016）、《职业健康安全管理体系认证证书》（GB/T 45001—2020）、《能源管理体系认证证书》（ISO 50001—2018）、《安全生产标准化二级企业证书》、《计量保证确认证证书》、《两化融合管理体系证书》。

公司主导产品有 2000mm×200mm 板坯及 165mm×165mm 方坯；HRB400、HRB400E、HRB500 、HRB500E ϕ10～50mm 热轧带肋钢筋、ϕ6～12mm 高速螺纹钢线材、（8000～9000）mm×（2000～2200）mm×（8～80）mm 板材。公司全资子公司江苏扬钢特钢有限公司生产的 YGQY 牌钢筋混凝土用热轧带肋钢筋被评为扬州市名牌产品，并获准在香港土木工程拓展署备案，允许在香港建设工程中使用。公司的产品远销上海、浙江、安徽、湖北、重庆等地，并被港珠澳大桥等国家重点工程选用，深受用户好评。

目前，公司正在按计划实施超低排放改造，在规定时间内所有排放值均可达到超低排放标准。公司的环保设施已按要求装备了在线监测和微机管控。公司的环保能源管控中心已建成投用，对节能减排降耗起到了很好的作用。公司已于 2019 年通过《安全生产标准化二级企业》验收。省、市相关部门以及第三方检测机构对公司环保、节能、安全的多次检查所有指标均符合国家标准。

公司在追求经济效益、保护股东利益的同时，坚持诚信对待和保护员工、消费者的合法权益，推进环境保护与友好、资源节约与循环建设。致力于营造和谐的外部环境，每年都多次积极捐助社会公益及慈善事业，把回报社会作为自己应尽的职责。以自身发展影响和带动地方经济的振兴，促进企业与社会、社区、自然的和谐发展，为构建社会主义和谐社会做贡献。近三年来，公司已向社会捐赠超千万元，其中向教育奖励基金捐赠 500 万元；向高邮红十字会捐赠 300 万元，用于新冠肺炎疫情防控；并且每年向周边农村考取大学的学子们捐赠奖学金、为开发区学校足球队捐赠费用等。公司始终按时足额发放员工工资、缴纳员工社保，在维护员工利益和社会稳定方面也很好地尽到了责任。公司还是高邮经济开发区第一届运动会、高邮龙舟赛的冠名单位，深受社会好评。

公司是江苏省冶金行业协会和钢铁行业协会副会长单位，公司多次入选中国民营企业制造业500强，被评为全国钢铁工业先进集体、全国钢铁工业劳动模范，多次荣获扬州市和高邮市《重合同、守信用》企业、纳税大户、总量大户、经济十强、技改十强、扬州市五一劳动奖状、文明单位、安全生产先进集体、节能减排先进单位、先进党支部、新时代星级基层工会、扬州市“十大善星”等荣誉称号。

公司建有1座220kV两回路进线变电站（主变容量3×80MV·A）、一个年吞吐能力1000万吨的码头及23000m^{2}大棚料场、2台180m^{2}烧结机、2座1080m^{3}高炉、2台120t转炉和1台120t LF精炼炉、1台2000mm×200mm板坯连铸机及2台8机8流和1台10机10流方坯连铸机、3条热送热轧棒材和2条高速线材及1条板材轧机线、1条钢（铁）渣微粉生产线，并同步建设了2套30MW余气余热汽轮发电机组，以及各工序配套的烟气脱硫脱硝和除尘、BPRT、喷煤、富氧、煤气回收、空煤气双预热、防风喷淋等环保节能设施。

连云港兴鑫钢铁有限公司

连云港兴鑫钢铁有限公司成立于2003年10月，位于江苏灌河半岛临港产业区内，交通便捷，地理位置得天独厚，有利于发挥海河联运优势。公司现有员工3200余人，总资产已达80多亿元。主体装备及产能符合国家、省、市备案文中明确的相关要求，具备年产300万吨的能力，形成以螺纹钢为主的产品体系。产品畅销江、浙、沪等国内多个省市地区。公司连续多年进入县税收10强，市税收20强，中国民营企业500强，中国民营企业制造业500强行列。

公司经过多年的发展运营，已拥有从烧结、炼铁、炼钢到轧钢长流程生产线。建有16万平方米全封闭原料仓库；3台180m^{2}烧结机并采用了低温烧结、小球烧结、余热回收、烧结烟气脱硫脱硝2×600TPD煤烧双膛石灰窑等先进工艺；3座1080m^{3}高炉并配套建设了TRT余压发电、富氧喷煤、煤气回收、顶燃式热风炉、烟气余热回收、干法除尘等先进工艺；2座120t转炉并配套建设了煤气回收、蒸汽回收等节能工艺；年产240万吨轧钢生产线并采用了热装热送和蓄热式燃烧工艺、切分轧制工艺、炉温自动控制系统等先进工艺，总体工艺装备达到了国内较先进水平。

公司的主导产品为热轧带肋钢筋，主要生产HRB400、HRB400E、HRB500、HRB500E ϕ10~32mm。为了保证产品质量得到有效控制，公司投入大量资金购置先进的质量和化验设备，如：美国热电X射线荧光谱分析仪；德国OBLF直读光谱分析仪；钢筋弯曲和反向弯曲试验机；美国LFCO高频红外CS分析仪等。成立技术理化中心，创建国家认可实验室并获得国家认可审核取得证书，通过运用质量管理体系严格管控和持续改进，公司产品的质量稳定可靠，获得了较多荣誉，如：冶金产品实物质量认定证书“金杯奖”；江苏名牌产品证书；中国民营钢厂优质建筑用钢品牌“兴鑫牌”；最受欢迎优质建筑用钢品牌“白玉兰杯”；MC产品质量认证；中国合格评定国家认可委员会“国家认可实验室”；节能减排先锋企业；绿色发展优秀企业等。

轧钢一车间采用煤气空气双蓄热加热炉对钢坯“智能”加热（钢坯热装热送），确保钢坯受热均匀，出钢温度稳定，制定合理的孔型设计，确保切分后钢筋的外形（目前5切分工艺已成熟），同时利用活套高低显示及时调整，保证轧制钢筋外形稳定，提高成材率。

轧钢二车间采用国家鼓励类高效节能环保的连铸免加热直轧技术工艺，简化了生产流程，同时通过计算机智能化控制，减少了人工观察操作，优化物流，布局更加流畅美观。

公司于2015年6月成功研制出HRB400E低钒和低钛微合金化高强抗震钢筋，对比此前降低钒、钛加入量的同时，极大减少了之前同类钢筋产品锰、硅等合金的使用量，对生产及产品的节能减碳做出了巨大贡献。于2017年1月成功研制出HRB500E铌钛、HRB600E铌钒微合金化高强抗震钢筋，对建筑设计施工减量用钢提供了有力保障，并很大程度上提升了建筑物的使用年限。按照GB/T 24256对生产的产品进行生态设计与改进，如：轧钢车间中轧孔型系统改造。采用新型紧凑式长流程绿色节能工艺流程，装备水平国内领先，目前环保各项指标均实现超低排放。对进厂原材料中有害物质含量加强检测监控，特别是对大宗原料矿石中有害物质铅、锌、砷、硫等元素进行重点抽查检测，严格按照制定的原燃料内控标准进行把关，并要求采购部门严格按照公司评定的《合格供方名录》中的合格客户进行采购供货，从源头管控，已形成了绿色供应链。

云南玉溪仙福钢铁（集团）有限公司

云南玉溪仙福钢铁（集团）有限公司是由福建省长乐市投资者自筹资金于2001年通过招商引资在云南省玉溪市新平县兴办的民营企业。经过近20年的发展，现已形成集矿山开采、高炉炼铁、转炉炼钢、钢坯热送热装、双蓄热式燃烧连续轧材为一体的中型钢铁联合企业。铁矿、煤矿、焦化、烧结、炼铁厂、炼钢厂、轧钢厂、废旧金属收购公司、商贸等子公司。公司现占地5000余亩，固定资产64亿元，职工6800余人，其中教授、高、中级各类工程技术人员206名。2019年完成工业总产值156.49亿元；实现销售收入132.47亿元；上缴税金2.46亿元。2017年、2018年、2019年、2020年连续四年列入云南省非公企业制造业20强第2位、第3位、第1位、第2位。2017年、2018年、2019年、2020年连续四年列入云南省非公企业100强第3位、第4位、第2位、第3位。2017年、2018年、2020年列入中国制造业民营企业500强第409位、第438位、第376位。

公司主要产品为钢筋混凝土用钢、碳素结构钢和连铸钢坯。连铸钢坯牌号：HPB300、HRB400、HRB400E、HRB500、HRB500E，规格：150mm × 150mm、160mm × 160mm、165mm×165mm；钢筋混凝土用热轧光圆钢筋牌号：HPB300，规格：ϕ6～12mm（盘卷）；钢筋混凝土用热轧带肋钢筋牌号：HRB400、HRB400E，规格：ϕ6～12mm（盘螺）、牌号：HRB400、HRB400E、HRB500、HRB500E，ϕ12～40mm（直条）；低碳钢热轧圆盘条牌号：Q195、Q215、Q235，规格：ϕ6～12mm。“仙福”品牌连续被认定为云南省著名商标以及云南省名牌产品，公司产品广泛用于建筑房屋、桥梁、地铁、公路等建设领域，主要销往省内各地州、四川、重庆、广西及东南亚市场。并与中铁建昆仑资产管理有限公司建立长期合作关系。

公司是云南省第一家全面启动产能置换升级改造项目建设的企业。2017 年底全面启动产能置换升级改造项目建设工作，一期已完成：（1）建设 360m^{2}烧结生产线 1 条，年生产能力 313.6 万吨；（2）建设 1350m^3 炼铁高炉 1 座，年生产能力 122 万吨；（3）建设 100t 炼钢转炉 1 座，配套建设 100tLF 炉 1 座，年生产能力 130 万吨，8 机 8 流连铸机生产线 1 条；（4）建设高速棒材生产线 1 条，年生产能力 140 万吨；（5）建设 52t 合金钢电炉 1 座，配套建设 52tLF 炉 1 座，年生产能力 38 万吨，5 机 5 流连铸机生产线 1 条；（6）20000m^3/h 空分装置 1 套；（7）建设 10 万立方米煤气柜 1 座。二期计划在 2023 年底前完成：（1）建设年产 122 万吨 1350m^3 炼铁高炉 1 座；（2）建设年产 130 万吨 100t 炼钢转炉 1 座，8 机 8 流连铸机生产线 1 条；（3）建设年产 180 万吨板带钢生产线 1 条；（4）建设年产 120 万吨球团生产线 1 条；（5）建设年产 60 万吨活性石灰生产线 1 条。

热轧光圆、带肋钢筋 4 条生产线是按高标准、高质量、高水平、高速度设计实施的。年产 50 万吨和 80 万吨 2 条线材生产线是引进美国摩根第五代技术和意大利达涅利短应力线轧机，年产 70 万吨和 140 万吨 2 条棒材生产线在国内钢铁行业装备中处于领先水平，4 条生产线的控制设备是德国西马克最新技术，采用无扭控温控冷轧制技术，产品尺寸精，表面好，性能优，实现了高标准、高质量、高水平、高速度的设计要求，奠定了“仙福钢铁筑百年基业”的基础和技术条件。

四川德胜集团钒钛有限公司

中国 500 强企业——德胜集团创立于 1997 年，是一家以钒钛资源综合利用为实体产业链的大型民营企业集团。旗下产业主要由四川钒钛钢铁板块、云南钒钛钢铁板块、投资板块组成。站在新的历史起点，德胜集团继续保持强劲的成长态势和蓬勃的发展生机，连续多年位列中国企业 500 强（2020 年位列第 403 位），中国民营企业 500 强（2020 年位列第 182 位），现有资产规模 370 亿元以上，员工人数 10000 余人。2020 年销售收入超 450 亿元，上缴税收 25 亿元。

四川德胜集团钒钛有限公司是德胜集团创始企业，统领集团四川钒钛钢铁板块 10 余家子公司，在国内民营钢企中率先实现了由普通钢铁冶炼到以钒钛资源综合利用为核心的产业结构升级转型，是四川重要的钒钛资源循环经济园区和精品建材基地。

公司是国家知识产权优势企业、国家高新技术企业、全国守合同重信用企业、全国模范劳动关系和谐企业、四川省循环经济示范企业、安全文化示范企业，拥有完整的现代化钒钛冶炼生产设备，以及全自动化的控轧控冷连轧生产线，具备了 300 万吨全系列高强度含钒抗震精品建材、1.2 万吨五氧化二钒 、400 万吨钒钛炉料、100m^{2}新型节能环保墙材等综合生产能力，其中钒金属产量位居全球第三位。公司“德威”商标被认定为中国驰名商标，生产的高强度含钒抗震精品建材抗震比例位居西部前列，已取得 ISO9001：2015 国际质量体系等认证，在冶金工业规划研究院发布的中国钢铁企业综合竞争力评级中，连续三年上榜中国钢铁企业综合竞争力评级优强（B+）企业，排名西部前列。先后荣获“全国钢铁工业先进集体”“全国厂务公开民主管理先进单位”“全国职工职业道德建设先进单位”“全国就业和社会保障先进民营企业”等多项国家级、省部级荣誉。

德胜集团从参与国企改革的浪潮中起步，1997 年 11 月 11 日德胜川钢公司在炼铁厂举行高炉点火开炉投产庆典，二号高炉的率先投产，标志着德胜公司参与国企改革成功启动；1998 年 10 月进行了加热炉更新改造；1999 年 11 月研制实施了 ϕ550mm 轧机三道次轧制改为五道次轧制及配套工艺技术改造，并取得成功，大大缓解了中、精轧的调整难度；2000 年配合轧制技术，采用新材料，用半钢轧辊代替铸铁轧辊、用贝氏体辊子代替 K1、K6 辊子，导卫上采用复合金属抗磨夹板、减少了轧机飞钢和粘钢，提高了产量和成材率。

2002 年 8 月 22 日，德胜川钢公司举行 100 万吨技改工程开工典礼；2006 年，公司棒材工程部成立，6 月 17 日 60 万吨棒材重点技改工程破土动工，总投资 1.8 亿元，采用了先进高效的高炉煤气双蓄热加热炉，18 架轧机交替布置全连续无扭高速轧制，小规格采用切分轧制，在线温控轧制，轧线主传动采用全数字直流，三级自动化系统，两层通讯等，该生产线工艺技术、自动化、整体装备在国内是一流的，2007 年 2 月正式投产；2009 年 3 月 26 日，德胜川钢公司高强度含钒抗震钢材综合技改工程隆重举行开工典礼，标志着集团运筹帷幄，逆势而上，应对全球金融危机巨大冲击取得阶段性成就，也为集团战略转型、多元高端转型发展奠定了坚实基础；期间成功开发实施了 ϕ18mm 双切分、ϕ14mm×3 切分、ϕ12mm×3 切分、ϕ16mm×3 切分轧制工艺，满足了轧钢生产线高速度、高质量和高效率的生产工艺要求。

2010 年 8 月综合技改轧钢工程项目成功投产，该生产线采用两级自动化控制系统，工艺设备装配水平及自动化控制水平均达到国内同类轧机先进水平，公司具备了年产 200 万吨钢材的生产能力；期间成功开发了无孔型轧制工艺、ϕ22mm×2 切分轧制新工艺；2012 年 8 月，公司被认定为“省级安全文化示范企业”；2012 年 11 月 19 日，德胜川钢公司被命名为四川省循环经济示范企业。

2013 年 11 月 16 日，德胜钒钛公司轧钢厂 ϕ12mm×4 切分生产工艺开发成功，德胜钢铁产业工艺开发进入新一轮高潮，为转型发展提供强劲支撑；2013 年 10 月 24 日，四川德胜集团钢铁有限公司完成了从普通钢铁冶炼到钒钛钢铁冶炼、钒钛资源综合利用的产业升级，核准更名为四川德胜集团钒钛有限公司，标志着集团面对全球经济下行、中国经济新常态进入升级转型发展新时期；2013 年 12 月 6 日，四川德胜集团钒钛有限公司通过工信部核查，列入工业和信息化部公示的第二批符合钢铁行业规范条件企业名单，升级发展获得“通行证”；2014 年 3 月 13 日，德胜钒钛公司取得国家高新技术企业证书；7 月荣获“全国钢铁工业先进集体”，集团依靠科技创新、质量取胜等推动升级转型发展取得新成效。

2017 年 11 月 22 日，“德威”牌高强度含钒抗震钢筋成功入选“2017 年度重点工程建筑钢材推荐品牌目录”，并予以授牌；2018 年 1 月 11 日，德胜钒钛公司智能制造平台项目正式启动，集团信息化建设迈上新台阶；2018 年 8 月召开了 5~7 月新国标试生产阶段总结暨 GB/T 1499.2—2018 新国标生产工作推进会，并于 12 月顺利通过国家建筑钢材质量监督检查中心形式检验，HRB400E、HRB500E、HRB600牌号钢筋全部符合新国标，标志着公司生产的钢筋混凝土用热轧带肋钢筋质量水平迈上新台阶，同时也获得了新国标钢筋进入重点工程的资质；2019年4月ϕ12mm×5切分工艺开发试轧成功；2020年9月ϕ25mm二切分工艺开发试轧成功。

唐山东华钢铁企业集团有限公司

唐山东华钢铁企业集团有限公司（以下简称东华钢铁）位于唐山市丰南区小集镇工业区，前身是1993年成立的唐山瑞丰钢铁（集团）泰丰钢铁有限公司，2009年破产重组后更名为唐山市丰南区东华钢铁有限公司。企业于2020年12月完成对唐山市丰南区凯恒钢铁有限公司（规范企业）整合，2020年10月完成烧结机综合升级改造项目建设，2021年4月完成炼铁减量置换转型升级项目，目前是唐山地区乃至河北省较大的以钢铁制造为主的集团企业之一，占地1700亩，现有资产总额54亿元，注册资金20亿元，员工6000余人，形成集烧结、炼铁、制氧、炼钢、棒材、高端线材、卷板轧制为一体，具有年产铁442万吨、钢390万吨、材440万吨生产能力的综合型企业。公司拥有专业的技术管理团队、丰富的生产冶炼经验、完善的规章制度，是千兆级高强螺纹钢中国制造商。

东华钢铁轧钢工序拥有150万吨/年棒材生产线1条、85万吨/年高速线材生产线两条，公司有ϕ5.5~50mm全系列螺纹钢生产资质，可生产HRB400、HRB400E、HRB500、HRB500E、HRB600、RRB700、PSB830等全系列高强抗震螺纹钢，热轧带钢以及热轧薄板。热轧薄板生产线采用具有国际领先水平的全无头轧制工艺，并具备单块及半无头灵活轧制工艺特点，具有厚度薄、强度高、“以热带冷”的特点，产品广泛用于家电、汽车等领域。

东华钢铁为工信部全国第二批（河北省第一批）钢铁行业规范条件准入企业、河北省钢铁产业结构调整方案规划内企业、河北省发展和改革委员会项目补充备案企业。企业取得排污许可证（证书编号：91130282689265171X001P），全国工业产品生产许可证（证书编号：XK05-001-00270），取水许可证（证书编号：取水冀字2019第00050024号），通过了ISO 9001：2015质量管理体系认证、ISO 14001：2015环境管理体系认证、ISO 45001：2018职业健康安全管理体系认证、ISO 5001：2018能源管理体系认证、ISO 10012：2003测量体系认证，通过了中冶认证、实验室认证、韩国KS认证、马来西亚认证、印度尼西亚认证、欧盟认证、两化融合管理体系认证等。东华钢铁是中国钢铁工业协会理事单位、河北省冶金行业协会副会长单位、中国环境报理事会理事单位、中国绿色发展联盟理事单位、中国金属学会会员、河北省金属学会理事单位、中国环境监察副理事长单位。公司是《钢筋混凝土用钢　第2部分：热轧带肋钢筋》（GB/T 1499.2—2018）起草单位，主导产品热轧带肋钢筋畅销全国20多个省、市（区），并出口到韩国、日本、东南亚、印度、欧洲等十几个国家地区，具有良好市场信誉。

目前，唐山东华钢铁有一条棒材、两条高速线材生产线，具备240万吨优质钢材的综合生产能力，产品规格覆盖ϕ6~50mm全规格高强钢筋。

轧钢工序主要工艺技术有：（1）控轧控冷技术：通过形变过程中对再结晶和相变行为有效控制，轧后快速冷却以达到细化铁素体晶粒提高钢筋的强度及韧性，降低合金消耗；（2）多线切分轧制技术：先后实施了25规格2切分；20、22规格2切分；16、18规格3切分，14规格4切分、12规格5切分工艺应用，极大的促进了棒材螺纹钢提产降本增效工作；（3）棒、线无孔型轧制技术：早在棒、线投产便开始了这方面技术的探索和应用，有着较多的成果和经验，有效降低了备品备件库存量和轧机轧辊消耗等，助推了企业降本增效；（4）高强钢筋开发与应用：成功开发并市场推广了HRB500E、HRB600（E）级高强度热轧带肋抗震钢筋，开展了1080MPa混凝土用预应力钢筋技术研究；（5）热机轧制技术：2019年5月开始，对A线实施热机轧制改造，各规格轧制速度将提升约10%~15%，有效降低合金成本，吨钢成本可大幅降低，提高市场竞争力；（6）棒、线材加热工序，采用先进的双蓄热式燃烧技术、高温空气扩散燃烧技术、蒸汽回收、余热发电技术；（7）钢坯热装热送短流程、分规格定重供坯轧制。

河北东海特钢集团有限公司

河北东海特钢集团有限公司（以下简称东海特钢）坐落于华北工业重镇唐山，东临渤海，北依燕山，西、南毗邻京、津，紧靠天津港、京唐港、曹妃甸三大港口，相邻京哈、唐津、唐港高速，又是首钢、河钢的近邻，地理、资源及人才技术优越。

东海特钢成立于2009年，占地面积4500余亩，员工总数12000余人，现已形成焦化、烧结、白灰、球团、炼铁、炼钢、轧钢、制氧、煤气和余热发电、矿渣综合利用、烟尘治理、污水处理与循环利用等完整的循环经济产业链。主要生产钢筋混凝土用热轧带肋钢筋和碳素结构钢、优质碳素结构钢、低合金高强度钢、冷轧冲压用中宽带钢及热轧卷板等。年产1000万吨铁、1000万吨钢、1000万吨材，产值突破300亿元，产品已覆盖华北、华中、华东、华南、东北等主要省市，并远销日本、韩国、东南亚、欧洲、美洲、非洲等国际市场。

东海特钢坚持走“品种、质量、效益”之路，成立了技术中心，建立品牌培育管理体系和质量控制体系，现已形成产、学、研、销为一体的自主创新体系。已通过ISO9001质量管理体系认证和ISO10012测量管理体系认证。“东钢”牌热轧带肋钢筋和盘卷产品获得全国工业产品生产许可证；被中国钢铁工业协会授予“金杯奖”，被河北省质量技术监督局评为优质、名牌产品，并通过了上海期货交易所品牌注册，获得“全国冶金行业质量领先品牌”“全国质量检验稳定合格产品”“全国产品和服务质量诚信示范企业”等荣誉称号。

东海特钢坚持走新型工业化发展道路，调整产品结构，延伸产业链，现已开发冷轧薄板、彩涂板、镀锡板、铁印等项目，提高产品附加值，增强企业竞争力。

东海特钢始终秉持“提高效益、创造财富、惠泽员工、回馈社会”的企业宗旨，坚持“创新、效率、诚信、共赢”企业精神，追求卓越，创新发展，高效服务，与京津冀协同发展。

轧钢生产线为先进的全连续式轧钢机组，采用进口PLC对整个生产过程进行自动化控制。选用高效的双蓄热高炉煤气连续式加热炉，既达到环保节能要求，同时满足钢坯加热质量要求。

质量检测手段主要有：日本岛津产直读光谱仪、X射线荧光光谱仪；美国力可产氧氮氢分析仪；美国产电液伺服万能试验机、摆锤式冲击试验机；德国蔡司产金相显微镜，均达到世界先进水平，从而保证了产品质量的稳定性。

新天钢集团天铁公司崇利制钢有限公司

新天钢集团天铁公司崇利制钢有限公司1993年建成投产，与天津铁厂有限公司交错相接，地处红色热土“129师司令部”所在地——河北省邯郸市涉县，紧邻309国道和青兰高速，交通便利。旗下受控管理单位有天铁第一轧钢有限责任公司（直条）和天津铁厂有限公司棒线厂（盘卷）。公司严格执行钢铁行业规范条件的要求并按照国家新的政策、法律、法规、标准要求持续改进和完善各方面工作。

天铁第一轧钢有限责任公司前身为涉县第二轧钢厂，1994年由涉县冶金矿山公司投资建设，1995年建成。1997年改制为众力制钢有限公司。1999年与崇利制钢有限公司进行资产重组，更名为“崇利轧钢有限公司”。2003年，更名为天铁第一轧钢有限责任公司，注册资本8565万元，总资产12亿元，占地108000m^2，职工400人。公司目前主要装备为2条全连轧高速棒材生产线，设计产能160万吨。其中1号轧线于1997年建成投产，主要装备为17架轧机，其中，初轧（ϕ600mm）4架，中轧6架，精轧7架。2号轧线于2009年投产，主要装备为12m加热炉，18架轧机，其中初轧（ϕ650mm）6架，中轧6架，精轧6架，具备三切分生产工艺。公司目前主要产品为直径ϕ12~40mm、12m以内定尺的螺纹钢系列和圆钢系列。主要品种有HRB400E、HRB500E高强度抗震螺纹钢；Q195、Q235、20号、45号普碳和优质圆钢系列；Q345B左旋、右旋锚杆钢系列；HPB300光圆钢系列。

天津铁厂有限公司棒线厂2009年建成热试过钢并投入生产。目前有2条设计生产规模为60万吨/年国产高速线材生产线。2条生产线的主要设备包括上料台架、高效蓄热步进梁式加热炉、6架平立交替粗轧机组、6架平立交替中轧机组、6架平立交替预精轧机组、精轧机组（10架顶交45°无扭轧机）、散卷冷却运输线、集卷站、钩式运输机（P/F线）、打包机、卸卷站等。主要产品有ϕ6.5~10.0mm的普通拉丝材；ϕ5.5~16.0mm的钢筋混凝土用热轧光圆钢筋；ϕ6.0~12.0mm的HRB系列热轧带肋钢筋；ϕ5.5~16.0mm的冷镦钢系列等。

公司产品质量稳定，畅销北京、天津、上海、湖南、江苏等十多个省市，成功打入北京奥运会主会场建设、首都机场扩建、北京金源房地产、天津机场二期、东站地铁等国家重点项目建设，并远销也门、孟加拉国等国际市场。公司秉承“质量第一，用户至上，诚信为本”的经营宗旨，不断提高产品质量，通过了ISO9001：2000质量管理体系认证；2005年1月，被中国建筑材料流通协会评为“全国质量过硬重点推广建材产品”；2007年

8 月，钢筋混凝土用热轧带肋钢筋被评为“河北省第八届消费者信得过产品”；2010 年，公司顺利换领钢筋混凝土用热轧带肋钢筋生产许可证，并完成抗震钢筋增项验收工作；2013 年通过了工信部组织的第二批符合“钢铁产业规范条件”的审核，建立运行并保持环境、质量、职业健康安全、能源四个管理体系。

高速棒材产能为 160 万吨/年，高速线材产能为 120 万吨/年。高速棒材主要产品为直径 ϕ12 ~ 40mm、12m 以内定尺的螺纹钢系列和圆钢系列。主要品种有 HRB400E、HRB500E 高强度抗震螺纹钢；Q195、Q235、20 号、45 号普碳钢和优质圆钢系列；Q345B 左旋、右旋锚杆钢系列；HPB300 光圆钢系列。

2009 年新增一条全连轧平立交替直条螺纹钢产线，填补了公司以往没有切分轧制的空白；2010 年完成高速棒材中轧孔型优化改造，各规格中轧以前孔型全部共用，方便改换品种，有效提高作业率，并且轧辊等备件材料费用明显降低；2012 年完成 ϕ12mm 螺纹钢三切分升级优化改造，技改精轧导卫、冷却水管等，产能和指标得到有效提高，日产由原来 1100t 提升至现在 1800t，最高日产突破 2000t，效益明显；2013 年 10 月完成高速棒材粗轧无孔轧制技术全部工艺设计工作，年可节约材料费等各项资金 100 万元；2014 年 1 月完成 ϕ14mm 螺纹钢三切分改造，年预计创效 120 万元。

第二章 螺纹钢标准及检测单位

冶金工业信息标准研究院

冶金工业信息标准研究院（以下简称信息标准院）成立于1963年，前身为冶金工业部科学技术情报产品标准研究所，现为国务院国有资产监督管理委员会举办、中国钢铁工业协会党委代管的事业单位。

信息标准院是集冶金信息研究、标准化服务、综合咨询、媒体宣传于一体的专业化科研机构。专业技术人员占总职工人数的87%，其中高级专业技术职称人员占60%以上。服务于全球有关政府部门、企事业单位、社会团体及其他相关组织机构，致力于促进全球冶金行业更高质量发展。

承担国家科技图书文献中心冶金分中心、中国工程科技知识中心冶金分中心、国家产业技术基础公共服务平台、中国金属学会情报分会、中国知识产权发展联盟冶金专业委员会、国家一级科技查新咨询单位等资源和平台建设。开展冶金信息科学研究，实施冶金信息国家保障，提供冶金信息精准服务，推动冶金信息价值应用。

承担全国钢标准化技术委员会、全国铁矿石与直接还原铁标准化技术委员会、全国生铁及铁合金标准化技术委员会及其21个分技术委员会、9个工作组的秘书处。承担ISO（国际标准化组织）3个技术委员会、2个分技术委员会的秘书处，及29个技术委员会国内对口管理工作。承担中国钢铁工业协会、中关村材料试验技术联盟钢铁材料领域团体标准秘书处。面向国内外开展标准化研究、制修订、技术服务以及标样研制和销售。

主办《世界金属导报》、《冶金信息导刊》、《冶金标准化与质量》、《中国冶金文摘》、China Metal Weekly、China Metallurgical Newsletter以及数个新媒体平台和多个行业技术大会。定向为有关组织机构提供行业内参、专题咨询。在这里，读懂全球钢铁故事，感悟钢铁奥秘，感动钢铁人物，感恩钢铁贡献，感受钢铁力量，感召钢铁未来。

基于拥有的上述资源和平台、工程咨询甲级资质、工业节能与绿色发展评价中心以及长期形成的行业地位和纽带作用，开展全球钢铁行业及其全产业链的政策研究、发展分析、市场调研、科技跟踪、企业跟踪等，为冶金行业相关的国际规则制定、国内产业政策制定和重大决策提供基础支撑服务，为全球相关组织机构提供各类综合咨询及专项咨询服务。

信息标准院自成立以来，围绕螺纹钢这一量大面广的关键建筑钢材做了大量工作，主要可以分为标准制修订、信息提供、螺纹钢产品的宣传推广三个方面，为螺纹钢产品的技术进步作出了贡献。

从 YB 171—1963《钢筋混凝土结构用热轧螺纹钢筋》，到 GB/T 1499.2—2018《钢筋混凝土用钢　第2部分：热轧带肋钢筋》，冶金工业信息标准研究院组织制定和修订了历年螺纹钢标准，有效促进了螺纹钢质量的提升和应用，为满足国民经济建设需求发挥了标准引领作用。

《世界金属导报》作为我国钢铁行业权威科技媒体，围绕行业政策、国内外先进技术研发进展等报道了大量信息，并组织专题，进行系统报道，为促进我国钢铁工业科技进步作出贡献。

冶金信息网推出钢筋频道，主要内容包括：国内外钢筋技术研发信息（标准、专利、科技文献等）；国内外钢筋市场信息（价格、分析评述、政策法规、行业动态、上下游动态、热点资讯、宏观经济、在建拟建项目等）；国内外钢筋产品统计数据（进出口、产量、库存等）。

世界金属导报社充分发挥钢铁行业权威科技媒体平台优势，传播钢筋科技信息，组织召开国际性钢筋关键技术研讨会，有效助推钢筋生产和应用的技术进步。世界金属导报社还自2016年发起“中国钢筋品牌计划”活动，2018年成功开展了科技创新榜样宣传推广活动，2019年开展国家重大工程用钢筋品牌宣传推广活动，2020年发布钢筋品牌计划——重大工程建设榜样，并进行表彰。这些系列活动旨在打造中国钢筋知名品牌，讲好中国钢筋品牌故事，提高中国钢筋品牌影响力和认知度。

冶金工业信息标准研究院作为政府、行业和企业信赖的冶金信息、标准化和综合咨询权威机构，未来将继续发挥在标准、信息、媒体等方面的优势，为钢筋领域以及钢铁行业转型和技术进步，为企业高质量发展，提供更多专业化、全方位的服务。

国家建筑钢材质量监督检验中心

国家建筑钢材质量监督检验中心（以下简称国检中心），成立于1988年，隶属于中冶建筑研究总院有限公司（以下简称中冶建研院），是我国专业从事建筑钢材产品质量评价的国家级质量监督检验机构。国检中心坚持“科技优先，技术引领”的发展理念，致力于我国建筑钢材产业的整体质量提升和转型发展，充分利用自身在检验检测、应用评价方面的历史底蕴和科研成果，深耕该领域技术服务市场，在政府政策技术支撑、建筑钢材检验检测、钢铁产品质量监督、自愿性产品及绿色产品认证、钢铁标准及科研课题研究、新技术新产品研发与应用推广等方面开展了大量的工作，为我国建筑钢材产品标准体系的构建与完善、钢铁相关产业政策的实施与监督、产品质量的稳步提升提供了充足技术保障，开拓出一条建筑钢材检验检测实力雄厚，产品认证范围领域特色鲜明，生产企业质量能力分级与生产管理诊断迅猛发展的服务路线，是助推我国建筑钢材质量稳中有升，助跑中国钢铁企业参与国际市场竞争，助力大国钢铁实现跨越式发展的中坚力量。

国家建筑钢材质量监督检验中心作为建筑钢材权威检验机构，在检验检测、技术服务和认证服务等方面具有得天独厚的技术、资源及影响力优势。在服务企业及应用客户过程中，明确建设重点，以打造“一流的设备、一流的人才、一流的技术、一流的服务”为目标，通过冶金产品检测、技术服务及认证业务的开展，进一步推动企业成为技术创新主体，提升企业自主创新能力，提高企业核心竞争力。相关业务的深度融合也有利于建立完善的检验检测实验体系，提升检验检测能力和水平。

中心检测业务范围主要针对建筑钢材及新材料领域，检验类型包含第三方委托检验、热轧带肋钢筋、热轧光圆钢筋及预应力钢材等许可证产品检验，质量争议仲裁等服务模式。国检中心有 CMA、CNAS 认证机构等资质能力，多年的钢铁行业检测及应用技术积累，为中心全方位开展技术服务打下了坚实的基础。同时，国检中心深入了解企业在质量控制和检验检测能力等方面的需求，针对性的发现及解决企业及用户面临的生产及应用技术难题。中心围绕国家经济发展导向和行业进步等需求，积极拓展检验检测领域，主动与相关政府部门和行业协会等联系合作，研究开发相应的标准，以创新驱动发展，增强中心持续发展的内在动力，满足行业和企业发展对检测的需求。

主要包括产品质量能力分级、质量指数分析业务、钢铁产品智慧监管平台、企业生产和管理诊断提升、实验室智能化信息化建设业务、检验检测自动化及设备研发等高水平、多样化新兴技术服务。新兴业务的开展拓宽了公司客户范围，摆脱地域限制，除常规检验客户以外，公司还可全面满足钢铁工业企业第三方技术服务需求；通过服务协同与集成，针对客户不同需求，形成了一系列“定制化”集成服务产品。通过向客户提供深入优质服务，国检中心正逐步成为具有相关服务集成能力的“一站式”服务供应商。

国检中心具备的技术服务能力还涵盖以下方面：产品质量能力分级领域已开展服务企业 63 家，遍布全国 19 个省（自治区），产能超过 1.5 亿吨；实验室智能化信息化建设方面已对 5 家企业进行实验室技术提升；自主开发了我国首台预应力腐蚀试验机等，在建筑用钢检测及技术服务方面实力国内领先。

产品认证是认证技术服务。它受政府和国际标准组织的授权和委托，对企业和产品按照特定的标准进行合格评定并颁发符合性证书、标志证书。因此，产品认证行业具有第三方特性，资源垄断性、专业化程度高，产品认证标准纷繁复杂、产品认证的“无形性”等特点。

第三章　螺纹钢冶金设计院

中冶南方工程技术有限公司

中冶南方工程技术有限公司（以下简称中冶南方）是集雄厚的专业技术实力、工程实施能力和资源整合能力于一体，在钢铁、基础设施建设、能源环保、民用建筑、智能制造与智慧城市等多领域协调发展的综合性工程公司。拥有工程设计综合甲级资质。连续多年入选 ENR 中国承包商 80 强和工程设计企业 60 强。由中国冶金科工股份有限公司控股，注册资本 32.68 亿元。

中冶南方传承 65 年研发、工程咨询、工程设计、工程建设、项目管理的经验和完善的服务体系，与世界先进技术同步，并自主创新实现技术和装备的国产化，建有“国家钢铁生产能效优化工程技术研究中心”、海绵城市技术研究院和国家认定的企业技术中心，设有博士后工作站，拥有中试、制造基地，获得国家、省部级优秀工程设计奖、发明奖、科技进步奖 600 余项，完成国家重大科研课题 10 余项，拥有两千余项专有技术、专利技术，主编及参编国家、行业及地方标准 100 余项。

中冶南方技术开发条件优良，汇聚了一大批专业技术人才，拥有全国工程勘察设计大师 3 人，高级职称技术人员占 35%以上。设有 17 家子公司、1 家分公司。主办国家核心科技期刊《炼铁》杂志。

中冶南方以创建国际一流的综合性工程公司为目标，承担并完成了数百项国家重点工程建设，能够为客户提供专业、增值的服务。以鞍钢 1780mm 大型宽带钢冷轧生产线工艺装备技术国内自主集成与创新、印尼德信 350 万吨全流程钢铁基地、武汉光谷中心城、武汉光谷大道高架、迁安九江线材 1×100MW 超高温亚临界煤气发电、武汉二妃山弃渣场综合治理、深圳老虎坑城市垃圾焚烧发电、广州石井 15 万吨/天污水处理厂污泥处理等一大批项目的成功实践为代表，中冶南方成为钢铁、基础设施建设、能源环保、民用建筑、智能制造与智慧城市等多个领域最具竞争力的工程承包商和技术服务商。

在钢铁工程领域，中冶南方拥有领先的专业技术、丰富的工程建设经验，以及具有自主知识产权的中试和装备制造基地，能够在钢铁工业领域提供集咨询、设计、采购、施工、调试运行和技术服务等于一体的全产业链、全生命周期服务，是中国冶金建设“国家队”的一支主要力量。中冶南方是新中国第一个钢铁基地的设计者，20 世纪 50 年代因整体规划、设计和建设武钢而享誉业界；20 世纪 60、70 年代，参加了马钢、涟钢、柳钢、安钢等各类型钢铁基地的规划、设计和建设；65 年的发展和技术积累，设计或总承包建设了国内最大高炉、最大转炉；冷轧硅钢技术与世界先进水平同步，占据国内约 70%市场份额；建设完成了首个国内大型总承包工程“涟钢2200m³高炉工程”；是冶金行业唯一拥有两项“金钥匙奖”的企业，在EP、EPC、BT、BOT、BOO等各种建设模式上，拥有经验丰富的项目管理和操作队伍。

在热轧螺纹钢技术领域，中冶南方有如下优势技术：直接轧制技术、低温轧制技术、切分轧制技术、控制轧制及控制冷却技术、高速上钢技术等。

中冶赛迪集团有限公司

中冶赛迪集团有限公司（以下简称中冶赛迪）是世界500强中国五矿集团所属中冶集团的核心子公司。其前身重庆钢铁设计研究总院系国家钢铁工业设计研究骨干单位，1958年为发展西南地区钢铁工业，由冶金工业部鞍山黑色冶金设计院迁渝成立，2003年改制成立股份公司，2011年成立集团。现已由一家专业化的钢铁设计院发展成为集应用基础研究和应用技术研发、整体解决方案、咨询、工程设计、工程总承包、全过程工程咨询、核心装备制造、运营服务于一体的国际化的大型工程技术企业集团，形成了“以高端咨询为引领，以钢铁工程技术、智能化信息化、城市建设、节能环保为四大板块”的业务体系。

中冶赛迪总部位于重庆，在海内外设立了20余家子公司，具备工程设计综合甲级资质。公司拥有4000余名员工，工程技术人员占80%，拥有中国工程勘察设计大师、中国工程监理大师、重庆市勘察设计大师等一批行业领军人物，享受国务院特殊津贴专家44人、专业执业资格者1600余人。

中冶赛迪坚持国际化发展，全球排名前50强的钢铁公司中41位已经成为中冶赛迪的客户。带动钢铁全系统对外出口，成为中国钢铁工程技术及核心装备“走出去”的引领者和生力军，为“一带一路”建设做出了积极贡献。近年来承担了越南台塑河静钢铁、马来西亚关丹联合钢铁两座绿地钢铁企业的规划设计和核心单元建设，承担了阿米集团乌克兰钢厂的5000m³高炉改造等一大批项目的设计和核心装备供货。

中冶赛迪将60余年服务工业的领域知识与智能化信息化前沿技术相结合，构建起涵盖智能化信息化平台、智能方法和产品、大数据和云计算、自动化和数字化设计的五位一体大数据智能化生态体系。建设了国内首个基于自主芯片架构的数字基础设施——赛迪云，打造了首个钢铁行业工业互联网平台CISDigital，牵头承建运营冶金行业首个工业互联网标识解析二级节点，在全球范围内率先实现了长流程钢厂的智能制造，在钢铁行业率先实施多个智能制造标杆项目。

中冶赛迪创新能力突出，建有国家工程技术中心等10余个省部级以上研发平台，获国家级科技成果奖40余项，其中国家科技进步奖13项、国家技术发明奖3项。拥有有效专利1700余项，主编国际标准8项、国家标准102项、行业标准28项、地方标准11项。通过研发攻关，中冶赛迪突破了一大批原创性技术，实现了钢铁全流程在工艺技术、装备技术、模型技术、材料科学方面的完全自主。

赛迪装备制造中心拥有法国数控精密、捷克斯柯达为代表的镗铣床、车床、加工中心等200多台（套）先进机床，三坐标测量机和激光测量等100多台（套）检测设备，完备的铆焊、热处理、机加工、装配、总装、涂装等制造工艺，配备有大型起重机、大型退火炉、喷丸表面（除锈）处理、机电液控集成测试中心等综合设施，是重庆市高新技术企业、重庆市企业技术中心和市级知识产权优势企业，以设计为引领，为国内外钢铁企业提供机电液装备成套、机组成套、单机供货、备品备件、维保及修复、运营服务等装备供货及技术服务。

在长材领域，中冶赛迪全面掌握了万能型钢、优特钢棒材、高速线材、高速棒材等各类长材产线的关键工艺、装备及控制技术，自主设计、制造并推广应用了 BDCD 开坯轧机、NHCD 短应力线轧机、UMCD 万能轧机、DDMC 高速模块轧机、SRSCD 高速线材减定径及 LHCD 大倾角吐丝技术、BRSM 棒材高精度减定径技术、RSCD 型钢矫直技术、FSCD 飞剪技术等。在最新的高效、低成本控轧控冷螺纹钢工程技术方面，掌握并将免加热直接轧制技术、高效热装热送技术、高效低耗加热技术、低温轧制技术、高稳定性短应力线轧机技术、单一孔型技术、闭环水冷技术、超重型模块化单独传动高速线棒材顶交轧机技术、柔性化组织性能调控技术以及性能预测分析等技术应用在各类生产线上。在无人化及智能化方面拥有产线集控、无人仓库、岗位机器人、智能感知等一批具有国内一流、国际先进水平的核心技术和产品。

第四章　配套装备制造单位

中钢设备有限公司

一、企业简介

中钢设备有限公司（以下简称中钢设备）是中钢国际工程技术股份有限公司的全资子公司，是国际知名的工程技术公司，凭借扎实成熟的工业工程总承包能力，为冶金、矿业、电力、煤焦化工等领域企业提供全流程、全生命周期服务和可持续的一体化解决方案。公司先后承担了国内主要大型钢企 500 多个重点项目，并在海外冶金工程市场享有较高声誉，业务遍布全球 40 多个国家。2019 年，中钢设备在 ENR“国际承包商 250 强”和“全球承包商 250 强”榜单上分别位列第 107 名、170 名，创下多年入选榜单的最好成绩，同年入选中国勘察设计协会首次发布的“海外工程标杆企业”榜单。在中钢国际打造绿色、高新技术企业战略指引下，中钢设备加快技术创新，培育发展新动能，多个自主研发技术实现新突破，不仅成功实现应用，更启动了绿色低碳、数字化、智能化探索。

中钢国际工程技术股份有限公司（以下简称中钢国际，股票代码：000928），是中国中钢集团有限公司的核心成员企业，是国内外卓越的工业工程技术与服务上市公司。公司以技术创新为先导，以节能环保、可持续发展为理念，以安全防护为保障，在工业工程、节能环保、安全防护、智能制造等领域实现多元化发展。近年来，企业聚焦高新技术，加大研发投入、完善技术创新机制、推进优势工艺产业化转化，多个板块前沿技术实现突破，为客户提供安全高效、绿色低碳、数字化的智能智慧服务打下了坚实基础。

二、主要技术及装备

近年来，中钢设备在冶金工程建设领域不断发展壮大，技术实力大幅提升。公司经过多年研发融合与技术创新，逐渐组建了一个长材领域的顶尖团队，该团队拥有 100 多项专利，掌握了长材领域最先进的轧制工艺并研发了具有自主知识产权的核心技术及装备，极大地提升了公司在长材领域的竞争力，为中国钢铁工业发展做出了突出贡献。

（一）控轧控冷技术

控轧控冷技术重点在于控制轧件在生产过程各阶段的温度。在加热阶段需要均匀加热，按钢种严格控制加热温度和加热时间；在开始轧制阶段按钢种严格控制开轧温度；在预精轧机组后设置水冷装置，控制轧件进入精轧机组的温度；在精轧机组后设置水冷装置，控制轧后冷却速度，从而实现全轧线控温控轧控冷，改善产品的组织和性能。

过程冷却设备是现代棒线材控轧控冷的必备设备，是控制相变孕育期最为直接的手段，是控制和调整棒线材性能的有效手段，也是生产 400~500MPa 级（含英标 460MPa 级）钢筋所必备的设备。中钢设备自主研发的水冷装备抛弃原有棒材文氏管冷却方式，采用最新喷嘴设计，可以调整冷却能力，柔性化冷却加上均匀化控制，确保轧件出水箱后快速干燥，回温均匀，通条均匀性好，同时具备稳定可控的头部不冷功能，保证后续低温轧制工艺的成功实施。

目前该技术已在山西和广西等国内多个钢厂成功运用，经现场实际运行测算，先进的控轧控冷技术的应用，可使产品晶粒度等级提升 2 个等级，取消 V、Nb、Ti 等昂贵微合金元素添加，吨钢 Mn 合金用量根据规格不同从 1.4%降低至 1.0%~0.6%，吨钢生产成本大约可降低 100 元，降本降耗效果显著。

（二）模块轧机核心装备

模块轧机是中钢设备完全自主研发制造的设备，之前只有国外少数几家顶级公司掌握相关技术和设备，且对国内高度保密。在此情况下中钢设备技术研发团队孜孜不倦，迎难而上，攻克了轧机间张力的控制实现单传等一系列技术难关，最终研发制造出了公司的核心装备——模块轧机。模块轧机为两架轧机共用一个辊箱，两架轧机的传动有两种形式：单独传动或者两架轧机共用一个传动机构。

（三）高速棒材核心装备

中钢设备研发团队从 2015 年起对高速上钢系统的相关机械、自动化控制的技术进行研究、攻关和开发，经过不懈努力，逐步实现了从机械设备到自动化控制，从低速到高速，从单通道高速上钢到双通道上钢，从高速棒材生产线到高速棒材与高线、普棒复合生产线的跨越。

中钢设备在高速上钢系统取得了一系列突破：国内第一条双通道高速棒材生产线，国内第一条 45m/s 稳定轧制速度的双通道高速棒材生产线，第一条普棒和单通道高速棒材生产线，第一条普棒和双通道高速棒材生产线，第一条高线和单通道高速棒材生产线。目前中钢设备在国内外已经投产十几条高速棒材，生产线运行平稳，产品质量稳定，自动化程度高，降低了生产成本、改善了产品性能。

中钢集团西安重机有限公司

一、企业简介

中钢集团西安重机有限公司（以下简称中钢西重）前身为冶金工业部西安冶金机械厂，始建于 1958 年，2001 年实施“债转股”改制成立西安冶金机械有限公司，2005 年加入中国中钢集团公司，2008 年整体搬迁到泾渭开发区。

公司属国家大型一类企业，主要从事冶金成套设备、矿山机械及其他大型机械设备的设计和制造。公司注册地在西安市经济技术开发区泾渭工业园，位于西安市经济技术开发区泾渭工业园中钢大道，是公司行政管理和生产经营中心。生产基地总占地面积1100亩，厂房建筑面积26万平方米。公司下设7个管理部室、6个生产经营性分公司和1个进出口业务部门、5个生产服务单位。

中钢西重下属的冶金设备公司主要从事炼钢设备、轧钢设备、矿山机械及其他大型机械设备的设计制造和经营销售，下设冶金设备研究所、冶金设备经营处和生产制造三个单元，可按照客户要求自主设计和转化设计。

公司配备主要工艺设备61台（套），其中各类机床46台，起重运输设备15台。拥有德国Waldrich Coburg公司5.5m×18m数控龙门移动式镗铣床、捷克SKODA公司HCW 3260数控镗铣床、ϕ2.5m数控卧车，ϕ2m数控外圆磨床、数控4m立车等25台大中型数控设备，最大起重能力260t，具有年产机械加工备件、成套机械设备2万吨的综合生产能力。

二、主要技术及装备

（一）棒线材轧机设备

中钢西重从20世纪90年代初开始设计供货棒线材轧机，从最初的胶木瓦轧机发展到后来的轴承轧机，布置方式从横列式→半连轧→连轧→连铸直轧。中钢西重紧跟轧制技术的进步一路发展而来。在棒线材轧机领域拥有国内相对较全的技术，轧机机型有XYW自主机型、达涅利、泊米尼、西马克、神户等ϕ250~850mm轧机全系列短应力轧机技术，有西马克、摩根牌坊轧机的全系列技术。

中钢西重具备棒线材全连轧轧制区全套设备的设计和制造能力。长材轧制生产线，可提供300~850mm系列化全套设备。

（二）棒材冷剪类设备

中钢西重具备全系列冷剪机的设计制造能力，1300t、1200t、1000t、850t、650t、500t气动离合整体龙门型剪切机，先后为阿尔及利亚、土耳其、陕西龙钢、山东巨能、山东永锋、山西建龙、山东潍坊、石钢、内蒙古德胜、三钢、长钢等钢铁企业提供80余套冷剪机设备。

冷剪机为冷剪机组的主要设备，完成轧件的剪切。冷剪机还包含有稀油润滑系统、干油润滑系统、液压系统、气动系统、电气系统。

850~1300t冷剪由主电机通过皮带带动高速轴组件，高速轴两端配有制动器、离合器、飞轮。高速轴通过齿轮带动过渡轴，过渡轴带动曲柄连杆机构，实现剪切动作。整个传动为3级减速。

哈尔滨哈飞工业有限责任公司

一、企业简介

哈尔滨哈飞工业有限责任公司旗下的机电设备制造产业是目前国内规模较大、较专业的高速线材轧机和棒材轧机整机及备件的生产制造企业。公司现坐落于哈尔滨市平房区汽车零部件工业园B区，占地面积3万多平方米。现有员工 近550人，其中具有中高级职称的研发及工程技术人员100余人。

公司的前身是中航工业哈飞集团下属的以制造航空液压部件、机加结构件为主的专业厂，从1986年开始，在冶金部的组织下开发研制生产冶金轧钢机械，通过消化吸收国外技术，国产化各种高科技含量的冶金设备备件，与北京钢铁研究总院、首钢院等科研单位合作，开发研制高速线材成套设备，取得了巨大的成功，公司也发展成为了集研发、设计、制造、服务于一身的国内冶金轧钢设备的主要生产厂家。

公司技术中心下设有研发中心，承担着新品设计及研制、逆向设计开发及技术改进等主要工作。针对公司的主要产品高线精轧机组、高速棒材精轧机组和各种型号的短应力轧机，每年都在不断进行技术改进和新产品设计开发，促进性能的不断提升，共获得了40余项专利。近几年来，公司在高速线材和高速棒材轧机的新产品研发方面取得了重大突破和成绩。相继开发了适应高速工具钢和不锈钢小延伸系数专用精轧机；单独传动和集中传动的双机架减定机组；4机架减定机组；高棒悬臂辊环轧机，顶交45°单传和集中传动的高棒精轧机组；冷轧线材精轧机组和吐丝机。为配套轧制速度110m/s高速线材精轧机，设计开发了倾角20°的新型双管吐丝机和柔性吐丝机。通过这些新产品的研发和众多技术改进，使得公司的研发能力得到进一步的加强。继续保持国内领先和龙头的地位。

二、主要技术及装备

公司在锻造、冶金、数控加工、热表处理等方面具有独特的技术优势，尤其在产品加工制造方面具有设备精度高、批量生产能力强等特点，拥有众多的精密设备，近年来随着公司新产品业务的开展，在原有大型进口数控加工设备的基础上，增加购置了大批进口加工设备，如：专用于锥箱箱体加工的意大利PAMA数控卧式镗铣加工中心、双机架减定径机组箱体加工的西班牙JUARISTI数控卧式镗铣加工中心、轧辊轴类加工的德国Glesaon、NILES磨齿机等高精度数控加工设备。2020年度全新建造热处理生产线、全自动化试车台、备件产品的轧辊轴、偏心套、锥套等生产线。

公司具备加工，铆焊，钳装，液压试验、检验及高线轧机整线的模拟试车检测能力。同时，高线试车台可对90~135m/s的高线精轧机组、预精轧机组进行各种转速的试车，测量手段齐全，指标完备。公司具有完善的质量保证体系和现代化的检测手段。公司拥有齿轮测量中心以及三坐标测量机等关键检测设备，确保精轧机关键零部件具有非常高的制造精度，有效地保证了产品质量。

目前公司又有了新的科研成果，开发研制成功了新型顶交45°超高速轧机（双机架减定径机组），设计速度达到了140m/s，保证速度105m/s，同时扩大了轧制产品的规格范围，可以轧制各规格品种钢，并且能够提升产品的晶粒度等级，提高整线的轧制速度、降低生产成本。

公司深耕线棒材等长材领域，形成高速线材轧机、棒材轧机、高速棒材轧机等系列产品及相关衍生产品。各系列轧机均处于国内领先地位、国际先进水平。

（一）高速线材领域

（1）预精轧机组可分为300mm、285mm平立悬臂轧机、250mm顶交45°重载模块轧机。

（2）设计速度115m/s（保证95m/s）的精轧机组，可分为集中传动250mm轧机和230mm轧机。

（3）设计速度140m/s（保证105m/s）的模块机组（或减径机组），可分为单独传动和集中传动，也可分为230mm模块轧机和250mm模块轧机。

（4）设计速度140m/s（保证115m/s）的定径机组。

（5）设计速度140m/s（保证115m/s）的夹送辊及六代吐丝机（20°倾角）。

（二）棒材轧机领域

高刚度POMILI红圈五代短应力轧机具有高刚度、高强度、精度高、重量轻的特点，主要有RR578、RR568、RR558、RR547等型号。

西安威科多机电设备有限公司

一、企业简介

西安威科多机电设备有限公司（以下简称威科多）成立于2006年，是主要以生产高速棒、线材生产线成套设备、机械传动硬齿面高速齿轮箱、在线远程诊断监测平台为主的智能制造服务集成型企业。公司位于西安北经济技术开发区泾渭工业园泾高南路18号，占地2万多平方米，“航机”为本公司注册商标，并先后获得西安市及陕西省著名品牌。被西安市授予“专精特新”企业称号，公司长期秉承“以人为本、科技领先”的原则，西安市棒线材研究中心设立在本公司工艺研究所，同时取得多项国家知识产权专利。

公司建立了完整的研发、生产和质量保证体系，先后通过了ISO140001：2005环境管理体系和ISO9001：2005质量管理体系，同时获得国际BV认证。建立了完整的专业化、规模化的新一代高速线材、棒材轧机设备和低、高速齿轮箱生产产业基地。

2015年被授予高新技术企业，完成两化融合贯标工作，威科多公司秉承国际与国内双循环战略，积极参与“一带一路”沿线国家的基础建设，将产品远销到非洲埃塞俄比亚、西亚伊朗以及东南亚越南、印尼、泰国等多个国家。

二、主要技术及装备

（一）高速线材部分

精轧机设备作为高速线材的核心设备，决定着线材盘圆与盘螺最小规格尺寸及产品精度与材质性能，威科多人经过多年的探索与实践，利用控温控扎的新工艺与自主研发的减定径机组的配合，将轧制速度由初期的35m/s发展到目前的105m/s，提升产品的精度降低尺寸偏差，并在满足机械性的前提下，将合金元素（Mn、V、Nb）等添加量降到最低，节约轧制成本。

（二）高速棒材部分

短应力轧机设备是高速棒材的主要设备，它的制造与装配精度将决定最终成品尺寸是否达标，威科多型短应力轧机通过不断地改进与优化，提升轧机刚性，消除了因不对称调整引起的尺寸偏差。

在吸收国内先进技术和威科多人不断地实践与研究下，通过模块轧机进行螺纹钢小规格高速控温控轧的探索，进而逐步形成以ϕ320mm悬臂轧机结合ϕ250mm模块轧机，将螺纹钢轧制规格从ϕ10～32mm全覆盖的控温控轧新模式，通过780～850℃的坯料温度控制（节约燃烧成本），得到最高45m/s的成品速度，同时降低合金元素（Mn、V、Nb等）添加量，实现真正意义上的高速棒材轧制。

（三）在线监测平台

充分利用互联网、云计算、大数据等技术，威科多建设的设备远程在线监测平台将设备制造提升为智能制造，打造设备的数字生态产业链，做到从设备生产、设备监测、设备诊断、设备修复的全生命周期的可查、可控。通过人机互动工作界面，转变了传统生产方式及管理模式，在工业互联网时代迈出了坚实的一步。

湖南三泰新材料股份有限公司

一、企业简介

湖南三泰新材料股份有限公司（以下简称三泰新材）成立于2002年3月，公司专注于金属复合材料的研发与生产，2008年至今公司被认定为国家级高新技术企业，其《高硼高速钢液固双金属辊套轧辊研究与应用》获得2014年“湖南省科技进步一等奖”。2015年5月公司成为娄底市首家新三板挂牌企业，2016年获批“湖南省双金属钢基复合材料工程技术研究中心”。公司为“湖南省认定企业技术中心”“湖南省创新创业团队”，公司共获得数百项国家专利，共获得11项双金属复合发明专利，另有27项发明专利被受理。

三泰新材作为《钢筋混凝土用热轧碳素钢-不锈钢复合钢筋》（GB/T 36707—2018）国家标准，于2019年6月1日正式颁布实施，以此为契机，三泰新材建立了科技成果转化中心，与宝钢、鞍钢、柳钢集团分别进行了“覆层钢筋”的产业化合作，并实现了批量生产达标的阶段性目标。三泰新材致力于服务全国钢企产品转型升级，将打造全国首家碳素钢-不锈钢复合钢筋综合服务平台和复合坯供应基地。该国标的建立与颁布大大提升了我国在材料领域的地位，为实现桥梁、海洋建设百年工程奠定了坚实的基础。

二、主要技术及装备

高硼轧辊是三泰新材自主研发、具有完全知识产权的新型材料。将硼化物作为硬质相替代金属材料中的碳化物硬质相，辊套具有良好的红硬性、耐磨性和抗冲击性。高硼高速钢轧辊采用双金属辊套式组合结构，双金属辊套由高硼高速钢工作层与低碳钢过渡层组成，两者呈冶金结合，外硬内韧，具有较高硬度、较高耐磨性等特点。

高速钢轧辊工作层是含有较高的Cr、Mo、W、V等合金元素的高碳合金钢，合金元素在15%以上，碳化物含量在10%以上，回火马氏体组织中的碳化物以MC型和M2C型为主，碳化物具有形态好、硬度高、分布弥散、耐磨性好等特点，高速钢轧辊具有良好的耐磨性、高温红硬性和抗热疲劳性能。

在热轧轧机上采用高速钢轧辊，一次性单槽轧制量可以达到传统铸铁轧辊的3~5倍，可以大幅度减少换辊、换槽次数，提高轧机有效作业率。轧制出的产品表面平整，光泽度高，外形美观，三线差控制相对精确，可以显著提高市场竞争力。

贝氏体球墨铸铁轧辊可分为离心铸造和辊套式组合结构，轧辊显微组织以针状组织（贝氏体+马氏体）为主，有一定量奥氏体的新型抗磨球铁，冲击韧性可达6J/cm^{2}以上，主要表现在其良好的韧性、耐磨性和抗事故性能上。主要使用在热轧长条材预精轧和精轧机架上。

第五章　冶金院校及建筑设计单位

北京科技大学

北京科技大学（原北京钢铁学院），1952年建校，是一所以冶金、材料为特色直属教育部的全国重点大学，是国家“世界一流学科建设高校”、国家“211工程和985工程优势学科创新平台”建设高校、教育部首批“三全育人”综合改革试点高校、首批北京市深化创新创业教育改革示范高校，入选卓越工程师教育培养计划、高等学校学科创新引智计划、高等学校创新能力提升计划、国家大学生创新性实验计划、国家建设高水平大学公派研究生项目、新工科研究与实践项目、教育部来华留学示范基地、中国政府奖学金来华留学生接收院校，是北京高科大学联盟、中欧工程教育平台、中俄工科大学联盟、CDIO工程教育联盟成员单位和中国人工智能教育联席会理事单位。于1952年由天津大学（原北洋大学）、清华大学等6所国内著名大学的矿冶系科组建成为北京钢铁工业学院，1960年，更名为北京钢铁学院；1988年，更名为北京科技大学。现已发展成为以冶金和材料为学校的优势特色专业，工、理、管、文、经、法等多学科协调发展的全国重点大学，是全国首批正式成立研究生院的高等学校之一。学校现有1个国家科学中心，1个“2011计划”协同创新中心，2个国家重点实验室，2个国家工程（技术）研究中心，2个国家科技基础条件平台，1个国家科技资源共享服务平台，2个国家级国际科技合作基地，57个省部级重点实验室、工程研究中心、国际合作基地、创新引智基地等。

北京科技大学工程技术研究院以原北京科技大学冶金工程研究院为主体，拥有两个国家级科技创新平台：高效轧制国家工程研究中心和国家板带生产先进装备工程技术研究中心；以及一个国家级高新技术企业：北京科技大学设计研究院有限公司。

北京科技大学设计研究院有限公司成立于1987年，是依托北京科技大学建立的国家高新技术企业，作为北京科技大学的全资子公司，目前拥有冶金行业甲级设计资质、环境工程（水污染防治工程）乙级资质并通过ISO9001认证。设计院公司始终瞄准国家重大战略需求和行业企业可持续发展需要，依托北京科技大学相关学科优势，对相关科研成果进行集成创新和应用技术开发、工程化、产业化推广，为提升企业技术装备和工艺流程的水平做贡献，为企业技术咨询及高级工程人才的培养提供优质服务。公司拥有高级职称人员30余名，60%以上人员具有博士学位，专业涉及冶金工程、材料科学与工程、控制科学与工程、机械工程、计算机科学与技术、物流工程等。目前主要产品有：承接国内外冶金企业工艺、设备、三电等专业的工程设计项目；冷热轧机全线自动化控制系统；控制轧制和加速冷却系统装置；表面质量在线检测系统；中小型成套轧钢设备设计集成；环保技术的研发与应用；以及相应科研成果的推广、转让、咨询和服务。

工研院在“十五”国家科技攻关项目、“十二五”国家科技支撑项目、“十三五”国家重点研发计划、“863”计划项目、北京市科技支撑项目等许多国家级科研课题中承担重要的研究任务；与宝钢集团特钢公司、北满特钢公司、宝特韶关公司、淮钢特殊钢公司、承德建龙特殊钢公司、南京钢铁公司特钢事业部、邯郸钢铁公司、福建三明钢铁公司、莱芜钢铁公司特钢分公司等特钢长型材生产企业，合作开展了多项新产品与关键工艺技术研究，对轴承钢、弹簧钢、非调质钢、冷镦钢、工具钢棒线材，以及帘线用钢、切割钢丝用钢线材产品等冶炼和轧制过程关键控制技术进行了大量研究和生产技术服务，参与企业技术产品、工艺研发及装备改造，取得了突出的成绩。为钢铁企业的产品质量提升、科技进步等均做出重大贡献。工研院是北京科技大学着眼国家和行业长远发展需求，大力推动多学科交叉与融合，助力“双一流”建设而着力打造的科技成果转化与工程化品牌。工研院传承了北京科技大学“求实鼎新”的优良传统，凝聚了数代北科大学子在冶金、材料、机械、控制等领域的科研沉淀，坚持自主创新与协同发展，正逐步成为我国新时代钢铁与有色行业工程技术领域的领军力量。

东北大学

一、院校简介

东北大学是国家首批“211 工程”和“985 工程”重点建设的高校，1998 年 9 月划转为教育部直属高校，于 2017 年 9 月，进入一流大学建设高校行列。始建于 1923 年 4 月 26 日，是一所具有爱国主义光荣传统的大学。学校原名为东北工学院，1993 年 3 月复名为东北大学，1997 年 1 月原沈阳黄金学院并入东北大学。

轧制技术及连轧自动化国家重点实验室（简称 RAL），前身是建于 20 世纪 50 年代的东北工学院轧钢实验室，我国第一个金属压力加工本科专业。1989 年得到世界银行的支持开始建设国家重点实验室。1995 年通过国家验收，成为我国轧制技术及其自动化领域唯一的国家重点实验室。2014 年，以实验室为核心组建的“钢铁共性技术协同创新中心”通过国家“2011 计划”认定并正式运行；2017 年，以东北大学建设“双一流”学科群为契机，依托实验室构建我国唯一“冶金工业流程学科群”；2019 年，实验室获批建设金属材料变革性制造技术，省部共建协同创新中心、高等学校学科创新引智计划-金属材料集成计算工程创新引智基地。

1981 年，材料加工工程二级学科首批获得硕士点、博士点授予权；1998 年材料科学与工程一级学科批准为博士学位一级授予点，并设立博士后流动站。2007 年材料加工学科被评为国家重点学科，材料科学与工程为一级重点学科；2011 年入选教育部“卓越工程师培养计划”专业；2012 年通过国际工程教育专业认证；为“辽宁省工程人才培养改革试点基地”；2019 年进入国家级“双一流”建设的首批国家级一流专业建设点。

二、主要科研成果及高强度螺纹钢的开发与应用

近年来RAL实验室针对冶金工业发展进程中的核心共性技术问题，开展高质量、低成本绿色轧制技术、重大冶金装备研发及产业化、高品质钢铁及有色金属材料开发等相关科研工作，为轧制领域技术的创新提供了原创性理论和关键技术支持。实验室积极组织、承担各类国家重大、重点研究开发项目，主持了3项国家重点研发计划项目，并承担多项十三五重点研发计划项目、“863”计划项目、“973”计划项目、国家自然科学基金项目、国家攻关计划项目等。主持横向科研项目近千项，科研项目转化合同金额近30亿元。共获国家科技进步奖13项，国家技术发明奖1项，省部级科学技术奖106项，发表研究论文4900余篇，出版论著70余部。获得发明专利500余项，其中国际专利5项。目前，实验室汇聚成了一支结构合理、求真务实、精干高效、学科交叉、勇于创新的高水平科研团队。实验室现有科研团队15支，2016年，“先进轧制技术与工艺”团队入选“国家创新人才推进计划重点领域创新团队”。人才队伍方面有中国工程院院士1人，长江学者2人、获得“杰青”项目资助3人、国家“万人计划”领军人才3人、千人计划1人、“四青人才”15人、科技部“中青年科技创新领军人才”1人。2020年新培育长江学者讲座教授1人、“四青人才”3人。

RAL实验室现有科研实验用房15000m^2，建有“现代轧制工艺模拟研究”“材料组织性能检测和服役性能评价”“轧制过程智能化控制系统模拟”“计算机模拟分析”等研究平台；拥有各类大型仪器设备230余台（套），自研特色轧制试验设备40余台套，为高水平科学研究、学科建设、人才培养和实验室仪器设备开放共享提供了有利条件和保障。

学院根据多年实践经验，凝练出“基础研究→技术开发→工程转化→行业推广（R&DES）”全链条创新和成果转化等理论和方法，采用“工艺-装备-材料一体化”途径实施成果转化，解决了制约科技成果转化的瓶颈问题，探索并形成了一条符合中国国情、具有自身鲜明特色的工程类国家重点实验室发展之路。

针对我国建筑用螺纹钢筋生产和使用中存在的问题，以金属材料学、金属塑性加工理论为基础，研究和开发出在现有生产条件下，以20MnSi钢生产HRB400MPa级，20MnSiV钢生产HRB500MPa级钢筋的成分体系的低成本、高强度超细晶粒螺纹钢筋的新工艺和新技术。

利用形变诱导铁素体相变机制获得超细铁素体晶粒的机理：（1）奥氏体状态的调整。通过形变使奥氏体再结晶，控制奥氏体晶粒尺寸，使之尽可能细小，以便得到细小的铁素体晶粒；（2）抑制奥氏体晶粒长大。对于在A_{e3}~A_{r3}之间进行变形以实现形变诱导铁素体相变，以较快的冷速将奥氏体冷却至形变温度，抑制晶粒长大，以便提高铁素体的行核率；（3）形变诱导铁素体相变。以适当的变形速度完成必要的变形量，以便获得所需的形变诱导铁素体；（4）在随后的变形过程中，利用铁素体静、动态再结晶机制克服形变诱导铁素体晶粒的长大；（5）控制最终的相组成。为抑制形变诱导铁素体晶粒的长大，变形后需快冷。当需要继续变形时，可以利用铁素体的动态或静态再结晶机制在形变终了时仍然可以得到细小的铁素体晶粒，从而获得较好的综合性能。

采用C、Mn、Si成分微调、适度精轧、超快速冷却和高于再结晶温度上冷床的全新工

艺，控制带肋钢筋在冷却器中的冷却速度和上冷床的温度，在现有工业生产条件下用20MnSi生产HRB400级，用20MnSiV生产HRB500级热轧带肋钢筋，实现大批量工业生产。在大幅提高屈服强度和抗拉强度的同时，塑性和韧性也得到提高，且焊接性能、时效性等也均满足使用要求。

高强度螺纹钢筋生产技术节省合金元素、降低生产成本、大幅度提高性能、促进产品更新换代。使各项性能指标达到了国家标准《钢筋混凝土用热轧带肋钢筋》的相关规定，对我国高强度超细晶螺纹钢筋的生产和建筑行业的发展具有极为重要的意义。相关生产工艺技术和装备等都获得国家专利授权。

该技术开发成功，在全国范围内得到了快速的推广应用，并连续实现产业化，目前先后在鞍钢高速线材、萍乡钢铁公司、抚顺新抚钢、山东石横泰顺轧钢有限公司、山西宏阳钢铁公司（酒钢）、福建三明钢厂等棒材厂产线成功应用，创造出了巨大的经济效益和社会效益。

西安建筑科技大学

一、院校简介

西安建筑科技大学坐落于历史文化名城西安，现有雁塔、草堂两个校区和一个科教产业园区。两校区和产业园区总占地4300余亩。学校办学历史悠久、底蕴深厚，最早可追溯到始建于1895年的天津北洋西学学堂，1956年全国高等院校院系调整时，由原东北工学院、西北工学院、青岛工学院和苏南工业专科学校的土木、建筑、市政系（科）整建制合并而成，时名西安建筑工程学院，是新中国西北地区第一所本科学制的建筑类高等学府，我国著名的土木、建筑“老八校”之一，原冶金工业部直属重点大学。1959年和1963年，学校先后易名为西安冶金学院、西安冶金建筑学院；1994年3月8日，经原国家教委批准，更名为“西安建筑科技大学”。1998年，学校划转陕西省人民政府管理。现为“国家建设高水平大学项目”和“中西部高校基础能力建设工程”实施院校、陕西省重点建设的高水平大学、陕西省、教育部和住房城乡建设部共建高校。经过65年来的建设与发展，学校实力不断增强，已经成为一所以土木建筑、环境市政、材料冶金及其相关学科为特色，以工程技术学科为主体，工、管、艺、理、文、法、哲、经、教等学科协调发展的多科性大学。

冶金工程学院成立于1958年，是国家于20世纪50年代在西北地区布局唯一学科门类齐全的冶金科学与金属材料加工类院（系）。学院现有冶金工程、材料科学与工程博士后科研流动站；冶金工程、材料科学与工程2个一级学科博士点；冶金工程、材料科学与工程2个一级学科硕士点；冶金工程、材料成型及控制工程、金属材料工程和新能源材料与器件4个本科专业，材料成型及控制工程、冶金工程2个专业为国家级一流本科专业建设点。

土木工程学院成立于1956年，学院现有土木工程博士后科研流动站，土木工程一级学科博士点，土木工程、交通运输工程2个一级学科硕士点，土木水利、交通运输2个硕士专业学位类别。学院现设有土木工程、城市地下空间工程、交通工程和交通运输（原名总图设计与工业运输）4个本科专业。土木工程、城市地下空间工程、交通运输专业为国家级一流本科专业建设点。

二、主要科研成果

自1980年代初开始，西安建筑科技大学冶金工程学院材料成型及控制工程教研室型钢教学组开始致力于简单断面型钢（棒线材）生产的计算机辅助设计程序的开发，与太钢合作历时4年研发出了一套适用于简单断面型钢孔型设计的计算机辅助优化程序系统，即CARD程序系统。1988年至1990年两年间，这套系统在太钢一轧厂获得试用，并得到了冶金部组织专家团队的认证和高度评价，随后这套CARD孔型设计优化程序系统在全国各大钢厂获得了推广应用，大大促进了国内棒线材孔型设计的自动化和合理化。由此，该项目获得了1991年冶金部科技进步奖，1992年青海省科技进步奖等多个奖项。科研团队合作编著了《型钢孔型设计（第2版）》（1993年出版）和《棒线材轧机计算机辅助孔型设计》（2011年出版）两本专业技术书籍，成为了相关教学、科研及生产技术人员进行设计工作的依据。

冶金工程学院成功研发了HRB400、HRB500和HRB600等高强度钢筋，是国内最早研发Nb微合金化高强度钢筋团队之一，采用氧化物冶金技术研发HRB500抗震钢筋，开发Nb、V复合微合金化高强度钢筋，测定绘制了Nb、V微合金化高强度钢筋CCT曲线，并被大量文献引用。重点围绕钢筋的Nb、V微合金化强化机理、组织演变机理、冷弯断裂机理、洁净化冶炼关键技术、减量化关键技术、高温氧化机理及抗锈蚀性关键技术、成分及工艺优化技术、控轧控冷关键技术、钢坯加热均匀性控制等方面全面开展了深入的研究。研究相关钢筋横向和纵向项目25项，发表高水平论文35篇，申请专利11项，获得省部级、厅局级奖5项。

土木工程学院采用高强钢筋作为钢筋混凝土结构中的箍筋，通过高强箍筋改善高强混凝土的脆性，提高结构的抗震性能；同时采用我国研发的600MPa级热轧带肋钢筋作为纵筋，提出了避免高强纵筋屈曲的设计方法。目前，与高强箍筋（纵筋）混凝土结构有关的科研项目8项，发表高水平学术论文40余篇，申请专利5项，编制相关的标准规范3部，相关成果已应用于河北白沟国际箱包交易中心等实际工程中。同时，提出了高强钢筋混凝土的黏结滑移本构模型，优化了高强钢筋在混凝土结构中的锚固长度，使得材料预算更加经济。长期致力于混凝土结构耐久性的研究，建立了钢筋锈蚀量全过程预测模型、锈损钢筋混凝土构件承载力计算模型、锈损钢筋混凝土构件的恢复力模型和评估用地震随机模型。获批国家杰出青年基金项目、重点项目和重大项目等国家自然科学基金项目10余项，发表高水平论文300余篇，申请专利10余项，获国家科学技术进步二等奖1项，省部级科技进步一等奖3项、二等奖2项。

武汉科技大学

一、院校简介

武汉科技大学冶金工程学科源于1953年成立的重工业部武昌钢铁工业学校炼铁和炼

钢专业（专科），1958 年学校更名为武汉钢铁学院并开始招收本科生。钢铁冶金专业 1986 年获工学硕士学位授予权，1995 年，隶属于原冶金部的武汉钢铁学院、武汉建筑高等专科学校、武汉冶金医学高等专科学校合并组建为武汉冶金科技大学。1999 年更为现名。2003 年获工学博士学位授予权；冶金工程一级学科 2005 年获工学硕士学位授予权，2007 年设立冶金工程博士后科研流动站，2010 年获一级学科博士点，自主设置了冶金热能二级学科博士点，拥有冶金工程硕士授权点。

冶金工程学科是国家级特色专业建设点、湖北省“楚天学者”特聘教授首批设岗学科、湖北省重点支持的优势学科和一级重点学科、现代冶金及先进材料湖北省优势特色学科群牵头学科，是湖北省普通高校冶金类拔尖创新人才培育试验计划专业。建有省部共建耐火材料与冶金国家重点实验室、高温材料与炉衬技术国家地方联合工程研究中心、钢铁冶金及资源利用省部共建教育部重点实验室等科研平台。2019 年入选教育部首批认定的“双万计划”国家级一流本科专业建设点，专业创建 60 余年来，培养了本科生 7500 余人、硕士 800 余人，博士 52 人。

目前我国建筑用钢筋已普遍采用屈服强度为 400MPa 以上级别的钢筋，主要以 HRB400 钢筋为主。各大钢厂多以 V、Nb、Ti、V-N 微合金化或复合微合金化的方法生产 HRB400 级钢筋，设备采用较先进的半连轧、全连轧生产线。HRB400 钢筋是通过微合金化技术，调整了钢中 C、Si、Mn 元素的含量，添加了 V、Nb、Ti、V-N 微合金，获得了优良的综合性能，具体包括：（1）强度高、延性好；（2）性能稳定，应变时效敏感性低，安全储备量比 HRB335 大；（3）焊接性能良好，适应各种焊接方法；（4）抗震性能好，强屈比大于 1.25；（5）韧脆性转变温度低，通常在-40℃下断裂仍为塑性断口，冷弯性能合格；（6）具有较高的高应变低周疲劳性能，有利于提高工程结构的抗破坏能力。

V、Nb、V-N 作为常用的微合金化元素，冶炼中加入合金种类主要是价格较贵的 VN、FeV、FeNb，随着钢筋向 HRB500 级别的发展，合金的消耗量会进一步增加，加速 V、Nb 自然资源的消耗，合金的价格会更高，不利于企业节约成本，提高效益。

如果 HRB400 钢筋能使用较丰富的 Cr 进行微合金化，或者与 V、Nb、Ti、VN 进行复合微合金化，减少 V、Nb 等贵重微合金元素的使用量，在保证钢筋综合性能优良的前提下，可以明显降低成本，大大提高企业赢利能力，同时减少了贵重金属的自然资源消耗，经济效益和社会效益显著。

二、主要科研成果

武汉科技大学与广州钢铁企业集团有限公司合作，开展了低成本高强度铬微合金化热轧带肋钢筋机理及产业化研究。利用 V-Cr 复合微合金化技术开发低成本 HRB400 钢筋，在实验室条件下研究不同的 V-Cr 微合金化成分配比对钢筋力学性能和金相组织的影响，探讨了 V-Cr 复合微合金化强化机理和强化方式，并用 Factsage 软件分析微合金元素在钢中的存在形式。V-Cr 复合微合金化技术采用成本较低的铬铁合金代替部分昂贵的钒铁合金，在保证 HRB400 钢筋综合性能优良的前提下，降低微合金化生产成本，减少贵重金属的资源消耗。

研究结果表明：（1）含 $w(Cr)=0.15\%\sim0.18\%$ 的 V-Cr 复合微合金化，钢筋强度较高、塑性好、抗震性优良，满足 HRB400 钢筋性能指标，并且生产成本较低。（2）$w(V)=0.03\%$ 与 Cr 组成的 V-Cr 复合成分和相同的 V 含量单一微合金化成分相比，降低了强度性能，提高抗震性能。$w(V)=0.01\%$ 与 Cr 组成复合成分，具有强化效果，屈服强度、抗拉强度和单一 $w(V)=0.01\%$ 微合金化成分相比均有所提高。（3）$w(V)=0.03\%$ 与 Cr 组成的 V-Cr 复合成分和相同的 V 含量单一微合金化成分相比，珠光体含量降低，晶粒尺寸变化不大。$w(V)=0.01\%$ 的 V-Cr 复合组分和单一 V 组分相比，可明显增加珠光体含量，减小晶粒尺寸，强化力学性能，提高抗震性能，Cr 含量不断增加，晶粒尺寸变化不大。（4）V-Cr 复合微合金化，钢中存在 20~30nm 的 V、Cr 碳化物析出，Cr、Fe、Mn 复合形成合金渗碳体；结合 Factsage 热力学软件模拟计算可得 V、Cr 在钢中的碳化物分别以 VC、Cr_3C_2 的形式析出存在，无 V-Cr 复合碳化物生成，析出温度分别为 1190K、770K。（5）V-Cr 复合微合金化时，以析出强化、细晶强化为主要强化方式，且细化晶粒作用有限，因此，Cr 含量增加较多时，虽然析出强化效果增强，固溶强化减弱，但是屈服强度变化不大。

武汉科技大学与莱芜钢铁集团公司合作，以 Ti 代替 Nb、V 微合金化，开发了新 500MPa 以上Ⅳ级 Ti 微合金化螺纹钢生产工艺。

薄板坯连铸连轧（TSCR）工艺连铸坯入炉温度高，金属没有经历传统流程的 $\gamma\rightarrow\alpha$ 和 $\alpha\rightarrow\gamma$ 的相变过程，连铸坯直接在 γ 区装炉，轧后冷却过程中发生 $\gamma\rightarrow\alpha$ 相变。TSCR 生产实践表明，通过细晶强化和碳化物纳米级沉淀析出强化，可生产出高强韧性的钢材。同时，可采用 Ti 代替昂贵的 Nb 和 V 生产高强度Ⅳ螺纹钢，通过 Ti 的碳氮化物析出来提高钢的强度。合作项目对 20MnSi 铸坯试样添加不同含量的 Ti 进行冶炼，轧制后对试样的性能、组织、夹杂物、析出物等进行了检验、分析和研究，发现随着含 Ti 量增加，钢中析出物增加，而晶粒大小没有明显区别。析出物的沉淀强化是强度增大的主要原因，晶粒细化对强度贡献不大。此外，不同含 Ti 量钢中的夹杂物大致相同，均主要为氮化钛（TiN）、硫化锰（MnS）和硫化铁（FeS），钢中夹杂物对性能无显著影响。

钢的屈服强度和抗拉强度随着 Ti 含量的增加相应增大，在 Ti 含量为 0.04%~0.07% 之间时增加最为明显，但均匀伸长率减小，与 Ti 含量呈线性关系。当 Ti 含量增加到 0.064%时，屈服强度已经达到了 475MPa，已经达到了实际生产中Ⅳ级螺纹钢的强度水平。

上海大学

一、院校简介

上海大学是上海市属、国家“211 工程”重点建设的综合性大学，是教育部与上海市人民政府共建高校、国防科技工业局与上海市人民政府共建高校，上海市首批高水平地方高校建设试点、教育部一流学科建设高校。上海大学于 1994 年 5 月由上海工业大学、上海科学技术大学、上海科技高等专科学校和原上海大学合并组建而成。

上海大学材料科学与工程学院主要承担材料和钢铁冶金领域的科学研究和两个一级学科“材料科学与工程”“冶金工程”的本科、硕士、博士及博士后等人才的培养，是上海乃至全国高层次人才培养和前沿科学研究的重要基地。拥有省部共建“高品质特殊钢冶金与制备”国家重点实验室、“材料复合及先进分散技术”教育部工程中心。学院拥有“材料科学与工程”和“冶金工程”2个博士后流动站、2个博士学位一级学科授权点、8个学术型硕士学位二级学科授权点、2个专业型硕士学位授予点和6个本科专业。其中“钢铁冶金”为国家重点学科，“材料科学与工程”“冶金工程”一级学科为上海市B类一流学科，“金属材料工程”专业为国家高等学校特色专业，已通过教育部“工程教育专业认证”，“金属材料工程”和“无机非金属材料工程”专业为教育部“卓越工程师培养计划”试点专业，“钢铁冶金”和“材料科学与工程”学科连续得到国家“211工程”重点建设资助。

二、主要科研成果及稀土耐蚀螺纹钢的开发与应用

上海大学材料科学与工程学院科研成果丰硕。2020年科研经费总计突破2亿元。发表SCI论文418篇，ESI论文9篇。获国防科学技术进步一等奖1项、国家科技进步二等奖3项，获国家发明二等奖2项、三等奖1项，部、委及上海市科技进步奖12项。学院科研团队成果丰硕，“碳/碳复合材料工艺技术装备及应用”（2012）、“堆用锆金关键基础研究”获得国家科技进步二等奖（2012）；“脉冲磁致振荡连铸方坯凝固均质化技术”（2017）、“基于M3组织调控的钢铁材料基础理论研究与高性能钢技术”获国家技术发明奖二等奖（2018）。

上海大学针对量大面广的普碳钢（占钢产量的70%左右）容易被腐蚀的问题，应用我国高丰度镧铈稀土资源，通过多形合金化原理和技术，形成了稀土耐蚀普碳钢原理与技术创新。

稀土提高普碳钢耐蚀性的科学原理：（1）通过电解萃取和Aspex分析夹杂物，研究夹杂物电势，发现稀土添加后使Al_2O_3和MnS形成复合稀土夹杂物并球化，改变了夹杂物形态，降低了夹杂物与基体间电极电位差。钢的自腐蚀电位、极化电阻显著提高，降低点蚀发生倾向。（2）镧的原子半径为2.74×10^{-10}m，铈的原子半径为2.7×10^{-10}m，而铁原子半径为1.72×10^{-10}m。因此大尺寸的稀土镧铈原子置换铁原子固溶在铁晶格中需要的能量大，同时通过AES等方法证实稀土镧铈大原子趋向于偏聚在能量更高、排列不稳定、缺陷更多的晶界和相界，从而显著降低界面能量，有效避免表面和局部腐蚀发生。（3）镧铈稀土元素促进α-FeOOH稳定锈层形成，形成致密的表面锈层组织，有效减缓腐蚀速率。稀土元素向锈层与基体界面偏聚，增加锈层与基体结合力及附着强度，提高锈层致密性。随着腐蚀时间的增加，镧铈元素参与锈层复合氧化物形成，形成稳定的稀土氧化物，增加对基体的保护能力。

上海大学开发了HRB400E及HRB500E等新型稀土耐蚀螺纹钢品种，形成相应的生产控制技术。根据钢液硫氧含量和连铸坯断面尺寸，制定了镧铈稀土合金的步进加入数量的工艺规范，控制钢中镧铈稀土元素含量在0.01%~0.04%范围内精细调整，保障稀土收得

率不小于70%。通过添加方法优化、连铸拉速及过热度的匹配控制，有效避免了连铸水口的积絮结瘤，可以稳定实现连续多个浇次的连铸顺行生产。在连铸钢坯中获得了均匀的镧铈元素分布。为螺纹钢的镧铈稀土多形合金化奠定了生产工艺技术基础。通过镧铈稀土多形合金化的精细控制技术，形成减缓点蚀、表面局部腐蚀和致密稳定锈层的三个作用，使螺纹钢具有良好的耐大气腐蚀性能。

目前稀土耐蚀螺纹钢生产技术及工程应用正在逐步推广。截至2021年6月7日，在广西盛隆冶金有限公司和盐城市联鑫钢铁有限公司生产稀土耐蚀螺纹钢近2.5万吨，基本性能指标均符合国标《钢筋混凝土用钢 第2部分 热轧带肋钢筋》（GB 1499.2—2018）的要求，数据统计分析结果显示基本力学性能稳定。其耐大气腐蚀性能相比普碳钢提高30%~50%，达到传统耐候钢的水平。

示范工程应用情况：2020年9月，河北龙凤山铸业有限公司采用ϕ12mm稀土耐蚀螺纹钢HRB400E共计600多吨进行精品制粉厂建设项目。施工采用稀土耐蚀螺纹钢加工成箍筋与板筋进行框架结构建设，其中箍筋主要用于主厂房和制粉车间固定框架柱与框架梁。板筋用于主厂房、制粉车间和中心楼的制顶和楼梯。此外，HRB400E稀土耐蚀螺纹钢正应用于盐城市联鑫钢铁有限公司的港口设施建造中，更多的示范工程将持续推进。

新型稀土耐蚀螺纹钢具有工程价值优势，既能解决稀土资源过剩及实现资源合理分配的关键问题，又对提高耐大气腐蚀钢钢材质量及开发新钢种具有重要意义。目前吨钢稀土合金化成本为30~50元，仅为传统耐候钢合金化成本的1/10，为合理使用我国稀土资源提供了一个有效途径。稀土耐蚀螺纹钢是具有我国资源特色的绿色的、可持续发展的一类新型钢铁材料。

中国建筑西北设计研究院有限公司

中国建筑西北设计研究院有限公司成立于1952年，是建国初期国家组建的六大区建筑设计院之一，是西北地区成立最早，规模最大的甲级建筑设计单位，曾先后隶属于国家建筑工程部、国家建委、国家建工总局、建设部，现为世界500强——中国建筑股份有限公司旗下的全资公司。现有职工近1600余人，其中：中国工程院院士1人，中国工程勘察设计大师2人，陕西省工程勘察设计大师6人，享受国务院津贴专家20人，陕西省有突出贡献专家5人，陕西省优秀勘察设计师18人。教授级高级工程师100人，高级工程（建筑）师513人，工程师397人。全院共有各类注册人员411人，其中：一级注册建筑师112人，二级注册建筑师7人，一级注册结构工程师120人，注册公用设备工程师74人，注册电气工程师29人，注册城市规划师、注册造价师、监理工程师、建造师等90人，人防防护工程师91人，注册人员占比居于全国同行业设计院前列。

研究院拥有以下资格证书：（1）建筑行业甲级；（2）建材行业（玻璃、陶瓷、耐火材料工程、新型建筑材料工程）专业甲级；（3）市政行业（排水工程、热力工程）专业甲级；（4）风景园林工程设计专项甲级；（5）城乡规划编制甲级；（6）工程造价咨询甲级；（7）文物保护工程勘察设计甲级；（8）市政行业乙级；（9）电力行业（新能源发电）

乙级；（10）商务粮行业（冷冻冷藏工程）乙级；（11）压力管道 GB2 级、GC2、GC3 级；（12）消防设施工程专业承包二级；（13）电子与智能化工程专业承包二级；（14）建筑装修装饰工程专业承包二级；（15）建筑幕墙工程专业承包二级。

院内设有规划、总图、建筑、结构、给排水、暖通空调、动力、电气和自动控制、技术经济和概预算、景观园林、装饰设计等专业。可承担各类大、中型工业与民用建筑设计、景观园林设计、装饰设计、城镇居住小区规划设计、建材工厂设计和传统建筑研究、建筑抗震研究以及建筑经济咨询、工程建设可行性研究、总承包等业务。

研究院从事工程设计和相关科学研究 60 余年，工程遍及全国 30 多个省、自治区、直辖市及 20 多个国家和地区。自 1980 年以来，获国家、部省级优秀设计奖 100 多项，其中北京图书馆（合作设计）、3262 长波发射台、群贤庄小区、黄帝陵祭祀大院（殿）工程获国家优秀工程设计金质奖；杨凌国际会展中心、大唐芙蓉园、浐灞商务行政中心获国家优秀工程设计银奖；陕西历史博物馆、陕西省图书馆、大慈恩寺玄奘三藏法师院获国家优秀工程设计铜奖，中国延安干部学院，延安革命纪念馆被评为 2009 年“新中国成立 60 周年百项经典暨精品工程”，建筑抗震构造详图获全国优秀工程建设标准设计金奖，中国佛学院教育学院（现名中国佛学院普陀山学院）设计项目获勘察设计大奖金奖，中阿经贸论坛配套设施建设工程获得勘察设计二等奖，还获得国家专利 43 项，获国家、部省级科技进步奖 50 多项，主编、参编 20 多本国家或地方规范和规程，2020 年主编的两本陕西省工程建设标准已经实施：《CRB600H 高强钢筋应用技术规程》《装配式建筑工程（混凝土结构）施工图设计文件审查要点》，还有多本建筑工程相关规程正在编制中。

研究院以质量为立院之本，坚持科技创新，严格技术质量管理，以增进顾客满意为目的，不断加强全员质量意识和服务意识。坚持标准化管理，于 1998 年 12 月获得 ISO 9001—1994 质量体系认证证书，并于 2010 年 5 月获得质量、环境、职业健康安全管理体系认证证书，成为我国西北地区最早通过质量管理体系认证和三标认证的建筑设计单位。研究院技术装备精良，拥有微机逾千台，并建有企业局域网络，馆藏有大量国内外图书期刊和技术资料。拥有大型先进的绘图机、晒图机、各种声像设备。在计算机工程应用和信息化、技术情报等方面具有显著优势。

中国建筑西北设计研究院有限公司秉持“精心设计 诚信服务”的经营理念，广大设计工作者以对国家、对人民高度负责的精神和科学严谨的工作作风，以扎实的理论知识和丰富的技术积淀，严格执行国家建设方针和建设标准，精心设计，诚信服务，高起点、高水平、高标准地完成了一大批城市公共建筑、工业建筑和居住建筑，办公建筑、高校建筑、医疗建筑，为城市面貌和经济发展做出了卓越贡献。

第六章　螺纹钢深加工企业及其装备

螺纹钢深加工可以很好地解决城市建设中工地螺纹钢加工过程质量稳定性差、产生噪声和粉尘等一系列问题。同时规模化工厂深加工可以延伸产业链，做到标准化作业可以提高原材料的利用率。后工业化时代，许多国家钢厂只有部分螺纹钢以原材料成捆出厂，而以网片、网笼等成品形式出厂为主，形成了深加工产业链。我国随着工业化、城镇化的发展，随着商品混凝土的成功推广应用，螺纹钢产业链延伸、客户化服务、深加工产生了生产和应用的双重驱动力，带动螺纹钢深加工产业蓬勃发展。

第一节　国外螺纹钢深加工举例

随着工业化的完成，发达国家一些大型钢铁企业为保持企业的稳定发展，致力于发展钢铁的深加工等延伸产业，并且取得了显著的成效。

德国巴登钢厂建于 1966 年，是欧洲最优秀的短流程建筑钢材生产企业之一，2011 年其生产的 61 万吨棒材和 125 万吨线材全部进行支架和焊网的深加工外，还外购 40 万吨钢材用于深加工，在各地拥有 11 条钢材深加工生产线。生产出的支架和焊网，按建筑商的要求和时间直接运送到建筑工地。在增加自身产品附加值的同时，也为建筑商提高施工效率、减少人员开支、获取更高利润提供有力支持，从而巴登钢厂也与下游用户建立了长期稳定、互惠互利的纽带关系。

第二节　国内螺纹钢深加工举例

国内螺纹钢产品深加工产业起步较晚，10 年前出台了国家标准 GB/T 1499.3—2010《钢筋混凝土用钢　第 3 部分：钢筋焊接网》，推动了螺纹钢深加工发展。北京邢钢焊接网科技发展有限公司的生产规模达到 20 万吨。邢钢和首钢的钢筋焊接网产品已大量应用于京津地区的建筑、地铁、高速公路等工程，在奥运场馆建设中也得到应用。陕钢于 2010 年 3 月在龙钢集团成立了钢材加工销售公司，正式加入延伸钢材加工产业链所打造的集成型钢筋加工、配送、仓储、物流于一体的工厂化、集约化地“一站式”钢筋加工销售配送服务商行列。钢筋笼、钢筋焊接网、钢筋结构件及 CRB600H 等“禹龙”成型钢筋产品在中国葛洲坝集团西安地铁十四号线、中铁十七局西安地铁 5 号线、西安建工集团火车站北广场改造、中铁二十局集团西安荣民科创园、西安市政道桥等省内重点工程项目得到了应用。

第三节 螺纹钢深加工品种举例

以陕钢龙钢集团为例，深加工品种有钢筋短定尺、线盘调直弯箍、钢筋笼、网等，详见表 5-1。

表 5-1 陕钢龙钢集团螺纹钢深加工产品目录

序号	产品名称	牌号/标准	常规产品规格/mm	产品介绍	装备名称
1	钢筋短定尺	HRB400E HRB500E GB/T 29733—2013 YB/T 4162—2018	ϕ12～40mm	同钢筋结构件用途	钢筋切断机
2	线盘调直弯箍	HRB400E HPB300 GB/T 29733—2013 YB/T 4162—2018	ϕ6.5～12mm	用来固定主钢筋位置而使梁内各种构成钢筋骨架的钢筋。用于建筑、混凝公路、桥梁、地铁隧道、机场跑道等	全自动数控钢筋调直弯箍机
3	钢筋笼	HRB400E HPB300 GB/T 29733—2013 YB/T 4162—2018	钢筋笼桩径范围 400～2000mm 钢筋笼最大长度 13m 缠绕筋直径 ϕ5.0～16.0mm 主筋直径 ϕ16.0～40.0mm	圆形钢筋笼由一定数量 ϕ16～40mm 主筋及 ϕ6～16mm 环筋按照规定间距采用二氧化碳气体保护自动连续焊接而成的独立构件，钢筋网笼广泛应用于钻孔注桩、预制桩、砼管及立柱混凝土结构	钢筋笼滚焊机、绕筋机
4	冷轧带肋高强钢筋	冷轧带肋钢筋 CRB550 GB/T 13788—2017	ϕ6mm、ϕ8mm、 ϕ10mm、ϕ12mm 直条交货 长度：5～12m 也可盘条交货	现浇楼板和屋面的主筋和分布筋剪力墙中的水平筋和竖向分布筋、梁柱的箍筋、圈梁、构造柱的配筋、钢筋焊接网的原料	钢筋成型机组
		高延性冷轧带肋钢筋 CRB600H GB/T 13788—2017 YB/T 4260—2011	ϕ6mm、ϕ8mm、 ϕ10mm、ϕ12mm 直条交货 长度：5～12m 也可盘条交货	板类构件中的受力钢筋；剪力墙竖向、横向分布钢及边缘构件中的箍筋；梁柱箍筋；钢筋焊接网的首选材料	
5	钢筋结构件	HRB400E HRB500E HPB300 GB/T 29733—2013 YB/T 4162—2018	ϕ12～40mm 钢筋弯箍、弯曲 单双头套丝、机械连接	适用于各种现浇混凝土结构的钢筋加工预制装配建筑混凝土构件钢筋加工，特别适用于大型工程的钢筋集中加工	钢筋锯切套丝打磨生产线、钢筋弯曲机

续表 5-1

序号	产品名称	牌号/标准	常规产品规格/mm	产品介绍	装备名称
6	钢筋焊接网	CRB550 CRB600H GB/T 1499.3—2010	网片宽度：500~2200mm 网格尺寸：50~400mm 冷轧钢筋规格 ϕ6~12mm	适用于现浇钢筋混凝土结构和预制构件的配筋，房屋的楼板、屋面板、地坪、墙体、梁柱箍筋笼以及桥梁的桥面铺装和桥墩防裂网。高速铁路中的无砟轨道底座配筋、轨道板底座及箱梁顶面铺装层配筋	钢筋网片焊机
		HRB400E HPB300 GB/T 1499.3—2010	网片宽度：500~2200mm 网格尺寸：50~400mm 热轧钢筋规格 ϕ6~12mm		

第四节　螺纹钢深加工装备及装备生产企业

目前加工螺纹钢使用的装备按其加工工艺可分为强化装备、成型装备、焊接装备、预应力装备四类：

（1）钢筋强化装备主要为冷轧带肋钢筋成型机。其加工原理是通过对钢筋施以超过其屈服点的力，使钢筋产生不同形式的变形，从而提高钢筋的强度和硬度，减少塑性变形。

装备生产企业有：河北润创科技开发有限公司、巩义市金迪冶金设备有限公司、河南金迪机械设备有限公司等。

（2）钢筋成型装备主要有钢筋调直切断机、钢筋切断机、全自动数控钢筋弯曲机、数控钢筋弯箍机、钢筋笼绕筋机等。它们的作用是把原料钢筋，按照各种混凝土结构所需钢筋骨架的要求进行加工成型。

装备生产企业有：河南新宇创机械有限公司、邢台智诚机械制造有限公司、山西万泽锦达机械制造有限公司、山东邦金机械有限公司等。

（3）钢筋焊接装备主要有钢筋笼滚焊机、钢筋网片焊机、钢筋焊接机等，用于钢筋成型中的焊接。

装备生产企业有：山东连环机械科技有限公司、陕西勇拓机械科技有限公司、山东佳信机械设备有限公司、河南永益同丰智能科技有限公司等。

（4）钢筋预应力装备主要有镦头机等，用于钢筋预应力张拉作业。

装备生产企业有：河南省建贸机械设备有限公司、河南豫工机械有限公司、济宁业兴机械设备有限公司等。

随着我国钢筋加工装备的不断发展，冷轧带肋钢筋生产线、钢筋焊网生产线、钢筋笼滚焊机、钢筋笼绕筋机等专用装备在钢材加工销售公司成型钢筋产品加工的应用，为钢筋加工工厂化生产和成型钢筋产品的商品化奠定了坚实基础。螺纹钢深加工部分装备技术参数见表 5-2。

表 5-2 螺纹钢深加工部分装备技术参数及简介

序号	装备名称	型 号	技术参数	装备介绍
1	钢筋调直切断机	GTQ4-16	调制直径：6~16mm 调直轮数量：6 个 电机功率：18. 5kW+4kW+7. 5kW 调制速度：45m/min 整机质量：1360kg	钢筋调直机由电动机通过皮带传动增速，使调直筒高速旋转，穿过调直筒的钢筋被调直，并由调直模清除钢筋表面的锈皮；由电动机通过另一对减速皮带传动和齿轮减速箱，一方面驱动两个传送压辊，牵引钢筋向前运动，另一方面带动曲柄轮，使锤头上下运动。当钢筋调直到预定长度时，锤头锤击上刀架，将钢筋切断；切断的钢筋落入受料架时，由于弹簧作用，刀台又回到原位，完成一个循环
2	钢筋切断机	GQ50B	圆钢：ϕ4~50mm 螺纹钢：ϕ4~40mm 电机功率：4kW 连续切断次数：45 次/min 外形尺寸：1600mm×500mm×800mm 质量：610kg	钢筋切断机是一种剪切钢筋使用的工具，有全自动钢筋切断机和半自动钢筋切断机之分。它主要用于土建工程中对钢筋的定长切断，是钢筋加工环节必不可少的设备
3	数控钢筋弯曲中心	G2L32B	钢筋规格：ϕ6~28mm； 主机最大移动速度：0. 6m/s； 弯曲长度精度：±1mm； 整机尺寸：13. 5m×2. 15m×1. 6m； 总功率：15kW	应用于高速公路、铁路、水电工程、大型桥梁等工程混凝土结构内主骨架钢筋的弯曲加工伺服驱动，弯曲力量强大
4	数控钢筋弯箍机	GTW4-12D	单线：ϕ4~12mm；双线：ϕ4~10mm 速度：900~1800 个/h 电机：20kW+7. 5kW+4kW+4kW 备注：含两个放线架 质量：2000kg	智能、高效、节能一体化设计，集调直、弯曲、切断等功能于一体。功率大单线加工 ϕ12mm 盘螺，双线加工 ϕ4~10mm 盘螺。可预先输入百种圆形，加工时调取即用，省时省工，并可根据图纸要求任意编辑图形。整机伺服驱动、PLC 控制，克服了传统机器的效率低、误差大等弊端
5	钢筋笼绕筋机	YCRL-2000	主筋尺寸：ϕ25~40mm； 单绕钢筋尺寸：ϕ5~14mm； 双绕钢筋尺寸：ϕ5~12mm； 钢筋笼直径范围：ϕ1000~2200mm； 最大钢筋笼长度：12m； 钢筋笼旋转速度：0~6r/min； 缠绕筋间距：0~300mm； 电机功率：16kW； 总质量：3. 6t； 外形尺寸：15m×7m×4m	绕筋速度，间距均匀，长时间作业也能保持质量稳定且快捷高效，各个部件均可快速拆装移机、运输方便快捷，节省人工，2~3 人一组即可完成设备整体操作。较之手工作业节省材料 1.5%，降低了施工成本，控制作业更加灵活方便，广泛适用于高层建筑、公路、铁路、桥梁等大型工程混凝土结构内主骨框架钢筋的弯曲加工

续表 5-2

序号	装备名称	型　号	技术参数	装备介绍
6	钢筋笼滚焊机	HNYC-2200	钢筋笼直径：ϕ600～2200mm； 主筋直径：ϕ12～40mm； 盘筋直径：ϕ6～16mm； 总功率：18.5kW	根据施工要求，钢筋笼的主筋通过人工穿过固定旋转盘相应模板圆孔至移动旋转盘的相应孔中进行固定，把盘筋（绕筋）端头先焊接在一根主筋上，然后通过固定旋转盘及移动旋转盘转动把绕筋缠绕在主筋上（移动盘是一边旋转一边后移），同时进行焊接，从而形成产品钢筋笼，这就是钻孔灌注桩钢筋笼滚焊机，即“钢筋笼滚焊机”的工作原理
7	钢筋网片焊机	HNYC1300-2500	焊接宽幅：2500mm； 焊接丝径：ϕ6～12mm； 额定电压：380V； 经线间距：160～200mm； 焊接速度：20～30 次/min； 焊点数量：16； 工作动力：变频电机	该设备是机电一体化先进的焊网设备，优点是经丝可调，纬丝的孔径输入计算机就能达到所需要的孔距，在焊网中如果想让焊接的孔距得到变化，把孔距输入计算机就能达到你所要的孔距，孔距任意可调
8	全自动数控弯曲机	GWC50E	圆钢 $\phi\leqslant$50mm 螺纹钢 $\phi\leqslant$38mm 电机功率：4kW 制动电机 尺寸：1000mm×860mm×980mm 质量：425kg	适用于建筑工程上的各种普通碳素钢、螺纹钢等加工成工程所需的各种形状；钢筋弯曲机工作机构是一个在垂直轴上旋转的水平工作圆盘，把钢筋置于要求位置，支承销轴固定在机床上，中心销轴和压弯销轴装在工作圆盘上，圆盘回转时便将钢筋弯曲
9	镦粗机	GDCJ-32	适用钢筋直径：12～40mm，活塞行程：140mm，最大流量：6.4L/min，镦粗力：3000kN，电机总功率：7.5kW，最大工作压力：30MPa，外形尺寸：1300mm×500mm×965mm，整机质量：900kg	钢筋镦粗技术是利用冷镦的原理使钢筋端头塑性变形，将其加工镦粗部位直径增粗至大于母材直径，便于专用套丝机对镦粗部位套丝加工

续表 5-2

序号	装备名称	型　号	技术参数	装备介绍
10	三肋钢筋成型机组		放线架 1 台 钢筋液压除锈机 1 台 三肋轧机 2 台 立式拉盘机 1 台 钢筋切断机 1 台 飞剪切断机 1 台 控制柜 1 台 导向机 1 台 应力消除机 1 台	钢筋液压除锈机，对钢筋进行反复折弯，可以去除钢筋表面的氧化皮，使加工出的螺纹钢筋表面更美观。三肋轧机，用于钢筋的成型，由 6 个轧辊组成，其中有 3 个平辊、3 个成型花辊

第五节　螺纹钢深加工的发展

随着供给侧改革服务化转型的深入，企业在产业链延伸、产品深加工、多元化经营、新技术研发、提高产品质量、强化工艺与装备创新等方面进行了不断的探索，并取得了一定的成效，推动了螺纹钢深加工的快速发展。未来要进一步树立系统服务思想，从材料供应、质量保证、技术服务、材料半成品加工、物流配送等方面全方位服务，发展螺纹钢产品深加工，定位高端产品和客户，并协助用户推进新产品的应用，做到生产、服务一体化，使企业产品的产业链得到延伸，附加值得到提高，使钢铁主业和深加工产业都得到良好的发展。

第七章　螺纹钢下游重点用户

中国建筑集团有限公司

中国建筑集团有限公司（简称中建集团），正式组建于1982年，是我国专业化发展悠久、市场化经营早、一体化程度高、规模大的投资建设集团，拥有上市公司7家，二级控股子公司100余家。

中建集团代表着中国房建领域水平，业务范围涉及城市建设的全部领域与项目建设的每个环节，在国内外建造了许多记录时代变迁、铭刻经济文化发展的经典地标，在超高层建筑领域拥有综合领先优势。在轨道交通、桥梁、城市综合管廊等领域完成了许多服务国计民生的重大基础设施项目。中建集团在保持超高层建筑领域领先的前提下，不断优化业务结构，在大跨度厂房、会展中心、民生工程等领域承揽了一大批高端项目，积极为高端制造业提供工程服务，如建设全球首条高面板世代线合肥京东方10.5代线项目；与此同时，加快发展基础设施业务，承接重庆轨道交通9号线全线、徐州地铁3号线全线等10个轨道交通项目。

中国交通建设股份有限公司

中国交通建设股份有限公司（简称中国交建）是全球领先的特大型基础设施综合服务商，主要从事交通基础设施的投资建设运营、装备制造、房地产及城市综合开发等，为客户提供投资融资、咨询规划、设计建造、管理运营一揽子解决方案和一体化服务。

中国交建在香港、上海两地上市，公司盈利能力和价值创造能力在全球同行中处于领先地位。2020年，中国交建居《财富》世界500强第78位；在国务院国资委经营业绩考核“15连A”。

中国交建有60多家全资、控股子公司，有作为中国诸多行业先行者的百年老店；有与共和国一同成长壮大的国企骨干；有在改革开放大潮中涌现的现代企业；有推动公司结构调整而成立的后起之秀；有并购而来的国内外先进企业。中国交建从事相关业务已有一百多年历史，产品和服务遍及150多个国家，通过几代员工的持续努力，建设了一大批代表世界、代表时代最高水平的交通基础设施，为客户提供了成熟完备的服务，形成了全球领先的技术体系，形成了“用心浇注您的满意”的服务文化。

中国中铁股份有限公司

中国中铁股份有限公司（简称中国中铁）是集勘察设计、施工安装、工业制造、房地产开发、资源矿产、金融投资和其他业务于一体的特大型企业集团，总部设在北京。作为全球最大建筑工程承包商之一，中国中铁连续14年进入世界企业500强，2019年在《财富》世界500强企业排名第55位，在中国企业500强排名第12位。

中国中铁拥有一百多年的历史源流。1950年3月为中国铁道部工程总局和设计总局，后变更为铁道部基本建设总局。1989年7月，经国务院批准撤销基本建设总局，组建中国铁路工程总公司。2000年9月，与铁道部实行政企分开，整体移交中央大型企业工作委员会管理。2003年5月由国务院国资委履行出资人职能。2007年9月12日，中国铁路工程总公司独家发起设立中国中铁股份有限公司，并于2007年12月3日和12月7日，分别在上海证券交易所和香港联合交易所上市。2017年12月由全民所有制企业改制为国有独资公司，更名为中国铁路工程集团有限公司。

中国中铁先后参与建设的铁路占中国铁路总里程的三分之二以上；建成电气化铁路占中国电气化铁路的90%；参与建设的高速公路约占中国高速公路总里程的八分之一；建设了中国五分之三的城市轨道工程。

上海建工集团股份有限公司

上海建工集团股份有限公司（简称上海建工）是上海国资中较早实现整体上市的企业。前身为创立于1953年的上海市人民政府建筑工程局，1994年整体改制为以上海建工（集团）总公司为资产母公司的集团型企业。1998年发起设立上海建工集团股份有限公司，并在上海证券交易所挂牌上市。2010年和2011年，经过两次重大重组，完成整体上市。

上海建工是中国建筑行业先行者和排头兵，始终坚持改革创新，不断增强经营活力和内生动力，确保国有资产保值增值，经营业绩多年来持续保持两位数增长的稳健态势。2020年新签合同额3867.84亿元，营业收入2313.27亿元；排名2020年《财富》世界500强第423位、2020年《工程新闻记录（ENR）》全球最大250家工程承包商第9位；2020年产销商品混凝土超4200万立方米，规模排名中国第3位、全球第6位。

上海建工一直保持上海城市建设主力军地位，2018年、2019年相继完成中国国际进口博览会国家会展中心展览功能提升和规模提升工程，让“四叶草”盛装绽放；成功建造了以上海中心大厦、国家会展中心（上海）、上海迪士尼乐园、特斯拉上海超级工厂、昆山中环线、北京国家大剧院、广州新电视塔、港珠澳大桥澳门口岸旅检大楼等一系列知名工程，累计获中国建筑行业工程质量最高荣誉“鲁班奖”117项。

上海建工把科技创新放在发展大局的核心位置，以推动建筑产业现代化为目标，发挥“中央研究院”模式两级科创体系作用，在超高层建筑、钢结构建筑、桥梁设计施工、装配式建筑、绿色建材、城市更新、水利水务、环境治理、园林绿化设计施工、地下空间综合开发、工程装备装置、设备设施运行维护、清洁能源建设工程、磁浮交通等 20 个重点专项技术领域取得瞩目成绩；积极探索行业数字化转型，坚持走“绿色化、工业化、数字化”三位一体融合发展之路，构建了数字勘测、数字设计、智能加工、智能建造、智慧工地、智慧运维等工程全周期数字化建造体系，努力成为数字化赋能的建筑全生命周期服务商领跑者；拥有 1 个国家企业技术中心、15 个上海市级企业技术中心、12 个上海市工程技术研究中心、2 个博士后工作站、1 个上海市院士专家服务中心、1 个上海市院士工作站、4 个国家认证检测机构等，工程装备、建筑构件、钢结构 3 个产业化基地蓬勃发展。“十三五”期间上海建工成功主持“建筑工程现场工业化建造集成平台与装备关键技术开发”等 19 个国家重点研发计划项目和课题，形成强大的科创矩阵；2019 年作为唯一建筑企业荣获首届上海市知识产权创新奖，累计获中国土木工程领域工程建设项目科技创新最高荣誉“詹天佑奖”59 项；每年科研支出占主营业务收入的 3%以上，2020 年研发投入 81 亿元。

河北建设集团股份有限公司

河北建设集团股份有限公司（简称河北建设集团）前身为中央轻工业部东北工程公司（1952 年成立）和纺织工业部华北纺织管理局第一建筑安装工程公司（1953 年成立），这两支中央部属企业于 1964 年合并后更名为建筑工程部华北工程管理局第二建筑工程公司，1997 年组建为河北建设集团有限公司，2017 年更名为河北建设集团股份有限公司，并于 2017 年 12 月 15 日在香港 H 股主板成功上市；注册资金 176138. 35 万元，中国总承包 80 强（2020 年排名 27 位），中国企业 500 强（2020 年排名 447 位）。河北建设集团是以建筑工程施工总承包为主项跨行业的特级资质企业，可承接房屋建筑、公路、铁路、市政公用、园林绿化、港口与航道、水利水电、各类别工程的施工总承包、工程总承包和项目管理业务；同时具备建筑工程设计甲级、人防工程设计甲级、风景园林工程专项甲级资质、市政行业（给水工程、排水工程、道路工程、桥梁工程）专业乙级，对外援助成套项目和对外劳务合作经营资格等。河北建设集团现有员工 9667 人，享受国务院及各级政府津贴专家、博士、硕士 200 多人，大学本科人员比例达 64%；公司有职称人员比例约 71%，其中高级及以上职称员工占 11%；公司有各类注册人员 2595 人，其中一级注册建造师超过 2100 人。

河北建设集团依靠雄厚的管理优势、技术优势和为业主的综合服务能力，在京、津、冀等全国境内 32 个省、市、自治区、特别行政区承揽了大量的“高、大、精、尖、特”等千余项国家和地方重点项目，坚持塑造建筑业国际品牌，承接了斐济、安哥拉、摩尔多瓦、埃塞俄比亚、莫桑比克等十几个国家的海外项目建设；2020 年营业收入 475 亿元，新签合同额 544 亿元，纳税 14. 1 亿元。

河北建设集团具有强大的投融资实力，银行授信额突破 1000 亿元；以 BOT、BT、PPP 方式先后投资建设定州污水处理厂、保定市和邢台市及所辖县内的十四个县的南水北调配套水厂、保定市生态园、唐山海港区西区基础设施、雄安新区白洋淀高铁站前广场、国道 G102 线秦皇岛市区段改建工程、亳州市谯城区“2017~2018 年改善农村人居环境”、饶阳县人民医院整体搬迁一期建设 PPP 项目等几十项重点工程，投资总额超 200 亿元。

铸造时代精品，河北建设集团累计荣获主承建 24 项鲁班奖，参建 15 项鲁班奖；两次荣获首届“创建鲁班奖工程突出贡献奖金奖”，并获评全国工程质量优秀管理企业名单；白塔机场航站楼荣获“新中国成立 60 周年 100 项经典暨精品工程”，2010 年喜捧“全国质量奖”，2012 年再获“河北省政府质量奖”。河北建设集团先后获国家优质工程奖、钢结构金奖、安装之星奖、全国装饰奖、各类省优工程 700 多项；国家级安全文明工地 32 个，省级 300 余项。

陕西建工控股集团有限公司

陕西建工控股集团有限公司（以下简称陕建）始建于 1950 年 3 月，是陕西省政府直属的国有独资企业，注册资本 51 亿元，旗下拥有国际工程承包、建筑产业投资、城市轨道交通、钢构制作安装、商混生产配送、工程装饰装修、古建园林绿化、物流配送供应、地产开发建设、医疗卫生教育、旅游饭店经营等产业。

陕建所属的核心企业陕西建工集团股份有限公司是 A 股上市公司，拥有建筑工程施工总承包特级资质 9 个、市政公用工程施工总承包特级资质 4 个、石油化工工程施工总承包特级资质 1 个、公路工程施工总承包特级资质 1 个，甲级设计资质 17 个，是海外经营权的省属大型国有综合企业集团，具有工程投资、勘察、设计、施工、管理为一体的总承包能力。

凭借雄厚的实力，陕建荣列 ENR 全球工程承包商 250 强第 17 位，中国企业 500 强第 181 位和中国建筑业竞争力 200 强企业第 5 位；现有各类中高级技术职称万余人，其中，教授级高级职称 139 人，高级职称 2583 人，一、二级建造师 7662 人，工程建设人才资源优势服务西部地区，在全国省级建工集团处于前列。

近年来，陕建取得科研成果数百项，获全国和省级科学技术奖 88 项、建设部华夏建设科技奖 21 项，国家和省级工法 611 项、专利 802 项，主编、参编国家行业规范标准 90 余项；先后有 72 项工程荣获中国建设工程鲁班奖，93 项工程荣获国家优质工程奖，3 项工程荣获中国土木工程詹天佑奖，29 项工程荣获中国建筑钢结构金奖。

陕建坚持省内省外并重、国内国外并举的经营方针，遵循“为客户创造价值，让对方先赢、让对方多赢，最终实现共赢”的合作共赢理念，完成了国内外一大批重点工程建设项目；国内市场覆盖 31 个省、直辖市、自治区，国际业务拓展到 28 个国家，正向着挺进世界 500 强迈进。

陕西交通控股集团有限公司

陕西交通控股集团有限公司（简称陕西交控集团）是省委省政府为深化国资国企改

革，优化国有经济布局和结构调整，更好服务交通强省建设，于2021年1月30日挂牌成立的省属国有独资企业。公司注册资本500亿元，经营范围涵盖交通基础设施建设、运营管理与养护，土木工程及通信工程的咨询、勘察、设计、施工、监理、检测和科研，交通及关联产业、相关资源的综合开发，交通物资和新材料的研发、生产与销售，交通金融业务。

陕西交控集团现有员工3.4万人，其中高级职称1855人，正高级职称125人，博士48人，享受政府特殊津贴专家4人。总资产5642亿元，养管公路里程6295km，其中高速公路5611km，占全省的89%。

陕西交控集团拥有施工总承包特级资质1项，施工总承包、专业承包一级资质24项，公路、市政、建筑等甲级资质23项。建成省部级科研平台7个，主编、参编起草省部级行业规范和标准97项，拥有专利563项。获国家科技进步奖10项，省部级科技进步奖170项、国家优质工程奖8项、詹天佑奖2项、李春奖2项，长安杯3项，秦岭终南山隧道关键技术荣获国家科技进步一等奖。集团公司拥有全国文明单位8家，省级文明单位和省级文明单位标兵41家。

陕西交控集团负责建设的包茂高速公路秦岭终南山公路隧道和西安至柞水高速公路在2017年1月通车，此后，陕西相继建成包茂高速公路柞水至水河段、小河至安康高速公路，打通了秦岭这个阻碍陕西交通大发展的“梗阻”，连接了关中、陕南和秦巴山区；负责建设的宝坪高速公路全长约73km，2021年9月30日，建成通车，是陕西省第五条穿越秦岭的高速公路；其中长度15.56km的秦岭天台山特长隧道纵贯秦岭主脊，钢材用量5.6万吨，混凝土用量126万立方米，工程量和建设规模居世界公路隧道第一；目前，负责建设的西安外环南段路线全长约70km，截止到2021年12月20日，高新段具备通车条件，按计划实现年底通车目标。陕西交控集团不断提升路网运行的系统化、协同化、智能化水平，为社会提供高品质交通服务。

陕西交控集团将按照“以路为本、创新驱动、产融结合、综合开发”的发展战略，遵循“讲团结、顾大局，善合作、树正气，出业绩、惠职工”的工作方针，聚焦交通强省，服务经济发展。“十四五”末实现“7783”战略目标，总资产突破7000亿元，运营公路突破7000km，营业收入突破800亿元，利润总额突破30亿元，实现科技板块整体上市，挺进中国企业500强，打造“西部领先、全国一流”具有竞争力的交通投资建设运营综合服务商。

第八章　上海期货交易所

第一节　简　　介

上海期货交易所（以下简称上期所）是受中国证券监督管理委员会（以下简称证监会）集中统一监管的期货交易所，宗旨是服务实体经济。不断增强“四个意识”，坚定“四个自信”，在证监会党委的领导下，履行市场一线监管职责，服务实体经济和国家战略，坚持以世界眼光谋划未来，以国际标准建立规则，以本土优势彰显特色，做好“寻标、对标、达标、夺标”四篇文章，持续推进产品多元化、市场国际化、信息集成化、技术强所、人才兴所、全面风险管理等六大战略，努力提高服务实体经济的能力和水平以及在全球范围内的影响力。

上期所目前已上市的有铜、铝、锌、铅、镍、锡、黄金、白银、螺纹钢、线材、热轧卷板、不锈钢、原油、燃料油、石油沥青、天然橡胶 、纸浆、20 号胶、低硫燃料油、国际铜 20 个期货品种，以及铜、天然橡胶、黄金、铝、锌、原油 6 个期权合约。

第二节　螺纹钢期货

21 世纪以来，我国经济结构发生显著变化，城镇化进程加快；同时，经济总量增加带来下游消费水平提高，汽车、船舶、家电需求快速增长，我国逐渐成为钢材的生产、消费、贸易大国。从发达国家的工业化发展经验来看，成熟的期货市场对于行业的高质量发展具有重要作用，在此背景下，以螺纹钢为代表的钢材期货在上海期货交易所上市，为钢铁提供了良好的价格发现和风险管理功能。

2009 年 3 月 27 日，螺纹钢期货在上期所挂牌上市。

2014 年以来，我国钢铁行业经历产能过剩、产业转型和结构调整，钢铁行业面临价格双向波动的风险，企业套保需求提高，螺纹钢期货成交量稳步上升，逐渐成长为全球最具影响力的钢材期货品种。2016 年螺纹钢期货累计成交 93. 4 亿吨，达到历史峰值。2018 年，在螺纹钢期货上市十周年之际，已连续五年成为全球规模最大的商品期货品种。2020 年，螺纹钢期货累计成交 36. 6 亿吨，是上市初期的 2. 3 倍。

2020 年 8 月 18 日，为解决螺纹钢产品标准化保值和个性化需求的矛盾，构建精确套保闭环，同时也为期货市场国际化交割制度设计提供制度路径，上期所发布《关于指定螺纹钢期货厂库的公告》，首批指定鞍钢股份有限公司、江苏沙钢集团有限公司、敬业钢铁有限公司作为螺纹钢厂库；进一步完善螺纹钢期货价格的区域代表性，显著提升钢厂卖交割、下游买交割的便利性，并有利于降低基差风险。

2020年9月15日，螺纹钢期货标准仓单在上期标准仓单交易平台挂牌交易，期现市场联动进一步增强，上线首日，钢材仓单交易金额超过8000万元。

第三节　螺纹钢期货运行情况

螺纹钢期货整体运行平稳，交易活跃，交割有序，市场风险可控，功能发挥良好，期现价格联动紧密，套期保值功能显著发挥，基本满足了钢铁行业风险管理需求。

一、运行平稳，伴随钢铁行业发展日益成熟

改革开放四十余年来，我国钢铁工业经历了初期探索、发展起步、规模扩张、结构改革四个阶段，现已建成全球最具影响力的钢铁工业体系。我国钢铁工业正处在实现由大变强的重要历史机遇期，高质量发展和深化结构性改革成为新的发展主线。钢铁工业既面临新的国内供需平衡形成、外部需求扩大、技术升级、绿色低碳化等重要机遇，也面临产能过剩、有效供给不足、国际贸易保护主义、新兴国家低成本要素优势等严峻挑战。钢材价格不确定性增强，钢铁行业利用期货市场管理价格风险的需求和能力日益提高。螺纹钢期货伴随行业的不断发展而日益成熟，市场功能发挥日益完善。

自2009年螺纹钢期货上市以来，成交持仓呈现上升后震荡态势，2010年螺纹钢期货成交量及成交金额创新高，2011年成交量出现大幅下滑，随后又进入稳步增长阶段，2016年螺纹钢期货累计成交9.34亿手，达到历史峰值。螺纹钢期货成交活跃，近几年平均成交量相当于当年全国螺纹钢产量和表观消费量的30倍左右。截至2021年上半年，螺纹钢期货累计成交量51.41亿手，累计成交金额169.90万亿元，日均持仓量129.75万手。

二、交割资源充裕，仓储物流便利

螺纹钢期货实行品牌注册制度，现有37家螺纹钢生产企业、37个螺纹钢注册品牌，注册品牌产量各占国内总产量的一半左右。同时，上期所螺纹钢期货交割仓库共5家9个存放点，其中，上海市1个存放点，浙江省2个存放点，江苏省3个存放点，广东省1个存放点，天津市2个存放点；指定交割厂库共3家，分别为鞍钢股份、江苏沙钢和敬业钢铁。

上市以来，螺纹钢期货累计交割263.85万吨，累计交割金额94.45亿元。2021年上半年，螺纹钢期货交割17.61万吨，同比增加51.29%，交割金额7.91亿元，同比增加91.99%。

三、库存变动反映行业风险管理需求变化

2009年螺纹钢期货库存水平呈现先上升后下降的态势，变化趋势与钢材价格波动有关。2010年螺纹钢日均库存为9.12万吨，较2009年上涨24.08%，达到上市以来的最高水平。2011年钢材价格保持高位震荡态势，价格波动水平较往年有所下降，企业进行实物交割套期保值意愿不强，日均库存量下降。2012年后随着钢材价格的快速下跌，全行业陷

入亏损状态，在期货端进行套期保值规避价格风险的必要性日益突出，因此许多企业选择使用期货工具来管理价格风险，期货库存水平也呈现稳定增长态势。2016~2018年我国推动钢铁行业供给侧改革，清理过剩钢铁产能，钢材库存下降显著。2019年以来，钢铁行业经历三年化解过剩产能后，改革政策红利有所衰减，高供给压力显现，叠加铁矿石价格大幅上涨侵蚀钢厂利润，钢厂盈利能力下降，企业积极利用期货工具稳定生产经营，日均库存量显著上升。2021年，受新冠疫情影响下的全球钢材供需缺口、海外央行货币宽松政策、原燃料成本抬升、钢铁行业去产能等因素影响，钢价快速上行风险加剧，期货库存大幅增加。

四、螺纹钢期货价格运行情况

2009年以来螺纹钢期货价格总体分为震荡上行、快速下跌和震荡回升、快速上行后震荡四个阶段。

2009~2010年，震荡上行。面对全球金融危机，国家出台了一系列涵盖基建、房地产领域的经济刺激政策，对钢铁行业的需求起到有力支撑，钢材期货价格震荡上涨。

2011~2015年底，螺纹钢期货价格快速下跌。经济增长进入转型换挡阶段，一方面受欧美债务危机影响，钢材出口不振；另一方面国内固定资产投资增速回落，导致钢材消费增长放缓。前期刺激政策导致钢铁产能严重过剩，供需矛盾日益凸显。同时在此期间大宗原料价格高企，高昂的进口铁矿石价格使得钢铁企业成本居高不下，行业盈利能力大幅下降。在此期间，螺纹钢期货价格持续单边下跌。

2015~2019年，震荡回升。国家推进供给侧结构性改革，出台了一系列化解钢铁过剩产能的财税金融政策，钢铁行业去产能取得明显成效；“地条钢”被全面取缔，行业运行走势稳中趋好。同时，陆续出台的各项环保政策使钢铁企业错峰生产，螺纹钢期货价格持续上涨，企业效益显著好转。

2020年至今，快速上行后震荡。在“十三五”规划收官之际，钢铁行业历经五年供给侧结构性改革，过剩产能得到有效化解并提前两年完成1.5亿吨钢铁过剩产能化解上限目标。2020年，突如其来的新冠疫情为全球经济增长前景增加了不确定性，螺纹钢价格下行。随着国内疫情得到有效控制，各项政策加码推动国内经济复苏，螺纹钢下游需求快速回暖带动价格上涨。此后，海外疫情肆虐，以美联储为代表的欧美政府实行刺激性财政政策和宽松的货币政策，以及疫情扰动下产生的钢材供需缺口，钢材价格快速上行。

五、实体企业广泛参与，有效服务钢铁行业

2009年螺纹钢期货上市以来，市场运行平稳、交割有序、风险可控，对增强我国钢铁产业的定价影响力、优化产业结构、助力企业管理价格风险起到了积极的作用；市场功能有效发挥，市场结构逐步改善，法人持仓稳步提高，钢铁生产、消费、流通企业和机构投资者广泛参与。

（1）期货交割资源充沛，套期保值功能有效发挥。近年来，螺纹钢价格波动加剧，国内外钢铁生产、消费、流通企业运用期货管理价格风险的需求旺盛。目前，螺纹钢期货注

册品牌的产量占中国螺纹钢总产量的50%左右，可供交割资源充沛。螺纹钢期货上市以来，交割平稳有序，交割价格收敛于现货价格。大量实践表明，钢铁企业通过套期保值可将价格波动的风险转移出去，有效实现稳定生产经营、锁定成本和利润。

（2）期现价格高度相关，螺纹钢期货逐步成为钢铁相关企业日常经营管理的重要工具。上期所钢材期货价格与现货价格、境外同类市场价格的相关性较强，上市至今螺纹钢相关性达90%，其中螺纹钢期货价格与CRU国际钢材价格指数、期货价格同比增速与我国PPI同比增速等指标高度相关。期货价格已成为现货市场判断价格变化的“指南针”，充分反映了国内外供求关系的变化趋势，同时期货市场公开、透明、连续的交易机制，为钢铁行业提供了市场化的价格参照体系。

（3）投资者结构多元化，法人参与程度稳步提升。螺纹钢期货自上市以来，流动性充足，产业客户积极参与。截至2020年，螺纹钢期货法人客户持仓量占总持仓量比例为48.87%，同比增加31.12%，投资者结构持续优化。

六、不断提升服务钢铁行业的能力和水平

要推进更深层次改革，更高水平开放，增强全球资源配置能力，提升重要大宗商品的价格影响力。

一是深化产业服务。针对钢铁生产、消费和贸易企业的特点，有针对性地开展套期保值专项业务培训，进一步提升企业合理运用期货工具的能力与水平。

二是做精做细品种。从合约条款、品牌注册、仓库布局等方面，全面优化现有合约品种，提高市场运行效率，促进期货市场功能发挥。

三是推进产品创新。有序推动包括冷轧薄板、型钢、中厚板、铬铁在内的期货品种，以及与此相关的衍生产品研究，进一步丰富市场避险工具。

四是推进钢材期货的国际化进程。钢材期货本身已具备了一定的国际影响力，未来上期所将逐步探索钢材期货的国际化路径。